"十四五"时期国家重点出版物出版专项规划项目

浙江昆虫志

第五卷

鞘 翅 目（Ⅰ）

李利珍　白　明　主编

科 学 出 版 社
北　京

内 容 简 介

本卷志记述浙江昆虫鞘翅目原鞘亚目、藻食亚目、肉食亚目和部分多食亚目的类群。包括原鞘亚目的长扁甲科（1 属 1 种），藻食亚目的淘甲科（1 属 1 种），肉食亚目的虎甲科（12 属 26 种）、步甲科（82 属 190 种）、豉甲科（4 属 7 种）、沼梭科（2 属 7 种）、伪龙虱科（2 属 2 种）、龙虱科（17 属 32 种），多食亚目牙甲总科的沟背牙甲科（1 属 1 种）、牙甲科（13 属 26 种），阎甲总科的阎甲科（9 属 10 种），隐翅虫总科的平唇水龟科（1 属 1 种）、觅葬甲科（1 属 1 种）、球蕈甲科（6 属 15 种）、葬甲科（5 属 8 种）、隐翅虫科（164 属 493 种），金龟总科的粪金龟科（3 属 8 种）、皮金龟科（1 属 1 种）、锹甲科（16 属 46 种）、红金龟科（1 属 1 种）、金龟科（89 属 210 种）和沼甲总科的沼甲科（1 属 1 种），共计 22 科 432 属 1088 种（含亚种）。这些记录是在检视标本的基础上，结合以往相关文献资料确认的。书中提供了科、属、种阶元的主要形态特征、分布及分属和分种检索表，配有 555 幅鉴别特征图和 170 幅彩图，文末附有中名索引和学名索引。

本卷志可为昆虫学、生物多样性保护、生物地理学等领域的研究提供参考资料，也可供农、林、环境保护、生物多样性保护等工作者参考使用。

图书在版编目（CIP）数据

浙江昆虫志. 第五卷，鞘翅目. Ⅰ / 李利珍，白明主编. —北京：科学出版社，2024.5

“十四五”时期国家重点出版物出版专项规划项目

国家出版基金项目

ISBN 978-7-03-069279-5

Ⅰ. ①浙… Ⅱ. ①李… ②白… Ⅲ. ①昆虫志—浙江 ②鞘翅目—昆虫志—浙江 Ⅳ. ①Q968.225.5 ②Q969.480.8

中国版本图书馆 CIP 数据核字（2022）第 083598 号

责任编辑：李 悦 赵小林 / 责任校对：严 娜

责任印制：肖 兴 / 封面设计：北京蓝正合融广告有限公司

科学出版社 出版

北京东黄城根北街 16 号

邮政编码：100717

http://www.sciencep.com

北京中科印刷有限公司印刷

科学出版社发行 各地新华书店经销

*

2024 年 5 月第 一 版 开本：889×1194 1/16

2024 年 5 月第一次印刷 印张：51 1/2 插页：30

字数：1 900 000

定价：798.00 元

（如有印装质量问题，我社负责调换）

《浙江昆虫志》领导小组

主　　任　胡　侠（2018 年 12 月起任）

　　　　　林云举（2014 年 11 月至 2018 年 12 月在任）

副 主 任　吴　鸿　杨幼平　王章明　陆献峰

委　　员　（以姓氏笔画为序）

　　　　　王　翔　叶晓林　江　波　吾中良　何志华

　　　　　汪奎宏　周子贵　赵岳平　洪　流　章滨森

顾　　问　尹文英（中国科学院院士）

　　　　　印象初（中国科学院院士）

　　　　　康　乐（中国科学院院士）

　　　　　何俊华（浙江大学教授、博士生导师）

组织单位　浙江省森林病虫害防治总站

　　　　　浙江农林大学

　　　　　浙江省林学会

《浙江昆虫志》编辑委员会

《浙江昆虫志　第五卷　鞘翅目（Ⅰ）》

编写人员

主　编　李利珍　白　明

副主编　田明义　贾凤龙　梁红斌　万　霞　路园园

作者及参加编写单位（按研究类群排序）

长扁甲科

殷子为（上海师范大学）

李利珍（上海师范大学）

淘甲科

贾凤龙（中山大学）

虎甲科

梁红斌（中国科学院动物研究所）

史宏亮（北京林业大学）

步甲科

梁红斌（中国科学院动物研究所）

田明义（华南农业大学）

朱平舟（中国农业大学）

刘漪舟（北京林业大学）

豉甲科

梁祖龙（中山大学/中国科学院动物研究所）

贾凤龙（中山大学）

沼梭科

梁祖龙（中山大学/中国科学院动物研究所）

贾凤龙（中山大学）

伪龙虱科

梁祖龙（中山大学/中国科学院动物研究所）

贾凤龙（中山大学）

龙虱科

贾凤龙（中山大学）

姜卓寅（南京农业大学）

沟背牙甲科

贾凤龙（中山大学）

牙甲科

贾凤龙（中山大学）

阎甲科

殷子为（上海师范大学）

李利珍（上海师范大学）

平唇水龟科

李利珍（上海师范大学）

殷子为（上海师范大学）

觅葬甲科

汤　亮（上海师范大学）

球蕈甲科

殷子为（上海师范大学）

李利珍（上海师范大学）

葬甲科

汤　亮（上海师范大学）

隐翅虫科

李利珍（上海师范大学）

汤　亮（上海师范大学）

胡佳耀（上海师范大学）

殷子为（上海师范大学）

彭　中（上海师范大学）

粪金龟科

路园园（中国科学院动物研究所）

白　明（中国科学院动物研究所）

皮金龟科

路园园（中国科学院动物研究所）

锹甲科

万　霞（安徽大学）

红金龟科

路园园（中国科学院动物研究所）

白　明（中国科学院动物研究所）

金龟科

路园园（中国科学院动物研究所）

白　明（中国科学院动物研究所）

刘万岗（中国科学院地球环境研究所）

高传部（广东省科学院动物研究所）

杜萍萍（中国科学院动物研究所）

李　莎（中国科学院动物研究所）

习勇红（中国科学院动物研究所）

沼甲科

殷子为（上海师范大学）

李利珍（上海师范大学）

《浙江昆虫志》序一

浙江省地处亚热带，气候宜人，集山水海洋之地利，生物资源极为丰富，已知的昆虫种类就有1万多种。浙江省昆虫资源的研究历来受到国内外关注，长期以来大批昆虫学分类工作者对浙江省进行了广泛的资源调查，积累了丰富的原始资料。因此，系统地研究这一地域的昆虫区系，其意义与价值不言而喻。吴鸿教授及其团队曾多次负责对浙江天目山等各重点生态地区的昆虫资源种类的详细调查，编撰了一些专著，这些广泛、系统而深入的调查为浙江省昆虫资源的调查与整合提供了翔实的基础信息。在此基础上，为了进一步摸清浙江省的昆虫种类、分布与为害情况，2016年由浙江省林业有害生物防治检疫局（现浙江省森林病虫害防治总站）和浙江省林学会发起，委托浙江农林大学实施，先后邀请全国几十家科研院所，300多位昆虫分类专家学者在浙江省内开展昆虫资源的野外补充调查与标本采集、鉴定，并且系统编写《浙江昆虫志》。

历时六年，在国内最优秀昆虫分类专家学者的共同努力下，《浙江昆虫志》即将按类群分卷出版面世，这是一套较为系统和完整的昆虫资源志书，包含了昆虫纲所有主要类群，更为可贵的是，《浙江昆虫志》参照《中国动物志》的编写规格，有较高的学术价值，同时该志对动物资源保护、持续利用、有害生物控制和濒危物种保护均具有现实意义，对浙江地区的生物多样性保护、研究及昆虫学事业的发展具有重要推动作用。

《浙江昆虫志》的问世，体现了项目主持者和组织者的勤奋敬业，彰显了我国昆虫学家的执着与追求、努力与奋进的优良品质，展示了最新的科研成果。《浙江昆虫志》的出版将为浙江省昆虫区系的深入研究奠定良好基础。浙江地区还有一些类群有待广大昆虫研究者继续努力工作，也希望越来越多的同仁能在国家和地方相关部门的支持下开展昆虫志的编写工作，这不但对生物多样性研究具有重大贡献，也将造福我们的子孙后代。

印象初

印象初
河北大学生命科学学院
中国科学院院士
2022年1月18日

《浙江昆虫志》序二

浙江地处中国东南沿海，地形自西南向东北倾斜，大致可分为浙北平原、浙西中山丘陵、浙东丘陵、中部金衢盆地、浙南山地、东南沿海平原及海滨岛屿6个地形区。浙江复杂的生态环境成就了极高的生物多样性。关于浙江的生物资源、区系组成、分布格局等，植物和大型动物都有较为系统的研究，如20世纪80年代《浙江植物志》和《浙江动物志》陆续问世，但是无脊椎动物的研究却较为零散。90年代末至今，浙江省先后对天目山、百山祖、清凉峰等重点生态地区的昆虫资源种类进行了广泛、系统的科学考察和研究，先后出版《天目山昆虫》《华东百山祖昆虫》《浙江清凉峰昆虫》等专著。1983年、2003年和2015年，由浙江省林业厅部署，浙江省还进行过三次林业有害生物普查。但历史上，浙江省一直没有对全省范围的昆虫资源进行系统整理，也没有建立统一的物种信息系统。

2016年，浙江省林业有害生物防治检疫局（现浙江省森林病虫害防治总站）和浙江省林学会发起，委托浙江农林大学组织实施，联合中国科学院、南开大学、浙江大学、西北农林科技大学、中国农业大学、中南林业科技大学、河北大学、华南农业大学、扬州大学、浙江自然博物馆等单位共同合作，开始展开对浙江省昆虫资源的实质性调查和编纂工作。六年来，在全国三百多位专家学者的共同努力下，编纂工作顺利完成。《浙江昆虫志》参照《中国动物志》编写，系统、全面地介绍了不同阶元的鉴别特征，提供了各类群的检索表，并附形态特征图。全书各卷册分别由该领域知名专家编写，有力地保证了《浙江昆虫志》的质量和水平，使这套志书具有很高的科学价值和应用价值。

昆虫是自然界中最繁盛的动物类群，种类多、数量大、分布广、适应性强，与人们的生产生活关系复杂而密切，既有害虫也有大量有益昆虫，是生态系统中重要的组成部分。《浙江昆虫志》不仅有助于人们全面了解浙江省丰富的昆虫资源，还可供农、林、牧、畜、渔、生物学、环境保护和生物多样性保护等工作者参考使用，可为昆虫资源保护、持续利用和有害生物控制提供理论依据。该丛书的出版将对保护森林资源、促进森林健康和生态系统的保护起到重要作用，并且对浙江省设立“生态红线”和“物种红线”的研究与监测，以及创建“两美浙江”等具有重要意义。

《浙江昆虫志》必将以它丰富的科学资料和广泛的应用价值为我国的动物学文献宝库增添新的宝藏。

康　乐
中国科学院动物研究所
中国科学院院士
2022年1月30日

《浙江昆虫志》前言

生物多样性是人类赖以生存和发展的重要基础，是地球生命所需要的物质、能量和生存条件的根本保障。中国是生物多样性最为丰富的国家之一，也同样面临着生物多样性不断丧失的严峻问题。生物多样性的丧失，直接威胁到人类的食品、健康、环境和安全等。国家高度重视生物多样性的保护，下大力气改善生态环境，改变生物资源的利用方式，促进生物多样性研究的不断深入。

浙江区域是我国华东地区一道重要的生态屏障，和谐稳定的自然生态系统为长三角地区经济快速发展提供了有力保障。浙江省地处中国东南沿海长江三角洲南翼，东临东海，南接福建，西与江西、安徽相连，北与上海、江苏接壤，位于北纬 27°02′～31°11′，东经 118°01′～123°10′，陆地面积 10.55 万 km^2，森林面积 608.12 万 hm^2，森林覆盖率为 61.17%（按省同口径计算，含一般灌木），森林生态系统多样性较好，森林植被类型、森林类型、乔木林龄组类型较丰富。湿地生态系统中湿地植物和植被、湿地野生动物均相当丰富。目前浙江省建有数量众多、类型丰富、功能多样的各级各类自然保护地。有 1 处国家公园体制试点区（钱江源国家公园）、311 处省级及以上自然保护地，其中 27 处自然保护区、128 处森林公园、59 处风景名胜区、67 处湿地公园、15 处地质公园、15 处海洋公园（海洋特别保护区），自然保护地总面积 1.4 万 km^2，占全省陆域的 13.3%。

浙江素有“东南植物宝库”之称，是中国植物物种多样性最丰富的省份之一，有高等植物 6100 余种，在中东南植物区系中占有重要的地位；珍稀濒危植物众多，其中国家一级重点保护野生植物 11 种，国家二级重点保护野生植物 104 种；浙江特有种超过 200 种，如百山祖冷杉、普陀鹅耳枥、天目铁木等物种。陆生野生脊椎动物有 790 种，约占全国总数的 27%，列入浙江省级以上重点保护野生动物 373 种，其中国家一级重点保护动物 54 种，国家二级保护动物 138 种，像中华凤头燕鸥、华南梅花鹿、黑麂等都是以浙江为主要分布区的珍稀濒危野生动物。

昆虫是现今陆生动物中最为繁盛的一个类群，约占动物界已知种类的 3/4，是生物多样性的重要组成部分，在生态系统中占有独特而重要的地位，与人类具有密切而复杂的关系，为世界创造了巨大精神和物质财富，如家喻户晓的家蚕、蜜蜂和冬虫夏草等资源昆虫。

浙江集山水海洋之地利，地理位置优越，地形复杂多样，气候温和湿润，加之第四纪以来未受冰川的严重影响，森林覆盖率高，造就了丰富多样的生境类型，保存着大量珍稀生物物种，这种有利的自然条件给昆虫的生息繁衍提供了便利。昆虫种类复杂多样，资源极为丰富，珍稀物种荟萃。

浙江昆虫研究由来已久，早在北魏郦道元所著《水经注》中，就有浙江天目山的山川、霜木情况的记载。明代医药学家李时珍在编撰《本草纲目》时，曾到天目山实地考察采集，书中收有产于天目山的养生之药数百种，其中不乏有昆虫药。明代《西天目祖山志》生殖篇虫族中有山蚕、蚱蜢、蜣螂、蛱蝶、蜻蜓、蝉等昆虫的明确记载。由此可见，自古以来，浙江的昆虫就已引起人们的广泛关注。

20 世纪 40 年代之前，法国人郑璧尔（Octave Piel，1876～1945）（曾任上海震旦博物馆馆长）曾分别赴浙江四明山和舟山进行昆虫标本的采集，于 1916 年、1926 年、1929 年、1935 年、1936 年及 1937 年又多次到浙江天目山和莫干山采集，其中，1935～1937 年的采集规模大、类群广。他采集的标本数量大、影响深远，依据他所采标本就有相关 24 篇文章在学术期刊上发表，其中 80 种的模式标本产于天目山。

浙江是中国现代昆虫学研究的发源地之一。1924 年浙江昆虫局成立，曾多次派人赴浙江各地采集昆虫标本，国内昆虫学家也纷纷来浙采集，如胡经甫、祝汝佐、柳支英、程淦藩等，这些采集的昆虫标本现保存于中国科学院动物研究所、中国科学院上海昆虫博物馆（原中国科学院上海昆虫研究所）及浙江大学。据此有不少研究论文发表，其中包括大量新种。同时，浙江省昆虫局创办了《昆虫与植病》和《浙江省昆虫局年刊》等。《昆虫与植病》是我国第一份中文昆虫期刊，共出版 100 多期。

20 世纪 80 年代末至今，浙江省开展了一系列昆虫分类区系研究，特别是 1983 年和 2003 年分别进行了林业有害生物普查，分别鉴定出林业昆虫 1585 种和 2139 种。陈其瑚主编的《浙江植物病虫志 昆虫篇》（第一集 1990 年，第二集 1993 年）共记述 26 目 5106 种（包括蜱螨目），并将浙江全省划分成 6 个昆虫地理区。1993 年童雪松主编的《浙江蝶类志》记述鳞翅目蝶类 11 科 340 种。2001 年方志刚主编的《浙江昆虫名录》收录六足类 4 纲 30 目 447 科 9563 种。2015 年宋立主编的《浙江白蚁》记述白蚁 4 科 17 属 62 种。2019 年李泽建等在《浙江天目山蝴蝶图鉴》中记述蝴蝶 5 科 123 属 247 种。2020 年李泽建等在《百山祖国家公园蝴蝶图鉴 第 I 卷》中记述蝴蝶 5 科 140 属 283 种。

中国科学院上海昆虫研究所尹文英院士曾于 1987 年主持国家自然科学基金重点项目“亚热带森林土壤动物区系及其在森林生态平衡中的作用”，在天目山采得昆虫纲标本 3.7 万余号，鉴定出 12 目 123 种，并于 1992 年编撰了《中国亚热带土壤动物》一书，该项目研究成果曾获中国科学院自然科学奖二等奖。

浙江大学（原浙江农业大学）何俊华和陈学新教授团队在我国著名寄生蜂分类学家祝汝佐教授（1900～1981）所奠定的文献资料与研究标本的坚实基础上，开展了农林业害虫寄生性天敌昆虫资源的深入系统分类研究，取得丰硕成果，撰写专著 20 余册，如《中国经济昆虫志 第五十一册 膜翅目 姬蜂科》《中国动物志 昆虫纲 第十八卷 膜翅目 茧蜂科（一）》《中国动物志 昆虫纲 第二十九卷 膜翅目 螯蜂科》《中国动物志 昆虫纲 第三十七卷 膜翅目 茧蜂科（二）》《中国动物志 昆虫纲 第五十六卷 膜翅目 细蜂总科（一）》等。2004 年何俊华教授又联合相关专家编著了《浙江蜂类志》，共记录浙江蜂类 59 科 631 属 1687 种，其中模式产地在浙江的就有 437 种。

浙江农林大学（原浙江林学院）吴鸿教授团队先后对浙江各重点生态地区的昆虫资源进行了广泛、系统的科学考察和研究，联合全国有关科研院所的昆虫分类学家，吴鸿教授作为主编或者参编者先后编撰了《浙江古田山昆虫和大型真菌》《华东百山祖昆虫》《龙王山昆虫》《天目山昆虫》《浙江乌岩岭昆虫及其森林健康评价》《浙江凤阳山昆虫》《浙江清凉峰昆虫》《浙江九龙山昆虫》等图书，书中发表了众多的新属、新种、中国新记录科、新记录属和新记录种。2014～2020 年吴鸿教授作为总主编之一还编撰了《天目山动物志》（共 11 卷），其中记述六足类动物 32 目 388 科 5000 余种。上述科学考察以及本次《浙江昆虫志》编撰项目为浙江当地和全国培养了一批昆虫分类学人才并积累了 100 万号昆虫标本。

通过上述大型有组织的昆虫科学考察，不仅查清了浙江省重要保护区内的昆虫种类资源，而且为全国积累了珍贵的昆虫标本。这些标本、专著及考察成果对于浙江省乃至全国昆虫类群的系统研究具有重要意义，不仅推动了浙江地区昆虫多样性的研究，也让更多的人认识到生物多样性的重要性。然而，前期科学考察的采集和研究的广度和深度都不能反映整个浙江地区的昆虫全貌。

昆虫多样性的保护、研究、管理和监测等许多工作都需要有翔实的物种信息作为基础。昆虫分类鉴定往往是一项逐渐接近真理（正确物种）的工作，有时甚至需要多次更正才能找到真正的归属。过去的一些观测仪器和研究手段的限制，导致部分属种鉴定有误，现代电子光学显微成像技术及 DNA 条形码分子鉴定技术极大推动了昆虫物种的更精准鉴定，此次《浙江昆虫志》对过去一些长期误鉴的属种和疑难属种进行了系统订正。

为了全面系统地了解浙江省昆虫种类的组成、发生情况、分布规律，为了益虫开发利用和有害昆虫的防控，以及为生物多样性研究和持续利用提供科学依据，2016 年 7 月“浙江省昆虫资源调查、信息管理与编撰”项目正式开始实施，该项目由浙江省林业有害生物防治检疫局（现浙江省森林病虫害防治总站）和浙江省林学会发起，委托浙江农林大学组织，联合全国相关昆虫分类专家合作。《浙江昆虫志》编委会组织全国 30 余家单位 300 余位昆虫分类学者共同编写，共分 16 卷：第一卷由杜予州教授主编，包含原尾纲、弹尾纲、双尾纲，以及昆虫纲的石蛃目、衣鱼目、蜉蝣目、蜻蜓目、襀翅目、等翅目、蜚蠊目、螳螂目、蛸虫目、直翅目和革翅目；第二卷由花保祯教授主编，包括昆虫纲啮虫目、缨翅目、广翅目、蛇蛉目、脉翅目、长翅目和毛翅目；第三卷由张雅林教授主编，包含昆虫纲半翅目同翅亚目；第四卷由卜文俊和刘国卿教授主编，包含昆虫纲半翅目异翅亚目；第五卷由李利珍教授和白明研究员主编，包含昆虫纲鞘翅目原鞘亚目、藻食亚目、肉食亚目、牙甲总科、阎甲总科、隐翅虫总科、金龟总科、沼甲总科；第六卷由任国栋教授主编，包含昆虫纲鞘翅目花甲总科、吉丁甲总科、丸甲总科、叩甲总科、长蠹总科、郭公甲总科、扁甲总科、瓢甲总科、拟步甲总科；第七卷由杨星科和张润志研究员主编，包含昆虫纲鞘翅目叶甲总科和象甲总科；第八卷由吴鸿和杨定教授主编，包含昆虫纲双翅目长角亚目；第九卷由杨定和姚刚教授主编，包含昆虫纲双翅目短角亚目虻总科、水虻总科、食虫虻总科、舞虻总科、蚤蝇总科、蚜蝇总科、眼蝇总科、实蝇总科、小粪蝇总科、缟蝇总科、沼蝇总科、鸟蝇总科、水蝇总科、突眼蝇总科和禾蝇总科；第十卷由薛万琦和张春田教授主编，包含昆虫纲双翅目短角亚目蝇总科、狂蝇总科；第十一卷由李后魂教授主编，包含昆虫纲鳞翅目小蛾类；第十二卷由韩红香副研究员和姜楠博士主编，包含昆虫纲鳞翅目大蛾类；第十三卷由王敏和范骁凌教授主编，包含昆虫纲鳞翅目蝶类；第十四卷由魏美才教授主编，包含昆虫纲膜翅目“广腰亚目”；第十五卷由陈学新和王义平教授主编、第十六卷由陈学新教授主编，这两卷内容为昆虫纲膜翅目细腰亚目。16 卷共记述浙江省六足类 1 万余种，各卷所收录物种的截止时间为 2021 年 12 月。

《浙江昆虫志》各卷主编由昆虫各类群权威顶级分类专家担任，他们是各单位的学科带头人或国家杰出青年科学基金获得者、973 计划首席专家和各专业学会的理事长和副理事长等，他们中有不少人都参与了《中国动物志》的编写工作，从而有力地保证了《浙江昆虫志》整套 16 卷学术内容的高水平和高质量，反映了我国昆虫分类学者对昆虫分类区系研究的最新成果。《浙江昆虫志》是迄今为止对浙江省昆虫种类资源最为完整的科学记载，体现了国际一流水平，16 卷《浙江昆虫志》汇集了上万张图片，除黑白特征图外，还有大量成虫整体或局部特征彩色照片，这些图片精美、细致，能充分、直观地展示物种的分类形态鉴别特征。

浙江省林业局对《浙江昆虫志》的编撰出版一直给予关注，在其领导与支持下获得浙江省财政厅的经费资助。在科学考察过程中得到了浙江省各市、县（市、区）林业部门的大力支持和帮助，特别是浙江天目山国家级自然保护区管理局、浙江清凉峰国家级自然保护区管理局、宁波四明山国家森林公园、钱江源国家公园、浙江仙霞岭省级自然保护区管理局、浙江九龙山国家级自然保护区管理局、景宁望东垟高山湿地自然保护区管理局和舟山市自然资源和规划局也给予了大力协助。同时也感谢国家出版基金和科学出版社的资助与支持，保证了 16 卷《浙江昆虫志》的顺利出版。

中国科学院印象初院士和康乐院士欣然为本志作序。借此付梓之际，我们谨向以上单位和个人，以及在本项目执行过程中给予关怀、鼓励、支持、指导、帮助和做出贡献的同志表示衷心的感谢！

限于资料和编研时间等多方面因素，书中难免有不足之处，恳盼各位同行和专家及读者不吝赐教。

《浙江昆虫志》编辑委员会

2022 年 3 月

《浙江昆虫志》编写说明

本志收录的种类原则上是浙江省内各个自然保护区和舟山群岛野外采集获得的昆虫种类。昆虫纲的分类系统参考袁锋等 2006 年编著的《昆虫分类学》第二版。其中，广义的昆虫纲已提升为六足总纲 Hexapoda，分为原尾纲 Protura、弹尾纲 Collembola、双尾纲 Diplura 和昆虫纲 Insecta。目前，狭义的昆虫纲仅包含无翅亚纲的石蛃目 Microcoryphia 和衣鱼目 Zygentoma 以及有翅亚纲。本志采用六足总纲的分类系统。考虑到编写的系统性、完整性和连续性，各卷所包含类群如下：第一卷包含原尾纲、弹尾纲、双尾纲，以及昆虫纲的石蛃目、衣鱼目、蜉蝣目、蜻蜓目、襀翅目、等翅目、蜚蠊目、螳螂目、蝻虫目、直翅目和革翅目；第二卷包含昆虫纲的啮虫目、缨翅目、广翅目、蛇蛉目、脉翅目、长翅目和毛翅目；第三卷包含昆虫纲的半翅目同翅亚目；第四卷包含昆虫纲的半翅目异翅亚目；第五卷、第六卷和第七卷包含昆虫纲的鞘翅目；第八卷、第九卷和第十卷包含昆虫纲的双翅目；第十一卷、第十二卷和第十三卷包含昆虫纲的鳞翅目；第十四卷、第十五卷和第十六卷包含昆虫纲的膜翅目。

由于篇幅限制，本志所涉昆虫物种均仅提供原始引证，部分物种同时提供了最新的引证信息。为了物种鉴定的快速化和便捷化，所有包括 2 个以上分类阶元的目、科、亚科、属，以及物种均依据形态特征编写了对应的分类检索表。本志关于浙江省内分布情况的记录，除了之前有记录但是分布记录不详且本次调查未采到标本的种类外，所有种类都尽可能反映其详细的分布信息。限于篇幅，浙江省内的分布信息如下所列按地级市、市辖区、县级市、县、自治县为单位按顺序编写，如浙江（安吉、临安）；由于四明山国家级自然保护区地跨多个市（县），因此，该地的分布信息保留为四明山。对于省外分布地则只写到省份、自治区、直辖市和特区等名称，参照《中国动物志》的编写规则，按顺序排列。对于国外分布地则只写到国家或地区名称，各个国家名称参照国际惯例按顺序排列，以逗号隔开。浙江省分布地名称和行政区划资料截至 2020 年，具体如下。

湖州：吴兴、南浔、德清、长兴、安吉

嘉兴：南湖、秀洲、嘉善、海盐、海宁、平湖、桐乡

杭州：上城、下城、江干、拱墅、西湖、滨江、萧山、余杭、富阳、临安、桐庐、淳安、建德

绍兴：越城、柯桥、上虞、新昌、诸暨、嵊州

宁波：海曙、江北、北仑、镇海、鄞州、奉化、象山、宁海、余姚、慈溪

舟山：定海、普陀、岱山、嵊泗

金华：婺城、金东、武义、浦江、磐安、兰溪、义乌、东阳、永康

台州：椒江、黄岩、路桥、三门、天台、仙居、温岭、临海、玉环

衢州：柯城、衢江、常山、开化、龙游、江山

丽水：莲都、青田、缙云、遂昌、松阳、云和、庆元、景宁、龙泉

温州：鹿城、龙湾、瓯海、洞头、永嘉、平阳、苍南、文成、泰顺、瑞安、乐清

目　　录

鞘翅目 Coleoptera

鞘翅目 Coleoptera

鞘翅目是昆虫纲中最大的一目，其中有不少是重要的农林害虫和天敌昆虫。全世界已知约 42 万种，中国记录约 3.5 万种。它们生境多样，分布极广，与人类的关系密切，在自然生态系统中扮演重要角色。鞘翅目昆虫俗称甲虫，体型多变，体长 0.3–160.0 mm，体壁强烈骨质化，口器通常咀嚼式，上颚发达。复眼通常发达，但也有退化者，一般无单眼。触角通常 11 节，形状在不同类群中变化很大，常见的有丝状、棒状、锤状、念珠状、锯齿状、栉状、鳃片状、膝状等。前胸背板发达，前足基节窝有的封闭、有的开放。前翅特化为坚硬的鞘翅，其形态差异很大，大多数类群鞘翅较长，可盖住整个腹部，有些类群（如隐翅虫科、露尾甲科）鞘翅很短，导致部分或大部分腹节暴露。后翅膜质，一般长于鞘翅，形态多样，承担飞行功能。少数类群后翅退化，失去飞行能力。足一般为步行足，但有的类群由于生活环境及习性的不同，足在形态和功能上有很多变化，如跳跃足、游泳足、开掘足等。大多数甲虫的跗节在 3–5 节变化，跗式多数为 5–5–5，也有 5–5–4、3–3–3 等，跗节的节数和各节的形态及长短比例等是重要的分类依据。鞘翅目昆虫属于全变态昆虫，幼虫为寡足型或无足型。按照食性可分为植食性、肉食性、腐食性、寄生性等，按照栖息习性可分为水生、陆生、土栖、木栖、共栖、菌栖等。

鞘翅目通常分为 4 个亚目，即原鞘亚目 Archostemata、藻食亚目 Myxophaga、肉食亚目 Adephaga 和多食亚目 Polyphaga，这 4 个亚目在浙江省均有记录。《浙江昆虫志》鞘翅目卷册依据标本和翔实的文献记录，按照当今鞘翅目最新分类系统将鞘翅目昆虫分 3 卷出版，第五卷记录原鞘亚目、藻食亚目、肉食亚目和多食亚目的 5 个总科；第六卷记录多食亚目的 9 个总科；第七卷记录叶甲总科和象甲总科，三卷共记录浙江鞘翅目昆虫 69 科 1166 属 2747 种（含亚种）。

本卷是《浙江昆虫志》的第五卷，也是浙江鞘翅目昆虫的第一卷，包含了原鞘亚目的长扁甲科，藻食亚目的淘甲科，肉食亚目的虎甲科、步甲科、豉甲科、沼梭科、伪龙虱科、龙虱科，以及多食亚目牙甲总科的沟背牙甲科、牙甲科，阎甲总科的阎甲科，隐翅虫总科的平唇水龟科、觅葬甲科、球蕈甲科、葬甲科、隐翅虫科，金龟总科的粪金龟科、皮金龟科、锹甲科、红金龟科、金龟科和沼甲总科的沼甲科，共计 22 科 432 属 1088 种（含亚种）。书中描述了科、属、种级阶元的主要形态特征，编制了分科、分属和分种检索表，给出了相应的地理分布信息，大部分物种附有鉴别特征图和（或）整体彩图。本卷收录物种的截止时间各类群略有不同，阎甲总科和隐翅虫科为 2019 年 12 月 31 日，金龟总科为 2020 年 5 月 31 日，其余部分为 2020 年 12 月 31 日。

本卷在编写过程中，广大国内外同行专家给予了大力支持与帮助，得到了浙江省林业厅、上海师范大学生物学博士点培优项目及国家出版基金的大力资助，在此一并致谢！

第一章　原鞘亚目 Archostemata

成虫小至中型，通常 5.0–25.0 mm，体形扁平，延长，体表具不规则瘤突和鳞片状刚毛，形成不同颜色斑纹。头前口式或下口式，上颚发达，具尖齿；复眼向外突出；触角 11 节，粗丝状或念珠状，常扁平具软毛；下颚须末节具明显指状附属物。前胸背板近四边形，具明显背侧缝；侧板发达，裸露，常延伸至前角。鞘翅刻纹网格状，具扁平纵脊和 9 条“窗形”刻点列。前足基腹连片活动，裸露。中足基节窝外侧开放，与后胸前侧片和中胸后侧片邻接。后胸腹板具横缝，与后足基节分离，基腹连片暴露。跗式 5–5–5。腹部可见 5 节。阳茎三叶状，雌性生殖器中基腹片和负瓣片退化，肛侧片和载肛突缺失。

本亚目昆虫常生活于树皮下或朽木中。全世界已知 5 科 13 属 46 种，中国记录 2 科 2 属 8 种，浙江分布 1 科 1 属 1 种。

一、长扁甲科 Cupedidae

主要特征：成虫体长 5.0–25.0 mm，两侧近平行，体形扁平，背面具不规则刻纹；体色棕色、黑色或灰色；体表具宽鳞片状刚毛。头通常较短，近四边形，背面具突起。触角 11 节，粗丝状，长于头和前胸长度之和，着生于头背面；触角窝隆起。上颚短且钝，具 1 个端齿。复眼大而突出。前胸背板具不规则刻痕，侧缘明显，前角尖锐。前胸腹板具发达凹槽收纳前足跗节。鞘翅宽于前胸背板，长大于宽，两侧平行，具发达纵肋和“窗形”刻点列；鞘翅缘折窄。足细长，跗式 5–5–5。腹板可见 5 节。第 9 背板和阳茎间具“V 形”双裂骨片；阳茎侧叶近端部具骨片，腹面边缘具长刺。雌性基腹片具尾须，负瓣片退化成膜质。成虫常发现于树皮下或通过灯光诱集。

分布：主要分布于东洋区、新北区、旧热带区、新热带区、澳洲区。世界已知 8 属 37 种，中国记录 1 属 7 种，浙江分布 1 属 1 种。

1. 巨长扁甲属 *Tenomerga* Neboiss, 1984

Tenomerga Neboiss, 1984: 448. Type species: *Cupes mucida* Chevrolat, 1829.

主要特征：体形扁平。头横宽，有 2 对锥形突起，无触角沟，触角粗丝状，略呈侧向扩展，长度约为体长的 3/4。前胸背板近方形，宽大于长，前角尖锐。前胸腹板前缘和侧缘具被隆脊分隔的深沟，收纳前足跗节。鞘翅略宽于前胸背板，背面平坦，每鞘翅具 10 列刻点（第 10 列仅在基部 1/4 可见），大部分刻点列之间具鳞片，刻点发达，鞘翅端部钝圆。后翅前缘脉、亚前缘脉和径脉在翅斑处愈合。雄性腹部第 9 背板具长的分叉突。

分布：主要分布于古北区、东洋区、新北区。世界已知 16 种，中国记录 7 种，浙江分布 1 种。

（1）天目山巨长扁甲 *Tenomerga tianmuensis* Ge *et* Yang, 2004（图 1-1）

Tenomerga tianmuensis Ge *et* Yang, 2004: 633.

主要特征：成虫体长 12.3–12.5 mm。体黄棕色，鞘翅刻点列间具浅白色鳞片。头稍横宽，顶中央具纵向凹痕；上颚发达，具双齿；上唇和上颚具密集长刚毛。触角长度大于头和前胸背板长度之和。前胸背板长是宽的 0.8 倍，两侧平行，前角向前突起呈尖锐角状，后缘隆起，盘区具深凹。小盾片心形。鞘翅长度是宽度的 3.24 倍，具 3 条纵脊。足细长。雄性第 9 背板中叶宽阔，向后延伸，超出侧叶。阳茎粗壮，侧叶端钩 2 裂，腹面边缘具细齿；中叶端部深凹，两侧在基部变宽。本种与 *T. mucida* 外形相似，但可通过阳茎形态与之区分。

分布：浙江（临安）。

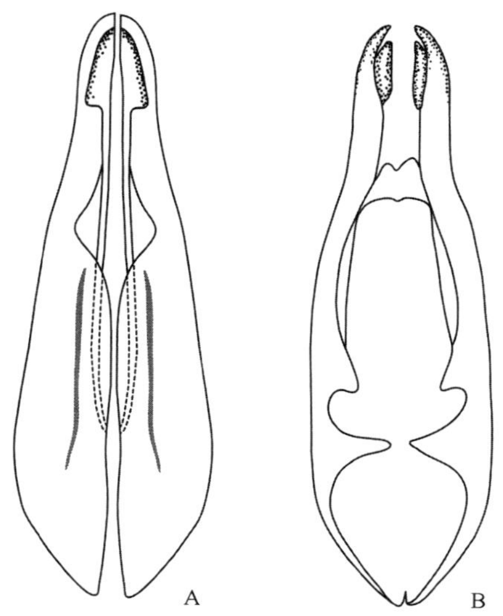

图 1-1 天目山巨长扁甲 *Tenomerga tianmuensis* Ge *et* Yang, 2004（仿自 Ge and Yang，2004）

A. 阳茎背面观；B. 阳茎腹面观

第二章　藻食亚目 Myxophaga

体小型，不超过 3.0 mm。唇基和上唇大，触角锤状，至多 9 节，无咽片。前胸侧片外露，与基腹连片愈合，具背侧缝。中胸腹板后缘与后胸腹板很宽地相接。中足及后足基节分离很宽，中足基节窝向侧缘很宽地开放，与中胸后侧片和后胸前侧片相接。后翅有小纵室，边缘具长缘毛，静止时翅端卷起。跗节通常 4 节或更少。

该类群生活于潮湿环境中，如河边、瀑布边缘的石壁、潮湿的岩石等，通常以藻类为食。藻食亚目的现生种类通常分 4 科，即单跗甲科 Lepiceridae、淘甲科 Torridincolidae、球甲科 Sphaeriusidae 和水缨甲科 Hydroscaphidae，中国均有记录，浙江仅记录淘甲科。

二、淘甲科 Torridincolidae

主要特征：体型小，长 1.0–2.7 mm，黑色或深栗褐色，常具金属光泽。体较短宽，背部明显隆拱，边缘圆或扁压，前胸背板-鞘翅夹角明显。表面光滑或具细小皱纹，部分种类具软毛。头前口式，触角短，9 节（淘甲科指名亚科 Torridincolinae）或 11 节（多节淘甲亚科 Deleveinae），柄节与梗节形成一个壶状结构，鞭节沿端部逐渐膨大，末节球棒状。前胸腹板突宽，端部圆，与中胸铰接在一起（多节淘甲亚科）或端部平截，搭接在中胸上（淘甲科指名亚科）。鞘翅边缘圆，表面光滑，具微毛（多节淘甲亚科）或前半部分两侧平行，具明显条纹（淘甲科指名亚科）。后翅发达具纵室，臀域高度退化，边缘具毛。足长，跗节细长，4 节或 5 节（*Delevea* 属），基部 2–3 节非常短，端部 2 节细长，爪较长。腹部可见 4–5 节。

淘甲营完全水生生活，其生活史的所有阶段都在水里进行，以藻类和蓝绿藻为食，主要栖息于快速流动的山涧或小溪流边上的石底浅滩或者各种具流动水的潮湿石壁上，通常更加偏好干净的水体，部分种类（如 *Iapir briskii*）曾被报道生活在重度污染的溪流中。

分布：主要分布于非洲中部和南部，马达加斯加，巴西东南部，以及中国和日本。世界已知 7 属 60 余种（分为 2 个亚科），中国仅在浙江记录 1 属，即佐淘甲属 *Satonius*。

2. 佐淘甲属 *Satonius* Endrödy-Younga, 1997

Satonius Endrödy-Younga, 1997: 317. Type species: *Delevea kurosawai* Satô, 1982.

主要特征：体呈均匀卵形，背面深栗褐色或黑色，腹面颜色淡，个别种腹面黑色。背面具稀疏的微毛，基底刻点不可见。额唇基缝明显。触角 11 节，短棒状；柄节粗，梗节短小，第 3–10 节紧凑，明显横宽；第 11 节最长，倒数第 2 节不比前一节长很多。下颚须 3 节，第 3 节最长。前胸背板基部最宽，后角被肩角截断。前胸腹板前缘锯齿状；腹突宽，后缘弓形。鞘翅基部 2/5 处最宽，无条纹。中胸腹板窄，前缘内陷以容纳前胸腹突。后胸腹板大，前侧边沿中足基节窝呈刺状突出。腹部可见 5 节，第 1 节可见腹节侧面凹陷以容纳后足腿节，前缘中间有 1 长刺突分离开后足基节。

分布：仅分布于东亚。世界已知 6 种，中国记录 5 种，浙江分布 1 种。

（2）王氏佐淘甲 *Satonius wangi* Hájek *et* Fikáček, 2008（图 2-1）

Satonius wangi Hájek *et* Fikáček, 2008: 665.

主要特征：体卵形，长 1.4–1.8 mm，宽 0.9–1.1 mm。背面黑色，腹面黄色到红褐色；背面微网纹明显，网眼多边形。下颚须第 3 节长大于前两节之和。前胸背板梯形，侧边较宽。小盾片小，三角形。鞘翅上侧边除端部外始终可见。后翅为长翅。后足转节后角圆形突出。雄性外生殖器中叶背面基部一半稍弯，端部一半近乎平直，腹面稍凹，近端部具小突起。侧叶短而粗，端部具 3 根长刚毛，近基部具 1 列毛孔延伸至侧叶之半的位置。

分布：浙江（龙泉）。

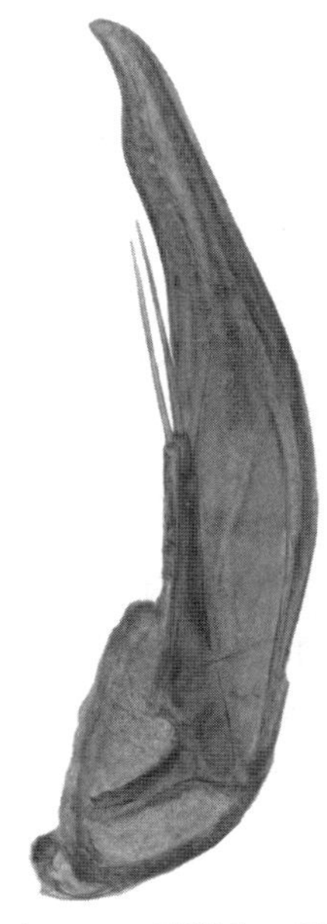

图 2-1　王氏佐淘甲 *Satonius wangi* Hájek *et* Fikáček, 2008 阳茎（侧面观）

第三章　肉食亚目 Adephaga

肉食亚目 Adephaga 是鞘翅目下的 1 个亚目，属捕食性昆虫。主要特征为前胸有背侧缝；后足基节固定在后胸腹板上，并向后延伸将第 1 腹节的腹板完全分割成 2 个部分；有 6 个可见腹板；跗式 5–5–5。幼虫多为蛃型，上颚无臼齿，腹末具尾突。

该亚目分水生和陆生两大类，在系统分类中主要包括虎甲科 Cicindelidae、步甲科 Carabidae、豉甲科 Gyrinidae、沼梭科 Haliplidae、伪龙虱科 Noteridae 和龙虱科 Dytiscidae 等。

三、虎甲科 Cicindelidae

主要特征：身体狭长，多具金属光泽。头大而灵活，前口式；复眼大而突出；唇基宽，两侧超过触角基部位置；触角细丝状，11 节，着生于唇基和复眼之间；上颚长而弯曲，静止时左右交叉，内缘具 3 个大尖齿；下颚内叶端部具能活动的钩。前胸背板小于眼宽，长方形、球形或长瓶状。鞘翅长，覆盖整个腹部；大多数种类后翅发达，善飞行。雄性可见腹板 7 节，雌性 6 节。足细长。

生物学：成虫、幼虫均为捕食性，捕食其他小昆虫或小动物，捕食对象多半是农业生产上的害虫。成虫白天活动，常在山区道路或沙地上活动，有时静息于路面，当行人接近时，它就后退几米，故有“拦路虎”和“引路虫”之称。幼虫深居垂直的洞穴中，在穴口等候猎物，用镰刀状上颚捕捉猎物。

分布：世界广布。世界已知 120 多属 2400 多种，中国记录 20 多属约 200 种，浙江分布 12 属 26 种（亚种）。在分类系统中，虎甲有时作为单独的科，有时作为步甲科的 1 个亚科，本志采用 Duran 和 Gough（2020）最新研究观点，将虎甲作为独立的科处理。

分属检索表

1. 体形狭长；前胸背板细长，长远大于宽；后胸前侧片狭长，呈凹沟状……………………………… **树栖虎甲属** ***Neocollyris***
- 体形宽阔；前胸背板长至多略大于宽；后胸前侧片宽，无纵沟 ……………………………………………2
2. 前胸侧板通常完全光洁，偶尔仅内侧一半区域具一些白毛……………………………………………3
- 前胸侧板大部分区域被白色长毛 ……………………………………………………………………7
3. 体腹面完全光洁；前胸背板呈球形 ………………………………………………… **球胸虎甲属** ***Therates***
- 至少后胸腹板两侧具一些白毛；前胸背板非球形 ……………………………………………………4
4. 鞘翅基半部沿翅缝具 2 个白斑 ……………………………………………………… ***簇虎甲属** ***Lophyra***
- 鞘翅无上述白斑 ………………………………………………………………………………………5
5. 鞘翅肩部倾斜，后翅退化；上唇端部具 4–6 根刚毛 ………………………………… ***斜肩虎甲属** ***Apterodela***
- 鞘翅肩部方阔，后翅展开时至少长于鞘翅；上唇端部具 6 根或更多刚毛………………………………6
6. 体具鲜艳的金属色；上唇半圆形，前缘具 6 根刚毛；体型大，体长大于 14.0 mm ………… **虎甲属（部分）** ***Cicindela* (part)**
- 体色通常较暗；上唇通常强烈横长，前缘常具 6 根或更多的刚毛；体型小，体长小于 10.5 mm ……………………………………………………………………… ***纤虎甲属（大部分）** ***Cylindera* (most)**
7. 上唇前缘具 4 根刚毛 ……………………………………………………………………………8
- 上唇前缘具 6 根或更多的刚毛 ………………………………………………………………………9
8. 前胸背板近方形，背板两侧具白毛，前缘无白毛；雌性于鞘翅前 1/3 附近具 1 对暗黑斑……………… **毛颊虎甲属** ***Myriochila***
- 前胸背板近梯形，背板两侧无白毛，前缘具 1 行白毛；雌性无上述暗黑斑 ………………………… **纹虎甲属** ***Abroscelis***

9. 鞘翅无白斑或仅具白边……10
- 鞘翅其他区域还具白斑……11
10. 鞘翅具白边；上唇具 8–12 根刚毛；雌性鞘翅基部 1/3 处具 1 个金属斑或暗色斑……**白缘虎甲属 *Callytron***
- 鞘翅单色；上唇具 6 根刚毛；雌性无上述金属斑……**毛唇虎甲属（部分）*Calomera* (part)**
11. 上唇近半圆形，前缘具 5–7 根刚毛……12
- 上唇强烈横宽，近长方形，有时中部突出，前缘具 8 根以上刚毛……13
12. 鞘翅白斑界线分明，底色红铜色或铜绿色，具深蓝色大斑；前胸背板光洁……**虎甲属（部分）*Cicindela* (part)**
- 鞘翅白斑部分边缘破碎，除白斑之外，鞘翅底色均一；前胸背板具白毛……***头虎甲属 *Cephalota***
13. 上唇刚毛排成不规则的 2 行……***毛唇虎甲属（大部分）*Calomera* (most)**
- 上唇所有刚毛排成 1 行，规则或不规则……14
14. 腹部腹面全被毛；鞘翅前半部沿翅缝具 2 个白斑；上唇最外侧 1 对刚毛十分远离其余刚毛……**毛胸虎甲属 *Chaetodera***
- 腹部至少中央光洁；鞘翅无翅缝斑；上唇最外侧 1 对刚毛不明显远离其余刚毛……**纤虎甲属（部分）*Cylindera* (part)**

注：*表示此处的分属仅适用于浙江已知的物种。

3. 纹虎甲属 *Abroscelis* Hope, 1838

Abroscelis Hope, 1838: 19. Type species: *Cicindela longipes* Fabricius, 1798.

主要特征：体中型，长方形。体表面有暗绿色或红铜色，有的种类鞘翅全黄白色或大部分黄白色。头大，眼突出。前胸背板略呈梯形，前缘宽，少狭于基缘；前缘具 1 排长纤毛。鞘翅长方形或长卵形，鞘翅两侧略平行或中部向外弧状突出。前胸侧片密被长毛。足特别细长，大部分种类的腿节长度接近于体长，适合在近水沙滩上生活。

分布：东亚和东南亚。世界已知 6 种，中国记录 3 种，浙江分布 1 种。

（3）锚纹虎甲 *Abroscelis anchoralis* (Chevrolat, 1845)①（图版 I-1）

Cicindela anchoralis Chevrolat, 1845: 97.

主要特征：体长 8.0–12.0 mm。体表有暗绿色金属光泽，每鞘翅有 2 条黄白色纵带，1 条沿鞘翅侧缘从肩部到鞘翅缝角，1 条在鞘翅中部，从基部直达鞘翅端部 1/5 处，端部游离，略弯向翅缝，在亚端部有内突，两纵带在基边相连，并在基部 1/3 处由 1 条短横带相连。上唇中部具大齿突，中齿两侧具小齿突，亚前缘有 4 根刚毛；颊光洁无毛。前胸背板横方，长约为宽的 1.3 倍；两侧缘不平行，向后略变宽；后角近直角，顶端略钝；中线浅，前后横沟很深。鞘翅长圆形，侧缘弧圆，不平行。前胸侧片、后胸前侧片密被毛，后胸腹板侧区密被毛，腹部腹板具细小的短毛。足长，腿节长约为鞘翅长的 6/7。

分布：浙江、辽宁、北京、山东、湖北、台湾、广东、海南、澳门。

4. 斜肩虎甲属 *Apterodela* Rivalier, 1950

Apterodela Rivalier, 1950: 231. Type species: *Cicindela ovipennis* Bates, 1883.

主要特征：体中到大型，长卵形。鞘翅无白色条带，中部有 1 小斑。体长卵形。头大，眼不突出；上唇亚前缘有 4–6 根毛。前胸背板近方形，盘区平，有皱褶，无毛；前后横沟浅。鞘翅肩倾斜，不方；盘区

---

① 因虎甲科和步甲科的转属引证较复杂，尚待进一步明确，本志暂未列出转属引证。

有稀疏的大刻点，端部狭窄，外端凹深。后翅退化，不能飞。前胸侧片具皱褶，无毛。后胸前侧片宽。

分布：东亚。世界已知 5 种，中国记录 3 种，浙江分布 1 种。

（4）钳端虎甲 *Apterodela lobipennis* (Bates, 1888)（图版 I-2）

Cicindela lobipennis Bates, 1888: 380.

主要特征：体长 18.0 mm 左右。体表有暗绿色和铜色金属光泽，每鞘翅中部有 1 个橙黄色的小横斑，约有鞘翅的 1/3 宽。上唇中部前突，弧圆，无齿突，亚前缘有 4–6 根长刚毛；眼略小，不很突出。前胸背板方形，长等于宽或微大于宽；盘区密被皱褶；中纵沟深，前后横沟很浅，几乎不见。鞘翅长卵圆形，侧缘弧圆，不平行，亚前端明显凹入。前胸腹板和后胸腹板光洁无毛。

分布：浙江、山西、河南、陕西、甘肃、江苏、上海、湖北、江西、四川、云南。

5. 毛唇虎甲属 *Calomera* Motschulsky, 1862

Calomera Motschulsky, 1862b: 22. Type species: *Cicindela decemguttata* Fabricius, 1801.

主要特征：体中小型，长方形。体表有暗绿色或铜色金属光泽，鞘翅有黄白色斑带，或单色无斑。头大，眼突出；上唇亚前缘毛一般多于 6 根；眼下颊密被毛。前胸背板方；侧边具稀疏刚毛。鞘翅侧边弧形或两侧平行。

分布：古北区和东洋区。世界已知 26 种，中国记录 7 种，浙江分布 3 种（亚种）。

分种检索表

1. 鞘翅有多条黄白色带……………………………………………………………膨边虎甲 ***C. angulata***
- 鞘翅单一绿色，无黄白色带或斑点……………………………………………………………………2
2. 鞘翅两侧向后略扩展…………………………………………短毛虎甲指名亚种 ***C. brevipilosa brevipilosa***
- 鞘翅两侧平行……………………………………………………短毛虎甲克氏亚种 ***C. brevipilosa klapperichi***

（5）膨边虎甲 *Calomera angulata* (Fabricius, 1798)（图版 I-3）

Cicindela angulata Fabricius, 1798: 62.

主要特征：体长 9.0–12.2 mm。体表有浅灰的铜色金属光泽，每鞘翅有 3 条白色横带，第 1 条在鞘翅基部 1/4，从侧缘到达鞘翅中部，第 2 条在鞘翅基部 2/5 处，在鞘翅中部向后弯曲，略呈“乙”字形，第 3 条在鞘翅近端部，到达鞘翅中部，侧缘有 1 条细纵带，从肩部到鞘翅缝角，有时中断。上唇中部具 1 个小齿突，亚前缘有 2 排多根刚毛，排列不很整齐。前胸背板横方，前缘无细纤毛；前后横沟略深；盘区四周具稀疏长刚毛；侧边在前部 1/3 处向外呈弧状膨出。鞘翅长卵圆形，侧缘弧圆，不平行。

分布：浙江、河北、山西、陕西、江苏、安徽、湖北、江西、福建、台湾、广东、海南、贵州、云南、西藏；巴基斯坦，印度，尼泊尔，西亚地区。

（6）短毛虎甲指名亚种 *Calomera brevipilosa brevipilosa* (W. Horn, 1908)

Cicindela brevipilosa W. Horn, 1908: 33.

主要特征：体长 14.0 mm 左右。体表有暗绿色金属光泽，并略具铜色光泽，鞘翅无斑。上唇中部具

3 个小齿突，亚端缘有 6 根刚毛。前胸背板横方，前缘无细纤毛；前后横沟很深；盘区两侧具稀长刚毛；侧边在前部 1/3 处向外微微膨出。鞘翅近长方形，侧缘向后略变宽，不平行，最宽处在端部 1/4 处；鞘翅在内 1/3 处具 1 列不很整齐的凹坑，9–11 个。

分布：浙江、吉林、北京、河北、山东、河南、甘肃、江苏、湖北、西藏。

（7）短毛虎甲克氏亚种 *Calomera brevipilosa klapperichi* (Mandl, 1942)

Cicindela brevipilosa klapperichi Mandl, 1942: 87.

主要特征：该亚种与短毛虎甲指名亚种的区别是鞘翅长方形，侧缘平行。

分布：浙江、福建、台湾。

讨论：浙江是否有短毛虎甲指名亚种分布尚有疑问，可能都是短毛虎甲克氏亚种。

6. 白缘虎甲属 *Callytron* Gistel, 1848

Callytron Gistel, 1848: 111. Type species: *Cicindela limosa* Saunders, 1834.

主要特征：体中型。鞘翅仅边缘有带，有时斑带退化缩短，中部无斑带。体表具红铜色和绿色金属光泽，雌性鞘翅基部 1/3 处具 1 个金属斑或暗色斑。上唇前缘中部具 1–3 个小齿或不明显，亚前缘有 8–12 根刚毛；外颚叶 2 节，不退化；眼下颊无毛。前胸背板方，盘区光洁无毛；中沟浅，后横沟深；前缘边无纤毛。鞘翅肩方，两侧缘近平行。后翅不退化。后胸前侧片宽。雄性阳茎内囊鞭毛简单，近直。

分布：亚洲。世界已知 11 种，中国记录 5 种，浙江分布 3 种。

分种检索表

1. 鞘翅侧缘带很细，宽窄均一；雌性鞘翅中部有 1 个紫红色的光亮小区，圆形 ·························· **泥泞白缘虎甲 *C. limosum***
- 鞘翅侧缘带两端细，中部略宽；雌性鞘翅中部有 1 个光亮或暗色小区，三角形或卵圆形 ·························· 2
2. 雄性阳茎端部细长，长度约等于后足跗节 2；雌性鞘翅中部有 1 个光亮的三角形小区 ·········· **雪带白缘虎甲 *C. nivicinctum***
- 雄性阳茎端部细，不很长，长度约等于后足跗节 2 之半；雌性鞘翅中部有 1 个暗色的卵圆形小区 ·························· **暗白缘虎甲 *C. inspeculare***

（8）暗白缘虎甲 *Callytron inspeculare* (W. Horn, 1904)

Cicindela nivicinctum inspeculare W. Horn, 1904: 87.

主要特征：体长 9.0–10.0 mm。身体有红铜色金属光泽，前胸边缘具绿色金属光泽，鞘翅边缘有狭长白色纵带，肩后最细，中部和顶端处最宽，雌性鞘翅斑小，暗色，长卵形，界线不清晰。上唇中部前突，弧圆，有 3 个非常不明显的齿突，边缘有 8 或 9 根刚毛；眼略小，不很突出。前胸背板略长方，长略小于宽；前缘无细纤毛；中纵沟略深，前后横沟略浅；盘区密皱褶。鞘翅长方形，侧缘近平行；端缘呈细锯齿状，缝角具短刺。

分布：浙江、辽宁、上海、台湾、香港；朝鲜，日本。

讨论：该种和雪带白缘虎甲 *Callytron nivicinctum* (Chevrolat, 1845)相似，原来作为后者的亚种。两者的主要区别为（Hori and Cassola，1989）：暗白缘虎甲 *Callytron inspeculare* 的中胸前侧片无纵沟，仅在前部有凹坑；前胸背板后角稍钝，侧边很直；鞘翅较狭窄，翅长为头宽的 2.26–2.36 倍；雌性鞘翅中斑小，不光亮，呈长卵形，界线不清晰；雄性阳茎端片短，0.35–0.55 mm（雪带白缘虎甲 *Callytron nivicinctum* 的中胸前侧片有较长的细纵沟，达到全长的 3/4；前胸背板后角很钝，侧边在后角弯；鞘翅略短，长为头宽的 2.1–2.3 倍；雌性鞘翅中斑大，紫红色，光亮，呈三角形，界线清晰；雄性阳茎端片长，0.65–1.0 mm）。

（9）泥泞白缘虎甲 *Callytron limosum* (Saunders, 1834)

Cicindela limosum Saunders, 1834: 64.

主要特征：体长约 10.0 mm。身体有暗绿色和铜色金属光泽，雌性每鞘翅中部有 1 个紫红色的小圆斑，直径约有鞘翅的 1/4 宽，侧缘有狭长的白色纵带，在肩后最细，在翅缝端最宽，雌性鞘翅斑小，紫红色，明亮，圆形，界线清晰。上唇中部前突，弧圆，有 3 个微小的齿突，近前缘有 8 根刚毛；眼大，突出。前胸背板横方，长略小于宽；前缘有细纤毛；中纵沟浅，前后横沟很深；盘区密皱褶，两侧具稀疏长毛。鞘翅长方形，侧缘在中部略向外弧状突出；端缘呈细锯齿状，缝角具短刺。

分布：浙江；东洋区。

讨论：该种分布于东南亚，我们未见到标本，浙江是否有分布尚有疑问。

（10）雪带白缘虎甲 *Callytron nivicinctum* (Chevrolat, 1845)（图版 I-4）

Cicindela nivicincta Chevrolat, 1845: 98.

主要特征：体长 9.0–10.0 mm。身体有绿色金属光泽，鞘翅表面颗粒呈红铜色，鞘翅边缘有狭长白色纵带，肩后最细，中部和顶端处最宽，雌性鞘翅中央略前具 1 光亮的红色斑，斑大，三角形，界线清晰。上唇中部前突，弧圆，中部具 3 个微小的齿突，边缘有 8 或 9 根刚毛；眼略小，不很突出。前胸背板近正方，长略小于宽；前缘无细纤毛；中纵沟略深，前后横沟略深；盘区密皱褶。鞘翅长方形，侧缘近平行；端缘呈细锯齿状，缝角具长刺。

分布：浙江、江苏、福建、广东、海南、香港、澳门；朝鲜，日本，东洋区。

7. 头虎甲属 *Cephalota* Dokhtouroff, 1883

Cephalota Dokhtouroff, 1883: 70. Type species: *Cicindela luctuosa* Dejean, 1831.

主要特征：个体中偏大，11.0–15.0 mm。翅有侧缘带，鞘翅侧边带完整或有 1–2 处中断，但中部不中断；翅中区的斑带很明显。眼大，突出；眼下颊无毛；上唇前缘中部具 1 齿，亚前缘具 6 根刚毛。前胸侧片密被毛；前胸背板前后缘、侧边有毛。腹部腹板侧边有毛。

分布：古北区，少数种类扩展到东洋区北部。世界已知 25 种，中国记录 5 种，浙江分布 1 种。

（11）裂斑虎甲 *Cephalota chiloleuca* (Fischer von Waldheim, 1820)

Cicindela chiloleuca Fischer von Waldheim, 1820: 1.

主要特征：体长 11.0–12.0 mm。身体有暗红铜色和绿色金属光泽，鞘翅边缘有宽的白色纵带，侧带在肩后分出 1 支，斜向后到达鞘翅之半，在中部分布 1 支，向内并向后延伸，略呈“乙”字形，但乙字的边缘不整齐，羽毛状，侧缘带在近端部有 2 个向内的微突。上唇中部前突，弧圆，有 1 个小齿突，边缘有 6 根刚毛；眼大，很突出。前胸背板近正方，长略小于宽；前缘无细纤毛；两侧缘圆弧状；盘区密皱褶，两侧有稀长刚毛，中纵沟略深，前后横沟略深。鞘翅长方形，侧缘略平行；缝角具短齿。

分布：浙江、辽宁、内蒙古、河北、河南、甘肃、青海、新疆、湖北、香港；俄罗斯，蒙古国，朝鲜，中亚地区，欧洲。

8. 毛胸虎甲属 *Chaetodera* Jeannel, 1946

Chaetodera Jeannel, 1946: 154. Type species: *Cicindela regalis* Dejean, 1831.

主要特征：个体一般较大，10.5–18.5 mm；斑多而全，包括小盾片斑、基圆斑、中圆斑、肩斑、中横带、翅端带。头大，眼突出，眼下颊无毛；上唇前缘中部具 1 齿，亚前缘毛 6 根；触角第 4 节顶端多毛。前胸背板方，侧边直或中部略向外弧圆；盘区毛多。腹面多毛。该属和簇虎甲属 *Lophyra* 很相似，但后者腹部腹板只有侧面有毛；触角第 4 节顶端只有 2 根毛（Mawdsley，2011）。

分布：亚洲和非洲。世界已知 9 种，中国记录 1 种，浙江分布 1 种。

（12）花斑虎甲 *Chaetodera laetescripta* (Motschulsky, 1860)

Cicindela laetescripta Motschulsky, 1860a: 88.

主要特征：体长 10.5 mm。胫节黄色，前胸具绿色金属光泽，鞘翅有红铜色金属光泽。鞘翅边缘有窄的白色纵带；侧带在肩后分出 1 支，向内到达鞘翅之半，顶端有 1 弯钩；在中部分布 1 支，向内并向后延伸，略呈“乙”字形；侧缘带在端部 1/3 有 1 个向内的微突；另在小盾片两侧、基部 1/5 和 1/3 靠翅缝处有 3 个小白圆斑。上唇中部前突，弧圆，有 1 个小齿突，边缘有 6 根刚毛；眼大，很突出。前胸背板近正方，长略小于宽；前缘无细纤毛；两侧缘圆弧状；盘区密皱褶，表面和两侧都有稀长刚毛，中纵沟深，前后横沟深。鞘翅长方形，侧缘微微弧圆；缝角具短齿。

分布：浙江、内蒙古、北京、河南、湖北、江西、四川；俄罗斯，蒙古国，朝鲜，日本。

9. 虎甲属 *Cicindela* Linnaeus, 1758

Cicindela Linnaeus, 1758: 407. Type species: *Cicindela campestris* Linnaeus, 1758.

主要特征：大型。鞘翅一般有横带或斑，很少无斑带，体表具红铜色和绿色金属光泽。上唇前缘中部具 3 个大齿，亚前缘有 6 根刚毛；外颚叶 2 节，不退化。前胸背板方，盘区光洁无毛；中沟浅，后横沟深；前缘边无纤毛。鞘翅肩方，两侧缘近平行。后翅发达，不退化。前胸前侧片大部分少毛，个别种类毛略多。后胸前侧片宽。雄性阳茎内囊鞭毛简单，近直。

分布：几乎全世界分布。世界已知约 300 种，中国记录约 18 种，浙江分布 4 种。

讨论：*Cosmodela* Rivalier, 1961 有时作为独立的属，有时作为 *Cicindela* 属的亚属，世界已知 13 种，主要分布于亚洲，中国记录 7 种，浙江分布 3 种。但最近 Gough 等（2019）基于分子数据提出 *Cosmodela*+*Sophiodela*+*Calochroa* 构成 1 个单系，*Cosmodela* 属不应当单立，故本志将 *Cosmodela* 作为 *Cicindela* 属的亚属处理。

分种检索表

1. 鞘翅蓝色大斑分成前后两部分，有中后部 2 条白色斑或带……**中国虎甲 *C. chinensis***
- 鞘翅蓝色大斑完整，不分割，有前中后 3 条白色斑或带……2
2. 鞘翅中横带粗、均匀，和前后斑的直径几乎相等……**金斑虎甲 *C. juxtata***
- 鞘翅中横带粗、不均匀，外半段粗，内半段细，或者和外半段分离……3
3. 鞘翅中横带的内半段显著变细……**逗斑虎甲 *C. virgula***
- 鞘翅中横带的内、外两段分离，或中部显著变细……**离斑虎甲 *C. separata***

（13）中国虎甲 *Cicindela* (*Sophiodela*) *chinensis* De Geer, 1774（图版 I-5）

Cicindela chinensis De Geer, 1774: 119.

主要特征：大型，体长 18.0–21.0 mm。胫节略呈黄色，前胸背板中区具红铜色金属光泽，四周具绿色金属光泽，鞘翅底色红铜色和绿色混杂，基部有 1 个蓝黑色圆斑，中后部有 1 个大的蓝黑色长圆斑，后斑内有 2 条黄白色横带，前横带长，几乎到达蓝黑斑的外缘和内缘，后横带约为前横带的一半。上唇中部前突，弧圆，有 5 个小齿突，边缘有 6 根刚毛；眼大，很突出。前胸背板近正方，长略小于宽；前缘无细纤毛；两侧缘圆弧状；盘区密皱褶，表面光洁无毛，中纵沟浅，前后横沟很深。鞘翅长方形，侧缘近平行；缝角具小短齿。前胸侧片近基节处被毛，有时毛占一半甚至更大面积。

分布：浙江、河北、山西、山东、河南、甘肃、江苏、安徽、江西、福建、广东、海南、香港、四川、贵州、云南；日本，东洋区。

（14）金斑虎甲 *Cicindela* (*Cosmodela*) *juxtata* Acciavatti *et* Pearson, 1989（图版 I-6）

Cicindela juxtata Acciavatti *et* Pearson, 1989: 131. [RN]
Cicindela flavomaculata Chevrolat, 1845: 95. [HN]

主要特征：体长 14.0–18.0 mm。前胸背板中区具红铜色金属光泽，四周、中沟和前后横沟具蓝色金属光泽，鞘翅底色暗蓝色，肩后有 1 个黄白色圆斑，中部偏后有 1 个黄白色横带，横带内端略变窄，不到达翅缝，近端部 1 个黄白色圆斑，肩部有 1 个小圆斑。上唇前缘弧圆，中部有 3 个大齿，亚前缘有 6 根刚毛；眼大而突出；头顶在两眼之间密纵皱；眼下颊无毛。前胸背板近正方，长略小于宽；前缘无细纤毛；两侧缘圆弧状；盘区密皱褶，后角区有稀疏长刚毛；中沟浅，前后横沟很深。鞘翅长方形，侧缘平行；缝角具不明显的齿突。前胸侧片、后胸前侧片、腹部腹板 2–4 节侧区有长刚毛。

分布：浙江、山东、上海、湖北、福建、广东、海南、香港、四川、云南；印度，东洋区。

（15）离斑虎甲 *Cicindela* (*Cosmodela*) *separata* Fleutiaux, 1894（图版 I-7）

Cicindela separata Fleutiaux, 1894: 491.

主要特征：体长 16.0–17.0 mm。前胸背板中区具红铜色金属光泽，四周、中沟和前后横沟具蓝色金属光泽；鞘翅底色暗蓝色，肩后有 1 个黄白色圆斑，中后部有 1 个黄白色横带，横带中部中断或稍有细线连接，近端部 1 个黄白色圆斑，肩部有 1 个小圆斑。上唇前缘弧圆，中部有 3 个大齿，亚前缘有 6 根刚毛；眼大而突出；头顶在眼之间有纵皱；眼下颊无毛。前胸背板近正方，长略小于宽；前缘无细纤毛；两侧缘圆弧状；盘区密皱褶，表面光洁无毛；后角仅具个别长刚毛；中沟浅，前后横沟很深。鞘翅长方形，侧缘平行；缝角具不明显的齿突。前胸侧片、后胸前侧片、腹部腹板侧区仅被小范围的稀毛；后胸腹板侧区具密毛，中区光洁。

分布：浙江（临安、宁波）、山西、河南、江苏、上海、湖北、江西、福建、云南；东洋区。

（16）逗斑虎甲 *Cicindela* (*Cosmodela*) *virgula* Fleutiaux, 1894（图版 I-8）

Cicindela virgula Fleutiaux, 1894: 491.

主要特征：体长 14.0–17.0 mm。前胸背板中区具红铜色金属光泽，四周、中沟和前后横沟具蓝色金属光泽，鞘翅底色暗蓝色，中缝两侧具红铜色光泽；肩后有 1 个黄白色的卵圆形斜斑，中部稍后有 1 个黄白色横带，横带内端部细，宽度约为外端部之半，近端部 1 个黄白色圆斑，肩部有 1 个小圆斑。上唇前缘弧圆，中部有 3 个大齿，近前缘有 6 根刚毛；眼大而突出。前胸背板近正方，长略小于宽；前缘无细纤毛；两侧缘圆弧状；盘区密皱褶，无长刚毛；后角处被少量长毛；中纵沟浅，前后横沟很深。鞘翅长方形，侧缘平行；缝角具不明显的齿突。前胸侧片、后胸前侧片、腹部腹板侧区仅被小范围的稀毛；后胸腹板侧区具密毛，中区光洁。

分布：浙江、山东、江苏、上海、福建、台湾、海南、香港、广西、四川、云南、西藏；印度，尼泊尔，欧洲。

10. 纤虎甲属 *Cylindera* Westwood, 1831

Cylindera Westwood, 1831: 300. Type species: *Cicindela germanica* Linnaeus, 1758.

主要特征：小型，纤细，体长一般小于 10.5 mm。眼大而隆；眼下颊无毛；头顶有细纵皱；上唇前缘中部齿小，亚前缘具毛 6 根或更多。前胸背板方，侧面具稀毛。鞘翅侧边带完整或有中断，翅中斑明显，很少退化。前胸侧片或多或少具毛，很少无毛。后胸腹板侧区具毛。

分布：世界广布。世界已知约 200 种，中国记录约 40 种，浙江分布 4 种（亚种）。

分种检索表

1. 前胸侧片密被毛；鞘翅斑带在中部呈“乙”字形 ………………………………………… 云纹虎甲 *C. elisae*
\- 前胸侧片近前足基节处具毛；鞘翅斑带在中部不呈“乙”字形 ………………………………………… 2
2. 鞘翅中部斑带宽，从侧缘内侧开始，向内后方延伸，变细 ………………………………………… 暗斑纤虎甲 *C. descendens*
\- 鞘翅中部斑带窄或无，不倾斜 ………………………………………… 3
3. 鞘翅肩部具斑，侧缘中部和端部具短的斑带，中区略前具 1 很小的圆斑，中部之后具 1 个大卵圆斑 ………………………………………… 星斑虎甲指名亚种 *C. kaleea kaleea*
\- 鞘翅肩部和中部的斑模糊不清或消失 ………………………………………… 星斑虎甲凯氏亚种 *C. kaleea cathaica*

（17）云纹虎甲 *Cylindera* (*Eugrapha*) *elisae* (Motschulsky, 1859)（图版 I-9）

Cicindela elisae Motschulsky, 1859: 487.

主要特征：体长 7.0–9.5 mm。体表被浅灰绿色、黄铜色金属光泽；肩部无斑，侧缘具白斑带，斑带在肩后向翅内弯曲，呈“C”形，中部向翅内伸，呈“乙”字形，近端部向前伸，该突伸的游离端部略膨宽。上唇横方，前缘中部有 1 个小尖齿，亚前缘有 10–12 根刚毛；眼大而突出，眼下颊无毛。前胸背板近正方，长略小于宽；前缘无细纤毛；两侧缘直；盘区密皱褶，侧区具稀疏长刚毛，中纵沟浅，前后横沟很深。鞘翅长方形，侧缘平行；缝角具明显的齿突。前胸侧片、后胸腹板两侧、后胸前侧片、腹部腹板两侧均密被长毛。

分布：浙江、吉林、内蒙古、北京、河北、山西、山东、河南、甘肃、青海、新疆、江苏、上海、安徽、湖北、江西、台湾、四川、云南、西藏；俄罗斯，蒙古国，朝鲜，日本。

（18）暗斑纤虎甲 *Cylindera* (*Ifasina*) *descendens* (Fischer von Waldheim, 1828)

Cicindela descendens Fischer von Waldheim, 1828: 35.

主要特征：体长 8.0–9.0 mm。前胸背板具蓝绿色金属光泽，鞘翅具深蓝色金属光泽；肩部具 1 白色圆斑，肩后 1/4 处靠中区有 1 个白色小圆斑，远小于肩斑，鞘翅中部有 1 个黄白色斜带，从侧缘内开始，向后、向内倾斜，到达翅宽的 1/3 处，该斑带的端半部比基半部窄，端部沿翅缘具 1 个黄白色斑带，从缝角开始，向外前方延伸，在端部 1/5 处向内突伸。上唇前缘弧圆，中部有 1 个小齿突，近前缘有 6 根刚毛；眼大而突出。前胸背板近正方，长略小于宽；前缘无细纤毛；两侧缘圆弧状，后角之前略直；盘区密皱褶，侧区具稀疏长刚毛，中纵沟浅，前后横沟很深。鞘翅长方形，侧缘平行；缝角具不明显的齿突。前胸侧片具少量毛。

分布：浙江、青海、新疆；俄罗斯，蒙古国，中亚地区，印度。

（19）星斑虎甲指名亚种 *Cylindera (Ifasina) kaleea kaleea* (Bates, 1866)（图版 I-10）

Cicindela kaleea Bates, 1866: 340.

主要特征：体长 7.5–9.0 mm。体表被浅灰绿色或暗铜色金属光泽；肩部具小白斑，肩后 1/4 处靠中区有 1 个白色小圆斑，此斑后面在鞘翅中部有 1 个稍大的圆斑，翅缘中部有斑带，基端向内侧突伸；翅端部沿翅缘具 1 个黄白色斑带，从缝角开始，沿端缘向外前方延伸，在端部 1/5 处向内突伸，此斑带很细。上唇前缘弧圆，中部有 1 个小齿，齿两侧深凹，近前缘有 6 根刚毛；眼大而突出。前胸背板近正方，长略小于宽；前缘无细纤毛；两侧缘圆弧状，后角之前略直；盘区密皱褶，侧区具稀疏长刚毛，中纵沟浅，前后横沟很深。鞘翅长方形，侧缘平行；缝角具不明显的齿突。前胸侧片近基节处具极少量毛。

分布：浙江、北京、河北、山西、山东、河南、陕西、甘肃、江苏、上海、湖北、江西、福建、台湾、广东、海南、香港、广西、四川、贵州、云南；印度。

（20）星斑虎甲凯氏亚种 *Cylindera (Ifasina) kaleea cathaica* (Bates, 1874)

Cicindela cathaica Bates, 1874: 265.

主要特征：和星斑虎甲指名亚种形态相近，但鞘翅肩斑、近基部圆斑和中部圆斑变小、模糊不清或消失；侧缘中部和端部斑带的长度有时也缩短。

分布：浙江（临安）、上海、香港。

讨论：星斑虎甲斑纹变化很大，本亚种有可能不成立，但此处不做分类修订。

11. 簇虎甲属 *Lophyra* Motschulsky, 1860

Lophyra Motschulsky, 1860a: 25. Type species: *Cicindela catena* Fabricius, 1775.

主要特征：体长方形。身体有灰色的铜绿色或暗绿色金属光泽；鞘翅斑比较复杂，大多数沿翅缝两侧有 3 或 4 个小斑（缝斑），分布在小盾片两侧（呈“八”字形）、基部 1/4 处、中部略前、端部 1/4 处，极个别种类缝斑减少或消失，沿侧边或侧边稍内有细纵条带，很少中断。头大，眼膨出。前胸背板方形，全部被稀毛。鞘翅长方形；后翅发达。前胸侧片近前足基节处具少量的毛。腹部腹板侧区有毛，中区光洁。该属和毛胸虎甲属 *Chaetodera* 非常相似，曾经作为其同物异名，主要区别是后者腹部腹板全部被毛（该属中间光洁）、触角第 4 节顶端毛多于 3 根（该属毛 2 根）、个体较大，长 10.5–18.0 mm（该属一般在 14.0 mm 以下）、鞘翅斑带粗大（该属一般细小）。

分布：亚洲、欧洲和非洲。世界已知 40 多种，中国记录 5 种，浙江分布 2 种（亚种）。

（21）隐纹虎甲 *Lophyra fuliginosa* (Dejean, 1826)

Cicindela fuliginosa Dejean, 1826: 415.

主要特征：体长 8.5–11 mm。身体具浅灰铜色金属光泽；侧缘具完整纵条带，分别在基部 1/4、端部 1/4

向内稍突伸，中部向内突伸，然后向内后方延伸，呈细的“乙”字形，但中间有时中断；鞘翅盘区散布黑色大刻点。上唇前缘弧圆，中部有 1 个齿突，雌性明显，雄性退化或消失，近前缘有 6 根刚毛；眼大而突出。前胸背板近正方，长略小于宽；前缘无细纤毛；两侧缘圆弧状；盘区密皱褶，侧区具稀疏长刚毛，中纵沟浅，前后横沟很深。鞘翅长方形，侧缘平行；缝角具不明显的齿突。

分布：浙江、上海、广东、云南；东洋区。

（22）断纹虎甲连纹亚种 *Lophyra striolata dorsolineolata* (Chevrolat, 1845)（图版 I-11）

Cicindela dorsolineolata Chevrolat, 1845: 95.

主要特征：体长 10.0–13.5 mm。身体具浅灰色略有黄铜色金属光泽；近侧缘具完整纵条带，从肩部起，离开侧缘向后伸达鞘翅亚顶端，几乎与鞘翅端部长圆斑相连，小盾片两侧有 2 条短纵带，呈“八”字形排列，翅缝外侧另有 3 条短纵带，分布在基部 1/4、2/5 和端部 1/4 处。上唇前缘弧圆，中部有 5 个齿突，近前缘有 4 或 5 根刚毛；眼大而突出。前胸背板近正方，长略小于宽；前缘无细纤毛；两侧缘圆弧状；盘区密皱褶，侧区具稀疏长刚毛，中纵沟浅，前后横沟很深。鞘翅长方形，侧缘平行；缝角具不明显的齿突。

分布：浙江、北京、山东、河南、江苏、安徽、湖北、湖南、福建、广东、云南；日本，东洋区。

12. 毛颊虎甲属 *Myriochila* Motschulsky, 1858

Myriochila Motschulsky, 1858a: 109. Type species: *Cicindela aegyptiaca* Dejean, 1825.

主要特征：身体长方形。体表具绿色光泽，鞘翅具侧边带，完整或有 1–2 处中断，中部不中断，翅中斑带细弱或几乎消失，有些种类的雌性鞘翅中前部具明亮的金属色斑。眼下颊无毛；上唇亚前缘有 4 根毛。前胸背板方形；两侧有稀毛；前缘无纤毛。鞘翅方；两侧缘近平行。前胸侧片、后胸腹板侧区、后胸后侧片、腹部腹板密被毛。

分布：亚洲、欧洲和非洲。世界已知 40 种左右，中国记录 6 种，浙江分布 1 种。

（23）镜面虎甲 *Myriochila specularis* (Chaudoir, 1865)（图版 I-12）

Cicindela specularis Chaudoir, 1865a: 24.

主要特征：体长 10.0–12.0 mm。身体具浅绿色金属光泽；侧缘具完整纵条带，分别在基部 1/5、端部 1/5 向内稍突伸，中部向内突伸，然后向内后方延伸，略呈细的“乙”字形，但中间中断，雌性的鞘翅基部 1/3 靠中央位置有 1 个黑色斑。上唇前缘弧圆，中部有 3 个齿突，近前缘有 4 根刚毛；眼大而突出。前胸背板近正方，长略小于宽；前缘无细纤毛；两侧缘圆弧状；盘区密皱褶，侧区具稀疏长刚毛，中纵沟浅，前后横沟很深。鞘翅长方形，侧缘近平行，向后部略变宽；缝角具不明显的齿突。

分布：浙江、河南、江苏、上海、湖北、江西、湖南、福建、广东、海南、香港、澳门、云南；日本，东洋区。

13. 球胸虎甲属 *Therates* Latreille, 1816

Therates Latreille, 1816: 179. Type species: *Cicindela labiata* Fabricius, 1801.

主要特征：体长方形。体蓝色、紫色、棕色，部分种类双色，鞘翅有 1–3 条横带或斜带。眼大，强烈外突；下颚须外颚叶退化，几乎不见。前胸背板两侧弧圆，呈球状；前后横沟深。鞘翅长方形，盘区有细刻点。腹面光洁无毛。

分布：东亚和东南亚。世界已知约 110 种，中国记录约 10 种，浙江分布 1 种。

（24）维球胸虎甲 *Therates vitalisi* W. Horn, 1913（图版 I-13）

Therates vitalisi W. Horn, 1913: 363.

主要特征：体长 10.0–12.0 mm。身体具深蓝紫色金属光泽；每鞘翅基部有 2 个斑，分别在肩内沟两侧，肩沟内后方 1 小斑，翅中部有 1 个短的斜斑带，外端离开侧缘，内端向后斜，到达翅内侧 2/3 处。上唇前缘弧圆，共有 10 个尖齿突，亚前缘有 8 或 9 根刚毛；眼大而突出；触角末 3 节变宽，雄性更甚。前胸背板球形，长略小于宽；盘区光洁，侧区无刚毛；中纵沟浅，前后横沟缢缩，很深。鞘翅长方形，侧缘平行；表面具刻点，在基半部刻点更粗；鞘翅近顶端凹，端部上翘；缝角无齿突。

分布：浙江、甘肃、福建、云南、西藏；越南，东洋区。

14. 树栖虎甲属 *Neocollyris* W. Horn, 1901

Neocollyris W. Horn, 1901: 45. Type species: *Collyris bonellii* Guérin-Méneville, 1833.

主要特征：身体细长。体蓝色、绿色、紫色或前后双色，身体中部一般有细弱的横带，少数种类横带宽或横带消失。头近三角状，颈细。前胸背板细长，前端窄，后端宽，水瓶状；前胸有或深或浅的前后横凹。鞘翅长为宽的 2.4 倍以上；两侧缘平行或稍向后变宽。后胸前侧片狭长，中间呈凹槽状。

分布：东亚和东南亚。世界已知约 220 种，中国记录约 50 种，浙江分布 4 种。

分种检索表

1. 触角较短，长不达前胸中部，第 6–11 节长约为宽的 1.5 倍 ············ **棒角叶虎甲 *N. crassicornis***
- 触角长达前胸中部之后，第 7–10 节长为宽的 2.0 倍或以上 ············ 2
2. 头顶在两眼之间有 1 个卵圆形深凹；口须棕黄色 ············ **皱纹叶虎甲 *N. rugosior***
- 头顶在两眼之间无卵圆形深凹；口须黄色、棕色或蓝黑色 ············ 3
3. 口须黄色或棕黄色；触角第 3–11 节棕黄或深棕色 ············ **红唇叶虎甲 *N. rufipalpis***
- 口须蓝黑色；触角仅第 5–6 节棕黄或深棕色 ············ **光背叶虎甲 *N. bonellii***

（25）皱纹叶虎甲 *Neocollyris rugosior* (W. Horn, 1896)

Collyris rugosior W. Horn, 1896: 149.

主要特征：体长 12.0–14.0 mm。鞘翅蓝绿色，中部常具细的棕色横斑，有时该斑消失，头和前胸背板蓝色；口须棕黄色；触角第 1 节和第 2 节蓝黑色，第 3–11 节棕黄或暗棕色；腿节基部棕黄色，端部蓝黑色，胫节和跗节棕黄色。头顶平，前部在眼之间有卵圆形的大凹陷。上唇长，前缘有 7 个钝齿，齿基部处具 8 根亚前缘毛；触角长达前胸中部略后，第 7–10 节长约是宽的 2.0 倍。前胸背板细长，长约为宽的 1.7 倍；有明显的横皱褶；无中沟，基横沟很深。鞘翅两侧略平行，向端部稍变宽，长为宽的 2.5–2.6 倍；表面密布粗刻点，端部 1/4 刻点细小。后胸大部分区域具密刻点，仅中后部光洁。

分布：浙江、江西、广东、海南、广西。

（26）光背叶虎甲 *Neocollyris bonellii* (Guérin-Méneville, 1833)（图版 I-14）

Collyris bonellii Guérin-Méneville, 1833: 481.

主要特征：体长 8.5–13.0 mm。身体具蓝紫色金属光泽；鞘翅中部无淡色横斑；口须蓝黑色；腿节黄色，胫节蓝黑色；触角第 3 节和第 4 节端部黄色，第 5 节和第 6 节棕黄或深棕色，其他近蓝黑色；腿节棕黄色，胫节和跗节蓝黑色或棕黑色。上唇长，前缘弧圆，前缘有 7 个小钝齿，齿基部有 8 根亚前缘刚毛；眼大而突出；头顶在眼间无深凹；触角长过前胸中部，第 6–11 节长为宽的 2.0 倍。前胸背板长锥形，长约为基宽 1.8 倍；盘区前半部近光洁，其余有稀疏刻点和刚毛；中纵沟无，后横沟缢缩很深。鞘翅长约为宽的 3.1 倍，侧缘向后略扩展；表面具粗密刻点；缝角具小齿突。后胸腹板仅外后角的小片区域具密刻点。

分布：浙江、湖南、福建、广东、海南、香港、广西、云南、西藏；巴基斯坦，印度，尼泊尔。

（27）红唇叶虎甲 *Neocollyris rufipalpis* (Chaudoir, 1865)（图版 I-15）

Collyris rufipalpis Chaudoir, 1865b: 504.

主要特征：体长 8.5–12.0 mm。身体具蓝绿色金属光泽；鞘翅中部具微弱的淡黄色细横斑；触角第 1–2 节近蓝黑色，第 3–11 节棕黄或深棕色；口须黄色或棕黄色；腿节棕黄色，胫节黑色，跗节棕黑色。上唇前缘弧圆，前缘有 7 个小钝齿，近前缘有 8 根刚毛；眼大而突出；头顶在眼之间无深凹；触角细长，到达前胸背板中部之后，第 6–11 节长为宽的 2.0 倍以上。前胸背板长锥形，长约为基宽的 1.8 倍；盘区中央光洁，有时有横皱褶，侧区具稀大刻点和刚毛；中纵沟无，后横沟缢缩很深。鞘翅长约为宽的 2.7 倍，侧缘向后略扩展；表面具粗密刻点；缝角具小齿突。后胸腹板大部分区域具密刻点，仅中后部少量区域光洁。

分布：浙江、江西、福建、广东、海南、云南；尼泊尔，东洋区。

（28）棒角叶虎甲 *Neocollyris crassicornis* (Dejean, 1825)（图版 I-16）

Colliuris crassicornis Dejean, 1825: 166.

主要特征：体长 9.0–15.5 mm。身体具蓝紫色金属光泽；鞘翅中部具微弱的淡黄色细横斑；触角和口须蓝黑色；腿节棕黄色，胫节和跗节黑色。上唇前缘近平直，前缘有 10 个钝齿，近前缘有 8 根刚毛；眼大而突出；头顶在眼之间无深凹；触角第 6–11 节长约为宽的 1.5 倍。前胸背板长锥形，长约为基宽的 1.9 倍；盘区光洁，有少量横皱褶，侧区有大刻点和刚毛；中纵沟无，后横沟缢缩很深。鞘翅长约为宽的 2.4 倍，侧缘向后略扩展；表面具粗密刻点；缝角圆，无齿突。后胸腹板大部分区域具密刻点，仅中后部的小片区域光洁。

分布：浙江、江西、福建、台湾、广东、海南、香港、广西；印度，尼泊尔。

四、步甲科 Carabidae

主要特征：陆生，体略扁平，体长 1.0–60.0 mm，体色多黑色或棕色，部分种类体表具绿色、蓝色、紫色或黄铜色金属光泽，有些种类鞘翅具黄色圆斑或条带。头一般比前胸背板狭，前口式，上颚外侧有沟，有些类群沟内有刚毛；复眼突出，洞居和土栖种类复眼退化或消失；触角 11 节，多为丝线状，少数膨粗；前胸背板一般方形或心形，部分种类呈长筒形；中后胸各具翅 1 对，前翅为鞘翅，后翅膜质，许多地栖和高山种类后翅退化。鞘翅长度一般盖过腹部，但一些类群鞘翅末端平截，露出腹部末端。鞘翅表面一般有条沟或刻点行，基部有小盾片行，有些种类消失。后足基节不活动，把第 1 可见腹板分成三部分。足一般细长，善于爬行，跗式 5–5–5。

生物学：成虫和幼虫一般为捕食性，取食小型昆虫、蚯蚓、蜗牛等，部分种类也取食植物的花、果实和种子。

分布：世界广布，尤其以古北区、东洋区和旧热带区种类较多。世界已知 40 000 余种，中国记录 200 余属 4000 余种，浙江分布 80 余属 200 余种，本志收录 82 属 190 种。

分亚科检索表

1. 身体卵圆形；小盾片不外露；鞘翅具 14–16 列条沟 ………… **圆步甲亚科 Omophroninae**
- 身体长形或稍卵圆形；小盾片外露；鞘翅一般具 9 列条沟 ………… 2
2. 中足基节窝开放，中胸后侧片伸达中足基节 ………… 3
- 中足基节窝关闭，中胸后侧片不达中足基节 ………… 4
3. 上颚外沟有 1 根刚毛；体小到中型 ………… **心步甲亚科 Nebriinae**
- 上颚外沟无刚毛；体中到大型 ………… **步甲亚科 Carabinae**
4. 前足开掘式，前足胫节外端部有大棘；中胸柄状，小盾片明显离开鞘翅；后胸后侧片明显可见 …… **蝼步甲亚科 Scaritinae**
- 前足非开掘式，前足胫节外端部至多有小刺；中胸非柄状，背面不可见，小盾片紧邻鞘翅；后胸后侧片退化 ………… 5
5. 头于眼后有明显的横沟，沟内多具刻点 ………… **隘步甲亚科 Patrobinae**
- 头于眼后无横沟 ………… 6
6. 上颚沟有毛 1 根；鞘翅后端圆，不平截；体小型 ………… **行步甲亚科 Trechinae**
- 上颚沟无毛，如有 1 根，则鞘翅后端平截 ………… 7
7. 腹部可见腹节 7 节（雌）或 8 节（雄）；鞘翅后端平截 ………… **气步甲亚科 Brachininae**
- 腹部可见腹节 6 节；鞘翅后端圆或平截 ………… **婪步甲亚科 Harpalinae**

（一）心步甲亚科 Nebriinae

主要特征：体小到中型，体长一般 20.0 mm 以下。体表光亮无毛，体黑色或棕色，少量种类有花斑；头大，上颚外沟有 1 根长刚毛；触角自第 4 节起被绒毛；前胸背板大部分心形；鞘翅有 9 列条沟，后端圆；生活在高山的大多数种类后翅退化；中足基节窝由中胸腹板和后胸腹板包围，中胸后侧片不伸达基节窝；足细长。

分布：世界广布。世界已知 13 属 700 种（亚种），中国记录 5 属约 320 种，浙江分布 1 属 1 种。

心步甲族 Nebriini Laporte, 1834

15. 心步甲属 *Nebria* Latreille, 1802

Nebria Latreille, 1802: 89. Type species: *Carabus brevicollis* Fabricius, 1792.

主要特征：体长 10.0–18.0 mm。体黑色、棕黄色、红黄色或黄色，有些种类头顶有红斑。头大，眼中等大小，眼内侧具眉毛 2 根；触角细长，自第 5 节起密被绒毛；上颚长，外沟有 1 根刚毛。前胸心形，侧缘中部有 1 根或多根毛，后角处有 1 根毛；盘区光洁无毛。鞘翅近方形，两侧缘平行或侧缘稍弧圆；各行距宽度大概相等。中足基节窝开放，中胸前侧片到达中足基节；前胸基节窝开放。足细长，爪简单，无梳齿。

分布：古北区和新北区居多。世界已知 500 余种，中国记录约 100 种，浙江分布 1 种。

（29）中华心步甲 *Nebria chinensis* Bates, 1872（图版 I-17）

Nebria chinensis Bates, 1872: 52.

主要特征：体长 13.5–15.0 mm，宽 5.5–6.0 mm。体黑色；头顶具 1 红色横斑；触角、口器及足棕黄色。头较宽，眼突出，眼间距宽，隆起；额沟浅，刻点较细，头顶及 2 额凹之中区刻点极少；上颚强壮；触角从第 5 节起被绒毛。前胸背板心形；前角突伸；基角直角，角端锐；前、后横沟及中沟及基凹均较深；盘区光洁，具横纹，周缘刻点稠密。鞘翅略宽，肩方，翅两侧微膨，每翅端圆形；条沟中有细刻点；行距隆，被细刻点，第 3 行距具 5 个或 6 个毛穴。后翅发达。足细长，无净角距，爪简单。

分布：浙江（临安）、吉林、河北、山东、陕西、甘肃、江苏、安徽、湖北、江西、湖南、台湾、福建、广东、四川、贵州、云南；朝鲜，日本，东南亚。

（二）步甲亚科 Carabinae

主要特征：中到大型，一般体长 20.0 mm 以上。体表光亮无毛，体黑色或棕色，少量种类有花斑；头小，上颚细长，外沟光洁无毛；触角自第 5 节起被绒毛；前胸背板大部分长方形；鞘翅后端圆，部分种类行距隆起成脊或瘤突；大多数种类后翅退化，仅少部分有后翅；中足基节窝由中胸腹板和后胸腹板包围，中胸后侧片不伸达基节窝；足一般细长。

分布：主要分布于全北区。世界已知 10 属 1300 种（亚种），中国记录 5 属约 700 种，浙江分布 2 属约 20 种，本志列出其中 13 种。

步甲族 Carabini Latreille, 1802

16. 星步甲属 *Calosoma* Weber, 1801

Calosoma Weber, 1801: 20. Type species: *Carabus sycophanta* Linnaeus, 1758.

主要特征：大型种类，20.0 mm 或更长。体黑色或有金属光泽，鞘翅的大星点一般具金属色。触角自第 5 节开始被绒毛，第 3 节侧扁，长度是第 2 节的 3.0 倍；上颚大，表面皱；眼内侧具眉毛 1 根。前胸背板略呈心形，表面被刻点或皱褶，后角刚毛有或无。鞘翅肩方，两侧缘平行或自肩部向中后部膨扩；行距多于 16 条，一般具皱纹，部分行距上有大星点，有些种类的行距之间的界线模糊不清。胫节在一些种类中弯曲，雄性尤甚。

分布：世界广布。世界已知约 170 种，中国记录 12 种（亚种），浙江分布 2 种，其中中华星步甲 *C. chinense* 身体黑色，有红铜色金属光泽，而大星步甲 *C. maximoviczi* 体色为漆黑色。

（30）中华星步甲 *Calosoma chinense* Kirby, 1819（图版 I-18）

Calosoma chinense Kirby, 1819: 379.

主要特征：体长 26.0 mm 左右，宽 11.0 mm 左右。体黑色，有红铜色金属光泽，每鞘翅上的星点呈红铜色。头小，头顶微隆，密布刻点；上唇深凹；上颚长三角形，端部钝直；触角第 3 节压扁状。前胸横宽，宽为长的 1.6 倍，端宽略小于基宽；盘区平，密被刻点；前后角圆，后角向后略突伸，有毛 1 根；侧缘均匀从前角弧圆到后角。鞘翅大致方形，侧边自肩部向后略变宽；每鞘翅有星点 3 纵行，星点间距离略小于行间距离。雄性前足跗节变宽，有粘毛，中、后足胫节弯曲。

分布：浙江、黑龙江、吉林、辽宁、北京、河北、山西、山东、河南、宁夏、青海、上海、安徽、广东、四川、云南；东南亚。

（31）大星步甲 *Calosoma maximoviczi* Morawitz, 1863（图版 I-19）

Calosoma maximoviczi Morawitz, 1863: 20.

主要特征：体长 30.0 mm 左右，宽 12.5 mm 左右。体黑色，鞘翅边缘有弱的蓝绿色金属光泽。触角第 3 节长度大于第 1 节和第 2 节之和；上颚宽大；下唇须次末节有 3–4 根刚毛；下颚须末节长度和次末节长度接近。前胸背板略呈心形，无后角毛；盘区表面密被刻点；侧缘从前角到后角呈均匀的圆弧状。鞘翅向后渐宽，最宽处在中后部；行距隆，有瓦纹，无毛和刻点，第 4、8、12 行距上有大星点 10.0–15 个，星点的直径小于行距宽度；条沟深。腹面光洁无绒毛。该种和中华星步甲 *C. chinense* 的主要区别是体型略大，鞘翅强烈向后扩展，全身黑色，仅鞘翅侧沟有弱的蓝绿色金属光泽。

分布：浙江、吉林、辽宁、北京、河北、山东、河南、陕西、甘肃、台湾、四川、云南；俄罗斯，朝鲜。

17. 大步甲属 *Carabus* Linnaeus, 1758

Carabus Linnaeus, 1758: 413. Type species: *Carabus granulatus* Linnaeus, 1758.

主要特征：大型，体长 15.0–60.0 mm，身体一般狭长。头小；唇须末节一般斧状；触角细长，自第 5 节起密被绒毛，第 3 节长度和第 1 节接近；眼半球形，眼内侧具眉毛 1 根。前胸背板多样，一般呈方形；盘区有皱褶和刻点，无毛。鞘翅多具瘤状或链状的瘤突；后翅一般退化。中足基节窝开放，中胸后侧片伸达中足基节。足细长，爪无梳齿。

分布：主要分布在欧洲、亚洲和北美洲。世界已知 800 余种，中国记录 600 余种，浙江分布约 17 种，本志收录常见的 11 种。

分种检索表

1. 亚颏具刚毛……2
- 亚颏不具刚毛……6
2. 鞘翅由基部到端部呈绿色（或黄绿色）到铜色渐变，光泽强烈，主行距间有 1 条清晰连续的纵脊……**硕步甲 *C. davidis***
- 鞘翅黑色，主行距间有 3 条清晰连续的纵脊……3
3. 体型较小，25.0 mm 以下；肩部较方，在前胸背板后角前近平直……**警大步甲 *C. vigil***
- 体型较大，26.0 mm 以上；肩部陡，从基部倾斜……4
4. 雄性阳茎中叶侧面观，整体在中部最宽，端部较细长尖锐……**索氏大步甲 *C. sauteri***
- 雄性阳茎中叶侧面观，整体在距端部 1/3 处最宽，端部较短而钝圆……5
5. 雌性鞘翅末端内凹处有切角但较平滑，雄性阳茎侧面观端部边缘变扁，呈扁平状……**白马山大步甲 *C. candidiequus***
- 雌性鞘翅末端内凹处形成明显的近直角切角，雄性阳茎侧面观端部无扁平状边缘……**黄茅尖大步甲 *C. flavihervosus***
6. 鞘翅表面多少具连续的纵脊，有时略有断续；鞘翅卵圆形，末端圆，不突出……7
- 鞘翅表面无连续的纵脊，均为瘤突列；鞘翅呈纺锤形，末端尖锐，多明显突出……10
7. 鞘翅表面主行距间可见 3 条清晰连续的纵脊……8
- 鞘翅表面主行距间可见 1 条较清晰连续的纵脊，该纵脊两侧各具 1 条瘤突列或明显断续的纵脊……9

8. 前胸背板金属色到橙红色，鞘翅具金属黄绿色到铜色……………………………………信大步甲 *C. fiduciarius*
- 前胸背板及鞘翅不具金属光泽，鞘翅常为褐色到红褐色……………………………九江大步甲 *C. kiukiangensis*
9. 前胸背板略具金属铜色到黄绿色光泽…………………………………………………咸丰大步甲 *C. hienfoungi*
- 前胸背板黑色……………………………………………………………………………达尔格大步甲 *C. dargei*
10. 鞘翅边缘颜色多与前胸背板颜色近似，具强烈金属色泽；前胸背板呈橙红色、黄绿色、蓝紫色等………拉步甲 *C. lafossei*
- 鞘翅边缘颜色与鞘翅其他位置近似，光泽略强；在浙江地区前胸背板呈铜色到橙红色……………………疑大步甲 *C. elysii*

（32）白马山大步甲 *Carabus* (*Apotomopterus*) *candidiequus* (Imura, 2009)

Apotomopterus candidiequus Imura, 2009: 1.

主要特征：体长 28.0–33.5 mm。体黑色，无金属光泽。触角长，向后超过鞘翅中部；头顶具沟纹。前胸背板近六边形，于中部最宽；侧缘在后角前弯曲；后缘近平直；后角略向后突出；中沟明显。鞘翅卵圆形，主行距特化为连续的长椭圆形突起，主行距间夹有 3 条纵脊，纵脊清晰连续；雌性鞘翅末端有明显的切鞘现象，切角呈钝角，较圆。雄性阳茎中叶侧面观，整体在距端部 1/3 处最宽，端部较短而钝圆，端部边缘变扁，呈扁平状。

分布：浙江（丽水）。

（33）硕步甲 *Carabus* (*Apotomopterus*) *davidis* H. Deyrolle, 1878（图版 I-20）

Carabus davidis H. Deyrolle, 1878: 87.

主要特征：体长 34.0–42.0 mm，宽 13.0–15.0 mm。头黑色略有绿色到蓝紫色金属光泽，前胸背板金属黄绿色到蓝紫色，鞘翅由基部到端部呈金属绿色到铜色渐变或黄绿到铜色渐变，光泽强烈。头顶具沟纹；亚颏具刚毛。前胸背板宽大于长，最宽处位于中部；侧缘呈弧形，在后角前略弯曲；后角略突出。鞘翅主行距特化为连续的椭圆形瘤突列，主行距间夹有 1 条清晰连续的纵脊；雌性鞘翅末端有较明显的切鞘现象。

分布：浙江（杭州）、安徽、江西、湖南、福建、广东。

（34）索氏大步甲 *Carabus* (*Apotomopterus*) *sauteri* Roeschke, 1912（图版 I-21）

Carabus sauteri Roeschke, 1912: 4.

主要特征：体长 25.0–33.0 mm，宽 8.0–10.0 mm。体全黑色，无金属光泽。头部较光洁，略有沟纹，亚颏具刚毛。前胸背板近六边形，于中部最宽；侧缘在后角前弯曲；后角略向后突出，呈锐角；盘区具不规则的网格状微纹，中沟明显。鞘翅卵圆形，主行距特化为连续的长椭圆形突起，主行距间夹有 3 条纵脊，纵脊连续清晰；雌性鞘翅末端有较明显的切鞘现象。雄性阳茎中叶侧面观，整体在中部最宽，端部较细长尖锐。

分布：浙江（杭州、龙泉、温州）、安徽、湖北、江西、湖南、福建、广东、广西、贵州、台湾。

（35）黄茅尖大步甲 *Carabus* (*Apotomopterus*) *flavihervosus* (Imura, 2009)

Apotomopterus flavihervosus Imura, 2009: 3.

主要特征：体长 32.5–36.0 mm。体黑色，无金属光泽。触角长，向后超过鞘翅中部；头顶较光洁，略具沟纹。前胸背板近六边形，于中部最宽；侧缘在后角前弯曲；后缘近平直；中沟明显。鞘翅卵圆形，主行距特化为连续的长椭圆形突起，主行距间夹有 3 条纵脊，纵脊连续清晰；雌性鞘翅末端有较明显的切鞘现象，切角近直角。雄性阳茎中叶侧面观，整体在距端部 1/3 处最宽，端部较短而钝圆，端部无扁平状边缘。

分布：浙江（龙泉）。

（36）警大步甲 *Carabus* (*Acoptopterus*) *vigil* Semenov, 1898（图版 I-22）

Carabus vigil Semenov, 1898: 351.

主要特征：体长 21.0–25.0 mm，宽 8.0–9.0 mm。头黑色，前胸背板及鞘翅在浙江地区呈黑色，在陕西地区的种群具金属铜色到黄绿色光泽。头部亚颏具刚毛；触角较长，向后可达鞘翅中部。前胸背板近六边形，于中部最宽；侧缘在后角前弯曲；后角突出似叶状；盘区密布细刻点到不规则的网状沟纹；中沟明显。鞘翅卵圆形，肩部较方，在前胸背板后角前近平直；主行距特化为连续的长瘤突，主行距间夹有 3 条清晰连续的纵脊。

分布：浙江（杭州）、河南、陕西、甘肃、湖北、江西、四川。

（37）疑大步甲 *Carabus* (*Damaster*) *elysii* Thomson, 1856

Carabus elysii Thomson, 1856: 337.

主要特征：体长 29.0–40.0 mm，宽 11.0–14.0 mm。在浙江地区头部及前胸背板呈金属铜色到橙红色，鞘翅呈金属铜色到绿色。触角较短，向后不达鞘翅中部；头顶具刻点和沟纹；亚颏无刚毛。前胸背板近六边形，最宽处位于中部；侧缘在后角前弯曲变直；后角向后突出；盘区密布沟纹和刻点；中沟较明显。鞘翅纺锤形，末端尖锐，多明显突出；鞘翅表面主行距特化为连续的椭圆形瘤突列，主行距间夹有 1 列较小的瘤突列。

分布：浙江（湖州）、山西、河南、陕西、江苏、上海、安徽、湖北、江西、湖南、重庆、四川。

（38）拉步甲 *Carabus* (*Damaster*) *lafossei* Feisthamel, 1845（图版 I-23）

Carabus lafossei Feisthamel, 1845: 103.

主要特征：体长 38.0–47.0 mm，宽 11.0–14.0 mm。体色在不同地区变化较大，在浙江大部分地区头部、前胸背板和鞘翅边缘多呈金属橙黄到橙红色，鞘翅金属黄绿色；宁波一带头部、前胸背板和鞘翅边缘呈金属蓝到蓝紫色，鞘翅黑色；在丽水到诸暨一带，头部、前胸背板及鞘翅边缘呈绿色到橙红色，鞘翅呈蓝紫色到黄绿色。触角较短，向后不达鞘翅中部；头部具刻点和沟纹；亚颏无刚毛；前胸背板近六边形，最宽处位于中部；侧缘在后角前弯曲变直；盘区具沟纹和刻点；中沟较明显。鞘翅纺锤形，末端尖锐，多明显突出；鞘翅表面主行距特化为连续的椭圆形瘤突列，主行距间夹有 1 列较小的瘤突列。

分布：浙江（湖州、杭州、诸暨、宁波、舟山、金华、台州、临海、龙泉、温州）、江苏、上海、安徽、湖北、江西、福建。

（39）达尔格大步甲 *Carabus* (*Isiocarabus*) *dargei* Deuve, 1988

Carabus dargei Deuve, 1988: 386.

主要特征：体长 24.0–30.0 mm，宽 8.0–11.0 mm。体黑色到黑褐色。触角较长，向后可达鞘翅中部；头顶具沟纹。前胸背板宽大于长，最宽处位于中上部；侧缘近弧形，在后角前弯曲变直；后角向后突出似叶状；盘区密布不规则沟纹。鞘翅卵圆形，主行距特化为连续的椭圆形瘤突，在浙江与安徽地区，主行距间夹有 1 条有时略有断续的纵脊，该纵脊两侧有时各有 1 条不清晰的纵脊或小瘤突列，广西地区标本主行距间夹有 3 条清晰连续的纵脊。

分布：浙江（杭州）、安徽、湖北、江西、湖南、广西。

（40）信大步甲 *Carabus* (*Isiocarabus*) *fiduciarius* Thomson, 1856（图版 I-24）

Carabus fiduciarius Thomson, 1856: 338.

主要特征：体长 26.0–30.0 mm，宽 10.0–11.0 mm。体黑色，头部略具金属铜色光泽，前胸背板呈金属铜色到橙红色，鞘翅金属黄绿色到铜色。触角较长，向后约达鞘翅中部；头顶具刻点和沟纹；亚颏无刚毛。前胸背板近长方形，最宽处位于中上部；侧缘在后角前略弯曲；后角向后突出似叶状；盘区具不规则状沟纹和刻点；中沟较明显。鞘翅卵圆形，主行距特化为连续的长瘤突，主行距间夹有 3 条清晰连续的纵脊。

分布：浙江（杭州）、陕西、上海、安徽、湖北、江西、湖南、四川。

（41）咸丰大步甲 *Carabus* (*Isiocarabus*) *hienfoungi* Thomson, 1857

Carabus hienfoungi Thomson, 1857: 166.

主要特征：体长约 31.0 mm，宽约 12.0 mm。体黑色到黑褐色，头部略有金属铜色光泽，前胸背板具金属铜色到黄绿色光泽。触角较长，向后约达鞘翅中部；头顶具沟纹和刻点。前胸背板最宽处位于中上部；侧缘近弧形，在后角前弯曲变直；后角向后突出似叶状；盘区具沟纹。鞘翅卵圆形，主行距特化为连续的椭圆形瘤突，主行距间夹有 1 条清晰连续的纵脊，该纵脊两侧各有 1 条较窄的断续纵脊。

分布：浙江（嵊州、丽水）、安徽、江西、湖南。

（42）九江大步甲 *Carabus* (*Isiocarabus*) *kiukiangensis* Bates, 1888（图版 I-25）

Carabus kiukiangensis Bates, 1888: 381.

主要特征：体长 27–33.0 mm，宽 9–12.0 mm。体黑色，鞘翅黑褐色到红褐色。触角较长，向后可达鞘翅中部；头顶具刻点和沟纹；亚颏无刚毛。前胸背板近长方形，最宽处位于中部；侧缘近弧形，在后角前弯曲变直；后角向后突出似叶状；盘区具不规则沟纹；中沟明显。鞘翅卵圆形，主行距特化为连续的长瘤突，主行距间夹有 3 条清晰连续的纵脊。

分布：浙江（杭州、舟山、龙泉、温州）、湖北、江西、福建、四川。

（三）圆步甲亚科 Omophroninae

主要特征：小到中型，卵圆形，一般体长 10.0 mm 以下。体表光亮无毛，体棕黄色，大部分种类有碎花斑；头小，上颚细长，外沟有 1 根刚毛；触角自第 5 节起被绒毛；前胸背板梯形；小盾片不外露；鞘翅和前胸背板紧密相接，后端圆，有条沟 14–16 列；具后翅；中足基节窝由中胸腹板和后胸腹板包围，中胸后侧片不伸达基节窝；前胸腹突发达，盖过中胸腹板；足一般细长。

分布：亚洲、欧洲、北美洲、非洲。世界已知 1 属 60 多种（亚种），中国记录 1 属 9 种，浙江分布 1 属 1 种。

圆步甲族 Omophronini Bonelli, 1810

18. 圆步甲属 *Omophron* Latreille, 1802

Omophron Latreille, 1802: 89. Type species: *Carabus limbatus* Fabricius, 1777.

主要特征：体长 5.0–8.0 mm。体卵圆形，体多黄色，鞘翅一般有绿色斑块。头小；上颚外沟有 1 根刚毛；触角细长，第 1–4 节光洁无绒毛。前胸背板梯形；前角强烈突伸，接近眼的位置；前缘中部向前突伸；后缘中部向后突伸；侧缘无刚毛；基凹不显。小盾片隐藏不可见。鞘翅卵圆，有 15–17 个行距；条沟深有刻点，或浅无刻点。前胸腹突发达，宽，表面平。足细长。一般在沙地生活。

分布：欧洲、非洲和亚洲。世界已知约 70 种，中国记录 9 种，浙江分布 1 种。

（43）均圆步甲 *Omophron aequale jacobsoni* Semenov, 1922（图版 I-26）

Omophron aequale jacobsoni Semenov, 1922: 46.

主要特征：体长 7.0–7.5 mm，宽 4.2–4.5 mm。身体圆形，表面有弱的暗绿色金属光泽，鞘翅的绿色斑分布为：第 1 和第 2 行距的大部分有斑，第 3–13 行距的基部、中部、中后部有斑，中部的斑有时相连，第 14–15 行距无斑。触角自第 5 节起被绒毛；眼内侧具眉毛 1 根。前胸背板梯形，被粗大刻点；后角尖锐，向外突伸，无刚毛。鞘翅条沟浅，由刻点组成；行距微隆，表面光洁无毛和刻点，微纹略明显，呈等径的网格。

分布：浙江（杭州）、内蒙古、河北、山西、河南、陕西、宁夏、江苏、湖北、江西、台湾、广东、广西、海南、四川、贵州、云南；俄罗斯，蒙古国，朝鲜。

（四）蝼步甲亚科 Scaritinae

主要特征：体小到大型，卵长形，两侧近平行，一般体长 5.0–50.0 mm。体表光亮无毛，体黑或棕色，无斑；头大，上颚粗壮，外沟无刚毛；触角自第 5 节起被绒毛；前胸背板方形；中胸柄状，小盾片位于其上，离开鞘翅；鞘翅后端圆，有条沟 9 列；具后翅；中足基节窝由中胸腹板和后胸腹板包围，中胸后侧片不伸达基节窝；中胸小盾片远离鞘翅基部；前足胫节发达，端半部变宽，侧面有长棘，中、后足粗短。

分布：世界广布。世界已知 118 属 1850 余种（亚种），中国记录 17 属 80 余种，浙江分布 2 属 5 种。

蝼步甲族 Scaritini Bonelli, 1810

19. 蝼步甲属 *Scarites* Fabricius, 1775

Scarites Fabricius, 1775: 249. Type species: *Scarites subterraneus* Fabricius, 1775.

主要特征：体中到大型，体长 10.0–50.0 mm。身体狭，两侧近于平行。头大，触角短，不达身体之半，第 1 节触角较长，约等于 2–4 节之和，自第 5 节起密被绒毛；额角之下和眼前方有触角沟，用于容纳触角；眼中等大小，眼内侧具眉毛 1 根。前胸背板一般方形。中胸柄状，小盾片位于其上。中足基节窝开放，中胸后侧片伸达中足基节。前足开掘式，强壮有力。

分布：古北区、东洋区、旧热带区。世界已知约 200 种，中国记录 10 多种，浙江分布 3 种（亚种）。

分种检索表

1. 个体大，体长 30.0 mm 以上；鞘翅光亮 ……………………………… **福建大蝼步甲 *S. sulcatus fokienensis***
- 个体小，体长 25.0 mm 以下；鞘翅暗 ………………………………………………………… 2
2. 中足胫节外侧近端部有长棘 1 个 ……………………………… **单齿蝼步甲 *S. terricola pacificus***
- 中足胫节外侧近端部有长棘 2 个 ……………………………… **双齿蝼步甲 *S. acutidens***

（44）双齿蝼步甲 *Scarites acutidens* Chaudoir, 1855（图版 I-27）

Scarites acutidens Chaudoir, 1855: 89.

主要特征：体长 22.0 mm 左右，宽 5.5 mm 左右。身体黑色，表面光亮。触角短，不达前胸后角；眼小，半球形，略向外突出。前胸背板近六边形，两侧缘平行，长是宽的 1.3–1.4 倍；盘区隆，光洁无毛和刻点；基凹浅，有密的小颗粒；后角钝圆，有毛 1 根。鞘翅长方形，两侧缘平行；条沟深，沟内有刻点；行距微隆，表面光洁无毛和刻点，第 3 行距具毛穴 2 个，分别在中部和后 1/4 处，有时毛穴消失。中足胫节外侧近端部有长棘 2 个，这是和北方分布的单齿蝼步甲最明显的区别，后者只有 1 个长棘。

分布：浙江（临安）、宁夏、江苏、上海、湖北、江西、湖南、福建、台湾、广东、四川、西藏；日本，越南，老挝，柬埔寨。

（45）福建大蝼步甲 *Scarites sulcatus fokienensis* Bänninger, 1932（图版 I-28）

Scarites sulcatus fokienensis Bänninger, 1932: 208.

主要特征：体长 32.0–37.0 mm，大型种。体黑色，光亮。头顶略平，具细纵皱；眼小，略鼓；上唇中部向前突伸，近两侧凹，因此呈三叶状；上颚粗壮，稍弯，端部钝，内侧缘具粗齿突；触角短，第 4–11 节被绒毛；第 1 节大部分隐藏于眼下方的沟内，长近于第 2–4 节之和。前胸背板近方形，基部中间向后明显突伸；前缘稍凹，两侧缘平行；盘区隆，光洁无刻点，具少许细横皱，中沟极浅；后角小瘤状，具毛 1 根；中胸短柄状，从背部可见，小盾片位于其上。鞘翅隆，长方形，两侧缘平行，近端部圆；条沟略深，沟内明显具刻点；行距微隆，近端部具细密刻点；第 3 行距中部之后具 3 个毛穴，其中两毛穴近翅端。后胸前侧片狭长，约为宽的 2.5 倍，向后渐狭。前足开掘足，中足胫节外侧靠端部有 2 棘。

分布：浙江（丽水）、福建、广东；韩国。

（46）单齿蝼步甲 *Scarites terricola pacificus* Bates, 1873（图版 I-29）

Scarites terricola pacificus Bates, 1873a: 238.

主要特征：体长 20.0 mm 左右，宽 5.5 mm 左右。身体黑色，表面光亮。触角短，不达前胸后角，第 1 节触角加长，约等于第 2–4 节之和；眼小。前胸背板方，近六边形；两侧缘平行；后角有毛 1 根。鞘翅长方形，两侧缘平行，后端圆；条沟深，沟内有刻点；行距微隆，表面光洁无毛和刻点，第 3 行距具毛穴 2 个，分别在中部和后 1/4 处，有时毛穴消失。中足胫节外侧近端部有长棘 1 个。

分布：浙江、黑龙江、河北、山西、山东、上海、江西、福建、台湾、广东、四川；朝鲜，日本。

小蝼步甲族 Clivinini Rafinesque, 1815

20. 小蝼步甲属 *Clivina* Latreille, 1802

Clivina Latreille, 1802: 96. Type species: *Scarites arenarius* Fabricius, 1771.

主要特征：体长 10.0 mm 左右。体狭长，两侧近平行。头与前胸背板近等宽；眼内侧具眉毛 2 根；触角多为念珠状，第 1 节较长，从第 4 节开始密布绒毛；额边缘侧沟明显；颏具中齿。前胸背板近方形；表面隆，光洁无毛和刻点。中胸变狭形成柄。鞘翅长方形，条沟深。前足开掘足。

分布：主要分布在全北区和澳洲区。世界已知约 400 种，中国记录约 20 种，浙江分布 2 种。

（47）栗小蝼步甲 *Clivina castanea* Westwood, 1837

Clivina castanea Westwood, 1837: 128.

主要特征：体长 8.5–10.0 mm，宽 2.5–2.8 mm。体黑色或棕黑色。眼大而突出；唇基宽，前缘微凹，端角钝圆，侧叶圆形，中部凹陷；额光洁，中凹明显；上唇具 7 根刚毛；触角第 2 节明显大于第 3 节。前胸背板微隆，表面光洁无刻点，有少量横向褶皱；侧缘圆弧状；后角具齿突；基宽大于端宽。鞘翅长为宽的 2.0 倍；侧边平行；条沟深，沟内密刻点；行距明显隆起，第 3 行距具 4 个毛穴，基部毛穴靠近第 2 条沟，其他靠近第 3 条沟；基边向内到达第 4 条沟。腹部末腹板每侧 2 根毛，两毛之间的距离很近。

分布：浙江（临安）、河北、山东、河南、陕西、新疆、江苏、湖北、江西、湖南、福建、台湾、广东、海南、广西、四川、贵州、云南；朝鲜，印度，斯里兰卡，东南亚，新几内亚，澳大利亚。

（48）疑小蝼步甲 *Clivina vulgivaga* Boheman, 1858

Clivina vulgivaga Boheman, 1858: 9.

主要特征：体长 6.5–7.0 mm，宽 2.0–2.2 mm。体棕色。眼大而突出；唇基宽，前缘微凹，端角钝圆，侧叶圆形，中部凹陷；额光洁，中凹明显；上唇具 7 根刚毛；触角第 2 节长近等于第 3 节。前胸背板微隆，表面光洁无刻点，有少量横向褶皱；侧缘圆弧状；后角具齿突；基宽大于端宽。鞘翅长为宽的 1.8 倍；侧边平行；条沟深，沟内密刻点；行距明显隆起，第 3 行距具 4 个毛穴，全部靠近第 3 条沟；基边向内到达第 5 条沟。腹部末腹板每侧 2 根毛，两毛之间的距离很远。和栗小蝼步甲 *C. castanea* 的区别是：该种鞘翅第 3 行距基部毛穴靠近第 3 条沟；腹部末腹板每侧两毛之间的距离很远，而栗小蝼步甲的第 3 行距基部毛穴靠近第 2 条沟，末腹板毛距离很近。

分布：浙江（临安）、台湾、香港；日本，菲律宾。

（五）行步甲亚科 Trechinae

主要特征：小型，体长形，扁平，体长 1.5–8.0 mm。体大多光亮无毛，少数种类有毛，体黑色或棕黄色，无斑；头大，上颚细长，外沟有 1 根刚毛；眼内侧具眉毛 2 根；触角自第 4 节起被绒毛；部分种类的口须末节细小，呈锥状；洞穴种类一般情况下，复眼退化或消失；前胸背板横方形或心形；小盾片外露；鞘翅后端圆，有条沟 9 列，部分种类条沟退化或消失；大多具后翅；中足基节窝由中胸腹板和后胸腹板包围，中胸后侧片不伸达基节窝；足细长。

分布：世界广布。世界已知 400 多属约 5500 种（亚种），中国记录 35 属 740 种左右，浙江分布 10 属 16 种，本志收录 8 属 13 种。

分属检索表

1. 额沟长，向后绕过复眼，到达复眼之后；复眼有时退化或消失……2
- 额沟短，向后不绕过复眼，不到达复眼之后；复眼不退化……4
2. 中等偏小体型，体长 4.0 mm 以上；头部两侧略平行；前胸背板光洁……乌龙穴步甲属 ***Wulongoblemus***
- 小型种类，长 3.5 mm 以下；头部两侧膨隆；前胸背板被细毛……3
3. 鞘翅肩部边缘具齿突；雄性前足跗节第 1、2 节特化……小穴步甲属 ***Microblemus***
- 鞘翅肩部边缘无齿突；雄性仅前足跗节第 1 节特化……绒穴步甲属 ***Cimmeritodes***
4. 前足胫节外端直；鞘翅有小盾片行，第 1 条沟端部不弯折……锥须步甲属 ***Bembidion***
- 前足胫节外端斜切；鞘翅无小盾片行，第 1 条沟端部弯折，形成回沟……5
5. 颏具 2 个圆深坑……6
- 颏正常，略凹陷，无圆的深坑……7
6. 体微小，小于 2.0 mm；鞘翅末端回沟很短，仅微弱可见……微步甲属 ***Polyderis***
- 体略大，常大于 4.0 mm；鞘翅末端回沟长，接近第 3 行距毛穴……小步甲属 ***Tachys***
7. 鞘翅第 8 条沟基部存在，第 3 行距 2 毛穴正常存在……弯沟步甲属 ***Tachyura***
- 鞘翅第 8 条沟基部缺失，第 3 行距 2 毛穴常消失……瞬步甲属 ***Elaphropus***

锥须步甲族 Bembidiini Stephens, 1827

21. 锥须步甲属 *Bembidion* Latreille, 1802

Bembidion Latreille, 1802: 82. Type species: *Carabus quadriguttatus* Fabricius, 1775.

主要特征：小型，体长 3.0–8.0 mm。眼内侧具眉毛 2 根；上颚细尖，外沟有 1 根刚毛；上唇平直，有毛 6 根；唇须有密绒毛，下颚须和下唇须亚端节膨大，端节细小，呈锥状；触角第 2 或 3 节起密被绒毛。前胸背板多呈心状，盘区光洁无毛，具侧缘毛和后角毛。鞘翅光洁无刻点和毛；第 3 行距有 1 个或多个毛穴；具后翅，一般会飞翔，常生活在水边。

分布：全北区、东洋区和旧热带区。世界已知 1700 余种（亚种），中国记录约 200 种，浙江分布 4 种（亚种）。

分种检索表

1. 鞘翅暗，有铜绿色金属关泽，微纹明显呈等径网格；体长 4.0 mm 以下……………………**尼罗锥须步甲 *B. niloticum batesi***
- 鞘翅光亮，微纹无，或有，但不呈等径网格……………………2
2. 鞘翅光亮无微纹；体小型，4.0 mm 以下……………………**闪光锥须步甲 *B. perditum***
- 鞘翅光亮具微纹；体中型，5.0 mm 以上……………………3
3. 鞘翅第 7 行距变浅或消失……………………**拟光背锥须步甲 *B. lissonotoides***
- 鞘翅第 7 行距正常，不变浅或消失……………………**原锥须步甲 *B. proteron***

（49）拟光背锥须步甲 *Bembidion lissonotoides* Kirschenhofer, 1989（图版 I-30）

Bembidion lissonotoides Kirschenhofer, 1989: 398.

主要特征：体长 6.0–6.5 mm，宽 2.6–2.8 mm。体黑色，光亮，具蓝色金属光泽，触角基节、上颚、口须棕黄色。头大，头顶光洁无刻点，微纹明显由近等径的网格组成；眼大而突出；上颚端部细长，钩状，外沟有毛 1 根；额沟宽而深，沟内无刻点。前胸背板宽为长的 1.5 倍，大于头宽，基宽大于端宽；侧缘弧圆，在后角前向内较弯曲，中部具侧缘毛 1 根；盘区隆，微纹清晰，由横向网格组成；基凹较深，光洁无刻点；后角近直角，端锐，具后角毛 1 根。鞘翅长方形，较平；条沟深，第 5 和第 6 条沟在翅端明显变浅，第 7 条沟几乎消失不见，第 8 条沟后部加深，沟内前半部刻点较清晰，但端半部不显；行距平，微纹不明显，呈横向网格状，第 3 行距具毛穴 2 个；基边和侧边在第 5 条沟基部处汇合。腹板具稀疏长毛。

分布：浙江（临安）、陕西、甘肃、上海、湖北、湖南、福建、四川、贵州。

（50）尼罗锥须步甲 *Bembidion niloticum batesi* Putzeys, 1875

Bembidion niloticum batesi Putzeys, 1875: 52.

主要特征：体长 3.5–3.7 mm，宽 1.6–1.7 mm。体黑色，体表有铜绿色金属光泽，鞘翅端部有黄斑，黄斑在第 1–4 行距上占据整个行距长的 1/6，在第 5–8 行距上约占行距的 1/4。头大，眼大而鼓；头顶有明显的等径微纹。前胸背板略呈心形，前缘宽度约为基缘宽度的 1.3 倍；盘区表面隆，和头顶微纹相似；侧缘在后角之前直；后角钝角；基凹很小，凹内光洁。鞘翅长方形，行距平，微纹和头及胸相似，第 3 行距有大毛穴 2 个；条沟略深，沟内刻点粗大，在基部条沟很浅，仅由刻点组成，端部条沟亦浅，刻点不显。该种容易以体表明显的等径微纹和微小的体型与同属物种区分开。

分布：浙江（宁海、舟山）、河北、山东、河南、江苏、上海、安徽、湖北、江西、湖南、福建、台湾、广东、广西、四川、贵州、云南；日本，东南亚。

（51）闪光锥须步甲 *Bembidion perditum* Netolitzky, 1920

Bembidion perditum Netolitzky, 1920b: 96.

主要特征：体长 3.5–3.9 mm，宽 1.5–1.7 mm。体黑色，光亮，无金属光泽，鞘翅末端有黄斑，触角第1–3 节、上颚、口须棕黄色，触角余节棕黑色。头大，头顶光洁无刻点，微纹不明显，颈部微纹略清晰，由近等径的网格组成；眼大而突出；上颚端部细长，钩状；额沟宽而深，沟内有稀粗刻点。前胸背板宽为长的 1.2–1.3 倍，基宽大于端宽；侧缘弧圆，在后角前向内稍弯曲，中部具侧缘毛 1 根；盘区很隆，无微纹；基凹小而深，具少量粗刻点和皱褶；后角直角，具后角毛 1 根；基区在中线处被粗大刻点。鞘翅长方形，长是宽的 1.6–1.7 倍；条沟深，第 7 条沟变浅或由刻点组成，条沟在翅端变浅，或端部不显；行距平，无微纹，第 3 行距具毛穴 2 个，分别在基部 1/3 和端部 1/3；基边自第 5 条沟基部向内消失。

分布：浙江（临安）、河北、山东、陕西、江西。

（52）原锥须步甲 *Bembidion proteron* Netolitzky, 1920（图版 I-31）

Bembidion proteron Netolitzky, 1920a: 116.

主要特征：体长 5.0–5.5 mm，宽 2.2–2.5 mm。体黑色，光亮，具蓝色金属光泽，触角基节、上颚、口须棕黄色。头大，头顶光洁无刻点，微纹明显由近等径的网格组成；眼大而突出；上颚端部细长，钩状；额沟宽而深，沟内无刻点。前胸背板宽为长的 1.5 倍，大于头宽，基宽大于端宽；侧缘弧圆，在后角前向内较弯曲，中部具侧缘毛 1 根；盘区隆，微纹清晰，由横向网格组成；基凹较深，具少量粗刻点和皱褶；后角直角，端锐，具后角毛 1 根。鞘翅长方形，较平；条沟深，第 7 条沟正常，第 8 条沟后部加深，条沟内前半部刻点较清晰，但端半部不显；行距平，微纹不明显，第 3 行距具毛穴 2 个；基边在第 5 条沟基部向内消失。腹板具稀疏长毛。该种和拟光背锥须步甲 *Bembidion lissonotoides* Kirschenhofer 近似，但后者鞘翅第 7 条沟消失。

分布：浙江、山西、山东、陕西、甘肃、湖北、江西、福建、贵州。

22. 瞬步甲属 *Elaphropus* Motschulsky, 1839

Elaphropus Motschulsky, 1839: 73. Type species: *Elaphropus caraboides* Motschulsky, 1839.

主要特征：个体微小。颏不具 2 个大深涡。鞘翅回沟略长，顶端伸向鞘翅中部，不和侧缘平行，第 8 条沟基部 3/4 消失，只有端部可见；肩部毛穴 4 个，相邻毛穴着生距离近等；第 3 行距毛穴常常缺失。

分布：主要分布在全北区、东洋区、旧热带区和澳洲区，但 Sciaky 和 Vigna Taglianti（2003）指出大多数美洲种类并不属于该属。世界已知 390 种，中国记录 5 种，浙江分布 1 种。

（53）马氏瞬步甲 *Elaphropus marggii* (Kirschenhofer, 1984)

Tachys marggii Kirschenhofer, 1984: 46.

主要特征：体长 2.0–2.1 mm。头和前胸背板棕黑色，鞘翅棕色，附肢棕黄色，触角端部颜色略深。体短卵形，十分隆起，表面光亮。前胸背板横方，宽是长的 1.6 倍；前缘直；前角突伸；侧缘在后角之前略微弯曲；后缘明显宽于前缘；中线细；基凹圆而深，两凹中间有 2 个小凹点。鞘翅很隆，短圆，长是宽的 1.3 倍；第 1 条沟深，到达顶端，其他条沟缺失，第 8 条沟只有后半段可见；行距无微纹，第 3 行距 1 毛穴，位于中部略后，有时毛穴缺失。

分布：浙江（临安）。

23. 微步甲属 *Polyderis* Motschulsky, 1862

Polyderis Motschulsky, 1862b: 27. Type species: *Tachys brevicornis* Chaudoir, 1846.

主要特征：体微小，长 1.0–1.8 mm。体单一黄色。眼大，眼内侧具 2 根刚毛；颏具 2 个深涡。前胸背板横方，后角钝。鞘翅长，端部略微平截；回沟极短，不贴近鞘翅边缘，而是弯向鞘翅中间；第 8 条沟基部 2/3 消失，仅端部可见；第 3 行距后部刚毛常不消失。该属和小步甲属 *Tachys* 近似，但鞘翅肩部第 3 和第 4 毛穴之间的距离远大于第 1 和第 2 之间、第 2 和第 3 之间的距离，而小步甲属 *Tachys* 第 2–4 相邻刚毛之间的距离基本相等。

分布：欧洲、亚洲、非洲和北美洲。世界已知约 40 种，中国记录 1 种，浙江分布 1 种。

（54）短微步甲 *Polyderis brachys* (Andrewes, 1925)

Tachys brachys Andrewes, 1925: 377.

主要特征：体长 1.6 mm 左右。体棕黄色，头光洁无毛和刻点，微纹略明显，横向网格；眼小而平；眼后颊短，约等于眼直径的 1/3。前胸背板隆，横方，宽约为长的 1.5 倍；盘区光洁无刻点，微纹略明显，横向网格，和头部相似；侧缘前部弧圆，在后角之前略弯曲；后角直角，顶端略钝，不外突，中线和横凹深，基凹略深，无刻点。鞘翅两侧近平行，长为宽的 1.5 倍；行距平，微纹不清晰，第 3 行距具毛穴 2 个，1 个在基部 1/3 处，另 1 个在端部 1/4 处；第 1 条沟清晰，第 2–7 条沟退化消失，第 8 条沟仅余刻点，回沟短，不达第 3 行距第 2 毛穴。未检视到标本，本描述基于原始描述。

分布：浙江、台湾；印度，孟加拉国，东洋区。

24. 小步甲属 *Tachys* Dejean, 1821

Tachys Dejean, 1821: 16. Type species: *Tachys scutellaris* Stephens, 1828.

主要特征：个体小，扁平。眼大，眼内侧具 2 根刚毛；颏具 2 个深涡。鞘翅回沟很长，顶端伸向鞘翅中部，并向回弯，形成大“C”形，第 8 条沟基部 3/4 消失，只有端部可见；肩部毛穴 4 个，相邻毛穴着生距离近等；第 3 行距后部毛穴不缺失。和弯沟步甲属 *Tachyura* 近似，但鞘翅第 8 条沟基部 3/4 消失，只有端部可见，后者第 8 行距基本完整。和微步甲属 *Polyderis* 近似，但鞘翅回沟很长，第 3 行距毛穴存在，后者鞘翅回沟极短，第 3 行距后部毛穴正常，很少缺失。

分布：全北区、东洋区和旧热带区。世界已知 220 余种，中国记录 13 种，浙江分布 1 种。

（55）天目小步甲 *Tachys tienmushaniensis* Kirschenhofer, 1984

Tachys tienmushaniensis Kirschenhofer, 1984: 47.

主要特征：体长 2.9 mm。体棕黑色，鞘翅后半部颜色略淡。头顶光洁，额沟短，略深；眼大而鼓。

前胸背板宽为长的 1.47 倍；前缘弧凹；侧缘前部弧形，向后变狭，在后角之前直，不弯曲；后角略钝；基凹深，两凹之间有细刻点。鞘翅长卵形，长是宽的 1.6 倍；第 1 条沟完整，第 2–4 条沟不完整，第 5 条沟几乎不见，第 8 条沟仅后部清晰；鞘翅顶端缝角尖锐；第 3 行距仅中部之前有毛穴。

分布：浙江（临安）。

25. 弯沟步甲属 *Tachyura* Motschulsky, 1862

Tachyura Motschulsky, 1862b: 27. Type species: *Elaphropus quadrisignatus* Duftschmid, 1812.

主要特征：体型小，体长 1.5–3.0 mm。身体光亮，微纹有或无；眼大，半球形，内侧具眉毛 2 根；颏无深涡和刚毛；触角中度长，自第 4 节起密被绒毛。前胸背板中部和后角各具 1 根刚毛；鞘翅第 8 条沟完整，或者中部中断，在肩部明显可见，回沟长，伸向鞘翅中部；第 3 行距后部毛穴不缺失。和周直沟步甲属 *Tachyta* 相似，但是鞘翅回沟弧形，和鞘翅侧缘不平行，而是伸向鞘翅中区。和小步甲属 *Tachys* 也近似，但后者第 8 条沟基部 3/4 消失不见，仅端部可见。

分布：全北区、东洋区和旧热带区。世界已知约 250 种，中国记录约 20 种，浙江分布 3 种。

分种检索表

1. 体黑色或棕黑色，鞘翅单一棕黑色或端半棕黄色；鞘翅第 1–4 条沟长而深……………………………………**刻弯沟步甲 *T. exarata***
- 体棕红或棕黄色，鞘翅 2 种颜色，带黄斑；鞘翅仅第 1–3 条沟深……………………………………………………2
2. 鞘翅 4 个黄色斑界线比较明显，鞘翅第 4 条沟完全不见……………………………………**四斑弯沟步甲 *T. gradata***
- 鞘翅暗红色斑和其他部分界线不清，鞘翅第 4 条沟由几个刻点组成……………………………**斑弯沟步甲 *T. fuscicauda***

（56）刻弯沟步甲 *Tachyura exarata* (Bates, 1873)

Tachys exaratus Bates, 1873a: 296.

主要特征：体长 2.6 mm 左右，宽 1.1 mm 左右。体扁平，黑色或棕黑色；鞘翅无色斑或仅能看到微弱的色斑，界线很不明显；触角基部 3 节和胫节棕黄色，触角第 4–11 节和腿节棕色。眼中等大小，不很隆；头顶光洁无刻点。前胸横宽，宽是长的 1.5 倍；表面光洁无刻点，微纹弱，横向网格状；侧边在中前部弧圆，在后角之前略直；后角直角；基凹深，无刻点；基部中间靠中线位置有极少量刻点。鞘翅长方形，长是宽的 1.5 倍；第 1–4 条沟可见，中部深，两端消失，沟内刻点不清晰，第 5–7 条沟很微弱或无；行距微纹很微弱，几乎不见，第 3 行距有毛穴 2 个；鞘翅回沟略深。

分布：浙江（杭州）、台湾；俄罗斯（远东地区），朝鲜，日本。

（57）斑弯沟步甲 *Tachyura fuscicauda* (Bates, 1873)

Tachys fuscicauda Bates, 1873a: 298.

主要特征：体长约 3.0 mm，宽约 1.1 mm。体棕红色，光亮；鞘翅有暗红色斑，杂乱，如果斑呈圆形，则和鞘翅其他部分界线很模糊；足和触角第 1–3 节棕黄色，第 4–11 节棕色。头顶稍隆，光洁无刻点，无微纹；额沟深。前胸背板隆，光洁无刻点和微纹；侧缘前段圆弧状，在角前微弯曲；盘区光洁，无微纹；中线浅；后横沟极深；后角近直角，顶端尖，稍向外伸。鞘翅隆光亮，卵圆形；行距平坦，第 3 行距具毛穴 2 个；第 1–3 条沟可见，中部深，两端消失，沟内有大刻点，第 4 条沟比第 1–3 条沟更短，由几个刻点组成，第 5–7 条沟消失，翅端回沟深。

分布：浙江（临安）、北京、陕西、湖北、台湾、四川；朝鲜，日本。

（58）四斑弯沟步甲 *Tachyura gradata* (Bates, 1873)

Tachys gradatus Bates, 1873b: 331.

主要特征：体长约 3.0 mm，宽约 1.1 mm。体光亮，每鞘翅前后各具 1 个黄色或棕红色斑，斑和鞘翅其他部分界线较清晰，附肢棕黄色。头顶稍隆，光洁无刻点，微纹在颈区稍明显，横向网格状；额沟深，光洁无刻点。前胸背板隆，光洁无刻点；侧缘前段圆弧状，在角前弯曲；盘区隆，光洁，无微纹；中线浅；后横沟极深；后角近直角，稍向外伸。鞘翅隆光亮，卵圆形；第 1–3 条沟可见，中部深，两端消失，沟内有细刻点，第 4–7 条沟消失不见；行距平坦，无微纹，第 3 行距具毛穴 2 个，基部 1 个在第 3 条沟起始处，端部 1 个在第 3 条沟近结束处；翅端回沟深。

分布：浙江（临安）、天津、河北、山西、山东、河南、陕西、江苏、福建、广西、四川；朝鲜，日本。

行步甲族 Trechini Bonelli, 1810

26. 绒穴步甲属 *Cimmeritodes* Deuve, 1996

Cimmeritodes Deuve, 1996: 47. Type species: *Gotoblemus huangi* Deuve, 1996.

主要特征：体长 3.5 mm 或更小。头两侧膨隆；眼缺失，眼内侧具 2 根刚毛；额沟向后扩展比向前扩展更甚；中唇舌端部具 6 根刚毛；下唇须端节细长。前胸背板表面具毛。鞘翅长卵形；可见第 1–3 条沟，其他消失，第 3 条沟或第 4 行距具 2 个毛穴。雄性前足仅第 1 跗节膨宽，腹面有粘毛。

分布：中国特有，已知 5 种，浙江分布 1 种。

（59）浙绒穴步甲 *Cimmeritodes zhejiangensis* Deuve *et* Tian, 2015（图版 I-32）

Cimmeritodes zhejiangensis Deuve *et* Tian, 2015: 399.

主要特征：体长 3.3–3.5 mm。体黄褐色，口须、触角和足较淡，具光泽，全体被绒毛，微纹不甚清晰。头较粗大，颏稍侧隆；复眼缺失；头长于宽（不含上颚）；额沟完整，于中部近平行，向后极度反向相离；唇基方形，具 4 根刚毛，上唇前缘略弯曲，具 6 根刚毛；上颚粗短，右上颚具 3 齿；下唇沟完全消失，颏与亚颏合并，颏基部呈 1 大的凹入；颏齿短，端钝，不分叉，基部两侧具 1 对刚毛；亚颏具 7–9 根刚毛；口须亚端节明显比端节膨大，两节近等长；下唇须第 2 节内缘具 2 根刚毛，外缘也具 2 根刚毛；触角线状，较短，向后伸达鞘翅端中部。前胸背板宽略大于长，明显宽于头部，侧缘具边，微上翘，以端部 1/3 处为最宽，于近后角前略收窄；基部与端部近等宽，前角钝，后角近直角形；具 2 对侧缘刚毛，分别着生在端部约 1/5 处和后角稍前；背面一般隆起，中线游离。小盾片小，呈倒三角形。鞘翅长卵形，较前胸背板为宽，明显长于宽，基部近方形，翅肩部呈锯齿状，但基部无齿突，翅缘具纤毛，最宽处于中间，逐渐向前后收窄；端部无鞘缝角；翅沟极浅，具不甚明晰的细刻点，仅第 1–3 沟于背面可见，端部和基部均消失；小盾沟消失，端沟短，且不甚清晰，与第 5 行距相对；行距平；基部毛穴差不多位于第 2 沟基部；第 3 沟（或第 4 行距）具 2 个背毛穴，具亚端毛穴，位于第 3 条沟上，其离鞘缝比翅端缘近；前肩部侧缘毛穴群规则，但相互之间着生位置较远，以第 1、2 毛穴更近鞘翅边缘；中部 2 个毛穴位置相互靠近。腹部第 4–6 节各生 1 对前缘刚毛；第 7 节雄性具 1 对刚毛，雌性具 2 对刚毛。雄性仅前足第 1 跗节特化，略膨大，端部内缘具小尖突，腹面具粘毛。雄性外生殖器小而细长，轻度骨化，稍拱曲；端叶短，端部圆，基孔小，具中等大小矢翼；内囊交配骨片明晰；侧叶不甚发达，左右侧叶分别于端部着生 3 根极长的刚毛。

分布：浙江（常山）。

27. 小穴步甲属 *Microblemus* Uéno, 2007

Microblemus Uéno, 2007: 16. Type species: *Microblemus rieae* Uéno, 2007.

主要特征：体小型，2.6 mm 左右。头部两侧膨隆；眼缺失；眼内侧具 2 对刚毛；额沟向后比向前扩展更甚；中唇舌端部具 8 根刚毛；下唇须端节细长。前胸背板被细毛。鞘翅长卵形；肩部边缘具齿突；第 3 行距具毛穴 2 个；第 1 和第 2 条沟完整，其他退化或不见。雄性前足第 1、2 跗节膨宽，腹面具粘毛。

分布：中国特有，已知 1 种，分布于浙江。

（60）瑞小穴步甲 *Microblemus rieae* Uéno, 2007

Microblemus rieae Uéno, 2007: 19.

主要特征：体小型，长 2.6 mm。体黄褐色，有光泽；附肢不特别细长；全身被短绒毛。体小而短，微纹不甚清晰。后翅退化，色素缺失。头长于宽，颊稍侧膨；颈阔，额沟深，后面反向相离更甚；上颚短，右上颚 3 齿；下唇沟隐约可见，颏与亚颏未完全合并，颏齿端呈短指状，亚颏具 10 根刚毛；唇舌端部宽圆，具 8 根刚毛；下唇须第 2 节具 4 根刚毛，与第 3 节等长；下颚须第 3、4 节近等长；触角线状，向后伸达鞘翅端部约 3/5 处。前胸背板近心形，长宽近等，稍宽于头部，边缘除近前角外上翘，以端部 5/8 处最宽，基部稍窄于端部；前角尖；后角钝，近直角形；侧缘具边，于近后角前明显收窄，侧缘具 2 对刚毛，分别着生在端部约 1/5 处和后角稍前；中线游离。小盾片不可见。鞘翅长卵形，较前胸背板为宽，明显长于宽，最宽处于中间稍前；逐渐向前后收窄；翅端阔圆，在翅缝端部形成 1 凹入角；前肩部上翘，肩部具显著齿突，翅缘具细边和纤毛；翅沟极浅，具细刻点，于背面可见，侧面不甚清晰，第 1、2 沟近完整；小盾沟缺如，翅端沟短，且不甚清晰，端部游离；行距平，被极稀疏、呈纵向排列的细毛，第 3 行距具 2 个毛穴，亚端毛穴存在；翅缘毛穴群位置较规则，中部两毛穴位置相互远离，使第 5 毛穴离第 4 毛穴更近，距第 6 毛穴更远。足短小。雄性前足跗节第 1、2 节特化，略膨大，于端部内缘各具 1 小尖突。雄性外生殖器极小，但短，较粗，呈管状，稍拱曲，骨化不明显；端叶短，端部阔圆，基孔小，没有矢翼；内囊交配骨片明晰，仅为阳茎长的 1/5；侧叶欠发达，窄，明显短于中叶，左右侧叶分别于端部着生 3、4 根极长刚毛。该种未见标本，形态特征据 Uéno（2007）进行描述。

分布：浙江（金华市仙瀑洞，为 1 开放洞穴，洞内生境多被干扰，田明义等于 2014 年、2018 年 2 次赴该洞穴调查，均未采获）。

28. 乌龙穴步甲属 *Wulongoblemus* Uéno, 2007

Wulongoblemus Uéno, 2007: 11. Type species: *Wulongoblemus tsuiblemoides* Uéno, 2007.

主要特征：体中等，体长 4.0 mm 以上。头部两侧近平行；眼缺失；眼内侧具 2 对刚毛；额沟向后比向前扩展更甚；中唇舌端部具 6 根刚毛；下唇须端节细长。前胸背板光洁。鞘翅长卵形；肩部边缘具齿突；第 3 行距具毛穴 2 个；仅第 1 条沟可见，其他消失。雄性前足第 1、2 跗节膨宽，腹面具粘毛。

分布：中国特有，仅 1 种，分布于浙江。

（61）浙乌龙穴步甲 *Wulongoblemus tsuiblemoides* Uéno, 2007（图版 I-33）

Wulongoblemus tsuiblemoides Uéno, 2007: 14.

主要特征：体型中等偏小，长 4.0–4.5 mm。体长形，附肢细长；头部微纹等径状或为横线纹，前胸背板和鞘翅微纹不清晰；后翅退化，体红褐色，或黄褐色，有光泽。头和鞘翅被极稀疏短毛，前胸背板光洁。头窄，近方形，但稍长于宽，头后方稍膨大；额沟深，前后均反向相离，但向后更甚；上唇横生，前缘微凹入；上颚稍短，端尖细，右上颚具 3 齿；下唇沟无，颏与亚颏合并，亚颏具 6–8 根刚毛；颏被稀疏短毛，颏凹宽大、深且圆，颏齿钝，端部不分叉；唇舌端部宽圆；下唇须第 2 节具 2 根刚毛，另在外缘具 2 根刚毛，与第 3 节等长；下颚须第 3 节稍短于第 4 节；触角线状，较粗短，向后伸达鞘翅中部。前胸背板近心形，长宽近等，宽于头部，以端部 1/3 处最宽，基部与端部近等宽，前角与后角均尖锐；侧缘具细边，于近后角前大范围地收窄；具 2 对侧缘刚毛，分别着生在前胸背板端部 1/4 处和后角稍前；背面一般隆起；中线游离，与端部和基部都不连接。鞘翅长卵形，较前胸背板为宽，明显长于宽，鞘翅肩部具 1 明显的齿突，以及另外几个小锯齿；最宽处近翅中间，逐渐向基部和端部收窄，向端部更甚，翅缘具均匀分布的纤毛；翅端部略呈阔圆收窄；翅沟极浅，具细刻点，仅第 1 条沟清晰可见，但于翅端也消失；其他条沟多消失或不完整；无小盾片沟；翅端沟短但清晰；行距平，被极稀疏细毛，第 3 行距具 2 个毛穴，亚端毛穴存在；翅端刚毛刚好着生于第 5 条沟上；翅边缘毛穴位置较规则，中部两毛穴相互接近。足略伸长，雄性前足跗节第 1、2 节特化。第 7 腹板雄性具 1 对刚毛，雌性具 2 对刚毛。雄性外生殖器小，稍骨化，细长，呈管状，稍拱曲，基孔小，矢翼大而显著；端叶短，端部阔圆；内囊交配骨片短，仅阳茎长的 1/5；侧叶发达，但明显短于阳茎中叶，左右侧叶分别于端部着生 4、5 根极长刚毛。

分布：浙江（江山）。

（六）隘步甲亚科 Patrobinae

主要特征：体小至中型，长形，体长 4.0–20.0 mm。体光亮，无绒毛，黑色或棕黑色，无斑；头大，上颚细长，外沟有 1 根刚毛；眼内侧具眉毛 2 根；触角自第 3 节起密被绒毛；颈区有深横沟，沟内有密刻点；前胸背板方形或心形；小盾片外露；鞘翅后端圆，有条沟 9 列，部分种类条沟退化，仅余第 1 条沟；具后翅；中足基节窝由中胸腹板和后胸腹板包围，中胸后侧片不伸达基节窝；足细长。

分布：主要分布于亚洲和欧洲。世界已知 27 属约 220 种（亚种），中国记录 16 属 70 种，浙江分布 2 属 3 种。

光步甲族 Lissopogonini Zamotajlov, 2000

29. 小光步甲属 *Lissopogonus* Andrewes, 1923

Lissopogonus Andrewes, 1923b: 213. Type species: *Lissopogonus glabellus* Andrewes, 1923.

主要特征：体小型，体长不超过 5.0 mm。体黑色，光亮。头小，额沟长；上颚外沟有 1 根毛；口须末节和亚端节大小近等，细棒状，不膨大，顶端不呈锥状；鞘翅光亮，仅第 1 条沟完整，其他条沟至多在端部可见；第 3 行距有 1 个毛穴。

分布：中国南部及东洋区。世界已知 6 种，中国记录 3 种，浙江分布 1 种。

（62）斯氏小光步甲 *Lissopogonus suensoni* Kirschenhofer, 1991

Lissopogonus suensoni Kirschenhofer, 1991: 9.

主要特征：体长 4.5 mm，宽 1.8 mm。体黑色，触角棕黑色，口须和足棕红色。头顶略隆，光洁无毛和刻点；额沟长，伸向颈部，沟外侧在头顶处隆起成脊；眼后颊倾斜，长约为眼纵径之半。前胸背板方形，侧边在后角之前明显弯曲；中沟深，向前几乎达前缘，向后伸入后缘。鞘翅光亮，端部仅第 3 行距和第 7 条沟的位置有很短的条沟；肩后侧缘具 5 个大毛穴，中部之后有 5 个毛穴。

分布：浙江（仙居、泰顺）、湖南、福建、贵州。

隘步甲族 Patrobini Kirby, 1837

30. 原隘步甲属 *Archipatrobus* Zamotajlov, 1992

Archipatrobus Zamotajlov, 1992: 269. Type species: *Archipatrobus deuvei* Zamotajlov, 1992.

主要特征：体长 9.5–16.0 mm。体黑色，光亮，口须、触角和足有时棕色或红棕色。头大，眼很突出，眼内侧具眉毛 2 根，后眉毛接近眼后缘；颊短于眼直径；颈沟深，表面光洁或有皱褶和刻点。前胸背板横宽，稍呈心形，最宽处在前 1/3 处或中部；侧边在前半部弧圆，在后角之前微弯曲，有侧毛 1 根；后角直角，有毛 1 根；基凹大而深；盘区前部、基部及侧沟都有刻点。鞘翅长方形，稍呈卵形，肩明显可见，不圆；鞘翅基部平或稍凹陷；第 3 行距有 3 个大毛穴；侧边 8 条沟有 11–17 个大毛穴。一般后翅发达，可飞翔。跗节表面光，第 5 跗节腹面无刚毛。

分布：亚洲东部。世界已知 3 种，中国记录 3 种，浙江分布 2 种。

（63）德氏原隘步甲 *Archipatrobus deuvei* Zamotajlov, 1992（图版 I-34）

Archipatrobus deuvei Zamotajlov, 1992: 271.

主要特征：体长 10.4–12.1 mm。体黑色，触角、触须及足红棕色。头宽，卵圆形；复眼大，强烈突出，颊肿且短，明显短于眼径；颈缩较浅，前额沟深，向后发散；表面光滑，颈缩区具刻点；头部在眼颈之间具 2 对刚毛，后刚毛位于复眼后缘至颈缩区之间。颏齿 2 裂。前胸背板略心形，1.12–1.19 倍宽于长，较凸起，最宽处位于前部 1/3 处；前缘几乎直，侧边前部几乎直且较宽，于后角前收缩，后缘略圆；前角突出，后角近直角，具尖；前凹较深，具粗糙浓密刻点；基凹纵向，明显，具粗糙刻点；盘区边缘具粗糙皱纹，中部具轻微稀疏皱纹，侧边具刻点；中线到达基部，基部刻点不明显；侧边中部之前具 1 对刚毛，后角前具 1 对刚毛。鞘翅长卵圆形，1.74–1.83 倍长于宽，较凸；肩部宽圆但明显；条沟具刻点，端部刻点浅，行几乎平坦；第 3 行距具 3 个毛穴，第 9 行距具毛穴 11 个或 12 个；具浅的等径微纹。具后翅。跗节背部光滑，前、中足第 4 跗节端部轻微 2 裂，后足第 5 跗节腹部光滑。胸部前侧片及腹板具粗糙浓密刻点，腹部腹板侧缘具皱纹。阳茎基部强烈弯曲，端片向腹面及右侧弯曲；左侧叶大于右侧叶，端部突出较长，向端部平滑收缩，端部具 2 根长刚毛，亚端部具 1–3 根短刚毛。

分布：浙江、甘肃、江西、福建、四川、云南。

讨论：该种和黄足原隘步甲 *Archipatrobus flavipes* 相比，身体更小，颊更短、更肿胀，前胸背板弱心形且向基部收缩更强烈。该种与斯氏原隘步甲 *A. suensoni* 区别在于，后者身体更小、更瘦长，前胸背板更宽、更类似于心形，前角更突出。该种与另 2 种的雄性外生殖器均不同，该种更近于斯氏原隘步甲 *A. suensoni*。我们原来一直都鉴定为黄足原隘步甲 *Archipatrobus flavipes*。

（64）斯氏原隘步甲 *Archipatrobus suensoni* (Zamotajlov *et* Kryzhanovskij, 1990)

Patrobus suensoni Zamotajlov *et* Kryzhanovskij, 1990: 10.

主要特征：体长 9.3–10.2 mm。体黑色，腹部腹面棕色，触角、触须及足暗色。头宽；复眼略大，强烈突出，颊肿且短，略短于眼径，具皱纹；颈缩具粗糙刻点，前额沟深，向后发散；头部眼颈之间具 2 对刚毛，后者位于复眼后缘至颈缩之间。颏齿 2 裂。前胸背板略心形，1.21–1.30 倍宽于长，较凸起，最宽处位于前部 1/3 处；前缘几乎直，侧边前部较宽，于后角前收缩；前角宽圆且突出，后角钝，具尖；基凹及侧边具粗糙浓密刻点；中线端部浅；侧边中部之前具 1 对刚毛，后角前具 1 对刚毛。鞘翅长卵圆形，1.57–1.65

倍长于宽，较凸；肩部圆但明显；条沟具刻点，端部刻点浅；第 3 行距具 3 个毛穴，第 9 行距毛穴列 11–12；具横向微纹。具后翅。跗节背部光滑，前、中足第 4 跗节端部轻微 2 裂，后足第 5 跗节腹部光滑。胸部前侧片及腹板具粗糙浓密刻点，腹部腹板侧缘具皱纹。阳茎基部强烈弯曲，端片向腹面及右侧弯曲，向端部强烈收缩；左侧叶略大于右侧叶，端部突出较长，具 2 根端部长刚毛及 1–3 根亚端部短刚毛。

分布：浙江、福建。

（七）气步甲亚科 Brachininae

主要特征：体小至中型，长形，隆，体长 5.0–20.0 mm。体无毛或有毛，黑色或棕黄色，一些种类头顶、鞘翅有斑，部分种类鞘翅蓝色；头大，上颚短，外沟无刚毛；眼内侧具眉毛 1 根；触角自第 2 节起被绒毛，第 1 节毛很稀；前胸背板心形；小盾片外露；鞘翅后端平截，有 9 条沟；大多具后翅，少数退化；中足基节窝由中胸腹板和后胸腹板包围，中胸后侧片不伸达基节窝；足粗壮；雌性可见腹板 7 节，雄性 8 节。

分布：世界广布。世界已知 14 属 760 多种（亚种），中国记录 3 属 42 种，浙江分布 2 属 6 种。

气步甲族 Brachinini Bonelli, 1810

31. 气步甲属 *Brachinus* Weber, 1801

Brachinus Weber, 1801: 22. Type species: *Carabus crepitans* Linnaeus, 1758.

主要特征：体黄色、棕色或蓝黑色。体表被密毛。头大，颈部略缢缩，眼大，半球形，眼内侧具眉毛 1 根；口须末节纺锤状，端部平截；颏无中齿；触角第 3 节长。前胸背板心形，侧缘有刚毛或无；后角直角，向外略突伸。鞘翅比前胸背板宽；端部平截，端缘有毛；无小盾片条沟。雄性前足跗节第 1–3 节略变宽。腹部雄性个体可见 8 节，雌性个体 7 节。

分布：欧洲、亚洲、非洲和北美洲。世界已知约 300 种，中国记录 20 多种，浙江分布 2 种：大气步甲 *Brachinus scotomedes* 体型大，鞘翅棕色至黑色；斯氏气步甲 *Brachinus suensoni* 小型，鞘翅绿色或蓝绿色。

（65）大气步甲 *Brachinus scotomedes* Redtenbacher, 1868（图版 I-35）

Brachinus scotomedes Redtenbacher, 1868: 5.

主要特征：体长 13.5–17.2 mm，宽 5.8–6.3 mm。头、前胸背板侧边、鞘翅黑色，触角、口须、足黄色，胸部腹板棕黑色，鞘翅密被黄毛。头在眼间微隆，眼后略收缩；头顶被疏刻点，其后有稀疏长毛；额沟达眼中后部；眼内缘有纵皱；触角长过鞘翅之半，第 1 节膨大，第 3 节最长，远超过第 1 和第 2 节之和，第 3–11 节密被绒毛；颏具 2 个深凹，周围具长毛，无颏齿。前胸背板被粗皱褶及刚毛，长大于宽，与头等宽；侧缘基 1/3 处凹；中沟明显；侧缘具边，无缘毛；基缘无边。鞘翅肩圆，向后微膨，最宽处在中后部；端缘平直；外角宽圆。胸部、腹部腹面被长毛。

分布：浙江（吉安）、陕西、甘肃、江苏、湖北、江西、湖南、台湾、广西、四川、贵州、云南；日本。

（66）斯氏气步甲 *Brachinus suensoni* Kirschenhofer, 1986

Brachinus suensoni Kirschenhofer, 1986: 332.

主要特征：体长 6.0–7.8 mm，宽 3.0–3.3 mm。头、前胸背板、腹面、附肢棕红色，腹部边缘暗棕色，鞘翅绿色或蓝绿色，表面暗色无光泽。头小，头顶平；眼大，半球形；颊短，被毛。前胸背板近方形，宽是长的 1.1 倍，宽略小于头宽；盘区表面被毛，刻点细密；前角不突出；中线深；前缘和后缘直；后角略突伸；侧缘在前部弧圆，在后角之前微弯曲。鞘翅宽是长的 1.4 倍，向后明显变宽，最宽处在端部 1/4 处；条沟细；行距略隆起，表面被稀毛。

分布：浙江（杭州）、安徽、湖北。

32. 屁步甲属 *Pheropsophus* Solier, 1833

Pheropsophus Solier, 1833: 461. Type species: *Brachinus madagascariensis* Dejean, 1831.

主要特征：体长 12.0–20.0 mm。体黑色，很多种类前胸背板或鞘翅有黄色的斑，足和触角黄色或棕黑色，体表光洁无绒毛。头大，额稍隆；眼中等大小，眼内侧具眉毛 1 根；口须末节圆柱状。前胸背板长方形，中线略深；基凹不显。鞘翅近长方形，侧缘向后略扩展，翅端部平截；常有 8 条脊状隆起；行距光洁无毛。腹板可见 8–9 节。防御腺发达，遇到干扰时可放出烟雾状的防御液。

分布：主要分布在非洲、亚洲和澳大利亚。世界已知 130 余种，中国记录 20 多种，浙江分布 4 种。

分种检索表

1. 鞘翅同一颜色，无斑纹，自肩部向后明显扩展……………………………………贝氏屁步甲 *P. beckeri*
- 鞘翅 2 种颜色，有黄色斑纹，自肩部向后不明显扩展……………………………………2
2. 鞘翅黄斑带很细，强烈弯曲成波浪状，其边缘呈深锯齿状……………………………爪哇屁步甲 *P. javanus*
- 鞘翅黄斑带宽，不呈波浪状，其边缘略呈锯齿状……………………………………3
3. 前胸背板侧缘黄色；鞘翅边缘前后黑色……………………………………耶屁步甲 *P. jessoensis*
- 前胸背板边缘黑色；鞘翅边缘均为黄色……………………………………肖屁步甲 *P. assimilis*

（67）肖屁步甲 *Pheropsophus assimilis* Chaudoir, 1876（图版 I-36）

Pheropsophus assimilis Chaudoir, 1876b: 38.

主要特征：体长 16.0–18.0 mm，宽 6.5–7.5 mm。头和前胸背板侧区部分、附肢棕黄色，头顶有黑斑，黑斑近五边形，斑顶端尖，前胸背板中线两侧、前后缘、侧缘黑色，鞘翅大部分黑色，肩、侧缘和翅端黄色，中部具黄色粗横带，横带前后宽度为 4–5 条行距的宽度，近鞘翅长的 1/5。头顶略鼓，有浅皱褶；触角第 1 节毛稀，第 2–11 节密被绒毛。前胸背板近方形，长宽近等，最宽处在前部 1/3 处；前缘和基缘近等宽；侧缘在后角前弯曲；基角直角。鞘翅近长方形，长是宽的 1.4 倍，两侧近平行，端缘近平截；纵脊 8 条；表面光洁无毛，但有细纵皱。雄性前足跗节基部第 1–3 节扩大，且腹面有粘毛。该种与广屁步甲 *Pheropsophus occipitalis* (W. S. MacLeay, 1825)相似，但后者鞘翅边缘黑色。

分布：浙江、上海、安徽、湖北、江西、湖南、福建、台湾、广东、海南、广西、四川、贵州、云南；泰国。

（68）贝氏屁步甲 *Pheropsophus beckeri* Jedlička, 1930（图版 I-37）

Pheropsophus beckeri Jedlička, 1930: 122.

主要特征：体长 13.0–14.5 mm，宽 5.0–6.5 mm。头前半部分、附肢棕黄色，头后半部分、前胸背板、鞘翅黑色（鞘翅端缘略显黄色），无斑带。头顶略凹，有稀疏的刻点和短毛；触角第 1 节毛稀，第 2–11 节密被绒毛。前胸背板近方形，长为宽的 1.0–1.1 倍，最宽处在前部 1/3 处；前缘和基缘近等宽；侧缘在后角前弯曲；基角直角；盘区具刻点。鞘翅近长方形，长是宽的 1.4 倍，宽约为前胸背板的 2.0 倍，两侧缘自肩部向后扩展，端缘斜切（和其他具斑带的种类不同）；纵脊 7–8 条；表面光洁无毛，但有细纵皱。雄性前足跗节基部第 1–3 节扩大，且腹面有粘毛。在中国，与该种相似的种类较多，其分类和分布还需更多研究。

分布：浙江（临安）、甘肃、湖北、江西、湖南、福建、台湾、广西、重庆、四川、云南；老挝。

（69）爪哇屁步甲 *Pheropsophus javanus* (Dejean, 1825)（图版 I-38）

Brachinus javanus Dejean, 1825: 305.

主要特征：体长 17.0–20.0 mm，宽 6.5–8.0 mm。头和胸部大部分、附肢棕黄色；头顶有黑斑，略呈长方形，前缘常凹入；前胸背板中线两侧、前后缘、侧缘黑色；鞘翅大部分黑色，肩和翅端黄色，侧缘黑色，中部具黄色细横带，横带很狭窄，宽度约为 2 个行距的宽，波浪状，前后缘强烈呈锯齿状，有时此带部分消失。头顶略鼓，有浅皱褶；触角第 1 节毛稀，第 2–11 节密被绒毛。前胸背板近方形，长宽近等，最宽处在前部 1/3 处；前缘和基缘近等宽；侧缘在后角前弯曲；基角直角。鞘翅近长方形，长为宽的 1.5 倍，是前胸背板的 1.7–1.9 倍，两侧缘近平行，端缘近平截；纵脊 8 条；表面光洁无毛，但有细纵皱。雄性前足跗节基部第 1–3 节扩大，且腹面有粘毛。

分布：浙江、江苏、湖北、湖南、福建、台湾、广东、广西、四川、贵州；日本，东南亚。

（70）耶屁步甲 *Pheropsophus jessoensis* Morawitz, 1862（图版 I-39）

Pheropsophus jessoensis Morawitz, 1862b: 322.

主要特征：体长 13.0–20.0 mm，宽 4.5–7.5 mm。头、胸部的大部分和附肢棕黄色；头顶有黑斑，呈倒三角形；前胸背板前后缘和中线黑色，边缘黄色；鞘翅大部分棕黑色，侧缘大部分黑色，肩和翅端黄色，中部具黄色宽横带，横带最宽处约为 4 条行距的宽，前后缘齿突不明显。头顶略鼓，有浅皱纹，其前缘平或微凹；触角第 1 节毛稀，第 2–11 节密被绒毛。前胸背板近方形，长略小于宽，最宽处在前部 1/3 处；前缘和基缘近等宽；侧缘在后角前弯曲；基角直角。鞘翅近长方形，长为宽的 2.0 倍，两侧缘近平行，端缘近平截；纵脊 8 条；表面光洁无毛，但有细纵皱；翅端平截。雄性前足跗节基部第 1–3 节扩大，且腹面有粘毛。

分布：浙江（临安）、黑龙江、吉林、辽宁、河北、山东、陕西、甘肃、江苏、湖北、江西、湖南、福建、广东、广西、四川、贵州、云南；俄罗斯，朝鲜，日本，越南，老挝，柬埔寨。

（八）婪步甲亚科 Harpalinae

主要特征：体小至大型，长形，隆或平，体长 3–35 mm。体无毛或有毛，黑色或棕黄色，少数种类前胸背板和鞘翅有斑，部分种类具金属光泽。头大，上颚短或长，外沟无刚毛；眼内侧具眉毛 1–2 根；触角自第 4 节或第 3 节端半部起被绒毛，如果第 3 节全部被毛，则比第 4–11 节毛稀。前胸背板方形或心形；小盾片外露。鞘翅后端圆或平截，有条沟 9 列；大多数具后翅，少数退化。中足基节窝由中胸腹板和后胸腹板包围，中胸后侧片不伸达基节窝。足粗壮或细长；可见腹板 6 节。

分布：世界广布。世界已知 1100 余属 18 000 余种（亚种），中国记录 193 属 1800 种，浙江分布 64 属 150 多种，本志列了 148 种。

分属检索表

1. 鞘翅后端缘盖过腹部 ··2
\- 鞘翅后端平截，腹部后端外露 ··37
2. 下颚须端节接在亚端节的侧端；体被粗刻点，头、前胸背板被黄毛·······························3
\- 下颚须端节正常接在亚端节的端部 ··6

3. 鞘翅具橘黄色大斑 ……………………………………………………………………… 4
- 鞘翅颜色单一，不具斑 …………………………………………………………………… 5
4. 前胸背板侧缘黄色；体型较小 ……………………………………… **拟裂跗步甲属 *Adischissus***
- 前胸背板侧缘黑色；体型较大 ………………………………………… **裂跗步甲属 *Dischissus***
5. 后足第 4 跗节背缘深凹；上颚端部细尖，钩状 ………………………… **真裂步甲属 *Euschizomerus***
- 后足第 4 跗节背缘浅凹或较平；上颚端部不尖 ………………………… **角胸步甲属 *Peronomerus***
6. 上颚端部常较钝并有明显凹缺；唇基及上唇前缘凹入常较深且两侧不对称，上唇基膜外露 ……… 7
- 上颚端部渐狭，无凹缺；唇基及上唇不如上述，上唇基膜不外露 ……………………………… 8
7. 体中型至大型；触角基部 3 节光洁；上颚端部不钝粗；鞘翅第 3 行距常有 1 毛穴 ……… **重唇步甲属 *Diplocheila***
- 体小型；触角基部 1 或 2 节光洁；上颚端部有凹缺；鞘翅第 3 行距有 2 毛穴 ……… **捷步甲属 *Badister***
8. 触角自第 3 节端半部开始密被绒毛 ……………………………………………………… 9
- 触角自第 4 节开始密被绒毛，如第 3 节被绒毛，则毛很稀少 …………………………… 18
9. 触角细长，第 3 节全节被绒毛，长为第 2 节的 3.0 倍以上 ……………… **爪步甲属 *Onycholabis***
- 触角粗短，第 3 节上半部被绒毛，长约为第 2 节的 2.0 倍 ……………………………… 10
10. 下唇须亚端节里缘毛 2 根；雄性前足跗节腹面有 2 行粘毛；鞘翅第 9 行距毛穴在中部中断，形成较大间隔 ……… 11
- 下唇须亚端节里缘毛 3 根或更多；鞘翅第 9 行距毛穴相连成 1 行 ……………………… 14
11. 颏有明显的中齿 ………………………………………………………… **怠步甲属 *Bradycellus***
- 颏无中齿 …………………………………………………………………………………… 12
12. 鞘翅无小盾片行；雄性前、中足跗节第 4 节两侧叶较长 ………………… **寡行步甲属 *Loxoncus***
- 鞘翅有小盾片行 …………………………………………………………………………… 13
13. 雄性前、中足跗节第 4 节明显深 2 裂；鞘翅边缘后部的 8 个毛穴分成 2–3 组；前胸腹突在端部有一些毛 ……………………………………………………………………… **狭胸步甲属 *Stenolophus***
- 雄性前、中足跗节第 4 节稍 2 裂；鞘翅边缘后部的 8 个毛穴相连不分组；前胸腹突在端部无毛 … **尖须步甲属 *Acupalpus***
14. 雄性前足跗节腹面有稠密的毛，不形成 2 排；后足跗节第 1 节明显较第 2 节长；复眼间常有 1 对红色斑 ……… 15
- 雄性前足跗节腹面粘毛形成 2 排；后足跗节第 1 节较第 2 节稍长；复眼间常无红色斑 ……… 16
15. 额沟很深 ……………………………………………………… **沟额步甲属 *Pseudorhysopus***
- 额沟浅 …………………………………………………………… **斑步甲属 *Anisodactylus***
16. 背面密被粗刻点及较长的毛；上颚短，大部分为上唇所盖；颏无中齿 ……… **宽额步甲属 *Platymetopus***
- 背面光洁或被细刻点及较短的毛；上颚长，不被遮盖 ……………………………………… 17
17. 额沟不达眼内缘；鞘翅无虹彩；前足胫节外端角刺多于 3 根 ……………… **婪步甲属 *Harpalus***
- 额沟达眼内缘；鞘翅有虹彩；前足胫节外端角刺 3 根 ………………… **列毛步甲属 *Trichotichnus***
18. 雄性前足跗节膨大，第 2 和 3 节近方形 ………………………………………………… 19
- 雄性前足跗节稍膨大，近三角形 …………………………………………………………… 21
19. 头和前胸无金属光泽；眉毛 1 或 2 根；鞘翅无黄边或黄斑 ……………… **矮卵步甲属 *Nanodiodes***
- 头和前胸有金属光泽；眉毛 1 根；鞘翅毛有或无，常有黄色边缘或黄斑 ……………………… 20
20. 口须末端尖锐；体短，7.0 mm 以下 ……………………………………… **小美步甲属 *Callistomimus***
- 口须末端平截；体长，10.0 mm 以上 ……………………………………… **青步甲属 *Chlaenius***
21. 下唇须亚端节里缘有毛 3 根以上 ……………………………………………… **暗步甲属 *Amara***
- 下唇须亚端节里缘有毛 2 根 ………………………………………………………………… 22
22. 爪有梳齿 …………………………………………………………………………………… 23
- 爪不具齿 …………………………………………………………………………………… 25
23. 雄性外生殖器的右侧叶圆形，比左侧叶明显宽大，左侧叶狭长，中叶伸出身体后端部指向右方（而其他绝大部分步甲朝向左方） ……………………………………………………… **锯步甲属 *Pristosia***
- 雄性外生殖器的右侧叶短小或狭长，比左侧叶明显小，左侧叶圆形，中叶伸出身体后端部指向左方 ……… 24

24. 前胸背板近圆形，后角常不显……齿爪步甲属 ***Synuchus***
- 前胸背板近方形，后角圆，不明显……蠋步甲属 ***Dolichus***
25. 触角第 1 节加长，长于第 2–3 节之和……短角步甲属 ***Trigonotoma***
- 触角第 1 节正常，长度不超过第 2–3 节之和……26
26. 中唇舌端缘有刚毛 4 或 6 根；体一般大而宽……艳步甲属 ***Trigonognatha***
- 中唇舌端缘有刚毛 2 根；体狭，中小型……27
27. 足粗短，后足转节长度约为后足腿节之半……28
- 足细长，后足转节长度约为后足腿节的 1/3……31
28. 雌性末腹板毛超过 6 根；身体很隆起……傲步甲属 ***Morionidius***
- 雌性末腹板毛一般为 4 根；身体略隆起……29
29. 上颚特别细长，端部略弯曲，不呈钩状；前胸背板基凹深狭，沟状……雕口步甲属 ***Caelostomus***
- 上颚正常，端部钩状；前胸背板基凹不深狭，非沟状……30
30. 颏中齿宽扁，端部平截或微凹……劫步甲属 ***Lesticus***
- 颏中齿狭长，端部尖或中间凹……通缘步甲属 ***Pterostichus***
31. 爪在基部分出 1 个小叉……叉爪步甲属 ***Dicranoncus***
- 爪简单，在基部无分叉……32
32. 鞘翅中部有 1 个大凹陷，颜色比周围浅或透明……窗步甲属 ***Euplynes***
- 鞘翅中部无大凹陷，如有小凹陷，则颜色和周围同……33
33. 亚颏每侧 1 根刚毛……宽步甲属 ***Platynus***
- 亚颏每侧 2 根刚毛……34
34. 足跗节 4 外叶延长，明显比内叶长，不对称……宽胫步甲属 ***Colpodes***
- 足跗节 4 外叶不延长，左右对称……35
35. 中、后足跗节只有外沟，无内沟……真胫步甲属 ***Eucolpodes***
- 中、后足跗节具内外 2 条纵沟……36
36. 中、后足跗节有端毛，但无亚端毛；鞘翅缝常具刺……盘步甲属 ***Metacolpodes***
- 中、后足跗节有端毛和亚端毛；鞘翅缝常圆，无刺……细胫步甲属 ***Agonum***
37. 触角较细，第 1 节长为触角全长的 1/3；上颚平扁，端部钩状，长约为上唇长的 3.0 倍……38
- 触角粗，第 1 节短，长不到触角总长的 1/4……39
38. 爪内侧光洁，无梳齿……逮步甲属 ***Drypta***
- 爪内侧有梳齿，有时梳齿细小，但可见……敌步甲属 ***Dendrocellus***
39. 眼后颊膨扩，颈部收敛成柄……40
- 眼后颊不膨扩，颈部不收敛成柄……41
40. 头不很宽大，眼后略平阔；前胸背板基缘中央向后膨出……五角步甲属 ***Pentagonica***
- 头宽大而扁平，眼后稍膨扩；前胸背板基缘中央向后不膨出……六角步甲属 ***Hexagonia***
41. 鞘翅条沟退化，仅由刻点组成……光鞘步甲属 ***Lebidia***
- 鞘翅条沟明显深……42
42. 前胸背板细长，圆柱状，长明显大于宽……43
- 前胸背板横宽，长小于宽或长宽近等……45
43. 第 4 跗节深裂，双叶状……叶颈步甲属 ***Ophionea***
- 第 4 跗节不裂或略凹，不呈双叶状……44
44. 前胸背板侧缘在中部只有 1 根刚毛……长颈步甲属 ***Archicolliuris***
- 前胸背板侧缘在中部有 1 列（6 根左右）刚毛……迷颈步甲属 ***Mimocolliuris***
45. 爪光洁无梳齿……凹唇步甲属 ***Catascopus***
- 爪具齿……46

46. 背面被毛，毛密且长……………………………………………………………………………………………………47
- 背面光洁无毛或稍具稀毛……………………………………………………………………………………………50
47. 跗节简单，非双叶状……………………………………………………………………………猛步甲属 *Cymindis*
- 跗节双叶状………48
48. 下唇须末端节斧状；颏中齿分 2 叶……………………………………………………毛皮步甲属 *Lachnoderma*
- 下唇须末端节不呈斧状；颏中齿不分 2 叶…………………………………………………………………………49
49. 前胸背板基部明显缢缩成柄状；颏无毛，侧唇舌具毛…………………………………毛盆步甲属 *Lachnolebia*
- 前胸背板基部不缢缩成柄状；颏具 1 对毛，侧唇舌光洁…………………………………奥毛步甲属 *Orionella*
50. 鞘翅行距具横皱……………………………………………………………………………双勇步甲属 *Amphimenes*
- 鞘翅行距光滑，不具横皱……………………………………………………………………………………………51
51. 跗节深裂，双叶状……………………………………………………………………………………………………52
- 跗节简单，不双裂……………………………………………………………………………………………………55
52. 前胸背板基部不明显缢缩成柄状……………………………………………………………………………………53
- 前胸背板横长，基部中区向后突伸，柄状……………………………………………………………………………61
53. 颏无中齿；上颚变宽………………………………………………………………………………宽颚步甲属 *Parena*
- 颏有中齿；上颚不变宽………………………………………………………………………………………………54
54. 下唇须末节呈截形或膨大，侧唇舌不延长………………………………………………………丽步甲属 *Calleida*
- 下唇须末节纺锤状，侧唇舌长于中唇舌…………………………………………………黑缝步甲属 *Peliocypas*
55. 鞘翅第 7 行距有数个毛穴……………………………………………………………………速步甲属 *Dromius*
- 鞘翅第 7 行距无毛穴，有基凹………………………………………………………………………………………56
56. 上颚边缘变宽；跗节粗壮…………………………………………………………………异步甲属 *Anomotarus*
- 上颚边缘窄；跗节细…………………………………………………………………………………………………57
57. 前胸背板侧缘敞边不变宽，基边中央平截，两侧向后角倾斜；体微小，不超过 5.0 mm；一般黑色……………………………………………………………………………………………伪盗步甲属 *Pseudomesolestes*
- 前胸背板侧缘敞边变宽，基边中央平直………………………………………………………………………………58
58. 鞘翅具刻点，具黄色或红色斑，条沟由小刻点组成…………………………………………蕈步甲属 *Lioptera*
- 背面不具刻点……59
59. 前胸背板明显横宽，宽至少 1.7 倍于长；侧唇舌向前突出，侧缘具毛；负唇须节具 1 明显长刚毛……宽胸步甲属 *Coptodera*
- 前胸背板宽至多 1.6 倍于长；侧唇舌侧缘无毛；负唇须节无刚毛………………………………………………60
60. 颏无中齿；鞘翅一般有花斑……………………………………………………………长唇步甲属 *Dolichoctis*
- 颏有中齿；鞘翅黑色，无花斑…………………………………………………………福尔步甲属 *Formosiella*
61. 鞘翅前角有短毛…………………………………………………………………………毛边步甲属 *Physodera*
- 鞘翅前角无短毛………………………………………………………………………………………………………62
62. 鞘翅后外角圆，顶端钝…………………………………………………………………………壶步甲属 *Lebia*
- 鞘翅后外角成齿突，顶端尖锐………………………………………………………………………………………63
63. 鞘翅第 8 行距端部强烈加宽…………………………………………………………………掘步甲属 *Scalidion*
- 鞘翅第 8 行距端部不加宽……………………………………………………………………连唇步甲属 *Sofota*

青步甲族 Chlaeniini Brullé, 1834

33. 小美步甲属 *Callistomimus* Chaudoir, 1872

Callistomimus Chaudoir, 1872: 382. Type species: *Callistus quadripustulatus* Gory, 1833.

主要特征：小型，体长 7.0 mm 以下。身体黑色、蓝色、紫色，鞘翅一般有棕黄或黄白色的斑或条带。

头小，上唇前缘有 6 根刚毛；上颚细长，端部尖；口须细长，末节端部渐尖，呈锥状，多绒毛；颏无中齿；触角第 3 节和第 4 节长度近等，第 3–11 节被稀毛，第 4–11 节密被绒毛。前胸背板心形，宽度大于头宽；盘区被粗大刻点和稀疏细毛，刻点一般较密；后角直角状，或者尖锐向外突；后角之前的侧边直或弯曲；无侧缘毛和后角毛。鞘翅长方形；行距平或稍隆，被刻点和细毛；条沟在基部略深，端部浅，沟内有刻点；肩方，基边不完整，基边和侧边相交成圆弧状。腹面被毛，胸部刻点粗大，腹部刻点细小，后胸前侧片长大于宽。足细长，跗节表面被毛，雄性前足跗节第 1–3 节近方形，腹面密被粘毛。

分布：东亚、东南亚和非洲。世界已知 75 种，中国记录 11 种，浙江分布 1 种。

（71）中华美步甲 *Callistomimus sinicola* Mandl, 1981（图版 I-40）浙江新记录

Callistomimus sinicola Mandl, 1981: 177.

主要特征：体长 5.5–6.0 mm，宽 2.4–2.7 mm。头、鞘翅黑色，前胸背板棕红色；鞘翅前后横斑黄色，前斑长方形，占据第 4–8 行距，后斑占据第 2–9 行距，甚至达到翅缘，翅缝角具黄色小圆斑；小盾片棕红色，第 1–5 行距基部棕红色，形成翅缝斑，该斑向后渐狭，到达前横斑后缘或前后横斑之间；触角第 1–3 节棕黄色，其余棕黑色；足黄色。头顶微隆，中区基本光洁；眼大，半球形。前胸背板心形，宽约为长的 1.4 倍，为头宽的 1.3 倍，最宽处在中部略前，前缘稍宽于基缘；前缘微凹；基缘中部平直，近后角向前深凹；侧缘在前部均匀弯曲，在后角之前略弯曲，无侧缘毛；前角圆，不向前突出；后角长而尖，向后外方突伸，但不很强烈；盘区被细密刻点和毛；中线细而深，不达到前缘和后缘；基凹狭而深。鞘翅长方形，最宽处在中部稍后处，长为宽的 1.5 倍，宽为前胸宽的 1.5 倍；基边很短，和侧边相交成圆弧状；侧边在近顶端不凹；行距平，密布刻点和绒毛；条沟略深，沟内具细刻点；缘折有稀绒毛。

分布：浙江、上海。

34. 青步甲属 *Chlaenius* Bonelli, 1810

Chlaenius Bonelli, 1810: tab. syn. Type species: *Carabus festivus* Panzer, 1796.

主要特征：体中型到大型，体长 10.0–25.0 mm。身体常具绿色或蓝色金属光泽，至少头部如此，许多种类鞘翅有黄色圆斑点或侧边有黄色条带。眼内侧具眉毛 1 根；上颚外沟无刚毛；颈区不明显缢缩；口须端节平截，不细尖，唇须亚端节一般光洁无刚毛；触角自第 4 节密被绒毛（有些种类第 3 节具稀绒毛，明显比第 4 节少）。前胸背板多样，一般横方形，少数心形；后角毛在后角之上或后角之前；表面大部分有刻点和毛，少部分盘区光洁。鞘翅最宽处在中部略后，侧边向后不明显变宽，条沟深。足细长，爪一般简单（少数种类具梳齿）；雄性前足第 1–3 跗节膨宽，呈方形。

分布：古北区、旧热带区种类较多。该属是 1 个大属，世界已知 1000 余种，中国记录 20 余亚属 60 余种，浙江分布 11 种（亚种）。

分种检索表

1. 雄性下唇须强烈加宽，呈菱形，下颚须明显加宽；雌性下唇须明显加宽，下颚须略加宽…………**麻胸青步甲 *C. spathulifer***
- 下唇须常呈棒状；如果略膨大，则雌雄一致，绝非菱形……………………………………2
2. 鞘翅中后部有大黄斑……………………………………3
- 鞘翅颜色单一或具黄边，中后部无大黄斑……………………………………8
3. 前胸背板黄色……………………………………**黄胸青步甲 *C. pericallus***
- 前胸背板黑色……………………………………4
4. 腹板均匀被细短毛；前胸背板被密刻点，部分刻点相连成横沟；头顶密被刻点……………………**黄斑青步甲 *C. micans***
- 腹面光洁或至少中部光洁；前胸背板刻点稀疏（仅毛胸青步甲 *C. naeviger* 刻点密），无横沟……………………5

5. 前胸背板横宽，宽是长的 1.26–1.35 倍，基部宽，远大于端宽；鞘翅黄斑一般逗点形……………………逗斑青步甲 *C. virgulifer*
- 前胸背板狭长，宽是长的 1.1–1.2 倍，基部狭，稍大于端宽；鞘翅黄斑一般卵圆形……………………………………6
6. 前胸背板均匀被密刻点………………………………………………………………………………毛胸青步甲 *C. naeviger*
- 前胸背板均匀刻点稀少，中部和前部至少有光洁区 ……………………………………………………………………7
7. 后足转节黑或棕黑色，比腿节颜色深……………………………………………双斑青步甲黄胫亚种 *C. bimaculatus lynx*
- 后足转节和腿节同色 ……………………………………………………………………………小斑青步甲 *C. rufifemoratus*
8. 后胸前侧片长小于宽或近等；无后翅；体型大，体长 22.0 mm 以上 ………………………………克氏青步甲 *C. klapperichi*
- 后胸前侧片长为宽的 1.2 倍以上；有后翅；一般体长 20.0 mm 以下 ……………………………………………………9
9. 前胸背板均匀被密刻点，部分刻点相连成横沟；触角明显两色，第 1–3 节黄色，第 4–11 节黑色至棕黄色 ……………………………………………………………………………………………………异角青步甲 *C. variicornis*
- 前胸背板刻点稀少，无横皱；触角颜色均黄色至棕黄色……………………………………………………………………10
10. 体型大，近 20.0 mm；前胸背板宽是长的 1.0–1.1 倍，基凹刻点密；鞘翅中部颜色黑，侧边有弱金属光泽 ……………………………………………………………………………………………………点沟青步甲 *C. praefectus*
- 体型中等，17.0 mm 以下；前胸背板宽约是长的 1.3 倍，基凹刻点稀疏；鞘翅中区具金属绿色和红铜色光泽 ……………………………………………………………………………………………孟加拉青步甲 *C. bengalensis*

（72）孟加拉青步甲 *Chlaenius bengalensis* Chaudoir, 1856（图版 I-41）

Chlaenius bengalensis Chaudoir, 1856b: 262.

主要特征：体长 14.5–16.5 mm，宽 5.4–6.6 mm。头部、前胸背板金属绿色，稍带红铜色；鞘翅暗绿色，隆起的行距有红铜色光泽；足、口须、触角黄色；腹面棕黑色。头顶隆起，中央有细微刻点；眼大，半球形；口须亚端节顶部有 3–4 根细毛刺，末节圆柱状，端部平截，不变宽；颏两侧弧圆，中齿长，端部略凹；触角第 1–3 节被稀毛，第 4–11 节被密毛，第 3 节长度约为第 4 节长度的 1.4 倍。前胸背板略方形，横宽，稍隆，宽约为长的 1.3 倍，为头宽的 1.5 倍，最宽处在中部；基缘是前缘的 1.3–1.4 倍；前缘微凹；基缘中部平直，近后角微向后弯曲；侧缘在前部均匀弯曲，在后角之前直，中部无侧缘毛；前角圆，微向前突出；后角钝圆，角顶端圆，后角毛在后角之前，远离后角；盘区被稀疏刻点和横皱，有大片光洁区；中线明显深，不达到前缘和后缘；基凹狭，深，凹内刻点和盘区相近。鞘翅略长方形，肩方，最宽处在中部，长为宽的 1.6 倍，宽为前胸宽的 1.4–1.5 倍；光亮，微纹明显呈等径网格；基边完整，在中部稍向后弯曲；基边和侧边相交成钝角，角顶端稍突起；侧边在近顶端不凹；行距隆起，大部分光洁，在近条沟处被极少量细刻点和稀疏短毛，第 9 行距毛稍密；条沟略深，沟内具细刻点；缘折具细刻点和绒毛。后翅发达。

分布：浙江、河南、安徽、湖北、江西、湖南、福建、广西、贵州、云南；日本，孟加拉国，缅甸，斯里兰卡。

（73）双斑青步甲黄胫亚种 *Chlaenius bimaculatus lynx* Chaudoir, 1856

Chlaenius lynx Chaudoir, 1856b: 199.

主要特征：体长 13.5–14.0 mm，宽 4.8–5.1 mm。头部和胸部具金属绿色；鞘翅近黑色，每鞘翅后半部有 1 个黄色大圆斑，占据 4–8 行距；腿节棕黄色，胫节黄色；转节黑色；触角第 1–3 节棕黄色；第 4 节及以后深棕色。下唇须亚端节内缘具多根细小刚毛，末节圆柱形。前胸背板近方形，宽是长的 1.1 倍，最宽处在中部略前；侧缘从前角到后角均匀弯曲；前角圆，不向前突伸；后角稍大于直角，角端略圆，后角毛在后角之前，远离后角；盘区具稀疏刻点和短绒毛，刻点在中线和侧沟处稍密，中部近光洁。鞘翅侧边和基边相交成圆弧状；行距较平，密被刻点和毛；条沟略深，沟内具细刻点。后胸前侧片长略大于宽，外侧沟明显。腹部腹板第 3–7 节侧区被稀疏刻点和毛，中区近光洁。

分布：浙江、陕西、甘肃、安徽、上海、江苏、江西、湖南、福建、台湾、广东、香港、广西、四川、贵州、云南、西藏；日本，越南。

（74）克氏青步甲 *Chlaenius klapperichi* Jedlička, 1956

Chlaenius klapperichi Jedlička, 1956: 208.

主要特征：体长 23.0–25.0 mm，宽 9.0–9.5 mm。头和前胸金属绿色或红铜色；鞘翅黑色，条沟内有绿色金属光泽；足全黑色；口须棕红色；触角第 1–3 节黑色，第 4–11 节棕红色；身体腹面深棕色或黑色。口须端节圆柱状，端部不变宽，略斜截，亚端节具稀毛刺。前胸背板略横方，宽约为长的 1.2 倍，最宽处在中部略前；侧缘在后角之前向内凹弯曲，雌性弯曲比雄性更甚；后角略大于直角，角顶端钝圆，后角毛在后角之前，远离后角；盘区被极稀细刻点和细微横皱，刻点散乱分布于盘区。鞘翅基边和侧边相交成角，角度略大于直角；行距强烈隆起，中央呈脊状，脊光洁，脊两侧近条沟处具 2 行刻点和稀疏短毛，第 8–9 行距的毛稍密，几乎布满整个行距；条沟略深，沟内具细刻点。后胸前侧片长小于宽或近等。无后翅。

分布：浙江（临安、宁波）、江西、湖南、福建、台湾。

（75）黄斑青步甲 *Chlaenius micans* (Fabricius, 1792)（图版 I-42）

Carabus micans Fabricius, 1792: 151.

主要特征：体长 14.9–17.0 mm，宽 5.6–6.5 mm。体黑色，头部和前胸背板具绿色或红铜色金属光泽；触角前 3 节黄色；鞘翅具 2 个大黄斑，略呈逗点状；腹部黑色；足棕黄色。头部具刻点；眼大，半球形；颊略长，约为眼长的 1/4，眼后不具绒毛；下唇须亚端节内缘具 2 根刚毛，末节圆柱状，端部不变宽；触角第 1–3 节被稀毛，第 4–11 节被密毛，触角第 3 节长是第 4 节的 1.12 倍。前胸背板方形，宽为长的 1.21–1.30 倍，最宽处在中部；基缘为前缘的 1.24–1.35 倍；侧缘均匀弯曲直达中部，然后到达后角，不变狭，侧边狭窄，前后均一，中部无侧缘毛；前角钝圆，略向前突出；后角呈直角，顶端略尖，后角毛在后角之前，靠近后角，不在侧缘上；盘区具密刻点和毛，刻点近基区稍密；中线细而浅；基凹浅。鞘翅呈长卵形，最宽处在中部，长为宽的 1.56–1.66 倍，为前胸宽的 2.35 倍；基边完整，在中部稍向后弯曲；侧边在近翅顶端略凹，侧边和基边相交成大钝角；行距较平，密被刻点与毛，部分刻点连成横褶；条沟略深，沟内刻点具规则粗刻点；缘折被密毛。

分布：浙江（临安）、辽宁、北京、河北、山东、河南、陕西、江苏、安徽、湖北、江西、湖南、福建、广西、四川、云南；朝鲜，日本。

（76）毛胸青步甲 *Chlaenius naeviger* Morawitz, 1862（图版 I-43）

Chlaenius naeviger Morawitz, 1862b: 324.

主要特征：体长 14.0–16.0 mm，宽 4.8–5.5 mm。头和前胸背板铜绿色；鞘翅黑色，边缘无黄边，近端部 1/4 处有 1 对圆形黄斑，覆盖 4–8 行距；触角、口须和足黄色。下唇须亚端节内缘具 2 根刚毛，末节端不变宽，略扁。前胸背板近方形，宽为长的 1.0–1.2 倍，最宽处位于中部；侧缘均匀弯曲经过中部，然后沿斜线到达后角，近后角时略凸出；后角呈钝角，不向后凸，角钝圆，后角毛在后角略前，靠近后角；盘区密被粗刻点，几乎无毛。鞘翅侧边和基边相交成大钝角，角顶尖；行距平，具有密刻点和毛；条沟明显，沟内具规则粗刻点。后胸前侧片长为宽的 1.0–1.1 倍，外侧沟明显。腹部腹板第 3–7 节被稀疏细刻点和短毛刺。

分布：浙江（临安）、辽宁、北京、河南、湖北、重庆、四川、贵州、云南。

（77）黄胸青步甲 *Chlaenius pericallus* Redtenbacher, 1868

Chlaenius pericallus Redtenbacher, 1868: 1.

主要特征：体长 12.5–13.2 mm，宽 5.0–5.5 mm。头部具绿色金属光泽；前胸背板黄色；鞘翅黑色，基部 3/4 处的侧边和第 9 行距黄色，端部 1/4 处的第 5–9 行距及鞘翅顶端黄色；足、口须、触角黄色；胸部腹面黄色；腹部腹面黑色。下唇须亚端节有 7–8 根长毛刺，末节圆柱状，端部平截，不变宽。前胸背板略呈方形，狭长，宽约为长的 1.2 倍，最宽处在中部；侧缘均匀弯曲，从前角直达后角；后角圆，角顶钝，后角毛在后角之前，很远离后角；盘区平，具细密粗刻点和毛，部分刻点相连成横皱。鞘翅基边和侧边相交成钝角状，顶端无突起；行距平，密被刻点和绒毛；条沟略深，沟内具细刻点。

分布：浙江、北京、河北、山东、河南、陕西、江苏、上海、安徽、湖北、江西、湖南、香港、重庆；日本。

（78）点沟青步甲 *Chlaenius praefectus* Bates, 1873（图版 I-44）

Chlaenius praefectus Bates, 1873a: 314.

主要特征：体长 18.0–19.5 mm，宽 6.4–7.0 mm。头部、前胸背板金属绿色或夹杂红铜色；鞘翅黑色，第 8–9 行距弱金属色；附肢黄色。下唇须亚端节有 2 根细毛刺，末节圆柱状，端部平截，不变宽。前胸背板圆盘状，宽为长的 1.0–1.1 倍，最宽处在中部；盘区有稀疏刻点和横皱，有大片光洁区；侧缘在中部均匀向后弯曲，后角之前稍直；后角钝圆，顶端圆，后角毛在后角之前，远离后角。鞘翅长是宽的 1.7 倍；行距隆，中央光洁无毛，近条沟有毛；条沟略深，沟内具细刻点。腹部腹面光洁无毛。前胸前侧片长大于宽，外侧无沟。

分布：浙江（临安、黄岩）、湖北、江西、湖南、福建、海南、广西、重庆、四川、贵州、云南。

（79）小斑青步甲 *Chlaenius rufifemoratus* (W. S. MacLeay, 1825)

Panagaeus rufifemoratus W. S. MacLeay, 1825: 13.

主要特征：体长 11.0–12.0 mm，宽 3.5–3.8 mm。头胸部红铜色，或绿色；前胸背板不具黄边；鞘翅黑色，近尾端 1/3 处有跨越第 4–8 行距的圆形黄斑，缘折黑色；触角前 3 节黄色，或颜色略深，为棕褐色，第 4 节黑色，至末节颜色渐浅为黄色。下颚须光洁，雄性末节菱形，端部变宽，外侧边有凹坑；下唇须亚端节内缘具 2 根刚毛，末节圆柱状，端部扁，略变宽。前胸背板圆形，宽为长的 1.1–1.2 倍，最宽处在中部；侧缘均匀弯曲直达中部，然后到达后角，变狭，侧边狭窄，前后均一，中部无侧缘毛；后角呈钝角，顶端略钝，后角毛在后角上；盘区被粗刻点和少量毛，刻点近基区稍密。鞘翅侧边和基边相交成大钝角；行距略隆，密被粗刻点与少量毛，行距两侧具不规则粗刻点；条沟深，沟内具粗刻点。后胸前侧片长为宽的 1.3–1.4 倍，外侧沟明显。

分布：浙江（临安）、湖南、福建、台湾；印度尼西亚。

（80）麻胸青步甲 *Chlaenius spathulifer* Bates, 1873

Chlaenius spathulifer Bates, 1873b: 324.

主要特征：体长 12.3–13.0 mm，宽 4.6–4.8 mm。头胸部蓝绿色或带铜绿色，整体光亮；前胸背板不具黄边；鞘翅黑色，有光泽，缘折黑色，近鞘翅尾端 1/3 处有 1 个跨越第 4–8 行距的黄斑；触角前 3 节黄褐色，其余节近黑色。下颚须光洁，末节三角形，端部变宽；下唇须亚端节内缘具 2 根刚毛，末节菱形，端部扁。前胸背板圆形，宽为长的 1.1–1.2 倍，最宽处在中部；侧缘均匀弯曲到达中部，然后变狭到达后角；后角钝角，顶端钝圆，略向后突伸；后角毛在后角之上；盘区密被粗刻点和极少绒毛，有少量横褶。鞘翅侧边和基边相交成大钝角；行距略隆，密被粗刻点，毛较少；条沟深，沟内具规则粗刻点。后胸前侧片长为宽的 1.3–1.4 倍，外侧沟不明显。

分布：浙江、陕西、江苏、上海、安徽、湖北、湖南、福建、台湾、广东、海南、广西、贵州、云南。

（81）异角青步甲 *Chlaenius variicornis* Morawitz, 1863（图版 I-45）

Chlaenius variicornis Morawitz, 1863: 35.

主要特征：体长 10.9–14.9 mm，宽 4.0–5.6 mm。头部红铜色；前胸背板铜绿色；鞘翅墨绿色，无黄边；触角基部第 1–3 节黄色，其余黑色至棕黄色（向端部颜色渐淡）；口须和足黄色。头顶具细刻点，周围多皱褶；下唇须亚端节内缘具 2 根刚毛，末节圆柱状，端部不变宽。前胸背板方形，宽为长的 1.2 倍，最宽处在中部；侧缘自端角向后扩展到达中部，然后直线收缩到达后角；后角钝，顶端圆，后角毛在后角之前；盘区具密粗刻点和毛，刻点之间连成横褶。鞘翅长卵形，长为宽的 1.6 倍；基边完整，在中部稍向后弯曲；侧边和基边相交成大钝角；行距较平，密被细刻点与毛，刻点不连成横褶；条沟略深，沟内具粗刻点。

分布：浙江、黑龙江、辽宁、北京、河北、山东、河南、陕西、甘肃、江苏、湖北、江西、湖南、福建、广西、四川、贵州、云南、西藏；朝鲜，韩国，日本。

（82）逗斑青步甲 *Chlaenius virgulifer* Chaudoir, 1876（图版 I-46）

Chlaenius virgulifer Chaudoir, 1876a: 61.

主要特征：体长 12.1–15.2 mm，宽 4.3–5.4 mm。头、前胸背板和鞘翅铜绿色，略带红铜色；前胸背板具黄边；鞘翅后半部具 1 逗点斑，此斑的中部不覆盖第 9 行距的毛穴（近亚端凹）；触角、口须和足黄色或棕黄色。下颚须光洁，末节略扁圆柱形，端部不变宽；下唇须亚端节内缘具 2 根刚毛，末节略扁圆柱形，端部不变宽。前胸背板方形，宽为长的 1.26–1.35 倍，最宽处在中后部；侧缘均匀弯曲到达中后部，然后微变狭到达后角；后角钝角，顶端钝圆，不向后突伸；后角毛在后角之前，靠近后角；盘区被稀疏粗刻点和极少毛，光洁区较多，近基区刻点略密。鞘翅侧边和基边相交成大钝角；行距较平，密被细刻点和毛，刻点不连成横褶；条沟深，沟内具规则粗刻点。后胸前侧片长为宽的 1.3–1.4 倍，外侧沟明显。

分布：浙江（德清、临安）、吉林、辽宁、北京、河北、陕西、甘肃、江苏、上海、安徽、湖北、江西、湖南、福建、台湾、广东、香港、广西、四川、贵州、云南。

逮步甲族 Dryptini Bonelli, 1810

35. 敌步甲属 *Dendrocellus* Schmidt-Göbel, 1846

Dendrocellus Schmidt-Göbel, 1846: 24. Type species: *Dendrocellus discolor* Schmidt-Göbel, 1846.

主要特征：体长 8.0–15.0 mm。体狭长，黑色，常具绿色、蓝绿色金属光泽。头小；上颚细长；触角第 1 节长度大于第 2–4 节长度之和；复眼大而突出。前胸背板筒状，长大于宽。鞘翅长方形，后端平截；行距具细密或粗大刻点，具毛；条沟深。跗节第 4 节深裂；雄性足跗节第 3 节变宽，斜三角形；爪具梳齿，有时齿很细小。

分布：主要分布于非洲、亚洲、澳大利亚。世界已知 22 种，中国记录 6 种，浙江分布 1 种。

（83）膝敌步甲 *Dendrocellus geniculatus* (Klug, 1834)

Drypta geniculatus Klug, 1834a: 52.

主要特征：体长 8.0–10.2 mm，宽 2.4–3.0 mm。体黑色，鞘翅具绿色金属光泽，经常伴有红铜色；触角第 1 节基部 2/3 颜色略深；腿节基部黄色，端部 1/6 或 1/7 黑色，胫节黄色。头宽为前胸背板宽的 1.2 倍；触角第 1 节长为第 3 节的 3.6 倍；上唇前缘中部略向前突伸；颊短，微隆；眼大，纵径长度约是颊长的 2.6 倍。前胸背板长筒形，长约为宽的 1.5 倍，最宽处在中部。鞘翅长为宽的 1.8 倍，宽为前胸背板宽的 2.3 倍，在中后部最宽；鞘翅外后角钝或略具齿突；鞘翅行距密被粗刻点。爪内缘梳齿明显细密。雄性外生殖器端片窄，指状，顶端略变厚。

分布：浙江、湖南、福建、台湾、广东、海南、广西、贵州、云南、西藏；日本，印度，东南亚。

36. 逮步甲属 *Drypta* Latreille, 1797

Drypta Latreille, 1797: 75. Type species: *Carabus emarginatus* Gmelin, 1790.

主要特征：体长 10.0–15.0 mm。体狭长，棕黄色或黑色，部分种类具绿色、蓝绿色或暗紫色金属光泽。头小；上颚细长；触角第 1 节长度大于第 2–4 节长度之和；复眼大而突出。前胸背板筒状，长大于宽。鞘翅长方形，后端平截；行距具细密或粗大刻点，具毛；条沟深。跗节第 4 节深裂；雄性足跗节第 3 节变宽，斜三角形；爪无梳齿。

分布：主要分布于非洲、欧洲和亚洲。世界已知约 70 种，中国记录约 10 种，浙江分布 1 种。

（84）台湾逮步甲 *Drypta formosana* Bates, 1873（图版 I-47）

Drypta formosana Bates, 1873b: 333.

主要特征：体长 12.0–12.5 mm，宽 4.3–4.7 mm。体黑色，背面有弱的蓝色金属光泽；口须和触角棕黄色；足棕色到棕黑色。头顶微隆，被粗大刻点和毛；上颚很长，端部尖钩状；上唇中部略向前突出；触角第 1 节长是第 3 节的 2.3–2.4 倍；眼大而突出；眼后颊膨胀，长度约等于眼纵径之半；雄性下唇须末节变宽呈斧状，雌性下唇须末节比雄性稍狭窄；颏无中齿。前胸背板方形，长等于宽；表面隆起，被粗大刻点和毛，沿中沟两侧的面平，向侧边急剧倾斜；侧缘前半部均匀弧圆，在后角之前稍弯曲；侧边有 1 列齿突，前半部明显，近后角处微弱；后角稍小于直角，角顶端钝。鞘翅长方形，长是宽的 1.5 倍；行距有粗刻点和毛，中部略光洁，稍隆起；条沟深，沟内有粗刻点；鞘翅后端平截，外端角钝圆。雄性前足跗节第 3 节斜三角形，前内端向前斜伸，腹面无粘毛。

分布：浙江（临安）、台湾。

讨论：我们比较了浙江和台湾的标本，均为台湾逮步甲 *Drypta formosana* Bates, 1873，该种和中国西南部及缅甸分布的脊逮步甲 *Drypta siderea* Bates, 1892 很近似，明显区别是后者鞘翅行距更隆，该隆起部分光洁无刻点和毛。

婪步甲族 Harpalini Bonelli, 1810

37. 尖须步甲属 *Acupalpus* Latreille, 1829

Acupalpus Latreille, 1829: 391. Type species: *Carabus meridianus* Linnaeus, 1760.

主要特征：体长 3.0–6.0 mm。体棕黄色，头胸有时棕黑色，触角第 1 和第 2 节、口须、足颜色略浅。

头顶稍隆，无毛及刻点；额沟深，向后伸达眼内侧，沟内无刻点；眼大而鼓，眼内侧具刚毛（眉毛）1 根；口须细长，端节向端部渐尖；下唇须亚端节内侧具毛 2 根；颏无中齿；触角自第 2 或 3 节起密被绒毛。前胸背板横方，表面光洁；侧缘一般弧圆，中部具刚毛 1 根；后角宽圆，无后角刚毛；中沟细。鞘翅隆，有基部毛穴，小盾片条沟长；行距平，无毛及刻点，第 3 行距有或无毛穴；侧缘沟内的毛穴分 3 组，分别为 5 个、1 个、8 个，后部的 8 个毛穴间距大致相等，不分组排列。前胸腹板表面有毛或无毛，前胸腹突的端缘无毛；腹板第 2 节和第 3 节中部无凹。后足腿节有毛 2 根；跗节表面光洁或有很稀少的绒毛；雄性前足和中足第 4 跗节深裂，呈二叶状。

分布：世界广布。世界已知约 100 种，中国记录约 4 种，浙江分布 1 种。

（85）俗尖须步甲 *Acupalpus inornatus* Bates, 1873

Acupalpus inornatus Bates, 1873a: 268.

主要特征：体长 3.5–4.2 mm，宽 1.4–1.7 mm。体棕黄色，头胸有时棕黑色，触角第 1 和第 2 节、口须、足颜色略浅。头顶稍隆，微纹很明显，由等径的网格组成；眼大而鼓；下唇须亚端节近端部有 1 根长毛；触角自第 3 节起密被绒毛。前胸背板横方，宽为长的 1.3–1.4 倍，最宽处在前 1/3 处；前缘微凹，侧缘前半部弧圆，后半部略直，基缘中部直，近后角处向前倾斜；基凹略深，凹内具少量浅刻点。鞘翅隆，微纹不清晰；第 3 行距具毛穴 1 个，位于翅端 1/3 处，邻近第 2 条沟；缝角圆，无齿突。雄性末腹板有毛 2 根，雌性 4 根。

分布：浙江（临安）、辽宁、河北、陕西、江苏、上海、湖北、江西、湖南、福建、台湾、香港、广西、四川、贵州、云南；俄罗斯，朝鲜，日本。

38. 斑步甲属 *Anisodactylus* Dejean, 1829

Anisodactylus Dejean, 1829: 132. Type species: *Carabus binotatus* Fabricius, 1787.

主要特征：体长 7.0–19.0 mm。体光洁或背面部分有绒毛，黑色或带有金属光泽。头中等大小，有些种类头顶有暗红色斑；唇基有 2 根或多根刚毛；上颚外沟无刚毛；下唇须倒数第 2 节有 3 根以上刚毛；颏无中齿；中唇舌在端部明显变宽；侧唇舌膜质，端部明显与中唇舌分离；颏和亚颏完全愈合；眼大，内侧具眉毛 1 根；触角自第 3 节起密被绒毛；颈部正常，不明显缢缩。前胸背板后角无毛，侧缘具刚毛 1 根。鞘翅末端弧圆，非截断状；小盾片沟细长，基部有 1 个毛穴；第 3 行距无毛穴或仅 1 个毛穴，第 5 和第 7 行距无毛穴。后足腿节后缘具 2 根刚毛；跗节光洁或背面有绒毛，雄性前足跗节第 2–4 节粘毛海绵状，不排列成 2 列。

分布：亚洲、欧洲、非洲、北美洲。世界已知约 50 种，中国记录 6 种，浙江分布 2 种。

（86）点翅斑步甲 *Anisodactylus punctatipennis* Morawitz, 1862（图版 I-48）

Anisodactylus punctatipennis Morawitz, 1862b: 326.

主要特征：体长 10.5–12.0 mm，宽 4.5–4.8 mm。体黑色，跗节和口须棕黄色，触角棕黑色。头顶密被刻点，有大红斑。前胸背板近方形，前区有少量刻点；基区多密刻点；后角钝角，顶端有 1 个小齿，外突；鞘翅行距微隆起，密被刻点，第 3 行距无大毛穴；条沟浅，沟内有刻点。足跗节表面被绒毛；胫节距简单；雄性前足跗节的粘毛呈海绵状，不排列成 2 列。

分布：浙江（临安）、陕西、甘肃、江苏、安徽、湖北、福建、广西、四川、贵州、云南；俄罗斯，朝鲜，日本。

（87）三叉斑步甲 *Anisodactylus tricuspidatus* Morawitz, 1863（图版 I-49）

Anisodactylus tricuspidatus Morawitz, 1863: 66.

主要特征：体长 9.5–12.0 mm，宽 4.0–5.0 mm。体黑色，光亮，口须、触角和跗节棕红色。头顶密被刻点，头顶无红斑。前胸背板近方形，前区有少量刻点；基区多密刻点；后角钝角，稍向外突出；鞘翅行距微隆起，密被刻点，第 3 行距具 1 个大毛穴；条沟浅，沟内有刻点。足跗节表面被绒毛；胫节距三叉状；雄性前足跗节的粘毛呈海绵状，不排列成 2 列。

分布：浙江（临安）、河北、河南、陕西、安徽、湖北、湖南、福建、台湾、贵州、云南；朝鲜，日本。

39. 怠步甲属 *Bradycellus* Erichson, 1837

Bradycellus Erichson, 1837: 64. Type species: *Carabus collaris* Paykull, 1798.

主要特征：体小型，体长 3.0–6.0 mm。身体光亮，一般黑色或局部棕黄色。唇基和上唇对称；眼内侧具眉毛 1 根；上颚外沟光洁无刚毛；触角自第 3 节起被绒毛，有时第 4 节起被毛；口须末节纺锤状，下唇须亚端节 2 根毛；颏具明显中齿；侧唇舌和中唇舌稍分离，长度超过中唇舌。前胸背板无后角毛；基凹一般较深，具刻点。小盾片毛穴一般存在，极少消失；第 3 行距毛穴多数有，有时无。后足腿节具 2 根毛；跗节表面光洁或具稀毛；雄性前足跗节大多膨扩，少数不膨扩；前胸腹突无刚毛；后胸前侧片长，向后变狭。

分布：大多分布在欧洲、亚洲、非洲和北美洲。世界已知 120 种，中国记录 25 种，浙江分布 4 种。

分种检索表

1. 雄性腹板 2–3 节中部有凹陷的毛区；前胸背板黑色，至多侧边棕黄色；小盾片行存在；雄性中足跗节有粘毛 ……2
- 雄性腹板 2–3 节中部无凹陷的毛区；前胸背板棕黄色；小盾片行无或仅有 1–2 个刻点 ……3
2. 头大，前胸宽是头宽的 1.3 倍以下；上颚端部钝，平截 …… **钝颚怠步甲 *B. grandiceps***
- 头小，前胸宽是头宽的 1.3 倍以上；上颚端部尖，弯曲 …… **圆角怠步甲 *B. subditus***
3. 鞘翅无小盾片毛穴和小盾片沟，或小盾片沟由刻点组成（*Bradycelloides* 亚属）；鞘翅 2–5 行距中部棕黑色，其余棕黄色 …… **小怠步甲 *B. fimbriatus***
- 鞘翅有小盾片毛穴和小盾片沟；鞘翅全黑色 …… **悦怠步甲 *B. laeticolor***

（88）小怠步甲 *Bradycellus fimbriatus* Bates, 1873

Bradycellus fimbriatus Bates, 1873a: 267.

主要特征：体长 3.5–4.0 mm，宽 1.6–1.7 mm。体表棕黄色，头、触角第 4–11 节、鞘翅第 2–5 行距中部棕黑色。头顶隆起，具粗大刻点；额沟深；口须向末端逐渐变细；下唇须倒数第 2 节具毛 2 根；颏具齿；触角到达前胸背板后角，自第 4 节起开始被毛；眼内侧具眉毛 1 根。前胸背板近方形，宽约为长的 1.3 倍；侧缘前段圆弧形，近后角处稍弯曲，侧缘毛 1 根；中区隆起，具细刻点；基凹浅，被粗刻点；后角直，稍向外突出。鞘翅隆；条沟浅，第 5–7 条沟由刻点组成；行距平，光洁无毛，被细刻点，第 3 行距无毛穴；无小盾片行；翅侧缘后段毛穴分成 2 组，分别为 6 个和 2 个。足较短，雄性前、中足跗节不膨扩，爪简单。

分布：浙江、陕西、江苏、上海、湖北、江西、湖南、四川、贵州、云南；朝鲜，日本。

（89）钝颚怠步甲 *Bradycellus grandiceps* (Bates, 1873)

Tachycellus grandiceps Bates, 1873a: 266.

主要特征：体长 5.5–7.0 mm，宽 2.2–2.7 mm。身体黑色或棕黑色，光亮；上颚沟、口须、触角第 1 节棕黄色；触角第 2–4 节颜色比第 1 节和第 5–11 节略深；前胸背板和鞘翅边缘棕红色。头顶隆起，光洁无刻点，微纹不明显；眼后颊特别短；额沟中度深，在靠近眼处变浅；上唇端缘直或微凹；上颚端部平截，不尖锐、略弯曲；颏具中齿，基部 2 根毛；触角向后达到鞘翅肩部之后。前胸背板近方形，宽为长的 1.37–1.44 倍；侧缘前段圆弧形，近后角处稍直，侧缘毛 1 根；中区隆起，不具刻点；基凹略深，被刻点，基凹外部隆起；后角宽圆；微纹在盘区微弱，在侧边和基部明显呈等径的网格。鞘翅隆，长方形，长是宽的 1.5–1.7 倍，光洁无毛，无刻点；微纹明显，呈横向网格状；侧边和基边形成非常钝的角；条沟浅，第 7 条沟更浅，小盾片条沟长；行距平，第 3 行距具 1 个毛穴；翅侧缘后段毛穴为 4、2、2 个。足较短，雄性前、中足跗节不膨扩，爪简单。

分布：浙江、湖北；日本。

（90）悦怠步甲 *Bradycellus laeticolor* Bates, 1873

Bradycellus laeticolor Bates, 1873a: 267.

主要特征：体长 4.8–6.1 mm，宽 2.0–2.4 mm。头和鞘翅黑色，前胸背板棕黄色，头、触角第 4–11 节、鞘翅 2–5 行距中部深棕色。头顶隆起，具粗大刻点；额沟深；口须向末端逐渐变细；下唇须倒数第 2 节具毛 2 根；颏具中齿；触角到达前胸背板后角，自第 4 节起开始被毛；眼内侧具眉毛 1 根。前胸背板近方形，宽为长的 1.35–1.42 倍；侧缘前段圆弧形，近后角处稍弯曲，侧缘 1/3 具毛 1 根；中区隆起，具细刻点；基凹浅，被粗刻点；后角宽圆，不向外突出。鞘翅隆，光洁无毛，被细刻点；微纹呈横向网格状；条沟浅，沟内无刻点，小盾片条沟短；行距在基部略隆，第 3 行距具 1 个毛穴；翅侧缘后段毛穴分成 2 组，分别为 6+2 个，如分为 3 组则为 4+2+2 个。前胸腹板和腹部被绒毛，腹部末节外缘雄性 1 对刚毛，雌性 2 对刚毛；足较短，第 5 跗节腹面具 1 对毛，雄性前、中足跗节不膨扩，爪简单。

分布：浙江、江苏、湖北、江西、湖南、福建、台湾、四川、贵州；朝鲜，日本。

（91）圆角怠步甲 *Bradycellus subditus* (Lewis, 1879)

Tachycellus subditus Lewis, 1879: 459.

主要特征：体长 3.8–5.7 mm，宽 1.6–2.4 mm。身体黑色，光亮；上颚端部、口须、触角第 1 节棕黄色；触角第 3–11 节颜色比第 1 和第 2 节略深；鞘翅第 1 行距棕红色，有时黑色。头顶隆起，光洁无刻点，微纹不明显；眼后颊特别短；额沟中度深，在靠近眼处变浅；上唇端缘直或微凹；上颚端部尖锐，很弯曲；颏具中齿，基部 2 根毛；触角向后达到鞘翅肩部之后。前胸背板近方形，宽为长的 1.32–1.40 倍；侧缘前段圆弧形，近后角处稍直，侧缘毛 1 根；中区隆起，不具刻点；基凹略深，被刻点，基凹外部隆起；后角宽圆；微纹在盘区微弱，在侧边和基部明显呈等径的网格。鞘翅隆，长方形，长是宽的 1.7 倍，光洁无毛，无刻点；微纹明显，呈横向网格状；侧边和基边形成非常钝的角；条沟浅，第 7 条沟更浅，小盾片条沟长；行距平，第 3 行距具 1 个毛穴；翅侧缘后段毛穴为 4、2、2 个。足较短，雄性前、中足跗节不膨扩，爪简单。该种和钝颚怠步甲 *B. grandiceps* 最明显的区别特征是上颚端部尖锐，很弯曲。

分布：浙江、黑龙江、北京、河北、陕西、甘肃、青海、湖北、四川、云南、西藏；俄罗斯，韩国，日本。

40. 婪步甲属 *Harpalus* Latreille, 1802

Harpalus Latreille, 1802: 92. Type species: *Carabus proteus* Paykull, 1790.

主要特征：体长 5.5–24.0 mm。一般黑色或棕黄色，少数有绿色、蓝色或紫色金属光泽。额沟非常短，呈小圆凹状，不向后伸或略向后伸，但绝对不到达复眼内缘；唇基前缘常具 2 根刚毛，有些种类有多根刚毛；复眼常突出，内侧具 1 根刚毛；触角自第 1–2 节光洁，自第 3 节起密具绒毛；上颚外沟无刚毛；颏与亚颏之间横沟完整，颏有齿或无齿；口须端节纺锤形，下唇须亚端节内侧具刚毛 3 根以上。前胸背板横方形，隆起；侧缘前半部分具 1 对刚毛，即前缘毛，无后缘毛。鞘翅一般无虹彩，光洁，有些种类有绒毛；侧缘在近翅端处常向内凹陷成端凹，端凹一般微弱，有的很明显；第 3 行距无毛穴，或仅有 1 个毛穴，少数有多个毛穴，第 7 行距在翅端前常具 1 个毛穴，有的种类在此毛穴附近还具次生毛穴；后翅膜质，完整，具有飞翔功能。后足腿节近后缘毛至少 3 根（很少 2 根），跗节背面无毛或具绒毛；雄性前、中足跗节第 2–4 节多少膨大，腹面有 2 列粘毛，第 5 跗节腹面两侧至少具 2 对刚毛。

分布：典型的古北区类群，东洋区种类较少。世界已知 1000 余种，中国记录约 100 种，浙江分布 17 种（亚种）（文献报道 *Harpalus praecurrens* Schauberger, 1934 分布于浙江，但该种分布于中国中西部，我们未见分布于浙江等地的中国东部标本，故本志未收录该种）。

分种检索表

1. 跗节表面有绒毛……2
\- 跗节表面光洁无绒毛……14
2. 鞘翅表面全部密被绒毛……3
\- 鞘翅表面光洁或仅在侧区或端部被短绒毛……7
3. 鞘翅第 1、3、5 行距绒毛内夹杂有 1 列长刚毛；体长 17.0 mm 以上……大头婪步甲 *H. capito*
\- 鞘翅行距毛均匀，无 1 列长刚毛……4
4. 前胸背板后角尖，略呈齿状……点翅婪步甲 *H. aenigma*
\- 前胸背板后角钝，角顶部圆……5
5. 前胸背板侧缘前部有 2 根或多根刚毛……多毛婪步甲 *H. eous*
\- 前胸背板侧缘前部仅有 1 根刚毛……6
6. 唇基有 3–6 根刚毛……肖毛婪步甲 *H. jureceki*
\- 唇基仅有 2 根刚毛……毛婪步甲 *H. griseus*
7. 前胸背板后角尖锐，多呈齿突状……8
\- 前胸背板后角钝，角顶部圆……12
8. 前足胫节距两侧变宽，呈三叉状……9
\- 前足胫节距两侧不变宽或微变宽，但不呈三叉状……10
9. 鞘翅行距无刻点，全部行距端部具刻点……三齿婪步甲 *H. tridens*
\- 鞘翅行距具细刻点，第 1–5 行距端部光洁无刻点……斯氏婪步甲 *H. suensoni*
10. 前胸背板后角呈大齿突状，向腹面变厚……朝鲜婪步甲 *H. coreanus*
\- 前胸背板后角呈直角，顶多有小齿突，但不向腹面变厚……11
11. 鞘翅微纹呈长形网格……福建婪步甲 *H. fokienensis*
\- 鞘翅微纹呈等径网格……草原婪步甲 *H. pastor*
12. 前足胫节距两侧变宽，呈三叉状……中华婪步甲 *H. sinicus*
\- 前足胫节距两侧不变宽或微变宽，但不呈三叉状……13
13. 鞘翅条沟有刻点……大卫婪步甲 *H. davidi*

- 鞘翅条沟光洁无刻点……………………………………………………………………………侧点婪步甲 *H. singularis*
14. 额沟稍长，伸向但不到达复眼内侧………………………………………染婪步甲黄角亚种 *H. tinctulus luteicornoides*
- 额沟短，圆凹状，不伸向复眼内侧………………………………………………………………………………………15
15. 鞘翅呈云斑状，棕黄色和棕黑色混杂……………………………………………………………黄鞘婪步甲 *H. pallidipennis*
- 鞘翅单一黑色，有暗绿色金属光泽……………………………………………………………铜绿婪步甲 *H. chalcentus*

（92）点翅婪步甲 *Harpalus aenigma* (Tschitschérine, 1897)（图版 I-50）

Ophonus aenigma Tschitschérine, 1897: 47.

主要特征：体长 14.5–15.5 mm，宽 5.2–5.5 mm。体黑色，口须、触角及足棕红色。头顶稍隆，光洁无毛，被细刻点；眼中度突出；眼后颊很短，有毛；触角向后伸至或略超过前胸背板后角；颏齿略突出。前胸背板隆，最宽处在中部稍前，宽为长的 1.4 倍；侧缘自端角向后角几乎均匀弧圆，在后角之前略直，中部具 1 根侧缘毛；后角钝角，顶端尖，有 1 个齿向外突伸；盘区中部光洁，近侧缘、端区、基区均密被刻点，端区中部靠中沟处无刻点；中沟浅，不达前、后缘；基凹很浅，凹内密被刻点；基边宽度约等于端部宽。鞘翅隆，长约为宽的 1.5 倍；行距表面密被细刻点和短绒毛，第 3 行距无大毛穴，第 7 行距近翅尖有 1 个大毛穴；条沟明显，沟内无刻点；肩角呈钝角，肩部具小锐齿，有时不明显；端凹不明显。后足腿节近后缘具 4 根长刚毛和几根短刚毛；前足胫节前外缘一般具 5 根刺，端距非 3 齿状；跗节背面被绒毛。

分布：浙江（临安）、湖北、江西、福建、广西、四川；朝鲜，日本。

（93）大头婪步甲 *Harpalus capito* Morawitz, 1862（图版 I-51）

Harpalus capito Morawitz, 1862a: 259.

主要特征：体长 17.5–24.0 mm，宽 6.3–8.2 mm。体黑色，触角与口须浅棕色，足棕黄色。头隆，头顶具稀细刻点；复眼较突出；触角几乎不达前胸背板基部；上唇端部深凹；颏齿不明显，基部刚毛短。前胸背板横宽，最宽处在 1/3 处，宽是长的 1.6–1.7 倍；盘区表面密被绒毛与刻点，稍具皱褶，绒毛很长而竖立；侧缘在前部呈弧形，中部向后笔直收缩，后角前明显向内凹入，两侧各具缘毛 2 根，有时 3 根；后角呈直角，微圆。鞘翅隆，长方形，长约为宽的 1.7 倍；行距表面毛很密，第 1、3、5 行距各有稀疏的 1 列长刚毛，第 7、8 行距无次生毛孔；条沟很浅，无刻点。后足腿节近后缘具 5 或 6 根刚毛。

分布：浙江、黑龙江、吉林、辽宁、内蒙古、河北、河南、陕西、宁夏、江苏、湖北、湖南、台湾、四川；俄罗斯（远东地区），朝鲜，日本。

（94）铜绿婪步甲 *Harpalus chalcentus* Bates, 1873（图版 I-52）

Harpalus chalcentus Bates, 1873a: 263.

主要特征：体长 13.0–14.0 mm，宽 4.7–5.0 mm。体黑色，触角、口须和跗节端部棕黄色，表面有绿色金属光泽。头表面光洁，无毛和刻点，眼中等大。前胸背板方形，表面隆起；盘区光洁无刻点，基区全部、侧沟密被刻点；基凹狭，沟外区域强烈隆起；后角近直角，角顶端圆；侧缘在后角之前近直。鞘翅行距平，无刻点和毛，第 3 行距近端部有 1 个大毛穴；条沟略深，沟内刻点不明显；亚端凹不深；缝角圆，无刺突。腹部第 3–5 节除了 2 根长刚毛，另有一些中等长的刚毛。后足腿节后缘有 6–8 根刚毛；跗节表面光洁无毛。

分布：浙江、吉林、河北、山东、陕西、宁夏、甘肃、江苏、湖北、湖南、福建、广东、广西、四川、贵州、云南；朝鲜，日本，欧洲。

（95）朝鲜婪步甲 *Harpalus coreanus* (Tschitschérine, 1895)（图版 I-53）

Ophonus coreanus Tschitschérine, 1895: 156.

主要特征：体长 12.5–15.0 mm。体黑色，光亮，口须、触角红棕色，足棕色。头隆，具细小刻点，两侧近眼处微纹明显，横向网格状；眼内侧具眉毛 1 根；触角自第 3 节端半部起伸至前胸背板后角稍前；颏齿尖，顶端微圆。前胸背板隆，最宽处在中部略前，宽为长的 1.4 倍，基部比鞘翅基部窄；表面光洁无绒毛；基区、端区及侧区具细小刻点；盘区微纹明显，横向网格状；前缘微凹，缘边在中段消失；前角略突出；后角外突呈齿状，大而明显；侧缘圆弧形，向后收缩，在后角之前稍弯曲；中线浅，不达前后缘；基凹浅圆，凹外微隆。鞘翅隆，长为宽的 1.5 倍；表面大部分无绒毛，仅第 9 行距具绒毛；基边在近肩部明显向前弯，肩角略大于直角，具不明显的小齿突；侧缘在肩后略向外扩张，中段较直，两侧近平行；端凹不明显；条沟明显，沟内光洁无刻点；行距微隆，第 3 行距无毛穴。后足腿节后缘一般具 5 或 6 根刚毛；前足胫节前外缘一般具 4 或 5 根刺，端距简单，非 3 齿状；跗节背面被绒毛；雄性中足第 1 跗节腹面端半部具粘毛。

分布：浙江（德清、庆元）、黑龙江、辽宁、内蒙古、河北、山西、河南、陕西、甘肃、江苏、安徽、福建、四川；俄罗斯（远东地区），朝鲜。

（96）大卫婪步甲 *Harpalus davidi* (Tschitschérine, 1897)

Ophonus davidi Tschitschérine, 1897: 45.

主要特征：体长 12.0–13.5 mm，宽 4.5–5.4 mm。体黑色，触角、口须、跗节棕色。头隆，盘区较平，无绒毛和刻点；复眼突出，眼内侧具眉毛 1 根；触角自第 3 节端半部起密被绒毛；颏齿长，端部尖；下唇须亚端节具毛 3 根以上。前胸背板很隆，最宽处在中部略前，宽为长的 1.3 倍；盘区无绒毛和刻点；基区和侧沟密被刻点，前区有少量刻点；前缘稍凹陷，缘边在中段消失；前角突出，圆钝；后角大于直角，角顶端宽圆；侧缘在后角之前略直；中线浅，不达前后缘；基凹很浅，被粗大刻点，基凹外侧稍隆。鞘翅隆，长约为宽的 1.5 倍；基边在肩部倾斜，肩角呈钝角，肩部具小锐齿；行距微隆，无绒毛和刻点，第 3 行距无毛穴；条沟明显，沟内具刻点；端凹不明显；端角略呈锐角，顶端圆。后足腿节后缘多具 3 或 4 根刚毛；前足胫节前外缘具 5–7 根刺；跗节表面被绒毛，雄性中足第 1 跗节端部无粘毛。腹部第 3 节被较多刻点和短毛，第 4 和 5 节腹板具稀细毛。

分布：浙江（临安）、河北、山西、山东、河南、陕西、甘肃、江苏、安徽、湖北、四川；朝鲜，日本。

（97）多毛婪步甲 *Harpalus eous* Tschitschérine, 1901（图版 I-54）

Harpalus eous Tschitschérine, 1901: 236.

主要特征：体长 12.5–15.2 mm，宽 4.7–5.3 mm。体黑色，口须、触角及足棕黄色或红棕色。头顶稍隆，光洁无毛和刻点；眼中度突出；眼后颊很短，有毛；触角向后伸至或略超过前胸背板后角；颏齿略突出。前胸背板隆，最宽处在中部稍前，宽为长的 1.4 倍；侧缘自端角向后角几乎均匀弧圆，在后角之前略直，侧缘具 1 根长毛，另有 1–3 根稍短刚毛，有时后角也有短刚毛；后角钝角，顶端圆；盘区中部光洁，近侧缘、端区、基区均密被刻点和绒毛；中线浅，不达前、后缘；基凹很浅，凹内密被刻点和毛。鞘翅隆，长约为宽的 1.6 倍；行距表面密被绒毛和刻点，第 3 行距无毛穴，第 7 行距包括亚端孔在内具 3 个毛穴；条沟明显，沟内无刻点；肩角呈钝角，肩部具小锐齿，有时不明显；端凹不明显。后足腿节近后缘具多根长短刚毛；前足胫节前外缘一般具 4–5 根刺，端距非 3 齿状；跗节背面被绒毛。

分布：浙江（临安）、黑龙江、吉林、辽宁、河北、江苏、安徽、湖南、四川；俄罗斯（西伯利亚），朝鲜，日本。

（98）福建婪步甲 *Harpalus fokienensis* Schauberger, 1930（图版 I-55）

Harpalus fokienensis Schauberger, 1930: 175.

主要特征：体长 12.0–13.5 mm，宽 4.5–5.0 mm。体棕黑色，稍光亮，附肢棕黄色。头顶隆起，布稀小刻点；额沟深短；上唇宽大，前缘微凹；上颚粗壮，端部钝；颏齿明显。前胸背板横方，宽约为长的 1.5 倍，基宽稍大于端宽；前缘微凹；端角宽圆，几乎不向前突出；侧缘弧圆，在近后角处稍直；侧沟稍宽，密布刻点；盘区大部分光洁，靠近端角处有稀刻点；中线明显；基凹较深，密布粗大刻点；基部中间光洁或有极稀刻点；后角近直角，角端具 1 小齿突，但不很明显。鞘翅近长方形，条沟深，沟内不具刻点；行距较隆，微纹横向；第 7 行距近翅端具 1 个毛穴，第 8–10 行距具细刻点和纤毛；翅肩齿不很明显。后足腿节后缘一般具刚毛 4 根，极少数 3 或 5 根；前足胫节端距稍膨宽，但侧缘不具齿；雄性前、中足跗节 1–4 节腹面有 2 列粘毛；跗节表面被绒毛。

分布：浙江（临安）、湖北、江西、湖南、福建、广西、重庆、贵州、云南。

（99）毛婪步甲 *Harpalus griseus* (Panzer, 1796)（图版 I-56）

Carabus griseus Panzer, 1796: no. 1.

主要特征：体长 11.0–13.0 mm，宽 4.2–4.5 mm。体棕黑色，触角、口须和足黄色，表面无金属光泽。头表面光洁无毛和刻点，眼中等大。前胸背板方形，表面隆起；盘区光洁无刻点，基区全部、侧沟密被刻点；基凹狭，凹外区域不隆起；后角近直角，角顶端圆；侧缘在后角之前近直。鞘翅行距平，密被刻点和毛；条沟略深，沟内刻点不明显；亚端凹不深；缝角圆，无刺突。腹部第 3–5 节除了 2 根长刚毛，密被细绒毛。后足腿节后缘有 4 根长刚毛和少量短刚毛；跗节表面有密绒毛。

分布：浙江、全国广布；俄罗斯，蒙古国，朝鲜，日本，东南亚，欧洲。

（100）肖毛婪步甲 *Harpalus jureceki* (Jedlička, 1928)（图版 I-57）

Pseudophonus jureceki Jedlička, 1928: 45.

主要特征：体长 10.0–12.0 mm，宽 3.3–4.2 mm。体黑色，上颚、上唇棕红色，口须、触角、足橘黄色。头顶微隆，光洁无毛；唇基具刚毛 3–6 根；颏齿端部不尖；触角略长，伸达翅基，第 3 节为第 2 节长的 2.0 倍以上。前胸背板横宽，宽是长的 1.4 倍；端角到后角几乎均匀弧圆；后角呈钝角，端部圆，侧缘毛 1 根；中沟明显，盘区中部光洁，前缘有少量刻点；基缘刻点稠密；基凹较浅，常形成纵沟。鞘翅行距较平，被密毛。第 5 节腹板仅被细毛。前足胫节外端角有刺 4–5 根，端距简单；跗节表面被绒毛。该种和毛婪步甲 *Harpalus griseus* (Panzer, 1796)非常相似，但通过较多的唇基毛数和后者（唇基毛只有 2 根）相区别。

分布：浙江（临安）、黑龙江、吉林、辽宁、内蒙古、河北、陕西、甘肃、安徽、湖北、江西、湖南、福建、四川、贵州、云南；俄罗斯，朝鲜，日本。

（101）黄鞘婪步甲 *Harpalus pallidipennis* Morawitz, 1862（图版 I-58）

Harpalus pallidipennis Morawitz, 1862a: 260.

主要特征：体长 8.5–9.5 mm，宽 3.5–3.6 mm。头胸棕黑色，鞘翅棕黑色，表面具不规则的棕黄色云斑。头光亮无毛和刻点，微纹不明显；唇基毛 2 根；眼内侧具眉毛 1 根；触角自第 3 节起被绒毛。前胸横宽，光亮无毛，微纹明显呈等径的网格；后角直，角端钝圆，基凹浅，被粗刻点，基部刻点粗密；侧缘毛

1 根。翅行距平，微纹明显，第 3 行距毛穴 3–4 个，第 7 行距端具毛穴 1 个；条沟浅，沟内无刻点；翅近端凹明显。足跗节表面光洁无毛，前足胫节距简单，后足腿节后缘具毛 4–7 根。

分布：浙江、河北、山东、陕西、甘肃、福建、广西、四川、西藏；俄罗斯，蒙古国，朝鲜。

（102）草原婪步甲 *Harpalus pastor* Motschulsky, 1844（图版 I-59）

Harpalus pastor Motschulsky, 1844: 208.

主要特征：体长 9.0–14.0 mm，宽 4.4–5.1 mm。体棕黑色，稍光亮，附肢棕黄色。头顶隆起，基本光洁；额沟深短；上唇宽大，前缘微凹；上颚粗壮，端部钝；下唇须倒数第 2 节内缘毛多于 2 根；颏齿明显；触角自第 3 节起被绒毛；眼内侧具眉毛 1 根。前胸背板横方，宽为长的 1.4–1.5 倍，基宽稍大于端宽；前缘微凹；端角宽圆，几乎不向前突出；侧缘弧圆，在近后角处稍直；侧沟稍宽，布刻点；盘区大部分光洁，靠近端角处有稀刻点；中线明显；基凹较深，密布粗大刻点；基部中间有稀刻点；后角近直角，角端具 1 小齿突，但不很明显。鞘翅近长方形，条沟深，沟内不具刻点；行距稍隆，微纹横向；第 3 行距无毛穴，第 7 行距近翅端具 3–4 个毛穴，第 8–10 行距及其他行距靠近端部具细刻点和纤毛；翅肩具 1 小齿，不很明显。后足腿节后缘具刚毛 4–5 根，前足胫节端距稍膨宽，但侧缘不具齿；跗节表面有绒毛，雄性前、中足跗节 1–4 节腹面有粘毛。

分布：浙江、黑龙江、辽宁、内蒙古、河北、山西、山东、陕西、甘肃、湖北、湖南、福建、广东、广西、贵州；俄罗斯，朝鲜，日本。

（103）侧点婪步甲 *Harpalus singularis* Tschitschérine, 1906（图版 I-60）

Harpalus singularis Tschitschérine, 1906: 250.

主要特征：体长 11.0 mm 左右。体棕黑色，光亮，附肢和鞘翅外端缘棕黄色，腹面棕红色。头顶稍隆，光洁无毛，具稀疏小刻点；唇基和上唇前缘微凹；下唇须亚端节内侧毛多于 2 根；颏齿明显；触角自第 3 节起被绒毛；眼内侧具眉毛 1 根。前胸背板横宽，最宽处在前 1/3 处，基宽明显大于端宽；前角钝圆，微前突；侧缘前段弧圆，在后角前稍直；盘区大部光洁，靠近前缘处有稀疏刻点；侧沟明显，密布刻点；基凹略深，亦具密刻点；后角稍呈钝角，角端略圆。鞘翅隆，光亮；条沟略深，沟内无刻点；行距稍隆，大部分光洁或布极稀的细刻点，无纤毛，第 8–10 行距密布细刻点和短纤毛（有些个体的第 6–7 行距有较密刻点，但程度不及第 7–8 行距，且鞘翅端部也被刻点），第 7 行距端具 1 个毛穴；翅外端缘弯曲较明显。前足胫节前外缘有刺 5–6 个，端距侧缘稍膨扩，非 3 齿状，后足腿节后缘一般有刚毛 3 根，极少数具 2 根或 4 根毛（单侧腿节），雄性前、中足第 1–4 跗节腹面具 2 列粘毛。

分布：浙江、湖北、江西、湖南、福建、台湾、广东、广西、四川、贵州、云南。

（104）中华婪步甲 *Harpalus sinicus* Hope, 1845（图版 I-61）

Harpalus sinicus Hope, 1845: 14.

主要特征：体长 11.7–15.5 mm，宽 4.5–4.8 mm。体黑色，有光泽，上唇周缘、上颚基部、口须、触角、前胸侧缘、鞘翅后部、侧缘棕红色，腹面黑色带褐红色。头部光洁，几乎无刻点；额沟短而深；上唇前角宽圆；上颚端部弯曲；颏齿端钝；眼大，眼内侧具眉毛 1 根；触角向后伸达前胸后缘，自第 3 节起被绒毛。前胸背板横方，宽为长的 1.5 倍；两侧缘从端角向后角几乎均匀弧圆，在后角之前略直；后角略大于直角，角端略钝圆；基凹不深；表面大部分光洁，近前缘的刻点稀细，基部的刻点粗密。鞘翅行距隆起，微纹明显呈等径网格状，第 8 和 9 行距有细密刻点，但无纤毛，第 7 行距端部具 1 个毛穴；条沟略深，沟内无刻点。前足胫节端部外侧有刺 4 或 5 根，端距两侧形成明显的齿，三叉状；后足腿节后缘具刚毛 4 根；跗节背面具较密绒毛。

生物学：捕食白背飞虱、蚜虫、红蜘蛛、菜青虫、夜蛾等。取食大麦、小麦等禾本科植物种子。

分布：浙江（临安）、辽宁、河北、山东、河南、甘肃、江苏、安徽、湖北、江西、福建、台湾、广东、广西、四川、贵州、云南；俄罗斯（西伯利亚），朝鲜，日本，克什米尔地区，越南。

（105）斯氏婪步甲 *Harpalus suensoni* Kataev, 1997（图版 I-62）

Harpalus suensoni Kataev, 1997: 131.

主要特征：体长 10.0–14.0 mm，宽 4.0–4.5 mm。体黑色，口须、触角、足棕红色。头顶光洁，无毛和刻点；唇基具毛 2 根；触角向后不达前胸背板基部，第 3 节为第 2 节长的 2.0 倍。上颚端部钝；颏齿突出，颏具毛 1 对。前胸背板宽是长的 1.4 倍；盘区隆起，光洁；侧缘弧圆；后角有 1 小齿突，向外突伸；基部具较密刻点。鞘翅行距略隆起，大部分光洁，侧缘第 8 和第 9 行距全部密布细刻点及短毛，第 6–7 行距仅端部具刻点，第 7 行距近端部有 2 个或 3 个毛穴；条沟略深，沟内具刻点。胸部腹面被稀疏刻点。前足胫节端距侧缘具齿，呈三叉状；后足腿节后缘具刚毛 8–9 根；雄性中足基跗节腹面有粘毛；跗节表面密被绒毛。

分布：浙江（临安、缙云）、陕西、江苏、湖北、湖南、福建；朝鲜。

讨论：该种和三齿婪步甲 *H. tridens* 很相似，但该种鞘翅 6–9 行距端部具刻点，条沟内具细刻点，翅亚端凹深，而后者所有行距端部具刻点，条沟内光洁无刻点，亚端凹很浅。另外，该种的分布范围限于中国东部和朝鲜，而后者的分布区要大很多。

（106）染婪步甲黄角亚种 *Harpalus tinctulus luteicornoides* Breit, 1913

Harpalus luteicornoides Breit, 1913: 292.

主要特征：体长 5.6–7.1 mm，宽 2.3–3.3 mm。体黑色，口须、触角和足棕黄至深棕色；前胸背板侧缘、鞘翅侧后缘至端缘棕黄至红棕色。头隆，头顶无绒毛及刻点；复眼突出；触角向后伸至前胸背板中部之后，不达后角；额沟稍长，略斜伸向复眼；上唇端部较平直；颏齿明显，短粗。前胸背板隆，最宽处在中部附近，宽为长的 1.37–1.47 倍；盘区表面无绒毛；整个基区及侧缘附近刻点明显和稠密；侧缘缘边明显，向前呈弧形收缩，向后较直、收缩；后角钝角，顶端略圆。鞘翅隆，长为宽的 1.3–1.4 倍；基边在肩部略倾斜，肩角呈钝角，具小锐齿突；端凹不明显；端角锐圆；行距较平，表面无绒毛、刻点，第 3 行距近端约 1/3 或 1/4 处具 1 个毛穴，第 7、8 行距无次生毛穴；条沟明显深。后足腿节近后缘具 2 或 3 根刚毛；前足胫节前外缘一般具 4 根刺。

分布：浙江、北京、陕西、江苏、上海、湖南、福建、广西、四川、贵州；朝鲜，日本，越南北部。

（107）三齿婪步甲 *Harpalus tridens* Morawitz, 1862（图版 I-63）

Harpalus tridens Morawitz, 1862a: 245.

主要特征：体长 10.0–12.0 mm，宽 3.8–4.5 mm。体黑色，口须、触角、足棕红色。头顶光洁，无毛和刻点；唇基具毛 2 根；触角向后不达前胸背板基部，第 3 节为第 2 节长的 2.0 倍。上颚端部钝；颏齿突出，颏具毛 1 对。前胸背板宽是长的 1.4 倍；盘区隆起，光洁；侧缘弧圆；后角有 1 小齿突，向外突伸；基部具较密刻点。鞘翅行距隆起，大部分光洁，端部及侧缘第 8 和第 9 行距全部密布细刻点及短毛，第 7 行距近端部有 2 个或 3 个毛穴；条沟略深，沟内无刻点。胸部腹面被稀疏刻点。前足胫节端距侧缘具齿，呈三叉状；后足腿节后缘具刚毛 8–9 根；雄性中足基跗节腹面有粘毛；跗节表面密被绒毛。该种变异较大，有时鞘翅侧缘纤毛范围较大，占据多条行距；有些个体前足胫节端距侧齿不很明显。

分布：浙江（临安）、辽宁、陕西、甘肃、江苏、安徽、湖北、湖南、四川、贵州；朝鲜，日本，印度，越南，老挝，柬埔寨。

41. 寡行步甲属 *Loxoncus* Schmidt-Göbel, 1846

Loxoncus Schmidt-Göbel, 1846: pl. 3. Type species: *Loxoncus elevatus* Schmidt-Göbel, 1846.

主要特征：体小型至中等，体长 5.5–10.0 mm，表面光洁无毛。头大，眼半球形，眼内侧具眉毛 1 根；额沟浅，常伸达眼部；颊很短；颏的中齿非常浅钝或缺失；中唇舌长，端部变宽；唇须亚端节具毛 2 根，端部具 1 或 2 根短毛；触角自第 3 节起密被绒毛。前胸背板近方形，前缘具完整的边，基缘无边；基角圆，顶端一般钝；基凹光洁或具少量刻点。鞘翅侧边在亚端部稍弯曲；肩部圆，无齿突；条沟完整，沟内无刻点；小盾片沟缺失；第 3 行距具 1 个毛穴。雄性末腹板具 1 对刚毛，雌性具 2 对刚毛。足细长，爪简单。雌性外生殖器端基片外缘具 1 排粗刺。

分布：世界广布。世界已知约 30 种，东洋区 15 种，旧热带区 12 种，古北区南部 2 种，澳洲区 1 种。中国记录 5 种，浙江分布 1 种。

（108）环带寡行步甲 *Loxoncus circumcinctus* (Motschulsky, 1858)（图版 I-64）

Megrammus circumcinctus Motschulsky, 1858b: 27.

主要特征：体长 7.5–9.5 mm，宽 2.8–4.0 mm。体黄色至棕黑色，光亮，鞘翅有虹彩光泽，口须、触角 1–2 节、前胸背板侧缘、鞘翅侧缘 3 条（第 7–9 条）行距、足棕黄色。头隆，光洁无刻点；额沟深，近眼处渐浅；上颚宽短，端部稍尖；下唇须亚端节内缘具毛 2 根；颏无中齿或具极不明显的突起；中唇舌端部中度变宽；触角细长，向后超过鞘翅肩部；微纹由等径的网格组成。前胸背板隆，光洁无毛；宽为长的 1.3–1.4 倍，最宽处在中部略前；侧缘弧圆，具侧缘毛 1 根；盘区隆，光洁无刻点；中线极细，不明显；基凹浅，密布刻点；后角宽圆；表面微纹明显，由横向网格组成。鞘翅近长方形，长为宽的 1.6–1.7 倍；条沟深，不具刻点；行距平坦，无毛及刻点，第 3 行距具 1 个毛穴；翅缝角具 1 短刺；表面微纹很不清晰，由横向网格组成。雄性前、中足跗节第 4 节凹，呈双叶状。

分布：浙江（临安）、吉林、内蒙古、河南、陕西、江苏、安徽、湖北、江西、湖南、福建、广东、四川、贵州、云南；俄罗斯，蒙古国，朝鲜，日本。

42. 宽额步甲属 *Platymetopus* Dejean, 1829

Platymetopus Dejean, 1829: 68. Type species: *Platymetopus vestitus* Dejean, 1829.

主要特征：体长 6.0–10.0 mm。一般黑色，有些种类鞘翅有黄斑，全身有密刻点。额沟非常短，呈小圆凹状，不伸向复眼；唇基前缘具 2 根刚毛；复眼常突出，内侧具 1 根刚毛；眼后颊通常发达；触角第 1–2 节光洁，自第 3 节起密具绒毛；上颚外沟无刚毛；上唇发达，盖过上颚，表面有密绒毛；颏无中齿；口须端节稍膨粗，下唇须亚端节内侧具刚毛 3 根以上。前胸背板横方形，隆起；侧缘前半部分具 1 对刚毛。鞘翅一般无虹彩；第 3、第 5、第 7 行距无毛穴；后翅膜质，完整，具有飞翔功能。后足腿节近后缘毛有 2 根；胫节端距简单；跗节背面具绒毛，第 5 跗节腹面两侧至少具 2 对刚毛，雄性前、中足跗节第 2–4 节多少膨大，腹面有 2 列粘毛。

分布：亚洲和非洲。世界已知约 35 种，中国记录 3 种，浙江分布 1 种。

（109）黄唇宽额步甲 *Platymetopus flavilabris* (Fabricius, 1798)（图版 I-65）

Carabus flavilabris Fabricius, 1798: 59.

主要特征：体长 7.5–10.0 mm，宽 3.0–4.0 mm。体黑色，上颚、上唇棕红色，口须、触角、足橘黄色，鞘翅无黄色斑。头顶微隆，密被刻点和毛，无微纹；眼略突出，眼后颊长度约为眼直径之半；额沟很浅。前胸背板横宽，宽是长的 1.6–1.7 倍；端角到后角几乎均匀弧圆；后角呈钝角，端部圆，侧缘毛 1 根；盘区密被刻点；基凹较浅。鞘翅长是宽的 1.5–1.6 倍，宽是前胸背板的 1.2 倍；行距较隆，第 1、3、5 行距更隆起，被刻点和少量皱褶，微纹清晰；条沟在基半部具刻点。前足胫节外端角有刺 1–3 根。

分布：浙江（临安），北京以南的广大地区；东南亚。

43. 沟额步甲属 *Pseudorhysopus* Kataev *et* Wrase, 2001

Pseudorhysopus Kataev *et* Wrase, 2001: 638. Type species: *Pseudorhysopus kabakovi* Kataev *et* Wrase, 2001.

主要特征：体黑色，光亮。上颚端部钝；眼内侧具眉毛 1 根；额沟很深，达到眼内侧缘；触角自第 3 节起密被绒毛；颏和亚颏紧密连接，无中齿；下唇须倒数第 2 节具 3 根以上的刚毛。鞘翅第 3 行距有 1 个毛穴，鞘翅侧区无绒毛，只有细刻点，中区光洁。前足胫节距 3 齿状；雄性前足跗节变宽，腹面粘毛稠密排列，呈海绵状。

分布：东亚和东南亚。世界已知 2 种，分别发现于越南和中国，浙江分布 1 种。

（110）福建沟额步甲 *Pseudorhysopus fukiensis* (Jedlička, 1956)

Trichotichnus fukiensis Jedlička, 1956: 211.

主要特征：体长 11.4 mm，宽 4.4 mm。体黑色，口须、触角、胫节和跗节棕黄色，腿节暗棕色，触角第 3–6 节颜色略比第 1 和第 2 节深；鞘翅光亮，略有虹彩。眼小，半球状；颊中度长，略隆；上唇前缘稍内凹；额沟深达复眼沟；颏和亚颏紧密连接；颏无中齿；表面具细微纹，微纹由等径的网格组成。前胸背板隆，宽是长的 1.47 倍，最宽处在中部略前；侧缘在中部之后几乎直线变窄；前缘深凹，仅两侧具边；基缘近直，全部具边，宽度近等于前缘；后角钝角状，端部不尖；侧沟向后变宽，消失在基凹中；基凹宽圆，中部密被刻点；表面微纹呈横向网格。鞘翅大致长方形，翅长是宽的 1.46 倍，在中部略后变宽；肩角稍呈钝角，无肩齿；缝角略尖；行距隆，在翅端处明显变狭，最外侧 2 行距有细微刻点，其他行距的刻点仅限于翅基部区域，第 3 行距具 1 个毛穴；条沟深，沟内具细刻点；表面微纹不明显，仅在基区、侧区和端区略显。后胸前侧片长大于宽，具粗刻点。后足腿节后缘具 2 根毛；后足基节有 2 根毛；第 5 跗节腹面有 4 对毛。雄性外生殖器中度弯曲；端孔一直向基部延伸；端叶三角形，长略大于宽，端部尖；内囊未见明显刺区。

分布：浙江（临安）、福建。

44. 狭胸步甲属 *Stenolophus* Dejean, 1821

Stenolophus Dejean, 1821: 15. Type species: *Carabus vaporariorum* Linnaeus sensu Fabricius, 1787.

主要特征：体长 6.0–12.0 mm。一般黑色或棕黄色，少数有绿色、蓝色或紫色金属光泽。额沟长，伸达复眼内缘；唇基前缘具 2 根刚毛；复眼突出，内侧具 1 对刚毛；触角自第 3 节起被绒毛；上颚外沟无刚毛；颏与亚颏之间横沟完整，颏无齿；口须端节纺锤形，下唇须亚端节内侧具刚毛 2 根。前胸背板横方形，隆起；侧缘前半部分具 1 对刚毛，即前缘毛，无后缘毛，后角一般圆。鞘翅长方形，一般无虹彩光泽，小盾片条沟存在；侧缘在近翅端处的端凹不明显；行距光洁，第 3 行距有 1 个毛穴，第 9 行距的毛穴分成 2–3 组；后翅膜质，完整，具有飞翔功能。后足腿节近后缘有 2 根刚毛，跗节背面无毛；雄性前、中足跗节第 2–4 节多少膨大，腹面有 2 列粘毛，第 5 跗节腹面刚毛有或无。

分布：主要分布于东洋区。世界已知约 200 种，中国记录约 25 种，浙江分布 3 种。

分种检索表

1\. 鞘翅有 3–5 个黄斑，分别分布于鞘翅的肩部、翅缝端部和外后部，有时肩部的黄斑消失，或翅外后方的黄斑消失…………………………………………………………………………………… **五斑狭胸步甲 *S. quinquepustulatus***

\- 鞘翅无黄斑……………………………………………………………………………………………2

2\. 下唇须亚端节端部无毛；雄性末腹板 2 根毛……………………………… **栗翅狭胸步甲 *S. castaneipennis***

\- 下唇须亚端节端部有毛；雄性末腹板 4 根毛……………………………………… **黄缘狭胸步甲 *S. agonoides***

（111）黄缘狭胸步甲 *Stenolophus agonoides* Bates, 1883

Stenolophus agonoides Bates, 1883a: 241.

主要特征：体长 6.0–7.0 mm。体棕黑色，有虹彩，触角第 1 和第 2 节、口须、足、前胸背板周缘黄色，触角第 3–11 节棕黑或棕黄色。头顶微隆，光洁无毛和刻点；额沟深，向后伸达眼内缘；眼大，半圆球形；翅缝角圆，眼内侧具眉毛 1 根；触角自第 3 节起密被绒毛；下唇须亚端节内缘具刚毛 2 根，端部也有刚毛；颏无中齿。前胸背板略方，宽为长的 1.3–1.4 倍，为头宽的 1.4 倍；盘区隆，光洁无刻点和毛；侧边前半部弧圆，后半部略直；侧沟明显伸达基凹，前 1/3 处具刚毛 1 根；基凹宽圆，浅，密被粗大刻点；基角圆。鞘翅光洁，行距微隆，第 3 行距具 1 个毛穴，在端 1/3 处，靠近第 2 条沟，第 9 行距后半部具 8 个毛穴，分成 3 组，分别是 4、2、2 个；条沟深，沟内无刻点；翅缝角圆，无齿突；小盾片行短，端部游离。雄性第 4 跗节深裂，呈二叶状；第 5 跗节腹面光洁无毛。

分布：浙江（临安）、湖北、福建、贵州；朝鲜，日本。

（112）栗翅狭胸步甲 *Stenolophus castaneipennis* Bates, 1873

Stenolophus castaneipennis Bates, 1873a: 269.

主要特征：体长 6.0–6.5 mm，宽 2.1–2.4 mm。体棕黑色，鞘翅有虹彩，口须、触角第 1 节、足、前胸背板侧边、鞘翅第 1 行距和侧缘棕黄色。头顶隆起，无毛及刻点，微纹明显由近等径的网格组成；额沟前段深，后段浅，到达眼内侧沟；眼大而鼓；唇须亚端节端部无毛。前胸背板横方，宽约为长的 1.3 倍，最宽处在前部 2/5 处；前缘凹，侧缘几乎均匀弧圆，具侧缘毛 1 根，基缘中部近平直；盘区微隆，无毛和刻点；中沟极浅；基凹略深，凹内具粗刻点；后角宽圆，不具后角毛。鞘翅略隆，微纹不显；条沟深，沟内无刻点；行距微隆，不具毛和刻点，第 3 行距具 1 个毛穴，位于鞘翅端部 1/4 处。跗节第 5 节腹面无毛，雄性前、中足深裂，呈二叶状。

分布：浙江（临安）、吉林、江苏、湖北、湖南、福建、台湾、四川、贵州、云南；朝鲜，日本。

（113）五斑狭胸步甲 *Stenolophus quinquepustulatus* (Wiedemann, 1823)

Badister quinquepustulatus Wiedemann, 1823: 58.

主要特征：体长 5.5–6.5 mm，宽 2.2–3.0 mm。体棕褐色，带蓝色金属光泽，口器、触角、足、前胸背板侧缘棕黄色，鞘翅肩斑圆形，橘黄色，位于第 5–7 行距，端斑位于第 1 行距端部，第 7 和第 8 行距近端部也具 1 黄斑，但有些个体此斑消失。头顶光洁；额沟深，弯向眼部；眼大，眼内侧具眉毛 1 根；唇须亚端节内缘具毛 2 根，近端部具长毛 1 根；颏无中齿，具毛 1 对；触角细，向后达到前胸背板基部，自第 3 节起被绒毛，第 3 节略长于第 2 节。前胸背板前后缘微向后拱，侧缘向外膨出，弧圆；盘区隆，光洁无刻点；中线浅；基凹浅，具粗刻点；后角宽圆。鞘翅光洁，条沟深，行距平坦，第 3 行距端部 1/5 处具毛穴 1 个。第 5 跗节腹面近端部每侧具刚毛 1 根。

分布：浙江（临安）、江苏、江西、湖北、湖南、福建、台湾、广东、海南、广西、四川、贵州、云南；日本，巴基斯坦，印度，缅甸，越南，老挝，泰国，柬埔寨，斯里兰卡，菲律宾，马来西亚，苏门答腊，新几内亚，澳大利亚。

45. 列毛步甲属 *Trichotichnus* Morawitz, 1863

Trichotichnus Morawitz, 1863: 63. Type species: *Trichotichnus longitarsis* Morawitz, 1863.

主要特征：体长 5.0–12.0 mm。体黑色或棕黄色，一般具虹彩光泽，无金属光泽。额沟长，伸达复眼内缘，或深或浅，有时不很清晰；唇基前缘具 2 根刚毛；复眼突出，内侧具 1 对刚毛；触角自第 3 节起被绒毛；上颚外沟无刚毛；颏具中齿；口须端节长，纺锤形，下唇须亚端节内侧具刚毛 3 根以上。前胸背板横方形，隆起；侧缘前半部具 1 刚毛，后角无毛；后角一般圆。鞘翅长方形，有小盾片条沟；侧缘在近翅端处的端凹不明显；行距光洁无绒毛或侧区具少量毛，第 3 行距大多数有 1 个毛穴，第 5 和第 7 行距无毛穴，第 9 行距的毛穴连续或中部有间断；后翅膜质，完整，具有飞翔功能。后足腿节近后缘有 2 根刚毛，跗节背面无毛；雄性前、中足跗节第 2–4 节多少膨大，腹面有 2 列粘毛，第 5 跗节腹面刚毛有或无。

分布：主要分布于古北区、东洋区和新北区。世界已知 260 余种，中国记录近 70 种，浙江分布 6 种。

分种检索表

1. 侧唇舌狭窄，端部和中唇舌端部之间的空隙宽，该空隙约等于中唇舌宽度……2
- 侧唇舌宽，端部和中唇舌端部之间的空隙狭窄，约等于中唇舌宽度之半……5
2. 前胸背板盘区全被刻点，中区刻点细密，周围刻点粗大；体型略大，长 10.0–12.0 mm……**克氏列毛步甲 *T. klapperichi***
- 前胸背板仅基部被刻点；体长一般小于 10.5 mm……3
3. 前胸背板后角略大于直角，顶端尖，明显有小齿突……**波列毛步甲 *T. potanini***
- 前胸背板后角远大于直角，顶端钝圆，无小齿突……4
4. 前胸背板前区、侧区、基区全部被刻点；体长 8.0–10.0 mm……**夜列毛步甲 *T. noctuabundus***
- 前胸背板仅基区被刻点，有时在中部中断；体长 7.5–8.0 mm……**广列毛步甲 *T. miser***
5. 体长 7.2–8.7 mm；腹部腹板第 2 节中区隆；后胸前侧片长是宽的 1.25 倍……**日本列毛步甲 *T. nipponicus***
- 体长 5.5–7.0 mm；腹部腹板第 2 节中区平或凹；后胸前侧片长是宽的 1.15 倍……**东方列毛步甲 *T. orientalis***

（114）克氏列毛步甲 *Trichotichnus klapperichi* (Jedlička, 1953)（图版 I-66）

Asmerynx klapperichi Jedlička, 1953: 144.

主要特征：体长 10.0–12.0 mm，宽 4.0–4.5 mm。体棕黑色，无金属光泽，口器、触角、足棕黄色。头顶有少量细刻点；额沟略深；眼后颊短，长度约为眼纵径的 1/4。前胸背板横宽，宽是长的 1.5 倍；前缘微向后凹，两侧缘向外膨出，前半部弧圆，在后角之前近直；盘区隆，中区有细密刻点，靠近四周刻点逐渐粗大；中线浅；基凹浅，具粗密刻点；两基凹之间的基区密布大刻点；后角钝角，约等于 100°，角顶端尖锐。鞘翅光洁，条沟深，行距微隆，第 3 行距中部略后处具 1 个毛穴。后翅发达，能飞翔。后胸前侧片长约为宽的 1.3 倍。和亮列毛步甲 *T. coruscus* (Tschitscherine, 1895)很相似，但盘区全部密被刻点，后者刻点略稀少，但两者是否为同物异名还需研究。

分布：浙江（临安）、福建。

（115）广列毛步甲 *Trichotichnus miser* (Tschitschérine, 1897)

Harpalus miser Tschitschérine, 1897: 57.

主要特征：体长 7.5–8.0 mm，宽 3.0–3.3 mm。体表棕黑色，无金属光泽，口器、触角、足、前胸背板侧缘、鞘翅侧缘棕黄色。头顶光洁无刻点；额沟略深；眼后颊短，长度约为眼纵径的 1/4。前胸背板横方形，宽是长的 1.6 倍；前缘微向后凹，侧缘自前角向后扩展到达中部，前半部弧圆，然后强烈变狭，在后角之前近直；盘区隆，光洁无刻点；中线浅；基凹浅，具粗刻点；两基凹之间的基区刻点很少；后角钝角，约等于 120°，角顶端圆。鞘翅光洁，条沟深，行距微隆，第 3 行距近端部 1/3 处具 1 个毛穴。后翅发达，能飞翔。后胸前侧片长大于宽。

分布：浙江（临安、庆元）、湖南、四川。

（116）日本列毛步甲 *Trichotichnus nipponicus* Habu, 1961

Trichotichnus nipponicus Habu, 1961: 137.

主要特征：根据 Habu（1973）的描述，该种和东方列毛步甲 *T. orientalis* Hope, 1845 的区别为个体稍大，体长 7.2–8.7 mm，宽 3.0–3.6 mm，腹部第 2 腹板（接近后足基节）中区膨隆，后胸前侧片长是宽的 1.25 倍，而东方列毛步甲 *T. orientalis* 个体小，腹部第 2 腹板平，后胸前侧片长是宽的 1.15 倍。

分布：浙江（临安）、湖北、福建、台湾、四川；日本。

（117）夜列毛步甲 *Trichotichnus noctuabundus* Habu, 1954（图版 I-67）

Trichotichnus noctuabundus Habu, 1954: 56.

主要特征：体长 8.0–10.0 mm，宽 4.0–4.5 mm。体表棕色或暗棕色，无金属光泽，口器、触角、足、前胸背板侧缘、鞘翅侧缘棕黄色。头顶光洁无刻点；额沟略深；眼后颊短，长度约为眼纵径的 1/4。前胸背板横方，宽是长的 1.50–1.55 倍；前缘微向后凹，侧缘自前角向后扩展到达中部，前半部弧圆，向后中度变狭，在后角之前近直；盘区隆，光洁无刻点；中线浅；基凹浅圆，具粗刻点；两基凹之间的基区刻点变少，但不中断；后角钝角，约等于 120°，角顶端圆。鞘翅长是宽的 1.6 倍；条沟深；行距微隆，第 3 行距近端部 1/3 处具 1 个毛穴。后翅发达，能飞翔。后胸前侧片长大于宽。该种和广列毛步甲 *T. miser* 很相似，前胸背板后角都宽圆，无齿突，但该种体型大，前胸背板侧缘向后不强烈变窄，基部中区刻点更稠密。

分布：浙江（临安、庆元）、湖北、福建、台湾、四川；韩国，日本。

（118）东方列毛步甲 *Trichotichnus orientalis* (Hope, 1845)

Amara orientalis Hope, 1845: 14.

主要特征：体长 5.5–7.0 mm，宽 2.3–3.0 mm。体棕黑色，无金属光泽，口器、触角、足棕黄色。头顶有少量细刻点；额沟略深；眼后颊短，长度约为眼纵径的 1/4。前胸背板横宽，宽是长的 1.45–1.55 倍；前缘微向后凹，两侧缘中部向外膨出，前半部和后半部近乎均匀弧圆；盘区隆，中区光洁无刻点；中线浅；基凹很浅或近无，具粗密刻点；两基凹之间的基区密布刻点；后角钝圆，约等于 100°，角顶宽圆。鞘翅光洁，条沟深，行距微隆，第 3 行距端部 1/3 处具 1 个毛穴。后翅发达，能飞翔。后胸前侧片长为宽的 1.15 倍。

分布：浙江（临安）、江苏、湖北、江西、福建、台湾、广东、四川、贵州；日本。

（119）波列毛步甲 *Trichotichnus potanini* (Tschitschérine, 1906)（图版 I-68）

Asmerinx potanini Tschitschérine, 1906: 281.

主要特征：体长 9.5–10.8 mm，宽 4.0–4.5 mm。体表棕黑色，无金属光泽，口器、触角、足、前胸背板侧缘、鞘翅侧缘棕黄色。头顶光洁无刻点；额沟略深；眼后颊短，长度约为眼纵径的 1/4。前胸背板横方，宽是长的 1.5 倍；前缘微向后凹，侧缘自前角向后扩展到达中部，均匀弧圆到达后角，在后角之前不变直；盘区隆，光洁无刻点；中线浅；基凹浅圆，具粗刻点，刻点向前外方延伸，有时到达前角处；两基凹之间的基区刻点变少，但不中断；后角钝角，约等于 100°，角顶端尖，有小但明显的齿突。鞘翅光洁，条沟深，行距微隆，第 3 行距近端部 1/3 处具 1 个毛穴。后翅发达，能飞翔。后胸前侧片长约为宽的 1.3 倍。该种和普列毛步甲 *T. nishioi* Habu, 1961 很相似，但后者的前胸背板侧缘在后角之前近直。和邻列毛步甲 *T. vicinus* (Tschitscherine, 1897)也相似，但后者前胸背板后角仅略尖，不外突。

分布：浙江、河南、陕西、湖北、四川。

六角步甲族 Hexagoniini Horn, 1881

46. 六角步甲属 *Hexagonia* Kirby, 1825

Hexagonia Kirby, 1825: 563. Type species: *Hexagonia terminata* Kirby, 1825.

主要特征：体长一般在 10.0 mm 以下，极度扁平。体棕黄色或黑色。头大，颈区收缩成柄；眼中等大小，眼内侧具眉毛 2 根，后眉毛远离眼后缘；眼后颊很膨扩，长度大于眼直径。前胸背板心形或略呈六角形；侧缘仅有中区 1 根长刚毛，无后角毛；侧沟和中线很深。鞘翅狭长，两侧近平行，端部斜截；第 3 行距有多个毛穴。后胸前侧片狭长。腹面末腹板每侧一般具 1 根毛。爪简单。

分布：东洋区和旧热带区。世界已知 47 种，中国记录 6 种，浙江分布 1 种。

（120）显六角步甲 *Hexagonia insignis* (Bates, 1883)

Trigonodactyla insignis Bates, 1883a: 277.

主要特征：体长 7.5–8.5 mm，宽 2.0–2.5 mm。体黑色，鞘翅基部 2/3、足、口须和触角棕黄色。头略呈五角状，头顶有少量刻点，微纹不显；额沟浅；触角短，不达鞘翅基缘。前胸背板心形，宽稍小于长，也稍狭于头宽；盘区中部一小部分光洁无刻点，侧区有横皱；侧缘从前角到中后部弧圆，在后角之前略弯曲；后角直角，角端略钝。鞘翅长为宽的 2.0 倍，宽是前胸宽的 1.5 倍；条沟略深，明显有刻点；行距平，第 3 行距具 3 个毛穴，第 5 行距具 1 个毛穴。

分布：浙江（临安）、湖南、台湾、香港；日本。

壶步甲族 Lebiini Bonelli, 1810

47. 双勇步甲属 *Amphimenes* Bates, 1873

Amphimenes Bates, 1873a: 322. Type species: *Amphimenes piceolus* Bates, 1873.

主要特征：体光洁无毛。复眼略小，稍突出，复眼内侧具刚毛 2 根；颊较长；触角长，自第 4 节端部开始密被绒毛；负唇须节无刚毛；下唇须端节圆柱形，端部平截；颏具 1 对刚毛，2 刚毛距离较远；颏具中齿；中唇舌狭，端部圆，侧唇舌比中唇舌稍长。前胸背板横方，基边中部不向后伸或略伸；每侧缘具 2 根刚毛。鞘翅长卵形，后端平截；缝角不呈齿状；外后角圆；行距具横皱，第 3 行距具有 2 个毛穴。雄性前足跗节第 1–3 节具 2 行粘毛。

分布：东亚和东南亚。世界已知 5 种，中国记录 4 种，浙江分布 1 种。

（121）黑双勇步甲 *Amphimenes piceous* Bates, 1873

Amphimenes piceous Bates, 1873a: 322.

主要特征：体长 6.2–6.4 mm。体棕黄色，附肢黄色。头顶平，具网状微纹；唇基近梯形；上唇长略大于宽，前缘具 6 根刚毛；上颚内侧近端部具齿；颏中齿短，顶端圆形；侧唇舌长于中唇舌。前胸背板宽于头部，盘区具网状微纹；侧缘中部略突成角，侧缘在后角之前平直，不弯曲；基凹较浅；前角突出；后角微突出，顶端圆形。鞘翅宽于前胸背板；基边完整；肩部圆；外后角圆；缝角圆；条沟明显深；行距具横皱，第 3 行距具有 2 个毛穴，1 个位于基部 1/4 处，另 1 个位于端部 1/4 处；第 9 行距毛穴列于中部断开。

分布：浙江（龙泉）、广西；日本。

48. 异步甲属 *Anomotarus* Chaudoir, 1875

Anomotarus Chaudoir, 1875: 48. Type species: *Anomotarus olivaceus* Chaudoir, 1875.

主要特征：体小型，长，扁平，表面光洁无毛。头大，上唇横方；眼中等大小，稍突出，眼内侧刚毛 2 根；眼后颊发达；触角短，第 3–11 节光洁；颏具中齿；口须末节细棒状。前胸背板心形，盘区光洁无刻点；侧缘具毛 1 根，后角具毛 1 根。鞘翅后端平截；第 3 行距有毛穴，第 5 和第 7 行距无毛穴；小盾片旁具基毛穴。第 4 跗节非双裂，爪有齿。

分布：东洋区和澳洲区。世界已知 60 种，中国记录 2 种，浙江分布 1 种。

（122）花异步甲 *Anomotarus pictulus* (Bates, 1873)

Cymindis pictulus Bates, 1873a: 310.

主要特征：体长约 5.0 mm，宽约 1.8 mm。体棕黑色；鞘翅肩部有 1 长方形黄斑，占据第 6–8 行距，到达鞘翅基部；翅缘边黄色，端部黄斑圆形，占据第 1–3（或 4）行距；附肢黄色或棕黄色。眼后颊长度等于眼纵径长的 0.7 倍；头顶具稀细刻点。前胸背板近心形，最宽处在前 1/3 处；侧缘在前部弧圆，在后部近直，后角之前明显弯曲；后角近直角，顶端尖，外突；盘区表面具横皱；基凹略深，具横皱。鞘翅行距平，具稀细刻点，第 3 行距中部具 1 个毛穴，后 1/4 处具 1 个毛穴；外后角圆。

分布：浙江、海南、香港；日本，缅甸，东南亚。

49. 丽步甲属 *Calleida* Latreille, 1824

Calleida Latreille, 1824: 132. Type species: *Carabus decorus* Fabricius, 1801.

主要特征：体长 7.0–15.0 mm，宽 4.5–5.0 mm。体黑色或棕黄色，翅表常具强烈的绿色、紫色或红铜色金属光泽。体扁平；复眼大，膨出，眼内侧具眉毛 2 根；触角自第 4 节密被绒毛；上颚略变宽。前胸背板扁平，大致呈方形或略呈心形；盘区一般光洁，少数种类具绒毛。鞘翅平，行距一般不很隆，表面光洁或具毛；条沟略深；鞘翅后端平截。腹面多毛。腿短，跗节宽，爪具梳齿，适合树栖。

分布：主要分布于非洲、亚洲、北美洲和南美洲。世界已知约 300 种，中国记录约 15 种，主要在南方，浙江分布 4 种。

分种检索表

1. 雄性末腹板每侧 2 根刚毛，雌性末腹板每侧 3 或 4 根刚毛；鞘翅蓝绿色或蓝紫色，前胸背板和头棕色或棕黄色……………………………………………………………………………………**福建丽步甲 *C. fukiensis***
- 雄性末腹板每侧 1 根刚毛，雌性末腹板每侧 2 根或更多刚毛……………………………………………2
2. 鞘翅侧边和缝缘与中部颜色相当，金属蓝绿色，略带铜色，中部黑紫色；后胸腹板多毛；后足基节具额外的毛……………………………………………………………………………………**中华丽步甲 *C. chinensis***
- 鞘翅金属蓝绿色至红铜色，侧边和缝缘与中部颜色不同，无金属光泽；后胸腹板后部具毛；后足基节具 3 或 4 根刚毛…3
3. 前胸背板中后部具刻点，盘区颜色明显深于侧边，侧边狭窄；鞘翅中央黄色斑和周边金属色分界不明显，黄色斑上也多少具金属色……………………………………………………………………**黑胸丽步甲 *C. onoha***
- 前胸背板中后部光洁无刻点，盘区颜色和侧边差别不明显，侧边较宽；鞘翅中央黄色斑和周边金属色分界明显，第 1 和第 2 行距一般无金属色……………………………………………………**灿丽步甲 *C. splendidula***

（123）中华丽步甲 *Calleida chinensis* Jedlička, 1934（图版 I-69）

Calleida chinensis Jedlička, 1934b: 121.

主要特征：体长 9.0–11.0 mm，宽 4.2–4.5 mm。体黑色，触角、口须、跗节、胫节、前胸背板侧边棕黄色，鞘翅全部具铜绿色金属光泽，有时翅中部翅缝处略具紫色光泽。头顶平，无毛和刻点；触角第 3 节略长于第 4 节；眼后颊长，稍长于眼纵径之半。前胸背板方，略呈心形，宽约为长的 1.3 倍；前角圆，顶端无刚毛；侧边从端角到中部弧圆，在后角之前稍向内弯曲；盘区具少量横向浅皱纹；后角略大于直角，顶端略尖，但不向外突伸。鞘翅长，两侧边近平行；行距隆，上有极稀细刻点，第 3 行距有毛穴 2 个，雌性鞘翅表面有或无微纹，雄性鞘翅表面有微纹；条沟深，沟内明显具刻点。

分布：浙江（德清、临安、泰顺）、河北、河南、陕西、江苏、上海、安徽、江西、湖北、湖南、福建、广东、重庆、四川、贵州。

（124）福建丽步甲 *Calleida fukiensis* Jedlička, 1964

Calleida fukiensis Jedlička, 1964: 437.

主要特征：体长 7.7–9.0 mm，宽 4.2–4.5 mm。体黑色；头、前胸背板、口须、触角、足棕色或棕黄色；鞘翅单一颜色，具蓝绿色或蓝紫色金属光泽。头顶平坦，无毛，具极稀疏刻点；眼后颊明显肿胀，长于眼纵径之半。前胸背板狭，等于或微大于头宽，宽为长的 1.1–1.2 倍，最宽处在前 1/3 处；盘区略隆起，无毛，前缘和后缘靠中沟处被稍粗刻点；侧边在中部略圆弧，后角之前弯曲；后角接近直角，向外稍突出；中沟清晰且完整，中线两侧具较浅的横向皱纹和稀疏粗刻点。鞘翅行距平，具网状微纹，行距间具少量细刻点，第 8 行距于近端部略隆起；条沟略深，沟底具刻点，刻点向鞘翅端部逐渐变细。前胸腹板、后胸腹板两侧、后胸前侧片被细绒毛；腹板末端雄性具 4 根刚毛，雌性具 6–8 根刚毛；末腹板端部中央雄性具明显凹缺，雌性平直。

分布：浙江（临安）、河南、陕西、湖北、江西、湖南、福建、广东、广西、贵州。

讨论：Jedlička（1953）发表时将该种作为 *Calleida onoha* Bates, 1873 的 1 个变型，因此 *Calleida fukiensis* Jedlička, 1953 是不可用名。其后 Jedlička（1964）将其作为独立的种，并提供了描述，因此 *Calleida fukiensis*

Jedlička, 1964 为可用名。斯氏丽步甲 *Calleida suensoni* Kirschenhofer, 1986（浙江）可能是该种的同物异名，故未列出。

（125）黑胸丽步甲 *Calleida onoha* Bates, 1873

Calleida onoha Bates, 1873a: 317.

主要特征：体长 7.0–9.5 mm，宽 2.5–3.3 mm。体棕黑色，腿节端部颜色略深；鞘翅中央黄色，侧边第 4–9 行距全部、第 1–3 行距的基部和端部具金属绿色光泽。体背光洁无绒毛。头顶平，光洁无刻点；触角自第 4 节起密被绒毛。前胸背板略呈方形，宽是长的 1.2 倍；侧边从端角到中后部均匀圆弧，于后角之前稍弯曲；后角接近直角，顶端略尖；盘区光洁，中沟旁有少量粗刻点，有少量皱褶；基凹平坦，凹外无明显隆起。鞘翅长方形，端部平截；行距稍隆，具清晰的网状微纹，第 3 行距有 2 个大毛穴；条沟略深，沟内刻点清晰。该种变异较大，鞘翅的绿色光泽区域有大有小，前胸背板从棕黑色到黑色。

分布：浙江（德清、临安）、河南、陕西、安徽、湖北、湖南、福建、台湾、广东、广西、四川；日本。

（126）灿丽步甲 *Calleida splendidula* (Fabricius, 1801)（图版 I-70）

Carabus splendidula Fabricius, 1801: 184.

主要特征：体长 7.5–9.5 mm，宽 3.0–3.5 mm。体棕黄色至棕红色；鞘翅中央具黄色大斑，侧边具金属绿色条带，条带通常占据外侧 3–5 条行距，在鞘翅基部不相接，第 1、2 行距中部无金属光泽；体腹面浅棕黄色至棕红色。前胸背板通常心形，侧边在中部圆弧，在后角之前稍弯曲；后角近直角，不突出或微突出；盘区光洁，无粗刻点，有时沿中线处具少量细刻点，中线两侧有少量皱纹；基凹平，中部不隆起。鞘翅具较清晰的网状微纹。雄性阳茎细长；端片长为宽的 1.0–2.0 倍。

分布：浙江（德清、临安、舟山）、吉林、河南、甘肃、江苏、湖北、江西、湖南、福建、台湾、广东、海南、广西、四川、贵州、云南；日本，印度，缅甸，越南，老挝，柬埔寨，菲律宾，马来西亚，印度尼西亚，新几内亚。

讨论：该种和黑胸丽步甲 *Calleida onoha* Bates, 1873 相似，但该种前胸背板黄色（后者黑色或棕黑色），前胸背板中沟旁无刻点（后者一般有大刻点），鞘翅 1、2 行距完全黄色，无金属光泽（后者多少有绿色金属光泽）。

50. 凹唇步甲属 *Catascopus* Kirby, 1823

Catascopus Kirby, 1823: 94. Type species: *Catascopus handwickii* Kirby, 1823.

主要特征：体中型。体黑色，表面光洁无绒毛，大多具金属光泽。头大，眼膨出，半球形，眼内侧具眉毛 2 根；上颚长，端部弯曲成钩状，内缘在端部之后具齿；上唇长大于宽，前缘深凹；唇基前缘凹。前胸背板略呈心形，盘区强烈隆起；基凹深。鞘翅端缘斜截，弧凹；外角刺有或无，缝角刺特别长；盘区在基半部常有凹。第 4 跗节不深裂，爪简单。

分布：东洋区和澳洲区。世界已知 90 余种，中国记录约 12 种，浙江分布 2 种。

（127）索凹翅凹唇步甲 *Catascopus sauteri* Dupuis, 1914（图版 I-71）

Catascopus sauteri Dupuis, 1914: 419.

主要特征：体长 13.5–14.0 mm；体黑色，头、前胸背板、鞘翅中部具绿色金属光泽，鞘翅基部及翅缘具紫色金属光泽，触角及口须棕红色。前胸背板略窄于头部；盘区光洁，中沟两侧具粗皱纹；前角稍尖，侧缘前中部弧圆，在后角之前弯曲；后角略尖；基凹及中沟很深。鞘翅缝角齿小；外角略尖长；行距隆起，第 1–4 行距及第 6–8 行距中部具翅凹。

分布：浙江（泰顺）、福建、台湾、广东、海南、广西；越南。

（128）似凹唇步甲 *Catascopus similaris* Xie *et* Yu, 1992

Catascopus similaris Xie *et* Yu, 1992: 183.

主要特征：体长 13.5–14.2 mm。体黑色，具紫铜色金属光泽。前胸背板略窄于头部；盘区光洁，中沟两侧具粗皱纹；前角稍尖，侧缘前部膨出，略弧圆，在后角之前弯曲；后角略尖；基凹及中沟很深。鞘翅缝角齿小；外角很尖长；行距隆起，第 1–4 行距及第 6–8 行距中部具凹陷。该种与索凹翅凹唇步甲 *C. sauteri* 近似，但该种前胸侧缘较圆，缝角外侧齿显著突出，是否是同物异名还需更多研究。

分布：浙江（泰顺）、台湾、广东、海南、广西；越南。

51. 宽胸步甲属 *Coptodera* Dejean, 1825

Coptodera Dejean, 1825: 273. Type species: *Coptodera festiva* Dejean, 1825.

主要特征：体小型，扁平，体背光洁。头于复眼后强烈收缩；复眼突出；颊很短，在复眼下具 1–2 根刚毛；唇基端部略圆；上唇长略大于宽，端部圆形，具 6 根刚毛；口须细长，端节长圆柱形，顶端平截；颏无中齿；侧唇舌一般长于中唇舌。前胸背板横宽；基边在中部不向后突出；侧缘每侧具 2 根刚毛。鞘翅宽；端部近平截；外角不形成齿；缝角锐或略圆；鞘翅条沟明显，行距有时具稀疏刻点；第 3 行距于中部之前具 1 个毛穴，后部有 2 个毛穴。跗节简单非双叶状，雄性跗节第 1–3 节具 2 行粘毛；爪具梳齿。

分布：亚洲、非洲、中美洲和北美洲。世界已知 100 种左右，中国记录约 11 种，浙江分布 1 种。

（129）赫宽胸步甲 *Coptodera nobilis* Jedlička, 1964（图版 I-72）

Coptodera nobilis Jedlička, 1964: 342.

主要特征：体长 6.8–7.5 mm。体棕色，附肢棕黄色，鞘翅每侧具有 2 个斑，靠近基部的占据 3–7 行距，端部斑纹呈斜“W”形，占据第 2–8 行距。头顶具浅皱纹，微纹网格状；唇基近梯形；上唇长略大于宽，端缘有 1 凹缺和 6 根刚毛；口须长棒状；颏无中齿；侧唇舌与中唇舌近等长。前胸背板宽于头部，宽为长的 2.0 倍多；盘区具皱纹和网状微纹；侧缘中部弧圆，后角之前近直；前角几乎不突出；后角钝，不外突。鞘翅基边完整；肩部圆；外后角圆；缝角圆；鞘翅条沟深；行距隆起，具细密刻点及横皱纹，第 3 行距具 3 个毛穴。腹部具皱纹和细刻点。

分布：浙江（杭州）、台湾、广东、贵州、西藏。

52. 猛步甲属 *Cymindis* Latreille, 1806

Cymindis Latreille, 1806: 190. Type species: *Buprestis humeralis* Geoffroy, 1785.

主要特征：体长 8.0–15.0 mm。体黑色、棕黑色或棕黄色。体扁平，多数种类体表有毛。头大，颈部多少缢缩；眼突出，眼内侧具眉毛 2 根；触角基部 1–3 节有稀疏绒毛，自第 4 节起密被绒毛；口须密被绒毛；

颏有中齿。前胸背板近方或近心形；基边弧圆；侧边一般中部有 1 根毛，后角处 1 根。鞘翅后端平截或斜截；行距平或稍隆，有毛和刻点；条沟浅或由刻点组成。足细长，第 4 跗节端缘微凹，爪内侧有小梳齿。

分布：亚洲、欧洲、非洲和北美洲。世界已知约 175 种，中国记录 20 多种，浙江分布 1 种。

（130）半猛步甲 *Cymindis daimio* Bates, 1873（图版 I-73）

Cymindis daimio Bates, 1873a: 310.

主要特征：体长 8.0–9.0 mm，宽 3.0–3.5 mm。体黑色，具蓝色或蓝紫色金属光泽，鞘翅第 1–4 行距基部 2/3、第 5–9 行距基部一半棕红色，触角、胫节、口须、中胸和后胸腹面棕黄色，腿节棕黄色或黑色。头大，密被绒毛和大刻点；眼后颊长，约为眼纵径之半；雄性下唇须末节呈斧状。前胸背板略呈心形，密被毛和大刻点；侧边在后角之前有很短的弯曲；后角直角，在基边水平线之前。鞘翅后缘斜截；行距密被毛和大刻点；条沟内刻点粗大。腹面和足密被毛。

分布：浙江（临安）、吉林、辽宁、北京、河北、山西、陕西、甘肃；俄罗斯（远东地区），蒙古国，朝鲜，日本。

53. 长唇步甲属 *Dolichoctis* Schmidt-Göbel, 1846

Dolichoctis Schmidt-Göbel, 1846: 62. Type species: *Dolichoctis striata* Schmidt-Göbel, 1846.

主要特征：体小型，体长 6.0 mm 以下。体扁平，多数鞘翅有花斑。头大，眼大而鼓；眼后颊很短；眼内侧具刚毛 2 根；颈部不缢缩；上颚中度长，端部尖；颏无中齿；口须端节细长，棒状；触角第 1 节不伸长，略长于第 3 节。前胸背板横方；基边中部平直，近后角处向前倾斜。鞘翅后端平截。跗节第 4 节端部不双裂；爪具梳齿。

分布：东洋区和澳洲区。世界已知约 100 种，中国记录 6 种，浙江分布 1 种。

（131）普长唇步甲 *Dolichoctis rotundata* (Schmidt-Göbel, 1846)（图版 I-74）

Mochtherus rotundata Schmidt-Göbel, 1846: 77.

主要特征：体长 4.3–5.0 mm。体棕黑色，鞘翅有 2 个黄色斑，前半占据第 4–8 行距，后半占据第 2–6 行距（有时到第 5 行距），附肢棕红色。头顶平，微纹呈等径网格；眼大，半球形；眼后颊很短；触角短，勉强达到前胸背板后角。前胸背板宽是长的 1.5–1.8 倍；侧缘前中部均匀弯曲，在后角之前微弯曲；后角大钝角，顶端圆；盘区稍隆，微纹呈横向网格。鞘翅长是宽的 1.3–1.4 倍；行距平，无刻点；条沟略深，沟内无刻点。该种和分布于缅甸和老挝的 *Dolichoctis striata* 的区别是：后者前胸背板在后角之前不弯曲，鞘翅花斑几乎不见，雄性外生殖器也不一样。

分布：浙江、江西、福建、台湾、香港；日本，印度，缅甸，越南，东南亚。

54. 速步甲属 *Dromius* Bonelli, 1810

Dromius Bonelli, 1810: tab. syn. Type species: *Carabus quadrimaculatus* Linnaeus, 1758.

主要特征：体长 4.0–8.0 mm；表面光洁无毛。头在颈处略缢缩；眼大；眼内侧具刚毛 2 根；触角第 1–3 节光洁，自第 4 节起密被绒毛；口须末节细长，端部略尖；颏有中齿，但无刚毛。前胸背板大致方形，最宽处在中部或基部；基缘平直，有饰边；侧边有 2 根刚毛，有时前毛缺失。鞘翅后缘平截；后外角直角或略钝圆；第 3 行距至少有 1 个毛穴，第 5 行距无毛穴；条沟浅或深，或呈刻点状。后翅发达，会飞翔。跗节表面有稀疏的绒毛，第 4 跗节端部不裂，爪有梳齿。

分布：世界广布。世界已知约 100 种，中国记录 10 余种，浙江分布 1 种。

（132）短头速步甲 *Dromius quadraticollis* Morawitz, 1862

Dromius quadraticollis Morawitz, 1862a: 244.

主要特征：体长 5.5–7.0 mm，宽 2.2–2.5 mm。体棕色或棕红色，无金属光泽。头顶有纵皱，微纹明显，呈等径网格；眼后颊很短，光洁无毛；后眉毛远离眼后缘。前胸背板略呈方形，宽为长的 1.3 倍；盘区有少量细刻点；侧边向后略变狭，在后角之前近直，中部具侧缘毛 1 根；后角近直角，顶端略钝，具毛 1 根。鞘翅方，最宽处在中部略后，长为宽的 1.6 倍；行距略隆，微纹明显为等径网格，第 3 行距具毛穴 1 个；条沟略深，无刻点；缝角直角；小盾片条沟缺失。

分布：浙江（临安）、湖北、四川；俄罗斯，日本，欧洲。

讨论：我们原来鉴定的天目山短头速步甲 *Dromius breviceps* Bates, 1883，在最新的古北区名录已经作为同物异名，即 *Dromius quadraticollis* Morawitz, 1862 = *Dromius breviceps* Bates, 1883。

55. 福尔步甲属 *Formosiella* Jedlička, 1951

Formosiella Jedlička, 1951b: 112. Type species: *Formosiella brunnea* Jedlička, 1951.

主要特征：体小型，体长 5.0–6.0 mm，很扁平，背面被绒毛。头小，眼大而隆；上唇长宽近等；颊在复眼下方具 1–2 根刚毛；颏具中齿，颏与亚颏由 1 条明显的缝线分开；负唇须节无刚毛。前胸背板横宽，基缘中部不突出；盘区具稀细绒毛。鞘翅行距明显隆起，具稀细绒毛；端部斜切，外角弧圆。各足跗节简单非双叶状；爪具梳齿。

分布：东洋区。世界已知 2 种，中国记录 1 种，浙江分布 1 种。

（133）棕福尔步甲 *Formosiella brunnea* Jedlička, 1951

Formosiella brunnea Jedlička, 1951b: 112.

主要特征：体长 5.0–6.0 mm，宽 2.5–2.8 mm。体棕黑色，前胸背板侧缘、触角和口须棕黄色，足棕色，腹面棕黑和棕黄两色夹杂，有些个体整个前胸背板棕色。眼大，突出呈半球形；头顶微隆，光洁或稍有刻点和皱褶；颏齿略尖，三角形；亚颏每侧具 1 根长毛和稀细绒毛。前胸背板横宽，宽约为长的 1.5 倍；盘区具稀刻点和少量皱褶，微纹不明显；侧缘在前中部均匀弧圆，在后角之前直或稍内凹；侧区敞边很宽，并上翘；基缘中部稍向后突伸；基凹大而深，具稀刻点；后角钝角，顶端略圆或稍呈齿状。鞘翅宽阔，略呈长方形，长为宽的 1.2 倍，侧缘自中部向后部略变宽，最宽处在端部 1/3；行距微隆，微纹不明显，第 3 行距具毛穴 3 个，基部 1/5、中部、近翅端各 1 个；条沟略深，沟内具刻点；外端角弧圆。雄性末腹板每侧 1 根长刚毛，雌性每侧 2 根刚毛。

分布：浙江（安吉、临安）、陕西、台湾、广西、云南；越南。

56. 毛皮步甲属 *Lachnoderma* W. J. MacLeay, 1873

Lachnoderma W. J. MacLeay, 1873: 321. Type species: *Lachnoderma cinctum* W. J. MacLeay, 1873.

主要特征：体长 7.0–10.0 mm。体扁平，体表均匀被长刚毛。头顶平，被刻点；复眼半球形，大而突出，复眼内缘具 2 根刚毛；颊短，约为复眼长度之半；唇基具刚毛 2 根；触角略长，向后达到鞘翅基 1/4，第 1–3 节具长刚毛，自 4 节之后密被绒毛；上唇横方，端部具 6 根刚毛；上颚明显宽，外沟具长刚毛；下唇须末节雌雄均强烈膨大，斧状，末节端部平截，次末节内缘具 2 根长刚毛；中唇舌端部突出，具 4 根以上的刚毛；颏中齿较长，端部分叉，中齿基部及后面具多根刚毛。前胸背板圆盘状；缘边宽，侧边上翘；基凹通常深且宽；侧边从端角到中部均匀圆弧，在后角之前弯曲；后角直角，略外突。鞘翅长方形，末端平截，外角不突出；行距被细刻点和毛，第 7 和第 8 行距近端部隆起；条沟浅或由粗大刻点组成。腹面被长刚毛。第 7 腹板末端雄性明显内凹，雌性平或仅略向内凹；第 7 腹板末端每侧具 2–4 根长刚毛。跗节第 4 节双叶状，爪具梳齿。

分布：东亚和东南亚。世界已知约 17 种，中国记录近 10 种，浙江分布 1 种。

（134）粗毛皮步甲 *Lachnoderma asperum* Bates, 1883（图版 I-75）

Lachnoderma asperum Bates, 1883a: 285.

主要特征：体长 7.5–9.5 mm，宽 4.0–4.3 mm。体黑色，鞘翅棕红色，体表毛黄色。头顶略隆起，中唇舌端部具 10 余根刚毛，中部纵脊隆起；颏齿基部具 6–8 根长刚毛；亚颏具 2 根刚毛；颊在眼下具多根刚毛。前胸背板略呈心形，宽为长的 1.6 倍，最宽处在前 1/3 处；侧缘从端角到中前均匀弧圆，在后角之前明显弯曲；后角直角，尖锐，强烈上翘；盘区基部及端部靠中央、缘边内具粗大刻点。鞘翅方形，行距平，第 9 行距的毛列由 18 个左右的毛穴组成；条沟完全由粗大刻点组成。前胸前侧片光洁；前、中、后胸的腹面具长刚毛。腹板具长刚毛，末腹板末端每侧均具 3 或 4 根刚毛。

分布：浙江（安吉、临安、武义）、山东、湖北、湖南、台湾、香港、广西、四川、贵州；日本。

57. 毛盆步甲属 *Lachnolebia* Maindron, 1905

Lachnolebia Maindron, 1905: 95. [RN] Type species: *Lebia cribricollis* Morawitz, 1862.

主要特征：体长 6.5–8.0 mm。头在颈处缢缩；眼大，眼内侧具眉毛 2 根；触角第 1–3 节有稀绒毛，自第 4 节起密被绒毛；口须末节纺锤状，端部平截；颏有中齿，但无刚毛。前胸背板基部中央整体向后突伸（明显呈柄状）；基缘无饰边；侧边有 2 根刚毛。鞘翅后缘平截；后外角圆；第 3 行距有毛穴 2 个；条沟呈刻点状。跗节表面有稀疏的绒毛，第 4 跗节深裂，爪有齿。

分布：亚洲。世界已知 1 种，浙江有分布。

（135）筛毛盆步甲 *Lachnolebia cribricollis* (Morawitz, 1862)（图版 I-76）

Lebia cribricollis Morawitz, 1862a: 245.

主要特征：体长 6.5–8.0 mm，宽 3.2–3.5 mm。体棕色，头黑色，鞘翅蓝色。头大，头顶布满粗刻点和毛；眼突出，眼后颊几乎不显；触角第 3 节长是第 4 节的 1.2 倍。前胸背板横方形，宽是长的 1.2–1.3 倍，表面密被刻点和毛；侧边在后角之前有短的弯曲，后角略小于直角，外突，端部略尖。鞘翅略宽短，长为宽的 1.3 倍，其宽为前胸背板宽的 1.8 倍；行距平，有稀大刻点；条沟浅，由刻点组成，刻点较深。末腹板端缘雄性有 2 对毛，雌性有 3 对毛。爪具梳齿。

生物学：捕食叶甲幼虫。

分布：浙江（临安）、黑龙江、吉林、辽宁、北京、河北、陕西、新疆、江苏、湖北、江西、湖南、福建、广西、四川、云南；俄罗斯，朝鲜，日本。

58. 壶步甲属 *Lebia* Latreille, 1802

Lebia Latreille, 1802: 85. Type species: *Carabus haemorrhoidalis* Fabricius, 1792.

主要特征：体长 4.5–15.0 mm。头在颈处缢缩；眼大，眉毛 2 根；触角第 1–3 节光洁或有少量绒毛，自第 4 节起密被绒毛；口须末节棒状或略呈纺锤状，端部略尖或平截；颏有中齿，但无刚毛。前胸背板基部中央向后突伸（略呈柄状）；基缘有饰边；侧边有 2 根刚毛。鞘翅后缘平截；后外角圆；第 3 行距有毛穴 2 个；条沟深，或呈刻点状。后翅发达，能飞翔。前胸前侧片长大于宽。跗节表面有稀疏的绒毛，第 4 跗节深裂，爪有梳齿。

分布：世界广布。世界已知 750 种，中国记录约 30 种，主要分布于南部，浙江分布 5 种。

分种检索表

1. 后足第 4 跗节浅凹；鞘翅黑色，无斑纹……………… **双叶壶步甲 *L. duplex***
- 后足第 4 跗节深凹，双叶状；鞘翅不全为黑色……………… 2
2. 鞘翅大部黑色，肩部具 1 黄斑……………… 3
- 鞘翅大部黄色，具黑斑……………… 4
3. 鞘翅肩部黄斑占据第 5–6 行距，长度为翅长的 1/4–1/3，达到肩部；条沟浅，行距平坦……………… **狭斑壶步甲 *L. chiponica***
- 鞘翅肩部黄斑占据第 3–6 行距，其中第 3–4 行距的斑约为翅长的 1/5，不达到肩部，第 5 和第 6 行距的斑约为翅长的 1/3，到达肩部；条沟深，行距隆起……………… **普壶步甲 *L. purkynei***
4. 鞘翅具 2 个黑斑，内斑占据第 1–3 行距，外斑占据第 5–7 行距……………… **对斑壶步甲 *L. calycophora***
- 鞘翅具 1 个黑斑，在基部占据第 1–4 行距，后变狭为占据第 1–3 行距或中断，在中部之后又扩展为占据第 1–4 行距至第 1–7 行距……………… **宽带壶步甲 *L. retrofasciata***

（136）对斑壶步甲 *Lebia calycophora* Schmidt-Göbel, 1846（图版 I-77）

Lebia calycophora Schmidt-Göbel, 1846: 44.

主要特征：体长 4.5–5.5 mm，宽 2.1–2.5 mm。体棕黄色，鞘翅有 2 个黑斑，内斑占据第 1–3 行距，半卵圆形，长度约为翅长的 1/3（此斑变异大），外斑位于鞘翅中部之后，占据第 5–7 行距，近圆形，有时消失。头顶平，无毛及刻点，微纹明显，由等径的网格组成；额沟浅；眼极大而鼓。前胸背板横方，微纹和头部微纹相同；前缘凹，侧缘前部弧圆，后部稍变狭，侧缘毛 1 根，基缘在中部向后明显突出，近后角处平直；盘区微隆，中沟浅；基凹小而深；前角极宽圆，后角近直角，后角毛 1 根。鞘翅条沟深，沟内无刻点；行距隆，第 3 行距具毛穴 2 个。

分布：浙江（临安）、台湾、贵州；日本，印度，越南，老挝，泰国，柬埔寨，马来西亚，印度尼西亚。

（137）狭斑壶步甲 *Lebia chiponica* Jedlička, 1939（图版 I-78）

Lebia chiponica Jedlička, 1939: 6.

主要特征：体长 7.1–8.0 mm，宽 3.7–4.0 mm。体棕黑色，鞘翅肩部有 1 个黄斑，占据第 5 和第 6 行距，长度为翅长的 1/4–1/3。头顶平，具大量细刻点，无微纹；额沟浅；复眼大而突出。前胸背板横向，仅基部具弱横向微纹，盘区无微纹；前缘直，侧缘前部圆弧，后部稍变狭，在后角之前略弯曲，侧缘毛 1 根，基缘在中部向后明显突出，近后角处平直；盘区微隆，中沟浅；基凹小而深；前角不明显，后角近直角，后角毛 1 根。鞘翅条沟浅，沟内无刻点；行距略平坦，第 3 行距具毛穴 2 个。

分布：浙江（安吉）、福建、台湾、广东。

（138）双叶壶步甲 *Lebia duplex* Bates, 1883（图版 I-79）

Lebia duplex Bates, 1883a: 286.

主要特征：体长 6.0–7.5 mm，宽 3.0–3.5 mm。体棕红色，鞘翅黑色。头顶微隆，具稍密的粗刻点，无绒毛；眼大而突出，眼后颊极短；触角向后超过鞘翅肩部。前胸背板近横宽，宽为长的 1.5 倍，为头宽的 1.2 倍；侧边从端角到后角均匀弧圆，在后角之前有 1 个很短的弯曲；后角明显呈直角，顶端略尖；中沟浅，不达前后缘；盘区平坦，无刻点，但有较密的皱褶；基凹浅，凹内光洁无刻点和毛。鞘翅近方形，最宽处在中部略后，宽度几乎是前胸背板的 2.0 倍，长是宽的 1.3–1.4 倍；侧边于前 1/3 附近略凹；行距隆，光洁无毛，刻点极稀小，微纹很清晰，呈等径网格；条沟深，沟内刻点很不清晰；侧边有大毛穴 15 个。

分布：浙江（临安）、台湾；日本。

（139）普壶步甲 *Lebia purkynei* Jedlička, 1933

Lebia purkynei Jedlička, 1933: 146.

主要特征：体长 5.5–6.8 mm，宽 2.5–3.5 mm。体橙黄色；鞘翅黑色，基部有黄斑，占据第 3–6 行距，其中第 5 和第 6 行距的斑到达鞘翅肩部，鞘翅端部有黄带，从翅缝角向外端角逐渐变宽。头顶平坦，具少量微弱刻点，无绒毛；眼大而突出，眼后颊极短；触角向后超过鞘翅肩部。前胸背板近于横宽，宽为长的 1.5 倍，为头宽的 1.2 倍；侧边在前半部略圆弧，向后变狭，后角之前不弯曲；后角钝角，顶端圆；中沟浅，不达前后缘；盘区平坦，无刻点，但强烈粗糙；基凹浅，凹内光洁无刻点和毛。鞘翅近方形，最宽处在中部，宽度是前胸背板的 2.0 倍，长是宽的 1.3 倍；行距隆，光洁无毛，刻点极稀小，微纹很清晰，呈等径网格；条沟深，沟内无刻点；侧边具 14 个或 15 个毛穴。

分布：浙江（开化）、江西、福建；日本。

（140）宽带壶步甲 *Lebia retrofasciata* Motschulsky, 1864（图版 I-80）

Lebia retrofasciata Motschulsky, 1864: 227.

主要特征：体长 5.5–6.8 mm，宽 2.5–3.5 mm。体棕红色，头和前胸有时棕黑色；鞘翅黄色，基部有黑斑，黑斑略呈心形，占据第 1–4 行距，中后部有更大的黑斑，锚状，占据 1–5 行距，前后两黑斑通过第 1 行距相连（连接处的第 1 行距黑色），有些个体的后黑斑扩大，甚至伸达翅边缘。头顶微隆，具稍密的粗刻点，无绒毛；眼大而突出，眼后颊极短；触角向后超过鞘翅肩部。前胸背板近横宽，宽为长的 1.5 倍，为头宽的 1.1 倍；侧边从端角到后角均匀弧圆，在后角之前有 1 个很短的弯曲；后角明显呈直角，顶端略尖；中沟浅，不达前后缘；盘区平坦，无刻点，但有较密的皱褶；基凹浅，凹内光洁无刻点和毛。鞘翅近长方形，最宽处在中部略后，宽度是前胸背板的 2.0 倍，长是宽的 1.3–1.4 倍；侧边于前 1/3 附近略凹；行距隆，光洁无毛，刻点极稀小，微纹很清晰，呈等径网格；条沟深，沟内刻点很不清晰；侧边有大毛穴 14 个。

分布：浙江（临安）、湖北、云南；日本。

讨论：根据原始文献照片及描述（Kirschenhofer，2010），浙壶步甲 *Lebia* (*Poecilothais*) *zhejiangensis* Kirschenhofer, 2010 可能是该种的同物异名，但未检视过模式标本，暂不处理，故未列该种。

59. 光鞘步甲属 *Lebidia* Morawitz, 1862

Lebidia Morawitz, 1862b: 322. Type species: *Lebidia octoguttata* Morawitz, 1862.

主要特征：体长 7.0–13.0 mm。体背强烈隆起，体表光洁；复眼半球形，向外突出，眼内侧具眉毛 2 根；

颊很短，长度不到眼长一半，在复眼之下具 2 根刚毛；唇基横长，前缘直或中部凹入，具 2 根刚毛；上唇横前缘直，端部具 6 根刚毛；上颚变宽，外缘宽圆，外沟无毛；触角自第 4 节端半部起密被绒毛；口须末节筒状；颏无中齿，无刚毛，亚颏具 2 根长刚毛。前胸背板明显宽于头部，最宽处约在中部略后；侧缘中部无刚毛，后角具 1 根刚毛。鞘翅隆，翅端平截，但很不明显；缝角圆，无刺突；条沟消失；行距表面密布均匀的细刻点。腹部第 4–6 节中央两侧通常具 2 根刚毛；末腹板每侧具 3–5 对刚毛；雄性末端中部具凹缺，雌性弧圆。后足腿节后缘具 2 根刚毛；跗节变宽，第 4 跗节端部双叶状；爪具梳齿。

分布：东洋区。世界已知 5 种，中国记录 3 种，浙江分布 3 种。

分种检索表

1. 鞘翅每翅后部具 4 个银白色圆斑……………………………………………………**八斑光鞘步甲 *L. octoguttata***
   鞘翅每翅中后部具 1 个大白圆斑……………………………………………………………………………2
2. 鞘翅后部有白斑，被深褐色区域围绕，白色区域界线明显……………………**双斑光鞘步甲 *L. bioculata***
   鞘翅后部有黑斑，周围被黄白色区域围绕……………………………………**眼斑光鞘步甲 *L. bimaculata***

（141）眼斑光鞘步甲 *Lebidia bimaculata* (Jordan, 1894)（图版 I-81）

Sarothrocrepis bimaculata Jordan, 1894: 106.

主要特征：体长 7.3–9.5 mm。体橙黄色，鞘翅每翅后部具 1 个黑圆斑，斑周围有黄白色区域。头顶被稀疏刻点，通常具较浅的网状微纹。前胸背板半圆形，长是宽的 1.4–1.6 倍；侧边中部弧圆，向后角处略变窄，在后角之前直或略向内弯曲；后角明显呈直角，不突出；中线浅，不达后缘与前缘；盘区平坦，密被粗刻点。鞘翅中部之后略变宽；行距具网状微纹；侧边不内凹，盘区无明显凹陷。

分布：浙江（临安）、陕西、宁夏、甘肃、湖北、台湾、广东、重庆、四川、贵州、西藏；东南亚。

（142）双斑光鞘步甲 *Lebidia bioculata* Morawitz, 1863（图版 I-82）

Lebidia bioculata Morawitz, 1863: 29.

主要特征：体长 7.7–9.3 mm。体黄色至橙红色，每鞘翅后部具 1 个乳白色大型圆斑，外围被红褐色至黑褐色区域包围，白斑界线明显。头密布细刻点，头顶中央刻点较稀疏，具弱等径微纹；眼大而突出。前胸背板近横宽，宽为长的 1.5–1.6 倍；侧边中部略圆弧，向后略变窄；后角明显，直角或略呈钝角，顶端圆；中沟浅，不达前后缘；盘区平坦，密布粗刻点，无微纹，有时具少量细皱纹。鞘翅长方形，最宽处在中部略后；侧边不凹；盘区无明显凹陷，表面具网状微纹。

分布：浙江（泰顺）、辽宁、台湾、贵州；俄罗斯，韩国，日本。

（143）八斑光鞘步甲 *Lebidia octoguttata* Morawitz, 1862（图版 I-83）

Lebidia octoguttata Morawitz, 1862b: 323.

主要特征：体长 10.0–12.5 mm，宽 4.5–5.5 mm。体黄色至棕红色，每鞘翅具 4 个银白色圆斑，中部有 1 个较大，靠近侧缘，端部 1/5 处有 3 个。头密布细刻点，头顶中央刻点较稀疏，无微纹；眼大而突出。前胸背板近横宽，宽为长的 1.5–1.6 倍；侧边从端角到后角基本均匀弧圆；后角明显呈钝角，顶端圆；中沟浅，不达前后缘；盘区平坦，密布细刻点，无微纹，有时具少量细皱纹。鞘翅长方形，最宽处在中部略后；侧边于前 1/3 附近略凹；盘区无明显凹陷，表面具网状微纹。

分布：浙江（临安）、湖北、江西、湖南、福建、台湾、广东、广西、重庆、四川、贵州、云南；俄罗斯，韩国，日本。

60. 蕈步甲属 *Lioptera* Chaudoir, 1870

Lioptera Chaudoir, 1870: 208. Type species: *Lioptera quadriguttata* Chaudoir, 1869.

主要特征：体长 15.0 mm 左右，宽 6.0 mm 左右。身体光洁。头大；眼大而突出，眼内侧具眉毛 2 根；上唇横宽，端部平截，有 6 根毛；颈区稍缢缩；触角自 4 节起密被绒毛；口须端节细棒状，端部平截；颏无中齿。前胸背板横宽，侧区变宽；基部中央平截，不向后突出成柄；侧边具 2 根刚毛。鞘翅宽大；行距平，表面具刻点，第 3 行距有毛穴，第 5 行距无毛穴；后端平截；外后角圆；条沟浅或仅由刻点组成。跗节不变宽，第 4 跗节微裂，爪有短小梳齿。

分布：东洋区和澳洲区。世界已知 12 种，中国记录 1 种，浙江分布 1 种。

（144）滑蕈步甲 *Lioptera erotyloides* Bates, 1883（图版 I-84）

Lioptera erotyloides Bates, 1883a: 280.

主要特征：体长 12.5–15.0 mm，宽 6.0–6.5 mm。身体黑色，每鞘翅有前后 2 条黄色的锯齿状横带，占据第 2–8 行距。头顶平，有横皱，无刻点和毛；眼内侧有纵沟；触角第 3 节长等于第 4 节。前胸背板横宽，宽为长的 2.0 倍；盘区有横皱，无毛，微纹清晰，呈等径的网格；后角略呈钝角，顶端尖；侧边在后角之前直；基凹深。鞘翅宽大，长是宽的 1.4 倍；行距平，表面具细密刻点，第 3 行距有 4 个毛穴；条沟极浅，具刻点。雌、雄性末腹板均具 2 对刚毛。

分布：浙江（临安）、陕西、福建、台湾、广西、云南；韩国，日本，东南亚。

61. 奥毛步甲属 *Orionella* Jedlička, 1964

Orionella Jedlička, 1964: 307. Type species: *Orionella obenbergeri* Jedlička, 1964.

主要特征：体长 8.5–9.5 mm。体扁平，体表均匀被密毛，不具金属光泽。头大，复眼半球形，外突；眼后颊短，约为眼纵径之半，复眼内缘具 2 根刚毛；唇基横方，前缘微凹，具 2 根刚毛；触角达鞘翅基部，自第 4 节端半部之后密被绒毛；上唇向前端变宽，前缘两侧向前膨扩成为宽大的 2 叶，中部凹，端缘具 6 根刚毛；上颚明显变宽，外沟宽且平，侧缘圆弧，无长刚毛；下唇须末节雌性中为筒状，雄性略变宽，次末节内缘具 2 根长刚毛；中唇舌端部略突出，顶端具 4 根刚毛；颏中齿宽，梯形，端部平截，中齿基部具 2 根刚毛；亚颏具 2 根长刚毛。前胸背板横宽，前角处具数根长刚毛；侧边于后角处略向上翘起；基凹宽且平坦；后缘中部略突出。鞘翅方形，后端略变宽，末端平截，翅外角不突出；行距略隆起，第 3 行距具 4 个大毛穴，第 5 行距基部具 1 个毛穴；条沟较浅，沟内无大刻点。腹部密被绒毛；末腹板雌雄均具 2 对刚毛；末腹板末端雄性中部具凹缺，雌性平直。跗节第 4 节前端双叶状，爪具梳齿。

分布：亚洲。世界已知 3 种，中国记录 2 种，浙江分布 1 种。

（145）刘氏奥毛步甲 *Orionella lewisii* (Bates, 1873)（图版 I-85）

Endynomena lewisii Bates, 1873a: 311.

主要特征：体长 8.5–9.2 mm，宽 4.0–4.2 mm。体棕色，口须、触角、足棕黄色，体表毛棕黄色。头顶略隆起，被刻点和毛；颊在眼下被稍密的刚毛；颏齿后具数根短刚毛，亚颏具少量短毛。前胸背板横方，宽为长的 1.5–1.6 倍，最宽处在前部 1/3 处；侧缘自端角到中部均匀圆弧，在后角之前直或微弯曲；后角钝圆；侧缘边很宽；基凹宽而平坦；基部、端部靠中沟和缘边处具刻点。鞘翅长方形，第 3–5 行距在翅中部处略凹陷；行距具毛，第 3 行距基部 3 个毛穴靠近行距中部，端部 1 个毛穴靠近第 2 条沟，第 5 行距基部具 1 个大毛穴，另具 1–2 个很小的毛穴，第 7 行距无毛穴，第 9 行距的毛列由 14–16 个毛穴组成；条沟较明显，沟底具细刻点。前胸腹板中部及腹板突被长而密的毛，中胸腹板被少量毛，后胸腹板及侧片被密毛；腹部均匀被密毛。

分布：浙江（临安）、上海、四川；朝鲜，日本。

62. 宽颚步甲属 *Parena* Motschulsky, 1860

Parena Motschulsky, 1860a: 31. Type species: *Parena bicolor* Motschulsky, 1860.

主要特征：体长 5.0–12.0 mm。身体棕黑色、棕色或黄色。头顶平坦；复眼很大，突出，半球形；眼大，眼内侧具眉毛 2 根；唇基方形，两侧各具 1 根刚毛；触角长度接近或略超过前胸背板基缘，自第 4 节起密被绒毛；上唇横方，端缘具 6 根刚毛；上颚明显变宽，外沟宽且平，外缘圆弧状；雌雄口须末节筒形，不膨宽，下唇须亚端节内缘具 2 根刚毛；中唇舌近末端具 4 根刚毛；颏通常具 1 对刚毛，无中齿；亚颏具 4 根刚毛；颊在复眼之下通常具 1 根刚毛，有时 2 根或无。前胸背板略隆起，光洁无刻点；侧边具 2 根刚毛，位于后角和中部；基凹浅。鞘翅长方形，后部略膨大，侧缘于前 1/3 处稍凹入；第 3 行距具 3 或 4 个毛穴，第 9 行距的毛穴列连续，由 20–30 个组成；条沟内具刻点。腹板端部雌雄均具 2 对或 3 对刚毛。足较短；跗节变宽成双叶状，适合生活在植物叶片上；爪具梳齿；雄性前足跗节第 1–3 节腹面具粘毛。

分布：亚洲和非洲。世界已知约 50 种，中国记录约 20 种，浙江分布 9 种。

分种检索表

1. 前胸背板横宽，宽度明显大于眼宽，宽是长的 1.5–1.6 倍；身体棕黄或棕红色，表面无金属光泽和色斑……2
- 前胸背板宽度稍大于或小于眼宽，宽是长的 1.5 倍以下；一般有金属光泽或色斑……4
2. 足跗节、触角第 2–11 节黑色；鞘翅缝角突出成长刺……**黑跗宽颚步甲 *P. testacea***
- 足跗节棕黄色，触角第 4–11 节颜色略深；鞘翅缝角不突出或略突出成短刺……3
3. 鞘翅缝角不突出，外角不明显；鞘翅条沟浅，沟底具刻点……**凹翅宽颚步甲 *P. cavipennis***
- 鞘翅缝角突出，呈齿状，外角也略突出；鞘翅条沟极浅，完全由刻点组成……**红翅宽颚步甲 *P. rufotestacea***
4. 鞘翅第 3 行距的基部毛穴紧邻小盾片……5
- 鞘翅第 3 行距的基部毛穴远离小盾片……7
5. 复眼之下的颊有刚毛 1 根；鞘翅有大黑斑……**角斑宽颚步甲 *P. sellata***
- 复眼之下的颊无刚毛；鞘翅侧边具绿色金属光泽……6
6. 鞘翅中部黄色，侧缘条带黑色，通常较窄……**黑带宽颚步甲 *P. nigrolineata***
- 鞘翅中部棕红色，侧缘条带具金属光泽，通常较宽……**侧带宽颚步甲 *P. latecincta***
7. 鞘翅第 3 行距具 4 个大毛穴，毛穴很深……**光背宽颚步甲 *P. perforata***
- 鞘翅第 3 行距具 3 个大毛穴，毛穴很浅……8
8. 眼后颊部向后逐渐倾斜，颊长约为眼长的 2/3……**特氏宽颚步甲 *P. tesari***
- 眼后颊部向后突然变狭，颊长不及眼长之半……**小宽颚步甲 *P. tripunctata***

（146）凹翅宽颚步甲 *Parena cavipennis* (Bates, 1873)（图版 I-86）

Crossoglossa cavipennis Bates, 1873a: 316.

主要特征：体长 8.8–10.5 mm，宽 4.2–4.5 mm。体背黄色至棕色，腹面棕黄色，触角第 1–3 节黄色，第

4–11 节棕黑色。头顶平，具细刻点；眼大而鼓；眼后颊特别短；颏无刚毛。前胸背板宽为长的 1.65 倍，最宽处位于中部略前，明显大于头宽；侧缘在端角到中后部弧圆，在后角之前微弯曲；后角为钝角，顶端略尖，向前突伸（基边在近后角处向前弯曲）。鞘翅长方形，端部明显平截，侧缘凹位于基部 1/3 附近，外角不明显；行距略隆起，微纹不明显，具稀疏细刻点，第 3–5 行距中部具明显翅凹；条沟浅，沟底具细刻点；缝角不突出或微突出，不成齿突。

分布：浙江（临安）、辽宁、北京、河北、山东、河南、陕西、甘肃、安徽、湖北、江西、湖南、福建、台湾、广西、重庆、四川、贵州、云南；俄罗斯，韩国，日本。

（147）侧带宽颚步甲 *Parena latecincta* (Bates, 1873)（图版 I-87）

Crossoglossa latecincta Bates, 1873a: 315.

主要特征：体长 8.3–9.8 mm，宽 4.0–4.3 mm。身体棕红色；触角、足、口器棕黄色；头顶无红色三角斑；鞘翅 2 种颜色，中部棕红色，两侧具金属绿色条带，绿色条带在鞘翅中部占据第 6–8 行距，有时达第 5 行距，条带在鞘翅基部不相接，仅达第 4 或第 5 行距，条带在鞘翅端部相接，或止于翅缝处，常覆盖第 8 行距末端，鞘翅侧边棕黄色。头顶平，具皱褶和细刻点；复眼内缘沟浅，达复眼中部之后；颊在复眼之下无刚毛；颏具刚毛 1 对，非常短，难以观察。前胸背板宽为长的 1.3–1.4 倍；中线浅但很清晰；中线两侧具一些细皱纹；侧边在端角到中后部弧圆，在后角之前弯曲，后角接近直角。鞘翅长方形，末端平截；行距略隆起，具稀疏细刻点，微纹为等径网格，有时微纹微弱，第 3 行距 3 或 4 个，基部毛穴很靠近小盾片；条沟浅，沟底具细刻点。腹部具一些刚毛。雄性中足第 1 跗节无粘毛。

分布：浙江（临安）、辽宁、北京、河北、山东、河南、陕西、安徽、湖南、福建、台湾、香港、重庆、四川、贵州；俄罗斯，朝鲜，日本。

（148）黑带宽颚步甲 *Parena nigrolineata* (Chaudoir, 1852)

Plochionus nigrolineata Chaudoir, 1852: 44.

主要特征：体长 7.4–8.9 mm。体背黄色；触角、足、口器黄色，上颚端部颜色略深，头顶无红色三角斑；鞘翅中部黄色，两侧具黑色条带，不带金属光泽；条带占据第 6–8 行距，有时达第 5 行距，有时条带很窄甚至消失。头顶具一些稀疏细刻点。前胸背板宽为长的 1.3–1.5 倍；中线浅，中线两侧具一些细皱纹；侧边于后角之前弯曲；后角钝圆，接近直角，不突出。鞘翅行距具等径微纹；条沟浅，沟底具细刻点；行距略隆起，具稀疏细刻点。

分布：浙江、江苏、上海、福建、台湾、四川、贵州、云南；韩国，日本，印度，缅甸，越南，斯里兰卡。

（149）光背宽颚步甲 *Parena perforata* (Bates, 1873)（图版 I-88）

Bothynoptera perforata Bates, 1873a: 313.

主要特征：体长 9.0–10.5 mm，宽 3.8–5.0 mm。身体棕红色至棕黑色，额具三角形红斑。头顶平坦，具细刻点；眼后颊长约为眼纵径之半，颊在复眼之下具 1 或 2 根刚毛，有时具较多的细毛；颏具 2 根较长的刚毛，内侧有时另具 2 根短刚毛。前胸背板近方形，宽为长的 1.20–1.35 倍；侧边于后角之前略弯曲；后角直角或略钝圆，不突出或略突出；中线浅；盘区明显隆起，光洁，偶尔稍具刻点。鞘翅向后明显变宽；盘区无凹陷；行距平坦，无微纹，具细刻点，第 3 行距具 4 个大毛穴，毛穴着生处强烈凹入，凹宽约等于行距宽；条沟由细刻点组成，在鞘翅端部刻点弱或消失；鞘翅端部斜截或向内凹弧，外角钝圆，明显向外突出。

分布：浙江（临安）、陕西、湖南、台湾、广西、四川、云南、西藏；俄罗斯，日本。

（150）红翅宽颚步甲 *Parena rufotestacea* Jedlička, 1934

Parena rufotestacea Jedlička, 1934a: 17.

主要特征：体长 9.5–11.0 mm。体背红褐色，触角第 4 节端半部至第 11 节黑色，腹面深棕红色。头顶“V”形凹较浅。前胸背板宽为长的 1.6 倍，最宽处位于前 1/3 附近，后角宽钝。鞘翅行距平，行距间具极细的稀疏刻点，无微纹或端部具极微弱的等径微纹；条沟由极细刻点组成；鞘翅第 3–5 行距中部具较深的三角形翅凹，第 6 和第 7 行距的近端部具 1 很浅的翅凹；翅端截斜，外角略突出；缝角突出成齿状。

分布：浙江（临安）、湖南、福建、广东、海南、重庆、云南；尼泊尔，缅甸，越南。

（151）角斑宽颚步甲 *Parena sellata* (Heller, 1921)（图版 I-89）

Phloeodromus sellata Heller, 1921: 526.

主要特征：体长 7.5–8.5 mm，宽 3.3–3.7 mm。体黄色，头胸棕红色，鞘翅有 1 个大黑斑，从近翅端到达翅基部 1/3，向外到达第 6 或 7 行距，有时斑缩小。头顶平，具稀细刻点；复眼大而突出，复眼下有 1 根刚毛；眼后颊极短。前胸背板近方形，宽为长的 1.3 倍；侧边从端角到中部圆弧，在后角之前稍弯曲；后角近直角，端部钝圆；中沟略深，几乎达前后端缘；盘区略隆起，具极稀疏的细刻点，中线两侧具横向浅皱纹；基凹略深，刻点稍密。鞘翅长方形，末端平截，盘区无明显凹陷，翅端部圆弧，外角不明显；行距略隆起，微纹非常不清晰，具稀疏细刻点，第 3 行距具 4 个大毛穴，基部毛穴接近小盾片；条沟浅，在鞘翅端部近消失，沟底具清晰的细刻点。

分布：浙江（临安）、台湾、海南；越南，菲律宾。

（152）特氏宽颚步甲 *Parena tesari* (Jedlička, 1951)（图版 I-90）

Bothynoptera tesari Jedlička, 1951a: 60.

主要特征：体长 8.8–10.4 mm，宽 3.8–4.2 mm。体棕红色或棕黑色，口须、触角、足棕黄色或棕红色，头顶有时具三角形红斑。头顶略隆，具细刻点；头顶后部具数根短毛；复眼大而突出；眼后的颊倾斜，长度约为眼纵径长的 2/3；前胸背板近方形，宽为长的 1.2–1.3 倍；侧边从端角到中部圆弧，在后角之前稍弯曲；后角近直角，端部略钝；中线很浅，通常不可见；盘区略隆起，具稀疏细刻点，中线两侧具横向浅皱纹。鞘翅长方形，末端平截，盘区无明显凹陷，翅端部圆弧，外角不明显；行距略隆起，无微纹，具稀疏细刻点，第 3 行距具 3 个大毛穴，基部毛穴远离小盾片；条沟浅，在鞘翅端部近消失，沟底具细刻点。

分布：浙江（临安）、安徽、湖北、江西、湖南、台湾、四川、贵州、云南；不丹。

（153）黑跗宽颚步甲 *Parena testacea* (Chaudoir, 1873)

Crossoglossa testacea Chaudoir, 1873: 178.

主要特征：体长 9.5–10.0 mm。体黄色，跗节、上颚端部、触角第 2–11 节黑色，腹面浅黄褐色。前胸背板宽约为长的 1.7 倍，最宽处在前部 1/3 附近；后角宽钝。鞘翅条沟不明显，沟底具极细刻点；行距不隆起，刻点杂乱，刻点大小与条沟内刻点相当，无微纹；鞘翅第 3–6 行距中部具大浅凹；鞘翅端截斜，外角呈钝角；缝角强烈突出，延长成刺。

分布：浙江（龙泉）、江苏、台湾、云南；印度，印度尼西亚，新几内亚。

（154）小宽颚步甲 *Parena tripunctata* (Bates, 1873)

Bothynoptera tripunctata Bates, 1873a: 314.

主要特征：体长 6.4–7.4 mm。头红棕色，触角、口器棕黄色，上颚端部深色；前胸背板棕色至棕黑色，侧边棕黄色；鞘翅棕色至棕黑色，无条斑，中缝及侧边颜色略浅；足棕黄色。头顶略隆起，具一些刻点；头顶无次生刚毛；颊短于眼长之半，于复眼之后突然变窄；颏毛长，长于下唇须末节。前胸背板心形，宽为长的 1.3 倍；侧边中部圆弧，在后角之前明显弯曲；后角较明显，直角，不突出；盘区略隆起，通常具稀疏细刻点。鞘翅盘区无明显凹陷；条沟明显深，沟底具细刻点；行距隆起，一般无微纹，具稀疏刻点，刻点与条沟底刻点粗细相似，第 3 行距具 3 个毛穴；鞘翅端部圆弧，外角不明显。

分布：浙江（临安）、辽宁、北京、河北、山西、陕西、安徽、福建、云南；俄罗斯，日本。

63. 黑缝步甲属 *Peliocypas* Schmidt-Göbel, 1846

Peliocypas Schmidt-Göbel, 1846: 33. Type species: *Peliocypas suturalis* Schmidt-Göbel, 1846.

主要特征：体小型，细长形。眼大，隆突；眼内侧具刚毛 2 根，后刚毛在眼后缘水平线之后；头顶很隆；颊发达；触角自第 4 节起密被绒毛。前胸背板方形，长宽近等；侧缘有 2 根刚毛。鞘翅长方形，翅缝大多为黑色。第 4 跗节深裂，爪有梳齿。

分布：亚洲和非洲。世界已知约 70 种，中国记录 8 种，浙江分布 3 种。

分种检索表

1. 鞘翅中部之后有大锚状的黑斑，行距无微纹……………………………………………………锚纹黑缝步甲 *P. olemartini*
- 鞘翅中无“十”字形的黑斑，仅翅缝黑色，有时侧缘也黑色……………………………………………………2
2. 头和前胸有明显的微纹，中后部的翅缝黑斑可达到第 3 行距……………………………………中华黑缝步甲 *P. chinensis*
- 头和前胸无微纹，鞘翅缝黑斑中部之后不扩展，仅仅占据内侧行距……………………………斯氏黑缝步甲 *P. suensoni*

（155）中华黑缝步甲 *Peliocypas chinensis* (Jedlička, 1960)（图版 I-91）

Risophilus chinensis Jedlička, 1960: 596.

主要特征：体长约 4.0 mm。体米黄色，头、前胸背板、鞘翅第 1 和第 2 行距棕红色，翅缝斑后略扩展至第 3 行距或更多，在端部 1/5 处消失，鞘翅其他部分和附肢红黄色。头顶隆起，具刻点和微纹；眼大，半球形；眼后颊长而斜，长度不超过眼纵径之半。前胸背板长略大于宽，略小于头宽；侧缘前部弧圆，在后角之前弯曲，后角稍小于直角，端部尖，向外突出；盘区微纹等径网格，呈长形网格；中线深。鞘翅两侧向后变宽，长为宽的 1.6 倍，宽为前胸的 2.0 倍；行距平，微纹等径网格，第 3 行距毛穴位于基部 1/5 和端部 1/5 处；条沟深，无刻点。

分布：浙江（临安）、山东。

（156）锚纹黑缝步甲 *Peliocypas olemartini* (Kirschenhofer, 1986)

Risophilus olemartini Kirschenhofer, 1986: 321.

主要特征：体长 3.9–4.2 mm。体米黄色，鞘翅缝和第 1 行距黑色，在中部之后向外扩展，并在第 6–8 行距向前后延伸，形成 1 个大锚状，前部延伸至鞘翅基部 1/4 处，端部延伸接近翅端缘。头顶隆起，无刻点和微纹；鞘翅行距平；条沟略深。前胸形态未知（未描述）。

分布：浙江（临安）。

（157）斯氏黑缝步甲 *Peliocypas suensoni* (Kirschenhofer, 1986)

Risophilus suensoni Kirschenhofer, 1986: 320

主要特征：体长 4.5–4.9 mm。体米黄色，鞘翅缝黑色。头顶隆起，无刻点和微纹；眼大，半球形；眼后颊长而斜，长度略超过眼纵径之半。前胸背板长宽近等；侧缘前部弧圆，在后角之前弯曲，后角稍小于直角，端部尖，向外突出；盘区表面微纹很不清晰，呈长形网格；中线深。鞘翅两侧向后略扩展，长为宽的 1.5 倍；行距平，位于基部 1/3 和端部 1/5 处；条沟略深。

分布：浙江（临安）。

64. 毛边步甲属 *Physodera* Eschscholtz, 1829

Physodera Eschscholtz, 1829: 8. Type species: *Physodera dejeani* Eschscholtz, 1829.

主要特征：体长 8.5–12.5 mm。体扁平，体背光洁，多数有金属光泽。复眼半球形，突出；复眼内缘具 2 根刚毛；唇基横长，具 2 根刚毛；上唇横方，具 6 根刚毛；触角到达鞘翅基部 1/5 附近，自第 4 节端半部之后密被绒毛；颏具中齿，亚颏具 2 根长刚毛。前胸背板前角具 1 刚毛；侧缘中部的刚毛消失，后角具 1 长刚毛，后角处有时具 1 短刚毛。鞘翅宽大，末端平截；第 3 行距一般具 2–4 个毛穴，有时更多，第 5 行距具 1 个或多个毛穴；鞘翅表面无明显凹陷，第 7、8 行距端部隆起。雄性末腹板端缘具 1 对或 2 对刚毛，雌性具 2 对刚毛。

分布：亚洲和澳大利亚。世界已知 13 种，中国记录 5 种，浙江分布 2 种。

（158）伊氏毛边步甲 *Physodera eschscholzi* Parry, 1849（图版 I-92）

Physodera eschscholzi Parry, 1849: 179.

主要特征：体长 10.5–12.5 mm。体黑色，头和前胸背板具蓝色或蓝紫色金属光泽，鞘翅带强烈的紫铜色金属光泽。头顶光洁，无刻点和毛；颊约等于眼纵径之半；触角第 3 节略长于第 4 节；下唇须末节雄性强烈膨宽呈斧状，末端平截，雌性略膨宽；颏中齿梯形，端部平截。前胸背板横宽，宽为长的 1.4–1.6 倍，最宽处约在中部之前；前角圆，向前略突出；侧边中部突出呈角状，在后角之前强烈向内弯曲；后角明显呈锐角或直角，略突出或不突出。鞘翅行距平，无刻点，第 3 行距具 3–4 个毛穴，第 5 行距近基部有 1 个毛穴；条沟完全由刻点组成，刻点向端部渐变细至消失。

分布：浙江（宁波）、江西、湖南、福建、台湾、广东、海南、香港、广西、贵州、云南；东南亚。

（159）单色毛边步甲 *Physodera unicolor* Ma, Shi *et* Liang, 2017（图版 I-93）

Physodera unicolor Ma, Shi *et* Liang, 2017: 308.

主要特征：体长 8.7–10.5 mm。体黑色，头和前胸背板黑色或棕黑色，鞘翅具暗绿色金属光泽，足棕黑色。头顶光洁，具刻点和皱褶；颊约等于眼纵径之半；触角第 3 节略长于第 4 节；下唇须末节雄性强烈膨宽呈斧状，末端平截，雌性略膨宽；颏中齿梯形，端部平截。前胸背板横宽，宽为长的 1.65–1.76 倍，最宽处约在中部之前；前角圆，向前略突出；侧边均匀弧圆，在后角之前稍向内弯曲；后角明显呈钝角，顶端圆，不突出。鞘翅行距平，具细小刻点，第 3 行距具 8–12 个小毛穴，第 5 行距有 4–13 个小毛穴；条沟略明显，由刻点组成，刻点向端部渐变细变浅。该种和伊氏毛边步甲 *P. eschscholzi* 区别在于前胸背板侧缘在中部均匀弧圆，不呈角状，鞘翅第 5 行距毛穴较多，而不是仅有 1 个毛穴。

分布：浙江（临安）、甘肃、上海、安徽、湖北、江西、福建、台湾、广东、广西、贵州。

65. 伪盗步甲属 *Pseudomesolestes* Mateu, 1956

Pseudomesolestes Mateu, 1956: 66. Type species: *Mesolestes brittoni* Mateu, 1956.

主要特征：体小型，扁平。触角略粗短，第 2 节长近等于第 3 节，从第 2 节起被绒毛；颏无中齿；上唇前缘略圆突；下颚须端节纺锤状。前胸背板侧缘向后强烈变窄；基缘中部平直；两边约 45°伸向后角。鞘翅后半平截，侧边向后变宽；基边完整到达小盾片。

分布：欧洲、亚洲、非洲。世界已知 7 种，中国记录 1 种，浙江分布 1 种。我们未见到标本，描述来自文献（Habu，1974）。

（160）港伪盗步甲 *Pseudomesolestes innoshimae* (Habu, 1974)

Microlestes innoshimae Habu, 1974: 18.

主要特征：体长 2.6–2.8 mm，宽 1.0–1.2 mm。体黑色；触角第 1 节黑色或棕黑色，第 2–3 节棕红色，其他节棕黄色；足和口须黄色，鞘翅第 4 行距基半部有黄色斑，有时扩展到第 5 行距少许。头顶微隆，无刻点，微纹明显，等径；额沟很浅。前胸背板倒梯形，前部 1/6 处最宽，宽是长的 1.3 倍；侧缘在前半部弧圆，向后急剧变窄，在后角之前弯曲；后角钝圆，略上翘；盘区无刻点，微纹明显，等径。鞘翅卵圆形，最宽处在后部 1/3 处，长是宽的 1.5 倍；行距平，微纹明显等径，第 3 行距无毛穴；条沟很浅，几乎由刻点组成。

分布：浙江、台湾；日本。

66. 掘步甲属 *Scalidion* Schmidt-Göbel, 1846

Scalidion Schmidt-Göbel, 1846: 63. Type species: *Scalidion hilare* Schmidt-Göbel, 1846.

主要特征：体长 13.0–15.0 mm。体棕黄色或黑色。眼大，半球形，眼内侧具眉毛 2 根；上颚狭，端部钩状；触角自第 4 节起密被绒毛；上唇横方，前缘有 6 根毛；后头向后收缩。前胸背板横宽，略大于头部宽度；前角圆。鞘翅宽阔，条沟深；行距稍隆，第 3 行距有 4 个毛穴，第 8 行距在后段强烈变宽，并分为 2 行；缝角尖锐，外角尖锐且呈刺状。跗节宽，腹面有毛，第 4 跗节深裂，爪有梳齿。

生物学：该属多数营树栖生活。

分布：东洋区。世界已知 3 种，中国记录 3 种，浙江分布 1 种。

（161）黄掘步甲 *Scalidion xanthophanum* (Bates, 1888)（图版 I-94）

Lebia xanthophanum Bates, 1888: 382.

主要特征：体长 13.0 mm，宽 6.5 mm。头黑色，上唇、口须、触角第 1–3 节、足、前胸背板侧缘棕黄色，胸部、触角第 4–11 节及鞘翅棕褐色，腹部棕黄色。眼圆形，大而突出，眼内侧具眉毛 2 根，眼后有 1 横凹；额中央具“V”形沟纹、刻点及纵皱，额凹较深，头顶刻点较细。触角细长，向后超过鞘翅基部 1/3，第 1 节较长，长度为第 2、第 3 节之和，余各节近等长。颏齿短钝，负唇须节长。前胸背板横方，宽长之比为 3∶2，前角宽圆，基角呈钝角，中沟深，侧缘半透明状，侧缘前端 1/3 和基角各具毛 1 根。鞘翅较宽，肩后渐膨扩，最宽处在后 1/4 处，末端缘平截，外端凹入，外角突出，端部锐，缝角近直角，行距略隆起，第 3 行距具毛穴 4 个，第 8 行距端 1/3 处加宽，分叉成为 2 行。腹面胸部光洁，腹部被毛。跗节第 4 节背面双叶状。爪梳状。

分布：浙江（临安）、湖北、江西、湖南、福建、台湾、广东、广西、贵州；越南。

67. 连唇步甲属 *Sofota* Jedlička, 1951

Sofota Jedlička, 1951b: 112. Type species: *Sofota chuji* Jedlička, 1951.

主要特征：体中型，扁平。头顶平；眼大，眼内侧眉毛 2 根；前胸背板横宽；基缘在中部区域稍向后突伸，每侧具 2 根刚毛。鞘翅宽阔，翅后端平截，端缘向内稍弧凹；外后角近直角，顶端尖锐，但不向后伸成刺状；条沟略深；行距微隆，第 8 行距端部不变宽。第 4 跗节端部深裂，呈双叶状。该属和齿翅步甲属 *Aistolebia* Bates, 1892 近似，但后者的鞘翅端缘强烈弧凹，外端角尖锐，刺状，稍突伸。

分布：中国特有属，共报道有 3 种，浙江分布 1 种。

（162）台湾连唇步甲 *Sofota chuji* Jedlička, 1951（图版 I-95）

Sofota chuji Jedlička, 1951b: 112.

主要特征：体长 7.7–11.5 mm，宽 4.0–5.8 mm。体黑色，有时前胸背板侧边棕黄色，腹面棕黑或棕黄色，附肢棕黄色。眼大，突出呈半球形；头顶平，有粗皱褶；颏齿短；亚颏每侧具 1 根长毛。前胸背板横宽，宽约为长的 1.45 倍；盘区无刻点，有浅皱褶，微纹不明显；侧缘在前中部均匀弧圆，在后角之前直，或稍内凹；侧边向后变宽，并上翘；基缘中部稍向后突伸；基凹大而深，无刻点；后角稍大于直角，顶端略钝。鞘翅长方形，长为宽的 1.4 倍，侧缘自中部向后部略变宽，最宽处近端部；行距微隆，微纹明显呈等径网格，第 3 行距具毛穴 2 个；条沟略深；外端角小齿状；侧沟 3 个毛穴排列成三角状。雄性末腹板每侧 1 或 2 根长刚毛，雌性每侧 3 或 4 根刚毛。

分布：浙江（安吉、临安）、福建、台湾、广东、四川、云南。

奇颚步甲族 Licinini Bonelli, 1810

68. 捷步甲属 *Badister* Clairville, 1806

Badister Clairville, 1806: 90. Type species: *Carabus bipustulatus* Fabricius, 1792.

主要特征：体小型，体长 4.0–7.0 mm。上颚不对称，左上颚或右上颚中部有大凹缺；上唇前缘深裂，形成两叶；下颚须末节细纺锤状；眼大，眼内侧具眉毛 2 根；触角自第 2 节或第 3 节起被密绒毛。前胸背板光洁无毛，具侧缘毛和后角毛。鞘翅末端圆，不平截；行距光洁无刻点和毛，平或微隆，第 3 行距有 2 个毛穴；条沟浅或深。具后翅。足细长，爪简单。

分布：全北区、东洋区和旧热带区。世界已知约 50 种，中国记录 7 种，浙江分布 1 种。

（163）黑头捷步甲 *Badister nigriceps* Morawitz, 1863（图版 I-96）中国新记录

Badister nigriceps Morawitz, 1863: 36.

主要特征：体长 5.0–5.5 mm，宽 2.2 mm 左右。体棕黑色，触角第 1、2、10、11 节及口须、足、前胸

背板、翅边黄色，上颚和翅缝棕黄色，翅中央棕黑色，头黑色，中后胸和腹部腹面棕黑色。头顶平，光洁无刻点，微纹明显，由等径的网格组成；触角自第 3 节起密被毛，第 2 节被稀毛；上颚粗短，端部平截，左上颚中部有凹缺。前胸背板横方，宽为长的 1.5 倍；侧缘在前半部弧圆，后角前微弯曲；后角轮廓清晰，角端钝；基凹深，光洁无刻点；基缘中部直，近后角处向前斜切；盘区隆，光洁无毛和刻点。鞘翅长方形，长为宽的 1.5 倍，有虹彩光泽；条沟浅，沟内无刻点；行距平，光洁。

分布：浙江（安吉、临安）、上海、湖北；日本。

讨论：我们在《天目山昆虫志》把浙江的标本鉴定为边捷步甲 *Badister marginellus* Bates, 1873，属于误鉴定，该种前胸背板颜色黄色或棕黄色，浅于棕黑色的鞘翅颜色，*B. marginellus* 的前胸背板和鞘翅颜色相当，均为棕黑色。

69. 重唇步甲属 *Diplocheila* Brullé, 1834

Diplocheila Brullé, 1837: 407. Type species: *Carabus politus* Fabricius, 1792.

主要特征：身体一般黑色，体中至大型，体长 9–28.0 mm；上颚和上唇不对称，左右两上颚不交叉，呈长三角状，无凹缺；触角细长，向后超过鞘翅肩部，自基部第 4 节起密被绒毛；两眼中等大小，略突出，眼内侧具眉毛 2 根；上唇前缘有 4–6 根刚毛，唇基膜外露。鞘翅第 7 条沟近端部强烈加深，有 1 个狭脊和第 8 条沟分开；第 8 和第 9 条沟紧邻。后胸前侧片长明显大于宽。足短，爪内侧无梳齿；雄性前足跗节膨扩，具粘毛，稠密排列成海绵状。

分布：全北区、东洋区和旧热带区。世界已知 29 种，古北区 10 种，中国记录 7 种，浙江分布 2 种。

（164）偏额重唇步甲 *Diplocheila latifrons* (Dejean, 1831)（图版 I-97）

Rembus latifrons Dejean, 1831: 679.

主要特征：体长 15.0–16.0 mm，宽 5.5–6.0 mm。体黑色，具光泽；口须棕红色；触角基部 1–4 节棕褐色，第 5–11 节黄色；足棕黑色。头顶隆起，光洁无毛，具极细密刻点；额沟浅圆，沟内有横皱；上唇前缘凹，两侧叶对称；上颚三角形，略细长，端部钝，不呈钩状，两上颚形状相似，右上颚内侧面无大齿突；下唇须末节细，端部平截，倒数第 2 节内侧具毛 2 根；颏无齿，下颏两侧各具 1 根刚毛；眼后颊短，不隆起；触角细长，向后超过鞘翅肩部。前胸背板横方，最宽处在中部之前，宽为中长的 1.4 倍，宽为头宽的 1.4 倍；盘区具细密刻点；侧缘圆弧状，在后角之前略直；后角呈钝角，角端圆，具毛 1 根；侧缘具狭边，侧沟窄，缘毛 1 根；基凹狭深，无刻点。鞘翅较平，长为宽的 1.6 倍，宽为前胸宽的 1.3 倍；条沟浅，沟内具不明显的刻点；小盾片沟长，位于第 1 条沟和翅缝之间；行距平坦，具细密刻点，微纹明显，呈近等径的网格，第 3 行距无毛穴。雄性末腹部端部有 2 根毛，雌性有 4 根毛。

分布：浙江（长兴、杭州）、黑龙江、北京、天津、河北、山东、陕西、安徽、湖北、江西、湖南、广东、广西、四川、贵州、云南；日本，印度，缅甸，越南，老挝，柬埔寨，印度尼西亚。

（165）宽重唇步甲 *Diplocheila zeelandica* (Redtenbacher, 1868)（图版 I-98）

Rembus zeelandica Redtenbacher, 1868: 5.

主要特征：体长 19.0–26.0 mm，宽 9.0–11.5 mm。体表黑色，略具光泽；口须端部棕红色；触角基部 1–4 节黑褐色，第 5–11 节棕黄色；足黑色。头顶隆起，光洁无毛，具皱褶和极细刻点；额沟浅而圆，沟内有皱褶，无粗刻点；上唇前缘凹，凹两侧叶不对称，左叶略大；上颚略细长，端部钝，不呈钩状，右上颚明显比左上颚宽短，右上颚内侧面具大齿突；下唇须末节细，端部平截，倒数第 2 节内侧具 2 根毛；颏无中齿，下颏两侧各具 1 根刚毛。前胸背板横方，最宽处在中部略前，宽为长的 1.3 倍；盘区光洁无毛，具横皱和稀细刻点；侧缘圆弧状，在后角之前直或略圆；后角呈钝角，角端圆，具 1 根刚毛；侧缘具狭边，侧沟窄，缘毛 1 根，位于中部略前；中线浅；基凹狭深，沟内无刻点。鞘翅较平，长为宽的 1.6 倍，宽为前胸宽的 1.4 倍；行距平坦，无绒毛和刻点，微纹明显，呈近等径的网格，第 3 行距无毛穴，第 8 行距比第 7 行距稍宽，第 9 行距极狭，端半部细线状，基半部几乎消失，第 7 行距端部 1/5 加深，小盾片条沟长，位于第 1 条沟和翅缝之间；条沟浅，沟内具不明显的刻点。雄性末腹部端部有 2 根毛，雌性有 6 根毛。该种和偏额重唇步甲 *D. latifrons* 区别是左右上颚明显不对称，右上颚内缘有大齿突；上唇前缘 4 根刚毛，而后者两上颚大小基本一致，右上颚内缘无大齿突；上唇前缘 6 根毛。

分布：浙江（临安、舟山）、河北、河南、甘肃、江苏、安徽、湖北、江西、湖南、福建、台湾、广东、广西、四川、贵州、云南；俄罗斯，朝鲜，日本，越南。

傲步甲族 Morionini Brullé, 1835

70. 傲步甲属 *Morionidius* Chaudoir, 1880

Morionidius Chaudoir, 1880: 380. Type species: *Morionidius doriae* Chaudoir, 1880.

主要特征：体中到大型，体长 9.0–23.0 mm，很隆，长筒状。眼大，眼内侧具深纵沟，具眉毛 2 根；眼后颊稍发达；触角短粗，不达前胸背板后缘，自第 4 节被绒毛；上颚宽短，端部尖钩状；额沟深而狭，向后达到眼中部的水平。前胸背板方形，盘区隆，光洁无毛和刻点；每侧基凹 1 个，狭而深；中沟后半部深；侧缘毛 1 根，后角毛 1 根。鞘翅行距隆，第 3 行距无毛穴；小盾片旁边有基毛穴；条沟深，沟内有刻点；小盾片沟短或消失。腹节有横向的沟。足粗短，跗节表面平。雄性末腹板后缘 2–6 根毛，雌性 12–20 根毛。

分布：亚洲。世界已知 5 种，中国记录 2 种，浙江分布 1 种。

（166）岛傲步甲 *Morionidius insularis* Kasahara *et* Ohtani, 1992（图版 I-99）中国新记录

Morionidius insularis Kasahara *et* Ohtani, 1992: 162.

主要特征：体长 14.3–21.5 mm，宽 5.0–7.0 mm。体黑色，雄性光亮，雌性略暗。头大，眼后颊隆，约是眼纵径之半。前胸背板方形，宽是长的 1.2 倍；侧缘向前稍变窄，向后更变狭，在后角之前有 1 个很小的弯曲，后角微微突出；基凹狭长，前部比后部略宽。鞘翅长是宽的 1.7 倍；两侧平行。雄性末腹板后缘具 1 对毛，雌性具 6 对毛。后足跗节第 1 节长宽近等。

分布：浙江（临安）、福建；日本。

讨论：该种和老挝傲步甲 *Morionidius charon* Andrewes, 1921 很相似，后者个体略短粗，鞘翅长约为宽的 1.5 倍；后者腿节更短，跗节也更扁更宽。但这些差别非常细微，是否为同物异名还需研究更多的标本。另外，该种和中国西北部的川甘傲步甲 *M. inexpectatus* Sciaky *et* Benes, 1997 也很相近，但后者个体稍大，雄性末腹板具 6–10 根刚毛，雌性具 14–20 根刚毛。

长颈步甲族 Odacanthini Laporte, 1834

71. 长颈步甲属 *Archicolliuris* Liebke, 1931

Archicolliuris Liebke, 1931: 284. Type species: *Casnonia bimaculata* Kollar *et* Redtenbacher, 1844.

主要特征：体狭长，体长一般在 10.0 mm 以下。头长形，眼后部分呈正三角形；表面光滑无刻点和

毛；复眼内缘有明显的脊，眼内侧具眉毛 2 根；触角细长，自第 4 节起密被绒毛；口须细长。前胸背板长圆柱形，表面光洁无刻点；无侧沟，侧边不甚明显；中部稍前每侧有 1 根刚毛。鞘翅长，外后角不尖，呈大钝角；行距光滑无刻点，第 1、3、5 行距有毛穴。第 4 跗节略凹陷，不深裂。腹节无绒毛，雄性末节中部凹，有 1 对后缘毛，雌性中部直，有后缘毛 2 对。头光洁，无次生刚毛，前胸背板光洁无刻点，有 1 对缘毛，是该属区别于近似属的显著特征。

分布：东亚、东南亚和非洲。世界已知约 25 种，中国记录 2 种，浙江分布 1 种。

（167）双斑长颈步甲 *Archicolliuris bimaculata* (Kollar *et* Redtenbacher, 1934)（图版 I-100）

Casnonia bimaculata Kollar *et* Redtenbacher, 1844: 498.

主要特征：体长 7.0–8.5 mm，宽 1.5–2.0 mm。体黑色，有光泽；腿节基半部、胫节、跗节、口须、触角、前胸背板、鞘翅基半部棕黄色；鞘翅后半部有 1 对卵圆形白色小斑，位于第 5 和 6 行距，可延伸到第 4 和 7 行距。头菱形，头顶隆起，复眼之后逐渐变狭，呈正三角形。后眉毛位于复眼后缘水平线之后；额沟深，表面光滑，明显有微纹，呈等径网格状，颏齿大，端部尖。前胸背板前圆柱形，最宽处在基部 1/3 处，表面明显具横皱，微纹明显；前角近直角；侧边在中部明显，在近前角和基部消失，侧缘毛位于中部略后。鞘翅行距平，微纹明显，第 3 行距有 5–6 个毛穴，第 7 条沟在白色斑略前有 1 个毛穴；外端角钝角，顶端微圆。

分布：浙江（临安）、陕西、福建、广东、四川、贵州、云南；日本，巴基斯坦，印度，克什米尔地区，东南亚。

讨论：古北区名录上分布为克什米尔、巴基斯坦、印度、东洋区，但东洋区未给详细地点。

72. 迷颈步甲属 *Mimocolliuris* Liebke, 1933

Mimocolliuris Liebke, 1933: 207. Type species: *Ophionea chaudoiri* Boheman, 1858.

主要特征：体狭长，体长一般在 7.0 mm 以下。头长形，眼后部分呈正三角形；表面光滑无刻点和毛；复眼内缘有明显的脊，眼内侧具眉毛 2 根，后头无次生刚毛；触角细长，自第 4 节起密被绒毛；口须细长。前胸背板长圆柱形，最宽处在中部，表面光洁无刻点；无侧沟，侧边不甚明显；中部稍前每侧有 1 列刚毛。鞘翅长，外后角不尖，呈大钝角；行距光滑无刻点，第 3、5 行距有毛穴，第 1 行距不常有毛穴；鞘翅缘边在肩后中断。第 4 跗节略凹陷，不深裂。腹节无绒毛，雄性末节中部凹，有 1 对后缘毛，雌性中部直，有后缘毛 2 对。头光洁，无次生刚毛，前胸背板光洁无刻点，侧缘有 1 列刚毛，是该属区别于近似属的显著特征。

分布：东洋区。世界已知约 9 种，中国记录 2 种，浙江分布 1 种。

（168）黑尾迷颈步甲 *Mimocolliuris chaudoiri* (Boheman, 1858)

Ophionea chaudoiri Boheman, 1858: 2.

主要特征：体长 5.5–6.5 mm，宽 1.5–2.0 mm。体蓝黑色，有金属光泽；头黑色；前胸背板基部和端部、鞘翅基部 2/5、口须棕红色；鞘翅基部褐色，翅上有 1 黑带，前缘在 2/5 处，后缘在 4/5 处，小翅斑嵌入黑带后部；腿节基半部棕色，其余蓝色。头顶隆起，光洁无刻点和毛；眼大而突，内缘侧具明显的隆脊，有刚毛 2 根，后刚毛位于复眼后缘连线后；颈长，无次生刚毛；颊齿端部尖。前胸极隆，盘区光滑无皱褶，无微纹；前角近直角；侧边有 1 列侧缘毛；中沟浅，不达基缘和端缘。鞘翅隆，最宽处在中部略后；行距在基部和端部有少量大刻点，第 1、3、5 和 7 行距有 1 列毛穴；条沟深，沟内无刻点。雄性腹部末节中央明显凹，有 1 对缘毛，雌性中央直，有 2 对缘毛。

分布：浙江、台湾、广东、海南、香港、广西、云南；日本，东南亚。

73. 叶颈步甲属 *Ophionea* Klug, 1821

Ophionea Klug, 1821: 298. Type species: *Cicindela cyanocephala* Fabricius, 1798.

主要特征：头顶表面无刻点；颊长，颈狭窄；后头无次生刚毛。前胸背板前部 1/3 细长；盘区表面无刻点，无侧沟；侧边无或弱，中部具 1 根刚毛。鞘翅窄，外端角不尖；行距无刻点，第 3 行距有 1 列毛穴。雄性末节端缘中央凹截，有 1 对刚毛，雌性端缘中央直，有 2 对刚毛。第 4 跗节深凹，双叶状。

分布：大多数种类分布于东洋区，但有些种类也分布于澳洲区。世界已知 20 种左右，中国记录 4 种，浙江分布 1 种。

（169）印度细颈步甲 *Ophionea indica* (Thunberg, 1784)

Attelabus indica Thunberg, 1784: 68.

主要特征：体长 6.5–8.0 mm。头黑色；前胸背板棕红色；鞘翅棕红色，两肩部及中后部具蓝黑色斑带；触角第 4–11 节和腿节端半部棕黑色，其余棕黄色。头顶稍隆，光洁；额沟浅，头自眼后延长并变狭，呈三角形；触角细长，几乎达鞘翅肩部。前胸背板纺锤状；长约为宽的 2.0 倍，宽相当于头宽的 2/3；侧缘无毛；中线极细。鞘翅较平，长约为宽的 2.0 倍，表面光洁无毛；条沟由粗刻点组成；行距平，第 3 行距具刻点 3 个，第 5 行距在中斑带前变宽；鞘翅末端平截。足细长，跗节第 4 节深凹，呈两叶状。

分布：浙江、江西、福建、台湾、广东、广西、四川、贵州、云南；日本，印度，缅甸，斯里兰卡。

卵步甲族 Oodini LaFerté-Sénectère, 1851

74. 矮卵步甲属 *Nanodiodes* Bousquet, 1996

Nanodiodes Bousquet, 1996: 456. Type species: *Oodes piceus* Nietner, 1856.

主要特征：身体卵形或长卵形，光洁无绒毛，全身黑亮，无金属光泽。眼内侧有 1 根刚毛，有些种类前面还有 1 根很细的眉毛，个别种类无眉毛；上颚外沟无毛；上唇前缘凹，有 3 个大毛穴，中部大毛穴有 2–4 根刚毛；唇基沟不显，只有 2 个小凹；触角第 1–3 节光洁，第 4–11 节被毛；颏有中齿，亚颏有 1–2 对毛；下唇须端节长柱状，亚端节有毛或无毛。前胸背板侧缘中部无刚毛，少数种类后角有毛；侧沟不显；基部无边。鞘翅小盾片行位于第 1 行距和翅缝之间；第 1–6 条沟清晰，第 7–8 条沟清晰或不清晰，第 8 条沟向后加深；第 7–8 行距在后部合并，狭而隆；后胸前侧片和鞘翅缘折相连（似钩在一起）。雄性前足跗节 2–4 节变宽，末腹板有 2 根毛，雌性有 4 根毛，第 5 跗节腹面光洁无毛。

分布：亚洲和澳大利亚。世界已知 6 种，中国记录 1 种，浙江分布 1 种。

（170）黑矮卵步甲 *Nanodiodes piceus* (Nietner, 1856)

Oodes piceus Nietner, 1856: 526.

主要特征：体长 8.0–9.0 mm，宽 3.8–4.0 mm。体棕黑色；前胸背板后角区域棕色；触角第 1–3 节、跗节、口须棕黄色；触角第 4–11 节、腿节和胫节棕黑色。头顶稍隆，无毛和刻点；上颚较长，端部尖钩状；

唇基前缘微凹，不具刚毛；下唇须亚端节光洁无毛；亚颏每侧具长短 2 根刚毛。前胸背板近梯形，宽为长的 1.55–1.60 倍，表面刻点极稀细，微纹明显，呈等径的网格；前缘微凹，缘边在中部中断；侧缘弧状，具边，无侧缘毛；基缘几乎平直，无边；后角稍大于直角，角顶端略钝，无后角毛；基窝平。鞘翅长是宽的 1.30–1.36 倍；条沟浅，具刻点，第 7 条沟浅或者不显，第 8 条沟靠近翅缘，与鞘翅侧缘沟在翅端部汇合，第 1 条沟基部具小盾片毛穴；基缘直，和侧缘相交成近直角，顶端有 1 小齿突；行距平，光洁无毛，微纹明显，第 3 行距后半部具刻点 2 个，第 8 行距向前不明显变狭。末节腹板雄性具 2 根刚毛，雌性 4 根刚毛。

分布：浙江、江西、海南、云南；日本，印度，越南，东南亚。

偏须步甲族 Panagaeini Bonelli, 1810

75. 拟裂跗步甲属 *Adischissus* Fedorenko, 2015

Adischissus Fedorenko, 2015: 273. Type species: *Carabus notulatus* Fabricius, 1801.

主要特征：体长 8.0–10.0 mm。体长形，被毛。体黑色，每鞘翅有棕黄至棕红斑 2 个，前胸背板侧边黄色至棕红色。头方形；眼大突出；颈区横凹明显；口须末节膨大，三角形或斧形，接于亚端节的前侧方。前胸背板宽大于长；侧缘近中部突出成角或弧圆。鞘翅行距隆；条沟深。足跗节第 4 节背缘深凹成 2 叶，雄性前足跗节不特别膨大。

分布：中国、日本、印度和东南亚。世界已知 3 种，中国记录 3 种，浙江分布 1 亚种。

讨论：该属为 Fedorenko 于 2015 年建立，和裂跗步甲属 *Dischissus* 的区别是个体小，前胸背板有黄边，但该属是否成立我们持怀疑态度。

（171）背拟裂跗步甲 *Adischissus notulatus sumatranus* (Dohrn, 1891)（图版 I-101）

Panagaeus notulatus sumatranus Dohrn, 1891: 253.

主要特征：体长 8.0–8.5 mm，宽 3.0 mm 左右。体黑色，有光泽；前胸背板侧缘棕红色；每鞘翅具 2 个黄色斑，前斑横宽，自第 4 行距到达翅缘，部分缘折黄色，后斑圆形，横跨第 4–8 行距；翅斑上的毛黄色；触角棕黑色或棕色；腿节橘红色，跗节棕黑色。头方形，头顶具粗刻点；唇基和颈区光洁；上唇略拱，盖住上颚大部分；眼半球形，突出；触角第 1 节粗壮，第 3 节长于第 2 节 2.0 倍，余节等长；颏齿端平截。前胸背板略呈六角形，最宽处在基部 1/3；盘区被粗刻点和黄色毛；基缘较直，宽于前缘；侧缘自最宽处向前呈直线收缩，向后弧圆形收缩；基凹深；中线不明显。小盾片三角形，光洁。鞘翅卵形，行距隆，具 2 行粗刻点。足跗节的腹面被密毛。

分布：浙江（临安）、安徽、湖南、福建、台湾、广东、广西、贵州、西藏；印度，缅甸，泰国，菲律宾，马来西亚。

讨论：该种我们原来一直鉴定为背裂跗步甲 *Dischissus notulatus* (Fabricius, 1801)。

76. 裂跗步甲属 *Dischissus* Bates, 1873

Dischissus Bates, 1873a: 243. Type species: *Dischissus mirandus* Bates, 1873.

主要特征：体大型，体长 15.0–18.0 mm。体黑色，每鞘翅有棕黄至棕红斑 2 个，全身被黄毛。头方形；眼大突出；颈区横凹明显；口须末节膨大，三角形或斧形，接于亚端节的前侧方。前胸背板宽大于长；侧缘近中部突出成角或弧圆；鞘翅行距隆；条沟深。足跗节第 4 节背缘深凹成 2 叶，雄性前足跗节不特别膨大；爪简单，无梳齿。

分布：亚洲和非洲。世界已知 20 多种，中国记录 5 种，浙江分布 1 种。

（172）奇裂跗步甲 *Dischissus mirandus* Bates, 1873

Dischissus mirandus Bates, 1873a: 244.

主要特征：体长 16.0–18.0 mm，宽 7.0–7.5 mm。体黑色，有光泽；鞘翅具 2 个边缘齿形的橘黄色斑，前斑横形，位于第 3 行距至翅缘间，部分缘折亦呈橘黄色，有时第 3 行距上色斑退化，后斑略小，位于第 3–8 行距间，翅斑上具橘红色毛；口须黑色；触角黑色，向端部颜色略浅；足棕黑色。头方形，头顶具横形皱褶和粗刻点；眼半球形突出；口须末节强烈斧形。触角第 3 节长为第 2 节的 4.0 倍，第 4–11 节近等长，被密毛。前胸背板近六角形，盘区被粗圆刻点和密毛；基缘略宽于前缘，最宽处约在侧缘中部；侧边向后呈弧形收缩；基凹深，中线明显。鞘翅长卵形，行距隆起，被圆形刻点和毛；条沟深。腹面胸部和腹板侧具粗圆刻点和毛。

分布：浙江、陕西、江苏、湖北、江西、湖南、福建、台湾、广东、广西、四川、贵州；日本。

77. 真裂步甲属 *Euschizomerus* Chaudoir, 1850

Euschizomerus Chaudoir, 1850: 413. Type species: *Euschizomerus buquetii* Chaudoir, 1850.

主要特征：体长 9.0–14.0 mm。体长形或卵形，体表大多有蓝紫色的金属光泽，颜色单一，无花斑；体表密被长毛。头方形，头顶稍隆；眼大，十分突出；颈区有横凹；唇基稍隆起，光洁，几乎无刻点；上颚端部细尖，弯曲；口须末节膨大，呈三角形或斧形，基部接在倒数第 2 节的侧前方。前胸背板宽大于长；侧缘中部突出成角，有时此角向后伸成翼形。足跗节第 4 节背缘强烈凹入，形成 2 叶。雄性前足跗节不明显膨扩；爪简单。

分布：东洋区、旧热带区。世界已知约 15 种，中国记录 3 种，浙江分布 1 种。

（173）突胸真裂步甲 *Euschizomerus liebki* Jedlička, 1932

Euschizomerus liebki Jedlička, 1932a: 43.

主要特征：体长 11.0–11.5 mm，宽 5.0–5.5 mm。体黑色，具光泽；上颚深棕色，端部黄色；触角暗色；足棕红色。头顶隆起，有大刻点；额沟宽；上颚粗大，端部尖钩状；上唇前缘深凹；口须末节斧形；颏齿顶端平；触角第 3 节长为第 2 节的 2.0 倍，第 4–11 节近等长，被绒毛。前胸背板横宽，最宽处在基部 1/4 角端处；侧缘角向外后方突伸成翼状，向前斜线收缩，向里后方呈弧形内凹；盘区被粗刻点和毛；基凹略显；基角钝角。小盾片三角形，光洁。鞘翅宽卵圆形；行距被横皱和棕色毛；条沟内有粗刻点。腹面胸部具粗刻点和毛；腹部两侧具粗刻点和毛，中央具细刻点和毛。足跗节背面被细毛，腹面毛密。

分布：浙江（临安）、江西、福建、台湾、广西、四川。

78. 角胸步甲属 *Peronomerus* Schaum, 1854

Peronomerus Schaum, 1854: 440. Type species: *Peronomerus fumatus* Schaum, 1854.

主要特征：体黑色，足棕红色，表面被黄色毛。体长卵形，头方形；眼大，圆形，十分突出；头顶稍隆，颈区具横凹；唇基隆起，光洁几乎无刻点；上颚端部细；口须末节稍膨，端部平截，接在亚端节的侧面。前胸背板宽度稍大于长度；侧缘突出成角。鞘翅隆，行距皱，被刻点；条沟深，沟内具刻点。足第4跗节背缘浅裂或较平，非双叶状，雄性前足跗节第1节内端角扩伸，爪简单。

分布：东亚、东南亚和巴布亚新几内亚。世界已知6种，中国记录3种，浙江分布2种，其中黄毛角胸步甲 *P. auripilis* 被粗密刻点和毛，前胸背板侧缘中部外角尖锐，基角胸步甲 *P. fumatus* 表面刻点和毛稀疏，前胸背板侧缘中部的外角钝圆。

（174）黄毛角胸步甲 *Peronomerus auripilis* Bates, 1883（图版 I-102）

Peronomerus auripilis Bates, 1883a: 235.

主要特征：体长9.5–10.0 mm，宽3.5–4.0 mm。体黑色，口须黄色，触角和足棕红色。头近方形；头顶隆起，布粗密大刻点；唇基隆起，光洁无毛；颏齿端钝圆。触角第1节粗大，第3节为第4节长的1.2倍，第4–11节近等长。前胸背板六边形，表面被粗点和毛；侧缘角突圆，约在基部1/3处最宽；后角稍小于直角，外突；基凹明显深。鞘翅行距隆，被刻点和浅黄色毛；行距深。胸部腹面和腹板两侧布粗刻点和毛。

分布：浙江（临安）、黑龙江、吉林、辽宁、江苏、河北、河南、湖北、江西、湖南、广西、四川；俄罗斯，日本。

（175）基角胸步甲 *Peronomerus fumatus* Schaum, 1854

Peronomerus fumatus Schaum, 1854: 440.

主要特征：体长8.0–8.5 mm，宽3.0–4.0 mm。体黑色，被橘黄色毛；口须黄色；触角第1–3节和第4–11节颜色差别不大，都为棕色。头近方形，额沟前端较深；唇基后部隆起；颏齿端钝圆；触角第1节粗大，第3节长为第4节的1.2倍，其余节近等长。前胸背板宽阔，盘区被稀粗刻点和毛；侧缘角钝圆，明显大于90°，最宽处约在基部1/3处；基凹明显。小盾片三角形。鞘翅端部平截，条沟深，沟内有粗刻点；行距被稀疏小刻点和毛。腹面胸部和腹部两侧被粗刻点和毛；足被毛，跗节腹面具密毛。

分布：浙江、河北、山西、山东、江苏、上海、福建、台湾、广东、香港、广西；日本，东南亚。

五角步甲族 Pentagonicini Bates, 1873

79. 五角步甲属 *Pentagonica* Schmidt-Göbel, 1846

Pentagonica Schmidt-Göbel, 1846: 47. Type species: *Pentagonica ruficollis* Schmidt-Göbel, 1846.

主要特征：体长4.0–7.0 mm。体黑色，有些个体头和前胸背板橘黄色。头小，后头向后明显缢缩；眼大，眼内侧具眉毛2根；触角长，从第4节或第5节开始被绒毛；口须细长，下唇须次末节内缘有2根刚毛；上唇宽大；上颚短，不发达，端部略呈钩状，上颚沟在背面不可见，无刚毛；颏无毛，无中齿；中唇舌端具2刚毛。前胸背板心形，比头略宽，侧缘外突略呈角状，侧缘毛1根；基部收缩成柄。鞘翅方，最宽处在中部略后；条沟由细刻点组成；行距平或微隆，第3行距具毛穴，有些种类无此毛穴；翅端缘斜截。足细长；跗节表面光洁无毛；雄性前足跗节基部3节膨大，腹面有2列粘毛；爪简单无梳齿。

分布：欧洲、非洲、亚洲、北美洲和澳大利亚。世界已知80余种，中国估计有10多种，浙江分布4种，其中贝氏五角步甲 *Pentagonica batesi* Andrewes, 1923（模式产地缅甸，分布于中国浙江、福建、台湾和东南亚）和双角五角步甲 *P. biangulata* Dupuis, 1912 区别细微，是否同物异名尚待研究，此处未列。

分种检索表

1. 触角自第 5 节起被绒毛；鞘翅长方形，侧缘近平行 ……………………………… **黛五角步甲 *P. daimiella***
- 触角自第 4 节起被绒毛；鞘翅卵圆形，侧缘不太平行……………………………………………………2
2. 前胸背板黄色或橙色，微纹明显呈等径………………………………………… **双角五角步甲 *P. biangulata***
- 前胸背板黑色，微纹不明显，光亮 …………………………………………… **光胸五角步甲 *P. subcordicollis***

（176）双角五角步甲 *Pentagonica biangulata* Dupuis, 1912

Pentagonica biangulata Dupuis, 1912: 312.

主要特征：体长 4.0–5.5 mm，宽 1.8–2.0 mm。头和鞘翅黑色，前胸背板和足黄色或橙色。头顶光洁，被明显的等径网格状微纹；触角自第 4 节被密绒毛。前胸背板宽是头宽的 1.2 倍；中线细；盘区隆，具等径网格状微纹；侧缘在中部向外突出成角，再向后近直线收窄，后角大钝角，明显；无基凹。鞘翅略呈卵圆形，两侧缘不平行，最宽处在中部略后；条沟浅，有刻点；行距平，具清晰的等径微纹；翅外后角圆，缝角近直角。雄性末腹板后缘具 2 根刚毛，雌性具 4 根刚毛。

分布：浙江（临安）、湖南、台湾、广东、贵州；日本。

讨论：贝氏五角步甲 *Pentagonica batesi* Andrewes, 1923 的模式产地为缅甸，据报道其分布于浙江、福建、台湾和东南亚，我们对其在中国东部的分布地存疑，待以后详细比较研究。

（177）黛五角步甲 *Pentagonica daimiella* Bates, 1892（图版 I-103）

Pentagonica daimiella Bates, 1892: 426.

主要特征：体长 5.0–6.0 mm，宽 2.0–2.5 mm。头和鞘翅黑色，触角、上唇和唇须棕黑色，颈、前胸背板、小盾片、鞘翅侧缘和足黄色。头顶平，具等径微纹；上唇横方，具 6 根刚毛；唇基微凹，两侧各具 1 根刚毛；后眉毛在眼后缘水平线之前；触角自第 5 节起密被绒毛。前胸背板横宽，约为头宽的 1.2 倍；中线细；盘区隆，具等径网格状微纹；侧缘在中部向外突出成角，再向后直线收窄；后角圆；无基凹。鞘翅长方形，两侧缘近平行，最宽处在中部略后；条沟浅，无刻点；行距平，具清晰的等径微纹；外后角钝，缝角近直角。雄性末腹板后缘 2 根刚毛，雌性 4 根刚毛。

分布：浙江（安吉、临安、庆元、泰顺）、陕西、湖北、湖南、福建、台湾、四川、云南；俄罗斯，日本。

（178）光胸五角步甲 *Pentagonica subcordicollis* Bates, 1873

Pentagonica subcordicollis Bates, 1873a: 321.

主要特征：体长 4.3–5.0 mm，宽 2.0–2.2 mm。体黑色，附肢黄色。头顶平，具等径微纹；上唇横方，端缘向前略弧圆，具 6 根刚毛；唇基前缘直，两侧各具 1 根刚毛；后眉毛在眼后缘水平线位置；触角自第 4 节起被绒毛。前胸背板横宽，约为头宽的 1.2 倍；中线细；盘区隆，无微纹；侧缘在中部向外突出成角，再向后直线收窄；后角圆；无基凹。鞘翅长方形，两侧缘近平行，最宽处在中部略后；条沟浅，无刻点；行距平，具清晰的等径微纹；外后角钝，缝角近直角。雄性末腹板后缘具 2 根刚毛，雌性末腹板具 4 根毛，但有时 3 根。

分布：浙江、福建、台湾、海南、广西。

细胫步甲族 Platynini Bonelli, 1810

80. 细胫步甲属 *Agonum* Bonelli, 1810

Agonum Bonelli, 1810: tab. syn. Type species: *Carabus marginatus* Linnaeus, 1758.

主要特征：体扁平，棕黄色，有时具绿色或红铜色金属光泽。头大，头顶略隆；眼大，内侧具眉毛 2 根；口须细长；颏具中齿，颏基部无凹坑；亚颏两侧各具长短 2 根刚毛；触角自第 4 节起被绒毛。前胸背板长方或盘状，最宽处多在前 1/3，盘区光洁无刻点和毛；基缘宽度略大于前缘；侧缘一般弧圆，侧缘毛 2 根。鞘翅侧缘在前部近平行，在翅端部变狭；翅缝角圆，无刺突；条沟略深；行距平坦，第 3 行距具毛穴。前足胫节有纵沟；中、后足跗节内外均有纵沟，第 4 节分 2 叶，对称，具端毛，亚端毛至少内侧有；爪简单，无梳齿。

分布：世界广布。世界已知 220 多种，中国记录 20 多种，浙江分布 1 种。

（179）铜细胫步甲 *Agonum chalcomum* (Bates, 1873)（图版 I-104）

Anchomenus chalcomum Bates, 1873a: 280.

主要特征：体长 8.5–10.5 mm，宽 3.2–4.0 mm。体棕色，头和前胸背板具较强的绿色金属光泽，鞘翅无光泽或仅有微弱的绿色光泽，附肢棕黄色，触角第 4–11 节颜色略比 1–3 节深。头顶略隆，光洁无刻点和毛，微纹明显，等径网格；后眉毛位于眼后缘的水平线略前；触角长度接近体长之半；颏中齿三角形，顶端尖；亚颏每侧具 1 长刚毛和 1 短刚毛。前胸背板圆盘状，宽为长的 1.35 倍；侧边从端角到后角均匀圆弧；后角宽圆，依靠后角毛勉强辨认出后角的位置；基凹深，内具少量粗刻点；盘区光洁无毛和刻点，微纹比头和鞘翅稍弱。鞘翅长方形，长约为宽的 1.4 倍；条沟略深，沟内有细刻点；行距微隆，第 3 行距有毛穴 3 个，分别位于基部 1/5 处、中部、端部 1/3 处；翅端宽圆，翅缝钝，无刺突。雄性末腹板具刚毛 2 根，雌性 4 根。

分布：浙江（杭州、宁波）、甘肃、湖南、福建、香港、四川、云南；俄罗斯，日本。

81. 宽胫步甲属 *Colpodes* W. S. MacLeay, 1825

Colpodes W. S. MacLeay, 1825: 17. Type species: *Rembus brunneus* MacLeay, 1825.

主要特征：体扁平，棕黄色或黑色，常具绿色或蓝色金属光泽。头大，头顶略隆；眼大，内侧具眉毛 2 根；口须细长；颏具中齿，颏基部无凹坑；亚颏两侧各具长短 2 根刚毛；触角自第 4 节起被绒毛。前胸背板长方形，最宽处在前 1/3，盘区光洁无刻点和毛；基缘宽度略大于前缘；侧缘一般弧圆，侧缘毛 2 根。鞘翅侧缘在前部近平行，在翅端部变狭；翅缝角尖，常有刺突；条沟略深；行距平坦，第 3 行距具毛穴。前足胫节有纵沟；中、后足跗节有内纵沟，第 4 节分 2 叶，不对称，外叶延长，无端毛和亚端毛；爪简单，无梳齿。

分布：主要分布于东洋区和澳洲区。世界已知 270 余种，中国记录约 50 种，浙江分布 1 种。

（180）绿宽胫步甲 *Colpodes paradisiacus* (Kirschenhofer, 1990)（图版 I-105）

Agonum paradisiacus Kirschenhofer, 1990: 15.

主要特征：体长 9.5–11.5 mm，宽 3.0–4.0 mm。体棕黑色，鞘翅带铜绿色光泽，腿节棕黑色，胫节、口须、触角和胫节棕黄色。头顶略隆，光洁无刻点和毛，微纹不显；后眉毛位于眼后缘的水平线之后；眼后颊不隆，眼后到颈部缢缩的长度约等于眼纵径之半；触角细长，接近鞘翅中部偏前位置；颏中齿三角形，顶端尖。前胸背板略呈圆盘状，最宽处在中部，宽为长的 1.2 倍；侧边从端角到后角均匀圆弧；基角宽圆，顶端宽圆；基凹深，内具粗刻点，刻点向前外方分布到前胸中部；盘区光洁无毛和刻点，微纹不显；中线很浅。鞘翅长方形，长为宽的 1.6–1.7 倍，鞘翅整体无凹陷；条沟略深，沟内有粗刻点；行距隆，第 3 行距有毛穴 3 个，分别位于基部 1/5、中部、端部 1/5 处，微纹比头和前胸上的都明显，呈横向网格状；翅近端部的凹明显深；翅端在第 2 条沟处最突出，翅缝角有小刺突。跗节 4 不对称，深裂。

分布：浙江、福建。

82. 叉爪步甲属 *Dicranoncus* Chaudoir, 1850

Dicranoncus Chaudoir, 1850: 392. Type species: *Dicranoncus femoralis* Chaudoir, 1850.

主要特征：体扁，附肢纤细。上颚细长，颚外沟内无毛；眼大，眼内侧具刚毛 2 根；触角自第 4 节起被毛。前胸背板方形或圆盘状，具侧缘毛和后角毛；盘区光洁无毛和刻点。鞘翅顶端圆；行距平，无毛和刻点；条沟略深，具小盾片条沟。爪基部分叉，内侧有 1 叉突。

分布：亚洲。世界已知 13 种，中国已知 3 种，浙江分布 1 种。

（181）股二叉步甲 *Dicranoncus femoralis* Chaudoir, 1850

Dicranoncus femoralis Chaudoir, 1850: 393.

主要特征：体长 7.0–9.5 mm。体黑褐色，鞘翅具蓝绿色金属光泽；腿节黑褐色，其他附肢黄色。头顶宽平，光洁无刻点；额沟浅；头在眼后渐变狭；上颚略长，端部弯而尖；上唇方形；颏齿尖。前胸背板略宽于头部，长略大于宽，最宽处在侧缘中部；前角、基角圆钝；盘区光洁，具极细横行刻痕；侧缘、基缘具缘边；中线明显；基凹深。鞘翅末端波状，外角宽圆，近缝角处平截，具明显的缝角刺；鞘翅条沟规则，沟底无刻点；行距平，光洁，第 3 行距具毛穴 4 个。爪基分 2 叉。

分布：浙江、江苏、湖北、湖南、福建、台湾、广东、广西、四川、贵州、云南、西藏；俄罗斯，朝鲜，日本，印度，尼泊尔，缅甸，越南，老挝，柬埔寨。

83. 真胫步甲属 *Eucolpodes* Jeannel, 1948

Eucolpodes Jeannel, 1948: 516. Type species: *Colpodes lampros* Bates sensu Jeannel, 1948.

主要特征：体略隆，棕黄色，有时具绿色或红铜色金属光泽。头大，头顶略隆；眼大，内侧具眉毛 2 根；口须细长；颏具中齿；亚颏两侧各具长短 2 根刚毛；触角自第 4 节起被绒毛。前胸背板盘状，最宽处在前 1/3，光洁无刻点；基缘宽度略大于前缘；后角近直角，端部略钝；侧缘在后角之前微弯曲，侧缘毛 2 根。鞘翅侧缘在前部近平行，在翅端部变狭；翅缝角圆，无刺突；条沟无刻点；行距平坦，第 3 行距具毛穴。前足胫节有纵沟；中、后足跗节外侧有浅纵沟，内侧无纵沟，第 4 节分 2 叶，对称，有端毛，无亚端毛；爪简单，无梳齿。

分布：古北区和东洋区。世界已知 3 种，中国记录 1 种，浙江分布 1 亚种。

（182）日本真胫步甲 *Eucolpodes japonicum chinadense* (Jedlička, 1940)（图版 I-106）

Colpodes japonicum chinadense Jedlička, 1940: 17.

主要特征：体长 8.5–10.5 mm，宽 3.2–4.0 mm。体红褐色；鞘翅略带绿色光泽；前胸背板和侧缘及鞘翅侧缘黄色，略透明；口须、触角和足黄色。头顶略隆，光洁无刻点和毛；后眉毛位于眼后缘的水平线上；触角长度接近体长之半；颏中齿三角形，顶端略平。前胸背板略圆，宽为长的 1.3 倍；侧边从端角到后角均匀圆弧；基角宽圆，顶端不呈角状；基凹深，内具少量刻点；盘区光洁无毛和刻点。鞘翅长方形，长约为宽的 1.8 倍，在基部 2/5 处有 1 个极浅的窄凹陷，占据 4–7 行距；条沟略深，沟内有细刻点；行距微隆，第 3 行距有毛穴 3 个；翅第 2 条沟顶端最突出，翅缝角钝，无刺突或稍具刺突。

分布：浙江（临安）、山东、江苏、安徽、湖北、江西、湖南、福建、台湾、广东、广西、四川、贵州、云南；日本。

讨论：该种以前一直被鉴定为 *Agonum* (*Eucopodes*) *japonucum* (Motschulsky, 1861)，目前亚属 *Eucopodes* 被独立成属。该种分为 2 个亚种，指名亚种分布于日本；该亚种——日本真胫步甲 *Eucolpodes japonicum chinadense* 分布于中国。

84. 窗步甲属 *Euplynes* Schmidt-Göbel, 1846

Euplynes Schmidt-Göbel, 1846: 52. Type species: *Euplynes cyanipennis* Schmidt-Göbel, 1846.

主要特征：体长 6.0–8.0 mm。身体棕色，表面有时具金属光泽。头顶被刻点；眼大，半球形；眼内侧具眉毛 2 根；眼后颊很短；触角从第 4 节起被密毛；上颚中等长，外沟无刚毛；颏齿简单。前胸背板横宽，基缘无边；后角钝角。鞘翅宽短，每翅中部有 1 个透明的大凹陷。后翅发达。足短，爪简单。

分布：主要分布于东洋区。世界已知约 30 种，中国记录 2 种，浙江分布 1 种。

（183）青翅窗步甲 *Euplynes cyanipennis* Schmidt-Göbel, 1846（图版 I-107）

Euplynes cyanipennis Schmidt-Göbel, 1846: 52.

主要特征：体长 7.5–8.0 mm，宽 4.0–4.5 mm。体棕黄色；鞘翅绿色或蓝色，中间的大凹陷颜色淡。头顶刻点微小，微纹不显；后眉毛在眼后缘水平线略前；额唇沟伸达眼内侧沟。前胸背板扁平，长为宽的 1.5 倍；基凹浅，被粗刻点；盘区中部有细微刻点，侧区刻点略大；后角钝，略呈角状，具刚毛 1 根；侧缘从端角到后角均匀弧圆，侧缘毛 1 根。鞘翅很扁平，最宽处在中部略后，长是宽的 1.4 倍，宽为前胸背板宽的 1.7 倍；行距微纹明显，呈横向网格，第 3 行距有毛穴 3 个；条沟浅，有刻点，小盾片条沟长。

分布：浙江（临安）、福建、广东、广西、云南；缅甸，越南，菲律宾。

85. 盘步甲属 *Metacolpodes* Jeannel, 1948

Metacolpodes Jeannel, 1948: 516. Type species: *Colpodes buchannani* Hope, 1831.

主要特征：体扁平，鞘翅常有凹陷。体棕黄色，常具绿色光泽。头大，头顶略隆；眼大，眼内侧具眉毛 2 根；口须长棒状；颏具中齿；亚颏两侧各具长短 2 根刚毛；触角自第 4 节起被绒毛。前胸背板盘状，横宽，最宽处在前 1/3，光洁无刻点；基缘宽度略大于前缘；后角近直角，端部略钝；侧缘在后角之前微弯曲，侧缘毛 2 根。鞘翅侧缘在前部近平行，在翅端部变狭，缝角具小短刺突；条沟无刻点；行距平坦，第 3 行距具毛穴。前足胫节有纵沟；跗节第 1 节表面内外侧都有纵沟，第 4 节分 2 叶，对称，有端毛，无亚端毛；爪简单，无梳齿。

分布：主要分布于东南亚和巴布亚新几内亚。世界已知 20 多种，中国记录 4 种，浙江分布 1 种。

（184）布氏盘步甲 *Metacolpodes buchanani* (Hope, 1831)（图版 I-108）

Colpodes buchanani Hope, 1831: 21.

主要特征：体长 9.5–13.5 mm，宽 4.5–5.0 mm。体棕黄色，光亮，鞘翅有深绿色光泽。头顶略鼓，在近眼处有细皱纹；眼大，后眉毛位于眼后缘水平线之前；额沟浅，到达前眉毛处；口须端节和亚端节长度相等；颏中齿端部窄而圆；触角第 1 和第 4 节长度相等，稍短于第 3 节。前胸背板隆，略呈心形，前 1/3 处最宽，光洁无刻点；前缘和基缘近等宽；盘区有细皱纹，微纹横向排列，但不很清晰；后角钝角；侧缘和后角各具毛 1 根。鞘翅侧缘在翅端部均匀变狭，第 1–3 行距末端平截，缝角具小短刺；条沟无刻点；行距平坦，第 3 行距具毛穴 3 个。

分布：浙江（临安）、河北、吉林、山东、陕西、甘肃、新疆、江苏、安徽、湖北、江西、湖南、福建、台湾、广东、四川、云南；朝鲜，日本，印度，尼泊尔，缅甸，斯里兰卡，菲律宾，马来西亚，印度尼西亚。

86. 爪步甲属 *Onycholabis* Bates, 1873

Onycholabis Bates, 1873b: 329. Type species: *Onycholabis sinensis* Bates, 1873.

主要特征：体长 10.0–15.0 mm，黑色，光亮，触角和足淡黄色或黄白色。眼大而突出，眼内侧具眉毛 2 根；上颚细长，端部钩状；触角细长，第 3 节长是第 2 节的 3.0 倍以上，自第 3 节起密被绒毛。前胸心形；后角尖，有或无后角毛，或具毛 1 根。鞘翅行距平，光洁无毛和刻点，第 3 行距有毛穴 2 个，有时减少为 1 个；条沟细，沟内有刻点，缝角圆或尖锐。足细长，爪简单，无梳齿。

分布：中国、朝鲜、日本、越南和印度。世界已知 6 种，中国记录 5 种，浙江分布 1 种。

（185）中华爪步甲 *Onycholabis sinensis* Bates, 1873（图版 I-109）

Onycholabis sinensis Bates, 1873b: 329.

主要特征：体长 10.5–11.0 mm，宽 4.0 mm 左右。体背黑色，腹面棕褐色，上颚、上唇棕黄色，口须、触角、足黄色。头在眼后收缩，眼间隆起，光洁无刻点；上颚细长，端部尖，口须细长；颏具毛 1 对，颏齿前端钝；触角向后长达鞘翅基部 1/3，第 3 节极长，约为第 2 节长的 4.0 倍。前胸背板前角钝圆，基角小于直角，角端锐；盘区光洁，侧缘具缘边，被刻点；中沟明显，基凹纵向沟状；侧缘前部及后角各具毛 1 根。鞘翅长方形，两侧缘微膨，每翅后端狭圆，缝角具小刺；刻点细，排列整齐，行距平坦，第 3 行距具毛穴 2–3 个。胸侧片光洁。第 6 腹板末端雄性有 2 对毛，雌性一般有 4 对毛。足细长，具净角器，跗节第 4 节前缘微凹。

分布：浙江（临安）、山东、陕西、甘肃、安徽、湖北、湖南、台湾、四川、贵州、云南；韩国。

87. 宽步甲属 *Platynus* Bonelli, 1810

Platynus Bonelli, 1810: tab. syn. Type species: *Platynus complanatus* Dejean, 1831.

主要特征：体扁平，一般黑色，无金属光泽。头大，头顶平；眼膨出，眼内侧具 2 根眉毛；触角细长，自第 4 节起密被绒毛；亚颏每侧具 1 根长刚毛，无短刚毛；颏不具深凹坑；下唇须亚端节内侧有 2 根刚毛。前胸背板方或略呈心形，侧缘中部 1 根毛，后角处 1 根毛；盘区光洁无毛和刻点。鞘翅长方形，行距平，第 3 行距具 3 个毛穴。腹部第 3–5 节各具 2 根刚毛。足细长，跗节表面无皱褶；爪简单，无梳齿。

分布：主要分布于欧洲、亚洲、北美洲。世界已知约 550 种，中国记录约 7 种，浙江分布 2 种，其中洼鞘宽步甲 *P. protensus* 鞘翅中部有横凹，而大宽步甲 *P. magnus* 鞘翅无横凹。

（186）大宽步甲 *Platynus magnus* (Bates, 1873)（图版 I-110）

Anchomenus magnus Bates, 1873a: 278.

主要特征：体长 11.5–16.0 mm，宽 4.5–6.5 mm。体黑色，触角、口须、足跗节深棕色，头顶有或无红斑。头顶隆起，光洁无刻点和毛；额沟宽浅，沟内无刻点；上唇前缘近平直；上颚略长，端部尖；下唇须端节细长，不膨宽；颏齿三角形，端部略钝，非 2 裂；眼大，外突；触角自第 4 节起密被绒毛，第 3 节长近于第 1 节，是第 2 节的 2.0 倍。前胸背板略呈心形，宽为长的 1.2–1.3 倍，是头宽的 1.25–1.35 倍；前角圆，稍前突；侧缘在前 2/3 弧圆，后 1/3 近直线状变狭；后角略明显；基凹深，向前伸达前胸长度之半，凹内无刻点；盘区隆，光洁无刻点，具少量细皱。鞘翅长为宽的 1.6–1.7 倍，宽为前胸背板宽的 1.6–1.7 倍；中部无横凹陷；条沟略深，有小盾片行，沟内刻点不清晰；行距微隆，无毛和刻点，微纹明显由呈等径网格组成，第 3 行距有毛穴 3 个；侧缘近翅端的凹较深；缝角钝圆。后翅发达。末腹板后缘每侧具毛 2 根（雄）或 4 根（雌）。

分布：浙江（德清、余姚、临安、四明山）、黑龙江、吉林、辽宁、河北、江苏、湖北、江西、湖南、福建、四川、贵州、云南；朝鲜，日本。

（187）洼鞘宽步甲 *Platynus protensus* (Morawitz, 1863)（图版 I-111）

Dyscolus protensus Morawitz, 1863: 42.

主要特征：体长 12.0–14.0 mm，宽 5.0–6.0 mm。体黑色，稍光亮，头顶两侧各有 1 暗红色长卵形斑，触角、口须、足跗节深棕色。头顶隆起，光洁无刻点和毛；额沟宽浅，沟内无刻点；上唇前缘近平直；上颚略长，端部尖；下唇须端节细长，不膨宽；颏齿三角形，端部略钝，非 2 裂；眼大，外突；触角自第 4 节起密被绒毛，第 3 节长近等于第 1 节，是第 2 节的 2.0 倍。前胸背板略呈心形，宽为长的 1.3 倍，是头宽的 1.2 倍；前角圆，稍前突；侧缘在前 2/3 弧圆，后 1/3 近直线变狭，具侧缘毛 1 根；后角略明显，具毛 1 根；基凹深，向前伸达前胸长度之半，凹内无刻点；盘区隆，光洁无刻点，具少量细皱。鞘翅长为宽的 1.5–1.7 倍，宽为前胸宽的 1.7–1.8 倍；中部有 1 浅凹陷，占据第 4–7 行距；条沟略深，有小盾片行，沟内刻点不清晰；行距微隆，无毛和刻点，微纹明显由呈等径网格组成，第 3 行距有毛穴 3 个；侧缘近翅端的凹较深；缝角钝圆。后翅发达。雄性末腹板后缘每侧具毛 2 根，雌性 3–4 根。

分布：浙江、江苏、湖北、湖南、福建、广东、广西、四川、云南；朝鲜，日本。

通缘步甲族 Pterostichini Bonelli, 1810

88. 雕口步甲属 *Caelostomus* W. S. MacLeay, 1825

Caelostomus W. S. MacLeay, 1825: 23. Type species: *Anaulacus picipes* W. S. MacLeay, 1825.

主要特征：体隆，卵圆形。体暗棕色或棕黑色。头长，上颚细，端部略弯曲，不呈沟状，不扁平；眼大而突出；眼内侧具长刚毛 2 根；眼后颊不膨隆；触角第 2 节稍偏近于第 1 节。前胸背板中区很隆，光洁；基沟每侧 1 个，深而狭，沟状；中沟深。鞘翅短，行距隆；小盾片毛穴在第 2 或第 3 条沟基部；条沟深，无小盾片条沟。雌性前足跗节第 1 和第 2 节向内前方明显突伸。

分布：东南亚、澳大利亚、非洲。世界已知 160 多种，中国记录 1 种，浙江分布 1 种。

（188）红足雕口步甲 *Caelostomus picipes* (W. S. MacLeay, 1825)

Anaulacus picipes W. S. MacLeay, 1825: 42.

主要特征：体长 6.2–6.5 mm，宽 3.0–3.2 mm。体棕黑色，鞘翅第 7–9 行距、鞘翅端部 1/5 和附肢棕红色。体短粗，强烈隆起。头方形，额沟长，沟内有刻点；触角短，略呈念珠状。前胸背板横宽，侧边细；侧缘均匀弧圆，在后角之前略直；后角大于直角，顶端略尖锐，外突成小齿状；基凹深而狭，长条状，凹内粗糙；凹和后角之间平、光洁；基部在中线附近光洁无刻点。鞘翅行距隆，光洁无刻点，第 3 行距无毛穴；条沟略深，沟内有粗刻点。

分布：浙江（临安）、河南、陕西、江苏、安徽、湖北、湖南、广东、海南、香港、广西、四川、贵州、云南、西藏；缅甸，越南，东南亚。

讨论：该种云南、广西、广东的标本和浙江、贵州等地的标本有细微差别，前者前胸背板后角之前更弧圆，不显直，应当属于变异。有些个体鞘翅端部的棕红色部分减少甚至消失。

89. 劫步甲属 *Lesticus* Dejean, 1828

Lesticus Dejean, 1828: 189. Type species: *Lesticus janthinus* Dejean, 1828.

主要特征：体中到大型，体长 20.0–30.0 mm。体黑色或具绿色、蓝色、紫色等金属光泽。雄性下唇须末节三角形，雌性简单；中唇舌端部具 2 根刚毛；颏略长，颏中齿短宽，端部平截或略分叉；复眼上方具 2 根刚毛；触角第 1 节短于第 2–3 节之和，自第 4 节起具绒毛；触角长，向后超过前胸背板基部。前胸背板圆形或方形，侧边 2 根刚毛，基凹通常深。鞘翅基部毛穴存在；第 3 行距通常具 3 个毛穴。中足腿节后缘具 3 根刚毛，后足基节具 2 根刚毛，后足转节无刚毛。雄性末腹板每侧具 1 根刚毛，雌性具 2 根刚毛。

生物学：该属多见于热带和亚热带中低海拔阔叶林。

分布：古北区和东洋区。世界已知 133 种，中国记录 16 种，浙江分布 2 种。

（189）绿胸劫步甲 *Lesticus chalcothorax* (Chaudoir, 1868)（图版 I-112）

Triplogenius chalcothorax Chaudoir, 1868: 153.

主要特征：体长 21.0–22.0 mm。头和前胸背板绿色，有时略带红铜色；鞘翅黑色，略带紫色，具强烈金属光泽。前胸背板侧边在前部均匀圆弧，之后略弯曲，后角钝圆，基缘略宽于前缘；基凹略深，通常具少量横向皱纹或细刻点；前胸后缘于后角处不向后方突出。鞘翅行距略隆起，条沟内无刻点，第 3 行距具 3 个毛穴。后胸前侧片长大于宽；前胸侧片前部及后胸侧片光洁或具很稀疏的粗刻点。阳茎端头略圆，端片较短；侧面观阳茎腹面中央不膨出，端部直。

分布：浙江（临安）、江西、湖南、福建、广东、广西、贵州、云南；缅甸，越南，泰国，柬埔寨。

（190）大劫步甲 *Lesticus magnus* (Motschulsky, 1861)（图版 I-113）

Omaseus magnus Motschulsky, 1861a: 5.

主要特征：体长 20.0–27.0 mm。体宽，全黑色，体表无金属光泽。额沟较深，其后具一些皱纹。前胸背板略宽，侧边在中部略圆弧，之后近直，后角钝圆，略呈一角度；基凹较浅，但基凹沟外侧略隆起，基凹内具较多的细刻点，有时略具皱纹。鞘翅狭长；行距平坦，条沟内具很细的刻点；第 3 行距具 3 个毛穴。后胸前侧片长大于宽；前胸侧片前部具 1 细刻点，中、后胸侧片具少量粗大刻点。阳茎端头略截形，端片非常短；侧面观阳茎腹面中央不膨出，背面观时端部不向左侧弯曲。

分布：浙江（临安）、北京、河北、山东、陕西、甘肃、江苏、上海、安徽、江西、四川；韩国，日本。

90. 通缘步甲属 *Pterostichus* Bonelli, 1810

Pterostichus Bonelli, 1810: tab. syn. Type species: *Carabus fasciatopunctatus* Creutzer, 1799.

主要特征：体长 7.0–30.0 mm。体黑色或棕褐色，偶有金属光泽。体背光洁，有时雌性鞘翅具强烈的等径微纹。复眼内侧具眉毛 2 根；触角第 1 节不长于第 2–3 节之和，第 1 节和第 2 节各具 1 根长刚毛，第 3 节无次生刚毛，第 4–11 节起被绒毛；上唇长方形，端部直或略凹，端部 6 根刚毛；上颚直，端部尖；口须末节筒状，下唇须次末节内缘具 2 根长刚毛；中唇舌端部具 2 根刚毛，侧唇舌膜质，离生，长度超过中唇舌；颏中齿较窄，端部分开；亚颏每侧具 2 根刚毛，外侧的刚毛短。前胸背板侧缘具 2 根刚毛，1 根位于中部略前，另 1 根刚毛位于后角；后角直或圆；基凹深。鞘翅基边完整；基部毛穴存在；小盾片条沟完整；条沟深，有时沟内具刻点；各行距宽窄均匀，有些种类的微纹非常明显，第 3 行距具 1–3 个毛穴，第 5 行距无毛穴，第 9 行距的毛穴列中间稀疏；缘折端部具明显皱褶。腹面光洁，后胸前侧片长宽近等或长大于宽。雄性末腹板具 1 对刚毛，雌性具 2 对刚毛；雄性末腹板有时具特殊构造。雄性前足 1–3 跗节膨大，腹面具 2 列粘毛；中足基节具 2 根刚毛；中足腿节后缘具 2 根刚毛，腹面靠近端部具 1 根刺；中足胫节端部具清晰的栉齿列；后足基节具 2 根刚毛。

生物学：该属多数栖息于中高海拔的温带阔叶林中，少部分生活在针叶林和高山草甸。与大多数步甲相同，通缘步甲白天栖息于地表石块或落叶层等隐蔽物下，夜间外出捕食一些小型无脊椎动物。

分布：全北区和东洋区。世界已知近 1000 种，中国记录 200 多种，浙江分布 6 种。

分种检索表

1. 后胸前侧片长宽近等；鞘翅第 3 行距无毛穴……2
- 后胸前侧片长明显大于宽；鞘翅第 3 行距具 3 毛穴……3
2. 下唇须次末节端部具额外的刚毛……**天目通缘步甲 *P. tienmushanus***
- 下唇须次末节端部无额外的刚毛……**浙江通缘步甲 *P. zhejiangensis***
3. 所有毛穴均靠近第 3 条沟；各足第 5 跗节腹面具毛……**暗通缘步甲 *P. haptoderoides***
- 第 1 个毛穴靠近第 3 条沟，其余靠近第 2 条沟；各足末跗节腹面光洁……4
4. 前胸背板后角完全圆；雄性末腹板具纵脊……**圆角通缘步甲 *P. rotundangulus***
- 前胸背板后角呈锐角或钝角；雄性末腹板无纵脊……5
5. 后角外突呈锐角；后足跗节仅基部第 2 节外侧具脊；体长大于 12.0 mm……**诺氏通缘步甲 *P. noguchii***
- 后角钝角，具不明显小齿突；后足跗节基部第 3 或第 4 节外侧具脊；体长小于 8.0 mm……**光跗通缘步甲 *P. liodactylus***

（191）暗通缘步甲 *Pterostichus haptoderoides* (Tschitschérine, 1889)

Eurythorax haptoderoides Tschitschérine, 1889: 192.

主要特征：体长 7.8–9.6 mm。体背黑色，鞘翅金属光泽不明显；前胸背板侧边靠近后角处橙黄色。前胸背板圆盘形，基部仅略变窄，前胸基缘仅略窄于鞘翅基部；侧边于中部略圆弧，侧边在后角之前不弯曲，后角隐约可见 1 很小的齿突；基凹区仅靠近外侧具细刻点，前胸背板基部中央光洁；基凹平坦，略凹陷，隐约可见内外 2 条细且模糊的浅沟，内侧沟略长，但不到达前胸基部；外侧沟与前胸侧边之间区域平坦。鞘翅微纹明显，横长；条沟深，沟底通常具细刻点，行距平坦。小盾片条沟消失或很短；第 3 行距具 3 个毛穴，均靠近第 3 条沟。各足第 5 跗节腹面具毛。

分布：浙江（临安）、黑龙江、吉林、辽宁、北京、河南、陕西、宁夏、甘肃、江苏、上海、安徽、四川、贵州；俄罗斯，朝鲜，日本。

（192）光跗通缘步甲 *Pterostichus liodactylus* (Tschitschérine, 1898)（图版 I-114）

Feronia liodactylus Tschitschérine, 1898b: 111.

主要特征：体长 7.3–8.0 mm，宽 2.4–2.6 mm。体黑色或棕黄色，无金属光泽。复眼大而突出。前胸背板接近圆形，向基部逐渐变窄；侧边从端角到中部均匀圆弧，在后角之前近直；后角钝角，具不明显的小齿突；基凹略深，内外侧沟略深，界线明显，外侧沟与侧缘之间稍隆起，凹内具粗刻点和皱褶。鞘翅行距平坦，微纹稍显，第3行距具3个毛穴，第1个毛穴靠近第3行距，其余均靠近第2条沟；条沟略深，沟底刻点不显；鞘翅基部毛穴存在。第5跗节光洁。

分布：浙江（临安）、上海、江西、湖南、福建、广东。

（193）诺氏通缘步甲 *Pterostichus noguchii* Bates, 1873

Pterostichus noguchii Bates, 1873a: 251.

主要特征：体形狭长，两侧近平行。体长12.5–15.5 mm。体背光洁，鞘翅十分光亮。前胸背板近心形，向基部强烈变窄；基凹很浅，内侧沟位置略延长，基凹内多刻点及皱纹，基凹外侧不隆起；前胸侧边在后角之前强烈弯曲，后角强烈向外侧突出，形成锐角。鞘翅条沟较浅，但明显，沟底具细刻点。

分布：浙江（杭州）、安徽、湖北、湖南、贵州、云南；日本。

（194）圆角通缘步甲 *Pterostichus rotundangulus* Morawitz, 1862

Pterostichus rotundangulus Morawitz, 1862a: 252.

主要特征：体长10.0–12.5 mm。前胸背板圆形，基凹很浅，基凹内多刻点及皱纹，基凹外侧仅略隆起，形成的脊非常浅；前胸后角完全圆，不形成角度。鞘翅条沟略深，沟不呈深槽状，沟底具明显刻点。雄性末腹板具1纵脊，纵脊占据腹板后2/3的长度，纵脊基部隆起形成1小瘤突。

分布：浙江（嘉兴）、黑龙江、吉林、北京、江苏；俄罗斯，朝鲜，日本。

（195）天目通缘步甲 *Pterostichus tienmushanus* Sciaky, 1997（图版 I-115）

Pterostichus tienmushanus Sciaky, 1997: 165.

主要特征：体长10.0–10.5 mm，宽3.3–3.5 mm。体背黑色至棕褐色。复眼小，很不突出；头顶光洁；下唇须亚端节顶部具1根刚毛。前胸背板较大，前角明显突出；侧边从端角到后角圆弧状；后角钝圆；基凹仅有内侧沟，基凹内无刻点，外侧沟完全消失。鞘翅行距隆，无基部毛穴，无小盾片条沟；肩部明显具1齿；条沟内明显具刻点。雄性后足腿节端部1/3向下微突出，但不形成钝角；末腹板具中部微凹，无纵隆脊。

分布：浙江（临安、开化）、安徽。

（196）浙江通缘步甲 *Pterostichus zhejiangensis* Kirschenhofer, 1997（图版 I-116）

Pterostichus (?) *zhejiangensis* Kirschenhofer, 1997: 696.

主要特征：体长15.0–17.0 mm，宽5.3–5.6 mm。体黑色。头顶光洁；复眼中等突出；眼后颊长度约等于眼长；下唇须亚端节顶部不具刚毛。前胸背板圆形，侧缘均匀圆弧；后角弧圆；基凹狭而深，外沟不显，内沟狭而深，沟内侧具少量粗刻点。鞘翅行距微纹略显，呈等径网格，第3行距无毛穴；肩部无小齿；小盾片条沟很短。后足转节刚毛位于基部1/3；雄性后足腿节端部1/3向下突出形成1大钝角；末腹板具1强烈纵脊，纵脊顶端平。

分布：浙江（临安）。

91. 艳步甲属 *Trigonognatha* Motschulsky, 1858

Trigonognatha Motschulsky, 1858b: 25. Type species: *Trigonognatha cuprescens* Motschulsky, 1858.

主要特征：体长10.0–35.0 mm。体黑色，背面常具强烈的绿色、紫色或铜色金属光泽。额沟通常较深；复眼大，半球形；颊于眼后不膨；上唇端部直或略凹，中央 4 根刚毛位置靠近；下唇须末节明显变宽，三角形或斧状，次末节端部外侧具 1 根短刚毛；中唇舌端部具 4 根或 6 根刚毛；颏齿端部平截或分叉；亚颏每侧具 1 或 2 根刚毛。前胸背板宽大，表面光洁无刻点；侧沟深而窄，侧边厚，侧缘中部具 1 根刚毛；内外侧基凹沟存在，有时内基凹沟很浅，外基凹沟之外通常强烈隆起成脊。鞘翅行距明显隆起，奇偶数行距等宽或奇数行距较宽，微纹呈等径网格，第 3 行无毛穴或具 1–2 个毛穴，基部的毛穴靠近第 3 条沟，端部的毛穴靠近第 2 条沟，第 9 行距毛穴列中部稀疏或完全连续；条沟清晰；小盾片条沟完整，鞘翅基部毛穴通常存在，偶尔消失。后胸前侧片长宽近等或长略大于宽，后翅退化；雄性末腹板无第二性征，雄性每侧具 1–2 根或更多的刚毛，雌性每侧具 2 根或更多刚毛。中足腿节后缘具 2–3 根刚毛；后足基节具 2 根刚毛；后足转节无刚毛；第 5 跗节腹面具刚毛。

分布：东亚、东南亚地区及北美洲（日本、朝鲜、缅甸、泰国、越南、美国、加拿大）。世界已知 32 种；中国记录 26 种，主要分布在南方及横断山区，向北可达辽宁和吉林；浙江分布 1 种。

（197）安氏艳步甲 *Trigonognatha andrewesi* Jedlička, 1932（图版 I-117）

Trigonognatha andrewesi Jedlička, 1932b: 109.

主要特征：体形粗壮。体长 28.0–31.0 mm。体黑色，被紫铜色金属光泽，通常略带铜绿色。触角第 3 节光洁，第 4 节自端部 1/3 起具毛。前胸背板向基部略变窄；侧边于后角之前多少弯曲，后角钝圆；基凹为 1 深凹，内外侧沟不清晰，基凹内具一些粗皱纹，基凹外侧强烈隆起。鞘翅基部毛穴通常存在；鞘翅条沟深，行距明显隆起，于鞘翅近端部具少量皱纹；奇偶数行距等宽，于鞘翅近端部亦等宽；第 3、5、7 行距于鞘翅端部相连；第 9 行距毛穴列深凹，形成深条沟。前胸及后胸侧片光洁。

分布：浙江（开化）、福建。

92. 短角步甲属 *Trigonotoma* Dejean, 1828

Trigonotoma Dejean, 1828: 182. Type species: *Trigonotoma viridicollis* Dejean, 1828.

主要特征：体中型，体长 16.0–22.0 mm。身体黑色或具绿色、蓝色、紫色等金属光泽。雄性下唇须末节三角形，雌性细长；中唇舌端部具 2 根刚毛；颏十分短，颏中齿短宽，端部平截；眼内侧具眉毛 2 根；触角短，向后不达前胸背板基部，第 1 节长，长于第 2 和第 3 节之和，自第 4 节起密被绒毛。前胸背板圆形或方形，侧边中部和基部各具 1 根刚毛，基凹通常深。鞘翅基部具小盾片毛穴；第 3 行距通常具 3 个毛穴。中足腿节后缘具 2 根刚毛，后足基节具 2 根刚毛，后足转节无刚毛。雄性末腹板每侧具 1 根刚毛，雌性具 2 根刚毛。

生物学：该属多见于热带和亚热带中低海拔阔叶林，有时也见于路边石下或农田内，捕食蚯蚓或柔软的小昆虫。

分布：古北区、东洋区。世界已知 61 种，中国记录 6 种，浙江分布 1 种。

（198）铜胸短角步甲 *Trigonotoma lewisii* Bates, 1873（图版 I-118）

Trigonotoma lewisii Bates, 1873a: 284.

主要特征：体长 17.0–20.0 mm，宽 6.0–6.5 mm。头及前胸背板绿色，鞘翅紫色，具强烈金属光泽。前胸背板略呈心形，侧边在中部圆弧，向后近直；后角圆弧；基凹略深，基凹外侧略隆起，凹内通常具 1 刻点；基部中央区域通常光洁。鞘翅条沟深，沟内具较粗的刻点；行距略隆起，光洁无刻点。后胸前侧片长大于宽；前胸侧片前端及中、后胸侧片具 1 粗刻点。后足跗节前 3 节外侧明显具脊。阳茎端片略长，端部强烈向右侧弯曲，背面具 1 条倾斜的脊，左侧齿突较钝。

分布：浙江（临安）、江西、福建、台湾、四川、云南；韩国，日本。

强步甲族 Sphodrini Laporte, 1834

93. 蠋步甲属 *Dolichus* Bonelli, 1810

Dolichus Bonelli, 1810: tab. syn. Type species: *Carabus flavicornis* Fabricius, 1787.

主要特征：体中型，体长 15.0–25.0 mm。身体黑色，前胸背板和鞘翅中央有时具红斑。下唇须末节不膨大，线状；颏中齿 2 裂或简单；复眼上方具 2 根刚毛；触角自第 4 节起具绒毛。前胸背板通常较窄，侧边 2 根刚毛；中胸不呈柄状，小盾片位于两鞘翅之间。鞘翅基部毛穴存在；第 3 行距具 2 个毛穴。前胸腹突具边缘。雄性前足跗节基部 3 节变宽；爪内侧具齿。雄性阳茎右侧叶细长；雌性产卵瓣端部凹陷及 2 根刚毛缺失，外侧仅具 1 根刺。

生物学：该属多见于低海拔农田、菜地等环境，奔跑迅速，善于攀爬到植物上，主要捕食多种鳞翅目幼虫等。

分布：古北区。世界已知 2 种，中国记录 2 种，浙江分布 1 种。

（199）蠋步甲 *Dolichus halensis* (Schaller, 1783)（图版 I-119）

Carabus halensis Schaller, 1783: 317.

主要特征：体长 15.0–18.8 mm，宽 5.0–6.5 mm。头、前胸背板、鞘翅大部分黑色，前胸和鞘翅基部中央区域有时具红斑，足、触角及前胸侧边黄色；头部复眼之间有时具 2 个小红斑。前胸背板长大于宽，最宽处位于中央；侧缘均匀圆弧，侧边非常宽，每侧具 2 根刚毛；后角完全圆；基凹宽深，内具大量粗糙刻点，刻点通常延伸至整个前胸背板基部。鞘翅卵圆形，肩部圆，基边弯曲。行距隆起，条沟深，内具刻点；第 3 行距具 2 个毛穴。后胸前侧片长。阳茎端片长，变厚，端部向腹面钩状弯曲。

分布：浙江（临安）、黑龙江、吉林、辽宁、内蒙古、北京、河北、山西、山东、河南、陕西、宁夏、甘肃、青海、江苏、安徽、湖北、江西、湖南、福建、广东、广西、重庆、四川、贵州、云南；俄罗斯，朝鲜，韩国，日本，乌兹别克斯坦，哈萨克斯坦，欧洲。

94. 锯步甲属 *Pristosia* Motschulsky, 1865

Pristosia Motschulsky, 1865: 311. Type species: *Pristosia picea* Motschulsky, 1865.

主要特征：体长 12.0–20.0 mm，宽 6.0–6.5 mm。身体黑色或具绿色、紫色等金属光泽。下唇须末节不膨大，线状；颏中齿 2 裂；复眼上方具 2 根刚毛；触角自第 4 节起具绒毛。前胸背板通常方形或较窄，侧边通常 2 根刚毛；中胸不呈柄状，小盾片位于两鞘翅之间。鞘翅基部毛穴存在；第 3 行距通常具 2 个毛穴。前胸腹突不具边缘。雄性前足跗节基部 3 节变宽；爪内侧具齿。雄性阳茎反转，朝向右侧，左右侧叶形状相似，端部具膜质细丝，右侧叶大于左侧叶；雌性产卵瓣端部凹陷并着生 2 根刚毛，外侧具 1 或 2 根刺。

生物学：该属多数生活在针叶林和高山草甸，少部分栖息于中高海拔的温带亚热带阔叶林中。部分种类白天栖息于地表石块或落叶层等隐蔽物下，夜间外出捕食一些小型无脊椎动物；部分种类营树栖生活。

分布：古北区。世界已知 101 种，中国记录 68 种，浙江分布 1 种。

（200）斯氏锯步甲 *Pristosia suensoni* Lindroth, 1956（图版 I-120）

Pristosia suensoni Lindroth, 1956: 544.

主要特征：体长 12.5–14.0 mm，宽 5.0–5.5 mm。体棕黑色，略带铜绿色金属光泽；各足红棕色。头顶具弱等径微纹，前胸背板几乎无微纹，鞘翅具弱横向微纹。前胸背板长大于宽，最宽处位于中部；侧缘均匀圆弧，侧边宽，每侧具 2 根刚毛；后角完全圆；基凹宽，略深，内具少量刻点。鞘翅卵圆形，肩部圆，基边弯曲。行距略平坦，条沟深，内具少量粗刻点；第 3 行距具 2 个毛穴。后胸前侧片短。阳茎端片长，端部向腹面强烈钩状弯曲。

分布：浙江（临安）、安徽。

95. 齿爪步甲属 *Synuchus* Gyllenhal, 1810

Synuchus Gyllenhal, 1810: 77. Type species: *Carabus vivalis* Illiger, 1798.

主要特征：体小至中型，体长 6.0–18.0 mm。身体通常为黑色。下唇须末节变宽膨大，球状、斧状或不膨大，线状；颏中齿 2 裂；复眼上方具 2 根刚毛；触角自第 4 节起具绒毛。前胸背板通常近圆形，侧边通常 2 根刚毛，后角通常圆；中胸不呈柄状，小盾片位于两鞘翅之间。鞘翅基部毛穴存在；第 3 行距通常具 2 个毛穴。前胸腹突不具边缘。雄性前足跗节基部 3 节变宽；爪内侧具齿。雄性阳茎右侧叶柄状，小于左侧叶；雌性产卵瓣端部凹陷及 2 根刚毛缺失，外侧仅具 1 根刺。

生物学：该属多数栖息于中高海拔的温带亚热带阔叶林中，少部分生活在针叶林和高山草甸。与大多数步甲相同，齿爪步甲白天栖息于地表石块或落叶层等隐蔽物下，夜间外出捕食一些小型无脊椎动物。

分布：古北区、东洋区、新北区。世界已知 86 种，中国记录 45 种，浙江分布 9 种（亚种）。

分种检索表

1. 下唇须末节膨大，球形或三角形……2
- 下唇须末节不膨大，线形或近圆柱形……7
2. 后足第 1 跗节两侧具脊；雄性下唇须末节宽于雌性；体型较大，12.0–16.0 mm……3
- 后足第 1 跗节仅外侧具脊，内侧光洁；两性下唇须末节相同；体型较小，6.0–12.0 mm……4
3. 下唇须末节强烈变宽变厚，特别是雄性；前胸背板基部具弱的横向微纹……**耀齿爪步甲网纹亚种 *S. nitidus reticulatus***
- 下唇须末节仅略变宽，不变厚；前胸背板基部具等径微纹……**重齿爪步甲 *S. gravidus***
4. 鞘翅具等径微纹……**中华齿爪步甲 *S. chinensis***
- 鞘翅具横向微纹……5
5. 体型较大，9.3–12.0 mm；前胸背板基凹向前延伸至中部附近……**硕齿爪步甲 *S. major***
- 体型较小，8.0–9.5 mm；前胸背板基凹不向前延伸……6
6. 前胸背板具光泽，基部不具皱纹……**短齿爪步甲 *S. brevis***
- 前胸背板无光泽，基部具大量纵向粗糙皱纹……**诺德齿爪步甲 *S. nordmanni***
7. 鞘翅具横向微纹……**拱胸齿爪步甲 *S. arcuaticollis***
- 鞘翅具等径微纹……8
8. 前胸背板宽，宽长比 1.0∶1.25，侧边不明显；鞘翅端部略弯……**苏氏齿爪步甲 *S. suensoni***
- 前胸背板窄，宽长比 1.0∶1.07，侧边明显；鞘翅端部不弯……**梳齿爪步甲 *S. calathinus***

（201）拱胸齿爪步甲 *Synuchus arcuaticollis* (Motschulsky, 1861)（图版 I-121）

Pristodactyla arcuaticollis Motschulsky, 1861a: 7.

主要特征：体长 7.7–10.5 mm。体背黑色至红棕色，明显具光泽；各足红棕色至黄褐色。头顶及前胸背板具等径微纹，鞘翅具横向微纹。下唇须细，线状。前胸背板横向，最宽处位于中部之前，宽是长的 1.24 倍；侧边窄，每侧具 2 根刚毛；后角圆，不突出；基凹短，外侧与侧边相连。鞘翅卵圆形，翅长是宽的 1.48 倍，肩部宽；基边近直，肩角圆，不突出；行距平坦，条沟内具极细刻点；第 1 行距无毛穴，第 3 行距具 2 个毛穴；端部不弯。后胸前侧片长。后足第 1 跗节内侧具弱脊；爪齿 3–5 枚。阳茎略扁，中等程度向腹面弯曲；端孔长，侧缘直；端片短，端部圆。

分布：浙江（临安）、湖南、福建、广西、四川、贵州；俄罗斯，日本。

（202）短齿爪步甲 *Synuchus brevis* Lindroth, 1956（图版 I-122）

Synuchus brevis Lindroth, 1956: 496.

主要特征：体长 8.4–9.1 mm。体背黑色至红棕色，略具光泽；各足黄褐色。头顶及前胸背板具极弱等径微纹，鞘翅具横向至线状等径微纹。下唇须短，略变宽。前胸背板横向，最宽处位于中部之前，前胸背板宽是长的 1.41 倍；侧边略宽，每侧具 2 根刚毛；后角圆，不突出；基凹短而深，外侧不与侧边相连。鞘翅卵圆形，翅长是宽的 1.56 倍，肩部宽；基边弯，肩角尖，明显突出；行距平坦，条沟内具极细刻点；第 1 行距无毛穴，第 3 行距具 2 个毛穴；端部不弯。后胸前侧片长。后足第 1 跗节内侧具极弱的脊；爪齿 3–5 枚。阳茎直，极扁，几乎不向腹面弯曲；端孔长，明显向左侧转移，侧缘直；端片长而大，端部斜截。

分布：浙江（临安）、安徽、江西、湖南、福建、广西、贵州。

（203）梳齿爪步甲 *Synuchus calathinus* Lindroth, 1956（图版 I-123）

Synuchus calathinus Lindroth, 1956: 498.

主要特征：体长 8.7–9.3 mm。体背黑色，无光泽；各足黄色。头顶、前胸背板及鞘翅具强烈等径微纹。下唇须细，线状。前胸背板狭窄，最宽处位于中部之前，前胸背板宽是长的 1.07 倍；侧边窄，每侧具 2 根刚毛；后角圆，不突出；基凹延长至前胸背板中部，外侧与侧边相连。鞘翅长卵圆形，翅长是宽的 1.69 倍，肩部宽；基边弯，肩角圆，略突出；行距平坦，条沟内无刻点；第 1 行距无毛穴，第 3 行距具 2 个毛穴；端部不弯。后胸前侧片长。后足第 1 跗节内侧明显具脊；爪齿 4–6 枚。阳茎直，极扁，几乎不向腹面弯曲；端孔长，极宽，侧缘直；端片略短，端部圆，略向腹面弯曲。

分布：浙江（德清、临安）、福建、广西。

（204）中华齿爪步甲 *Synuchus chinensis* Lindroth, 1956（图版 I-124）

Synuchus chinensis Lindroth, 1956: 495.

主要特征：体长 8.2–10.9 mm。体背黑色，无光泽；各足红棕色至黄褐色。头顶及前胸背板具等径的弱微纹，前胸背板侧边微纹略强，鞘翅具强等径微纹。下唇须末节强烈膨大，椭球形或纺锤形。前胸背板略横向，最宽处位于中部之前，前胸背板宽是长的 1.19 倍；侧边窄，略翘起，每侧具 2 根刚毛；后角圆，不突出；基凹长，向前延伸至前胸背板中部。鞘翅卵圆形，翅长是宽的 1.67 倍，肩部宽；基边强烈弯，肩角尖，强烈突出；行距平坦，条沟内具稠密细刻点；第 1 行距无毛穴，第 3 行距具 2 个毛穴；端部不弯。后胸前侧片长。后足第 1 跗节内侧无脊；爪齿 3 或 4 枚。阳茎短粗，中等程度向腹面弯曲；端孔大、短，侧缘直；端片大而宽，向端部逐渐变窄，端部圆。

分布：浙江（德清、临安）、辽宁、河南、江苏、湖北、湖南、福建、海南、四川、云南；俄罗斯。

（205）重齿爪步甲 *Synuchus gravidus* Lindroth, 1956

Synuchus gravidus Lindroth, 1956: 495.

主要特征：体长 14.0 mm。体背黑色，略具光泽；口器、触角及各足跗节黄褐色。前胸背板基部具等径微纹，鞘翅具线状微纹。下唇须末节向端部逐渐变宽，端部平截。前胸背板略横向，最宽处位于中部，前胸背板宽是长的 1.27 倍；侧边每侧具 2 根刚毛；后角圆，不突出。鞘翅卵圆形，翅长是宽的 1.58 倍，肩部宽；基边略直，肩角圆，不突出；行距隆起，条沟内具极细刻点；第 1 行距无毛穴，第 3 行距具 2 个毛穴（正模具 3 个毛穴）；端部弯。后胸前侧片长。后足第 1 跗节内侧明显具脊；爪齿 3 或 4 枚。阳茎略向腹面弯曲；腹面具 1 强脊，两侧具许多纵向皱纹。

分布：浙江（临安）。

（206）硕齿爪步甲 *Synuchus major* Lindroth, 1956（图版 I-125）

Synuchus major Lindroth, 1956: 495.

主要特征：体长 9.3–12.0 mm。体背黑色至红棕色，几乎无光泽；各足红棕色至黄褐色。头顶及前胸背板几乎无微纹，鞘翅中部具弱横向微纹，边缘地区略变为等径微纹。下唇须末节强烈膨大，椭球形或纺锤形。前胸背板横向，最宽处位于中部之前，前胸背板宽是长的 1.27 倍；侧边窄，每侧具 2 根刚毛；后角圆，不突出；基凹长，向前延伸至前胸背板中部。鞘翅卵圆形，翅长是宽的 1.53 倍，肩部宽；基边弯，肩角略圆，略突出；行距略隆起，条沟内具稠密细刻点；第 1 行距无毛穴，第 3 行距具 2 个毛穴；端部不弯。后胸前侧片长。雄性前足跗节不明显变宽；后足第 1 跗节内侧无脊；爪齿 2–4 枚。阳茎短粗，中等程度向腹面弯曲；端孔大、短，侧缘直；端片大，向端部强烈变窄，端部略尖。

分布：浙江（临安）、陕西、湖北、四川。

（207）耀齿爪步甲网纹亚种 *Synuchus nitidus reticulatus* Lindroth, 1956（图版 I-126）

Synuchus nitidus reticulatus Lindroth, 1956: 499.

主要特征：体长 12.0–16.5 mm。体背黑色，具强烈光泽；各足向端部逐渐变为红棕色。头顶具等径微纹，前胸背板具弱横向微纹，鞘翅具线状微纹。下唇须末节强烈膨大，变厚和变宽，端部平截，雄性宽于雌性。前胸背板略横向，最宽处位于中部，前胸背板宽是长的 1.24 倍；侧边窄，略翘起，具 1 列稠密细刻点，每侧具 2 根刚毛；后角圆，不突出。鞘翅卵圆形，翅长是宽的 1.59 倍，肩部宽；基边弯，肩角略尖，略突出；行距较隆起，条沟内具稠密细刻点；第 1 行距无毛穴，第 3 行距具 2 个毛穴；端部不弯。后胸前侧片长。后足第 1 跗节内侧具弱脊；爪齿 4–6 枚。阳茎骨化强烈，略向腹面弯曲，基部向背面隆起；端孔大、长，基部极窄，侧缘直；端片极短，端部圆。

分布：浙江（德清、临安）、辽宁、陕西、甘肃、江苏、湖北、湖南、福建、广西、重庆、四川、贵州。

（208）诺德齿爪步甲 *Synuchus nordmanni* (Morawitz, 1862)（图版 I-127）

Taphria nordmanni Morawitz, 1862a: 248.

主要特征：体长 9.0–9.5 mm。体背黑色，无光泽；各足黑色至红棕色。头顶及前胸背板盘区具弱等径微纹，基凹内和基凹之间具强烈等径微纹，呈纵向皱纹状，鞘翅具极细横向微纹。下唇须末节强烈膨大，变宽变厚，端部平截。前胸背板横向，最宽处位于中部之前，前胸背板宽是长的 1.26 倍；侧边窄，每侧具 2 根刚毛；后角圆，不突出；基凹短，外侧与侧边相连。鞘翅卵圆形，翅长是宽的 1.57 倍，肩部宽；基边弯，肩角尖，强烈突出；行距略隆起，条沟内光洁；第 1 行距无毛穴，第 3 行距具 2 个毛穴；端部不弯。后胸前侧片长。后足第 1 跗节内侧无脊；爪齿 3 或 4 枚。阳茎短粗，中等程度向腹面弯曲；端孔大、长，中部狭窄，侧缘在中部向内侧延伸；端片短，变厚，端部圆。

分布：浙江（临安）、黑龙江、北京、宁夏、甘肃；俄罗斯，日本。

（209）苏氏齿爪步甲 *Synuchus suensoni* Lindroth, 1956（图版 I-128）

Synuchus suensoni Lindroth, 1956: 498.

主要特征：体长 7.0–9.2 mm。体背黑色至红棕色，略具光泽；各足黄褐色。头顶具弱等径微纹，前胸背板盘区无微纹，基部和侧边及鞘翅具强烈等径微纹。下唇须末节细。前胸背板横向，最宽处位于中部之前，前胸背板宽是长的 1.25 倍；侧边宽，每侧具 2 根刚毛；后角略尖，不突出；基凹短，外侧与侧边相连。鞘翅卵圆形，翅长是宽的 1.46 倍，肩部宽；基边弯，肩角尖，明显突出；行距较平坦，条沟内具极细刻点；第 1 行距无毛穴，第 3 行距具 2 个毛穴；端部微弯。后胸前侧片长。后足第 1 跗节内侧明显具脊；爪齿 3 或 4 枚。阳茎细小，略向腹面弯曲；端孔大、长，侧缘直；端片极短，端部圆。

分布：浙江（临安）、湖南、福建、广西、四川。

暗步甲族 Zabrini Bonelli, 1810

96. 暗步甲属 *Amara* Bonelli, 1810

Amara Bonelli, 1810: tab. syn. Type species: *Carabus vulgaris* Linnaeus sensu Panzer, 1797.

主要特征：体长 5.0–22.0 mm，宽 3.0–7.5 mm。体一般黑色，有些种类有蓝色或黄铜色金属光泽。头小，上颚略短，端部钝，上颚外沟无毛；眼中等大小，眉毛 2 根，极少数 1 根；触角短，自第 4 节起密被绒毛；口须末节不膨大，下唇须亚端节有刚毛 3 根以上。前胸背板梯形、横方或略呈心形；后角直或略突出，具 1 根刚毛。鞘翅长方形，近端部缘折的“X”形交叉很明显；行距平或略隆，第 3 行距具 1 个毛穴或无；条沟略深，沟底一般具刻点。大部分具后翅，会飞翔。前足胫节距 1 个。雄性外生殖器右侧叶伸长呈剑状，左侧叶圆片状。

生物学：一般在草地、路边等开阔地生活，成虫取食杂草种子。

分布：主要分布于全北区、东洋区和旧热带区。世界已知约 550 种，中国记录近百种，浙江分布 9 种。

分种检索表

1. 头、前胸背板和鞘翅黑色，无任何棕色成分……2
- 头、前胸背板和鞘翅棕色或棕黑色……3
2. 足棕黄色或棕色；前胸背板基部外沟不明显；鞘翅有小盾片毛穴……**雅暗步甲 *A. congrua***
- 足黑色或棕黑色；前胸背板基部外沟和内沟均明显；鞘翅无小盾片毛穴……**黑足暗步甲 *A. obscuripes***
3. 前胸背板外基凹外边缘不隆起或稍隆起，但不呈直或稍倾斜的脊，基凹圆或三角形；侧边常在后角之前弧圆，不向内弯曲；雄性末腹板后缘 4 根刚毛……**迷暗步甲 *A. vagans***
- 前胸背板外基凹外边缘强烈隆起成脊，脊直或稍倾斜；侧边常在后角之前弯曲；雄性末腹板后缘 2 根刚毛……4
4. 体形似通缘步甲属 *Pterostichus*，体长一般在 10.0 mm 以上；雄性中足胫节内侧有 1 或 2 个小刺，但后足胫节无毛刷；雄性前胸腹板中部无刻点和凹坑……5

- 体形似婪步甲属 *Harpalus* 或长卵形，体长一般在 10.0 mm 以下；雄性中足胫节内侧无小刺，但后足胫节常有毛刷；雄性前胸腹板中部刻点和凹坑有或无……6
5. 眼内侧具眉毛 1 根；体型大，体长在 13.0 mm 以上……**巨胸暗步甲 *A. gigantea***
- 眼内侧具眉毛 2 根；体型小，体长在 13.0 mm 以下……**大背胸暗步甲 *A. macronota***
6. 雄性前胸腹板中部无刻点和凹沟；雄性中足无毛刷；鞘翅无小盾片毛穴；体十分光亮；体型小，体长在 7.2 mm 以下……**亮暗步甲 *A. lucidissima***
- 雄性前胸腹板中部具刻点或凹沟；雄性中足常有毛刷；鞘翅小盾片毛穴有或无；体稍光亮；体型略大，体长在 7.5 mm 以上……7
7. 体表有蓝绿色光泽……**萍乡暗步甲 *A. pingshiangi***
- 体表无金属光泽，棕色或棕黑色……8
8. 前胸前侧片密被刻点；前胸背板 2 个基凹较明显，相互分离……**单齿暗步甲 *A. simplicidens***
- 前胸前侧片被稀少刻点，限于前部和近基节附近的区域；前胸背板外凹边界略不清晰，和内凹几乎融合为 1 个……**强暗步甲 *A. validula***

（210）雅暗步甲 *Amara congrua* Morawitz, 1862（图版 I-129）

Amara congrua Morawitz, 1862b: 326.

主要特征：体长 9.5–10.5 mm，宽 4.0–4.2 mm。身体黑色，稍有蓝绿色金属光泽；触角第 1–3 节黄色，余棕黄色；足棕黄色或棕色。头小，眼大，略突出。前胸内基凹明显，外基凹模糊不清，内基凹有少量刻点，有时刻点稍多，但两基凹之间一般无刻点；后角近直角，顶端钝圆。鞘翅行距微隆，无刻点和毛；条沟内刻点很细微，几乎不见；有小盾片毛穴。前胸腹突有边。前足距简单。雄性外端片三角状，长稍大于宽。

分布：浙江、黑龙江、吉林、辽宁、内蒙古、北京、河北、山东、陕西、甘肃、上海、江西、福建、台湾、香港、云南；俄罗斯，朝鲜，日本，缅甸，越南。

（211）巨胸暗步甲 *Amara gigantea* (Motschulsky, 1844)（图版 I-130）

Leirus giganteus Motschulsky, 1844: 173.

主要特征：体长 18.0–22.0 mm，宽 6.5–8.0 mm。体黑色，触角棕黄色。头顶稍隆，光洁无刻点和毛；眼大而突出，眉毛 1 根；额沟宽短，略深；唇基前缘微凹；上唇横宽，前缘微凹；上颚端部尖，外沟深；颏齿中间凹；唇须亚端节毛多于 3 根；触角短，自第 4 节起密被绒毛。前胸背板横方，宽约为长的 1.5 倍；前缘稍凹，后缘平直；侧缘弧形膨出，最宽处在中部略前，侧边狭，侧沟具 1 根刚毛，沟内刻点细小；后角直角，角端稍钝；盘区隆，近前缘处具刻点，近前角处刻点稍密；中线略深，几乎达前缘；基凹深，接近后角，外部有隆脊；基部密被刻点。鞘翅两侧近平行，后 1/3 变狭，长为宽的 1.7 倍；条沟深，沟内有刻点，行距平坦。后胸腹板侧区和后胸前侧片具细刻点。

分布：浙江、东北、内蒙古、河北、山西、山东、陕西、江苏、上海、台湾、四川；俄罗斯，蒙古国，朝鲜，日本。

（212）亮暗步甲 *Amara lucidissima* Baliani, 1932

Amara lucidissima Baliani, 1932: 10.

主要特征：体长 7.0–7.2 mm，宽约 3.0 mm。体棕黑色，触角、足、口须棕黄色。头小，头顶光洁，无刻点和毛；眼大，眼内侧具眉毛 2 根；触角自第 4 节起密被绒毛。前胸背板横宽，长约为宽的 1.5 倍；侧边厚宽，在后角之前圆，不向内弯曲；后角钝角，顶端有微小齿，向外略突起；基凹略深，凹内密被粗刻点，内外两凹之间的刻点略稀少。鞘翅光亮，无小盾片毛穴；行距平，光洁无刻点，雄性光亮，微纹不清晰，雌性暗，微纹很清晰；条沟深，沟内有粗大刻点。前胸腹突有边。前足胫节距简单、长条形。雄性末腹板每侧 1 根毛。雄性外端叶三角状，宽大于长。

分布：浙江（临安）、福建、台湾、四川、云南。

（213）大背胸暗步甲 *Amara macronota* (Solsky, 1875)

Curtonotus macronota Solsky, 1875: 265.

主要特征：体长 10.5–12.0 mm，宽 4.5–5.0 mm。体黑色或棕黑色，口须、触角、跗节棕黄色。头顶略隆，光洁，无毛和刻点；额沟深但短；上颚短，端部钝；下唇须亚端节内侧具毛 3 根以上；颏具齿；触角短，达前胸背板后角，自第 4 节起被绒毛；眉毛 2 根。前胸背板隆，微纹明显，宽为长的 1.6 倍；侧缘圆，在后角之前明显弯曲，侧边明显宽厚，侧沟深，具粗刻点；基窝深，亦具粗刻点；盘区近前缘处有稀大刻点（有些个体刻点极少或无）；后角尖，向外突出。鞘翅长为宽的 1.5 倍，光洁无毛，条沟深，沟内刻点粗大；行距稍隆，微纹清晰，不具刻点，第 3 行距无毛穴。后胸腹板侧面和后胸前侧片被粗大刻点。足粗壮，雄性前足跗节膨扩。

分布：浙江、黑龙江、吉林、辽宁、内蒙古、北京、河北、山西、河南、陕西、甘肃、上海、江西、湖北、福建、台湾、广东、四川、云南；俄罗斯，朝鲜，日本。

讨论：该种和棒暗步甲 *Amara banghaasi* Baliani 很近似，但前胸背板后角较锐，侧边宽而厚（从前角向中后部逐渐变宽），侧沟内刻点粗大，而后者后角近直角，侧边狭而薄，侧沟内的刻点细小或无。

（214）黑足暗步甲 *Amara obscuripes* Bates, 1873

Amara obscuripes Bates, 1873a: 294.

主要特征：体长。体黑色，略有铜绿色金属光泽；足黑色或棕黑色；触角第 1 和第 2 节棕红色，第 3–11 节棕色或黑色。头小，眼略突，稍呈半球形。前胸背板梯形，最宽处近基部；盘区光洁无刻点；每侧基凹 2 个，均清晰，外边基凹无刻点，略有皱褶，内侧基凹有少量粗刻点；后角近直角，顶端钝圆；中线浅；基部在中线附近无刻点。鞘翅行距微隆，无刻点；条沟深，无刻点；无小盾片毛穴。前足胫节距简单；后足胫节内端部无毛刷。

分布：浙江、辽宁、内蒙古、北京、河北、陕西、上海、江西、福建；俄罗斯，蒙古国，日本。

（215）萍乡暗步甲 *Amara pingshiangi* Jedlička, 1957

Amara pingshiangi Jedlička, 1957: 24.

主要特征：体长 10.0–12.0 mm。体棕黑色，有蓝绿色金属光泽；胫节、触角和口须棕黄色；腿节棕黑色。眼大，半球形；眼后颊很短；头顶刻点细微，无皱褶。前胸背板侧缘均匀弧圆，在后角之前不弯曲；后角钝，不外突；每侧明显有 2 个基凹，凹内均匀被粗刻点；外凹和后角之间的基部稍隆起；基部在中线两侧被稀大刻点；中线深。鞘翅行距平，无刻点，微纹不明显；条沟内被大刻点；无小盾片毛穴。中足腿节后缘具 2 根刚毛；雄性后足胫节端部内侧无毛刷。

分布：浙江、河南、江苏、上海、湖北、江西、福建、四川、云南；俄罗斯，朝鲜，日本。

（216）单齿暗步甲 *Amara simplicidens* Morawitz, 1863

Amara simplicidens Morawitz, 1863: 60.

主要特征：体长 9.0 mm。体棕黑色，足、触角和口须棕黄色，无金属光泽。眼大，半球形；眼后颊很短；头顶刻点细微，有少量皱褶。前胸背板侧缘均匀弧圆，在后角之前有很小的凹入；后角短齿状，稍外突；每侧明显有 2 个基凹，凹内均匀被粗刻点；外凹和后角之间的基部稍隆起；基部在中线两侧被稀大刻点；中线深。鞘翅行距微隆，无刻点，微纹不明显；条沟内被大刻点；无小盾片毛穴。前胸腹突端部近平截。中足腿节后缘具 2 根刚毛；雄性中足胫节内侧无刺，后足胫节端部内侧无毛刷。

分布：浙江、河南、江苏、湖北、江西、福建、四川、云南；俄罗斯，朝鲜，日本。

（217）迷暗步甲 *Amara vagans* Tschitschérine, 1897

Amara vagans Tschitschérine, 1897: 68.

主要特征：体长 8.5–9.0 mm。体暗，鞘翅略呈黄铜色，无金属光泽。前胸背板侧边弧圆，在基角之前近直；后角直角，顶端略尖；基凹略深，内外两基凹底平，被粗刻点；基部在中线附近刻点很少；基边略弯曲。鞘翅行距平，雌雄微纹都十分明显；条沟深，无小盾片毛穴；肩部有小齿突。雌、雄性末腹板每侧均 2 根刚毛（共 4 根，偶尔每边缺失 1 根）。

分布：浙江、陕西、甘肃、青海、四川；俄罗斯，朝鲜。

（218）强暗步甲 *Amara validula* Tschitschérine, 1898

Amara validula Tschitschérine, 1898a: 214.

主要特征：体长 11.5 mm，宽 4.7 mm。体棕黑色，腿节和胫节棕红色，无金属光泽。前胸背板宽是长的 1.7 倍，最宽处在中部；侧缘弧圆，在后角之前几乎不弯曲；后角小尖，微突出；基部每侧 2 个凹，几乎合并成 1 个，凹外区域隆起成脊，基部全被刻点，中线附近略稀少。鞘翅长是宽的 1.5 倍；肩部有 1 个小齿；条沟略深，具刻点；行距平；无小盾片毛穴。前胸腹板具刻点，中部具沟，腹板突端部近平截。前胸前侧片具少量刻点，限于前部和近基节区域；后胸侧片具刻点。腹部末节雄性具 2 根刚毛，雌性具 4 根刚毛。中足腿节 2 根毛；雄性中足胫节内侧无刺，后足胫节端无毛刷。

分布：浙江、河北、甘肃、青海、江苏、四川；朝鲜。

五、豉甲科 Gyrinidae

主要特征：体长 3.0–26.0 mm，体流线型。头较大，复眼分为背、腹两部分。上唇横向，短宽或强烈突出，前缘有长纤毛。额唇基缝明显。触角短宽，8–11 节；柄节杯状；梗节宽扁，边缘具毛，近三角形；鞭节延长且紧凑。小盾片通常可见，部分类群不可见。鞘翅形态多样，或具 9–11 个刻点列，或边缘/整个鞘翅具毛，或两者皆有之。前足细长，雄性前足跗节明显膨大，腹面具细密的吸附毛或小吸附盘；中、后足短，宽扁，呈桨状，强烈特化成游泳足。腹节背面可见 8 节，通常后 1–2 节外露，其余为鞘翅所覆盖；腹面可见 6 节。

生物学：该科昆虫生活在水面上，主要栖息于静止或缓慢流动的水体中，对水质和水中含氧量要求较高。

分布：除南极洲外各主要地理区皆有分布，其中非洲和东南亚地区种类最为丰富。世界已知 13 属 900 余种，中国记录 7 属 50 余种，浙江分布 4 属 7 种。

分属检索表

1. 头部、前胸背板和鞘翅背侧面无明显的柔毛区；腹部末节短，宽；腹部末两节腹面中间不具长鬃毛列；下颚外颚叶缺失或存在……2
- 头部、前胸背板和鞘翅背侧面具柔毛区；腹部最后 1 节长三角形；腹部末两节腹面中间具 1 列长鬃毛；下颚外颚叶缺失……3
2. 鞘翅具 11 个刻点列；下颚外颚叶 1 节，小盾片外露……**豉甲属 *Gyrinus***
- 鞘翅一般不具刻点列，若具刻点列则最多 9 列；下颚外颚叶缺失，小盾片不外露……**隐盾豉甲属 *Dineutus***
3. 触角鞭节 9 节；头部无假额脊；前胸背板和鞘翅背面完全被短柔毛覆盖……**毛背豉甲属 *Orectochilus***
- 触角鞭节 6 节；头部具假额脊；前胸背板和鞘翅仅侧缘被短柔毛覆盖，中部具明显的无毛区……**毛边豉甲属 *Patrus***

97. 豉甲属 *Gyrinus* Geoffroy, 1762

Gyrinus Geoffroy, 1762: 193. Type species: *Dytiscus natator* Linnaeus, 1758.

主要特征：体小到中型。体背面常为黑色，具金属光泽。上唇短，横宽。背复眼比腹复眼的位置更靠前。前胸背板沿前缘两侧具 1 条中间不连续的刻点沟，中间具 1 条明显的横沟；小盾片细长。鞘翅上具 11 个刻点列（部分种类内缘几列退化消失，个别种类外缘几列刻点变大深陷而形成纵沟），端部具 1 个刻点环。前胸背板和鞘翅侧缘缘边非常窄，黑色，个别种类具黄色缘边。腹部倒数第 2 节背片平直或微三叶状。

分布：广泛分布于各大动物地理区，但北半球物种数量更加丰富。世界已知 4 亚属约 200 种；中国记录 2 亚属：脊盾豉甲亚属 *Gyrinulus* Zaitzev, 1908 和豉甲亚属 *Gyrinus* Geoffroy, 1762；浙江分布 1 种。

（219）东方豉甲 *Gyrinus* (*Gyrinus*) *mauricei* Fery *et* Hájek, 2016（图 3-1）

Gyrinus mauricei Fery *et* Hájek, 2016: 651.

Gyrinus orientalis Régimbart, 1883: 167.

主要特征：体型中等，卵圆形。体长 5.5–6.7 mm，宽 2.5–3.2 mm。体背面黑色光滑，微网纹不明显，具微弱微刻点。腹面黑色发亮，口器、足、鞘翅缘折和腹末红褐色，鞘翅缘折具绿色光泽。头部复眼前缘之间具 2 个强凹陷。小盾片细长，前缘“V”形内凹。每个鞘翅具 11 个刻点列，外缘刻点列比内缘刻点列的刻点稍粗糙而强烈，列间区平坦。中胸腹板黑色，后缘中间具 1 纵沟向前延伸至距端部 1/3 处，纵沟窄而浅，在前缘端部形成 1 个非常大而深刻的圆坑。雄性外生殖器中叶稍短于侧叶，基部一半两侧近平行，端部一半渐窄，顶端较窄，平截。

分布：浙江（临安）、江苏、上海、湖北、江西、湖南、福建、广东、香港、广西、四川、贵州、云南；越南。

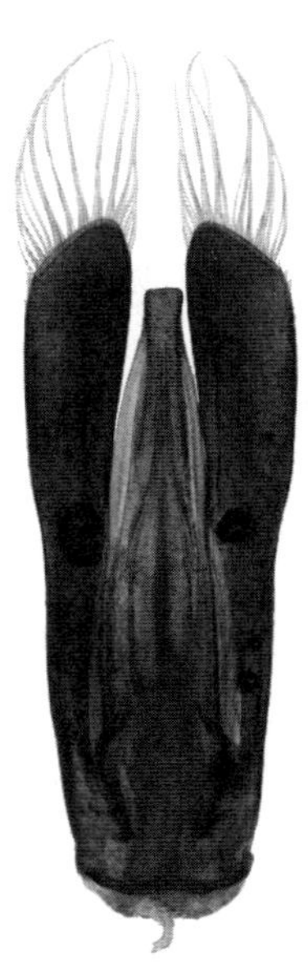

图 3-1　东方豉甲 *Gyrinus* (*Gyrinus*) *mauricei* Fery *et* Hájek, 2016 阳茎（背面观）

98. 隐盾豉甲属 *Dineutus* W. S. MacLeay, 1825

Dineutus W. S. MacLeay, 1825: 30. Type species: *Dineutus politus* MacLeay, 1825.

Necticus Laporte, 1835: 109. Type species: *Gyrinus kollmanni* Perty, 1831.

Dineutes Régimbart, 1882: 394. Type species: *Dineutus politus* MacLeay, 1825.

主要特征：体中到大型，卵形。上唇通常短，横宽（*Rhomborhynchus* 亚属上唇细长，三角形）；额上无缘边；触角具 6–7 节鞭节。背复眼比腹复眼的位置稍靠前。前胸背板沿前缘两侧具 1 条不连续的刻点沟；小盾片隐藏，不可见。鞘翅背面光滑无刻点列或最多具 9 列刻点线。外咽缝完整。后胸腹板中部呈三角形。前足胫节和雄性前足跗节狭窄。中足跗节爪明显性二型。

分布：分布于几乎各大动物地理区，但新热带区尚无记录，古北区仅在中国和日本有分布。世界已知 3 亚属 92 种，是隐盾豉甲族中最大的属，中国记录 2 亚属 4 种，浙江分布 2 种。

（220）圆鞘隐盾豉甲 *Dineutus* (*Dineutus*) *mellyi* (Régimbart, 1882)（图 3-2）

Dineutes mellyi Régimbart, 1882: 399.

Dineutes sauteri Uyttenboogaart, 1915: 140.

主要特征：体大型，长 14.5–17.0 mm，宽 9.0–10.7 mm，宽卵形。体宽扁，背面黑色，光滑发亮，色泽较钝，具强烈的古铜色光泽和强烈的微网纹，网眼圆形。腹面深红褐色到黑色，中、后足黄红色到红褐色。小盾片不可见。前胸背板和鞘翅两侧无缘边。每个鞘翅具 7 条微弱的纵细沟，外缘几条常模糊不清。侧缘及端部常扁压状。外顶角非常模糊，侧缘与端部轮廓相连形成均匀的连续曲线，仅在交界处具 1 微凹。前足胫节窄而细长，长三角形，雄性跗节稍膨大。中足胫节爪具性二型特征：雄性在基部强烈向内弯折，雌性均匀弯曲。雄性外生殖器中叶稍短于侧叶，自基部向端部渐窄，顶端尖。

分布：浙江（临安）、山东、河南、湖北、江西、湖南、福建、台湾、广东、香港、广西、四川、贵州、云南；日本，越南。

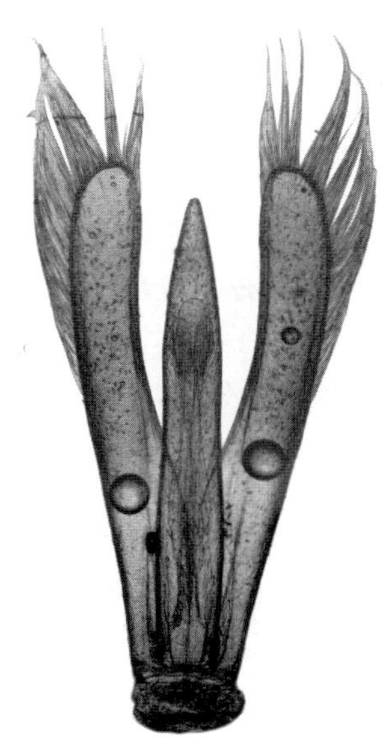

图 3-2　圆鞘隐盾豉甲 *Dineutus* (*Dineutus*) *mellyi* (Régimbart, 1882)阳茎（背面观）

（221）东方隐盾豉甲 *Dineutus* (*Cyclous*) *orientalis* (Modeer, 1776)（图 3-3）

Gyrinus orientalis Modeer, 1776: 160.
Dineutes marginatus Sharp, 1873: 56.
Dineutes quadrispina Fairmaire, 1878: 88.
Dineutus orientalis: Ochs, 1930: 9.

主要特征：体型中等，长 7.5–9.5 mm，宽 3.5–5.2 mm，卵圆形。体较宽扁，背面黑色，光滑发亮，色泽较钝，具强烈的古铜色和墨绿色光泽，具强烈的微网纹，网眼圆形。腹面红褐色，中后足端部和鞘翅缘

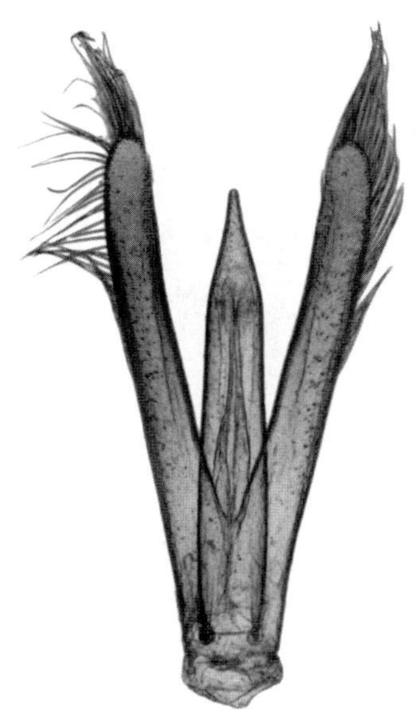

图 3-3　东方隐盾豉甲 *Dineutus* (*Cyclous*) *orientalis* (Modeer, 1776)阳茎（背面观）

折亮黄色到黄红色。小盾片不可见。前胸背板和鞘翅两侧具较宽的黄色缘边。每个鞘翅具 7 条微弱的纵细沟，列间区常具紫色纵纹。鞘翅端部外顶角及近鞘翅缝处分别延伸形成刺突，雄性缝角刺突比外顶角刺突更短更小，雌性缝角刺突明显比外顶角刺突更大更长。前足胫节较细长，雄性跗节稍膨大，长约为胫节的 2/3。中足胫节爪具性二型特征：雄性在基部强烈向内弯折，雌性均匀弯曲。雄性外生殖器中叶稍短于侧叶，自基部到 4/5 处稍变窄，然后均匀窄缩，顶端尖。

分布：浙江（舟山）、辽宁、北京、天津、河北、山东、陕西、江苏、上海、湖北、江西、湖南、福建、台湾、广东、海南、香港、广西、四川、贵州、云南；朝鲜半岛，日本，越南，老挝。

99. 毛背豉甲属 *Orectochilus* Dejean, 1833

Orectochilus Dejean, 1833: 59. Type species: *Gyrinus villosus* Müller, 1776.

Potamobius Hope, 1838: 54. Type species: *Gyrinus modeeri* Marsham, 1802.

主要特征：体小到中型，细长，长卵形或梭形。头部额上不具假额脊；触角鞭节 9 节；下颚外颚叶缺失。小盾片短宽。背面头部两侧、前胸背板和鞘翅具稠密柔毛。鞘翅缝不具缘边。后胸腹板窄，端部稍膨大；后胸前侧片三角形；后足基节横宽，外侧部分明显宽于内侧部分。腹部末节细长，长三角形，端末两节中间具 1 列长鬃毛。

分布：古北区和东洋区。世界已知 20 余种，中国记录约 10 种，浙江分布 2 种。

（222）纺锤毛背豉甲 *Orectochilus fusiformis* Régimbart, 1892（图 3-4）

Orectochilus fusiformis Régimbart, 1892: 706.

主要特征：体型较小，长 5.0–6.3 mm，宽 1.8–2.5 mm。体梭形，细长，背面中度拱隆，侧缘扁压。背面和腹面均黑色，腹部后半部分亮黄色。背面前胸背板、鞘翅及头部两侧均覆盖稠密的柔毛。上唇近半圆形，长小于宽之半，前缘均匀弧形；唇基较窄，前缘中间稍内凹；头部微网纹强烈。雄性鞘翅端截外凸，

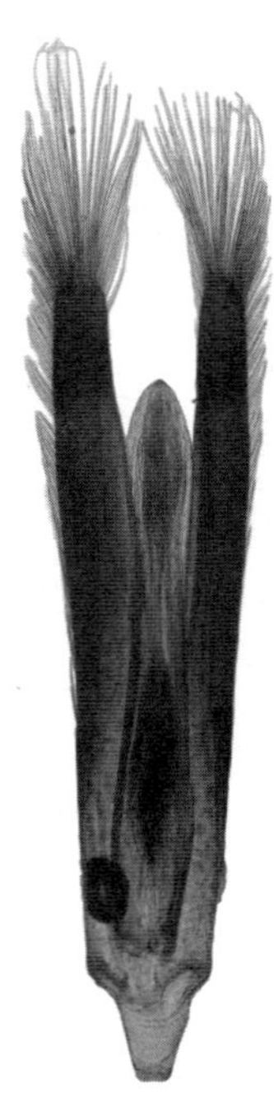

图 3-4　纺锤毛背豉甲 *Orectochilus fusiformis* Régimbart, 1892 阳茎（背面观）

较圆，外顶角钝角，宽圆，缝角直角，窄圆；雌性鞘翅端截平直或明显内凹，外顶角模糊，宽钝，缝角锐角，尖锐。雄性前足跗节较膨大，但明显比胫节窄。中叶明显比侧叶短，基部 1/3 处最宽，向后逐渐缩小，最窄处在端部 1/3 处，近端部膨大，顶端窄圆。

分布：浙江、江苏、上海、福建、广东。

（223）宽钝毛背豉甲 *Orectochilus obtusipennis* Régimbart, 1892（图 3-5）

Orectochilus obtusipennis Régimbart, 1892: 712.

主要特征：体型中等，长 8.0–10.0 mm，宽 3.5–4.0 mm，椭圆形。背面和腹面均黑色。前胸背板、鞘翅及头部两侧均覆盖稠密的柔毛。上唇非常窄，长小于宽的 1/3，前缘稍圆，唇基较宽，梯形，前缘平直，头部微网纹较强烈。鞘翅端部斜截，雄性鞘翅端截平直，稍圆，外顶角钝，宽圆，缝角直角形；雌性鞘翅端截更斜，稍内凹，外顶角较模糊，钝圆，缝角锐角，顶端较尖。雄性前足跗节膨大，几乎与胫节等宽，长卵形。中叶几乎与侧叶等长，非常细长，明显窄于侧叶，自基部向端部均匀变窄，顶端尖细。

分布：浙江、河南、江苏、上海、江西、湖南、广东、重庆。

讨论：该种体型明显大于中国毛背豉甲属的其他种，且其体形不如其他种细长，很容易与其他种区分。

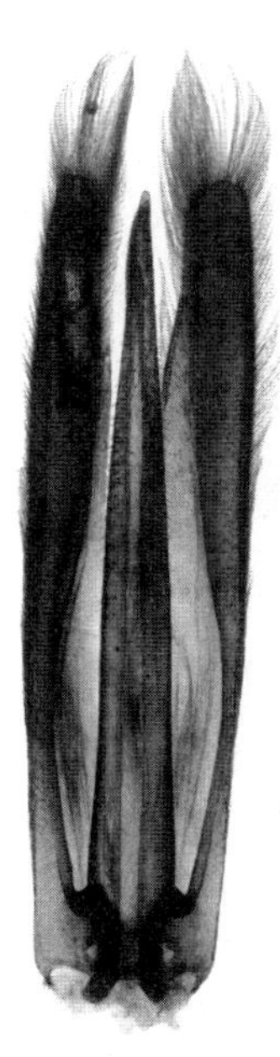

图 3-5 宽钝毛背豉甲 *Orectochilus obtusipennis* Régimbart, 1892 阳茎（背面观）

100. 毛边豉甲属 *Patrus* Aubé, 1838

Patrus Aubé, 1838: 397. Type species: *Patrus javanus* Aubé, 1838.

主要特征：体小到大型，长卵形到宽卵形。头部额上具假额脊；触角鞭节 6 节；下颚外颚叶缺失。背面头部两侧、前胸背板和鞘翅两侧均被稠密柔毛。小盾片短宽。鞘翅缝处不具缘边。后胸腹板翼窄，端部仅稍膨大；后胸前侧片三角形；后足基节横宽，外侧部分明显宽于内侧部分。腹部末节细长，长三角形，末端两节中间具 1 列长鬃毛。

分布：古北区和东洋区。世界已知 200 余种，中国记录约 30 种，浙江分布 2 种。

（224）梅氏毛边豉甲 *Patrus melli* (Ochs, 1925)（图 3-6）

Orectochilus melli Ochs, 1925: 197.
Patrus melli: Hájek & Fery, 2017: 29.

主要特征：体型较大，长 10.0–12.0 mm，宽 4.5–5.5 mm，卵形。背面中度拱隆，整体黑色。上唇短宽，长小于宽的 1/3，前缘平直。头部与前胸背板表面具较强烈而精细的微刻纹，网眼横向或斜向多边形，间有稠密的微小刻点。前胸背板上边缘柔毛较宽，前缘到达复眼一半处。中部无毛区卵形，后缘顶端稍突出，鞘翅边缘柔毛内缘于近端部接触鞘缝。鞘翅上网纹较微弱，具有 2 种大小不同的刻点。鞘翅中部无毛区还具有 4–6 条很窄的光滑纵纹，纵纹上无大刻点。鞘翅端部平截，端截稍圆，外顶角处直角，不尖，窄圆；边缘侧边黄色到红褐色，基部较窄，后缘非常宽。前足胫节粗壮，端部平截，外顶角直角，窄圆。雄性前足胫节非常短粗，端部斜截。雄性跗节强烈膨大，宽卵形，长约为胫节的 2/3，明显比胫节宽。雄性外生殖器中叶明显短于侧叶，从基部到端部渐窄，顶端处柱状突起，端部不规则状截断。

分布：浙江（安吉）、江西、福建、广东、香港、广西。

图 3-6　梅氏毛边豉甲 *Patrus melli* (Ochs, 1925)阳茎（背面观）

（225）王氏毛边豉甲 *Patrus wangi* (Mazzoldi, 1998)（图 3-7）

Orectochilus wangi Mazzoldi, 1998: 145.
Patrus wangi: Hájek & Fery, 2017: 29.

主要特征：体型中等，长 6.8–8.0 mm，宽 3.4–3.8 mm，卵形。整体黑色。上唇短宽，长小于宽的 1/3。背面具明显的微网纹和强烈的微刻点，鞘翅上的微刻点在雌性比雄性更稠密，致使其表面非常粗糙，略有光泽，前胸背板上边缘柔毛较宽，仅达复眼的 1/3 处。边缘柔毛雌雄异型：雄性中部无毛区卵形，边缘柔毛较宽，基部与前胸背板侧毛带等宽，前缘 3/4 两侧几乎平行然后向内弧形膨大，内边缘在端部稍前处接触鞘缝；雌性边缘柔毛基部与前胸背板侧毛带等宽，前缘 1/2 两侧几乎平行，然后急缩成 1 窄带，在距端部 1/5 逐渐膨大，内缘在近端部处接触鞘翅缝。鞘翅端部平截，端截平直，外顶角钝角；缝角直角。缘边黄色，较宽。雄性前足胫节短粗，直角三角形，端部平截，外顶角直角。跗节强烈膨大，非常粗壮，矩形，明显比前足胫节长，两侧平行。雌性前足胫节明显窄于雄性，更细长，三角形，外顶角直角，跗节明显短于胫节。雄性外生殖器中叶基部 3/4 两侧近平行，然后渐窄，端部急剧窄缩，顶端向背面弯折，形成钩状突起。

分布：浙江（临安）、安徽、江西、广东。

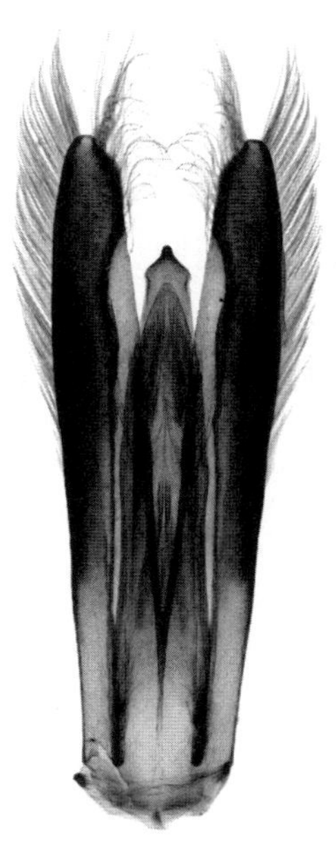

图 3-7 王氏毛边豉甲 *Patrus wangi* (Mazzoldi, 1998)阳茎（背面观）

六、沼梭科 Haliplidae

主要特征：体型较小，体长 1.5–5.0 mm，常为舟形、窄卵形到宽卵形。复眼大，微突出到强烈突出，侧缘卵形。小盾片不可见。前胸腹板横宽，中部强烈隆突，后缘平截，与后胸腹突相接形成该科特有的结构。鞘翅发达，通常具 10 列或以上的主刻点列，沿鞘翅缝和主刻点列间常具次刻点列，常弱于主刻点列。足非常细长，后足基节非常大，固定在后胸腹板上，向后延伸形成 1 个大的后足基节板，遮盖住转节、部分腿节和腹部前面一部分。腹部腹面可见 6 节。

分布：世界广布。世界已知 5 属 239 种，中国记录 2 属 27 种，浙江分布 2 属 7 种。

101. 沼梭属 *Haliplus* Latreille, 1802

Haliplus Latreille, 1802: 77. Type species: *Dytiscus impressus* Fabricius, 1787.

Cnemidotus Illiger, 1802: 297. Type species: not designated.

Haliplous Gistel, 1856: 120. Type species: *Dytiscus impressus* Fabricius, 1787.

Hoplitus Clairville, 1806: 218. Type species: not designated.

主要特征：体小到大型，背面和腹面均高度拱隆，外缘轮廓连续。体背具大小不同的大刻点。下颚须和下唇须末节短于倒数第 2 节。前胸背板从基部向端部渐窄。每个鞘翅上具大约 10 列明显的主刻点列；主刻点列间及鞘翅缝边上常具稀疏的小型次刻点列。后足基节板最多延伸至第 5 腹板前缘，无缘边。雄性前足第 1–3 跗节和中足第 1 跗节或第 1–3 跗节膨大，腹面具吸附毛簇。部分种类的雌性具微刻点。

分布：世界广布，以新北区种类最丰富。世界已知 160 余种，中国记录 21 种，浙江分布 5 种。

分种检索表

1. 后足胫节背面具有长柔毛列。前胸背板两侧基部无纵刻线（沼梭属胫毛亚属 *Liaphlus*）……2
- 后足胫节背面无长柔毛列。前胸背板两侧基部有纵刻线（沼梭属指名亚属 *Haliplus*）……3
2. 体长 3.4–3.9 mm。鞘翅无黑斑。前胸背板和鞘翅的刻点黑色……**无斑沼梭 *H. eximius***
- 体长 3.9–4.2 mm。鞘翅缝黑色，鞘翅具有黑色斑块，刻点黑色……**中华沼梭 *H. chinensis***
3. 后胸腹板隆突中部平坦，每侧具有一条沟，沟内有明显的大刻点列；前胸腹板前缘具边脊；后足基节板后缘具有 7–10 根刚毛……4
- 后胸腹板隆突中部具有大凹陷，两侧无沟；前胸腹板前缘具边脊；后足基节板后缘无刚毛……**简沼梭 *H. simplex***
4. 后胸腹板突几乎扁平，最多两边各有一个微弱的凹陷；鞘翅刻点相对更加细小，数量更多；第 1 列主刻点列具约 38 个刻点……**日本沼梭 *H. japonicus***
- 后胸腹板两侧各有一个深凹陷；鞘翅刻点相对更大，数量更少；第 1 列主刻点列长具约 30 个刻点……**瑞氏沼梭 *H. regimbarti***

（226）日本沼梭 *Haliplus japonicus* Sharp, 1873（图 3-8）

Haliplus japonicus Sharp, 1873: 55.

Haliplus hummeli Falkenström, 1932: 191.

Haliplus brevior Nakane, 1963b: 25.

Haliplus rishwani Makhan, 1999: 271.

主要特征：体长 2.6–3.5 mm，宽 1.5–1.8 mm。体卵形，向后渐窄，最宽处在中间偏后。头部深褐色，具强烈而稠密的刻点。眼间距 1.4–1.5 倍于眼宽。前胸背板黄色到黄褐色。基部纵褶正对鞘翅第 5 主刻点列，长约为前胸背板的 1/3。鞘翅黄色到黄褐色，主刻点列上具不连续的黑线，有时列间具模糊的黑斑，连接相邻 2 列主刻点列。主刻点列中等强度，第 1 列较稠密，具大约 38 个刻点。刻点深色。雌性鞘翅上被微刻点覆盖。腹面黄褐色到红褐色，鞘翅缘折黄褐色，具强烈的深色刻点，延伸至第 6 腹板。前胸腹突两侧各具 1 条纵沟，近前足基节处明显窄缩，前缘具微弱的窄边。后胸腹突扁平，甚至中间稍隆起，两侧具 2 列强烈刻点列。后足胫节背面具无长毛列。后足基节板延伸至第 5 腹板，后缘具 1 排短刚毛。

分布：浙江（临安）、北京、江苏、重庆、四川、贵州、云南；俄罗斯（远东地区），日本。

图 3-8 日本沼梭 *Haliplus japonicus* Sharp, 1873
雄性外生殖器（侧面观）

（227）瑞氏沼梭 *Haliplus regimbarti* Zaitzev, 1908（图 3-9）

Haliplus regimbarti Zaitzev, 1908: 122.

Haliplus brevis Wehncke, 1880: 75.

Haliplus sauteri Zimmermann, 1924a: 130.

主要特征：体长 2.4–3.0 mm，宽 1.4–1.7 mm。体卵形，向后渐窄，最宽处在中间偏后。头部深褐色，刻点中等强度。眼间距 1.2–1.4 倍于眼宽。前胸背板黄色到黄褐色。基部纵褶正对鞘翅第 5 主刻点列，长约为前胸背板的 1/3。鞘翅黄色到黄褐色，主刻点列上具不连续的黑线，有时列间具模糊的黑斑，连接相邻 2 列主刻点列。主刻点列中等强度，第 1 列较稠密，具大约 30 个刻点。刻点深色。雌性鞘翅上通常不被微刻点覆盖。腹面黄褐色到红褐色，鞘翅缘折黄褐色，具强烈的深色刻点，延伸至第 6 腹板。前胸腹突两侧各具

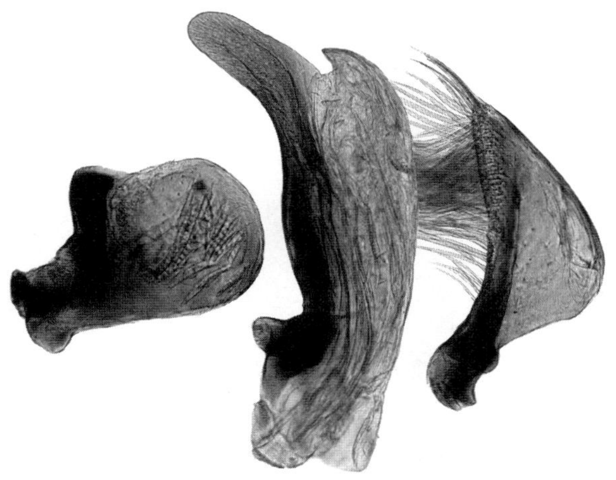

图 3-9 瑞氏沼梭 *Haliplus regimbarti* Zaitzev, 1908
雄性外生殖器（侧面观）

1 条纵沟，近前足基节处明显窄缩，前缘具微弱的窄边。后胸腹突两侧强烈凹陷，刻点中等强度。后足基节板延伸至第 5 腹板，后缘具 1 排短刚毛。

分布：浙江、河南、山东、陕西、江苏、安徽、湖南、福建、台湾、广东、广西、贵州、云南；日本。

（228）简沼梭 *Haliplus simplex* Clark, 1863（图 3-10）

Haliplus simplex Clark, 1863: 419.

Haliplus minutus Takizawa, 1931: 140.

Haliplus medvedevi Gramma, 1980: 294.

主要特征：体长 2.4–3.1 mm，宽 1.3–1.6 mm。体卵形，向后渐窄，最宽处位于中间。头部黄褐色，眼后红褐色，刻点中等强度。额上具中等强度的刻点，头顶刻点更强烈。眼间距 1.7–2.0 倍于眼宽。前胸背板黄色到黄褐色。基部纵褶正对第 5 主刻点列，非常短，长度约为前胸背板的 1/5，甚至退化成 1 个黑刻点或难以分辨。鞘翅黄色到黄褐色，主刻点列上具多变的不连续的黑线，列间常具模糊的深色斑，连接相邻 2 列主刻点列，沿鞘翅具黑条纹。主刻点中等强度，第 1 列稠密，具大约 38 个刻点。刻点都为深色。雌性鞘翅上常覆盖有微刻点。腹面黄褐色，鞘翅缘折黄褐色，具强烈的浅色刻点，延伸至第 6 腹板。前胸腹突中间具 1 条宽凹槽，近前足基节处明显窄缩，前缘不具窄边。后胸腹突中间具强烈凹陷。后足基节板延伸至第 5 腹板。后足胫节背面无长毛列。第 5–6 腹板中间具 1 行不连续的稀疏刻点，第 7 腹板被稀疏的刻点覆盖。雄性前足跗节爪不等长，内缘爪长约为外缘爪的 2/3 且更弯。

分布：浙江、黑龙江、吉林、辽宁、内蒙古、北京、山西、山东、陕西、新疆、江苏、安徽、广东；俄罗斯（远东地区），朝鲜，日本。

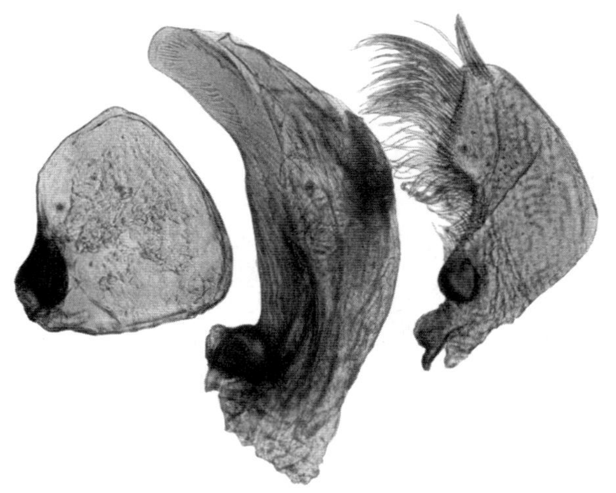

图 3-10　简沼梭 *Haliplus simplex* Clark, 1863
雄性外生殖器（侧面观）

（229）中华沼梭 *Haliplus chinensis* Falkenström, 1932（图 3-11）

Haliplus chinensis Falkenström, 1932: 191.

主要特征：体长 3.7–4.2 mm，宽 1.9–2.2 mm。体卵形，最宽处位于中间。头部黄色到黄红色，刻点较弱。眼间距 1.4–1.5 倍于眼宽。前胸背板黄色，向前强烈窄缩。除中部外具强烈的刻点，基部部分刻点变大变宽，颜色变深；侧缘具窄缘边，缘边平直。鞘翅黄色，端部和列间约具 10 个黑斑，第 1 列间区上的黑斑常与鞘翅缝黑纹相连。主刻点列中等强度，第 1 列具 32–36 个刻点。刻点均深色。腹面黄色到黄红色，鞘翅缘折黄色，具强烈的浅色刻点。前胸腹突扁平或端部中间稍凹陷，近前足基节处窄缩，前缘具窄边，刻点强烈而稠密。后胸腹突扁平，中间具 1 个深坑，刻点微弱。后足胫节背面具 1 列长毛，长毛列长度约为胫节长的一半，约由 14 个具毛刻点组成。

分布：浙江、内蒙古、山西、山东、新疆、江苏、上海、福建、贵州、四川、云南；韩国。

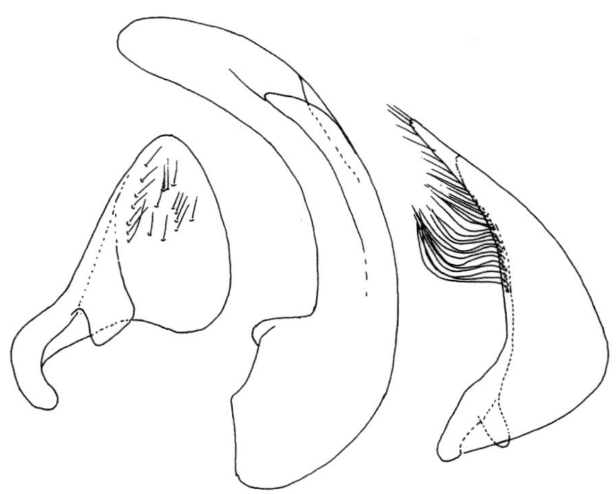

图 3-11　中华沼梭 *Haliplus chinensis* Falkenström, 1932
雄性外生殖器（侧面观）

（230）无斑沼梭 *Haliplus eximius* Clark, 1863（图 3-12）

Haliplus eximius Clark, 1863: 418.

Haliplus modestus Zimmermann, 1924a: 139.

Haliplus biogoensis Kanô *et* Kamiya, 1931: 1.

Haliplus emmerichi Falkenström, 1936a: 79.

主要特征：体长 3.4–3.9 mm，宽 1.8–2.1 mm。体卵形，向后渐窄，最宽处位于中间或稍前的位置。头部黄褐色到红褐色，刻点中等强度。眼间距 1.2–1.4 倍于眼宽。前胸背板黄色到黄褐色，基部稍宽于鞘翅基部，向前强烈窄缩。除中部外具强烈的刻点，基部两侧部分刻点变大变宽，基部和前缘的刻点颜色变深。

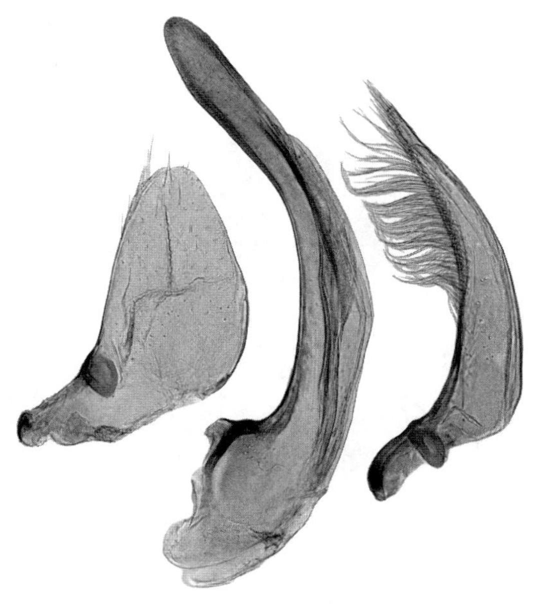

图 3-12　无斑沼梭 *Haliplus eximius* Clark, 1863
雄性外生殖器（侧面观）

鞘翅黄色到红褐色，主刻点列非常强烈，第 1 列约具 32 个刻点。刻点都为深色。除鞘翅缝有时部分颜色变深外，鞘翅上无色斑或色纹。腹面黄褐色，鞘翅缘折黄色，具 2 列强烈刻点，红褐色到深色，延伸至第 6 腹板。前胸腹突宽且扁平，近前足基节处稍窄缩，前缘具微弱的窄边，刻点中等强度。后胸腹突扁平，中间具 1 个深坑，刻点稀疏。后足基节板延伸至第 5 腹板前缘，刻点中等强度。后足胫节背面的长毛列约由 12 个具毛刻点组成。

分布：浙江、辽宁、北京、新疆、江苏、上海、江西、湖南、福建、广东、四川、贵州、云南；韩国，日本，越南，印度尼西亚。

102. 水梭属 *Peltodytes* Régimbart, 1878

Peltodytes Régimbart, 1878: 450. Type species: *Dytiscus caesus* Duftschmid, 1805.

Cnemidotus sensu Erichson, 1832: 48. Type species: not validly fixed.

主要特征：体小到中型，虫体背面和腹面皆高度拱隆。背面只有较大的刻点。下颚须和下唇须末节长于倒数第 2 节。前胸背板从基部向端部渐窄；无基部纵褶。鞘翅上刻点大，排列成不规则的列，无次刻点列，或仅端部具列间刻点列，且与相邻刻点列刻点大小相当。后足基节板大，几乎延伸至第 7 腹板，两侧具缘边。后足胫节背面具明显的长毛列。第 7 腹板中间无纵沟。雄性前足和中足第 1–2 跗节膨大，腹面具吸附毛簇。

分布：世界广布，大多数种类分布于北美洲，部分种类分布于新热带区北部，少数种类分布于古北区、东洋区和旧热带区。世界已知 30 余种，中国记录 5 种，浙江分布 2 种。

（231）锐齿水梭 *Peltodytes intermedius* (Sharp, 1873)（图 3-13）

Cnemidotus intermedius Sharp, 1873: 55.

Peltodytes intermedius: Régimbart, 1899: 191.

主要特征：体长 3.2–3.7 mm，宽 1.9–2.2 mm。体形较宽，卵形，鞘翅基部一半近平行，最宽处位于中间。头部黄色到红褐色，有时眼后具微弱的领状黑斑，但不延伸至复眼后缘。眼间距 0.7–1.0 倍于眼宽。前胸背板黄色到黄红色，基部两侧各具 1 个大黑斑，由 2–3 个变宽的刻点组成。侧缘较为平直，稍弯曲，缘边较窄，不宽于触角。鞘翅黄色到黄红色，鞘翅缝具深色条纹，每个鞘翅上具 4 个大黑斑，有时还具数个小黑斑。刻点强烈，全部深色，第 4 刻点列强烈退化，前缘仅剩 1–3 个刻点。前 5 列刻点列的基部刻点

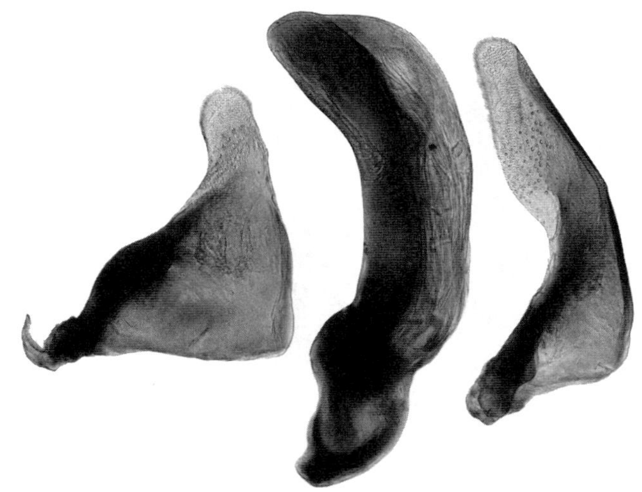

图 3-13　锐齿水梭 *Peltodytes intermedius* (Sharp, 1873)
雄性外生殖器（侧面观）

横向变大变宽。鞘翅端部边缘不内凹。腹面黄色到黄红色，鞘翅缘折黄色，延伸至最后 1 节腹板中间，前半部分具深色刻点。前胸腹突中部和后缘中间具凹陷，近前足基节处窄缩，后缘两侧具刻点纹，刻点中等强度，前缘具微弱的窄边，前缘两侧边缘完整。后胸腹突中间具 1 个深坑，几乎无刻点，沿基节具微弱的褶纹。后足基节板后缘具 1 个锐齿。雄性外生殖器侧叶端部表面网格状。

分布：浙江、辽宁、北京、上海、福建、台湾、广东、四川；俄罗斯（远东地区），韩国，日本。

（232）中华水梭 *Peltodytes sinensis* (Hope, 1845)（图 3-14）

Haliplus sinensis Hope, 1845: 15.

Haliplus variabilis Clark, 1863: 417.

Peltodytes sinensis Régimbart, 1899: 192.

Peltodytes koreanus Takizawa, 1931: 138.

Peltodytes asschnae Makhan, 1999: 269.

主要特征：体长 3.4–3.9 mm，宽 1.8–2.1 mm。体卵形，鞘翅基部一半近平行，最宽处位于中间。头部黄褐色到褐色，复眼之间具 2 个黑斑。眼间距 0.6–0.7 倍于眼宽。前胸背板黄色到黄红色，基部两侧各具 1 个大黑斑，由 2–4 个强烈凹陷的刻点组成。前角处具几个浅色的粗刻点。侧缘缘边较窄，不宽于触角，弧形弯曲。鞘翅黄色到黄红色，鞘翅缝具深色条纹，每个鞘翅上具 4 个黑斑，呈菱形分布，有时模糊。刻点中等强度，全部深色。第 4 刻点列强烈退化，仅剩前缘 3–5 个刻点。第 5 和第 6 刻点列第 1 个刻点横向变大变宽。缘边完整。沿鞘翅缝后缘一半具 1 条细沟，前缘一半具几个深色的小刻点。腹面黄色到黄红色，鞘翅缘折黄色，延伸至最后 1 节腹板中间，前半部分具深色刻点。前胸腹突前缘和后缘凹陷，近前足基节处窄缩，后缘两侧具褶纹，刻点强烈，有时非常粗糙。后胸腹突中间具 1 个深坑，几乎无刻点，沿基节具明显的褶纹。后足基节板延伸至第 7 腹板前缘，后缘具 1 个钝齿。第 7 腹板无刻点，两侧近前角处凹陷。雄性外生殖器侧叶端部表面网格状。

分布：浙江、吉林、辽宁、北京、天津、河北、山东、河南、陕西、江苏、上海、安徽、江西、福建、台湾、广东、海南、广西、重庆、四川、贵州、云南；韩国，日本，越南，菲律宾。

图 3-14　中华水梭 *Peltodytes sinensis* (Hope, 1845)
雄性外生殖器（侧面观）

七、伪龙虱科 Noteridae

主要特征：体小型，卵形、长卵形。体浅褐色、深褐色到黑色。体表光滑无毛，具明显的微网纹。下颚须4节，末节梭形，明显比前1节更长更宽；下唇须3节，端截梭形或稍膨大。前胸背板基部最宽，侧缘弧形弯曲。前胸腹突发达，顶端向后突出（尖或圆）或平直，向后与后胸腹突相接，前胸腹突和后胸腹突及后足基节板相连形成1个板状复合体，被称为“伪龙虱板”（noterid platform）。前足和中足很短，后足长，特化为游泳足。后足基节大，不可动，中间部分隆突，左右相连形成平坦的后足基节板。腹部腹面可见6节。雄性外生殖器中叶对称，侧扁；侧叶不对称，右叶顶端具毛簇。

生物学：伪龙虱成虫和幼虫均为水生，常栖息于长有茂密水生植物的静水环境中，尤其偏好具丰富腐殖质的水体。成虫游泳能力较强，常在水中的植物间爬行，或在水底基质中钻来钻去。伪龙虱通过鞘翅下空间携带空气，因此会时不时浮出水面换气。

分布：世界广布，以热带和亚热带地区的多样性最高，温带地区种类较少。世界已知17属约270种，中国记录5属14种，浙江分布2属2种。

103. 伪龙虱属 *Noterus* Clairville, 1806

Noterus Clairville, 1806: 222. Type species: *Dytiscus crassicornis* Müller, 1776.

主要特征：体型中等大小，体长3.5–5.0 mm，背面拱隆，卵形。表面被微网纹覆盖，网眼细而横宽。背面颜色均匀黄红色或红棕色。鞘翅上具或粗或细的刻点，排列成不怎么规则的纵列。前胸腹板中部隆突、稍隆起或大范围凹陷；前胸腹突较窄，端部圆形突出。伪龙虱板光滑无毛。后足胫节大，端距不具锯齿；后足腿节端部毛簇缺失。雄性部分触角（通常第5–11节）明显变宽。雄性外生殖器中叶细长，侧缘扁压，背面强烈弯曲。

分布：古北区。世界已知7种；中国记录4种，其中有2种的记录存疑；浙江分布1种。

（233）日本伪龙虱 *Noterus japonicus* Sharp, 1873（图3-15）

Noterus japonicus Sharp, 1873: 52.

主要特征：体长4.2–4.7 mm，宽2.0–2.3 mm，梭形。体背面光滑发亮，体色变化较大，黄色到深红褐色，中度拱隆，最宽处位于鞘翅距基部1/4处，向后窄缩。虫体表面被明显的微网纹覆盖。头部黄色到红褐色。雌性触角细长，雄性触角第5–11节变宽，第6、第10和第11节的内缘扩展，第5节正常，第6节宽小于长。前胸背板黄色到红褐色，前缘和后缘中间各具1行深色斑块；侧缘向前弧形窄缩，缘边稍宽，由背面可见。鞘翅黄色到深红褐色。鞘翅表面具2列稍规则的刻点及少数散乱分布的刻点。腹面黄红色到黑色，稍凹。伪龙虱板表面光滑无毛。前胸腹板中部明显隆突，中间具明显的隆脊，向前延伸至前缘形成1个向下的齿突。

分布：浙江（舟山）、黑龙江、吉林、辽宁、内蒙古、北京、天津、河北、山西、山东、陕西、青海、江苏、上海、湖北、江西、湖南、福建、台湾、广东、海南、香港、广西、贵州、云南；俄罗斯（远东地区），韩国，日本。

图 3-15　日本伪龙虱 *Noterus japonicus* Sharp, 1873
雄性外生殖器（侧面观）

104. 毛伪龙虱属 *Canthydrus* Sharp, 1882

Canthydrus Sharp, 1882b: 269. Type species: *Hydrocanthydrus guttula* Aubé, 1838.

主要特征：体小到中型，中国种类体长 2.5–3.7 mm。背面拱隆或强烈拱隆，光滑发亮；体色黄色到完全黑色，鞘翅和前胸背板上常有斑纹。背面具非常细的微网纹。雌雄触角都不变宽。下唇须末节大，双叶状，膨大成三角形。前胸腹突宽，规则三角形；伪龙虱板被稠密的刚毛所覆盖。前足胫节前缘窄，端部只有 1 个端部弯曲的大端距；前足跗节附着在前足胫节侧缘而不是端部；后足胫节大端距不具锯齿；后足腿节腹面端部具 1 簇毛。雄性外生殖器中叶宽，侧缘扁压。

分布：世界广布。世界已知约 70 种，中国记录 7 种，浙江分布 1 种。

（234）黑背毛伪龙虱 *Canthydrus nitidulus* Sharp, 1882（图 3-16）

Canthydrus nitidulus Sharp, 1882b: 278.
Canthydrus bifasciatus Régimbart, 1889: 148.

主要特征：体长 3.2–3.7 mm，宽 1.6–1.8 mm，梭形，较细长。背面中度隆突，最宽处位于前胸背板基部，向后窄缩。虫体表面被明显的微网纹覆盖，网眼圆形。头部和前胸背板黄色到黄褐色，前缘和后缘中间各具 1 块黑色横向大斑块，2 个斑块皆不延伸至侧缘。鞘翅黑色，每个鞘翅近基部内缘和外缘，以及中部靠后的位置各具 1 个黄色到黄褐色大斑块，端部无浅色斑块。鞘翅表面具 2 列不规则刻点及少数散乱分布的刻点。腹面稍凹，头部、腹板、足和鞘翅缘折黄色到黄褐色，伪龙虱板黄褐色到红褐色，腹部黑色。伪龙虱板表面具稠密的短刚毛。

分布：浙江（宁波）、北京、江苏、上海、湖北、江西、湖南、福建、广东、海南、香港、四川、云南；日本，越南，柬埔寨。

图 3-16　黑背毛伪龙虱 *Canthydrus nitidulus* Sharp, 1882
雄性外生殖器（侧面观）

八、龙虱科 Dytiscidae

主要特征：体长 1.0–50.0 mm。体流线型。背、腹面常隆起。触角 11 节，光滑，一般丝状。下颚须 4 节。前胸背板侧缘多镶边。鞘翅通常光滑，常具 3 或 4 列刻点列。前胸腹板具矛状突起；后胸腹板侧缘常向前侧方延伸成细长弯曲的翅状，称后胸腹板侧翼。后足基节大而固定，常达鞘翅缘折并将后胸腹板和腹节分隔开来。跗节 5 节；前、中足第 4 跗节在水龙虱亚科 Hydroporinae 退化或被膨大的第 3 节所遮盖。雄性前中足跗节第 1–3 节多膨大，腹面着生吸附盘或吸附毛。腹部腹面可见 6 节。第 1 腹节中央被后基突所间隔。雌雄二型。

分布：水生，世界广布。世界已知 205 属 4900 余种（亚种），中国记录 43 属 339 种，浙江分布 17 属 32 种。

分亚科检索表

1. 鞘翅基部之间小盾片不可见或几乎不可见……………………………………………………………………2
- 鞘翅基部之间小盾片明显可见……………………………………………………………………………………3
2. 前胸腹板明显低于前胸腹突；前足跗节隐 5 节，第 3 节端部瓣状，第 4 跗节小，隐于或半隐于第 3 节的分瓣间；后足 2 爪……………………………………………………………………………………**水龙虱亚科 Hydroporinae**
- 前胸腹板与前胸腹板突位于同一平面；前足跗节非瓣状，明显 5 节，第 3 节不呈瓣状；后足仅 1 爪……………………………………………………………………………………**粒龙虱亚科 Laccophilinae**
3. 复眼前缘完整，不凹陷；雄性前足跗节第 1–3 节十分宽阔（通常中足也如此），毛端小吸盘共同具 1 个圆形或椭圆形的吸盘；雄性外生殖器中叶对称……………………………………………………………………………………4
- 复眼前缘凹陷；雄性跗节第 1–3 节较宽阔（通常中足也如此），毛端具吸盘，但不形成 1 个横宽或圆形的大吸盘；雄性外生殖器中叶通常不对称……………………………………………………………………………………5
4. 后足胫节距大小和形状相似……………………………………………………………………**龙虱亚科 Dytiscinae**
- 后足胫节距大小和形状不同，前距较宽，端部尖……………………………………………**真龙虱亚科 Cybistrinae**
5. 后足腿节近端前角具明显的刚毛列，如果此刚毛列缺失或不明显，则后足腿节表面具密刻纹（宽缘龙虱属 *Platambus* 和 *Hydronebrius* 部分种类）或下唇须很短且下颚须末节近方形…………………………**端毛龙虱亚科 Agabinae**
- 后足腿节近端前角无刚毛列，有时有小刚毛或刻点，但不成列……………………………………………………6
6. 后足基节线很靠近或消失……………………………………………………………………**刻翅龙虱亚科 Copelatinae**
- 后足基节线明显，分开很宽或近平行……………………………………………………**切眼龙虱亚科 Colymbetinae**

（九）端毛龙虱亚科 Agabinae

主要特征：复眼前缘凹陷。后足腿节端角有 1 排密生刚毛。后足爪近等长（异毛龙虱属 *Ilybius* Erichson 多数种类爪不等长）。

分布：世界广布。世界已知 9 属约 420 种，中国记录 7 属 87 种，浙江分布 3 属 4 种。

分属检索表

1. 唇基前缘两侧具长椭圆形的凹窝；雌雄两性后足胫节和跗节腹面具有长游泳毛……………………**短胸龙虱属 *Platynectes***
- 唇基两侧无长椭圆形的凹陷，仅具有前缘刻纹或前侧角具很细长形的凹窝；雌性后足胫节和跗节腹面无长游泳毛…………2
2. 前胸腹突侧缘镶边后部到前足基节间扩展很宽；中足基节间距较宽……………………………**宽缘龙虱属 *Platambus***
- 前胸腹突侧缘后部不明显扩展；中足基节间距较窄……………………………………………**端毛龙虱属 *Agabus***

105. 端毛龙虱属 *Agabus* Leach, 1817

Agabus Leach, 1817: 69. Type species: *Agabus paykullii* Leach, 1817.

Gaurodytes C. G. Thomson, 1859: 14. Type species: *Dytiscus bipustulatus* Linnaeus, 1767.

主要特征：体小到中型，颜色与刻纹多变。体长卵形或宽卵圆形。唇基前缘具连续的细镶边。鞘翅缘折中部突然剧烈变窄。后胸腹板侧翼宽度变化较大。后足跗节前 4 节后缘平直或极不明显向后略突出。内外后爪等长。

分布：世界广布。世界已知 174 种，中国记录 37 种，浙江分布 2 种。

（235）近水端毛龙虱 *Agabus aequalis* Sharp, 1882（图 3-17）

Agabus aequalis Sharp, 1882b: 501.

主要特征：体长 7.2 mm，宽 4.0 mm。体宽卵圆形，略隆起。头黑色，头顶具 2 黄斑，唇基黄色。网纹多边形，头顶略小，大小较均一，前部网纹略大，不规则多边形。复眼内前侧具短横凹陷。复眼内侧具 1 列细密刻点。前胸背板黑色，侧缘棕黄色；沿前缘具 1 行较大刻点，后缘除中间部分不具刻点外，两侧均具成行的较大刻点。网纹精细。鞘翅棕黄色，网纹精细，纵刻点列刻点稀疏，鞘缝刻点列不可见。腹面黑色，腹节末缘棕褐色。足棕褐色，后足腿节略深。雄性前爪短，等长。

分布：浙江（安吉）、吉林、甘肃、四川；俄罗斯，蒙古国。

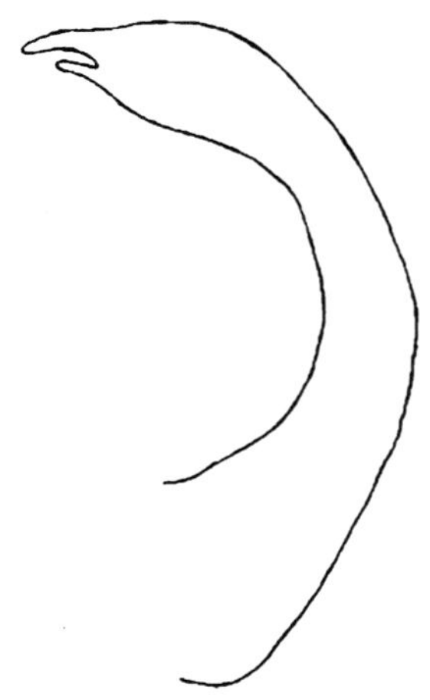

图 3-17　近水端毛龙虱 *Agabus aequalis* Sharp, 1882 阳茎（侧面观）

（236）显端毛龙虱 *Agabus conspersus* (Marsham, 1802)（图 3-18）

Dytiscus conspersus Marsham, 1802: 427.

Gaurodytes bulgaricus Csiki, 1943: 214.

Agabus conspersus var. *corsicus* Guignot, 1932: 571.

Agabus gougeletii Reiche, 1863: 474.

Agabus luniger Kolenati, 1845: 82.

Agabus nebulosus Schiödte, 1841: 467.

Agabus perlautus Gozis, 1912: 53.

Colymbetes subnebulosus Stephens, 1828: 72.

主要特征：体长 7.5–8.3 mm，卵圆形。头黑色，唇基黄褐色，具有 2 个黄色后中斑；下颚须末节端部黑褐色。前胸背板红褐色，基部中间常具有深色斑；鞘翅黄褐色，两侧和端部色浅，鞘缝色浅，侧缘近中部和近端部具有小黄斑，鞘翅表面分布有丰富的小深色斑；腹面黑色，前胸背板缘折、鞘翅缘折黄褐色；后足基节中部和腹部各节后缘红褐色；足红褐色，腿节至少后缘黑褐色至黑色。背面光滑，有光泽，有时雌性鞘翅具粗糙纹而无光泽。前胸背板基部与鞘翅等宽，前胸腹突窄而尖，中部屋脊状，侧缘边窄，但明显。鞘翅网眼小，有些网眼内有小刻点。后胸腹板翼宽三角形。雄性前足跗节第 1–3 节宽，腹面具小吸盘，前足外爪近中部扩展，中足内爪强烈弯曲，短于外爪。

分布：浙江、青海、西藏；欧洲、北非、亚洲古北区部分。

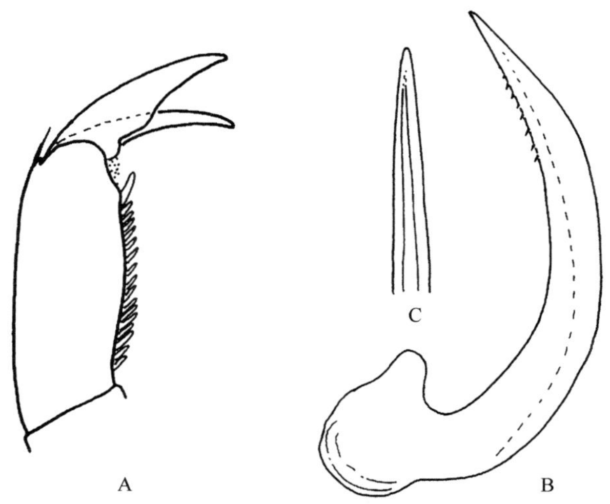

图 3-18 显端毛龙虱 *Agabus conspersus* (Marsham, 1802)

A. 前足；B. 阳茎（侧面观）；C. 阳茎端部（背面观）

106. 宽缘龙虱属 *Platambus* Thomson, 1859

Platambus C. G. Thomson, 1859: 14. Type species: *Dytiscus maculatus* Linnaeus, 1758.

Agabinus Crotch, 1873: 397. Type species: *Colymbetes glabrellus* Motschulsky, 1859.

Agraphis Guignot, 1954: 199. Type species: *Agraphis confossa* Guignot, 1954.

Allogabus Guignot, 1954:199. Type species: *Agabus americanus* Aubé, 1838.

Anagabus Jakovlev, 1897: 38. Type species: *Anagabus semenowi* Jakovlev, 1897.

Colymbinectes Falkenström, 1936a: 97. Type species: *Colymbinectes ater* Falkenström, 1936.

Neoplatynectes Vazirani, 1970: 305. Type species: *Platynectes princeps* Régimbart, 1888.

Paraplatynectes Vazirani, 1970: 305. Type species: *Platynectes guttula* Régimbart, 1899.

Stictogabus Guignot, 1948: 167. Type species: *Agabus angulicollis* Régimbart, 1899.

主要特征：体中型，卵圆形，有些种类体形稍长。其前胸背板略窄于鞘翅基部；前胸腹突宽扁或微凸，侧缘镶边后部到前足基节间扩展很宽；中足基节间距较宽。后胸腹板侧翼窄，舌形；后足基节线间宽；鞘翅缘折宽，基部至端部渐窄；后足短，粗壮；后爪等长。

分布：世界广布。世界已知 66 种，中国记录 25 种，浙江分布 1 种。

（237）黄边宽缘龙虱 *Platambus excoffieri* Régimbart, 1899（图 3-19）

Platambus excoffieri Régimbart, 1899: 281.

Platambus fimbriatus excoffieri Zaitsev, 1953: 273.

主要特征：体长 7.0–7.1 mm，长卵圆形，背面略拱。头红褐色到黑色，复眼之前红色，头顶具 2 红斑；

沿复眼周围具 1 列较大刻点。前胸背板红褐色到黑色，前角、侧缘红色，基部最宽，与鞘翅基部等宽。鞘翅红褐色至黑色；基部具 1 红色横带，向内不达鞘缝，向外达肩角，沿侧缘向后形成 1 红色窄带，不达顶端；窄带在肩角及中部均向内向下扩展；近顶端具 1 红色小斑；网纹和刻点同前胸背板相似；除鞘缝外，其他刻点列较清晰，由较大而稀疏刻点组成。腹面一致红褐色。前胸腹突中央略隆起，较平，两侧具宽边，近顶端锐尖。雄性第 6 腹节具粗糙大刻点和清晰纵刻纹；后缘完整，中央略平。雌性第 6 腹节较光滑，刻点稀疏，刻纹浅。足红褐色。

分布：浙江（安吉、庆元）、河北、山东、甘肃、上海、湖南、海南、四川、贵州、云南、西藏；越南。

图 3-19　黄边宽缘龙虱 *Platambus excoffieri* Régimbart, 1899 阳茎（侧面观）

107. 短胸龙虱属 *Platynectes* Régimbart, 1879

Platynectes Régimbart, 1879: 454. Type species: *Agabus decemnotatus* Aubé, 1838.

主要特征：体小到中型，宽卵圆形。体较扁平，背面具光泽。前胸背板宽短。前胸腹突扁平而宽阔。后胸腹板侧翼细长。鞘翅缘折在中部之后急剧变窄。后足基节发达，后足腿节后顶角刚毛簇整齐。

分布：多分布在东洋区、新热带区和澳洲区，古北区也有少数种类。世界已知 67 种，中国记录 11 种，浙江分布 1 种。

（238）异短胸龙虱 *Platynectes dissimilis* (Sharp, 1873)（图 3-20，图版 I-131）

Agabus dissimilis Sharp, 1873: 50.

Platynectes dissimilis: Satô, 1982: 1.

主要特征：体长 4.7–5.3 mm，表面光亮。头棕黄色；顶端往后具 1 倒八字形黑斑，黑斑向后与后缘、复眼之间均为黑色，向前几乎达额唇基缝，偶尔黑斑与后缘之间具“八”字形棕黄色间隙；额区在复眼内侧附近各具 1 浅凹陷。前胸背板黑色，前角棕黄色；前缘刻点排列成不明显的 1 行，刻点小，大小、形状不一；后缘无成行的刻点。鞘翅黑色，基部具 1 棕黄色窄横带，内侧达鞘缝，外侧达翅缘，在近外侧处有 1 段窄的间断；鞘翅具 8 条纵带，与基横带相接或不相接；端部斑小而形状多变或缺；刻点列不明显，其间散落稀疏较大刻点。腹面黑色，第 1–3 腹节近侧缘具红棕色小斑。前胸腹突端部宽，表面平，末端尖锐，两侧具宽脊，不达尖端。第 6 腹节中央光滑，刻点稠密而深刻，往两侧具 7–9 条长而深的皱纹。雄性，前足爪几乎等长，约为第 5 跗节的 0.54 倍；后爪几乎等长，微弯，外爪比内爪略粗壮。雌性，网线比雄性深刻，略暗，网眼略细长，小刻点更稠密。

分布：浙江（安吉）、陕西、安徽、江西、湖南、福建、台湾、广东、香港、澳门、广西；日本（？）。

图 3-20 异短胸龙虱 *Platynectes dissimilis* (Sharp, 1873)阳茎（侧面观）

（十）切眼龙虱亚科 Colymbetinae

主要特征：复眼前端凹陷；前胸腹板与前胸腹突处于同一平面；鞘翅端部圆。后足腿节端角处无成排的刚毛丛。

分布：世界广布。世界已知 11 属 139 种，中国记录 2 属 17 种，浙江分布 1 属 1 种。

108. 雀斑龙虱属 *Rhantus* Dejean, 1833

Rhantus Dejean, 1833: 54. Type species: *Colymbetes pulverosus* Stephens, 1828.

Anisomera Brullé, 1835: 200. Type species: *Anisomera bistriata* Brullé, 1835.

Anisomeria Brinck, 1943: 140. Type species: *Anisomera bistriata* Brullé, 1835.

Senilites Brinck, 1948: 16. Type species: *Senilites tristanicola* Brinck, 1948.

主要特征：体中到大型，长卵圆形，背腹略扁。颜色多变，前胸背板多棕黄色，具棕褐色或黑色斑；鞘翅多棕黄色，具稠密黑色小斑。前胸背板侧缘通常具完整的脊。雄性前中足跗节第 1–3 节膨大，腹面着生长的吸附管；前爪多变。

分布：世界广布。世界已知 106 种（亚种），中国记录 11 种，浙江分布 1 种。

（239）小雀斑龙虱 *Rhantus suturalis* (W. S. MacLeay, 1825)（图 3-21，图版 I-132）

Colymbetes suturalis W. S. MacLeay, 1825: 31.

Rhantus annamita Régimbart, 1899: 309.

Colymbetes australis Aubé, 1838: 236.

Rhantus birmanicus Vazirani, 1970: 352.

Rhantus bramardi Guignot, 1942: 87.

Rhantus chinensis Falkenström, 1936b: 228.

Rhantus dispar Régimbart, 1899: 308.

Rhantus flaviventris Schilsky, 1908: 600.

Rhantus hypochlorus Gozis, 1911: 36.

Colymbetes montrouzieri Lucas, 1860: 243.

Rhantus morneri Falkenström, 1937: 41.

Rhantus neoguineensis Guéorguiev *et* Rocchi, 1993: 149.

Colymbetes pulverosus Stephens, 1828: 69.

Dyticus punctatus Geoffroy, 1785: 70.

Rhantus regimbarti Jakovlev, 1896: 182.

Rhantus ruficollis Schilsky, 1908: 600.

Colymbetes rufimanus White, 1846: 6.

Rhantus sharpi Jakovlev, 1896: 183.

Rhantus suturalis: Balfour-Browne, 1938: 109.

主要特征：体长 10.5–11.9 mm，长卵圆形。头棕黄色，头后缘至复眼间具黑色宽边，复眼之间具近倒八字形黑斑，内侧围绕黑边并同头后缘黑边和倒八字形黑斑相连接；小刻点极细密，较大刻点稀疏。前胸背板棕黄色，中央具黑色横带，前缘和后缘具极窄棕褐色斑；近前缘中央和近后缘两侧较大刻点排列成行，其余部分刻点大小不一，微小刻点浅而细密，稍大刻点较稀疏。鞘翅棕黄色；沿鞘缝具极窄黑色边，向外具窄的棕黄色纵带；鞘翅基部和边缘具窄的棕黄色边；其余部分分布稠密的黑色小斑，小斑常愈合形成扭曲短纹；鞘翅缘折棕黄色；网眼不规则，其上常见微小刻点，极浅；刻点列可见，大刻点极稀疏。腹面黑色，第 2–6 腹板末缘具棕黄色边。前胸腹突端部略宽，末端尖锐；网纹精细而微弱，刻点精细。前、中足棕黄色，后足棕褐色。雄性，前爪短粗，明显短于第 5 跗节，外爪长于内爪，基部膨大形成宽钝齿状突出；中爪几乎等长。雌性，同雄性相似，足不特化。

分布：浙江（临安）、黑龙江、吉林、辽宁、内蒙古、北京、河北、山东、陕西、甘肃、青海、湖北、江西、福建、台湾、广东、香港、澳门、广西、四川、云南、西藏；古北区，东洋区，澳洲区。

图 3-21　小雀斑龙虱 *Rhantus suturalis* (W. S. MacLeay, 1825)阳茎（侧面观）

（十一）刻翅龙虱亚科 Copelatinae

主要特征：体中型，小盾片外露；后足基节线在中部十分靠近或消失；后足爪近等长。

分布：世界广布。世界已知 8 属 718 种，中国记录 3 属 21 种，浙江分布 1 属 1 种。

109. 刻翅龙虱属 *Copelatus* Erichson, 1832

Copelatus Erichson, 1832: 18. Type species: *Dytiscus posticatus* Fabricius, 1801.

主要特征：中小型种类，体形延长或长卵圆形。鞘翅多具纵刻线及亚缘刻线，少数种类缺。前胸腹突基部较粗，端部略宽，微呈心形。后足基节线存在，后足基节突圆，后足基节于外缘垂直外弯。雄性前、中足第 1–3 跗节膨大，其上着生 4 排较大吸盘。

分布：世界广布。世界已知 400 余种，中国记录 9 种，浙江分布 1 种。

（240）兹氏刻翅龙虱 *Copelatus zimmermanni* Gschwendtner, 1934（图 3-22，图版 I-133）

Copelatus zimmermanni Gschwendtner, 1934: 143.

主要特征：体长 5.5–5.7 mm，长卵形，较扁。头部棕黄色，头顶及后头处略深；沿复眼具明显刻点列。前胸背板棕黄色至黄褐色，前缘和前角颜色略浅；两侧具明显窄脊；前缘和后缘两侧具稠密较大刻点排列成行；中央区域刻点小而浅，略稀疏；近后缘两侧具较稠密的纵刻线。鞘翅棕褐色，基部具较宽的棕黄色横带，侧缘具棕黄色宽边，缘折棕黄色；网纹精细，网线不清晰，具 10 条纵刻线，有的刻线仅近基部深刻连续，向后断续；第 1 列刻线与鞘缝之间具断续不成列的细纵短刻线；近侧缘不具纵深刻线，而是由稀疏的大刻点排成列；刻线间具稠密小刻点。腹面棕黄色。后基片至第 1–2 腹节具稠密细纵刻线。网纹精细，腹板网纹微弱，第 1–5 腹节布稀疏小刻点，第 6 腹节小刻点稠密。足略浅于腹面。雌性：前胸背板密布细纵刻线。

分布：浙江（杭州）；日本。

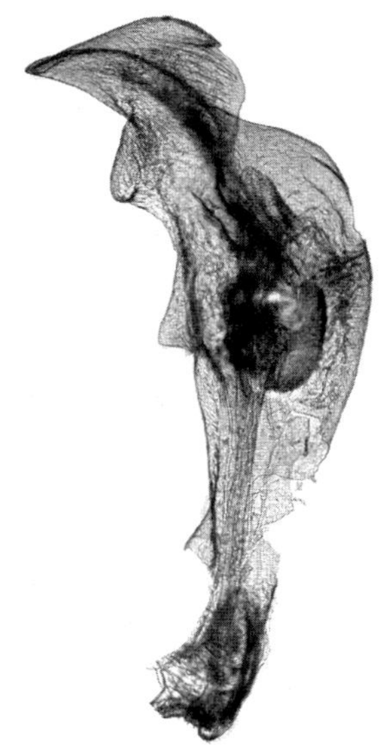

图 3-22 兹氏刻翅龙虱 *Copelatus zimmermanni* Gschwendtner, 1934 阳茎（侧面观）

（十二）真龙虱亚科 Cybistrinae

主要特征：该亚科多为大型种类。体卵形或长卵形，前端略窄。体黑色，多具绿色金属光泽；复眼前缘不凹；前胸背板和鞘翅侧缘多具黄色侧缘带，腹面黑色或棕褐色，有些种类间有棕黄色。后足基线清晰。有些种类雄性鞘翅具小瘤突，雌性具短小纵刻痕。雄性前足跗节第 1–3 节膨大并形成椭圆形吸盘。

分布：世界广布。世界已知 7 属 128 种，中国记录 1 属 14 种，浙江分布 1 属 3 种。

110. 真龙虱属 *Cybister* Curtis, 1827

Cybister Curtis, 1827: 151. Type species: *Dytiscus lateralis* Fabricius, 1798.

Cybisteter Bedel, 1881: 242. Type species: *Dytiscus lateralis* Fabricius, 1798.

Gschwendtnerhydrus Brinck, 1945: 11. Type species: *Dytiscus tripunctatus* Olivier, 1795.

Megadytoides Brinck, 1945: 11. Type species: *Cybister marginicollis* Boheman, 1848.

Meganectes Brinck, 1945: 11. Type species: *Cybister dejeanii* Aubé, 1838.

Nealocomerus Brinck, 1945: 11. Type species: *Dytiscus fimbriolatus* Say, 1825.

Scaphinectes Ádám, 1993: 81. Type species: *Dytiscus roeselii* Fuessli, 1775.

Trochalus Dejean, 1833: 53. Type species: *Dytiscus roeselii* Fuessli, 1775.

Trogus Leach, 1817: 70. Type species: *Dytiscus lateralis* Fabricius, 1798.

主要特征：多为大型种类。体卵形或长卵形，前端略窄。体黑色，多具绿色金属光泽；前胸背板和鞘翅侧缘多具黄色侧缘带，腹面黑色或棕褐色，有些种类间有棕黄色。后基线清晰。许多种类雄性鞘翅具小瘤突，雌性具短小纵刻痕。雄性前足跗节第 1–3 节膨大并愈合形成椭圆形吸盘。雄性后足仅 1 爪；雌性后足为 1 或 2 爪，但外爪强烈退化。

分布：世界广布。世界已知约 100 种；中国记录 16 种，其中 5 种分类记录有待商榷；浙江分布 3 种。

分种检索表

1. 体长 17.5–19.5 mm；前胸背板和鞘翅黑绿色，无黄边 ······ **黑绿真龙虱 *C. sugillatus***
- 体长超过 22.0 mm；前胸背板和鞘翅具有黄色边缘 ······ 2
2. 体长卵形；阳茎端部二裂状 ······ **三刻真龙虱 *C. tripunctatus lateralis***
- 体短卵圆形；阳茎端部圆 ······ **黄唇真龙虱 *C. lewisianus***

（241）黄唇真龙虱 *Cybister lewisianus* Sharp, 1873（图版 I-134）

Cybister lewisianus Sharp, 1873: 46.

主要特征：体长约 23.0 mm，卵形，前端略窄。头黑色，具绿色金属光泽，额唇基缝之前、复眼与额唇基缝之间棕黄色；小刻点浅而稠密，其间散落稀疏稍大且深的刻点；沿复眼较大刻点排成弧形；复眼前内侧近中央两侧各具 1 凹陷，其内具稠密大刻点；无明显网纹。前胸背板黑色，具绿色金属光泽，侧缘具较宽黄边。鞘翅黑色，具绿色金属光泽，侧缘黄边基部略宽于前胸背板侧缘的黄边，刻点列明显，网纹极微弱。鞘翅缘折棕黄色。腹面棕黄色，各腹节侧缘多少黑色。第 2–5 腹节侧缘具微弱纵皱纹，末腹节中部向两侧具较深皱纹。中足跗节、后足胫节、跗节均黑色，其余棕黄色。阳茎端部为 1 略上翘的椭圆形突。

分布：浙江（宁波）、辽宁、北京、河北、江苏、上海、安徽、湖北、江西、广东、海南；日本，越南。

（242）三刻真龙虱 *Cybister tripunctatus lateralis* (Fabricius, 1798)（图版 I-135）

Dytiscus lateralis Fabricius, 1798: 64.

Cybister asiaticus Sharp, 1882b: 731.

Cybister gotschii Hochhuth, 1846: 214.

Cybister orientalis Gschwendtner, 1931: 99.

Cybister similis Régimbart, 1899: 352.

Cybister szechwanensis Falkenström, 1936b: 238.

Cybister lateralis: Curtis, 1827: 151.

Cybister tripunctatus lateralis: Nilsson, 2001: 90.

主要特征：体长 24.0–27.0 mm，长卵形，前端略窄，背面略拱。头黑色，具绿色金属光泽，额唇基缝之前、复眼与额唇基缝之间棕黄色；小刻点浅而稠密，其间散落稀疏稍大而深的刻点；沿复眼内侧较大刻点排成短纵列，略凹陷；复眼前内侧近中央两侧各具 1 凹陷，其内具稠密大刻点；无明显网纹。前胸背板黑色，具绿色金属光泽，侧缘具较宽黄边；刻点同头部。鞘翅黑色，具绿色金属光泽，侧缘黄边基部明显宽于前胸背板侧缘的黄边，黄边近末端钩状，鞘翅缘折棕黄色；刻点列明显。腹面棕褐色至黑色，第 3–5 腹节后缘两侧各具 1 小黄斑。中足跗节、后足胫节和跗节黑色，其余棕黄色。雄性前、中足外爪略短于内爪，鞘翅具浅而不明显的瘤突；雌性鞘翅基部 1/3 的第 2、第 3 刻点列间具短刻线。

分布：浙江及除宁夏、甘肃、青海、新疆之外全国各省份；俄罗斯（远东地区），蒙古国，朝鲜半岛，日本。

（243）黑绿真龙虱 *Cybister sugillatus* Erichson, 1834（图版 I-136）

Cybister sugillatus Erichson, 1834: 227.

Cybister bisignatus Aubé, 1838: 88.

Cybister notasicus Aubé, 1838: 90.

Cybister olivaceus Boheman, 1858: 21.

主要特征：体长 17.5–19.5 mm，长卵圆形，中部以后略宽。头黑色，具绿色金属光泽，上唇及触角棕黄色；唇基两侧近前缘、额唇基缝两侧略后及近复眼各具 1 刻陷，内有较密小刻点，微小刻点稠密。前胸背板黑色，具绿色金属光泽；近前缘及侧缘具排列整齐的小刻点；后缘两侧各具 1 簇小刻点；微小刻点稠密。鞘翅黑色，具绿色金属光泽，端部具 1 红色斑；刻点列的刻点细小；网纹极微弱，网眼极浅而细小，微小刻点浅而稠密。腹面棕褐色，腹部第 3、4 节各具 1 小黄斑；第 4–5 腹节具稠密微刻点。足棕褐色，前足胫节、中足胫节深红色；前、中足外爪略短于内爪；后足跗节呈桨状，基部 4 节后缘无长纤毛而内缘具金黄色长纤毛。雄性的鞘翅不具瘤突；雌性的鞘翅常有较密小瘤。

分布：浙江（宁波）、北京、河北、湖北、江西、湖南、福建、台湾、广东、海南、广西、四川、云南、西藏；巴基斯坦，东南亚，西亚。

（十三）龙虱亚科 Dytiscinae

主要特征：体长 6.5–45.0 mm。复眼前缘不凹；前胸腹板和前胸腹突处于同一平面；中胸小盾片可见；跗节 5 节；雄性前足跗节第 1–3 节明显膨大成圆形或椭圆形，腹面着生具柄大圆形吸附盘；后爪大多不等长，或仅有 1 爪可见。

分布：世界广布。世界已知 12 属 250 种，中国记录 7 属 29 种，浙江分布 4 属 8 种。

分属检索表

1. 后足胫节 2 距端部均有凹刻，其腹面具端部凹刻的刚毛着生点呈斜排……2
- 后足胫节 2 距均无凹刻，其腹面具凹刻的刚毛着生处呈斜排、直线或曲线……3
2. 体宽卵圆形；鞘翅具有稠密较均匀的小深褐斑；后足基节线不明显，至后足基节突消失……**圆龙虱属 *Graphoderus***
- 体长卵圆形；鞘翅具有黄黑相间的横带；后足基节线明显，至后足基节突清晰……**宽龙虱属 *Sandracottus***
3. 体较拱隆；前胸背板基部不窄于鞘翅；鞘翅后侧缘缺刺列；后胸腹板侧翼前侧缘直……**斑龙虱属 *Hydaticus***
- 体较平；前胸背板明显窄于鞘翅；鞘翅后侧缘具 1 列刺；后胸腹板侧翼前侧缘明显弯曲……**齿缘龙虱属 *Eretes***

111. 圆龙虱属 *Graphoderus* Dejean, 1833

Graphoderus Dejean, 1833: 54. Type species: *Dytiscus cinereus* Linnaeus, 1758.

Derographus Portevin, 1929: 210. Type species: *Hydaticus austriacus* Sturm, 1834.

Graphothorax Motschulsky, 1853: 9. Type species: *Dytiscus cinereus* Linnaeus, 1758.

Prosciastes Gistel, 1856: 355. Type species: *Dytiscus cinereus* Linnaeus, 1758.

主要特征：体大型，背面棕黄色至红褐色；前胸背板大多具黑色横带；鞘翅黑色斑纹多愈合。后基线清晰。雄性前足跗节第 1–3 节膨大，腹面着生 3 个大的和数个小的吸附盘；大多数种类中足跗节第 1–3 节腹面着生吸附盘。后足跗节基部 4 节后缘具金黄色长纤毛。雌性鞘翅二型，有或无宽纵沟。

分布：主要分布于全北区。世界已知 11 种，中国记录 2 种，浙江分布 1 种。

（244）亚当圆龙虱 *Graphoderus adamsii* (Clark, 1864)（图 3-23，图版 I-137）

Hydaticus adamsii Clark, 1864: 211.

Hydaticus japonicus Sharp, 1873: 48.

Graphoderus adamsii: Sharp, 1882b: 694.

主要特征：体长 12.5–14.5 mm。体宽卵圆形，前端略窄，末端宽圆。头棕黄色，后缘具黑色宽横带，

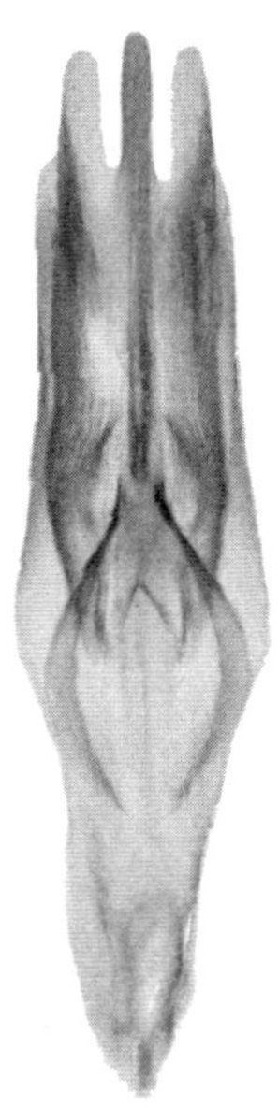

图 3-23 亚当圆龙虱 *Graphoderus adamsii* (Clark, 1864)阳茎（背面观）

横带两侧向上延至复眼中部，黑横带前缘具 1 黑色倒八字形斑；唇基后缘两侧各具 1 较大刻痕。额唇基缝黑色斑较长，额区刻点二型，小而密及大而疏；近头后缘刻点较大而密。前胸背板棕黄色，前、后缘具黑色宽边，前缘黑边两侧仅达前角以内，后缘黑边两端达侧缘，略窄；近前缘刻点大且排成 1 行，中间缺如；背板两侧具粗大而纵长皱纹。鞘翅棕黄色，鞘缝具黑色窄边；鞘翅满布黑色斑纹，组成黑色网纹，黑网纹于翅内缘距鞘缝有 1 窄纵带；鞘翅缘折棕褐色；刻点列较明显。腹面棕褐色。前胸腹突基部色浅，端部色深；前胸腹突矩圆形，末端钝圆。后胸腹板侧翼皱纹稠密。前、中足和后足腿节端部棕黄色，后足除腿节端部外棕褐色。雄性，前爪简单，明显短于第 5 跗节。中爪几乎等长，中足跗节第 1–3 节膨大，其上着生的小吸盘排成 2 列。雌性，足不特化。前胸背板皱纹比雄性略粗糙。

分布：浙江、黑龙江、吉林、辽宁、北京、河北、山西、江苏、湖北；俄罗斯（远东地区），韩国，日本。

112. 宽龙虱属 *Sandracottus* Sharp, 1882

Sandracottus Sharp, 1882b: 672. Type species: *Dytiscus fasciatus* Fabricius, 1775.

主要特征：体中型；背腹面均略拱；背面光亮。中足腿节后缘具 3–4 根中等长的刚毛；雄性前足跗节不具缘毛；雄性前、中足跗节后缘具较长的直刚毛。末端 2 个腹节具大斑点。后足胫节端距末端具浅刻。

分布：古北区、东洋区和澳洲区。世界已知 16 种，中国记录 2 种，浙江分布 1 种。

（245）混宽龙虱 *Sandracottus mixtus* (Blanchard, 1843)（图版 I-138）

Hydaticus mixtus Blanchard, 1843: pl. 4.

Sandracottus crucialis Régimbart, 1899: 333.

Dytiscus fasciatus Fabricius, 1775: 825.

Hydaticus hunteri Crotch, 1872: 205.

Sandracottus mixtus: Balfour-Browne, 1944: 355.

主要特征：体长 14.0 mm。体宽卵形，前端略窄，末端宽圆。头棕黄色，后缘和唇基前缘具较宽的棕褐色边，额唇基缝两侧黑色，近头后缘黑横带具 1 倒八字暗痕；额唇基缝之后具刻线及较密刻点；额区近复眼刻点较大，后头刻点小而较密，其间分布稀疏较大刻点。前胸背板棕黄色，中央具深棕色宽纵带，纵带宽度约为背板宽的 1/3，前、侧和后缘具深色窄边；近前缘具 1 行大刻点，后缘两侧具少数大刻点；前、后缘具一些纵皱纹。鞘翅棕黄色，鞘缝具较宽深棕色边；鞘翅中部略前及略后各具 1 深棕色横带，横带弯曲，内侧达鞘缝，外侧不达翅缘；刻点列上具深棕色小斑；肩角附近及近翅端具小而圆的斑；刻点列明显。腹面棕黄色至棕褐色。前胸腹突端部略宽，短圆形，具较密而小的刻点。前、中足棕黄色；后足棕褐色，粗短；后足腿节光亮，后足胫节具较密长形刻点，端部不具刻点。

分布：浙江、江苏、上海、湖北、江西、湖南、福建、广东、海南、广西、重庆、四川、贵州、云南、西藏；日本，印度，东南亚。

113. 齿缘龙虱属 *Eretes* Laporte, 1833

Eretes Laporte, 1833: 397. Type species: *Dytiscus griseus* Fabricius, 1781.

Eunectes Erichson, 1832: 17. Type species: *Dytiscus sticticus* Linnaeus, 1767.

Nogrus Dejean, 1833: 53. Type species: *Dytiscus griseus* Fabricius, 1781.

主要特征：中型种类；体背面略扁，灰黄色或棕黄色。前胸背板基部明显窄于鞘翅基部，侧缘具脊。前胸腹突末端尖。后胸腹板侧翼弧形后弯。鞘翅侧缘后半部具锯齿列。后爪 1 对，较长。

分布：世界广布。世界已知 4 种，中国记录 1 种，浙江分布 1 种。

（246）灰齿缘龙虱 *Eretes griseus* (Fabricius, 1781)（图版 I-139）

Dytiscus griseus Fabricius, 1781: 293.

Eretes griseus: Laporte, 1833: 397.

Eretes moroderi Báguena Corella, 1935: 90.

Eunectes plicipennis Motschulsky, 1845: 29.

Eunectes succinctus Klug, 1834b: t.33/4.

主要特征：体长 12.0–13.5 mm。体卵圆形，前端略窄，末端宽圆。背面扁平，腹面略拱。体灰色、灰黄色至棕褐色，额区前缘具深棕色窄边。头额区中央具黑色椭圆形横斑，后缘具 1 黑色横斑，该斑前缘中央具 1 深缺刻。前胸背板中部具 1 对细长横带，该横带在中部不相接，且不达前胸背板侧缘；前、后缘具深色窄边。前角较尖锐，后角几乎为直角；近前缘小刻点排成行，后缘平直；刻点极稠密，二型，极大或极小。鞘翅具较密黑色小斑，中部以后黑斑密，形成不明显波形横带；翅侧缘中部、横带侧缘及近末端各具 1 较大斑；刻点列明显，排成 3 列；刻点微小而细密，刻点与黑斑重叠。腹面棕黄色。前胸腹突端部不变宽，末端尖细；腹部基部 2 节具密刻线，第 3 节中部具较短棕色粗短刚毛，其后各节具较少棕色刚毛，排成行。足棕黄色；前、中足腿节后缘具长缘毛，后足腿节、胫节光滑。雄性：前足爪不对称，内爪略短。文献中记录我国分布的 *Eretes sticticus* (Linnaeus)均为错误鉴定，实际上都是该种。

分布：浙江（临安）、黑龙江、辽宁、内蒙古、北京、天津、河北、山西、山东、陕西、甘肃、江苏、上海、安徽、湖北、江西、湖南、福建、台湾、广东、海南、澳门、广西、四川、贵州、云南、西藏；古北区亚洲部分，东洋区，旧热带区，澳洲区。

114. 斑龙虱属 *Hydaticus* Leach, 1817

Hydaticus Leach, 1817: 69. Type species: *Dytiscus transversalis* Pontoppidan, 1763.

Icmaleus Gistel, 1856: 355. Type species: *Dytiscus transversalis* Pontoppidan, 1763.

主要特征：体中型，鞘翅棕黄色具黑色小斑，或黑色具黄色斑；刻点较小而密。后胸腹板侧翼前缘直。后基线向中央延伸；后爪不等长。雄性中足跗节腹面吸附盘较大，第 1 跗节腹面刚毛不排成列。

分布：世界广布。世界已知 146 种，中国记录 14 种，浙江分布 5 种。

分种检索表

1. 体黑色，具黄色斑……2
- 体棕黄色，具黑色小斑……3
2. 近翅侧缘具 2 条纵黄带几乎到达翅端部汇合，翅基近鞘缝具 1 黄斑；前胸背板黄色，具小黑斑……**黄条斑龙虱 *H. bowringii***
- 近翅侧缘具 2 条纵黄带于翅中部之前即汇合，翅基近鞘缝不具 1 黄斑；前胸背板中部黑色，两侧黄色……**单斑龙虱 *H. vittatus***
3. 鞘翅小黑斑形成明显的黑褐色纵条……**宽缝斑龙虱 *H. grammicus***
- 鞘翅无明显的黑色纵条……4
4. 鞘翅上小斑在翅中部及近翅端形成横带……**横带斑龙虱 *H. thermonectoides***
- 鞘翅上深色小斑分布较均匀，不形成条纹或横带……**毛茎斑龙虱 *H. rhantoides***

(247)黄条斑龙虱 *Hydaticus bowringii* Clark, 1864(图版 I-140)

Hydaticus bowringii Clark, 1864: 214.

主要特征:体长 14.0 mm,宽卵圆形。头红褐色至黑色,复眼中部向前黄色,额唇基缝两侧黑色。额区近复眼具 1 小凹陷;有大、小两种稠密刻点。前胸背板黄色至黑色,两侧缘具极宽黄带;侧缘直,前窄后宽。前、后缘具深色窄边。鞘翅红褐色至黑色,缘折黑色;近鞘缝基部具 1 较大的斑,圆形或近方形,约翅中央具 1 较宽纵带,从基部至端部,近翅缘另具 1 宽纵带,由基部至端部,二带于翅端相连;刻点列明显,排列整齐。腹面红褐色至黑色。前胸腹突基部黄色,端部红棕色,略宽,末端圆。后胸腹板刻皱密;后足基节平滑,具浅刻线及小刻点。前、中足黄色,中、后足胫节色深。后足胫节基部具较多排列不规则的长形小刻点。

分布:浙江(临安)、辽宁、北京、河北、山东、陕西、江苏、安徽、湖北、江西、台湾、重庆、四川、贵州、云南;朝鲜,韩国,日本,东南半岛。

(248)宽缝斑龙虱 *Hydaticus grammicus* (Germar, 1827)(图版 I-141)

Dytiscus grammicus Germar, 1827: t.1.
Dytiscus lineolatus Ménétriés, 1832: 140.
Hydaticus nigrovittatus Clark, 1864: 222.
Hydaticus grammicus: Sturm, 1834: 56.

主要特征:体长 10.5–11.0 mm,卵圆形。头棕黄色,后缘具棕褐色窄带;唇基深色,额唇基缝两侧深色,具刻陷。前胸背板棕黄色,前、侧和后缘具深色窄边。鞘翅棕黄色,具较密的深棕色小斑,小斑较集中,形成棕褐色纵带,纵带间具较宽的缝隙,与其他种区别明显;鞘缝棕褐色;缘折棕黄色;刻点列较明显;小刻点极浅而细密,较大刻点稠密。前胸腹突端部略宽,椭圆形,末端钝圆;具较密而小的刻点;后胸腹板具细密的刻皱;后足基节刻线密;腹部具稀疏小刻点。足棕黄色。后足胫节基部具几个大的长形刻点及一些小的长刻点。

分布:浙江(杭州)、黑龙江、吉林、辽宁、北京、河北、宁夏、陕西、江苏、湖北、海南、四川、贵州、云南;俄罗斯,蒙古国,朝鲜半岛,日本,中亚地区,欧洲南部。

(249)毛茎斑龙虱 *Hydaticus rhantoides* Sharp, 1882(图版 I-142)

Hydaticus rhantoides Sharp, 1882b: 664.
Hydaticus fengi Falkenström, 1936b: 236.

主要特征:体长 9.5–12.0 mm,卵圆形。体棕黄色,鞘翅缘折棕褐色。唇基前缘内凹,深色,额唇基缝两侧深色,具刻陷;额区沿复眼具不明显的刻点及刻陷;头上具较密的大、小两种刻点,网纹缺。前胸背板侧缘具深色窄边。鞘翅具较密的深棕色小斑;小斑常两两相接;刻点列较明显,刻点与头及前胸背板的相同;网纹缺。前胸腹突端部略宽,椭圆形,末端钝圆;具较密而小的刻点;后胸腹板具细密的刻皱;后足基节刻线密,网纹较清晰,网眼小而圆;腹板网纹较清晰,基部 3 节网眼圆形,其后各节网眼较不规则;腹部具稀疏小刻点。后足胫节基部具几个大的长形刻点及一些小的长刻点。

分布:浙江(临安、丽水)、黑龙江、河北、江苏、上海、湖北、江西、湖南、福建、台湾、广东、海南、香港、广西、四川、贵州、云南;日本,越南。

（250）横带斑龙虱 *Hydaticus thermonectoides* Sharp, 1884（图版 I-143）

Hydaticus thermonectoides Sharp, 1884: 447.

主要特征：体长 9.5–11.0 mm，卵圆形。头棕黄色，略深；唇基前缘内凹，深色，额唇基缝两侧深色，具刻陷；额区沿复眼具不明显的刻点及刻陷；头上具较稠密的大、小两种刻点。前胸背板棕黄色，前、侧和后缘具深色窄边；前、后角尖锐，侧缘略弧形，前窄后宽边；中央往两侧具稀疏纵刻线，刻点中央较稀疏，往两侧稠密，大、小两种。鞘翅棕黄色，具较密的深棕色小斑，小斑不均匀，在鞘翅中部和近翅端稀疏，形成 2 条不规则的横带；鞘缝棕褐色，缘折棕黄色；刻点列较明显，大小刻点均稠密。前胸腹突端部略宽，椭圆形，末端钝圆；后胸腹板具细密的刻皱；后足基节刻线密；腹部具稠密小刻点。足棕黄色，后足胫节基部具几个大的长形刻点及一些小的长刻点。

分布：浙江、江苏、湖北、重庆、贵州、云南。

（251）单斑龙虱 *Hydaticus vittatus* (Fabricius, 1775)（图版 I-144）

Dytiscus vittatus Fabricius, 1775: 825.

Hydaticus vittatus: Leach, 1817: 72.

Graphoderus lenzi Schönfeldt, 1890: 170.

Hydaticus nepalensis Satô, 1961: 60.

Hydaticus sesquivittatus Fairmaire, 1880: 164.

主要特征：体长 12.0–17.0 mm，宽卵圆形，两侧略平行。头红褐色至黑色，唇基黄色；唇基前缘内凹，深色，额唇基缝两侧深棕色，具较大刻陷；近复眼具 1 较大刻陷，头上具较大及较小两种刻点，稠密。前胸背板红褐色至黑色，侧缘具黄色窄带；前、后角钝圆，侧缘略弧形；近前缘小刻点略多，侧缘小刻点较分散；后缘仅具少数小刻点；中部具稠密的极小刻点，其间还具少数较大刻点。鞘翅红褐色至黑色，侧缘具 2 条黄色纵带，内带从翅基至翅端；外带从翅基至翅中部略靠前与内带相连；刻点列较明显，无网纹。前胸腹突端部略宽，末端圆钝；后胸腹板刻皱密；后足基节具浅刻及较清晰的网纹，网眼极小。腹部基部 2 节网纹较清晰，网眼小；其余各节网眼模糊，具少数小刻点。前、中足棕黄色，后足红褐色；后足腿节光滑，后足胫节近基部具少数长刻点。

分布：浙江（舟山）、山东、陕西、江苏、湖北、江西、福建、台湾、广东、海南、香港、澳门、四川；日本，印度，尼泊尔，东南亚，沙特阿拉伯。

（十四）水龙虱亚科 Hydroporinae

主要特征：体长 1.0–7.8 mm，通常小于 5.0 mm。前胸腹板前中部与前胸腹突明显不在同一面上；中胸小盾片不可见；前、中足跗节第 4 节很小，隐于第 3 节分瓣间，似 4 节；雌雄成虫后足胫节和跗节背腹面边缘均具游泳毛。体形、体色多变。

分布：世界广布。世界已知 120 属约 2300 种，中国记录 18 属 129 种，浙江分布 6 属 11 种。

分属检索表

1. 后足爪明显不等长，前爪短于后爪；后足基节无突叶或极小；前胸腹突窄，端部不变宽（异爪龙虱族 Hyphydrini）……2
- 后足爪等长或几乎等长；后足基节突叶存在，通常很大，偶尔较小但明显可见；前胸腹突窄或端部宽……4
2. 体较大，3.0–6.8 mm；后足转节完全暴露，后足基节无向后外侧突出的三角形小突片……**异爪龙虱属 *Hyphydrus***
- 体小，不超过 2.8 mm；后足转节基部被后足基节向后外侧突出的 1 个三角形小突片部分遮盖……3

3. 前胸腹突中部具 1 小突起或小齿；唇基前缘无镶边……微龙虱属 *Microdytes*
- 前胸腹突无小突起；通常唇基前缘具不明显的镶边……圆突龙虱属 *Allopachria*
4. 体宽卵圆形；鞘翅末端锐突；前胸腹突短，末端显著变宽，端部略弧形或几乎平截；中足基节很宽地分离；后足基节端突中部有深凹刻，侧突宽（宽突龙虱族 Hydrovatini）……宽突龙虱属 *Hydrovatus*
- 体长卵圆形；鞘翅末端不尖锐突出；前胸腹突长，端部不显著变宽，末端尖或圆；中足基节分离较窄；后足基节端突不宽而具有很深的凹刻……5
5. 前胸背板和鞘翅基部具纵刻线；鞘翅缘折基部无斜脊，鞘翅具有长点条线缝……短褶龙虱属 *Hydroglyphus*
- 前胸背板和鞘翅基部无纵刻线；鞘翅缘折基部有 1 斜脊，鞘翅无点条线缝……雕龙虱属 *Coelambus*

115. 短褶龙虱属 *Hydroglyphus* Motschulsky, 1853

Hydroglyphus Motschulsky, 1853: 5. Type species: *Dytiscus geminus* Fabricius, 1792.

Guignotus Houlbert, 1934: 53. Type species: *Dytiscus geminus* Fabricius, 1792.

主要特征：体型小，较细长。体表多具斑纹。头部不具颈线，前缘不具脊。前胸背板和鞘翅具纵刻线，鞘翅具明显鞘缝线。鞘翅缘折基部不具凹陷和隆线。雄性侧叶 3 分节。

分布：世界广布。世界已知 90 种，中国记录 10 种，浙江分布 3 种。

分种检索表

1. 阳茎背面几乎呈直角，侧叶端节剧烈膨大……日本短褶龙虱 *H. japonicus*
- 阳茎背面不呈直角，侧叶端节大小适中……2
2. 阳茎侧面观端半部突然膨大，末端钝，背面观末端圆钝……佳短褶龙虱 *H. geminus*
- 阳茎侧面观端半部不突然膨大，末端较尖……东方短褶龙虱 *H. orientalis*

（252）日本短褶龙虱 *Hydroglyphus japonicus* (Sharp, 1873)（图 3-24，图版 I-145）

Hydroporus japonicus Sharp, 1873: 54.

Guignotus tangweii Li, 1992: 36.

Guignotus vernalis Guignot, 1954: 197.

Guignotus yingkouensis Li, 1992: 36.

Bidessus yoshimurai Kamiya, 1932: 4.

Hydroglyphus japonicus: Biström, 1988: 14.

Bidessus trassaerti Feng, 1936: 4. Syn. n.

主要特征：体长 2.2 mm，长卵圆形，背面略平。体棕黄色至棕褐色，头后缘深棕色。唇基前缘圆，无脊；后部网纹较清晰，网眼小。前胸背板前角锐长，内弯，后角几乎为直角，后缘中部 V 突较明显；褶皱长几乎为前胸背板长之半；刻点大而密；纤毛密。鞘翅基部具深棕色窄横带，鞘缝深棕色；鞘翅具 2 深棕色纵带，内带与鞘缝相接，前端不达基部，末端亦不达翅端，末端钩状，向外侧，外带略短于内带，略前移，末端亦向外呈钩状；皱褶与前胸背板的等长；具稠密长纤毛。中、后胸腹板，后足基节及腹部深棕色。后足基节网纹较清晰；腹部刻点稀疏，纤毛多排成行，网纹模糊。后足腿节较粗，后足胫节基部细和弯。

分布：浙江（宁波）、黑龙江、吉林、辽宁、内蒙古、北京、天津、江苏、湖北、江西、湖南、福建、广东、贵州；俄罗斯（远东地区），朝鲜，韩国，日本。

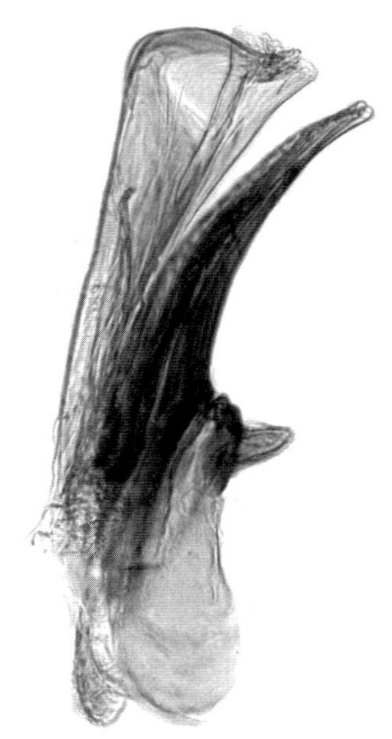

图 3-24　日本短褶龙虱 *Hydroglyphus japonicus* (Sharp, 1873)阳茎（侧面观）

（253）佳短褶龙虱 *Hydroglyphus geminus* (Fabricius, 1792)（图 3-25，图版 I-146）

Dytiscus geminus Fabricius, 1792: 199.
Bidessus corsicus Schneider, 1903: 51.
Bidessus inmaculatus Báguena Corella, 1935: 85.
Hydroporus monaulacus Drapiez, 1820: 270.
Hydroglyphus geminus: Motschulsky, 1853: 5.
Bidessus nitens Falkenström, 1939: 7.
Bidessus obscurus J. Sahlberg, 1903: 16.
Bidessus ocellatus Báguena Corella, 1935: 85.
Bidessus pectinatus Báguena Corella, 1935: 85.
Bidessus licenti Feng, 1936: 3. Syn. n.
Dytiscus pusillus Fabricius, 1781: 297.
Dytiscus pygmeus Olivier, 1795: 39. [HN]
Dytiscus trifidus Panzer, 1795: 26/t.2.
Hydroporus symbolum Kolenati, 1845: 86.

主要特征：体长 2.2 mm，长卵圆形，背面较平。体棕黄色至棕褐色；网纹清晰，网眼圆。前胸背板前角锐长，后角为直角，后缘中部 V 突明显；皱褶达前胸背板中部；具稠密的小刻点及长纤毛；网纹清晰。鞘翅斑纹棕褐色，形状多变：中部稍后伸出 1 大斑，内侧与鞘缝相接，外侧不达翅中部，该斑常向前伸出 1 纵带，后端圆并向外侧钩；大斑外侧常具 1 纵斑，有时亦向前延伸；斑纹有时缩小成细带；鞘缝深棕色，缝缘沟深，达翅基，皱褶略长于前胸背板的皱褶，纤毛较密。腹部深棕色。腹部具不少刻线、小刻点及较密纤毛。后足腿节较粗，胫节基部细，略弯。

分布：浙江、黑龙江、吉林、辽宁、北京、河南、陕西、宁夏、甘肃、新疆、江西、广西、四川、贵州、云南；中亚，欧洲。

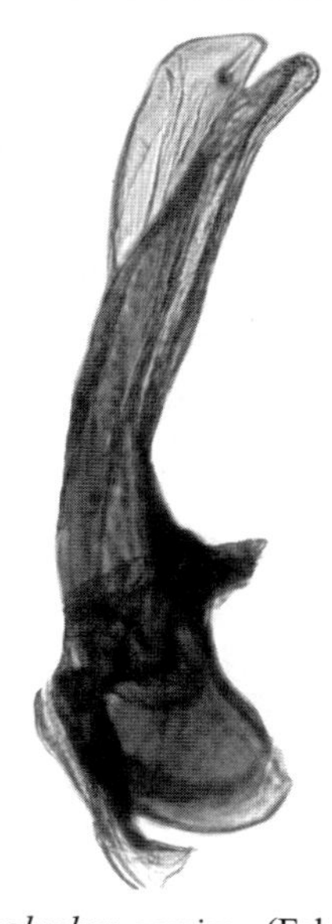

图 3-25　佳短褶龙虱 *Hydroglyphus geminus* (Fabricius, 1792)阳茎（侧面观）

（254）东方短褶龙虱 *Hydroglyphus orientalis* (Clark, 1863)（图 3-26，图版 I-147）

Hydroporus orientalis Clark, 1863: 427.

Hydroglyphus orientalis: Biström, 1988: 14.

主要特征：体长 2.1 mm，长卵圆形。体棕黄色。唇基前缘圆，无脊；额区光亮，触角着生处斑痕明显；额区刻点小而稀疏，后部较密，沿复眼刻点排成列；网纹较清晰，后缘颜色略深。前胸背板较光亮，前角锐长，后角几乎为直角，侧缘具窄脊，弧形外凸，后缘中部 V 突明显；皱褶不及前胸背板长之半；刻点较大而密，具纤毛；网纹清晰。鞘翅具棕褐色斑纹：基部横带后缘不规则，中部稍后具 1 不规则形状斑纹；皱褶差不多为 1 大刻点；鞘缝沟不达翅基，刻点略大且比前胸背板的密；纤毛长而密；网纹较清晰，网眼长形。腹部棕褐色。后足基节具稀疏而小的刻点；网纹较清晰，网眼椭圆形。腹部具少数小刻点，纤毛排成行；网纹较模糊。后足腿节较粗，后足胫节基部细而弯。

分布：浙江、湖北、湖南、福建、广东、海南、广西、贵州、云南、西藏；泰国。

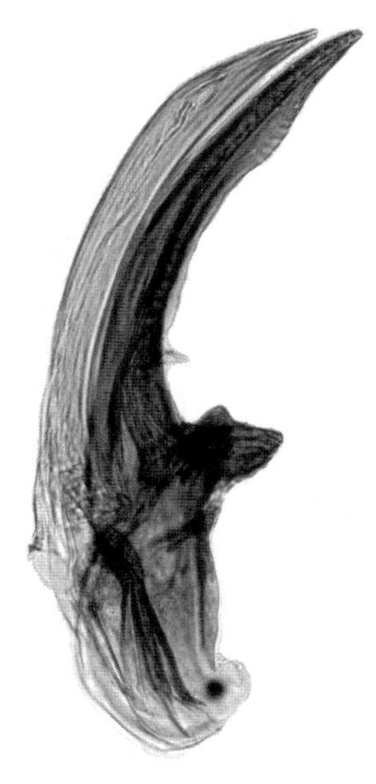

图 3-26　东方短褶龙虱 *Hydroglyphus orientalis* (Clark, 1863)阳茎（侧面观）

116. 宽突龙虱属 *Hydrovatus* Motschulsky, 1853

Hydrovatus Motschulsky, 1853: 4. Type species: *Hyphydrus cuspidatus* Kunze, 1818.
Hydatonychus H. J. Kolbe, 1883: 402. Type species: *Hydatonychus crassicornis* H. J. Kolbe, 1883.
Oxynoptilus Schaum, 1868: 28. Type species: *Hyphydrus cuspidatus* Kunze, 1818.
Pseudhydrovatus Peschet, 1924: 140. Type species: *Pseudhydrovatus antennatus* Peschet, 1924.
Vathydrus Guignot, 1954: 197. Type species: *Hydrovatus sordidus* Sharp, 1882.

主要特征：体长 1.5–4.0 mm，椭圆或宽椭圆形，鞘翅末端尖锐，常形成后突，背、腹面一般较拱。体棕色至黑色，背面多无斑纹；背、腹面一般具均匀分布、稠密刻点；有网纹或无。唇基前缘具窄脊，或不明显。前胸背板较拱，前角尖锐，后角几乎为直角；侧缘具明显窄脊；后缘呈“V”形后突。前胸腹突端部宽大，呈扇形，末端圆弧形或近平截。后足基节缝几乎与中线垂直，仅两侧略上弯。后胸腹板与后足基节多具相同的刻点及网纹；后足基节突具深缺刻。足较纤细，后足胫节基部细、圆，端部较粗。后爪 1 对，等长。

分布：世界广布。世界已知 204 种，中国记录 9 种，浙江分布 1 种。

（255）奥博宽突龙虱 *Hydrovatus obtusus* Motschulsky, 1855（图 3-27，图版 I-148）

Hydrovatus obtusus Motschulsky, 1855: 82.
Hydrovatus acutus Sharp, 1882b: 330.

主要特征：体长 2.45–2.7 mm。雄性触角第 4–6 节最宽，雄性下颚须不宽大，鞘翅刻点细小，较疏。后足基节板在与后胸腹板相接的边缘有成排的细小但清晰的发音脊。雄性外生殖器侧叶端部具 1 呈锐角的钩刺，阳茎中叶两侧不明显宽大，侧面观较细窄，背面观阳茎近端部收缩，端部宽、平截。

分布：浙江、湖北、福建、海南；印度，缅甸，越南，老挝，泰国，斯里兰卡，菲律宾，马来西亚，印度尼西亚。

图 3-27　奥博宽突龙虱 *Hydrovatus obtusus* Motschulsky, 1855 阳茎（侧面观）

117. 雕龙虱属 *Coelambus* Thomson, 1860

Coelambus C. G. Thomson, 1860: 13. Type species: *Dytiscus confluens* Fabricius, 1787.

主要特征：体小到中型，宽卵圆形或长卵圆形。前胸背板和鞘翅不具皱褶。唇前缘具有完整的厚边，鞘翅后端边缘隆突前脊明显变宽。

分布：主要分布于古北区和新北区。世界已知 63 种，中国记录 11 种，浙江分布 1 种。

（256）中华雕龙虱 *Coelambus chinensis* Sharp, 1882

Coelambus chinensis Sharp, 1882b: 398.

Coelambus vittatus Sharp, 1884: 441.

主要特征：体长 4.3–5.0 mm，宽 2.2–2.7 mm。体卵圆形，背面隆起，光亮；棕黄色。复眼之后棕褐色，头顶具“U”形黄斑；复眼前具 1 横形浅凹，内侧具 1 列刻点形成的凹陷；刻点大而稠密。前胸背板两侧缘具明显的脊；前缘刻点较小而稠密，中央部分刻点较稀疏，近后缘刻点大小不一，稠密，中部大刻点愈合成深纵刻线。鞘翅前 1/3 具 4 条棕褐色纵带，向后愈合成片，但不达侧边，纵带边缘模糊；大刻点深，不愈合形成纵凹带，小刻点略浅，均极稠密，尤其在后半部。腹面黑色，光亮；刻点大而稠密；鞘翅缘折棕黄色。雄性，前、中足跗节双叶状膨大，前足内（前）爪膨大，端部宽圆，中央略凹陷。

分布：浙江、黑龙江、吉林、辽宁、内蒙古、北京、河北、山东、上海、江西、台湾、四川、新疆；俄罗斯（远东地区），蒙古国，朝鲜，韩国，日本。

118. 异爪龙虱属 *Hyphydrus* Illiger, 1802

Hyphydrus Illiger, 1802: 299. Type species: *Dytiscus gibbus* Fabricius, 1777.

Actobaena Gistel, 1856: 355. Type species: *Hyphydrus fabricii* Cristofori, 1832.

Allophydrus Zimmermann, 1930: 65. Type species: *Hyphydrus major* Sharp, 1882.

Apriophorus Guignot, 1936a: 12. Type species: *Hyphydrus lyratus* Swartz, 1808.

Aulacodytes Guignot, 1936a: 12. Type species: *Hyphydrus impressus* Klug, 1832.

Pachytes Montrouzier, 1860: 244. Type species: *Pachytes elegans* Montrouzier, 1860.

主要特征：小到中型种类，背面明显隆起。鞘翅色斑多变。唇基前缘具完整脊，前胸背板侧脊明显。后足转节完全可见。后爪明显不等长。

分布：除新热带区和新北区外的其他动物地理区均有分布，但主要分布于热带和亚热带地区。世界已知 135 种，中国记录 11 种，浙江分布 2 种。

（257）平茎异爪龙虱 *Hyphydrus detectus* Falkenström, 1936（图 3-28，图版 I-149）

Hyphydrus detectus Falkenström, 1936a: 87.

Hyphydrus chinensis Hlisnikovský, 1955: 85.

Hyphydrus pieli Guignot, 1936b: 133.

Hyphydrus reductus Hlisnikovský, 1955: 86.

主要特征：体长 3.3–4.2 mm。背腹面极度隆起，短圆形。体棕黄色，光亮。复眼周围及之后颜色较暗；唇基前缘略呈弧形，脊明显；刻点稠密。前胸背板前端最窄，末端最宽；前角锐长，后角呈直角形，侧缘具明显窄脊；后缘具窄脊，中部明显后突；刻点有大、小两种，前后缘稠密，中央较稠密；无网纹。鞘翅具深棕色斑纹，鞘缝较宽带于翅基、端部稍向侧延伸，近肩角具 1 小斑，有时小斑不明显，中部色斑形状扭曲；鞘翅缘折脊清晰，具大、小两种刻点，小刻点极稠密，大刻点较稀疏，近翅端均为大刻点；无网纹。腹部棕黄色，光亮。前胸腹突菱形，中部具纵脊，末端翘起，前足基节之间具突起，突起上具纤毛。后足基节具均匀分布的大刻点。末腹节具短纤毛。

分布：浙江（舟山）、辽宁、河北、江苏、上海、江西、福建、四川、贵州；韩国（？）。

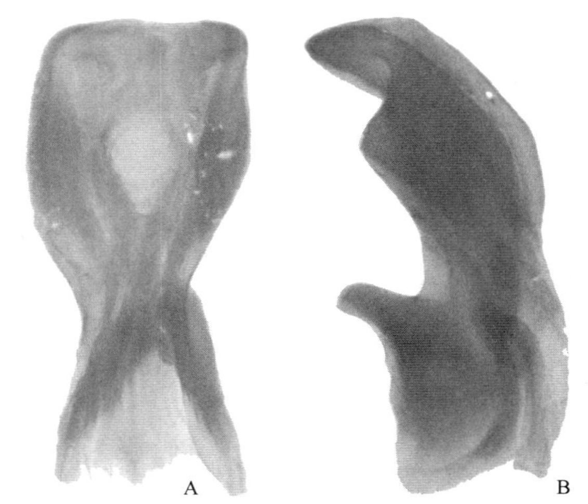

图 3-28 平茎异爪龙虱 *Hyphydrus detectus* Falkenström, 1936
A. 阳茎（背面观）；B. 阳茎（侧面观）

（258）东方异爪龙虱 *Hyphydrus orientalis* Clark, 1863（图 3-29，图版 I-150）

Hyphydrus orientalis Clark, 1863: 419.
Hyphydrus eximius Clark, 1863: 421.

主要特征：体长 3.8–4.5 mm，背腹面极度隆起，短圆形。体棕黄色，较光亮。复眼周围及之后颜色

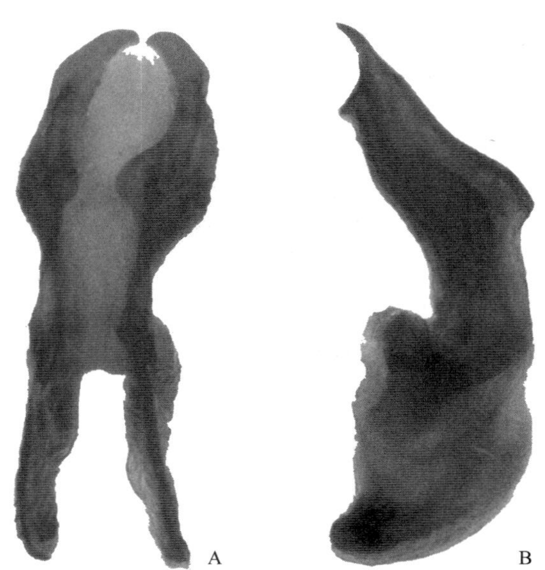

图 3-29 东方异爪龙虱 *Hyphydrus orientalis* Clark, 1863
A. 阳茎（背面观）；B. 阳茎（侧面观）

较暗。唇基前缘几乎平直，脊明显；额区的刻点在中间的较小而疏，边缘的则较大而密。前胸背板后缘近中央两侧各具 1 棕褐色斑。前端最窄，末端最宽；前角锐长，后角呈直角形；侧缘及后缘具窄脊，中部明显后突；刻点有大、小两种，前后缘稠密，中央略疏。鞘翅具深棕色斑纹；鞘缝较宽带于翅基、端部稍向侧延伸，近肩角具 1 小斑，中部大斑分前、后两片，前片内连鞘缝，外侧纵长与内斑相连；后片为斜“8”形，前端与前片相接，后端与鞘缝相接；缘折脊清晰；均匀密布大、小两种刻点，近翅端均为大刻点。腹部棕黄色，光亮。前胸腹突菱形，菱形中部具纵脊，末端翘起，前足基节之间具突起，突起上具纤毛。

分布：浙江（杭州、舟山）、北京、河北、山东、甘肃、新疆、江苏、上海、湖北、江西、福建、台湾、广东、海南、香港、广西、四川、贵州、云南、西藏；日本，东南亚。

119. 微龙虱属 *Microdytes* Balfour-Browne, 1946

Microdytes Balfour-Browne, 1946: 106. Type species: *Microdytes belli* Balfour-Browne, 1946.

主要特征：小型种类，多数种类背面拱隆，卵圆形或长卵圆形。唇基前缘不具边或具极微弱边。前胸腹突具齿，末端多少膨大。后爪不等长。

分布：主要分布于古北区和东洋区。世界已知 46 种，中国记录 15 种，浙江分布 2 种。

（259）上野微龙虱 *Microdytes uenoi* Satô, 1972（图 3-30，图版 I-151）

Microdytes uenoi Satô, 1972: 49.

主要特征：体长 1.4–1.7 mm，卵圆形；较隆起。体黄褐色到红褐色。唇基色略浅；唇基不具脊，刻点精细、稀疏，头顶刻点略粗糙；复眼周围具 1 列刻点；微网纹精细、明显。触角黄色，较细长。前胸背板侧缘具窄边；刻点稀疏，大小和分布不均一；沿后缘刻点粗糙；不具微网纹。鞘翅具 1 黄色横斑，后部扩展，缘折棕黄色；刻点极精细，较稠密、均匀；2 纵列刻点尤以内侧的较明显，光亮，不具微网纹。前胸腹板棕黄色，其余部分锈红色；后足基节和后胸腹板具极稀疏精细刻点；腹节几乎无刻点，无微网纹。足棕黄色。

分布：浙江（临安）、安徽、湖南、福建、台湾、四川、贵州；日本。

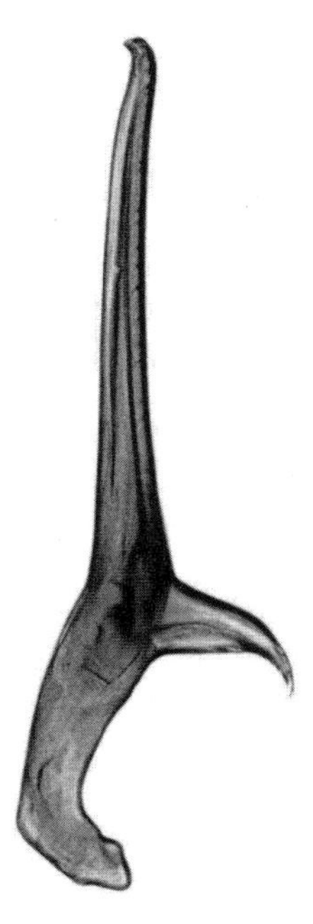

图 3-30 上野微龙虱 *Microdytes uenoi* Satô, 1972 阳茎（侧面观）

（260）细斑微龙虱 *Microdytes huangyongensis* Bian, Zhang *et* Ji, 2015（图 3-31，图版 I-152）

Microdytes huangyongensis Bian, Zhang *et* Ji, 2015: 469.

主要特征：体长 1.6 mm，宽 1.1 mm。头黄褐色，刻点细小而疏，沿复眼刻点粗大，表面具有明显的皮革状纹。前胸背板褐色至深褐色，无皮革状纹，具有较密的大、小两种刻点，沿后缘有 1 行粗大刻点和短纵皱纹。鞘翅与前胸背板同色或略浅，光亮，无皮革状纹，具有如下的浅黄褐色斑：基部 1 横形的大斑，侧缘中后部小斑，近鞘缝的中部长卵形斑；刻点细小而不规则。腹面褐色至深褐色，头腹面头黄褐色。后胸腹板和后足基节刻点细小而疏，无皮革状纹。

分布：浙江（龙泉）。

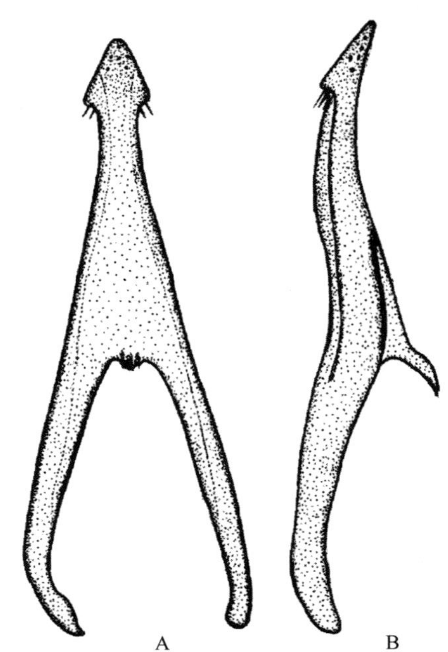

图 3-31　细斑微龙虱 *Microdytes huangyongensis* Bian, Zhang *et* Ji, 2015
A. 阳茎（背面观）；B. 阳茎（侧面观）

120. 圆突龙虱属 *Allopachria* Zimmermann, 1924

Allopachria Zimmermann, 1924b: 194. Type species: *Allopachria quadripustulata* Zimmermann, 1924.

Nipponhydrus Guignot, 1954: 196. Type species: *Hyphydrus flavomaculatus* Kamiya, 1938.

主要特征：小型种类，体长卵圆形，鞘翅末端有时尖锐或钝圆；背面隆起，少数种类背腹扁平。前胸腹突无锯齿。后足转节基部被后基突向后膨大部分遮盖。后爪不等长。

分布：主要分布于古北区和东洋区。世界已知 47 种，中国记录 28 种，浙江分布 2 种。

（261）王氏圆突龙虱 *Allopachria miaowangi* Wewalka, 2010（图 3-32，图版 I-153）

Allopachria miaowangi Wewalka, 2010: 29.

主要特征：体长 2.10–2.25 mm，宽 1.45–1.51 mm。头部黄-红色，唇基前端圆，中部无镶边，刻点细小、稀疏，前部具有皮革状纹。前胸背板黑褐色至暗红褐色，无皮革状纹，沿前、后缘色较深，刻点分布不规则，沿后缘具粗糙刻点及纵皱纹。鞘翅黑褐色，无皮革状纹，通常具有以下的斑纹：基部 1 大横斑，后部侧缘长斜斑不伸达鞘缝，中后部近鞘缝小斑，该小斑有时消失；刻点细小，不规则，有纵大刻点列。腹面和缘折红褐色，后足基节具不规则的皱纹，无皮革状纹。

分布：浙江（临安）、江西、湖南。

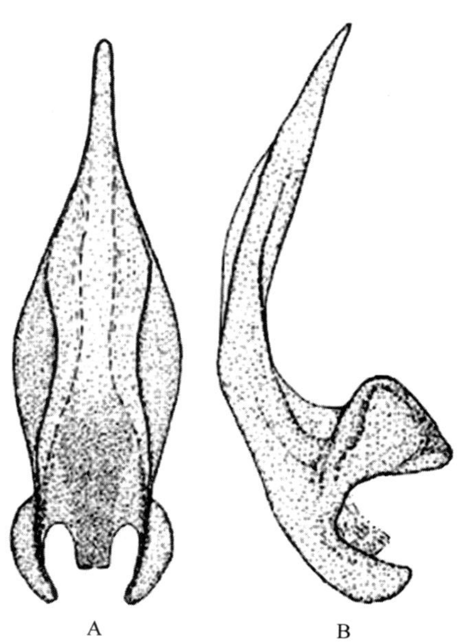

图 3-32 王氏圆突龙虱 *Allopachria miaowangi* Wewalka, 2010
A. 阳茎（背面观）；B. 阳茎（侧面观）

（262）史氏圆突龙虱 *Allopachria schoenmanni* Wewalka, 2000（图 3-33）

Allopachria schoenmanni Wewalka, 2000: 113.

主要特征：体长 2.1–2.2 mm，宽 1.35 mm。头部深黄褐色，沿复眼前、后色浅；唇基前端圆，中部无

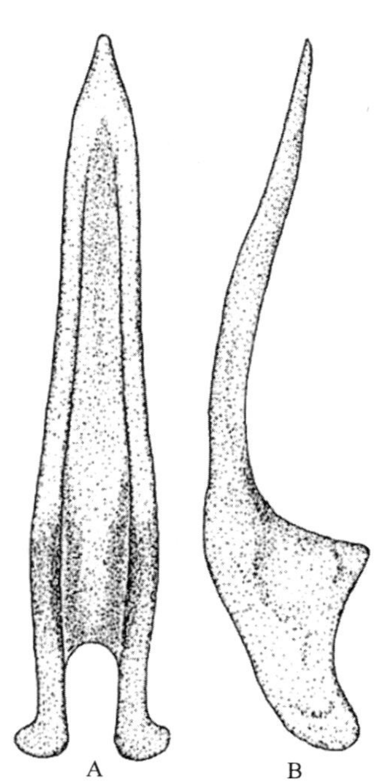

图 3-33 史氏圆突龙虱 *Allopachria schoenmanni* Wewalka, 2000
A. 阳茎（背面观）；B. 阳茎（侧面观）

镶边，刻点细小、稀疏，前部 1/3 和复眼旁边具有皮革状纹。前胸背板暗黄褐色，侧缘色浅，无皮革状纹，刻点分布不规则，有大、小两种刻点。鞘翅与前胸背板同色，端部色浅，无皮革状纹，通常具有以下的斑纹：基部 1 大横斑，后部侧缘长斜斑不伸达鞘缝；刻点细小，不规则，有纵大刻点列。腹面和缘折深黄褐色至深红褐色，后胸腹板、后足基节和腹部具稀疏的大刻点，无皮革状纹。

分布：浙江（临安）、安徽。

（十五）粒龙虱亚科 Laccophilinae

主要特征：雌、雄两性后足跗节腹缘（内缘）具有长游泳毛，但后足胫节腹缘无长游泳毛；小盾片不可见；后足跗节第 1–4 节后缘明显弯陷，末节仅具 1 爪。

分布：世界广布。世界已知 14 属约 449 种，中国记录 3 属 30 种，浙江分布 1 属 4 种。

121. 粒龙虱属 *Laccophilus* Leach, 1815

Laccophilus Leach, 1815: 84. Type species: *Dytiscus minutus* Linnaeus, 1758.

主要特征：体长 2.4–5.5 mm。体卵圆形，常为棕色或深棕色。背面无毛。复眼前缘位于触角基部之上。前胸背板宽短，不具侧脊，后缘中部具明显 V 突。小盾片不可见。前胸腹板和前胸腹突在同一平面上。后胸腹板不达后足基节窝。足跗节 5 节。后足跗节后顶角叶状，爪不等或仅 1 爪。雄性前、中足跗节的基部 3 节变宽，具小吸盘。

分布：世界广布。世界已知 296 种，中国记录 22 种，浙江分布 4 种。

分种检索表

1\. 体长 3.6–4.1 mm；鞘翅棕黄色，具十分清晰的纵长棕褐色波曲的“Z”形线；鞘翅网纹单一 ············ **夏普粒龙虱 *L. sharpi***

\- 体长通常超过 4.0 mm；鞘翅均一棕黄色或具纵长平行较深色带，色带有时于鞘翅中部愈合成片，但从不呈波曲的“Z”形线；鞘翅网纹单一或具 2 种网纹 ························ 2

2\. 体较大，长 4.2–4.6 mm；鞘翅具有 2 种网纹，网纹线较深，小刻点很少，偶有小刻点多位于网纹线交汇处；鞘翅表面具有纵长形几乎不中断的斑纹 ························ **环斑粒龙虱 *L. lewisius***

\- 体型如果超过 4.0 mm，则翅表面无清晰的斑纹；鞘翅网纹单一，网纹线较浅，小刻点较多，网眼内有较多小刻点 ··········· 3

3\. 体小，长 4.0 mm 左右；鞘翅具有纵带，在中部联合成片 ························ **长斑粒龙虱 *L. vagelineatus***

\- 体长 4.0–5.2 mm；鞘翅均一黄褐色 ························ **圆眼粒龙虱 *L. difficilis***

（263）圆眼粒龙虱 *Laccophilus difficilis* Sharp, 1873（图版 I-154）

Laccophilus difficilis Sharp, 1873: 53.

主要特征：体长 4.0–5.2 mm，宽 2.4–2.9 mm；宽卵形，背面较拱。体棕黄色。唇基前缘略凹，上唇前缘中部具缺刻；额区近复眼处刻点小而浅，形成半圆形弧段；网纹清晰、精细，网眼小、圆形、均一。前胸背板后缘具颜色略深窄边；前缘平截，前角钝圆，侧缘直，后角圆。近前缘和后缘具小刻点，较稠密；网纹清晰、精细，网眼小、近圆形，均一。鞘翅网纹清晰、精细，网眼小、近圆形，较规则；除鞘面刻点列外，其他纵刻点列均不明显，刻点小而密，中后部刻点较稠密。腹面棕黄色，光亮；网纹精细；第 1–4 腹板具极浅纵刻纹。足棕黄色。前、中足腿节扁，后足腿节较粗短，后足胫节端距末端分叉。

分布：浙江（临安、宁波、舟山）、吉林、辽宁、北京、河北、山东、陕西、江苏、上海、湖北、江西、湖南、福建、广东、海南、四川、贵州、云南；俄罗斯（远东地区），朝鲜，韩国，日本。

（264）环斑粒龙虱 *Laccophilus lewisius* Sharp, 1873（图版 I-155）

Laccophilus lewisius Sharp, 1873: 52.

主要特征：体长 4.2–4.6 mm，宽卵圆形，适当隆起。体砖黄色。唇基前缘略平直，头部网纹微弱不清晰；刻点小而浅。前胸背板前缘、侧缘和后缘颜色略深；前缘平直，前角钝圆；后角圆，侧缘直；近前缘具稠密的大圆刻点，后缘刻点少；网纹清晰。鞘翅近鞘缝基部及肩角具 1 或大或小的圆形或略长的深棕色斑；近基部 3 条深棕色纵长环，稍后长环两侧各具 1 略短环，中部各环连成片，中部之前、之后两侧各具 1 斜长深棕色斑；长环终止于近翅端，翅末端颜色略深；网纹较清晰；网线交会处多有小刻点；刻点列明显，刻点大而圆，中部以后刻点渐密且不规则。腹面棕黄色至棕褐色，光亮；纹线细而清晰。腹部刻线清晰，末腹板具刻点并着生短纤毛。前、中足腿节扁，后足腿节短粗，后足胫节端距末端浅分叉。

分布：浙江（宁波）、吉林、北京、河北、山东、江苏、上海、安徽、江西、湖南、福建、四川；日本。

（265）夏普粒龙虱 *Laccophilus sharpi* Régimbart, 1889（图版 I-156）

Laccophilus sharpi Régimbart, 1889: 151.

Laccophilus samosir Csiki, 1938: 125.

Laccophilus similis Régimbart, 1889: 150.

主要特征：体长 3.6–4.1 mm，宽卵圆形，末端较窄，背面略拱。体棕黄色。唇基前缘略凹，上唇前缘中部具宽而深的缺刻；额区近复眼处刻点小而浅，形成弧段；网纹清晰、精细。前胸背板前缘和后缘中部具深棕色窄边；前缘平截，前角钝圆，侧缘直，后角圆；近前缘及近后缘两侧具较密小刻点；网纹清晰。鞘翅具稠密深棕色粗“Z”形线，常成双，基部及中部稍后常消失；网纹清晰；纵刻点列不明显，刻点于基部疏，至末端渐密。腹面棕黄色，较光亮。后基片具极细密且浅的纵刻线；第 1–2 腹板具细纵刻线；第 4–5 腹板前缘中央具 1 长纤毛，刻线呈弧形；第 6 腹板具细而浅的斜刻线，刻点较小而稀疏，其内着生短纤毛。前、中足腿节扁，后足腿节较粗短，后足胫节端距末端分叉。

分布：浙江（临安、宁波）、吉林、辽宁、北京、河北、陕西、江苏、安徽、湖北、江西、湖南、福建、台湾、广东、海南、香港、广西、四川、贵州、云南；俄罗斯（远东地区），朝鲜半岛，日本，东南亚，澳大利亚。

（266）长斑粒龙虱 *Laccophilus vagelineatus* Zimmermann, 1922（图版 I-157）

Laccophilus vagelineatus Zimmermann, 1922: 19.

主要特征：体长 4.0 mm 左右，宽卵圆形。体棕褐色。上唇前缘中部具缺刻；额区近复眼处刻点小而浅，形成半圆形不明显弧段；网纹清晰、精细，网眼小、圆形、均一。前胸背板前缘平截，前角钝圆，侧缘直，后角圆。近前缘和后缘具小刻点，较稠密；网纹清晰。鞘翅具颜色略深纵斑，纵斑在翅中部和近端部向鞘缝和侧缘扩展、愈合；网纹清晰，交汇处多具小刻点，刻点列明显；刻点较大而稠密。腹面棕黄色，光亮。网纹精细。第 1–4 腹板具极浅纵刻纹。前、中足腿节扁，后足腿节较粗短，后足胫节端距末端分叉。

分布：浙江（宁波）、江苏、安徽、湖北、江西、福建、云南；俄罗斯（远东地区），韩国，日本。

第四章　多食亚目 Polyphaga

成虫小型至大型，体型和体色变化很大。主要鉴别特征：触角形状多变；前胸无背侧缝，前胸侧板从外部不可见；后翅无小纵室；后足基节可动，不固定在后胸腹板上；腹部第1腹板不被后足基节窝完全分开，其后缘完整；跗式类型多变，多数5–5–5，也有5–5–4、4–4–4、3–3–3、2–2–2、4–5–5、5–4–4等多种类型。幼虫蛃型；大部分种类具分节的尾突。

多食亚目昆虫种类多，食性杂，分布广。全世界目前记录的该亚目物种超过30万种，隶属约20个总科，其中许多种类是重要的农林害虫，也有不少种类是害虫的重要天敌，还有很多种类取食动植物残骸，在自然界物质循环和生态平衡中起着重要的作用。

本卷记录浙江多食亚目昆虫的5个总科（其他多食亚目总科在第六卷和第七卷出版），即牙甲总科 Hydrophiloidea、阎甲总科 Histeroidea、隐翅虫总科 Staphylinoidea、金龟总科 Scarabaeoidea 和沼甲总科 Scirtoidea，共计14科、311属、821种（亚种）。

I. 牙甲总科 Hydrophiloidea

牙甲总科世界已知6科178属约3400种。其中沟背牙甲科 Helophoridae 分布于古北区和新北区，盾牙甲科 Epimetopidae 分布于东洋区、新北区南部、旧热带区、新热带区，毛牙甲科 Spercheidae 分布于除新北区之外的各大动物地理区，圆牙甲科 Georissidae、条脊牙甲科 Hedrochidae、牙甲科 Hydrophilidae 分布于各大动物地理区。上述6科在中国均有记录，其中浙江分布2科。

九、沟背牙甲科 Helophoridae

主要特征：长筒形。头和前胸背板具有颗粒。触角8–9节，下颚须略长于触角，末节对称或不对称，额唇基缝和冠缝为“Y”形，深沟状；前胸背板具7条纵沟，鞘翅具10条纵向紧密排列的刻点列，腹部5节，各节不被横沟分隔。

分布：古北区、新北区和旧热带区。沟背甲科仅有1属：沟背甲属 *Helophorus* Fabricius。

122. 沟背牙甲属 *Helophorus* Fabricius, 1775

Helophorus Fabricius, 1775: 66. Type species: *Silpha aquatica* Linnaeus, 1758.

Elophorus Fabricius, 1775: 66 [incorrect original spelling].

Megahelophorus Kuwert, 1886: 226. Type species: *Silpha aquatica* Linnaeus, 1758.

主要特征：体长2.0–8.0 mm，长筒形。上唇基部最宽，向前逐渐变窄；额唇基沟“Y”形，明显；复眼向外侧凸出，头部在复眼后明显变窄；触角柄节短，梗节光滑且顶端收缩，锤状部分具拒水软毛。前胸背板中部略微隆拱，最宽处位于中部之前，后部略变窄，明显窄于鞘翅基部。小盾片小，近圆形，前缘平截。鞘翅基部近小盾片处有时具小盾刻点列；鞘翅侧缘弯曲，中部略后方最宽，顶端收窄。前胸腹板适度隆起。中、后胸腹板中部适度隆起，密布拒水绒毛。腹部 5 节，表面具浓密的绒毛。足细长，跗节 5 节，后足跗节第 1 节明显短于第 2 节，具爪间突。

分布：古北区、新北区和旧热带区。世界已知 197 种，中国记录 33 种，浙江分布 1 种。

（267）奥利沟背牙甲 *Helophorus auriculatus* Sharp, 1884（图 4-I-1，图版 II-1）

Helophorus auriculatus Sharp, 1884: 464.

Gephelophorus chinensis Sharp, 1915: 200.

主要特征：体长 5.0–6.3 mm；体黑色，带着绿色的金属光泽。头部具稠密的粗糙颗粒；下颚须末节不对称，为梨形。前胸背板侧缘前半部分明显突出，缘折前半部分宽后半部分逐渐变窄。鞘翅具小盾刻点列，伪缘折非常明显，整个长度范围内与翅缘折近于等宽；第 2、4、6 刻点列间隔具小瘤。阳茎最宽处位于侧叶基部 1/3，侧叶外缘下半部呈拱形弯曲，上部近直线，内缘近直线。中叶宽，明显短于侧叶，顶端圆钝。

分布：浙江（宁波）、黑龙江、北京、青海、新疆、江苏、安徽、江西、广西、云南；日本。

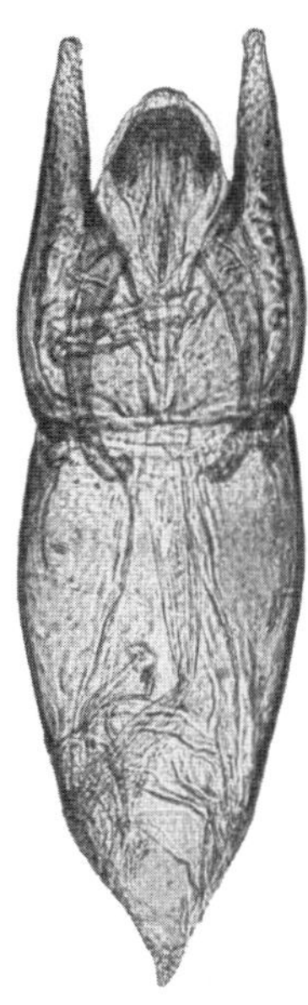

图 4-I-1　奥利沟背牙甲 *Helophorus auriculatus* Sharp, 1884 阳茎（背面观）

十、牙甲科 Hydrophilidae

主要特征：体多卵圆形。触角 7–9 节，末端 3 节呈膨大而被密毛的锤状部。头部和前胸背板无颗粒。额唇基缝和冠缝不呈沟状，有时近于不可见。前胸背板不明显窄于鞘翅基部，无纵沟。中胸腹板通常有隆脊或隆突，少有平坦类群。后胸腹板中后部多隆起，大型种类具纵隆脊，与中胸腹板的纵隆脊一同形成腹刺。腹部通常 5 节，少数可见 6 节。足跗节通常 5 节。少数类群具有第二性征。

分布：世界广布。世界已知约 3250 种，中国记录 404 种，浙江分布 13 属 26 种。

分亚科检索表

1. 后足跗节 5 节，第 1 节长于第 2 节，如果后足第 1 节短于第 2 节或近于等长，则腹部无成排的长毛覆盖第 1 腹节……………………………………………………………………………………………**陆牙甲亚科 Sphaeridiinae**

- 后足跗节 5 或 4 节，若 5 节则后足第 1 节短于第 2 节；若仅略短，则第 1 腹节覆盖有成排的长毛……………2

2. 复眼完全被额侧缘包围，形成上下两部分；或者小盾片长明显大于宽，且中、后足胫节具长游泳毛；或者鞘翅缘折与伪缘折由 1 列短弧形的脊所分开；或者中、后胸腹面隆脊形成 1 条长刺；或鞘翅具 10 条很深的刻纹（*Hydrobius orientalis* 退化）且末腹节端部凹口或圆形但具粗刚毛列；或前胸腹板具明显的纵脊或隆突，且下颚须短于头宽的 1/2……………………………………………………………………………………………**牙甲亚科 Hydrophilinae**

- 复眼外侧不被额侧缘包围；小盾片长不明显大于宽，且中、后足胫节无长游泳毛；鞘翅缘折与伪缘折之间无脊；中、后胸腹板无完整的长刺；鞘翅侧缘无齿列；鞘翅不同时具有 10 条很深的刻纹且末腹节端部凹口或圆形有粗刚毛列；前胸腹板平坦，若前胸腹板具明显的纵脊，则下颚须至少等于头宽，或腹部第 1 腹节具长毛行，或复眼前缘明显凹陷……………3

3. 下颚须短于头宽的 3/4；鞘翅具鞘缝刻纹；第 1 腹节具有自基部发出的长毛排覆盖腹部大部分，或者前胸背板和鞘翅无明显的系列刻点……………………………………………**凯牙甲亚科 Chaetarthriinae**

- 下颚须与头宽近相等或明显长于头宽，若明显短于头宽（诺牙甲属 *Notionatus*），则鞘翅无鞘缝刻纹；第 1 腹节无自基部发出的长毛排；前胸背板和鞘翅有系列刻点（诺牙甲属 *Notionatus* 不显著）……………………4

4. 跗式 5–4–4 式或 5–5–5 式；如果为 5–5–5 式，则下颚须第 2 节外弯（偶有不明显者），倒数第 2 节基部明显凹曲……………………………………………………………………………………………**苍白牙甲亚科 Enochrinae**

- 跗式 5–5–5 式；下颚须第 2 节明显内弯或直，倒数第 2 节不明显凹曲……………………**须牙甲亚科 Acidocerinae**

（一）牙甲亚科 Hydrophilinae

主要特征：复眼完全被额侧缘包围，形成上下两部分；或者小盾片长明显大于宽，且中、后足胫节具长游泳毛；或鞘翅缘折光滑部分与有毛部分由 1 列短弧形的脊所分开；或者中、后胸腹面隆脊形成 1 条长刺；或鞘翅具 10 条深刻纹（*Hydrobius orientalis* 退化）且末腹节端部凹口或圆形但具粗刚毛列；或前胸腹板具明显的纵脊或隆突且下颚须短于头宽的 1/2。后足跗节 5（*Cymbiodyra* 属 4 节），后足第 1 跗节短于第 2 跗节。

分布：世界广布。世界已知约 1860 种，中国记录 144 种，浙江分布 6 属 12 种。

分属检索表

1. 体形十分隆拱，半球形；复眼被额侧缘包围，形成好像上、下两个眼；中足分离很宽，第 1 腹板很短……………………………………………………………………………………………**隔牙甲属 *Amphiops***

- 体形适度隆拱，不呈半球形；复眼不被额侧缘包围，从外缘看复眼完整；中足不很宽地分离，第 1 腹板不很短……2

2. 前胸背板窄于鞘翅，小盾片明显长大于宽；中、后足胫节背面有长游泳毛……………………**贝牙甲属 *Berosus***

- 前胸背板不窄于鞘翅，小盾片长宽相等或宽略大于长；中、后足胫节无长游泳毛……………………………3

3. 下颚须短，不长于头宽之半；后足转节长，末端游离；后足胫节弯曲；腹部可见 6 节，通常为碎玻璃状物体所遮盖……… **长节牙甲属 *Laccobius***
- 下颚须长于头宽；后足转节不长于腿节基部宽，故端部不游离；后足胫节直；腹部可见 5 节，无覆盖物…………………………4
4. 体大型，20.0–50.0 mm；前胸腹板中部隆起成帽兜状，后端收纳中胸腹板隆脊前端；中胸腹板隆脊前端无缺刻…… **牙甲属 *Hydrophilus***
- 体中大型，12.0–20.0 mm；前胸腹板中部具强隆脊，后端尖；中胸腹板隆脊前端具 1 缺刻及 1 束长刚毛丛……………………5
5. 下颚须末节长于前 1 节；前胸腹板具 1 根或 1 束长毛；各足腿节基部具毛…………………………… **脊胸牙甲属 *Sternolophus***
- 下颚须末节短于前 1 节；前胸腹板无长刚毛；中、后足腿节基部光滑，无毛………………………… **刺腹牙甲属 *Hydrochara***

123. 隔牙甲属 *Amphiops* Erichson, 1843

Amphiops Erichson, 1843: 229. Type species: *Hydrophilus gibbus* Illiger, 1801.

Cyprimorphus Fairmaire, 1873: 334. Type species: *Cyprimorphus compressus* Fairmaire, 1873.

主要特征：体长 3.0–5.0 mm，近半球形，十分隆拱，侧面观略扁平。上唇被额唇基覆盖而不可见。复眼被额由外侧包围而分成上下两部分。下颚须不长于头宽的 1/2；末节不对称，略长于前 1 节。触角 8 节。小盾片长大于宽。第 1 腹板大部分被后足基节所遮盖，具有 1 对大凹陷，凹陷间形成纵脊；第 1 腹节可见部分短，具自基部生出的短刚毛，无长毛；第 2–5 腹板被碎玻璃状物质所覆盖（干标本会脱落）；第 5 腹板后缘圆形，末缘无凹陷；中足胫节具游泳毛。

分布：世界广布。世界已知 20 种，中国记录 5 种，浙江分布 1 种。

（268）玛隔牙甲 *Amphiops mater* Sharp, 1873（图 4-I-2，图版 II-2）

Amphiops mater Sharp, 1873: 62.

Amphiops annamita Régimbart, 1903b: 62.

Amphiops pedestris Sharp, 1890: 354.

Amphiops varians d'Orchymont, 1922: 629.

主要特征：体长 3.0–5.0 mm。黄褐色。唇基前缘宽，近平截，具镶边，除大型的系列刻点外，具 2 种大小不等的刻点。头顶无细小刻点。前胸背板后缘钝角形，除系列刻点外，具中、小两种刻点，两侧具细镶边。鞘翅靠近鞘缝区域刻点较小而疏，鞘缝刻点列稀疏但可见；中部混具有大、中、小 3 种刻点，中部

图 4-I-2 玛隔牙甲 *Amphiops mater* Sharp, 1873 鞘翅

大刻点混乱，边缘及端部大刻点排成列，端部大刻点列间密布小刻点。足腿节腹面基部具密毛；中足腿节具稀疏的中等大刻点；后足腿节具密粗大刻点。腹节光滑，具稀疏的刚毛；第 5 腹板端部圆。

分布：浙江（临安）、北京、江苏、湖北、江西、湖南、福建、台湾、广东、海南、广西、四川、贵州、云南；韩国，日本，印度，越南，柬埔寨，斯里兰卡，马来西亚，印度尼西亚。

124. 贝牙甲属 *Berosus* Leach, 1817

Berosus Leach, 1817: 92. Type species: *Dytiscus luridus* Linnaeus, 1760.

Hygrotrophus W. J. MacLeay, 1873b: 131. Type species: *Hygrotrophus nutans* W. J. MacLeay, 1873.

Paraberosus Kuwert, 1890a: 113. Type species: *Paraberosus nigriceps* Kuwert, 1890.

主要特征：体长 1.5–9.0 mm，长卵圆形。体背面黄褐色，头和腹面黑色，前胸背板多有黑斑。复眼突出，头在眼后收缩，下颚须大约为头宽的 3/4。触角 7 节。小盾片通常长大于宽。前胸腹板通常有隆脊；中胸腹板前端收缩，到达前缘的部分很窄；后胸腹板中部隆起，具中沟，腹部通常可见 5 节，被密毛，第 5 腹板末端具十分明显的近直角形的缺刻，故第 6 腹板部分可见。胫节细长，跗节 5 节，雄性前足跗节 4 节，基部 3 节膨大。鞘翅具 10 条刻纹或大刻点列，有的具有小盾刻点列。

分布：世界广布。世界已知 275 种，中国记录 19 种，浙江分布 5 种。

分种检索表

1\. 鞘翅末端钝圆，无刺（贝牙甲亚属 *Berosus s. str.*）……2

\- 鞘翅末端内、外缘具尖刺（刺鞘牙甲亚属 *Enoplurus*）……3

2\. 体型较小，相对较细长，长 2.5–3.8 mm；前胸背板中部具大黑斑；鞘翅纹间距刻点较密，被密毛；中胸腹板的纵脊低矮……**柔毛贝牙甲 *B. pulchellus***

\- 体型较大，粗壮，3.7–5.7 mm；前胸背板中部具 1 对细黑纵条；鞘翅刻纹深，间距刻点较疏，无毛被；中胸腹板纵脊高片状，后端有齿突……**日本贝牙甲 *B. japonicus***

3\. 鞘翅纹间距刻点多数被短刚毛，第 4 纹间距刻点较混乱；阳茎侧叶背面观明显曲折，近端部向内扩展，侧面观内缘近端部刀片状……**路氏贝牙甲 *B. lewisius***

\- 鞘翅纹间距刻点只有少数刻点被刚毛，第 4 纹间距刻点排列相对规律；阳茎侧叶背面观曲折，但近端部不扩展，侧面观内缘略呈弧形……**东瀛贝牙甲 *B. nipponicus***

（269）日本贝牙甲 *Berosus japonicus* Sharp, 1873（图 4-I-3，图版 II-3）

Berosus japonicus Sharp, 1873: 61.

Berosus dentatis Wu *et* Pu in Jia et al., 1997: 190.

主要特征：体长 3.7–5.7 mm。头部黑色，具金属光泽，刻点密而深显，复眼突出。前胸背板棕黄色，中部有 1 对小纵黑斑，背面刻点深显，前缘略波曲，后缘中部突出，侧缘略平，前角圆，后角钝圆。小盾片黑色有金属光泽，刻点较粗。鞘翅棕黄色，有分散的小黑斑，端部无刺；鞘翅具刻纹 10 条及 1 条小盾刻纹，有些纹间距刻点呈不规则的纵列。颏颇横阔，黑色。胸部及腹部被密毛。中胸腹板具片状隆脊，后端具齿突，齿突之后、中足之间形成低矮纵脊；后胸腹板中部三角形隆起，中部后为 1 光裸的凹面。腹部第 1 腹板基部有 1 纵脊，第 5 腹板末端弯陷中部有 2 小齿。腿节腹面基部之半具柔毛。雄性前足跗节腹面毛呈刷状，末节长，各跗节具长游泳毛。

分布：浙江（临安）、黑龙江、上海、湖北、江西、湖南、福建、台湾、广东、广西、贵州、四川、云南；朝鲜半岛，日本。

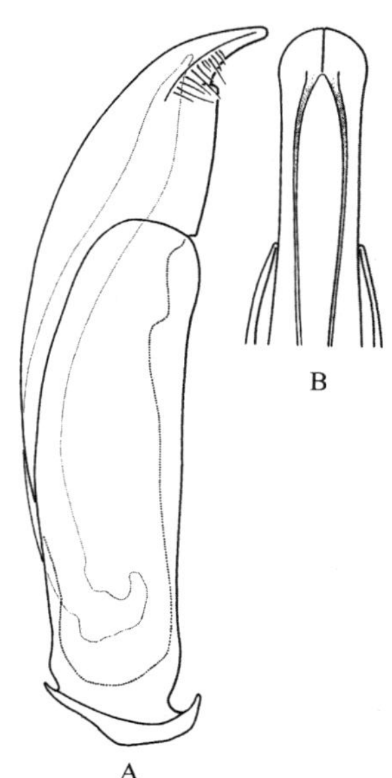

图 4-I-3 日本贝牙甲 *Berosus japonicus* Sharp, 1873（仿自 Schödl，1991）
A. 阳茎（侧面观）；B. 阳茎端部（背面观）

（270）柔毛贝牙甲 *Berosus pulchellus* W. S. MacLeay, 1825（图 4-I-4，图版 II-4）

Berosus pulchellus W. S. MacLeay, 1825: 35.

Berosus decrescens Walker, 1859: 258.

Berosus pubescens Mulsant *et* Rey, 1858: 319.

Berosus vestitus Sharp, 1884: 456.

主要特征：体长 2.5–3.8 mm。头部黑色，具金属光泽，刻点密而深显，复眼突出，下颚须末节长于末前节。前胸背板棕黄色，中部有 1 大黑斑，刻点深显，后缘中部突出，侧缘略平，前角圆，后角钝圆。小盾片黑色有金属光泽，刻点较粗。鞘翅棕黄色，端部无刺；鞘翅具刻纹 10 条及 1 条小盾刻纹，纹间距刻点密，不规则，每一刻点具有 1 平伏刚毛。胸部及腹部被密毛。中胸腹板隆脊低矮，后端无齿突；后胸腹板中部

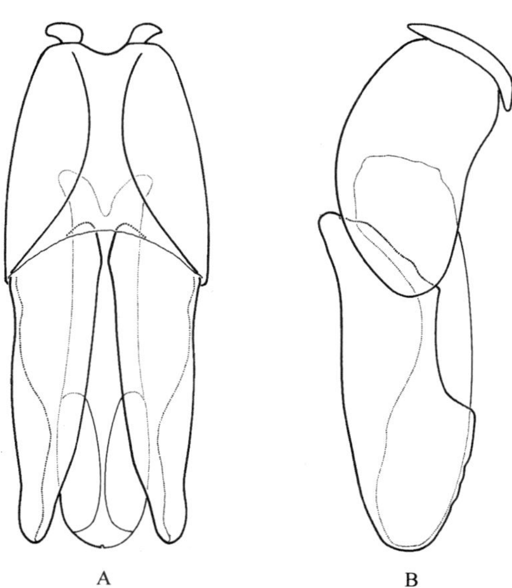

图 4-I-4 柔毛贝牙甲 *Berosus pulchellus* W. S. MacLeay, 1825（仿自 Schödl，1991）
A. 阳茎（背面观）；B. 阳茎（侧面观）

三角形隆起，中部后为 1 光裸的凹面。腹部第 1 腹板基部有 1 纵脊，第 5 腹板末端弯陷中部有 2 小齿。足棕黄色，腿节腹面基部之半具柔毛。雄性前足跗节腹面毛呈刷状，末节长，各足跗节具长游泳毛。

分布：浙江（临安）、江苏、湖北、江西、湖南、福建、台湾、广东、海南、香港、广西、贵州、四川、云南；古北区，东洋区，旧热带区。

（271）路氏贝牙甲 *Berosus lewisius* Sharp, 1873（图 4-I-5，图版 II-5）

Berosus lewisius Sharp, 1873: 61.

主要特征：体长 4.0–4.5 mm。头黑色或黑褐色（老标本黄褐色），额唇基色通常略淡；刻点密而大；头后部具 1 横深沟，沟后区具大刻点（有时被前胸背板遮盖）；触角黄褐色；下颚须略长于触角。前胸背板黄褐色，中部通常有深色斑，前缘较直，与复眼外缘间距离等宽，后缘于中部向后呈弧形突出，刻点较头部者略大，前部两侧刻点较中部密，中部后缘有 1 横列小点纹。鞘翅黄褐色，具分散暗斑，颇隆拱，末端内缘具 1 刺突，侧缘具 1 长刺，两者相距较远，刻纹 10 条，第 1、2 条刻纹间具短小盾刻纹，刻纹间距较隆起。中胸腹板隆脊低长；后胸腹板于前处具 1 小纵脊，其后为平三角形隆突。第 1 腹板前部有 1 小隆脊，第 5 腹节末缘中部略凹陷。胸、腹面各节被毛，黄褐色。腿节腹面被密毛。雄性前足跗节 4 节，下具硬毛，呈刷状，第 4 跗节光滑，末端膨大。

分布：浙江（临安）、黑龙江、内蒙古、北京、山西、山东、江苏、上海、湖北、江西、湖南、广东、香港、广西、四川、云南；古北区。

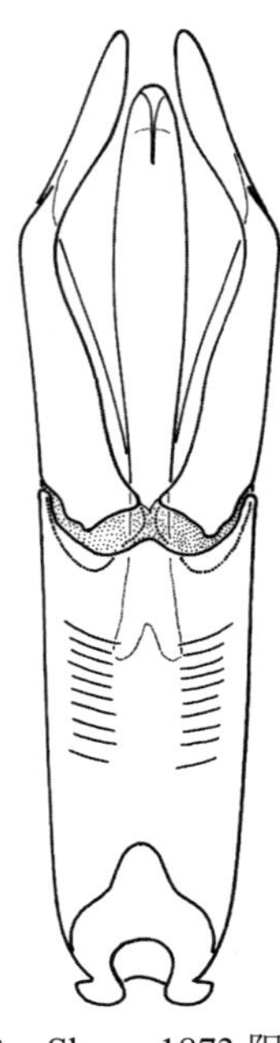

图 4-I-5　路氏贝牙甲 *Berosus lewisius* Sharp, 1873 阳茎（背面观）（仿自 Schödl，1991）

（272）东瀛贝牙甲 *Berosus nipponicus* Schödl, 1991（图 4-I-6）

Berosus nipponicus Schödl, 1991: 123.

主要特征：该种与路氏贝牙甲十分相似，区分见检索表。阳茎可能是其唯一可靠的区分特征。

分布：浙江（宁波）；日本。

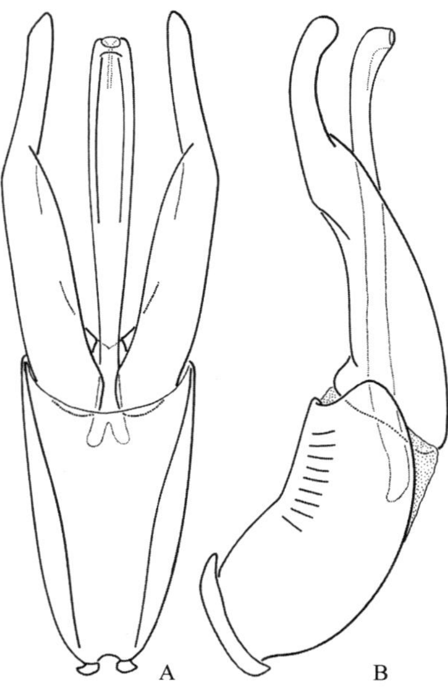

图 4-I-6 东瀛贝牙甲 *Berosus nipponicus* Schödl, 1991（仿自 Schödl，1991）
A. 阳茎（背面观）；B. 阳茎（侧面观）

（273）塔尤贝牙甲 *Berosus tayouanus* Ueng, Wang *et* Wang, 2007（图 4-I-7）

Berosus salinus Ueng, Wang *et* Wang, 2006: 63.

Berosus tayouanus Ueng, Wang *et* Wang, 2007: 88.

Ueng 等（2006）记录该种在浙江“Maahan”和“Meishan”含盐的水域，由于作者没有看到任何该种的标本，故不在此描述。

分布：浙江（Maahan、Meishan）、福建、台湾。

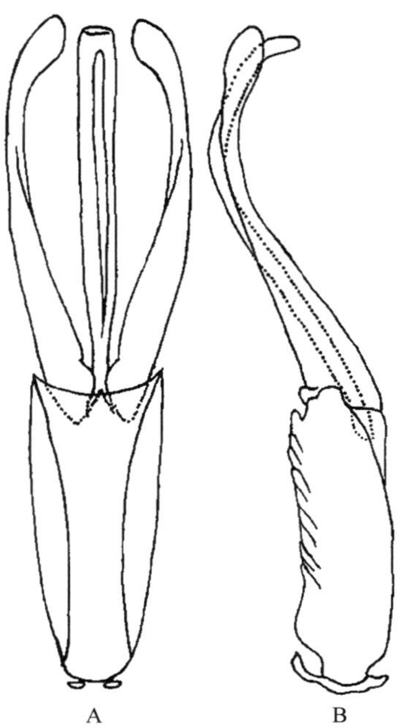

图 4-I-7 塔尤贝牙甲 *Berosus tayouanus* Ueng, Wang *et* Wang, 2007（仿自 Ueng et al.，2007）
A. 阳茎（背面观）；B. 阳茎（侧面观）

125. 长节牙甲属 *Laccobius* Erichson, 1837

Laccobius Erichson, 1837: 202. Type species: *Chrysomela minuta* Linnaeus, 1758.

主要特征：体长 1.5–5.5 mm，卵圆形至宽卵圆形。下颚须短，不超过头宽的 1/2，中胸腹板以点状到达中胸前缘，中后部具 1 突起。后足转节长，端部钝而游离，后足胫节弯曲（*Notoberosus* 亚属直，中国无分布）；中、后足跗节背面具长游泳毛。鞘翅缘折和伪缘折间具有 1 列短弧形小脊。腹部可见 6 节，基部 5 节被毛少，第 6 节被毛多，活体腹部表面盖有碎玻璃状物质，标本有时丢失。

分布：世界广布。世界已知 250 种，中国记录 38 种，浙江分布 2 种。

（274）黑长节牙甲 *Laccobius nitidus* Gentili, 1984（图版 II-6）

Laccobius nitidus Gentili, 1984: 32.

主要特征：体长 2.5–2.8 mm。体黑色，具明显的绿色光泽。头黑色，复眼前具小黄斑，触角和下颚须黄色，两者端部黑色；前胸背板具中央大黑斑；小盾片黑色，鞘翅黑色，常有少量的小黄斑，两侧黄色，端部 1/4–1/3 黄色，黄色区刻点黑褐色。腹面黑色；腿节黑褐色，腿节端部、胫节及跗节黄褐色。上唇刻点密而小，头部刻点较上唇略稀疏，略大；复眼横斜，背侧观呈肾形。触角 7 节。前胸背板刻点较头部稀疏，前、后缘各具 1 行密小刻点；鞘翅具较规则的 20 列大刻点，刻点间光滑。中胸腹板中部具 1 显著突起，之后具 1 细隆脊。

分布：浙江（临安）、山西、陕西、上海、安徽、湖南、江西、福建、四川、贵州。

（275）双显长节牙甲 *Laccobius binotatus* d'Orchymont, 1934（图版 II-7）

Laccobius binotatus d'Orchymont, 1934: 109.

Laccobius czerskii Zaitzev, 1938: 116.

主要特征：体长 3.0–3.8 mm。头及上唇黑色，黄色眼前斑明显；触角及下颚须黄色，前者膨大部黑色，后者端部黑色，前胸背板中部黑色，两侧黄色；小盾片黑色。鞘翅黄色，刻点黑色；腹面黑色，足黄色。下颚须略短于触角。头和前胸背板具较稀疏的刻点，前胸背板后缘处具 1 行横刻点。鞘翅具较规则的 20 列大刻点，大刻点间无小刻点。前胸腹板脊状，具毛；中胸腹板中部隆起后具脊。前足腿节基半红褐色，具密毛，端半光滑；中、后足腿节光滑；后足转节长，端部与腿节游离；后足胫节弯曲，爪于腹面波状。腹部 6 节。

分布：浙江（临安）、黑龙江、吉林、辽宁、内蒙古、北京、山西、山东、河南、陕西、甘肃、青海、安徽、湖北、福建、广东、广西、重庆、四川、云南；俄罗斯（远东地区），朝鲜半岛。

126. 刺腹牙甲属 *Hydrochara* Berthold, 1827

Hydrochara Berthold, 1827: 355. Type species: *Dytiscus caraboides* Linnaeus, 1758.

Hydraechus Stephens, 1839: 88. Type species: *Dytiscus caraboides* Linnaeus, 1758.

Hydrochares Sharp, 1873: 58. Type species: *Dytiscus caraboides* Linnaeus, 1758.

Hydrocharis Hope, 1838: 125. Type species: *Dytiscus caraboides* Linnaeus, 1758.

主要特征：体中大型，体长 11.0–22.0 mm，长卵形。唇基前缘近平直，两侧具系列刻点。下颚须长于触角，至少不短于唇基在复眼前的宽度，末节短于前 1 节。下唇须短于触角第 2 节。前胸背板具系列刻点，两侧具镶边。鞘翅具 5 条略不规则的系列刻点列，每列刻点两侧具有细小刻点组成的纵列。前胸腹板短，中部纵隆呈屋脊状。腹刺前端具缺刻，缺刻前呈齿状，齿突具有刚毛束；腹刺末端至多略超过腹部第 1 节后缘。很多种类第 5 腹板端部中间具有 1 光滑区。前足腿节腹面基部具有密刻点和柔毛，中、后足腿节腹面光滑。雄性爪强烈弯曲成钩状，雌性爪均匀弯曲。

分布：世界广布。世界已知 23 种，中国记录 4 种，浙江分布 1 种。

（276）钝突刺腹牙甲 *Hydrochara affinis* (Sharp, 1873)（图 4-I-8，图版 II-8）

Hydrochares affinis Sharp, 1873: 58.

Hydrochara affinis: Balfour-Browne, 1947: 459.

主要特征：体长 12.5–18.0 mm。体黑色具金属光泽，腹面红褐色至黑色；触角红褐色，锤状部黑色；下颚须红褐色，端部有时略暗；下颚须红褐色；足红褐色，腿节内缘端部色深，中、后足跗节一致红褐色。上唇、额唇基、前胸背板和鞘翅具有大系列刻点，基础刻点细小，各部分相似。前胸背板侧缘镶边略宽于前部相邻系列刻点直径。前胸腹板隆脊短，前端无刺，侧面观钝突角状，通常端部略膨大。腹刺后端延伸成 1 短刺，不超过第 1 腹板中部，侧面观扁。中、后足腿节腹面具大刻点，中足腿节刻点较密。第 5 腹板端部具中光滑区。

分布：浙江、吉林、内蒙古、北京、河北、山西、山东、河南、甘肃、新疆、上海、安徽、湖北、江西、湖南、福建、广东、广西、四川、贵州、云南；俄罗斯（远东地区），蒙古国，朝鲜半岛，日本。

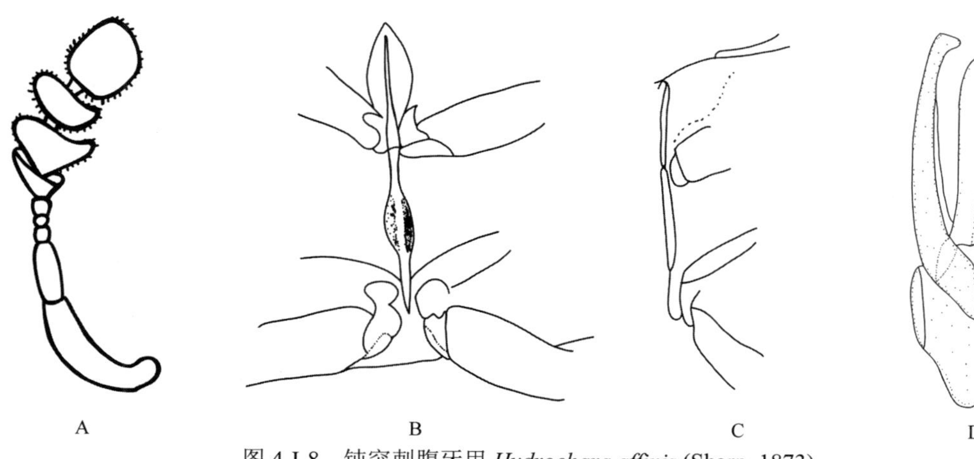

图 4-I-8　钝突刺腹牙甲 *Hydrochara affinis* (Sharp, 1873)

A. 触角；B. 腹刺腹面观；C. 腹刺侧面观；D. 阳茎（背面观）

127. 牙甲属 *Hydrophilus* Geoffroy, 1762

Hydrophilus Geoffroy, 1762: 180. Type species: *Dytiscus piceus* Linnaeus, 1758.

Hydrous Linnaeus, 1775: 7 (Replacement name for *Hydrophilus* Geoffroy). Type species: *Dytiscus piceus* Linnaeus, 1758.

Stethoxus Solier, 1834: 302. Type species: *Hydrophilus ater* Olivier, 1792.

Stethoscus: Mouchamps, 1959: 295 (unjustified emendation).

主要特征：体大型，体长 20.0–50.0 mm，长卵形。触角 9 节；第 6 节杯状；第 7、8 节呈半月状。下颚须长于触角，末节明显短于前 1 节。鞘翅具 4 条略不规则的刻点组成的纵刻点列（系列刻点），每条刻点列两侧具小刻点形成的细小刻点纹。前胸腹板中部强烈地纵隆，后端具深凹陷以便接纳中胸腹板隆脊前端。

中胸隆脊前端无凹口或长刚毛；后胸腹板隆脊前端与中胸隆脊相接，故形成 1 腹刺，后端超过第 1 腹节。前足腿节腹面基部具稠密的刻点和柔毛，中、后足腿节腹面基部光滑。跗节背面具长游泳毛；后足第 1 跗节远短于第 2 跗节。雌性爪基部具基齿突。雄性前足第 5 跗节常常膨大，爪明显宽大，外爪大于内爪，呈钩状。

分布：世界广布。世界已知 48 种，中国记录 6 种，浙江分布 2 种。

（277）尖突牙甲 *Hydrophilus acuminatus* Motschulsky, 1854（图版 II-9）

Hydrophilus acuminatus Motschulsky, 1854: 44.

Hydrophilus cognatus Sharp, 1873: 57.

Hydrous pallidipalpis W. S. MacLeay, 1825: 35.

Hydrous sumatrae Kuwert, 1893: 85.

主要特征：体长 38.0–48.0 mm。体黑色，背面具绿色弱光泽；腹面及足黑色，每个腹节侧边中间具 1 黄斑。头部刻点极细小，具系列刻点；触角端 3 节膨大成锤状，具密毛，外缘端部具长毛。前胸背板刻点与头部相似。小盾片近正三角形。鞘翅刻点大小与前胸背板相似，第 3 列系列刻点较疏远，每列系列刻点两侧（边缘列除外）及鞘缝间距具小刻点列；端部钝圆，略平截，内角具 1 小刺突。胸部腹面、第 1 腹节密被柔毛；第 2–5 腹节两侧被密毛，毛带连续；中、后胸腹板隆脊及第 2–5 腹节大部分无毛。前胸腹板隆起高突，端部尖锐，隆起的后部呈很深的宽沟状凹陷。中胸腹板隆脊前端宽钝，伸入前胸腹板隆起的后面深沟中，腹面具窄而浅的纵沟。后胸腹板隆脊与中胸腹板隆脊相接成 1 腹刺，具纵窄沟，腹刺在后胸腹板后缘处开始渐窄，端部呈刺突状，达第 2 腹节中部。腹部中间呈屋脊状钝纵隆，端节具明显的隆脊，后缘圆形，无凹口。雄性前足第 5 跗节略呈三角形宽大；外爪长于内爪；内爪较尖。

分布：浙江（临安）、辽宁、内蒙古、北京、天津、河北、河南、上海、江西、台湾、广东、香港、广西、四川、贵州、云南、西藏；俄罗斯（远东地区），蒙古国，朝鲜半岛，日本，印度，东南亚。

（278）长刺牙甲 *Hydrophilus hastatus* (Herbst, 1779)（图版 II-10）

Dytiscus hastatus Herbst, 1779: 317.

Hydrophilus hastatus: Herbst, 1784: 121.

Hydrous aberrans Kuwert, 1893: 93.

主要特征：体长 28.0–36.0 mm，红褐色至黑色，具绿色光泽。头部刻点细小而疏，具系统大刻点；额唇基缝及冠缝明显；下颚须长于触角，末节明显短于前 1 节；触角 9 节，端 3 节膨大成锤状，具密毛，外缘端部具长毛。前胸背板刻点及网纹与头部相似，具系统大刻点。鞘翅系列刻点大，每个系列刻点两侧及鞘缝间距具明显的小刻点列；端部向内侧很明显地倾斜，内角具 1 小刺突。前胸腹板隆起前缘平截；中胸腹板隆脊光滑，前端钝，插入前胸腹板隆起下缘的沟内；后胸腹板隆脊光滑，具纵细沟，前端与中胸隆脊后端相接，后端成长刺，近于到达第 3 腹板后缘。腹部 5 节，密被细毛，中间略呈屋脊状圆钝隆起，每节两侧近中央具 1 黄色斑，末端较平坦，顶端圆。中足腿节具大而密的刻点，后足腿节刻点小而疏；跗节长于胫节，背面具长游泳毛。

分布：浙江、广东、海南、香港、广西、云南；缅甸。

128. 脊胸牙甲属 *Sternolophus* Solier, 1834

Sternolophus Solier, 1834: 302. Type species: *Sternolophus rufipes* Solier, 1834.

Helobius Mulsant, 1851: 75. Type species: *Helobius noticollis* Mulsant, 1851.

主要特征：体中大型，体长 8.0–15.0 mm。下颚须长于触角，约为头宽的 2/3，末节长于前 1 节。前胸腹板中部具很高的隆脊，隆脊前端有 1 具刚毛的大刻点。中胸腹板隆脊前端具 1 小缺刻，缺刻前具 1 束刚毛；后胸腹板隆脊宽平，后端呈刺状。腹部密被拒水柔毛；第 5 腹节顶端圆或具缺刻。前、中、后足腿节基部具密绒毛；中、后足跗节具长游泳毛。鞘翅无明显的刻纹，具有大的系列刻点列。雄性爪强烈弯曲成钩状，雌性爪均匀弯曲。

分布：古北区、东洋区、旧热带区、澳洲区。世界已知 9 种，中国记录 2 种，浙江分布 1 种。

（279）红脊胸牙甲 *Sternolophus rufipes* Fabricius, 1792（图 4-I-9，图版 II-11）

Hydrophilus rufipes Fabricius, 1792: 183.
Sternolophus fulvipes Motschulsky, 1854: 45.
Tropisternus mergus Redtenbacher, 1844: 514.

主要特征：体长 9.0–11.0 mm。体黑红褐色至黑色；触角红褐色，锤状部黑色；下颚须红褐色，端部黑色；腹面黑色或深红褐色，每腹节两侧具有黄褐色斑；足红褐色。头部刻点细密，具大的系列刻点；上唇前缘中部具宽凹口，中部及基部具横列刻点；颏前部具大而深的凹陷，咽片及咽侧片具密毛。前胸背板刻点与头部相似，具大的系列刻点；侧缘镶边细，窄于鞘翅系列刻点直径。小盾片长三角形。鞘翅刻点与前胸背板相似。后胸腹板隆脊后端延长成长刺，到达或超过第 2 腹板后缘，端部直。腹部 5 节，末端圆。

分布：浙江（临安）、辽宁、北京、山西、陕西、湖北、湖南、福建、台湾、广东、海南、香港、广西、贵州、四川、云南、西藏；韩国，日本，印度，越南，泰国。

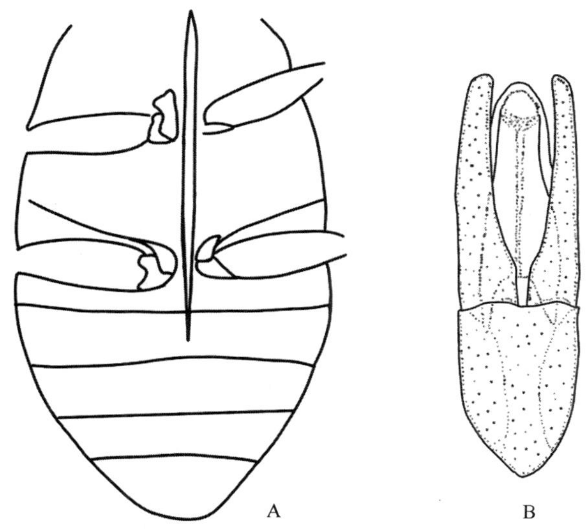

图 4-I-9 红脊胸牙甲 *Sternolophus rufipes* Fabricius, 1792
A. 中胸、后胸及腹部（腹面观）；B. 阳茎（背面观）

（二）凯牙甲亚科 Chaetarthriinae

主要特征：本亚科具有以下综合特征：中胸叉骨无长背臂；腹部第 5 节末端无凹口；中胸腹侧缝存在；鞘翅无小盾刻点列；若头、前胸背板和鞘翅无系列刻点，则鞘翅基部缘折明显宽于伪缘折，若有系列刻点，则腹部腹面被有长毛。

分布：世界广布。世界已知大约 240 种，中国记录 42 种，浙江分布 1 种。

129. 安牙甲属 *Anacaena* Thomson, 1859

Anacaena Thomson, 1859: 18. Type species: *Hydrophilus globulus* Paykull, 1798.
Enigmata Hansen, 1999: 129. Type species: *Enigmata brunnea* Hansen, 1999.
Grodum Hansen, 1999: 124. Type species: *Grodum striatum* Hansen, 1999.
Hebauerina Gentili, 2002: 141. Type species: *Hebauerina nanica* Gentili, 2002.
Laccobiellus Abeille de Perrin, 1901: 60. Type species: *Hydrophilus globulus* Paykull, 1798.
Metacymus Sharp, 1882a: 65. Type species: *Metacymus parvulus* Sharp, 1882.
Omniops Perkins *et* Short, 2004: 2. Type species: *Omniops fasciatus* Perkins *et* Short, 2004.
Paranacaena Blackburn, 1888: 820. Type species: *Paracymus lindi* Blackburn, 1888.

主要特征：体长 1.5–3.3 mm，卵圆形或宽卵圆形。复眼外缘不突出于额和头顶外缘。头、前胸背板和鞘翅无系列刻点。下颚须不长于头宽之半，短于触角，第 2 节或多或少膨大。触角 7–9 节。前胸腹板近于平坦，中部无纵脊。中胸腹板平坦，中后部通常具有 1 横脊，横脊中部长有尖锐齿突；中足基节近于相接。鞘翅有鞘缝刻纹，无规则的刻点列；缘折于基部很宽，非常倾斜，明显宽于伪缘折，向后狭窄，终止于后足基节后缘；伪缘折较狭窄，终止于端部。腹部 5 节，第 1 节不长于第 2 节，无纵脊。

分布：世界广布。世界已知 120 种，中国记录 21 种，浙江分布 1 种。

（280）黑黄安牙甲 *Anacaena atriflava* Jia, 1997（图版 II-12）

Anacaena atriflava Jia, 1997: 108.

主要特征：体长 2.2–2.7 mm，椭圆形，背部隆拱。背部黑褐色，边缘黄褐色；腹面黑色；唇基及额黑色，眼前具黄色三角形斑块。复眼正常大小，眼距超过单只复眼直径的 3.0 倍。下颚须黄褐色，第 2 节轻微膨大，第 4 节外缘弯曲，端部黑色。触角 9 节。前胸背板中部具褐色斑块，边缘黄褐色或者褐色斑块到达前后缘；前缘中部内凹，后缘轻微波浪状。鞘翅黑褐色，向后及侧面变浅，具细小刻点。鞘缝刻纹前端具 1 小段黑褐色斑点列。前胸腹板中部轻微突出。中胸腹板后部强烈突出。后胸腹板中部隆起，具小的不规则光滑区。后足腿节除极末端处均具毛，具圆的分界线。后足跗节短于后足胫节。腹部 5 节，黑褐色，具毛。

分布：浙江（杭州、宁波）、安徽、江西、福建、广东、广西。

（三）苍白牙甲亚科 Enochrinae

主要特征：体小，通常 8.0 mm 以下。下颚须第 2 节内弯，第 3 节基部呈肘状；若非如此，则中、后足跗节 4 节；第 5 可见腹节多具凹口或平截。

分布：世界广布。世界已知 275 种，中国记录 29 种，浙江分布 4 种。

130. 苍白牙甲属 *Enochrus* Thomson, 1859

Enochrus Thomson, 1859: 18. Type species: *Hydrophilus bicolor* sensu Gyllenhal, 1808.

主要特征：体长小于 10.0 mm，长卵圆形。下颚须至少不短于头宽，末节略向外弯，第 2 节向内弯（少数种类近于直）。鞘翅有明显的鞘缝纹，有或无 10 条纵刻纹，若有刻纹则鞘缝纹与第 1 条刻纹合并，后端明显较其他刻纹深。中胸腹板具有脊状的隆起。中、后足跗节 5 节，第 1 节小。

分布：世界广布。世界已知 214 种，中国记录 23 种，浙江分布 3 种。

分种检索表

1. 下颚须短，约为头宽之半，短于触角，第 2 节直，末节与前 1 节近于等长；鞘翅具有 10 条可辨的规则刻点列，列中刻点较周围刻点略大，但在端部和外缘清晰；腹部末端圆，无缺刻……………………………………………… **藻苍白牙甲 *E. algarum***
- 下颚须长，至少长于头宽的 2/3，长于触角，第 2 节向内弯曲，末节短于前 1 节；鞘翅刻点除系列刻点外，无刻点列；腹部末节端部具 1 缺刻，缺刻内具刚毛束……………………………………………………………………………………2
2. 体长 4.8–7.2 mm；体深褐色或黑褐色，头、前胸背板和鞘翅具有明显的系列刻点；中胸腹板隆脊圆锥状…… **日本苍白牙甲 *E. japonicus***
- 体长 4.0–4.3 mm；体黄褐色至深褐色，头、前胸背板和鞘翅系列刻点与周围刻点近等大；中胸腹板隆脊片状…… **糙苍白牙甲 *E. crassus***

（281）日本苍白牙甲 *Enochrus japonicus* (Sharp, 1873)（图版 II-13）

Philhydrus japonicus Sharp, 1873: 59.

Enochrus (*Lumetus*) *japonicus*: Zaitzev, 1908: 387.

主要特征：体长 4.8–7.2 mm，卵圆形。背面黑褐色，边缘黄褐色，有光泽。腹面黑色。下颚须、触角均为黄褐色，后者棒节深褐色。眼前具黄褐色小斑块。下颚须为头宽的 2/3，顶端 1 节为倒数第 2 节的 1/2。触角 9 节，柄节很长，为梗节的 2.0 倍；棒节褐色，稀松具毛。前胸背板黑褐色，前后缘及侧缘有红褐色边缘。鞘翅具有与前胸背板相似的丰富细密的刻点，具 3 条粗糙的稀疏刻点列；鞘翅缝线到鞘翅基部 1/5 处。腹面黑褐色。前胸腹板前缘突出成角状。中胸腹板中后部凸起呈圆锥状。后胸腹板中后部明显隆起，除中部光滑区外均具毛。足红褐色，腿节除端部 1/5 处光滑区均具有浓密的拒水软毛。腹部 5 节，具毛；第 5 腹板末端内凹，可见成排的黄褐色刚毛。

分布：浙江（临安、庆元）、黑龙江、江苏、江西、湖南、广东；俄罗斯（远东地区），日本，印度。

（282）藻苍白牙甲 *Enochrus algarum* Jia *et* Short, 2013（图版 II-14）

Enochrus algarum Jia *et* Short, 2013: 610.

主要特征：体长 4.9 mm，卵圆形。背部隆起。背面黑褐色，边缘黄褐色。唇基黑色，前缘褐色或浅褐色；眼前分别具有具毛的系列刻点。触角 9 节，柄节与第 2–6 节之和等长；棒节具毛。鞘翅具 10 条不明显的浅的刻点列，比周围的刻点大，在后 1/3 处较明显，鞘翅缝线到鞘翅基部 1/4 处。中胸腹板中部具瘤突，末端指状，瘤突后面具矮脊。后胸腹板中后部隆起，后部具小的长椭圆形光滑区，其余均具毛。腿节红褐色，中足腿节的基部 2/3 具有浓密的软毛，后足腿节具稀疏的软毛但基部具有浓密的刚毛；跗节 5 节，后足跗节第 1 节很短，第 2 节很长。腹部 5 节，具毛；第 5 腹板末端完整。

分布：浙江（龙泉）、湖南、福建。

（283）糙苍白牙甲 *Enochrus crassus* (Régimbart, 1903)（图版 II-15）

Philhydrus crassus Régimbart, 1903b: 55.

Enochrus crassus: Zaitzev, 1908: 386.

主要特征：体长 4.0–4.3 mm，卵圆形。背面深褐色，腹面黑褐色。头部黑色，具丰富且大的刻点。下颚须为头宽的 3/4，顶端 1 节较短，为倒数第 2 节的 1/3。触角 9 节，柄节为梗节的 2.0 倍，棒节稀松具毛。前胸背板具与头部相似的刻点。鞘翅刻点与头部相似，但边缘刻点更大更粗糙，有时具不明显的刻点列斑纹，鞘翅缝线到鞘翅基部 1/3 处。前胸腹板无隆脊。中胸腹板中后部两侧向内挤压成 1 个大脊，脊后缘具有齿。后胸腹板中后部隆起并向后轻微突出，具大的菱形光滑区，其余均具毛。腿节红褐色，除端部 1/5 处光滑区均具毛。腹部第 5 腹板末端内凹，可见成排的黄褐色刚毛。

分布：浙江（舟山）、广东。

131. 异节牙甲属 *Cymbiodyta* Bedel, 1881

Cymbiodyta Pandellé, 1876: 58 (nec Adams, 1854). Type species: *Philhydrus ovalis* Thomson, 1853.

Cymbiodyta Bedel, 1881: 307. Type species: *Hydrophilus marginellus* Fabricius, 1792.

Cymbiodita Kuwert, 1890a: 60 (incorrect subsequent spelling).

Hydrocombus Sharp, 1882a: 70. Type species: *Hydrocombus brevicollis* Sharp, 1882.

主要特征：体长 2.5–7.5 mm，椭圆形，背部隆拱。上唇暴露。复眼正常大小，适当突出，眼距为单只复眼宽度的 4.0 倍。下颚须与头宽等长，顶端 1 节对称，轻微短于倒数第 2 节，向内弯曲。颏宽为长的 1/2，前缘突出，有内陷。触角 9 节，梗节是柄节的 2/3。前胸背板具丰富均匀的刻点及明显的系列刻点。鞘翅后部具明显的鞘翅缝线，通常没有其他的条纹或者刻点列，但有时具 10 条明显的刻点列。前胸腹板中部轻微隆起；前足基节窝后开式。中胸腹板前缘逐渐变窄成小的凹线，后部具 1 横贯的弧形脊，中部通常具明显的齿状。后胸腹板中部突出，除中部光滑区外均具毛。后胸前侧片两侧平行，长为宽的 3.5 倍。前足腿节 5 节，中、后足腿节 4 节。腹部 5 节，末节后缘完整或有极小的内凹。中足基节通常是接近的。缘折倾斜，前部逐渐变宽，直至腹部，伪折缘较窄，倾斜。

分布：美国、加勒比地区、欧洲西部、西亚和中国。世界已知 31 种，其中 28 种分布于北美和加勒比地区，1 种分布于欧洲西部及西亚沿海国家。中国记录 2 种，浙江分布 1 种。

（284）李时珍异节牙甲 *Cymbiodyta lishizheni* Jia *et* Lin, 2015（图 4-I-10，图版 II-16）

Cymbiodyta lishizheni Jia *et* Lin, 2015: 446.

主要特征：体长 3.1–3.3 mm，椭圆形，背部隆拱。背面黑褐色或褐色，前胸背板及鞘翅有很宽的黄色

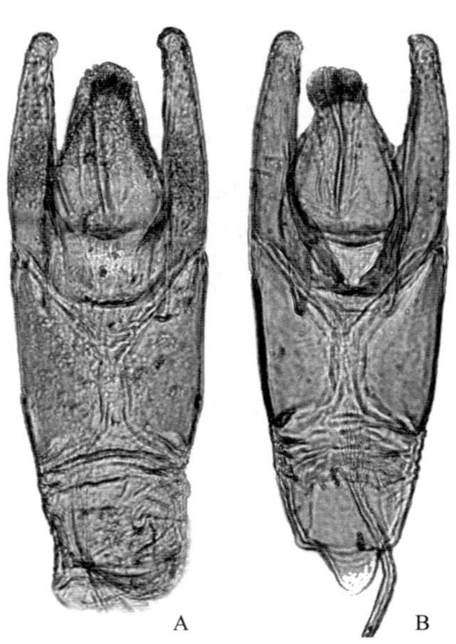

图 4-I-10　李时珍异节牙甲 *Cymbiodyta lishizheni* Jia *et* Lin, 2015

A. 阳茎（背面观）；B. 阳茎（腹面观）

边缘，腹面黄褐色到黑褐色。眼前具很窄的黄褐色。下颚须为头宽的 3/4，顶端 1 节对称，轻微短于第 2 节，向内弯曲，第 2 节膨大。触角 9 节，梗节为柄节的 3/4，末 3 节棒节膨大稀疏被毛。鞘翅刻点比前胸背板丰富，鞘翅缝线超过基部 1/3，前缘由刻点列延续到基部；具 9 条刻点列，后部呈刻纹，侧面刻点列粗糙；在鞘翅缝线和第 1 条刻点列之间有 5–7 个大刻点组成的短刻点列；在第 3、5、7、9 条刻点列之间具不明显的系列刻点。中胸腹板中部具 1 个小的横脊，但没有上升的齿状或突起。后胸腹板中部隆起，除隆起部位中后部光滑区以外均具有软毛。前足腿节基部 2/3 被毛，分界线倾斜，中、后足腿节基部 3/4 被毛，分界线不倾斜。腹部 5 节，具毛，第 5 节末端完整。

分布：浙江（龙泉）、江西。

（四）须牙甲亚科 Acidocerinae

主要特征：体小型，通常 10.0 mm 以下。下颚须长于或略短于头宽，腹部第 5 可见节末端具凹口或平截。阳茎基叶明显短于侧叶。

分布：世界广布。世界已知大约 360 种，中国记录 71 种，浙江分布 6 种。

132. 阿牙甲属 *Agraphydrus* Régimbart, 1903

Agraphydrus Régimbart, 1903a: 33. Type species: *Agraphydrus punctatellus* Régimbart, 1903.

Pseudohelochares Satô, 1960: 76. Type species: *Pseudohelochares narusei* Satô, 1960.

Pseudopelthydrus Jia, 1998: 225. Type species: *Pseudopelthydrus longipalpus* Jia, 1998.

主要特征：体长 1.5–5.0 mm，长卵形，前胸背板与鞘翅基部近于等宽。下颚须略长于头宽（少数阿牙甲属 *Agraphydrus* 略短），第 2 节内缘直，通常末端多少膨大；头、前胸背板和鞘翅具有明显的系列刻点；前胸腹板中部无纵脊，中胸腹板简单或具有很低的横脊，极少有低纵脊。鞘翅无鞘缝刻纹和纵刻纹。

分布：世界广布。世界已知约 65 种，中国记录 44 种，浙江分布 4 种。

分种检索表

1. 额唇基具皮革状细纹，至少前部如此……2
- 额唇基光滑，无皮革状细纹，至多在侧边缘具极少量细纹……3
2. 下颚须第 4 节端部黑色；额唇基大部分被有皮革状细纹，近后部中央小部分光滑，有时全部被纹；阳茎如图 4-I-14B 所示……**变阿牙甲 *A. variabilis***
- 下颚须全长同色，端部不黑；额唇基前缘和侧缘前 1/3 具有皮革状细纹，中部大部分光滑；阳茎如图 4-I-12B 所示……**钳形阿牙甲 *A. forcipatus***
3. 体黑色，头部无眼前斑；触角 8 节；腹部第 5 节端部具凹口；阳茎如图 4-I-13B 所示……**黑阿牙甲 *A. niger***
- 触角 9 节；腹部第 5 节端部无凹口；阳茎如图 4-I-11B 所示……**中国阿牙甲 *A. chinensis***

（285）中国阿牙甲 *Agraphydrus chinensis* Komarek *et* Hebauer, 2018（图 4-I-11）

Agraphydrus chinensis Komarek *et* Hebauer, 2018: 27.

主要特征：体长 2.2 mm。上唇、唇基和额黑色，唇基侧缘具黄褐色眼前斑；下颚须一致黄色；前胸背板深褐色，向两侧颜色逐渐淡，鞘翅一致红褐色，腹面暗褐色，足浅褐色。唇基刻点间光滑，无皮革状细纹，中部很宽地凹陷。复眼小，唇基宽为复眼宽的 3.2 倍。触角 9 节，中胸腹板具有不发达的水平隆脊。

鞘翅系列刻点 4 列，不十分明显，中间 1 列不达前缘。前足腿节腹面基部被毛的前缘大约为腿节长的 2/3；中、后足腿节被毛的前缘约为腿节长的 3/4。腹部末端无凹陷。

分布：浙江（丽水龙泉）、安徽、福建。

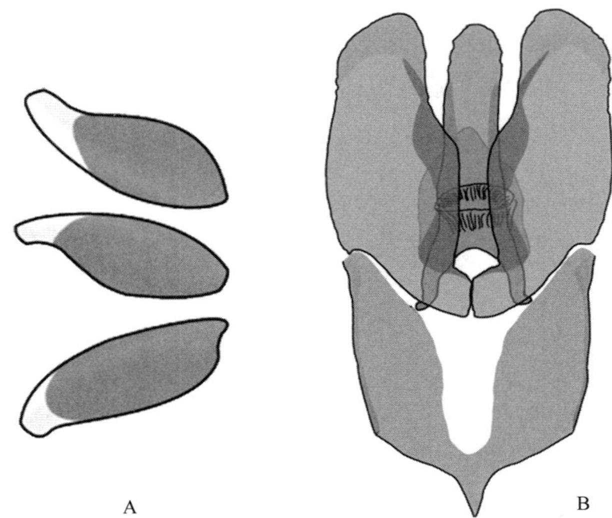

图 4-I-11　中国阿牙甲 *Agraphydrus chinensis* Komarek *et* Hebauer, 2018（仿自 Komarek and Hebauer，2018）

A. 足腹面；B. 阳茎（背面观）

（286）钳形阿牙甲 *Agraphydrus forcipatus* Komarek *et* Hebauer, 2018（图 4-I-12，图版 II-17）

Agraphydrus forcipatus Komarek *et* Hebauer, 2018: 39.

主要特征：体长 2.1–2.3 mm。上唇、唇基和额黑色，眼前斑很窄或不明显，有时消失；下颚须一致黄色；前胸背板黄褐色或中部暗褐色具有窄侧缘；鞘翅暗褐色或浅褐色具有一些暗色板块，偶有个体形成不明显的纵条纹；腹面和足暗褐色。触角 9 节，下颚须与额唇基近宽。额唇基前缘及侧缘前 1/3 具皮革状细纹。中胸腹板具不明显的中隆脊。鞘翅具 4 条较明显的纵系列刻点列，中间列刻点少。腿节腹面被毛达腿节长的 2/3，前足被毛端缘倾斜。腹部末端具有半圆形凹陷。

分布：浙江（丽水）、安徽、湖北、江西、湖南、福建、广东、贵州。

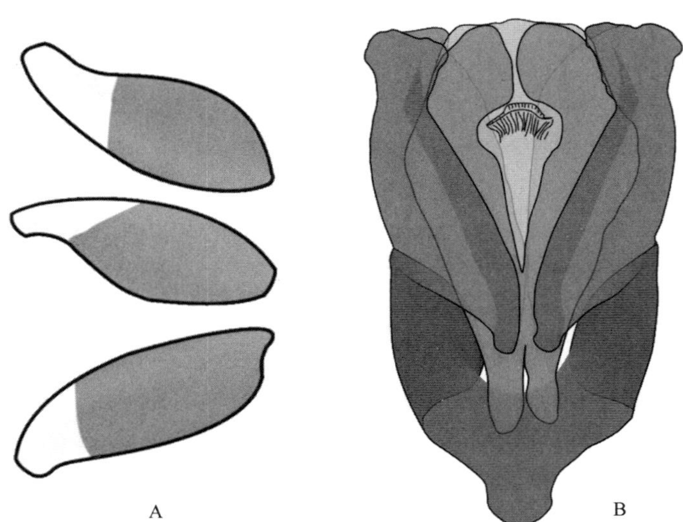

图 4-I-12　钳形阿牙甲 *Agraphydrus forcipatus* Komarek *et* Hebauer, 2018（仿自 Komarek and Hebauer，2018）

A. 足腹面；B. 阳茎（背面观）

（287）黑阿牙甲 *Agraphydrus niger* Komarek *et* Hebauer, 2018（图 4-I-13，图版 II-18）

Agraphydrus niger Komarek *et* Hebauer, 2018: 50.

主要特征：体长 1.8–2.2 mm，宽卵形，背面较隆拱。上唇、唇基和额黑色；下颚须黄色，端部不黑；前胸背板黑色具有很窄的黄褐色侧缘；鞘翅、腹面和足黑色。唇基无皮革状细纹，基础刻点细小，系列刻点明显。触角 8 节。下颚须细长，第 2 节中部略微弯曲，与唇基最大宽度（复眼前）相等，第 4 节略不对称，略长于第 3 节。前胸背板刻点比头部略小或等大，系列刻点清晰。鞘翅刻点比前胸背板略强，系列刻点清晰，排成 4 列，中部列刻点少，不达鞘翅基部。中胸腹板在后部约 2/3 处具 1 低矮而窄的中脊，向后略突。足基部 2/3 被毛；前足腿节外端被毛边缘略倾斜，中、后足腿节外端被毛边缘直。腹部 5 节，端节在高倍镜下可见很浅的凹口。

分布：浙江（丽水）、福建。

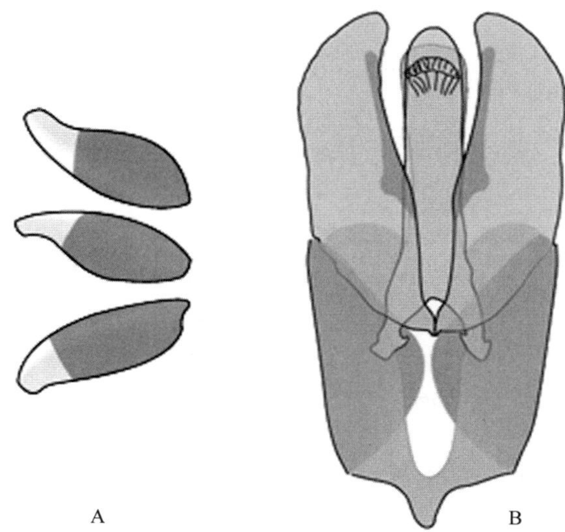

图 4-I-13　黑阿牙甲 *Agraphydrus niger* Komarek *et* Hebauer, 2018（仿自 Komarek and Hebauer，2018）
A. 足腹面；B. 阳茎（背面观）

（288）变阿牙甲 *Agraphydrus variabilis* Komarek *et* Hebauer, 2018（图 4-I-14，图版 II-19）

Agraphydrus variabilis Komarek *et* Hebauer, 2018: 61.

主要特征：体长 2.1–2.4 mm，卵圆形，适度隆拱。体色多变，上唇、唇基和额黑色；唇基通常具有浅色的眼前斑；下颚须黄褐色，第 4 节端部黑色；前胸背板黑色或暗褐色，通常具有窄黄褐色边；鞘翅黑色或暗褐色，边缘黄褐色很窄，深色个体中部具浅色的较宽纵斑，浅色个体则靠近侧缘具纵黑带；腹面黑色，足暗褐色。唇基绝大部分具有皮革状细纹，有的个体中后部光滑，基础刻点细小，系列刻点明显。复眼大，不突出。触角 9 节，下颚须细长，与额唇基最宽处等长，第 4 节为第 3 节的 1.3–1.4 倍，第 2 节直，第 4 节对称。前胸背板基础刻点与额相似，系列刻点明显。鞘翅与前胸背板等长，基础刻点和前胸背板相似，系列刻点明显，成 4 列，中间列刻点数量很少，不达基部，沿侧缘具不规则的刻点列。中胸腹板具明显的中隆。前足基部 2/3 被毛，中、后足基部 3/4 被毛，外端毛被线在前、中足倾斜，在后足直。腹部第 5 节端部具半圆形的凹陷。

分布：浙江（安吉、丽水）、山东、陕西、安徽、湖北、江西、湖南、福建、台湾、广东、香港、广西、贵州、云南。

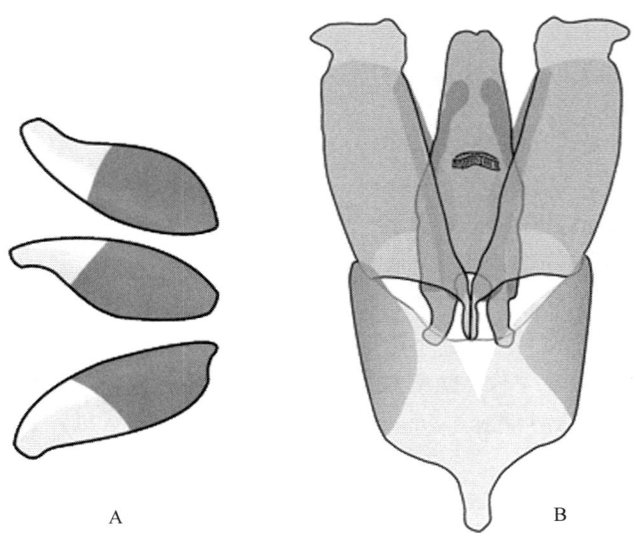

图 4-I-14 变阿牙甲 *Agraphydrus variabilis* Komarek *et* Hebauer, 2018（仿自 Komarek and Hebauer，2018）
A. 足腹面；B. 阳茎（背面观）

133. 丽阳牙甲属 *Helochares* Mulsant, 1844

Helochares Mulsant, 1844: 197. Type species: *Dytiscus lividus* Forster, 1771.

Neohydrobius Blackburn, 1898: 221. Type species: *Philhydrus burrundiensis* Blackburn, 1890.

Pylophilus Motschulsky, 1845: 32. Type species: *Hydrophilus griseus* Fabricius, 1787.

Peloxenus Motschulsky, 1845: 549. Type species: *Hydrophilus griseus* Fabricius, 1787.

Stagnicola Montrouzier, 1860: 246. Type species: *Stagnicola foveicollis* Montrouzier, 1860.

主要特征：体长椭圆形。下颚须长于头宽，第 2 节明显向外弯曲，不膨大；鞘翅有或无 10 条纵刻纹，无鞘缝刻纹，若鞘翅具有 10 条刻纹，则第 1 条不比其他的深；中胸腹板无纵隆脊，中、后足跗节 5 节，第 1 节很小。

分布：世界广布。世界已知 185 种，中国记录 11 种，浙江分布 2 种。

（289）锚突丽阳牙甲 *Helochares neglectus* (Hope, 1845)（图 4-I-15，图版 II-20）

Hydrobius neglectus Hope, 1845: 16.

Helochares (*Hydrobaticus*) *neglectus*: d'Orchymont, 1919: 150.

主要特征：体长 5.0–8.0 mm，长椭圆形，背部隆拱。背面黄褐色。头部具细密刻点。下颚须与头宽等长，第 2 节最长，向内弯曲。触角 9 节，柄节比梗节稍长，末 3 节棒节膨大稀疏具毛。前胸背板具有比头部刻点小且密的刻点，中后端最宽。鞘翅无鞘缝刻纹，具有 10 条由深且紧密的大刻点组成的刻点列；具明显的小盾刻点列；基础刻点均一。前胸腹板前端突出成角状，具毛。中胸腹板后端隆起。中足基节很近，之间形成 1 线状脊，后端开叉。后胸腹板中后部稍突出，具毛，无明显的光滑区，后足基节之间也具 1 线状脊。腿节腹面具有浓密的软毛，跗节具有长的游泳毛。腹部 5 节，第 1 节中部具脊，具毛。第 5 节末端内凹，可见成排的黄色刚毛。

分布：浙江（临安）、湖北、江西、福建、广东、香港、广西、云南；越南，泰国，柬埔寨，马来西亚。

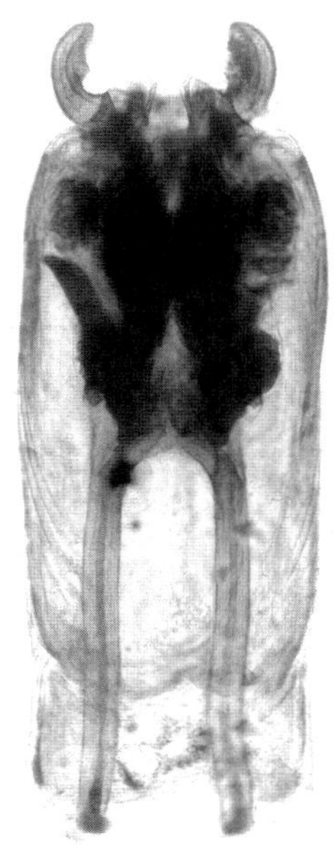

图 4-I-15　锚突丽阳牙甲 *Helochares neglectus* (Hope, 1845)阳茎（背面观）

（290）索氏丽阳牙甲 *Helochares sauteri* d'Orchymont, 1943（图 4-I-16，图版 II-21）

Helochares (*Hydrobaticus*) *sauteri* d'Orchymont, 1943: 6.

主要特征：体长 3.8–5.0 mm，长椭圆形，背部隆拱。背面黄褐色，上唇黑褐色。头部具细密刻点。下颚须与头宽等长，向内弯曲。触角 9 节，柄节与梗节等长，末 3 节棒节膨大稀疏被毛。前胸背板具有与头部相似的刻点，基部最宽。鞘翅无鞘缝刻纹，具有 10 条由大刻点组成的刻点纹及 1 条小盾刻纹，鞘翅后端大刻点更大更浅，刻点间具较密的小刻点。前胸腹板中部略隆起。中胸腹板较窄，前端两侧近平行，中后部形成隆起，具毛。后胸腹板中后部具隆起，隆起顶端较为平坦。腿节腹面具浓密的毛，端部 1/5 处为光滑区。腹部 5 节，具毛，第 5 节末端内凹，可见成排的黄色刚毛。

分布：浙江（临安）、湖北、江西、台湾、广东、四川、贵州。

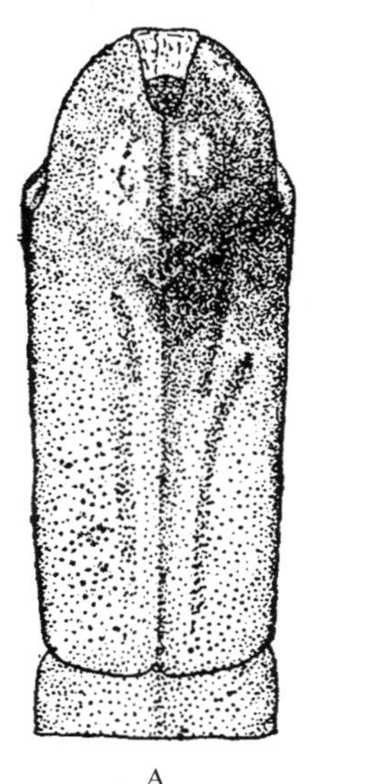

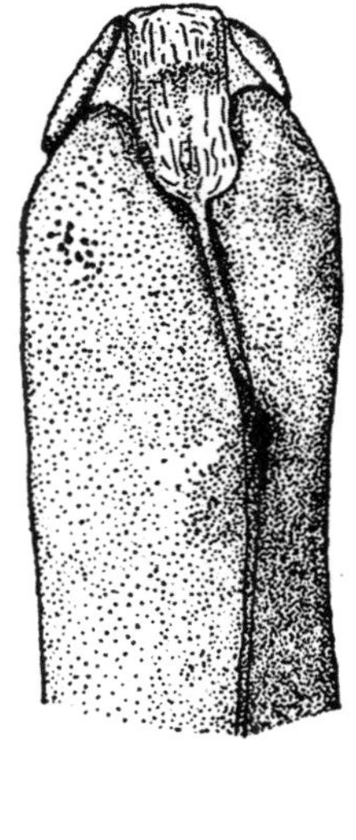

A　　B

图 4-I-16　索氏丽阳牙甲 *Helochares sauteri* d'Orchymont, 1943（仿自 d'Orchymont，1943）

A. 阳茎（背面观）；B. 阳茎（侧腹面观）

（五）陆牙甲亚科 Sphaeridiinae

主要特征：额唇基前侧角不向侧下方折；中胸腹板部分或全部与侧板愈合；中胸腹板具有发达的隆起板或脊；后足跗节第 1 节通常长于第 2 节或与第 2 节等长（折牙甲族 Omicrini）；腹部第 1 节具纵脊。

分布：世界广布。世界已知大约 970 种，中国记录 120 种，浙江分布 3 种。

134. 梭腹牙甲属 *Cercyon* Leach, 1817

Cercyon Leach, 1817: 95. Type species: *Dermestes melanocephalus* Linnaeus, 1758.

Cerycon Rey, 1886: 156. Type species: *Sphaeridium minutum* sensu Gyllenhal, 1808.

Cheilocercyon Seidlitz, 1888: [Arten] 112. Type species: *Scarabaeus quisquilius* Linnaeus, 1760.

Cyceron Shatrovskiy, 1992: 362 (365). Type species: *Cercyon dux* Sharp, 1873.

Epicercyon Kuwert, 1890b: 168. Type species: *Cercyon granarium* Erichson, 1837.

Ercycon Rey, 1886: 129. Type species: *Sphaeridium littorale* Gyllenhal, 1808.

Paraliocercyon Ganglbauer, 1904: 274. Type species: *Cercyon depressum* Stephens, 1829.

主要特征：前胸腹板向中部平缓隆起，中部具纵脊。触角沟不近于伸达侧缘，向中部渐平缓，无明显的凹陷，亦无中侧短脊。中胸腹板接纳前足基节的窝小，远不到达中足基节；中胸腹板隆起长大于宽，通常卵圆形或细条状，前后端狭，不与后胸腹板紧密相接（*Paracercyon* 亚属除外），与后胸腹板之间也不成深沟。后胸腹板前侧角无 1 条横向的隆脊。鞘翅具刻点纹，纹间距平坦。胫节无毛，跗节腹面仅具短毛。

分布：世界广布。世界已知大约 263 种，中国记录 34 种，浙江分布 2 种。

（291）宽坦梭腹牙甲 *Cercyon incretus* d'Orchymont, 1941（图版 II-22）

Cercyon incretus d'Orchymont, 1941: 9.

主要特征：体长 2.8–3.1 mm。头部红褐色或深褐色，前胸背板、鞘翅、触角、下颚须、腹面及附肢黄褐色或红褐色，有的个体腹面颜色略深。背面光滑，腹面被毛。头部刻点中等大小，较均匀，额唇基刻点小于头顶。触角 9 节，锤状部 3 节紧密。下颚须第 2 节端部膨大，第 4 节纺锤状，中部明显膨大，两侧对称。前胸背板刻点与头顶相似，略疏；两侧镶边窄，延伸至前、后缘；前、后缘镶边极细，中部消失。前胸腹板中部隆起成屋脊状，具明显的隆脊，触角沟显著，外侧具明显的边脊。中胸腹板隆起成长平板状，光滑，前后窄，中间宽，长约为宽的 4 倍，表面具细刻点。后胸腹板中部呈五边形隆起，隆起的中后部光滑，无腿节线。鞘翅具 10 条细刻纹，第 1–3 条刻纹间距宽而平坦，第 6、7 条刻纹不达基部，纹间距刻点极细，小于刻纹内的刻点，刻点间光滑无细网纹；伪缘折光滑，缘折粗糙，两者均倾斜。3 对足光滑无毛，跗节腹面具稠密的刚毛。第 1 腹节具纵隆脊，达后缘，第 5 腹板端部圆。

分布：浙江（庆元）、江西、福建、台湾。

（292）隆线梭腹牙甲 *Cercyon laminatus* Sharp, 1873（图版 II-23）

Cercyon laminatus Sharp, 1873: 66.

Cercyon sharpi Harold, 1878: 68.

Cercyon tropisternus Wu *et* Pu, 1995: 129.

Cercyon vicinaloides d'Orchymont, 1925: 278.

主要特征：体长 3.0–4.2 mm，长卵形，背面略隆拱。头部黑色，前胸背板黄褐色；鞘翅黄褐色，基部、两侧及鞘缝通常色浅；腹面褐色。背面光滑，腹面被毛。头部刻点较密，触角 9 节，锤状部 3 节紧密。下颚须第 2 节端部膨大，第 4 节近柱状，对称。前胸背板刻点与头顶相似，略疏；两侧镶边窄，延伸至前、后缘；前缘镶边极细，完整；后缘镶边极细，中部消失。前胸腹板中部隆起成屋脊状，具明显的隆脊，触角沟显著，外侧具明显的边脊。中胸腹板隆起成线状。后胸腹板中部呈五边形隆起，隆起的中后部光滑，无腿节线。鞘翅具 10 条较宽刻纹，两侧和端部刻纹加深，纹间距前端平坦，两侧和后端隆起，刻点较大，小于刻纹内的刻点，第 6、7 条刻纹不达基部；伪缘折光滑，缘折粗糙，两者均呈水平。3 对足光滑无毛，跗节腹面具稠密的刚毛。第 1 腹节具纵隆脊，达后缘，第 5 腹板端部圆。

分布：浙江（萧山、临安、庆元）、吉林、陕西、上海、湖北、湖南、台湾、广东、香港、澳门、广西、四川；俄罗斯（远东地区），日本，欧洲，美国（夏威夷）。

135. 覆毛牙甲属 *Cryptopleurum* Mulsant, 1844

Cryptopleurum Mulsant, 1844: 188. Type species: *Sphaeridium minutum* Fabricius, 1775.

主要特征：体小型，通常被鳞毛。前胸背板侧缘侧面观角状；前胸腹板中部呈五角形平板状，触角沟深显，伸达侧缘。中胸腹板隆起宽大于长，中足基节分隔宽；后胸腹板具伸向前侧角的后足腿节线。鞘翅具有 10 条明显的刻纹。第 1 腹板具明显的中纵脊。

分布：世界广布。世界已知 24 种，中国记录 6 种，浙江分布 1 种。

（293）线纹覆毛牙甲 *Cryptopleurum subtile* Sharp, 1884（图版 II-24）

Cryptopleurum subtile Sharp, 1884: 461.

主要特征：体长 1.6–2.3 mm。体黄红褐色至红褐色，鞘翅通常两侧和后端颜色较浅，头部和腹面黑色。头、前胸背板和后胸腹板隆起具有明显的纵细纹；前胸背板和鞘翅纹间距刻点细小而疏。鞘翅第 7 和 8 刻纹融合在一处，但刻点列明显分开；纹间距基半部平坦，在端部和侧缘纹间距隆起。阳茎侧叶大约为基叶的 1.25 倍，端部向外膨大，内侧具有膜和刚毛；中叶宽，基部 4/5 近于两侧平行，端部 1/5 突然变窄，顶端尖细。

分布：浙江（安吉、临安）、内蒙古、北京、河北、山西、陕西、青海、上海、江西、湖南、福建、台湾、广东、广西、贵州、四川、云南；欧洲，东亚，北美。

II. 阎甲总科 Histeroidea

阎甲总科 Histeroidea 下通常分为阎甲科 Histeridae、扁圆甲科 Sphaeritidae 和长阎甲科 Synteliidae。最新研究显示阎甲总科为水龟总科 Hydrophiloidea 的姐妹群。目前世界已知 3 科 412 属 4520 余种（亚种），中国记录 3 科 67 属 303 种（亚种），浙江记录阎甲科中的 9 属 10 种。

十一、阎甲科 Histeridae

主要特征：成虫体长变化很大，0.7–30 mm。体形多变，紧实而宽厚，有时扁平、筒形或圆形。体色多为黑色，有时为棕红色或金属蓝绿色，有些类群体表具红斑。大部分种类体表光洁，有些具刻点，偶有粗壮刚毛。下口式，偶见前口式；唇基和额愈合成口上突；上颚外侧表面皱褶，具刚毛，内侧光洁；下颚须末节外侧具感觉器；触角膝状，端部棒状。前胸侧缘具边，向端部变窄，腹面具凹槽容纳收缩的前足；前胸腹板具中脊；中胸小于前、后胸。小盾片通常可见。鞘翅近矩形，盘区具细纵沟。前足基节隐藏，转节与腿节愈合，中、后足胫节侧缘具刺，后足转节相互远离；跗爪偶尔不对称或愈合。腹部短而宽，至少前 5 节被鞘翅覆盖，第 6 背板（前臀板梯形），第 7 背板（臀瓣）半圆形或三角形；腹板可见 5 节，第 1 节显著长于余下各节。阳茎由基囊、侧叶和中叶组成。

生物学：成虫和幼虫多为软体昆虫幼虫或卵的捕食者，常栖息在动物尸体或腐败物中，也见于落叶层、其他昆虫挖掘的朽木通道、沙地、哺乳动物巢穴、蚁穴和白蚁巢中。

分布：世界广布。世界已知 10 亚科 410 余属 4505 种（亚种），中国记录 10 亚科 65 属 294 种（亚种），浙江分布 4 亚科 9 属 10 种。

分亚科检索表

1. 前胸腹板具横向触角窝或槽，靠近前缘，后方闭合 ······ **阎甲亚科 Histerinae**
- 前胸腹板具纵向触角窝或槽，靠近龙骨，后方开放 ······ 2
2. 具咽板 ······ **卵阎甲亚科 Dendrophilinae**
- 无咽板 ······ 3
3. 鞘翅表面无缝 ······ **球阎甲亚科 Abraeinae**
- 鞘翅表面具缝 ······ **腐阎甲亚科 Saprininae**

（一）球阎甲亚科 Abraeinae

主要特征：体卵圆形，体微小，通常小于 2 mm。触角收拢于前胸腹板凹槽中，被前足胫节和腿节遮挡。前胸腹片不具侧突。后翅翅脉强烈退化。胫节较宽，前足胫节膨大。阳茎基囊和侧叶愈合。

分布：世界广布。世界已知 24 属 441 种，中国记录 5 属 16 种，浙江分布 1 属 1 种。

136. 异跗阎甲属 *Acritus* LeConte, 1853

Acritus LeConte, 1853: 288. Type species: *Hister nigricornis* Hoffmann, 1803.

主要特征：体小，卵形至球形，背腹隆起。头部无额线，上唇前缘突起；上颚粗短，弯曲，内侧无齿。

前胸横宽，两侧剧烈向前收缩，背板前角尖锐，缘缝完整。小盾片三角形，小，不明显。鞘翅不具缝。前足胫节不膨大，外侧具小刺。前臀板长，臀板扇形。阳茎端部不弯曲。

分布：世界广布。世界已知 119 种，中国记录 6 种，浙江分布 1 种。

（294）库氏异跗阎甲 *Acritus* (*Acritus*) *cooteri* Gomy, 1999（图 4-II-1）

Acritus (*Acritus*) *cooteri* Gomy, 1999: 379.

主要特征：体长 1.1 mm，卵形。体深棕色，足和触角色略浅。头部刻点不均匀，细小而稀疏。前胸背板隆起，长是宽的 2 倍，两侧向端部收狭。小盾片小，三角形。鞘翅极度隆起，盘区不具槽。前臀板刻点稀疏，臀板刻点与前臀板近似，端部光洁。阳茎中叶两侧近平行，端部适度弧形，前缘中央略突起。

分布：浙江（安吉）。

图 4-II-1　库氏异跗阎甲 *Acritus* (*Acritus*) *cooteri* Gomy, 1999 阳茎（背面观）（仿自 Gomy，1999）

（二）卵阎甲亚科 Dendrophilinae

主要特征：体卵圆形。上唇具刚毛；触角收拢于前胸腹板凹槽中，被前足胫节和腿节遮挡。基节偶尔带刺状突起，胫节较宽，前足胫节膨大，侧缘向外弧形突起。阳茎由基囊、侧叶和中叶组成，侧叶短于基囊，有时长而窄，端部分裂，向腹面弯曲。

分布：世界广布。世界已知 33 属 78 种，中国记录 12 属 37 种，浙江分布 2 属 2 种。

137. 小齿阎甲属 *Bacanius* LeConte, 1853

Bacanius LeConte, 1853: 291. Type species: *Bacanius tantillus* LeConte, 1853.

主要特征：体球形，微小，通常小于 2 mm。额不具缝。前胸背板横宽，侧缘弧形，向端部收缩，缘缝完整。鞘翅无背缝，端部圆弧形。前臀板大部被鞘翅覆盖，臀板扇形。前足胫节膨大，侧缘具数个齿突。阳茎基囊通常较短。

分布：世界广布。世界已知 75 种，中国记录 3 种，浙江分布 1 种。

（295）卡氏小齿阎甲 *Bacanius* (*Bacanius*) *kapleri* Gomy, 1999（图 4-II-2）

Bacanius (*Bacanius*) *kapleri* Gomy, 1999: 375.

主要特征：体长 0.87 mm（不含头部），体球形，突起。体深棕色，触角和足色略浅，触角端锤黄褐色。头具密集刻点，前部略突起。前胸背板隆起，宽是长的 2 倍，两侧自基部向端部变窄，前角锐；缘缝完整；刻点大而密。鞘翅强烈突起，刻点同前胸背板，肩缝微弱，缘缝于基部更清晰。臀板具深刻点。前足胫节膨大，外侧具 3 个小齿。阳茎基囊短，侧叶中部最短，向端部均匀变窄。

分布：浙江（临安）。

图 4-II-2　卡氏小齿阎甲 *Bacanius* (*Bacanius*) *kapleri* Gomy, 1999 阳茎（背面观）（仿自 Gomy，1999）

138. 卵阎甲属 *Dendrophilus* Leach, 1817

Dendrophilus Leach, 1817: 77. Type species: *Hister punctatus* Herbst, 1791.

主要特征：体卵形至球形，较微小，通常小于 3.0 mm。头小，额不具缝。前胸背板横宽，侧缘弧形，向端部收缩，缘缝完整。鞘翅背缝细，端部平截。前臀板宽，臀板较大。前足胫节强烈膨大，侧缘具多个小齿。阳茎瘦长，基囊很短。

分布：古北区。世界已知 10 种，中国记录 2 种，浙江分布 1 种。

（296）泽维尔卵阎甲 *Dendrophilus* (*Dendrophilus*) *xavieri* Marseul, 1873（图 4-II-3）

Dendrophilus (*Dendrophilus*) *xavieri* Marseul, 1873: 226.

主要特征：体长 2.6–3.0 mm，卵形。体黑色，足和触角深沥青色，体表光洁。头具粗刻点，无额缝。前胸背板侧缘向前强烈收缩，盘区刻点粗糙，缘缝完整。鞘翅缘折完整，脊状；盘区刻点粗糙、密集；亚肩缝缺失，具 5 条背缝，不完整。前臀板短，后缘具 2–3 排刻点；臀板具粗糙刻点。前足胫节膨大，侧缘具 12 个小齿。阳茎细长，基囊很短。

分布：浙江、台湾；俄罗斯（远东地区），日本，欧洲，北美。

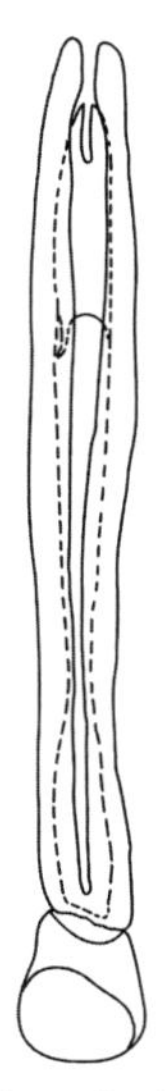

图 4-II-3　泽维尔卵阎甲 *Dendrophilus* (*Dendrophilus*) *xavieri* Marseul, 1873 阳茎（背面观）（仿自 Ohara，1994）

（三）阎甲亚科 Histerinae

主要特征：体多为卵圆形。上唇不具刚毛；前胸前角常具特化的沟槽以收纳触角。胫节宽阔，前足胫节膨大，侧缘向外弧形突起，具凹槽收纳跗节。阳茎形态多变，中叶强烈骨化。

分布：世界广布。世界已知 144 属 1972 种，中国记录 30 属 146 种（亚种），浙江分布 5 属 6 种。

分属检索表

1\. 触角端锤每侧各有 2 条“V”形斜缝……2
\- 触角端锤具完整直缝……3
2\. 前胸背板两侧具粗糙刻点……**卡那阎甲属 *Kanaarister***
\- 前胸背板两侧无粗糙刻点……**方阎甲属 *Platysoma***
3\. 鞘翅外肩下缝完整……**歧阎甲属 *Margarinotus***
\- 鞘翅外肩下缝不完整……4
4\. 中胸腹板前缘直或向外微弱弯曲……**毛腹阎甲属 *Asiaster***
\- 中胸腹板前缘中部内凹……**阎甲属 *Hister***

139. 毛腹阎甲属 *Asiaster* Cooman, 1948

Asiaster Cooman, 1948: 123. Type species: *Asiaster calcator* Cooman, 1948.

主要特征：体卵圆形。头不具粗刻点，额具缝，前缘凹入。前胸背板横宽，盘区不具粗糙刻点，缘缝完整。鞘翅具 5 条背缝和缘缝。前、中和后胸腹板基间盘区具柔毛。胫节端部适度膨大，腹面具多个小齿。前臀板具大刻点，臀板刻点与前臀板近似，更稀疏。阳茎筒形，基囊长于中叶。

分布：东洋区。世界已知 8 种，中国记录 3 种，浙江分布 1 种。

（297）库氏毛腹阎甲 *Asiaster cooteri* Kapler, 1999（图 4-II-4）

Asiaster cooteri Kapler, 1999: 283.

主要特征：体长 2.8 mm。体黑色，触角和足深沥青色，体表光洁，具稀疏刻点。额具完整缝。前胸背板侧缘向端部变窄，缘缝完整，侧缝凹陷。鞘翅外亚肩缝清晰，内亚肩缝中部断开，具 5 条背缝，1–3 完整，4 仅端半部可见，5 短于 4。前臀板刻点大而浅，刻点向两侧和端部变小，臀板刻点较前臀板更小。胫节适度宽阔，前足胫节侧缘具 4–5 个小刺。

分布：浙江。

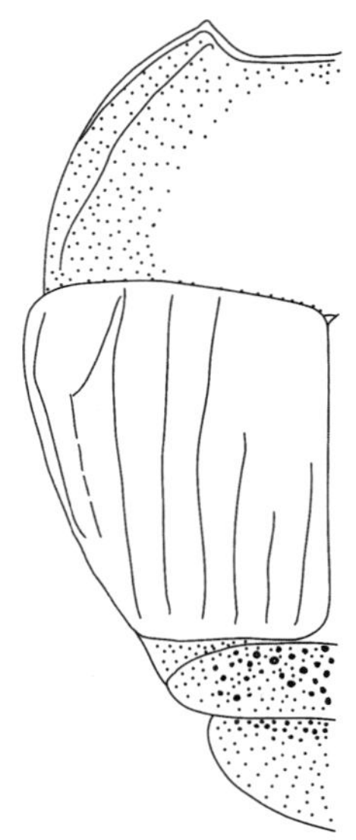

图 4-II-4　库氏毛腹阎甲 *Asiaster cooteri* Kapler, 1999 成虫体躯左半部（背面观）（仿自 Kapler，1999）

140. 阎甲属 *Hister* Linnaeus, 1758

Hister Linnaeus, 1758: 358. Type species: *Hister unicolor* Linnaeus, 1758.

主要特征：体卵形至长卵形，略突起；体通常黑色，鞘翅有时具红斑；体表光洁。上唇前缘平直，额缝完整，脊状。前胸背板具 1–2 条侧缝，缘缝完整；前背折缘平坦或突起。鞘翅具 3–4 条背缝，有时仅具 2 条或多至 5 条；鞘翅缘折多少凹陷，光洁。中胸腹板前缘内凹，罕见平直，缘缝通常完整。前足胫节适度膨大，侧缘具 3–5 个齿突；中、后足胫节侧缘具 2 排刚毛。前臀板和臀板具刻点。阳茎长筒形，中叶缺骨质化结构。

分布：世界广布。世界已知 221 种（亚种），中国记录 20 种，浙江分布 2 种。

（298）日本阎甲 *Hister japonicus* Marseul, 1854（图 4-II-5）

Hister japonicus Marseul, 1854a: 201.

主要特征：体长 8.7–11.6 mm，长卵形。体黑色，胫节、跗节和触角红色；体表光洁。额缝完整，深凹，脊状。前胸背板两侧于基部 1/10 处向端部收狭，前角圆形，缘缝完整，在头后中断，内、外侧缝通常完整；盘区具疏刻点。鞘翅缘折内凹，具粗刻点；鞘翅缘缝完整，脊状；肩缝倾斜，基部 1/2 凹陷。前足胫节侧缘具 4 个小齿，中足胫节外侧具 3 排大刺。前臀板两侧各具 1 凹陷，疏布圆形深刻点；臀板刻点形状与前臀板相似，但更密集、粗糙。

分布：浙江、辽宁、甘肃、上海、江西、福建、广西、云南；韩国，日本，越南。

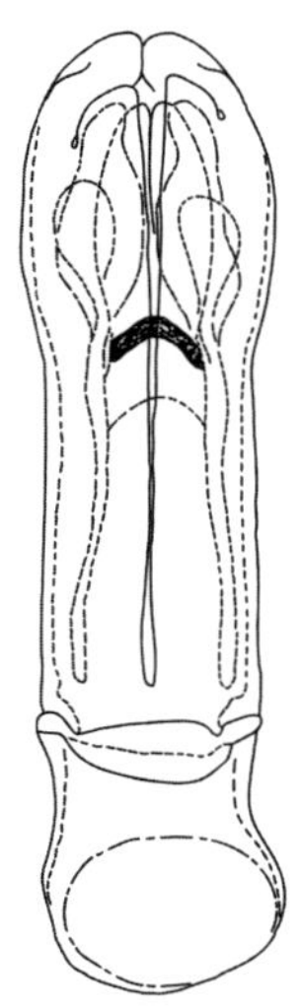

图 4-II-5　日本阎甲 *Hister japonicus* Marseul, 1854 阳茎（背面观）（仿自 Ohara，1994）

（299）上海阎甲 ***Hister shanghaicus*** **Marseul, 1862（图 4-II-6）**

Hister shanghaicus Marseul, 1862: 544.

主要特征：体长 7 mm，卵形。体黑色；体表光洁。额凹陷。前胸背板缘缝完整。前足胫节侧缘具 5 齿。前臀板两侧具稀疏刻点；臀板光滑。本种可以中胸腹板前缘弧形及前足胫节端齿具 2 枚小刺等特征与同属其余物种区分。

分布：浙江、上海、福建、广东、广西；越南，老挝。

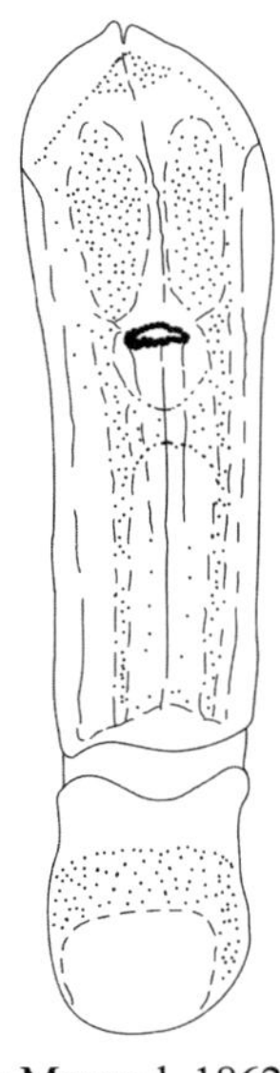

图 4-II-6　上海阎甲 *Hister shanghaicus* Marseul, 1862 阳茎（背面观）（仿自 Mazur，2011）

141. 歧阎甲属 *Margarinotus* Marseul, 1854

Margarinotus Marseul, 1854b: 549. Type species: *Hister scaber* Fabricius, 1787.

主要特征：体中大型，卵形至圆筒形，突起。额具缝，有时较不明显。前胸背板前缘凹陷，边缘具 1–2 条侧缝。外亚肩缝完整，偶见缩短，不具内亚肩缝，背缝明显。前足胫节膨大，外侧具 4–16 个齿突，腿节缘缝不完整。阳茎基囊环形，中叶常膨大，圆筒形。

分布：古北区、东洋区、新北区。世界已知 123 种，中国记录 29 种，浙江分布 1 种。

（300）拟歧阎甲 *Margarinotus* (*Ptomister*) *agnatus* (Lewis, 1884)（图 4-II-7）

Hister agnatus Lewis, 1884: 135.

Margarinotus agnatus: Kryzhanovskij & Reichardt, 1976: 338.

主要特征：体长 4.8–5.8 mm，长卵形。体黑色，体表光洁。额缝完整（有时中间断开）。前胸背板缘缝完整，内、外侧缝通常完整；盘区刻点细小而稀疏，向侧方逐渐密集。鞘翅背面刻点微小，缘折刻点粗糙，缘缝完整，具 5 条背缝。前臀板两侧各有 1 凹陷，臀板具微皮革纹。阳茎基囊短，中叶宽阔，中部膨大。

分布：浙江、黑龙江；俄罗斯（远东地区），朝鲜，日本，印度，尼泊尔。

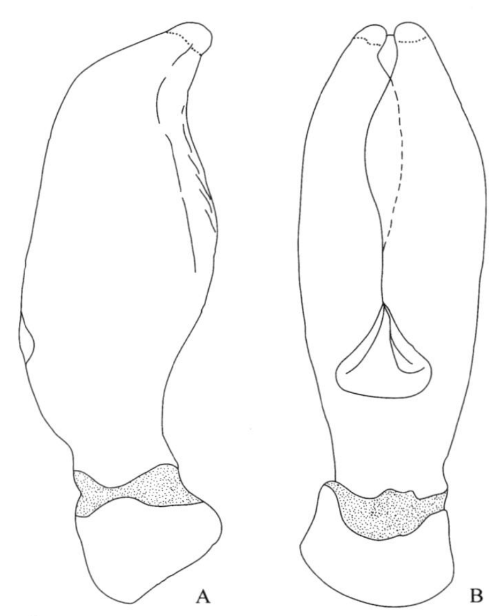

图 4-II-7　拟歧阎甲 *Margarinotus* (*Ptomister*) *agnatus* (Lewis, 1884)（仿自 Ohara，1989）
A. 阳茎（侧面观）；B. 阳茎（背面观）

142. 卡那阎甲属 *Kanaarister* S. Mazur, 1999

Kanaarister S. Mazur, 1999: 10. Type species: *Platysoma latisternum* Marseul, 1853.

主要特征：体长卵形，扁平。头平坦，额具缝。前胸背板边缘具粗刻点，缘缝完整，前角尖锐。鞘翅不具亚肩缝，具 5 条背缝。前足胫节宽阔，侧缘具数个小齿。阳茎基囊长，有时较短，侧叶端部深凹。

分布：东洋区、澳洲区。世界已知 7 种，中国记录 3 种，浙江分布 1 种。

（301）隐卡那阎甲 *Kanaarister celatus* (Lewis, 1884)（图 4-II-8）

Platysoma celatus Lewis, 1884: 134.

Kanaarister celatus: Mazur, 2010: 142.

主要特征：体长 2.3 mm；长卵形，体扁。体黑色，触角、前胸背板侧缘和足红棕色；体表光滑。头具细刻点，额微凹，额线完整。前胸背板略隆起，自基部 2/3 向前收狭，表面具细刻点，缘缝和侧缝完整。鞘翅盘区具细刻点，前缘刻点更大而粗糙，缘折和鞘翅缘缝完整，亚肩缝不明显。前臀板同时具细刻点和粗大刻点，臀板刻点与前臀板相似，向端部逐渐变细。前足胫节宽大，侧缘具 4 齿。阳茎基囊较长，侧叶端部凹陷。

分布：浙江、台湾、广东、广西、贵州；日本，尼泊尔。

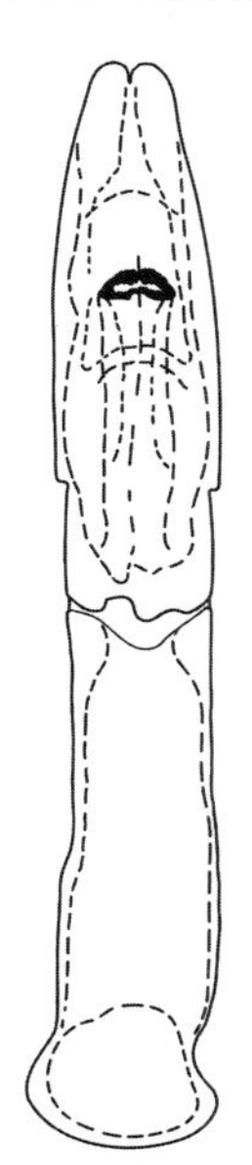

图 4-II-8　隐卡那阎甲 *Kanaarister celatus* (Lewis, 1884)阳茎（背面观）（仿自 Seung and Lee，2019）

143. 方阎甲属 *Platysoma* Leach, 1817

Platysoma Leach, 1817: 77. Type species: *Hister depressus* Fabricius, 1787.

主要特征：体形多变，卵圆形至圆筒形。头宽，额具缝。前胸背板两侧刻点多少可见，前缘具缝，缘缝和侧缝完整，前角尖锐。鞘翅不具亚肩缝，具 5 条背缝。前臀板和臀板具刻点。前足胫节宽大，扁平，侧缘具数齿，中、后足胫节端部具刺。阳茎基囊短或长，侧缘端部常分裂。

分布：世界广布。世界已知 79 种，中国记录 14 种，浙江分布 1 种。

（302）云南方阎甲 *Platysoma* (*Cylister*) *yunnanum* (Kryzhanovskij, 1972)（图 4-II-9）

Cylister yunnanum Kryzhanovskij, 1972: 23.

Platysoma (*Cylister*) *yunnanum*: Mazur, 1984: 246.

主要特征：体长 3.1–3.4 mm。体黑色，触角和足红棕色；体表有光泽。额隆起，具稀疏细刻点，额缝细，有时中间不连续，唇基凹陷。前胸背板宽是长的 1.3 倍，侧缝中间断开，缘缝细，完整，盘区侧方具大型长卵形刻点。鞘翅长大于宽，背缝 5 条，1–4 完整，5 较 1–4 更细，有时断开。前臀板具密集大刻点，向端部刻点逐渐稀疏，端部光滑，臀板刻点与前臀板相似，端部光滑。前足胫节外侧具 4 齿，中足胫节外侧具单齿。

分布：浙江（临安）、福建、云南。

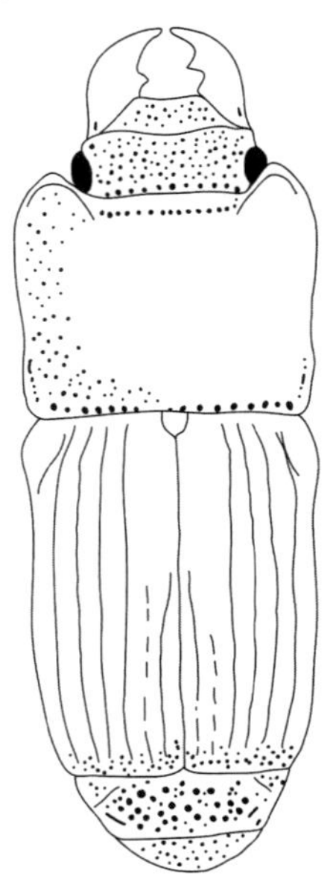

图 4-II-9　云南方阎甲 *Platysoma* (*Cylister*) *yunnanum* (Kryzhanovskij, 1972)成虫体躯（背面观）（仿自 Kryzhanovskij，1972）

（四）腐阎甲亚科 Saprininae

主要特征：体卵圆形至宽卵圆形，通常大型。触角收拢于前胸腹板凹槽中，被前足胫节和腿节遮挡。前胸腹片不具咽突。前足胫节通常宽大，侧缘膨大，常具齿突。阳茎长筒形，基囊短。

分布：世界广布。世界已知 54 属 735 种，中国记录 9 属 59 种，浙江分布 1 属 1 种。

144. 腐阎甲属 *Saprinus* Erichson, 1834

Saprinus Erichson, 1834: 172. Type species: *Hister nitidulus* Fabricius, 1801.

主要特征：体宽卵形，大型，体色多变。头小，额具缝，上颚粗壮。前胸背板刻点多变，具完整缘缝，前角钝圆。鞘翅具 4 条背线。前臀板宽，臀瓣扇形。前足胫节宽大。阳茎瘦长，基囊短。

分布：世界广布。世界已知 187 种，中国记录 30 种，浙江分布 1 种。

（303）平腐阎甲 *Saprinus* (*Saprinus*) *planiusculus* Motschulsky, 1849（图 4-II-10）

Saprinus (*Saprinus*) *planiusculus* Motschulsky, 1849: 97.

主要特征：体长 3.9–5.7 mm，宽卵形，强烈隆突。体黑色，触角和跗节沥青色，体表光滑，有光泽。额具缝，脊状，口上缝内凹，完整，头前部具刻点，向后部逐渐变稀疏。前胸背板两侧弧形，自基部 5/6 处向端部收缩，前角钝圆，缘缝完整，脊状。鞘翅缘折刻点稀疏，端部 1/3 处密集，缘折和鞘翅缘缝完整，前者略凹陷，后者略呈脊状。内、外亚肩缝仅部分存在。前臀板具密集刻点，臀板刻点比前臀板更密集，于端部 1/3 处向后逐渐变稀疏，直至消失。前足胫节外侧具 13 根刺，端部 2 根和基部 3 根较小。

分布：浙江、河北、甘肃、新疆；俄罗斯（西伯利亚），韩国，日本，欧洲，非洲。

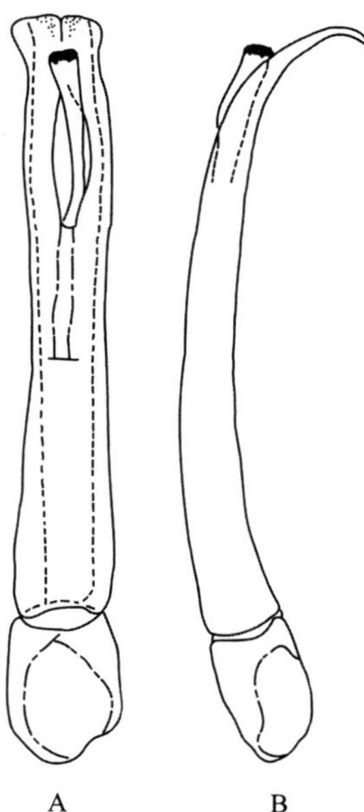

图 4-II-10　平腐阎甲 *Saprinus* (*Saprinus*) *planiusculus* Motschulsky, 1849（仿自 Ohara，1994）
A. 阳茎（背面观）；B. 阳茎（侧面观）

III. 隐翅虫总科 Staphylinoidea

在鞘翅目分类系统中，隐翅虫总科原包含 6 科，即平唇水龟科 Hydraenidae、缨甲科 Ptiliidae、觅葬甲科 Agyrtidae、葬甲科 Silphidae、球蕈甲科 Leiodidae 和隐翅虫科 Staphylinidae。据近年研究报道，原置于伪郭公总科 Derodontoidea 中的短跗甲科 Jacobsoniidae 与隐翅虫总科的关系更近，故将短跗甲科从伪郭公总科转移到了隐翅虫总科。因此，隐翅虫总科目前包含 7 科。

世界广布。世界已知 7 科 4470 余属 71 000 余种，中国记录 7 科 644 属 7102 种，浙江分布 5 科 177 属 518 种。

分科检索表

1. 身体腹面具大量疏水毛；触角长度约为头宽的 2/3，端部 5 节形成具柔毛的端锤；鞘翅长，完全盖住腹部各节………………………………………………………………………………………**平唇水龟科 Hydraenidae**
- 身体腹面无疏水毛；也不具上述其他组合特征……………………………………………………2
2. 腹部可见 5 节腹板………………………………………………………………………………3
- 腹部可见至少 6 节腹板……………………………………………………………………………4
3. 触角从基部向端部逐渐变粗，但不形成端锤……………………………………**觅葬甲科 Agyrtidae**
- 触角端部常形成端锤，第 8 节明显小于相邻节……………………………………**球蕈甲科 Leiodidae**
4. 触角末 4 节膨大形成端锤；鞘翅长度至少是前胸背板长的 2 倍，每个鞘翅常具 3 条纵脊…………**葬甲科 Silphidae**
- 触角多变；鞘翅通常极短，腹部大部分暴露，若鞘翅延长覆盖大部分或全部腹节，则鞘翅不具纵脊………………………………………………………………………………**隐翅虫科 Staphylinidae**

十二、平唇水龟科 Hydraenidae

主要特征：体长 1.2–3.0 mm，长圆形至狭长形；身体常被短而弯曲的柔毛。头顶有时有 1 对单眼；额唇基沟明显；触角 8 节或 11 节，末 3 节或末 5 节通常具柔毛并形成端锤。前胸背板侧缘光滑或具小齿；前背折缘有收纳触角的窝槽；外咽片和亚颏之间被愈合的颊分开。鞘翅通常覆盖整个腹部，有时末节背板外露；背面刻点通常排列成行，鞘翅缘折不完整。腹部可见 6–7 腹节。跗式 5–5–5 或 4–4–4 式，跗节第 1 节退化或与第 2 节愈合。

生物学：常生活在水域或半水域环境中，在潮湿的石块和植物上取食藻类、细菌、原生动物及有机碎屑。

分布：世界广布。世界已知约 40 属 2084 种，中国记录 7 属 105 种，浙江分布 1 属 1 种。

（一）长须平唇水龟亚科 Ochthebiinae

主要特征：本亚科区别于指名亚科 Hydraeninae 的主要特征是：触角收纳器位于前背折缘的腹面；下颚须亚末节较末节宽而长；外分泌腺体集中在头部；前胸常具前背折缘透明条带和侧缘透明条带。

分布：世界广布。世界已知 14 属 650 余种（亚种），中国记录 4 属 49 种，浙江分布 1 属 1 种。

145. 原平唇水龟属 *Ginkgoscia* Jäch *et* Díaz, 2004

Ginkgoscia Jäch *et* Díaz, 2004: 279. Type species: *Ginkgoscia relicta* Jäch *et* Díaz, 2004.

主要特征：唇基突出且横向扩展，侧缘上翘；额部极宽，侧缘上翘，中部具“H”形或“W”形凸起；单眼大而光滑；颏横宽，梯形，在后半部有 1 对大刻痕；亚颏发达，横宽，具明显中纵脊；上唇端部光滑，基部密布刻纹，端部和基部明显分开；上唇和唇基形成角状；触角 11 节，第 2 节短而宽，呈亚梨形；上颚外颚叶多刚毛；下颚须短，亚末节短于末节。前胸背板侧缘向外扩展，基部则呈弓形缩窄，侧缘呈齿状；盘区有 1 对圆形隆起；前背折缘的触角收纳槽宽而深，槽内缺触角清理刚毛。鞘翅完全覆盖腹部；鞘翅刻点列排列不规则；后胸腹板具中纵沟。腹部第 2–5 腹板前缘各具小颗粒行。

分布：东洋区。世界已知 1 种，中国记录 1 种，浙江分布 1 种。

（304）古原平唇水龟 *Ginkgoscia relicta* Jäch *et* Díaz, 2004（图 4-III-1）

Ginkgoscia relicta Jäch *et* Díaz, 2004: 284.

主要特征：体长 2.4–2.6 mm；暗棕色，前胸背板侧缘淡棕色。头部横宽，具粗大刻点；上唇和唇基强烈横宽，形成角状；额部横宽，侧缘上翘；中部具“H”形或“W”形凸起；复眼大；单眼大而光滑；触角约等长于前足胫节，第 2 节粗短，梨形，第 7–11 节密布柔毛，第 8–10 节不对称；下颚须末节稍长于亚末节。前胸背板横宽，宽于头部，背面隆起，侧缘向两侧扩展，基部则呈弓形缩窄，侧缘呈齿状；密布粗大刻点。鞘翅宽于前胸背板，向背面隆起，完全覆盖腹部，具不规则大刻点列；具后翅。腹部第 7–8 背板扩大，第 8 背板具中纵线，第 9 背板侧缘强烈内折，第 10 背板亚梯形，稀布粗短刺毛，亚端部具长刚毛。

分布：浙江。

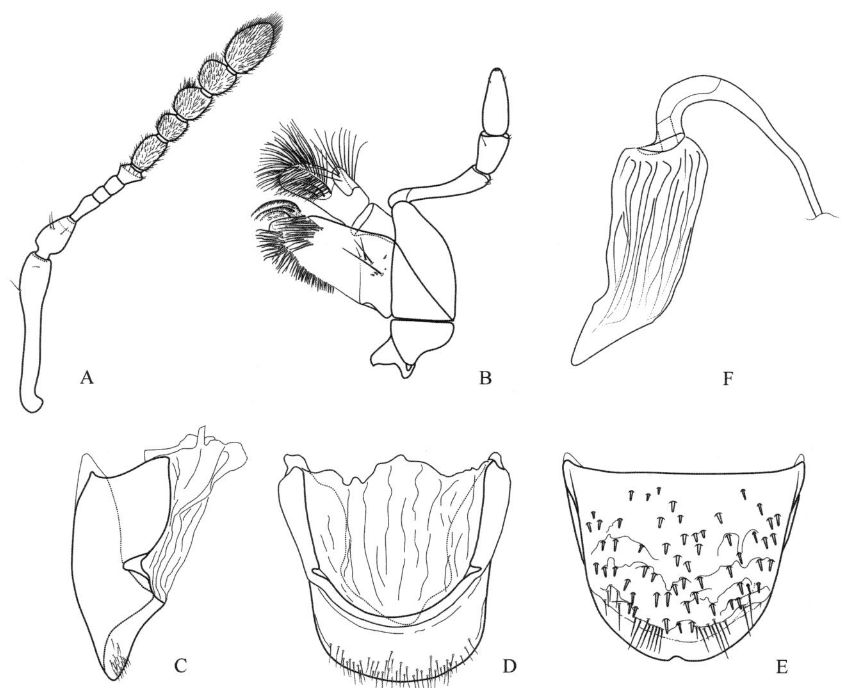

图 4-III-1　古原平唇水龟 *Ginkgoscia relicta* Jäch *et* Díaz, 2004（仿自 Jäch and Díaz，2004）

A. 触角；B. 左下颚；C. 雌性生殖突基节侧面观；D. 雌性生殖突基节腹面观；E. 雌性第 10 背板背面观；F. 受精囊

十三、觅葬甲科 Agyrtidae

主要特征：体型较小，长 3–12 mm；通常为深红色、浅红棕色至黄棕色，少数种类前胸背板或鞘翅具颜色深浅不一的斑纹。体形较多变，长卵圆形至宽卵圆形，体背强烈突起至较扁平。体表较光滑，疏布刚毛，部分种类具微刻纹。头部突出，部分为前胸背板覆盖。前胸背板和鞘翅外侧不延展至强烈延展。鞘翅完全覆盖腹部，端部非平截状，具 9–10 条纵沟，具鞘翅缘折。前足基节窝向后方开放，跗式 5–5–5 式。阳茎非常大，约与腹部等长，管状，基部不对称。

分布：古北区、东洋区、新北区、澳洲区。世界已知 8 属 70 余种，中国记录 5 属 17 种，浙江分布 1 属 1 种。

（一）脊翅觅葬甲亚科 Pterolomatinae

主要特征：体形较宽扁。触角节不具有端沟，触角端部数节的感受器稀疏分布于各节顶端；上颚除端齿外，内侧还具 1–2 个尖锐的亚端齿；部分属种头顶具 1 对假单眼。鞘翅具 9 条纵沟，多数或全部纵沟伸达鞘翅端部。

分布：古北区、东洋区、新北区。世界已知 2 属 38 种，中国记录 2 属 10 种，浙江分布 1 属 1 种。

146. 异脊翅觅葬甲属 *Apteroloma* Hatch, 1927

Apteroloma Hatch, 1927: 12. Type species: *Necrophilus tenuicornis* LeConte, 1859.

Alloloma Semenov, 1932: 339. Type species: *Pteroloma sallaei* Matthews, 1888.

Garytes Mroczkowski, 1966: 434. Type species: *Garytes coreanus* Mroczkowski, 1966.

Pterolorica Hlisnikovský, 1968a: 113. Type species: *Pterolorica kashmirensis* Hlisnikovský, 1968.

主要特征：体长 4–9 mm。头部无假单眼；触角长度是头宽的 2–3 倍，端部数节逐渐变宽，但不形成明显的端棒；上颚具 2 个大的端前齿，基部具发达的臼叶。前胸背板横宽，表面均匀突起，基部无压痕；侧缘突出或在后部呈二波状，侧缘非或不同程度地扩展。鞘翅具 9 条纵沟，多数或者全部伸达鞘翅端部；纵沟之间，以及纵沟和鞘翅缘折之间较平坦，具少量小刻点。后翅发达或者高度退化。后足基节窝相连。无特殊鞘翅腹板摩擦片。阳茎基部不对称，无基片和侧叶。

分布：古北区、东洋区、新北区。世界已知 29 种，中国记录 9 种，浙江分布 1 种。

（305）浙江异脊翅觅葬甲 *Apteroloma zhejiangense* Tang, Li *et* Růžička, 2011（图 4-III-2，图版 III-1）

Apteroloma zhejiangense Tang, Li *et* Růžička, 2011: 42.

主要特征：体长 6.7–7.7 mm；成熟个体背面暗棕色；触角、口器、前胸背板侧缘及足锈色；背面较光亮，具细小横刻纹。前胸背板中部最宽，侧缘稍平展，表面疏布小刻点，侧部和后部具粗大而密的刻点。鞘翅宽卵圆形；鞘翅各具 9 条规则的刻点列，第 3 列具 49–59 个刻点。鞘翅缘折窄，密布较大刻点。后翅发达。阳茎细长，中叶端部侧面观长而直，近端部稍扩大，顶端较钝圆。

分布：浙江。

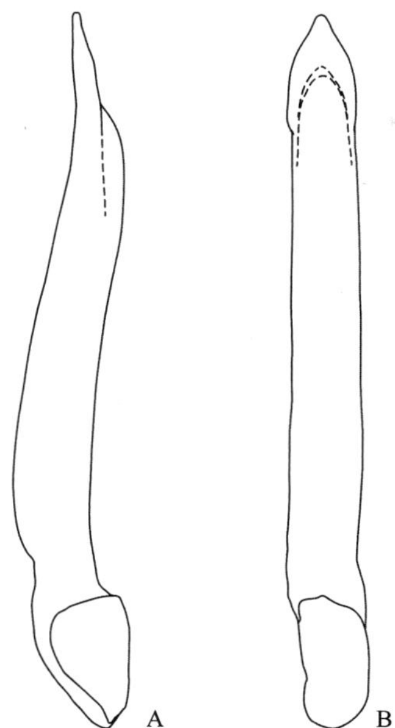

图 4-III-2 浙江异脊翅觅葬甲 *Apteroloma zhejiangense* Tang, Li *et* Růžička, 2011

A. 阳茎侧面观；B. 阳茎腹面观

十四、球蕈甲科 Leiodidae

主要特征：体长 0.8–8 mm，体宽卵圆至长卵圆形；浅棕色、棕色或黑色。头基部有时缢缩，形成明显颈部；触角通常末 5 节膨大成棒槌状（少数仅末 3 或末 4 节膨大），第 8 节通常显著小于第 7 和第 9 节，为本科重要特征；触角窝开放；下颚须末节端部尖锐，小于亚末节。鞘翅完全盖住腹部，偶暴露末端 1–2 腹节。前足基节窝末端开放，基节邻近，转节暴露或隐藏；中、后足基节窝靠近，有时愈合；跗式通常 5–5–5 式，也有 4–4–4、3–3–3 或 5–5–4、5–4–4 式；雄性前足跗节常膨大。

生物学：成虫和幼虫通常取食腐烂的植物和动物残体，有些生活在鸟巢或脊椎动物洞穴中。

分布：世界广布。世界已知 6 亚科 385 属 4270 余种，中国记录 3 亚科 36 属 325 种，浙江分布 2 亚科 6 属 15 种。

（一）小葬甲亚科 Cholevinae

主要特征：体长 1–8 mm。头收缩于前胸背板下，具枕脊或枕冠（部分类群不发达或缺失）；额不具单眼；触角 11 节，末 5 节通常棒状；下颚须末节长锥形。前胸背板横宽，侧缘扩展，盘区隆起。前胸腹板发达，基节窝基本封闭。鞘翅长卵形，不具刻点列；中胸腹板中央有时具脊，基节窝由腹突分离，或基节窝愈合；后胸腹板短，横宽。腹部可见 6 节，第 8 节气孔极度退化或缺失。幼虫头部每侧具 1 个单眼。

分布：世界广布。世界已知约 265 属 1900 余种，中国记录 16 属 52 种，浙江分布 1 属 1 种。

小葬甲族 Cholevini Kirby, 1837

小葬甲亚族 Cholevina Kirby, 1837

147. 臀球蕈甲属 *Nargus* Thomson, 1867

Nargus Thomson, 1867: 349. Type species: *Choleva velox* Spence, 1813.

主要特征：体长 2–4 mm，体卵圆形；体深红棕色至深棕色，附肢颜色较浅。头横宽，收缩于前胸背板下方；复眼发达；触角短，端锤通常不明显。前胸背板横宽，一般最宽处位于基部 1/3，侧缘弧形，侧后角钝圆。鞘翅长卵形，基部与前胸背板基部等宽，两侧弧形，扩展，端部分离。后翅发达。足短，前足胫节较粗，中足胫节弯曲，后足胫节直。雄性前足跗节 1–4 节强烈膨大，显著宽于前足胫节端部。

分布：古北区、东洋区、旧热带区。世界已知 70 种，中国记录 3 种，浙江分布 1 种。

（306）弗氏臀球蕈甲 *Nargus* (*Eunargus*) *franki* Perreau, 1998（图 4-III-3）

Nargus (*Eunargus*) *franki* Perreau, 1998: 447.

主要特征：体长约 3.4 mm；体黄棕色，每个鞘翅中部具 1 黑斑。头表面具小而粗糙刻点，口上板与前头明显分离。触角细长，各节相对长度：1.9∶1.7∶1.8∶1.4∶1.15∶1.2∶1.45∶1.0∶1.4∶1.4∶1.9。前胸背板横宽，长是宽的 1.75 倍，表面具粗糙细刻点，侧后缘不具角，圆弧形。鞘翅长是宽的 1.3 倍，于中央最宽，具缝缘沟；刻点深，明显，后角弧形。前足跗节略膨大，窄于胫节端部；胫节端部具 3 根长刺。阳茎侧叶长度超过中叶端部，每个侧叶端部具 2 根刚毛。

分布：浙江（临安）、福建、四川。

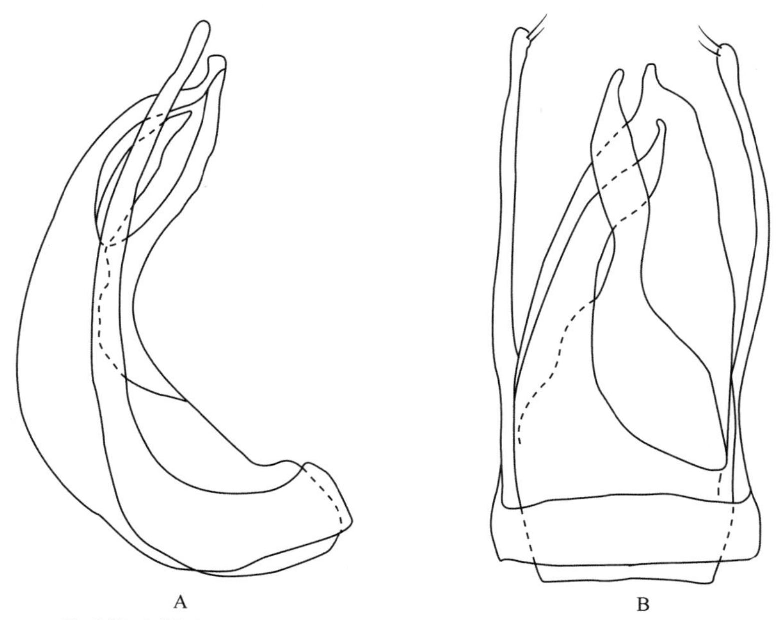

图 4-III-3　弗氏臀球蕈甲 *Nargus* (*Eunargus*) *franki* Perreau, 1998（仿自 Perreau，1998）

A. 阳茎侧面观；B. 阳茎腹面观

（二）球蕈甲亚科 Leiodinae

主要特征：体长 1.5–7 mm，体宽卵形至圆形；体浅黄棕色、红棕色或黑色。头部腹面部分类群具触角收纳槽；幕骨臂于中央愈合；触角第 7、9、10 节通常具内囊，端锤节数多变。颈片外缘具宽阔弧形突起；前胸腹板基节前部之长度小于基节宽度；中胸基节窝横宽，中胸腹板-中胸前侧片缝强烈弯曲（部分类群缺失）；后胸前侧片被鞘翅覆盖。后足基节邻近。幼虫头部每侧具 3 个单眼。许多种类身体能卷曲成球，隐藏附肢。

分布：世界广布。世界已知 20 余属 1150 余种，中国记录 18 属 307 种，浙江分布 5 属 14 种。

分属检索表

1. 上唇前缘中央具深凹 ……………………………… **球蕈甲属 *Leiodes***
- 上唇前缘中央具浅凹或不具凹 ……………………………… 2
2. 雄性和雌性跗式都为 5–4–4 式 ……………………………… **微球蕈甲属 *Colenisia***
- 雄性跗式 5–5–4 式，雌性跗式 5–4–4 式或 4–4–4 式 ……………………………… 3
3. 头自眼后急剧向内收缩 ……………………………… **隐头球蕈甲属 *Cyrtoplastus***
- 头自眼后均匀向内收缩 ……………………………… 4
4. 每个鞘翅具 9 行刻点列 ……………………………… **短颊球蕈甲属 *Stetholiodes***
- 每个鞘翅刻点列少于 9 行，或不具刻点列 ……………………………… **圆球蕈甲属 *Agathidium***

圆球蕈甲族 Agathidiini Westwood, 1838

148. 圆球蕈甲属 *Agathidium* Panzer, 1797

Agathidium Panzer, 1797: 13. Type species: *Tetratoma globosa* Herbst, 1797.

Sphaeroliodes Portevin, 1905: 419. Type species: *Sphaeroliodes rufescens* Portevin, 1905.

主要特征：体长 1.5–6.0 mm，体宽圆球形；体深红棕色至黑色。头宽大于长，扁平；复眼位于头前侧方；触角短，末 3 节棒状。前胸背板宽阔，强烈隆起，侧缘扩展。鞘翅长宽接近，显著隆起，半球形。前胸腹板和后胸腹板短，身体可卷曲成球形盖住腹部和附肢。体表光洁，至多具带毛刻点。足短，腿节膨大。腹部短而宽，第 3 腹板具宽阔基节收纳凹槽。雄性后足腿节有时具端刺，胫节具刺，跗式 5–5–4 式。雌性跗式 5–4–4 式。

分布：古北区、东洋区、新北区、旧热带区、澳洲区。世界已知 838 种，中国记录 193 种 1 亚种，浙江分布 9 种。

分种检索表

1. 唇基前侧缘具念珠状突起……………………………………………………………… 拉氏圆球蕈甲 *A. lasti*
- 唇基前侧缘不具念珠状突起……………………………………………………………………………………2
2. 身体背面具网状刻纹 ……………………………………………………………………………………………3
- 身体背面不具网状刻纹……………………………………………………………………………………………5
3. 体长大于 3 mm……………………………………………………………………… 加氏圆球蕈甲 *A. garratti*
- 体长小于 2 mm ……………………………………………………………………………………………………4
4. 体长约 1.6 mm；唇基前缘中部深凹 ……………………………………………… 光圆球蕈甲 *A. nitidulum*
- 体长 1.8–2.1 mm；唇基前缘中部浅凹 …………………………………………… 凹茎圆球蕈甲 *A. cavum*
5. 体长大于 2.7 mm；头最宽处位于复眼 …………………………………………… 王氏圆球蕈甲 *A. wangi*
- 体长小于 2.2 mm；头最宽处紧邻复眼后方…………………………………………………………………6
6. 雄性后足腿节腹缘具刺……………………………………………………………刺股圆球蕈甲 *A. tianmuoides*
- 雄性后足腿节腹缘不具刺…………………………………………………………………………………………7
7. 雄性后足腿节腹缘平直……………………………………………………… 伪天目圆球蕈甲 *A. pseudotianmuense*
- 雄性后足腿节腹缘弧形……………………………………………………………………………………………8
8. 前胸背板和鞘翅具微刻纹…………………………………………………………… 天目圆球蕈甲 *A. tianmuense*
- 前胸背板和鞘翅不具微刻纹………………………………………………………拟天目圆球蕈甲 *A. paratianmuense*

（307）凹茎圆球蕈甲 *Agathidium (Agathidium) cavum* Švec, 2014（图 4-III-4）

Agathidium (*Agathidium*) *cavum* Švec, 2014: 191.

主要特征：体长 1.8–2.1 mm。头最宽处远离复眼后缘，表面无微刻纹，具稀疏刻点；复眼和颊长度比

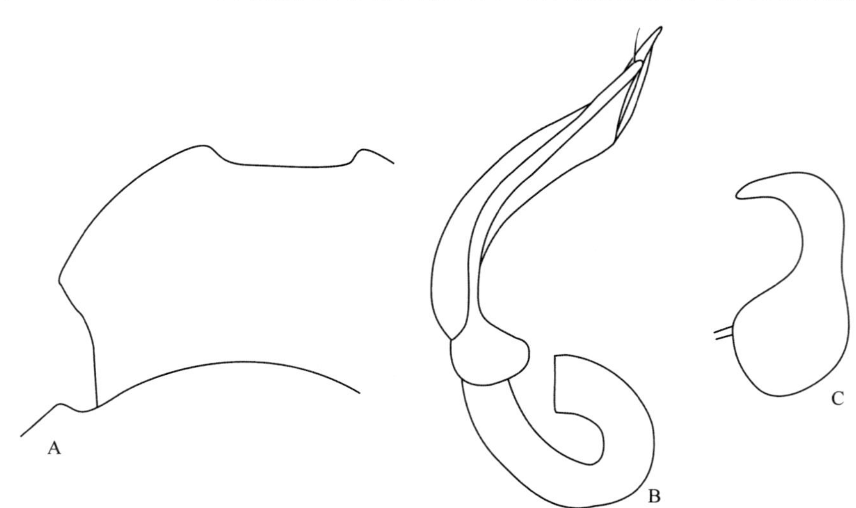

图 4-III-4　凹茎圆球蕈甲 *Agathidium* (*Agathidium*) *cavum* Švec, 2014（仿自 Perreau，1998）
A. 头背面观；B. 阳茎侧面观；C. 受精囊

等于 2；复眼侧面观狭窄；触角第 3 节长度是第 2 节的 1.3 倍，长于第 4–5 节之和，第 4–5 节长等于宽，第 6–10 节横宽，第 11 节长是宽的 1.3 倍，长于第 10 节 1.3 倍。前胸背板侧缘侧面观宽弧形。鞘翅具微网状刻纹，不具缝缘沟。阳茎中叶端部中央深凹。受精囊端部变窄。雄性后足腿节腹缘端部 1/5 处具齿；跗式 5–5–4 式。雌性跗式 5–4–4 式。

分布：浙江（临安）。

（308）加氏圆球蕈甲 *Agathidium* (*Agathidium*) *garratti* Angelini *et* Cooter, 1999（图 4-III-5）

Agathidium (*Agathidium*) *garratti* Angelini *et* Cooter, 1999: 196.

主要特征：体长 3.1–3.5 mm；体黑色，触角砖红色，足红棕色。仅鞘翅具微网状刻纹；头和前胸背板刻点细小而稀疏，鞘翅刻点更明显，不具缝缘沟。头最宽处位于复眼，前侧缘显著隆起；唇基前缘适度凹陷，无基线；复眼扁平；触角第 3 节长度是第 2 节的 1.4 倍，长于第 4–5 节之和。前胸背板宽度是长度的 1.45 倍，是头宽的 1.4 倍；前缘略弯曲，侧缘宽弧形。鞘翅略窄于前胸背板，长略大于宽，盘区微网状刻纹分布不规则，肩角不发达。无后翅。雌性后足腿节腹缘具齿；跗式 5–4–4 式；受精囊呈“S”形，端部变窄。雄性未知。

分布：浙江（临安）。

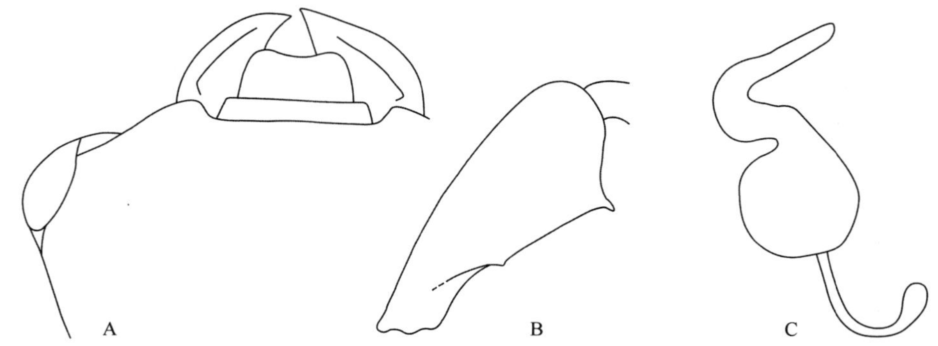

图 4-III-5　加氏圆球蕈甲 *Agathidium* (*Agathidium*) *garratti* Angelini *et* Cooter, 1999（仿自 Angelini and Cooter，1999）
A. 头背面观；B. 雄性后足腿节；C. 受精囊

（309）拉氏圆球蕈甲 *Agathidium* (*Agathidium*) *lasti* Angelini *et* Cooter, 1999（图 4-III-6）

Agathidium (*Agathidium*) *lasti* Angelini *et* Cooter, 1999: 195.

主要特征：体长 3.6–4.3 mm；体黑色，触角砖红色，足红棕色。仅鞘翅具微网状刻纹；头、前胸背板

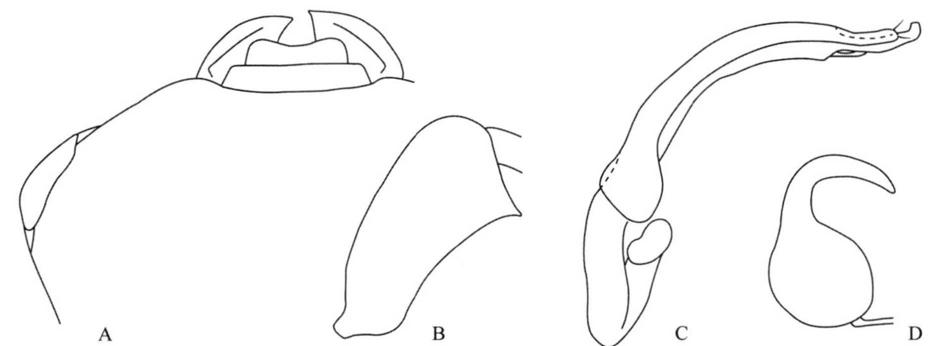

图 4-III-6　拉氏圆球蕈甲 *Agathidium* (*Agathidium*) *lasti* Angelini *et* Cooter, 1999（仿自 Angelini and Cooter，1999）
A. 头背面观；B. 雄性后足腿节；C. 阳茎侧面观；D. 受精囊

和鞘翅刻点细小而稀疏；鞘翅不具缝缘沟。头最宽处位于复眼，前侧缘显著隆起；唇基前缘略凹陷，无基线；复眼扁平；触角第 3 节长度是第 2 节的 1.75 倍，等长于第 4–5 节之和。前胸背板宽是长的 1.31 倍，是头宽的 1.33 倍，前缘显著弯曲，侧缘宽弧形。鞘翅略窄于前胸背板，长等于宽，盘区微网状刻纹浅，不明显，肩角不显著。不具后翅。雄性后足腿节腹缘具齿；跗式 5–5–4 式。雌性跗式 5–4–4 式；受精囊弯曲，端部变窄。

分布：浙江（临安）。

（310）光圆球蕈甲 *Agathidium* (*Agathidium*) *nitidulum* Angelini *et* Cooter, 1999（图 4-III-7）

Agathidium (*Agathidium*) *nitidulum* Angelini *et* Cooter, 1999: 197.

主要特征：体长约 1.6 mm；体红棕色，触角砖红色，足红棕色。头和前胸背板具微网状刻纹，鞘翅刻纹更显著；头和前胸背板刻点细小而稀疏，鞘翅刻点更明显，不具缝缘沟。头最宽处位于复眼后方，前侧缘均匀隆起；唇基前缘深凹，无基线；复眼扁平，背面观不可见；触角第 3 节长度是第 2 节的 1.4 倍，长于第 4–5 节之和。前胸背板宽是长的 1.55 倍，是头宽的 1.60 倍，前缘略弯曲，侧缘宽弧形。鞘翅略宽于前胸背板，长大于宽，盘区微网状刻纹浅但明显，分布均匀，肩角不明显。不具后翅。雄性后足腿节腹缘弧形；跗式 5–4–4 式。雌性未知。

分布：浙江（临安）。

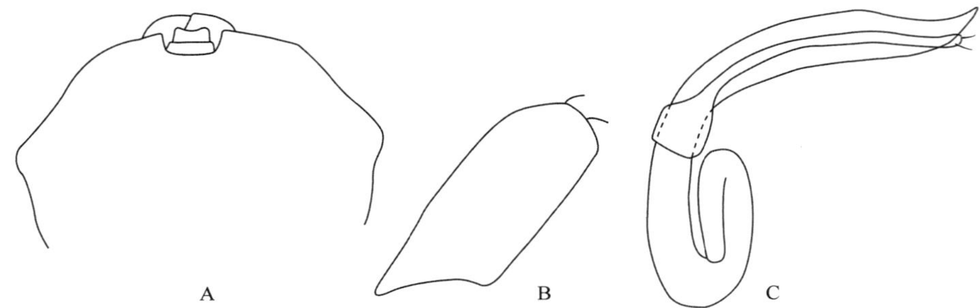

图 4-III-7　光圆球蕈甲 *Agathidium* (*Agathidium*) *nitidulum* Angelini *et* Cooter, 1999（仿自 Angelini and Cooter，1999）
A. 头背面观；B. 雄性后足腿节；C. 阳茎侧面观

（311）拟天目圆球蕈甲 *Agathidium* (*Agathidium*) *paratianmuense* Angelini *et* Cooter, 1999（图 4-III-8）

Agathidium (*Agathidium*) *paratianmuense* Angelini *et* Cooter, 1999: 201.

主要特征：体长 1.8–2.0 mm；体红棕色，触角砖红色，足红棕色。体表几乎不具微网状刻纹，刻点细

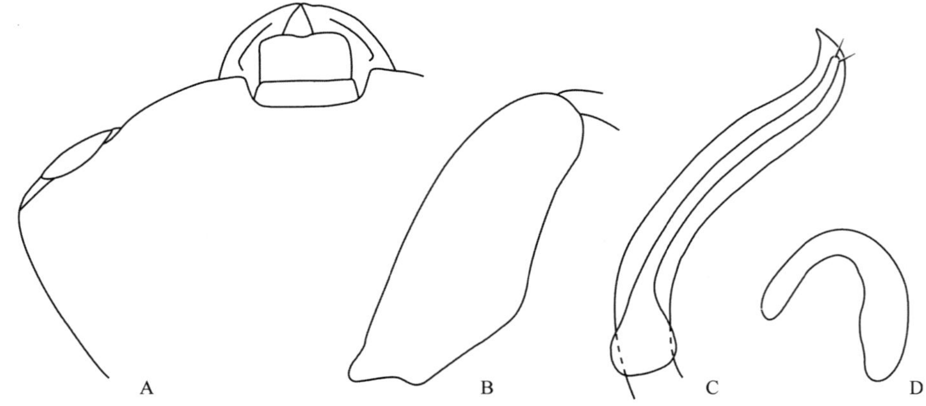

图 4-III-8　拟天目圆球蕈甲 *Agathidium* (*Agathidium*) *paratianmuense* Angelini *et* Cooter, 1999（仿自 Angelini and Cooter，1999）
A. 头背面观；B. 雄性后足腿节；C. 阳茎侧面观；D. 受精囊

小而稀疏；鞘翅不具缝缘沟。头最宽处位于复眼后方，前侧缘均匀隆起；唇基前缘深凹，无基线；复眼扁平；触角第 3 节长度是第 2 节的 1.1 倍，等长于第 4–5 节之和。前胸背板宽是长的 1.56 倍，是头宽的 1.25 倍，前缘强烈弯曲，侧缘宽弧形。鞘翅略窄于前胸背板，宽大于长，微网状刻纹几乎不可见，肩角不明显。不具后翅。雄性后足腿节腹缘弧形；跗式 5–5–4 式。雌性跗式 4–4–4 式；受精囊 C 形，端部变窄。

分布：浙江（临安）。

（312）伪天目圆球蕈甲 *Agathidium* (*Agathidium*) *pseudotianmuense* Angelini *et* Cooter, 1999（图 4-III-9）

Agathidium (*Agathidium*) *pseudotianmuense* Angelini *et* Cooter, 1999: 200.

主要特征：体长 1.8–2.1 mm；体红棕色，触角砖红色，足红棕色。仅前胸背板和鞘翅具极不明显微网状刻纹，体表刻点细小而稀疏；鞘翅不具缝缘沟。头最宽处位于复眼后方，前侧缘均匀隆起；唇基前缘深凹，无基线；复眼扁平；触角第 3 节长度是第 2 节的 1.2 倍，等长于第 4–5 节之和。前胸背板宽是长的 1.48 倍，是头宽的 1.22 倍，前缘略弯曲，侧缘宽弧形。鞘翅略宽于前胸背板，宽等于长，端部具不明显微网状刻纹，肩角不明显。不具后翅。雄性后足腿节腹缘平直；跗式 5–5–4 式。雌性跗式 4–4–4 式；受精囊强烈弯曲，C 形，端部略变窄。

分布：浙江（临安）。

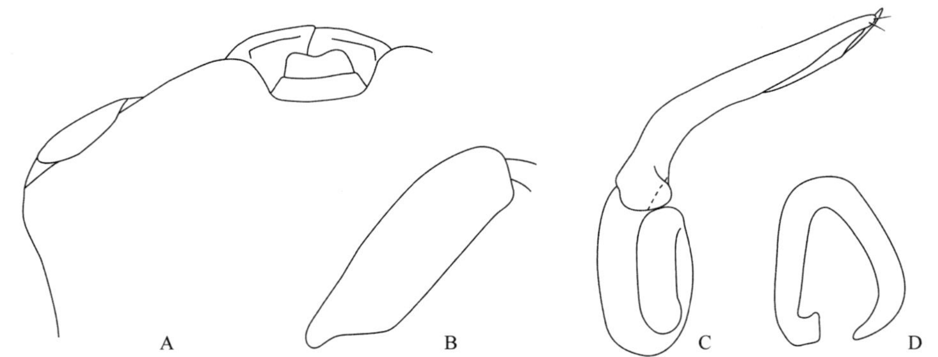

图 4-III-9　伪天目圆球蕈甲 *Agathidium* (*Agathidium*) *pseudotianmuense* Angelini *et* Cooter, 1999
（仿自 Angelini and Cooter，1999）
A. 头背面观；B. 雄性后足腿节；C. 阳茎侧面观；D. 受精囊

（313）天目圆球蕈甲 *Agathidium* (*Agathidium*) *tianmuense* Angelini *et* Cooter, 1999（图 4-III-10）

Agathidium (*Agathidium*) *tianmuense* Angelini *et* Cooter, 1999: 202.

主要特征：体长 1.8–2.0 mm；体红棕色，触角砖红色，足红棕色。体表几乎不具微网状刻纹，刻点细小；鞘翅不具缝缘沟。头最宽处位于复眼后方，前侧缘均匀隆起；唇基前缘强烈凹陷，无基线；复眼扁平；触角第 3 节长度是第 2 节的 1.1 倍，等长于第 4–5 节之和。前胸背板宽是长的 1.56 倍，是头宽的 1.25 倍，前缘强烈弯曲，侧缘宽弧形。鞘翅略窄于前胸背板，宽大于长，仅端部具极不明显微网状刻纹，肩角不发达。不具后翅。雄性后足腿节腹缘弧形；跗式 5–5–4 式。雌性跗式 4–4–4 式；受精囊强烈弯曲，“C”形，基部窄，端部变粗。

分布：浙江（临安）。

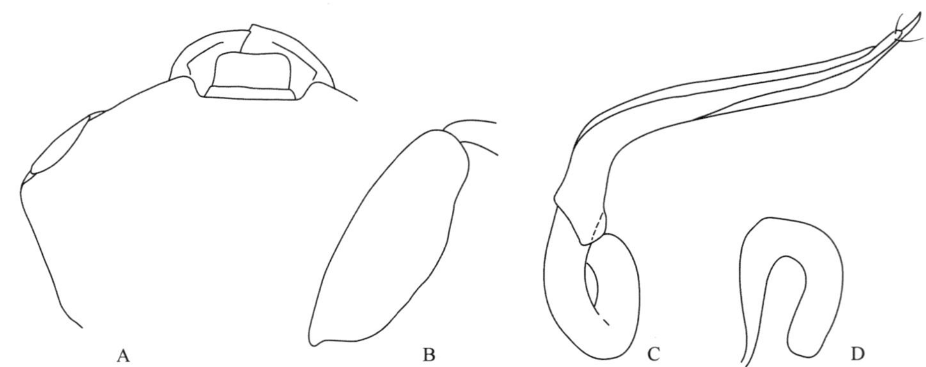

图 4-III-10　天目圆球蕈甲 *Agathidium* (*Agathidium*) *tianmuense* Angelini *et* Cooter, 1999（仿自 Angelini and Cooter，1999）
A. 头背面观；B. 雄性后足腿节；C. 阳茎侧面观；D. 受精囊

（314）刺股圆球蕈甲 *Agathidium* (*Agathidium*) *tianmuoides* Angelini *et* Cooter, 1999（图 4-III-11）

Agathidium (*Agathidium*) *tianmuoides* Angelini *et* Cooter, 1999: 199.

主要特征：体长 2.0–2.2 mm；体红棕色，触角砖红色，足红棕色。体表仅鞘翅具不明显微网状刻纹，刻点细小而稀疏；鞘翅不具缝缘沟。头最宽处位于复眼后方，前侧缘均匀隆起；唇基前缘强烈凹陷，无基线；复眼扁平；触角第 3 节长度是第 2 节的 0.9 倍，短于第 4–5 节之和。前胸背板宽是长的 1.53 倍，是头宽的 1.22 倍，前缘强烈弯曲，侧缘宽弧形。鞘翅略窄于前胸背板，宽大于长，仅端部具极不明显微网状刻纹，肩角不发达。不具后翅。雄性后足腿节腹缘具 1 小齿；跗式 5–5–4 式。雌性跗式 4–4–4 式；受精囊强烈弯曲，基部波浪状。

分布：浙江（临安）。

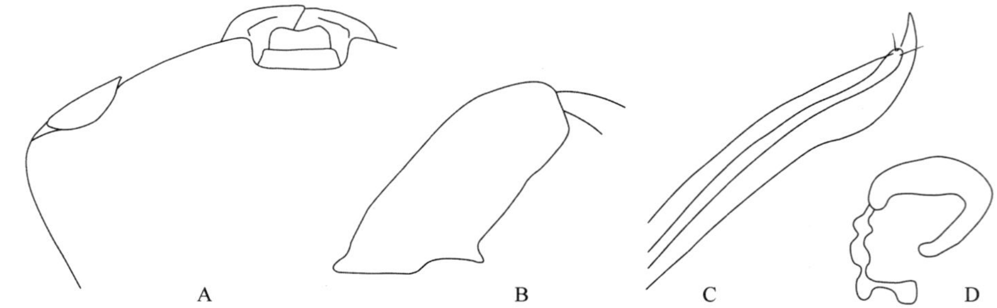

图 4-III-11　刺股圆球蕈甲 *Agathidium* (*Agathidium*) *tianmuoides* Angelini *et* Cooter, 1999（仿自 Angelini and Cooter，1999）
A. 头背面观；B. 雄性后足腿节；C. 阳茎侧面观；D. 受精囊

（315）王氏圆球蕈甲 *Agathidium* (*Microceble*) *wangi* Angelini *et* Cooter, 1999（图 4-III-12）

Agathidium (*Microceble*) *wangi* Angelini *et* Cooter, 1999: 206.

主要特征：体长约 2.9 mm；体红棕色，触角砖红色，第 7–10 节颜色更深，足红棕色。体表仅鞘翅具不明显微网状刻纹，刻点细小而稀疏；鞘翅不具缝缘沟。头最宽处位于复眼，前侧缘均匀隆起；唇基前缘略凹陷，两侧各具 1 横沟和凹坑；复眼半球形；触角第 3 节长度是第 2 节的 1.6 倍，长于第 4–5 节之和。前胸背板宽是长的 1.47 倍，是头宽的 1.65 倍，前缘强烈内凹，侧缘宽弧形。鞘翅略窄于前胸背板，宽大于长，盘区具不明显微网状刻纹，肩角不发达。具后翅。雄性后足腿节腹缘弧形；跗式 5–5–4 式。雌性未知。

分布：浙江（临安）。

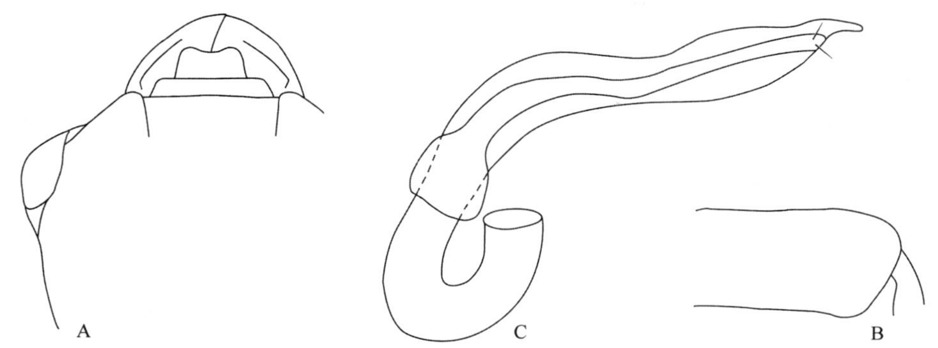

图 4-III-12　王氏圆球蕈甲 *Agathidium* (*Microceble*) *wangi* Angelini *et* Cooter, 1999（仿自 Angelini and Cooter，1999）
A. 头背面观；B. 雄性后足腿节；C. 阳茎侧面观

149. 隐头球蕈甲属 *Cyrtoplastus* Reitter, 1885

Cyrtoplastus Reitter, 1885: 110. Type species: *Cyrtoplastus seriatopunctatus* Reitter, 1885.

主要特征：体长 2.2–4 mm，体卵圆形；体深棕色至黑色。头横宽，眼后颊向后急剧收缩形成明显颈部；复眼椭圆形；触角 11 节，一般较短，末 3 节显著膨大，呈棒状。前胸背板强烈横宽，前缘具宽阔凹陷，侧缘弧圆，后缘宽阔弧形。鞘翅宽卵圆形，盘区常具数条刻点列，有时无。足短，基节窝邻近。雄性跗式 5–5–4 式；雌性跗式 4–4–4 式。

分布：古北区、东洋区、旧热带区。世界已知 17 种，中国记录 8 种，浙江分布 2 种。

（316）劳氏隐头球蕈甲 *Cyrtoplastus rougemonti* Angelini *et* Cooter, 1998（图 4-III-13）

Cyrtoplastus rougemonti Angelini *et* Cooter, 1998: 131.

主要特征：体长 3.1–3.2 mm；体黑色，鞘翅两侧及中缝端部颜色较浅，触角端锤黑色，足红棕色。体表不具微网状刻纹，头部刻点明显，前胸背板刻点不发达，每个鞘翅具 8 行纵向刻点列，第 7–8 行不明显；鞘翅仅在端部 1/3 处具不明显缝缘沟。头表面具粗大刻点，前侧缘宽，延伸至唇基两侧；唇基向前突出，基线清晰；复眼突出；触角第 3 节长度是第 2 节的 1.3 倍，等长于第 4–5 节之和。前胸背板宽是长的 1.87 倍，是头宽的 1.80 倍，前缘强烈弯曲，侧缘呈角状。鞘翅显著宽于前胸背板，宽略大于长，盘区强烈隆起，具发达肩角。具后翅。雄性未知。雌性跗式 4–4–4 式；受精囊基部近球形，端部弯曲，管状。

分布：浙江（临安）。

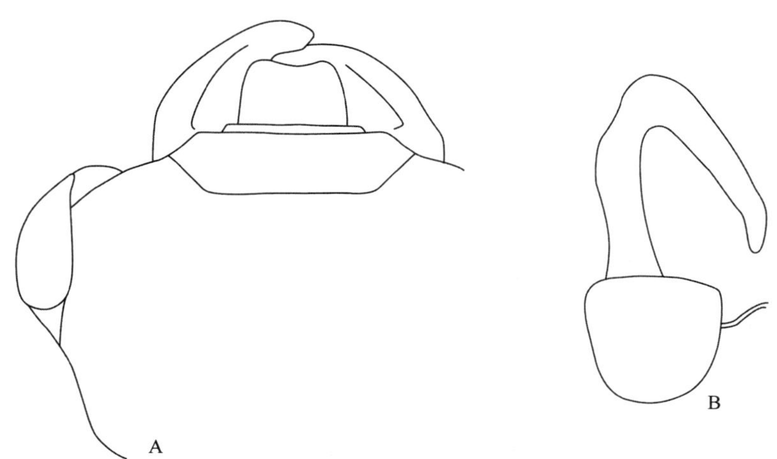

图 4-III-13　劳氏隐头球蕈甲 *Cyrtoplastus rougemonti* Angelini *et* Cooter, 1998（仿自 Angelini and Cooter，1998）
A. 头背面观；B. 受精囊

（317）天目隐头球蕈甲 *Cyrtoplastus tianmuensis* Angelini *et* Cooter, 1998（图 4-III-14）

Cyrtoplastus tianmuensis Angelini *et* Cooter, 1998: 133.

主要特征：体长约 3.0 mm；体红棕色，触角端锤黑色，足红棕色。体表不具微网状刻纹，头和前胸背板刻点明显，每个鞘翅具 8 行纵向刻点列；鞘翅具完整缝缘沟。头于复眼后最宽，表面具粗大刻点，前侧缘宽，延伸至唇基两侧；唇基向前突出，基线清晰；复眼突出；触角第 3 节长度是第 2 节的 1.2 倍，长于第 4–5 节之和。前胸背板宽是长的 2 倍，是头宽的 1.76 倍，前缘强烈弯曲，侧缘呈锐角状。鞘翅显著宽于前胸背板，宽略大于长，盘区强烈隆起，具发达肩角。具后翅。雄性跗式 5–5–4 式。雌性未知。

分布：浙江（临安）。

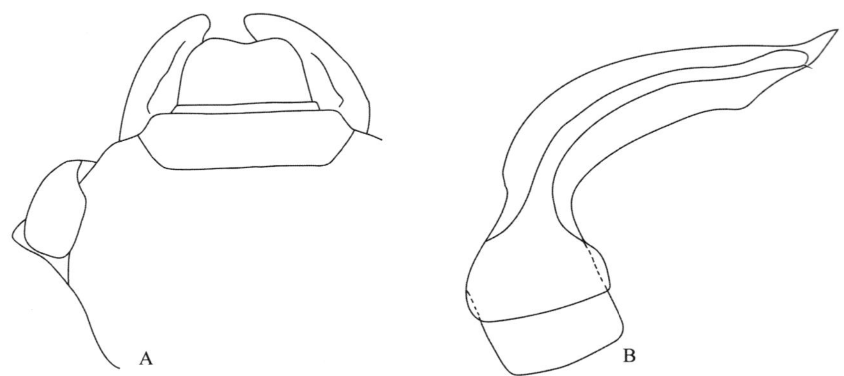

图 4-III-14　天目隐头球蕈甲 *Cyrtoplastus tianmuensis* Angelini *et* Cooter, 1998（仿自 Angelini and Cooter，1998）
A. 头背面观；B. 阳茎侧面观

150. 短颊球蕈甲属 *Stetholiodes* Fall, 1910

Stetholiodes Fall, 1910: 4. Type species: *Stetholiodes laticollis* Fall, 1910.

主要特征：体长 1.8–3.5 mm；体单色均一。眼后颊有或无，头和前胸背板有时具刻纹；唇基不发达，与额之间的边缘不清晰；复眼卵形，发达，具眼下脊；触角 11 节，末端 3 节棒状。前胸背板横宽，前缘内凹，侧缘和后缘弧形。中胸腹板侧线完整。鞘翅宽卵形，每个鞘翅各具 9 行纵向刻点列，盘区不具微刻纹，肩角突出。后翅发达。雄性跗式 5–5–4 式，雌性跗式 5–5–4 式或 4–4–4 式。

分布：古北区、东洋区、新北区。世界已知 14 种，中国记录 5 种，浙江分布 1 种。

（318）光鞘短颊球蕈甲 *Stetholiodes agathidioides* Angelini *et* Cooter, 1998（图 4-III-15）

Stetholiodes agathidioides Angelini *et* Cooter, 1998: 135.

主要特征：体长 3.2–3.5 mm；头和前胸背板红棕色，前胸背板两侧颜色较浅，鞘翅颜色较浅，触角砖红色，第 9–10 节颜色更深，足红棕色。体表具不明显微网状刻纹，头和前胸背板刻点小而稀，鞘翅刻点清晰，纵向刻点列不甚明显；鞘翅缝缘沟从基部 1/3 延伸至端部。头表面微刻纹几乎不可见，前侧缘宽；唇基平直，基线不明显；复眼突出；触角第 3 节长度是第 2 节的 1.72 倍，长于第 4–5 节之和。前胸背板宽是长的 1.81 倍，是头宽的 1.45 倍，前缘强烈弯曲，侧缘弧形。鞘翅等宽于前胸背板，长略大于宽，盘区强烈隆起，具发达肩角。具后翅。雄性跗式 5–5–4 式；雌性跗式 4–4–4 式。受精囊基部管状，扭曲，端部膨大。

分布：浙江。

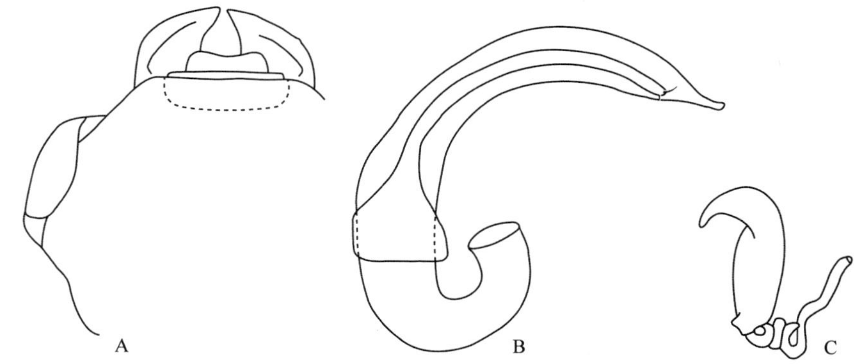

图 4-III-15　光鞘短颊球蕈甲 *Stetholiodes agathidioides* Angelini *et* Cooter, 1998（仿自 Angelini and Cooter，1998）
A. 头背面观；B. 阳茎侧面观；C. 受精囊

球蕈甲亚族 Leiodini Fleming, 1821

151. 球蕈甲属 *Leiodes* Latreille, 1797

Leiodes Latreille, 1797: 22. Type species: *Sphaeridium ferrugineum* Fabricius, 1787.

Eremosphaerula Hlisnikovský, 1967: 260. Type species: *Liodes terricola* Hlisnikovský, 1967.

Oosphaerula Ganglbauer, 1896: 181. Type species: *Anisotoma badium* Sturm, 1907.

Oreosphaerula Ganglbauer, 1899: 228. Type species: *Anisotoma nitidula* Erichson, 1845.

Pseudohydnobius Ganglbauer, 1899: 208. Type species: *Anisotoma punctulatum* Gyllenhal, 1810.

Pteromerula A. Fleischer, 1905: 314. Type species: *Anisotoma pallens* Sturm, 1807.

Strigoliodes A. Fleischer, 1908: 32. Type species: *Leiodes rugosa* Stephens, 1829.

Trichosphaerula A. Fleischer, 1904: 261. Type species: *Anisotoma scita* Erichson, 1845.

主要特征：体长 2–6 mm，体卵形至长卵形；体浅棕色至深棕色。头在眼后具 2 对横向排列刻点；唇基前缘具脊；复眼突出；触角 11 节，末端 5 节棒状。每个鞘翅具 9 行纵向刻点列，有时具肩角。中胸腹板具基间突。阳茎中叶伸长，内囊结构复杂；侧叶形态多变，通常窄而长。雄性后足腿节常具突起或刺，胫节较雌性更粗大或弯曲。

分布：古北区、东洋区、新北区、旧热带区。世界已知 256 种，中国记录 28 种，浙江分布 1 种。

（319）天目球蕈甲 *Leiodes tianmushanica* Cooter *et* Kilian, 2002（图 4-III-16）

Leiodes tianmushanica Cooter *et* Kilian, 2002: 157.

主要特征：体长 2.76 mm，体长卵形；体黄棕色，触角浅棕色，上颚端部沥青色。头于复眼后缘最宽，具均匀分布的细刻点，复眼侧后方具网状刻纹；触角第 1 节等长于端锤，末节明显窄于亚末节，第 8 节小，盘状。前胸背板基部窄于鞘翅基部，最宽处位于后角，侧缘基半部直，向前收狭，前缘略突起，弧形。鞘翅侧缘基部 1/3 平行，后向端部弧形收狭；每个鞘翅具 9 行刻点列。后翅发达。雄性前足和中足跗节膨大，后足胫节自基部 1/4 起强烈弯曲，外侧及端部具刺列。雌性未知。

分布：浙江。

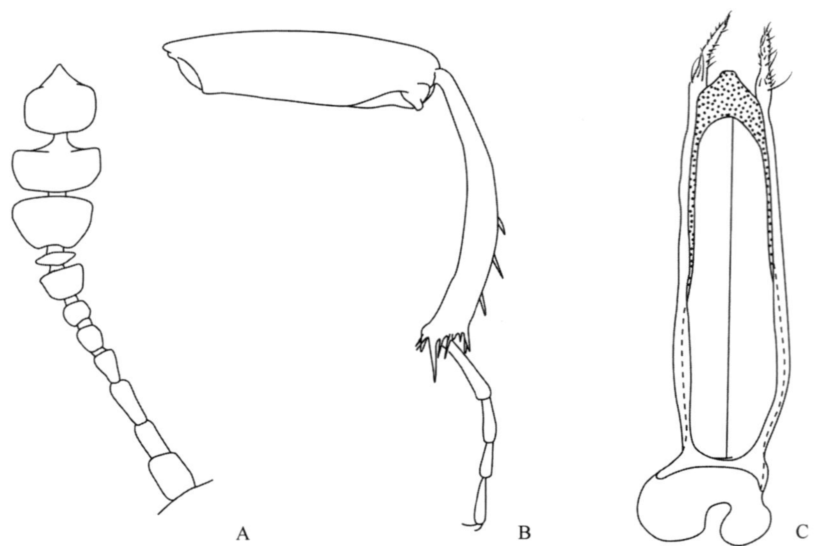

图 4-III-16　天目球蕈甲 *Leiodes tianmushanica* Cooter *et* Kilian, 2002（仿自 Cooter and Kilian，2002）

A. 触角；B. 雄性后足；C. 阳茎腹面观

姬球蕈甲族 Pseudoliodini Portevin, 1926

152. 微球蕈甲属 *Colenisia* Fauvel, 1903

Colenisia Fauvel, 1903b: 287. Type species: *Colenisia caledonica* Fauvel, 1903.

Besuchetus Hlisnikovský, 1972: 140. Type species: *Besuchetus ceylanicus* Hlisnikovský, 1972.

Bironellia Hlisnikovský, 1963: 306. Type species: *Bironellia guineensiana* Hlisnikovský, 1963.

Freyonymus Hlisnikovský, 1968b: 144. Type species: *Freyonymus reticulatus* Hlisnikovský, 1968.

Liocolenis Portevin, 1905: 422. Type species: *Liocolenis pygmaea* Portevin, 1905.

主要特征：体长 0.8–2.5 mm，体卵形；体棕色，体表光洁。头宽阔，宽度至少为前胸背板之半，缺枕冠，表面具微网状刻纹；触角 11 节，各节紧凑，第 8 节显著小于第 9、10 节；触角窝封闭，不具触角沟；上唇前缘不具凹陷；上颚磨区发达。鞘翅具横向微网状刻纹。腹部第 1 节不具横脊。后足基节紧邻。雌雄跗式均为 5–4–4 式。阳茎侧叶不愈合。

分布：古北区、东洋区、旧热带区、澳洲区。世界已知 65 种，中国记录 21 种，浙江分布 1 种。

（320）栗色微球蕈甲 *Colenisia castanea* Švec, 2011（图 4-III-17）

Colenisia castanea Švec, 2011: 436.

主要特征：体长 1.5–1.9 mm；体栗色，足和触角第 1–6 节黄色，触角第 7–11 节黄棕色。体表具横向微刻纹。头横宽，表面具显著横向微刻纹，刻点细小而稀疏；复眼较发达；触角第 2–3 节等长，第 10–11 节等宽。前胸背板基部最宽，表面具零星刻点；后角明显，端部尖锐；侧缘从基部至前角均匀弯曲。鞘翅长卵形，于基部 1/3 处最宽，两侧弧形，表面具稀疏刻点，分布不均；鞘翅缝缘沟延伸至鞘翅端部 1/4。雄性前足跗节 1–3 节膨大，雌性狭窄。

分布：浙江（临安）。

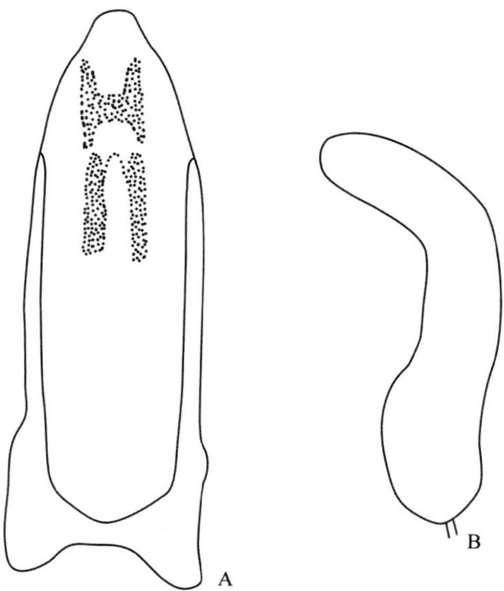

图 4-III-17　栗色微球蕈甲 *Colenisia castanea* Švec, 2011（仿自 Švec，2011）

A. 阳茎腹面观；B. 受精囊

十五、葬甲科 Silphidae

主要特征：隐翅虫总科中体型较大的类群，体长 12–45 mm。体以黑色为主，部分种类具有红色斑纹或部分身体部位红色；触角 11 节，向端部逐渐变粗或末 4 节膨大成锤状。鞘翅较长而后缘不平截或鞘翅短而后缘平截，部分种类鞘翅表面具 3 条纵脊。前足基节发达。腹部明显露于鞘翅外数节或仅腹末略露出。通常活动于动物尸体、排泄物或腐败物周围。

分布：世界广布。世界已知 16 属 200 余种（亚种），中国记录 11 属 68 种 4 亚种，浙江分布 5 属 7 种 1 亚种。

（一）葬甲亚科 Silphinae

主要特征：体形较多变。头相对较小，后部通常多少缢缩；口器为前口式；触角末 3–6 节不同程度膨大，形成松散的触角端锤。前胸背板通常较平展，前缘多少凹入，部分种类前侧角明显突出，侧缘多少向两侧延展。鞘翅通常具 3 条纵肋，后缘呈圆弧形突出，侧缘有时向两侧扩展。腹部末端多数种类 1–2 节外露，少数属可露出约 4 节。成虫无发音器和育幼行为。

分布：世界广布。世界已知 14 属 130 余种（亚种），中国记录 9 属 36 种 4 亚种，浙江分布 4 属 5 种 1 亚种。

分属检索表

1. 体近梯形；眼间距与复眼直径近似；鞘翅具 3 条发达的纵肋，向后可达鞘翅后缘；雄性后足腿节膨大……2
- 体近扁圆形；眼间距明显大于复眼直径；鞘翅具 3 条相对弱的纵肋，向后至少部分纵肋不达鞘翅后缘；雄性后足腿节正常……3
2. 前胸背板不向两侧延展；小盾片具中纵脊，长度约为鞘翅缝缘长度的 1/2……**盾葬甲属 *Diamesus***
- 前胸背板向两侧延展；小盾片无中纵脊，长度约为鞘翅缝缘长度的 1/4……**尸葬甲属 *Necrodes***
3. 锤角端锤由末 4–6 节组成；前胸背板和小盾片无毛……**丧葬甲属 *Necrophila***
- 锤角端锤由末 4 节组成；前胸背板和小盾片具毛……**媪葬甲属 *Oiceoptoma***

153. 盾葬甲属 *Diamesus* Hope, 1840

Diamesus Hope, 1840: 149. Type species: *Necrodes osculans* Vigors, 1825.

主要特征：大型类群；身体向后逐渐变宽，最宽处为腹部中部。头部近三角形，眼间距略小于复眼直径；触角末 4 节粗大，形成松散的端锤。前胸背板较圆，具刻点。鞘翅各具 3 条发达的纵肋，向后伸达翅末；鞘翅后缘平截；小盾片大。腹末露出 4 节。

分布：古北区、东洋区、澳洲区。世界已知 2 种，中国记录 2 种，浙江分布 1 种。

（321）横纹盾葬甲 *Diamesus osculans* Vigors, 1825（图版 III-2）

Diamesus osculans Vigors, 1825: 537.

主要特征：体长 27–38 mm；黑色，有时带棕色；两鞘翅具红斑，共同组成连续或不连续的“X”纹；触角末节黄白色。雄性小盾片具明显的中隆脊；前足跗节发达；中足跗节极发达；后足腿节发达，腹面具

1 小齿；后足胫节粗壮。

分布： 浙江、安徽、湖南、广东、海南、重庆、云南；日本，印度，不丹，尼泊尔，大洋洲。

154. 尸葬甲属 *Necrodes* Leach, 1815

Necrodes Leach, 1815: 88. Type species: *Silpha littoralis* Linnaeus, 1758.

Asbolus Bergroth, 1884: 229. Type species: *Silpha littoralis* Linnaeus, 1758.

Protonecrodes Portevin, 1922: 508. Type species: *Silpha surinamensis* Fabricius, 1775.

主要特征： 体形长扁。头部近三角形，眼间距略小于复眼直径；触角末 4 节较之前节粗大，形成松散的端锤。前胸背板较圆，无毛，具细刻点。鞘翅各具 3 条发达的纵肋，其向后到达翅端，鞘翅在外侧 2 根纵肋之间端部约 1/3 处具小突起。雄性后足具明显性征。

分布： 古北区、东洋区、新北区。世界已知 3 种，中国记录 2 种，浙江分布 1 种。

（322）滨尸葬甲 *Necrodes littoralis* (Linnaeus, 1758)（图版 III-3）

Silpha littoralis Linnaeus, 1758: 360.

Necrodes littoralis: Porta, 1926: 334.

主要特征： 体长 17–36 mm，体形变化较大；黑色，有时带棕色，触角末 3 节橙黄色。前胸背板近圆形，表面光滑，中纵沟不明显。鞘翅末端平截。雄性后足腿节粗壮，腹面具齿突；后足胫节粗而弯曲，不具齿。

分布： 浙江、黑龙江、吉林、辽宁、北京、河北、陕西、甘肃、青海、新疆、安徽、湖北、江西、湖南、福建、广东、广西、重庆、四川、云南、西藏；俄罗斯，蒙古国，朝鲜，韩国，日本，中亚地区，巴基斯坦，印度，西亚地区，欧洲。

155. 丧葬甲属 *Necrophila* Kirby *et* Spence, 1828

Necrophila Kirby *et* Spence, 1828: 509. Type species: *Silpha americana* Linnaeus, 1758.

主要特征： 体形较宽扁；体黑色或双色，常具金属光泽；鞘翅内面具强金属色。触角末 4–6 节扩大，形成松散端锤。前胸盘区略隆起。鞘翅具 3 条纵肋，有时外侧纵肋微弱不明显或最外侧纵肋之外具 1 纵隆起；鞘翅外缘向侧面扩展。

分布： 古北区、东洋区、新北区。世界已知 16 种，中国记录 8 种 1 亚种，浙江分布 1 种 1 亚种。

（323）红胸丧葬甲 *Necrophila* (*Calosilpha*) *brunnicollis* (Kraatz, 1877)（图 4-III-18，图版 III-4）

Silpha brunnicollis Kraatz, 1877: 106.

Silpha bicolour Fairmaire, 1900: 616.

Eusilpha imasakai Nishikawa, 1986: 154.

Eusilpha kurosawai Nishikawa, 1986: 156.

Necrophila (*Calosilpha*) *brunnicollis*: Růžička, 2015: 294.

主要特征： 体长 18–25 mm；前胸背板橙红色，其余部分黑色并多少具金属蓝色。前胸背板前缘内凹较浅，盘区光滑无刻点。鞘翅具 3 条纵肋，最外侧的纵肋向端部逐渐不明显，最外侧纵肋之外具 1 纵隆起。

雄性鞘翅后缘平截，雌性的较圆。

分布：浙江、黑龙江、吉林、北京、山西、陕西、甘肃、青海、安徽、湖北、江西、湖南、福建、台湾、广东、香港、广西、重庆、四川、贵州、云南；俄罗斯，朝鲜，韩国，日本，印度，不丹。

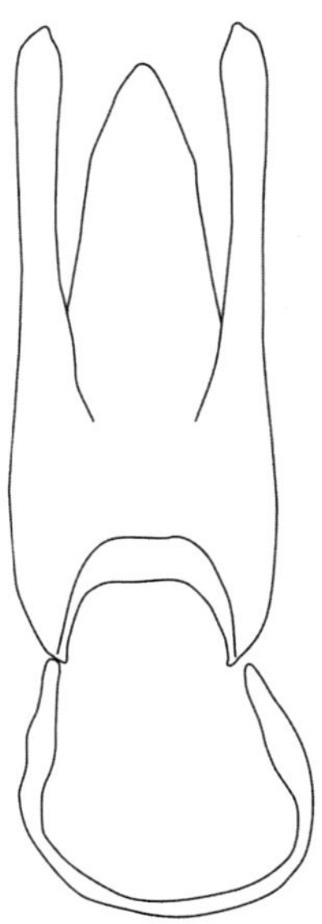

图 4-III-18　红胸丧葬甲 *Necrophila* (*Calosilpha*) *brunnicollis* (Kraatz, 1877)阳茎（腹面观）（仿自 Růžička，2015）

（324）亚氏丧葬甲 *Necrophila* (*Eusilpha*) *jakowlewi jakowlewi* (Semenov, 1891)（图版 III-5）

Silpha jakowlewi jakowlewi Semenov, 1891: 299.

Necrophila (*Eusilpha*) *jakowlewi jakowlewi*: Růžička, 2015: 294.

主要特征：体长约 18 mm；体黑棕色，带金属蓝光泽；触角末 3 节颜色稍浅。前胸背板前缘内凹相对深，盘区光滑。鞘翅具 3 条纵肋，最外侧的纵肋向端部逐渐不明显，最外侧纵肋之外具 1 纵隆起。雄性鞘翅后缘平截，雌性的较圆。

分布：浙江、甘肃；朝鲜，韩国，日本。

156. 媪葬甲属 *Oiceoptoma* Leach, 1815

Oiceoptoma Leach, 1815: 89. Type species: *Silpha thoracica* Linnaeus, 1758.

Isosilpha Portevin, 1920: 398. Type species: *Eusilpha hypocrita* Portevin, 1903.

主要特征：体型相对小而宽扁。头在复眼之后变窄，背面被毛；触角末 4 节膨大，形成松散的端锤。前胸背板表面被毛，前缘双齿状凹入，盘区具纵向对称的隆起。鞘翅肩部具齿，中域具 3 条纵肋，侧缘明显扩展。

分布：古北区、东洋区、新北区。世界已知 9 种，中国记录 5 种，浙江分布 2 种。

（325）黑媪葬甲 *Oiceoptoma hypocrita* (Portevin, 1903)（图 4-III-19，图版 III-6）

Eusilpha hypocrita Portevin, 1903: 332.

Oiceoptoma hypocrita: Peck, 2001: 270.

主要特征：体长 12–16 mm；体黑色，鞘翅黑棕色，具弱的金属蓝光泽。头长约等于宽，密布微小刻点。

前胸背板宽约为长的 1.9 倍，约为头宽的 3.5 倍，刻点与头部相似。鞘翅基部较前胸背板窄，向后至 2/3 处逐渐变宽，最宽处约为前胸背板宽度的 1.2 倍，末端 1/3 向后呈圆弧形收窄；鞘翅中域纵肋不明显，侧缘强烈向外扩展，刻点较前胸背板稀疏。雌性鞘翅末端较雄性更为突出。

分布：浙江、陕西、四川、云南、西藏；印度，不丹，尼泊尔，缅甸。

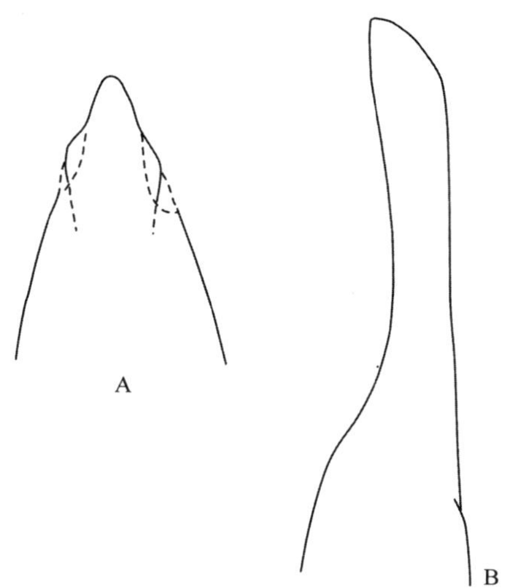

图 4-III-19　黑媪葬甲 *Oiceoptoma hypocrita* (Portevin, 1903)（仿自 Růžička，2015）
A. 阳茎中叶端部腹面观；B. 阳茎右侧叶端部腹面观

（326）红胸媪葬甲 *Oiceoptoma subrufum* (Lewis, 1888)（图 4-III-20，图版 III-7）

Silpha subrufum Lewis, 1888: 9.

Thanatophilus davidi Portevin, 1903: 331.

Oiceoptoma subrufum: Růžička, 2015: 294.

主要特征：体长 12–15 mm；前胸背板橙红色，中域具 6 个对称的小黑斑，其余部分黑色或黑褐色。头部略横宽，具橙色刚毛。前胸背板极度横宽，宽约为长的 1.8 倍，密布小刻点。鞘翅纵肋发达，外侧纵肋止于端突，其余 2 条几乎伸达鞘翅后缘，刻点较前胸背板稀疏；鞘翅末端圆弧形。

分布：浙江、辽宁、内蒙古、北京、河北、河南、陕西、甘肃；俄罗斯，朝鲜，韩国，日本。

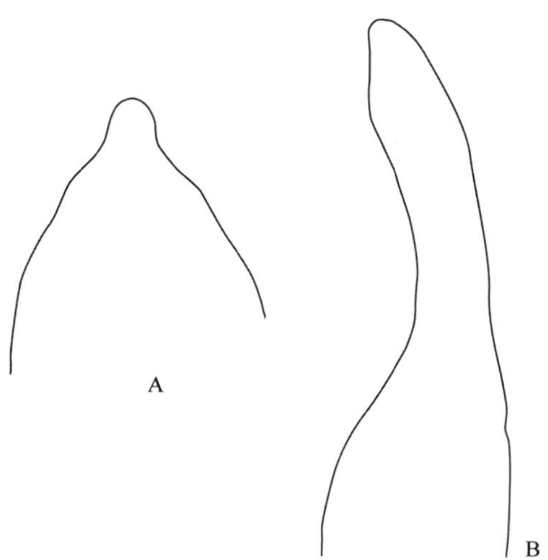

图 4-III-20　红胸媪葬甲 *Oiceoptoma subrufum* (Lewis, 1888)（仿自 Růžička，2015）
A. 阳茎中叶端部腹面观；B. 阳茎右侧叶端部腹面观

（二）覆葬甲亚科 Nicrophorinae

主要特征： 身体梯形。头部相对较大，部分种类雄性头部常较雌性发达；口器前口式，但常朝向下方；复眼发达；触角第 2 节极短，末 4 节膨大，形成紧密端锤。前胸背板表面具明显的大块隆突，前缘平直或略突出，侧缘不向两侧延展。鞘翅通常无明显纵肋，后缘平截，侧缘不向两侧扩展。腹部多数种类有 4 腹节外露。成虫具发音器和育幼行为。

分布： 世界广布。世界已知 3 属 70 余种，中国记录 2 属 32 种，浙江分布 1 属 2 种。

157. 覆葬甲属 *Nicrophorus* Fabricius, 1775

Nicrophorus Fabricius, 1775: 71. Type species: *Silpha vespillo* Linnaeus, 1758.

Necroborus Weigel, 1806: 90. Type species: *Silpha germanica* Linnaeus, 1758.

Necrocharis Portevin, 1923: 68. Type species: *Silpha carolina* Linnaeus, 1771.

Neonicrophorus Hatch, 1946: 99. Type species: *Silpha germanica* Linnaeus, 1758.

主要特征： 体形较厚；体表被毛，被毛情况常为某些物种的鉴定特征之一。触角末 4 节膨大成锤状。前胸背板前后角较圆，盘区多具隆起。鞘翅表面多数较光滑，后缘平截。腹部末 4 节外露，第 5 背板中域具 1 对音锉，可与鞘翅摩擦发声。雄性头部常宽于雌性；前足跗节扩大。

生物学： 成虫有成对生活、埋葬小型脊椎动物，以及育幼的习性。

分布： 世界广布。世界已知 71 种，中国记录 29 种，浙江分布 2 种。

（327）黑覆葬甲 *Nicrophorus* (*Nicrophorus*) *concolor* Kraatz, 1877（图版 III-8）

Nicrophorus (*Nicrophorus*) *concolor* Kraatz, 1877: 100.

主要特征： 大型种类，体长 25–45 mm；全体黑色，触角末 3 节黄色。体表尤其是前胸背板光滑无毛，鞘翅和腹节后缘具适量刚毛。前胸背板隆起，但盘区无明显的沟。中、后足胫节外缘端部具 1 齿突，后足腿节弯曲。

分布： 浙江、黑龙江、吉林、辽宁、内蒙古、北京、天津、陕西、甘肃、安徽、湖北、江西、湖南、福建、台湾、广东、广西、四川、贵州、云南、西藏；俄罗斯，朝鲜，韩国，日本，印度，不丹，尼泊尔。

（328）尼覆葬甲 *Nicrophorus* (*Nicrophorus*) *nepalensis* Hope, 1831（图版 III-9）

Nicrophorus (*Nicrophorus*) *nepalensis* Hope, 1831: 21.

主要特征： 体长 15–26 mm；体黑色，触角末 3 节橙黄色；额中后部具 1 橙红色斑点；鞘翅肩部和亚端部各具 1 个橙红色斑纹，斑纹内缘不达鞘翅缝缘；肩部斑纹前后缘呈锯齿状；亚端部斑纹前缘呈锯齿状，后缘平直；斑纹内各具 1 个黑点。前胸背板无毛，盘区隆起并具深沟而呈 6 块突起；后胸腹板具褐毛。

分布： 浙江、内蒙古、河北、河南、陕西、甘肃、青海、江苏、安徽、湖北、江西、湖南、福建、台湾、广东、海南、广西、重庆、四川、贵州、云南、西藏；日本，巴基斯坦，印度，不丹，尼泊尔。

十六、隐翅虫科 Staphylinidae

主要特征：体长 1–35 mm（多数 1–8 mm），体狭长形至卵圆形，体黄色、红棕色、棕色或黑色。头多形，口器前口式或下口式，颈有或无；通常具复眼，有些具 1 对假单眼；触角通常 11 节，少数属仅 10 节、9 节或 3 节，常呈丝状，有些端部膨大成轻度至中度棍棒状。前胸形状多样，长卵圆形至亚圆形或亚方形；小盾片通常可见，三角形。鞘翅通常极短，后缘平截，导致大部分腹节裸露，有些属鞘翅长，覆盖大部分或全部腹节；鞘翅侧缘通常直，少数弧形弯曲；鞘翅缘折有或无；后翅通常发达，折叠于鞘翅下，有些种类后翅退化。腹部通常延长，腹板通常可见 6 节（第 3–8 节，第 2 腹板退化），但在异形隐翅虫亚科中腹板可见 7 节（第 2–8 节），还有一些种类可见腹板仅 5 节（第 8 腹板退化或隐藏于第 7 腹节中）；各腹节通常有侧背板 1 对或 2 对，有些属缺侧背板；腹节之间的节间膜较长，腹部能大幅度伸缩。足通常细长；基节大小形态多变，通常相互接触或接近，有的适度至显著分离；前足基节窝通常开放，少数封闭；跗式多数 5–5–5 式，少数 3–3–3 式、4–4–4 式、2–2–2 式，或 4–5–5 式、4–4–5 式、5–4–4 式。

隐翅虫形态极为多样，缺乏独特的鉴别特征，往往需要多个组合特征才能正确鉴定，但大多数种类可根据极短而后缘平截的鞘翅、腹部能自由活动并大部分腹节裸露、前足基节相互接近或接触等特征与鞘翅目其他科昆虫区分。

生物学：隐翅虫在全球陆地生态系统中扮演重要的角色。大部分隐翅虫是其他昆虫和无脊椎动物的捕食者，小部分为菌食性或腐食性。大多数种类生活在潮湿的落叶层、苔藓、植物的腐烂组织及动物的尸体和粪便中，有些种类喜欢在海边、湖边、池塘和溪流附近的石块下，以及水面聚集的枯枝落叶中，有些生活于树皮下或朽木中，有些取食蘑菇菌类或植物的花粉，有些与蚂蚁或白蚁共生，还有些生活在鸟巢或脊椎动物的洞穴中。

分布：隐翅虫分布范围极其广泛，除南极外世界各地均有分布。世界已知 3783 属 64 623 种（亚种），中国记录 578 属 6530 种（亚种），浙江分布 164 属 493 种（亚种）。

分亚科检索表

1. 触角着生在复眼前缘连线之后……2
- 触角着生在复眼前缘连线之前……4
2. 鞘翅长，腹末最多 2 节外露；身体近卵圆形……**出尾蕈甲亚科 Scaphidiinae**
- 鞘翅短，腹末 5–6 节外露；身体通常长条形……3
3. 前基节缝封闭；前侧片不可见；后足基节小，相互分离；复眼大，突出……**突眼隐翅虫亚科 Steninae**
- 前基节缝开放；前侧片可见；后足基节大，相互接触；复眼小，不突出……**前角隐翅虫亚科（大部分）Aleocharinae (most)**
4. 腹部不能弯曲；体表具窝系统……**蚁甲亚科 Pselaphinae**
- 腹部可弯曲；体表无窝系统……5
5. 触角 9 节，端部膨大成球杆状；后足基节相互远离……**铠甲亚科 Micropeplinae**
- 触角 11 节；后足基节相互接触……6
6. 下唇须末节膨大，新月形……**斧须隐翅虫亚科 Oxyporinae**
- 下唇须末节非新月形……7
7. 复眼后缘之间具 1 对假单眼……**四眼隐翅虫亚科（大部分）Omaliinae (most)**
- 头部无假单眼……8
8. 鞘翅几乎伸达腹末，腹部腹节不外露……**苔甲亚科 Scydmaeninae**
- 鞘翅未伸达腹末，腹部至少 4 节外露……9

9. 腹部可见 7 节腹板 ······ 异形隐翅虫亚科 **Oxytelinae**
- 腹部可见 6 节腹板 ······ 10
10. 上唇前缘具 1 对毛刷状突起；复眼大而突出 ······ 突唇隐翅虫亚科 **Megalopsidiinae**
- 上唇前缘不具毛突；复眼较小 ······ 11
11. 下颚须末节长于亚末节，外侧具斜切构造 ······ 毒隐翅虫亚科 **Paederinae**（切须隐翅虫族 **Pinophilini**）
- 下颚须末节短于亚末节，外侧无斜切构造 ······ 12
12. 腹部圆筒形，无侧背板，背腹板愈合成环形 ······ 13
- 腹部有侧背板，若无则背腹板之间由膜质缝分开，或腹末强烈变窄 ······ 14
13. 上唇基部中央具凸起；上颚长，镰刀形 ······ 丽隐翅虫亚科（部分）**Euaesthetinae (part)**
- 上唇无凸起；上颚短，非镰刀形 ······ 筒形隐翅虫亚科 **Osoriinae**
14. 前足基节小，前侧面观近球形 ······ 丽隐翅虫亚科（部分）**Euaesthetinae (part)**
- 前足基节大，前侧面观长条形 ······ 15
15. 鞘翅缘折与鞘翅之间形成夹角，有清晰的脊定界 ······ 尖腹隐翅虫亚科（大部分）**Tachyporinae (most)**
- 鞘翅缘折与鞘翅之间圆弧形，无清晰的脊定界 ······ 16
16. 头后缢缩不明显；触角极长，超过鞘翅中部，各节长远大于宽 ······ 尖腹隐翅虫亚科 **Tachyporinae**（长足隐翅虫属 ***Derops***）
- 头后缘明显缢缩成颈，背面观清晰可见；触角不显著延长 ······ 17
17. 前足基前片扁平，刀状（外缘弯曲），常向前突出；后足基节裸露部分狭窄，近圆锥形，表面有横向刻纹，端部强烈突出 ······ 18
- 前足基前片厚钝，非刀状（外缘较直），不突出或很少突出，隐藏于前胸腹板和前背折缘下；后足基节常横宽，端部略突出 ······ 19
18. 前胸背板有大而不透明的基后突；腹部节间膜网格呈方形（似砖墙） ······ 毒隐翅虫亚科（大部分）**Paederinae (most)**
- 前胸背板无基后突或仅有小而透明的突起；腹部节间膜网格呈菱形 ······ 隐翅虫亚科 **Staphylininae**
19. 腹部每侧有 2 列侧背板 ······ 前角隐翅虫亚科（部分）**Aleocharinae (part)**
- 腹部每侧有 1 列侧背板 ······ 四眼隐翅虫亚科（部分）**Omaliinae (part)**

（一）四眼隐翅虫亚科 Omaliinae

主要特征：体小至中型；长条形；通常腹部宽于前胸和鞘翅。触角 11 节，着生在复眼前缘连线之前；复眼后缘之间有 1 对假单眼（少数种类假单眼不明显）。后足基节相互接近。常生活在枯枝落叶中、水边杂草、苔藓及石块下，有的种类喜欢聚集在植物的花中取食花粉。

分布：世界广布。世界已知 118 属 1159 种（亚种），中国记录 24 属 187 种 3 亚种，浙江分布 6 属 21 种 1 亚种。

分属检索表

1. 下颚须末节针状，亚末节强烈膨大 ······ 2
- 下颚须末节锥状或棒状，亚末节不膨大 ······ 3
2. 外咽缝分离 ······ 胸角隐翅虫属 ***Boreaphilus***
- 外咽缝在前部汇合 ······ 针须隐翅虫属 ***Coryphium***
3. 跗节第 1–4 节膨大，腹面具密毛；上颚切区和臼区愈合 ······ 毛跗隐翅虫属 ***Eusphalerum***
- 跗节第 1–4 节正常，腹面无密毛；上颚切区和臼区明显分开 ······ 4
4. 触角至少第 1–2 节无光滑无柔毛 ······ 蚁隐翅虫属 ***Brathinus***
- 触角各节密布柔毛 ······ 5
5. 下颚须亚末节长小于宽，少毛 ······ 盗隐翅虫属 ***Lesteva***
- 下颚须亚末节长大于宽，多毛 ······ 地隐翅虫属 ***Geodromicus***

长跗隐翅虫族 Anthophagini Thomson, 1859

158. 蚁隐翅虫属 *Brathinus* LeConte, 1852

Brathinus LeConte, 1852: 156. Type species: *Brathinus nitidus* LeConte, 1852.

主要特征：身体近纺锤形；多为棕色或深棕色。头部近菱形，背面扁平光滑，近复眼内侧各有 1 条斜伸的纵沟；复眼突出，假单眼明显；触角较长，第 1–2 节光滑；下颚须末节长远大于宽。前胸背板长大于宽，近心形，最宽处位于中部前方；表面光滑，仅有少量粗刻点。鞘翅长远大于宽，几乎遮盖整个腹部，近中部最宽；表面刻点稀疏，排成纵列。足细长，跗节不膨大。

分布：古北区、东洋区、新北区。世界已知 6 种，中国记录 1 种，浙江分布 1 种。

（329）佐藤蚁隐翅虫 *Brathinus satoi* Kishimoto *et* Shimada, 2003（图 4-III-21，图版 III-10）

Brathinus satoi Kishimoto *et* Shimada, 2003: 145.

主要特征：体长 4.1 mm；棕红色，有光泽，触角第 9–10 节淡黄色，第 11 节黑褐色；鞘翅中部外侧有黄褐色大斑。头长大于宽，背面中部光滑偏平；复眼突出，假单眼明显。前胸背板长大于宽，背面明显拱起，侧缘弧形，基部约 1/3 明显收窄，中后部具 2 对大刻点。鞘翅长卵圆形，显著宽于前胸背板，肩角圆滑，表面光滑，具稀疏刚毛刻点列。腹部几乎被鞘翅完全遮盖。足细长。阳茎中叶向端部逐渐变窄，侧叶略长于中叶，端部爪形。

分布：浙江（安吉）、重庆。

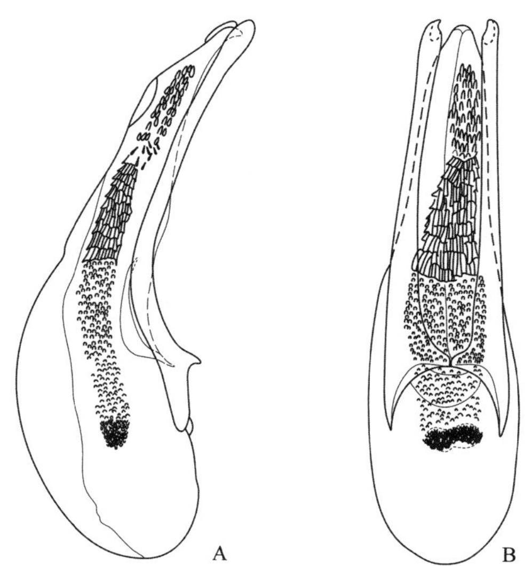

图 4-III-21 佐藤蚁隐翅虫 *Brathinus satoi* Kishimoto *et* Shimada, 2003
A. 阳茎侧面观；B. 阳茎腹面观

159. 地隐翅虫属 *Geodromicus* Redtenbacher, 1857

Geodromicus Redtenbacher, 1857: 244. Type species: *Staphylinus plagiatus* Fabricius, 1798.

主要特征：身体长纺锤形，通常为黑色或深褐色。头部亚三角形；表面密布刻点和柔毛；假单眼明显；

触角各节长大于宽，密布柔毛；下颚须亚末节长大于宽。前胸背板多为亚心形，表面密布刻点和柔毛。鞘翅亚梯形，向后逐渐变宽，表面密布刻点和柔毛，无微刻纹；后翅发达。跗节第 1–4 节之和长于第 5 节。

分布：古北区、东洋区、新北区。世界已知 126 种 4 亚种，中国记录 17 种，浙江分布 3 种。

分种检索表

1. 鞘翅长明显大于鞘翅宽或近似等长；体表具有金属色反光……光地隐翅虫 ***G. lucidus***
- 鞘翅长短于鞘翅宽；体表棕色至黑色且无金属色反光……2
2. 鞘翅长大约是前胸背板长的 2 倍，鞘翅无斑纹……中华地隐翅虫 ***G. chinensis***
- 鞘翅长明显大于前胸背板长的 2 倍，鞘翅具深红色斑纹……汗氏地隐翅虫 ***G. hammondi***

（330）中华地隐翅虫 *Geodromicus* (*Geodromicus*) *chinensis* Bernhauer, 1938（图 4-III-22，图版 III-11）

Geodromicus chinensis Bernhauer, 1938: 19.

主要特征：体长 4.8–5.3 mm；长条形；黑褐色。头宽略大于长；复眼间有“V”形浅凹；表面具粗刻点和网状微刻纹。前胸背板亚心形，宽大于长，最宽处位于端部 1/3 处；表面密布粗大刻点，沿中线有明显的纵向深刻痕。鞘翅亚梯形，宽略大于长；表面刻点与前胸背板相似。腹部较长，第 4 背板中央具 1 对横宽的大毛斑；表面刻点较鞘翅小而密；微刻纹明显。雄性第 8 腹板和腹板后缘中部呈圆弧形凹入。

分布：浙江（临安）、福建。

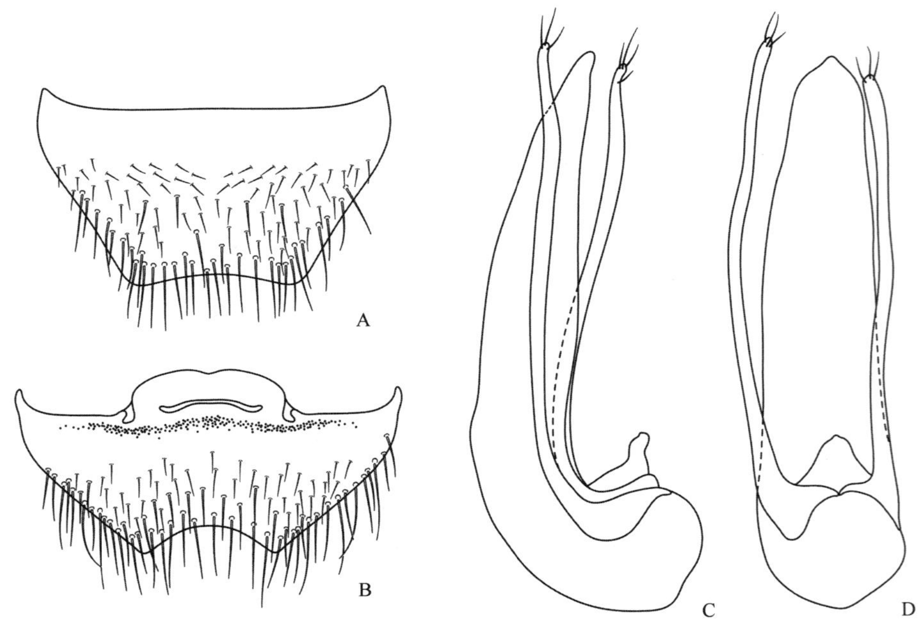

图 4-III-22　中华地隐翅虫 *Geodromicus* (*Geodromicus*) *chinensis* Bernhauer, 1938
A. 雄性第 7 腹板；B. 雄性第 8 腹板；C. 阳茎侧面观；D. 阳茎腹面观

（331）汗氏地隐翅虫 *Geodromicus* (*Geodromicus*) *hammondi* (Watanabe, 1990)（图 4-III-23）

Psephidonus hammondi Watanabe, 1990: 269.

Geodromicus hammondi: Herman, 2001b: 294.

主要特征：体长 3.5–5.1 mm；深棕色至黑色，鞘翅近中部各具 1 深红色梭形斑纹。头长小于宽，表面密布粗糙刻点。前胸背板近圆盘状，宽略大于长，表面刻点同头部相似。鞘翅长略小于宽，表面刻点与前胸背板相似。腹部第 4 背板近中部具 1 对白色毛斑。雄性第 8 腹板后缘中部具圆弧形凹陷。阳茎中叶细长；侧叶端部略膨大。雌性第 8 腹板后缘不凹陷。本种与 *G. lestevoides* (Sharp, 1889)相似，可通过其体色深棕色至黑色、鞘翅色斑小而圆、阳茎中叶明显长于侧叶加以区分。

分布：浙江（安吉）；韩国，日本。

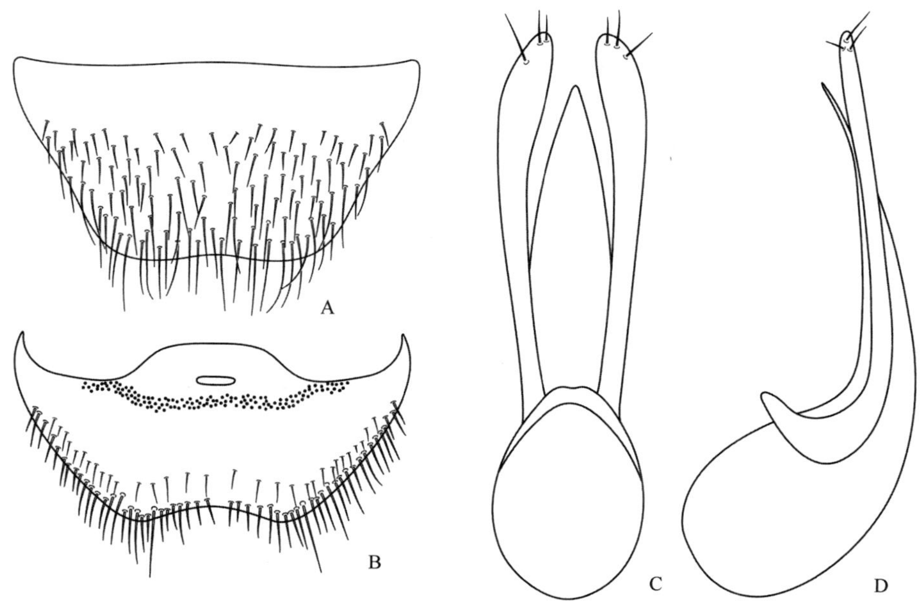

图 4-III-23 汗氏地隐翅虫 *Geodromicus* (*Geodromicus*) *hammondi* (Watanabe, 1990)
A. 雄性第 7 腹板；B. 雄性第 8 腹板；C. 阳茎腹面观；D. 阳茎侧面观

（332）光地隐翅虫 *Geodromicus lucidus* Shavrin, 2013（图 4-III-24，图版 III-12）

Geodromicus lucidus Shavrin, 2013: 57.

主要特征：体长 4.7–6.7 mm，长条形；深蓝色，有金属光泽。头宽略大于长；复眼间有“V”形浅凹；

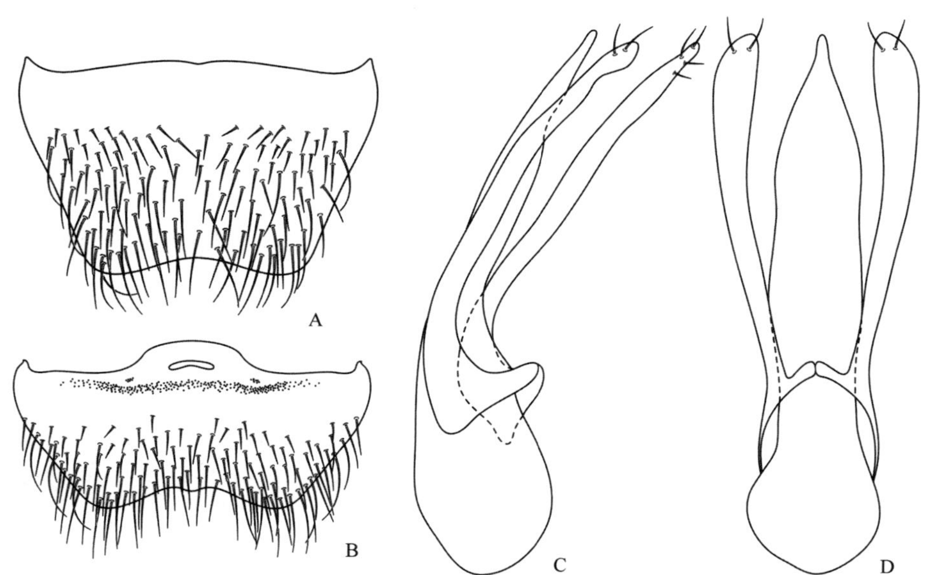

图 4-III-24 光地隐翅虫 *Geodromicus lucidus* Shavrin, 2013
A. 雄性第 7 腹板；B. 雄性第 8 腹板；C. 阳茎侧面观；D. 阳茎腹面观

表面具粗刻点和网状微刻纹。前胸背板近圆盘状，宽略大于长；表面密布粗大刻点，沿中线有明显的纵向刻痕。鞘翅亚梯形，长宽约相等，从肩部到近后缘处各有1条向内弯曲的月牙形凹痕；表面刻点较前胸背板小而稀。腹部较长，第4背板中央具1对横宽的大毛斑；表面刻点较鞘翅小而密；微刻纹明显。雄性第8腹板和腹板后缘中部呈圆弧形凹入。

分布：浙江（安吉、临安、庆元、龙泉、泰顺）、安徽、江西、贵州。

160. 盗隐翅虫属 *Lesteva* Latreille, 1797

Lesteva Latreille, 1797: 75. Type species: *Lesteva punctulata* Latreille, 1804.

Tevales Casey, 1894: 399. Type species: *Tevales cribratulus* Casey, 1894.

Lestevella Jeannel *et* Jarrige, 1949: 315. Type species: *Lesteva pubescens* Mannerheim, 1830.

主要特征：身体纺锤形；通常为深褐色至黑色，少数为橙黄色、黄褐色等。头部亚三角形，表面密布刻点、柔毛；假单眼明显；触角各节长均大于宽，密被柔毛；下颚须末节长于亚末节，且不窄于亚末节，亚末节宽大于长。前胸背板亚心形，表面密布刻点和柔毛，无微刻纹。鞘翅亚梯形，逐渐向后部变宽，鞘翅端角圆弧形，表面密布刻点和柔毛；后翅发达。跗节第1–4节不膨大。

分布：古北区、东洋区、新北区。世界已知122种13亚种，中国记录39种2亚种，浙江分布14种1亚种。

分种检索表

1. 前胸背板近侧缘具深窝；每鞘翅具7个色斑……………………**七斑盗隐翅虫 *L. septemmaculata***
- 前胸背板近侧缘无明显深窝；鞘翅具1对色斑或无斑……………………2
2. 身体具强烈蓝色金属光泽……………………**艳盗隐翅虫 *L. pulcherrima***
- 身体无明显金属光泽……………………3
3. 阳茎侧叶明显短于中叶……………………4
- 阳茎侧叶至少与中叶等长……………………7
4. 鞘翅长明显大于宽……………………**大巴山盗隐翅虫 *L. dabashanensis***
- 鞘翅长约等于宽……………………5
5. 阳茎中叶顶端尖细……………………**盘背盗隐翅虫 *L. mollis***
- 阳茎中叶端部宽阔……………………6
6. 体黑色；鞘翅具亚圆形色斑……………………**黄斑盗隐翅虫 *L. flavopunctata***
- 体红棕色至褐色；鞘翅具亚三角形色斑……………………**凹盗隐翅虫 *L. concava***
7. 阳茎侧叶显著长于中叶……………………8
- 阳茎侧叶约等于或略长于中叶……………………11
8. 体暗橙黄色；鞘翅色斑模糊不明显……………………**黄盗隐翅虫 *L. ochra***
- 体黑色至暗棕色；鞘翅色斑大而明显，从肩部斜伸至鞘翅缝缘近中部……………………9
9. 阳茎中叶极度变细成长针状……………………**美姝盗隐翅虫 *L. cala***
- 阳茎中叶粗，不呈针状……………………10
10. 鞘翅色斑橘红色；阳茎中叶端部近三角形……………………**亚斑盗隐翅虫 *L. submaculata***
- 鞘翅色斑黄褐色；阳茎中叶端部呈突锥状……………………**长盗隐翅虫 *L. elongata***
11. 鞘翅色斑呈亚三角形，缝缘端半部暗红色……………………**红缘盗隐翅虫 *L. erythra***
- 鞘翅色斑不呈三角形，缝缘与盘区同色……………………12
12. 鞘翅色斑大，从肩部斜伸至鞘翅缝缘近中部……………………**丽盗隐翅虫 *L. elegantula***

- 鞘翅色斑为圆形或亚圆形……13
13. 阳茎侧叶细长……**红斑盗隐翅虫 *L. rufopunctata rufopunctata***
- 阳茎侧叶粗短……14
14. 身体褐色；腹末明显变窄……**库氏盗隐翅虫 *L. cooteri***
- 身体深褐色至黑色；腹末不明显变窄……**小斑盗隐翅虫 *L. brevimacula***

（333）黄斑盗隐翅虫 *Lesteva flavopunctata* Rougemont, 2000（图 4-III-25）

Lesteva flavopunctata Rougemont, 2000: 161.

主要特征：体长 3.0–3.4 mm；黑色，鞘翅近中部各具 1 近圆形斑纹。头长小于宽（0.79∶1），表面刻点细小且稠密；触角最末节最长。前胸背板长小于宽（0.90∶1），表面刻点稠密。鞘翅长大于宽（1.16∶1），表面刻点较前胸背板浅而粗糙。腹部表面光亮。雄性第 8 腹板后缘中部具浅的凹陷。阳茎中叶端部具压痕。本种与 *L. davidiana* Rougemont, 2000 相似，可通过其鞘翅近中部具近圆形斑纹、阳茎中叶端部具压痕加以区分。

分布：浙江（德清、安吉）、江西。

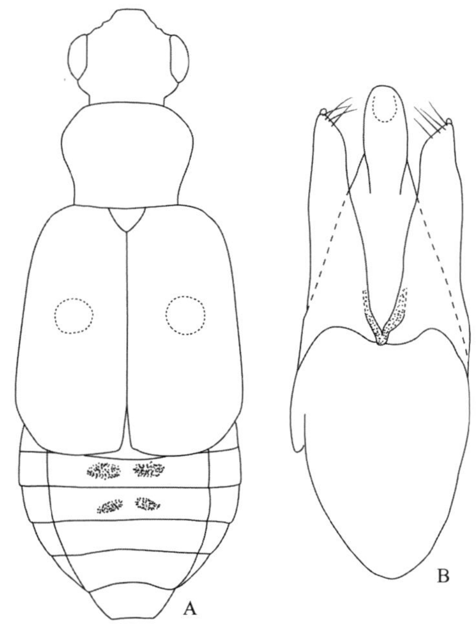

图 4-III-25　黄斑盗隐翅虫 *Lesteva flavopunctata* Rougemont, 2000（仿自 Rougemont，2000）
A. 虫体背面观；B. 阳茎腹面观

（334）盘背盗隐翅虫 *Lesteva mollis* Rougemont, 2000（图 4-III-26）

Lesteva mollis Rougemont, 2000: 151.

主要特征：体长 2.8–3.0 mm；黑色，有时鞘翅中部具狭长红斑。头长小于宽（0.85∶1），表面密布粗糙刻点且无微刻纹；触角末节最长。前胸背板长略大于宽（1∶0.89）；表面具 3–4 条压痕，刻点同头部类似。鞘翅长略小于宽（0.97∶1），表面刻点粗糙。腹部第 4 和 5 背板中部具有 1 对白色毛斑。雄性第 8 腹板后缘中部具深且较窄的凹陷。阳茎中叶端部近三角形；侧叶狭长。本种与库氏盗隐翅虫 *L. cooteri* Rougemont, 2000 相似，可通过其体型较小、阳茎侧叶狭长加以区分。

分布：浙江（安吉）。

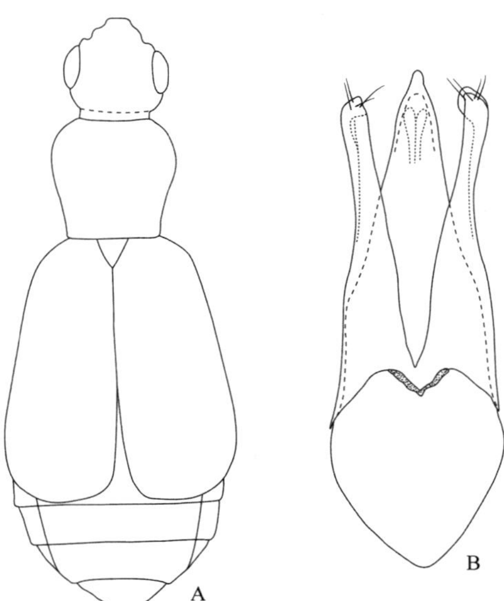

图 4-III-26　盘背盗隐翅虫 *Lesteva mollis* Rougemont, 2000（仿自 Rougemont，2000）

A. 虫体背面观；B. 阳茎腹面观

（335）小斑盗隐翅虫 *Lesteva* (*Lesteva*) *brevimacula* Ma *et* Li, 2012（图 4-III-27，图版 III-13）

Lesteva brevimacula Ma *et* Li, 2012b: 68.

主要特征：体长 4.2–4.7 mm；深褐色至黑色，鞘翅中部各具深红色小斑。头长小于宽（0.71–0.73∶1）；表面密布粗糙刻点且无微刻纹；触角末节最长。前胸背板近心形，长小于宽（0.88∶1），表面刻点同头部类似。鞘翅长略小于宽（0.94–0.97∶1），表面刻点细而稠密。腹部第 4 和 5 背板中部具有 1 对白色毛斑。雄性第 8 腹板后缘中部具较深圆弧形凹陷。阳茎中叶呈匕首状；侧叶粗壮，近似圆柱状。雌性第 8 腹板后缘无凹陷。本种与库氏盗隐翅虫 *L. cooteri* Rougemont, 2000 相似，可通过其雄性呈匕首状的阳茎中叶和粗壮的侧叶加以区分。

分布：浙江（安吉、临安）。

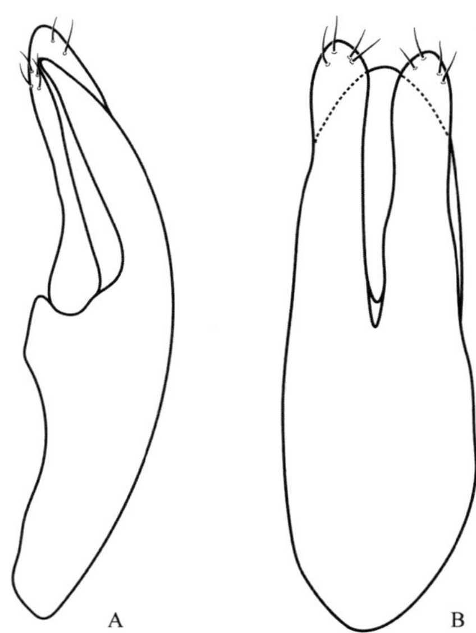

图 4-III-27　小斑盗隐翅虫 *Lesteva* (*Lesteva*) *brevimacula* Ma *et* Li, 2012（仿自 Ma and Li，2012b）

A. 阳茎侧面观；B. 阳茎腹面观

（336）美姝盗隐翅虫 *Lesteva* (*Lesteva*) *cala* Ma *et* Li, 2012（图 4-III-28，图版 III-14）

Lesteva (*Lesteva*) *cala* Ma *et* Li, 2012a: 34.

主要特征：体长 3.2–4.4 mm；深黑色，鞘翅基半部各具橙色亚菱形斑纹。头部长小于宽（0.71–0.78∶1）；表面密布粗糙刻点且无微刻纹；触角末节最长。前胸背板近心形，长小于宽（0.89–0.95∶1），表面刻点同头部类似。鞘翅长略小于宽或等于宽（0.94–1.00∶1），表面刻点粗糙而稠密。腹部第 4 和第 5 背板中部具有 1 对白色毛斑。雄性第 8 腹板后缘中部具较深圆弧形凹陷。阳茎中叶端部尖锐状；侧叶端部呈扇形。雌性第 8 腹板后缘无凹陷。本种与丽盗隐翅虫 *L. elegantula* Rougemont, 2000 相似，可通过其鞘翅基半部具橙色亚菱形斑纹、雄性阳茎侧叶端部呈扇形加以区分。

分布：浙江（安吉、临安）。

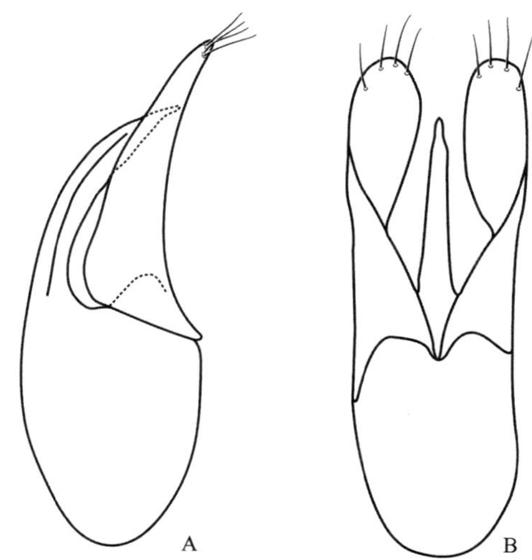

图 4-III-28　美姝盗隐翅虫 *Lesteva* (*Lesteva*) *cala* Ma *et* Li, 2012
A. 阳茎侧面观；B. 阳茎腹面观

（337）凹盗隐翅虫 *Lesteva* (*Lesteva*) *concava* Cheng, Li *et* Peng, 2019（图 4-III-29，图版 III-15）

Lesteva (*Lesteva*) *concava* Cheng, Li *et* Peng, 2019: 5.

主要特征：体长 3.0–3.3 mm；红棕色至褐色，头深棕色至黑色，鞘翅近基部 1/3 处各具 1 橙红色亚

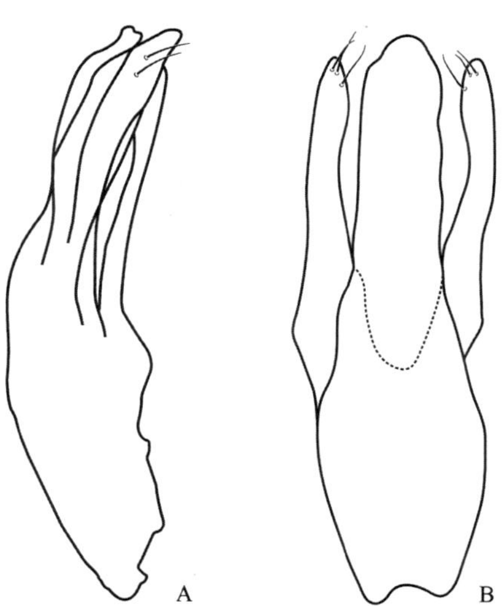

图 4-III-29　凹盗隐翅虫 *Lesteva* (*Lesteva*) *concava* Cheng, Li *et* Peng, 2019（仿自 Rougemont，2000）
A. 阳茎侧面观；B. 阳茎腹面观

三角形斑纹。头长小于宽（0.75–0.79∶1），表面密布粗糙刻点且无微刻纹；触角末节最长。前胸背板近心形，长小于宽（0.86–0.90∶1），表面刻点同头部类似。鞘翅长略大于宽（1.07–1.11∶1）；表面刻点粗糙。腹部第 4 和 5 背板中部具有 1 对白色毛斑。雄性第 8 腹板后缘中部具宽且浅的凹陷。阳茎中叶近似狭长的圆柱状；侧叶端部微微膨大。雌性第 8 腹板后缘无凹陷。本种与库氏盗隐翅虫 *L. cooteri* Rougemont, 2000 相似，可通过其深棕色至黑色的头部、阳茎中叶近似狭长的圆柱状加以区分。

分布：浙江（安吉、临安）、安徽。

（338）库氏盗隐翅虫 *Lesteva* (*Lesteva*) *cooteri* Rougemont, 2000（图 4-III-30，图版 III-16）

Lesteva cooteri Rougemont, 2000: 150.

主要特征：体长 3.40–3.97 mm；黑红色至黑褐色，鞘翅基部 1/3 处各具 1 橙色近圆形小斑。头长小于宽（0.71–0.73∶1），表面密布粗糙刻点且无微刻纹；触角末节最长。前胸背板近心形，长略小于宽（0.95–0.97∶1），表面具 3–4 条压痕且刻点同头部类似。鞘翅长略小于宽（0.97–0.98∶1）；表面刻点粗糙。腹部第 4 和 5 背板中部具有 1 对白色毛斑。雄性第 8 腹板后缘中部具深且较窄的凹陷；阳茎中叶宽而短；侧叶似空心卷筒。雌性第 8 腹板后缘无凹陷。

分布：浙江（安吉、临安、开化）、湖北、江西。

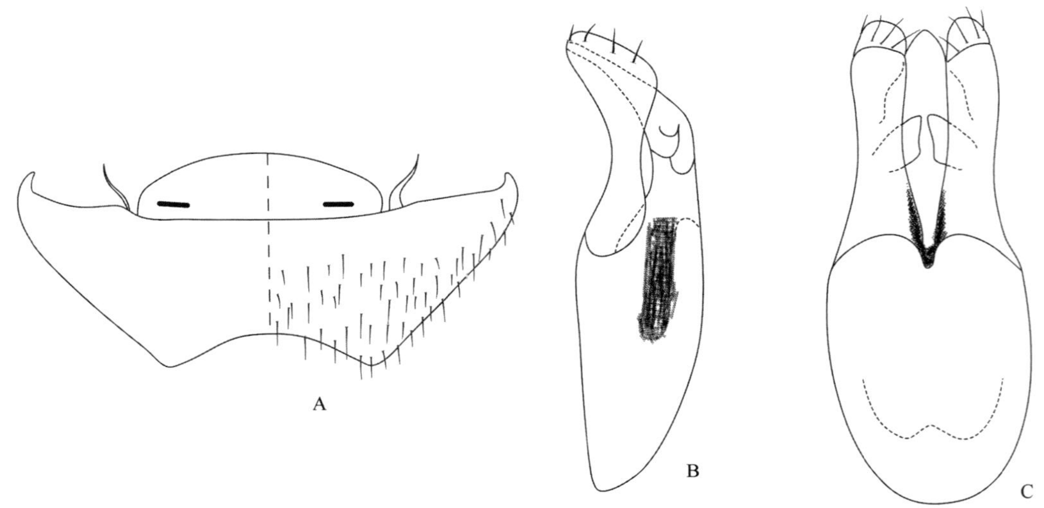

图 4-III-30　库氏盗隐翅虫 *Lesteva* (*Lesteva*) *cooteri* Rougemont, 2000（仿自 Rougemont，2000）
A. 雄性第 8 腹板；B. 阳茎侧面观；C. 阳茎腹面观

（339）大巴山盗隐翅虫 *Lesteva* (*Lesteva*) *dabashanensis* Rougemont, 2000（图 4-III-31）

Lesteva dabashanensis Rougemont, 2000: 153.

Lesteva michaeli Rougemont, 2017: 106.

主要特征：体长 3.6–3.8 mm；暗棕色，鞘翅基半部近中央有 1 对不明显的暗红色大斑。头部近三角形，略窄于前胸背板，密布刻点和短柔毛。前胸背板亚梯形，最宽处位于前端 1/3，其后明显收窄；刻点和柔毛与头部相似。鞘翅前窄后宽，长明显大于宽；刻点与前胸背板相似，但柔毛显著长于前胸背板。腹部第 4 和第 5 背板近中部各具 1 对毛斑。阳茎侧叶短于中叶，端部具刚毛。

分布：浙江（安吉）、陕西、甘肃、安徽、湖北、江西、四川。

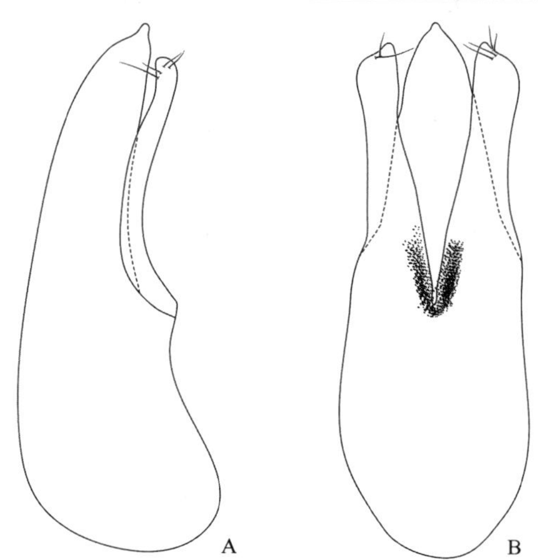

图 4-III-31 大巴山盗隐翅虫 *Lesteva* (*Lesteva*) *dabashanensis* Rougemont, 2000

A. 阳茎侧面观；B. 阳茎腹面观

（340）丽盗隐翅虫 *Lesteva* (*Lesteva*) *elegantula* Rougemont, 2000（图 4-III-32，图版 III-17）

Lesteva elegantula Rougemont, 2000: 160.

主要特征：体长 3.1–4.2 mm；深黑色，鞘翅基半部各具 1 橙红色菱形斑纹。头长小于宽（0.74–0.81∶1），表面密布粗糙刻点且无微刻纹；触角末节最长。前胸背板近心形，长略小于宽（0.93∶1），表面具 1 条压痕且刻点较头部细而小。鞘翅长略小于宽（0.96–0.98∶1），表面刻点粗糙。腹部第 4 和第 5 背板中部具有 1 对白色毛斑。雄性第 8 腹板后缘中部具深且宽的凹陷。阳茎中叶圆锥形；侧叶端部膨大成卵形。雌性第 8 腹板后缘无凹陷。本种与美姝盗隐翅虫 *L. cala* Ma *et* Li, 2012 很相似，可通过其雄性阳茎中叶圆锥形、阳茎侧叶端部呈卵形加以区分。

分布：浙江（安吉、临安、庆元）、江西、湖南。

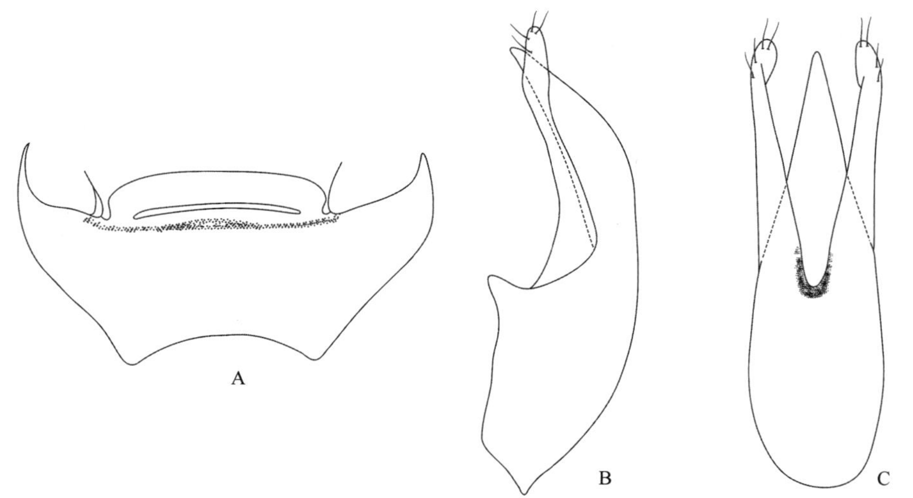

图 4-III-32 丽盗隐翅虫 *Lesteva* (*Lesteva*) *elegantula* Rougemont, 2000（仿自 Rougemont，2000）

A. 雄性第 8 腹板；B. 阳茎侧面观；C. 阳茎腹面观

（341）长盗隐翅虫 *Lesteva* (*Lesteva*) *elongata* Cheng, Li *et* Peng, 2019（图 4-III-33，图版 III-18）

Lesteva (*Lesteva*) *elongata* Cheng, Li *et* Peng, 2019: 12.

主要特征：体长 3.1–4.2 mm；深褐色，鞘翅基半部各具 1 黄褐色梭形斑纹。头长小于宽（0.63–0.82∶1），表面密布粗糙刻点且无微刻纹；触角末节最长。前胸背板近心形，长小于宽（0.80–0.90：1），表面具“U”形浅压痕且刻点较头部细而小。鞘翅长略大于宽（1.06–1.17：1），表面刻点粗糙。腹部第 4 和 5 背板中部具有 1 对白色毛斑。雄性第 8 腹板后缘中部具深且宽的凹陷。阳茎中叶狭小且短；侧叶呈细长圆柱状。雌性第 8 腹板后缘无凹陷。本种与红缘盗隐翅虫 *L. erythra* Ma *et* Li, 2012 相似，可通过其鞘翅具黄褐色梭形斑纹、细长圆柱状的阳茎侧叶加以区分。

分布：浙江（临安）。

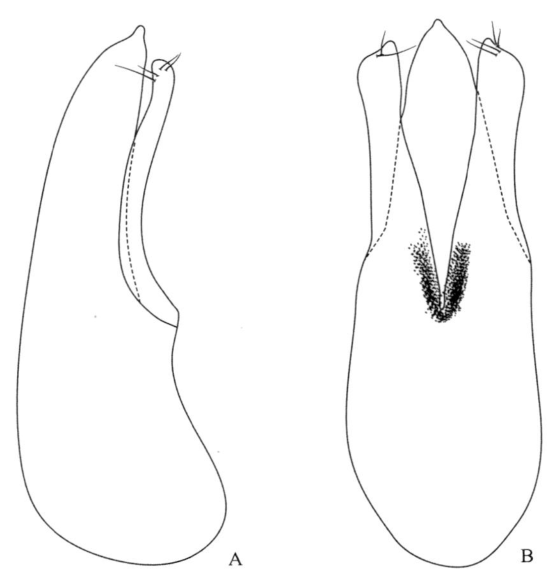

图 4-III-33　长盗隐翅虫 *Lesteva* (*Lesteva*) *elongata* Cheng, Li *et* Peng, 2019
A. 阳茎侧面观；B. 阳茎腹面观

（342）红缘盗隐翅虫 *Lesteva* (*Lesteva*) *erythra* Ma *et* Li, 2012（图 4-III-34，图版 III-19）

Lesteva (*Lesteva*) *erythra* Ma *et* Li, 2012a: 37.

主要特征：体长 2.2–3.5 mm；黑色，鞘翅基半部各具 1 橘黄色亚三角形斑。头长小于宽（0.70–0.76：1），表面密布粗糙刻点且无微刻纹；触角第 1 节和最末节等长。前胸背板近心形，长小于宽（0.86–0.92：1），表面具较深“U”形压痕且刻点较头部细而小。鞘翅长略小于宽（0.95：1），表面刻点粗糙。腹部第 4 和 5 背板中部具有 1 对白色毛斑。雄性第 8 腹板后缘中部具浅的凹陷。阳茎中叶宽且端部呈三角形；侧叶基部最粗，逐渐向端部收窄。雌性第 8 腹板后缘无凹陷。

分布：浙江（安吉、临安、宁波、景宁）。

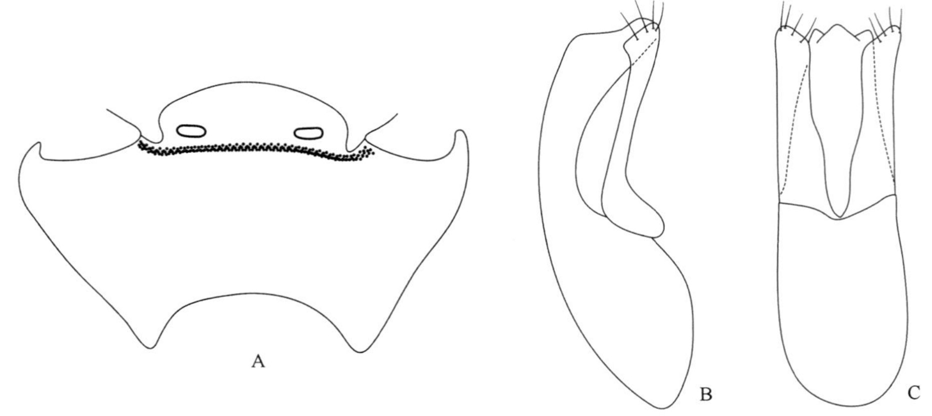

图 4-III-34　红缘盗隐翅虫 *Lesteva* (*Lesteva*) *erythra* Ma *et* Li, 2012（仿自 Ma and Li，2012a）
A. 雄性第 8 腹板；B. 阳茎侧面观；C. 阳茎腹面观

（343）黄盗隐翅虫 *Lesteva* (*Lesteva*) *ochra* Li, Li *et* Zhao, 2005（图 4-III-35，图版 III-20）

Lesteva ochra Li, Li *et* Zhao, 2005: 111.

主要特征：体长 3.4–3.9 mm；暗橙黄色，鞘翅中部具梭形橘红色斑。头长小于宽（0.68–0.73∶1），表面密布粗糙刻点且无微刻纹；触角末节最长。前胸背板近心形，长略小于宽（0.84–0.91∶1），表面具不规则浅压痕且刻点同头部类似。鞘翅长略小于宽或略大于宽（0.92–1.05∶1），表面刻点粗糙。腹部仅第 4 背板中部具有 1 对白色毛斑。雄性第 8 腹板后缘中部具深且宽的凹陷。阳茎中叶较短且端部尖锐；侧叶端部呈喇叭状。本种身体暗橙黄色、鞘翅中部具梭形橘红色斑，据此与同属其他物种不难区分。

分布：浙江（安吉、杭州、开化、景宁）。

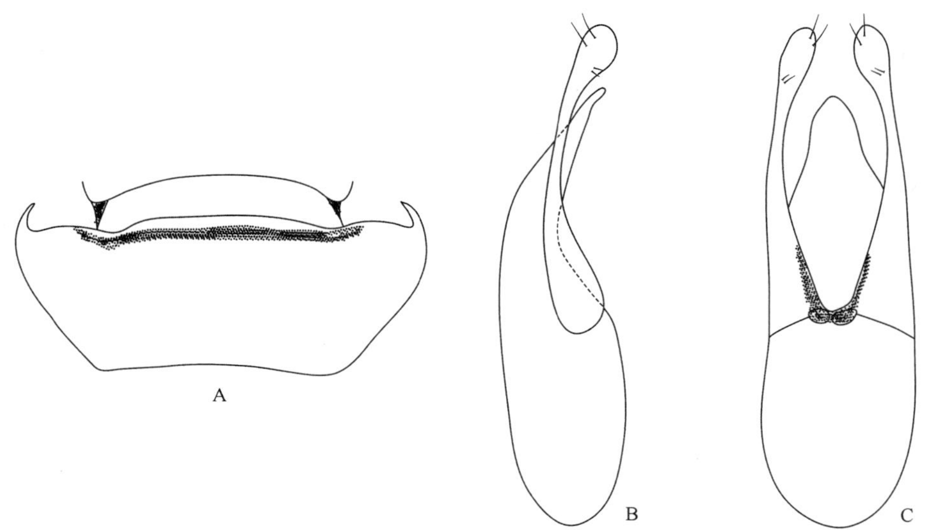

图 4-III-35 黄盗隐翅虫 *Lesteva* (*Lesteva*) *ochra* Li, Li *et* Zhao, 2005（仿自 Li et al.，2005）
A. 雄性第 8 腹板；B. 阳茎侧面观；C. 阳茎腹面观

（344）艳盗隐翅虫 *Lesteva* (*Lesteva*) *pulcherrima* Rougemont, 2000（图 4-III-36，图版 III-21）

Lesteva pulcherrima Rougemont, 2000: 164.

主要特征：体长 3.2–4.3 mm；体蓝色具金属光泽，鞘翅中部各具 1 橘黄大圆斑。头长小于宽（0.76–0.78∶1），

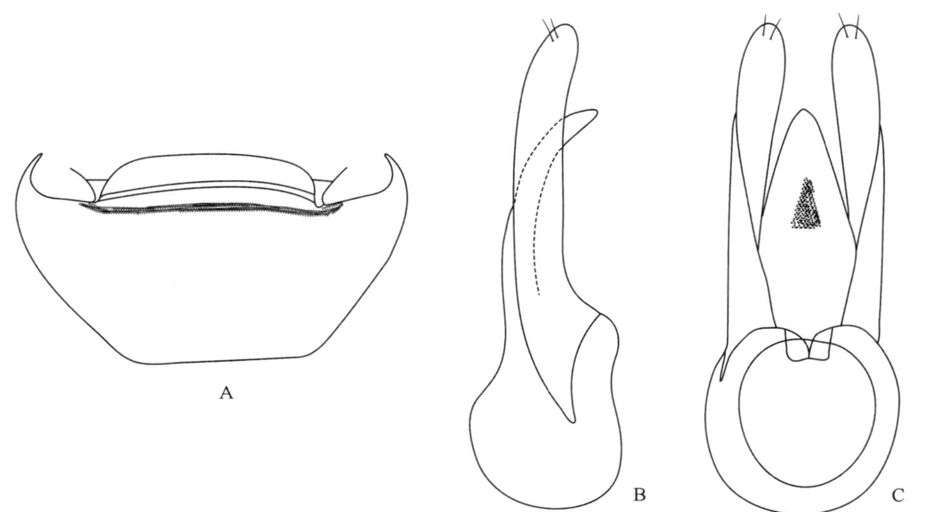

图 4-III-36 艳盗隐翅虫 *Lesteva* (*Lesteva*) *pulcherrima* Rougemont, 2000（仿自 Rougemont，2000）
A. 雄性第 8 腹板；B. 阳茎侧面观；C. 阳茎腹面观

表面密布粗糙刻点且无微刻纹；触角第 1 节和最末节等长。前胸背板长小于宽（0.92–0.98∶1），背面两边侧缘中部各具 1 个深窝，表面刻点较头部细而小。鞘翅长略小于宽或等宽（0.95–1.01∶1），表面刻点粗糙。腹部仅第 4 背板中部具有 1 对白色毛斑。雄性第 8 腹板后缘中部具浅的凹陷。阳茎中叶端部尖锐状；侧叶呈桨状。雌性第 8 腹板后缘无凹陷。本种身体蓝色具金属光泽、鞘翅中部具橘黄大圆斑，据此与同属其他物种不难区分。

分布：浙江（安吉、临安、龙泉、泰顺）、湖北、江西。

（345）红斑盗隐翅虫 *Lesteva* (*Lesteva*) *rufopunctata rufopunctata* Rougemont, 2000（图 4-III-37，图版 III-22）

Lesteva rufopunctata Rougemont, 2000: 162.

主要特征：体长 3.9–5.0 mm；深黑色，鞘翅中部各具 1 橘黄色圆斑。头长小于宽（0.69–0.75∶1），表面密布粗糙刻点且无微刻纹；触角最末节最长。前胸背板长小于宽（0.88–0.92∶1），表面具 3 条不规则浅压痕且刻点较头部细而小。鞘翅长略小于宽或等宽（0.93∶1），表面刻点粗糙。腹部第 4 和 5 背板中部具有 1 对白色毛斑。雄性第 8 腹板后缘中部具深且宽的凹陷。阳茎中叶端部尖锐状；侧叶细长。雌性第 8 腹板后缘无凹陷。本亚种与红斑盗隐翅虫台湾亚种 *L. rufopunctata taiwanica* Shavrin, 2015 相似，可通过其体型较大、前胸背板较横宽加以区分。

分布：浙江（德清、安吉、临安）、湖南、云南。

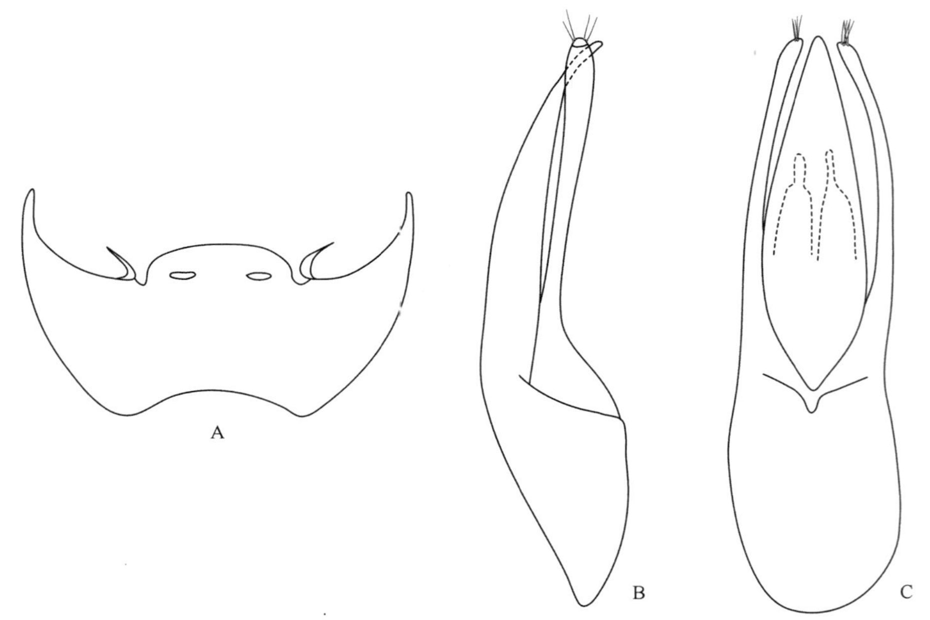

图 4-III-37　红斑盗隐翅虫 *Lesteva* (*Lesteva*) *rufopunctata rufopunctata* Rougemont, 2000（仿自 Rougemont，2000）
A. 雄性第 8 腹板；B. 阳茎侧面观；C. 阳茎腹面观

（346）七斑盗隐翅虫 *Lesteva* (*Lesteva*) *septemmaculata* Rougemont, 2000（图 4-III-38，图版 III-23）

Lesteva septemmaculata Rougemont, 2000: 167.

主要特征：体长 4.0–5.0 mm；深黑色，鞘翅具 7 个浅色斑纹。头长小于宽（0.71–0.78∶1），表面密布粗糙刻点且无微刻纹；触角最末节最长。前胸背板长小于宽（0.77–0.81∶1），表面具 3 条弧形浅压痕且刻点较头部细而小。鞘翅长略小于宽或等宽（0.89–0.97∶1），表面刻点粗糙。腹部第 4 和 5 背板中部具有 1 对白色毛斑。雄性第 8 腹板后缘中部具深且宽的凹陷。阳茎中叶端部亚三角形；侧叶细长。雌性第 8 腹板后缘无凹陷。本种与鲁齐克盗隐翅虫 *L. ruzickai* Shavrin, 2014 相似，可通过其体型较大、鞘翅具 7 个浅色斑纹加以区分。

分布：浙江（安吉、临安、庆元、龙泉）、陕西。

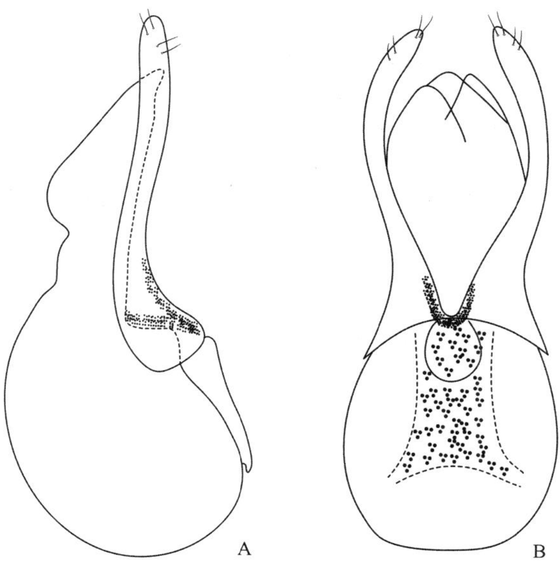

图 4-III-38 七斑盗隐翅虫 *Lesteva* (*Lesteva*) *septemmaculata* Rougemont, 2000（仿自 Rougemont，2000）
A. 阳茎侧面观；B. 阳茎腹面观

（347）亚斑盗隐翅虫 *Lesteva* (*Lesteva*) *submaculata* Rougemont, 2000（图 4-III-39，图版 III-24）

Lesteva submaculata Rougemont, 2000: 160.

主要特征：体长 3.4–4.2 mm；黑色，鞘翅近中部外侧各具 1 橘红色亚三角形斑纹。头长小于宽（0.75–0.77∶1），表面密布粗糙刻点且无微刻纹；触角最末节最长。前胸背板长略小于宽（0.95–0.97∶1），表面具 1 条不明显压痕且刻点与头部相似。鞘翅长略小于宽或等宽（0.92–0.98∶1），表面刻点粗糙。腹部第 4 和 5 背板中部具有 1 对白色毛斑。雄性第 8 腹板后缘中部具浅且宽的凹陷。阳茎中叶近三角形；侧叶略弯曲。

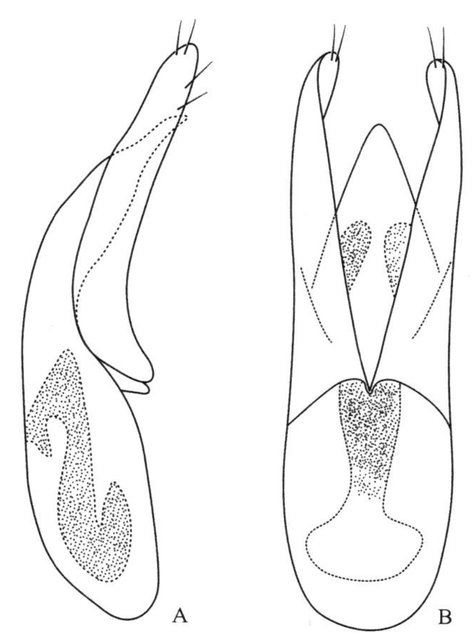

图 4-III-39 亚斑盗隐翅虫 *Lesteva* (*Lesteva*) *submaculata* Rougemont, 2000（仿自 Rougemont，2000）
A. 阳茎侧面观；B. 阳茎腹面观

雌性第 8 腹板后缘无凹陷。本种与美姝盗隐翅虫 *L. cala* Ma *et* Li, 2012 相似，可通过其鞘翅近中部外侧具橘红色亚三角形斑纹、阳茎中叶近三角形加以区分。

分布：浙江（安吉、临安）、江西。

针须隐翅虫族 Coryphiini Jakobson, 1908

胸角隐翅虫亚族 Boreaphilina Zerche, 1990

161. 胸角隐翅虫属 *Boreaphilus* Sahlberg, 1832

Boreaphilus C. R. Sahlberg, 1832: 433. Type species: *Boreaphilus henningianus* C. R. Sahlberg, 1832.

Chevrieria Heer, 1839: 188. Type species: *Chevrieria velox* Heer, 1839.

Catocopa Gistel, 1856: 29. Type species: *Chevrieria velox* Heer, 1839.

主要特征：身体纺锤形；体通常为黄褐色至深棕色。头部近方形，表面密布粗糙刻点，假单眼明显，下颚须末节针状。前胸背板中部侧缘具凸起，表面刻点较头部粗糙。鞘翅梯形，表面密布粗糙刻点和柔毛；某些种类后翅退化。

分布：古北区、东洋区、新北区。世界已知 25 种，中国记录 1 种，浙江分布 1 种。

（348）日本胸角隐翅虫 *Boreaphilus japonicus* Sharp, 1874（图 4-III-40）

Boreaphilus japonicus Sharp, 1874a: 96.

Boreaphilus kurentzovi Tikhomirova, 1973: 157.

主要特征：体长 2.0–2.1 mm；红棕色至棕色。头长略大于宽（1.1∶1），表面密布粗糙刻点；触角表面多毛。前胸背板长大于宽（1.2∶1）。鞘翅明显长于前胸背板（1.5∶1），表面刻点密集。阳茎中叶粗大且近舌形；侧叶略弯曲且端部尖锐。本种与纤细胸角隐翅虫 *B. graciliformis* Zerche, 1990 相似，可通过其体色、阳茎中叶形状加以区分。

分布：浙江、吉林；俄罗斯，韩国，日本。

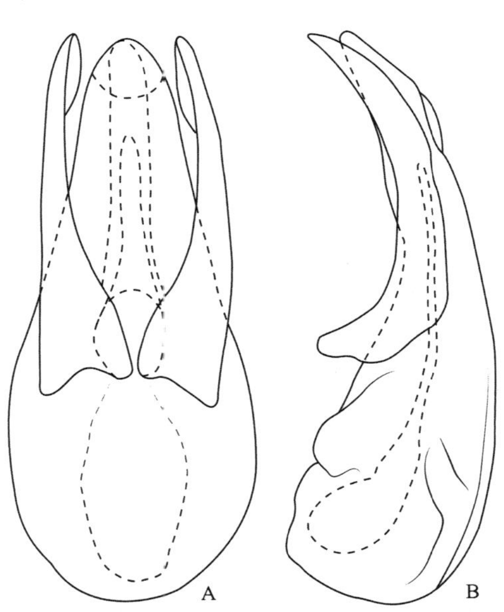

图 4-III-40 日本胸角隐翅虫 *Boreaphilus japonicus* Sharp, 1874

A. 阳茎腹面观；B. 阳茎侧面观

针须隐翅虫亚族 Coryphiina Jakobson, 1908

162. 针须隐翅虫属 *Coryphium* Stephens, 1834

Harpognatus Wesmael, 1833: 120. Type species: *Harpognatus robynsii* Wesmael, 1833.

Coryphium Stephens, 1834: 344. Type species: *Coryphium angusticolle* Stephens, 1834.

Macropalpus Cussac, 1852: 613. Type species: *Macropalpus pallipes* Cussac, 1852.

主要特征：身体纺锤形；身体通常为褐色至黑色。头部近方形，背面通常具有凹痕，表面刻点稠密；假单眼明显；下颚须末节针状。前胸背板常为横宽，中域微突起。鞘翅通常长大于宽；后翅发达。

分布：古北区、东洋区、新北区。世界已知 23 种，中国记录 2 种，浙江分布 1 种。

（349）汤氏针须隐翅虫 *Coryphium tangi* Li, Li *et* Zhao, 2007（图 4-III-41）

Coryphium tangi Li, Li *et* Zhao, 2007: 89.

主要特征：体长 1.4–1.5 mm；棕黄色。头部长小于宽（0.7∶1），表面刻点粗糙且较密集；触角第 4–10 节横宽。前胸背板长小于宽（0.71–0.73∶1），表面刻点与头部相似。鞘翅长略小于宽（0.92–0.94∶1），表面刻点较前胸背板略粗糙。腹部仅第 4 背板中部具有 1 对白色毛斑。雄性第 8 腹板后缘中部具凹陷。阳茎中叶端部钝圆；侧叶狭长。本种与狭缘针须隐翅虫 *C. angusticolle* Stephens, 1834 相似，可通过其阳茎形状加以区分。

分布：浙江（安吉）。

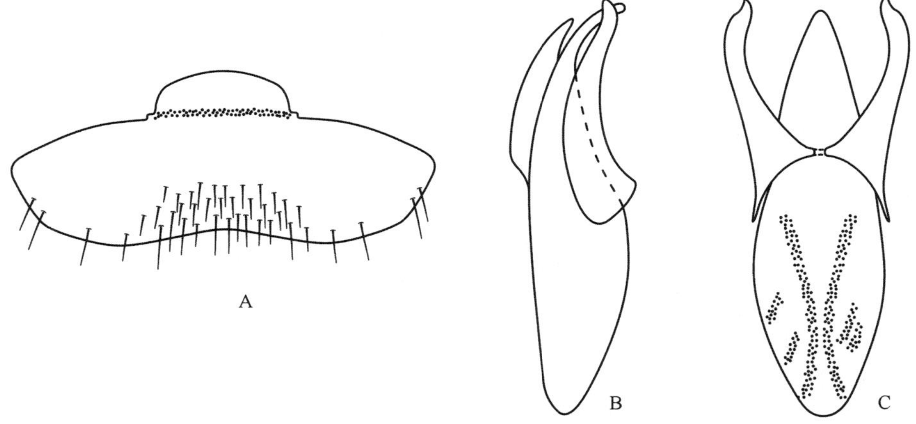

图 4-III-41 汤氏针须隐翅虫 *Coryphium tangi* Li, Li *et* Zhao, 2007

A. 雄性第 8 腹板；B. 阳茎侧面观；C. 阳茎腹面观

毛跗隐翅虫族 Eusphalerini Hatch, 1957

163. 毛跗隐翅虫属 *Eusphalerum* Kraatz, 1857

Eusphalerum Kraatz, 1857c: 1003. Type species: *Anthobium triviale* Erichson, 1839.

Abinothum Tottenham, 1939b: 225. Type species: *Anthobium longipenne* Erichson, 1839.

Onibathum Tottenham, 1939b: 225. Type species: *Silpha minuta* Fabricius, 1792.

Pareusphalerum Coiffait, 1959: 216. Type species: *Omalium atrum* Heer, 1839.

主要特征：身体纺锤形；体通常为黄色至深棕色。头部通常横宽，表面刻点粗糙且较密集；假单眼明显；上颚切区和臼区愈合；下颚须末节锥状。前胸背板常为横宽，表面刻点粗糙且密集。鞘翅通常长大于宽；后翅发达。跗节第 1–4 节膨大，腹面具密毛。

分布：古北区、东洋区、新北区。世界已知 267 种 30 亚种，中国记录 48 种，浙江分布 1 种。

（350）劳氏毛跗隐翅虫 *Eusphalerum rougemonti* Zanetti, 2004（图 4-III-42）

Eusphalerum rougemonti Zanetti, 2004: 88.

主要特征：体长约 2.7 mm；头部棕色，前胸背板和鞘翅颜色较浅，腹部暗棕色。头部长明显小于宽（0.54∶1），表面具网状微刻纹和较密集刻点；触角第 6–10 节横宽。前胸背板长小于宽（0.66∶1），表面刻点和微刻纹与头部相似。鞘翅长略小于宽（1∶1.17），表面刻点较前胸背板略细密。腹部表面具横向微刻纹。雄性第 8 腹板无修饰。阳茎中叶不对称；侧叶端部略膨大。本种与福建毛跗隐翅虫 *E. fujianense* Zanetti, 2004 相似，可通过其阳茎形状加以区分。

分布：浙江（安吉）。

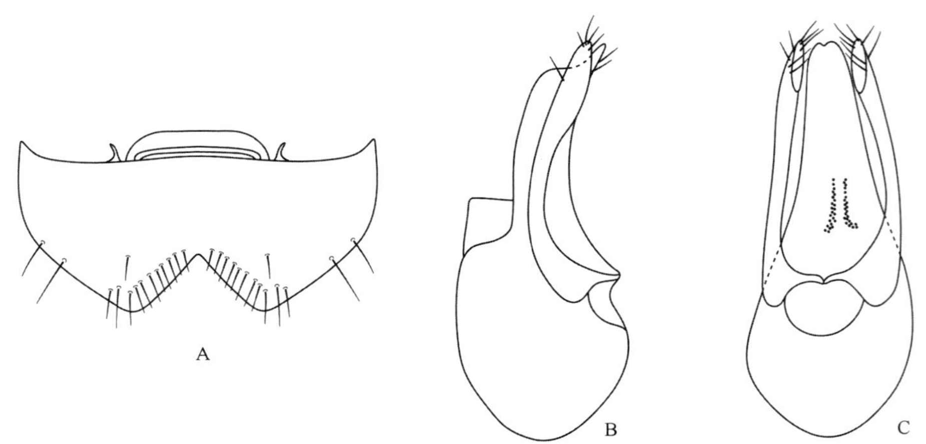

图 4-III-42　劳氏毛跗隐翅虫 *Eusphalerum rougemonti* Zanetti, 2004

A. 雄性第 8 腹板；B. 阳茎侧面观；C. 阳茎腹面观

（二）铠甲亚科 Micropeplinae

主要特征：体小型，通常 2–3 mm，长卵圆形；触角 9 节，端部膨大成球杆状，着生在额下方。身体背面有纵隆脊和深窝；前胸背板强烈很宽，侧缘向外扩展；跗式 4–4–4 式（第 1 跗节极小），后足基节相互远离。常生活在潮湿的林下落叶或腐烂的植物残体中。

分布：古北区、东洋区、新北区、旧热带区、新热带区。世界已知 6 属 88 种（亚种），中国记录 3 属 25 种 2 亚种，浙江分布 2 属 4 种 1 亚种。

164. 铠甲属 *Micropeplus* Latreille, 1809

Micropeplus Latreille, 1809: 377. Type species: *Staphylinus porcatus* Paykull, 1789.

主要特征：体小型，体长 1.8–2.8 mm；体黄棕至深棕色。头小，横宽；复眼突出；触角 9 节，末节膨大。前胸背板强烈横宽；侧缘平展，腹面深凹；盘区隆起，具脊，围成数量不等的凹室。鞘翅近四边形，具发达纵向隆脊。腹部短，第 4–6 背板各具 3 条纵向隆脊。足短。阳茎狭长。

分布：古北区、东洋区、新北区、旧热带区、新热带区。世界已知 67 种 2 亚种，中国记录 23 种 2 亚种，浙江分布 3 种 1 亚种。

分种检索表

1. 雄性唇基前缘中央具突起……2
- 雄性唇基前缘中央无突起……3
2. 体长 2.8 mm；前胸背板具 10 个由脊相隔的凹室；阳茎相对粗短……日本铠甲 ***M. fulvus japonicus***
- 体长 2.0 mm；前胸背板具 12 个由脊相隔的凹室；阳茎相对狭长……独角铠甲 ***M. unicornis***
3. 雄性中、后足胫节内缘各具 11 和 8 根小刺，形成刺列……刺胫铠甲 ***M. dentatus***
- 雄性中足和后足胫节内缘端部近中央处各具 1 刺突……中华铠甲 ***M. sinensis***

（351）刺胫铠甲 *Micropeplus dentatus* Zhao *et* Zhou, 2004（图 4-III-43）

Micropeplus dentatus Zhao *et* Zhou, 2004: 236.

主要特征：体长约 1.8 mm；黄棕色。头部亚三角形，宽约为长的 2 倍；头顶中央具纵脊；触角 9 节，端部显著膨大。前胸背板亚梯形，宽约为长的 2 倍，盘区具 4 个由脊分割的凹室。鞘翅宽是长的 1.2 倍，盘区略隆起，每个鞘翅具 4 条纵隆脊。腹部短，向后收窄，背面具 3 条纵隆脊。阳茎中叶狭长，向端部逐渐变窄。雄性中足和后足胫节内缘各具 11 和 8 根小刺。雌性与雄性相似，胫节不具刺列。

分布：浙江。

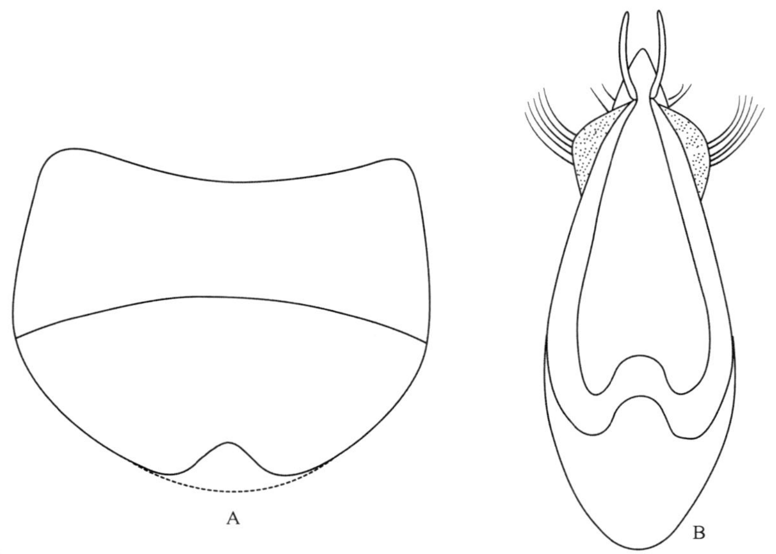

图 4-III-43 刺胫铠甲 *Micropeplus dentatus* Zhao *et* Zhou, 2004（仿自 Zhao and Zhou，2004）
A. 雄性腹末腹面观；B. 阳茎腹面观

（352）日本铠甲 *Micropeplus fulvus japonicus* Sharp, 1874（图 4-III-44，图版 III-25）

Micropeplus fulvus var. *japonicus* Sharp, 1874a: 101.

Micropeplus fulvus japonicus: Watanabe & Shibata, 1964: 68.

主要特征：体长 2.8 mm；深棕至黄棕色。头亚三角形，强烈横宽，前缘中央具 1 三角形锐突；头顶基部中央具纵脊；触角 9 节，端部显著膨大成球形。前胸背板宽阔，亚梯形，宽约为长的 2.1 倍，盘区具 10 个由脊分割的凹室。鞘翅宽是长的 1.2 倍，盘区略隆起，每个鞘翅具 4 条纵向隆脊。腹部短，向后收窄，背面具 3 条纵向隆脊。阳茎中叶近椭圆形，向端部逐渐变窄。雄性中足和后足胫节内缘端部 1/4 处各具 1 亚三角形刺突，雌性与雄性相似，头部前缘不具锐突，胫节不具刺。

分布：浙江（临安）；日本，印度。

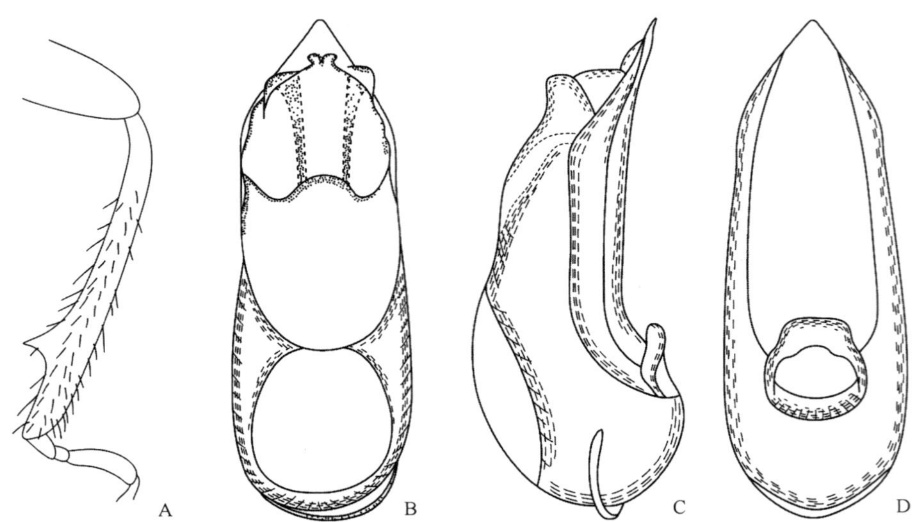

图 4-III-44 日本铠甲 *Micropeplus fulvus japonicus* Sharp, 1874（仿自 Watanabe，1975）

A. 雄性中足胫节；B. 阳茎背面观；C. 阳茎侧面观；D. 阳茎腹面观

（353）中华铠甲 *Micropeplus sinensis* Watanabe *et* Luo, 1991（图 4-III-45）

Micropeplus sinensis Watanabe *et* Luo, 1991: 94.

主要特征：体长约 2.5 mm；深棕色。头亚三角形，强烈横宽，头顶基部中央具纵脊；触角 9 节，端部膨大成球形。前胸背板宽阔，亚梯形，宽是长的 2 倍，盘区具 6 个由脊分割的凹室。鞘翅宽是长的 1.28 倍，盘区略隆起，鞘翅各具 4 条纵向隆脊。腹部短，向后收窄，背面具 3 条纵向隆脊。阳茎中叶狭长，于端部 2/5 处急剧收缩，最端部尖锐。雄性中足和后足胫节内缘端部近中央处各具 1 刺突，雌性与雄性相似，胫节不具刺。

分布：浙江（临安）。

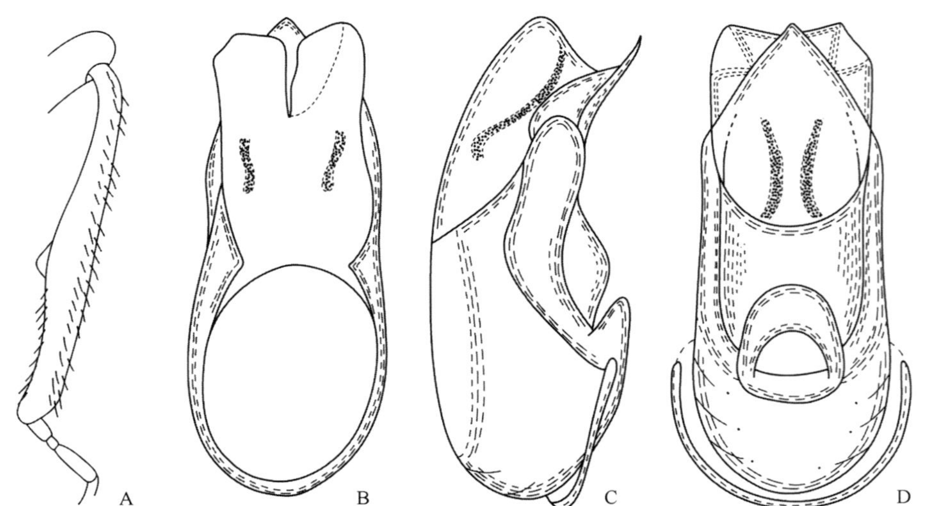

图 4-III-45 中华铠甲 *Micropeplus sinensis* Watanabe *et* Luo, 1991（仿自 Watanabe and Luo，1991）

A. 雄性中足胫节；B. 阳茎背面观；C. 阳茎侧面观；D. 阳茎腹面观

（354）独角铠甲 *Micropeplus unicornis* Yang, 1995（图 4-III-46）

Micropeplus unicornis Yang, 1995: 218.

主要特征：体长约 2.0 mm；棕色至深棕色。头部很宽，触角 9 节，端部膨大成球状。前胸背板横宽，侧缘多小齿，前后角均突出，表面纵横脊交叉形成网状。鞘翅肩角尖突，端缘平截，每鞘翅除中缝边缘外各具 3 条纵脊。腹部短粗，背面具 3 条纵隆脊。阳茎狭长而略弯，基部膨大，侧叶对称，向端部渐窄而斜突。雄性头前缘中部具 1 角突；中、后足胫节内缘在中后部各具 1 齿突。雌性头部不具角突；胫节不具齿。

分布：浙江（庆元）。

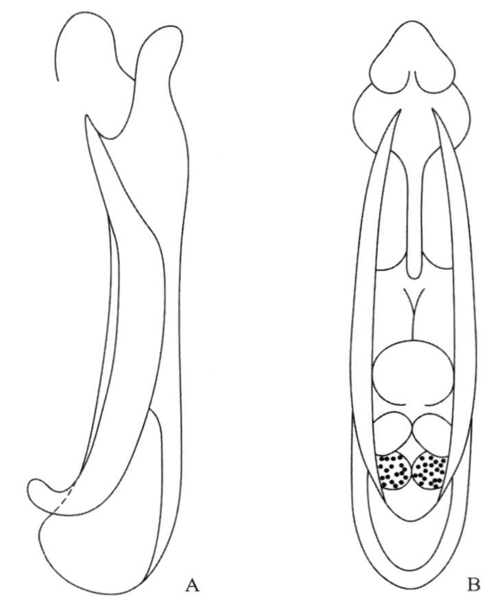

图 4-III-46　独角铠甲 *Micropeplus unicornis* Yang, 1995（仿自杨集昆，1995）
A. 阳茎侧面观；B. 阳茎背面观

165. 复脊铠甲属 *Peplomicrus* Bernhauer, 1928

Peplomicrus Bernhauer, 1928b: 286. Type species: *Micropeplus uyttenboogaarti* Bernhauer, 1928.

主要特征：体小型，体长约 1.5 mm；体深红棕色。头小，横宽；复眼突出；触角 9 节，末节膨大。前胸背板强烈横宽；侧缘平展，腹面深凹；盘区隆起，具脊，围成 5 个凹室。鞘翅近四边形，具发达纵向隆脊。足短。腹部短；第 4–6 背板各具 7 条纵向隆脊。

分布：古北区、东洋区、新热带区。世界已知 11 种，中国记录 1 种，浙江分布 1 种。

（355）尹氏复脊铠甲 *Peplomicrus yinae* Watanabe *et* Luo, 1991（图 4-III-47）

Peplomicrus yinae Watanabe *et* Luo, 1991: 97.

主要特征：体长约 1.5 mm；深红棕色。头亚三角形，强烈横宽，头顶中央具纵脊；触角 9 节，端部膨大成卵圆形。前胸背板横宽，宽是长的 1.79 倍，亚梯形，盘区具 5 个由脊分割的凹室。鞘翅亚四边形，横宽，宽是长的 1.31 倍，盘区略隆起，每鞘翅各具 4 条纵向隆脊。腹部短，相对宽阔，向后逐渐收窄，第 4–6 背板各具 7 条纵脊，第 7 背板具 3 条纵脊。

分布：浙江（临安）。

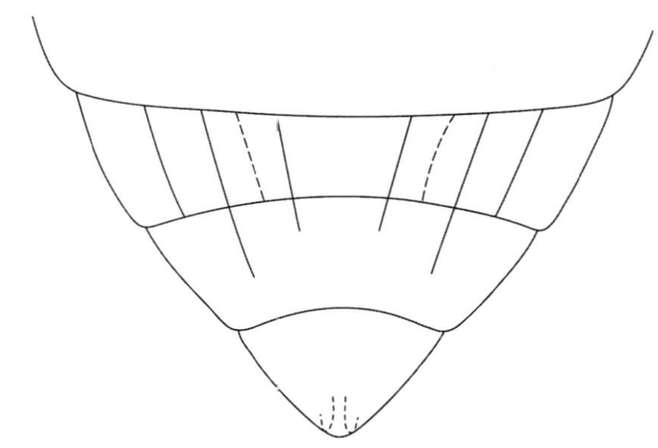

图 4-III-47　尹氏复脊铠甲 *Peplomicrus yinae* Watanabe *et* Luo, 1991 雌性腹部腹板（仿自 Watanabe and Luo，1991）

（三）蚁甲亚科 Pselaphinae

主要特征：体小型，通常粗壮；鞘翅和腹部通常宽于头和前胸背板。触角着生在复眼前缘连线之前，通常 11 节，也有 3–6 节，端部 3 节常膨大成棍棒状。体表通常有锥形窝系统。腹部坚硬，不能自由弯曲。跗式通常 3–3–3 式，少数种类跗节不同程度退化。多数生活在落叶、朽木或苔藓中，有些种类与蚂蚁或白蚁共生。

分布：世界广布。世界已知 1260 属 10 179 种，中国记录 86 属 426 种，浙江分布 27 属 68 种。

分属检索表

1. 中足腿节和基节远离，转节上缘长于转节宽……2
- 中足腿节和基节接近，转节上缘短于转节宽……8
2. 触角 3–4 节；第 4–6 背板愈合（寡节蚁甲超族 Clavigeritae）……**梗角蚁甲属 *Diartiger***
- 触角 11 节；第 3–6 背板分离（蚁甲超族 Pselaphitae）……3
3. 体被特化鳞毛或粗毛……**锤须蚁甲属 *Odontalgus***
- 体被柔毛……4
4. 仅具 1 爪……**衍蚁甲属 *Pselaphogenius***
- 具 2 爪……5
5. 下颚须第 3 节近三角形，长宽近似，基部不具柄……**硕蚁甲属 *Horniella***
- 下颚须第 3 节延长，通常长于宽，基部具柄……6
6. 后胸腹板中央具窝……**安蚁甲属 *Linan***
- 后胸腹板中央不具窝……7
7. 下颚须 2–4 节简单，对称……**毛蚁甲属 *Lasinus***
- 下颚须 2–4 节不对称，外缘常具突起……**长角蚁甲属 *Pselaphodes***
8. 上唇前缘具 4 根特化刚毛；触角第 1 节前缘通常内凹（毛唇蚁甲超族 Batrisitae）……9
- 上唇前缘具 2 根或不具特化刚毛；触角第 1 节前缘通常平直……18
9. 后颊具 1 对毛簇；前胸背板近梯形……**梯胸蚁甲属 *Songius***
- 后颊不具毛簇；前胸背板非梯形……10
10. 前胸背板两侧具刺或齿……11
- 前胸背板两侧光滑……12
11. 第 4 背板基部不具脊……**刺胸蚁甲属 *Tribasodes***
- 第 4 背板基部具脊……**脊胸蚁甲属 *Tribasodites***
12. 阳茎近三角形，基囊强烈收缩……**缩茎蚁甲属 *Sinotrisus***
- 阳茎形态各异，非三角形……13

13. 体表密布均匀粗刻点；鞘翅各具 4 个基窝 ……………………………………………………… 糙蚁甲属 *Sathytes*
- 体表一般不具粗刻点，若有则分布不均；鞘翅各具 2–3 个基窝 …………………………………………………… 14
14. 鞘翅各具 3 个基窝 …………………………………………………………………………………… 鬼蚁甲属 *Batrisodes*
- 鞘翅各具 2 个基窝 ……………………………………………………………………………………………………… 15
15. 触角第 1 节端部侧缘具 1 毛状体 …………………………………………………………… 毛角蚁甲属 *Batriscenellus*
- 触角第 1 节端部侧缘不具毛状体 …………………………………………………………………………………… 16
16. 前胸背板近前缘具 1 对凹坑 ………………………………………………………………… 窝胸蚁甲属 *Batricavus*
- 前胸背板近前缘无凹坑 ………………………………………………………………………………………………… 17
17. 第 7 背板中央具 1 毛簇；阳茎基囊适度膨大 …………………………………………… 腹毛蚁甲属 *Batrisceniola*
- 第 7 背板中央不具毛簇；阳茎基囊高度退化 …………………………………………… 奇腿蚁甲属 *Physomerinus*
18. 体形通常较扁，狭长；前胸背板近基部通常具横向凹槽；后足基节接近，显著向后突出（平背蚁甲超族 Euplectitae）…… ……………………………………………………………………………………………………… 脊蚁甲属 *Acetalius*
- 体形通常较厚，宽阔；前胸背板近基部通常不具横向凹槽；后足基节适度至显著分离，略向后突出；前胸背板近基部通常不具横向凹槽（隆背蚁甲超族 Goniaceritae） ………………………………………………………………… 19
19. 腹部背面观可见 2 节；触角 7 节 …………………………………………………………… 并节蚁甲属 *Plagiophorus*
- 腹部背面观可见 5 节；触角 11 节 …………………………………………………………………………………… 20
20. 第 3、4 腹板完全愈合 ………………………………………………………………………………………………… 21
- 第 3、4 腹板多少分离 ………………………………………………………………………………………………… 24
21. 体形粗壮；体常被长毛；头极度延长；前足腿节端部具突起 ………………………………… 长颈蚁甲属 *Awas*
- 体形较宽；体常被短毛；头不延长；前足腿节端部无突起 ………………………………………………………… 22
22. 下颚须极度延长；第 4 腹节侧背板发达 ……………………………………………………… 鞭须蚁甲属 *Triomicrus*
- 下颚须正常 …… 23
23. 体表常光洁；第 4 腹节侧背板退化成脊或消失 ……………………………………………… 珠蚁甲属 *Batraxis*
- 体表通常具刻点；第 4 腹节侧背板发达 ……………………………………………………… 阎蚁甲属 *Trissemus*
24. 第 3、4 腹板完全分离；额突端部变窄 ………………………………………………………… 隆颊蚁甲属 *Hyugatychus*
- 第 3、4 腹板部分分离；额突端部不变窄 …………………………………………………………………………… 25
25. 下颚须延长，基部柄状 ……………………………………………………………………………… 瘤角蚁甲属 *Bryaxis*
- 下颚须短，基部非柄状 ………………………………………………………………………………………………… 26
26. 前胸背板近基部无横沟 ……………………………………………………………………………… 脊腹蚁甲属 *Morana*
- 前胸背板近基部具横沟 ……………………………………………………………………… 奇首蚁甲属 *Nipponobythus*

毛唇蚁甲超族 Batrisitae Reitter, 1882

毛唇蚁甲族 Batrisini Reitter, 1882

毛唇蚁甲亚族 Batrisina Reitter, 1882

166. 窝胸蚁甲属 *Batricavus* Yin *et* Li, 2011

Batricavus Yin *et* Li, 2011b: 530. Type species: *Batricavus tibialis* Yin *et* Li, 2011.

主要特征： 体小型，体长 1.5–1.8 mm；红棕色。头近四边形，具 1 对被“U”形槽连接的顶窝；复眼突出；触角 11 节，末 3 节形成端锤。前胸背板两侧弧形，盘区具中央和侧纵沟，近基部具连接中央和侧近基窝的横沟，前部具 1 对凹坑。鞘翅各具 2 个基窝，盘区纵沟延伸至端部 3/4。足狭长。腹部短；第 4 背板最长。阳茎不对称，基囊适度发达。雄性性征位于触角和足。

分布：东洋区。世界已知 4 种，中国记录 3 种，浙江分布 1 种。

（356）齿胫窝胸蚁甲 *Batricavus tibialis* Yin *et* Li, 2011（图 4-III-48，图版 III-26）

Batricavus tibialis Yin *et* Li, 2011b: 532.

主要特征：体长 1.5–1.8 mm；红棕色。头宽略大于长；复眼突出。前胸背板长略大于宽，中央和侧边具发达纵沟，近基部具横沟，前部具 1 对凹坑。鞘翅各具 2 个基窝。腹部第 4 背板长于第 5–7 背板之和。雄性触角末 4 节形成端锤，第 8 节强烈横宽，第 9 节与第 8 节等宽，第 10 节基部狭窄、远长于第 9 节，第 11 节近纺锤形且与第 10 节等长；后胸腹板端部具 2 列竖排刚毛；前足胫节端部 1/4 处具三角形突起。

分布：浙江（莲都）、广东。

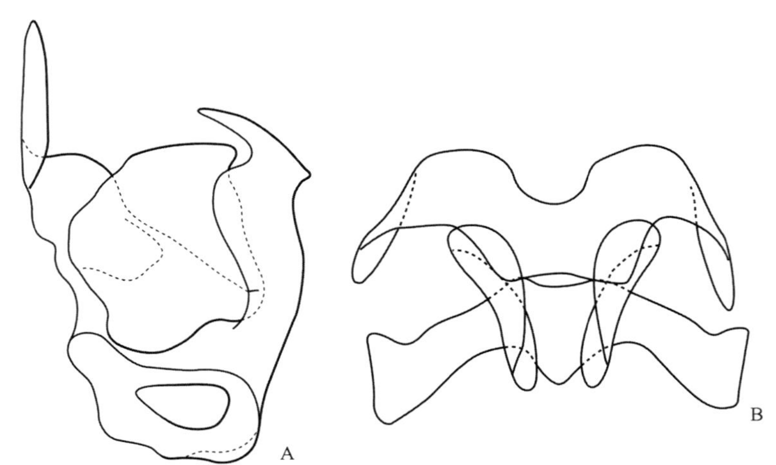

图 4-III-48　齿胫窝胸蚁甲 *Batricavus tibialis* Yin *et* Li, 2011
A. 阳茎腹面观；B. 雌性生殖器腹面观

167. 毛角蚁甲属 *Batriscenellus* Jeannel, 1958

Batriscenellus Jeannel, 1958: 60. Type species: *Batrisus fragilis* Sharp, 1883.

Scaioscenellus Jeannel, 1958: 60. Type species: *Batrisus similis* Sharp, 1883.

Batriscenellinus Nomura, 1991: 321. Type species: *Batriscenellus uenoi* Nomura, 1991.

Nipponoscenellus Nomura, 1991: 310. Type species: *Batriscenellus transformis* Nomura, 1991.

Coreoscenellus Nomura *et* Lee, 1993: 12. Type species: *Batriscenellus brachygaster* Nomura *et* Lee, 1993.

主要特征：体小型，体长 1.7–2.4 mm；红棕色。头近四边形，具“U”形槽，连接顶窝；复眼突出；触角 11 节，第 1 节端部外缘具毛簇，末 3 节形成端锤。前胸背板两侧弧形，盘区具中央和侧纵沟，近基部具连接中央和侧近基窝的横沟。鞘翅各具 2 个基窝，盘区纵沟延伸至端部 3/4。足狭长。腹部短；第 4 背板最长。阳茎不对称，基囊发达。雄性性征位于足和腹部。

分布：古北区、东洋区。世界已知 35 种，中国记录 15 种，浙江分布 7 种。

分种检索表

1. 雄性不具明显性征 ······ **东方毛角蚁甲 *B. orientalis***
- 雄性具发达性征 ······ 2
2. 雄性性征位于腹部 ······ 3
- 雄性性征位于身体其他部位 ······ 6

3. 雄性性征位于第 4 背板基部……4
- 雄性性征位于第 4 背板端部……5
4. 第 4 背板凹陷的基部具 1 对脊；第 5 背板中央具小型凹陷……**中华毛角蚁甲 *B. chinensis***
- 第 4 背板凹陷的基部不具脊；第 5 背板中央具大型凹陷……**丽毛角蚁甲 *B. pulcher***
5. 头顶和前胸背板密布粗刻点……**穴腹毛角蚁甲 *B. abdominalis***
- 头顶和前胸背板仅具细刻点……**长耳毛角蚁甲 *B. auritus***
6. 雄性前足腿节端部正常；后足腿节端部膨大……**肿腿毛角蚁甲 *B. femoralis***
- 雄性前足腿节近端部强烈收缩；后足腿节端部正常……**缩足毛角蚁甲 *B. strictus***

（357）穴腹毛角蚁甲 *Batriscenellus abdominalis* Wang *et* Yin, 2015（图 4-III-49，图版 III-27）

Batriscenellus abdominalis D. Wang *et* Yin, 2015: 405.

主要特征：体长约 2 mm；红棕色。头近四边形，长约等于宽，具粗刻点；复眼突出；触角末 3 节形成端锤。前胸背板长约等于宽，具粗大刻点，盘区中央和侧边具发达纵沟，近基部具横沟。鞘翅略横宽，盘区具浅纵沟，伸达中部。腹部第 4 背板长于第 5–7 节之和。雄性第 4 腹板后半部中央具 1 浅凹，两侧具不明显毛斑，盘区隆脊发达，相互接近。

分布：浙江（龙泉）。

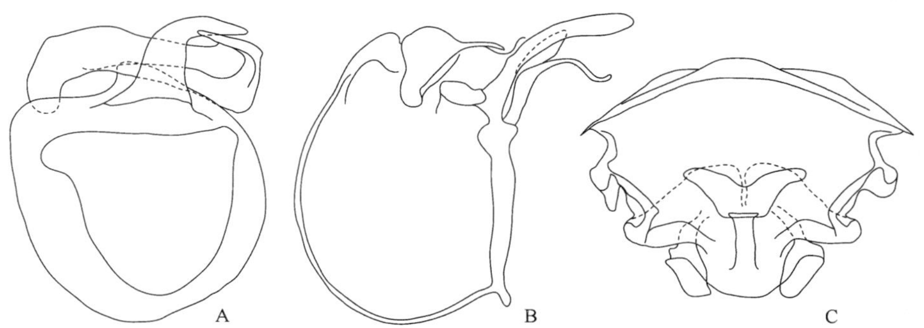

图 4-III-49　穴腹毛角蚁甲 *Batriscenellus abdominalis* Wang *et* Yin, 2015

A. 阳茎腹面观；B. 阳茎侧面观；C. 雌性生殖器

（358）长耳毛角蚁甲 *Batriscenellus auritus* (Löbl, 1974)（图 4-III-50）

Batrisiella aurita Löbl, 1974: 94.

Batriscenellus auritus: Yin, Li & Zhao, 2011a: 41.

主要特征：体长约 1.7 mm；红棕色。头宽略大于长，触角基瘤下方具粗刻点；复眼突出；触角末 3 节

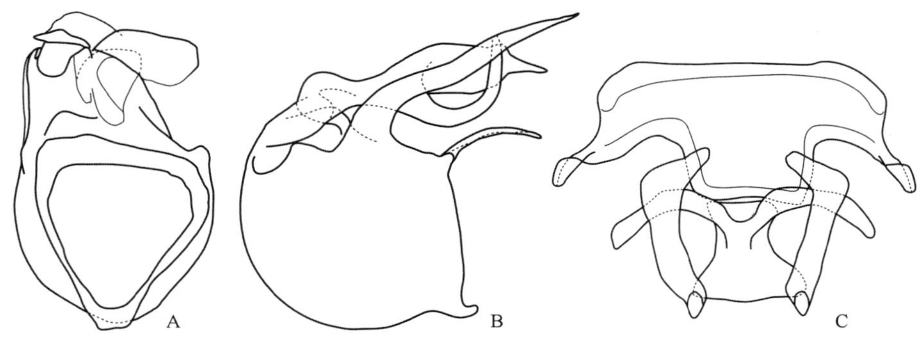

图 4-III-50　长耳毛角蚁甲 *Batriscenellus auritus* (Löbl, 1974)

A. 阳茎腹面观；B. 阳茎侧面观；C. 雌性生殖器

形成端锤。前胸背板长约等于宽，盘区光洁，中央和侧边具纵沟，近基部具横沟。鞘翅略横宽，盘区具浅沟，伸达中部。腹部第 4 背板长于第 5–7 节之和。雄性第 4 腹板后半部中央具 1 大而深的凹陷，两侧毛斑不发达，盘区隆脊发达，相距较远。

分布：浙江（上城）；朝鲜。

（359）中华毛角蚁甲 *Batriscenellus chinensis* Yin *et* Li, 2011（图 4-III-51，图版 III-28）

Batriscenellus chinensis Yin *et* Li, 2011a: 42.

主要特征：体长 2.01–2.09 mm；红棕色。头宽略大于长，触角基瘤下方具粗刻点；复眼突出；触角末 3 节形成端锤。前胸背板长约等于宽，盘区无粗刻点，中央和侧边具纵沟，近基部具横沟。鞘翅略横宽；盘区具浅沟，伸达中部。腹部第 4 背板长于第 5–7 节之和。雄性第 4 腹板基部中央具 1 宽而浅的凹陷，两侧毛斑发达，盘区不具隆脊。

分布：浙江（安吉）。

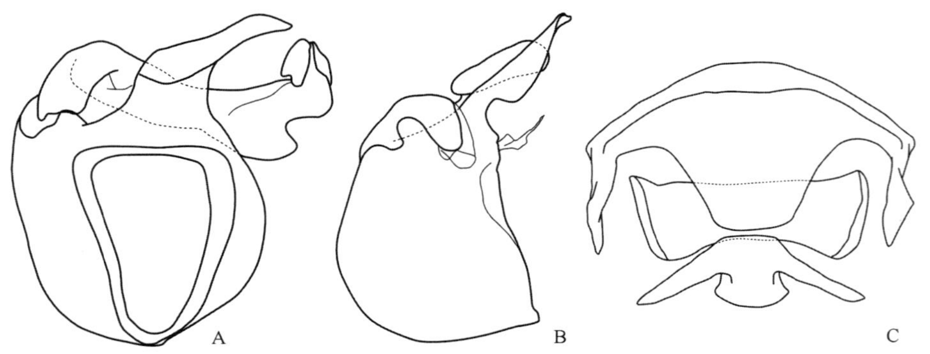

图 4-III-51　中华毛角蚁甲 *Batriscenellus chinensis* Yin *et* Li, 2011

A. 阳茎腹面观；B. 阳茎侧面观；C. 雌性生殖器

（360）肿腿毛角蚁甲 *Batriscenellus femoralis* Yin *et* Li, 2011（图 4-III-52，图版 III-29）

Batriscenellus femoralis Yin *et* Li, 2011a: 48.

主要特征：体长 2.0–2.1 mm；红棕色。头长略大于宽，头背密布粗刻点；复眼突出；触角末 3 节形成端锤。前胸背板长宽约相等，盘区具稀疏粗刻点，中央和侧边具纵沟，近基部具横沟。鞘翅略横宽；盘区具浅沟，伸达中部。腹部盘区具隆脊；第 4 背板长于第 5–7 节之和。雄性第 4 腹板无性征，后足腿节端部膨大。

分布：浙江（安吉、临安）、湖南、福建。

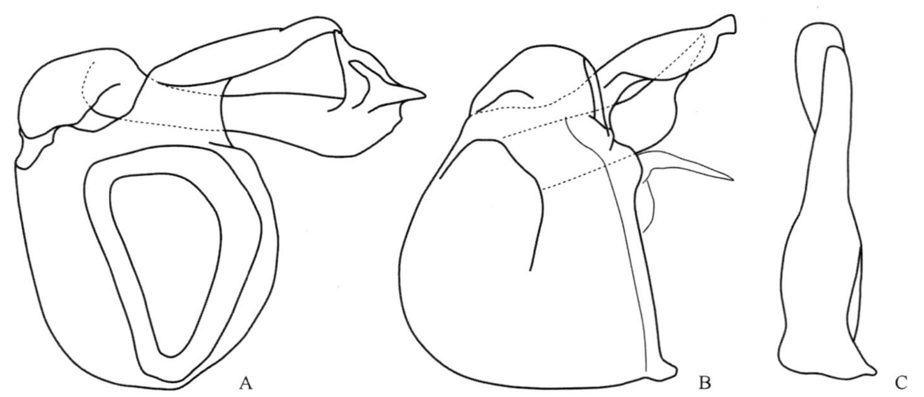

图 4-III-52　肿腿毛角蚁甲 *Batriscenellus femoralis* Yin *et* Li, 2011

A. 阳茎腹面观；B. 阳茎侧面观；C. 雄性后足腿节

（361）东方毛角蚁甲 *Batriscenellus orientalis* (Löbl, 1973)（图 4-III-53，图版 III-30）

Batrisiella orientalis Löbl, 1973: 322.

Batriscenellus orientalis: Nomura, 1991: 317.

Batriscenellus (*Coreoscenellus*) *brachygaster* Nomura *et* Lee, 1993: 13.

主要特征：体长 2.1–2.4 mm；红棕色。头宽略大于长，仅触角基瘤下方具刻点；复眼突出；触角末 3 节形成端锤。前胸背板长宽约相等，盘区无刻点，中央和侧边具纵沟，近基部具横沟。鞘翅略横宽；盘区具浅沟，伸达中部。腹部盘区隆脊较短，相互远离；第 4 背板长于第 5–7 节之和。

分布：浙江（上城）、上海、台湾；朝鲜，韩国，日本。

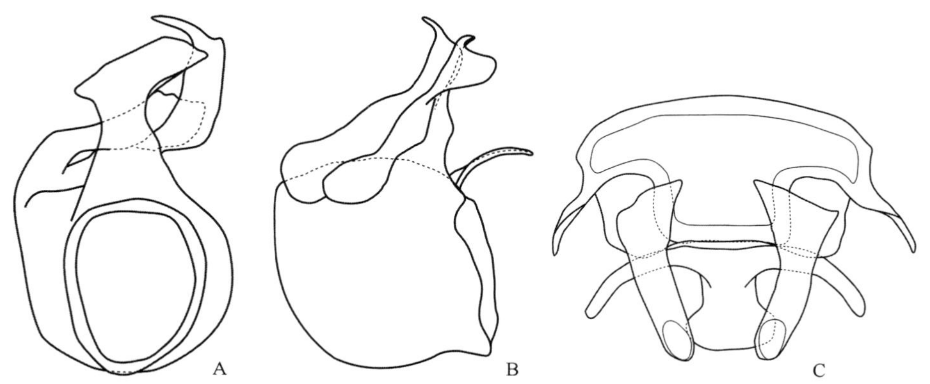

图 4-III-53　东方毛角蚁甲 *Batriscenellus orientalis* (Löbl, 1973)

A. 阳茎腹面观；B. 阳茎侧面观；C. 雌性生殖器

（362）丽毛角蚁甲 *Batriscenellus pulcher* Yin *et* Li, 2011（图 4-III-54，图版 III-31）

Batriscenellus pulcher Yin *et* Li, 2011a: 45.

主要特征：体长 2.0–2.1 mm；红棕色。头长略大于宽，头背密布粗刻点；复眼突出；触角末 3 节形成端锤。前胸背板长宽约相等，盘区具稀疏粗刻点，中央和侧边具纵沟，近基部具横沟。鞘翅略横宽；盘区具浅沟，伸达中部。腹部盘区具隆脊；第 4 背板长于第 5–7 节之和。

分布：浙江（临安）。

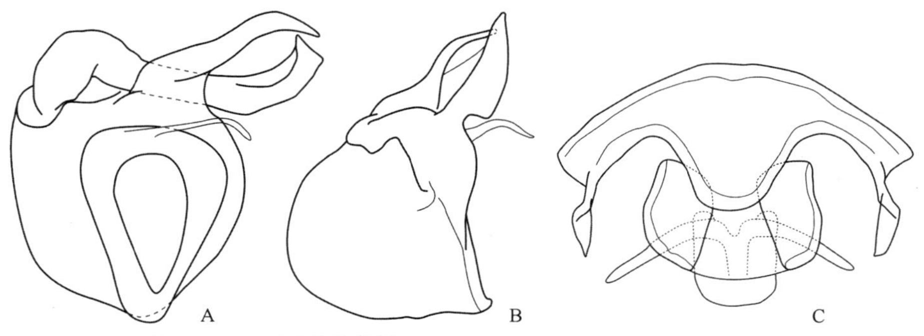

图 4-III-54　丽毛角蚁甲 *Batriscenellus pulcher* Yin *et* Li, 2011

A. 阳茎腹面观；B. 阳茎侧面观；C. 雌性生殖器

（363）缩足毛角蚁甲 *Batriscenellus strictus* Jiang *et* Yin, 2017（图 4-III-55，图版 III-32）

Batriscenellus strictus Jiang *et* Yin, 2017b: 571.

主要特征：体长 2.0–2.1 mm；红棕色。头宽略大于长，头背面具细刻点；复眼突出；触角末 3 节形成端锤。前胸背板长宽约相等，盘区具稀疏细刻点，中央和侧边具纵沟，近基部具不连续的横沟。鞘翅横宽；盘区具浅沟，延伸超过中部。腹部盘区具隆脊，相距较远；第 4 背板长于第 5–7 节之和。雄性第 4 腹板无性征；前足腿节近端部强烈收缩。

分布：浙江（庆元）。

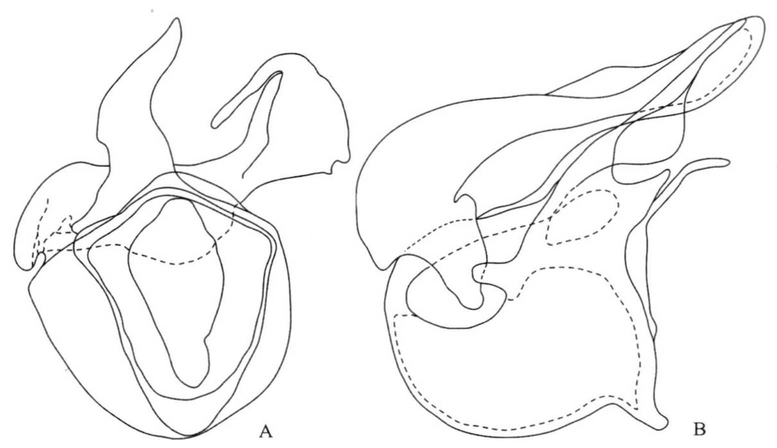

图 4-III-55　缩足毛角蚁甲 *Batriscenellus strictus* Jiang *et* Yin, 2017
A. 阳茎腹面观；B. 阳茎侧面观

168. 腹毛蚁甲属 *Batrisceniola* Jeannel, 1958

Batrisceniola Jeannel, 1958: 65. Type species: *Batrisus dissimilis* Sharp, 1874.

主要特征：体小型；红棕色。头近四边形，具“U”形槽，连接顶窝；复眼突出；触角 11 节，末 3 节形成端锤。前胸背板两侧弧形，盘区具中央和侧纵沟，近基部具连接中央和侧近基窝的横沟。鞘翅各具 2 个基窝，盘区纵沟延伸至鞘翅长度一半。腹部短；第 4 背板最长，第 7 背板端部中央具毛簇。阳茎不对称，基囊发达。雄性性征位于足和腹部。

分布：古北区、东洋区。世界已知 4 种，中国记录 1 种，浙江分布 1 种。

（364）封氏腹毛蚁甲 *Batrisceniola fengtingae* Yin *et* Li, 2014（图 4-III-56，图版 III-33）

Batrisceniola fengtingae Yin *et* Li, 2014c: 234.

主要特征：体长 1.8–2.0 mm；红棕色。头宽略大于长，头背面具浅而粗的刻点；复眼突出；触角末 3 节

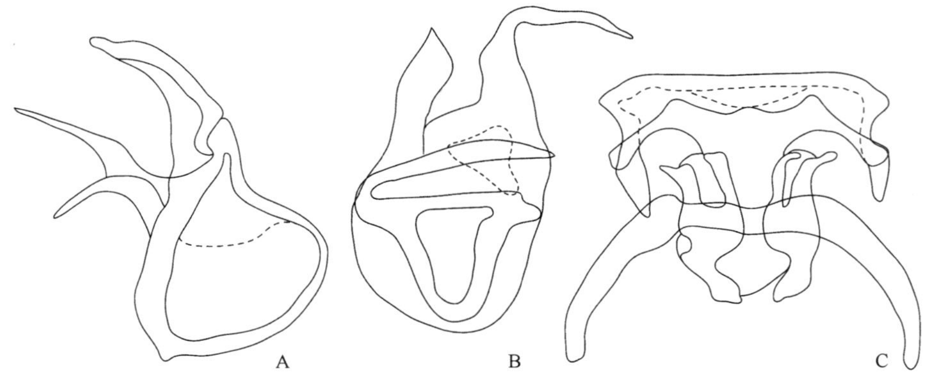

图 4-III-56　封氏腹毛蚁甲 *Batrisceniola fengtingae* Yin *et* Li, 2014
A. 阳茎侧面观；B. 阳茎腹面观；C. 雌性生殖器

形成不明显端锤。前胸背板长宽约相等，盘区具粗刻点，中央和侧边具纵沟，近基部具不连续的横沟。鞘翅横宽，盘区具浅沟，延伸至端部 1/3，肩部具小齿。前、中足胫节端部具刺。腹部盘区隆脊短，相距较远；第 4 背板长于第 5–7 节之和。雄性第 4 腹板端部具凹陷，凹陷中央具毛。

分布：浙江（龙泉）。

169. 鬼蚁甲属 *Batrisodes* Reitter, 1882

Batrisodes Reitter, 1882a: 134 [Nomen protectum]. Type species: *Batrisus delaporti* Aubé, 1833.

Batrisodinus Jeannel, 1950: 351. Type species: *Batrisus oculatus* Aubé, 1833.

Batrisodellus Jeannel, 1958: 37. Type species: *Batrisodes nipponensis* Raffray, 1909.

主要特征：体中小型，体长 2.1–2.6 mm；红棕色。头近四边形，具 1 对顶窝；复眼突出；触角 11 节，末 3 节形成不明显端锤。前胸背板两侧弧形，盘区常具中央和侧纵沟，近基部常具连接中央和侧近基窝的横沟。鞘翅各具 3 个基窝，盘区通常具纵沟。足狭长。腹部第 4 背板最长。阳茎结构简单，不具背突。雄性性征常位于触角和足。

分布：古北区、东洋区。世界已知 160 种 2 亚种，中国记录 19 种，浙江分布 5 种。

分种检索表

1. 雄性鞘翅基部强烈收缩……狭翅鬼蚁甲 ***B. angustelytratus***
- 雄性鞘翅基部非强烈收缩……2
2. 雄性触角第 11 节基部不具刺；中足胫节腹缘中央及端部各具 1 刺……龙王山鬼蚁甲 ***B. longwangshanus***
- 雄性触角第 11 节基部具刺；中足胫节腹缘中央不具刺……3
3. 雄性第 5 腹板中央具突起……刺腹鬼蚁甲 ***B. abdominalis***
- 雄性第 5 腹板中央不具突起……4
4. 雄性中足胫节端部具突起……天目鬼蚁甲 ***B. tianmuensis***
- 雄性中足胫节端部不具突起……封氏鬼蚁甲 ***B. fengtingae***

（365）刺腹鬼蚁甲 *Batrisodes abdominalis* Jiang *et* Yin, 2017（图 4-III-57，图版 III-34）

Batrisodes abdominalis Jiang *et* Yin, 2017a: 12.

主要特征：体长约 2.6 mm；红棕色。头宽略大于长，触角基瘤隆起，中间区域凹陷；复眼突出；触角

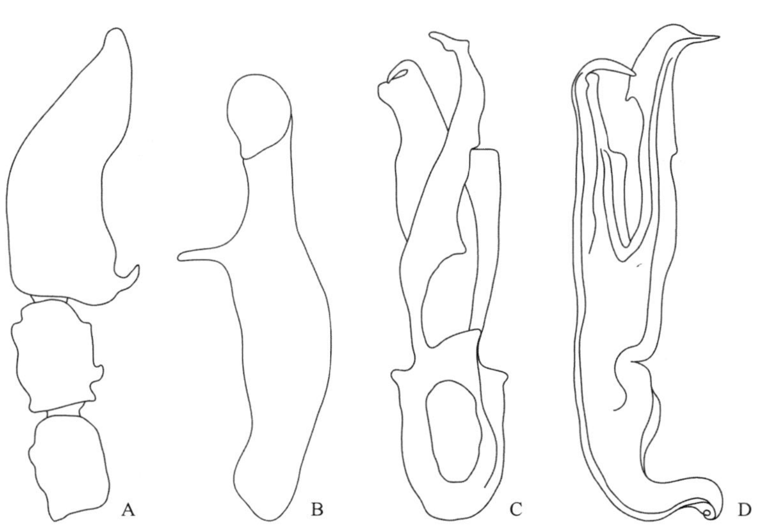

图 4-III-57 刺腹鬼蚁甲 *Batrisodes abdominalis* Jiang *et* Yin, 2017
A. 雄性触角端锤；B. 雄性中足腿节；C. 阳茎腹面观；D. 阳茎侧面观

末 3 节形成端锤。前胸背板长大于宽，盘区具粗刻点，中央和侧边具纵沟，中央近基窝小。鞘翅强烈横宽，盘区不具纵沟。腹部第 4 背板长于第 5 背板 3 倍，盘区隆脊短，侧方具倾斜隆脊。雄性触角第 10 节基部 1/3 处具齿；第 11 节强烈弯曲，基部具齿；中足腿节腹缘近基部 1/3 处具刺；第 5 腹板中央具突起。

分布：浙江（临安）。

（366）狭翅鬼蚁甲 *Batrisodes angustelytratus* Yin, Shen *et* Li, 2015（图 4-III-58，图版 III-35）

Batrisodes angustelytratus Yin, Shen *et* Li, 2015: 46.

主要特征：体长 2.1–2.2 mm；红棕色。头长宽约相等，触角基瘤适度隆起，中间区域凹陷；复眼突出；触角末 3 节形成端锤。前胸背板长宽约相等，盘区略隆起，中央和侧边具纵沟，不具中央近基窝。鞘翅横宽，盘区不具纵沟，肩部具小齿。腹部第 4 背板长于第 5 节 2 倍。雄性触角第 11 节基部具齿，中足腿节中央及胫节近端部具刺，后足胫节端部具发达毛束。

分布：浙江（龙泉）。

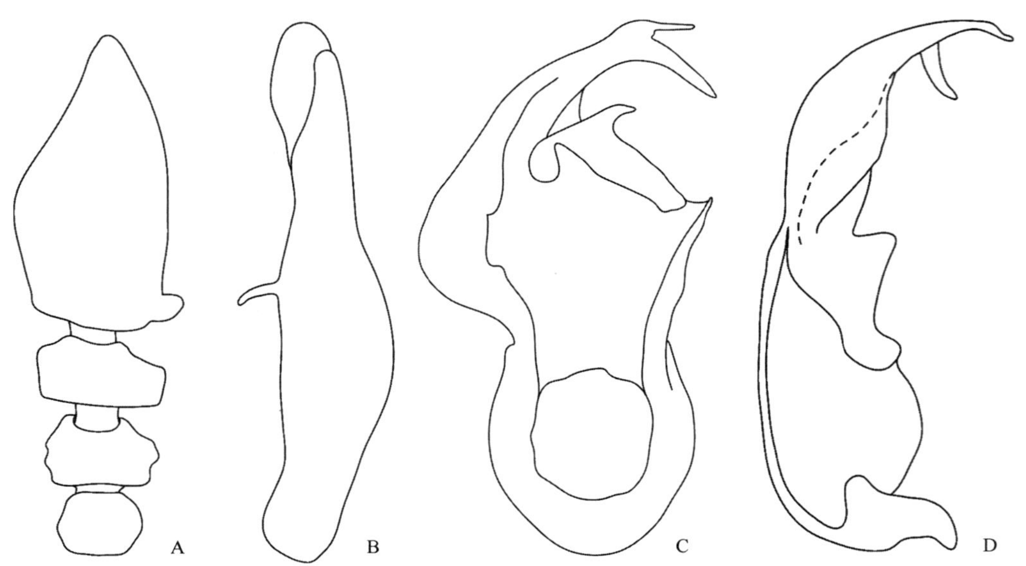

图 4-III-58　狭翅鬼蚁甲 *Batrisodes angustelytratus* Yin, Shen *et* Li, 2015

A. 雄性触角端锤；B. 雄性中足腿节；C. 阳茎腹面观；D. 阳茎侧面观

（367）封氏鬼蚁甲 *Batrisodes fengtingae* (Yin *et* Nomura, 2011)（图 4-III-59，图版 III-36）

Batrisodellus fengtingae Yin *et* Nomura, 2011: 34.

Batrisodes fengtingae: Yin, Shen & Li, 2015: 53.

主要特征：体长约 2.1 mm；红棕色。头宽略大于长；触角基瘤适度隆起，中间区域凹陷；复眼突出；触角末 3 节形成端锤。前胸背板长宽约相等，盘区略隆起，中央和侧边具纵沟，不具中央近基窝。鞘翅适度横宽，盘区纵沟延伸至端部 2/5。腹部第 4 背板长于第 5 背板 2.5 倍。雄性触角第 11 节基部具刺，中足腿节腹缘基部 2/5 处具刺，后足胫节端部具发达毛束。

分布：浙江（鄞州）。

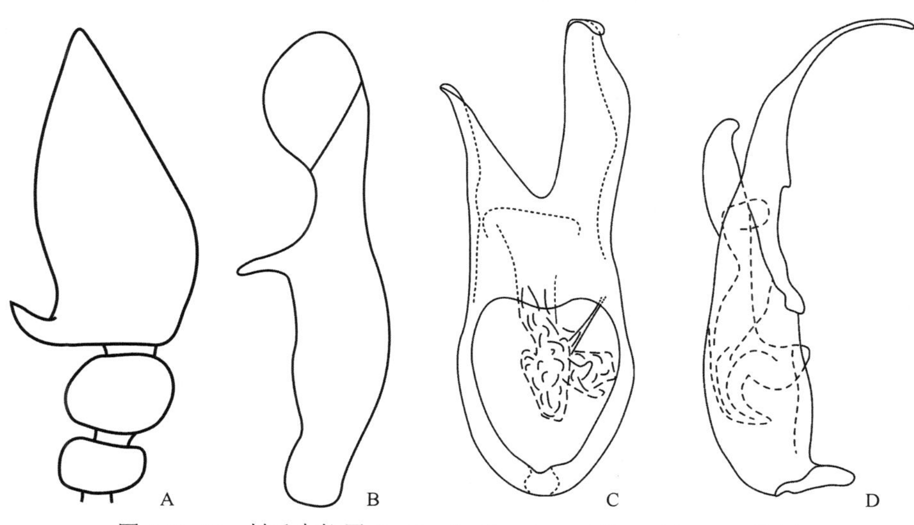

图 4-III-59 封氏鬼蚁甲 *Batrisodes fengtingae* (Yin *et* Nomura, 2011)

A. 雄性触角端锤；B. 雄性中足腿节；C. 阳茎腹面观；D. 阳茎侧面观

（368）龙王山鬼蚁甲 *Batrisodes longwangshanus* Yin, Shen *et* Li, 2015（图 4-III-60，图版 III-37）

Batrisodes longwangshanus Yin, Shen *et* Li, 2015: 47.

主要特征：体长 2.2–2.3 mm；红棕色。头宽略大于长，触角基瘤适度隆起，中间区域凹陷；复眼突出，每侧约有 15 个小眼；触角末 3 节形成端锤。前胸背板长略大于宽，盘区略隆起，中央和侧边具纵沟，不具中央近基窝。鞘翅横宽，盘区具浅纵沟。腹部第 4 背板长于第 5 背板 2 倍。雄性前足胫节中部略膨大，中足基节和胫节中央及端部具刺，后足胫节端部具发达毛束。

分布：浙江（安吉）。

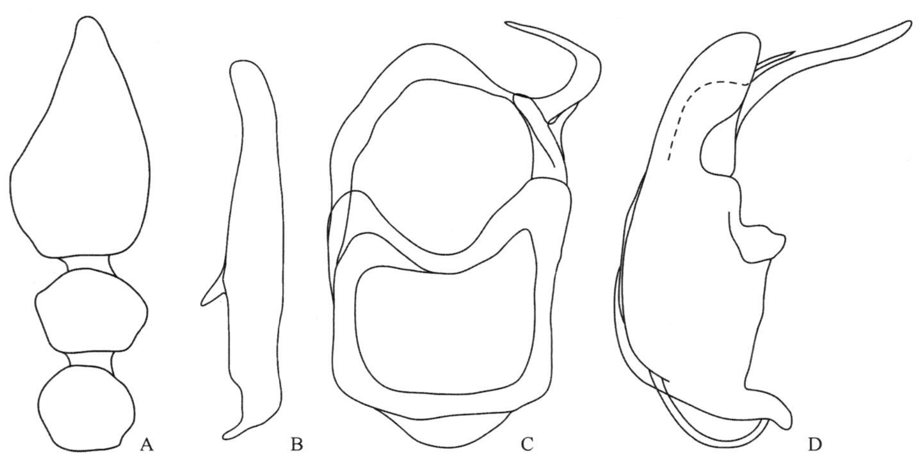

图 4-III-60 龙王山鬼蚁甲 *Batrisodes longwangshanus* Yin, Shen *et* Li, 2015

A. 雄性触角端锤；B. 雄性中足腿节；C. 阳茎腹面观；D. 阳茎侧面观

（369）天目鬼蚁甲 *Batrisodes tianmuensis* Jiang *et* Yin, 2017（图 4-III-61，图版 III-38）

Batrisodes tianmuensis Jiang *et* Yin, 2017a: 21.

主要特征：体长约 2.5 mm；红棕色。头宽大于长，触角基瘤及中间区域隆起；复眼突出，每侧约有 55 个小眼；触角末 3 节形成端锤。前胸背板长大于宽，盘区隆起，光洁，中央和侧边具纵沟，不具中央近基窝。鞘翅适度横宽，盘区纵沟不明显。腹部第 4 背板长于第 5 背板 2.5 倍，盘区隆脊短，侧方具不发达倾斜隆脊。雄性触角第 11 节腹面强烈内凹，基部具突起；中足腿节腹缘中央具刺，胫节端部具钝突。

分布：浙江（临安）。

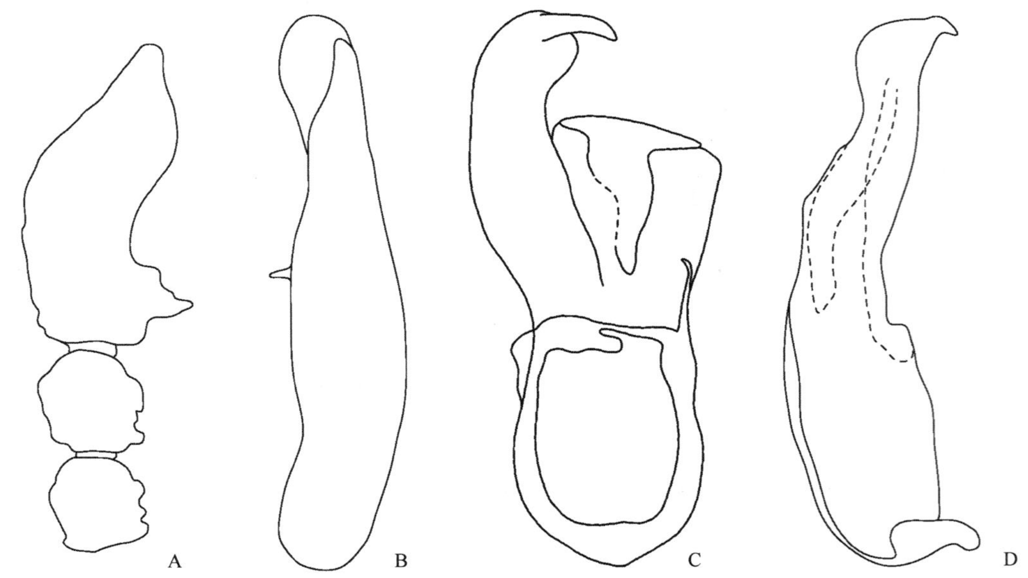

图 4-III-61　天目鬼蚁甲 *Batrisodes tianmuensis* Jiang *et* Yin, 2017
A. 雄性触角端锤；B. 雄性中足腿节；C. 阳茎腹面观；D. 阳茎侧面观

170. 奇腿蚁甲属 *Physomerinus* Jeannel, 1952

Physomerinus Jeannel, 1952: 96. Type species: *Batrisus septemfoveatus* Schaufuss, 1877.

主要特征：体小型，体长 1.7–1.9 mm；红棕色。头近四边形，具 1 对被不明显“U”形槽连接的顶窝；复眼突出；触角 11 节，末 3 节形成端锤。前胸背板两侧弧形，盘区具中央和侧纵沟，近基部具连接中央和侧近基窝的横沟。鞘翅各具 2 个基窝，盘区纵沟延伸至鞘翅端部 4/5。足狭长。腹部短；第 4 背板最长。阳茎不对称，基囊小，极度收缩。雄性性征位于后足腿节。

分布：古北区、东洋区。世界已知 11 种，中国记录 3 种，浙江分布 1 种。

（370）丽奇腿蚁甲 *Physomerinus pedator* (Sharp, 1883)（图 4-III-62，图版 III-39）

Batrisus pedator Sharp, 1883b: 319.

Batrisocenus sauciipes Raffray, 1904: 50.

Physomerinus pedator: Jeannel, 1958: 52.

主要特征：体长 1.7–1.9 mm；红棕色。头长略大于宽，触角基瘤适度隆起，中间区域平坦；复眼突出，每侧约有 30 个小眼；触角末 3 节形成端锤。前胸背板宽略大于长，盘区隆起，具稀疏刻点，中央和侧边具纵沟，具中央近基窝。鞘翅稍横宽，盘区具粗刻点，纵沟延伸至端部 2/5，肩部具突起。腹部第 4 背板长于第 5 背板 5 倍，盘区隆脊短，侧方基部 1/3 具倾斜隆脊。雄性后足腿节背面近中部具凹坑，坑内有 1 垂直片状突起。

分布：浙江、上海、海南；日本。

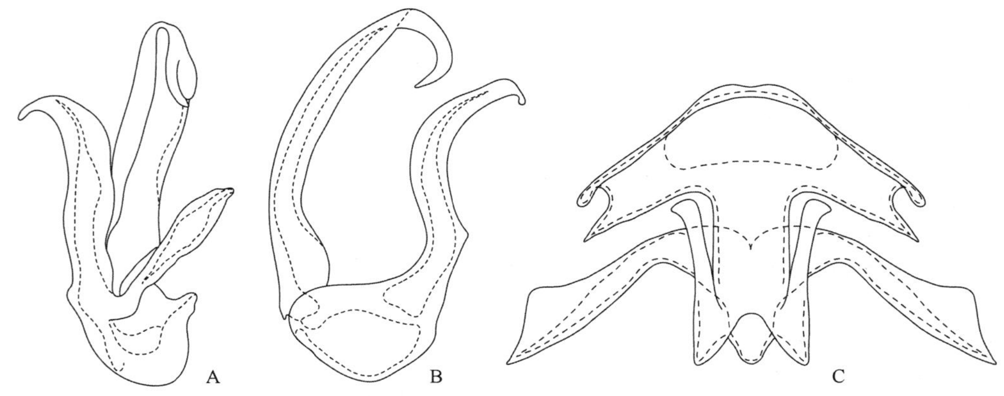

图 4-III-62　丽奇腿蚁甲 *Physomerinus pedator* (Sharp, 1883)
A. 阳茎腹面观；B. 阳茎侧面观；C. 雌性生殖器

171. 糙蚁甲属 *Sathytes* Westwood, 1870

Sathytes Westwood, 1870: 128. Type species: *Sathytes punctiger* Westwood, 1870.

Batoxylina Jeannel, 1957: 8. Type species: *Batoxylina clavalis* Jeannel, 1957.

主要特征：体小型，体长 1.5–1.7 mm；红棕色；体表具粗刻点。头近四边形，具 1 对顶窝；复眼突出；触角 11 节，末 3 节形成端锤。前胸背板两侧弧形，盘区不具中央和侧纵沟，近基部无横沟连接中央和侧近基窝。鞘翅各具 4 个基窝，盘区不具纵沟。足狭长。腹部短；第 4 背板等长于第 5–6 节之和。阳茎对称，结构简单。雄性性征位于触角第 9–10 节。

分布：古北区、东洋区。世界已知 33 种，中国记录 16 种，浙江分布 2 种。

（371）龙王山糙蚁甲 *Sathytes longwangshanus* Yin *et* Li, 2012（图 4-III-63）

Sathytes longwangshanus Yin *et* Li, 2012b: 844.

主要特征：体长 1.5–1.6 mm；红棕色。体表密布粗糙刻点。头宽大于长；复眼突出，每侧约有 18 个小眼；

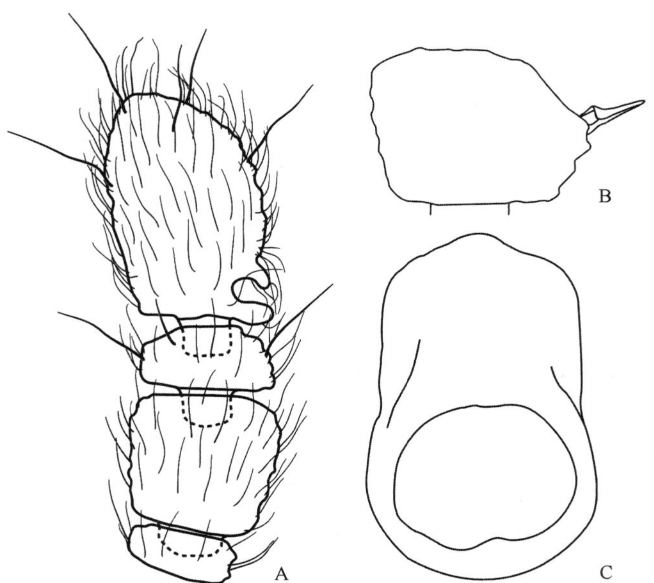

图 4-III-63　龙王山糙蚁甲 *Sathytes longwangshanus* Yin *et* Li, 2012
A. 雄性触角端锤；B. 雄性触角第 9 节；C. 阳茎腹面观

触角各节近念珠状。前胸背板长宽约相等。鞘翅明显横宽，各具 4 个基窝，盘区无纵沟。腹部第 4 背板长于第 5 背板 3 倍，盘区隆脊短，不具侧脊。雄性触角第 9 节显著横宽，最宽处位于中部，半骨质化突起较长，位于膨大处顶端；第 10 节明显横宽，倒锥形；第 11 节具 2 个基突，每个基突端部各有 1 簇长刚毛。

分布：浙江（安吉）。

（372）迷你糙蚁甲 *Sathytes paulus* Yin *et* Li, 2012（图 4-III-64，图版 III-40）

Sathytes paulus Yin *et* Li, 2012b: 846.

主要特征：体长 1.5–1.7 mm；红棕色。体表密布粗糙刻点。头宽大于长；复眼突出，每侧约有 18 个小眼；触角各节近念珠状。前胸背板宽略大于长。鞘翅明显横宽，各具 4 个基窝，盘区无纵沟。腹部第 4 背板长于第 5 背板 3 倍，盘区隆脊短，不具侧脊。雄性触角第 9 节适度横宽，最宽处位于中部偏上，半骨质化突起较短，位于膨大处顶端；第 10 节明显横宽，倒锥形；第 11 节具 2 个基突，底部基突较宽，端部有 2 簇长刚毛。

分布：浙江（临安）。

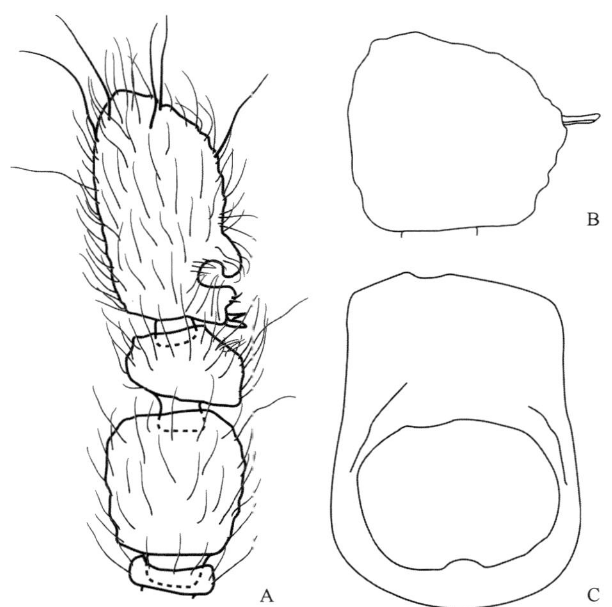

图 4-III-64　迷你糙蚁甲 *Sathytes paulus* Yin *et* Li, 2012

A. 雄性触角端锤；B. 雄性触角第 9 节；C. 阳茎腹面观

172. 缩茎蚁甲属 *Sinotrisus* Yin *et* Li, 2010

Sinotrisus Yin *et* Li, 2010a: 249. Type species: *Sinotrisus nomurai* Yin *et* Li, 2010.

主要特征：体大型，体长约 3.3 mm；红棕色。头近四边形，具 1 对顶窝；复眼突出，眼后脊发达；触角 11 节，各节念珠状，端锤不明显。前胸背板两侧弧形，盘区具中央沟和侧纵沟，近基部无横沟连接中央近基窝和侧近基窝。鞘翅各具 3 个基窝，盘区纵沟短而浅。足狭长。腹部短；第 4、5 背板等长。阳茎不对称，近三角形。雄性性征位于中足胫节和后足腿节。

分布：东洋区。世界已知 4 种，中国记录 3 种，浙江分布 1 种。

（373）野村缩茎蚁甲 *Sinotrisus nomurai* Yin, Li *et* Zhao, 2010（图 4-III-65）

Sinotrisus nomurai Yin, Li *et* Zhao, 2010c: 251.

主要特征：体长约 3.3 mm；红棕色。头长约等于宽，触角基瘤适度隆起，中间区域凹陷；复眼突出，每侧有 35–40 个小眼；触角各节念珠状，端锤不明显。前胸背板宽略大于长；盘区略隆起，中央和侧边具纵沟，不具中央近基窝。鞘翅略横宽，盘区具浅纵沟，延伸至端部 1/3。腹部第 4 背板等长于第 5 背板。雄性中足胫节端部具刺，后足转节具发达钩状突起。

分布：浙江（临安）、四川。

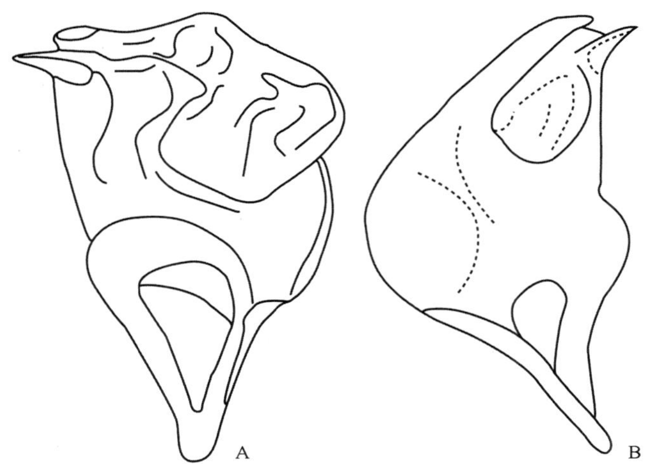

图 4-III-65　野村缩茎蚁甲 *Sinotrisus nomurai* Yin, Li *et* Zhao, 2010
A. 阳茎腹面观；B. 阳茎侧面观

173. 梯胸蚁甲属 *Songius* Yin *et* Li, 2010

Songius Yin *et* Li, 2010a: 244. Type species: *Songius lasiuohospes* Yin *et* Li, 2010.

主要特征：体中大型，体长 2.5–2.7 mm；红棕色；体表光洁或被稀疏柔毛。头近四边形，具 1 对顶窝；后颊具 1 对毛簇；复眼突出；触角 11 节，各节念珠状，端锤不明显。前胸背板近梯形，盘区具中央纵沟，近基部无横沟。鞘翅各具 3 个基窝，盘区无纵沟。足粗短。腹部短，第 4、5 背板等长。阳茎不对称，基囊膨大。雄性性征位于中足胫节。

分布：东洋区。世界已知 4 种，中国记录 4 种，浙江分布 2 种。

（374）哈氏梯胸蚁甲 *Songius hlavaci* Zhao, Yin *et* Li, 2010（图 4-III-66，图版 III-41）

Songius hlavaci Zhao, Yin *et* Li, 2010: 79.

主要特征：体长约 2.5 mm；红棕色。头近倒三角形，长约等于宽，端部较宽，触角基瘤适度隆起，中间区域凹陷；后颊具长毛簇；复眼突出，每侧有 45–50 个小眼；触角各节念珠状，端锤不明显，第 11 节显著膨大。前胸背板长约等于宽，近梯形；盘区具中央纵沟，不具中央近基窝。鞘翅长略大于宽，各具 3 个基窝，盘区无纵沟。腹部第 4 背板与第 5 背板几乎等长。雄性中足转节、腿节近基部和胫节端部具小刺，后足转节具明显突起。

分布：浙江（临安）。

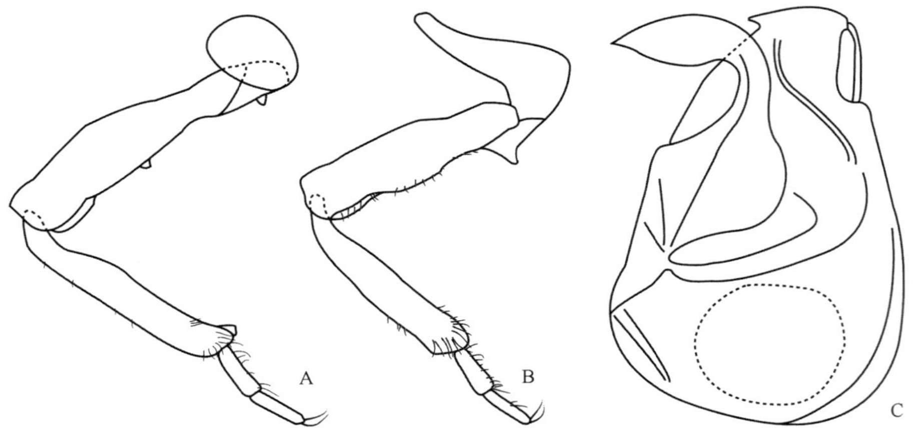

图 4-III-66 哈氏梯胸蚁甲 *Songius hlavaci* Zhao, Yin *et* Li, 2010
A. 雄性中足；B. 雄性后足；C. 阳茎背面观

（375）喜毛蚁梯胸蚁甲 *Songius lasiuohospes* Yin, Li *et* Zhao, 2010（图 4-III-67，图版 III-42）

Songius lasiuohospes Yin, Li *et* Zhao, 2010c: 245.

主要特征：体长 2.6–2.7 mm；红棕色。头近四边形，略宽于长，端部较宽，触角基瘤适度隆起，中间区域凹陷；后颊具毛簇；复眼突出，每侧有 35 个小眼；触角各节念珠状，端锤不明显。前胸背板宽略大于长，近梯形，盘区具中央纵沟，不具中央近基窝。鞘翅长略大于宽，各具 3 个基窝，盘区无纵沟。腹部第 4 背板几乎等长于第 5 背板。雄性中足转节、腿节近基部和胫节端部具刺。

分布：浙江（临安）。

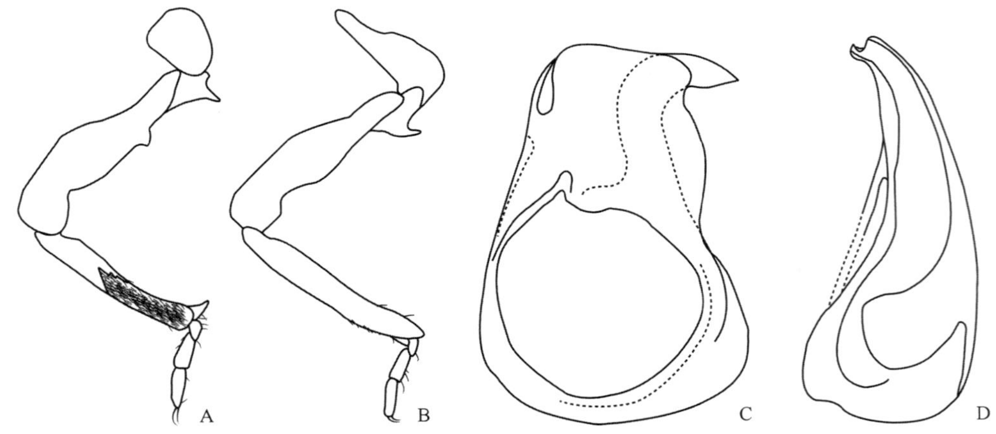

图 4-III-67 喜毛蚁梯胸蚁甲 *Songius lasiuohospes* Yin, Li *et* Zhao, 2010
A. 雄性中足；B. 雄性后足；C. 阳茎背面观；D. 阳茎腹面观

174. 刺胸蚁甲属 *Tribasodes* Jeannel, 1958

Tribasodes Jeannel, 1958: 44. Type species: *Batrisus longicornis* Sharp, 1883.

主要特征：体中型，体长 2.0–2.6 mm；红棕色。头近四边形，具 1 对顶窝，“U”形槽不明显，头顶中央具纵脊；复眼突出；触角 11 节，各节长念珠状，末 3 节形成不明显端锤。前胸背板两侧弧形，边缘具刺，盘区具中央纵沟及 4 条纵脊，近基部无横沟连接中央近基窝和侧近基窝。鞘翅各具 3 个基窝，盘区纵沟延伸至鞘翅长度一半。足狭长。腹部短，第 4 背板最长，盘区不具短脊。阳茎不对称，基囊膨大。雄性性征位于中足胫节和后足转节。

分布：古北区、东洋区。世界已知 5 种，中国记录 1 种，浙江分布 1 种。

（376）中华刺胸蚁甲 *Tribasodes chinensis* Yin, Zhao *et* Li, 2010（图 4-III-68，图版 III-43）

Tribasodes chinensis Yin, Zhao *et* Li, 2010: 528.

主要特征：体长 2.4–2.6 mm；红棕色。头近四边形，长大于宽，触角基瘤适度隆起，中间区域略凹陷；复眼突出，位于头基部 1/3 处；触角末 3 节形成端锤。前胸背板长大于宽，侧缘近中部各具 1 齿；盘区略隆起，中央和侧边具纵沟，具中央近基窝。鞘翅长约等于宽；盘区具浅纵沟，伸至鞘翅中部。腹部第 4 背板长于第 5 背板 2 倍，具倾斜侧脊。雄性中足转节具大而长的突起。

分布：浙江（临安）。

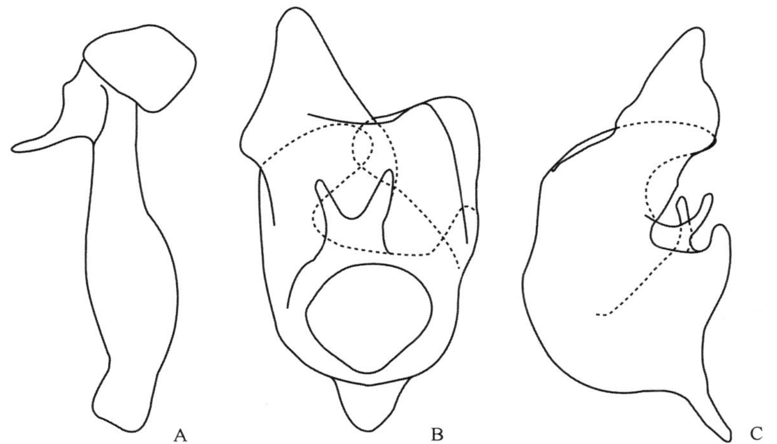

图 4-III-68　中华刺胸蚁甲 *Tribasodes chinensis* Yin, Zhao *et* Li, 2010
A. 雄性中足；B. 阳茎腹面观；C. 阳茎侧面观

175. 脊胸蚁甲属 *Tribasodites* Jeannel, 1960

Tribasodites Jeannel, 1960: 411. Type species: *Tribasodites antennalis* Jeannel, 1960.

主要特征：体中小型，体长 2.0–2.4 mm；红棕色。头近四边形，具 1 对顶窝，“U”形槽不明显，头顶中央具纵脊；复眼突出；触角 11 节，各节长念珠状，末 3 节形成不明显端锤。前胸背板两侧弧形，边缘具刺，盘区具中央纵沟及 4 条纵脊，近基部无横沟连接中央近基窝和侧近基窝。鞘翅各具 3 个基窝，盘区纵沟延伸至鞘翅长度一半。足狭长。腹部短，第 4 背板最长，盘区具 1 对纵脊。阳茎不对称，基囊膨大。雄性性征位于中足胫节和后足转节。

分布：古北区、东洋区。世界已知 21 种，中国记录 16 种，浙江分布 2 种。

（377）缺刺脊胸蚁甲 *Tribasodites spinacaritus* Yin, Li *et* Zhao, 2010（图 4-III-69，图版 III-44）

Tribasodites spinacaritus Yin, Li *et* Zhao, 2010b: 26.

主要特征：体长 2.2–2.4 mm；红棕色。头近四边形，略宽于长，触角基瘤适度隆起，中间区域凹陷；复眼突出，各约有 55 个小眼；触角末 3 节形成端锤。前胸背板宽大于长，边缘各具 1 齿；盘区略隆起，中央和侧边具纵沟，不具中央近基窝。鞘翅长约等于宽；盘区具浅纵沟，延伸至鞘翅中部。腹部第 4 背板长于第 5 节 2 倍，具倾斜侧脊。雄性触角第 11 节中部强烈收缩，基部具长突起；中足胫节端部具 2 裂的突起和 1 小刺。

分布：浙江（鄞州）。

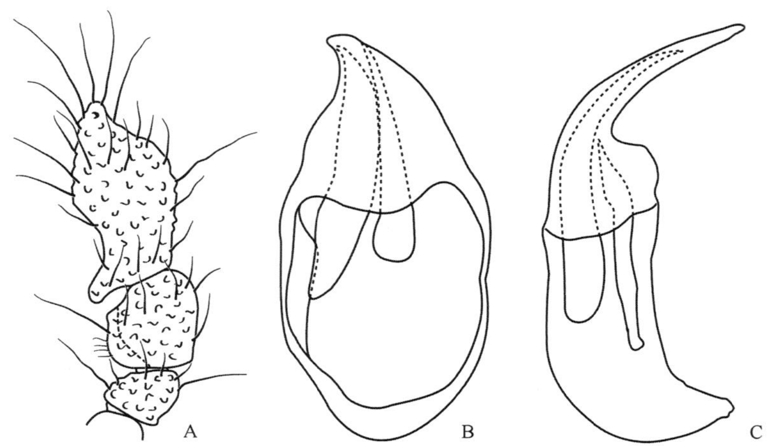

图 4-III-69　缺刺脊胸蚁甲 *Tribasodites spinacaritus* Yin, Li *et* Zhao, 2010

A. 雄性触角端锤；B. 阳茎腹面观；C. 阳茎侧面观

（378）天目脊胸蚁甲 *Tribasodites tianmuensis* Yin, Zhao *et* Li, 2010（图 4-III-70，图版 III-45）

Tribasodites tianmuensis Yin, Zhao *et* Li, 2010: 532.

主要特征：体长 2.0–2.07 mm；红棕色。头宽略大于长，触角基瘤适度隆起，中间区域凹陷；复眼突出，位于头基部 1/3 处；触角长，末 3 节形成端锤。前胸背板长约等于宽，边缘各具 1 齿；盘区略隆起，中央和侧边具纵沟，不具中央近基窝。鞘翅长略大于宽，盘区具纵沟，延伸至鞘翅长度一半。腹部第 4 背板长于第 5 背板 2 倍，具倾斜侧脊。雄性中、后足转节各具 1 长突起。

分布：浙江（临安）。

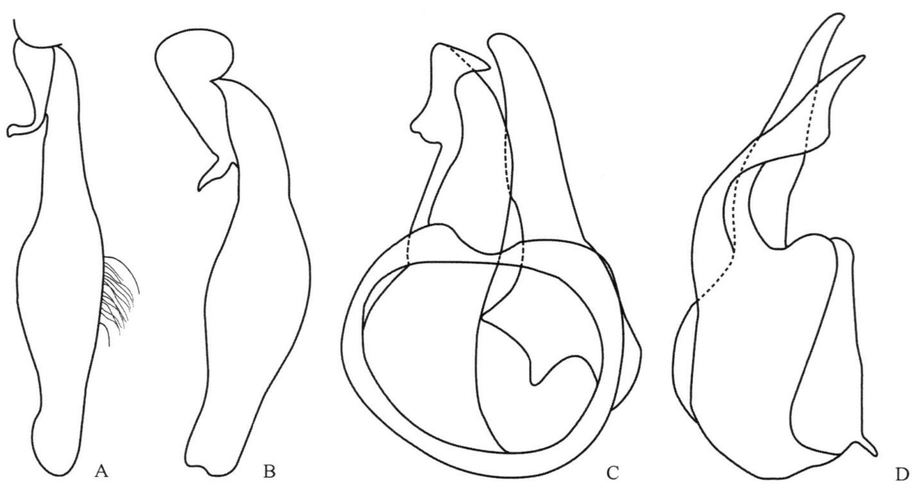

图 4-III-70　天目脊胸蚁甲 *Tribasodites tianmuensis* Yin, Zhao *et* Li, 2010

A. 雄性中足；B. 雄性后足；C. 阳茎腹面观；D. 阳茎侧面观

寡节蚁甲超族 Clavigeritae Leach, 1815

寡节蚁甲族 Clavigerini Leach, 1815

寡节蚁甲亚族 Clavigerina Leach, 1815

176. 梗角蚁甲属 *Diartiger* Sharp, 1883

Diartiger Sharp, 1883b: 329. Type species: *Diartiger fossulatus* Sharp, 1883.

Microdiartiger Sawada, 1964: 12. Type species: *Microdiartiger japonicus* Sawada, 1964.

Coiffaitius Karaman, 1969: 50. Type species: *Coiffaitius ispartae* Karaman, 1969.

主要特征：体小型，体长 1.9–2.2 mm；红棕色。头近长矩形，具 1 对顶窝；复眼突出；触角 4 节，第 1、2 节短，第 3、4 节长。前胸背板两侧略圆弧。鞘翅横宽，近梯形；不具基窝，后缘具毛簇。足粗短。腹部短，第 4–6 背板愈合，基部具毛簇。阳茎对称，基囊膨大。雄性性征位于中足腿节和胫节。

分布：古北区、东洋区。世界已知 12 种 8 亚种，中国记录 6 种，浙江分布 2 种。

（379）宋氏梗角蚁甲 *Diartiger songxiaobini* (Yin *et* Li, 2010)（图 4-III-71，图版 III-46）

Microdiartiger songxiaobini Yin *et* Li, 2010b: 639.

Diartiger songxiaobini: Yin & Li, 2013c: 375.

主要特征：体长约 2.0 mm；红棕色。头近四边形，长显著大于宽，触角基瘤适度隆起，中间区域平坦；复眼略突出，位于头中部；触角棒状，共 4 节，端部 2 节显著长于基部 2 节。前胸背板长约等于宽，盘区略隆起，表面具粗糙刻点。鞘翅长略大于宽，端部具长毛簇。腹部近基部 1/3 处最宽，向后逐渐变窄，端部弧形；第 4–6 背板愈合，侧缘基部具毛簇。雄性中足腿节具巨大弯曲突起，胫节端部 1/3 处具三角形刺。

分布：浙江（临安）。

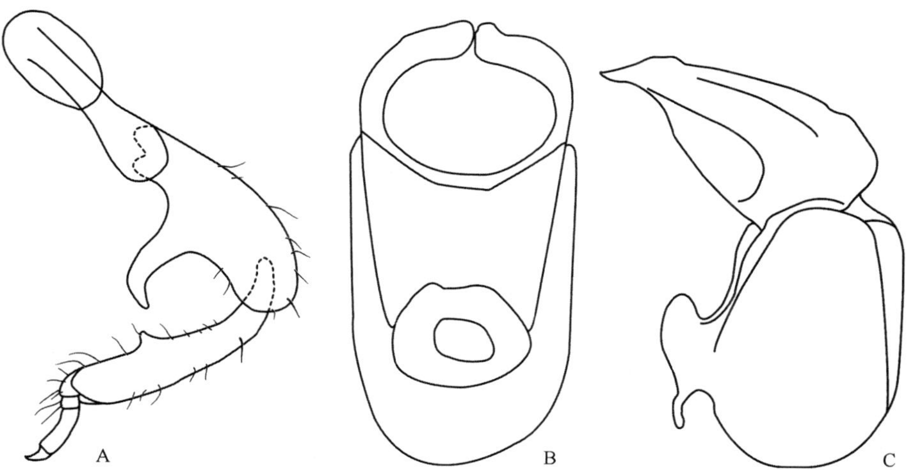

图 4-III-71 宋氏梗角蚁甲 *Diartiger songxiaobini* (Yin *et* Li, 2010)

A. 雄性中足；B. 阳茎腹面观；C. 阳茎侧面观

（380）浙江梗角蚁甲 *Diartiger zhejiangensis* Yin *et* Li, 2014（图 4-III-72，图版 III-47）

Diartiger zhejiangensis Yin *et* Li, 2014b: 130.

主要特征：体长 2.1–2.2 mm；红棕色。头近四边形，显著长大于宽，触角基瘤适度隆起，中间区域平坦；复眼略突出，位于头中部；触角棒状，共 4 节，端部 2 节显著长于基部 2 节。前胸背板长约等于宽，盘区略隆起，表面具细刻点。鞘翅适度横宽，端部具长毛簇。腹部近基部 1/3 处最宽，向后逐渐变窄；第 4–6 背板愈合，侧缘基部具毛簇。雄性中足基节腹缘具大型三角形突起。

分布：浙江（庆元、龙泉）。

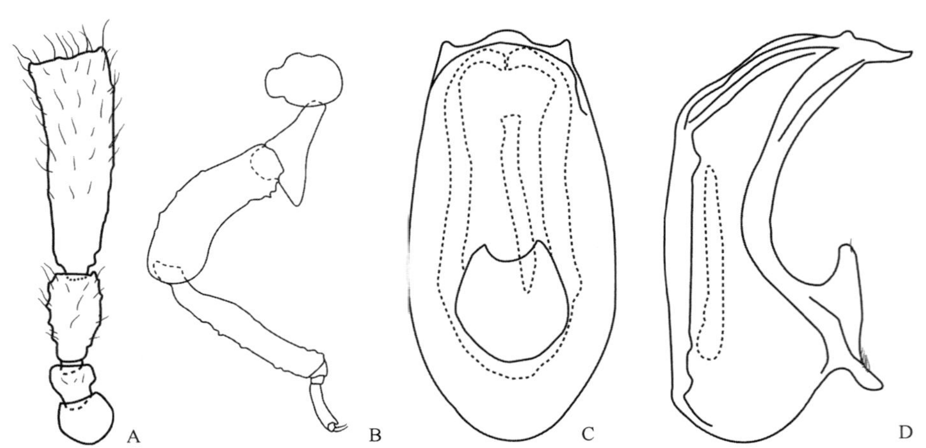

图 4-III-72　浙江梗角蚁甲 *Diartiger zhejiangensis* Yin *et* Li, 2014
A. 雄性触角；B. 雄性中足；C. 阳茎腹面观；D. 阳茎侧面观

平背蚁甲超族 Euplectitae Streubel, 1839

裂尾蚁甲族 Trichonychini Reitter, 1882

独窝蚁甲亚族 Panaphantina Jeannel, 1950

177. 脊蚁甲属 *Acetalius* Sharp, 1883

Acetalius Sharp, 1883b: 322. Type species: *Acetalius dubius* Sharp, 1883.

主要特征：体中小型；体红棕色，腹部深棕色。头近矩形，具 1 对顶窝；复眼突出；触角 11 节，末节膨大，形成端锤。前胸背板两侧略呈弧形，盘区具脊，具连接侧近基窝的横沟。鞘翅横宽，两侧弧形，各具 2 个基窝，盘区不具纵沟。腹部短，第 4 节长于第 5–7 节之和，盘区具纵脊，侧脊发达，延长。阳茎不对称，基囊膨大。雄性性征不显著。

分布：古北区、东洋区。世界已知 3 种，中国记录 1 种，浙江分布 1 种。

（381）巨脊蚁甲 *Acetalius grandis* Yin *et* Li, 2016（图 4-III-73，图版 III-48）

Acetalius grandis Yin *et* Li, 2016: 95.

主要特征：体中小型，体长 1.8–2.3 mm；体红棕色，腹部深棕色。头近矩形，具 1 对顶窝；复眼突出；

触角 11 节，末节膨大，形成端锤。前胸背板两侧略呈弧形，盘区具脊，具连接侧近基窝的横沟。鞘翅横宽，两侧弧形，各具 2 个基窝，盘区不具纵沟。足狭长。腹部短，第 4 节长于第 5–7 节之和，盘区具纵脊，侧脊发达、延长。阳茎不对称，基囊膨大。雄性具二型；小型个体复眼和后翅发达，鞘翅基部平截；大型个体复眼小，鞘翅基部收缩，后翅退化。

分布：浙江（龙泉）；日本。

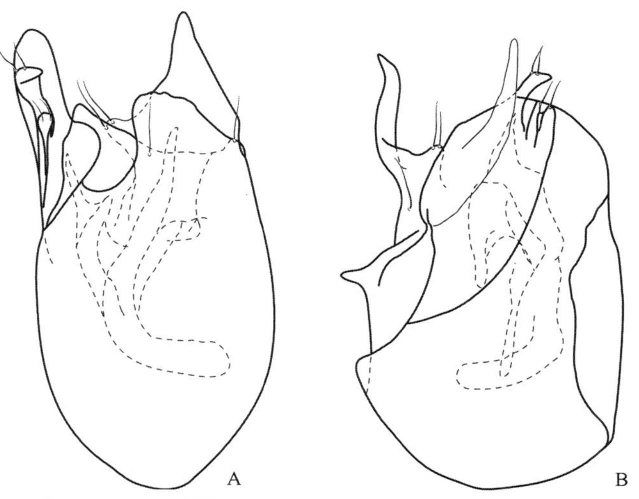

图 4-III-73 巨脊蚁甲 *Acetalius grandis* Yin *et* Li, 2016

A. 阳茎背面观；B. 阳茎侧面观

隆背蚁甲超族 Goniaceritae Reitter, 1882

奇腹蚁甲族 Arnylliini Jeannel, 1952

178. 长颈蚁甲属 *Awas* Löbl, 1994

Awas Löbl, 1994: 686. Type species: *Awas giraffa* Löbl, 1994.

主要特征：体较大型，体长 3.5–3.6 mm；红棕色。头长矩形，具 1 对顶窝；复眼突出；触角 11 节，各节近四方形，末 3 节膨大，形成端锤。前胸背板长大于宽，两侧略呈弧形，基部具连接侧近基窝的横沟，侧缘具毛簇。鞘翅近长卵形，各具 1 个基窝，盘区不具纵沟。足狭长。腹部短，球形，第 4 背板最长。阳茎对称，基囊膨大，具强骨质化内囊。雄性特征不显著。

分布：东洋区。世界已知 8 种，中国记录 6 种，浙江分布 1 种。

（382）罗氏长颈蚁甲 *Awas loebli* Yin *et* Li, 2012（图 4-III-74，图版 III-49）

Awas loebli Yin *et* Li, 2012a: 165.

主要特征：体长约 3.5 mm；红棕色。头近四边形，显著狭长，具粗刻点，不具毛簇；复眼突出，各约有 65 个小眼；触角各节近念珠状，末 3 节形成不明显端锤。前胸背板长显著大于宽，近基部具横沟，末端具毛簇。鞘翅适度横宽，两侧圆弧形，端部强烈收缩，基部适度收缩。腹部近球形，最宽处位于中部；背面观仅第 4 背板可见。

分布：浙江（临安、诸暨）。

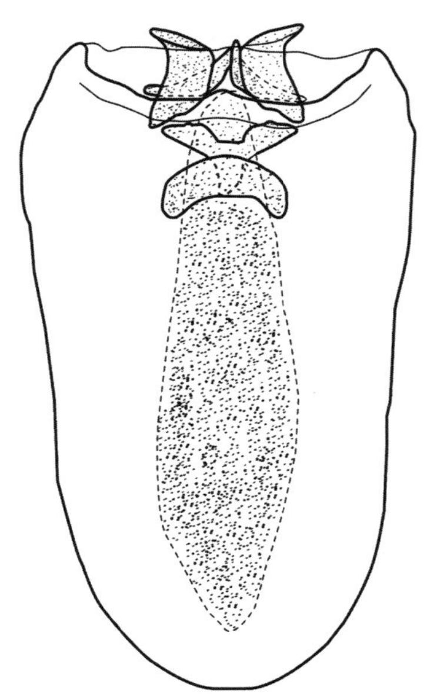

图 4-III-74　罗氏长颈蚁甲 *Awas loebli* Yin *et* Li, 2012 阳茎腹面观

短腹蚁甲族 Brachyglutini Raffray, 1904

短腹蚁甲亚族 Brachyglutina Raffray, 1904

179. 珠蚁甲属 *Batraxis* Reitter, 1882

Batraxis Reitter, 1882b: 464. Type species: *Batraxis hampei* Reitter, 1882.
Batrisomorpha Raffray, 1882: 38. Type species: *Bryaxis armitagei* King, 1864.
Raffrayella Blattný, 1925: 204. Type species: *Raffrayella raffrayana* C. Blattný, 1925.

主要特征：体小型，体长 1.5–1.8 mm；红棕色；体表常光洁。头宽卵形，具 1 对顶窝；复眼小；触角 11 节，末 2 节膨大，形成端锤。前胸背板横宽，显著窄于头部；两侧弧形，基部具连接侧近基窝浅横沟。鞘翅宽阔，各具 2 个不明显基窝，盘区不具纵沟。足狭长。腹部短，球形，第 4 背板最长。阳茎对称，基囊膨大，具强骨质化内囊。雄性性征位于前足。

分布：古北区、东洋区。世界已知 66 种，中国记录 19 种，浙江分布 1 种。

（383）丽珠蚁甲 *Batraxis gloriosa* Wang *et* Yin, 2016（图 4-III-75，图版 III-50）

Batraxis gloriosa D. Wang *et* Yin, 2016: 445.

主要特征：体长 1.5–1.8 mm；红棕色。体表光洁。头近四边形，长宽约相等，触角基瘤低矮，前额扁平，额前沟不连贯，顶槽较浅；复眼突出，各约有 20 个小眼；触角细长，末 3 节形成端锤。前胸背板略宽大于长，中央窝不明显，基部具有连贯的凹槽。鞘翅宽大于长，两侧圆弧形，基部适度收缩。腹部宽大于长，第 4 背板具窄基槽；背中脊相对较长，约为背板长的 1/3，平行，间距较窄；侧脊短。雄性前足转节具明显突起。

分布：浙江（开化）、江西、湖南、福建、广西。

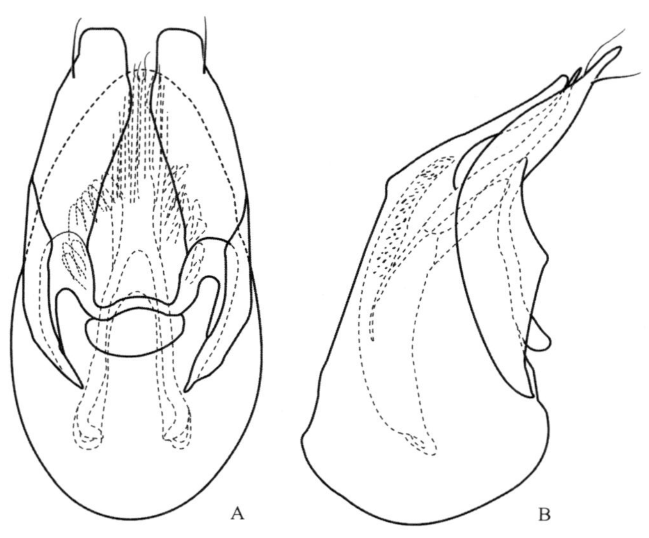

图 4-III-75　丽珠蚁甲 *Batraxis gloriosa* Wang *et* Yin, 2016
A. 阳茎腹面观；B. 阳茎侧面观

180. 鞭须蚁甲属 *Triomicrus* Sharp, 1883

Triomicrus Sharp, 1883b: 325. Type species: *Bryaxis protervus* Sharp, 1874.

主要特征：体小至中小型，体长 1.9–2.3 mm；红棕色。头近四边形，具 1 对顶窝；下颚须极度延长；复眼突出；触角 11 节，末 2 节膨大，形成端锤。前胸背板两侧弧形，显著宽于头部；中央近基窝和侧近基窝发达，不具横沟。鞘翅宽阔，各具 2 个发达基窝，盘区纵沟延伸至鞘翅端部 3/4。足狭长。腹部短，第 4 背板最长。阳茎对称，基囊膨大，具弱骨质化内囊。雄性性征位于触角、足和腹板。

分布：古北区、东洋区。世界已知 38 种，中国记录 29 种，浙江分布 11 种。

分种检索表

1. 鞘翅具侧沟……2
- 鞘翅无侧沟……8
2. 鞘翅侧肩沟长度较短，不到鞘翅长度一半……3
- 鞘翅侧肩沟长度较长，延伸至后足基节后缘位置……4
3. 前足胫节末端具修饰……**劳氏鞭须蚁甲 *T. rougemonti***
- 前足胫节末端无修饰……**片鞭须蚁甲 *T. frondosus***
4. 头部具额中脊……5
- 头部不具额中脊……6
5. 前胸背板背面覆致密粗糙刻点……**粗点鞭须蚁甲 *T. abhorridus***
- 前胸背板具稀疏刻点……**大明山鞭须蚁甲 *T. damingensis***
6. 第 4 背板基部不具脊……**小鞭须蚁甲 *T. humilis***
- 第 4 背板基部具脊……7
7. 中足胫节近末端具三角形突起……**突胫鞭须蚁甲 *T. tibialis***
- 中足胫节末端具小刺……**凹鞭须蚁甲 *T. cavernosus***
8. 中足胫节末端具短刺……**古田山鞭须蚁甲 *T. gutianensis***
- 中足胫节末端无修饰……9
9. 触角第 11 节背面不具圆形凹坑……**弯鞭须蚁甲 *T. anfractus***
- 触角第 11 节背面具明显圆形凹坑……10

10. 触角第 11 节背面圆形凹坑中盘状突起较短，不明显……………………………………………矛鞭须蚁甲 *T. contus*
- 触角第 11 节背面圆形凹坑中盘状突起较长，明显……………………………………………细刺鞭须蚁甲 *T. aculeus*

（384）粗点鞭须蚁甲 *Triomicrus abhorridus* Shen *et* Yin, 2015（图 4-III-76，图版 III-51）

Triomicrus abhorridus Shen *et* Yin, 2015: 510.

主要特征：体长 2.0–2.2 mm；红棕色。头长略大于宽，顶窝间具中脊；复眼突出，各约有 35 个小眼；触角末 3 节形成端锤。前胸背板宽大于长，盘区具密集粗刻点。鞘翅宽大于长，侧肩沟延伸至鞘翅端部。腹部宽大于长，第 4 背板中脊长度约为背板长度的 3/4。雄性触角第 11 节近基部具盘状突起，长约为本节长度的 1/8；前足腿节不膨大，转节及胫节不具刺，中足胫节无刺；第 7 节腹板端部特化。

分布：浙江（龙泉）。

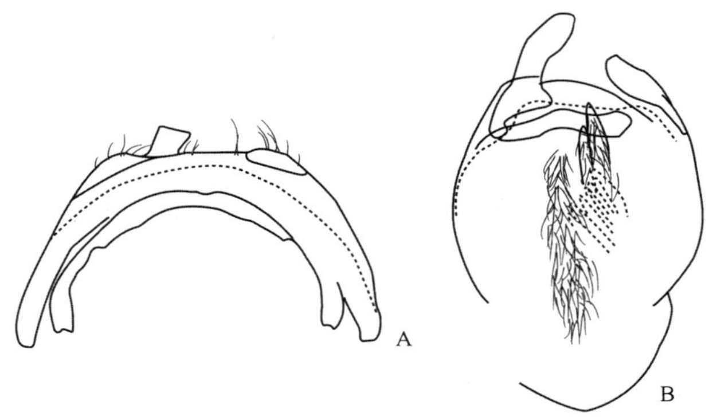

图 4-III-76　粗点鞭须蚁甲 *Triomicrus abhorridus* Shen *et* Yin, 2015
A. 雄性第 7–8 腹板；B. 阳茎背面观

（385）细刺鞭须蚁甲 *Triomicrus aculeus* Shen *et* Yin, 2015（图 4-III-77，图版 III-52）

Triomicrus aculeus Shen *et* Yin, 2015: 511.

主要特征：体长 2.0–2.2 mm；红棕色。头长略大于宽，顶窝间不具中脊；复眼突出，各约有 35 个小眼；触角细长，末 3 节形成端锤。前胸背板宽大于长，盘区光滑。鞘翅宽大于长，无侧肩沟。腹部宽大于长，第 4 背板中脊长度约为背板长度的 3/5。雄性触角第 11 节近基部具圆形凹坑，凹坑中央具盘状突起，凹坑长约为本节的 1/2；前足腿节不膨大，转节及胫节不具刺，中足胫节无刺；第 7 腹板端部特化。

分布：浙江（庆元、龙泉）。

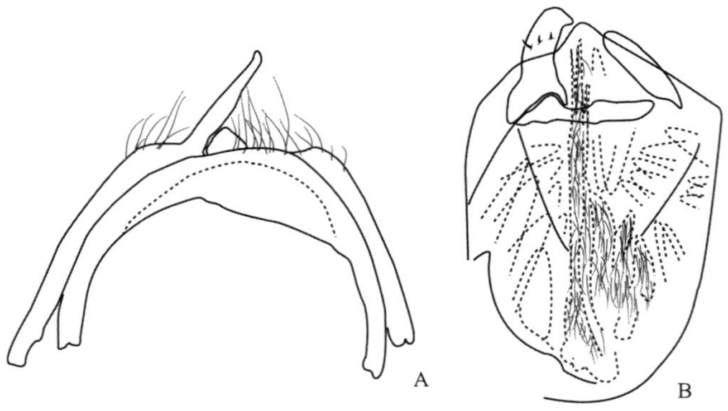

图 4-III-77　细刺鞭须蚁甲 *Triomicrus aculeus* Shen *et* Yin, 2015
A. 雄性第 7–8 腹板；B. 阳茎背面观

（386）弯鞭须蚁甲 *Triomicrus anfractus* Shen *et* Yin, 2015（图 4-III-78，图版 III-53）

Triomicrus anfractus Shen *et* Yin, 2015: 512.

主要特征：体长 1.9–2.1 mm；红棕色。头长略大于宽，顶窝间不具中脊；复眼突出，各约有 32 个小眼；触角末 3 节形成端锤。前胸背板宽大于长，盘区光滑。鞘翅宽大于长，无侧肩沟。腹部宽大于长，第 4 背板中脊长度约为背板长度的 3/5。雄性触角第 11 节具盘状突起，长度约为本节长度的 1/9；前足腿节不膨大，转节及胫节不具刺，中足胫节无刺；第 7 腹板端部特化，末端修饰骨片中部宽大，末端尖细。

分布：浙江（安吉、临安）、安徽。

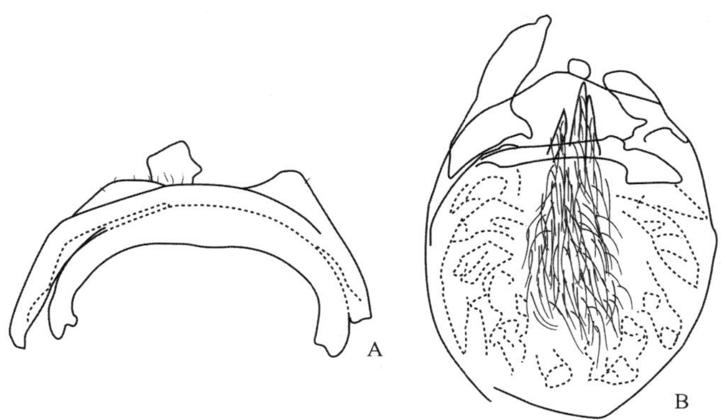

图 4-III-78　弯鞭须蚁甲 *Triomicrus anfractus* Shen *et* Yin, 2015

A. 雄性第 7–8 腹板；B. 阳茎背面观

（387）凹鞭须蚁甲 *Triomicrus cavernosus* Raffray, 1904（图 4-III-79）

Triomicrus cavernosus Raffray, 1904: 147.

主要特征：体长 2.1–2.2 mm；红棕色。头长略大于宽，背面具稀疏刻点；复眼突出；触角末 3 节形成端锤。前胸背板宽大于长，盘区具稀疏刻点。鞘翅宽大于长，侧肩沟从基部侧窝延伸至后足基节前缘。腹部宽大于长，第 4 背板中脊长度约为背板长度的 1/3。雄性触角第 11 节背面具较大盘状突起，突起直径约

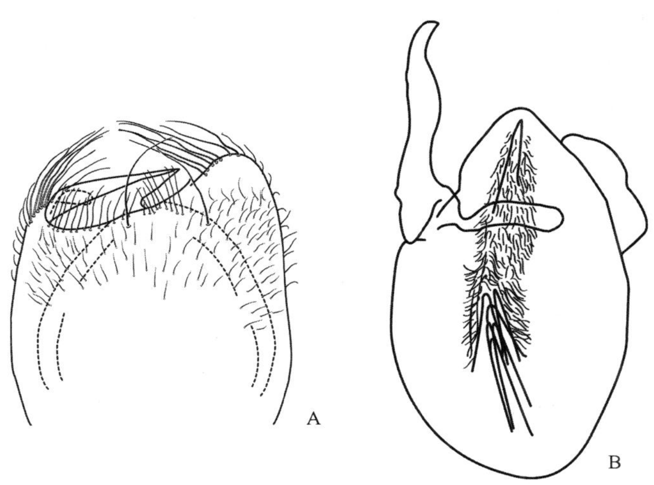

图 4-III-79　凹鞭须蚁甲 *Triomicrus cavernosus* Raffray, 1904

A. 雄性第 7–8 腹板；B. 阳茎背面观

为本节长度的 1/4；第 7 节腹板端部特化，末端修饰骨片由两部分组成，左边骨片横向着生，基部宽大，末端尖细，右边骨片微小。

分布：浙江（象山）。

（388）矛鞭须蚁甲 *Triomicrus contus* Shen *et* Yin, 2015（图 4-III-80，图版 III-54）

Triomicrus contus Shen *et* Yin, 2015: 515.

主要特征：体长 2.1–2.2 mm；红棕色。头长略大于宽，顶窝间不具中脊；复眼突出，各约有 35 个小眼；触角末 3 节形成端锤。前胸背板宽大于长，盘区具细刻点。鞘翅宽大于长，无侧肩沟。腹部宽大于长，第 4 背板中脊长度约为背板长度的 2/3。雄性触角第 11 节近基部具圆形凹坑，凹坑中具轻微突起，凹坑直径约为本节长度的 1/2；前足腿节不膨大，转节及胫节不具刺，中足胫节无刺；第 7 腹板端部特化，末端修饰骨片中部宽大，末端尖细。

分布：浙江（诸暨）、江西。

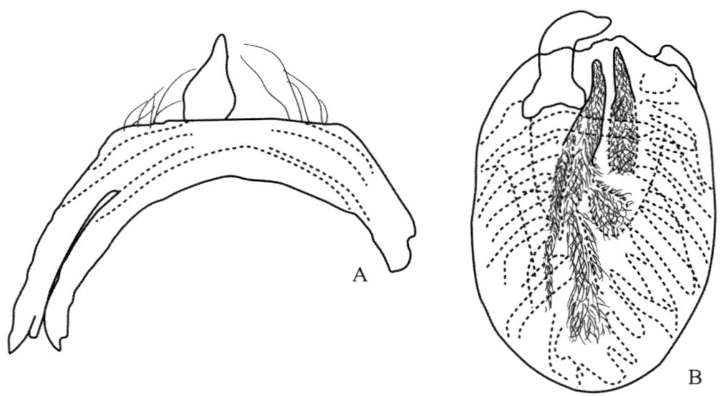

图 4-III-80　矛鞭须蚁甲 *Triomicrus contus* Shen *et* Yin, 2015

A. 雄性第 7–8 腹板；B. 阳茎背面观

（389）大明山鞭须蚁甲 *Triomicrus damingensis* Shen *et* Yin, 2015（图 4-III-81，图版 III-55）

Triomicrus damingensis Shen *et* Yin, 2015: 516.

主要特征：体长约 2.0 mm；红棕色。头长略大于宽，顶窝间具中脊；复眼突出，各约有 34 个小眼；

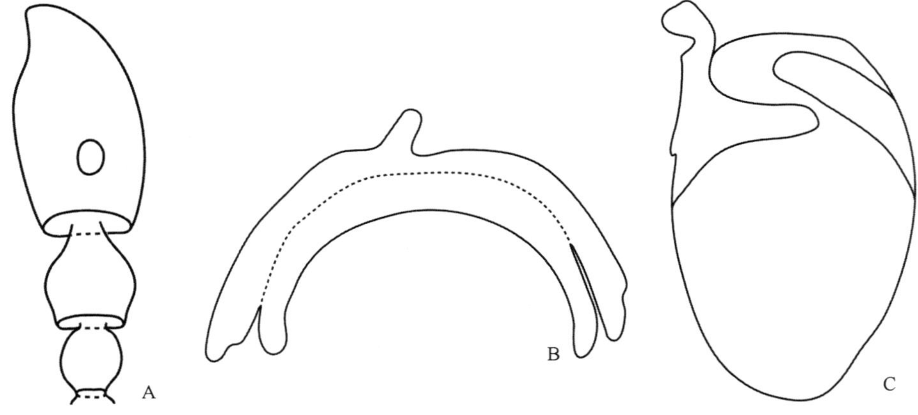

图 4-III-81　大明山鞭须蚁甲 *Triomicrus damingensis* Shen *et* Yin, 2015

A. 雄性触角端锤；B. 雄性第 7–8 腹板；C. 阳茎背面观

触角末 3 节形成端锤。前胸背板宽大于长，盘区具稀疏刻点。鞘翅宽大于长，表面光滑，侧肩沟长，延伸至鞘翅端部。腹部宽大于长，第 4 背板中脊长度约为背板长度的 3/5。雄性触角第 11 节近基部具盘状突起，长约为本节长度的 1/7；前足腿节不膨大，转节及胫节不具刺，中足胫节无刺；第 7 腹板端部特化，末端修饰骨片较短，末端圆润。

分布：浙江（临安）。

（390）片鞭须蚁甲 *Triomicrus frondosus* Shen *et* Yin, 2015（图 4-III-82，图版 III-56）

Triomicrus frondosus Shen *et* Yin, 2015: 517.

主要特征：体长 2.1–2.3 mm；红棕色。头长略大于宽，顶窝间具中脊；复眼突出，各约有 32 个小眼；触角末 3 节形成端锤。前胸背板宽大于长，盘区光洁。鞘翅宽大于长，表面光滑，侧肩沟较短，不到鞘翅长度的一半。腹部宽大于长，第 4 背板中脊长度约为背板长度的 3/5。雄性触角第 11 节具圆形凹坑，凹坑中具轻微突起，凹坑直径小于本节长度的 1/3；前足腿节不膨大，转节及胫节不具刺，中足胫节无刺；第 7 腹板端部特化，末端修饰骨片中基部狭窄，末端尖细。

分布：浙江（安吉、临安）。

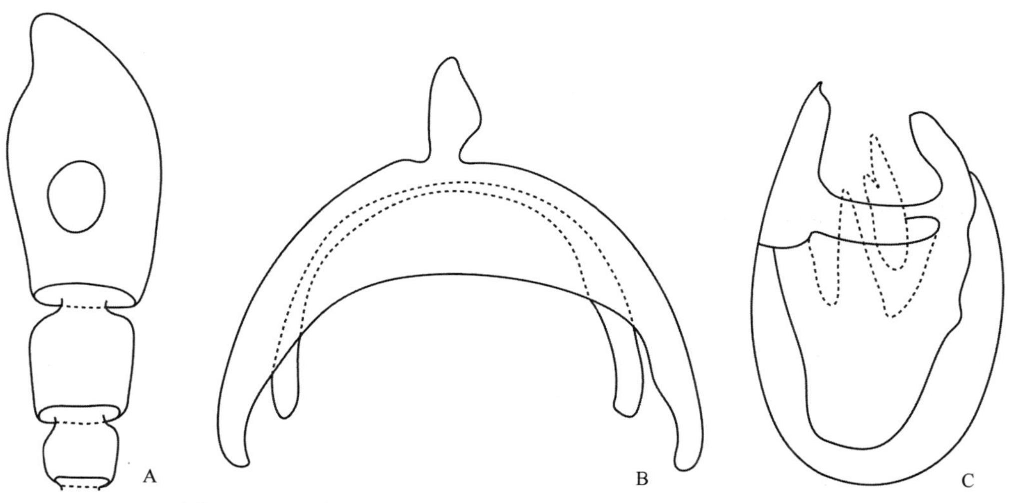

图 4-III-82 片鞭须蚁甲 *Triomicrus frondosus* Shen *et* Yin, 2015

A. 雄性触角端锤；B. 雄性第 7–8 腹板；C. 阳茎背面观

（391）古田山鞭须蚁甲 *Triomicrus gutianensis* Shen *et* Yin, 2015（图 4-III-83，图版 III-57）

Triomicrus gutianensis Shen *et* Yin, 2015: 518.

主要特征：体长 2.1–2.3 mm；红棕色。头长大于宽，顶窝间不具中脊；复眼突出，各约有 34 个小眼；触角末 3 节形成端锤。前胸背板宽大于长，盘区光洁。鞘翅宽大于长，盘区具稀疏刻点，鞘翅无侧肩沟。腹部宽大于长，第 4 背板中脊长度约为背板长度的 3/5。雄性触角第 11 节基部具圆形凹坑，长约为本节长度的 3/5；前足腿节不膨大，转节不具刺，胫节末端具突起，中足胫节末端具短刺；第 7 腹板端部特化，末端修饰骨片较大，中部宽大，末端斜向收缩。

分布：浙江（开化）。

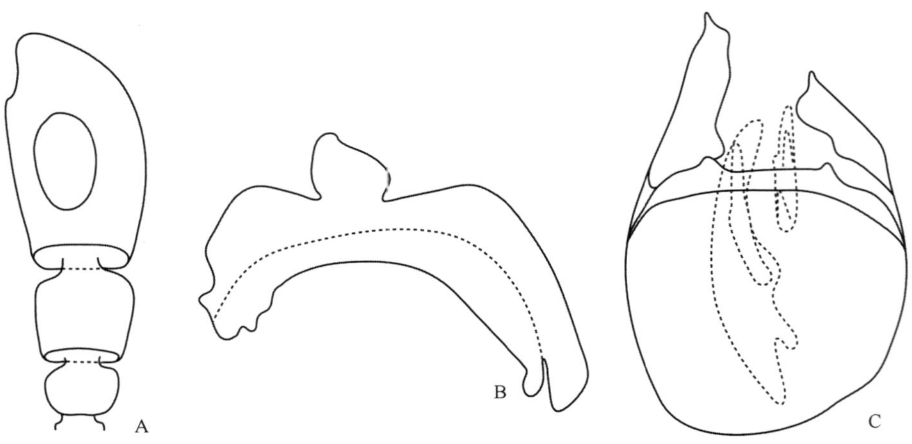

图 4-III-83　古田山鞭须蚁甲 *Triomicrus gutianensis* Shen *et* Yin, 2015
A. 雄性触角端锤；B. 雄性第 7–8 腹板；C. 阳茎背面观

（392）小鞭须蚁甲 *Triomicrus humilis* Raffray, 1904

Triomicrus humilis Raffray, 1904: 147.

主要特征：体长约 2.0 mm；红棕色。头长宽相等。前胸背板宽大于长（1.23∶1）。鞘翅宽大于长（1.24∶1）。本种仅知 1 头雌性选模标本，详细特征描述有待于发现雄性标本。

分布：浙江（海宁）。

（393）劳氏鞭须蚁甲 *Triomicrus rougemonti* Löbl, Kurbatov *et* Nomura, 1998（图 4-III-84，图版 III-58）

Triomicrus rougemonti Löbl, Kurbatov *et* Nomura, 1998: 74.

主要特征：体长 1.9–2.2 mm；红棕色。头长大于宽，顶窝间不具中脊；复眼突出，各约有 40 个小眼；触角细长，末 3 节形成端锤。前胸背板宽大于长，盘区具稀疏浅刻点。鞘翅宽大于长，盘区光滑，侧肩沟短，不到鞘翅长度一半。腹部第 4 背板中脊长度约为背板长度的 3/5。雄性触角第 11 节近中部具不明显圆形凹坑，凹坑中具盘状突起，凹坑长约为本节长度的 2/5；前足腿节不膨大，转节不具刺，胫节末端具钝圆长突起，中足胫节末端无刺；第 7 腹板端部特化，末端修饰骨片基部较狭窄，末端极尖细。

分布：浙江（临安、庆元、龙泉）、福建。

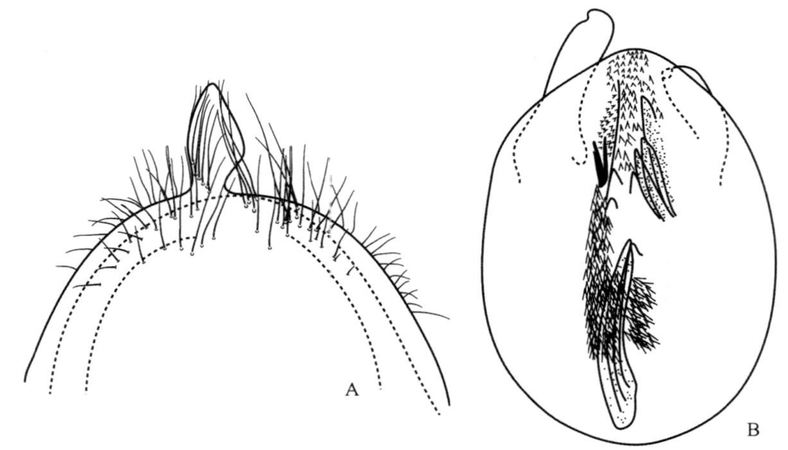

图 4-III-84　劳氏鞭须蚁甲 *Triomicrus rougemonti* Löbl, Kurbatov *et* Nomura, 1998（仿自 Löbl et al.，1998）
A. 雄性第 7–8 腹板；B. 阳茎背面观

（394）突胫鞭须蚁甲 *Triomicrus tibialis* Shen *et* Yin, 2015（图 4-III-85，图版 III-59）

Triomicrus tibialis Shen *et* Yin, 2015: 524.

主要特征：体长 2.0–2.2 mm；红棕色。头长大于宽，顶窝间不具中脊；复眼突出，各约有 34 个小眼；触角末 3 节形成端锤。前胸背板宽大于长，盘区具稀疏浅刻点。鞘翅宽大于长，盘区光滑，侧肩沟长，接近鞘翅长度。腹部第 4 背板中脊长度约为背板长度的 2/5。雄性触角第 11 节近基部具圆形凹坑，凹坑中具盘状突起，凹坑直径约为本节长度的 1/3。前足腿节不膨大，转节和胫节末端不具突起，中足胫节末端具角状突起；第 7 腹板端部特化，末端修饰骨片横向着生，末端尖细。

分布：浙江（余杭）。

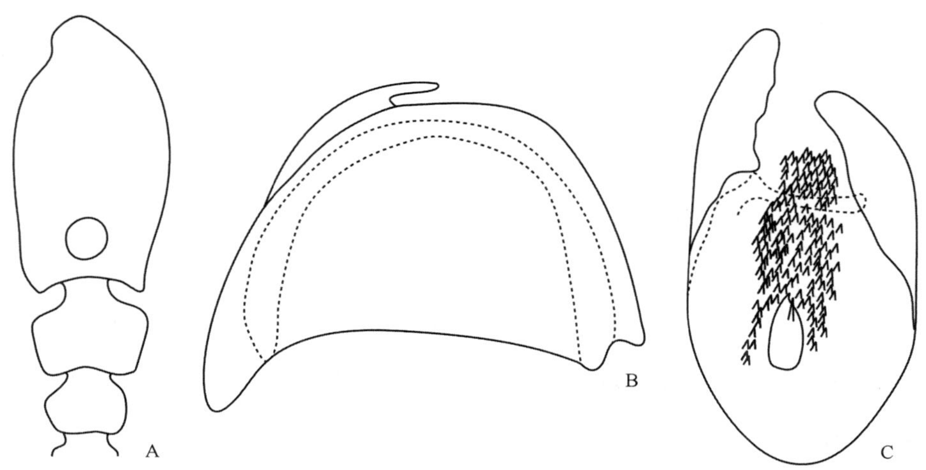

图 4-III-85　突胫鞭须蚁甲 *Triomicrus tibialis* Shen *et* Yin, 2015

A. 雄性触角端锤；B. 雄性第 7–8 腹板；C. 阳茎背面观

181. 阎蚁甲属 *Trissemus* Jeannel, 1949

Trissemus Jeannel, 1949: 95. Type species: *Bryaxis antennatus* Aubé, 1833.

Trissemellus Jeannel, 1959: 530. Type species: *Reichenbachia obtusa* Raffray, 1877.

Trissemites Jeannel, 1959: 530. Type species: *Bryaxis abyssinica* Raffray, 1877.

Trissemosus Jeannel, 1959: 530. Type species: *Bryaxis rupestris* Raffray, 1896.

主要特征：体小型，体长 1.4–1.8 mm；红棕色。头近梯形，具 1 对顶窝；复眼突出；触角 11 节，末 2 节膨大，形成端锤。前胸背板两侧弧形，显著宽于头部；中央侧近基窝和侧近基窝发达，不具横沟。鞘翅宽阔，各具 3 个发达基窝，盘区纵沟延伸至鞘翅端部 4/5。足狭长。腹部短，第 4 背板最长，侧背板发达。阳茎对称，基囊膨大，具弱骨质化内囊。雄性性征位于足。

分布：古北区、东洋区、旧热带区。世界已知 177 种 13 亚种，中国记录 3 种，浙江分布 2 种。

（395）小锤阎蚁甲 *Trissemus* (*Trissemus*) *clavatus* (Motschulsky, 1851)（图 4-III-86，图版 III-60）

Bryaxis clavatus Motschulsky, 1851: 491.

Reichenbachia cecconii Reitter, 1905: 208.

Reichenbachia munganasti Reitter, 1905: 208.

Trissemus clavatus: Besuchet, 1999: 51.

主要特征：体长 1.4–1.5 mm；红棕色。头近梯形，宽略大于长，具短刚毛，头顶较平，具 1 对明显顶窝，额微凹，额窝明显；复眼突出，每个复眼由 35 个小眼构成；触角末 3 节形成明显端锤。前胸背板宽略大于长，被稀疏短刚毛，中央窝小而浅，侧窝大而明显。鞘翅宽大于长，各具 3 个基窝。腹部被均匀短刚毛，第 4 背板盘区纵脊浅，约为背板长度的 1/2，近平行。雄性触角第 11 节显著膨大，呈三角形，端部具齿突修饰；中足胫节中部具 2 根小刺，末端具长刺。

分布：浙江（诸暨）；日本，印度。

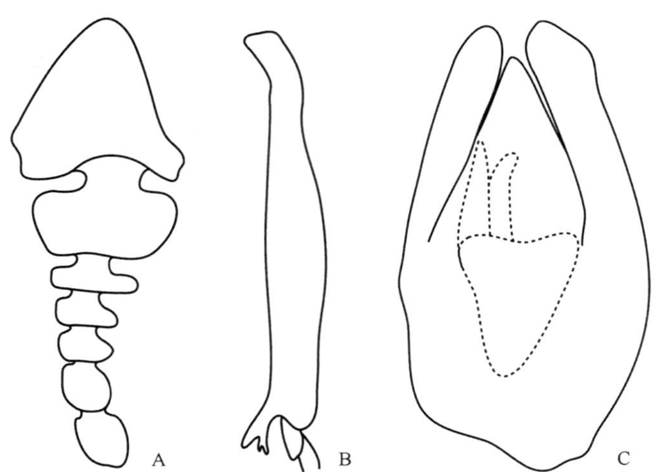

图 4-III-86　小锤阎蚁甲 *Trissemus* (*Trissemus*) *clavatus* (Motschulsky, 1851)

A. 雄性触角第 5–11 节；B. 雄性中足胫节；C. 阳茎背面观

（396）杂阎蚁甲 *Trissemus* (*Trissemus*) *crassipes* (Sharp, 1874)（图 4-III-87，图版 III-61）

Bryaxis crassipes Sharp, 1874b: 125.

Trissemus crassipes: Raffray, 1904: 237.

主要特征：体长 1.7–1.8 mm；红棕色。头近梯形，宽略大于长，具稀疏刻点，被短刚毛，头顶微隆，具 1 对明显顶窝，额稍凹，额窝明显；复眼突出，每个复眼由 30 个小眼构成；触角末 3 节形成明显端锤。前胸背板宽大于长，被短柔毛，具均匀分布的粗刻点，中央窝微小，侧窝大而明显。鞘翅宽大于长，各具 3 个基窝，具均匀分布的浅刻点。腹部被均匀短柔毛，第 4 背板盘区纵脊明显，超过背板长度的 1/2，不平行。雄性触角第 11 节膨大，基部平截向端部收窄；中足胫节末端具短刺。

分布：浙江（安吉）；朝鲜，日本。

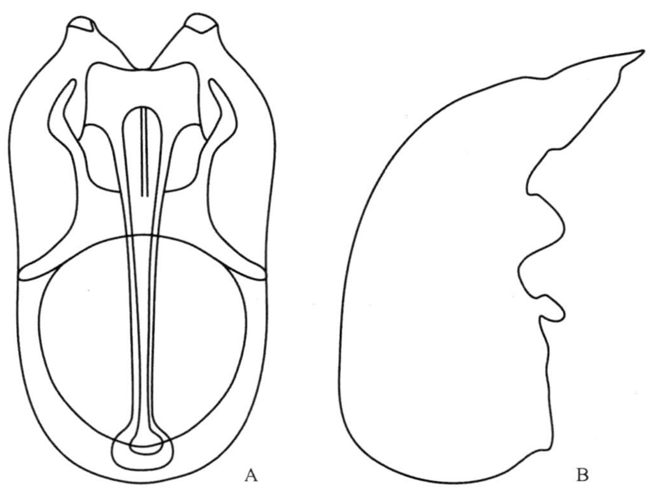

图 4-III-87　杂阎蚁甲 *Trissemus* (*Trissemus*) *crassipes* (Sharp, 1874)

A. 阳茎腹面观；B. 阳茎侧面观

巨须蚁甲族 Bythinini Raffray, 1890

182. 瘤角蚁甲属 *Bryaxis* Kugelann, 1794

Bryaxis Kugelann, 1794: 580. Type species: *Pselaphus bulbifer* Reichenbach, 1816.

Kunzea Leach, 1826: 448. Type species: *Kunzea nigriceps* Leach, 1826.

Megalobythus Jeannel, 1922: 232. Type species: *Megalobythus goliath* Jeannel, 1922.

Balcanobythus Karaman, 1957: 170. Type species: *Bythinus lokayi* Machulka, 1927.

Bythiniama Jeannel, 1958: 85. Type species: *Bryaxis japonicus* Sharp, 1874.

Iberobythus Franz, 1958: 123. Type species: *Bryaxis crotchi* Sharp, 1874.

Bythinopsidius Meggiolaro, 1960: 60. Type species: *Bythinus pentagonoceras* Stolz, 1917.

主要特征：体小型，体长 1.4–1.6 mm；红棕色。头近三角形，具 1 对顶窝；下颚须发达，极度膨大；复眼突出；触角 11 节，末 3 节膨大，形成端锤。前胸背板横宽，两侧弧形，显著宽于头部；近基部具连接中央和侧近基窝的横沟。鞘翅宽阔，各具 2 个发达基窝，盘区纵沟不明显。足狭长。腹部短，第 4–6 背板等长；侧背板发达。阳茎对称，基囊膨大，具弱骨质化内囊。雄性性征位于触角和足。

分布：古北区、东洋区。世界已知 382 种 40 亚种，中国记录 37 种，浙江分布 4 种。

分种检索表

1. 雄性触角第 2 节不具瘤突……2
- 雄性触角第 2 节具瘤突……3
2. 阳茎狭长，端部 1/3 不明显变宽……**斯氏瘤角蚁甲 *B. smetanai***
- 阳茎粗壮，端部 1/3 明显变宽……**天目瘤角蚁甲 *B. tienmushanus***
3. 前胸背板刻点稀疏……**迷瘤角蚁甲 *B. mendax***
- 前胸背板刻点密集……**粗糙瘤角蚁甲 *B. ruidus***

（397）迷瘤角蚁甲 *Bryaxis mendax* Kurbatov *et* Löbl, 1998（图 4-III-88）

Bryaxis mendax Kurbatov *et* Löbl, 1998: 828.

主要特征：体长 1.4–1.6 mm；红棕色。头近三角形，表面具较浅的粗刻点；雄性复眼长度是后颊的

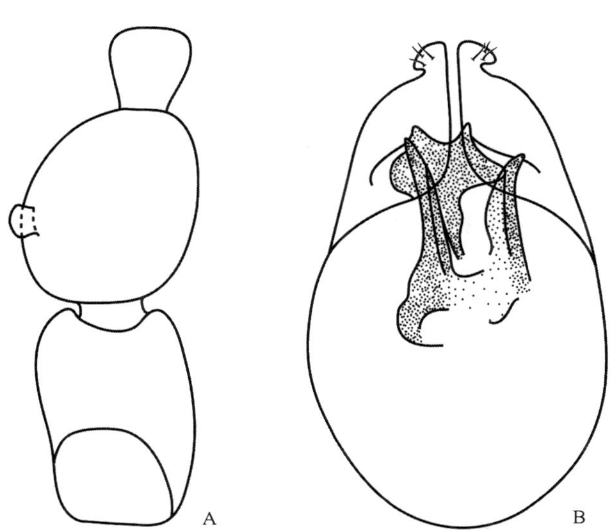

图 4-III-88 迷瘤角蚁甲 *Bryaxis mendax* Kurbatov *et* Löbl, 1998（仿自 Kurbatov and Löbl，1998）

A. 雄性触角第 1–2 节；B. 阳茎背面观

2 倍，每个复眼由 25 个小眼构成，雌性复眼长度略长于后颊，每个复眼由 10 个小眼构成；触角第 3 节长略大于宽，第 4–8 节稍横宽，第 9 节适度横宽，长于并宽于第 8 节，第 10 节大小近似第 9 节，第 11 节长于 8–10 节之和。前胸背板宽稍大于长，刻点稀疏。鞘翅刻点密度和前胸背板相似，单个刻点更大而浅。雄性触角第 2 节内缘中央具小瘤突；中足胫节端部具小刺。

分布：浙江（临安）。

（398）粗糙瘤角蚁甲 *Bryaxis ruidus* Kurbatov *et* Löbl, 1998（图 4-III-89）

Bryaxis ruidus Kurbatov *et* Löbl, 1998: 827.

主要特征：体长 1.5–1.6 mm；红棕色。头近三角形，表面具较浅的粗刻点；雄性复眼由 22–25 个小眼构成，雌性复眼由 8–10 个小眼构成；触角第 3 节长略大于宽，第 4–5 节长宽近似，第 6–8 节略横宽，第 9 节略横宽，稍长于并宽于第 8 节，第 10 节显著宽于并稍长于第 9 节，第 11 节长于第 8–10 节之和。前胸背板宽大于长，刻点密集。鞘翅刻点密度较前胸背板稀疏，单个刻点更大而浅。雄性触角第 2 节内缘中央具中等大小瘤突；中足胫节端部具短刺。

分布：浙江（临安）。

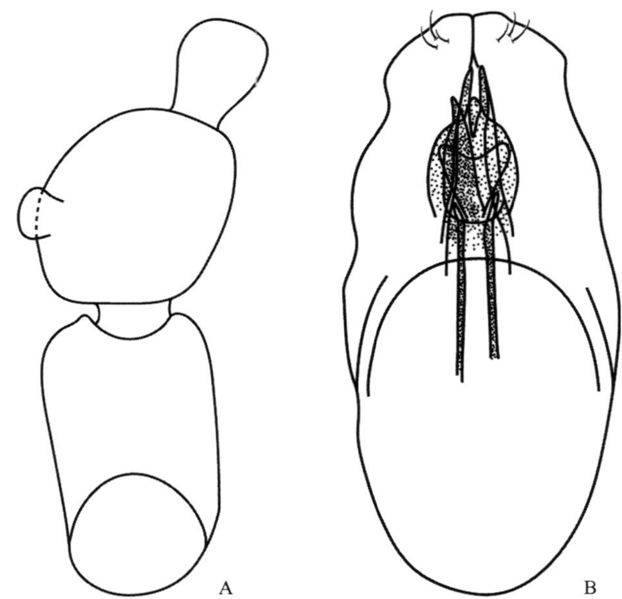

图 4-III-89　粗糙瘤角蚁甲 *Bryaxis ruidus* Kurbatov *et* Löbl, 1998（仿自 Kurbatov and Löbl，1998）

A. 雄性触角第 1–2 节；B. 阳茎背面观

（399）斯氏瘤角蚁甲 *Bryaxis smetanai* Löbl, 1964（图 4-III-90）

Bryaxis smetanai Löbl, 1964b: 45.

主要特征：体长 1.4 mm；红棕色。头近三角形，表面具较浅的粗刻点；雄性复眼由 35 个小眼构成，雌性复眼由 15 个小眼构成；触角第 3 节长宽近似，第 4–8 节横宽，大小近似，第 11 节等长于第 8–10 节之和。前胸背板宽稍大于长，具密集粗刻点。鞘翅具不规则粗糙刻点，单个刻点更大而浅。雄性触角第 2 节内缘中央不具瘤突；后足胫节端部具小刺。

分布：浙江（临安）。

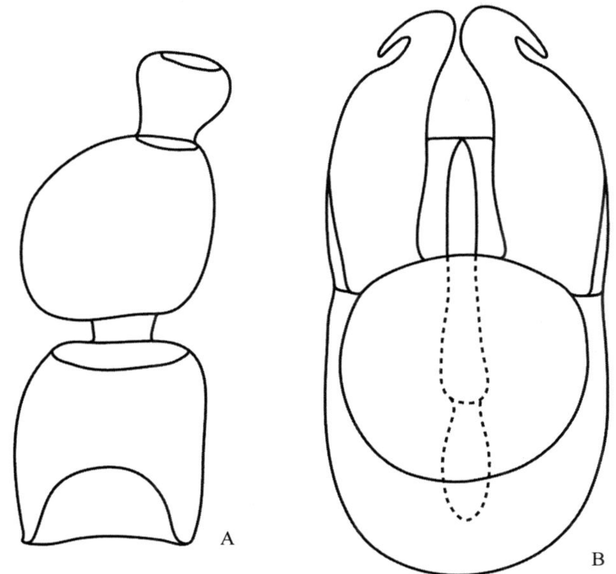

图 4-III-90 斯氏瘤角蚁甲 *Bryaxis smetanai* Löbl, 1964（仿自 Löbl，1964b）

A. 雄性触角 1–2 节；B. 阳茎背面观

（400）天目瘤角蚁甲 *Bryaxis tienmushanus* Kurbatov *et* Löbl, 1995（图 4-III-91）

Bryaxis tienmushanus Kurbatov *et* Löbl, 1995: 163.

主要特征：体长约 1.4 mm；红棕色。头近三角形，表面具较深的粗刻点；雄性复眼由 35 个小眼构成，雌性复眼由 15 个小眼构成；触角第 3 节短，横宽，第 4–8 节大小近似，短于第 3 节，第 9–10 节约 2 倍长于宽。前胸背板显著横宽，具较密集粗刻点。鞘翅刻点均一，和头部刻点近似但较浅。雄性触角第 2 节近球形，内缘中央不具瘤突；后足胫节端半部弯曲，端部具小突起。

分布：浙江（临安）。

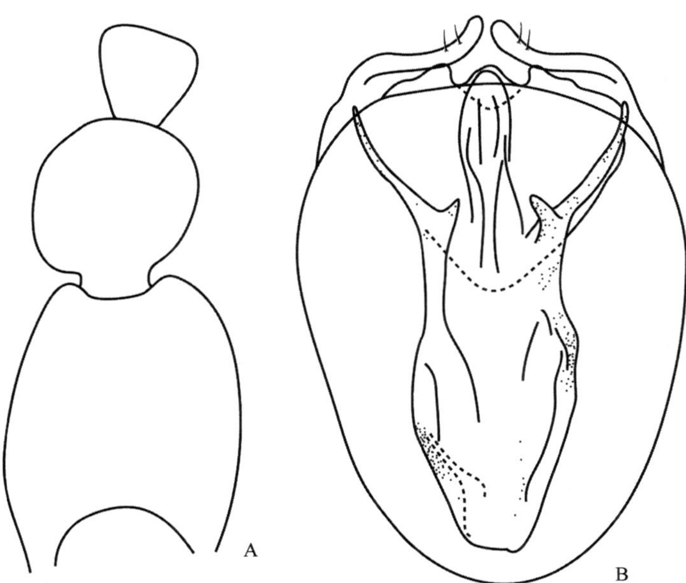

图 4-III-91 天目瘤角蚁甲 *Bryaxis tienmushanus* Kurbatov *et* Löbl, 1995（仿自 Kurbatov and Löbl, 1995）

A. 雄性触角第 1–3 节；B. 阳茎背面观

缩角蚁甲族 Cyathigerini Schaufuss, 1872

183. 并节蚁甲属 *Plagiophorus* Motschulsky, 1851

Plagiophorus Motschulsky, 1851: 496. Type species: *Plagiophorus paradoxus* Motschulsky, 1851.

Cyathiger King, 1865: 174. Type species: *Cyathiger punctatus* King, 1865.

Paracyathiger Jeannel, 1951: 109. Type species: *Cyathiger heterocerus* Raffray, 1895.

Denicyathiger Jeannel, 1951: 109. Type species: *Cyathiger bironis* Raffray, 1903.

Cyathigerodes Jeannel, 1951: 110. Type species: *Cyathigerodes machadoi* Jeannel, 1951.

Manuleiger Jeannel, 1961: 449. Type species: *Manuleiger remyi* Jeannel, 1961.

主要特征：体小型，体长 1.6–1.7 mm；体红棕色；通体具粗刻点。头近四边形，具 1 对不明显顶窝；下颚须小；复眼略突出；触角 7 节，末节膨大，形成端锤。前胸背板近球形，略宽于头部；盘区具 1 对侧近基窝。鞘翅宽阔，各具 3 个不明显基窝，盘区无纵沟。足狭长。腹部短，第 4 背板长于第 5–7 节之和；侧背板窄。阳茎不对称，基囊膨大，内囊强烈骨质化。雄性性征位于触角。

分布：古北区、东洋区。世界已知 90 种，中国记录 7 种，浙江分布 2 种。

（401）哈氏并节蚁甲 *Plagiophorus hlavaci* Sugaya, Nomura *et* Burckhardt, 2004（图 4-III-92）

Plagiophorus hlavaci Sugaya, Nomura *et* Burckhardt, 2004: 155.

主要特征：体长 1.6–1.7 mm；红棕色。头略宽大于长，额突中央平坦，前缘拱形，后颊向两侧扩展；触角各节念珠状，第 7 节膨大。前胸背板宽大于长。鞘翅宽大于长，各具 2 个基窝。腹部短于鞘翅，宽大于长，近基部最宽，腹板中央浅凹。雄性复眼各具 12 个小眼；触角第 7 节极度膨大，肾形，中空；后胸腹板具 1 对毛斑；前足胫节前 1/5 处具齿，中足胫节具端齿。雌性复眼各具 3–4 个小眼，触角第 7 节长宽近似，不具中空结构。

分布：浙江（临海）、福建。

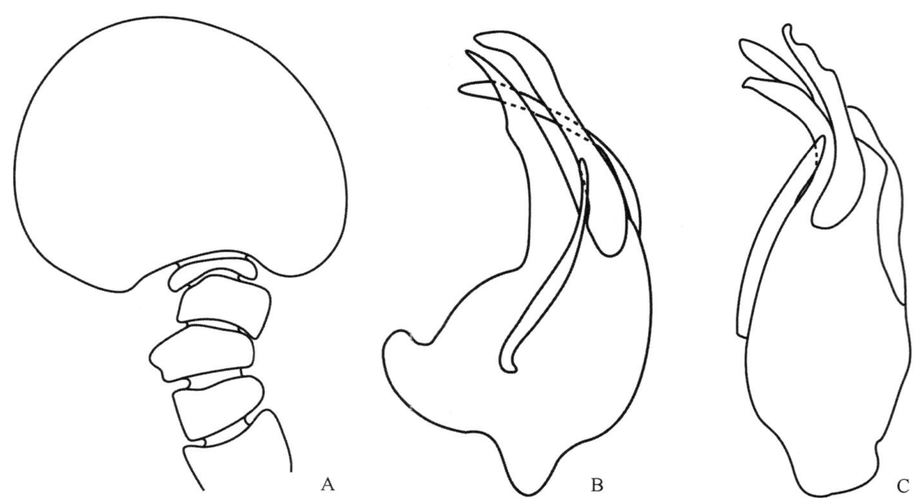

图 4-III-92　哈氏并节蚁甲 *Plagiophorus hlavaci* Sugaya, Nomura *et* Burckhardt, 2004
（仿自 Sugaya et al.，2004）
A. 雄性触角；B. 阳茎侧面观；C. 阳茎背面观

（402）马氏并节蚁甲 *Plagiophorus matousheki* (Löbl, 1964)（图 4-III-93）

Paracyathiger matousheki Löbl, 1964d: 297.

Plagiophorus matousheki: Burckhardt & Löbl, 2002: 405.

主要特征：体长 1.7 mm；红棕色。头宽略大于长，额突中央平坦，前缘拱形，后颊向两侧扩展。后颊圆弧，略收缩；复眼位于头中央前方，每个复眼具 6 个小眼；触角各节近念珠状，第 5–6 节多少被第 7 节覆盖，第 7 节约等长于 1–5 节之和，长略大于宽。前胸背板略横宽，前缘弧形，中央和侧近基窝大小相等。鞘翅强烈横宽，最宽处位于中部靠后。腹部宽稍大于长，近基部最宽。

分布：浙江（临安）。

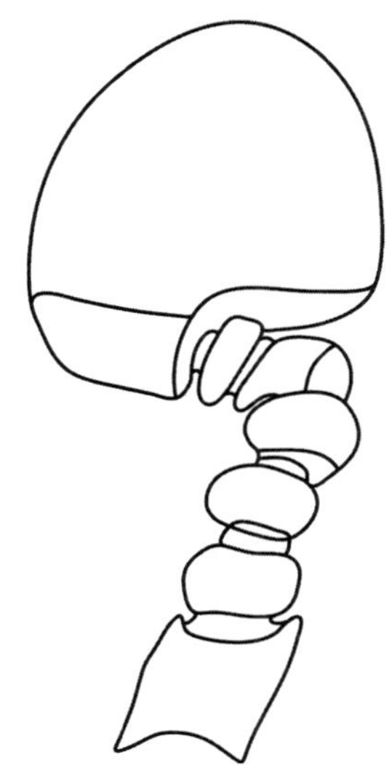

图 4-III-93 马氏并节蚁甲 *Plagiophorus matousheki* (Löbl, 1964)雄性触角（仿自 Löbl，1964）

巨首蚁甲族 Iniocyphini Park, 1951

巨首蚁甲亚族 Iniocyphina Park, 1951

184. 脊腹蚁甲属 *Morana* Sharp, 1874

Morana Sharp, 1874b: 117. Type species: *Morana discedens* Sharp, 1874.

主要特征：体小型，体长约 1.3 mm；红棕色。头近四边形，强烈横宽，具 1 对不明显顶窝；颊凹陷；复眼突出；触角 11 节，末 2 节膨大，形成端锤。前胸背板横宽，两侧弧形；基部具成排窝。鞘翅宽阔，各具 2 个明显基窝，盘区纵沟不明显。足狭长。腹部短，第 4 背板长于第 5–6 节之和；侧背板发达。阳茎不对称，基囊膨大，内囊强烈骨质化。雄性性征位于触角、足和第 8 腹板。

分布：古北区、东洋区。世界已知 73 种，中国记录 6 种，浙江分布 1 种。

（403）陷额脊腹蚁甲 *Morana epastifrons* Kurbatov, Cuccodoro *et* Löbl, 2007（图 4-III-94）

Morana epastifrons Kurbatov, Cuccodoro *et* Löbl, 2007: 631.

主要特征：体长 1.3 mm；浅红棕色。头宽略大于长，密布粗刻点；复眼突出，各约有 35 个小眼。触角

第 1 节粗短，扁平；第 2 节长于第 1 节，自中部向端部逐渐变宽；第 3 节长宽近似；第 4–7 节横宽，大小接近；第 9–11 节具性征；第 11 节等长于第 5–10 节之和。前胸背板具细刻点，不具中央纵沟，基窝明显。后胸腹板刚毛密度中间高于侧边。中足胫节内缘具 2 根长感觉刚毛。第 4 背板盘区隆脊不平行，向后延伸超过背板长度之半；第 5 腹板端部具 1 长 1 短 2 根感觉刚毛。

分布：浙江（临安）。

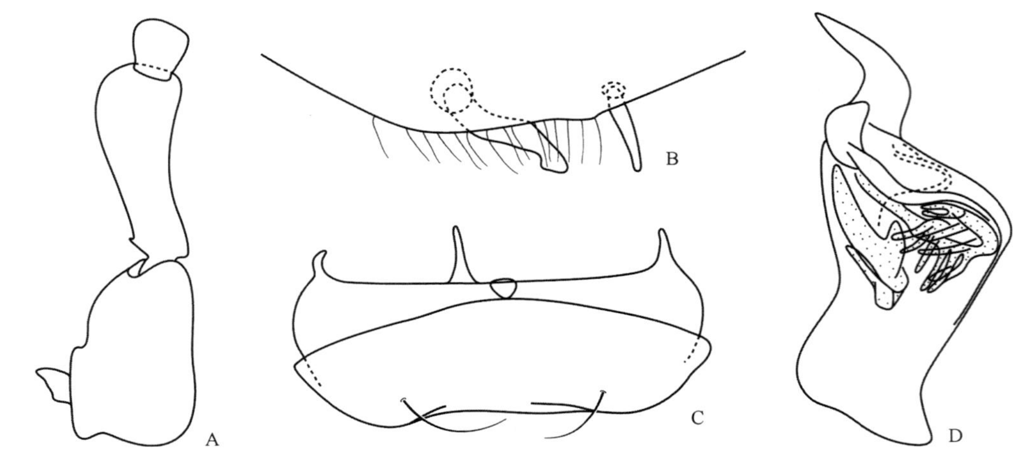

图 4-III-94 陷额脊腹蚁甲 *Morana epastifrons* Kurbatov, Cuccodoro *et* Löbl, 2007（仿自 Kurbatov et al.，2007）
A. 雄性触角第 1–3 节；B. 雄性第 8 背板端部；C. 雄性第 8 腹板；D. 阳茎背面观

185. 奇首蚁甲属 *Nipponobythus* Jeannel, 1958

Nipponobythus Jeannel, 1958: 77. Type species: *Nipponobythus syrbatoides* Jeannel, 1958.

Machulkaia Löbl, 1964a: 1. Type species: *Machulkaia mirabilis* Löbl, 1964.

主要特征：体小型，体长 1.6–2.1 mm；红棕色。头近四边形，强烈横宽，具 1 对不发达顶窝；颊凹陷；复眼突出；触角 11 节，末 3 节膨大，形成不明显端锤。前胸背板横宽，两侧弧形；基部具成排窝，具连接中央和侧基窝的横沟。鞘翅宽阔，各具 2 个明显基窝，盘区纵沟短。足狭长。腹部短，第 4 背板长于第 5–6 节之和；侧背板发达。阳茎不对称，基囊膨大，内囊强烈骨质化。雄性性征位于头和足。

分布：古北区、东洋区。世界已知 14 种，中国记录 8 种，浙江分布 5 种。

分种检索表

1. 体中小型，体长 1.9–2.1 mm……………………………………………………………………………………硕奇首蚁甲 *N. grandis*
- 体小型，体长不大于 1.8 mm……………………………………………………………………………………………………2
2. 雄性头部前缘具 1 对突起，中足胫节端部具齿……………………………………………………………异奇首蚁甲 *N. dispar*
- 雄性头部性征不如上述………………………………………………………………………………………………………3
3. 雄性触角第 7 节不对称，内缘强烈突起……………………………………………………………………神奇首蚁甲 *N. mirabilis*
- 雄性触角第 7 节对称，内缘不突起…………………………………………………………………………………………4
4. 雄性头顶具三角形突起……………………………………………………………………………………卜氏奇首蚁甲 *N. besucheti*
- 雄性头顶具 1 巨大凹陷……………………………………………………………………………………凹奇首蚁甲 *N. caviceps*

（404）卜氏奇首蚁甲 *Nipponobythus besucheti* Löbl, 1965（图 4-III-95）

Nipponobythus besucheti Löbl, 1965: 500.

主要特征：体长约 1.7 mm；红棕色。头稍横宽，密布粗刻点，前半部强烈向下倾斜，两侧近平行；

复眼突出，位于中部靠后；后颊圆弧，与复眼等长。触角短，第 1 节细短，长是宽的 1.25 倍；第 2 节长稍大于宽；第 3 节基部极窄，向端部逐渐变宽；第 4–8 节大小近似，稍横宽；第 9 节横宽；第 10 节稍大于第 9 节；第 11 节与前 3 节之和等长。前胸背板宽大于长，前缘收缩，盘区具稀疏刻点。鞘翅强烈横宽，具稀疏大刻点。腹部长于鞘翅，第 4–7 背板外露。雄性头部前半中央具狭长凹陷，雄性头顶具三角形突起。

分布：浙江（临安）。

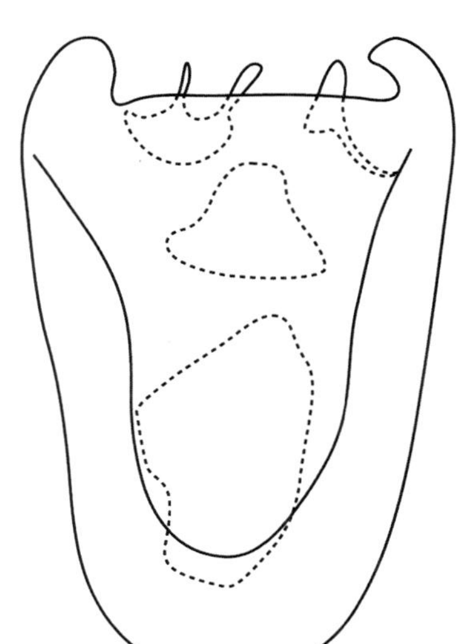

图 4-III-95 卜氏奇首蚁甲 *Nipponobythus besucheti* Löbl, 1965 阳茎背面观（仿自 Löbl，1965）

（405）凹奇首蚁甲 *Nipponobythus caviceps* Löbl, 1965（图 4-III-96）

Nipponobythus caviceps Löbl, 1965: 502.

主要特征：体长 1.7–1.8 mm；红棕色。头横宽，具细刻点；复眼小，各具 7 个小眼；后颊圆弧，2 倍长于复眼。触角短，第 1 节较粗，长稍大于宽；第 2 节 1.25 倍长于宽；第 3 节宽度为第 2 节的 2/3，稍横宽；第 4 节宽度近似第 3 节，稍短；第 5 节比第 4 节稍小；第 6–8 节大小近似，稍横宽；第 9 节横宽；第 10 节宽稍大于长，等长于第 9 节；第 11 节长于前 3 节之和。前胸背板宽大于长，前缘收缩，盘区具稀疏刻点。鞘翅强烈横宽，具稀疏刻点。腹部长于鞘翅，第 4–7 背板外露。雄性头顶具 1 巨大凹陷；后足转节具突起。

分布：浙江（临安）。

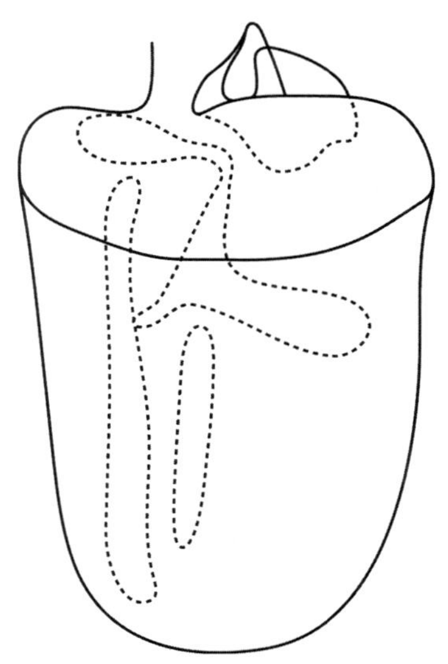

图 4-III-96 凹奇首蚁甲 *Nipponobythus caviceps* Löbl, 1965 阳茎背面观（仿自 Löbl，1965）

（406）异奇首蚁甲 *Nipponobythus dispar* Löbl, 1965（图 4-III-97）

Nipponobythus dispar Löbl, 1965: 496.

主要特征：体长 1.6–1.7 mm；红棕色。头显著横宽，平坦，两侧近平行；复眼突出，位于中部靠后；后颊圆弧，略长于复眼。触角较短，第 1 节粗短，长大于宽；第 2 节 1.25 倍长于宽，比第 1 节窄；第 3 节向端部变宽；第 4 节短，与第 3 节等宽；第 5–6 节稍横宽；第 7 节稍窄于第 6 节；第 8 节稍短于第 7 节；第 9 节半球形，1.3 倍长于第 8 节；第 10 节横宽；第 11 节稍短于前 3 节之和。前胸背板宽稍大于长，前缘明显收缩，盘区具稀疏刻点。鞘翅强烈横宽，刻点较前胸背板更密集粗糙。腹部短于鞘翅，第 4–6 背板外露。雄性头部前缘具 1 对横宽突起，中足胫节端部具齿。

分布：浙江（临安）。

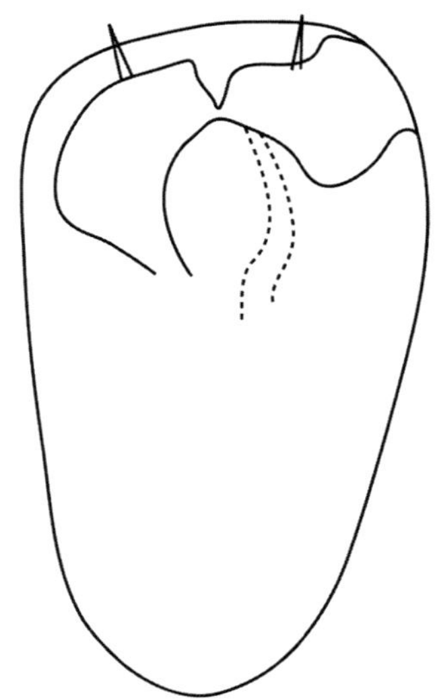

图 4-III-97　异奇首蚁甲 *Nipponobythus dispar* Löbl, 1965 阳茎背面观（仿自 Löbl，1965）

（407）硕奇首蚁甲 *Nipponobythus grandis* Löbl, 1965（图 4-III-98，图版 III-62）

Nipponobythus grandis Löbl, 1965: 498.

主要特征：体长 1.9–2.1 mm；红棕色。头横宽，前半部向下倾斜，两侧近平行；复眼突出，位于中部

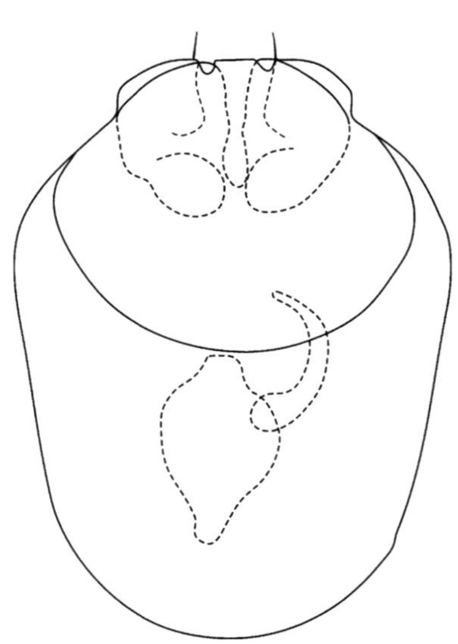

图 4-III-98　硕奇首蚁甲 *Nipponobythus grandis* Löbl, 1965 阳茎背面观（仿自 Löbl，1965）

靠后；后颊稍圆弧，短于复眼。触角较长，第 1 节粗短，宽稍大于长；第 2 节显著窄于且稍短于第 1 节；第 3–6 节大小及长宽近似；第 7 节稍小；第 8 节显著小于第 7 节，稍横宽；第 9 节长大于宽；第 10 近球形，大于第 9 节；第 11 节稍短于前 3 节之和。前胸背板宽稍大于长，前缘明显收缩，盘区具稀疏刻点。鞘翅强烈横宽，刻点大小和密度与胸背板近似。腹部短于鞘翅，第 4–7 背板外露。雄性头部前缘具 1 大凹陷。

分布：浙江（临安）。

（408）神奇首蚁甲 *Nipponobythus mirabilis* (Löbl, 1964)（图 4-III-99）

Machulkaia mirabilis Löbl, 1964a: 2.

Nipponobythus mirabilis: Löbl & Kurbatov, 2004: 366.

主要特征：体长约 1.8 mm；红棕色。头稍横宽，光洁；复眼小而突出。触角较长，第 1 节 2 倍长于宽；第 2 节宽度为第 1 节的一半；第 3 节 1.25 倍长于宽；第 4 节稍短，略横宽；第 5 节比第 4 节更短更宽；第 6 节横宽，大于第 5 节；第 7 节大小近似第 6 节；第 8 节横宽；第 9 节稍大于第 8 节；第 10 节稍长于并显著宽于第 9 节；第 11 节稍长于前 3 节之和。前胸背板宽大于长，前缘收缩，盘区密布细刻点。鞘翅横宽，具稀疏细刻点。腹部长于鞘翅，第 4–7 背板外露。雄性额具横宽凹陷，延伸至复眼边缘。

分布：浙江（临安）。

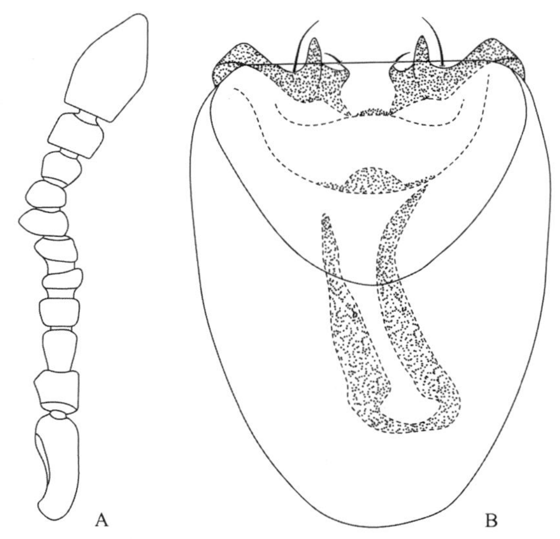

图 4-III-99　神奇首蚁甲 *Nipponobythus mirabilis* (Löbl, 1964)（仿自 Löbl，1965）

A. 触角；B. 阳茎背面观

邻角蚁甲族 Tychini Raffray, 1904

186. 隆颊蚁甲属 *Hyugatychus* Nomura, 1996

Hyugatychus Nomura, 1996: 268. Type species: *Hyugatychus teizonagatomoi* Nomura, 1996.

主要特征：体小型，体长约 1.6 mm；红棕色。头卵圆形，具 1 对发达顶窝；下颚须发达，延长；复眼突出；触角 11 节，末 3 节膨大，形成明显端锤。前胸背板横宽，两侧弧形；具 1 对侧基窝。鞘翅宽阔，各具 2 个明显基窝，盘区纵沟浅。足狭长。腹部较长，第 4 背板长于第 5 和 6 节之和；侧背板发达。阳茎近对称，基囊膨大。雄性性征不显著。

分布：古北区、东洋区。世界已知 4 种，中国记录 2 种，浙江分布 1 种。

（409）库氏隆颊蚁甲 *Hyugatychus cooteri* Hlaváč, 1998（图 4-III-100）

Hyugatychus cooteri Hlaváč, 1998: 77.

主要特征：体长约 1.6 mm；红棕色。头卵圆形，长宽近似，后颊收狭，眼后密布刚毛；复眼小而突出，各约有 15 个小眼。触角较长，第 1 节长大于宽的 1.3 倍；第 2 节长宽近似；第 3–8 节大小相似，近球形；第 9–10 节横宽；第 10 节宽于第 9 节 1.43 倍；第 11 节长于第 10 节 1.5 倍，近卵圆形；端锤长度短于触角其余各节之和。前胸背板横宽，宽是长的 1.26 倍，具稀疏细刻点和长刚毛。鞘翅具粗糙刻点，盘区纵沟延伸至鞘翅长度之半。腹部稍长于鞘翅，第 4 背板最长，第 5–6 节近乎等长。

分布：浙江（临安）。

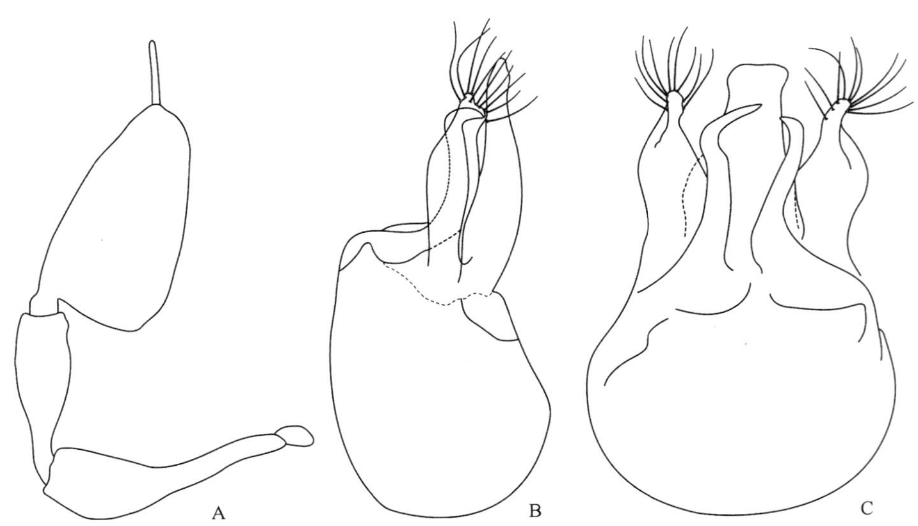

图 4-III-100　库氏隆颊蚁甲 *Hyugatychus cooteri* Hlaváč, 1998（仿自 Hlaváč，1998）
A. 下颚须；B. 阳茎侧面观；C. 阳茎背面观

蚁甲超族 Pselaphitae Latreille, 1802

锤须蚁甲族 Odontalgini Jeannel, 1949

187. 锤须蚁甲属 *Odontalgus* Raffray, 1877

Odontalgus Raffray, 1877: 286. Type species: *Odontalgus tuberculatus* Raffray, 1877.

Herminiella Blattný, 1925: 211. Type species: *Ctenistes costulatus* Motschulsky, 1851.

主要特征：体小型；红棕色。头近三角形，具 1 对发达顶窝和单个额窝；下颚须延长，基部具柄；复眼突出；触角 11 节，末 3 节膨大，形成明显端锤。前胸背板横宽，两侧波浪状；盘区前部具 4 个端窝，具中央近基窝及侧近基窝和成排基窝。鞘翅横宽，各具 2 个明显基窝，盘区纵沟发达，宽阔。腹部较短，第 4 背板等长于第 5–6 节之和；侧背板发达。阳茎中叶端部不对称，基囊膨大。雄性性征位于触角和足。

分布：古北区、东洋区、旧热带区。世界已知 49 种 6 亚种，中国记录 1 种，浙江分布 1 种。

（410）东白锤须蚁甲 *Odontalgus dongbaiensis* Yin *et* Zhao, 2016（图 4-III-101，图版 III-63）

Odontalgus dongbaiensis Yin *et* Zhao, 2016: 568.

主要特征：体小型，体长约 1.5 mm；红棕色。头稍横宽，端部强烈收缩；复眼突出，各约有 30 个小眼；触角较长，末 3 节膨大形成端锤。前胸背板横宽，最宽处位于基部 1/4，向端部逐渐收缩。鞘翅横宽，沿端部具 1 排长刚毛，盘区具 4 条纵沟，沟间形成 2 条隆起的纵脊。腹部横宽，第 4 背板最长，第 5–7 节长度近似。

分布：浙江（诸暨）。

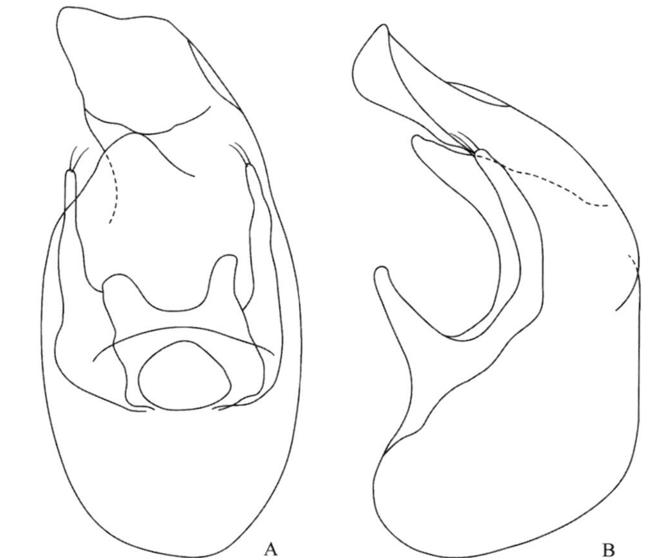

图 4-III-101　东白锤须蚁甲 *Odontalgus dongbaiensis* Yin *et* Zhao, 2016
A. 阳茎腹面观；B. 阳茎侧面观

蚁甲族 Pselaphini Latreille, 1802

188. 衍蚁甲属 *Pselaphogenius* Reitter, 1910

Pselaphogenius Reitter, 1910: 155. Type species: *Pselaphus quadricostatus* Reitter, 1884.
Pselaphodinus Jeannel, 1950: 389. Type species: *Pselaphus longipalpis* Kiesenwetter, 1850.

主要特征：体小型，体长约 1.8 mm；红棕色。头长卵圆形，具 1 对顶窝；额具中央纵沟；下颚须极度延长，基部具柄；复眼突出；触角 11 节，末 3 节膨大，形成端锤。前胸背板长六边形，两侧近弧形；近基部具连接中央近基窝和侧近基窝的横沟。鞘翅横宽，各具 2 个明显基窝，盘区具脊。足狭长。腹部宽大，第 4 背板长于第 5–6 背板长之和；侧背板发达。阳茎狭长，不对称，基囊膨大。雄性性征位于后胸腹板。

分布：古北区、东洋区。世界已知 57 种 12 亚种，中国记录 10 种，浙江分布 1 种。

（411）宽沟衍蚁甲 *Pselaphogenius crassiusculus* Löbl, 1964（图 4-III-102）

Pselaphogenius crassiusculus Löbl, 1964d: 299.

主要特征：体长约 1.8 mm；红棕色。头长显著大于宽，头顶具纵沟，后颊圆弧，向后收狭；复眼突出，各约有 11 个小眼；触角较长，末 3 节形成端锤。前胸背板长宽近似，盘区具稀疏细刻点。鞘翅基部极度收缩，端部显著变宽，盘区纵沟延伸至鞘翅端部 1/5。腹部刻点均匀，第 4 背板长是第 5 背板的 6 倍。雄性后胸腹板中部凹陷，凹坑两边具纵排刚毛。

分布：浙江（临安）。

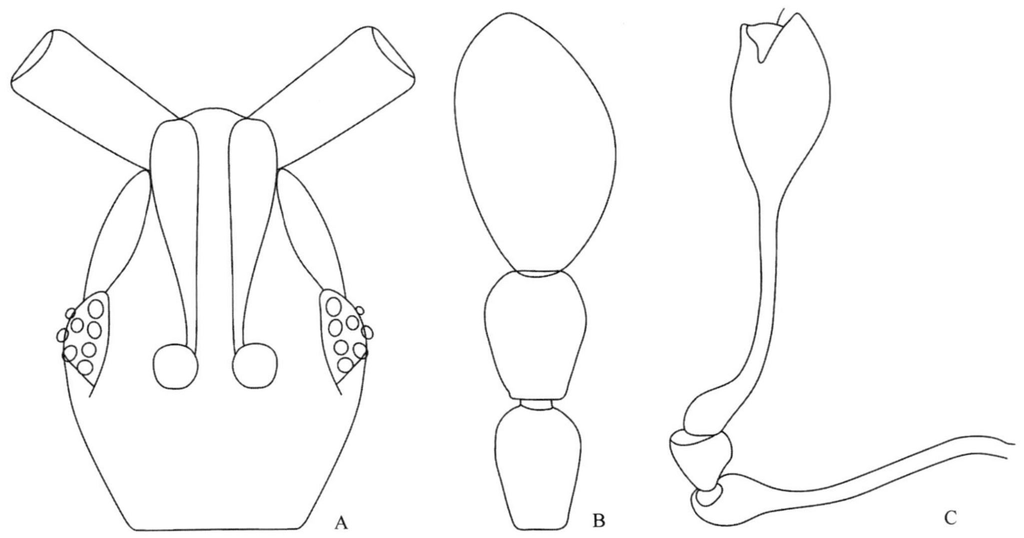

图 4-III-102　宽沟衍蚁甲 *Pselaphogenius crassiusculus* Löbl, 1964（仿自 Löbl，1964）
A. 头；B. 触角端锤；C. 下颚须

苔蚁甲族 Tyrini Reitter, 1882

短须蚁甲亚族 Somatipionina Jeannel, 1949

189. 硕蚁甲属 *Horniella* Raffray, 1905

Hornia Raffray, 1901: 29 [HN]. Type species: *Hornia hirtella* Raffray, 1901.

Horniella Raffray, 1905: 434 [Replacement name for *Hornia* Raffray, 1901]. Type species: *Hornia hirtella* Raffray, 1901.

主要特征：体大型，体长 3.7–3.8 mm；红棕色。头近四边形，具 1 对发达顶窝；额具中央纵沟；下颚须膨大，第 2 节基部具柄；复眼突出；触角 11 节，末 3 节膨大，形成端锤。前胸背板近六边形，两侧近平直；近基部具连接中央近基窝和侧近基窝的横沟。鞘翅横宽，各具 2 个发达基窝，盘区具深纵沟。足狭长。腹部宽大，第 4 背板等长于第 5 背板；侧背板发达。阳茎中叶端部不对称，基囊膨大。雄性性征位于触角和足。

分布：古北区、东洋区。世界已知 29 种，中国记录 12 种，浙江分布 1 种。

（412）天目硕蚁甲 *Horniella tianmuensis* Yin *et* Li, 2014（图 4-III-103，图版 III-64）

Horniella tianmuensis Yin *et* Li, 2014a: 32.

主要特征：体长约 3.8 mm；红棕色。头长略大于宽，触角基突接近，颊侧前突发达，触角肌瘤间沟短；复眼突出，各约有 35 个小眼；触角第 1 节基部侧缘强烈扩展，末 3 节形成端锤。前胸背板长稍大于宽。鞘翅长大于宽，盘区纵沟延伸至端部 2/3。腹部宽稍大于长，第 4 背板中央具 1 短纵脊，延伸至背板基部 1/5 处。雄性前足转节和腿节腹缘各具 1 根刺，前足胫节近端部具刺突，中足转节腹缘具锐刺，后足胫节近端部具齿突。

分布：浙江（临安）。

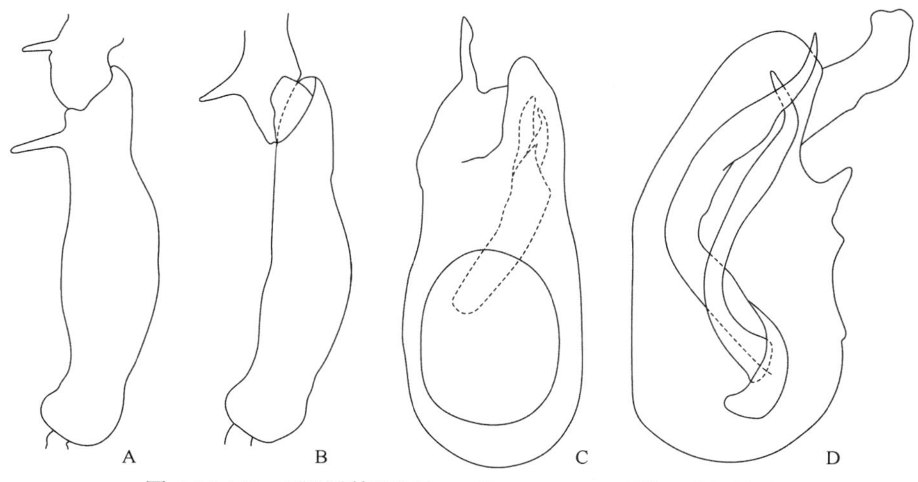

图 4-III-103　天目硕蚁甲 *Horniella tianmuensis* Yin *et* Li, 2014
A. 雄性前足腿节；B. 雄性中足腿节；C. 阳茎背面观；D. 阳茎侧面观

苔蚁甲亚族 Tyrina Reitter, 1882

190. 毛蚁甲属 *Lasinus* Sharp, 1874

Lasinus Sharp, 1874b: 106. Type species: *Lasinus spinosus* Sharp, 1874.

主要特征：体大型，体长 3.5–4.0 mm；红棕色。头近三角形，具 1 对发达顶窝和单个额窝；下颚须小，各节对称；复眼突出；触角 11 节，末 3 节膨大，形成端锤。前胸背板近六边形，两侧略呈弧形；近基部具连接中央近基窝和侧近基窝的横沟。鞘翅横宽，各具 2 个发达基窝，盘区纵沟明显。后胸腹板中央不具窝。足狭长。腹部宽大，第 4 背板最长；侧背板发达。阳茎略不对称，基囊膨大。雄性性征位于触角、后胸腹板和足。

分布：古北区、东洋区。世界已知 12 种，中国记录 2 种，浙江分布 1 种。

（413）东方毛蚁甲 *Lasinus orientalis* Yin *et* Bekchiev, 2014（图 4-III-104，图版 III-65）

Lasinus orientalis Yin *et* Bekchiev, 2014: 597.

主要特征：体长 3.5–4.0 mm；红棕色。头长大于宽；复眼各有约 45 个小眼；触角 9–11 节膨大，不具

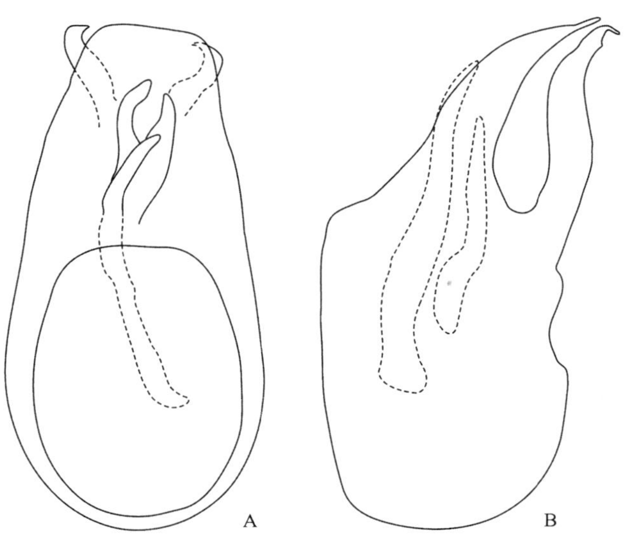

图 4-III-104　东方毛蚁甲 *Lasinus orientalis* Yin *et* Bekchiev, 2014
A. 阳茎背面观；B. 阳茎侧面观

明显修饰。前胸背板长宽近似。鞘翅宽大于长；后胸腹突粗短。前足转节及腿节腹缘具短刺；中足转节腹缘具小刺，腿节腹缘具微刺；后足转节及腿节光洁。腹部基部膨大，渐向端部收窄。雌性复眼各有约 30 个小眼；无后胸腹突；中足转节腹缘具 2 根刺。

分布：浙江（安吉、龙泉）、江西。

191. 安蚁甲属 *Linan* Hlaváč, 2002

Linan Hlaváč, 2002: 294. Type species: *Lasinus chinensis* Löbl, 1964.

主要特征：体中大型，体长 2.7–2.9 mm；红棕色；头和前胸背板具粗刻点。头近三角形，具 1 对不明显顶窝；下颚须各节侧缘具突起对称；复眼突出；触角 11 节，末 3 节膨大，形成端锤。前胸背板近六边形，两侧略呈弧形；近基部具中央基窝和侧基窝。鞘翅横宽，各具 2 个发达基窝，盘区纵沟明显。后胸腹板中央具窝。足狭长。腹部宽大，第 4 背板最长；侧背板发达。阳茎略不对称，基囊膨大。雄性性征位于触角、后胸腹板和足。

分布：东洋区。世界已知 16 种，中国记录 16 种，浙江分布 1 种。

（414）中华安蚁甲 *Linan chinensis* (Löbl, 1964)（图 4-III-105，图版 III-66）

Lasinus chinensis Löbl, 1964c: 45.

Linan chinensis: Hlaváč, 2002: 294.

主要特征：体长 2.7–2.9 mm；红棕色。头略长大于宽，后颊弧形；复眼各有约 20 个小眼；触角 9–11 节膨大，不具修饰。前胸背板长宽接近，侧缘弧形。鞘翅宽大于长；后胸腹突较短，先端钝圆。足细长，不具刺或突起。足各节腹缘不具刺。腹部基部膨大，渐向端部收狭。雌性不具后胸腹突。

分布：浙江（临安）。

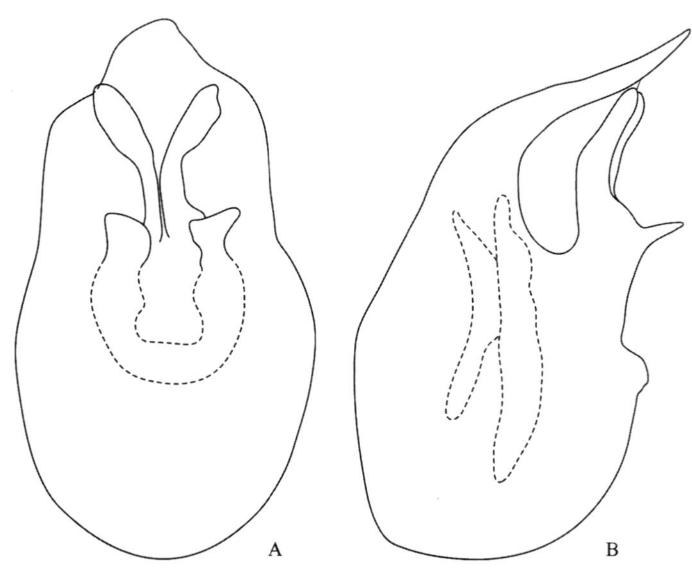

图 4-III-105　中华安蚁甲 *Linan chinensis* (Löbl, 1964)

A. 阳茎腹面观；B. 阳茎侧面观

192. 长角蚁甲属 *Pselaphodes* Westwood, 1870

Pselaphodes Westwood, 1870: 129. Type species: *Pselaphodes villosus* Westwood, 1870.

Atherocolpus Raffray, 1882: 15. Type species: *Pselaphodes heterocerus* Raffray, 1882.

Eulasinus Sharp, 1892: 240. Type species: *Eulasinus walkeri* Sharp, 1892.

主要特征：体中型至中大型，体长 2.6–3.6 mm；红棕色；头和前胸背板具粗刻点。头近三角形，具 1 对发达顶窝和单个额窝；下颚须各节侧缘具突起，不对称；复眼突出；触角 11 节，末 3 节膨大，形成端锤。前胸背板近六边形，两侧略呈弧形；近基部具中央近基窝和侧近基窝。鞘翅横宽，各具 2 个发达基窝，盘区纵沟明显。后胸腹板不具中央窝。足狭长。腹部宽大，第 4 背板最长；侧背板发达。阳茎不对称，基囊膨大。雄性性征位于触角、后胸腹板和足。

分布：古北区、东洋区。世界已知 65 种，中国记录 58 种，浙江分布 9 种。

分种检索表

1. 触角各节简单，无明显特化及修饰……**封氏长角蚁甲 *P. fengtingae***
- 触角 6–11 节至少某 1 节特化或具修饰……2
2. 触角第 7 节不对称，多少特化……3
- 触角第 7 节基本对称，不特化……7
3. 触角第 11 节不对称，基部一侧明显向内收狭……**安吉长角蚁甲 *P. anjiensis***
- 触角第 11 节卵形至长卵形，对称……4
4. 触角第 9 节不呈三角形；第 10 节长大于宽……**宽茎长角蚁甲 *P. latilobus***
- 触角第 9 节近三角形；第 10 节明显横宽……5
5. 触角第 10 节内缘深凹……**异角长角蚁甲 *P. declinatus***
- 触角第 10 节内缘不具深凹……6
6. 体长大于 3 mm；触角第 10 节表面形成空腔……**沃氏长角蚁甲 *P. walkeri***
- 体长小于 3 mm；触角第 10 节表面无空腔……**拟沃氏长角蚁甲 *P. pseudowalkeri***
7. 前足腿节腹缘具 2 个大型三角形突起；中足转节腹缘不具齿突……**奇腿长角蚁甲 *P. femoralis***
- 前足腿节腹缘具 1 短刺；中足转节腹缘具齿突……8
8. 后胸腹突端部基本平直……**天目长角蚁甲 *P. tianmuensis***
- 后胸腹突端部明显向下弯曲……**天童山长角蚁甲 *P. tiantongensis***

（415）安吉长角蚁甲 *Pselaphodes anjiensis* Huang, Li *et* Yin, 2018（图 4-III-106）

Pselaphodes anjiensis Huang, Li *et* Yin, 2018b: 460.

主要特征：雄性体长 3.1–3.3 mm；红棕色，腹部颜色略深。头长略大于宽，后颊弧形；复眼各有约 28 个小眼；触角 9–11 节膨大，形成端锤。前胸背板长大于宽，侧缘呈弧形扩展。鞘翅宽大于长。后胸腹突长，端部膨大。前足转节腹缘具刺，腿节腹缘具细长刺突，胫节具大型端刺；中足转节具 3 根端刺，腿节腹缘具短刺；后足简单。腹部基部膨大，渐向端部收狭。

分布：浙江（安吉）。

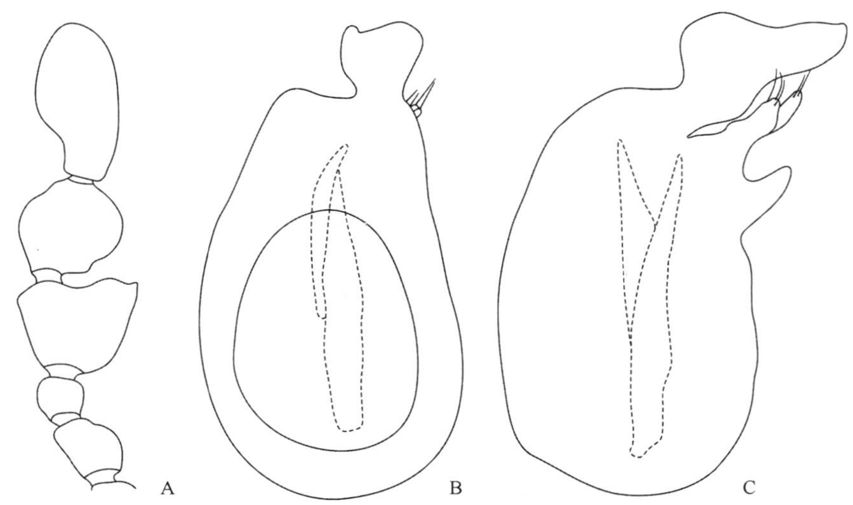

图 4-III-106 安吉长角蚁甲 *Pselaphodes anjiensis* Huang, Li *et* Yin, 2018

A. 雄性触角端锤；B. 阳茎背面观；C. 阳茎侧面观

（416）异角长角蚁甲 *Pselaphodes declinatus* Yin, Li *et* Zhao, 2010（图 4-III-107）

Pselaphodes declinatus Yin, Li *et* Zhao, 2010a: 10.

主要特征：雄性体长约 3.6 mm；体红棕色，腹部颜色略深。头长大于宽，额突端部窄；触角较长，末 3 节膨大成端锤，第 9 节三角形，第 10 节内缘强烈内凹。前胸背板长略大于宽，端部收狭。鞘翅基部收狭，每鞘翅基部具 2 个基窝。后胸腹板具 1 对短腹突，腹突端部变窄。足细长，前足转节腹缘具刺，腿节腹缘具大刺；中足转节腹缘具 1 根刺，腿节腹缘具 1 小刺；后足转节及腿节光洁。腹部第 4 背板长度是第 5 背板的 2 倍，盘区隆脊长度为背板长度的 1/4；第 8 背板略横宽；第 8 腹板端缘中部强烈内凹。雌性未知。

分布：浙江（龙泉）。

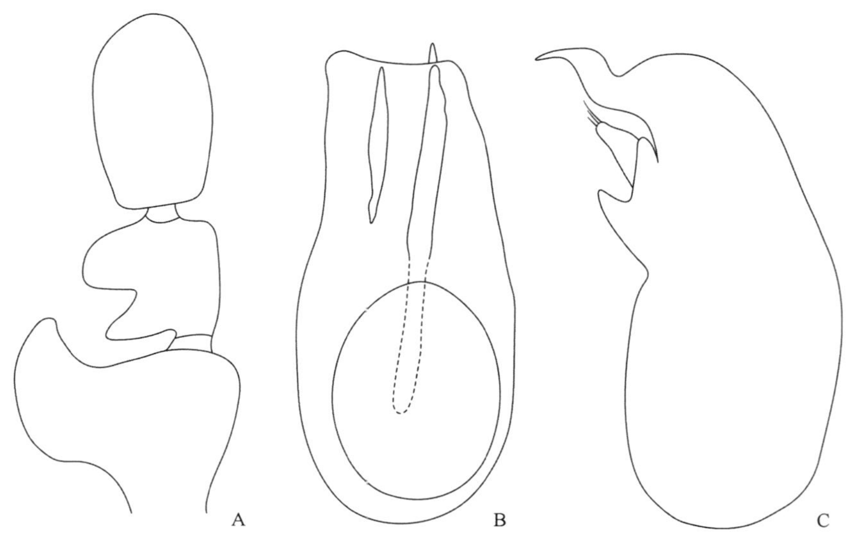

图 4-III-107 异角长角蚁甲 *Pselaphodes declinatus* Yin, Li *et* Zhao, 2010

A. 雄性触角端锤；B. 阳茎背面观；C. 阳茎侧面观

（417）奇腿长角蚁甲 *Pselaphodes femoralis* Huang, Li *et* Yin, 2018（图 4-III-108）

Pselaphodes femoralis Huang, Li *et* Yin, 2018a: 101.

主要特征：雄性体长 2.8–3.6 mm；红棕色。头长宽近似，后颊弧形；复眼约有 40 个小眼；触角第 9–11

节膨大，形成端锤。前胸背板长大于宽，侧缘呈弧形扩展。鞘翅宽大于长。后胸腹突较短，先端弯曲。前足转节简单，腿节具 2 个三角形大突起，胫节中部具小刺，具三角形大端突；中足转节和腿节不具刺，胫节具端刺；后足简单。腹部基部膨大，渐向端部收狭。雌性不具后胸腹突；复眼约有 30 个小眼。

分布：浙江（庆元）、福建、广东、广西、四川、贵州；泰国。

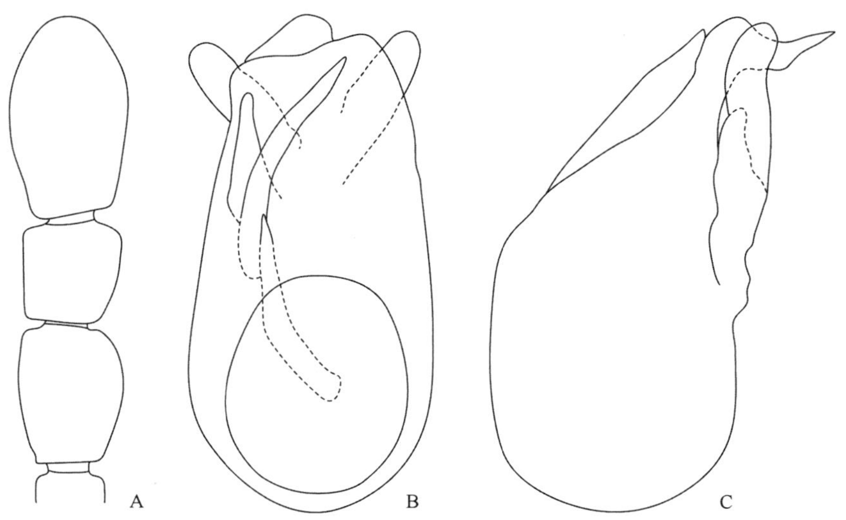

图 4-III-108　奇腿长角蚁甲 *Pselaphodes femoralis* Huang, Li *et* Yin, 2018

A. 雄性触角端锤；B. 阳茎背面观；C. 阳茎侧面观

（418）封氏长角蚁甲 *Pselaphodes fengtingae* Yin, Li *et* Zhao, 2011（图 4-III-109，图版 III-67）

Pselaphodes fengtingae Yin, Li *et* Zhao, 2011b: 468.

主要特征：雄性体长 2.6–2.8 mm；红棕色。头宽略大于长，后颊弧形；复眼约有 35 个小眼；触角 9–11 节略膨大，形成端锤。前胸背板长宽相近，侧缘呈弧形扩展。鞘翅宽大于长。后胸腹突较短，先端尖。前足转节腹缘具突起，腿节腹缘大刺，胫节具端突；中足转节腹缘多个突起，腿节腹缘具小刺；后足转节及腿节光洁。腹部基部膨大，渐向端部收狭。雌性不具后胸腹突；复眼约有 20 个小眼。

分布：浙江（鄞州）、江西。

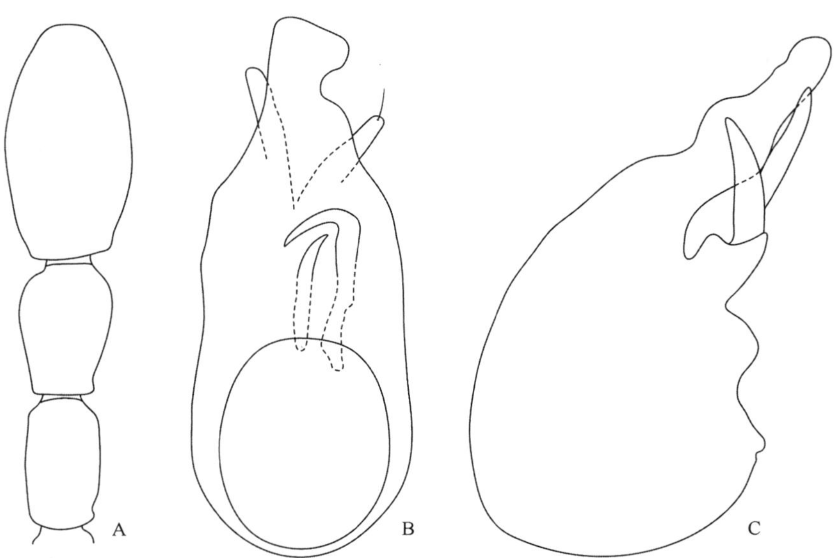

图 4-III-109　封氏长角蚁甲 *Pselaphodes fengtingae* Yin, Li *et* Zhao, 2011

A. 雄性触角端锤；B. 阳茎背面观；C. 阳茎侧面观

（419）宽茎长角蚁甲 *Pselaphodes latilobus* Yin, Li *et* Zhao, 2010（图 4-III-110，图版 III-68）

Pselaphodes latilobus Yin, Li *et* Zhao, 2010a: 17.

主要特征：雄性体长 3.5–3.6 mm。体红棕色，腹部颜色略深。头长大于宽；额突端部窄；触角较长，第 9 节狭长，末 3 节膨大成端锤。前胸背板长略大于宽，端部收狭。鞘翅基部收狭，鞘翅基部各具 2 个基窝。后胸腹突极短，粗壮，先端钝圆。足细长，前足转节及腿节腹缘具短刺，胫节具钝圆端突；中足转节腹缘具 1 根小刺，腿节腹缘光洁；后足转节及腿节光洁。腹部第 4 背板长于第 5 背板的 2 倍，盘区隆脊长度为背板的 1/4；第 8 背板略横宽；第 8 腹板端缘中部强烈内凹。雌性触角不特化；不具后胸腹突；复眼较雄性小。

分布：浙江（临安）。

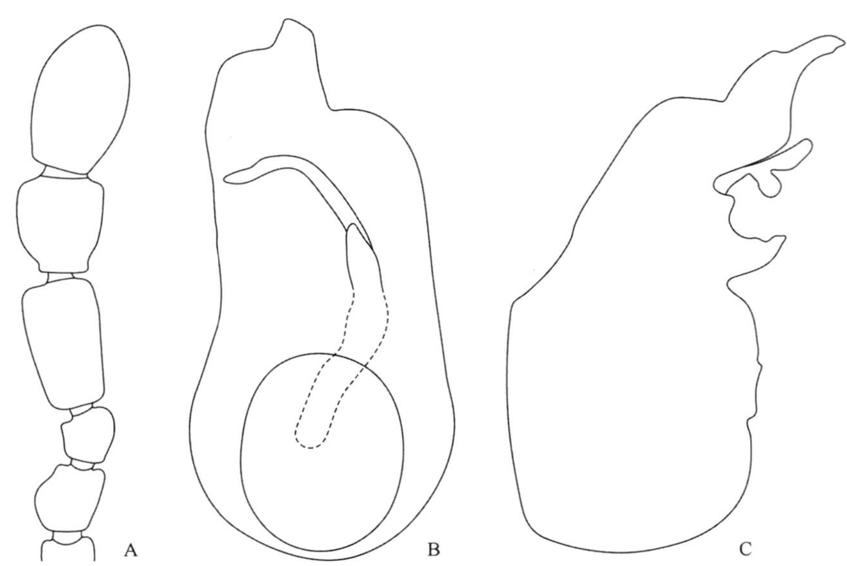

图 4-III-110　宽茎长角蚁甲 *Pselaphodes latilobus* Yin, Li *et* Zhao, 2010

A. 雄性触角端锤；B. 阳茎背面观；C. 阳茎侧面观

（420）拟沃氏长角蚁甲 *Pselaphodes pseudowalkeri* Yin *et* Li, 2013（图 4-III-111，图版 III-69）

Pselaphodes pseudowalkeri Yin *et* Li, 2013b: 330.

主要特征：雄性体长 2.6–2.8 mm；红棕色。头长大于宽，后颊弧形；复眼各有约 45 个小眼；触角

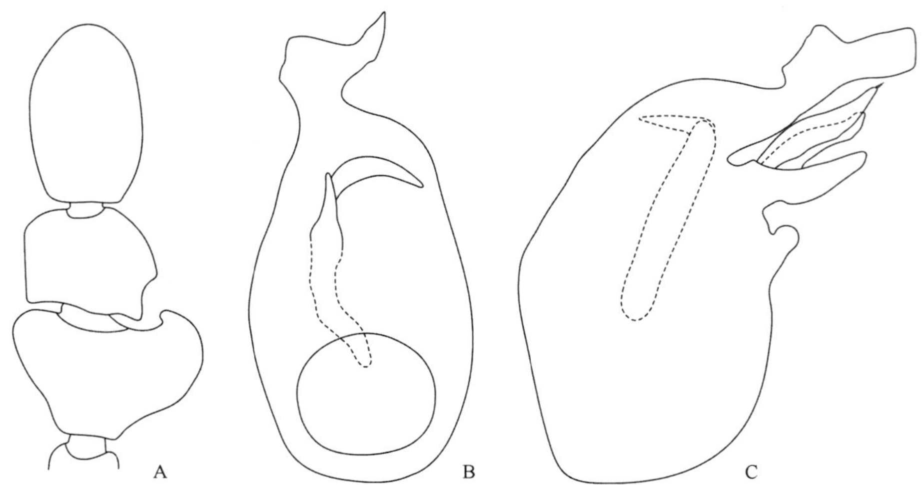

图 4-III-111　拟沃氏长角蚁甲 *Pselaphodes pseudowalkeri* Yin *et* Li, 2013

A. 雄性触角端锤；B. 阳茎背面观；C. 阳茎侧面观

第 9–11 节膨大，第 9 节近三角形，内缘具凹面，第 10 节基部两侧呈刺状突起。前胸背板长略大于宽，侧缘呈弧形扩展。鞘翅宽大于长。后胸腹突粗壮，端部略收狭。前足转节及腿节腹缘具短刺，胫节具微小端突；中足转节腹缘具 2 根刺，腿节腹缘光洁；后足转节及腿节光洁。腹部基部膨大，渐向端部收狭。雌性触角第 9、10 节不特化；不具后胸腹突；复眼各有约 40 个小眼。

分布：浙江（临安、庆元）、江西、福建。

（421）天目长角蚁甲 *Pselaphodes tianmuensis* Yin, Li *et* Zhao, 2010（图 4-III-112，图版 III-70）

Pselaphodes tianmuensis Yin, Li *et* Zhao, 2010a: 22.

Pselaphodes wuyinus Yin, Li *et* Zhao, 2010a: 23.

主要特征：雄性体长 2.9–3.6 mm。头长大于宽，额突端部窄；触角较长，末 3 节膨大成端锤，第 9 节近端部具 1 盘状突起。前胸背板长大于宽，端部收狭。鞘翅基部收狭，鞘翅基部各具 2 个基窝。后胸腹板具 1 对短腹突，腹突端部变窄。前足转节及腿节腹缘具刺，胫节具微小端突；中足转节腹缘具 2 枚刺，腿节腹缘光节；后足转节及腿节光洁。腹部第 4 背板长于第 5 背板 2 倍，盘区隆脊长度为背板长度的 1/4；第 8 背板略横宽；第 8 腹板端缘中部强烈内凹。雌性触角第 9 节不特化；不具后胸腹突；复眼较雄性小。

分布：浙江（临安）、安徽、江西、福建、广东、广西、四川、贵州。

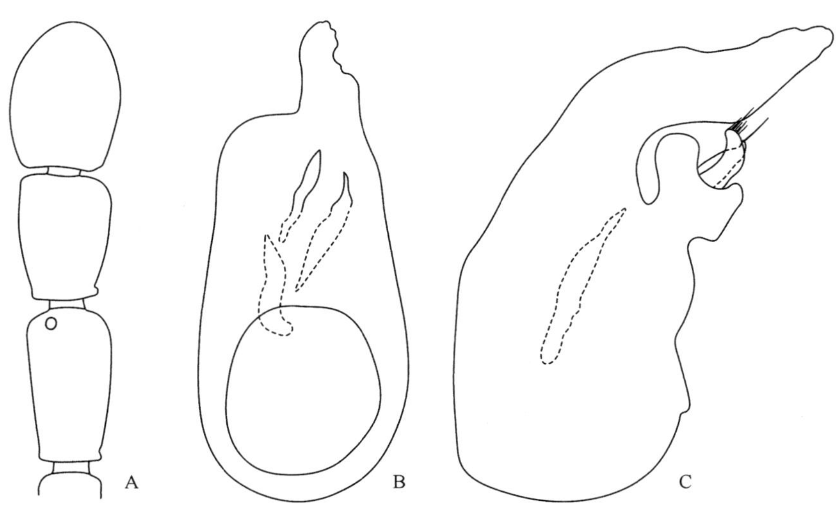

图 4-III-112　天目长角蚁甲 *Pselaphodes tianmuensis* Yin, Li *et* Zhao, 2010

A. 雄性触角端锤；B. 阳茎背面观；C. 阳茎侧面观

（422）天童山长角蚁甲 *Pselaphodes tiantongensis* Yin *et* Li, 2013（图 4-III-113，图版 III-71）

Pselaphodes tiantongensis Yin *et* Li, 2013a: 49.

主要特征：雄性体长 3.3–3.5 mm；红棕色。头长大于宽，后颊弧形；每复眼约有 35 个小眼；触角第 9–11 节膨大，第 9 节近端部具 1 盘状突。前胸背板长略大于宽，侧缘呈弧形扩展。鞘翅宽大于长。后胸腹突粗短，端部向下弯曲。前足转节腹缘具小刺，腿节腹缘具三角形粗刺，胫节具不明显端突；中足转节腹缘具 2–3 枚小刺，腿节腹缘光洁；后足转节及腿节光洁。腹部基部膨大，渐向端部收狭。雌性复眼各约有 30 个小眼；触角第 9 节不特化；不具后胸腹突。

分布：浙江（鄞州）。

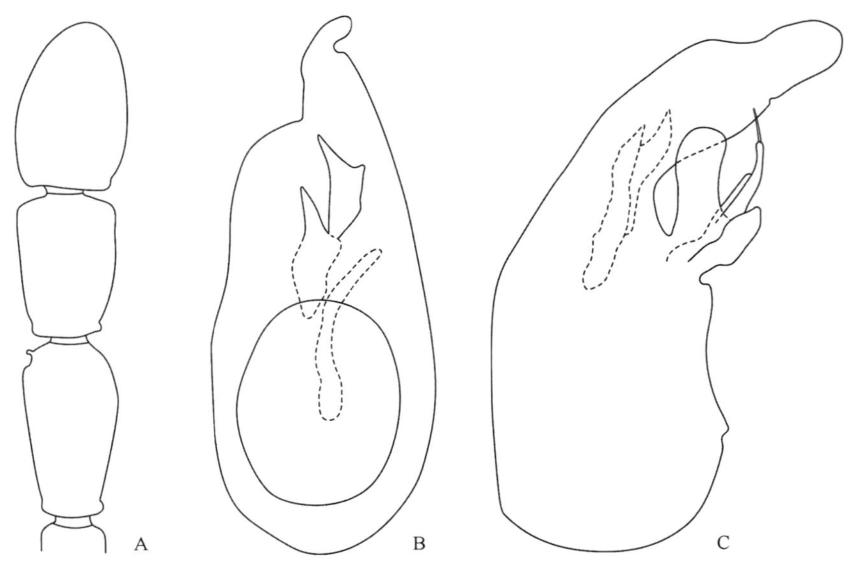

图 4-III-113　天童山长角蚁甲 *Pselaphodes tiantongensis* Yin *et* Li, 2013

A. 雄性触角端锤；B. 阳茎背面观；C. 阳茎侧面观

（423）沃氏长角蚁甲 *Pselaphodes walkeri* (Sharp, 1892)（图 4-III-114，图版 III-72）

Eulasinu walkeri Sharp, 1892: 240.

Pselaphodes walkeri: Hlaváč, 2002: 284.

主要特征：雄性体长 3.0–3.2 mm；红棕色。头长大于宽，后颊弧形；每复眼约有 35 个小眼；触角第 9–11 节膨大，第 9 节近三角形，表面强烈凹陷，第 10 节横宽，内侧形成凹陷。前胸背板长略大于宽，侧缘呈弧形扩展。鞘翅宽大于长。后胸腹突粗短，端部略收狭。前足转节腹缘具刺，腿节腹缘具长刺，胫节具微小端突；中足转节腹缘具 2 枚刺，腿节腹缘光洁；后足转节及腿节光洁。腹部基部膨大，渐向端部收狭。雌性复眼各约有 30 个小眼；触角第 9–10 节不特化；不具后胸腹突。

分布：浙江（定海）。

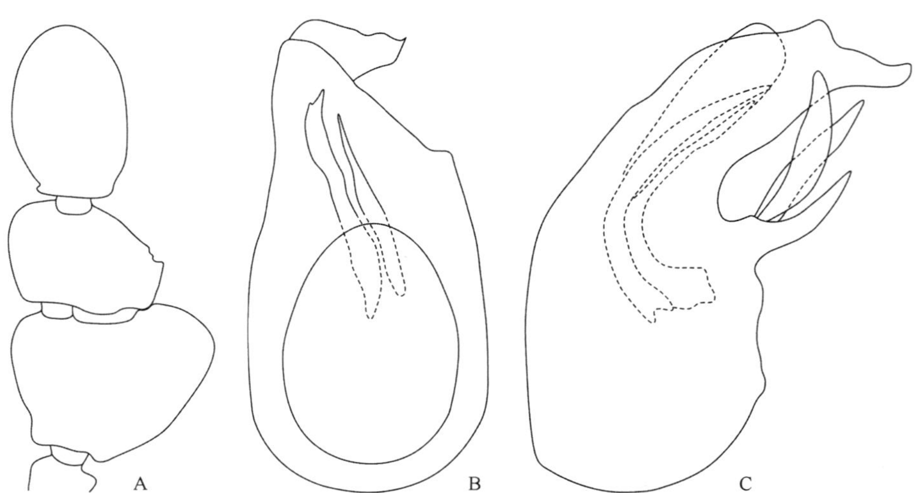

图 4-III-114　沃氏长角蚁甲 *Pselaphodes walkeri* (Sharp, 1892)

A. 雄性触角端锤；B. 阳茎背面观；C. 阳茎侧面观

（四）尖腹隐翅虫亚科 Tachyporinae

主要特征：体小至中型，通常 2.0–8.0 mm，亚卵圆形，少数长条形。触角 11 节，着生在复眼前缘连线之前。前胸背板和鞘翅通常较宽；鞘翅与鞘翅缘折之间有明显的隆脊定界。腹部通常向末端逐渐变细，通常有 1 对侧背板，少数属有 2 对侧背板或无侧背板。跗式 5–5–5 式；前足基节大而突出。

生物学：常生活在林下落叶层及苔藓中，溪流石块下或水面漂浮的树枝树叶中，有的聚集在动物粪便中，有的种类为菌食性。

分布：世界广布。世界已知 40 属 1600 种（亚种），中国记录 21 属 267 种 5 亚种，浙江分布 6 属 23 种 2 亚种。

分属检索表

1. 前胸背板基半部强烈变窄，显著窄于鞘翅肩部；前背折缘不内折 ······ **长足隐翅虫属 *Derops***
- 前胸背板基半部不变窄，不窄于鞘翅肩部；前背折缘强烈内折 ······ 2
2. 头部具眼下脊 ······ **毛须隐翅虫属 *Ischnosoma***
- 头部无眼下脊 ······ 3
3. 前足胫节外侧具 1 列栉刺；头和前胸背板密布柔毛 ······ **毛背隐翅虫属 *Sepedophilus***
- 前足胫节外侧无栉刺列；头和前胸背板光洁，至多生稀疏柔毛 ······ 4
4. 中胸腹板在中足之间具纵隆脊 ······ **凸背隐翅虫属 *Coproporus***
- 中胸腹板在中足之间无纵隆脊 ······ 5
5. 触角第 1–4 节（少数种类第 1–3 节）光洁无柔毛；第 4–6 背板侧缘无大刚毛 ······ **圆胸隐翅虫属 *Tachinus***
- 触角第 1–2 节光洁无柔毛；第 4–6 背板端侧各具 1 根大刚毛 ······ **长角隐翅虫属 *Nitidotachinus***

长足隐翅虫族 Deropini Smetana, 1983

193. 长足隐翅虫属 *Derops* Sharp, 1889

Derops Sharp, 1889: 418. Type species: *Derops longicornis* Sharp, 1889.

Paraleaster Cameron, 1930a: 169. Type species: *Paraleaster longipennis* Cameron, 1889.

Rimulincola Sanderson, 1947: 131. Type species: *Rimulincola divalis* Sanderson, 1947.

主要特征：前体表面刻点细小稀疏，无纵隆脊。头前缘不扩展上翘；触角极长，超过鞘翅中部，各节长远大于宽。前胸背板基半部强烈变窄，窄于鞘翅肩部；前背折缘不内折，侧面观可见。鞘翅缘折与鞘翅之间圆弧形，无清晰的脊定界。前足基节后侧片大，骨化，三角形。

分布：古北区、东洋区、新北区。世界已知 20 种，中国记录 13 种，浙江分布 4 种。

分种检索表

1. 雄性第 7 腹板后缘中部凹入较深，呈“U”形，凹入内有密集的感觉毛瘤 ······ 2
- 雄性第 7 腹板后缘中部凹入较浅，至多呈新月形，凹入内感觉毛瘤有或无 ······ 3
2. 雌性第 8 背板后缘中部呈马蹄形凹入，两侧分叶细长 ······ **丁山长足隐翅虫 *D. dingshanus***
- 雌性第 8 背板后缘中部呈亚三角形凹入，两侧分叶粗短 ······ **斯氏长足隐翅虫 *D. smetanai***
3. 雄性第 7 腹板后缘中部凹入内有感觉毛瘤；阳茎侧叶端半部直，不向腹面弯曲 ······ **史氏长足隐翅虫 *D. schillhammeri***
- 雄性第 7 腹板后缘中部凹入内无感觉毛瘤；阳茎侧叶端半部明显向腹面弯曲 ······ **点鞘长足隐翅虫 *D. punctipennis***

（424）丁山长足隐翅虫 *Derops dingshanus* Watanabe, 1999（图 4-III-115，图版 III-73）

Derops dingshanus Watanabe, 1999a: 253.

Derops puetzi Schülke, 1999: 345.

主要特征：体长 4.3–4.6 mm，长圆筒形；暗棕色至黑色。头部亚方形，密布细刻点和柔毛；触角细长，各节长均显著大于宽。前胸背板亚菱形，宽略大于长（1.03∶1），宽于头部（1.23∶1），基部 2/3 向后逐渐变窄；刻点和柔毛同头部。鞘翅长大于宽（1.27∶1），宽于前胸背板（1.32∶1），两侧近平行；刻点和柔毛较前胸背板粗大而稀疏。腹部向末端轻微变窄；刻点和柔毛与前胸背板相似。雄性第 8 背板后缘中部轻微凹入；第 7 腹板后缘中部呈“U”形凹入，两侧密布感觉毛瘤；第 8 腹板后缘中部有亚三角形深凹。阳茎侧叶长于中叶，端部变细。雌性第 8 背板后缘有马蹄形凹入。

分布：浙江（临安）、陕西、江苏、江西、重庆、四川、贵州。

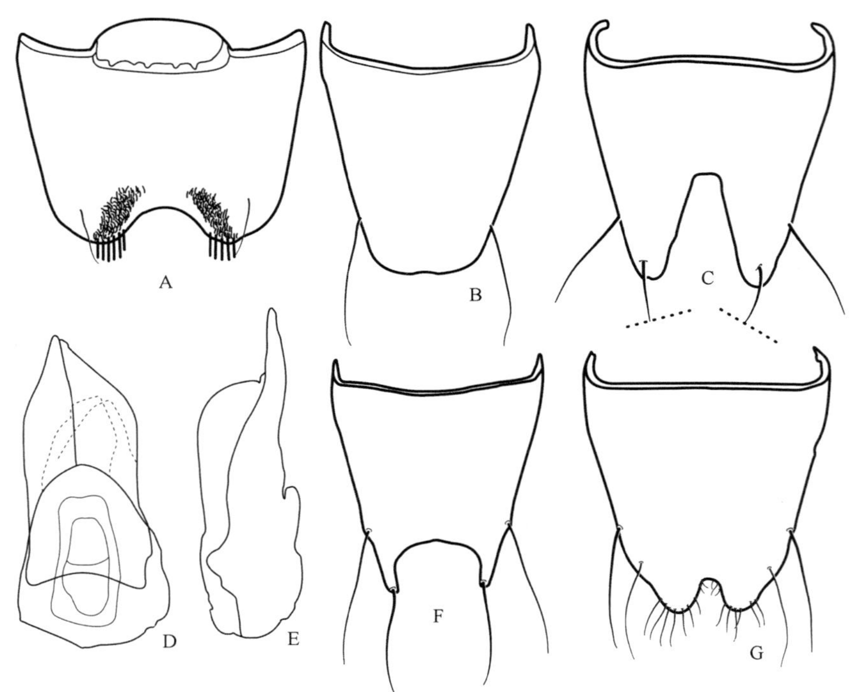

图 4-III-115　丁山长足隐翅虫 *Derops dingshanus* Watanabe, 1999

A. 雄性第 7 腹板；B. 雄性第 8 背板；C. 雄性第 8 腹板；D. 阳茎腹面观；E. 阳茎侧面观；F. 雌性第 8 背板；G. 雌性第 8 腹板

（425）点鞘长足隐翅虫 *Derops punctipennis* Schülke, 2003（图 4-III-116，图版 III-74）

Derops punctipennis Schülke, 2003a: 471.

主要特征：体长 4.5–6.1 mm，长圆筒形；暗棕色至红棕色。头部亚方形，密布细刻点和柔毛；触角细长，各节长均显著大于宽。前胸背板亚菱形，宽略大于长（1.06∶1），宽于头部（1.22∶1），基部 3/5 向后逐渐变窄；刻点和柔毛与头部相似。鞘翅长大于宽（1.06∶1），宽于前胸背板（1.32∶1），两侧近平行；刻点和柔毛较前胸背板明显粗大而稀疏。腹部向末端轻微变窄；刻点和柔毛较前胸背板小而密。雄性第 8 背板后缘中部轻微凹入；第 7 腹板后缘中部略凹入，无感觉毛瘤区；第 8 腹板后缘中部有亚三角形深凹。阳茎侧叶长于中叶，端半部明显向腹面弯曲。雌性第 8 背板后缘有三角形深凹。

分布：浙江（安吉、临安、仙居）、福建。

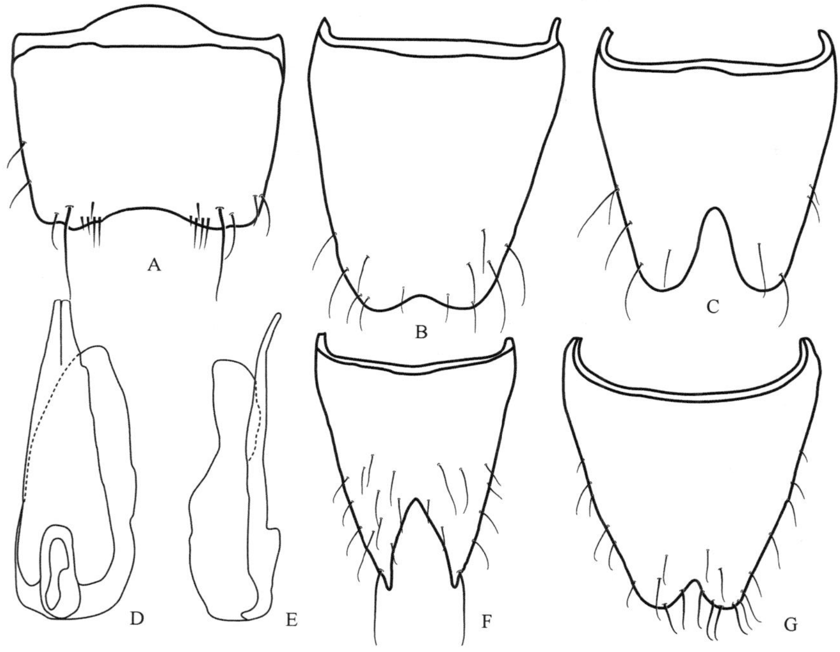

图 4-III-116 点鞘长足隐翅虫 *Derops punctipennis* Schülke, 2003
A. 雄性第 7 腹板；B. 雄性第 8 背板；C. 雄性第 8 腹板；D. 阳茎腹面观；E. 阳茎侧面观；F. 雌性第 8 背板；G. 雌性第 8 腹板

（426）史氏长足隐翅虫 *Derops schillhammeri* Schülke, 2003（图 4-III-117，图版 III-75）

Derops schillhammeri Schülke, 2003a: 470.

主要特征：体长 4.9–5.6 mm，长筒形；暗棕色。头部亚方形，密布细刻点和柔毛；触角细长，各节长

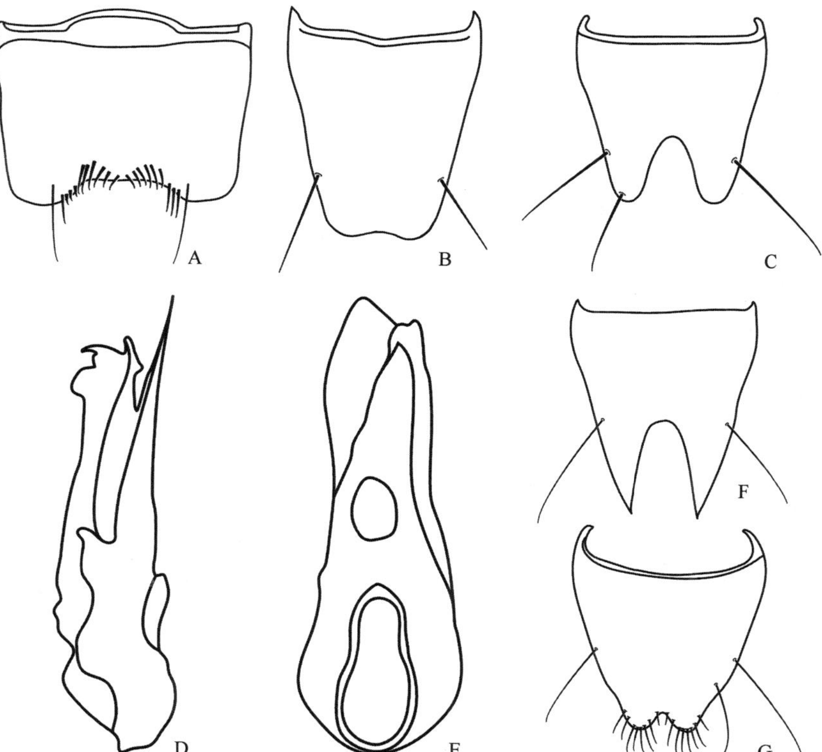

图 4-III-117 史氏长足隐翅虫 *Derops schillhammeri* Schülke, 2003
A. 雄性第 7 腹板；B. 雄性第 8 背板；C. 雄性第 8 腹板；D. 阳茎侧面观；E. 阳茎腹面观；F. 雌性第 8 背板；G. 雌性第 8 腹板

均显著大于宽。前胸背板亚菱形，宽略大于长（1.05∶1），宽于头部（1.21∶1），基部 2/3 向后逐渐变窄；刻点和柔毛与头部相似。鞘翅长大于宽（1.05∶1），宽于前胸背板（1.27∶1），两侧近平行；刻点和柔毛较前胸背板粗大而稀疏。腹部向末端轻微变窄；刻点和柔毛较前胸背板小而密。雄性第 8 背板后缘中部轻微凹入；第 7 腹板后缘中部略凹入并有 1 对三角形感觉毛瘤区；第 8 腹板后缘中部有亚三角形深凹。阳茎侧叶长于中叶，端半部直，不向腹面弯曲。雌性第 8 背板后缘有亚三角形深凹。

分布：浙江（仙居）、江苏、湖北、江西。

（427）斯氏长足隐翅虫 *Derops smetanai* Schülke, 2003（图 4-III-118，图版 III-76）

Derops smetanai Schülke, 2003a: 467.

主要特征：体长 4.9–5.2 mm，长筒形；暗棕色。头部亚方形，密布细刻点和柔毛；触角细长，各节长均显著大于宽。前胸背板亚菱形，长与宽约相等，宽于头部（1.25∶1），基部 3/5 向后逐渐变窄；刻点和柔毛与头部相似。鞘翅长略大于宽（1.02∶1），宽于前胸背板（1.26∶1），两侧近平行；刻点和柔毛较前胸背板略粗大而稀疏。腹部向末端轻微变窄；刻点和柔毛较前胸背板小而密。雄性第 8 背板后缘中部几乎不凹入；第 7 腹板后缘中部有“U”形深凹，两侧密布感觉毛瘤；第 8 腹板后缘中部有亚三角形深凹。阳茎侧叶长于中叶，端部不变细。雌性第 8 背板后缘有亚三角形深凹，凹陷底部有深裂缝。

分布：浙江（磐安、仙居、开化、庆元、泰顺）、江西。

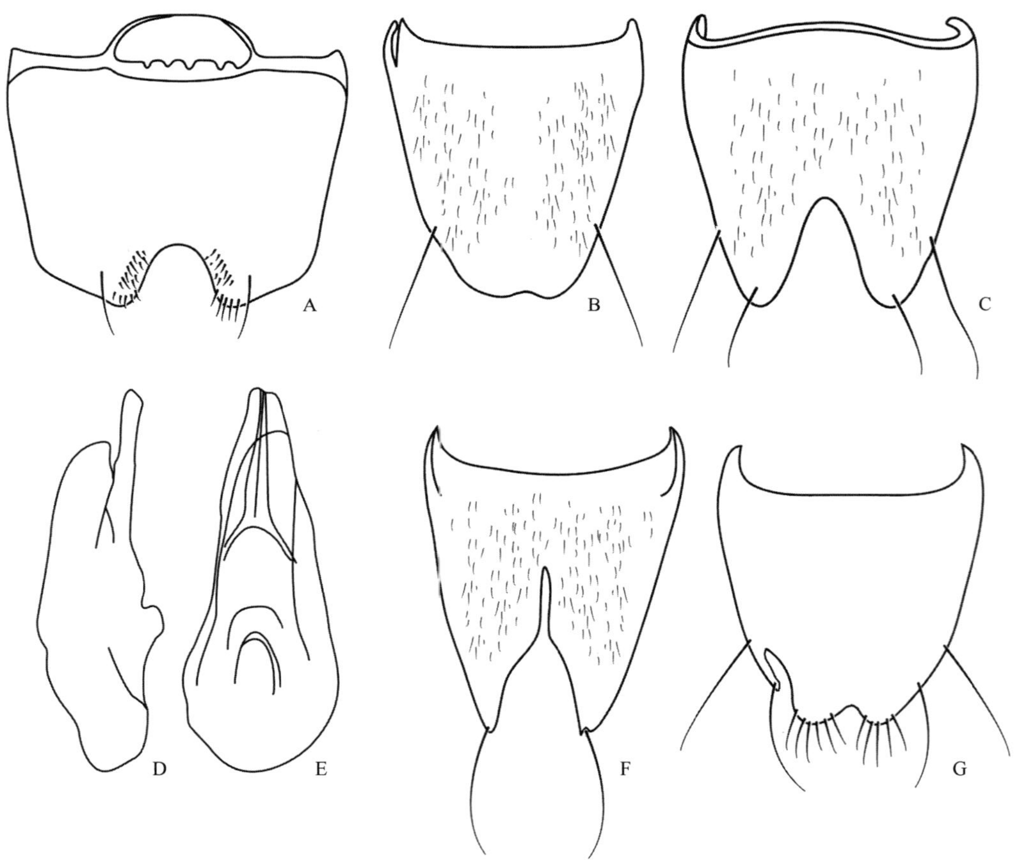

图 4-III-118　斯氏长足隐翅虫 *Derops smetanai* Schülke, 2003

A. 雄性第 7 腹板；B. 雄性第 8 背板；C. 雄性第 8 腹板；D. 阳茎侧面观；E. 阳茎腹面观；F. 雌性第 8 背板；G. 雌性第 8 腹板

眼脊隐翅虫族 Mycetoporini Thomson, 1859

194. 毛须隐翅虫属 *Ischnosoma* Stephens, 1829

Ischnosoma Stephens, 1829a: 22. Type species: *Tachinus splendidus* Gravenhorst, 1806.

Leichotes Gistel, 1834: 9. Type species: *Tachinus splendidus* Gravenhorst, 1806.

Myteroxis Gozis, 1886: 14. Type species: *Tachinus splendidus* Gravenhorst, 1806.

主要特征：前体刻点细小而稀疏。头前侧缘不扩展上翘；下颚须末节宽度不及亚末节的 1/2，亚末节密布柔毛；下唇须末节窄于亚末节。前胸背板基半部不变窄，不窄于鞘翅肩部；前背折缘强烈内折，侧面观不可见。鞘翅缝缘、侧缘和中域各具 1 刻点列，中域刻点列两侧偶具 1–2 附加刻点列，除刻点列刚毛外无其他刚毛。中、后足胫节端部的栉刺长度相等，排列整齐。雄性第 8 腹板无修饰刚毛或具复杂修饰刚毛。

分布：世界广布。世界已知 114 种 4 亚种，中国记录 27 种 3 亚种，浙江分布 3 种 1 亚种。

分种检索表

1. 鞘翅除缝缘刻点列、盘区刻点列和侧缘刻点列外，还有许多不规则的附加刻点 ························ **中华毛须隐翅虫 *I. chinense***
- 鞘翅除缝缘刻点列、盘区刻点列和侧缘刻点列外，没有附加刻点 ··2
2. 鞘翅盘区有 2 列刻点列；雄性第 8 腹板具复杂的修饰刚毛 ·· **双列毛须隐翅虫 *I. duplicatum***
- 鞘翅盘区仅有 1 列刻点列；雄性第 8 腹板无修饰刚毛 ··3
3. 盘区刻点列由 6 刻点组成；阳茎内囊较瘦长 ·· **异色毛须隐翅虫 *I. convexum***
- 盘区刻点列由 8–10 刻点组成；阳茎内囊较粗壮 ·· **四斑毛须隐翅虫 *I. quadriguttatum quadriguttatum***

（428）中华毛须隐翅虫 *Ischnosoma chinense* (Bernhauer, 1939)（图 4-III-119）

Mycetoporus (*Ischnosomata*) *chinense* Bernhauer, 1939d: 599.

Ischnosoma chinense: Herman, 2001a: 15.

主要特征：体长 4.5–4.7 mm，瘦长形；头部浅棕色，前胸背板和腹部红褐色，鞘翅暗棕色，肩部及后缘颜色较淡。头窄于前胸背板（0.59∶1），无微刻纹。前胸背板长小于宽（0.81∶1）；表面光滑，微刻纹不

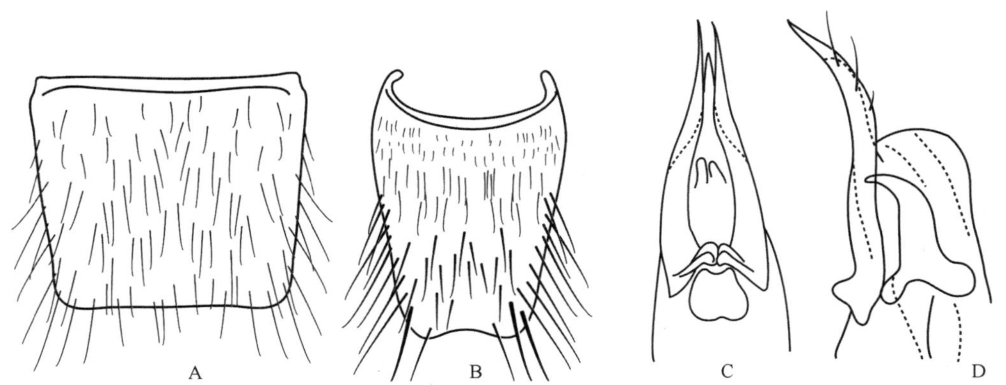

图 4-III-119　中华毛须隐翅虫 *Ischnosoma chinense* (Bernhauer, 1939)

A. 雄性第 7 腹板；B. 雄性第 8 腹板；C. 阳茎端部腹面观；D. 阳茎端部侧面观

明显。鞘翅缝缘长度短于前胸背板（0.93∶1），鞘翅宽度较前胸背板略宽；表面有不明显的微刻纹，除缝缘、中域和侧缘刻点列外，有许多附加刻点。腹部向末端轻微变窄；表面刻点较密。雄性第 8 腹板无修饰刚毛，后缘中部轻微凹入；阳茎侧叶端半部向腹面弯曲，内囊明显。

分布：浙江（临安）。

（429）异色毛须隐翅虫 *Ischnosoma convexum* (Sharp, 1888)（图 4-III-120）

Mycetoporus convexus Sharp, 1888: 463.

Mycetoporus (*Ischnosoma*) *indicus* Cameron, 1926a: 173.

Mycetoporus sutteri Scheerpeltz, 1957a: 326.

Mycetoporus hornabrooki Last, 1984b: 136.

Ischnosoma convexum: Herman, 2001a: 15.

主要特征：体长 3.0–5.0 mm，瘦长形；体色多变，头部棕色到黑色，前胸背板红黄色到黑色，鞘翅暗棕色，肩部及后缘颜色较淡。头窄于前胸背板（0.59∶1），无微刻纹。前胸背板长小于宽（0.81∶1）；表面光滑，有极不明显的微刻纹。鞘翅缝缘长度短于前胸背板长度（0.93∶1），鞘翅宽度较前胸背板略宽；表面有不明显的微刻纹，缝缘刻点列约由 8 个刻点、中域刻点列约由 6 个刻点、侧缘刻点列约由 7 个刻点组成。腹部向末端轻微变细；表面刻点较密。雄性第 8 腹板无修饰刚毛，后缘中部轻微凹入；阳茎侧叶端半部向腹面明显弯曲，内囊明显。

分布：浙江、福建、台湾、香港、四川、云南；日本，印度，大洋洲。

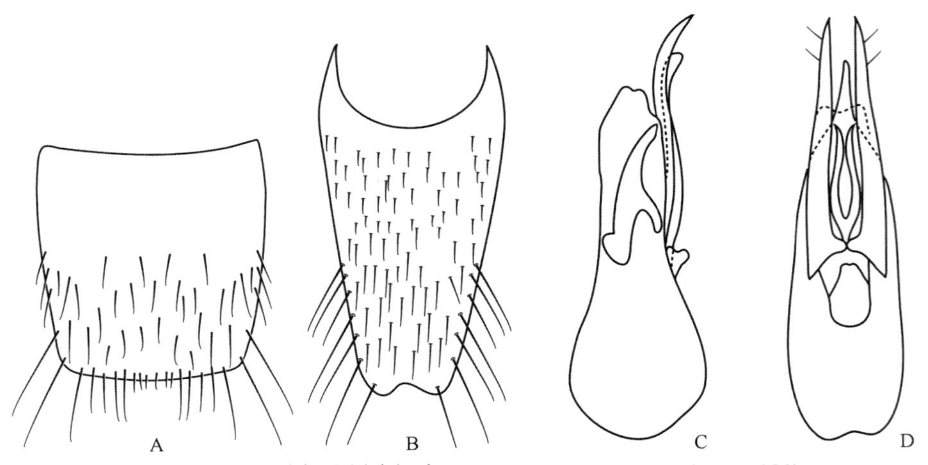

图 4-III-120　异色毛须隐翅虫 *Ischnosoma convexum* (Sharp, 1888)

A. 雄性第 7 腹板；B. 雄性第 8 腹板；C. 阳茎侧面观；D. 阳茎腹面观

（430）双列毛须隐翅虫 *Ischnosoma duplicatum* (Sharp, 1888)（图 4-III-121，图版 III-77）

Mycetoporus (*Ischnosoma*) *duplicatus* Sharp, 1888: 464.

Bolitobius freyi Bernhauer, 1939d: 599.

Mycetoporus malaisei Scheerpeltz, 1965: 299.

Ischnosoma duplicatum: Herman, 2001a: 15.

主要特征：体长 5.0–5.5 mm，长条形；红棕色至暗棕色，前胸背板、鞘翅基部 1/3 及端部 1/5 黄红色。头部窄于前胸背板（0.59∶1），无刻点和微刻纹；复眼长约为后颊的 3 倍；触角第 1–7 节长大于宽，第 8–10 节长宽约相等。前胸背板长小于宽（0.85∶1）；无刻点，微刻纹不明显。鞘翅缝缘长度约为前胸背板的 1.4 倍，鞘翅宽度明显大于前胸背板；表面有稀疏微刻点和极细微刻纹；有 2 列中域刻点列，分别由 10–13 个刻点组成。腹部有稀疏刻点和刚毛。雄性第 8 腹板端部刚毛区较小；阳茎侧叶向腹面轻微弯曲；内囊明显，鸟喙形。

分布：浙江（庆元）、陕西、湖北、福建、台湾、四川、贵州、云南；日本，印度，尼泊尔，泰国。

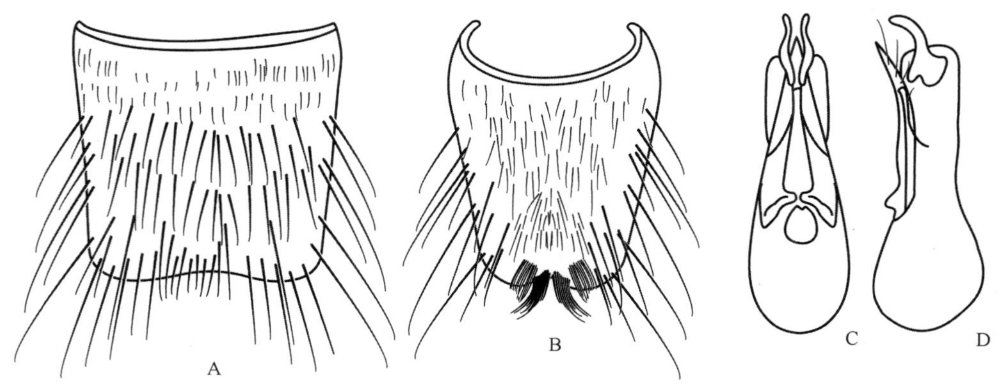

图 4-III-121　双列毛须隐翅虫 *Ischnosoma duplicatum* (Sharp, 1888)

A. 雄性第 7 腹板；B. 雄性第 8 腹板；C. 阳茎腹面观；D. 阳茎侧面观

（431）四斑毛须隐翅虫 *Ischnosoma quadriguttatum quadriguttatum* (Champion, 1923)（图 4-III-122）

Mycetoporus quadriguttatus Champion, 1923: 47.

Ischnosoma quadriguttatum quadriguttatum: Kocian, 2003: 37.

主要特征：体长 3.8–4.5 mm，瘦长形；头部黑红色；前胸背板黄红色；鞘翅黑褐色，肩部和端部黄褐色；腹部红褐色。头部窄于前胸背板（0.84∶1）；无刻点。前胸背板长小于宽（0.84∶1），无刻点和刻纹。鞘翅长略大于宽，中域刻点列由 8–10 个刻点组成。腹部向端部变窄；有稀疏刻点和刚毛。雄性第 8 腹板后缘呈亚三角形凹入，无修饰刚毛；阳茎侧叶长，端部向腹面明显弯曲。根据触角较粗壮、鞘翅较短、无后翅等特征可与四斑毛须隐翅虫日本亚种 *I. quadriguttatum japonicum* Kocian, 2003 加以区分。

分布：浙江（临安）、陕西、甘肃、湖北、福建、台湾、海南、香港、四川、贵州、云南；巴基斯坦，印度，尼泊尔，缅甸，泰国，印度尼西亚。

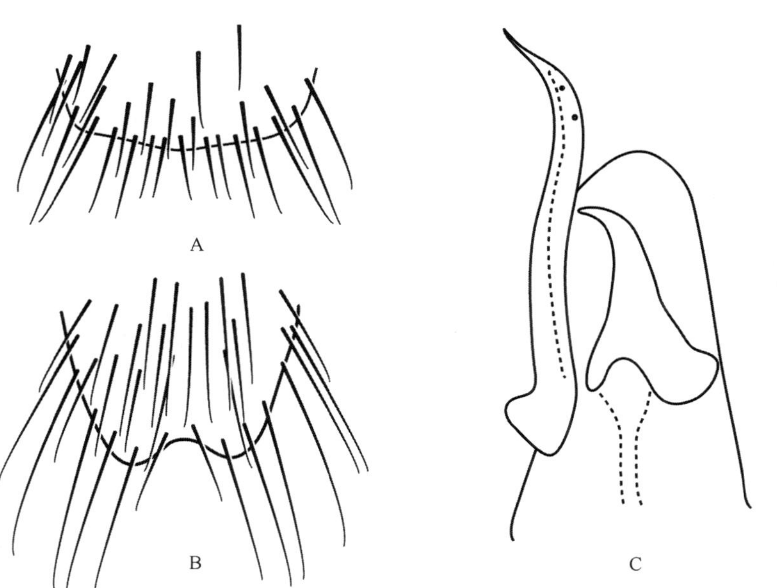

图 4-III-122　四斑毛须隐翅虫 *Ischnosoma quadriguttatum quadriguttatum* (Champion, 1923)

A. 雄性第 7 腹板端部；B. 雄性第 8 腹板端部；C. 阳茎端部侧面观

尖腹隐翅虫族 Tachyporini MacLeay, 1825

195. 凸背隐翅虫属 *Coproporus* Kraatz, 1857

Coproporus Kraatz, 1857c: 399. Type species: *Coproporus colchicus* Kraatz, 1858.

Erchomus Motschulsky, 1858c: 218. Type species: *Erchomus sanguinolentus* Motschulsky, 1858.

Paracilea Watanabe *et* Shibata, 1972: 66. Type species: *Paracilea insulicola* Watanabe *et* Shibata, 1972.

主要特征：体表光滑，无大刻点，背面隆起。头部无眼下脊，头前缘两侧不扩展上翘。前胸背板基半部不变窄，不窄于鞘翅肩部，中域两侧无纵向凹带；前背折缘强烈内折，侧面观不可见；中胸腹板在中足之间具纵隆脊。鞘翅通常单色，无刻点列；鞘翅缘折强烈内折。前足基节后侧片缺失，胫节外侧无栉刺。腹部背板无毛斑。

分布：世界广布。世界已知 228 种，中国记录 21 种，浙江分布 1 种。

（432）赤缘凸背隐翅虫 *Coproporus brunnicollis* (Motschulsky, 1858)（图 4-III-123）

Erchomus brunnicollis Motschulsky, 1858c: 220.

Coproporus punctipennis Kraatz, 1859: 57.

Coproporus brunnicollis: Bernhauer & Schubert, 1916: 489.

主要特征：体长 3.0–3.2 mm，卵圆形；体黑色，前胸背板侧缘及鞘翅侧缘和后缘略呈红色，触角前 3 节及末节红黄色。头部光滑，无刻点和刻纹。前胸背板宽约是长的 2 倍，表面无刻点和刻纹。鞘翅与前胸背板约等宽；密布细小刻点，无微刻纹。腹部刻点较鞘翅大而密，有微刻纹。雄性第 8 背板后缘 4 分叶；第 8 腹板后缘 2 分叶。

分布：浙江、香港、四川、贵州、云南；印度，非洲。

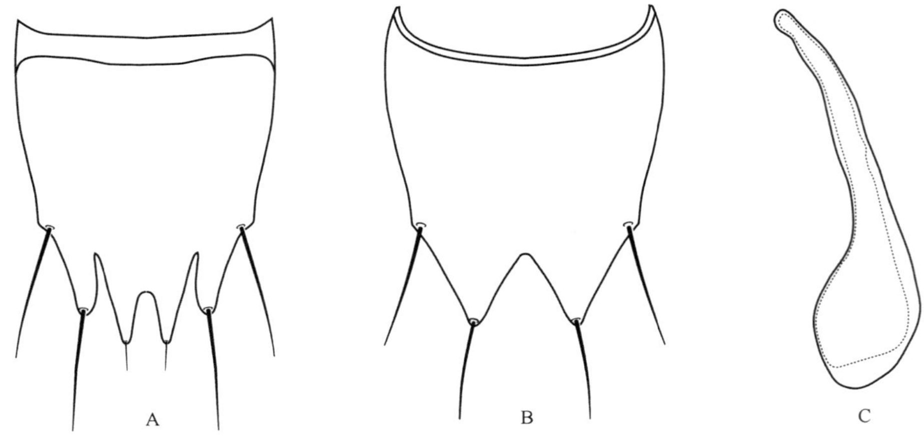

图 4-III-123　赤缘凸背隐翅虫 *Coproporus brunnicollis* (Motschulsky, 1858)
A. 雄性第 8 背板；B. 雄性第 8 腹板；C. 阳茎侧面观

196. 长角隐翅虫属 *Nitidotachinus* Campbell, 1993

Nitidotachinus Campbell, 1993: 522. Type species: *Tachinus tachyporoides* Horn, 1877.

主要特征：前体光滑有光泽，刻点小而稀。头部无眼下脊；触角第 1–2 节光洁无柔毛；下颚须末节与亚末节等宽，等于或长于亚末节。前胸背板基半部不变窄，不窄于鞘翅肩部；前背折缘强烈内折，侧面观不可见；中胸腹板在中足间无纵隆脊。前足胫节外侧无栉刺列。腹部第4–6节两侧端部各具1根大刚毛。

分布：古北区、东洋区、新北区。世界已知16种，中国记录9种，浙江分布4种。

分种检索表

1. 雄性第7腹板中部短钉状刚毛区显著远离后缘；阳茎侧叶腹面观端部明显加宽……………………**堵氏长角隐翅虫 *N. dui***
- 雄性第7腹板中部短钉状刚毛区接触或接近后缘；阳茎侧叶腹面观端部尖锐……………………2
2. 雄性第7腹板中部密被装饰柔毛……………………**毛长角隐翅虫 *N. capillosus***
- 雄性第7腹板中部无装饰柔毛……………………3
3. 雌性第8背板后缘中间凹陷明显深于两侧凹陷；阳茎侧叶端部明显向腹面弯曲……………………**棕色长角隐翅虫 *N. brunneus***
- 雌性第8背板后缘中间凹陷明显浅于两侧凹陷；阳茎侧叶直，不向腹面弯曲……………………**暗红长角隐翅虫 *N. bini***

（433）暗红长角隐翅虫 *Nitidotachinus bini* Zheng, Li *et* Zhao, 2014（图4-III-124，图版III-78）

Nitidotachinus bini Zheng, Li *et* Zhao, 2014: 101.

主要特征：体长5.7–6.0 mm；体暗红棕色，前胸背板红黄色。头窄于前胸背板（0.47∶1）；表面刻点极小而稀疏，刻纹密而细；触角各节长大于宽，第10节长是宽的1.60倍。前胸背板长小于宽（0.63∶1）；刻点和刻纹不明显。鞘翅宽大于缝缘长（1.48∶1）；刻点较头部粗大而稀疏，刻纹与头部相似。腹部向端部渐窄；表面有稀疏小刻点，刻纹不明显。雄性第8背板4分叶；第6腹板后缘中部有2排斜伸颗粒；第7腹板后缘有1排长刚毛，后缘前方有大的颗粒区；阳茎侧叶长而直，端部变尖。雌性第8背板后缘4分叶，内叶略长于外叶。

分布：浙江（临安）。

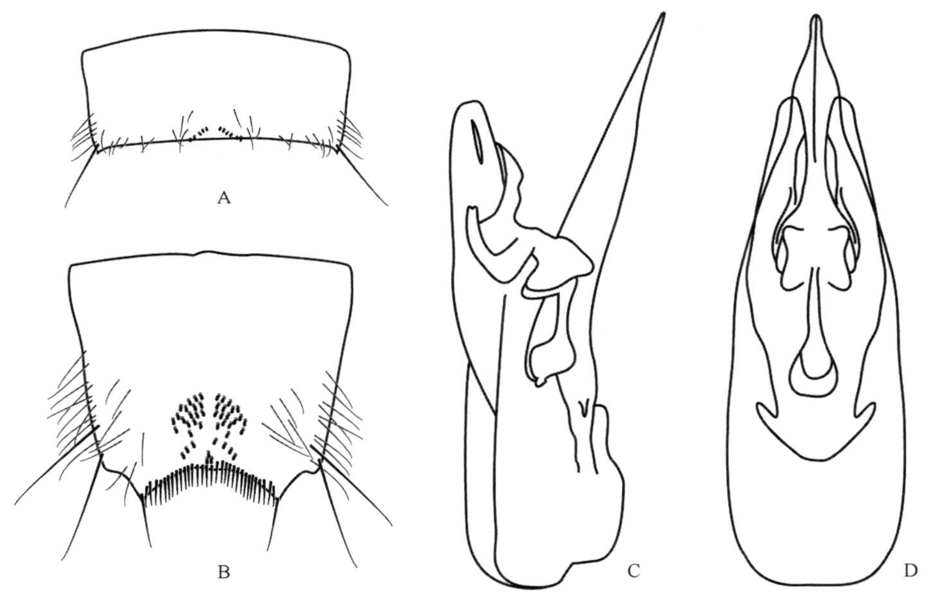

图4-III-124 暗红长角隐翅虫 *Nitidotachinus bini* Zheng, Li *et* Zhao, 2014

A. 雄性第7腹板；B. 雄性第8腹板；C. 阳茎侧面观；D. 阳茎腹面观

（434）棕色长角隐翅虫 *Nitidotachinus brunneus* Zheng, Li *et* Zhao, 2014（图4-III-125，图版III-79）

Nitidotachinus brunneus Zheng, Li *et* Zhao, 2014: 92.

主要特征：体长5.4–5.7 mm；体暗红棕色，前胸背板暗红黄色。头窄于前胸背板（0.47∶1）；表面刻点极小而稀疏，刻纹密而细；触角各节长大于宽，第10节长是宽的1.86倍。前胸背板长小于宽（0.64∶1）；

刻点和刻纹不明显。鞘翅宽大于缝缘长（1.45∶1）；刻点较头部粗大而稀疏，刻纹与头部相似。腹部向端部渐窄，表面有稀疏小刻点，刻纹不明显。雄性第 8 背板 4 分叶；第 6 腹板后缘中部有 2 排斜伸颗粒；第 7 腹板后缘有 1 排长刚毛，后缘前方有较大的颗粒区；阳茎侧叶较短，端部变细，向腹部弧形弯曲。雌性第 8 背板后缘 4 分叶，内叶略短于外叶。

分布：浙江（安吉）。

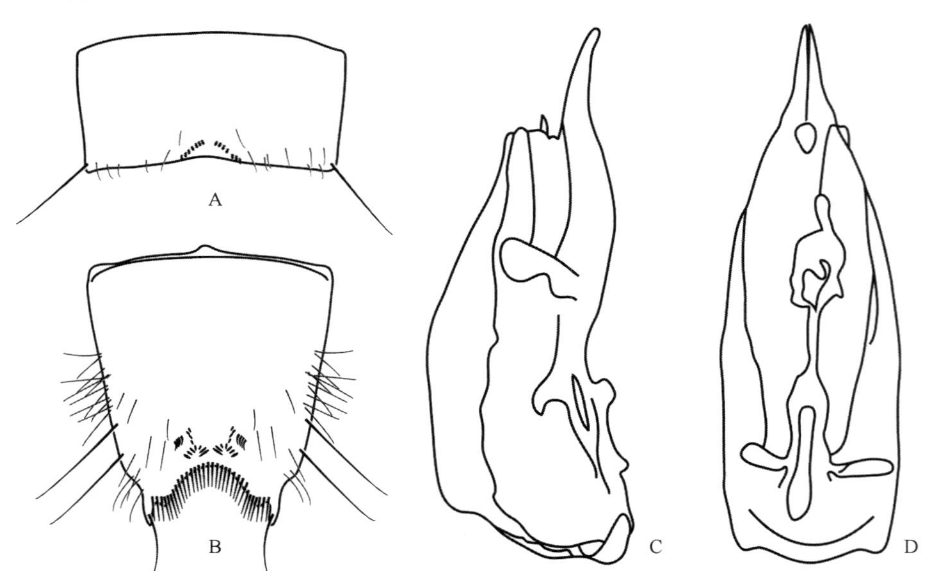

图 4-III-125　棕色长角隐翅虫 *Nitidotachinus brunneus* Zheng, Li *et* Zhao, 2014

A. 雄性第 7 腹板；B. 雄性第 8 腹板；C. 阳茎侧面观；D. 阳茎腹面观

（435）毛长角隐翅虫 *Nitidotachinus capillosus* Zheng, Li *et* Zhao, 2014（图 4-III-126，图版 III-80）

Nitidotachinus capillosus Zheng, Li *et* Zhao, 2014: 90.

主要特征：体长 4.2–5.2 mm；体暗红褐色，前胸背板暗红黄色。头窄于前胸背板（0.47∶1）；表面刻

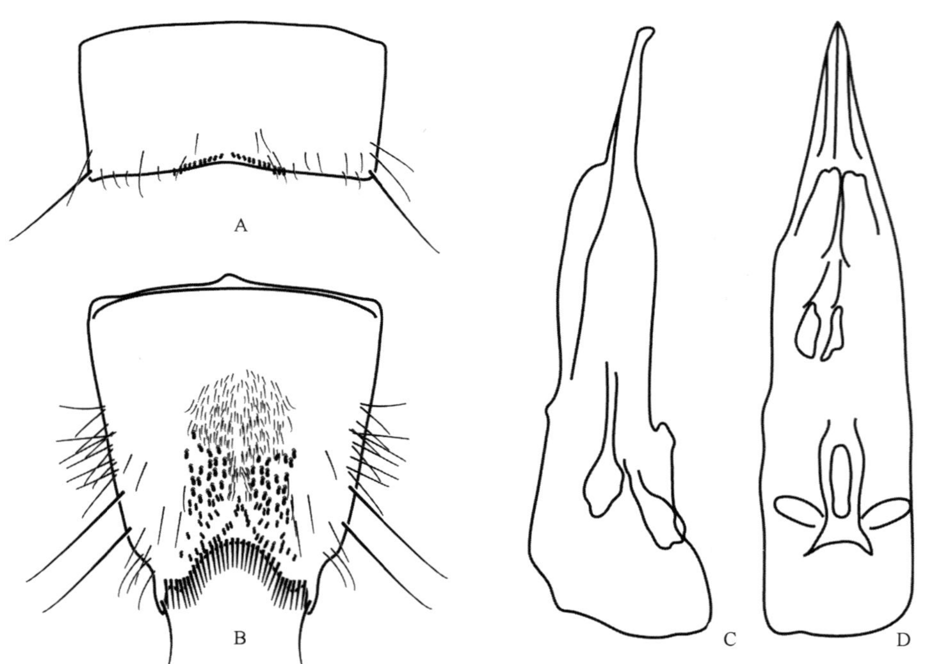

图 4-III-126　毛长角隐翅虫 *Nitidotachinus capillosus* Zheng, Li *et* Zhao, 2014

A. 雄性第 7 腹板；B. 雄性第 8 腹板；C. 阳茎侧面观；D. 阳茎腹面观

点极小而稀疏，刻纹密而细；触角各节长大于宽，第 10 节长是宽的 1.69 倍。前胸背板长小于宽（0.66∶1）；刻点和刻纹与头部相似。鞘翅宽大于缝缘长（1.49∶1）；刻点较前胸背板粗大，刻纹与前胸背板相似。腹部向端部渐窄；表面刻点较鞘翅粗大，刻纹不明显。雄性第 8 背板 4 分叶；第 6 腹板后缘中部两侧各有 1 排斜伸颗粒；第 7 腹板后缘有 1 排整齐的长刚毛，后缘前方有宽阔的颗粒区，其内有稀疏颗粒和柔毛；阳茎侧叶较长而直，顶端有向腹面弯曲的小钩。雌性第 8 背板后缘 4 分叶，内叶明显短于外叶。

分布：浙江（安吉）。

（436）堵氏长角隐翅虫 *Nitidotachinus dui* Li, 1999（图 4-III-127，图版 III-81）

Nitidotachinus dui Li, 1999: 197.

主要特征：体长 4.8–5.0 mm，卵圆形。体暗棕色至黑色；前胸背板中部红棕色，周缘及后角黄红色；鞘翅腹部肩部红棕色。头小，窄于前胸背板（0.48∶1）；表面有细刻点和微刻纹；触角长，第 10 节长为宽的 2 倍。前胸背板宽大于长（1.60∶1），刻点与刻纹与头部相似。鞘翅长小于宽（0.73∶1），长于前胸背板（1.17∶1），外角呈斜切状；刻点较前胸背板稍粗大，刻纹较前胸背板稍细。腹部表面有稀疏刻点，无刻纹。雄性第 8 背板后缘 4 分叶；第 6 腹板后缘中部呈圆弧形凹入，生有 9 对粗大颗粒；第 7 腹板近中央有颗粒区，后缘中部呈三角形凹入，边缘生有 1 排整齐的粗刚毛；阳茎不对称，端部宽而薄。雌性第 8 背板 4 分叶，内叶长于外叶。

分布：浙江（临安）、湖北、贵州。

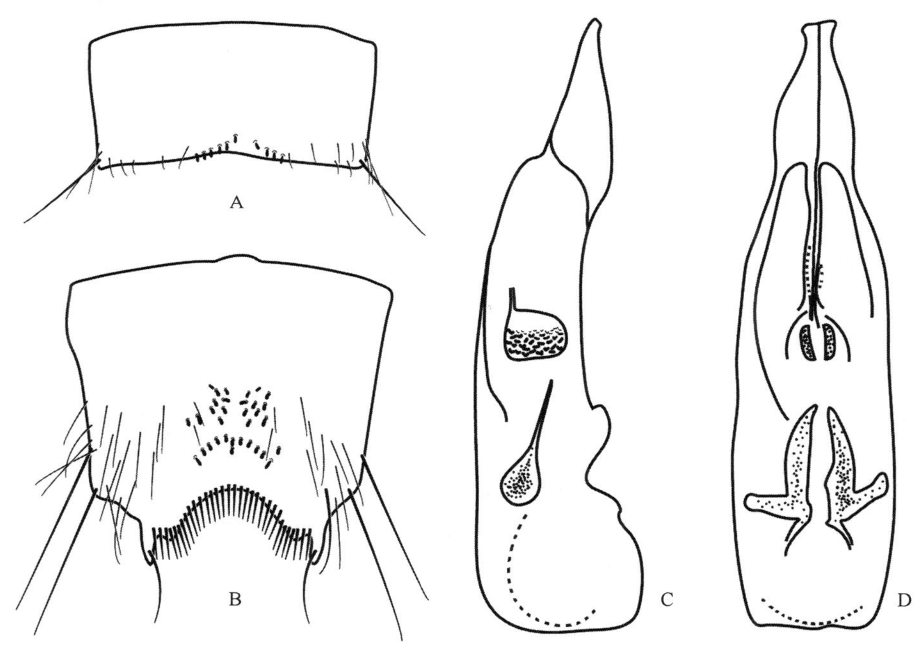

图 4-III-127 堵氏长角隐翅虫 *Nitidotachinus dui* Li, 1999

A. 雄性第 7 腹板；B. 雄性第 8 腹板；C. 阳茎侧面观；D. 阳茎腹面观

197. 毛背隐翅虫属 *Sepedophilus* Gistel, 1856

Sepedophilus Gistel, 1856: 267. Type species: *Staphylinus pubescens* Paykull, 1790.

主要特征：身体卵圆形，背面密布微刻点和柔毛。头部无眼下脊；头前侧缘不扩展上翘。前胸背板基半部不变窄，不窄于鞘翅肩部；前背折缘强烈内折，侧面观不可见。前足胫节外侧具 1 排纵向排列栉刺；

中、后足胫节端部的栉刺长度相等，排列整齐。

分布：世界广布。世界已知 356 种 6 亚种，中国记录 21 种，浙江分布 1 种。

（437）双点毛背隐翅虫 *Sepedophilus armatus* (Sharp, 1888)（图 4-III-128，图版 III-82）

Conosoma armatum Sharp, 1888: 455.

Sepedophilus armatus: Nakane & Sawada, 1960: 124.

主要特征：体长 2.3–2.8 mm，卵圆形。体黄褐色至红褐色；触角第 6–9 节黑褐色；前胸背板后缘有 2 个不明显黑斑；鞘翅中央各有 1 大黑斑，后缘黑色。头较前胸背板窄（0.59∶1）；稀布黄色柔毛。前胸背板宽大于长（1∶0.69）；表面有微刻纹，柔毛较头部稍密。鞘翅长小于宽（0.77∶1），略长于前胸背板（1.20∶1）；表面柔毛与刻纹与前胸背板相似。腹部向后强烈变窄；表面刻纹及柔毛与鞘翅相似；各背板的后缘及侧缘有粗大刚毛。雄性第 8 腹板后缘呈三角形凹入；阳茎侧叶长于中叶，端部逐渐变细。雌性第 8 背板后缘 4 分叶。

分布：浙江（临安）；日本。

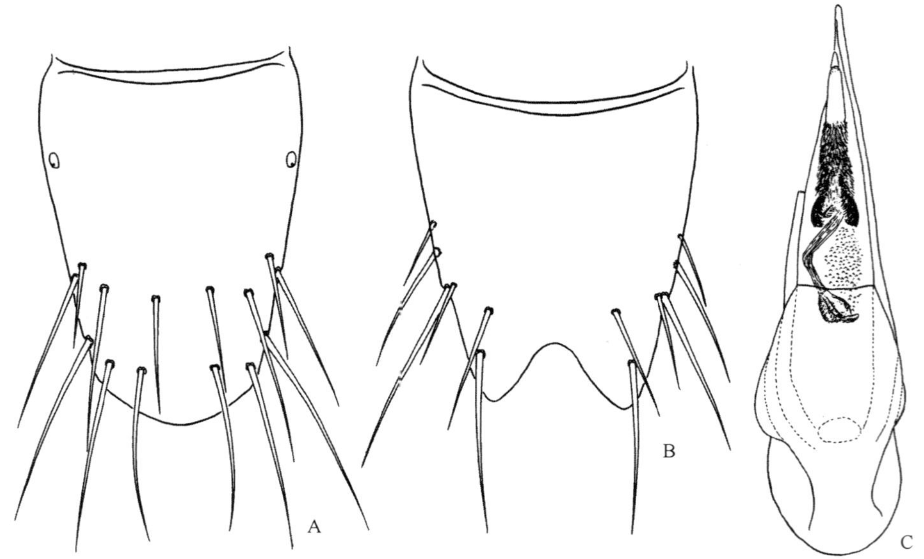

图 4-III-128　双点毛背隐翅虫 *Sepedophilus armatus* (Sharp, 1888)

A. 雄性第 8 背板；B. 雄性第 8 腹板；C. 阳茎腹面观

198. 圆胸隐翅虫属 *Tachinus* Gravenhorst, 1802

Tachinus Gravenhorst, 1802: 134. Type species: *Staphylinus rufipes* Linnaeus, 1758.

Elliptoma Motschulsky, 1845: 41. Type species: *Staphylinus marginellus* Fabricius, 1781.

Drymoporus Thomson, 1859: 46. Type species: *Tachinus elongatus* Gyllenhal, 1810.

Porodrymus Rey, 1882: 303. Type species: *Drymoporus discoideus* Erichson, 1839.

Hamotraho Gozis, 1886: 13. Type species: *Staphylinus subterraneus* Linnaeus, 1758.

Paracoproporus Bernhauer, 1917: 42. Type species: *Coproporus grandicollis* Bernhauer, 1917.

Tachinoplesius Bernhauer, 1936c: 326. Type species: *Tachinoplesius turneri* Bernhauer, 1936.

Japanotachinus Ullrich, 1975: 288. Type species: *Tachinus nakanei* Ullrich, 1975.

Pterygotachinus Scheerpeltz, 1976b: 160. Type species: *Pterygotachinus lacinipennis* Scheerpeltz, 1976.

主要特征：体长 2.0–10.5 mm；背面通常隆起。头部横宽，窄于前胸背板；触角至少第 1–2 节光滑无柔毛；下颚须 4 节，末节长于亚末节；无眼下脊；外咽缝相互远离。前胸背板横宽，光滑无毛；中胸腹板无隆脊。鞘翅表面光滑无毛。腹部向末端逐渐变窄；第 3–4 腹板中央常具成对小毛斑；侧背板通常发达。雄性第 8 背板后缘常分叶；第 7 腹板末端常有颗粒区。雌性和雄性第 8 背板后缘常分叶。

分布：古北区、东洋区、新北区、旧热带区、新热带区。世界已知 252 种 8 亚种，中国记录 103 种 2 亚种，浙江分布 10 种 1 亚种。

分种检索表

1. 体型较小；触角第 1–2 节光滑无柔毛……………………………………………………………………2
- 体型较大；触角第 1–4 节（少数种类第 1–3 节）光滑无柔毛………………………………………5
2. 体色二色，头、鞘翅和腹部黑色至黑红色，前胸背板红黄色……………**黄胸圆胸隐翅虫 *T. nigriceps rubricollis***
- 体色单色，均为棕色或红棕色…………………………………………………………………………3
3. 鞘翅刻点排列成 7 列；雌性第 8 背板 5 分叶……………………………………**大林圆胸隐翅虫 *T. ohbayashii***
- 鞘翅刻点排列不规则；雌性第 8 背板 4 分叶或 6 分叶………………………………………………4
4. 雄性第 7 腹板颗粒区窄，呈倒“V”形；雌性第 8 背板 6 分叶………………………**老挝圆胸隐翅虫 *T. laosensis***
- 雄性第 7 腹板颗粒区宽，呈三角形；雌性第 8 背板 4 分叶…………………………**直海圆胸隐翅虫 *T. naomii***
5. 触角粗而长，向后延伸可达鞘翅中部；至少头部和前胸背板光滑无刻纹；雄性前足跗节不扩大…………………………………………………………………………………………**中华圆胸隐翅虫 *T. sinensis***
- 触角细而短，向后延伸未达鞘翅中部；头部、前胸背板和鞘翅具微刻纹；雄性前足跗节扩大……………6
6. 腹部第 3–6 背板各有 1 对毛斑……………………………………………………………………………7
- 腹部第 3–4 背板各有 1 对毛斑……………………………………………………………………………8
7. 鞘翅侧缘有红黄色条带…………………………………………………………**红缘圆胸隐翅虫 *T. binotatus***
- 鞘翅为单色……………………………………………………………………………**天目圆胸隐翅虫 *T. tianmuensis***
8. 鞘翅有红黄色斑纹或条带…………………………………………………………………………………9
- 鞘翅单色，无斑纹或条带…………………………………………………………………………………10
9. 前胸背板侧缘及鞘翅侧缘基部 2/3 红黄色，近肩部有向内斜伸的黄色条斑…………**林氏圆胸隐翅虫 *T. masaohayashii***
- 仅鞘翅基部 2/3 处有红黄色斑纹……………………………………………………**凯氏圆胸隐翅虫 *T. kaiseri***
10. 雌性第 8 背板 4 分叶；第 8 腹板 6 分叶……………………………………**点鞘圆胸隐翅虫 *T. fortepunctatus***
- 雌性第 8 背板 3 分叶；第 8 腹板 5 分叶……………………………………**黄红圆胸隐翅虫 *T. yasutoshii***

（438）中华圆胸隐翅虫 *Tachinus* (*Latotachinus*) *sinensis* Li *et* Zhao, 2002（图 4-III-129）

Tachinus (*Latotachinus*) *sinensis* Li *et* Zhao, 2002: 13.

主要特征：体长约 7.8 mm；体表有光泽，暗红色至黑色。头部窄于前胸背板；表面无刻纹，有稀疏小刻点；触角长而粗壮，第 10 节长是宽的 1.09 倍。前胸背板横宽，长为宽的 0.65 倍；表面光滑，无刻纹，仅有极稀的微刻点。鞘翅缝缘长度是前胸背板长度的 1.06 倍，是鞘翅宽度的 0.67 倍，两侧几乎平行；表面光滑，有稀疏粗大刻点，但无刻纹。腹部向末端逐渐变窄；表面有较密的小刻点和长刚毛；第 3 背板近中央有 1 对小毛斑。雄性第 8 背板端部 3 分叶；第 7 腹板后缘中部呈圆弧形凹入，有半月形的颗粒区；阳茎侧叶直，长于中叶。

分布：浙江（临安）。

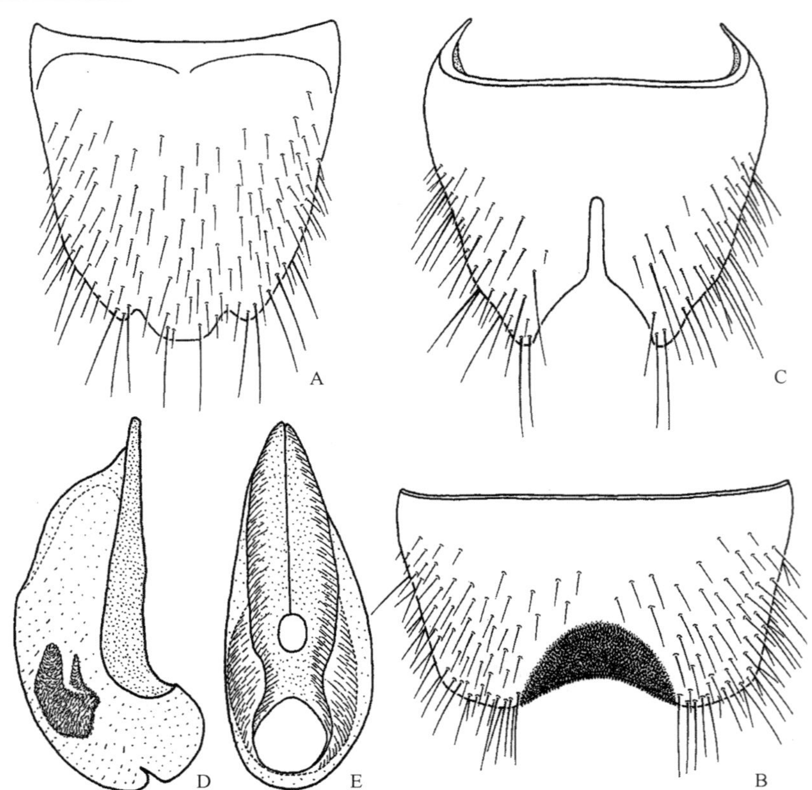

图 4-III-129　中华圆胸隐翅虫 *Tachinus* (*Latotachinus*) *sinensis* Li *et* Zhao, 2002

A. 雄性第 8 背板；B. 雄性第 7 腹板；C. 雄性第 8 腹板；D. 阳茎侧面观；E. 阳茎腹面观

（439）老挝圆胸隐翅虫 *Tachinus* (*Tachinoderus*) *laosensis* Katayama *et* Li, 2008（图 4-III-130，图版 III-83）

Tachinus (*Tachinoderus*) *laosensis* Katayama *et* Li, 2008: 128.

主要特征：体长 3.6–3.8 mm，长卵圆形；体深棕色，前胸背板周缘红黄色。头明显横宽，窄于前胸背

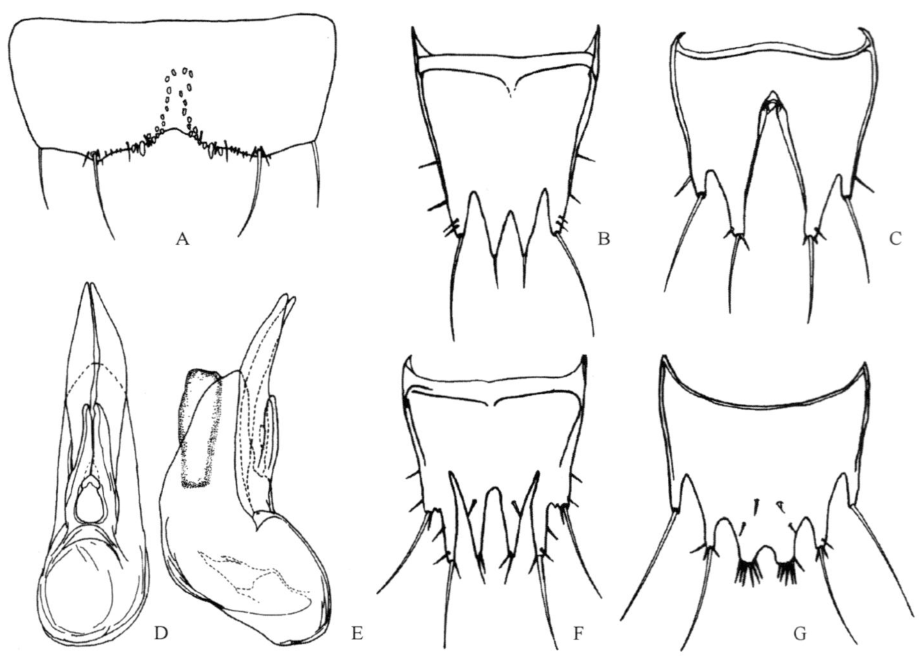

图 4-III-130　老挝圆胸隐翅虫 *Tachinus* (*Tachinoderus*) *laosensis* Katayama *et* Li, 2008

A. 雄性第 7 腹板；B. 雄性第 8 背板；C. 雄性第 8 腹板；D. 阳茎腹面观；E. 阳茎侧面观；F. 雌性第 8 背板；G. 雌性第 8 腹板

板（0.58∶1）；刻点与刻纹不明显。前胸背板横宽（0.58∶1）；刻点与头部相似，无刻纹。鞘翅长小于宽（0.98∶1），较前胸背板长（1.38∶1）；刻点粗大，无刻纹。腹部刻点细小，密布短柔毛，无明显刻纹；第3背板中央有1对毛斑。雄性第8背板后缘4分叶；第7腹板后缘圆弧形凹入，颗粒区颗粒稀疏；阳茎侧叶较中叶长，端部明显变细。雌性第8背板后缘6分叶。

分布：浙江（庆元、龙泉）、陕西、湖北、江西、福建、广西、重庆、四川、贵州、云南；越南，老挝。

（440）直海圆胸隐翅虫 *Tachinus* (*Tachinoderus*) *naomii* Li, 1994（图4-III-131，图版III-84）

Tachinus (*Tachinoderus*) *naomii* Li, 1994: 661.

主要特征：体长2.8–3.6 mm，长卵圆形；体深棕黄色，前胸背板周缘、鞘翅后缘色较深。头明显横宽，窄于前胸背板（0.56∶1）；前缘稀布刻点，无明显刻纹。前胸背板横宽（0.54∶1）；刻点与头部相似，无刻纹。鞘翅长小于宽（0.74∶1），较前胸背板长（1.40∶1）；刻点粗大，无刻纹。腹部刻点细小，密布短柔毛，无明显刻纹；第3背板中央有1对毛斑。雄性第8背板后缘3分叶；第7腹板后缘圆弧形凹入，颗粒区颗粒稀疏；阳茎侧叶较中叶长，端部明显变细。雌性第8背板4分叶。

分布：浙江（安吉、余杭、临安、鄞州、庆元、龙泉、泰顺）、陕西、湖北、江西、福建、台湾、广东、广西；日本。

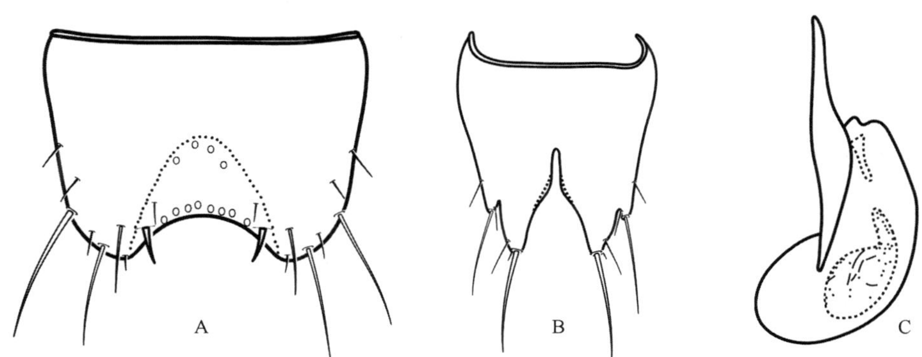

图4-III-131 直海圆胸隐翅虫 *Tachinus* (*Tachinoderus*) *naomii* Li, 1994

A. 雄性第7腹板；B. 雄性第8腹板；C. 阳茎侧面观

（441）黄胸圆胸隐翅虫 *Tachinus* (*Tachinoderus*) *nigriceps rubricollis* Rambousek, 1921（图4-III-132，图版III-85）

Tachinus rubricollis Rambousek, 1921: 82.

Tachinus latissimus Tikhomirova, 1973: 161.

Tachinus (*Tachinoderus*) *nigriceps mandschurius* Ullrich, 1975: 317.

Tachinus nigriceps rubricollis: Schülke, 2015: 8.

主要特征：体长3.1–3.9 mm；头、鞘翅和腹部黑色至黑红色，前胸背板红黄色。头窄于前胸背板（0.53∶1）；表面有稀疏小刻点和不明显的微刻纹。前胸背板长短于宽（0.55∶1）；刻点与头部相似，无微刻纹。鞘翅略窄于前胸背板，鞘翅缝缘长小于鞘翅宽（0.79∶1）；刻点及刻纹较头部明显粗大。腹部刻点和刻纹与鞘翅相似，具短柔毛。雄性第8背板4分叶，内叶之间凹入较浅；第7腹板后缘中部弧形凹入，有三角形颗粒区，区内颗粒稀疏；阳茎侧叶长而直。雌性第8背板4分叶，内叶之间呈圆弧形凹入。该亚种与日本的神户圆胸隐翅虫 *T. kobensis* 很相似，据前胸背板红黄色、雄性第7腹板颗粒较大，以及阳茎侧叶较长可与后者区分。

分布：浙江（临安）、吉林、辽宁、北京、陕西；俄罗斯，韩国。

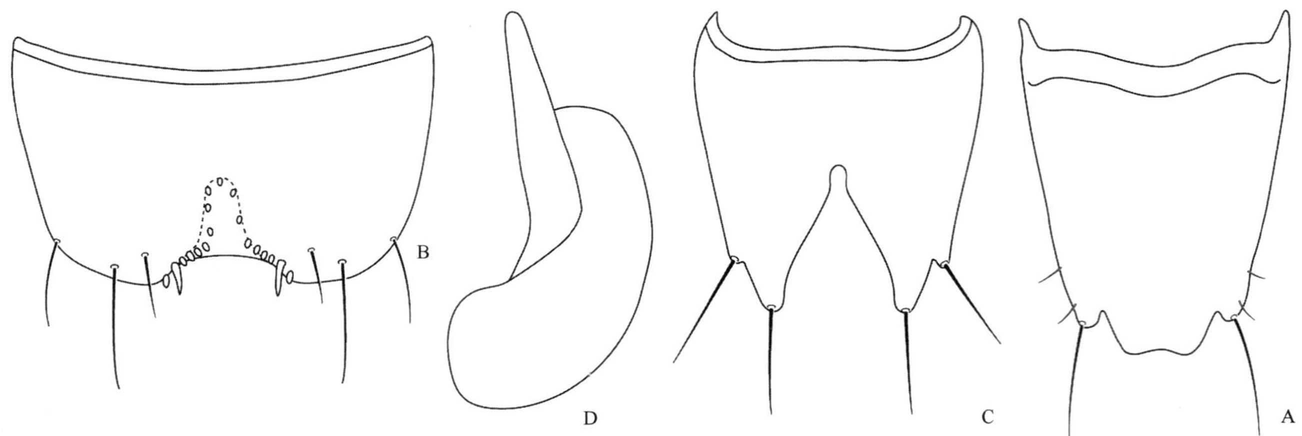

图 4-III-132　黄胸圆胸隐翅虫 *Tachinus* (*Tachinoderus*) *nigriceps rubricollis* Rambousek, 1921

A. 雄性第 8 背板；B. 雄性第 7 腹板；C. 雄性第 8 腹板；D. 阳茎侧面观

（442）大林圆胸隐翅虫 *Tachinus* (*Tachinoderus*) *ohbayashii* Li, Zhao *et* Sakai, 2001（图 4-III-133，图版 III-86）

Tachinus (*Tachinoderus*) *ohbayashii* Li, Zhao *et* Sakai, 2001: 237.

主要特征：体长 3.1–3.5 mm，长卵圆形；体红棕色至暗棕色，前胸背板侧缘红黄色。头部窄于前胸背板（0.56∶1），表面光滑，刻点极稀而小，后缘有不明显的微刻纹；触角第 10 节长略大于宽。前胸背板长小于宽（0.57∶1）；表面光滑，无刻点及微刻纹。鞘翅缝缘长是前胸背板的 1.40 倍，表面无微刻纹，但有排列成 7 列的粗大刻点。腹部表面密布柔毛和小刻点和微刻纹；第 3 背板近中央各有 1 对毛斑。雄性第 8 背板端部 4 分叶；第 7 腹板后缘圆弧形凹入，颗粒区三角形；阳茎侧叶较短而宽。雌性第 8 背板端部 5 分叶。

分布：浙江（临安）。

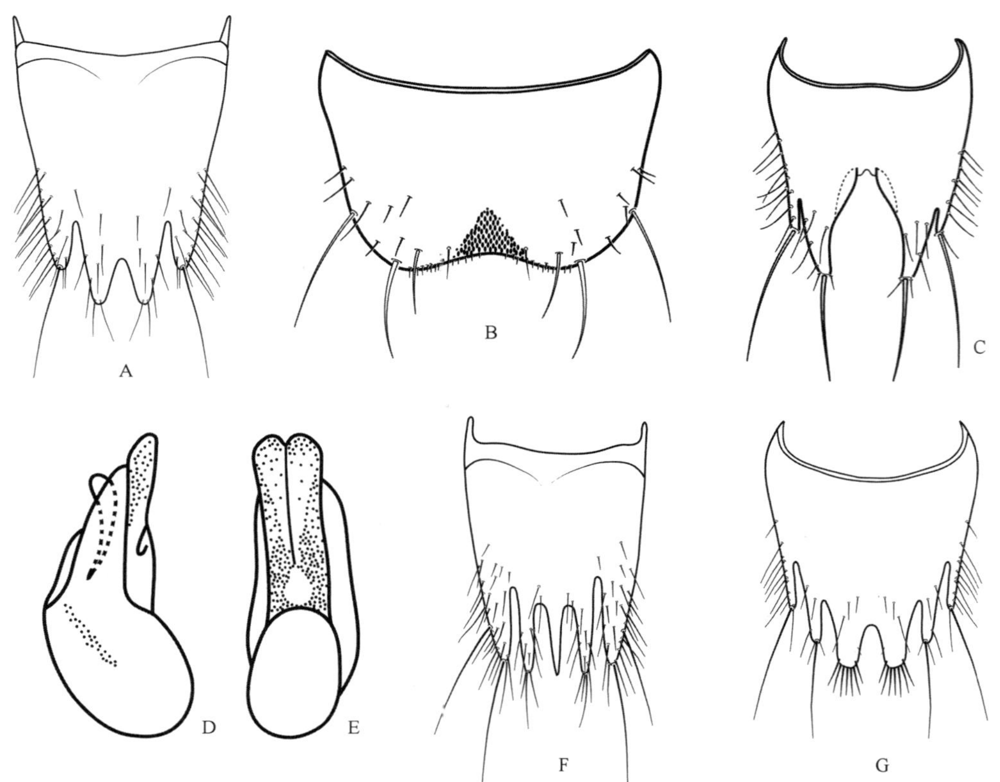

图 4-III-133　大林圆胸隐翅虫 *Tachinus* (*Tachinoderus*) *ohbayashii* Li, Zhao *et* Sakai, 2001

A. 雄性第 8 背板；B. 雄性第 7 腹板；C. 雄性第 8 腹板；D. 阳茎侧面观；E. 阳茎腹面观；F. 雌性第 8 背板；G. 雌性第 8 腹板

（443）红缘圆胸隐翅虫 *Tachinus* (*Tachinus*) *binotatus* Li, Zhao *et* Sakai, 2000（图 4-III-134）

Tachinus (*Tachinoderus*) *binotatus* Li, Zhao *et* Sakai, 2000: 301.

主要特征：体长 3.3–4.1 mm，长卵圆形；体红棕色至黑色，鞘翅侧缘红黄色。头部窄于前胸背板（0.60∶1），刻点小而稀，微刻纹明显；触角第 10 节长与宽相等。前胸背板长小于宽（0.64∶1），表面刻点同头部，无微刻纹。鞘翅缝缘长于前胸背板 1.36 倍；表面刻点明显密于前胸背板，无微刻纹。腹部表面稀布柔毛和小刻点，密布微刻纹；第 3–6 背板近中央各有 1 对小毛斑。雄性第 8 背板端部 4 分叶；第 7 腹板后缘圆弧形凹入，有 2 排斜向排列的颗粒；阳茎侧叶较短而粗，端半部向腹面弯曲。雌性第 8 背板端部 4 分叶。本种与天目圆胸隐翅虫 *T. tianmuensis* 相似，可根据鞘翅两侧有红黄色纵带，以及阳茎侧叶端部不向背面弯曲加以区分。

分布：浙江（临安）。

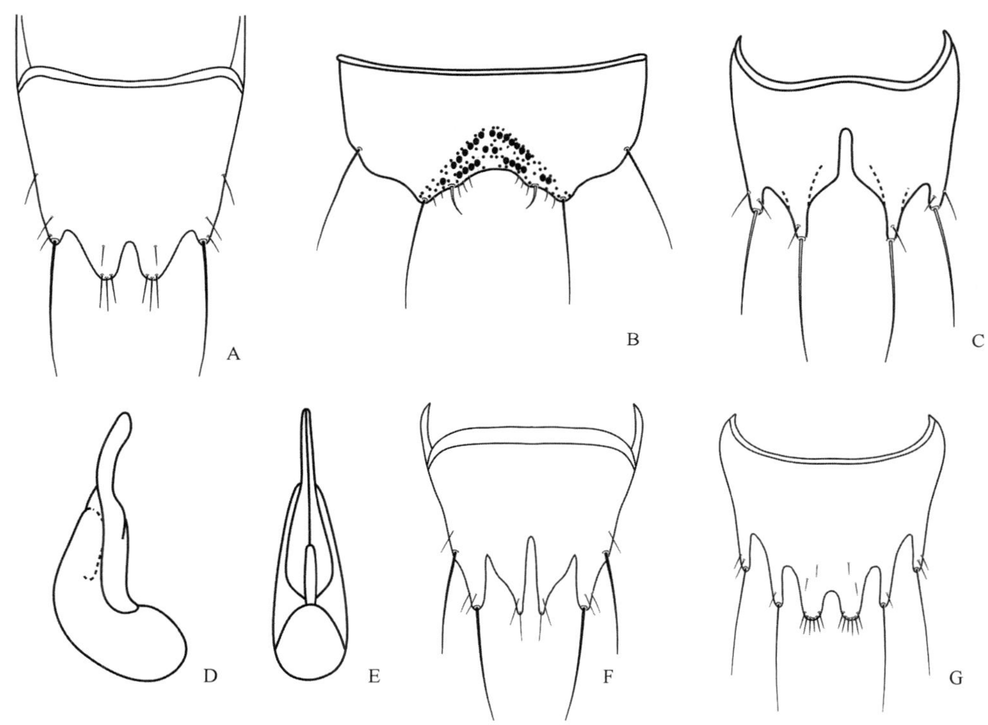

图 4-III-134 红缘圆胸隐翅虫 *Tachinus* (*Tachinus*) *binotatus* Li, Zhao *et* Sakai, 2000

A. 雄性第 8 背板；B. 雄性第 7 腹板；C. 雄性第 8 腹板；D. 阳茎侧面观；E. 阳茎腹面观；F. 雌性第 8 背板；G. 雌性第 8 腹板

（444）点鞘圆胸隐翅虫 *Tachinus* (*Tachinus*) *fortepunctatus* Bernhauer, 1933（图 4-III-135）

Tachinus fortepunctatus Bernhauer, 1933a: 43.

主要特征：体长 5.2–5.7 mm；体黑色，具光泽。头窄于前胸背板（0.54∶1），表面具稀疏小刻点和微刻纹。前胸背板横宽（0.67∶1）；刻点和刻纹与头部相似。鞘翅长小于宽（0.72∶1），较前胸背板长（1.13∶1）；刻点较大而稀疏，刻纹不明显。腹部表面具稀疏刻点和柔毛，微刻纹明显。雄性第 3–4 背板近中央各具 1 对白斑；第 8 背板后缘 4 分叶；第 7 腹板后缘呈圆弧形凹入，具密集颗粒区；阳茎侧叶细长，长于中叶。雌性第 8 背板 4 分叶，内叶与外叶近乎等长。

分布：浙江（临安）、湖北、四川。

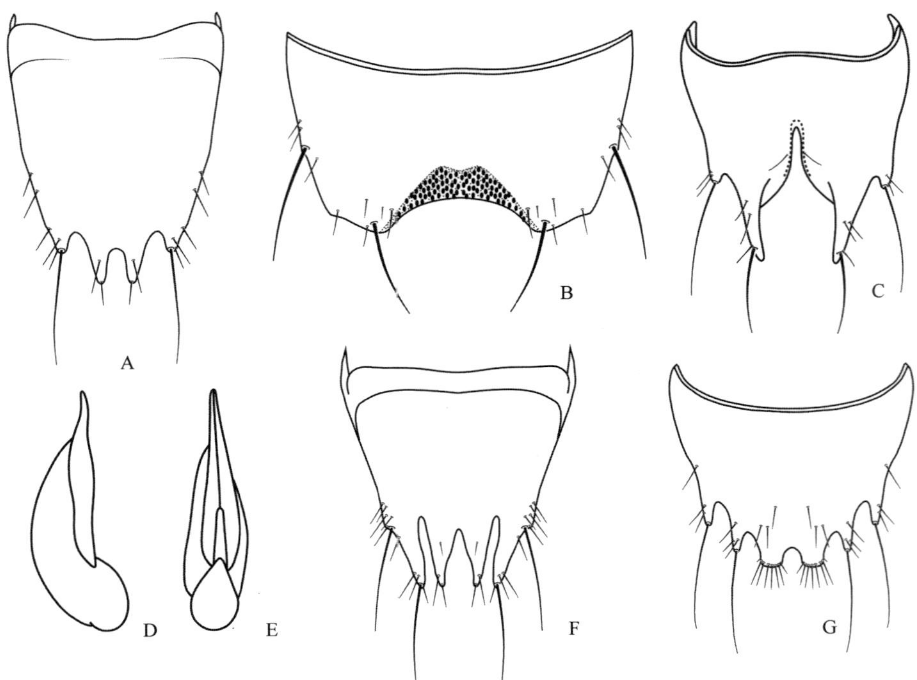

图 4-III-135　点鞘圆胸隐翅虫 *Tachinus* (*Tachinus*) *fortepunctatus* Bernhauer, 1933

A. 雄性第 8 背板；B. 雄性第 7 腹板；C. 雄性第 8 腹板；D. 阳茎侧面观；E. 阳茎腹面观；F. 雌性第 8 背板；G. 雌性第 8 腹板

（445）凯氏圆胸隐翅虫 *Tachinus* (*Tachinus*) *kaiseri* Bernhauer, 1934（图 4-III-136）

Tachinus kaiseri Bernhauer, 1934a: 12.

主要特征：体长约 5.5 mm；体黑色，鞘翅基部 2/3 有红黄色斑纹。头部有小刻点和微刻纹；触角

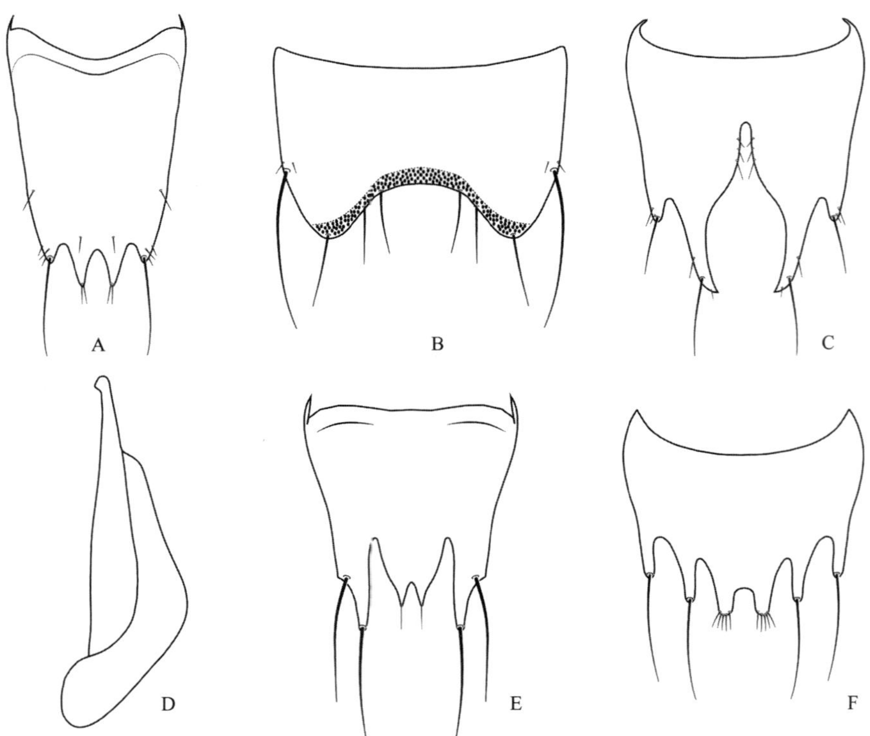

图 4-III-136　凯氏圆胸隐翅虫 *Tachinus* (*Tachinus*) *kaiseri* Bernhauer, 1934

A. 雄性第 8 背板；B. 雄性第 7 腹板；C. 雄性第 8 腹板；D. 阳茎侧面观；E. 雌性第 8 背板；F. 雌性第 8 腹板

第 8–10 节长约等于宽。前胸背板宽大于长；刻点和刻纹与头部相似。鞘翅刻点较前胸背板粗大，刻纹较退化。腹部有小刻点和短柔毛；第 3–4 腹板各有 1 对毛斑。雄性第 8 背板后缘 4 分叶；第 7 腹板后缘呈圆弧形凹入，有短而宽的颗粒区；阳茎侧叶粗大，远长于中叶，端部有向腹面弯曲的小钩。雌性第 8 背板 4 分叶，内叶之间凹入较浅。

分布：浙江、四川。

（446）林氏圆胸隐翅虫 *Tachinus* (*Tachinus*) *masaohayashii* Hayashi, 1990（图 4-III-137）

Tachinus (*Tachinus*) *masaohayashii* Hayashi, 1990: 135.

主要特征：体长 4.5–5.8 mm；体黑棕色，前胸背板周缘及鞘翅侧缘基部 2/3 黄色，鞘翅近肩部有向内斜伸的条形黄斑。头窄于前胸背板（0.59∶1），表面具稀疏小刻点，密布微刻纹。前胸背板横宽（0.66∶1），刻点和刻纹与头部相似。鞘翅长小于宽（0.84∶1），较前胸背板长（1.42∶1）；刻点和刻纹与前胸背板相似。腹部有较密的小刻点、微刻纹和短柔毛；第 3–4 腹板各有 1 对毛斑。雄性第 8 背板 4 分叶，内叶长于外叶；第 7 腹板后缘中部呈圆弧形凹入，沿后缘有三角形颗粒区；阳茎侧叶长，端部向腹面弯曲。雌性第 8 背板 4 分叶，内叶明显短于外叶。

分布：浙江（临安）、台湾。

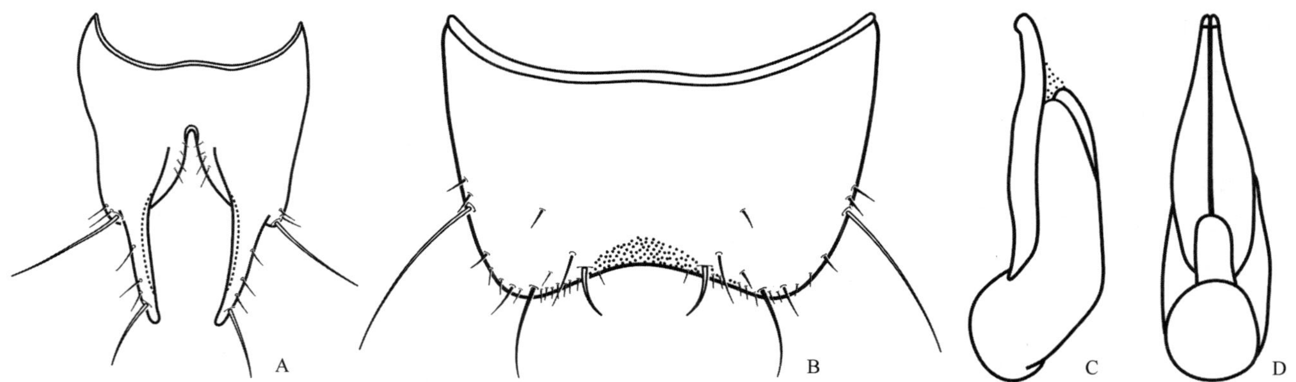

图 4-III-137　林氏圆胸隐翅虫 *Tachinus* (*Tachinus*) *masaohayashii* Hayashi, 1990
A. 雄性第 8 腹板；B. 雄性第 7 腹板；C. 阳茎侧面观；D. 阳茎腹面观

（447）天目圆胸隐翅虫 *Tachinus* (*Tachinus*) *tianmuensis* Li, Zhao *et* Sakai, 2000（图 4-III-138）

Tachinus (*Tachinoderus*) *tianmuensis* Li, Zhao *et* Sakai, 2000: 299.

主要特征：体长 3.5–4.3 mm，长卵圆形；体红棕色至黑色。头部窄于前胸背板（0.61∶1），刻点小而稀，微刻纹明显；触角第 10 节长与宽相等。前胸背板长小于宽（0.65∶1），表面刻点同头部，无微刻纹。鞘翅缝缘长于前胸背板 1.36 倍，表面刻点明显大于前胸背板，无微刻纹。腹部表面稀布柔毛和小刻点，密布微刻纹；第 3–6 背板近中央各有 1 对小毛斑。雄性第 8 背板端部 4 分叶；第 7 腹板后缘圆弧形凹入，有 2 排斜向排列的颗粒；阳茎侧叶较长而细，端部向背面略弯曲。雌性第 8 背板 4 分叶。

分布：浙江（临安）。

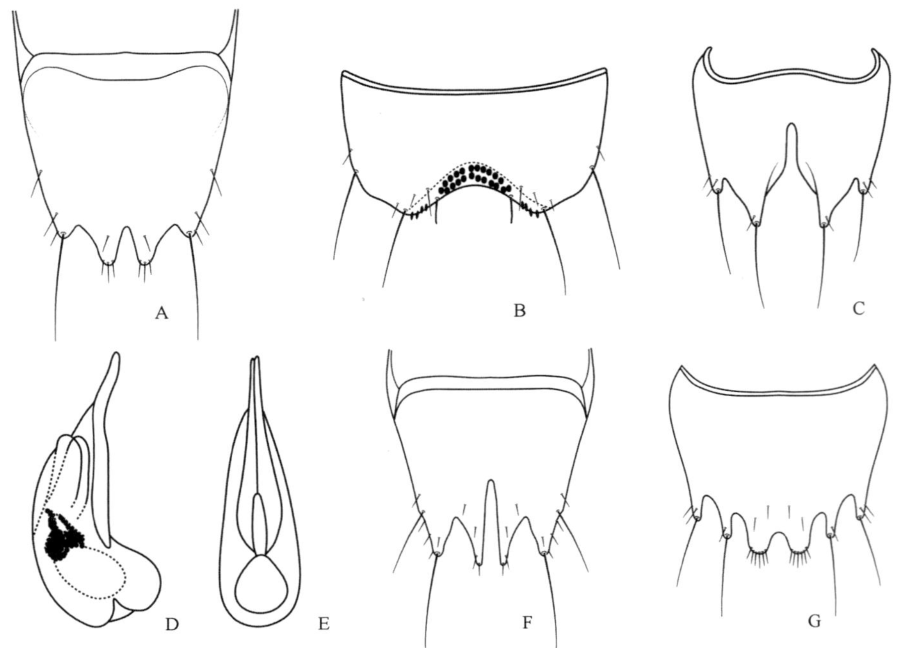

图 4-III-138　天目圆胸隐翅虫 *Tachinus* (*Tachinus*) *tianmuensis* Li, Zhao *et* Sakai, 2000
A. 雄性第 8 背板；B. 雄性第 7 腹板；C. 雄性第 8 腹板；D. 阳茎侧面观；E. 阳茎腹面观；F. 雌性第 8 背板；G. 雌性第 8 腹板

（448）黄红圆胸隐翅虫 *Tachinus* (*Tachinus*) *yasutoshii* Ito, 1993（图 4-III-139，图版 III-87）

Tachinus yasutoshii Ito, 1993a: 67.

Tachinus (*Tachinus*) *brevicuspis* Schülke, 2003b: 766.

主要特征：体长 8.2–8.7 mm；体红棕色至暗褐色，前胸背板侧缘、鞘翅肩部及后缘棕黄色。头明显窄于前胸背板（0.54∶1），表面布稀疏微刻点，密布网状微刻纹。前胸背板横宽（0.66∶1）；刻点和刻纹与头部

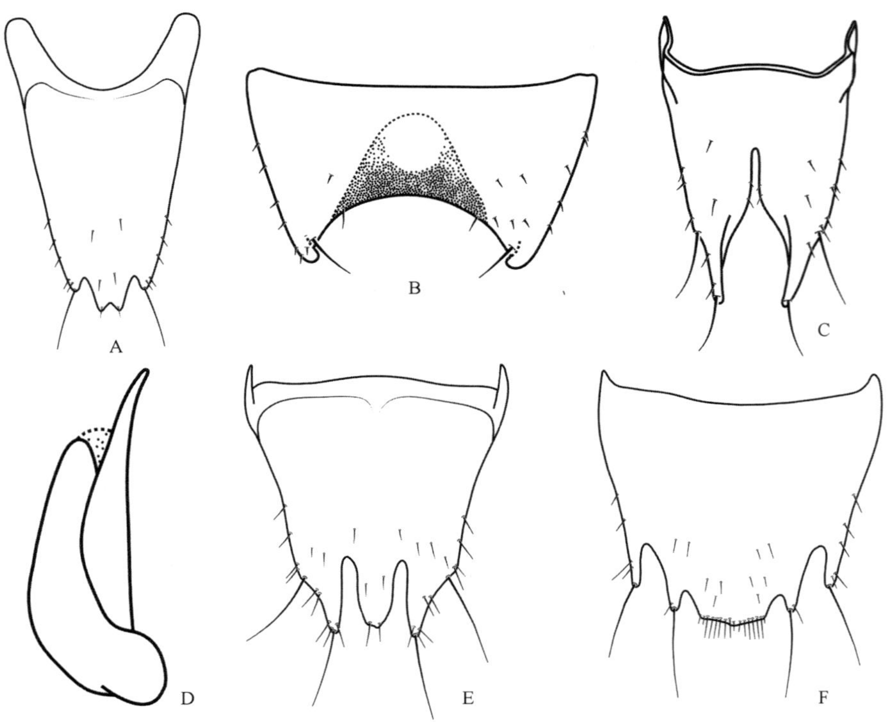

图 4-III-139　黄红圆胸隐翅虫 *Tachinus* (*Tachinus*) *yasutoshii* Ito, 1993
A. 雄性第 8 背板；B. 雄性第 7 腹板；C. 雄性第 8 腹板；D. 阳茎侧面观；E. 雌性第 8 背板；F. 雌性第 8 腹板

相似。鞘翅缝缘长小于宽（0.80：1），长于前胸背板（1.39：1）；刻点和刻纹较前胸背板粗大。腹部表面刻点和刻纹与前胸背板上的相似，无柔毛；第 3–4 背板中央各具 1 对白斑。雄性第 8 背板后缘 4 分叶，内叶长于外叶；第 7 腹板后缘呈弧形深凹，具半月形密集颗粒区；阳茎侧叶长于中叶，端部略向腹面弯曲。雌性第 8 背板 3 分叶，中叶短于外叶；第 8 腹板 5 分叶。

分布：浙江、台湾。

（五）前角隐翅虫亚科 Aleocharinae

主要特征：体小至中型，长条形。复眼不大，不突出；触角多数 11 节，少数 10 节，着生在复眼前缘连线之后（复眼之间）。前基节缝开放，后足基节大，相互接触。鞘翅短，腹末 5–6 节外露，可见腹板 6 节，通常侧背板 2 对，少数仅 1 对或缺。跗式通常 5–5–5 式、4–5–5 式或 4–4–5 式，少数 4–4–4 式、3–4–4 式、3–3–3 式或 2–2–2 式。

生物学：通常生活在枯枝落叶、腐殖质、粪便中，有的生活在脊椎动物的巢穴中，有的与蚂蚁或白蚁共生。

分布：世界广布。本亚科是隐翅虫科中最大的亚科，世界已知 1314 属 16 672 种（亚种），中国记录 184 属 1740 种 12 亚种，浙江分布 44 属 96 种 1 亚种。

分属检索表

1. 跗式 3–4–4 式；腹部基部强烈收缩（束腰隐翅虫族 Eusteniamorphini）……………………………**束腰隐翅虫属** ***Eusteniamorpha***
- 前足跗节多于 3 节……………………………………………………………………………………………2
2. 触角第 2–10 节相互嵌套；触角窝下沉，着生于复眼之间；腹部第 9 节特化，由中叶和 1 对侧叶构成，侧叶分为 2 叶；阳茎明显分成端半部和基半部两部分（凹窝隐翅虫族 Pygostenini）……………………………**鲎形隐翅虫属** ***Doryloxenus***
- 特征组合不如上所述……………………………………………………………………………………………3
3. 体鲎形；具好白蚁性（喜白蚁隐翅虫族 Termitohospitini）……………………………**白蚁隐翅虫属** ***Sinophilus***
- 体非鲎形；营自由生活…………………………………………………………………………………………4
4. 体形特殊，头部不窄于前胸背板前缘；鞘翅宽度至少是前胸背板基部宽度的 1.25 倍；腹部 1–3 节基部常具深凹，内具粗刻点或脊……………………………………………………………………………………………5
- 体形及其他特征不如上所述……………………………………………………………………………………7
5. 颈宽，宽度至少超过头宽的 1/3；前胸背板中央不具纵沟或纵凹；腹部略窄于鞘翅基部，或于基部收缩（瘦黑隐翅虫族 Tachyusini）……………………………**溢颈隐翅虫属** ***Gnypeta***
- 颈细，宽度不及头宽的 1/3；前胸背板中央具纵沟或纵凹；腹部等宽或稍窄于鞘翅基部（狭胸隐翅虫族 Falagriini）………6
6. 小盾片具中脊……………………………………………………………**脊盾隐翅虫属** ***Myrmecocephalus***
- 小盾片不具脊……………………………………………………………**常盾隐翅虫属** ***Leptagria***
7. 体形粗壮至瘦长；下颚须和下唇须末节端部具伪节；触角粗壮或膨大；前背折缘侧面观不可见或勉强可见；跗式 5–5–5 式（前角隐翅虫族 Aleocharini）……………………………………………………………………………8
- 体形和特征组合不如上所述；跗式非 5–5–5 式…………………………………………………………10
8. 体形粗壮……………………………………………………………**前角隐翅虫属** ***Aleochara***
- 体形瘦长……………………………………………………………………………………………………9
9. 唇舌于端部分裂；中胸腹突狭长……………………………………………**短眼隐翅虫属** ***Amarochara***
- 唇舌完整不分裂；中胸腹突短而宽……………………………………**拟前角隐翅虫属** ***Paraleochara***
10. 体梭形；体表具倒伏短柔毛；下唇须针状，两侧平行………………………………………………11
- 体非梭形；体表柔毛形态不如上所述；下唇须非针状………………………………………………12
11. 第 7 背板防御腺萎缩（腹毛隐翅虫族 Myllaenini）……………………………**腹毛隐翅虫属** ***Myllaena***
- 第 7 背板防御腺正常发育（凹颏隐翅虫族 Pronomaeini）……………………**凹颏隐翅虫属** ***Pronomaea***
12. 体适度粗壮；下颚须末节端部具伪节；中胸背板不具脊；跗式 4–5–5 式（伪节隐翅虫族 Hoplandriini）……………………………………………………………**伪粗角隐翅虫属** ***Pseudoplandria***

\- 体形和特征组合不如上所述……………………………………………………………………………………………13
13. 体形适度至显著扁平；体表常具粗刻点；颈宽；上颚磨区具小齿；前颏中央刚毛基部靠近，伪感觉孔带狭窄；唇舌分成 2 叶；中足基节邻近；跗式 4–4–5 式；多数物种菌食性（菌隐翅虫族 Homalotini）……………………14
\- 体形和特征组合不如上所述……………………………………………………………………………………………21
14. 枕后脊完整；后足基节侧后缘具粗大刚毛……………………………………………………………………………15
\- 枕后脊不完整；后足基节侧后缘无粗大刚毛…………………………………………………………………………17
15. 触角向后不超过前胸背板后缘；中胸腹突长度为中足基节的 1/3，基节窝邻近，峡长度为基节窝一半……………………………………………………………………………………………刺尾隐翅虫属 ***Anomognathus***
\- 触角向后超过前胸背板后缘；中胸腹突长度长于中足基节的 1/3，基节窝明显分离，峡长度长于基节窝的一半…………16
16. 下颚内颚叶端部栉刺的长度不及宽度的 3 倍…………………………………………全脊隐翅虫属 ***Stenomastax***
\- 下颚内颚叶端部栉刺的长度超过宽度的 3 倍…………………………………………菌隐翅虫属 ***Homalota***
17. 体型微小，形态各异；下唇须非针状；中足基节窝远离；中、后胸腹突较宽；内颚叶端部平截，内侧具菌刷，刺和毛退化；下颚外叶端部常具 4 排扁毛；受精囊颈部具盘状凸缘……………………长舌隐翅虫属 ***Neobrachida***
\- 特征组合不如上所述……………………………………………………………………………………………………18
18. 下唇须非针状；上颚磨区腹面具密排小齿；唇舌长，端部分裂；前颏中央刚毛前-后或前-侧后排列，不具伪毛孔；内颚叶内侧前端密布刚毛和刺；中足基节窝多数适度分离；雄性背板 7–8 节常具性征…………常舌隐翅虫属 ***Methistemistiba***
\- 下唇须针状，外观 2 节；下颚内、外颚叶长而突出；前颏中央刚毛靠近，伪毛孔带狭窄……………………19
19. 唇舌端部分裂…………………………………………………………………………裂舌隐翅虫属 ***Coenonica***
\- 唇舌端部完整………20
20. 前胸背板后缘向内收狭，平直……………………………………………………………切胸隐翅虫属 ***Neosilusa***
\- 前胸背板后缘向内收狭，弧形……………………………………………………………弧缘隐翅虫属 ***Silusa***
21. 阳茎不具“athetine 桥”（卷囊隐翅虫族 Oxypodini）………………………………………………………………22
\- 阳茎具“athetine 桥”……………………………………………………………………………………………………28
22. 前体密布网纹状刻点；触角第 1 节膨大；下颚须末节退化，极小；后足跗节第 1 节极度延长……………………………………………………………………………………………网点隐翅虫属 ***Porocallus***
\- 特征组合不如上所述……………………………………………………………………………………………………23
23. 前胸背板侧缘具长刚毛……………………………………………………………………毛胸隐翅虫属 ***Ocalea***
\- 前胸背板侧缘不具刚毛…………………………………………………………………………………………………24
24. 头基部具柄，“颈”窄于头宽的 1/3……………………………………………………………………………………25
\- 头基部不具柄，“颈”较宽………………………………………………………………………………………………26
25. 阳茎端部细长……………………………………………………………………………细腰隐翅虫属 ***Echidnoglossa***
\- 阳茎端部粗壮……………………………………………………………………………蜂腰隐翅虫属 ***Syntomenus***
26. 受精囊基部强烈弯曲，卷状…………………………………………………………卷囊隐翅虫属 ***Oxypoda***
\- 受精囊基部略弯曲，不呈卷状…………………………………………………………………………………………27
27. 唇舌较宽短……………………………………………………………………………常基隐翅虫属 ***Ocyusa***
\- 唇舌长而窄……………………………………………………………………………直囊隐翅虫属 ***Smetanaetha***
28. 内唇 α 感觉器萎缩（小翅隐翅虫族 Geostibini）……………………………………………………………………29
\- 内唇 α 感觉器正常………………………………………………………………………………………………………31
29. 中足基节窝较分开；唇舌仅在端半部分离…………………………………………幅胸隐翅虫属 ***Pelioptera***
\- 中足基节窝接近；唇舌从基部分为二叶…………………………………………………………………………………30
30. 第 3–5 背板基部显著凹陷…………………………………………………………长腹隐翅虫属 ***Aloconota***
\- 第 3–5 背板基部至多微凹………………………………………………………………小翅隐翅虫属 ***Geostiba***
31. 下颚内、外颚叶适度至显著伸长；中足基节相互远离，腹突宽而短；唇舌 2 分叶；多数物种具好蚁性（颚须隐翅虫族 Lomechusini）……………………………………………………………………………………………………32

- 下颚内、外颚叶适度伸长；中足基节靠近，腹突长而窄；大部分物种发现于腐败有机物中，部分物种发现于真菌上（平缘隐翅虫族 Athetini）……37
32. 前胸背板具纵长形或圆形凹陷……33
- 前胸背板不具凹陷……34
33. 头部具颈；前胸背板中线处具细长或椭圆形凹陷……中凹隐翅虫属 *Drusilla*
- 头部无颈或颈不明显；前胸背板近后缘中部具 1 圆形浅凹……蚁巢隐翅虫属 *Zyras*
34. 前体密布刚毛……35
- 头及前胸光滑，或仅稀疏分布长刚毛……36
35. 前体具浅刻点；舌顶端缺刚毛，好蚁性……好蚁隐翅虫属 *Pella*
- 前体密布粗深刻点……光带隐翅虫属 *Diplopleurus*
36. 触角第 1 节近前端具 2 根黑粗刚毛，体侧具多根黑粗长刚毛……刺毛隐翅虫属 *Peltodonia*
- 触角第 1 节不具黑粗刚毛，前胸背板及鞘翅边缘仅具短刚毛……常板隐翅虫属 *Tetrabothrus*
37. 鞘翅密布粗糙刻点……离隐翅虫属 *Schistogenia*
- 鞘翅刻点非如上所述……38
38. 阳茎中叶或阳茎腹突端部分裂……瘦茎隐翅虫属 *Nepalota*
- 阳茎中叶和阳茎腹突端部完整……39
39. 前颏侧方无伪毛孔……稀毛隐翅虫属 *Liogluta*
- 前颏侧方具伪毛孔……40
40. 第 8 腹板后缘具小齿……41
- 第 8 腹板后缘平滑……42
41. 第 3 背板具大刚毛；第 2 背板具 1 对大刚毛（01 型）……波缘隐翅虫属 *Acrotona*
- 第 3 背板端部无大刚毛（00 型）……欠光隐翅虫属 *Nehemitropia*
42. 第 3 背板具大刚毛；第 2 背板端部具 2 对大刚毛（02 型）……平缘隐翅虫属 *Atheta*
- 第 3 背板端部无大刚毛（00 型）……43
43. 后翅基部后缘具团扇……水际隐翅虫属 *Hydrosmecta*
- 后翅基部后缘团扇退化……基凹隐翅虫属 *Thamiaraea*

前角隐翅虫族 Aleocharini Fleming, 1821

前角隐翅虫亚族 Aleocharina Fleming, 1821

199. 前角隐翅虫属 *Aleochara* Gravenhorst, 1802

Aleochara Gravenhorst, 1802: 67. Type species: *Staphylinus curtulus* Goeze, 1777.

Hoplonotus Schmidt-Göbel, 1846: 245. Type species: *Hoplonotus laminatus* Schmidt-Gabel, 1846.

Dyschara Mulsant *et* Rey, 1874: 425. Type species: *Aleochara inconspicua* Aubé, 1850.

Correa Fauvel, 1878: 592. Type species: *Correa oxytelina* Fauvel, 1878.

Tithanis Casey, 1884a: 16. Type species: *Aleochara valida* LeConte, 1858.

Isochara Bernhauer, 1901: 440. Type species: *Aleochara tristis* Gravenhorst, 1806.

Exaleochara Keys, 1907: 102. Type species: *Aleochara morion* Gravenhorst, 1802.

Skenochara Bernhauer *et* Scheerpeltz, 1926: 795. Type species: *Aleochara squalithorax* Sharp, 1888.

Arybodma Blackwelder, 1952: 63. Type species: *Aleochara intricata* Mannerheim, 1830.

Cratoacrochara Pace, 1987b: 230. Type species: *Cratoacrochara rougemonti* Pace, 1987.

主要特征：体大型，体形宽阔，被柔毛。触角 11 节。下颚须 4 节，末节端部具针状伪节。前足基节狭长，突出；中足基节宽卵圆形；后足基节横宽，端部突起，基部靠近。跗式 5–5–5 式。中胸腹板常具脊。阳茎基囊膨大，内囊结构复杂，侧叶端部具 3–4 根刚毛。受精囊由基囊、腔室和输精管组成。

分布：世界广布。世界已知 545 种 2 亚种，中国记录 65 种，浙江分布 1 种。

（449）考氏前角隐翅虫 *Aleochara* (*Xenochara*) *cooteri* Pace, 1999（图 4-III-140）

Aleochara (*Euryodma*) *cooteri* Pace, 1999: 161.

Aleochara (*Xenochara*) *cooteri*: Schülke & Smetana, 2015: 498.

主要特征：体长 4.8 mm；体光洁被柔毛。体棕色，头部和腹部背板基部数节黑色；触角暗棕色，基部 2 节红色；足红色。仅头部具网状刻纹。身体密布大刻点。阳茎对称，中叶端部收狭。本种阳茎与叉前角隐翅虫 *A. croceipennis* Motschulsky, 1858 相似，通过其阳茎较宽，头部、前胸背板和鞘翅的刻点较大加以区分。叉前角隐翅虫的刻点为小瘤突。

分布：浙江（临安）。

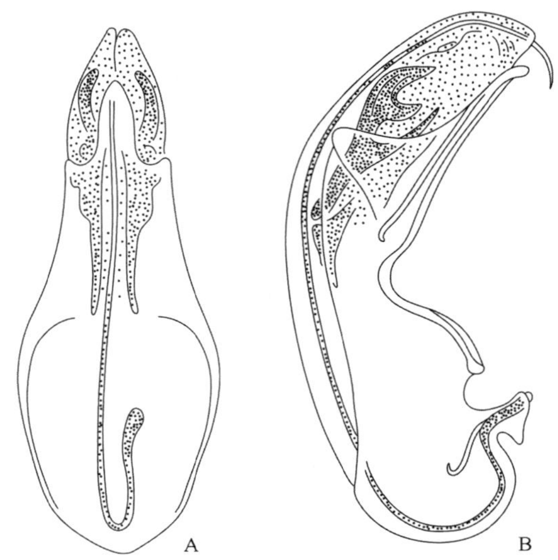

图 4-III-140 考氏前角隐翅虫 *Aleochara* (*Xenochara*) *cooteri* Pace, 1999（仿自 Pace，1999）
A. 阳茎腹面观；B. 阳茎侧面观

200. 短眼隐翅虫属 *Amarochara* Thomson, 1858

Amarochara Thomson, 1858: 32. Type species: *Calodera umbrosa* Erichson, 1837.

主要特征：体小至中型；体狭长。头近四边形或近球形，窄于前胸背板，不具颈。复眼适度至显著膨大；触角宽大，柄节端部深凹，第 11 节等长于第 9–10 节之和。前胸背板适度横宽，后角钝圆。鞘翅宽于并短于前胸背板，后缘波浪形。中胸腹板中央有时具脊。后足基节与后胸腹板间由脊分开。足细长，跗节第 1 节长度至少等长于第 2–3 节之和。腹部第 3–6 节基部收狭；第 3–5 背板基部具凹槽。阳茎腹突平直，具不明显端冠。受精囊基囊膨大，球形，输精管短而直。

分布：古北区、东洋区。世界已知 48 种，中国记录 11 种，浙江分布 1 种。

（450）棕色短眼隐翅虫 *Amarochara hamulata* Assing, 2010（图 4-III-141）

Amarochara hamulata Assing, 2010: 1144.

主要特征：体长 3.2–3.6 mm。体深棕色；鞘翅和腹末浅棕色；足棕色，跗节色较浅；触角深棕色。

头略横宽，近四边形，后颊两侧平行；刻点细小；触角较粗，末节卵形。前胸背板长宽近似，是头宽的 1.3–1.35 倍；侧缘略扩展；盘区具密集细刻点。鞘翅宽度是头宽的 1.25 倍，后缘近外侧角波浪形；刻点细密，较前胸背板更明显。腹部背板第 3–5 节基部具较深凹槽，密布粗刻点，不具脊；其余部分刻点较细密。雄性第 8 腹板端缘突起，具长刚毛。阳茎腹突长于基囊。

分布：浙江（临安）。

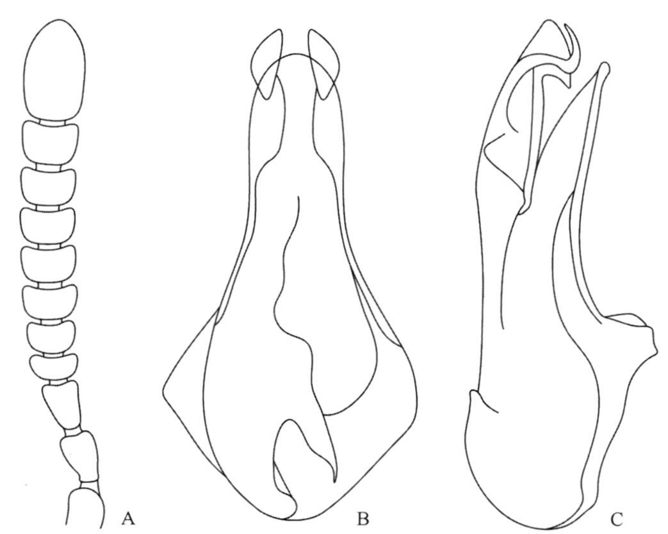

图 4-III-141　棕色短眼隐翅虫 *Amarochara hamulata* Assing, 2010（仿自 Assing，2010）
A. 触角；B. 阳茎腹面观；C. 阳茎侧面观

201. 拟前角隐翅虫属 *Paraleochara* Cameron, 1920

Paraleochara Cameron, 1920c: 275. Type species: *Paraleochara fungivora* Cameron, 1920.

主要特征：体中型，被柔毛，体表粗糙。头两侧不具脊；唇舌狭长，端部尖锐。鞘翅侧后缘非波浪状。中胸腹板基节间突短而宽，后缘平截；后胸腹板基节间突显著长于中胸腹板基节间突。足细长，跗式 5–5–5 式。受精囊基囊球形，与颈愈合。

分布：古北区、东洋区。世界已知 2 种，中国记录 1 种，浙江分布 1 种。

（451）考氏拟前角隐翅虫 *Paraleochara kochi* (Bernhauer, 1941)（图 4-III-142）

Aleochara (*Aleochara*) *kochi* Bernhauer, 1941a: 211.

Aleochara (*Aleochara*) *globus* Pace, 1999: 158.

Paraleochara kochi: Yamamoto & Maruyama, 2016: 56.

主要特征：体长 3.9–5.9 mm。体深红棕至棕色；鞘翅亮黄棕色；触角第 1–3 节深黄棕色，第 4–11 节色加深；口器和足淡黄棕至红棕色。头圆形，长宽近似，于眼后最宽；头顶具长而稀疏刚毛，刻点浅而少；触角较粗，稍短于头和前胸背板之和，第 11 节半圆形，短于第 9–10 节之和。前胸背板宽卵形，后缘弧形；盘区具密刚毛，侧缘具 7 根粗黑长刚毛；刻点均匀分布，小而浅。鞘翅横宽，背面具细密短刚毛，侧后缘非波浪形。腹部第 4–6 背板基部具深凹；表面具长而细的刚毛。雄性第 8 背板后缘锯齿状；第 8 腹板后缘尖锐。阳茎中叶狭长，端部变窄。

分布：浙江（临安）、香港、四川；韩国，日本。

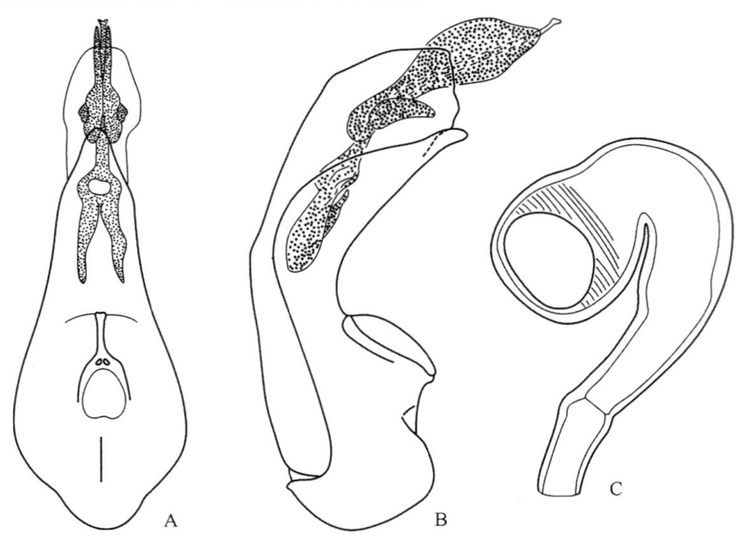

图 4-III-142　考氏拟前角隐翅虫 *Paraleochara kochi* (Bernhauer, 1941)（仿自 Yamamoto and Maruyama，2016）
A. 阳茎腹面观；B. 阳茎侧面观；C. 受精囊

平缘隐翅虫族 Athetini Casey, 1910

平缘隐翅虫亚族 Athetina Casey, 1910

202. 波缘隐翅虫属 *Acrotona* Thomson, 1859

Acrotona Thomson, 1859: 38. Type species: *Aleochara aterrima* Gravenhorst, 1802.

主要特征：体纺锤形。眼下脊完整。前胸背板横宽，中后部最宽，柔毛沿中线指向后方；前背折缘侧面观不可见。中胸腹突延伸超过中足基窝长度之半；后足跗节第 1–4 节近等长。腹部向端部收狭，具显著大刚毛，边缘具小齿；第 3–5 背板基部凹陷；第 7 背板长于第 6 背板。受精囊近球形，末端延长形成颈，输精管罗圈状，端部膨大。

分布：古北区、东洋区、新北区、旧热带区、新热带区。世界已知 354 种，中国记录 55 种 1 亚种，浙江分布 5 种。

分种检索表

1. 前胸背板与鞘翅同色，均为黄褐色 ························ **暗腹波缘隐翅虫 *A. appulsina***
- 前胸背板与鞘翅颜色不同，后者通常颜色较浅 ························ 2
2. 鞘翅黄棕色，外缘深棕色；腹部基部红棕色 ························ **毛波缘隐翅虫 *A. litura***
- 鞘翅单色；腹部基部颜色正常 ························ 3
3. 前胸背板黑色，具中纵沟；鞘翅红棕色 ························ **红翅波缘隐翅虫 *A. neglecta***
- 前胸背板棕色，缺中纵沟；鞘翅黄色 ························ 4
4. 腹部末端红褐色，表面具网状刻纹 ························ **黄翅波缘隐翅虫 *A. vicaria***
- 腹部颜色基本一致，表面网状刻纹不明显 ························ **缅甸波缘隐翅虫 *A. birmana***

（452）暗腹波缘隐翅虫 *Acrotona* (*Acrotona*) *appulsina* (Pace, 1998)（图 4-III-143）

Atheta (*Acrotona*) *appulsina* Pace, 1998d: 678.

Acrotona appulsina: Smetana, 2004: 362.

主要特征：体长约 2.7 mm。体光洁，黑褐色；触角褐色，基部 2 节红棕色；前胸背板和鞘翅黄褐色；

足红棕色。头部表面无刻点，无网状刻纹。前胸背板刻点较浅，网状刻纹清晰。鞘翅无网状刻纹。腹部网状刻纹清晰。本种阳茎外形与粗糙波缘隐翅虫 *A. subscabrosa* (Cameron, 1939)相似，但其侧面观弯曲程度较小，阳茎内囊更发达。

分布：浙江（临安）。

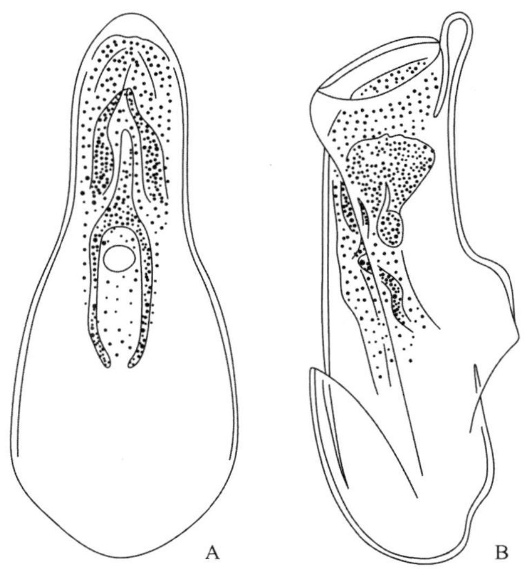

图 4-III-143 暗腹波缘隐翅虫 *Acrotona* (*Acrotona*) *appulsina* (Pace, 1998)（仿自 Pace，1998d）
A. 阳茎腹面观；B. 阳茎侧面观

（453）缅甸波缘隐翅虫 *Acrotona* (*Acrotona*) *birmana* (Pace, 1986)（图 4-III-144）

Atheta (*Acrotona*) *birmana* Pace, 1986c: 445.

Acrotona birmana: Smetana, 2004: 362.

主要特征：体长约 2.4 mm。体略光洁，棕色；鞘翅暗黄色；触角棕色，触角第 1–2 节浅棕色；足黄色。头部、前胸背板和鞘翅表面覆盖密集小瘤突，无网状刻纹。腹部网状刻纹不明显。本种与费氏波缘隐翅虫 *A. fletcheri* (Cameron, 1939)相似，但前胸背板更发达，阳茎内部无纤维状骨片。

分布：浙江、甘肃、广东、香港、广西、云南；尼泊尔，缅甸。

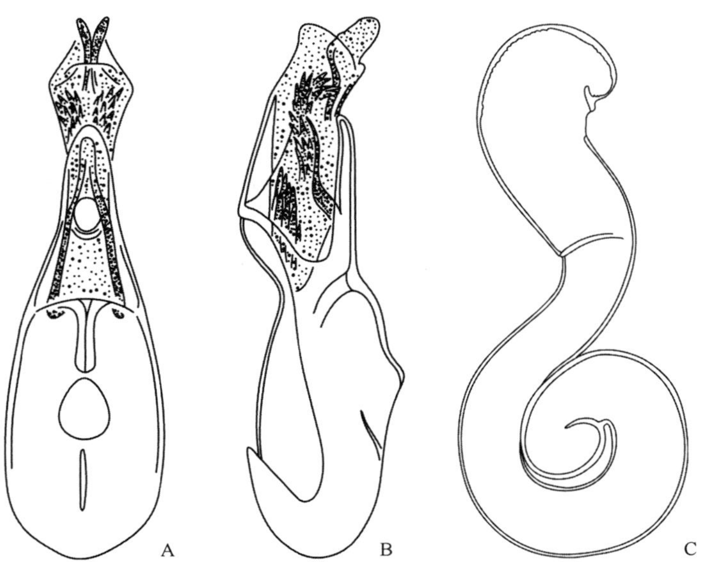

图 4-III-144 缅甸波缘隐翅虫 *Acrotona* (*Acrotona*) *birmana* (Pace, 1986)（仿自 Pace，1986c）
A. 阳茎腹面观；B. 阳茎侧面观；C. 受精囊

（454）毛波缘隐翅虫 *Acrotona* (*Acrotona*) *litura* (Pace, 1998)（图 4-III-145）

Atheta (*Acrotona*) *litura* Pace, 1998d: 678.

Acrotona litura: Smetana, 2004: 364.

主要特征：体长约 2.8 mm。体亮棕色；鞘翅黄棕色，外缘深棕色；腹部基部和第 5 节末端红棕色；足红黄色。全身覆有刚毛，体两侧刚毛较长，腹部末端具长刚毛。复眼较发达。阳茎略弯曲。本种与印度的粗糙波缘隐翅虫 *A. subscabrosa* (Cameron, 1939)相似，但腹部侧缘具显著长刚毛，阳茎内囊粗壮、曲折。

分布：浙江（临安）。

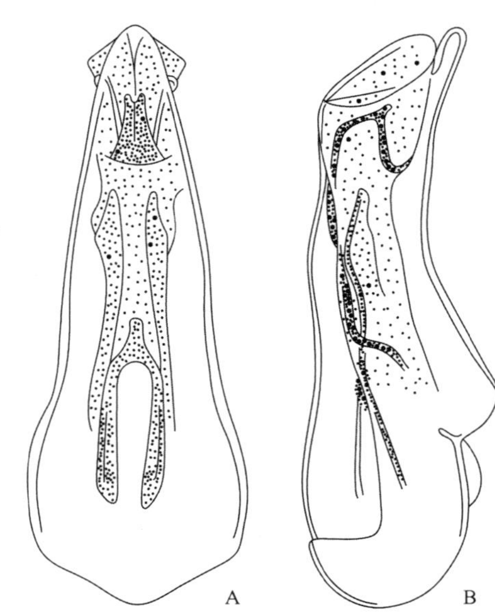

图 4-III-145　毛波缘隐翅虫 *Acrotona* (*Acrotona*) *litura* (Pace, 1998)（仿自 Pace，1998d）

A. 阳茎腹面观；B. 阳茎侧面观

（455）红翅波缘隐翅虫 *Acrotona* (*Acrotona*) *neglecta* (Cameron, 1933)

Atheta (*Acrotona*) *neglecta* Cameron, 1933c: 215.

Acrotona neglecta: Smetana, 2004: 364.

主要特征：体长 2.2 mm。体光洁，黑色；鞘翅红棕色；触角黑色，第 1 节黑褐色；足红黄色。本种大小、体形及触角结构与平胸波缘隐翅虫 *A. parens* (Mulsant *et* Rey, 1852)相似，但前胸背板具明显中纵沟；前体刻点更粗密；腹部刻点更密集；中足胫节外缘中间具 1 根黑色粗刚毛。

分布：浙江、北京、河北；日本。

（456）黄翅波缘隐翅虫 *Acrotona* (*Acrotona*) *vicaria* (Kraatz, 1859)（图 4-III-146）

Homalota vicaria Kraatz, 1859: 38.

Homalota peregrina Kraatz, 1859: 39.

Homalota inornata Kraatz, 1859: 39.

Homalota termitophila Motschulsky, 1860: 91.

Atheta taedia Cameron, 1933c: 215.

Atheta pseudoparens Cameron, 1933c: 215.

Atheta (*Acrotona*) *cariei* Pace, 1984c: 263.

Atheta (*Acrotona*) *vicaria immixta* Pace, 1986b: 175.

Acrotona vicaria: Schülke & Smetana, 2015: 510.

主要特征：体长约 2.8 mm。体棕色；鞘翅黄色；腹部末端红棕色；触角棕色，基部 2 节略带红色；足黄色。头部网状刻纹和刻点不明显。前胸背板具小瘤突，表面网状刻纹类似头部。鞘翅具密集小瘤突。腹部明显向后逐渐变窄，表面粗糙，网状刻纹较浅，具明显小瘤突。

分布：浙江、北京、陕西、湖北、广东、香港、四川、云南；朝鲜，日本，印度，尼泊尔，斯里兰卡，非洲。

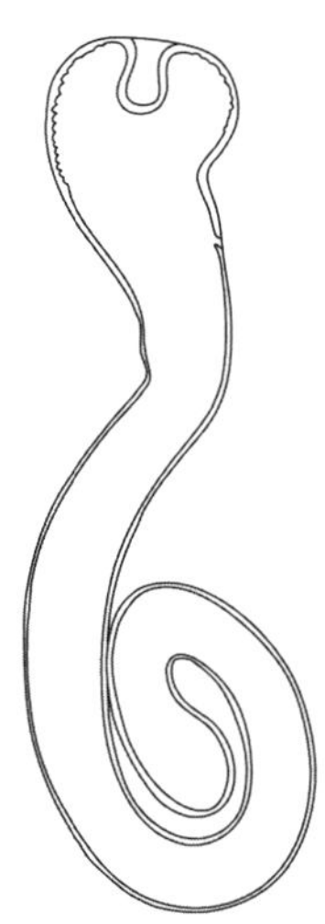

图 4-III-146　黄翅波缘隐翅虫 *Acrotona* (*Acrotona*) *vicaria* (Kraatz, 1859)受精囊（仿自 Pace，1986b）

203. 平缘隐翅虫属 *Atheta* Thomson, 1858

Atheta Thomson, 1858: 36. Type species: *Aleochara graminicola* Gravenhorst, 1806.

Hypatheta Fenyes, 1918: 23. Type species: *Bolitochara castanoptera* Mannerheim, 1830.

Callicerodes Iablokoff-Khnzorian, 1960: 1883. Type species: *Callicerus velox* Iablokoff-Khnzorian, 1960.

主要特征：体瘦长、卵形或两侧近平行。体深棕色至黑色，体表常具网状刻纹。前胸背板刚毛排列模式独特，常由中央指向侧后方，但不同亚属模式不同；前背折缘侧面观完整可见。中胸腹板狭长。跗式 4–5–5 式。“athetine 桥”着生于阳茎中叶背面基部。受精囊端囊棒状，基部环绕成圈。

分布：世界广布。世界已知 1894 种 14 亚种，中国记录 302 种 3 亚种，浙江分布 18 种。

分种检索表

1. 唇舌基部宽阔……………………………………………………………………………………………**安吉平缘隐翅虫 *A. aniiensis***
- 唇舌基部狭窄……2
2. 腹部两侧向后收狭窄………3
- 腹部两侧平行或近平行，有时端部稍膨大……………………………………………………………………………………9
3. 触角第 2、3 节等长，前胸和胫节刚毛发达…………………………………………………………………………………4
- 触角第 3 节短于第 2 节，前胸和胫节刚毛不发达……………………………………………………………………………6
4. 前胸背板刻点细小，不明显……………………………………………………………………**窄茎平缘隐翅虫 *A. anteserícea***
- 前胸背板刻点发达，显著………………………………………………………………………………………………………5
5. 阳茎端部向腹面弯曲…………………………………………………………………………**浙江平缘隐翅虫 *A. zhejiangensis***
- 阳茎端部较直，不弯曲……………………………………………………………………………**宽胸平缘隐翅虫 *A. lewisiana***
6. 体长小于 2.5 mm……………………………………………………………………………**贵州平缘隐翅虫 *A. guizhouensis***
- 体长大于 2.5 mm……7
7. 前胸背板和鞘翅不具网状刻纹…………………………………………………………………………**瘤突平缘隐翅虫 *A. effulta***
- 前胸背板和鞘翅具网状刻纹……………………………………………………………………………………………………8
8. 腹部基部 3 节不具刻纹，其余各节具显著网状刻纹………………………………………………**考氏平缘隐翅虫 *A. cooteri***

- 腹部各节网状刻纹较浅，不显著……乍浦平缘隐翅虫 ***A. zhapuensis***
9. 前胸背板强烈横宽……10
- 前胸背板近四边形，至多稍横宽……11
10. 头部和前胸背板黑色……宽翅平缘隐翅虫 ***A. euryptera***
- 头部和前胸背板棕色……绍氏平缘隐翅虫 ***A. sauteri***
11. 触角第 2、3 节等长……12
- 触角第 3 节短于第 2 节……14
12. 体长小于 3 mm；阳茎端部突然变尖，狭长……本土平缘隐翅虫 ***A. ingenua***
- 体长大于 3 mm；阳茎端部逐渐变窄……13
13. 头、前胸和腹部棕色……天目平缘隐翅虫 ***A. tianmushanensis***
- 头、前胸和腹部黑色……四日平缘隐翅虫 ***A. yokkaichiana***
14. 体长大于 2 mm；受精囊基部稍弯曲……无囊突平缘隐翅虫 ***A. elytralis***
- 体长小于或等于 2 mm；受精囊基部强烈卷曲……15
15. 受精囊端部凹陷较浅……三色平缘隐翅虫 ***A. tricoloroides***
- 受精囊端部凹陷较深或极深……16
16. 受精囊端部极度内凹……弯囊平缘隐翅虫 ***A. iperintroflexa***
- 受精囊端部适度内凹……17
17. 头、胸和腹部近黑色……暗红平缘隐翅虫 ***A. subcrenulata***
- 头、胸和腹部近棕色……中华短翅平缘隐翅虫 ***A. chinamicula***

（457）宽翅平缘隐翅虫 *Atheta* (*Atheta*) *euryptera* (Stephens, 1832)（图 4-III-147）

Aleochara euryptera Stephens, 1832: 135.

Homalota validicornis Märkel, 1844: 212.

Homalota succicola Thomson, 1852: 141.

Homalota cribrosa Mulsant *et* Rey, 1873b: 543.

Atheta euryptera: Ganglbauer, 1895: 178.

Atheta euryptera japonica Bernhauer, 1907b: 407.

主要特征：体长约 2.8 mm。体光洁，黑色，鞘翅暗棕红色。头圆形，窄于前胸背板，中央凹陷，稀布微小刻点；触角末节较长。前胸背板略长于头部；侧缘及后缘圆弧形，较平坦，刻点较头部密。鞘翅较前

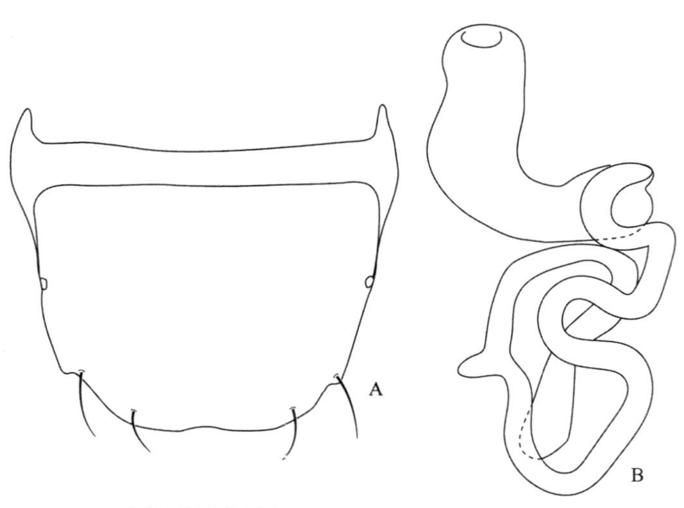

图 4-III-147　宽翅平缘隐翅虫 *Atheta* (*Atheta*) *euryptera* (Stephens, 1832)
A. 雌性第 8 背板；B. 受精囊

胸背板长而宽，后缘中部略凹入，刻点较前胸背板密。腹部两侧亚平行，稀布微小刻点。雌性第 8 背板后缘波浪形，中部略凹入。

分布：浙江；俄罗斯，朝鲜，日本，中亚地区，欧洲，北美洲。

（458）绍氏平缘隐翅虫 *Atheta* (*Atheta*) *sauteri* Bernhauer, 1907（图 4-III-148）

Atheta (*Atheta*) *sauteri* Bernhauer, 1907b: 407.

Atheta (*Atheta*) *cameroni* Pace, 1987c: 422.

主要特征：体长约 2.9 mm。头部和前胸背板棕色；鞘翅黄褐色；腹部棕色，各节后缘略显红色；触角棕色，基部 2 节红棕色；足红棕色。头、前胸背板和鞘翅表面具显著瘤突和网状刻纹；腹部刻纹横宽，波浪状。本种可通过其不同的阳茎内囊形状与其他种区分。

分布：浙江、北京、陕西、江苏、台湾、广东、香港、四川、贵州；朝鲜，日本，印度，尼泊尔，缅甸。

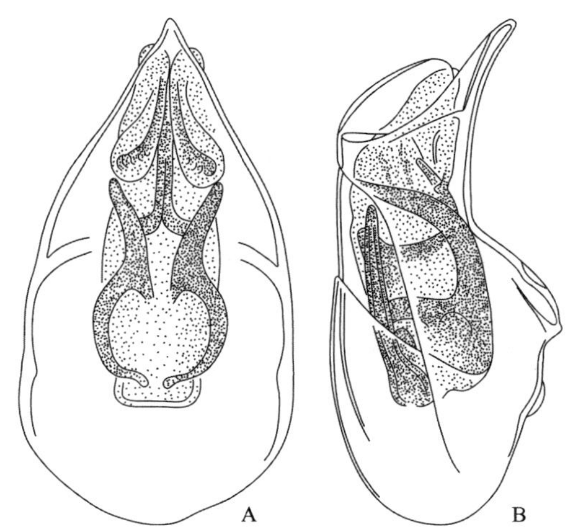

图 4-III-148 绍氏平缘隐翅虫 *Atheta* (*Atheta*) *sauteri* Bernhauer, 1907（仿自 Pace，1987c）

A. 阳茎腹面观；B. 阳茎侧面观

（459）窄茎平缘隐翅虫 *Atheta* (*Datomicra*) *antesericea* Pace, 1998（图 4-III-149）

Atheta (*Datomicra*) *antesericea* Pace, 1998d: 716.

主要特征：体长约 4.1 mm。体棕色；触角基部 2 节红黄色，鞘翅黄棕色，腹部第 3–5 腹节黑色。头部

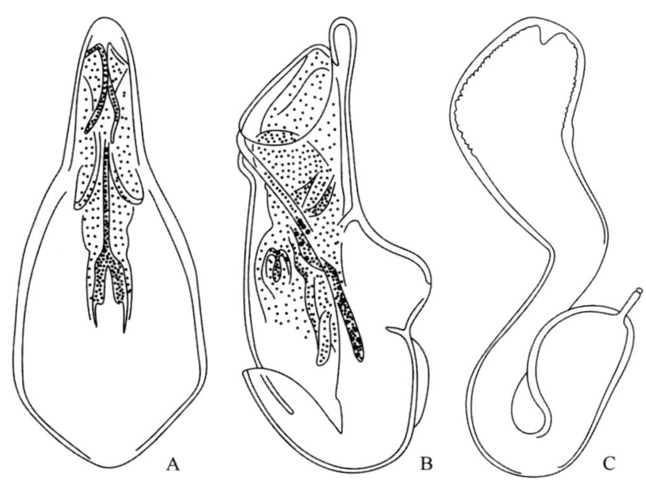

图 4-III-149 窄茎平缘隐翅虫 *Atheta* (*Datomicra*) *antesericea* Pace, 1998（仿自 Pace，1998d）

A. 阳茎腹面观；B. 阳茎侧面观；C. 受精囊

具浅刻点，前胸背板刻点不明显，鞘翅具小瘤突，腹部瘤突明显。前体网状刻纹清晰，腹部刻纹极度横宽而明显。本种受精囊形态与日本的蚁穴平缘隐翅虫 *A. formicetorum* Bernhauer, 1907 较相似，但基囊较小，端部明显更长；阳茎端部较窄，约为后者的 1/2。

分布：浙江（临安）。

（460）浙江平缘隐翅虫 *Atheta* (*Datomicra*) *zhejiangensis* Pace, 1998（图 4-III-150）

Atheta zhejiangensis Pace, 1998d: 722.

主要特征：体长约 2.4 mm。体表光洁，黑色；鞘翅和足棕色，跗节黄色。头部盘区网状刻纹明显，刻点不明显，沿中线区域不具刻点。前胸背板刻点明显。鞘翅表面瘤突明显。腹部不具瘤突；第 5 节具横宽的网状刻纹。本种受精囊外观与黑平缘隐翅虫 *A. nigra* (Kraatz, 1856)相似，但端囊弯曲，顶端不具凹陷，基半部更蜿蜒曲折。

分布：浙江（临安）。

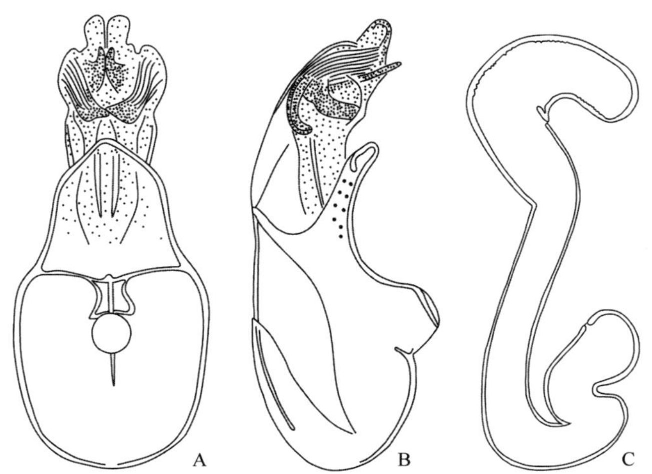

图 4-III-150 浙江平缘隐翅虫 *Atheta* (*Datomicra*) *zhejiangensis* Pace, 1998（仿自 Pace，1998d）

A. 阳茎腹面观；B. 阳茎侧面观；C. 受精囊

（461）宽胸平缘隐翅虫 *Atheta* (*Datostiba*) *lewisiana* Cameron, 1933（图 4-III-151）

Atheta lewisiana Cameron, 1933c: 214.

主要特征：体长 1.5–2.0 mm。触角结构与德国平缘隐翅虫 *A. germana* (Sharp, 1869)相似，但本种前体

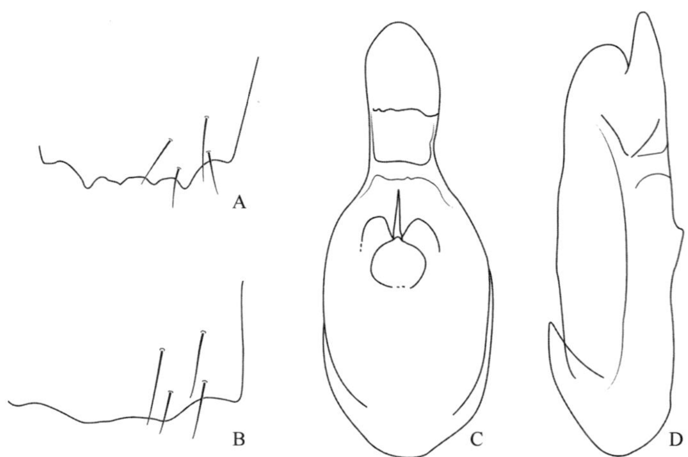

图 4-III-151 宽胸平缘隐翅虫 *Atheta* (*Datostiba*) *lewisiana* Cameron, 1933（仿自 Yosii and Sawada，1976）

A. 雄性第 8 背板；B. 雌性第 8 背板；C. 阳茎中叶腹面观；D. 阳茎中叶侧面观

刻点较明显而稀疏，腹部基部腹节刻点较稀疏，触角更粗壮。与神奈川平缘隐翅虫 *A. kanagawana* Bernhauer, 1907 相比，本种体型较大较粗壮，触角较粗，体表面光洁程度较弱，胸部较宽，刻点较粗大。

分布：浙江、北京、山西、陕西、江苏、广东、香港、四川、云南；朝鲜，日本，巴基斯坦，尼泊尔。

（462）考氏平缘隐翅虫 *Atheta* (*Dimetrota*) *cooteri* Pace, 1998（图 4-III-152）

Atheta cooteri Pace, 1998d: 712.

主要特征：体长约 2.9 mm。前体和腹部光洁；头部、前胸背板及鞘翅棕色；触角棕色，基部 2 节红黄色至红棕色；足黄色；腹部黑色。前体网状刻纹明显；腹部基部 3 节不具刻纹，其余各节具明显的横向刻纹。除鞘翅表面外身体其余部位具明显瘤突。本种阳茎和雄性第 6 腹板后缘与天神平缘隐翅虫 *A. swayambunathana* Pace, 1991 相似，但阳茎顶端较窄，复眼长于后颊，触角第 4–6 节长均大于宽。

分布：浙江（安吉）。

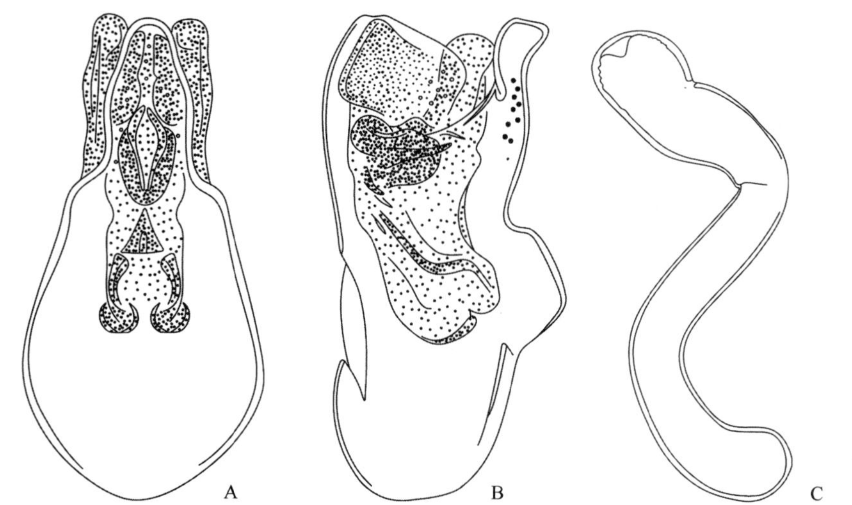

图 4-III-152 考氏平缘隐翅虫 *Atheta* (*Dimetrota*) *cooteri* Pace, 1998（仿自 Pace，1998d）

A. 阳茎腹面观；B. 阳茎侧面观；C. 受精囊

（463）瘤突平缘隐翅虫 *Atheta* (*Dimetrota*) *effulta* Pace, 1998（图 4-III-153）

Atheta effulta Pace, 1998d: 704.

主要特征：体长约 2.9 mm。体光洁；头部黑褐色；前胸背板红棕色；鞘翅黄褐色；腹部基部第 1–2 节

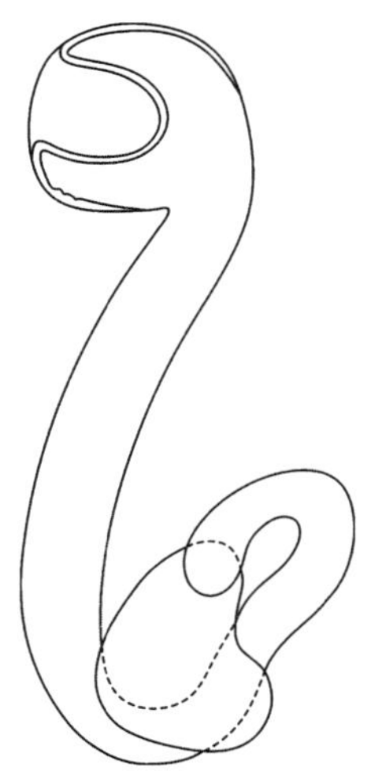

图 4-III-153 瘤突平缘隐翅虫 *Atheta* (*Dimetrota*) *effulta* Pace, 1998 受精囊（仿自 Pace，1998d）

红黄色，第 3 节红棕色，第 4–5 节黑褐色；足黄色。头部、前胸背板和鞘翅无刻纹；腹部具明显的横向刻纹。头部刻点密集，瘤突明显；鞘翅瘤突几乎不可见；腹部瘤突明显。本种阳茎基囊与哀鸣平缘隐翅虫 *A. sublugens* Cameron, 1939 相似，但受精囊端部内凹宽而深，前胸背板略横宽，眼与后颊等长，体色完全不同。

分布：浙江（临安）。

（464）贵州平缘隐翅虫 *Atheta* (*Dimetrota*) *guizhouensis* Pace, 1993（图 4-III-154）

Atheta guizhouensis Pace, 1993: 100.

主要特征：体长约 2.3 mm。体光洁，黑色；鞘翅黄棕色，触角黑色，足棕色，跗节黄色，胫节黄棕色。头部网状刻纹明显；前胸背板和鞘翅不具网状刻纹；腹部具明显横宽的网状刻纹。头部和前胸背板瘤突明显，鞘翅不具瘤突。本种受精囊外观与尼泊尔的惊奇平缘隐翅虫 *A. inopinata* Pace, 1991 相似，但受精囊端部凹陷更深。

分布：浙江、陕西、四川、贵州。

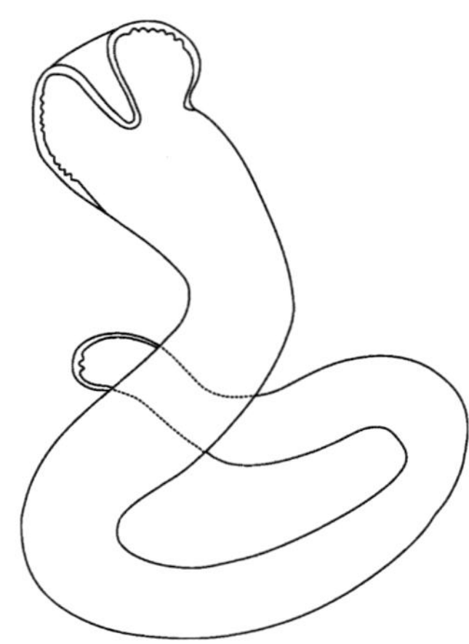

图 4-III-154　贵州平缘隐翅虫 *Atheta* (*Dimetrota*) *guizhouensis* Pace, 1993 受精囊（仿自 Pace，1993）

（465）乍浦平缘隐翅虫 *Atheta* (*Dimetrota*) *zhapuensis* Pace, 2017（图 4-III-155）

Atheta (*Dimetrota*) *zhapuensis* Pace, 2017: 300.

主要特征：体长约 2.7 mm。体光洁，红黄色；头和腹部第 3–5 棕色；鞘翅黄棕色；腹部第 3–5 节后缘

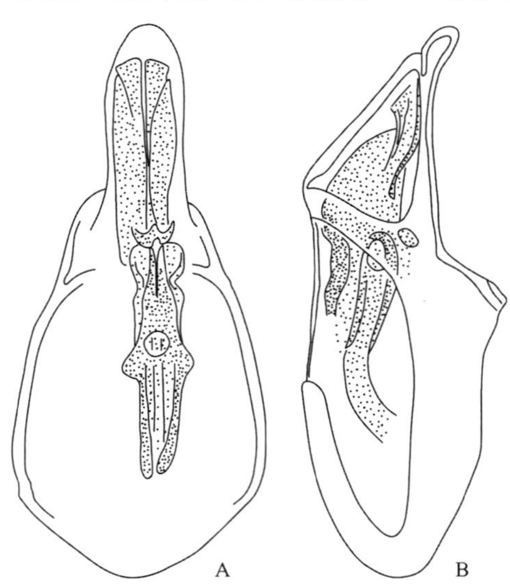

图 4-III-155　乍浦平缘隐翅虫 *Atheta* (*Dimetrota*) *zhapuensis* Pace, 2017（仿自 Pace，2017）

A. 阳茎腹面观；B. 阳茎侧面观

红黄色；触角黄褐色，基部 3 节红棕色；足红黄色。复眼和后颊等长；触角第 2 节短于第 1 节，第 3 节短于第 2 节，第 4–10 节横宽。头和鞘翅表面具网状刻纹，前胸背板和腹部网状刻纹较浅。头部刻点密集，前胸背板、鞘翅和腹部瘤突细小，不明显。本种和哀鸣平缘隐翅虫 *A. sublugens* Cameron, 1939 相似，但本种阳茎端部更狭窄，阳茎内囊不具纤维状骨片结构。

分布：浙江（平湖）。

（466）安吉平缘隐翅虫 *Atheta* (*Ekkliatheta*) *aniiensis* Pace, 2004（图 4-III-156，图版 III-88）

Atheta (*Ekkliatheta*) *aniiensis* Pace, 2004: 508.

主要特征：体长 2.7 mm。体光洁，暗棕色；鞘翅黄棕色。头部盘区具凹陷，刻点不明显，沿中线区域无刻点，网状刻纹明显。前胸背板中部平坦，无刻点，网状刻纹微弱。鞘翅刻点细密，网状刻纹明显。腹部网状刻纹明显。本种具较宽的唇舌基部，据此可与同属其他物种区分。

分布：浙江（安吉）、陕西、湖北。

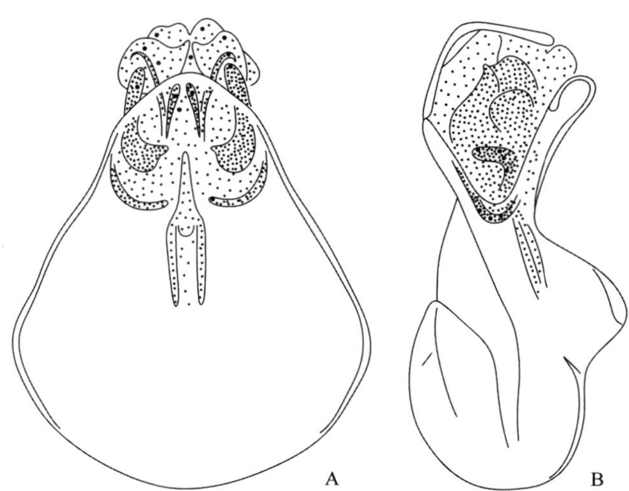

图 4-III-156　安吉平缘隐翅虫 *Atheta* (*Ekkliatheta*) *aniiensis* Pace, 2004（仿自 Pace，2004）

A. 阳茎腹面观；B. 阳茎侧面观

（467）中华短翅平缘隐翅虫 *Atheta* (*Microdota*) *chinamicula* Pace, 1998（图 4-III-157）

Atheta chinamicula Pace, 1998a: 922.

主要特征：体长约 1.7 mm。体棕色，腹部第 3–5 腹节暗棕色。头部盘区及前胸背板具明显网状刻纹，

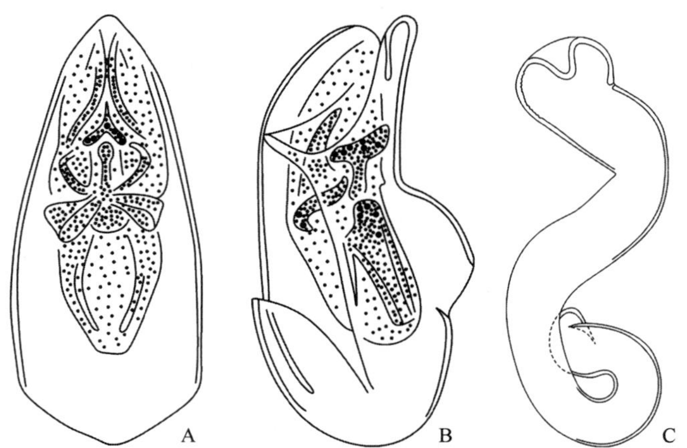

图 4-III-157　中华短翅平缘隐翅虫 *Atheta* (*Microdota*) *chinamicula* Pace, 1998（仿自 Pace，1998a）

A. 阳茎腹面观；B. 阳茎侧面观；C. 受精囊

鞘翅无刻纹。头部边缘和后头区域瘤突明显，中央及后方瘤突消失；前胸背板和鞘翅瘤突较浅；腹部瘤突明显。本种受精囊结构与印度平缘隐翅虫 *A. subluctuosa* Cameron, 1939 相似，但受精囊较短，鞘翅较短，鞘翅缝缘长度与前胸背板中部长度相等。

分布：浙江（杭州）。

（468）无囊突平缘隐翅虫 *Atheta* (*Microdota*) *elytralis* Pace, 1998（图 4-III-158）

Atheta elytralis Pace, 1998a: 922.

主要特征：体长约 2.1 mm。体光洁，棕色；鞘翅基部和腹部末端浅棕色，足红黄色，触角基部 2 节黄棕色。头部刻点粗大，具网状刻纹，中央具纵沟。前胸背板和鞘翅刻纹清晰，瘤突不明显。腹部瘤突明显；网状刻纹清晰，基部 4 节刻纹略横宽。本种与哀伤平缘隐翅虫 *A. subluctuosa* Cameron, 1939 相似，但本种鞘翅比前胸背板长而宽，受精囊端部不具凹陷。

分布：浙江（临安）。

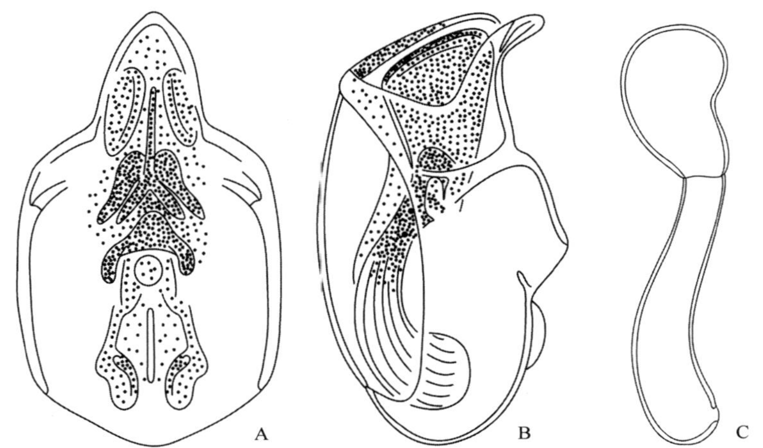

图 4-III-158 无囊突平缘隐翅虫 *Atheta* (*Microdota*) *elytralis* Pace, 1998（仿自 Pace，1998a）

A. 阳茎腹面观；B. 阳茎侧面观；C. 受精囊

（469）弯囊平缘隐翅虫 *Atheta* (*Microdota*) *iperintroflexa* Pace, 1998（图 4-III-159）

Atheta iperintroflexa Pace, 1998a: 912.

主要特征：体长约 2.0 mm。体光洁，褐色；头部和第 4–5 腹节黑褐色，鞘翅黄棕色，触角基部红棕色，

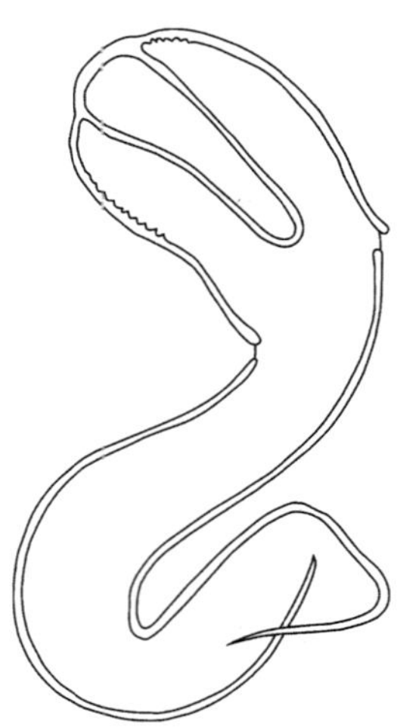

图 4-III-159 弯囊平缘隐翅虫 *Atheta* (*Microdota*) *iperintroflexa* Pace, 1998 受精囊（仿自 Pace，1998a）

足黄色。头部网状刻纹较浅；前胸背板、鞘翅和第 3 腹节刻纹微弱；第 4 腹节刻纹横宽。头部瘤突不明显，身体其余部分具明显瘤突。本种储精囊结构与拟嗜尸平缘隐翅虫 *A. pseudocoprophila* Cameron, 1950 相似，但本种体型较大，触角第 4 节横宽，基囊顶端向内弯曲。

分布：浙江（临安）。

（470）暗红平缘隐翅虫 *Atheta* (*Microdota*) *subcrenulata* Bernhauer, 1907（图 4-III-160）

Atheta subcrenulata Bernhauer, 1907b: 403.

主要特征：体长 1.5–2.0 mm，体纤细，扁平，密被短柔毛和细刻纹。体红棕色至深棕色；头和腹部近黑色，较其他部位色更暗；足黄棕色。头部近方形，长宽约相等，略窄于前胸背板；复眼大小适中，突出，是后颊长的 1.0–1.2 倍；外咽缝适度分离，基部分叉。前胸背板宽约为长的 1.3 倍。鞘翅长约为宽的 1.6 倍。足较细长，具刚毛和短柔毛。阳茎中叶椭圆形，内囊结构复杂。

分布：浙江、北京；朝鲜，日本。

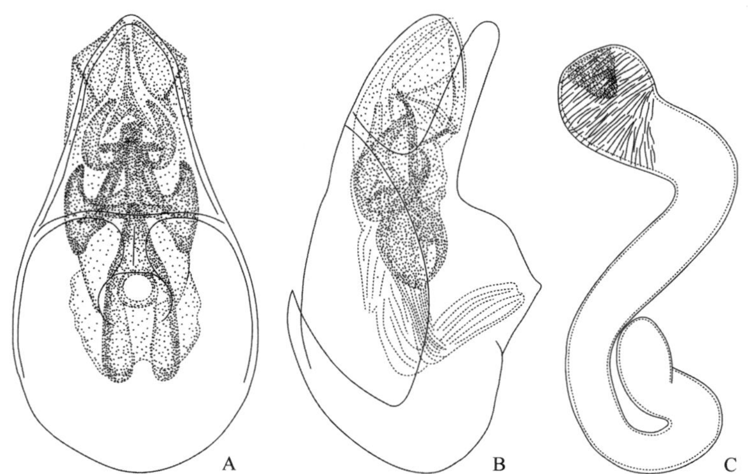

图 4-III-160 暗红平缘隐翅虫 *Atheta* (*Microdota*) *subcrenulata* Bernhauer, 1907（仿自 Lee and Ahn，2015a）

A. 阳茎腹面观；B. 阳茎侧面观；C. 受精囊

（471）三色平缘隐翅虫 *Atheta* (*Microdota*) *tricoloroides* Pace, 1998（图 4-III-161）

Atheta tricoloroides Pace, 1998a: 912.

主要特征：体长约 2.0 mm。体光洁；头和腹部第 3–4 节棕色；前胸背板和腹部末端黄红色；鞘翅黄棕

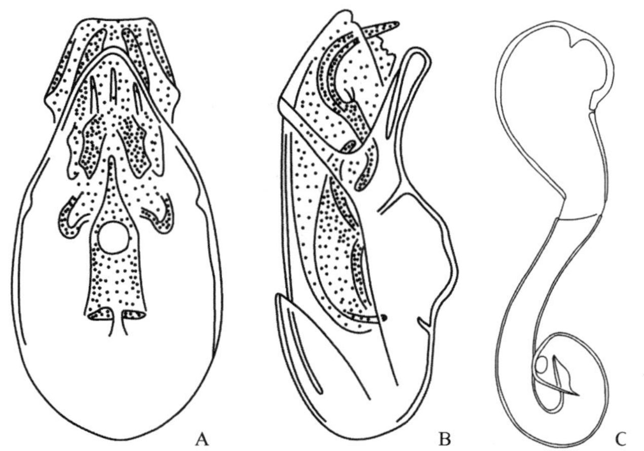

图 4-III-161 三色平缘隐翅虫 *Atheta* (*Microdota*) *tricoloroides* Pace, 1998（仿自 Pace，1998a）

A. 阳茎腹面观；B. 阳茎侧面观；C. 受精囊

色；触角棕色，基部 2 节黄红色；足黄色。头部和前胸背板网状刻纹清晰，瘤突不明显。鞘翅网状刻纹和瘤突均不明显。腹部表面瘤突明显，网状刻纹呈不规则多边形。本种与穆索里平缘隐翅虫 *A. masuriensis* Cameron, 1939 相似，但本种触角第 11 节较长；受精囊端部凹陷较浅；阳茎内囊具明显硬化骨片。

分布：浙江（杭州）、云南。

（472）本土平缘隐翅虫 *Atheta* (*Philhygra*) *ingenua* Pace, 1993（图 4-III-162）

Atheta (*Notothecta*) *ingenua* Pace, 1993: 108.

主要特征：体长约 2.6 mm。体红棕色，鞘翅黄棕色，触角棕色，足红黄色。身体两侧着生有长刚毛。头部和鞘翅不具刻点，前胸背板刻点明显。头和鞘翅网状刻纹退化，前胸背板不具网状刻纹。阳茎顶端狭长。本种与赖氏平缘隐翅虫 *A. reitteriana* Bernhauer, 1939 较相似，但本种体侧着生有长刚毛，阳茎端部延长。

分布：浙江、湖北。

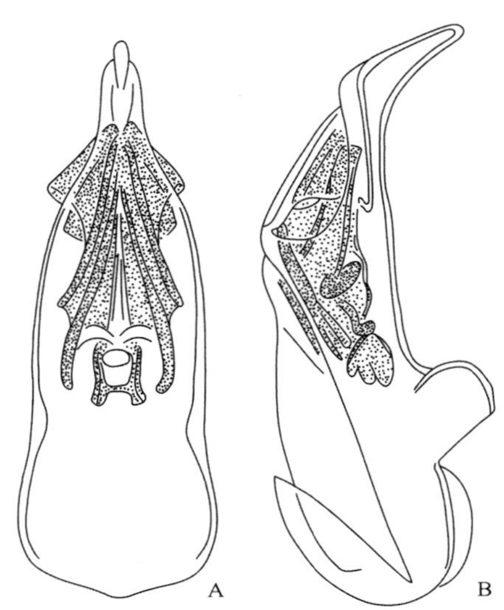

图 4-III-162　本土平缘隐翅虫 *Atheta* (*Philhygra*) *ingenua* Pace, 1993（仿自 Pace，1993）

A. 阳茎腹面观；B. 阳茎侧面观

（473）天目平缘隐翅虫 *Atheta* (*Philhygra*) *tianmushanensis* Pace, 1998（图 4-III-163）

Atheta tianmushanensis Pace, 1998d: 669.

主要特征：体长约 3.9 mm。体光洁，棕色；足红棕色。头部具不明显瘤突，盘区无瘤突；前胸背板、

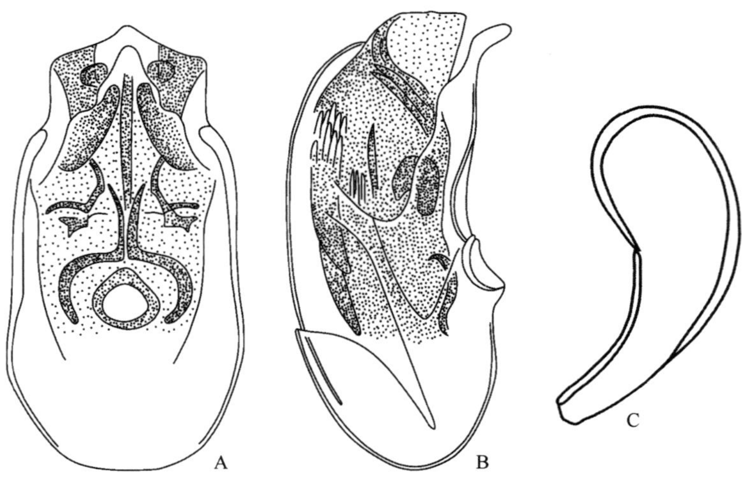

图 4-III-163　天目平缘隐翅虫 *Atheta* (*Philhygra*) *tianmushanensis* Pace, 1998（仿自 Pace，1998d）

A. 阳茎腹面观；B. 阳茎侧面观；C. 受精囊

鞘翅和腹部瘤突明显。身体表面网状刻纹清晰。本种与沼泽平缘隐翅虫 *A. palustris* (Kiesenwetter, 1844)相似，但本种头部和前胸背板具明显网状刻纹；阳茎内囊无纤维状骨片结构。

分布：浙江（临安）。

（474）四日平缘隐翅虫 *Atheta* (*Philhygra*) *yokkaichiana* Bernhauer, 1907（图 4-III-164）

Atheta yokkaichiana Bernhauer, 1907b: 410.

Atheta unzensis Cameron, 1933c: 211.

主要特征：体长约 3.2 mm。体黑色，鞘翅棕色，触角黑色，足黄色。头近方形，比胸部窄；刻点细小而稀疏；复眼较大，短于后颊；触角第 2–3 节等长，第 4 和第 5 节长大于宽，第 6 与第 7 节长宽相等，第 8–10 节略横宽。鞘翅长度是前胸背板长度的 1/2；刻点明显而密集。腹部基部数节刻点细小而密，之后各节刻点稍稀疏。本种与沼泽平缘隐翅虫 *Atheta palustris* (Kiesenwetter, 1844)近似，但亚颏中央无伪毛孔。

分布：浙江；朝鲜，韩国，日本。

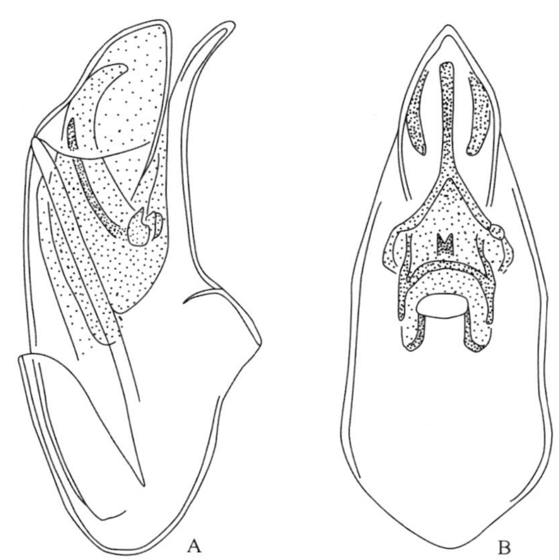

图 4-III-164　四日平缘隐翅虫 *Atheta* (*Philhygra*) *yokkaichiana* Bernhauer, 1907（仿自 Pace，1998d）

A. 阳茎侧面观；B. 阳茎腹面观

204. 水际隐翅虫属 *Hydrosmecta* Thomson, 1858

Hydrosmecta Thomson, 1858: 33. Type species: *Homalota longula* Heer, 1839.

Thinoecia Mulsant *et* Rey, 1873a: 184. Type species: *Thinoecia libitina* Mulsant *et* Rey, 1873.

Hydrosmectina Ganglbauer, 1895: 145. Type species: *Homalota subtilissima* Kraatz, 1854.

Actocharina Bernhauer, 1907a: 185. Type species: *Atheta leptotyphloides* Bernhauer, 1907.

主要特征：体长扁形，两侧平行；体浅棕色至深棕色。头四边形；复眼大而突出；后颊长；触角长，向后伸至前胸背板基部，第 6–11 节长大于宽至略横宽。前胸背板与鞘翅等宽，近方形或横宽；盘区沿中线刚毛指向头后方或背板基部。鞘翅平坦，狭长，等长或长于前胸背板；具肩角；盘区刚毛垂直或倾斜指向侧后方。后胸基节邻近；中、后胸腹突短。腹部两侧近平行；第 7 背板显著长于第 6 背板。阳茎中叶侧面观端部突出，“athetine 桥”狭窄，基囊膨大。受精囊“S”形或扭曲，端囊球形，基部长，盘绕成圈或强烈扭曲。

分布：古北区、东洋区。世界已知 128 种 2 亚种，中国记录 6 种，浙江分布 2 种。

（475）考氏水际隐翅虫 *Hydrosmecta cooteri* Pace, 1998（图 4-III-165）

Hydrosmecta cooteri Pace, 1998c: 417.

主要特征：体长约 2.9 mm。体黑色有光泽；触角黑褐色；足黄色。头部具网状刻纹；除中线区域外密布刻点。前胸背板具网状刻纹；刻点较浅。鞘翅刻纹退化；瘤突不明显。腹部具横向刻纹；瘤突明显。本种阳茎与直茎水际隐翅虫 *H. aquarium* Pace, 1985 相似，但本种的复眼与后颊等长，触角较长，阳茎端部向内弯曲。

分布：浙江（安吉）。

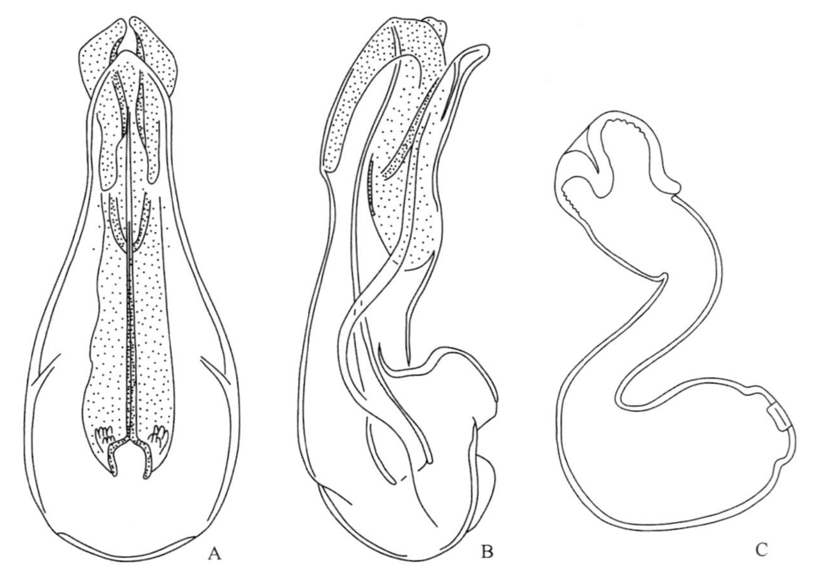

图 4-III-165 考氏水际隐翅虫 *Hydrosmecta cooteri* Pace, 1998（仿自 Pace，1998c）

A. 阳茎腹面观；B. 阳茎侧面观；C. 受精囊

（476）四川水际隐翅虫 *Hydrosmecta sichuanensis* Pace, 2011（图 4-III-166）

Hydrosmecta sichuanensis Pace, 2011a: 157.

主要特征：体长 2.2–2.6 mm，体扁平。体黄棕色，第 3–5 节背板棕色，触角第 1–2 节和足黄色。头部

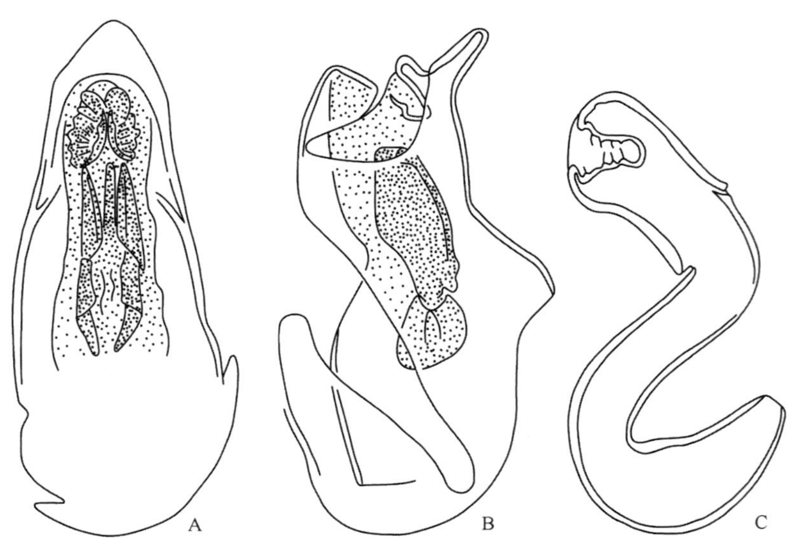

图 4-III-166 四川水际隐翅虫 *Hydrosmecta sichuanensis* Pace, 2011（仿自 Pace，2011a）

A. 阳茎腹面观；B. 阳茎侧面观；C. 受精囊

网状刻纹较浅；复眼与后颊等长；触角第 2 节短于第 1 节，第 3 节与第 2 节等长，第 4–10 节狭长。前胸背板网状刻纹与头部相似；刻点杂乱。鞘翅网状刻纹明显。刻点与前胸背板相似。腹部刻点小而密；具明显网状刻纹。本种类似于细水际隐翅虫 *H. tenuis* (Cameron, 1939)，但本种体型较大，复眼较小。

分布：浙江、四川。

205. 稀毛隐翅虫属 *Liogluta* Thomson, 1858

Liogluta Thomson, 1858: 35. Type species: *Homalota umbonata* Erichson, 1839.

Hypnota Mulsant *et* Rey, 1873b: 591. Type species: *Homalota pagana* Erichson, 1839.

Pseudomegista Bernhauer, 1907c: 390. Type species: *Atheta nigropolita* Bernhauer, 1907.

主要特征：体狭长，两侧近平行。体棕色至红棕色，头部和腹末深棕色至黑色。眼后脊不完整；后颊长；唇舌端部 2 裂。前胸背板具网状刻纹；盘区刚毛沿中线指向后方，其余区域刚毛指向侧方或侧后方；前背折缘侧面观完整可见。鞘翅宽于前胸背板；表面常具瘤突；网状刻纹与前胸背板相似。后胸腹突短而尖锐。中足基节相互靠近；跗式 5–5–5 式；后足跗节基部 3 节伸长。雄性第 8 背板后缘常具宽矩形突起，两侧各具 1 齿，中央有时具 1 齿。雌性第 7 腹板后缘圆弧形突出或中部凹入；受精囊端囊棒状或管状，末端扭曲或形成环状。

分布：古北区、东洋区、新北区。世界已知 129 种，中国记录 42 种，浙江分布 1 种。

（477）褐翅稀毛隐翅虫 *Liogluta claripennis* Pace, 1998（图 4-III-167）

Liogluta claripennis Pace, 1998c: 452.

主要特征：体长约 4.2 mm。体黑色具光泽；鞘翅黄色至浅红色，沿缝缘呈棕色。头部具明显网状刻纹；边缘刻点明显，中域无刻点。前胸背板中域网状刻纹明显；无刻点。鞘翅刻纹明显。腹部第 1–2 背板刻纹不明显，其余部分具横向和波状刻纹。

分布：浙江（临安）。

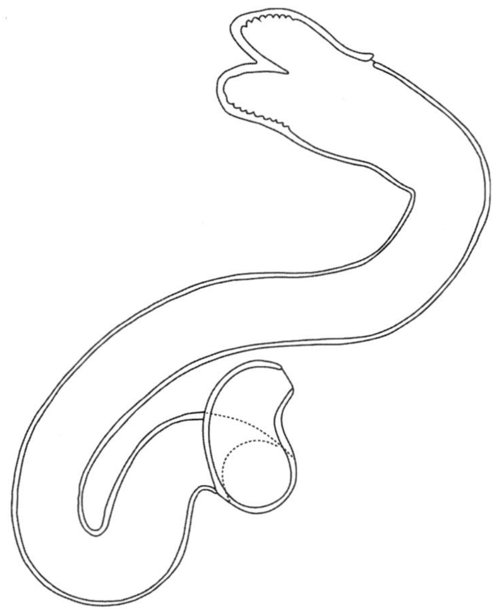

图 4-III-167　褐翅稀毛隐翅虫 *Liogluta claripennis* Pace, 1998 受精囊（仿自 Pace，1998c）

206. 欠光隐翅虫属 *Nehemitropia* Lohse, 1971

Hemitropia Mulsant *et* Rey, 1875: 179 [HN]. Type species: *Oxypoda melanaria* Mannerheim, 1830.

Nehemitropia Lohse, 1971: 83 [Replacement name for *Hemitropia* Mulsant *et* Rey, 1875]. Type species: *Staphylinus sordidus* Marsham, 1802.

主要特征：头基部强烈收缩；复眼与后颊等长；触角第 1–3 节显著伸长，第 4–10 节近正方形，第 11 节等长于第 9–10 节之和。前胸背板横宽，长度与鞘翅相近；侧缘向端部收缩。鞘翅两侧近平行。腹部向后逐渐变窄，两侧具大刚毛。阳茎中叶结构简单。受精囊端部不具凹陷，基部较宽，向后弯曲。

分布：古北区、东洋区。世界已知 8 种，中国记录 5 种，浙江分布 2 种。

（478）中华欠光隐翅虫 *Nehemitropia chinicola* Pace, 1998（图 4-III-168）

Nehemitropia chinicola Pace, 1998c: 458.

主要特征：体长约 3.7 mm。体表具光泽；头褐色；前胸背板浅褐色；鞘翅黄褐色，后角褐色；腹部第 1–2 背板红褐色，第 3 节褐色，第 4–10 节黑褐色。头部无网状刻纹，刻点密而浅。前胸背板网状刻纹明显，具细小瘤突。鞘翅网状刻纹和瘤突与前胸背板相似。腹部具非常浅的横向网状刻纹。

分布：浙江（临安）。

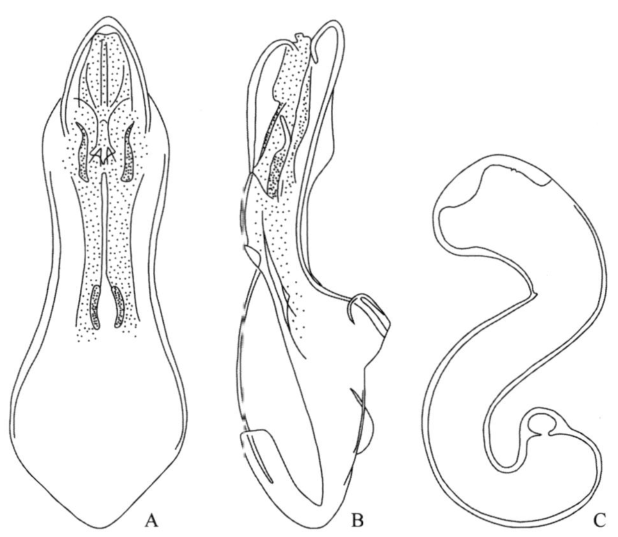

图 4-III-168　中华欠光隐翅虫 *Nehemitropia chinicola* Pace, 1998（仿自 Pace，1998c）

A. 阳茎腹面观；B. 阳茎侧面观；C. 受精囊

（479）淡翅欠光隐翅虫 *Nehemitropia lividipennis* (Mannerheim, 1830)（图版 III-89）

Oxypoda lividipennis Mannerheim, 1830: 70.

Homalota fulvipennis Kolenati, 1846: 7.

Oxypoda pallidipennis Motschulsky, 1858c: 243.

Homalota flavicans Motschulsky, 1858c: 256.

Homalota squalidipennis Fairmaire *et* Germain, 1862: 422.

Oxypoda fallaciosa Saulcy, 1865: 632.

Colpodota emarginata Mulsant *et* Rey, 1873b: 183.

Nehemitropia lividipennis: Zerche, 1991: 79.

主要特征：体长 3.0–3.5 mm。体黑色，鞘翅（除小盾片周围）、腹部末端及足黄褐色至红褐色；身体密布微刻点和短柔毛。头亚圆形，窄于前胸背板；触角粗壮，长于头和前胸背板之和；第 11 节长于第 9 和第 10 节之和。前胸背板近半圆形，前窄后宽，后缘二波状。鞘翅后缘波浪状。腹部刻点较鞘翅稍稀，柔毛较长；两侧具粗大刚毛。

分布：浙江、北京、河北、河南、陕西、甘肃、台湾、云南；俄罗斯，朝鲜，日本，中亚地区，印度，西亚地区，欧洲，非洲。

207. 瘦茎隐翅虫属 *Nepalota* Pace, 1987

Nepalota Pace, 1987a: 127. Type species: *Nepalota franzi* Pace, 1987.

主要特征：体形相对粗壮；与平缘隐翅虫属 *Atheta* 属及稀毛隐翅虫属 *Liogluta* 的某些物种相似；阳茎中叶狭长，腹突端部深裂；受精囊基囊端半部长，扭曲。大部分物种前胸背板、腹部基部和端部背板及第 8 腹板常具显著性征，但不同物种，特别是近缘种之间形态相似度较高，并且存在一定程度种内变异，可通过其独特的第一和第二性征加以鉴别。

分布：古北区、东洋区。世界已知 35 种，中国记录 27 种，浙江分布 1 种。

（480）中华瘦茎隐翅虫 *Nepalota chinensis* Pace, 1998（图 4-III-169，图版 III-90）

Nepalota chinensis Pace, 1998a: 947.

主要特征：体长 4.6 mm。体黑褐色，鞘翅棕色，触角第 1 节和足红褐色。头部网状刻纹清晰；除中央区域外，其他区域具明显小瘤突。前胸背板网状刻纹与头部相似；具明显小瘤突。鞘翅网状刻纹同前胸背板；无小瘤突。腹部无网状刻纹和小瘤突。雄性第 1 背板中央突起。本种与尼泊尔瘦茎隐翅虫 *N. fessa* Pace, 1987 相似，但本种阳茎端部分裂，向腹侧弯曲，内囊较粗壮。

分布：浙江（临安）、陕西、江西、云南。

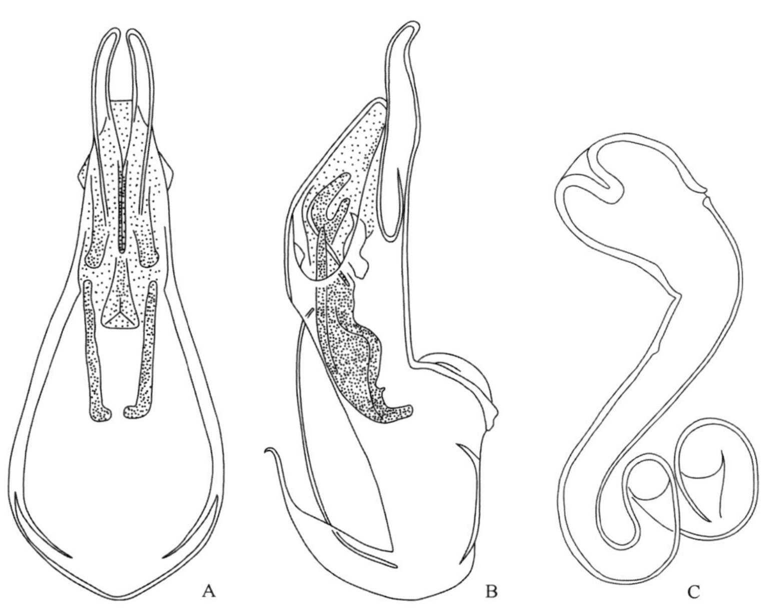

图 4-III-169 中华瘦茎隐翅虫 *Nepalota chinensis* Pace, 1998（仿自 Yamamoto and Maruyama，2016）

A. 阳茎腹面观；B. 阳茎侧面观；C. 受精囊

麻隐翅虫亚族 Schistogeniina Fenyes, 1918

208. 离隐翅虫属 *Schistogenia* Kraatz, 1857

Schistogenia Kraatz, 1857a: 39. Type species: *Schistogenia crenicollis* Kraatz, 1857.

主要特征：体狭长，体色暗淡，体表近光洁。触角等长于头和前胸背板之和，第 1–3 节长是宽的 2 倍，第 4 节方形，第 5–10 节横宽，第 11 节等长于第 9–10 节之和；复眼略突出。前胸背板基部宽度是端部的 2 倍，前后角明显。鞘翅强烈横宽。腹部向后强烈收窄，两侧常具大刚毛。

分布：古北区、东洋区、旧热带区。世界已知 3 种，中国记录 1 种，浙江分布 1 种。

（481）脊领离隐翅虫 *Schistogenia crenicollis* Kraatz, 1857

Schistogenia crenicollis Kraatz, 1857a: 40.

主要特征：体长 1.2–1.3 mm。体红褐色，无光泽；足淡红色。前胸背板具细密刻点，侧后方具沟。鞘翅具粗糙刻点，刚毛短而柔软。腹部具细小刻点。

分布：浙江、广东、香港、云南；印度。

基凹隐翅虫亚族 Thamiaraeina Fenyes, 1921

209. 基凹隐翅虫属 *Thamiaraea* Thomson, 1858

Thamiaraea Thomson, 1858: 35. Type species: *Aleochara cinnamomea* Gravenhorst, 1802.

Fusalia Casey, 1911: 145. Type species: *Sableta brittoni* Casey, 1911.

主要特征：体型宽大，扁平。体红棕色至深棕色，腹部末 3 节颜色较深，触角、足和口器黄棕色。复眼突出，长于后颊；眼后区域具细脊；唇舌“Y”形，端部分叉；下唇须第 1–2 节通常愈合；触角第 3 节长于或等长于第 2 节，第 5–10 节横宽。前胸背板和鞘翅具网状刻纹；中胸腹突常伸至基节中部。腹部具横向波状微刻纹。雄性头背面具毛斑；第 8 腹板后缘近两侧各具 1 个弯刺，后缘中央有 1 对小齿。受精囊“S”形，基半部膨大。

分布：古北区、东洋区、澳洲区。世界已知 63 种，中国记录 5 种，浙江分布 2 种。

（482）日本基凹隐翅虫 *Thamiaraea* (*Thamiaraea*) *japonica* Cameron, 1933（图 4-III-170）

Thamiaraea japonica Cameron, 1933c: 216.

主要特征：体长约 3.5 mm。体黑色；头、前胸背板、鞘翅基部及后缘、腹部第 3–4 背板红棕色；腹部第 5–8 背板具蓝色金属光泽；触角和足黄褐色。头部刻点稀疏，顶端有 2–3 根短刚毛。前胸背板横宽；侧缘圆弧形，每侧具 2–3 根长刚毛；后角钝圆；具背中线；刻点细密；刻纹几乎不可见。鞘翅较前胸背板长而宽，刻点较密。腹部收窄；仅第 3–4 背板刻点明显。

分布：浙江；韩国，日本。

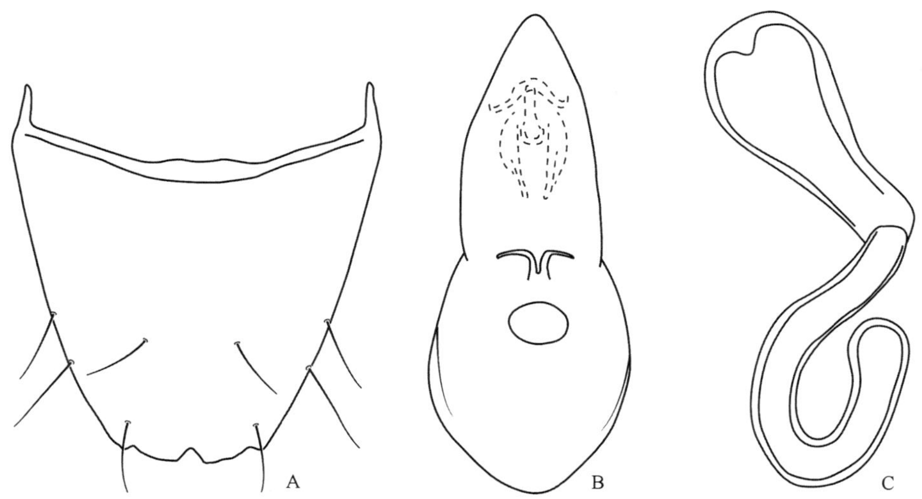

图 4-III-170 日本基凹隐翅虫 *Thamiaraea* (*Thamiaraea*) *japonica* Cameron, 1933（仿自 Lee and Ahn，2015b）
A. 雄性第 8 背板；B. 阳茎腹面观；C. 受精囊

（483）考氏基凹隐翅虫 *Thamiaraea* (*Thamiaraea*) *kochi* Bernhauer, 1939

Thamiaraea kochi Bernhauer, 1939d: 600.

主要特征：体长约 3.0 mm。体红棕色；头暗棕色；腹部第 5–8 节黑色带蓝色金属光泽。头横宽，宽度约为前胸背板的 1/2；刻点细密；触角各节具直立长刚毛；复眼较大。前胸背板略窄于鞘翅，亚圆形，向前略收窄，中央具不明显短沟；刻点与头部相似。鞘翅长于前胸背板；刻点与前胸背板相似。腹部收窄；第 3–4 背板刻点明显，近基部具横向凹槽，后缘具 1 排刚毛；第 6–7 背板中部各具 1 条纵脊；第 8 背板后缘中部深凹。

分布：浙江、香港。

束腰隐翅虫族 Eusteniamorphini Bernhauer *et* Scheerpeltz, 1926

210. 束腰隐翅虫属 *Eusteniamorpha* Cameron, 1920

Eusteniamorpha Cameron, 1920c: 253. Type species: *Eusteniamorpha rufa* Cameron, 1920.

主要特征：上唇横宽，两侧和前角圆弧形；上颚粗短，端部尖锐；下颚须 4 节，第 4 节锥形，长度为前一节的 1/3；下唇须 3 节，第 3 节较第 2 节长而窄；外咽缝相互远离。前胸腹板长大于宽，近端部向外侧呈圆弧形扩展，基部强烈收窄；中纵沟明显；中胸腹突延伸至基节长度的 1/2，端部平截；后胸腹突平截，与中胸腹突相连。鞘翅后缘非波浪形。跗式 3–4–4 式。腹部基部强烈收窄，向后逐渐变宽；第 3–5 背板基部具横向压痕。

分布：东洋区。世界已知 66 种，中国记录 4 种，浙江分布 1 种。

（484）红褐束腰隐翅虫 *Eusteniamorpha zhejiangensis* Pace, 1998（图 4-III-171）

Eusteniamorpha zhejiangensis Pace, 1998b: 210.

主要特征：体长约 1.9 mm。体红褐色，头和鞘翅颜色略深。头部表面粗糙，具小瘤突。前胸背板瘤突与头部相似；中纵沟明显，侧后方各具 1 压痕。鞘翅侧缘向后呈圆弧形收窄；刻点和小瘤突与前胸背板相似；网状刻纹明显。腹部基部明显收窄；背板瘤突小而稀疏。本种与青灰束腰隐翅虫 *E. livida* Bernhauer, 1928 相似，但本种受精囊内部有明显的刻纹，顶端向内略凹陷。

分布：浙江（临安）。

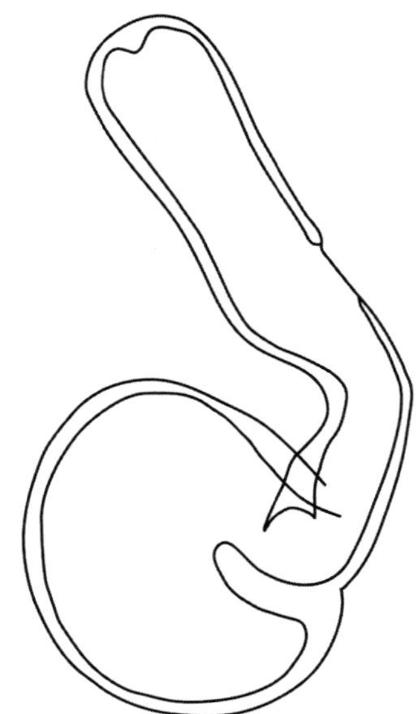

图 4-III-171 红褐束腰隐翅虫 *Eusteniamorpha zhejiangensis* Pace, 1998 受精囊（仿自 Pace，1998b）

狭胸隐翅虫族 Falagriini Mulsant *et* Rey, 1873

211. 常盾隐翅虫属 *Leptagria* Casey, 1906

Leptagria Casey, 1906: 249. Type species: *Leptagria perexilis* Casey, 1906.

主要特征：体瘦长；红棕色至棕色。头亚圆形，横宽；复眼突出；触角第 1–3 节伸长，第 4–10 节方形或横宽，第 11 节锥形。前胸背板中部前方向两侧扩展，基部明显收窄。鞘翅横宽；小盾片大。腹部两侧略呈弧形。本属体形态与缩颈隐翅虫属 *Falagria* 相似，但前胸背板基部收缩程度较小；小盾片较平坦，表面瘤突趋于排成不规则的列；中胸基节远离；中胸腹突末端平截，与后胸腹突接近。

分布：东洋区。世界已知 27 种，中国记录 9 种，浙江分布 1 种。

（485）丽常盾隐翅虫 *Leptagria salamannai* (Pace, 1998)（图 4-III-172）

Falagria (*Leptagria*) *salamannai* Pace, 1998c: 400.

Leptagria salamannai: Smetana, 2004: 424.

主要特征：体长 2.6 mm。体棕色，具光泽；头和背板第 3–4 节及第 5 节基部红褐色；触角棕色，触角 1–2 节黄色至淡红色；足黄色。头部刻点不明显，沿中线不具刻点。额窝不明显。前胸背板前缘中部具粗糙瘤突。鞘翅小盾片周围具更突出且密集的瘤突；背板具明显瘤突。本种与四川常盾隐翅虫 *F. sichuanensis* (Pace, 1993)相似，区别在于复眼不发达，头具 2 个不明显额窝，以及前胸背板前缘中央具瘤突。

分布：浙江（临安）。

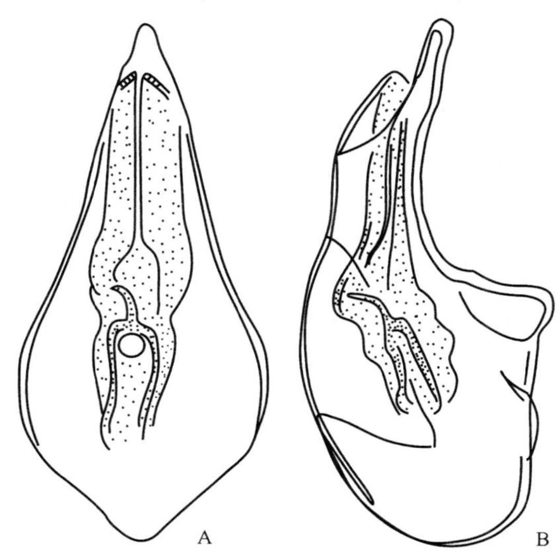

图 4-III-172 丽常盾隐翅虫 *Leptagria salamannai* (Pace, 1998)（仿自 Pace，1998c）
A. 阳茎腹面观；B. 阳茎侧面观

212. 脊盾隐翅虫属 *Myrmecocephalus* MacLeay, 1873

Myrmecocephalus MacLeay, 1873b: 134. Type species: *Myrmecocephalus cingulatus* MacLeay, 1873.

Stilicioides Broun, 1880: 95. Type species: *Stilicioides micans* Broun, 1880.

Stenagria Sharp, 1883a: 237. Type species: *Stenagria gracilipes* Sharp, 1883.

Lorinota Casey, 1906: 238. Type species: *Falagria cingulata* LeConte, 1866.

主要特征：体非鲎形或膨腹形；前体刻点极细密。头部不向下强烈弯曲，至少与前胸背板前缘等宽，侧缘无棘突；颈窄于头宽的 1/3。前胸背板具明显的中纵沟，亚端部最宽，基部为最宽处的 3/4；小盾片具中脊。鞘翅至少比前胸背板基部宽 1/4，近肩部不具凹陷。腹部基部非强烈收缩；第 3–5 背板基部具横向深凹；第 3–6 背板后缘无栉毛；第 8 背板前缘平直无凹刻。大多自由生活，偶见与蚂蚁共生。

分布：古北区、东洋区、新热带区。世界已知 119 种 2 亚种，中国记录 23 种 2 亚种，浙江分布 3 种 1 亚种。

分种检索表

1. 鞘翅宽度是前胸背板宽度的 2 倍 ………………………………………… **南方脊盾隐翅虫 *M. dimidiatus***
- 鞘翅宽度小于前胸背板宽度的 2 倍 ………………………………………… 2
2. 体长小于 3 mm ………………………………………… **清脊盾隐翅虫 *M. tsin***
- 体长大于或等于 4 mm ………………………………………… 3
3. 阳茎中叶端部凹陷 ………………………………………… **浙江脊盾隐翅虫 *M. zhejiangensis***
- 阳茎中叶端部弧形突起 ………………………………………… **黄褐脊盾隐翅虫 *M. pallipennis pallipennis***

（486）南方脊盾隐翅虫 *Myrmecocephalus dimidiatus* (Motschulsky, 1858)

Falagria dimidiata Motschulsky, 1858c: 260.

Myrmecocephalus dimidiatus: Smetana, 2004: 425.

主要特征：体长 3.5 mm。头和前胸背板红褐色；鞘翅黄棕色；腹部基部 2 节黄色，其余腹节黑色。头长略大于宽；刻点小而密，无刻纹。前胸背板略横宽，具中纵沟；刻点较头部稀疏，无刻纹。鞘翅与前胸背板等长，宽于前胸背板；刻点小而稀疏。腹部具小刻点和短柔毛。

分布：浙江、台湾、香港、四川；斯里兰卡。

（487）黄褐脊盾隐翅虫 *Myrmecocephalus pallipennis pallipennis* (Cameron, 1939)（图版 III-91）

Falagria (*Stenagria*) *pallipennis* Cameron, 1939b: 253.

Falagria (*Stenagria*) *innocua* Pace, 1986c: 435.

Falagria (*Stenagria*) *innocua pagana* Pace, 1986c: 435.

Myrmecocephalus pallipennis pallipennis: Smetana, 2004: 425.

主要特征：体长约 4.0 mm。头、胸和腹部漆黑色；鞘翅浅黄色；触角第 1–2 节黄褐色，第 3–11 节黑褐色。鞘翅刻点细密。本种与暗肩脊盾隐翅虫 *M. opacicollis* (Kraatz, 1859)相似，但触角较长，刻点更细密，腹部具细密刻点，腿节颜色较深。

分布：浙江、北京、台湾、香港、四川、贵州、云南；印度，尼泊尔。

（488）清脊盾隐翅虫 *Myrmecocephalus tsin* (Pace, 1993)（图 4-III-173）

Falagria (*Myrmecocephalus*) *tsin* Pace, 1993: 84.

Myrmecocephalus tsin: Smetana, 2004: 425.

主要特征：体长约 2.7 mm。体暗红色，具光泽；头棕色至淡红色；鞘翅基部淡红色至黄色；腹部第 3–5 背板黑色，第 6–10 背板淡红色至黄色；足黄色。头部和前胸背板不具刻点。鞘翅具浅瘤突。本种与姐妹脊盾隐翅虫 *M. soror* (Cameron, 1939)相似，但本种前胸背板较狭长，受精囊近端部分较长。

分布：浙江、贵州。

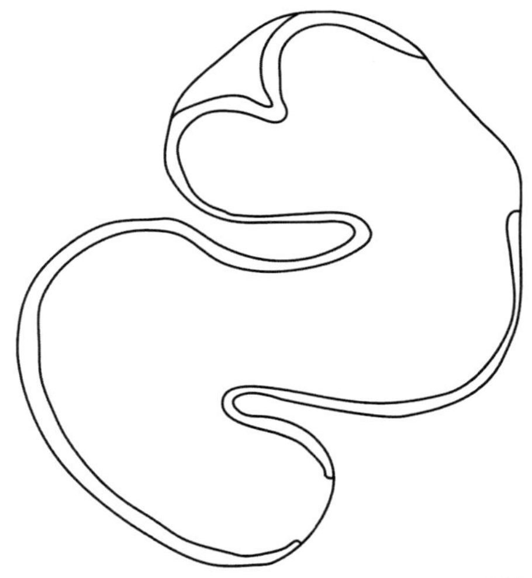

图 4-III-173　清脊盾隐翅虫 *Myrmecocephalus tsin* (Pace, 1993)受精囊（仿自 Pace，1993）

（489）浙江脊盾隐翅虫 *Myrmecocephalus zhejiangensis* (Pace, 1998)（图 4-III-174）

Falagria (*Myrmecocephalus*) *zhejiangensis* Pace, 1998c: 402.

Myrmecocephalus zhejiangensis: Smetana, 2004: 425.

主要特征：体长约 4.1 mm。体棕褐色；腹部第 3–4 背板黄色，第 5–10 背板棕褐色；触角淡红色；足红色至黄色，后足腿节中部褐色。头部表面网状刻纹清晰；具浅而宽的中纵沟。鞘翅网状刻纹与头部相似；基半部瘤突较端半部明显。腹部除第 3 背板外具网状刻纹；第 3 背板基部具深凹和稀疏柔毛；第 4–10 背板具浓密柔毛。

分布：浙江（临安）、陕西。

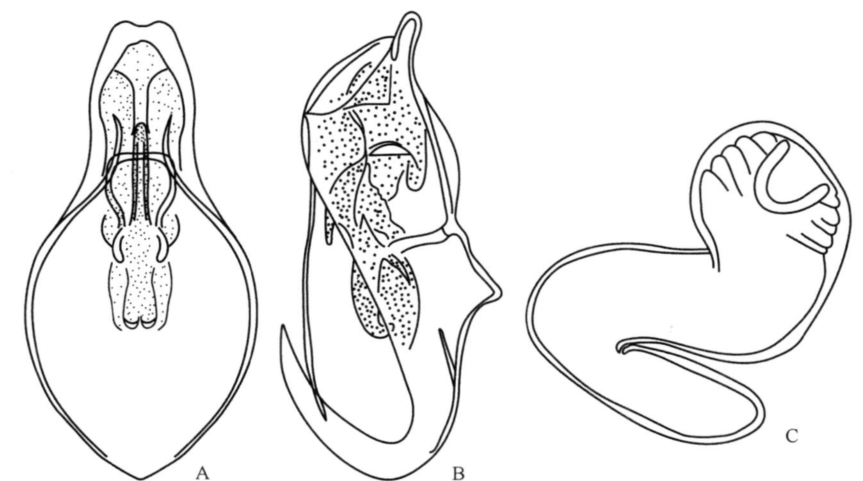

图 4-III-174 浙江脊盾隐翅虫 *Myrmecocephalus zhejiangensis* (Pace, 1998)（仿自 Pace，1998c）
A. 阳茎腹面观；B. 阳茎侧面观；C. 受精囊

小翅隐翅虫族 Geostibini Seevers, 1978

213. 长腹隐翅虫属 *Aloconota* Thomson, 1858

Aloconota Thomson, 1858: 33. Type species: *Tachyusa immunita* Erichson, 1839.

Glossola Fowler, 1888: 66. Type species: *Homalota gregaria* Erichson, 1839.

Taphrodota Casey, 1906: 338. Type species: *Taphrodota ventralis* Casey, 1906.

Terasota Casey, 1906: 337. Type species: *Terasota brunneipes* Casey, 1906.

Disoporina Fenyes, 1918: 22. Type species: *Atheta ernestinae* Bernhauer, 1898.

主要特征：体狭长，两侧近平行。唇舌在基部 2 裂；前颏中央具 2 根相互远离的刚毛，侧面不具伪感觉孔。前胸背板和鞘翅常具复杂模式的毛斑。中胸基节窝接近，腹突端部尖锐。后足跗节第 1 节长于第 2 节。雄性第 8 背板后缘斜向突起，中央具 2 个齿或瘤突。阳茎中叶窄而长。受精囊极短，基部膨大。

分布：古北区、东洋区、新北区、旧热带区。世界已知 158 种 2 亚种，中国记录 33 种 1 亚种，浙江分布 1 种。

（490）龙王山长腹隐翅虫 *Aloconota longwangensis* (Pace, 1998)（图 4-III-175）

Hydrosmecta longwangensis Pace, 1998c: 420.

Aloconota longwangensis: Pace, 2011b: 194.

主要特征：体长约 2.4 mm。体黑色，具光泽；触角棕色，足黄色，腹部棕色。头部无网状刻纹；刻点细密；眼与后颊等长。前胸背板无网状刻纹，刻点与头部相似。鞘翅网状刻纹明显，无刻点。腹部具清晰横向网纹，无瘤突。受精囊顶端和末端短于中间部分。

分布：浙江（安吉）、四川。

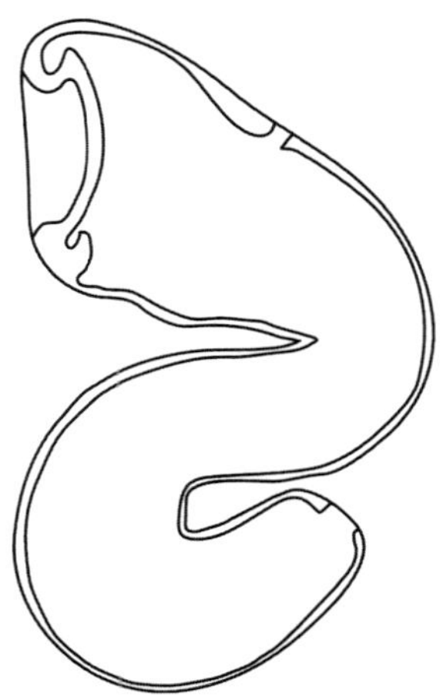

图 4-III-175　龙王山长腹隐翅虫 *Aloconota longwangensis* (Pace, 1998)受精囊（仿自 Pace，1998c）

214. 小翅隐翅虫属 *Geostiba* Thomson, 1858

Geostiba Thomson, 1858: 33. Type species: *Aleochara circellaris* Gravenhorst, 1806.

Callosipalia Coiffait, 1968a: 104. Type species: *Sipalia cassagnaui* Coiffait, 1968.

Scheerpeltzia Likovský, 1974: 126. Type species: *Sipalia scheerpeltziana* Fagel, 1966.

Tetratropogeostiba Pace, 1984b: 215. Type species: *Geostiba loebliana* Pace, 1984.

主要特征：体长 1.7–3.2 mm，两侧近平行。体深棕色至黄色。头部近方形，复眼小，颊短；上颚对称且宽大；右上颚中部具齿突，臼齿无小齿；唇舌二裂状；触角第 5–10 节横宽，第 11 节等长于前 2 节之和。前胸背板沿中线区域的短刚毛指向后方；前背折缘侧面观可见。鞘翅短；多数种后翅退化；后足基节相互接近；中胸腹突长而宽，向后延伸至中足基节窝一半。中足胫节外侧具短而直立的刚毛；后足跗节第 1 节长于第 2 节。

分布：古北区、东洋区、新北区、旧热带区。世界已知 436 种 16 亚种，中国记录 5 种，浙江分布 1 种。

（491）劳氏小翅隐翅虫 *Geostiba* (*Sipalotricha*) *rougemonti* Pace, 1993（图 4-III-176）

Geostiba rougemonti Pace, 1993: 90.

主要特征：体长 2.6–2.8 mm。体深棕色至黄色，具光泽；鞘翅后半部分棕色；触角暗红色，第 11 节和

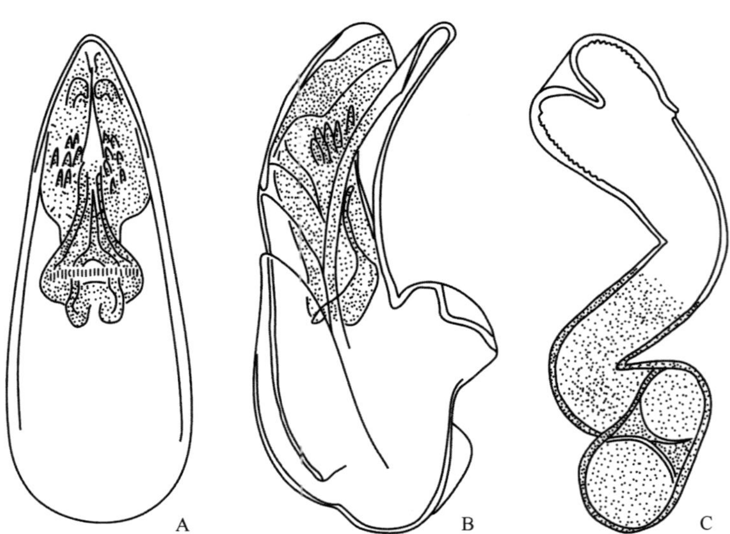

图 4-III-176　劳氏小翅隐翅虫 *Geostiba* (*Sipalotricha*) *rougemonti* Pace, 1993（仿自 Pace，1993）

A. 阳茎腹面观；B. 阳茎侧面观；C. 受精囊

足黄色。前胸背板具网状刻纹和不明显的小瘤突。鞘翅具细小瘤突，不具网状刻纹。腹部背板强烈横宽，网状刻纹几乎不可见。本种与二型小翅隐翅虫 *G. notabilis* Cameron, 1939 相似，但本种雄性鞘翅和腹部缺乏第二性征，阳茎侧叶较大。

分布：浙江、甘肃、四川、云南。

215. 幅胸隐翅虫属 *Pelioptera* Kraatz, 1857

Pelioptera Kraatz, 1857b: 55. Type species: *Pelioptera micans* Kraatz, 1857.

Termitopora Motschulsky, 1860: 91. Type species: *Termitopora adustipennis* Motschulsky, 1860.

Pseudotetrasticta Eichelbaum, 1913: 148. Type species: *Pseudotetrasticta polita* Eichelbaum, 1913.

主要特征：体长 2.1–3.8 mm，体两侧平行。体黑色、棕黄色至红棕色；头和腹部第 6 背板深棕色。头长略大于宽；后颊为复眼长度的 1.5–3.0 倍；复眼小；眼后脊短，未达眼后缘；触角第 2 节长于第 3 节，第 4–10 节横宽；唇舌基部较宽，端部分裂。前胸背板近方形，沿中线区域刚毛指向后方；前背折缘侧面观可见。跗式 4–5–5 式；中足基节分离；中足胫节中外侧刚毛长与胫节宽相等；后足跗节第 1 节与第 2 节等长。阳茎中叶端半部直或在端部轻微向腹面弯曲。受精囊端部无凹。

分布：古北区、东洋区、旧热带区、澳洲区。世界已知 127 种，中国记录 19 种，浙江分布 2 种。

（492）香港幅胸隐翅虫 *Pelioptera* (*Pelioptera*) *samchunensis* Pace, 1998（图 4-III-177）

Pelioptera samchunensis Pace, 1998a: 941.

主要特征：体长约 2.1 mm。体黑色，具光泽；鞘翅黄棕色，触角黑色，足红黄色。头部具浅刻点。前胸背板具不明显小瘤突和网状刻纹；鞘翅刻纹与前胸背板相似，瘤突明显。腹部表面无网状刻纹。本种阳茎和受精囊形状与黑幅胸隐翅虫 *P. opaca* Kraatz, 1857 及短颊幅胸隐翅虫 *P. exasperate* Kraatz, 1857 相似，但本种后颊远长于复眼；受精囊端部强烈弯曲，非圆锥形。

分布：浙江、香港。

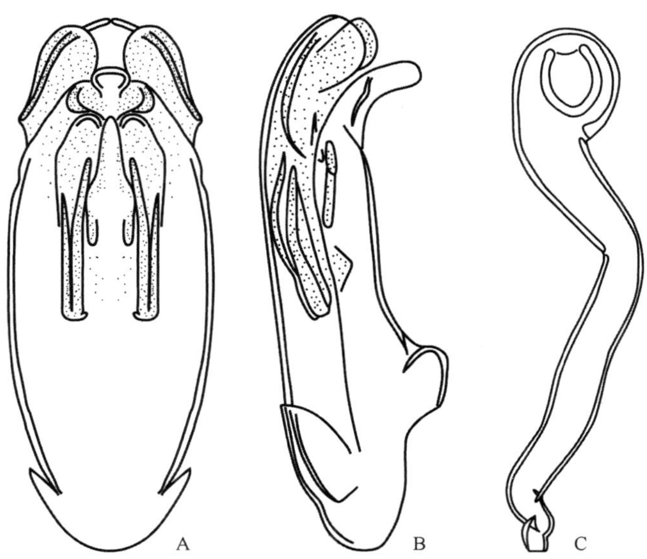

图 4-III-177 香港幅胸隐翅虫 *Pelioptera* (*Pelioptera*) *samchunensis* Pace, 1998（仿自 Pace，1998a）

A. 阳茎腹面观；B. 阳茎侧面观；C. 受精囊

（493）黄翅幅胸隐翅虫 *Pelioptera* (*Pelioptera*) *testaceipennis* (Motschulsky, 1858)（图版 III-92）

Homalota testaceipennis Motschulsky, 1858c: 251.

Homalota pelioptera Kraatz, 1859: 30.

Homalota dubia Kraatz, 1859: 37.

Pelioptera longicornis Cameron, 1925: 194.

Atheta luchuensis Cameron, 1933c: 213.

Pelioptera testaceipennis: Sawada, 1980: 51.

主要特征：体长约 3.8 mm。体棕色；触角淡棕色，鞘翅、足黄褐色，腹部颜色从基部到端部逐渐变深。身体表面稀布小刻点和柔毛；腹部第 3 腹板基部光滑，无刻点和柔毛。雄性腹部第 6 腹板边缘凸起，外缘弧形，具深凹。

分布：浙江、香港、四川；日本，尼泊尔。

菌隐翅虫族 Homalotini Heer, 1839

凹胸隐翅虫亚族 Bolitocharina Thomson, 1859

216. 常舌隐翅虫属 *Methistemistiba* Pace, 1998

Methistemistiba Pace, 1998b: 208. Type species: *Methistemistiba zhejiangensis* Pace, 1998.

主要特征：头与前胸背板约等宽；下颚须 4 节，第 2 节稍窄于第 3 节；外颚叶端部具短刚毛：内颚叶收狭，内缘具 5 根短而粗壮的刺；下唇须 3 节，第 2 节长；唇舌尖而宽；无侧唇舌；颏前缘近乎笔直。前胸背板倒马蹄形，略窄于鞘翅；后胸腹突出。后足基节接近；跗式 4–4–5 式；跗节第 1 节短于之后的跗节之和；胫节具 2 根直立刚毛。腹部基部较窄，向后逐渐变宽。受精囊“Z”形；端部球囊端部膨大，向内弯曲。

分布：东洋区。世界已知 1 种，中国记录 1 种，浙江分布 1 种。

（494）浙江常舌隐翅虫 *Methistemistiba zhejiangensis* Pace, 1998（图 4-III-178）

Methistemistiba zhejiangensis Pace, 1998b: 209.

主要特征：体长约 2.0 mm。体红褐色，具光泽；腹部第 3–5 背板近后缘中部有横向棕色条带。头部表面无网状刻纹，小瘤突几乎不可见；后颊发达，长于复眼；触角第 5–10 节横宽。前胸背板倒马蹄形；网状刻

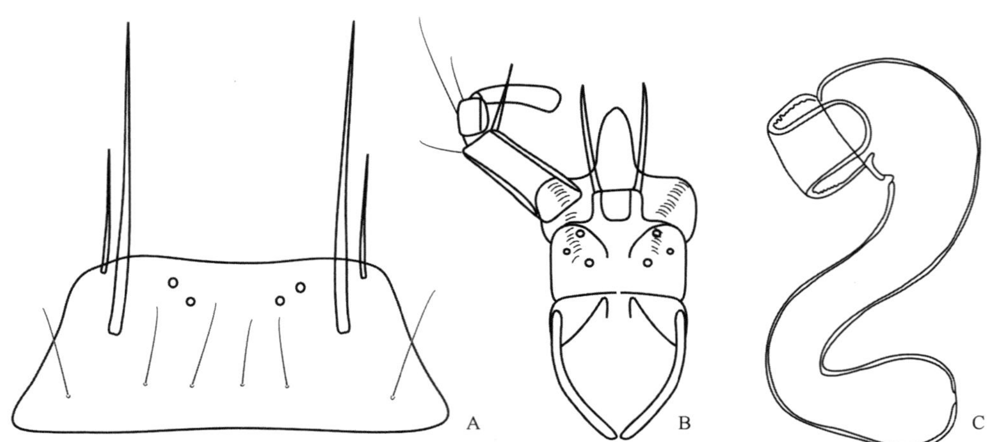

图 4-III-178　浙江常舌隐翅虫 *Methistemistiba zhejiangensis* Pace, 1998（仿自 Pace，1998b）
A. 上唇；B. 下颚须；C. 受精囊

纹清晰，无小瘤突。鞘翅网状刻纹和小瘤突与前胸背板相似。腹部瘦长，前窄后宽；网状刻纹清晰。

分布：浙江。

光蕈隐翅虫亚族 Gyrophaenina Kraatz, 1856

217. 长舌隐翅虫属 *Neobrachida* Cameron, 1920

Neobrachida Cameron, 1920a: 51. Type species: *Neobrachida castanea* Cameron, 1920.

主要特征：下颚须 4 节，末节锥形，长于第 3 节；唇舌狭长，在近中部分裂为 2 片；下唇须 2 节；后颊宽。中胸基节窝相互远离；腹突宽，末端平截，与基节等长。跗式 4–4–5 式。鞘翅后半部侧缘向内略弯曲。

分布：东洋区。世界已知 10 种，中国记录 2 种，浙江分布 1 种。

（495）点背长舌隐翅虫 *Neobrachida punctum* Pace, 1998（图 4-III-179）

Neobrachida punctum Pace, 1998b: 167.

主要特征：体长约 1.4 mm。体红棕色，有光泽；头部暗棕色。头部亚三角形；表面具浅网状刻纹，刻点稀疏；触角第 4–10 节横宽。前胸背板无刻纹，具稀疏瘤状刻点与柔毛。鞘翅后缘波状；瘤状刻点较前胸背板粗大。腹部刻点较少；第 4–6 背板后缘及两侧有粗刚毛。本种和栗色长舌隐翅虫 *N. castanea* Cameron, 1920 相似，但本种体较小；受精囊端囊略横宽，顶端不内凹。

分布：浙江（临安）。

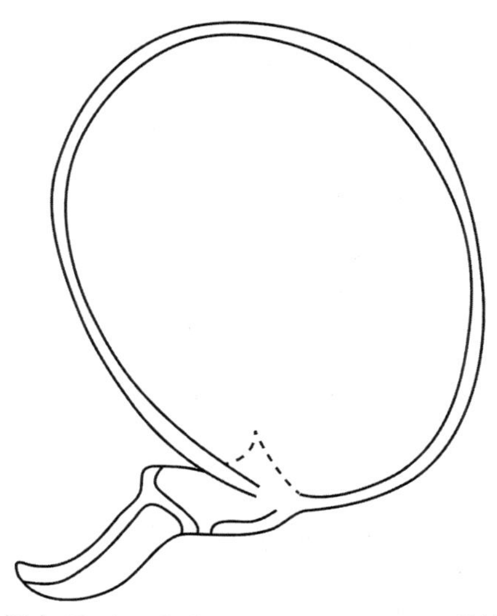

图 4-III-179 点背长舌隐翅虫 *Neobrachida punctum* Pace, 1998 受精囊（仿自 Pace，1998b）

菌隐翅虫亚族 Homalotina Heer, 1839

218. 刺尾隐翅虫属 *Anomognathus* Solier, 1849

Anomognathus Solier, 1849: 339. Type species: *Anomognathus filiformis* Solier, 1849.

Theetura Thomson, 1858: 32. Type species: *Homalota cuspidata* Erichson, 1839.

主要特征：体长 2.0–2.7 mm，体扁平，两侧近平行。头宽于前胸背板；前口式，后颊长于复眼。前胸背板倒马蹄形或亚梯形。鞘翅宽于前胸背板，肩部发达。腹部狭长，两侧近平行，基部最窄；第 8 背板具平直或弯曲的刺突。

分布：古北区、东洋区、新北区。世界已知 27 种，中国记录 3 种，浙江分布 1 种。

（496）多突刺尾隐翅虫 *Anomognathus armatus* (Sharp, 1888)（图 4-III-180）

Theetura armata Sharp, 1888: 294.

Anomognathus armatus: Bernhauer & Scheerpeltz, 1926: 547.

主要特征：体长 1.7–2.1 mm，身体极扁平。体红棕色；头和腹部第 6–8 节棕褐色。头部和前胸背板几乎等宽，稀布刻点；触角第 4–10 节横宽。前胸背板近四边形，侧边平行，后缘突出；长约为宽的 1.1 倍；刻点较头部小而密。鞘翅长于前胸背板 1.16 倍；刻点与前胸背板相似。腹部两侧近平行，密布刻点和柔毛。雄性第 8 腹板具 5 个突起；阳茎中叶基部近球形，端部细长。雌性第 8 腹板的突起短于雄性；受精囊基部圆形，输精管较直。

分布：浙江、台湾；韩国，日本。

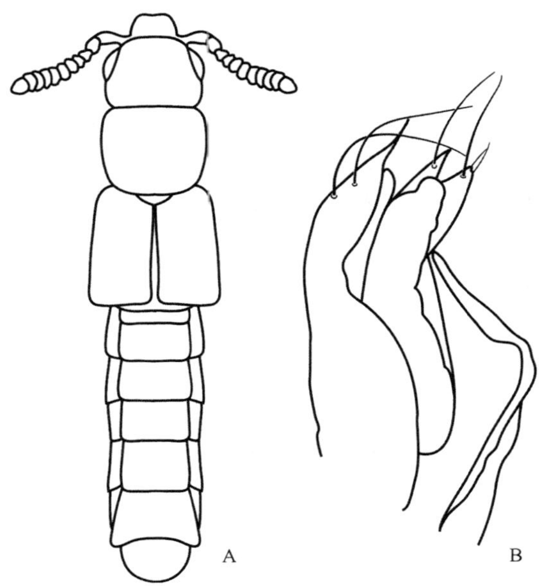

图 4-III-180　多突刺尾隐翅虫 *Anomognathus armatus* (Sharp, 1888)（仿自 Kim and Ahn，2014）
A. 整体图；B. 阳茎侧叶

219. 菌隐翅虫属 *Homalota* Mannerheim, 1830

Homalota Mannerheim, 1830: 73. Type species: *Aleochara plana* Gyllenhal, 1810.

Epipeda Mulsant *et* Rey, 1871: 136. Type species: *Aleochara plana* Gyllenhal, 1810.

Mimomalota Cameron, 1920c: 242. Type species: *Mimomalota bispina* Cameron, 1920.

Lampromalota Cameron, 1920c: 246. Type species: *Lampromalota brunneicollis* Cameron, 1920.

主要特征：体长 1.4–3.0 mm，体扁平，两侧近平行。头约与前胸背板等宽；表面具粗糙刻点；复眼短于后颊；触角第 7–10 节显著横宽。前胸背板亚梯形，宽是长的 1.4 倍，具粗糙网状刻纹。鞘翅长于前胸背板；肩部明显。阳茎中叶直，内囊具复杂骨片。受精囊具卵圆形端囊和短而纤细的茎。

分布：古北区、东洋区、新北区。世界已知 72 种，中国记录 6 种，浙江分布 1 种。

（497）剑腹菌隐翅虫 *Homalota perserrata* Assing, 2015（图 4-III-181）

Anomognathus serratus Assing, 2011b: 306 [HN].

Homalota perserrata Assing, 2015a: 16 [Replacement name for *Anomognathus serratus* Assing, 2011].

主要特征：体长 1.4–2.0 mm，背腹面扁平，侧边近平行。体黄褐色，表面光洁，具微柔毛；头和腹部第 6 节深褐色。复眼大小正常；触角第 5–10 节横宽；唇基横向扩展，具 7 对刚毛。前胸背板宽是长的 1.2 倍，端部 1/3 处最宽，被有短柔毛。鞘翅稍宽于前胸背板。腹部狭窄；第 3–5 背板近基部具横沟；第 10 背板中央具毛斑。雄性第 8 腹板后缘具 2 个侧突，中部具 4 个短而宽的突起；阳茎中叶细长，基部球形。雌性第 8 腹板后缘平截，具齿；受精囊基部圆形。

分布：浙江（临安）；韩国。

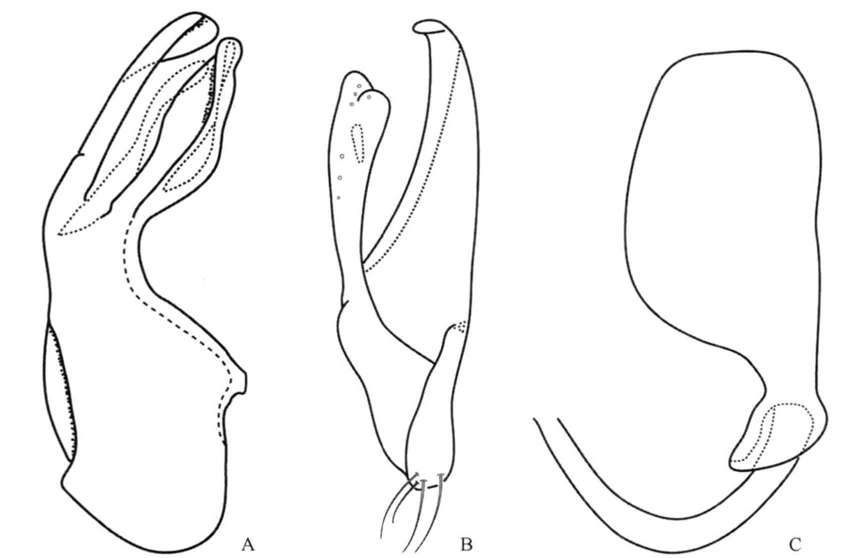

图 4-III-181　剑腹菌隐翅虫 *Homalota perserrata* Assing, 2015（仿自 Kim and Ahn，2014）

A. 阳茎侧面观；B. 阳茎侧叶；C. 受精囊

220. 全脊隐翅虫属 *Stenomastax* Cameron, 1933

Stenomastax Cameron, 1933d: 352. Type species: *Homalota nigrescens* Fauvel, 1905.

主要特征：头部横宽，亚圆形；外咽缝分离，平行；上唇较宽，前缘中部略分裂；上颚较小，弯曲且尖锐，有齿；下颚须 4 节，第 4 节长约为第 3 节的 1/3；颏横宽梯形。前胸背板中后部具纵隆突；前背折缘侧面观可见。鞘翅侧缘后方略向内弯曲。各足胫节外缘具 2 根黑色刚毛；跗式 4-4-5 式。前足和中足跗节第 4 节长于前 3 节之和；后足跗节第 5 节约等于前 4 节之和。腹部侧缘端部具长刚毛。

分布：古北区、东洋区、旧热带区、澳洲区。世界已知 112 种 2 亚种，中国记录 20 种，浙江分布 6 种。

分种检索表

1. 体长 2.1–2.2 mm……………………………………………………**黑全脊隐翅虫 *S. nigrescens***
- 体长小于等于 2.0 mm……………………………………………………2
2. 体长 1.7–1.8 mm……………………………………………………**突领全脊隐翅虫 *S. tuberculicollis***
- 体长 1.9–2.0 mm……………………………………………………3
3. 受精囊基半部强烈卷曲……………………………………………………4
- 受精囊基半部略弯曲……………………………………………………5

4. 鞘翅红棕色……中华全脊隐翅虫 ***S. chinensis***
- 鞘翅黄褐色……淡翅全脊隐翅虫 ***S. diogenes***
5. 前胸背板红棕色，腹部基部 3 节黄红色……伴全脊隐翅虫 ***S. contermina***
- 前胸背板黑棕色，腹部基部 2 节红褐色……暗棕全脊隐翅虫 ***S. raptoria***

（498）中华全脊隐翅虫 *Stenomastax chinensis* Pace, 1998（图 4-III-182）

Stenomastax chinensis Pace, 1998b: 192.

主要特征：体长约 2.0 mm。体红棕色，有弱光泽；头部和腹部第 6–7 背板深棕色。头部亚圆形，横宽。前胸背板具网格状刻纹和瘤突。鞘翅刻纹和瘤突与前胸背板相似。腹部无刻纹。本种与异腹全脊隐翅虫 *S. variventris* (Kraatz, 1859)近似，但阳茎端部更细长；受精囊端囊细长且较卷曲。

分布：浙江、云南。

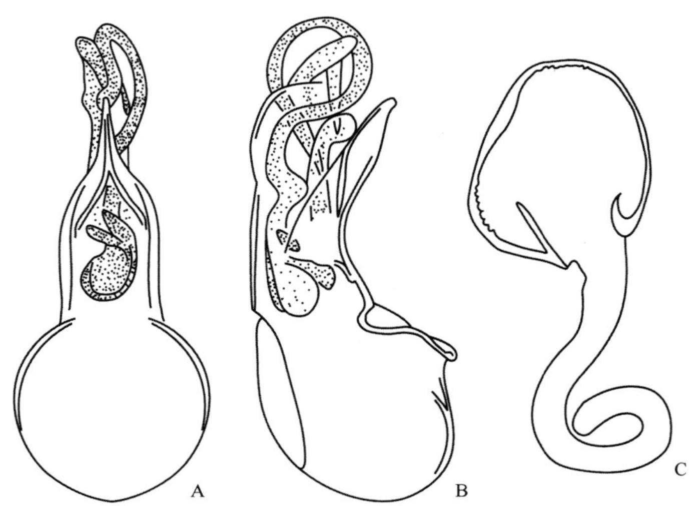

图 4-III-182 中华全脊隐翅虫 *Stenomastax chinensis* Pace, 1998（仿自 Pace，1998b）

A. 阳茎腹面观；B. 阳茎侧面观；C. 受精囊

（499）伴全脊隐翅虫 *Stenomastax contermina* Pace, 1998（图 4-III-183）

Stenomastax contermina Pace, 1998b: 198.

主要特征：体长约 1.9 mm。体具弱光泽；头部棕色，前胸背板红棕色，鞘翅黄棕色，腹部黄红色，触角

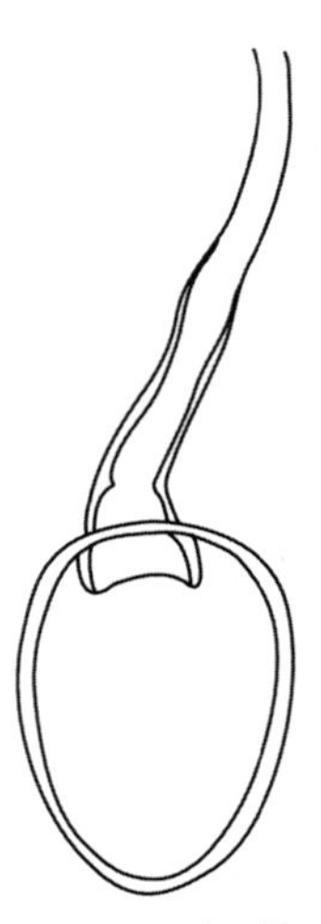

图 4-III-183 伴全脊隐翅虫 *Stenomastax contermina* Pace, 1998 受精囊（仿自 Pace，1998b）

基部 3 节偏红色。头部、鞘翅和前胸背板具清晰网状刻纹。头部刻点不明显，几乎消失，前胸背板和鞘翅几乎不具瘤突。本种和突领全脊隐翅虫 *S. tuberculicollis* (Kraatz, 1859)相似，但本种受精囊不具基囊。

分布：浙江（临安）。

（500）淡翅全脊隐翅虫 *Stenomastax diogenes* Pace, 1998（图 4-III-184）

Stenomastax diogenes Pace, 1998b: 194.

主要特征：体长 2.0 mm。头部和前胸背板黑色；鞘翅黄褐色，外侧和基部棕色；腹部末端红棕色；触角基部棕色。头部和前胸背板的网状刻纹明显，鞘翅网状刻纹几乎消失。前胸背板没有明显刻点和瘤突，鞘翅具瘤突。本种与广腰全脊隐翅虫 *S. platygaster* (Kraatz, 1859)相似，但本种前胸背板较宽；雄性第 7 腹板后缘具凹陷。

分布：浙江（临安）。

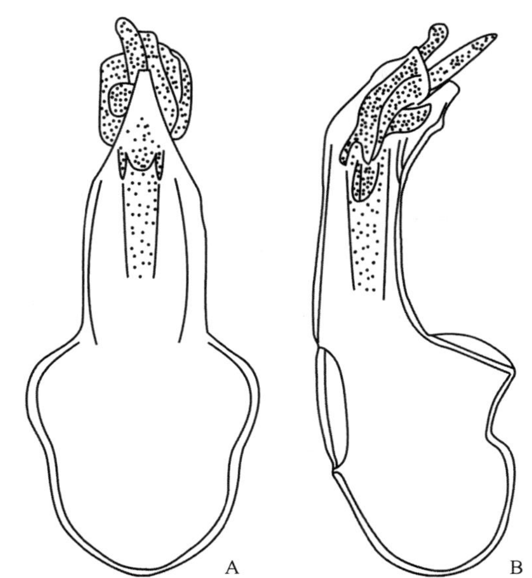

图 4-III-184　淡翅全脊隐翅虫 *Stenomastax diogenes* Pace, 1998（仿自 Pace，1998b）

A. 阳茎腹面观；B. 阳茎侧面观

（501）黑全脊隐翅虫 *Stenomastax nigrescens* (Fauvel, 1905)

Homalota nigrescens Fauvel, 1905a: 147.

Stenomastax nigrescens: Smetana, 2004: 449.

主要特征：体长 2.1–2.2 mm。体棕色，有光泽。头部亚三角形，基部略变窄；触角基部 3 节较长，第 4–10 节横宽，第 11 节端部渐细；两复眼间不凹陷。前胸背板倒马蹄形；基部边缘呈圆弧形突出，稍前方具 1 对浅凹窝；具中纵沟。鞘翅较大，四边形。腹部第 2–4 背板刻点较第 5–6 背板明显，第 5 背板基部具横沟。

分布：浙江、香港、云南；尼泊尔，印度尼西亚。

（502）暗棕全脊隐翅虫 *Stenomastax raptoria* Pace, 1998（图 4-III-185）

Stenomastax raptoria Pace, 1998b: 194.

主要特征：体长约 2.0 mm。体褐色，前胸背板黑棕色，腹部基部 2 节和末端红褐色。头部刻点密集。前胸背板具清晰网状刻纹，无明显刻点或瘤突。鞘翅网状刻纹与前胸背板相似，瘤突小而清晰。腹部网状刻纹清晰；第 4 背板具明显瘤突；第 5 背板瘤突不明显。本种和苏拉威西全脊隐翅虫 *S. celebensis* Pace, 1986 相似，但本种的阳茎顶端较细长；内囊较细长，具端钩。

分布：浙江（临安）、云南。

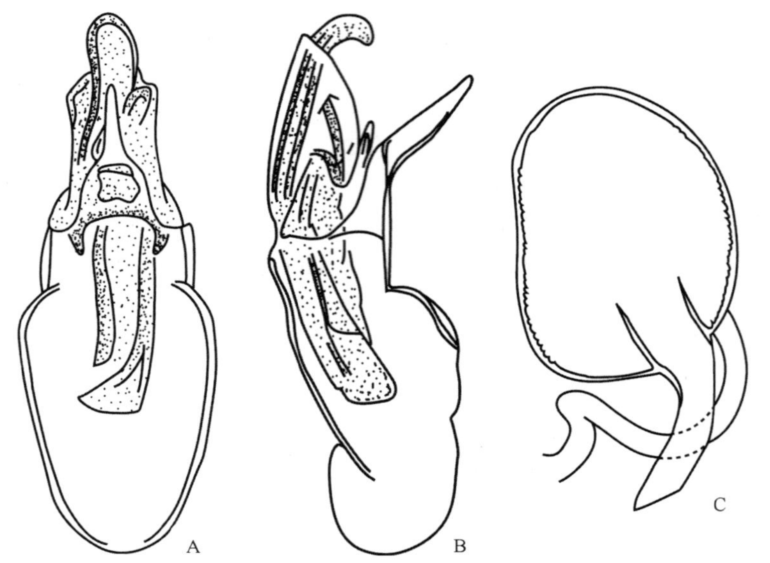

图 4-III-185　暗棕全脊隐翅虫 *Stenomastax raptoria* Pace, 1998（仿自 Pace，1998b）

A. 阳茎腹面观；B. 阳茎侧面观；C. 受精囊

（503）突领全脊隐翅虫 *Stenomastax tuberculicollis* (Kraatz, 1859)

Homalota tuberculicollis Kraatz, 1859: 33.

Stenomastax tuberculicollis: Cameron, 1939b: 177.

主要特征：体长 1.7–1.8 mm。体黑色，鞘翅黄褐色，触角第 1–3 节黄棕色。头较小，密布小刻点和刻纹；触角第 5–10 节横宽。前胸背板略窄于鞘翅，密被刻点；盘区具 2 条纵沟，中部有压痕。鞘翅长于前胸背板；刻点较前胸背板粗大。腹部刻点小而密集；雄性第 6 腹板具 2 个凸起。

分布：浙江；印度，斯里兰卡。

弧缘隐翅虫亚族 Silusina Fenyes, 1918

221. 裂舌隐翅虫属 *Coenonica* Kraatz, 1857

Coenonica Kraatz, 1857b: 45. Type species: *Coenonica puncticollis* Kraatz, 1857.

Deralia Cameron, 1920c: 238. Type species: *Deralia fuscipennis* Cameron, 1920.

Ruteria Jarrige, 1957: 113. Type species: *Ruteria rufula* Jarrige, 1957.

主要特征：上颚略突出，右侧内缘中部具 1 齿；下颚须 4 节，第 4 节窄，短于第 3 节 1/2；下颚内叶狭窄，内缘具栉状刚毛；下唇须 2 节，第 2 节较第 1 节长而窄；后颊基部较宽；外咽缝分离。前胸腹突较钝；中胸腹突狭长，长度为中足基节长度的 1/2；后胸腹突端部钝。鞘翅后缘波状。跗式 4–4–5 式；胫节外缘中部具刚毛；前足和中足跗节前 3 节短，第 4 节长为前 3 节之和；后足跗节前 4 节短，第 5 节等长于前 3 节之和。

分布：古北区、东洋区。世界已知 188 种 4 亚种，中国记录 27 种，浙江分布 5 种。

分种检索表

1. 体长大于 2.8 mm……2
- 体长小于 2.5 mm……3
2. 眼后颊向后急剧收缩……**光胸裂舌隐翅虫 *C. angularis***
- 眼后颊弧形，向后均匀变窄……**浙江裂舌隐翅虫 *C. zhejiangensis***
3. 前胸背板前缘平截……**天目裂舌隐翅虫 *C. tianmushanensis***
- 前胸背板前缘弧形……4
4. 复眼长度大于眼后颊长度……**龙王裂舌隐翅虫 *C. longwangensis***
- 复眼长度等于眼后颊长度……**弯茎裂舌隐翅虫 *C. parens***

（504）光胸裂舌隐翅虫 *Coenonica angularis* Pace, 1998（图 4-III-186）

Coenonica angularis Pace, 1998b: 185.

主要特征：体长 3.0 mm。体暗红色，有光泽；头部和腹部第 4–5 棕色；触角褐色，基部 3 节和第 11 节黄褐色；足红黄色。头部刻点清晰，网状刻纹清晰。前胸背板刻点不明显，无网状刻纹。鞘翅前 2/3 刻点深而明显，后 1/3 刻点变小至消失；无网状刻纹。本种与裸裂舌隐翅虫 *C. exuta* Pace, 1984 相似，但本种体长较长，且前胸背板表面不具瘤突。

分布：浙江（临安）。

图 4-III-186 光胸裂舌隐翅虫 *Coenonica angularis* Pace, 1998 受精囊（仿自 Pace，1998b）

（505）龙王裂舌隐翅虫 *Coenonica longwangensis* Pace, 1998（图 4-III-187）

Coenonica longwangensis Pace, 1998b: 183.

主要特征：体长约 2.1 mm。体褐色；腹部和触角基部 2 节红褐色；足黄褐色；鞘翅和腹部有光泽。头部具深刻点，表面粗糙，触角之间无刻点。前胸背板中央微凹；刻点与头部相似。鞘翅具密集瘤突；刻点相互连接，形成断续的纵向连线。腹部具瘤突和网状刻纹。本种与明裂舌隐翅虫 *C. ming* Pace, 1993 相似，但本种的复眼更发达，眼后缘更短，阳茎端冠更小。

分布：浙江（安吉）。

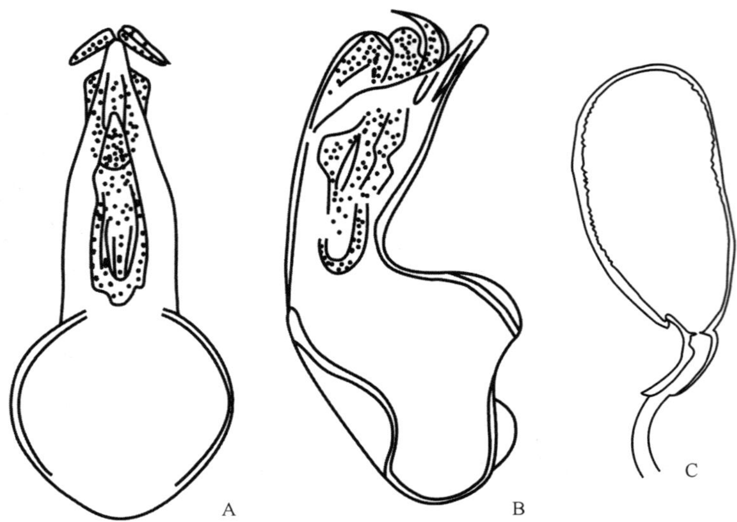

图 4-III-187　龙王裂舌隐翅虫 *Coenonica longwangensis* Pace, 1998（仿自 Pace，1998b）

A. 阳茎腹面观；B. 阳茎侧面观；C. 受精囊

（506）弯茎裂舌隐翅虫 *Coenonica parens* Pace, 1998（图 4-III-188）

Coenonica parens Pace, 1998b: 185.

主要特征：体长约 2.1 mm。体有光泽；头部、前胸背板和鞘翅棕黑色；腹部红棕色，第 4–5 背板棕色；触角基部为黑褐色；足红黄色。头部和前胸背板具密集瘤突，表面粗糙。鞘翅刻点明显。本种与明裂舌隐翅虫 *C. ming* Pace, 1993 相似，但本种阳茎中叶较弯曲；内囊结构较简单，不扩展，端部非弯曲。

分布：浙江（临安）。

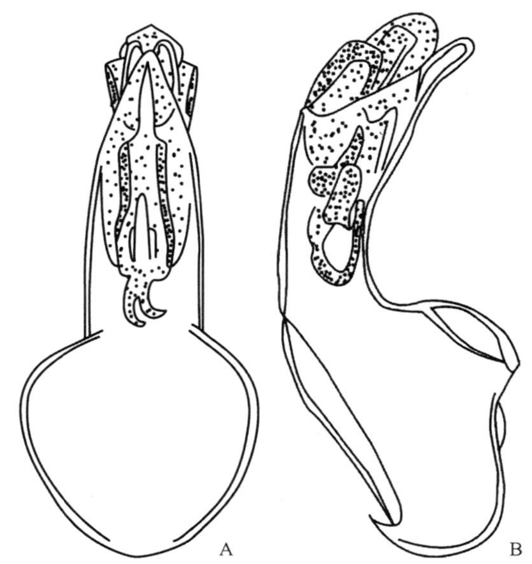

图 4-III-188　弯茎裂舌隐翅虫 *Coenonica parens* Pace, 1998（仿自 Pace，1998b）

A. 阳茎腹面观；B. 阳茎侧面观

（507）天目裂舌隐翅虫 *Coenonica tianmushanensis* Pace, 1998（图 4-III-189）

Coenonica tianmushanensis Pace, 1998b: 190.

主要特征：体长约 2.4 mm。体红黄色，有光泽；头黑褐色；触角棕色，基部 3 节和第 11 节红色；足红黄色。头部和鞘翅刻点深而清晰，与网状刻纹相融合。腹部除基部横沟具刻纹外，其余部位无刻纹。本种与斯里兰卡的异腹裂舌隐翅虫 *C. varicornis* Pace, 1990 相似，但本种体型较大，阳茎基囊不发达，受精囊端囊较发达。

分布：浙江（临安）。

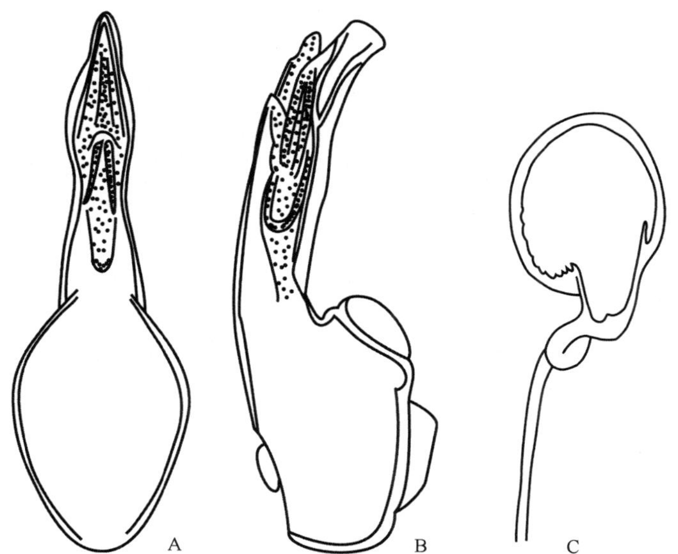

图 4-III-189 天目裂舌隐翅虫 *Coenonica tianmushanensis* Pace, 1998（仿自 Pace，1998b）

A. 阳茎腹面观；B. 阳茎侧面观；C. 受精囊

（508）浙江裂舌隐翅虫 *Coenonica zhejiangensis* Pace, 1998（图 4-III-190）

Coenonica zhejiangensis Pace, 1998b: 188.

主要特征：体长约 2.9 mm。体棕色，有光泽；触角棕红色，基部 3 节红黄色；腹部基部数节的后缘及腹部末端红色；足黄色。头部中域刻点密而清晰，网状刻纹模糊，其余部位无刻纹。前胸背板具瘤突，无刻纹。鞘翅仅盘区瘤突明显，无刻纹。本种与明裂舌隐翅虫 *C. ming* Pace, 1993 相似，但本种的前胸背板和鞘翅较长；阳茎不明显弯曲，内囊不膨大。

分布：浙江（临安）、四川；韩国。

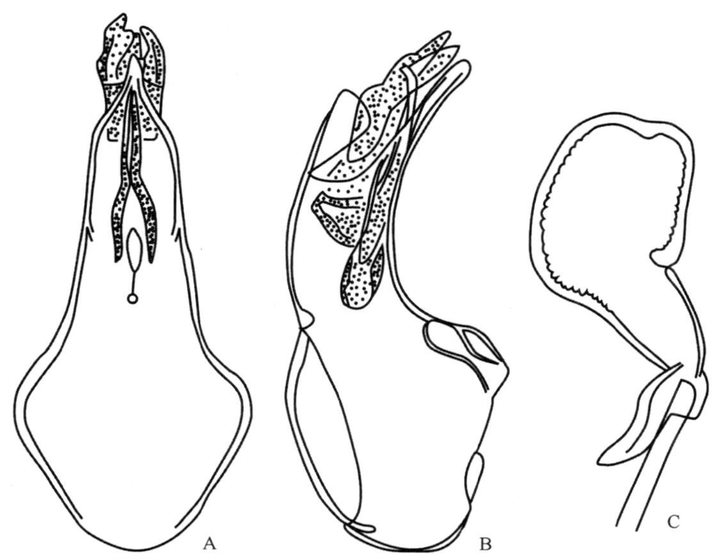

图 4-III-190 浙江裂舌隐翅虫 *Coenonica zhejiangensis* Pace, 1998（仿自 Pace，1998b）

A. 阳茎腹面观；B. 阳茎侧面观；C. 受精囊

222. 切胸隐翅虫属 *Neosilusa* Cameron, 1920

Plagiusa Bernhauer, 1915a: 27 [HN]. Type species: *Silusa tropica* Bernhauer, 1915.

Neosilusa Cameron, 1920c: 232. Type species: *Stenusa ceylonica* Kraatz, 1857.

主要特征：上唇较宽，前缘平截；上颚弯曲，端部尖锐，右上颚内缘中部具 1 齿；下颚须 4 节，第 4 节长度为第 3 节的 1/3；下颚内叶窄且长，内缘端部 1/3 具短齿，中部 1/3 具栉状排列刚毛；下唇须 2 节，第 2 节和第 1 节等长；外咽缝分离。鞘翅侧缘弯曲；后侧角明显；前胸腹突端部尖锐；中胸腹突向后变窄；后胸腹突端部平截。跗式 4–4–5 式；前足和中足跗节前 3 节较短，长度近似，第 4 节等长于前 3 节之和；后足跗节的前 4 节较长，逐渐变短，第 5 节等长于前 2 节长度之和。

分布：古北区、东洋区、旧热带区。世界已知 19 种，中国记录 5 种，浙江分布 1 种。

（509）锡兰切胸隐翅虫 *Neosilusa ceylonica* (Kraatz, 1857)（图版 III-93）

Stenusa ceylonica Kraatz, 1857a: 8.

Pronomaea subrufa Motschulsky, 1861b: 149.

Silusa crassicornis Sharp, 1888: 374.

Neosilusa ceylonica: Pace, 1984a: 15.

主要特征：体长约 2.3 mm。体红褐色，腹部末端颜色较深。头宽远窄于鞘翅，密布刻点；触角粗壮，第 6–10 节横宽，第 11 节延长。前胸背板长是宽的 2 倍；刻点与头部相似。鞘翅短而宽，显著长于前胸背板；密布粗刻点。腹部被刚毛，刻点稀疏。

分布：浙江、北京、河南、江苏、台湾、广东、香港、四川、贵州、云南；韩国，日本，印度，斯里兰卡，马来西亚，非洲。

223. 弧缘隐翅虫属 *Silusa* Erichson, 1837

Silusa Erichson, 1837: 377. Type species: *Silusa rubiginosa* Erichson, 1837.

主要特征：体长 2.5–4.5 mm；两侧亚平行；体表被刻点和柔毛。头部复眼前方收窄；眼后脊完整；触角第 7–10 节横宽；下颚须 4 节，末节针状；下唇须极度伸长。前胸背板横宽，中部或端部 1/3 处最宽；盘区刚毛沿中线指向后方，两侧刚毛倾斜；前背折缘侧面观可见。后足跗节第 1 基节稍长于第 2 节。鞘翅较长；侧后角明显。腹板前 4 背板基部具深压痕。雄性第 7 背板具纵隆脊；第 8 背板后缘具齿；阳茎中叶向腹面略弯曲，内囊具亚端骨片和粗壮刚毛。

分布：古北区、东洋区。世界已知 51 种，中国记录 13 种，浙江分布 2 种。

（510）中华弧缘隐翅虫 *Silusa* (*Silusa*) *chinensis* Pace, 1998（图 4-III-191）

Silusa (*Silusa*) *chinensis* Pace, 1998b: 179.

主要特征：体长约 3.2 mm。体有光泽；头棕褐色；前胸背板红褐色，外侧和后缘黄红色；鞘翅偏黄色，边缘棕色；腹部棕色，腹板后缘和侧缘略带红色。头部和前胸背板刻点稀疏，几乎不可见。鞘翅刻点清晰而密集，后缘无刻点。本种与印度的印度弧缘隐翅虫 *S. indica* Cameron, 1939 相似，但本种复眼较小，后颊更长，鞘翅较发达。

分布：浙江（临安）。

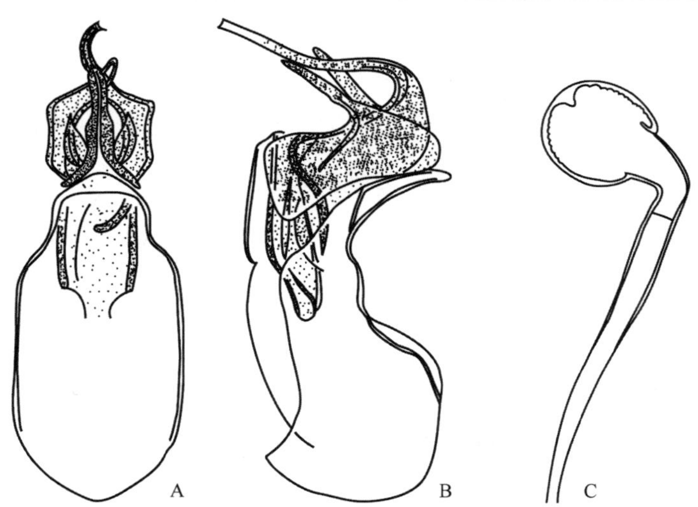

图 4-III-191　中华弧缘隐翅虫 *Silusa* (*Silusa*) *chinensis* Pace, 1998（仿自 Pace，1998b）

A. 阳茎腹面观；B. 阳茎侧面观；C. 受精囊

（511）考氏弧缘隐翅虫 *Silusa* (*Silusa*) *cooteri* Pace, 1998（图 4-III-192）

Silusa (*Silusa*) *cooteri* Pace, 1998b: 181.

主要特征：体长约 2.6 mm。体褐色，有光泽；触角和足棕色；体无网状刻纹。头部刻点清晰。前胸背板瘤突较小。鞘翅刻点明显粗大。腹部具明显瘤突。本种与异型弧缘隐翅虫 *S. aliena* Bernhauer, 1916 相似，但本种的体型较小，阳茎内囊较粗大，端部具深凹。

分布：浙江（临安）。

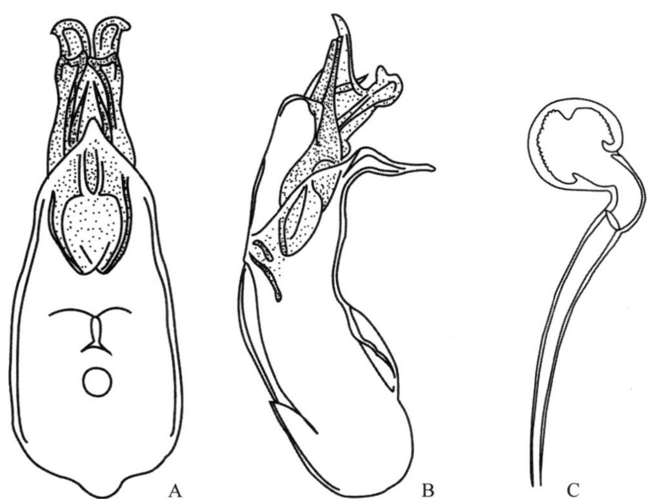

图 4-III-192　考氏弧缘隐翅虫 *Silusa* (*Silusa*) *cooteri* Pace, 1998（仿自 Pace，1998b）

A. 阳茎腹面观；B. 阳茎侧面观；C. 受精囊

伪节隐翅虫族 Hoplandriini Casey, 1910

224. 伪粗角隐翅虫属 *Pseudoplandria* Fenyes, 1921

Pseudoplandria Fenyes, 1921: 30. Type species: *Pseduoplandria laeta* Fenyes, 1921.

Troposandria Cameron, 1939a: 151. Type species: *Troposandria papuana* Cameron, 1939.

主要特征：本属与粗角隐翅虫属 *Hoplandria* 相似，但本属后颊基部强烈横宽；中胸有明显的龙脊，腹突较宽，延伸至中足基节末端；后胸腹突较直。中足基节相互远离；后足跗节第 1 节较长，几乎是第 2 节的 2 倍。

分布：古北区、东洋区。世界已知 155 种，中国记录 38 种，浙江分布 3 种。

分种检索表

1. 体长大于 3.5 mm ··· **安吉伪粗角隐翅虫 *P. anjiensis***
- 体长小于等于 3.0 mm ··· 2
2. 鞘翅边缘刻点粗大 ··· **奥氏伪粗角隐翅虫 *P. osellaiana***
- 鞘翅边缘刻点细密 ··· **天目伪粗角隐翅虫 *P. tianmuensis***

（512）安吉伪粗角隐翅虫 *Pseudoplandria anjiensis* Pace, 1999（图 4-III-193）

Pseudoplandria anjiensis Pace, 1999: 154.

主要特征：体长约 3.6 mm。体红黄色，有光泽；头和鞘翅棕色；触角偏红色，基部 2 节和第 11 节红黄色；足黄色。头、前胸背板、鞘翅和腹部无网状刻纹。头部和前胸背板刻点较浅。鞘翅具网状刻纹。本种与印度的钱氏伪粗角隐翅虫 *P. championi* Cameron, 1939 相似，但本种的体型较大；受精囊的端囊中部较狭长，端凹较深。

分布：浙江（安吉）、四川、云南。

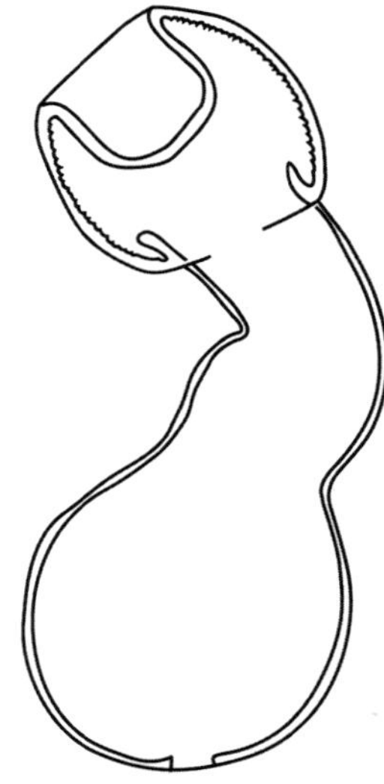

图 4-III-193　安吉伪粗角隐翅虫 *Pseudoplandria anjiensis* Pace, 1999 受精囊（仿自 Pace，1999）

（513）奥氏伪粗角隐翅虫 *Pseudoplandria osellaiana* Pace, 1986（图 4-III-194）

Pseudoplandria osellaiana Pace, 1986a: 488.

主要特征：体长约 2.9 mm。体红黄色，具光泽；鞘翅黑红色，触角红黄色，足黄色。头部和前胸背板密被细瘤突。鞘翅边缘刻点粗大，边缘有压痕。腹部基部无刻点，第 5 背板中央具明显突起。本种与网格伪粗角隐翅虫 *P. gratella* Cameron, 1939 和盗氏伪粗角隐翅虫 *P. dohertyi* Cameron, 1939 相似，但本种体色不同，鞘翅边缘有压痕。

分布：浙江、香港；泰国。

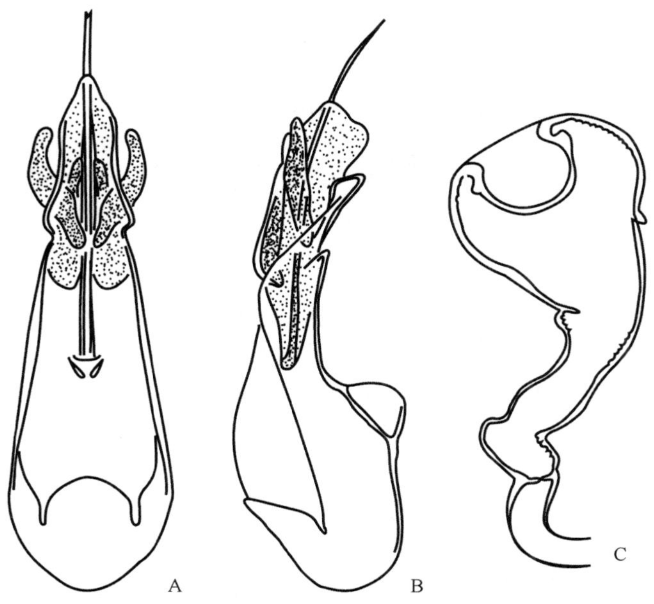

图 4-III-194 奥氏伪粗角隐翅虫 *Pseudoplandria osellaiana* Pace, 1986（仿自 Pace，1986a）

A. 阳茎腹面观；B. 阳茎侧面观；C. 受精囊

（514）天目伪粗角隐翅虫 *Pseudoplandria tianmuensis* Pace, 2017（图 4-III-195）

Pseudoplandria tianmuensis Pace, 2017: 302.

主要特征：体长约 3.0 mm。体棕色，有光泽；鞘翅和腹部第 3–5 节黑褐色；触角基部 3 节和第 11 节红黄色。头部刻点疏而浅，无网状刻纹；触角第 2 节短于第 1 节，第 3 节和第 2 节等长，第 4–10 节横宽。前胸背板具细密刻点，无网状刻纹。鞘翅刻点密而深，无网状刻纹。腹部刻点与鞘翅相似，无网状刻纹；第 5 腹板表面具浅凹陷。本种与薄伪粗角隐翅虫 *P. exilitatis* Pace, 2013 相似，但本种阳茎端部更宽并分为 2 叶。

分布：浙江（临安）。

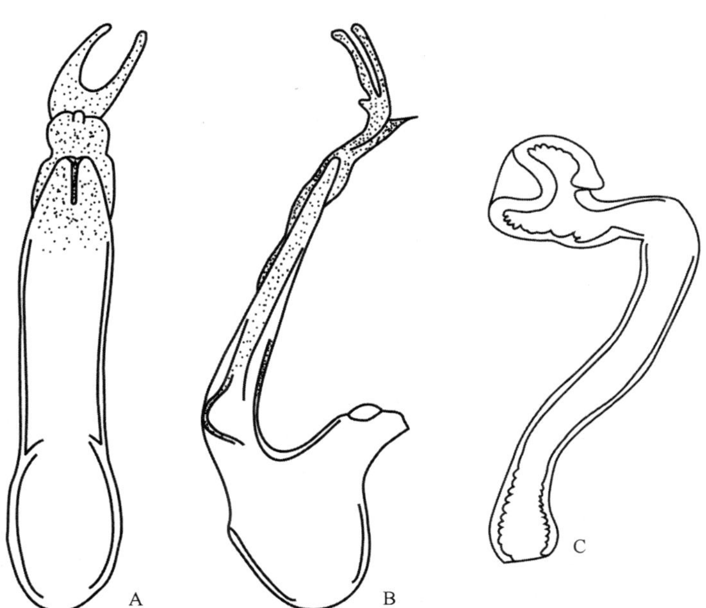

图 4-III-195 天目伪粗角隐翅虫 *Pseudoplandria tianmuensis* Pace, 2017（仿自 Pace，2016）

A. 阳茎腹面观；B. 阳茎侧面观；C. 受精囊

颚须隐翅虫族 Lomechusini Fleming, 1821

蚁穴隐翅虫亚族 Myrmedoniina Thomson, 1867

225. 光带隐翅虫属 *Diplopleurus* Bernhauer, 1915

Diplopleurus Bernhauer, 1915c: 160. Type species: *Diplopleurus excavatus* Bernhauer, 1915.

主要特征：上唇横宽，两侧弧形，仅在前端具修饰；上颚较短，内缘有角状突起；下颚须 4 节；第 3 节长于第 2 节；末节较小，锥状，长度不超过前一节的 1/4；下唇须 3 节，第 2 节比第 1 节短而窄，第 3 节明显窄于第 2 节。触角粗而长。前胸背板宽；基部收窄；密布粗刻点。鞘翅刻点与前胸背板相似。跗式 4–5–5 式；后足跗节的第 1 节长，约等于后 3 节之和。本属外形与蚁巢隐翅虫属 *Zyras* 相似，但本属头部后方比蚁巢隐翅虫属 *Zyras* 更粗壮。

分布：东洋区。世界已知 31 种，中国记录 1 种，浙江分布 1 种。

（515）考氏光带隐翅虫 *Diplopleurus cooteri* Pace, 1998（图 4-III-196）

Diplopleurus cooteri Pace, 1998a: 968.

主要特征：体长约 4.2 mm。体黑色，光洁；腹部第 2–5 节及末端红棕色；触角基部 3 节和第 11 节红褐色；足红黄色。头部被稀疏大刻点；无刻纹。前胸背板中部近后方有凹陷，两侧具凹槽；刻点较头部小而密，无刻纹。鞘翅刻点和前胸背板相似，无刻纹。腹部刻点较鞘翅稀疏，无刻纹。

分布：浙江（临安）、四川。

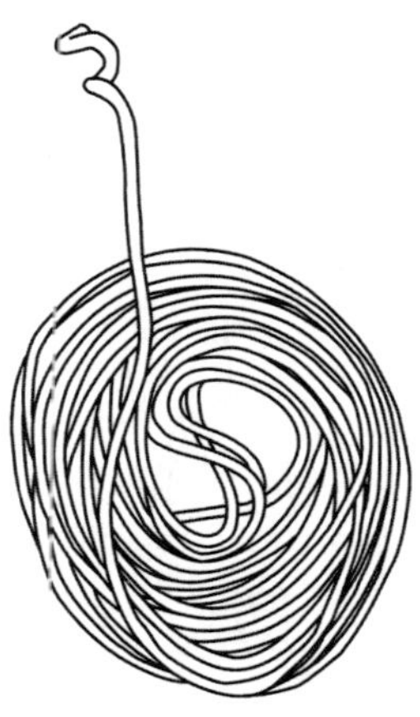

图 4-III-196　考氏光带隐翅虫 *Diplopleurus cooteri* Pace, 1998 受精囊（仿自 Pace，1998a）

226. 中凹隐翅虫属 *Drusilla* Leach, 1819

Drusilla Leach, 1819: 177. Type species: *Staphylinus canaliculatus* Fabricius, 1787.

Agaricola Gistel, 1834: 10. Type species: *Staphylinus canaliculatus* Fabricius, 1787.

Myrmedonia Erichson, 1837: 286. Type species: *Staphylinus canaliculatus* Fabricius, 1787.

Camacopalpus Motschulsky, 1858c: 231. Type species: *Camacopalpus flavicornis* Motschulsky, 1858.

Camacopselaphus Gemminger *et* Harold, 1868: 549. Type species: *Camacopalpus flavicornis* Motschulsky, 1858.

Santhota Sharp, 1874a: 3. Type species: *Santhota sparsa* Sharp, 1874.

Thoracophagus Kistner, 2003: 561. Type species: *Thoracophagus congoensis* Kistner, 2003.

主要特征：体中至大型，深棕色或红棕色。头宽略窄于前胸背板，颈部明显，具小刻点和网状刻纹；

触角第 5–6 节略短于第 4 节，第 7–10 节略横宽；上颚内颚叶长；下颚基节窝大；外咽缝末端未接触。前胸背板长大于宽，具网状刻纹，中纵沟明显，部分种类纵沟位于基部。鞘翅短，为前胸背板的 1/3–1/2；后翅退化。腹部略较宽；基部 3 节刻点明显。雄性第 8 腹板后缘两侧常具小齿。受精囊“S”形，基囊棒状，茎部向后膨大。

分布：古北区、东洋区、新北区。世界已知 216 种 2 亚种，中国记录 20 种，浙江分布 1 种。

（516）浙江中凹隐翅虫 *Drusilla* (*Drusilla*) *zhejiangensis* Pace, 1998（图 4-III-197，图版 III-94）

Drusilla zhejiangensis Pace, 1998a: 964.

主要特征：体长约 5.0 mm。体棕色，光洁；腹部第 4–5 节黑褐色；足黄褐色，腿节端部黑褐色。头部密布刻点和网状刻纹；后颊向后收窄。前胸背板长宽约相等，略宽于头部，端部 1/3 处最宽；刻点较头部明显；中纵沟明显。鞘翅远宽于前胸背板；刻点与前胸背板相似。腹部刻点稀疏。本种和斜中凹隐翅虫 *D. obliqua* (Bernhauer, 1916)相似，但头部明显比前胸背板窄；阳茎较小，内囊不发达。

分布：浙江（临安）。

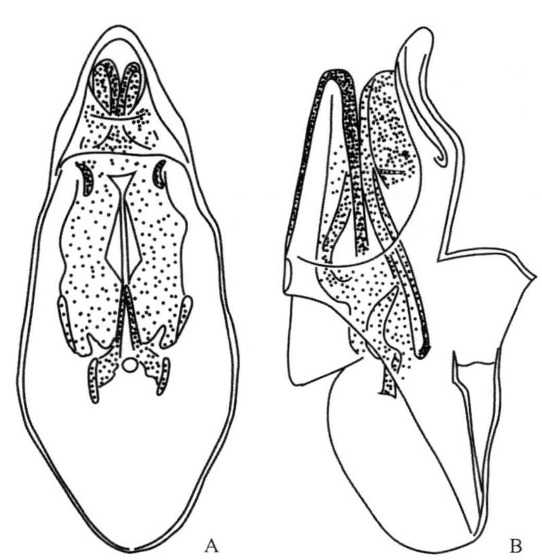

图 4-III-197　浙江中凹隐翅虫 *Drusilla* (*Drusilla*) *zhejiangensis* Pace, 1998（仿自 Pace，1998a）
A. 阳茎腹面观；B. 阳茎侧面观

227. 好蚁隐翅虫属 *Pella* Stephens, 1835

Pella Stephens, 1835: 434. Type species: *Staphylinus limbatus* Paykull, 1789.

Myrmelia Mulsant *et* Rey, 1873a: 152. Type species: *Myrmedonia excepta* Mulsant *et* Rey, 1873.

Pellochromonia Reitter, 1909: 43. Type species: *Myrmedonia ruficollis* Grimm, 1845.

Lepla Tottenham, 1939b: 226. Type species: *Aleochara lugens* Gravenhorst, 1802.

主要特征：体相对粗大，体表光洁，覆盖少量短柔毛。头近圆形，颈部不明显；触角第 7–10 节横宽；下颚结构简单，无短毛，右下颚内缘中间有 1 小齿。唇舌双瓣状，顶端圆弧形，无刚毛感觉器；下颚须第 2 节比第 1 节略窄。前胸背板背面观亚梯形或椭圆形，窄于鞘翅；无中纵沟，无凸缘沟；中胸腹突粗短，端部圆滑；后胸腹突较宽，端部圆滑，长于中足基节的 2–3 倍。腹部两侧略呈弧形；基部 2–3 节背板无瘤突。阳茎中叶背面观呈梨形或椭圆形，基囊适度膨大。受精囊管状，顶端略凹陷。

分布：古北区、东洋区。世界已知 63 种，中国记录 14 种，浙江分布 1 种。

（517）天目好蚁隐翅虫 *Pella tianmuensis* Yan *et* Li, 2015（图 4-III-198，图版 III-95）

Pella tianmuensis Yan *et* Li, 2015: 148.

主要特征：体长 4.5–6.6 mm。体黑褐色，鞘翅肩部、各腹节后缘、触角和足暗红色。头部、前胸背板和鞘翅覆盖金色短刚毛。头部横宽，表面具细刻纹；触角第 6–10 节明显横宽。前胸背板的宽度是头长的 1.28 倍，是头部宽度的 1.40 倍，约在前 1/3 处最宽，向后缩小；前背折缘在侧面观完全可见。鞘翅长度大约是前胸背板长度的 1.08 倍。腹部 3–4 节最宽；表面具有横刻纹。

分布：浙江（临安）。

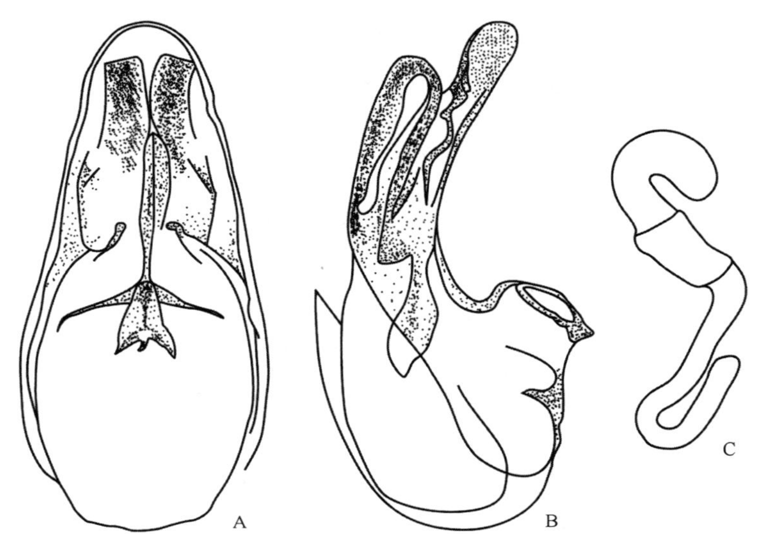

图 4-III-198　天目好蚁隐翅虫 *Pella tianmuensis* Yan *et* Li, 2015
A. 阳茎腹面观；B. 阳茎侧面观；C. 受精囊

228. 刺毛隐翅虫属 *Peltodonia* Bernhauer, 1936

Peltodonia Bernhauer, 1936a: 320. Type species: *Zyras bodemeyeri* Bernhauer, 1936.

Chaetosogonocephus Pace, 1987b: 218. Type species: *Chaetosogonocephus rougementi* Pace, 1987.

主要特征：体光洁，具明显刚毛。头部和颈部无刻点，头后部强烈收缩，颈短；下颚须第 4 节长，不短于第 3 节；触角长，向后延伸超过鞘翅后缘。前背折缘侧面观可见；中胸腹突较宽；中足基节相互远离。鞘翅后缘覆盖短毛。

分布：古北区、东洋区。世界已知 16 种，中国记录 1 种，浙江分布 1 种。

（518）中华刺毛隐翅虫 *Peltodonia chinensis* (Pace, 1998)（图 4-III-199，图版 III-96）

Chaetosogonocephus chinensis Pace, 1998a: 961.

Peltodonia chinensis: Assing, 2009: 201.

主要特征：体长约 3.5 mm。体红褐色，具光泽；鞘翅中部黑褐色；腹部背面向末端颜色逐渐加深。头强烈横宽；后颊向两侧扩展；表面刻点稀疏，无刻纹。前胸背板强烈横宽，宽于头部；表面刻点稀疏，无刻纹，具少量瘤突；侧缘与近后缘生有数根黑色大刚毛。鞘翅横宽，瘤突明显，无刻纹；侧缘各具 3 根粗大刚毛。腹部向后逐渐变窄；表面光滑，无刻纹；两侧密生粗大刚毛。本种与来自马来西亚的属内其他物种相比，体型较大，鞘翅较窄，受精囊端囊较长。

分布：浙江（临安）。

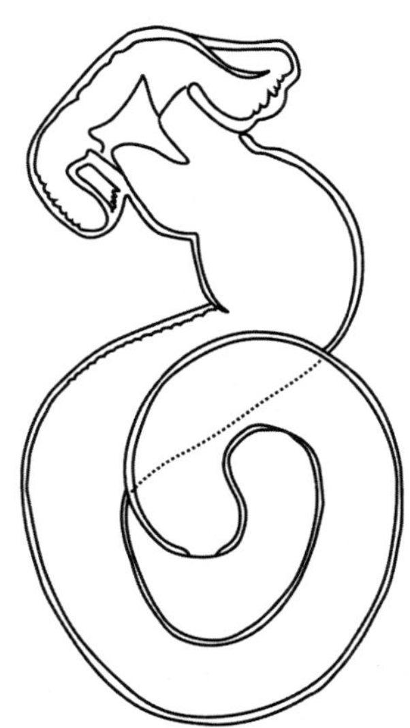

图 4-III-199 中华刺毛隐翅虫 *Peltodonia chinensis* (Pace, 1998)受精囊（仿自 Pace，1998a）

229. 常板隐翅虫属 *Tetrabothrus* Bernhauer, 1915

Tetrabothrus Bernhauer, 1915e: 240. Type species: *Tetrabothrus clavatus* Bernhauer, 1915.

主要特征：颈部明显；口器延长，向前突出；触角粗短，第 4–10 节强烈横宽，呈棍棒状；颏亚梯形，前缘弧形凹入；前颏具 3 个感觉毛孔；唇舌呈双瓣状。鞘翅略横宽。跗式 4–5–5 式。腹部第 3–6 背板基部明显凹陷；第 10 背板基部具 1 排刚毛。

分布：古北区、东洋区。世界已知 33 种，中国记录 10 种，浙江分布 1 种。

（519）锤角常板隐翅虫 *Tetrabothrus clavatus* Bernhauer, 1915（图 4-III-200）

Tetrabothrus clavatus Bernhauer, 1915e: 242.

Tetrabothrus quadricollis Cameron, 1950a: 118.

Tetrabothrus japonicus Nakane, 1991: 111.

Tetrabothrus vietnamiculus Pace, 2013: 375.

Tetrabothrus rubricollis Assing, 2015b: 138.

主要特征：体长约 6.5 mm。体黑色；触角、前胸背板和腹部各节后缘淡红色；足黄褐色。头强烈横宽，宽是长的 1.37 倍。头部刻点细小且稀疏，复眼大而突出；触角粗短，第 4–10 节极度横宽。前胸背板横宽，端部明显收窄，中后部最宽。鞘翅远宽于前胸背板，缝缘长度略短于前胸背板，密布刻点和柔毛。腹部窄于鞘翅，两侧略呈弧形，第 4 背板处最宽；第 3–6 背板基部具深凹槽。

分布：浙江、陕西、安徽、江西、福建、广东、海南、贵州；韩国，日本，越南，老挝，泰国，马来西亚，文莱，印度尼西亚。

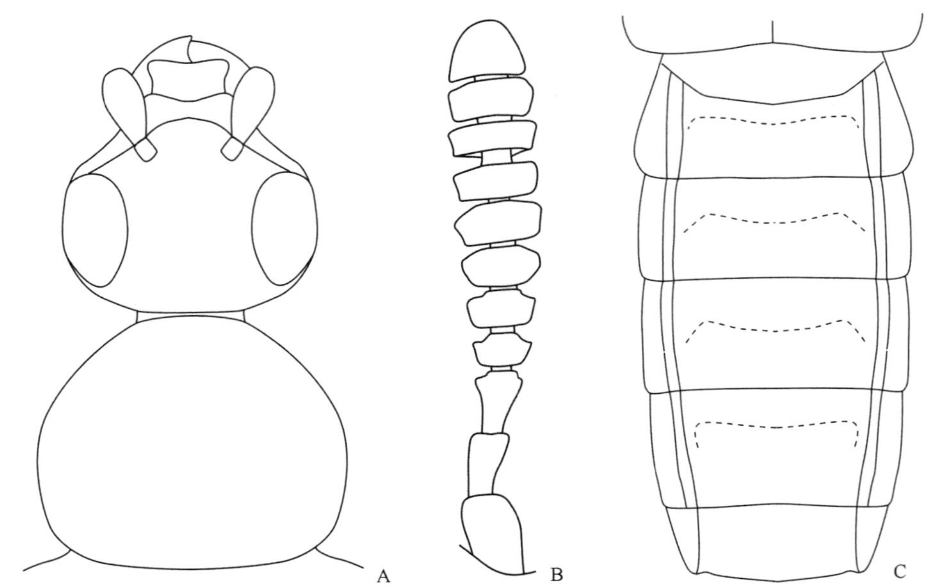

图 4-III-200 锤角常板隐翅虫 *Tetrabothrus clavatus* Bernhauer, 1915（仿自 Assing，2015b）
A. 头和前胸背板；B. 触角；C. 腹部

230. 蚁巢隐翅虫属 *Zyras* Stephens, 1835

Zyras Stephens, 1835: 430. Type species: *Aleochara haworthi* Stephens, 1832.

Platyusa Casey, 1885: 305. Type species: *Platyusa sonomae* Casey, 1885.

主要特征：体长 3.0–9.0 mm，体粗壮，有光泽。体单色，有时头、前胸背板、鞘翅或腹部有不同颜色。头部略横宽；无颈或颈部不明显；复眼较大，突出。前胸背板略横宽，端部 1/3 处最宽，前缘较直，后缘弧形；近后缘中部常有 1 个凹窝。鞘翅宽于前胸背板，宽度约为缝缘长度的 2 倍；密布刻点和柔毛。腹部两侧近平行；基部两侧具较密小刻点和柔毛；侧背板发达。

分布：古北区、东洋区、新北区、旧热带区。世界已知 900 种 6 亚种，中国记录 83 种，浙江分布 5 种。

分种检索表

1. 触角第 1 节内缘具明显的沟槽，第 4–10 节侧扁 ……………………………………………… 2
- 触角第 1 节内缘缺沟槽，第 4–10 节圆柱状 ……………………………………………… 3
2. 前胸背板长大于宽；体双色，触角、前胸背板、腹部第 2–3 节及足红棕色，头部、鞘翅及腹部第 4–8 节棕色 ……………………………………………… **龙王山蚁巢隐翅虫 *Z. longwangmontis***
- 前胸背板横宽；体暗棕色 ……………………………………………… **宽胸蚁巢隐翅虫 *Z. macrothorax***
3. 前胸背板侧缘黄褐色；鞘翅单色 ……………………………………………… **北京蚁巢隐翅虫 *Z. beijingensis***
- 前胸背板黑色；鞘翅双色 ……………………………………………… 4
4. 前胸背板刻点稀疏；鞘翅黄斑较小；阳茎顶叶短 ……………………………………………… **膨角蚁巢隐翅虫 *Z. notaticornis***
- 前胸背板密布刻点；鞘翅黄斑较大；阳茎顶叶长 ……………………………………………… **魏蚁巢隐翅虫 *Z. wei***

（520）宽胸蚁巢隐翅虫 *Zyras* (*Glossacantha*) *macrothorax* Bernhauer, 1929

Zyras (*Glossacantha*) *macrothorax* Bernhauer, 1929a: 2.

主要特征：体长约 10 mm。体暗棕色，颈部和腹部末端红棕色，触角黄棕色，口器和足红色。本种与其他同属物种相比，体型较大，头部较狭窄，刻点较粗糙和稀疏，复眼较小；鞘翅明显更长，刻点较密且更显著；腹部刻点较细密，各背板中部具 1 排横向粗刻点。

分布：浙江（宁波）。

（521）龙王山蚁巢隐翅虫 *Zyras* (*Termidonia*) *longwangmontis* Pace, 1998（图 4-III-201）

Zyras longwangmontis Pace, 1998a: 971.

主要特征：体长约 9.0 mm。体光洁；头和鞘翅棕色，前胸背板、腹部和足红棕色。头部刻点和网状刻纹明显，侧缘和基部刻纹较弱。前胸背板刻点细密，刻纹不明显。鞘翅刻点与前胸背板相似，刻纹较浅。腹部刻点大小不一，刻纹明显。本种与尼泊尔的尼泊尔蚁巢隐翅虫 *Z. nepalensis* Pace, 1992 相似，但本种阳茎中叶端部具 1 对弯曲的片状结构。

分布：浙江（安吉）、江苏、上海、香港、贵州。

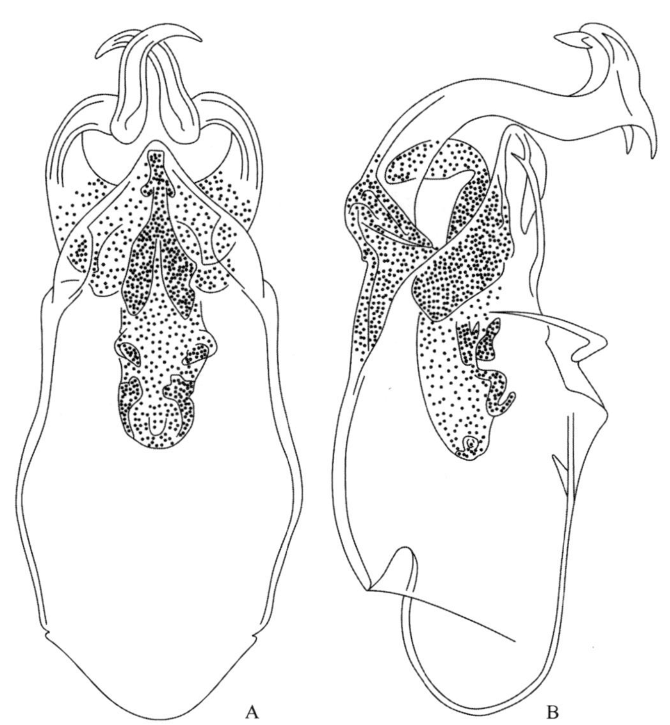

图 4-III-201　龙王山蚁巢隐翅虫 *Zyras* (*Termidonia*) *longwangmontis* Pace, 1998（仿自 Pace，1998a）

A. 阳茎腹面观；B. 阳茎侧面观

（522）北京蚁巢隐翅虫 *Zyras* (*Zyras*) *beijingensis* Pace, 1993（图 4-III-202）

Zyras beijingensis Pace, 1993: 114.

Zyras (*Zyras*) *restitutus* Pace, 1993: 114.

主要特征：体长约 4.7 mm。体黑褐色，前胸背板侧缘、鞘翅、腹部各节后缘黄褐色。体表刻点清晰。头部横宽，刻点稀疏。前胸背板宽是长的 1.6 倍；密被小刻点和柔毛；中部近后缘处有 1 凹窝。鞘翅横宽；刻点和柔毛与前胸背板相似。腹部刻点稀少。本种与浙江蚁巢隐翅虫 *Z. chinkiangensis* Bernhauer, 1939 相似，但本种复眼较小，鞘翅较长，阳茎内囊骨质化程度较低。

分布：浙江、北京、陕西、甘肃。

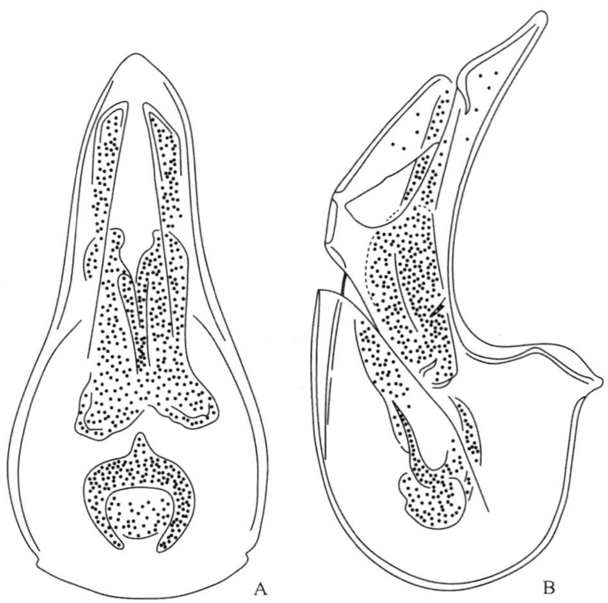

图 4-III-202　北京蚁巢隐翅虫 *Zyras* (*Zyras*) *beijingensis* Pace, 1993（仿自 Pace，1993）

A. 阳茎腹面观；B. 阳茎侧面观

（523）膨角蚁巢隐翅虫 *Zyras* (*Zyras*) *notaticornis* Pace, 1998（图 4-III-203）

Zyras notaticornis Pace, 1998a: 971.

主要特征：体长约 5.4 mm。头和前胸背板黑褐色；鞘翅棕色，肩部和中缝两侧红色；腹部黑色，基部及各节后缘红黄色；体表无刻纹。头窄于前胸背板，后颊向基部明显收窄，刻点稀疏。前胸背板略横宽；刻点分布不均匀，盘区稀少，两侧较密；中部近后缘有 1 个明显的凹窝。鞘翅宽远大于长；刻点较前胸背板略密。腹部刻点稀疏。本种与镇江蚁巢隐翅虫 *Z. chinkiangensis* Bernhauer, 1939 相似，但本种触角更长，端部红黄色；阳茎较小，向腹面更加弯曲，内囊较粗大。

分布：浙江、香港、广西；老挝。

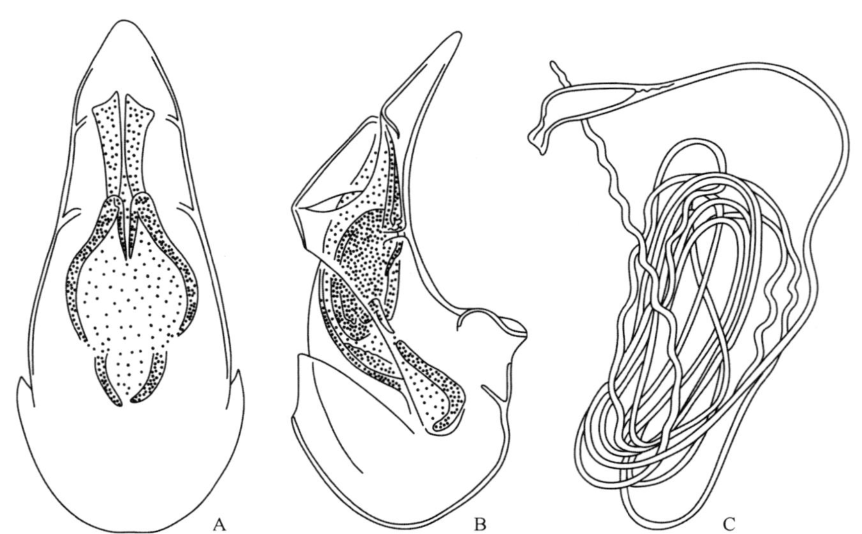

图 4-III-203　膨角蚁巢隐翅虫 *Zyras* (*Zyras*) *notaticornis* Pace, 1998（仿自 Pace，1998a）

A. 阳茎腹面观；B. 阳茎侧面观；C. 受精囊

（524）魏蚁巢隐翅虫 *Zyras* (*Zyras*) *wei* Pace, 1993（图 4-III-204）

Zyras (*Zyras*) *wei* Pace, 1993: 114.

Zyras (*Zyras*) *qingchengensis* Pace, 2012: 85.

主要特征：体长约 5.9 mm。体黑色，光洁；鞘翅边缘及腹部红棕色；触角棕色，基部 2 节和第 3 节基部红黄色，末节红棕色；足黄褐色。头卵圆形，表面除中线区域外密布刻点。前胸背板宽大于长，刻点深而清晰，中部近后缘有 1 个明显的凹窝。鞘翅宽远大于长，刻点与前胸背板相似。腹部刻点稀疏。本种与北京蚁巢隐翅虫 *Z. beijingensis* Pace, 1993 相似，但本种体型较大，触角第 4 节长宽相等，前胸背板黑色。

分布：浙江、陕西、湖北、福建、台湾、四川、贵州、云南；越南，老挝。

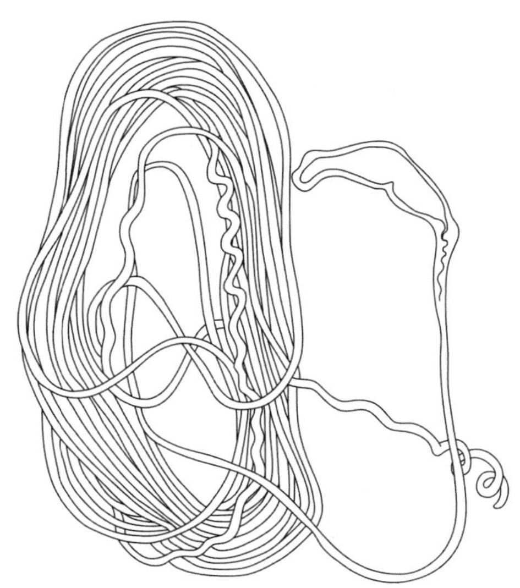

图 4-III-204　魏蚁巢隐翅虫 *Zyras* (*Zyras*) *wei* Pace, 1993 受精囊（仿自 Pace，1993）

腹毛隐翅虫族 Myllaenini Ganglbauer, 1895

231. 腹毛隐翅虫属 *Myllaena* Erichson, 1837

Myllaena Erichson, 1837: 382. Type species: *Aleochara dubia* Gravenhorst, 1806.

Centroglossa Matthews, 1838: 194. Type species: *Centroglossa conuroides* Matthews, 1838.

主要特征：身体近卵形或梭形，体表被短密柔毛。头部向下弯曲；下颚须 4 节，末节针状；下颚内颚叶延长，内缘具齿列；中唇舌细长；下唇须和侧唇舌退化；上颚内缘光滑。前胸背板前窄后宽，中后部最宽；前背折缘侧面观不可见；小盾片小，被前胸背板覆盖。鞘翅横宽，后缘两侧内凹明显。跗式 4-4-5 式。腹部向后显著变窄，具粗大刚毛。阳茎中叶较窄，基囊适当膨大，内囊具刚毛。受精囊端部有不同程度的凹陷；基部长短不一，紧密缠绕。

分布：古北区、东洋区、新北区、澳洲区。世界已知 265 种，中国记录 37 种，浙江分布 6 种。

分种检索表

1. 体长大于 3 mm……………………………………………………………………………**萨氏腹毛隐翅虫 *M. salamannai***
- 体长小于 3 mm……………………………………………………………………………………………………2
2. 体长小于 2 mm……………………………………………………………………………**大胸腹毛隐翅虫 *M. chinoculata***

- 体长大于 2.2 mm……3
3. 体长大于 2.6 mm……4
- 体长小于 2.5 mm……5
4. 腹部两侧无长刚毛；受精囊基部短，非卷曲……**华鞭腹毛隐翅虫 *M. sinoflagellifera***
- 腹部两侧具长刚毛；受精囊基部伸长，卷曲……**曲茎腹毛隐翅虫 *M. tianmushanensis***
5. 阳茎向腹面强烈弯曲，内囊中央具延长的条形骨片……**天目腹毛隐翅虫 *M. tianmumontis***
- 阳茎向腹面稍弯曲，内囊中央不具长条形骨片……**龙目腹毛隐翅虫 *M. lombokensis***

（525）大胸腹毛隐翅虫 *Myllaena chinoculata* Pace, 1998（图 4-III-205）

Myllaena chinoculata Pace, 1998b: 158.

主要特征：体长约 1.9 mm。体红黄色，略具光泽；腹部红色，端部红黄色；触角和足黄色；体表密被柔毛。本种属于砖纹腹毛隐翅虫 *M. lateritia* Kraatz, 1859 种组，可根据复眼较发达、前胸背板较宽、鞘翅和前胸背板等长，以及受精囊端囊狭长与其他种类区分。

分布：浙江。

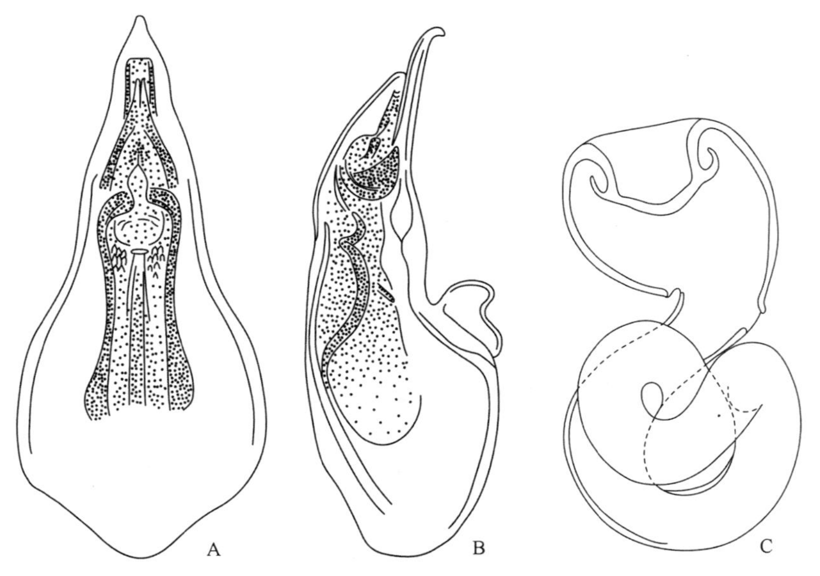

图 4-III-205　大胸腹毛隐翅虫 *Myllaena chinoculata* Pace, 1998（仿自 Pace，1998b）

A. 阳茎腹面观；B. 阳茎侧面观；C. 受精囊

（526）龙目腹毛隐翅虫 *Myllaena lombokensis* Pace, 1987（图 4-III-206）

Myllaena lombokensis Pace, 1987b: 166.

主要特征：体长约 2.3 mm。体色棕黄色，无光泽；腹部第 4 节棕色；触角第 1 节棕黄色，其余各节黄色；体表密被短柔毛。头部横宽；触角细长，各节长均大于宽。前胸背板宽是长的 1.48 倍。鞘翅宽是长的 1.54 倍。腹部向后逐渐变窄。本种与喜马拉雅腹毛隐翅虫 *M. himalayica* Cameron, 1939 相似，但本种前胸背板较大；触角较长；阳茎中叶弯曲程度较高，端部不尖锐。

分布：浙江、北京；印度尼西亚。

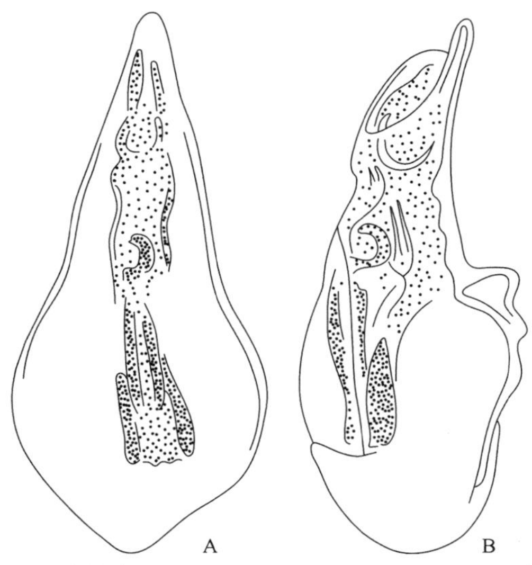

图 4-III-206　龙目腹毛隐翅虫 *Myllaena lombokensis* Pace, 1987（仿自 Pace，1987b）
A. 阳茎腹面观；B. 阳茎侧面观

（527）萨氏腹毛隐翅虫 *Myllaena salamannai* Pace, 1998（图 4-III-207）

Myllaena salamannai Pace, 1998b: 160.

主要特征：体长约 3.5 mm。体黑褐色，略具光泽；前胸背板红棕色；鞘翅深红棕色；触角棕色，第 1–2 节基部微红色，第 11 节端部黄色；足红黄色；体表密被柔毛。头亚三角形，宽略大于长。前胸背板宽是长的 1.45 倍。鞘翅宽是缝缘长度的 1.38 倍。腹部向后逐渐变窄。本种的体型与精囊形状与明腹毛隐翅虫 *M. ming* Pace, 1993 相似，但本种前胸背板红棕色；受精囊端囊长，非椭圆形。

分布：浙江（临安）。

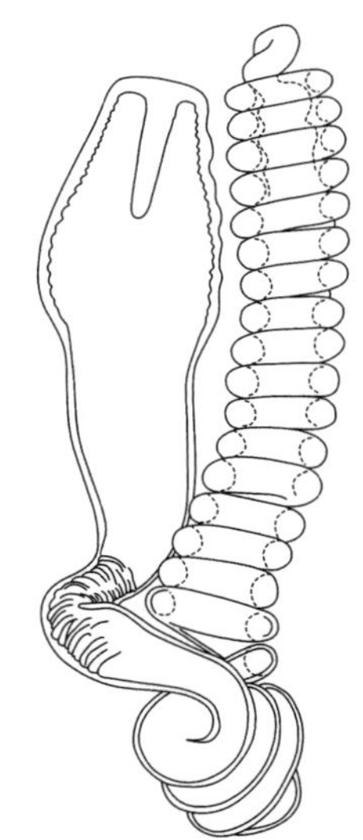

图 4-III-207　萨氏腹毛隐翅虫 *Myllaena salamannai* Pace, 1998 受精囊（仿自 Pace，1998b）

（528）华鞭腹毛隐翅虫 *Myllaena sinoflagellifera* Pace, 2017（图 4-III-208）

Myllaena sinoflagellifera Pace, 2017: 297.

主要特征：体长约 2.7 mm。体色暗淡，棕色；腹部末节和足黄红色；触角棕色，第 1–2 节和第 11 节端部黄色。复眼长于后颊；触角第 2 节长于第 1 节，第 3 节短于第 2 节，第 4–10 节横宽。体表具刻纹；头部刻点密集，前胸背板、鞘翅和腹部具稀疏粗颗粒。本种阳茎与华山腹毛隐翅虫 *M. huamontis* Pace, 2010 相似，但本种阳茎端冠腹面观窄而突出。

分布：浙江（临安）。

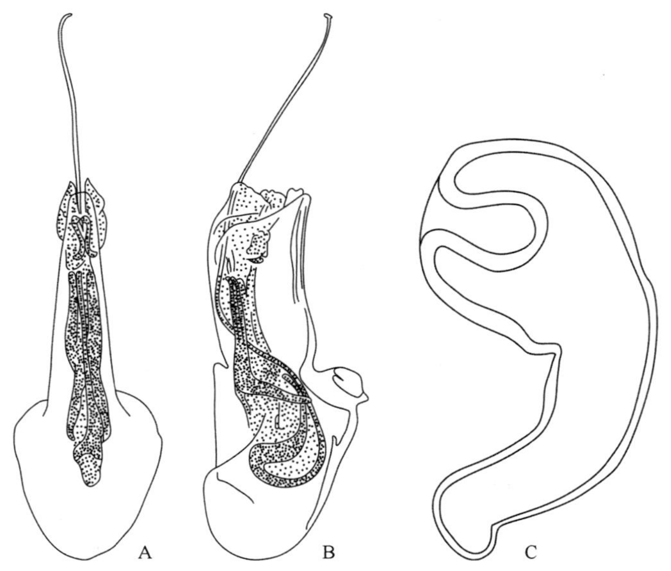

图 4-III-208 华鞭腹毛隐翅虫 *Myllaena sinoflagellifera* Pace, 2017（仿自 Pace，2016）

A. 阳茎腹面观；B. 阳茎侧面观；C. 受精囊

（529）天目腹毛隐翅虫 *Myllaena tianmumontis* Pace, 1998（图 4-III-209）

Myllaena tianmumontis Pace, 1998b: 163.

主要特征：体长约 2.4 mm。体黄褐色，具光泽；腹部末端红黄色，触角黄红色，足黄色；体表密被均匀丝状柔毛。本种阳茎形态与砖纹腹毛隐翅虫 *M. lateritia* Kraatz, 1859 相似，但本种阳茎中叶端部为尖矛状。

分布：浙江（临安）。

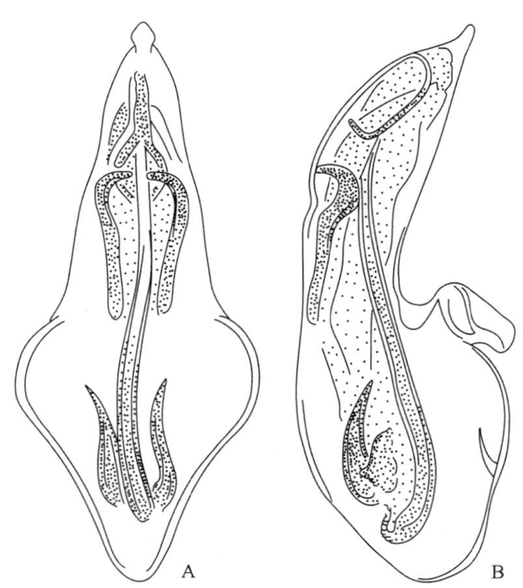

图 4-III-209 天目腹毛隐翅虫 *Myllaena tianmumontis* Pace, 1998（仿自 Pace，1998b）

A. 阳茎腹面观；B. 阳茎侧面观

（530）曲茎腹毛隐翅虫 *Myllaena tianmushanensis* Pace, 1998（图 4-III-210）

Myllaena tianmushanensis Pace, 1998b: 160.

主要特征：体长约 2.8 mm。体有弱光泽；头和腹部棕色，前胸背板和鞘翅黄棕色，触角第 1–2 节和第 11 节黄色，足红色；体密被丝质柔毛。本种阳茎和受精囊形状与云南腹毛隐翅虫 *M. yunnanensis* Pace, 1993 相似，但本种阳茎腹侧凸出不显著，阳茎顶端侧面观呈拱形。

分布：浙江（临安）。

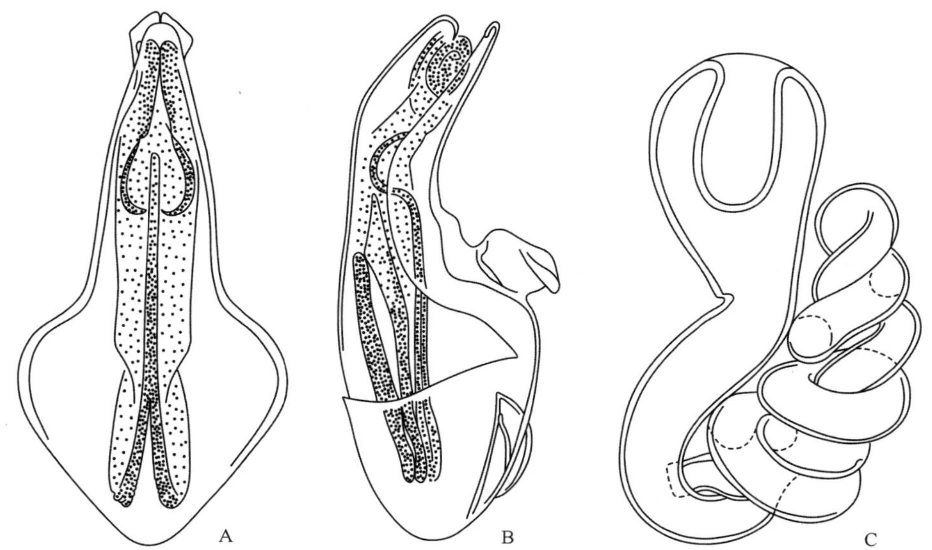

图 4-III-210　曲茎腹毛隐翅虫 *Myllaena tianmushanensis* Pace, 1998（仿自 Pace，1998b）

A. 阳茎腹面观；B. 阳茎侧面观；C. 受精囊

卷囊隐翅虫族 Oxypodini Thomson, 1859

角突隐翅虫亚族 Dinardina Mulsant *et* Rey, 1873

232. 细腰隐翅虫属 *Echidnoglossa* Wollaston, 1864

Echidnoglossa Wollaston, 1864: 530. Type species: *Echidnoglossa constricta* Wollaston, 1864.

主要特征：体长 2.8–6.2 mm，瘦长形。头部亚菱形，颈宽约为头宽的 1/3；外咽缝明显分离；触角通常细长，末节延长，约等于第 9–10 节之和；唇舌细长，端部分叉深度可达中部。前胸背板中度延长，端部显著收窄，侧缘基半部略呈波状。鞘翅长度多变；后翅发达或退化。腹部基部明显缢缩变细，最宽处位于第 5–6 节；第 3–5 或第 3–6 背板近基部具刻痕。足细长。

分布：东洋区。世界已知 22 种，中国记录 4 种，浙江分布 1 种。

（531）浙江细腰隐翅虫 *Echidnoglossa* (*Orechidna*) *zhejiangensis* (Pace, 1999)（图 4-III-211）

Blepharhymenus zhejiangensis Pace, 1999: 113.

Echidnoglossa (*Orechidna*) *zhejiangensis*: Assing, 2019: 90.

主要特征：体长约 3.5 mm。体黄褐色；腹部第 6–8 节黑褐色。头亚圆形，长约等于宽；后颊向后明显收窄；表面刻点小而密；复眼突出，短于后颊；触角长，第 11 节长约等于第 8–10 节之和。前胸背板长是宽的 1.13 倍，略窄于头部；端部较基部窄。鞘翅远宽于前胸背板；侧缘呈圆弧形。足细长，跗节第 1 节长于第 2–3 节之和。腹部基部明显收缩；第 3–6 背板基部具凹痕，第 3–5 背板刻点较大；第 6 背板几乎无刻点；其余背板刻点小而密；无网状刻纹。阳茎中叶小，侧叶端部膨大。

分布：浙江（临安）。

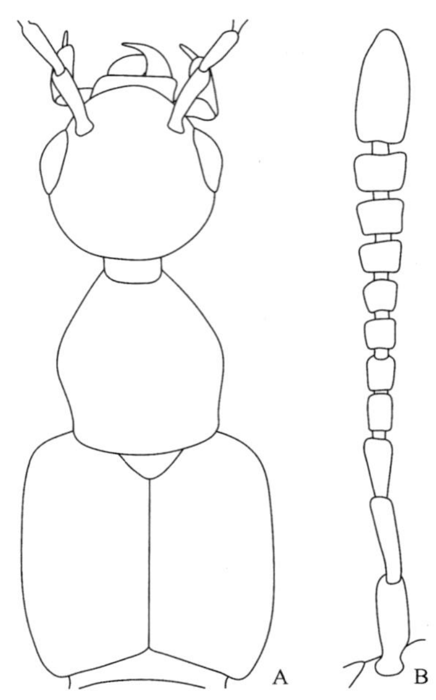

图 4-III-211　浙江细腰隐翅虫 *Echidnoglossa* (*Orechidna*) *zhejiangensis* (Pace, 1999)（仿自 Assing，2019）

A. 前体；B. 触角

233. 蜂腰隐翅虫属 *Syntomenus* Bernhauer, 1939

Syntomenus Bernhauer, 1939d: 601. Type species: *Blepharrhymenus chinensis* Bernhauer, 1939.

主要特征：体型较小，体长 3.3–3.5 mm；红色至红棕色。颈部约为头宽的 1/3；上唇略横宽，具多数长刚毛，前缘和侧缘圆弧形；唇舌细长，端部 2 分叶。前胸背板向背面隆起，密布刻点。鞘翅刻点与前胸背板相似。腹部基部无明显变窄。后足第 1 跗节短于第 2–3 节之和。

分布：东洋区。世界已知 2 种，中国记录 1 种，浙江分布 1 种。

（532）中华蜂腰隐翅虫 *Syntomenus chinensis* (Bernhauer, 1939)（图 4-III-212）

Blepharrhymenus (*Syntomenus*) *chinensis* Bernhauer, 1939d: 601.

Blepharhymenus rougemonti Pace, 1999: 113.

Syntomenus chinensis: Assing, 2019: 96.

主要特征：体长 3.3–3.5 mm。体红棕色；腹部第 6 节和第 7 节基部黑褐色。头部近圆形，长约等于宽，刻点细密，不具微网状刻纹；复眼稍凸出，短于后颊；触角第 11 节长于第 9–10 节之和。前胸背板长是宽的 1.1 倍，比头略窄；刻点明显，后半部刻点大而密。鞘翅略短于前胸背板；刻点粗大、密集。腹部基部略收缩；第 3–5 节基部具压痕。阳茎中叶端部狭长；侧叶端部膨大。足细长，跗节第 1 节略长于第 2 节，明显短于第 2–3 节之和。

分布：浙江（临安）。

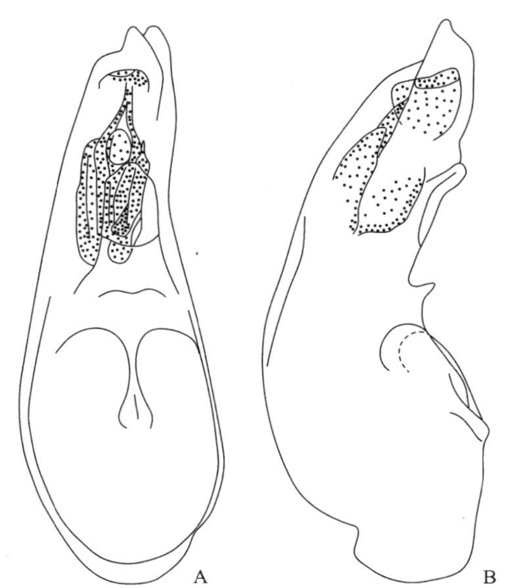

图 4-III-212　中华蜂腰隐翅虫 *Syntomenus chinensis* (Bernhauer, 1939)（仿自 Assing，2019）
A. 阳茎腹面观；B. 阳茎侧面观

卷囊隐翅虫亚族 Oxypodina Thomson, 1859

234. 毛胸隐翅虫属 *Ocalea* Erichson, 1837

Ocalea Erichson, 1837: 298. Type species: *Ocalea castanea* Erichson, 1837.

Isoglossa Casey, 1894: 304. Type species: *Isoglossa arcuata* Casey, 1894.

Rheobioma Casey, 1906: 180. Type species: *Rheobioma disjuncta* Casey, 1906.

主要特征：体形狭长，鞘翅和腹部两侧近平行。体深棕色，体表具光泽。刻点和短柔毛相对密集；前体几乎无刻纹。触角第 4–7 节伸长，第 8–10 节方形，第 11 节长约等于第 9–10 节之和；唇舌顶端微裂；下唇须和下颚须末节无伪节。前胸背板明显窄于鞘翅，中部或端部 1/3 处最宽，向端部急剧变窄。中胸腹板隆脊长约为腹板的 1/4；中胸腹突三角形，端部尖锐，延伸至中足基节长度的 1/2。雄性第 8 背板端部圆弧形；第 8 腹板后缘中央突出。阳茎基囊具椭圆形端冠，阳茎端半部向腹面略弯曲。

分布：古北区、东洋区。世界已知 66 种 2 亚种，中国记录 11 种，浙江分布 1 种。

（533）喜马毛胸隐翅虫 *Ocalea* (*Ocalea*) *himalayica* Cameron, 1939

Ocalea himalayica Cameron, 1939b: 578.

主要特征：体长 3.7–4.0 mm。体黑色，光洁；触角黑色，第 1–2 节结合处红黄色。体第 3 节长于第 2 节，第 4–7 节长大于宽，第 8–10 节横宽，第 11 节短于第 9–10 节之和。头近圆形，窄于前胸背板，后颊圆弧形；头部具网状微刻纹，不具瘤突。前胸背板横宽，两侧弧圆；具网状微刻纹；盘区刻点小而密，两侧刻点稀疏。鞘翅较前胸背板宽更长，不具网状微刻纹，刻点大而密。腹部端部较窄；刻点细而稀疏。本种与西姆拉毛胸隐翅虫 *O. simlaensis* Cameron, 1939 相似，但本种头部无瘤突，头部和前胸背板具网状微刻纹，鞘翅浅黑色，不具网状微刻纹。

分布：浙江；中亚地区，印度，尼泊尔。

235. 常基隐翅虫属 *Ocyusa* Kraatz, 1856

Ocyusa Kraatz, 1856a: 156. Type species: *Oxypoda maura* Erichson, 1837.

Deubelia Bernhauer, 1899: 15. Type species: *Deubelia diabolica* Bernhauer, 1899.

主要特征：体长 2.0–3.5 mm，体形较粗壮，两侧近平行。体深棕色至黑色；体表具明显微刻纹，刻点和短柔毛相对密集。头大；眼后脊完整；上颚宽而长，左上颚具 1 小齿，右上颚切区基部具 1 大齿；唇舌顶端微裂；下颚须第 4 节针状；上唇窄，横宽，前缘完整。前胸背板盘区刚毛沿中线指向后方和斜后方；中胸腹板前缘不具纵脊，腹突基部三角形，延伸至中足基节窝长度的 2/3；后胸腹突短，三角形。阳茎中叶基部向腹面强烈弯曲。受精囊“S”形，基囊球形，颈部短。

分布：古北区、东洋区。世界已知 23 种，中国记录 4 种，浙江分布 1 种。

（534）科氏常基隐翅虫 *Ocyusa cooteri* Pace, 1999（图 4-III-213）

Ocyusa cooteri Pace, 1999: 119.

主要特征：体长约 2.0 mm。体红棕色，头端部、鞘翅中部及腹部背板颜色较深。头部很宽，具密集小瘤突。前胸背板很宽，侧缘和后缘圆弧形；具明显网状刻纹；刻点明显。鞘翅无网状刻纹；刻点与前胸背板相似。腹部瘤突发达。本种与印度的喜马拉雅常基隐翅虫 *O. himalayica* Cameron, 1939 较相似，但本种触角第 4 节显著横宽，第 11 节长于第 9–10 节之和。

分布：浙江（临安）。

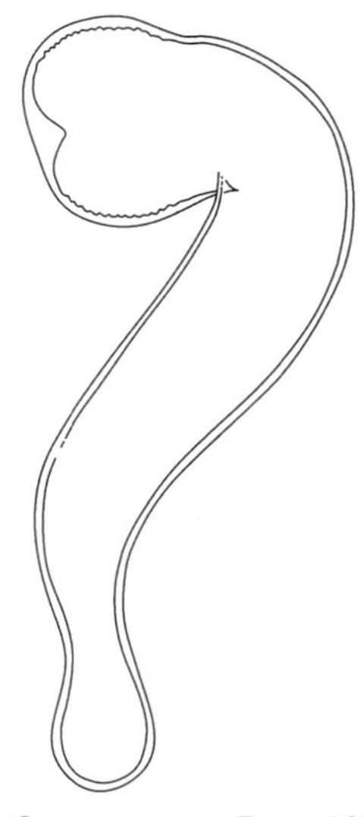

图 4-III-213 科氏常基隐翅虫 *Ocyusa cooteri* Pace, 1999 受精囊（仿自 Pace，1999）

236. 卷囊隐翅虫属 *Oxypoda* Mannerheim, 1830

Oxypoda Mannerheim, 1830: 69. Type species: *Aleochara spectabilis* Märkel, 1845.

Baptopoda Bernhauer, 1902b: 133. Type species: *Oxypoda magnicollis* Fauvel, 1878.

Ancillota Casey, 1910: 165. Type species: *Ancillota sollemnis* Casey, 1910.

Sedomoma Tottenham, 1939b: 226. Type species: *Oxypoda soror* Thomson, 1855.

主要特征：体纺锤形，两侧近平行，腹部向后略变窄；体表具短而密的细柔毛。头具眼后脊；颈部缺失；右上颚具中齿。前胸背板显著隆起；前背折缘侧面观不可见；中胸腹突窄而尖锐。跗式 5–5–5 式。阳茎侧叶端部伸长，具 4 根大刚毛；中叶端部背面观两侧平行，端部变窄；内囊结构复杂。受精囊基囊通常球形，茎长而弯曲或形成环状。

分布：古北区、东洋区、新北区。世界已知 615 种，中国记录 117 种，浙江分布 4 种。

分种检索表

1. 体长大于等于 2.8 mm ··································· 2
- 体长小于等于 2.3 mm ··································· 3
2. 体长 2.8 mm；触角棕色，基部红色 ··································· **镰形卷囊隐翅虫 *O. falcifera***
- 体长 3.8 mm；触角黑色，基部棕色 ··································· **宽角卷囊隐翅虫 *O. subneglecta***
3. 体长 2.3 mm；头部具网状刻纹 ··································· **小龙门卷囊隐翅虫 *O. jiensis***
- 体长 2.0 mm；头部无网状刻纹 ··································· **丽色卷囊隐翅虫 *O. pulchricolor***

（535）镰形卷囊隐翅虫 *Oxypoda* (*Bessopora*) *falcifera* Pace, 1999（图 4-III-214）

Oxypoda falcifera Pace, 1999: 142.

主要特征：体长约 2.8 mm。体有光泽；头部深棕色；前胸背板棕色；鞘翅黄褐色，端半部除侧缘和后缘外为棕色；腹部棕色，基部 3 节红色。体表密被小瘤突，不具网状刻纹。本种与印度的白毛卷囊隐翅虫 *O. subsericea* Cameron, 1939 相似，但本种阳茎内囊更长且粗壮。

分布：浙江（杭州）。

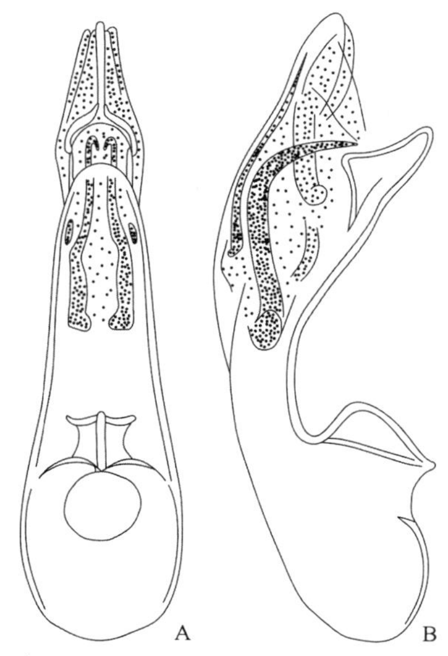

图 4-III-214 镰形卷囊隐翅虫 *Oxypoda* (*Bessopora*) *falcifera* Pace, 1999（仿自 Pace，1999）

A. 阳茎腹面观；B. 阳茎侧面观

（536）小龙门卷囊隐翅虫 *Oxypoda* (*Bessopora*) *jiensis* Pace, 1999（图 4-III-215）

Oxypoda jiensis Pace, 1999: 144.

主要特征：体长约 2.3 mm。体表棕色有光泽；腹部红黄色；鞘翅黄棕色；触角红棕色，基部 2 节红黄色。头部具网状刻纹，具浅瘤突。前胸背板和鞘翅瘤突明显。本种与印度的克什米尔卷囊隐翅虫 *O. kashmirica* Cameron, 1939 相似，但本种受精囊顶端向内凹陷，鞘翅等长于前胸背板。

分布：浙江（临安）、北京、云南。

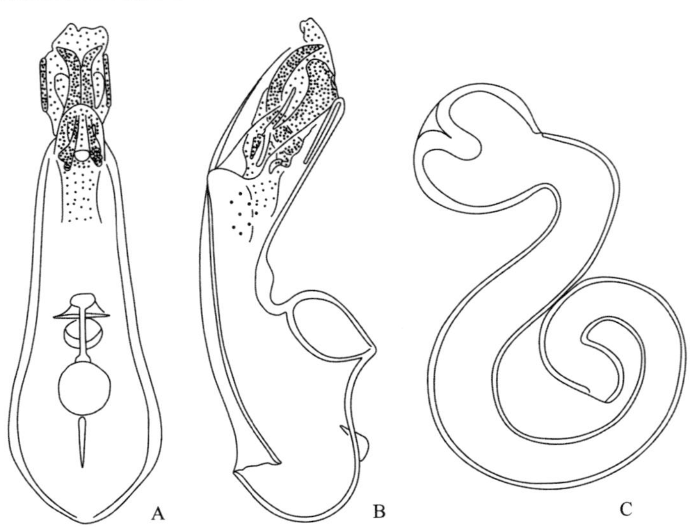

图 4-III-215　小龙门卷囊隐翅虫 *Oxypoda* (*Bessopora*) *jiensis* Pace, 1999（仿自 Pace，1999）

A. 阳茎腹面观；B. 阳茎侧面观；C. 受精囊

（537）丽色卷囊隐翅虫 *Oxypoda* (*Bessopora*) *pulchricolor* Pace, 1999（图 4-III-216）

Oxypoda pulchricolor Pace, 1999: 148.

主要特征：体长约 2.0 mm。体表有光泽；头部黑色；前胸背板黄红色；鞘翅黄棕色，基部棕色；腹部黄红色，第 3–5 背板基部黑棕色。头部、前胸背板和鞘翅不具网状刻纹。头部和鞘翅表面瘤突较弱，前胸背板瘤突明显。本种与印度的速卷囊隐翅虫 *O. proxima* Cameron, 1939 相似，但本种受精囊基囊不对称，顶端尖锐，腹部向后收窄程度较小。

分布：浙江（临安）。

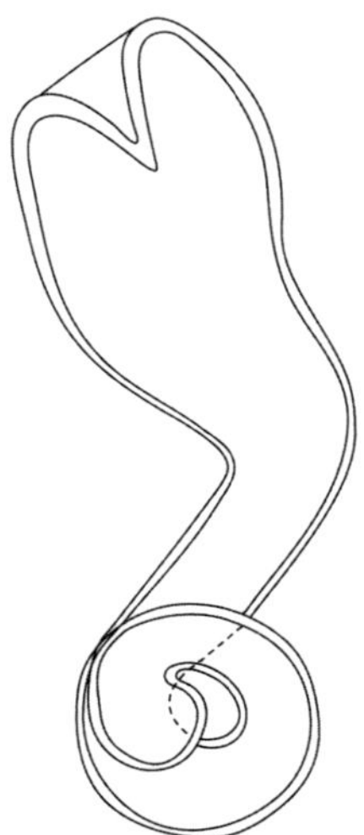

图 4-III-216　丽色卷囊隐翅虫 *Oxypoda* (*Bessopora*) *pulchricolor* Pace, 1999 受精囊（仿自 Pace，1999）

（538）宽角卷囊隐翅虫 *Oxypoda* (*Podoxya*) *subneglecta* Pace, 1999（图 4-III-217）

Oxypoda subneglecta Pace, 1999: 132.

主要特征：体长约 3.8 mm。体深棕色，略带光泽；触角黑色，鞘翅红棕色；腹部前 3 腹板后缘红色。体表覆盖密集短柔毛。本种与尼泊尔的斯氏卷囊隐翅虫 *O. smetanaiana* Pace, 1992 相似，但本种触角第 4 节横宽；阳茎较宽，内囊具狭长片状结构；腹部侧缘弯曲不显著。

分布：浙江（杭州）。

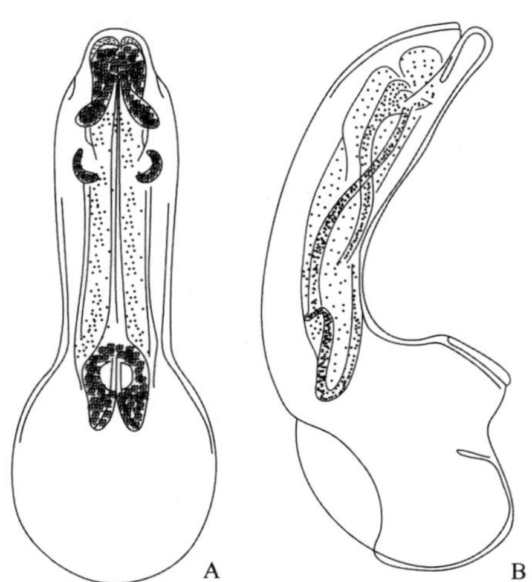

图 4-III-217 宽角卷囊隐翅虫 *Oxypoda* (*Podoxya*) *subneglecta* Pace, 1999（仿自 Pace，1999）

A. 阳茎腹面观；B. 阳茎侧面观

237. 网点隐翅虫属 *Porocallus* Sharp, 1888

Porocallus Sharp, 1888: 286. Type species: *Porocallus insignis* Sharp, 1888.

Platysmarthrusa Pace, 1999: 107. Type species: *Platysmarthrusa chinensis* Pace, 1999.

Ischyradelia Pace, 1999: 108. Type species: *Ischyradelia tianmuensis* Pace, 1999.

主要特征：下颚须 3 节，膨大成杯状；第 3 节宽，端部平截；第 4 节几乎不可见；下唇须 3 节，第 1 节粗壮，末节细小。颊不具明显边缘。中胸腹突在基节间延伸，但不伸达后胸腹突前缘。跗式 5–5–5 式；中足基节相互远离；后足跗节第 1 节长于第 2–4 节之和。

分布：古北区、东洋区。世界已知 8 种，中国记录 7 种，浙江分布 1 种。

（539）天目网点隐翅虫 *Porocallus tianmuensis* (Pace, 1999)（图 4-III-218）

Ischyradelia tianmuensis Pace, 1999: 108.

Porocallus tianmuensis: Assing, 2006: 100.

主要特征：体长约 4.7 mm。前体略带光泽，腹部光泽明显；体黑色，鞘翅棕色，触角和足红色。前体

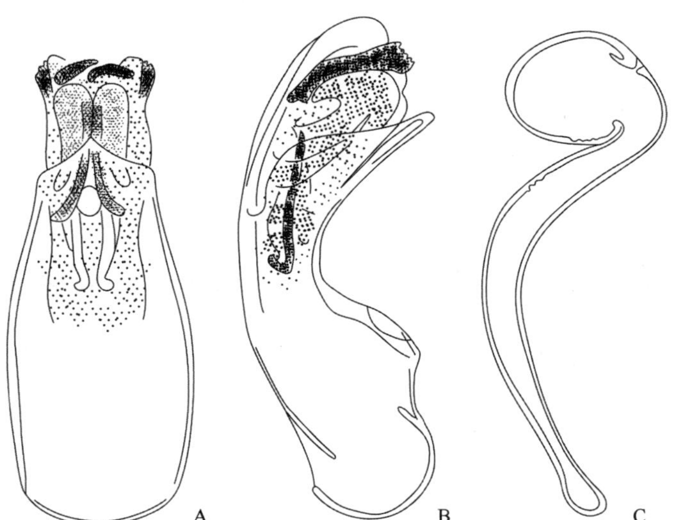

图 4-III-218 天目网点隐翅虫 *Porocallus tianmuensis* (Pace, 1999)（仿自 Pace，1999）

A. 阳茎腹面观；B. 阳茎侧面观；C. 受精囊

表面覆盖有深而连续的刻点。鞘翅后缘刻点退化，无网状刻纹。腹部刻点与鞘翅后缘相似。

分布：浙江（临安）。

238. 直囊隐翅虫属 *Smetanaetha* Pace, 1992

Smetanaetha Pace, 1992: 285. Type species: *Smetanaetha tuberculicollis* Pace, 1992.

主要特征：体纺锤形；下唇须 3 节；唇舌顶端分裂；下颚须 4 节，内颚叶最长。中胸腹突尖锐，延伸至中足基节的 1/2。跗式 5–5–5 式；第 1 跗节长约等于第 2–3 节之和。受精囊短小。本属形态与卷囊隐翅虫属 *Oxypoda* 相似，但本属唇舌狭长，受精囊形状不同。

分布：古北区、东洋区。世界已知 6 种，中国记录 5 种，浙江分布 1 种。

（540）中华直囊隐翅虫 *Smetanaetha* (*Smetanaetha*) *chinensis* Pace, 1999（图 4-III-219）

Smetanaetha chinensis Pace, 1999: 117.

主要特征：体长约 3.4 mm。体棕色，略带光泽；腹部红色；足黄红色。头部和前胸背板无网状刻纹，鞘翅网状刻纹明显。前体瘤突明显。腹部密布柔毛；前 3 节背板具纵脊。阳茎内囊粗壮，高度发达。本种根据腹部特殊的颜色和阳茎大小不难与同属其他物种区分。

分布：浙江（临安）。

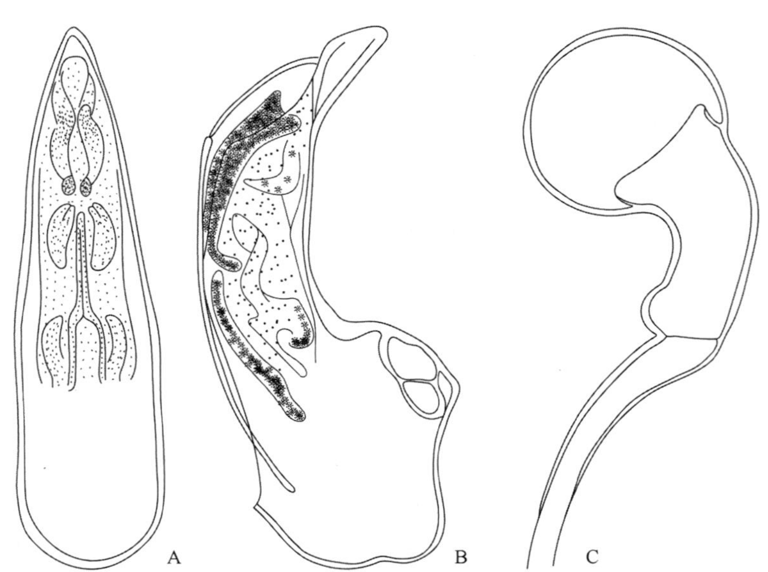

图 4-III-219 中华直囊隐翅虫 *Smetanaetha* (*Smetanaetha*) *chinensis* Pace, 1999（仿自 Pace，1999）

A. 阳茎腹面观；B. 阳茎侧面观；C. 受精囊

凹颏隐翅虫族 Pronomaeini Mulsant *et* Rey, 1873

239. 凹颏隐翅虫属 *Pronomaea* Erichson, 1837

Pronomaea Erichson, 1837: 378. Type species: *Pronomaea rostrata* Erichson, 1837.

主要特征：头部前方较窄，明显向前突出；上唇半圆形；上颚细长，右上颚具 1 小齿；下颚须长，末节锥状，长度仅为前一节的 1/5；下唇须延长，向端部逐渐变窄，分节不明显；唇舌二分叉。前胸背板背面拱起；前背折缘宽，侧面观可见；中胸腹突窄，几乎与基节等长。鞘翅后缘两侧波状。腹部前 3 背板基部各具横向凹痕。跗式 4–5–5 式。

分布：古北区、东洋区。世界已知 38 种，中国记录 3 种，浙江分布 1 种。

（541）撒氏凹颏隐翅虫 *Pronomaea thaxteri* Bernhauer, 1915

Pronomaea thaxteri Bernhauer, 1915d: 148.

主要特征：体长 2.5–2.8 mm。体红棕色，有光泽；腹部各节后缘、触角第 1–2 节，以及末节端部红黄色。头窄于前胸背板，密布小刻点；触角粗壮，第 7–10 节横宽，末节长约等于前两节之和。前胸背板宽是长的 1.25 倍，前宽后窄，侧缘圆弧形，后角不明显，后缘前方有 3 个凹窝，刻点与头部相似。鞘翅略宽于前胸背板，与前胸背板等长，密布较粗刻点。腹部两侧平行；前 3 节基部密布粗刻点，其余部位刻点小而稀。

分布：浙江、香港、云南；印度，印度尼西亚。

凹窝隐翅虫族 Pygostenini Fauvel, 1899

240. 鲎形隐翅虫属 *Doryloxenus* Wasmann, 1898

Doryloxenus Wasmann, 1898: 101. Type species: *Doryloxenus cornutus* Wasmann, 1898.

主要特征：体梭形。头部前缘向前突出，盖住口器和触角基部，并向腹面弯曲形成围腔，触角着生在腔内；亚颏前缘分成两叶；触角短，11 节，圆锥形；第 2 节不完整。前胸背板长，背面拱起。鞘翅极短，后缘呈圆弧形凹入。前足基节被中胸气门片封闭，上具气门；中胸腹板短，后胸腹板长。足短，扁平且宽大。跗式 4–4–4 式。腹部圆锥形，基部最宽。

分布：东洋区。世界已知 40 种，中国记录 6 种，浙江分布 2 种。

（542）短翅鲎形隐翅虫 *Doryloxenus aenictophilus* Song *et* Li, 2014（图 4-III-220，图版 III-97）

Doryloxenus aenictophilus Song *et* Li, 2014: 76.

主要特征：体长 1.4–1.6 mm。全体红棕色，有光泽。头部具稀疏小刻点和黄色刚毛；复眼小。前胸背板横宽，宽约为长的 1.44 倍；稀生小刻点和黄刚毛。鞘翅短，横极宽，宽约是长的 3.72 倍；刻点和刚毛与

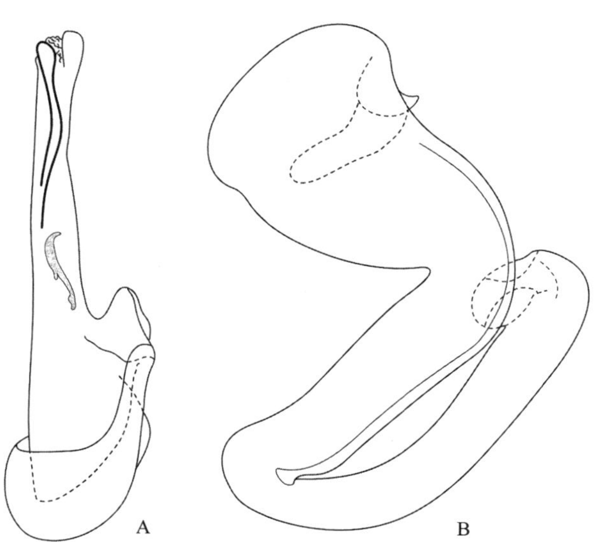

图 4-III-220　短翅鲎形隐翅虫 *Doryloxenus aenictophilus* Song *et* Li, 2014

A. 阳茎侧面观；B. 受精囊

前胸背板相似，侧缘各有 1 列刚毛。后翅退化。腹部楔形；第 2–6 背板后缘各有 1 排黄色长刚毛；第 7 背板端部平截，前端 1/3 处有 2 对大刚毛；第 8 背板顶端略平截，侧边具 1 对大刚毛。

分布：浙江（安吉）。

（543）汤氏鲎形隐翅虫 *Doryloxenus tangliangi* Song *et* Li, 2014（图 4-III-221，图版 III-98）

Doryloxenus tangliangi Song *et* Li, 2014: 78.

主要特征：体长 1.7–2.0 mm。体红黄色，有光洁；头部、鞘翅颜色较深。头部稀生小刻点和刚毛；复眼较大。前胸背板横宽，宽约是长的 1.44 倍；刻点和刚毛与头部相似。鞘翅宽约是长的 2.73 倍；背面具稀疏而长的黄刚毛，侧缘各有 1 列刚毛。腹部楔形；第 2–6 背板后缘具 1 排黄色长刚毛；第 7 背板端部平截，前端 1/3 处具 2 对、近端部具 3 对大刚毛；第 8 背板端部稍平截，侧边具 1 对、近后缘具 2 对刚毛。

分布：浙江（安吉）。

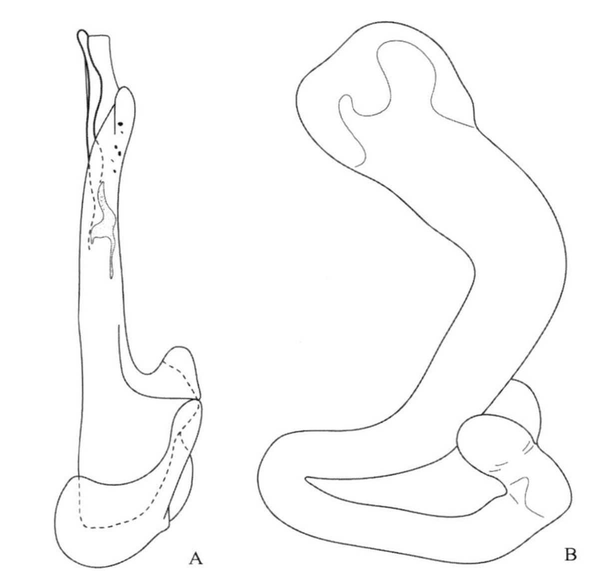

图 4-III-221　汤氏鲎形隐翅虫 *Doryloxenus tangliangi* Song *et* Li, 2014
A. 阳茎侧面观；B. 受精囊

瘦黑隐翅虫族 Tachyusini Thomson, 1859

241. 溢颈隐翅虫属 *Gnypeta* Thomson, 1858

Gnypeta Thomson, 1858: 33. Type species: *Homalota labilis* Erichson, 1839.

Gnypetoma Casey, 1906: 196. Type species: *Tachyusa baltifera* LeConte, 1863.

Euliusa Casey, 1906: 215. Type species: *Gnypeta lucens* Bernhauer, 1905.

主要特征：体长 1.5–2.5 mm。体表具小刻点和短柔毛。头部和前胸背板明显窄于鞘翅；眼下脊不完整或缺失；唇舌在基部或近基部分裂；外颚叶和内颚叶等长。前胸背板端部 1/3 处或中部最宽。鞘翅明显宽于头或前胸背板。足细长；跗式 4–5–5 式；后足第 1 跗节通常短于其后 2 节长度之和。腹部基部和鞘翅等宽或比鞘翅略窄，两侧近平行；前 3 背板基部具深凹，刻点粗糙。阳茎端半部短，基囊膨大，端冠发达，侧面观近三角形；侧叶宽，近端部和端部各具 3 根和 1 根大刚毛。

分布：古北区、东洋区、新北区。世界已知 148 种 3 亚种，中国记录 12 种，浙江分布 1 种。

（544）粗角溢颈隐翅虫 *Gnypeta modesta* Bernhauer, 1915

Gnypeta modesta Bernhauer, 1915e: 239.

主要特征：体长 1.7–2.0 mm。体棕黄色，鞘翅色较暗，体后半部黑色；足淡黄色。体表密被均匀且小的刻点和柔毛。本种与欧洲的灰黑溢颈隐翅虫 *G. carbonnria* Mannerheim, 1830 相似，但本种触角更长更粗壮，前胸背板和鞘翅较短，鞘翅稍长于前胸背板。

分布：浙江、香港、云南；印度尼西亚。

喜白蚁隐翅虫族 Termitohospitini Seevers, 1941

伴白蚁隐翅虫亚族 Hetairotermitina Seevers, 1957

242. 白蚁隐翅虫属 *Sinophilus* Kistner, 1985

Sinophilus Kistner, 1985: 94. Type species: *Sinophilus xiai* Kistner, 1985.

主要特征：体鲎形。头横宽，无颈，但具颈脊；复眼发达；触角着生在复眼之前；下颚须 5 节，第 4、5 节非常小；下唇须 4 节，第 2 节很长，第 4 节和第 3 节部分愈合。前胸背板梯形，前缘和侧缘明显具边；前胸腹板短。鞘翅无大刚毛；后胸腹板长于中胸腹板 2 倍。跗式 4–4–5 式。腹部向后逐渐变窄；第 8 背板后缘内凹。阳茎中叶强烈骨化，圆形。受精囊强烈骨化。

分布：古北区、东洋区。世界已知 3 种，中国记录 3 种，浙江分布 1 种。

（545）夏氏白蚁隐翅虫 *Sinophilus xiai* Kistner, 1985（图 4-III-222，图版 III-99）

Sinophilus xiai Kistner, 1985: 99.

主要特征：体长约 2.8 mm。体红棕色，触角和足黄褐色。头部亚三角形，表面光滑，无大刚毛。前胸背板前缘具 6 根、侧缘各具 3 根、后缘具 4 根大刚毛；盘区具 2 根斜伸刚毛，其内侧具 1 根大刚毛。鞘翅

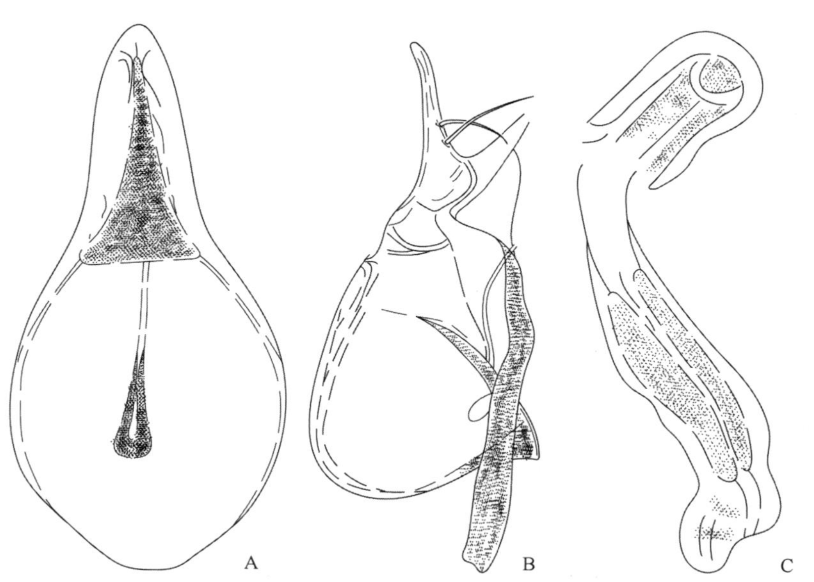

图 4-III-222　夏氏白蚁隐翅虫 *Sinophilus xiai* Kistner, 1985（仿自 Kistner，1985）

A. 阳茎腹面观；B. 阳茎侧面观；C. 受精囊

背面密布柔毛，前 1/3 处具 3 根成排大刚毛。腹部各背板后缘均有 1 列深色刚毛，并散布有许多浅色刚毛。阳茎中叶钝圆。

分布：浙江、广东、贵州。

（六）出尾蕈甲亚科 Scaphidiinae

主要特征：体小型至中型，卵圆形，背面隆起，有光泽。头小，向下弯曲，部分隐藏在前胸下，无颈；触角着生在复眼前缘连线之后（复眼之间）。鞘翅长，覆盖大部分腹节，最多只有 1–2 节外露。腹部向末端逐渐窄，可见腹板 6 节，侧背板缺或 1–2 对。足细长，跗式 5–5–5 式。

生物学：常聚集在各类蘑菇上，菌食性。

分布：世界广布。世界已知 47 属 1862 种（亚种），中国记录 14 属 235 种 3 亚种，浙江分布 5 属 17 种。

分属检索表

1. 触角非细丝状，端部 5 节对称；小盾片明显可见；体长大于 3 mm ………………………… 出尾蕈甲属 *Scaphidium*
- 触角细丝状，端部 5 节不对称；小盾片几乎不可见；体长 1–2.5 mm ………………………………………2
2. 前足腿节无栉刺列 ……………………………………………… 短足出尾蕈甲属 *Pseudobironium*
- 前足腿节具栉刺列 ………………………………………………………………………………………3
3. 触角第 3 节常短于第 4 节，呈不对称三角形；第 1 腹板有后足亚基节窝线 ……………… 细角出尾蕈甲属 *Scaphisoma*
- 触角第 3 节等长于第 4 节，对称，非三角形；第 1 腹板无后足亚基节窝线 ……………………………………4
4. 下颚须第 4 节小，针状；上颚端部仅具 1 个齿 ……………………………………… 针须出尾蕈甲属 *Baeocera*
- 下颚须第 4 节大基半部粗壮，端部变细；上颚端部有 2 个齿 …………………………… 锥须出尾蕈甲属 *Kasibaeocera*

出尾蕈甲族 Scaphidiini Latreille, 1806

243. 出尾蕈甲属 *Scaphidium* Olivier, 1790

Scaphidium Olivier, 1790: (No. 20): 1. Type species: *Scaphidium quadrimaculatum* Olivier, 1790.

Ascaphidium Pic, 1915a: 24. Type species: *Ascaphidium sikorai* Pic, 1915.

Cribroscaphium Pic, 1920b: 93. Type species: *Scaphidium irregulare* Pic, 1920.

Falsoascaphidium Pic, 1923: 16. Type species: *Scaphidium subdepressum* Pic, 1921.

Parascaphium Achard, 1923: 97. Type species: *Scaphium obtabile* Lewis, 1893.

主要特征：体大型。触角末 5 节明显膨大，较为对称。头部缩入前胸，复眼内缘凹入。中胸龙骨基部 2 裂；小盾片较大，明显可见。前足基节窝端部闭合。雄性后胸腹板中部具浓密毛饰。该属种类行动较敏捷。

分布：古北区、东洋区。世界已知 347 种 28 亚种，中国记录 58 种 2 亚种，浙江分布 13 种。

分种检索表

1. 体黑色无斑纹，但有时具金属光泽 ……………………………………………………………………2
- 体色多变，前胸背板和/或鞘翅具斑纹或完全红棕色 ……………………………………………………4
2. 体长 7.3–9.7 mm；中、后足腿节中部红色 ……………………………………… 巨出尾蕈甲 *S. grande*
- 体长 3.5–4.9 mm；中、后足腿节黑色（偶尔前、中、后足腿节整节红色） ………………………………3
3. 体无金属光泽；雄性后胸腹板具长毛 ……………………………………………… 群居出尾蕈甲 *S. comes*
- 体具金属蓝光泽；雄性后胸腹板无长毛 …………………………………………… 金明出尾蕈甲 *S. jinmingi*
4. 鞘翅红棕色无斑纹；前胸背板具黑斑，但多有变化 …………………………… 变斑出尾蕈甲 *S. varifasciatum*

- 鞘翅具斑纹；前胸背板具或不具斑纹……5
5. 前胸背板红黄色，具 1 对黑斑或至少基部黑色……6
- 前胸背板黑色，无斑纹……9
6. 鞘翅无肩部黑斑……绍氏出尾蕈甲 *S. sauteri*
- 鞘翅各具 1 肩部黑斑……7
7. 鞘翅基部近小盾片处各具 1 个内侧黑斑……毕氏出尾蕈甲 *S. biwenxuani*
- 鞘翅基部无内侧黑斑……8
8. 前胸背板红黄色，但基部黑色，中域通常具 1 对黑斑……中华出尾蕈甲 *S. sinense*
- 前胸背板整个红黄色，中域具 1 对黑斑……隐秘出尾蕈甲 *S. crypticum*
9. 体长为 4.8–5.8 mm；前胸背板刻点较小而稀疏……德拉塔出尾蕈甲 *S. delatouchei*
- 体长大于 5.4 mm（通常大于 6 mm）；前胸背板刻点粗大而密集……10
10. 鞘翅具亚基部斑纹，内部无封闭黑点……11
- 鞘翅基部斑纹内具有 1–2 个完全封闭的黑点……12
11. 鞘翅亚端部斑纹横宽、具齿突……吴氏出尾蕈甲 *S. wuyongxiangi*
- 鞘翅亚端部斑纹椭圆形、无齿突……连斑出尾蕈甲 *S. connexum*
12. 鞘翅基部斑纹内具有 1 封闭的黑点……点斑出尾蕈甲 *S. stigmatinotum*
- 鞘翅基部斑纹内具有 2 个封闭的黑点……柯拉普出尾蕈甲 *S. klapperichi*

（546）毕氏出尾蕈甲 *Scaphidium biwenxuani* He, Tang *et* Li, 2008（图 4-III-223，图版 III-100）

Scaphidium biwenxuani He, Tang *et* Li, 2008b: 178.

主要特征：体长 4.6–5.7 mm。体红褐色；前胸背板具 2 个纵向黑斑；前胸腹板、中胸腹板、后胸腹板黑色；鞘翅各具 1 个肩部黑斑、1 个近小盾片黑斑、1 个中部“∞”形黑斑和 1 个鞘翅端部黑色横斑；第 1 腹板基部至端部由黑色至深红褐色逐渐过渡；触角末节端 1/3 浅色。前体刻点小而稀疏；鞘翅具 3 列纵刻点列；雄性后胸腹板中部凹入具长毛；前足腿节腹侧中部膨大，突出成脊；前足胫节均匀细长。阳茎内囊具复杂的骨质化结构：1 个“X”形骨片、2 个大且呈逗号状骨质化结构、1 个横向的膜状结构和 3 对棒状结构。

分布：浙江（安吉、临安、庆元）、安徽、湖北、江西、湖南、广西、四川、贵州、云南。

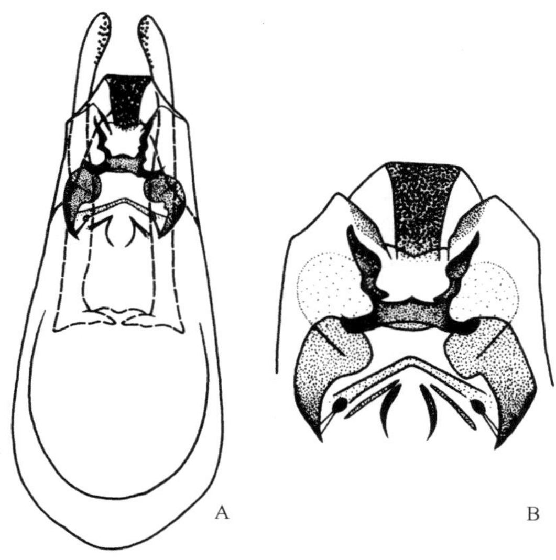

图 4-III-223　毕氏出尾蕈甲 *Scaphidium biwenxuani* He, Tang *et* Li, 2008
A. 阳茎腹面观；B. 阳茎内囊

（547）群居出尾蕈甲 *Scaphidium comes* Löbl, 1968（图 4-III-224，图版 III-101）

Scaphidium comes Löbl, 1968: 388.

主要特征：体长 3.5–4.4 mm。体黑色，触角基半部和跗节棕色。前体具适度密而大的刻点。雄性后胸腹板中部凹入，具长毛；前足腿节弯曲，腹面平坦；前足胫节腹面自基部 1/5 起轻微膨大，在接近端部处形成小瘤突。阳茎内囊具 1 个“X”形骨片。本种与金明出尾蕈甲 *S. jinmingi* Tang, Li *et* He, 2014 在外形上较相似，但可通过体表无金属蓝光泽，雄性后胸腹板具长毛与之区分。

分布：浙江（临安）、湖北、湖南、海南、广西；朝鲜。

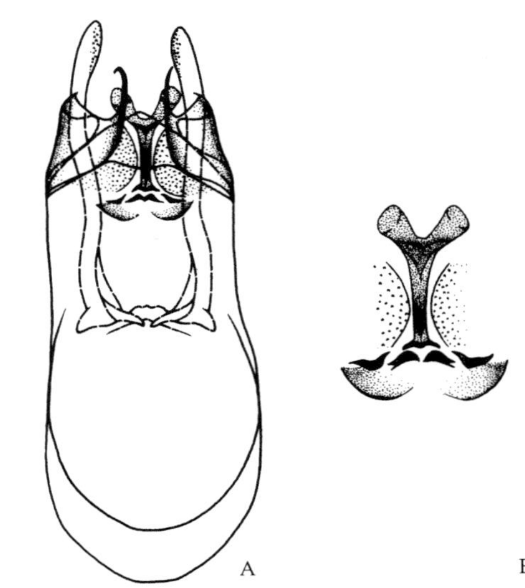

图 4-III-224　群居出尾蕈甲 *Scaphidium comes* Löbl, 1968
A. 阳茎腹面观；B. 阳茎内囊

（548）连斑出尾蕈甲 *Scaphidium connexum* Tang, Li *et* He, 2014（图 4-III-225，图版 III-102）

Scaphidium connexum Tang, Li *et* He, 2014: 78.

主要特征：体长 5.4–7.1 mm。体暗棕色，触角第 1–6 节和跗节黄褐色；鞘翅各具 2 个黄色斑纹：亚基

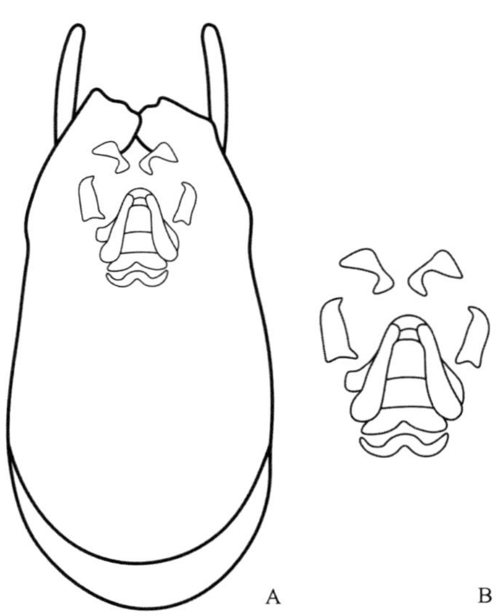

图 4-III-225　连斑出尾蕈甲 *Scaphidium connexum* Tang, Li *et* He, 2014
A. 阳茎腹面观；B. 阳茎内囊

部斑纹哑铃状，亚端部斑纹椭圆形。前体具较粗大刻点。雄性后胸腹板中部具长毛；前足腿节腹面自基部1/5–3/5 处呈圆弧形突出，形成 2 条脊；前足胫节自基部 1/3 处起向端部逐渐变宽，最宽处位于基部 4/5 处，无明显的突起，之后稍向端部变窄。阳茎中叶具骨质化内囊，内囊由端部和基部两组骨片组成。

分布：浙江（开化）、福建、广西。

（549）隐秘出尾蕈甲 *Scaphidium crypticum* Tang, Li *et* He, 2014（图 4-III-226，图版 III-103）

Scaphidium crypticum Tang, Li *et* He, 2014: 56.

主要特征：体长 4.4–5.1 mm。体红黄色，头顶中间常具 1 个三角形的黑斑；触角末节基 2/3 部颜色稍浅，端 1/3 部明显浅色；前胸背板具 2 个近椭圆形黑斑；前背缘折内缘，以及前胸、中胸和后胸腹板黑色；鞘翅肩部各具 1 个小黑斑、中部各具 1 个大黑斑，缝缘黑带；第 3 腹板中部完全黑色；腿节背面黑色。两鞘翅各具 3 列纵刻点列。雄性后胸腹板中部凹入具长毛，前足胫节较直，腹面具小瘤突。阳茎中叶内具骨片，端部 1 对呈小棒状、中部骨片为“X”形，基部 1 对为小棒状。本种与毕氏出尾蕈甲 *S. biwenxuani* He, Tang *et* Li, 2008 在斑纹上比较相似，但可以通过本种鞘翅无内基部黑斑，以及头顶后部无黑斑与之区分。

分布：浙江（庆元、龙泉）、江西、福建、广西。

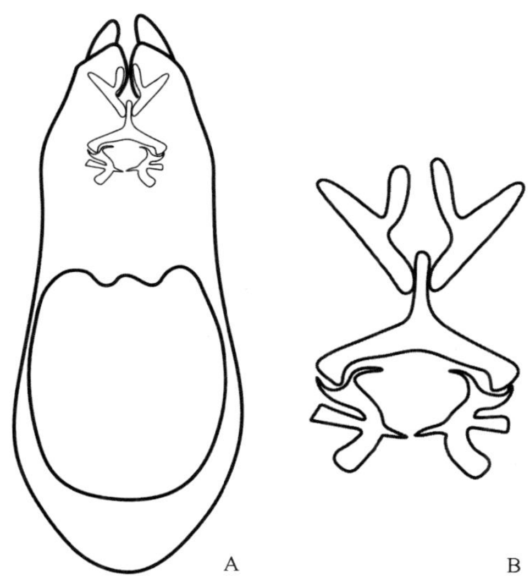

图 4-III-226 隐秘出尾蕈甲 *Scaphidium crypticum* Tang, Li *et* He, 2014

A. 阳茎腹面观；B. 阳茎内囊

（550）德拉塔出尾蕈甲 *Scaphidium delatouchei* Achard, 1920（图 4-III-227，图版 III-104）

Scaphidium delatouchei Achard, 1920b: 210.

主要特征：体长 4.8–5.8 mm。体黑色，鞘翅具黄色的哑铃形基部纹饰和肾形亚端部纹饰，偶尔亚端部纹饰极短位于外侧。前体刻点疏而相对小。鞘翅各具 4 列刻点。雄性后胸腹板中部凹入具长毛；前足腿节腹面具 2 条隆脊；前足胫节较直，向端部稍变宽，腹面外侧具不明显隆脊。阳茎内囊具 1 对端部小棒、“X”形的中部骨片，以及 1 对基部小棒。本种的鞘翅纹饰与中华出尾蕈甲 *S. sinense* Pic, 1954 相似，但可通过其他部位黑色与之区分。

分布：浙江（安吉、临安）、安徽、湖北、湖南、广东、广西、四川、云南。

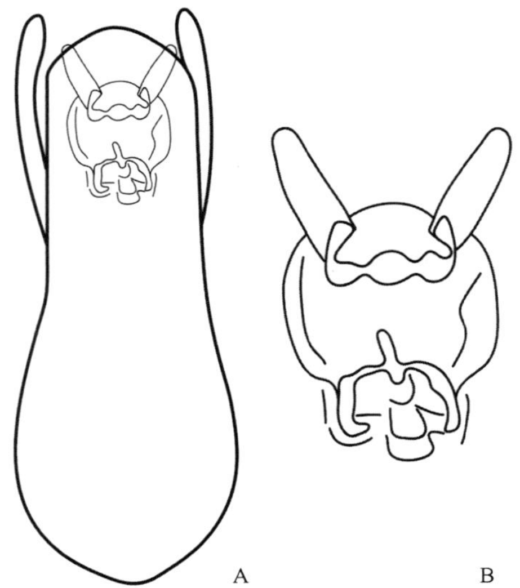

图 4-III-227　德拉塔出尾蕈甲 *Scaphidium delatouchei* Achard, 1920
A. 阳茎腹面观；B. 阳茎内囊

（551）巨出尾蕈甲 *Scaphidium grande* Gestro, 1879（图 4-III-228，图版 III-105）

Scaphidium grande Gestro, 1879: 50.

Scaphidium grande var. *subannulatum* Pic, 1915b: 3.

Scaphidiolum melanopus Achard, 1924b: 91.

主要特征：体长 7.3–9.7 mm。体黑色、光亮，中、后足腿节中部红色。前体密布较粗大的刻点。雄性后胸腹板中部凹入具长毛；前足腿节腹侧具 3 列瘤突状凸起；前足胫节微弯曲，腹面具瘤突，近端部腹面具 1 小齿突。阳茎内囊基部骨片 2 对，中部骨片近梯形，端部具 1 对斜向骨片。本种与余之舟出尾蕈甲 *S. yuzhizhoui* Tang, Tu *et* Li, 2016 相似，须通过雄性特征加以区分。

分布：浙江（开化）、湖南、福建、台湾、广东、海南、广西、重庆、四川、贵州、云南；印度，尼泊尔，缅甸，越南，老挝，泰国，马来西亚，印度尼西亚。

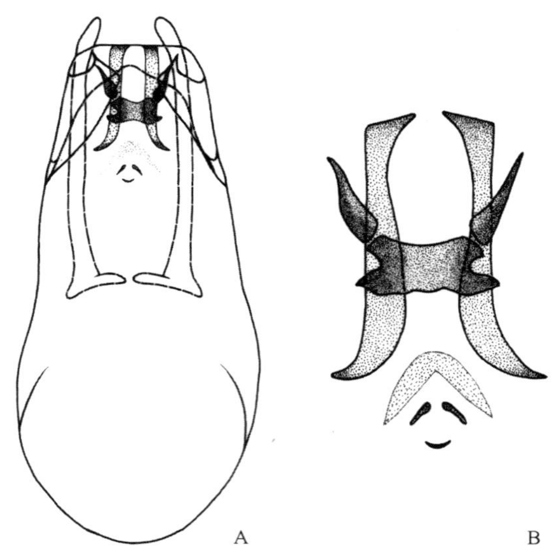

图 4-III-228　巨出尾蕈甲 *Scaphidium grande* Gestro, 1879
A. 阳茎腹面观；B. 阳茎内囊

（552）金明出尾蕈甲 *Scaphidium jinmingi* Tang, Li *et* He, 2014（图 4-III-229，图版 III-106）

Scaphidium jinmingi Tang, Li *et* He, 2014: 49.

主要特征：体长 4.1–4.9 mm；有金属蓝紫色。前体具适度密而大的刻点。雄性后胸腹板无长毛；前足腿节弯曲，腹面平坦；前足胫节腹面自基部向端部缓缓加粗，在端 1/4 处最粗，形成不明显的小突。阳茎内囊具 1 对端部骨片和 1 个亚梯形骨片。本种与群居出尾蕈甲 *S. comes* Löbl, 1968 在外形上较相似，但可通过后者体表无金属蓝光泽，雄性后胸腹板具长毛进行区分。

分布：浙江（安吉、临安）、安徽、重庆。

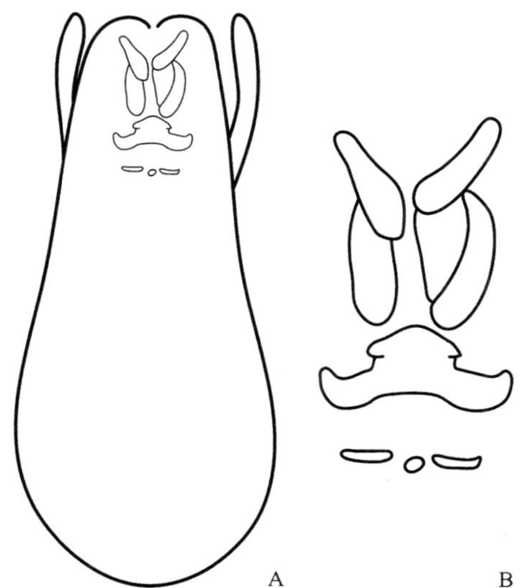

图 4-III-229　金明出尾蕈甲 *Scaphidium jinmingi* Tang, Li *et* He, 2014
A. 阳茎腹面观；B. 阳茎内囊

（553）柯拉普出尾蕈甲 *Scaphidium klapperichi* Pic, 1954（图 4-III-230，图版 III-107）

Scaphidium klapperichi Pic, 1954: 57.

主要特征：体长 6.8–8.6 mm。体黑色；鞘翅具大的红色基部纹饰和较小亚端部纹饰；基部纹饰占鞘翅

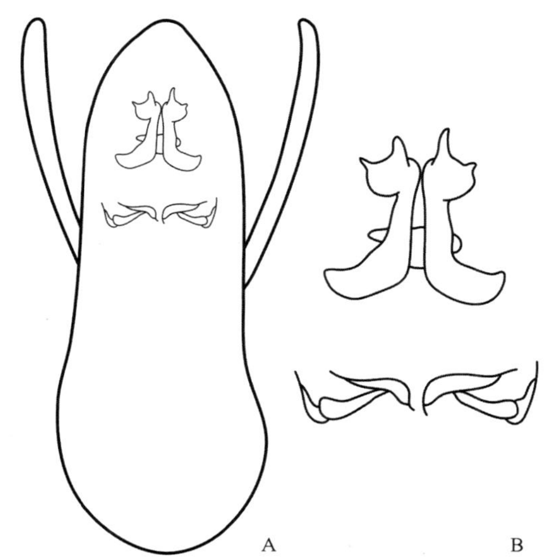

图 4-III-230　柯拉普出尾蕈甲 *Scaphidium klapperichi* Pic, 1954
A. 阳茎腹面观；B. 阳茎内囊

3/8，由鞘翅侧缘延伸至缝缘，后缘有轻微的二齿状突出；亚端部纹饰较窄，由边缘延伸至鞘翅内 1/3 区域。前体密布粗大刻点。雄性后胸腹板中部具长毛；前足腿节腹面自基部 1/5–4/5 处圆弧形突出，形成 2 条脊；前足胫节自基部 1/3 处起向端部逐渐变宽，最宽处位于基部 3/4 处并明显突起，之后向端部变窄。阳茎中叶具端部和基部两组骨片。本种与巴义彬出尾蕈甲 *S. bayibini* Tang, Li *et* He, 2014 极近似，但可通过鞘翅基部纹饰内的内侧黑点与鞘翅基部刻点列接触加以区分。

分布：浙江（安吉、临安、庆元）、安徽、福建。

（554）绍氏出尾蕈甲 *Scaphidium sauteri* Miwa *et* Mitono, 1943（图 4-III-231，图版 III-108）

Scaphidium sauteri Miwa *et* Mitono, 1943: 529.

主要特征：体长 3.4–4.3 mm。体红棕色，头顶后部具三角形小黑斑；触角末节端 1/3 部黄色；前胸背板中域具 2 个黑色斑纹；鞘翅中域各具 1 个近圆形黑斑，黑斑接近侧缘；鞘翅后缘具宽而完整的黑色横纹；腹部第 7 背板中域大部黑色；第 7 腹板中域有时黑色。前体刻点相对疏而小，鞘翅各具 4 列刻点。雄性后胸腹板中部压入具长毛；前足腿节腹面基部 3/5 处具 1 个小齿突；前足胫节自基部 1/3 处其向端部逐渐变宽，形成 1 条脊，脊腹面具瘤突，但最宽处无明显的突起，并在之后稍向端部变窄。阳茎内囊由端部“X”形骨片和基部 2 对骨片组成。

分布：浙江（开化）、安徽、江西、福建、台湾、广东、广西。

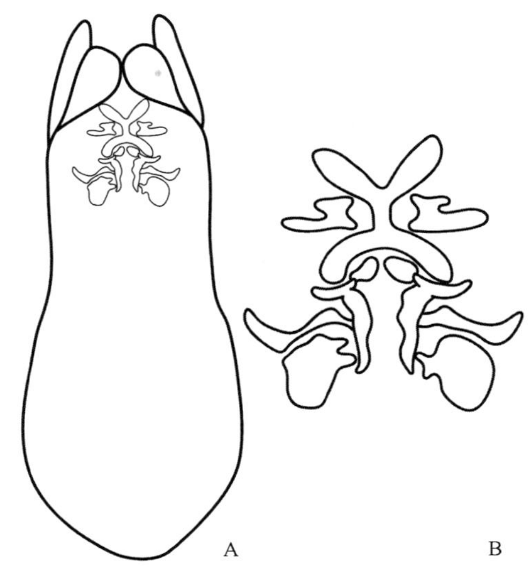

图 4-III-231　绍氏出尾蕈甲 *Scaphidium sauteri* Miwa *et* Mitono, 1943

A. 阳茎腹面观；B. 阳茎内囊

（555）中华出尾蕈甲 *Scaphidium sinense* Pic, 1954（图 4-III-232，图版 III-109）

Scaphidium sinense Pic, 1954: 57.

主要特征：体长 3.8–4.5 mm。体红褐色；头部基部黑色、触角末 5 节、腿节和胫节黑色；前胸背板中部前方具 2 个圆形小黑斑，基部具黑色条带；鞘翅肩部、中后部及后缘黑色；中胸前侧片和后胸腹板黑色；腹部第 3 腹板中域黑色。前体刻点稀疏细小，鞘翅中域具 3 列刻点。雄性后胸腹板中部凹入，具长毛。阳茎内囊具 1 对基部窄棒状弱骨片，1 个中部窄“X”形骨片。本种与隐秘出尾蕈甲 *S. crypticum* Tang, Li *et* He, 2014 较为相似，但可通过鞘翅前后纹饰远分离不连接进行区分。

分布：浙江（临安、开化、庆元）、江西、湖南、福建、广西。

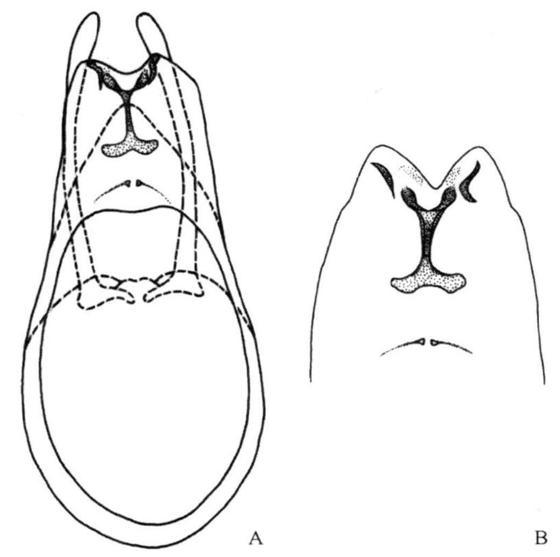

图 4-III-232 中华出尾蕈甲 *Scaphidium sinense* Pic, 1954
A. 阳茎腹面观；B. 阳茎内囊

（556）点斑出尾蕈甲 *Scaphidium stigmatinotum* Löbl, 1999（图 4-III-233，图版 III-110）

Scaphidium stigmatinotum Löbl, 1999: 719.

主要特征：体长 6.0–8.2 mm。体黑色；鞘翅肩部和亚端部各具 1 个黄褐色斑纹，肩部斑纹后缘具 3 齿，亚端部斑纹前缘具 3 齿。前体刻点极为粗密。雄性后胸腹板中部凹入具长毛；前足腿节膨大，最宽处约为基部 2/5 处，腹面具隆脊；前足胫节端部 1/5 处最宽，略呈钝角突出。阳茎内囊包括基部骨片群、中部梯形骨片，以及端部镰刀状骨片。本种鞘翅纹饰与柯拉普出尾蕈甲 *S. klapperichi* Pic, 1954 较相似，但本种肩部斑纹内仅具 1 个黑点。

分布：浙江（临安、诸暨、仙居、开化）、陕西、江苏、安徽、湖南、福建、广东、广西、云南。

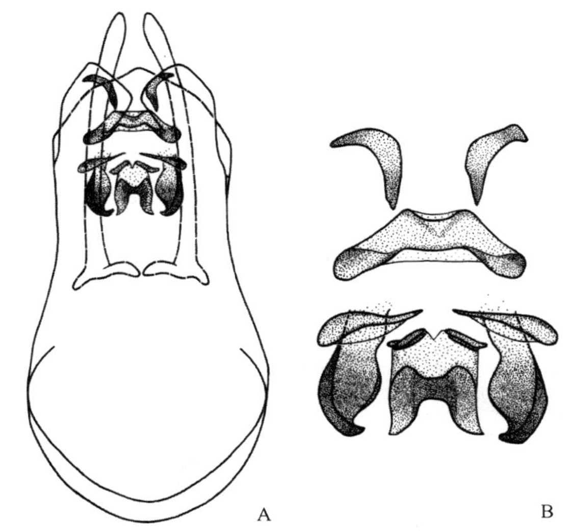

图 4-III-233 点斑出尾蕈甲 *Scaphidium stigmatinotum* Löbl, 1999
A. 阳茎腹面观；B. 阳茎内囊

（557）变斑出尾蕈甲 *Scaphidium varifasciatum* Tang, Li *et* He, 2014（图 4-III-234，图版 III-111）

Scaphidium varifasciatum Tang, Li *et* He, 2014: 58.

主要特征：体长 3.7–4.6 mm。体暗红色，触角端锤、腿节与胫节黑色；前胸背板斑纹多变；前背缘折内半部，以及前胸、中胸和后胸腹板、第 3 腹板中部黑色。前体刻点相对稀疏而小，鞘翅各具 3 列刻点，偶尔在第 1 刻点列和缝缘刻点列之间具 1 列额外的刻点列。雄性后胸腹板中部凹入具长毛；前足胫节较直，腹面具小瘤突；阳茎内囊有 2 根端部小棒、“X”形中部骨片及 1 对基部小棒。本种体色和斑纹特殊，易与国内其他种类区分。

分布：浙江（安吉、临安）、安徽。

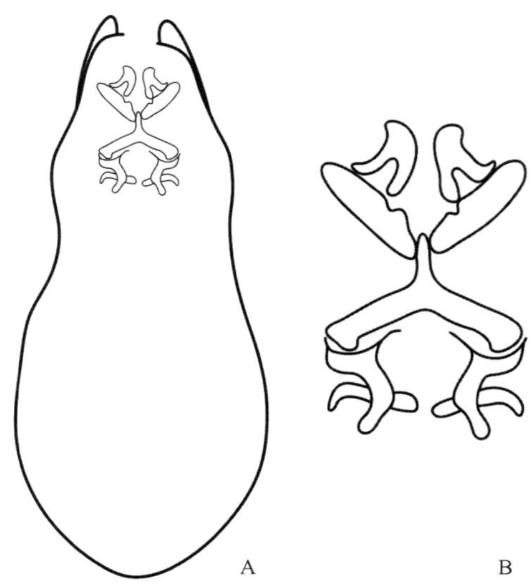

图 4-III-234　变斑出尾蕈甲 *Scaphidium varifasciatum* Tang, Li *et* He, 2014

A. 阳茎腹面观；B. 阳茎内囊

（558）吴氏出尾蕈甲 *Scaphidium wuyongxiangi* He, Tang *et* Li, 2008（图 4-III-235，图版 III-112）

Scaphidium wuyongxiangi He, Tang *et* Li, 2008a: 57.

主要特征：体长 5.9–8.0 mm。体黑色，鞘翅亚肩部及亚端部各有 1 个黄褐色斑纹；亚基部斑纹较大，前缘具 2 齿，后缘 2 齿或 3 齿；亚端部斑纹较小，前缘 3 齿，后缘中部凹入。前体具较粗密刻点。雄性后胸腹板凹入具长毛；前足腿节腹面膨大，最宽处呈角突，边缘脊状；前足胫节 1/2 处起向端部变宽，端 1/5 处最宽，呈角突，随后向端部逐渐变窄。阳茎内囊复杂，具 1 对端部镰刀状骨片、1 个梯形骨片及 1 组

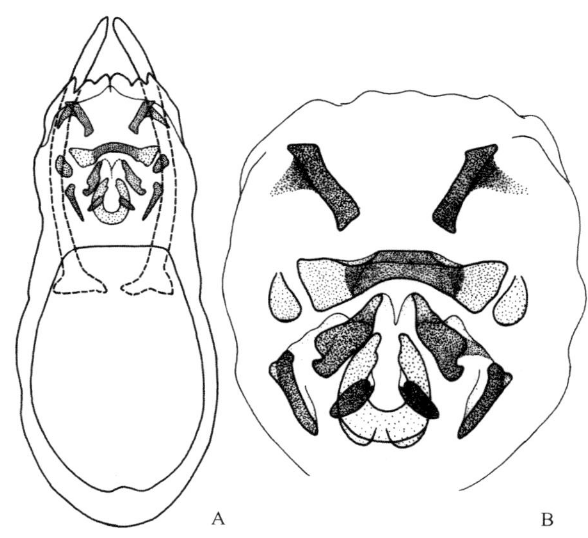

图 4-III-235　吴氏出尾蕈甲 *Scaphidium wuyongxiangi* He, Tang *et* Li, 2008

A. 阳茎腹面观；B. 阳茎内囊

复杂骨片结构。本种可以通过鞘翅前后黄色的近哑铃形斑纹与其他相似种类区分。

分布：浙江（安吉、临安）、安徽、江西、福建、四川。

细角出尾蕈甲族 Scaphisomatini Casey, 1893

244. 针须出尾蕈甲属 *Baeocera* Erichson, 1845

Baeocera Erichson, 1845: 4. Type species: *Baeocera falsata* Achard, 1920.

Sciatrophes Blackburn, 1903: 100. Type species: *Sciatrophes latens* Blackburn, 1903.

Cyparella Achard, 1924a: 28. Type species: *Scaphisoma rufoguttatum* Fairmaire, 1898.

Amaloceroschema Löbl, 1967: 1. Type species: *Baeocera freudei* Löbl, 1967.

Eubaeocera Cornell, 1967: 2. Type species: *Baeocera abdominalis* Casey, 1900.

主要特征：小型种类。触角第 3 节细长，与第 4 节等长；上颚端部仅具 1 齿，下颚须末节针状。前胸背板基角尖锐。鞘翅具侧沟。腹部第 1 腹板无后足亚基节窝线。前足腿节具栉刺；后足基节窝远离；跗节细长，后足跗节末节窄于第 1 节。

分布：古北区、东洋区。世界已知 279 种 6 亚种，中国记录 34 种，浙江分布 1 种。

（559）库特针须出尾蕈甲 *Baeocera cooteri* Löbl, 1999（图 4-III-236）

Baeocera cooteri Löbl, 1999: 729.

主要特征：体长 1.8–2.2 mm。体黑棕色至黑色，腹末和附肢颜色较浅。鞘翅刻点明显。雄性前足第 1–3 跗节扩大，第 1 节与胫节等宽；中足跗节第 1 节强烈加宽，后两节稍加宽。阳茎中叶向腹面弯曲，端部短于阳茎基球，稍不对称；侧叶端部向背部呈角状延展；内囊骨片端部突出成钩状。本种可以通过明显的鞘翅刻点，以及阳茎结构与华山针须出尾蕈甲 *B. huashana* 等近似种区分。

分布：浙江（临安）、安徽、江西、福建、台湾、香港。

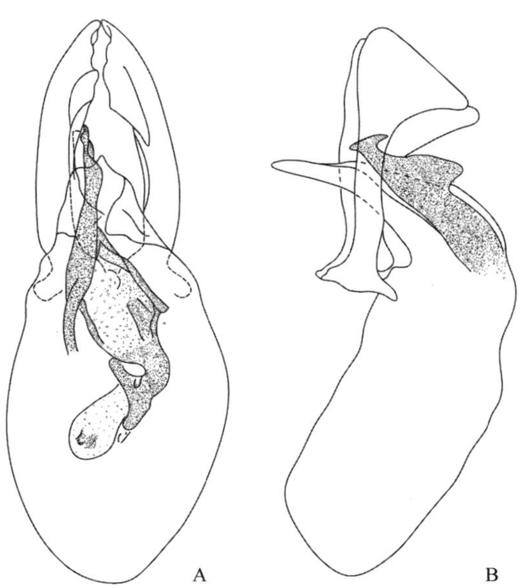

图 4-III-236 库特针须出尾蕈甲 *Baeocera cooteri* Löbl, 1999（仿自 Löbl，1999）

A. 阳茎腹面观；B. 阳茎侧面观

245. 锥须出尾蕈甲属 *Kasibaeocera* Leschen *et* Löbl, 2005

Kasibaeocera Leschen *et* Löbl, 2005: 23. Type species: *Eubaeocera mussardi* Löbl, 1971.

主要特征：小型种类，与针须出尾蕈甲属 *Baeocera* 相似，但上颚端部具 2 齿；下颚须末节较大，端部渐变窄，基部大约与第 3 节端部等宽。

分布：东洋区。世界已知 1 种，中国记录 1 种，浙江分布 1 种。

（560）穆氏锥须出尾蕈甲 *Kasibaeocera mussardi* (Löbl, 1971)（图 4-III-237）

Eubaeocera mussardi Löbl, 1971: 944.

Baeocera mussardi roberti Löbl, 1979: 90.

Kasibaeocera mussardi: Leschen & Löbl, 2005: 24.

主要特征：体长 1.7–1.9 mm。体黑色，腹末和附肢颜色较浅。触角末节卵圆形，明显长大于宽。后胸腹板具刻点。跗节较短，后足跗节长为胫节的 1/2。雄性前足第 1–3 跗节扩大。阳茎腹面观对称，侧面观中叶端部具小钩，侧叶端半部明显加宽。本种可以通过粗壮的体形和较短的跗节与其他种类区分。

分布：浙江（临安）、香港、云南；印度，不丹，尼泊尔，斯里兰卡。

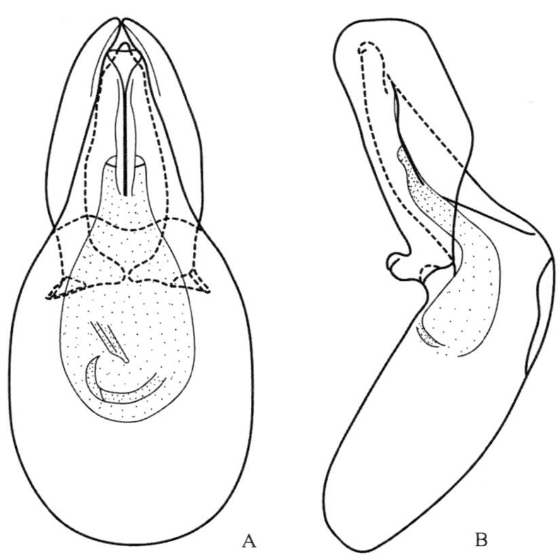

图 4-III-237　穆氏锥须出尾蕈甲 *Kasibaeocera mussardi* (Löbl, 1971)（仿自 Löbl，1971）
A. 阳茎腹面观；B. 阳茎侧面观

246. 短足出尾蕈甲属 *Pseudobironium* Pic, 1920

Pseudobironium Pic, 1920a: 15. Type species: *Pseudobironium subovatum* Pic, 1920.

Morphoscapha Achard, 1920a: 131. Type species: *Morphoscapha grossum* Achard, 1920.

主要特征：体中小型。触角着生点与上唇接近，下颚须末节向端部逐渐变窄。前胸背板后角不延展，前背折缘无凹陷；中胸后侧片暴露；中后胸腹板相互愈合。前足腿节无栉刺；中足胫节具 2 根端刺；爪间突退化。

分布：古北区、东洋区。世界已知 41 种，中国记录 17 种，浙江分布 1 种。

（561）刺胫短足出尾蕈甲 *Pseudobironium spinipes* Löbl *et* Tang, 2013（图 4-III-238，图版 III-113）

Pseudobironium spinipes Löbl *et* Tang, 2013: 680.

主要特征：体长约 3.4 mm。体红棕色。下颚须末节长是宽的 3 倍；触角末节长是宽的 2.5 倍；中足胫节端刺弯曲。雄性前足跗节前 3 节膨大，但窄于胫节端部。前体刻点小而稀疏。阳茎侧面观侧叶略双波状，向端部缓慢变窄，中叶端部锐弯钩状。本种与爪哇短足出尾蕈甲 *P. javanum* Löbl *et* Tang, 2013 近似，但可通过稀疏的鞘翅刻点及不同的阳茎与之区分。

分布：浙江（龙泉）。

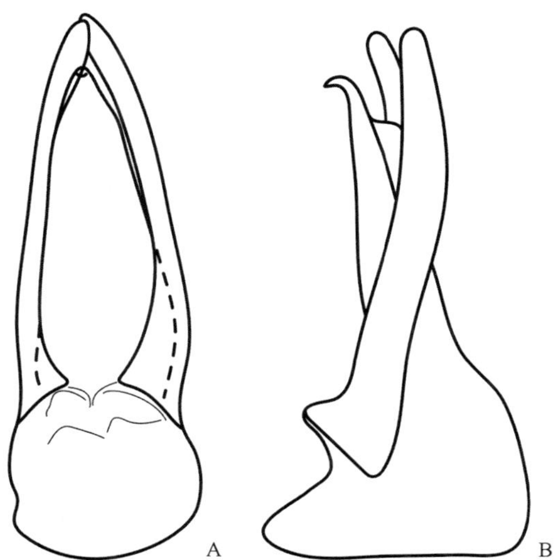

图 4-III-238　刺胫短足出尾蕈甲 *Pseudobironium spinipes* Löbl *et* Tang, 2013

A. 阳茎腹面观；B. 阳茎侧面观

247. 细角出尾蕈甲属 *Scaphisoma* Leach, 1815

Scaphisoma Leach, 1815: 89. Type species: *Silpha agaricina* Linnaeus, 1758.

Caryoscapha Ganglbauer, 1899: 343. Type species: *Scaphisoma limbatum* Erichson, 1845.

Scaphiomicrus Casey, 1900: 58. Type species: *Scaphisoma pusilla* LeConte, 1860.

Pseudoscaphosoma Pic, 1915c: 31. Type species: *Pseudoscaphosoma testaceomaculatum* Pic, 1915.

Scutoscaphosoma Pic, 1916: 3. Type species: *Scaphosoma rouyeri* Pic, 1916.

Scaphella Achard, 1924a: 29. Type species: *Scaphosoma antennatum* Achard, 1920.

Macrobaeocera Pic, 1925: 195. Type species: *Scaphosoma phungi* Pic, 1922.

Mimoscaphosoma Pic, 1928: 49. Type species: *Scaphosoma bruchi* Pic, 1928.

Macroscaphosoma Löbl, 1970: 128. Type species: *Macroscaphosoma collarti* Löbl, 1970.

Metalloscapha Löbl, 1975: 384. Type species: *Metalloscapha papua* Löbl, 1975.

主要特征：小型种类，身体两侧不或轻微收窄；体背刚毛极短而不明显。触角第 3 节不对称，三角形，短于第 4 节；第 7–11 节扩大，松散的棒状。前背折缘凹入较少。腹部第 1 腹板具后足亚基节窝线。前足腿节具栉刺；后足腿节不膨大；跗节细长，后足跗节末节窄于后足跗节第 1 节。

分布：古北区、东洋区、旧热带区。世界已知 730 种 23 亚种，中国记录 74 种 1 亚种，浙江分布 1 种。

（562）缓细角出尾蕈甲 *Scaphisoma segne* Löbl, 1990（图 4-III-239）

Scaphisoma segne Löbl, 1990: 568.

主要特征：体长约 1.7 mm。体赭色，腹部末端和胫节颜色稍浅，触角和跗节黄色。触角末节长是宽的 3 倍。前胸背板刻点密而小。鞘翅向端部变窄。雄性前足第 1–3 跗节及中足第 1–2 跗节膨大。阳茎对称；侧叶细长，1/2 处最宽，向内突出。本种与淡色细角出尾蕈甲 *S. unicolor* Achard, 1923 较相似，可通过阳茎特征加以区分。

分布：浙江（临安）、四川、云南；泰国。

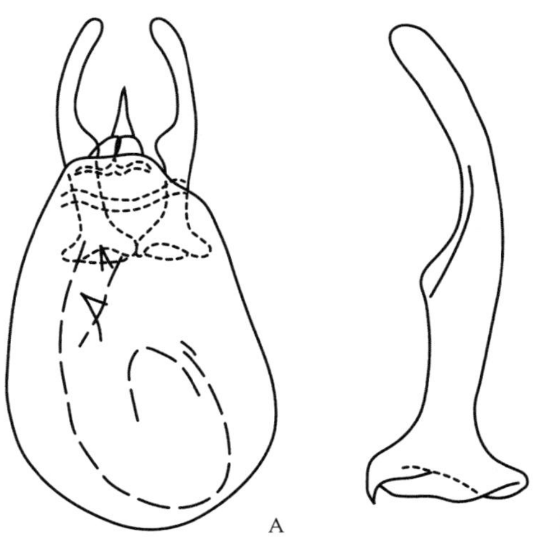

图 4-III-239　缓细角出尾蕈甲 *Scaphisoma segne* Löbl, 1990（仿自 Löbl，1990）

A. 阳茎腹面观；B. 阳茎侧叶

（七）筒形隐翅虫亚科 Osoriinae

主要特征：体小型至大型，长圆筒形。触角 11 节，着生在额缘下，上颚基部有发达的臼齿。前基节缝开放或封闭。腹部无侧背板，可见腹板 6 节。跗式 5–5–5 式、4–4–4 式或 3–3–3 式。

生物学：生活在树皮下或朽木中，腐食性或菌食性。

分布：世界广布。世界已知 113 属 2379 种（亚种），中国记录 18 属 106 种 1 亚种，浙江分布 2 属 4 种。

筒形隐翅虫族 Osoriini Erichson, 1839

248. 筒形隐翅虫属 *Osorius* Guérin-Méneville, 1829

Osorius Guérin-Méneville, 1829: pl. 9, fig. 11. Type species: *Osorius brasiliensis* Guérin-Méneville, 1829.

Molosoma Say, 1831: 48. Type species: *Oxytelus latipes* Gravenhorst, 1806.

主要特征：体长变化很大，通常小于 10 mm，大的可达 13.0 mm，圆筒形。触角膝状，第 1 节长于后 3 节之和。前胸背板侧缘基半部向后变窄，端半部亚平行；前足基节窝后方开放。腹部第 3–7 背板和腹板愈合。前足基节中部具隆脊和深沟，胫节外侧具大齿。阳茎无内囊。

分布：世界广布。世界已知 236 种 4 亚种，中国记录 24 种 1 亚种，浙江分布 3 种。

分种检索表

1\. 头前缘呈圆弧形凹入，具小齿 ······ **毛筒形隐翅虫 *O. trichinosis***

\- 头前缘几乎平直，无齿 ······ 2

2. 腹部第 10 背板后缘两侧各有 1 尖角突……………………………………………………糙头筒形隐翅虫 ***O. aspericeps***
- 腹部第 10 背板后缘两侧无角突……………………………………………………………福氏筒形隐翅虫 ***O. freyi***

（563）糙头筒形隐翅虫 *Osorius aspericeps* Fauvel, 1905（图 4-III-240）

Osorius rugiceps Kraatz, 1859: 166 [HN].

Osorius aspericeps Fauvel, 1905b: 194 [Replacement name for *Osorius rugiceps* Kraatz, 1859].

主要特征：体长 6.0–12.0 mm，圆筒形。体黑色有光泽；被黄褐色柔毛。头部前缘近平截，两侧后颊近平行；表面具长而深的纵向刻纹。前胸背板横宽，侧缘弧形，前宽后窄，在后角前方轻微缩窄，后角突出，尖锐；中部有纵向光滑条带，条带两侧具刻点。鞘翅近方形，明显长于前胸背板，密布小刻点和刻纹。腹部圆筒形，第 7 节最宽；刻点较鞘翅小而密。

分布：浙江（临安）、四川、云南、西藏；缅甸，马来西亚，印度尼西亚。

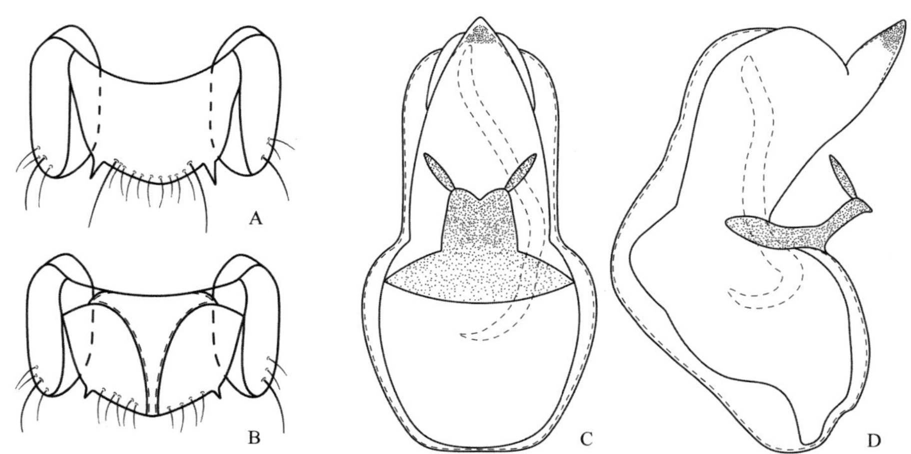

图 4-III-240 糙头筒形隐翅虫 *Osorius aspericeps* Fauvel, 1905（仿自 Zou and Zhou，2015）

A. 雄性第 9、10 背板；B. 雌性第 9、10 背板；C. 阳茎腹面观；D. 阳茎侧面观

（564）福氏筒形隐翅虫 *Osorius freyi* Bernhauer, 1939（图 4-III-241）

Osorius freyi Bernhauer, 1939d: 587.

主要特征：体长约 7.5 mm，长筒形。体黑色。头部略窄于前胸背板，表面有皱纹和隆脊；触角较短，

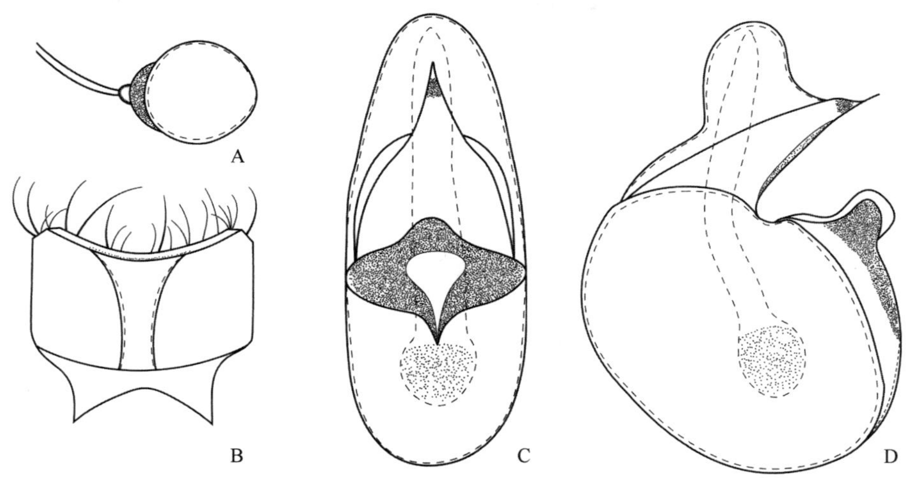

图 4-III-241 福氏筒形隐翅虫 *Osorius freyi* Bernhauer, 1939（仿自 Zou and Zhou，2015）

A. 受精囊；B. 上唇；C. 阳茎腹面观；D. 阳茎侧面观

倒数第 2 节略横宽。前胸背板宽略大于长，与鞘翅等宽，后角前方有纵向凹陷；表面具较密的刻点，中部有较宽的纵向光滑带。鞘翅两侧平行，长度明显大于宽度，远长于前胸背板；表面密布粗刻点。腹部密布刻点和灰黄色长柔毛。

分布：浙江（临安）。

（565）异毛筒形隐翅虫 *Osorius trichinosis* Zou *et* Zhou, 2015（图 4-III-242）

Osorius trichinosis Zou *et* Zhou, 2015: 19.

主要特征：体长 11.0–11.5 mm；圆筒形。体黑色，被黄褐色柔毛。头部前缘平截，两侧后颊近平行；表面前 1/3 光滑，后 2/3 具短而深的纵向刻纹。前胸背板侧缘弧形，前宽后窄，在后角前方强烈缩窄；中部有宽阔的纵向光滑条带，条带两侧具均匀粗刻点。鞘翅近方形，长于前胸背板，密布粗刻点和刻纹。腹部圆筒形，第 7 节最宽，刻点较鞘翅小而密。

分布：浙江、贵州。

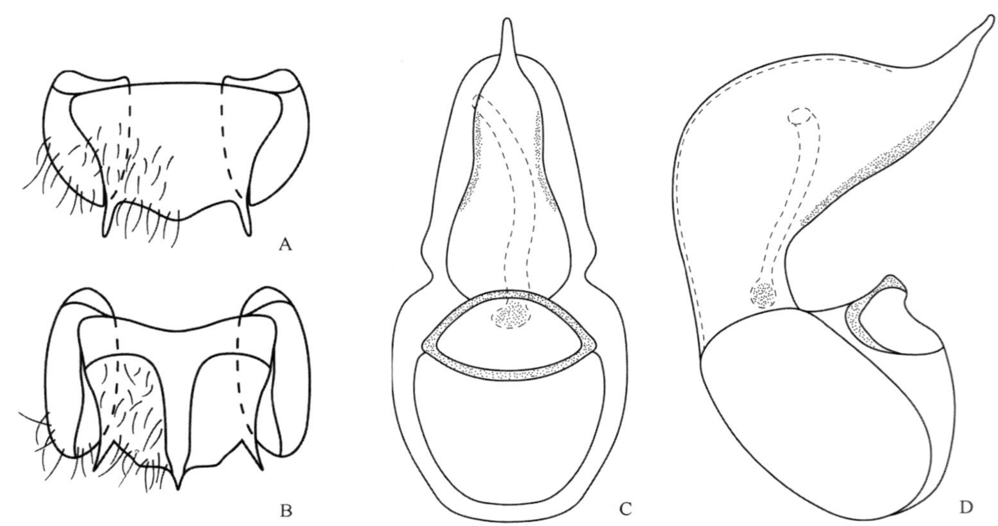

图 4-III-242　异毛筒形隐翅虫 *Osorius trichinosis* Zou *et* Zhou, 2015（仿自 Zou and Zhou，2015）
A. 雄性第 9、10 背板；B. 雌性第 9、10 背板；C. 阳茎腹面观；D. 阳茎侧面观

蔽眼隐翅虫族 Thoracophorini Reitter, 1909

线腹隐翅虫亚族 Lispinina Bernhauer *et* Schubert, 1910

249. 光腹隐翅虫属 *Nacaeus* Blackwelder, 1942

Nacaeus Blackwelder, 1942: 82. Type species: *Lispinus planellus* Sharp, 1887.

主要特征：中小型种类；体形略扁平。头部近方形，基部不缢缩成颈；复眼中等大小，不突出。前胸背板近方形，基部略变窄。鞘翅近方形，基部有压痕，鞘翅缘折有脊定界。腹部无纵隆线，基部无压痕，无侧背板；第 3–7 背板和腹板愈合；第 1 腹板基部中央具小龙骨。前足基节窝后方开放，基节被前胸腹突分开，胫节无栉刺。

分布：世界广布。世界已知 181 种 12 亚种，中国记录 6 种，浙江分布 1 种。

（566）棕色光腹隐翅虫 *Nacaeus impressicollis* (Motschulsky, 1858)（图 4-III-243）

Lispinus impressicollis Motschulsky, 1858d: 495.
Omalium filiformis Walker, 1858: 205.
Lispinus impressicollis africanus Bernhauer, 1929d: 353.
Lispinus impressicollis binaluanensis Bernhauer, 1929d: 353.
Lispinus impressicollis enganoensis Bernhauer, 1929d: 353.
Lispinus impressicollis sublaevicollis Bernhauer, 1929d: 353.
Lispinus impressicollis subtilipennis Bernhauer, 1929d: 353.
Nacaeus impressicollis: Frank, 1982: 7.

主要特征：体长 2.8–3.2 mm。体暗棕色，头部和腹部颜色略深。头部窄于前胸背板，表面刻点小而稀。前胸背板横宽，前缘与后缘较平直，侧缘圆弧形，最宽处在中部前方；刻点与头部相似。鞘翅亚方形，肩角与后角略收窄；刻点与前胸背板相似。腹部亚圆筒形，表面光滑，刻点不明显，具稀疏长柔毛。

分布：浙江、北京、台湾、香港、云南；日本，印度，斯里兰卡，菲律宾，新加坡，印度尼西亚，欧洲，非洲，大洋洲。

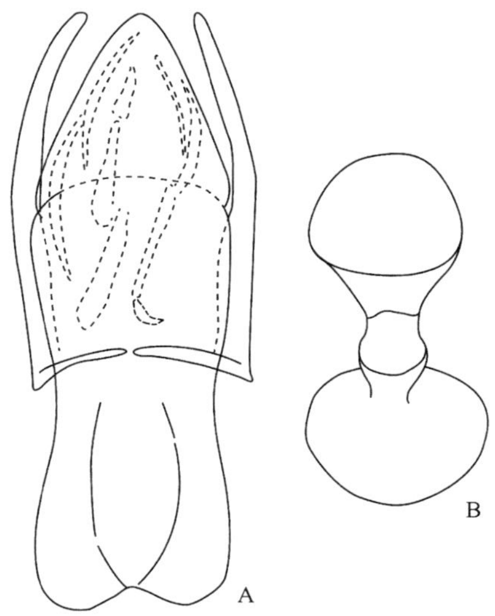

图 4-III-243　棕色光腹隐翅虫 *Nacaeus impressicollis* (Motschulsky, 1858)
A. 阳茎腹面观；B. 受精囊

（八）异形隐翅虫亚科 Oxytelinae

主要特征：体小型至中型，长条形。触角 11 节，着生在额前缘。前基节缝开放或封闭。前胸背板和鞘翅常有隆脊。腹部可见腹板 7 节（具第 2 腹板），侧背板通常 2 对，少数 1 对。跗式通常 3–3–3 式或 5–5–5 式，少数 4–4–4 式或 2–2–2 式。

生物学：大多数种类生活在落叶下、腐殖质和粪便中。

分布：世界广布。世界已知 44 属 2179 种（亚种），中国记录 11 属 218 种 9 亚种，浙江分布 6 属 20 种 2 亚种。

分属检索表

1. 前足基节缝存在……2
- 前足基节缝缺失……5

2. 中足基节窝相互远离；中胸腹突短，端部平截 …… 离鞘隐翅虫属 ***Platystethus***
- 中足基节窝相互接触或邻近；中胸腹突长，端部尖锐 …… 3
3. 前足胫节具大刺列 …… 布里隐翅虫属 ***Bledius***
- 前足胫节无大刺列 …… 4
4. 跗式 3–3–3 式 …… 果隐翅虫属（部分）***Carpelimus* (part)**
- 跗式 5–5–5 式 …… 奔沙隐翅虫属 ***Thinodromus***
5. 后足胫节无栉刺列（但可能有刺） …… 果隐翅虫属（部分）***Carpelimus* (part)**
- 后足胫节有栉刺列（栉刺可能很短） …… 6
6. 腹部第 2 背板无基侧脊；小盾片有梅花形刻痕 …… 花盾隐翅虫属 ***Anotylus***
- 腹部第 2 背板有基侧脊；小盾片有菱形刻痕 …… 异形隐翅虫属 ***Oxytelus***

布里隐翅虫族 Blediini Ádám, 2001

250. 布里隐翅虫属 *Bledius* Leach, 1819

Bledius Leach, 1819: 174. Type species: *Staphylinus armatus* Panzer, 1790.

Tadunus Schiødte, 1866: 144, 147. Type species: *Staphylinus fracticornis* Paykull, 1790.

Bargus Schiødte, 1866: 145, 148. Type species: *Oxytelus pallipes* Gravenhorst, 1806.

Blediodes Mulsant *et* Rey, 1878b: 576. Type species: *Staphylinus fracticornis* Paykull, 1790.

Cotysops Tottenham, 1939b: 225. Type species: *Staphylinus arenarius* Paykull, 1800.

Neobledius Abdullah *et* Qadri, 1968: 394. Type species: *Neobledius karachiensis* Abdullah *et* Qadri, 1968.

Microbledius Herman, 1972: 118. Type species: *Microbledius playanus* Herman, 1972.

主要特征：体长 2.0–7.5 mm，亚筒形；体黑色至黄褐色。触角膝状；下颚须第 4 节短而窄，锥状，短于亚末节。前胸背板通常宽大于长，具前基节缝；中胸腹突长，端部尖锐。腹部具侧背板；第 2 腹板发达。前足胫节具大刺列；中足基节相互接触；跗式 4–4–4 式。

分布：世界广布。世界已知 449 种 20 亚种，中国记录 34 种 1 亚种，浙江分布 1 种。

（567）绍氏布里隐翅虫 *Bledius* (*Bledius*) *sauteri* Bernhauer, 1922

Bledius sauteri Bernhauer, 1922: 224.

Bledius sparsior Bernhauer, 1929c: 182.

主要特征：体长 5.5–6.5 mm，瘦长形；体暗棕色。头部较三角布里隐翅虫 *B. tricornis* (Herbst, 1784)稍小，表面具稀疏小刻点。前胸背板横宽；表面刻点较头部粗而密；中纵沟明显。鞘翅略长于前胸背板，侧缘向后逐渐变宽，后角圆弧形；表面刻点与前胸背板相似。腹部光滑，具稀疏微刻点。

分布：浙江、辽宁、天津、河北、上海、江西、台湾；越南。

异形隐翅虫族 Oxytelini Fleming, 1821

251. 花盾隐翅虫属 *Anotylus* Thomson, 1859

Anotylus Thomson, 1859: 44. Type species: *Oxytelus sculpturatus* Gravenhorst, 1806.

Oxytelopsis Fauvel, 1895: 199. Type species: *Oxytelopsis cimicoides* Fauvel, 1895.

Oxytelodes Bernhauer, 1908: 290. Type species: *Oxytelodes holdhausi* Bernhauer, 1908.
Oncoparia Bernhauer, 1936b: 214. Type species: *Oncoparia parasita* Bernhauer, 1936.
Paracaccoporus Steel, 1948: 188. Type species: *Oxytelus ocularis* Fauvel, 1877.
Oxytelosus Cameron, 1950b: 92. Type species: *Oxytelus abnormalis* Cameron, 1938.
Oxytelops Fagel, 1956: 273. Type species: *Staphylinus tetracarinatus* Block, 1799.
Pseudodelopsis Fagel, 1957a: 3. Type species: *Pseudodelopsis scotti* Fagel, 1957.
Anotylops Fagel, 1957a: 8. Type species: *Anotylops seydeli* Fagel, 1957.

主要特征：体长 1.0–6.0 mm，体细长或粗壮，扁平或亚筒形。头部唇基退化；下颚须末节通常锥状。前胸背板横宽，缺前基节缝；前胸腹突短而隆起；后胸腹突发达；小盾片具梅花形刻痕。鞘翅缘折明显内折，有脊定界。腹部第 2 背板缺基侧脊；第 3–7 背板基侧脊明显；第 2–6 节各具 2 对侧背板。前足和中足胫节具粗刺列；后足胫节具栉刺列；跗式 3–3–3 式，跗节第 1 节与第 2 节约等长。

分布：世界广布。世界已知 402 种 5 亚种，中国记录 58 种 2 亚种，浙江分布 8 种 1 亚种。

分种检索表

1. 体长小于 2.2 mm……2
- 体长大于等于 2.5 mm……4
2. 体长 1.5 mm……宽尾花盾隐翅虫 ***A. latiusculus latiusculus***
- 体长大于 1.5 mm，小于等于 2.1 mm……3
3. 触角长于头和前胸背板之和……砾石花盾隐翅虫 ***A. glareosus***
- 触角短于头和前胸背板之和……岚氏花盾隐翅虫 ***A. lewisius***
4. 体长一般小于 3 mm……5
- 体长一般大于 3 mm……6
5. 前胸背板具大刻点……亮花盾隐翅虫 ***A. micans***
- 前胸背板无大刻点……光头花盾隐翅虫 ***A. nitidifrons***
6. 体色几乎全黑……暗黑花盾隐翅虫 ***A. rectisculptilis***
- 体黄棕色至红棕色……7
7. 头具完整枕沟……平头花盾隐翅虫 ***A. applanatifrons***
- 头不具枕沟……8
8. 体表极度粗糙……红褐花盾隐翅虫 ***A. cimicoides***
- 体表光洁……卜氏花盾隐翅虫 ***A. besucheti***

（568）平头花盾隐翅虫 *Anotylus applanatifrons* Wang *et* Zhou, 2020（图 4-III-244）

Anotylus applanatifrons Wang *et* Zhou, 2020: 30.

主要特征：体长约 3.9 mm。雄性黄棕色；头部颜色较深，具光泽。头部近四边形，稍宽于前胸背板，后颊向两侧扩展；盘区呈压扁状，密布小刻点，基部有纵向细条纹；触角第 6–10 节具基脊。前胸背板近梯形，最宽处位于端部 1/3，具明显中纵沟；刻点与头部相似。鞘翅密布较大刻点。腹部光滑无刻点；第 7 腹板近后缘中部具 1 对瘤突；第 8 腹板后缘呈二波状凹入。阳茎侧叶端半部具刚毛列。雌性头略窄于前胸背板，后颊不扩展；第 8 腹板后缘中部突出。

分布：浙江。

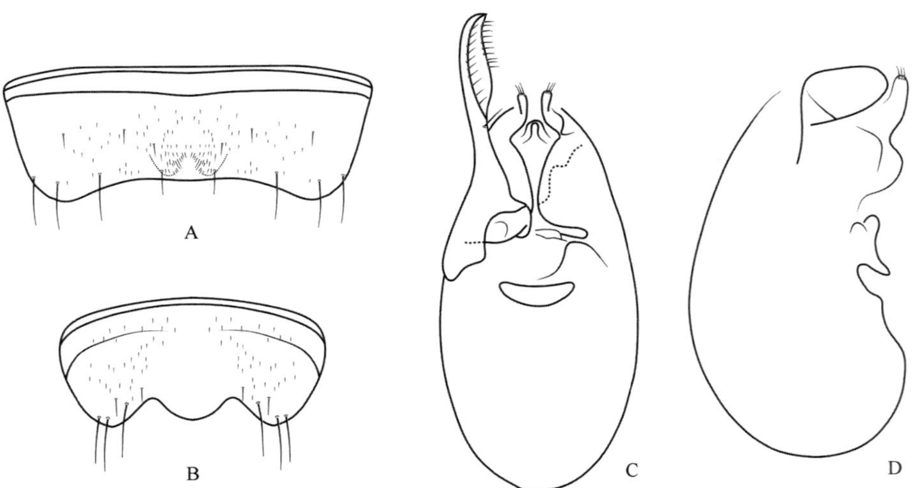

图 4-III-244　平头花盾隐翅虫 *Anotylus applanatifrons* Wang *et* Zhou, 2020（仿自 Wang and Zhou，2020）
A. 雄性第 7 腹板；B. 雄性第 8 腹板；C. 阳茎腹面观；D. 阳茎中叶侧面观

（569）卜氏花盾隐翅虫 *Anotylus besucheti* Hammond, 1975（图 4-III-245）

Anotylus besucheti Hammond, 1975: 166.

主要特征：体长 3.0–3.5 mm。体黄棕色。头部背面有不明显的侧沟；唇基光滑无刻点。前胸背板侧缘圆弧形，向后逐渐收窄，后角明显突出；表面纵沟浅，不明显。鞘翅侧缘略呈圆弧形；表面刻点较头和前胸背板小。腹部光滑，几乎无刻点，但有网状微刻纹。

分布：浙江；斯里兰卡。

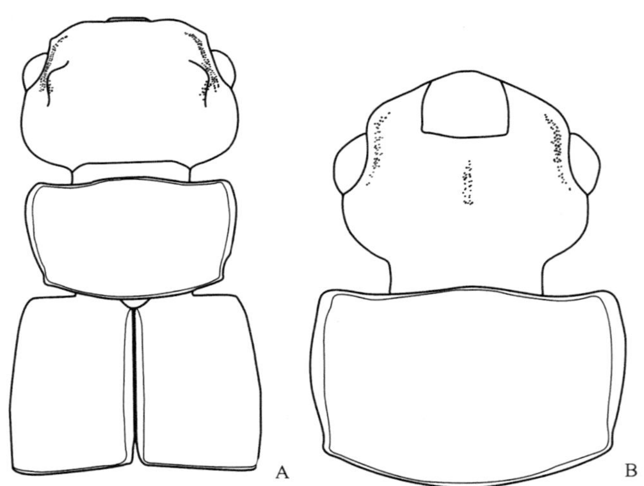

图 4-III-245　卜氏花盾隐翅虫 *Anotylus besucheti* Hammond, 1975（仿自 Hammond，1975）
A. 雄性前体；B. 雌性头胸部

（570）红褐花盾隐翅虫 *Anotylus cimicoides* (Fauvel, 1895)（图 4-III-246，图版 III-114）

Oxytelopsis cimicoides Fauvel, 1895: 200.

Oxytelopsis taiwana Ito, 1987: 77.

Anotylus cimicoides: Schülke & Smetana, 2015: 769.

主要特征：体长 3.0–3.8 mm。体暗棕色。头部横宽，窄于前胸背板，基部向两侧扩展，密布粗刻点。

前胸背板横宽，侧缘向外扩展，后角向内强烈凹入，中沟明显，刻点与头部相似。鞘翅略宽于前胸背板，刻点与前胸背板相似。腹部无大刻点。

分布：浙江、台湾、四川、云南；巴基斯坦，印度，尼泊尔，缅甸，泰国，菲律宾，马来西亚。

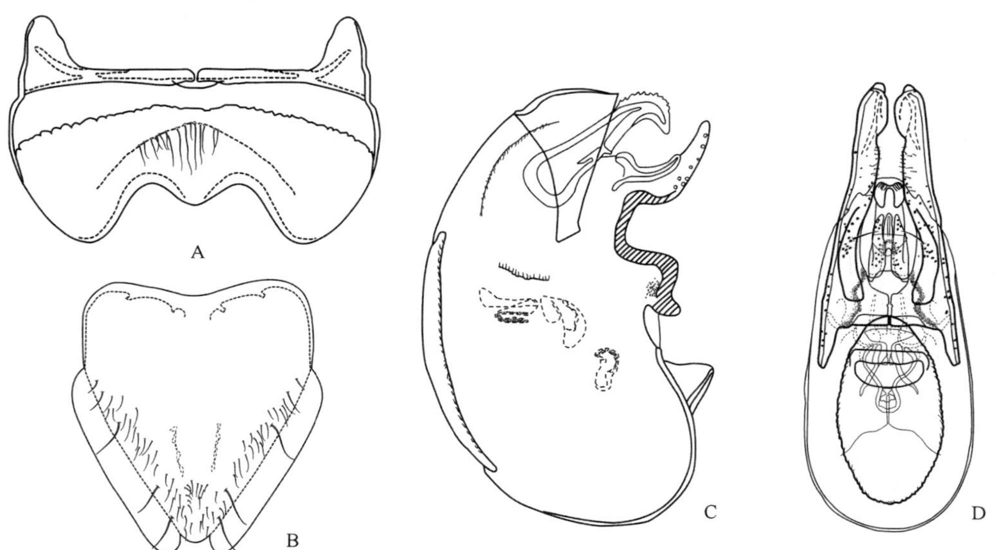

图 4-III-246　红褐花盾隐翅虫 *Anotylus cimicoides* (Fauvel, 1895)（仿自 Makranczy，2017）

A. 雄性第 8 腹板；B. 雄性第 10 背板；C. 阳茎侧面观；D. 阳茎腹面观

（571）砾石花盾隐翅虫 *Anotylus glareosus* (Wollaston, 1854)（图 4-III-247）

Oxytelus glareosus Wollaston, 1854: 610.

Oxytelus indicus Bernhauer, 1926: 23.

Anotylus glareosus: Herman, 1970: 418.

主要特征：体长 1.7–2.1 mm，狭长形。体暗棕色；头部黑棕色；鞘翅颜色比头部浅，但比前胸背板深；腹部色较淡。头部背面有皱纹；复眼较小；触角长于头和前胸背板之和，第 1 节延长；头部和颈部之间分界明显。前胸背板短而横宽，盘沟退化，侧缘粗糙；鞘翅具纵隆脊。

分布：浙江、台湾、香港、云南；巴基斯坦，印度，孟加拉国，斯里兰卡，马来西亚，印度尼西亚，北美洲，非洲，南美洲。

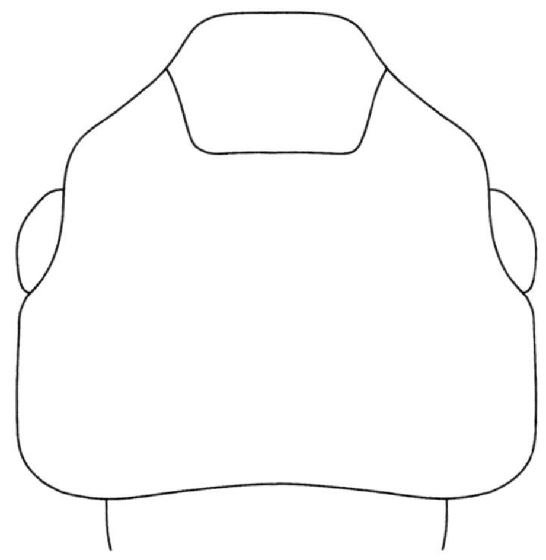

图 4-III-247　砾石花盾隐翅虫 *Anotylus glareosus* (Wollaston, 1854)雌性头部（仿自 Hammond，1975）

（572）宽尾花盾隐翅虫 *Anotylus latiusculus latiusculus* (Kraatz, 1859)

Oxytelus latiusculus Kraatz, 1859: 176.
Oxytelus sulcifrons Fauvel, 1875: xi.
Oxytelus m-elevatus Lea, 1906: 206.
Oxytelus ganglbaueri Bernhauer, 1907b: 375.
Oxytelus boehmi Bernhauer, 1910a: 256.
Anotylus latiusculus latiusculus: Herman, 1970: 418.

主要特征：体长约 1.5 mm。体暗棕色，足黄褐色。头部近椭圆形，远窄于前胸背板，密布纵向刻纹，无刻点。前胸背板横宽，近椭圆形，刻纹与头部相似，无明显刻点，具 3 条宽而浅的纵沟。鞘翅刻纹较前胸背板明显，稀布大而浅的刻点。腹部稀布细小刻点和微柔毛，密布横向细刻纹。

分布：浙江、吉林、辽宁、河北、山东、陕西、江苏、上海、福建、台湾、香港、广西；日本，中亚地区，巴基斯坦，斯里兰卡，菲律宾，印度尼西亚，西亚地区，欧洲，非洲，大洋洲，南美洲。

（573）岚氏花盾隐翅虫 *Anotylus lewisius* (Sharp, 1874)

Oxytelus lewisius Sharp, 1874a: 95.
Oxytelus similis Cameron, 1930b: 184.
Anotylus lewisius: Herman, 1970: 418.

主要特征：体长约 2.1 mm。体暗红色，有光泽，触角和前胸背板黄色。头部在触角间有 1 条阔而深的横沟；触角短，向端部变粗，第 6–10 节横宽。前胸背板宽是长的 2 倍，向后略变窄，后角钝圆，密布刻点；中沟仅前段可见，侧沟不明显。鞘翅长于前胸背板，密布刻点。腹部无刻点。

分布：浙江、黑龙江、辽宁、北京、山东、台湾、香港；韩国，日本。

（574）亮花盾隐翅虫 *Anotylus micans* (Kraatz, 1859)

Oxytelus micans Kraatz, 1859: 175.
Oxytelus foetidus Cameron, 1930a: 230.
Anotylus micans: Hammond, 1975: 157.

主要特征：体长 2.7–2.8 mm。体黑色，有光泽；鞘翅淡黄色，触角前 4 节黄褐色。头部横宽，约与前胸背板等宽（雄）或略窄于前胸背板（雌），基部略向两侧扩大；唇基前缘中部有半圆形凹陷；触角第 5–10 节很宽，第 11 节长约为宽的 2 倍。前胸背板横宽，有 3 条细纵沟，具少量大刻点。鞘翅长约等于宽，略宽于前胸背板，密布小刻点，无隆脊。腹部具皮革网纹。

分布：浙江、台湾；巴基斯坦，印度，斯里兰卡，非洲。

（575）光头花盾隐翅虫 *Anotylus nitidifrons* (Wollaston, 1871)

Oxytelus nitidifrons Wollaston, 1871: 411.
Oxytelus advena Sharp, 1880: 50.
Anotylus nitidifrons: Herman, 1970: 417.

主要特征：体长 2.5–3.0 mm。体浅红色，头部黑色有光泽，触角基部黄色，鞘翅端部和腹部端部黄褐色。头部密布刻点；触角端部 5 节横宽。前胸背板横宽，密布刻点，有不明显的 3 条纵沟。鞘翅长于前胸背板，颜色向端部逐渐变深，密布具刚毛刻点。腹部几乎无刻纹。

分布：浙江、香港；日本，巴基斯坦，印度，缅甸，越南，老挝，菲律宾，新加坡，印度尼西亚，非洲。

（576）暗黑花盾隐翅虫 *Anotylus rectisculptilis* Wang, Zhou *et* Lü, 2017（图 4-III-248）

Anotylus rectisculptilis Wang, Zhou *et* Lü, 2017: 26.

主要特征：体长 3.0–3.5 mm。体暗棕色至黑色，有光泽。雄性头部约与前胸背板等宽，雌性头部略窄于前胸背板；雄性后颊向两侧明显扩展；刻点小而密，具密集的纵向皱纹，中纵沟长而深。前胸背板近方形，表面具稀疏的圆刻点和密集的纵向皱纹，具 3 条直而深的中纵沟。腹部具皮革质微刻纹，密布小刻点和柔毛；雄性第 8 腹板后缘呈二波状凹入。

分布：浙江。

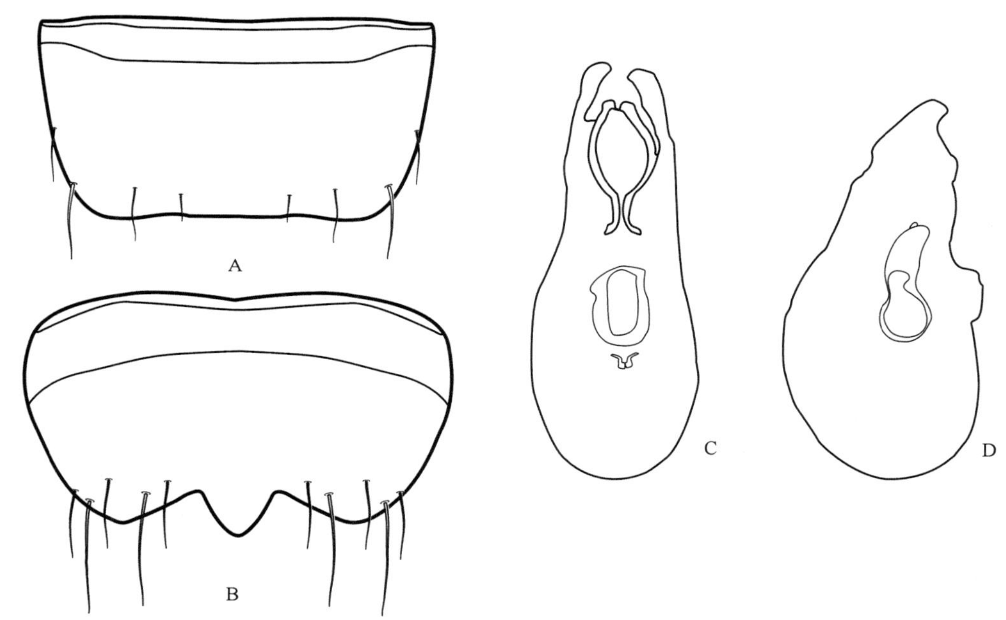

图 4-III-248 暗黑花盾隐翅虫 *Anotylus rectisculptilis* Wang, Zhou *et* Lü, 2017（仿自 Wang et al.，2017）
A. 雄性第 7 腹板；B. 雄性第 8 腹板；C. 阳茎腹面观；D. 阳茎中叶侧面观

252. 异形隐翅虫属 *Oxytelus* Gravenhorst, 1802

Oxytelus Gravenhorst, 1802: 101. Type species: *Staphylinus piceus* Linnaeus, 1767.

Caccoporus Thomson, 1859: 43. Type species: *Staphylinus piceus* Linnaeus, 1767.

Paroxytelopsis Cameron, 1933b: 36. Type species: *Paroxytelopsis dorylina* Cameron, 1933.

Basilewskyorus Fagel, 1957b: 41. Type species: *Oxytelus rugegensis* Cameron, 1956.

Anisopsidius Fagel, 1960: 8. Type species: *Anisopsis quadricollis* Bernhauer, 1932.

主要特征：体长 2.0–8.5 mm，体形宽扁。头部唇基前缘呈圆弧形突出或凹陷或平截；下颚须末节通常锥状。前胸背板横宽，缺前基节缝；前胸腹突短而隆起；后胸腹突发达；小盾片具菱形刻痕。鞘翅缘折有脊定界。腹部第 2–7 背板具基侧脊，各具 2 对侧背板。前足和中足胫节具粗刺列；后足胫节具栉刺列；跗式 3–3–3 式，第 1 节明显长于第 2 节。

分布：世界广布。世界已知 214 种 9 亚种，中国记录 21 种 1 亚种，浙江分布 5 种 1 亚种。

分种检索表

1. 触角前 3 节光滑，外表无绒毛，第 3 节近球状，第 4–11 节外被细密柔毛，且具有基盘；复眼小眼面细小……巨角异形隐翅虫 *O. megaceros*
- 触角前 4 节光滑，外表无绒毛，第 4 节近球状，第 5–11 节外被细密柔毛，且具有基盘；复眼小眼面粗大………2
2. 第 10 背板后缘中部具深切口……………………………………………………………凹尾异形隐翅虫 *O. incisus*
- 第 10 背板后缘中部无切口……………………………………………………………………………………………3
3. 鞘翅侧纵脊较不明显；雄性第 7 腹板后缘中部不后突，第 8 腹板中片中央无瘤突，端部平截；雌性第 8 腹板后缘浑圆……………………………………………………………………………………………………角鞭异形隐翅虫 *O. migrator*
- 雄性第 7 腹板后缘中部后突，第 8 腹板中片中央具瘤突，且中片端缘中部具突起或缺刻……………………4
4. 阳茎中叶端中钩端部上翘；雌性第 8 腹板与上述不同…………………异色异形隐翅虫 *O. varipennis varipennis*
- 阳茎中叶端中钩端部不上翘；雌性第 8 腹板后缘锯齿状……………………………………………………5
5. 体型较小，头顶革质，具细刻点；雄性第 8 腹板中片端缘双凹形成 3 小齿突………黄翅异形隐翅虫 *O. bengalensis*
- 体型较大，头顶非革质，具粗刻点；雄性第 8 腹板中片端缘平截，中部略突………黑头异形隐翅虫 *O. nigriceps*

（577）黄翅异形隐翅虫 *Oxytelus* (*Oxytelus*) *bengalensis* Erichson, 1840（图 4-III-249，图版 III-115）

Oxytelus bengalensis Erichson, 1840: 789.

Oxytelus bicolor Walker, 1859: 52.

Oxytelus opacifrons Sharp, 1874a: 93.

主要特征：体长 2.5–2.8 mm。头部和腹部黑褐色，前胸背板红褐色，鞘翅和足黄褐色。头部亚三角形，复眼大而突出，稀布刻点。前胸背板倒马蹄形，略宽于头部，具 3 条纵沟，刻点与头部相似。鞘翅略宽于前胸背板，刻点较前胸背板小而密。腹部两侧亚平行，具皮革状刻纹，刻点不明显，各节具明显长刚毛。

分布：浙江、辽宁、江苏、上海、江西、台湾、香港、广西、四川、贵州；韩国，日本，巴基斯坦，印度，尼泊尔，孟加拉国，缅甸，越南，泰国，斯里兰卡，马来西亚，新加坡。

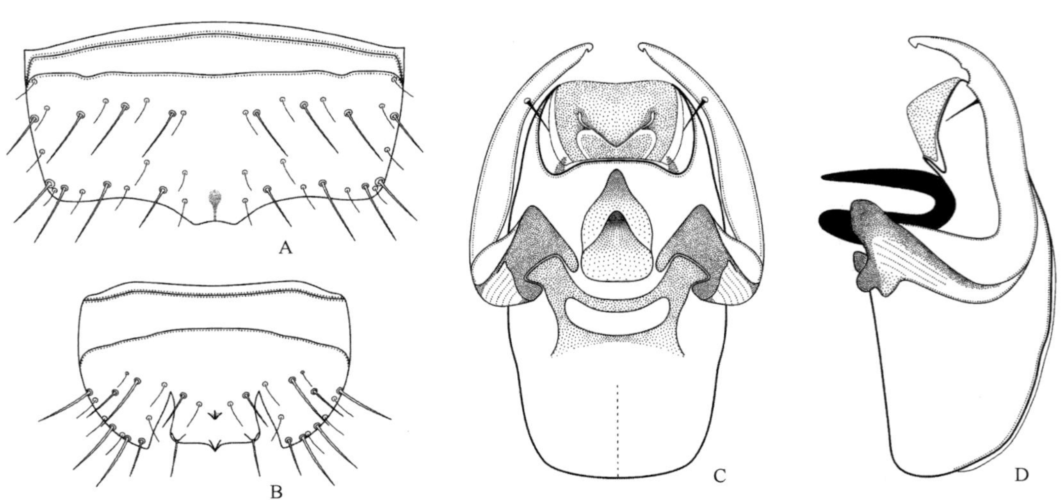

图 4-III-249　黄翅异形隐翅虫 *Oxytelus* (*Oxytelus*) *bengalensis* Erichson, 1840（仿自 Lü and Zhou，2012）

A. 雄性第 7 腹板；B. 雄性第 8 腹板；C. 阳茎腹面观；D. 阳茎侧面观

（578）凹尾异形隐翅虫 *Oxytelus* (*Oxytelus*) *incisus* Motschulsky, 1858（图 4-III-250）

Oxytelus incisus Motschulsky, 1858d: 504.

Oxytelus ferrugineus Kraatz, 1859: 173.

Oxytelus laevior Sharp, 1874a: 92.

Oxytelus bledioides Blackburn, 1885: 125.

Oxytelus laxipennis Fairmaire, 1893a: 527.

Oxytelus cordovensis Bernhauer, 1910b: 358.

主要特征：体长 3.5–3.7 mm。体棕色，头部和前胸背板颜色较深。头部亚五边形，密布刻点。前胸背板横宽，倒马蹄形，约与头部等长，表面具刻点，有 5 条明显的纵沟。鞘翅具刻点和皱纹。腹部具皮革状刻纹，生有致密的细刚毛；第 10 背板后缘中部有深凹。雌性头部小于雄性，背面较拱起。

分布：浙江、吉林、辽宁、北京、上海、湖北、江西、台湾、广东、海南、香港、广西、四川、云南；韩国，日本，巴基斯坦，印度，尼泊尔，缅甸，越南，菲律宾，马来西亚，西亚地区。

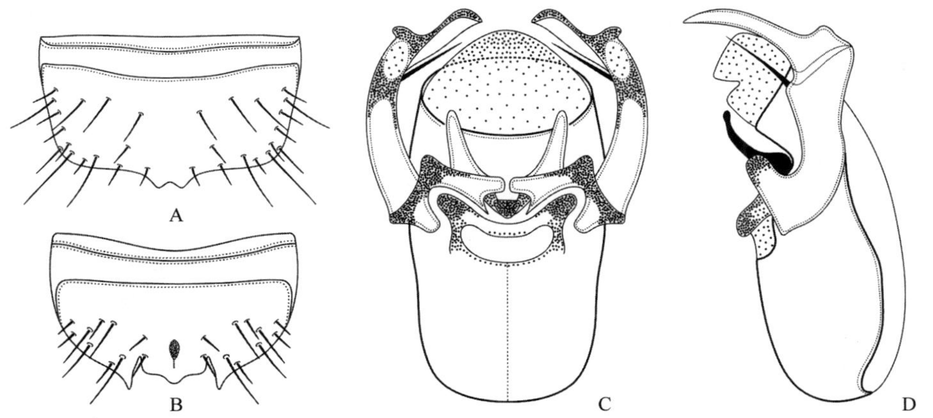

图 4-III-250 凹尾异形隐翅虫 *Oxytelus* (*Oxytelus*) *incisus* Motschulsky, 1858（仿自 Lü and Zhou，2012）
A. 雄性第 7 腹板；B. 雄性第 8 腹板；C. 阳茎腹面观；D. 阳茎侧面观

（579）角鞭异形隐翅虫 *Oxytelus* (*Oxytelus*) *migrator* Fauvel, 1904（图 4-III-251）

Oxytelus migrator Fauvel, 1904: 100.

Oxytelus akazawensis Bernhauer, 1907b: 379.

主要特征：体长 2.5–3 mm。体黄褐色，头部黑褐色，前胸背板棕黄色。头部亚三角形，表面粗糙，具

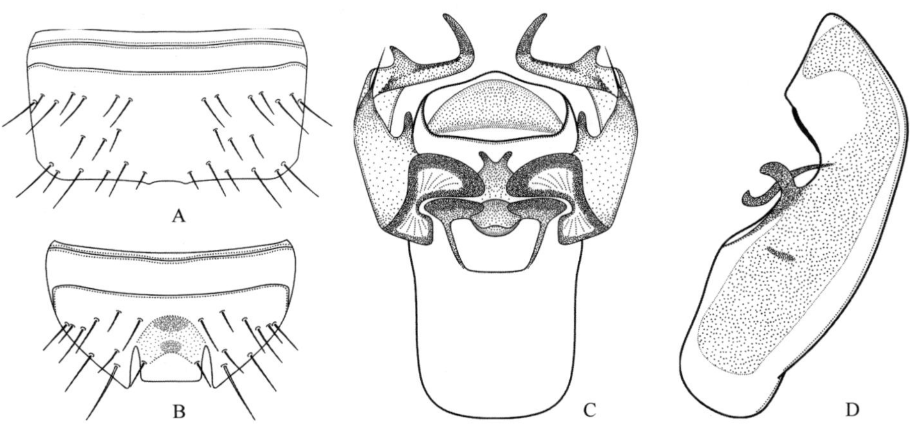

图 4-III-251 角鞭异形隐翅虫 *Oxytelus* (*Oxytelus*) *migrator* Fauvel, 1904（仿自 Lü and Zhou，2012）
A. 雄性第 7 腹板；B. 雄性第 8 腹板；C. 阳茎腹面观；D. 阳茎侧面观

稀疏大刻点；复眼大而突出；触角第 4 节无基盘。前胸背板具 3 条纵沟，刻点大而稀疏。鞘翅粗糙，无明显纵隆脊，刻点较前胸背板小。腹部光滑。雄性第 8 腹板后缘二开裂；阳茎侧叶呈直角状弯曲。

分布：浙江、黑龙江、北京、江苏、上海、安徽、湖北、福建、台湾、香港、广西、贵州；俄罗斯，朝鲜，日本，越南，泰国，斯里兰卡，马来西亚，印度尼西亚，西亚地区，欧洲。

（580）黑头异形隐翅虫 *Oxytelus* (*Oxytelus*) *nigriceps* Kraatz, 1859（图 4-III-252）

Oxytelus nigriceps Kraatz, 1859: 171.

主要特征：体长 3.5–4.0 mm。体红黄色至红褐色，头部、前胸背板后缘及鞘翅缝缘黑褐色，足黄褐色。头部亚三角形，具中等密度的小刻点；复眼大而突出。前胸背板近倒马蹄形，具 3 条浅而宽的纵沟；刻点与头部相似。鞘翅前窄后宽，无纵隆脊，但有皱纹，刻点与前胸背板相似。腹部光滑；第 10 背板后缘不凹入。

分布：浙江、黑龙江、吉林、辽宁、内蒙古、新疆、湖北、湖南、福建、台湾、广东、海南、香港、云南、西藏；韩国，日本，巴基斯坦，印度，尼泊尔，孟加拉国，缅甸，越南，泰国，斯里兰卡，菲律宾，马来西亚，新加坡，印度尼西亚，大洋洲。

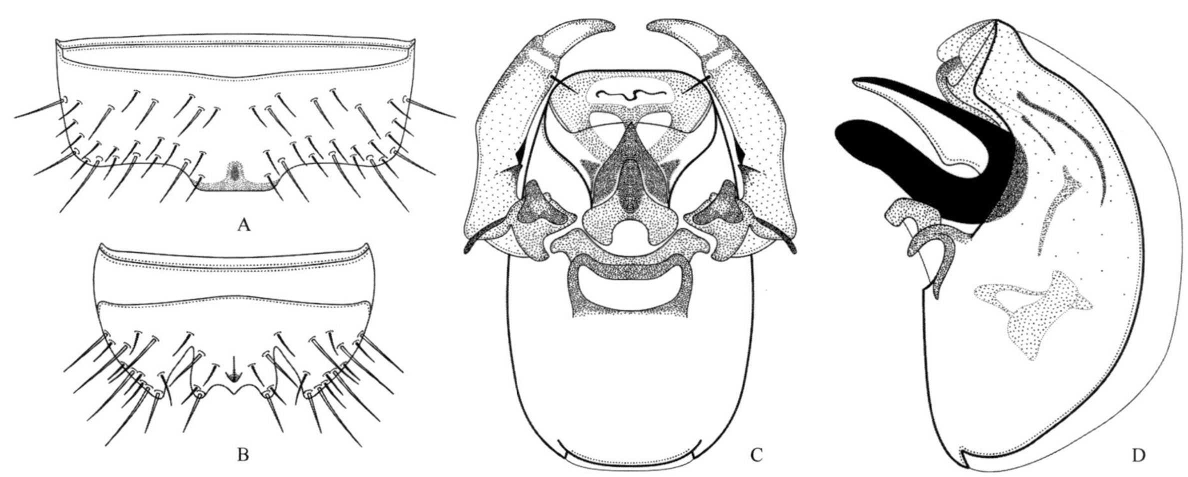

图 4-III-252 黑头异形隐翅虫 *Oxytelus* (*Oxytelus*) *nigriceps* Kraatz, 1859（仿自 Lü and Zhou，2012）
A. 雄性第 7 腹板；B. 雄性第 8 腹板；C. 阳茎腹面观；D. 阳茎侧面观

（581）巨角异形隐翅虫 *Oxytelus* (*Tanycraerus*) *megaceros* Fauvel, 1895（图 4-III-253）

Oxytelus megaceros Fauvel, 1895: 201.

Oxytelus kalisi Bernhauer, 1934b: 172.

主要特征：体长约 5 mm，背腹较扁平。头部、前胸背板和腹部暗褐色，鞘翅和足黄褐色。头部具稀疏大刻点；触角第 4 节具基盘。前胸背板倒马蹄形，略宽于头部，具 3 条盘沟和 2 条侧沟，刻点与头部相似。鞘翅略宽于前胸背板，侧缘向后略增宽，刻点较前胸背板密而小。腹部两侧亚平行，第 3–5 背板基侧脊发达。

分布：浙江、湖北、福建、台湾、广东、海南、香港、广西、四川、贵州、云南、西藏；巴基斯坦，印度，缅甸，越南，老挝，泰国，菲律宾，马来西亚，印度尼西亚。

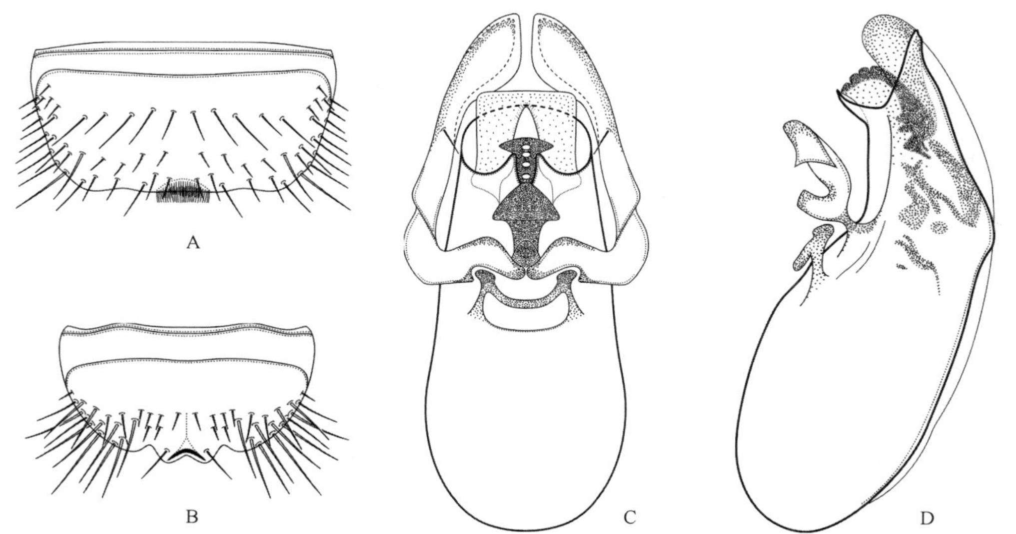

图 4-III-253 巨角异形隐翅虫 *Oxytelus* (*Tanycraerus*) *megaceros* Fauvel, 1895（仿自 Lü and Zhou，2012）

A. 雄性第 7 腹板；B. 雄性第 8 腹板；C. 阳茎腹面观；D. 阳茎侧面观

（582）异色异形隐翅虫 *Oxytelus* (*Tanycraerus*) *varipennis varipennis* Kraatz, 1859（图 4-III-254）

Oxytelus varipennis varipennis Kraatz, 1859: 172.

主要特征：体长 3.5–4.8 mm。体暗棕色，鞘翅黄褐色。头部亚三角形，具中等密度的小刻点，无隆脊。前胸背板倒马蹄形，中部有 3 条扁平而宽阔的纵隆脊，刻点与头部相似。鞘翅前窄后宽，有粗糙的皱纹，刻点较前胸背板小，无纵隆脊。腹部光滑，几乎无刻点。

分布：浙江、辽宁、北京、上海、江西、福建、台湾、香港、四川、贵州；韩国，日本，巴基斯坦，印度，尼泊尔，孟加拉国，缅甸，斯里兰卡，印度尼西亚。

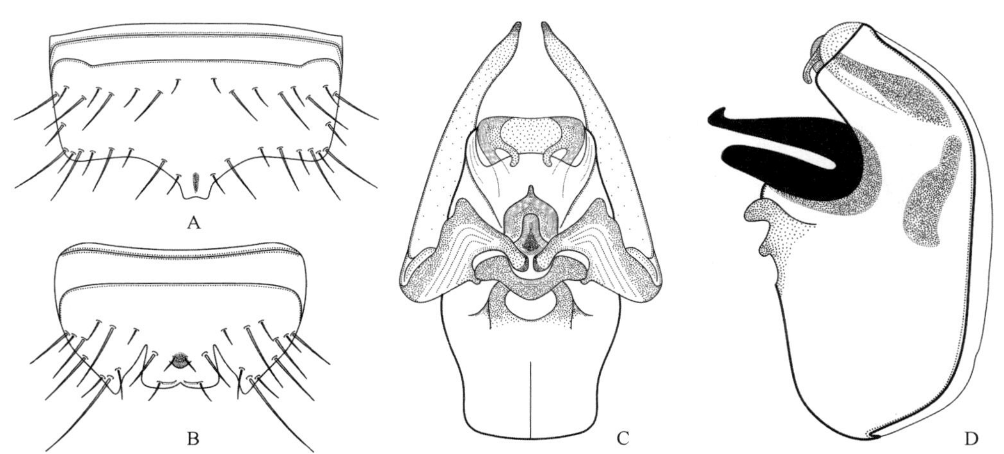

图 4-III-254 异色异形隐翅虫 *Oxytelus* (*Tanycraerus*) *varipennis varipennis* Kraatz, 1859（仿自 Lü and Zhou，2012）

A. 雄性第 7 腹板；B. 雄性第 8 腹板；C. 阳茎腹面观；D. 阳茎侧面观

253. 离鞘隐翅虫属 *Platystethus* Mannerheim, 1830

Platystethus Mannerheim, 1830: 46. Type species: *Staphylinus morsitans* Paykull, 1792.

Pyctocraerus Thomson, 1859: 43. Type species: *Staphylinus morsitans* Paykull, 1792.

主要特征：身体较扁平，上唇前缘常具齿或刺，下颚须末节明显比亚末节短而窄，锥状或针状。前胸背板通常呈倒马蹄形，前侧角突出，侧缘与后缘圆弧形。鞘翅缝缘通常重叠，鞘翅缘折有脊定界。中胸腹突短，端部平截。腹部具侧背板，背板无基侧脊。前足基节缝存在，中足基节窝相互远离。跗式 3–3–3 式。

分布：古北区、东洋区、新北区、旧热带区、新热带区。世界已知 57 种 5 亚种，中国记录 11 种 3 亚种，浙江分布 1 种。

（583）黄褐离鞘隐翅虫 *Platystethus* (*Craetopycrus*) *dilutipennis* Cameron, 1914（图 4-III-255）

Platystethus dilutipennis Cameron, 1914: 527.

主要特征：体长 3.5–4.0 mm。体黑色有光泽，鞘翅黄褐色，触角第 1–4 节红黄色。雄性头大，亚圆形，宽于前胸背板，表面密布微刻纹，稀布刻点；雌性头部不宽于前胸背板，刻纹和刻点较雄性不明显；两性额区均有 2 个三角形突起。前胸背板近半圆形，中线两侧各有 3–4 个大刻点，无刻纹。鞘翅横宽，缝缘长度略短于前胸背板，刻点稀而小。腹部几乎无刻点。

分布：浙江、湖北、四川、云南；印度。

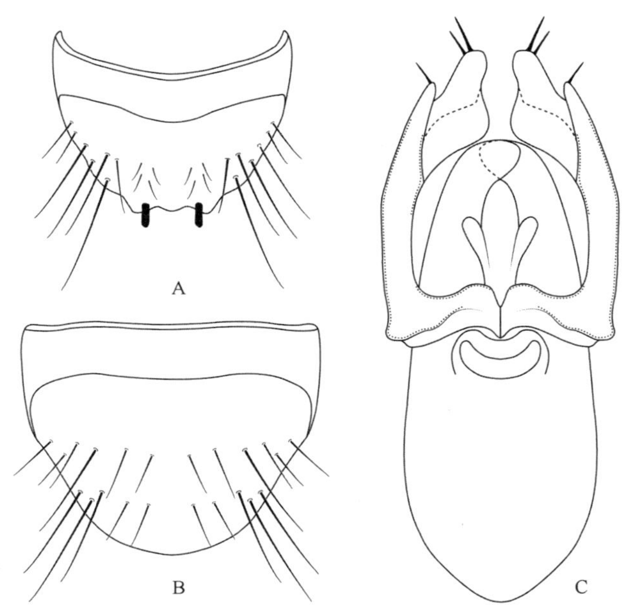

图 4-III-255　黄褐离鞘隐翅虫 *Platystethus* (*Craetopycrus*) *dilutipennis* Cameron, 1914（仿自 Lü and Zhou，2015）
A. 雄性第 7 腹板；B. 雄性第 8 腹板；C. 阳茎腹面观

滘隐翅虫族 Thinobiini Sahlberg, 1876

254. 果隐翅虫属 *Carpelimus* Leach, 1819

Carpelimus Leach, 1819: 174. Type species: *Oxytelus fuliginosus* Gravenhorst, 1802.

Batychrus Gistel, 1834: 9. Type species: *Oxytelus corticinus* Gravenhorst, 1806.

Glomus Gistel, 1848: xi. Type species: *Aleochara pusilla* Gravenhorst, 1802.

Oxytrogus Wendeler, 1930: 183. Type species: *Oxytrogus oculatus* Wendeler, 1930.

Nanolobus Cameron, 1933a: 74. Type species: *Nanolobus pacificus* Cameron, 1933.

Thoracoplatynus Scheerpeltz, 1937: 109. Type species: *Oxytelus fuliginosus* Gravenhorst, 1802.

Myopinus Scheerpeltz, 1937: 116. Type species: *Trogophloeus elongatulus* Erichson, 1839.

主要特征：身体略扁平，黄色至黑色，具刻点和柔毛。下颚须第 4 节短而窄，锥状或针状，短于亚末节。前胸背板略横宽，侧缘圆弧形。鞘翅近方形。中胸腹突长，端部尖锐。前足基节缝存在（若缺失，则后足胫节无栉刺列）；胫节无大刺列；中足基节相互接触或邻近；跗式 3–3–3 式。腹部具侧背板；背板无基侧脊。

分布：世界广布。世界已知 384 种 24 亚种，中国记录 41 种 2 亚种，浙江分布 4 种。

分种检索表

1. 前胸背板和鞘翅红棕色；阳茎侧叶显著长于中叶……2
- 前胸背板和鞘翅暗棕色；阳茎侧叶仅略长于中叶……3
2. 阳茎侧叶顶端明显窄于亚端部……**印度果隐翅虫 *C. indicus***
- 阳茎侧叶顶端几乎不窄于亚端部……**长叶果隐翅虫 *C. pusillus***
3. 前胸背板侧缘端部 1/3 几乎不收窄；前胸背板表面平坦无压痕……**异色果隐翅虫 *C. atomus***
- 前胸背板侧缘端部 1/3 明显不收窄；前胸背板表面有明显压痕……**小果隐翅虫 *C. minusculus***

（584）印度果隐翅虫 *Carpelimus* (*Carpelimus*) *indicus* (Kraatz, 1859)（图 4-III-256）

Trogophloeus indicus Kraatz, 1859: 179.

Trogophloeus ceylonicus Bernhauer, 1902a: 44.

Trogophloeus kreyenbergi Bernhauer, 1928a: 8.

Carpelimus indicus: Last, 1961: 305.

主要特征：体长 2.6–3.0 mm。体棕色有光泽，前胸背板和鞘翅红棕色，头和腹部颜色暗棕色。头长宽约相等，密布小刻点，复眼大而突出。前胸背板明显很宽，侧缘较直，刻点比头部刻点略大。鞘翅宽明显大于长，刻点与前胸背板相似。阳茎侧叶长，近端部膨大。

分布：浙江（海宁）、北京、山东、陕西、台湾、广东、海南、香港、广西、重庆、四川、贵州、云南；日本，巴基斯坦，印度，尼泊尔，缅甸，越南，泰国，斯里兰卡，菲律宾，马来西亚，印度尼西亚，西亚地区，大洋洲。

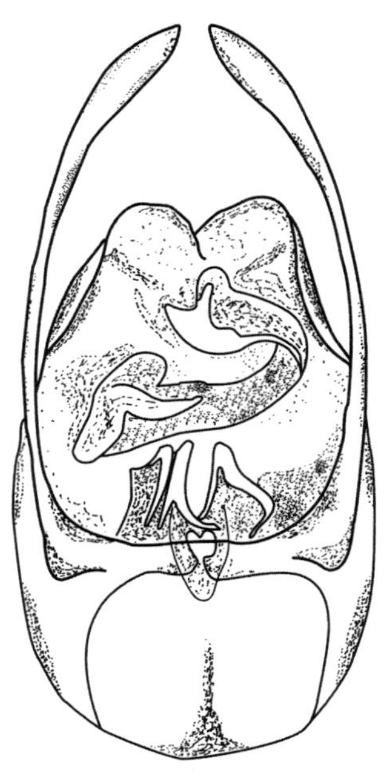

图 4-III-256　印度果隐翅虫 *Carpelimus* (*Carpelimus*) *indicus* (Kraatz, 1859)阳茎腹面观
（仿自 Gildenkov，2015）

（585）长叶果隐翅虫 *Carpelimus* (*Carpelimus*) *pusillus* (Gravenhorst, 1802)（图 4-III-257）

Aleochara pusillus Gravenhorst, 1802: 78.

Carpelimus pusillus: Hinton, 1945: 52.

Trogophloeus lasti Scheerpeltz, 1946: 306.

Trogophloeus (*Taenosoma*) *thessalonicensis* Scheerpeltz, 1963: 429.

Trogophloeus (*Taenosoma*) *asmarensis* Coiffait, 1982c: 87.

主要特征：体长 1.4–1.8 mm。体暗棕色，前胸背板和鞘翅红棕色，足黄褐色。头部很宽，后颊较发达，向两侧适度扩展，表面密布微小刻点。前胸背板最宽处位于前方 1/3 处，刻点与头部相似。鞘翅长约等于宽，两侧亚平行，刻点略大于前胸背板。阳茎中叶端部有三角形凹陷；侧叶粗壮，端半部向顶端逐渐变宽。

分布：浙江、辽宁、北京、山东、河南、陕西、台湾、香港、重庆；俄罗斯，日本，中亚地区，西亚地区，欧洲，北美洲，大洋洲，非洲。

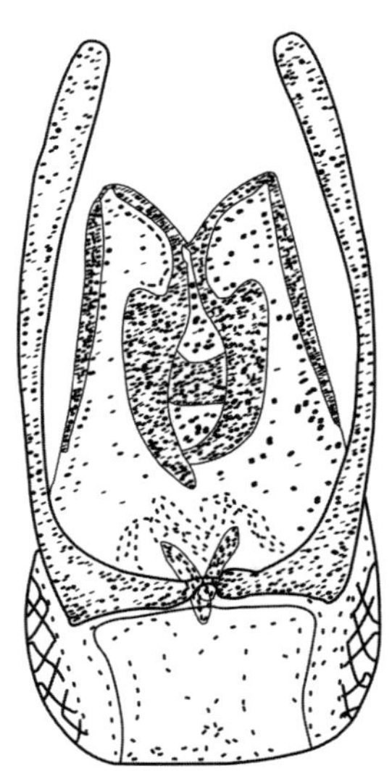

图 4-III-257 长叶果隐翅虫 *Carpelimus* (*Carpelimus*) *pusillus* (Gravenhorst, 1802)阳茎腹面观（仿自 Gildenkov，2015）

（586）异色果隐翅虫 *Carpelimus* (*Troginus*) *atomus* (Saulcy, 1865)（图 4-III-258）

Bledius atomus Saulcy, 1865: 658.

Trogophloeus discolor Baudi di Selve, 1870: 400.

Trogophloeus formosanus Cameron, 1940: 249.

Trogophloeus variegatus Cameron, 1944: 312.

Trogophloeus ruandanus Cameron, 1956: 178.

Trogophloeus travei Coiffait, 1982b: 158.

Carpelimus (*Troginus*) *atomus*: Gusarov, 1997: 280.

Carpelimus maroccanus Gildenkov, 2004: 548.

主要特征：体长 1.3–2.0 mm。体色多变，淡棕色至深棕色，头部和腹部颜色通常较前胸背板和鞘翅深。头部宽略大于长，复眼发达，表面密布微刻点。前胸背板倒马蹄形，宽略大于长，侧缘基部收窄，端部轻微收窄；表面平坦无凹痕，刻点与头部相似，具微刻纹。鞘翅长约等于宽，密布小刻点和柔毛。腹部向后方逐渐变宽，柔毛较长。

分布：浙江、北京、河北、陕西、江苏、湖北、湖南、福建、台湾、广东、香港、重庆、四川、贵州、云南；韩国，日本，巴基斯坦，尼泊尔，西亚地区，欧洲，非洲。

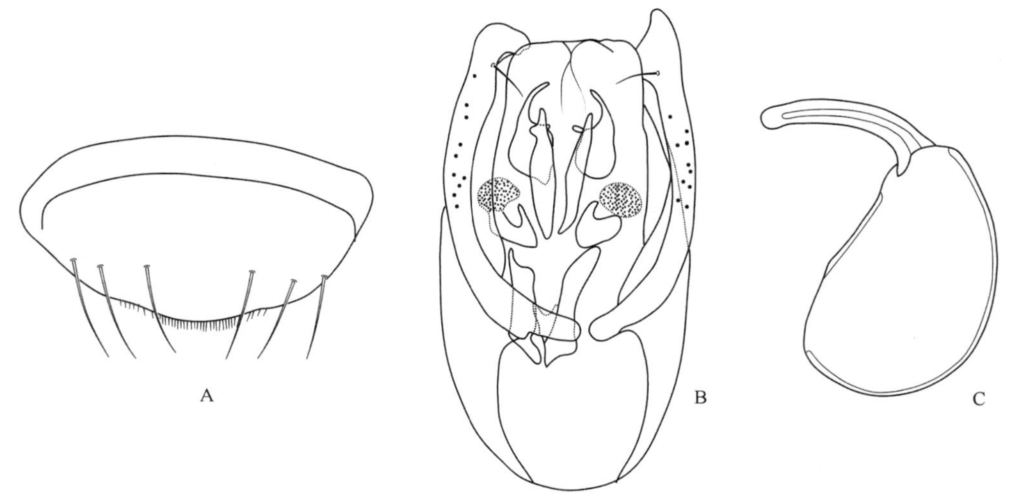

图 4-III-258 异色果隐翅虫 *Carpelimus* (*Troginus*) *atomus* (Saulcy, 1865)（仿自 Lee and Ahn，2019）
A. 雄性第 8 背板；B. 阳茎腹面观；C. 受精囊

（587）小果隐翅虫 *Carpelimus* (*Troginus*) *minusculus* (Motschulsky, 1861)（图 4-III-259）

Bledius minusculus Motschulsky, 1861b: 144.

Trogophloeus globicollis Eppelsheim, 1885: 145.

Carpelimus minusculus: Rougemont, 2001: 28.

主要特征：体长 1.3–1.7 mm。体棕色，头和腹部暗棕色，足黄褐色。头部横宽，表面平滑，密布小刻点；复眼发达，突出。前胸背板横宽，侧缘基部向内轻微缢缩；表面刻点与头部相似，具微刻纹。鞘翅长约等于宽，表面刻点小而密。阳茎粗短，侧叶略长于中叶。

分布：浙江、台湾、香港；印度，越南，老挝，泰国，柬埔寨，斯里兰卡，马来西亚，新加坡，印度尼西亚。

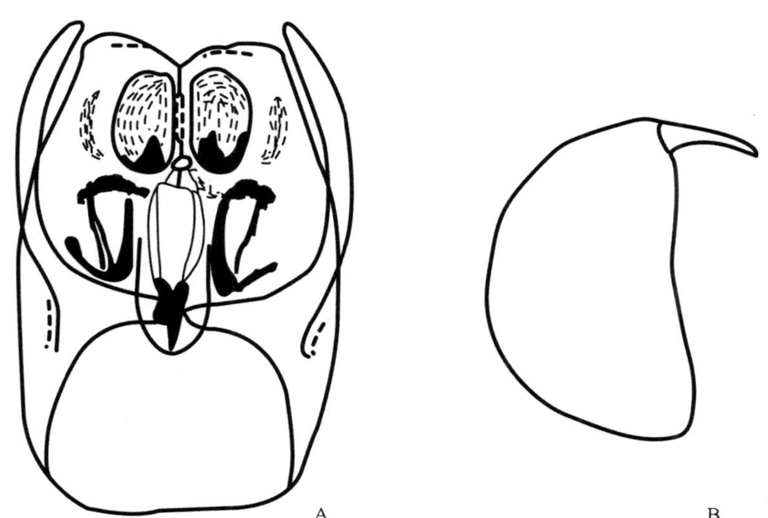

图 4-III-259 小果隐翅虫 *Carpelimus* (*Troginus*) *minusculus* (Motschulsky, 1861)（仿自 Gildenkov，2015）
A. 阳茎腹面观；B. 受精囊

255. 奔沙隐翅虫属 *Thinodromus* Kraatz, 1857

Thinodromus Kraatz, 1857c: 866. Type species: *Trogophloeus dilatatus* Erichson, 1839.

Apocellagria Cameron, 1920b: 143. Type species: *Apocellagria indica* Cameron, 1920.

Warburtonia Oke, 1933: 104. Type species: *Warburtonia inflatipes* Oke, 1933.

主要特征：上唇前缘深凹，若凹入不明显，则前足基节缝退化；下颚须第 4 节短而窄，锥状或针状，短于亚末节。中胸腹突长，端部尖锐。跗式 5-5-5 式；前足胫节无大刺列；中足基节相互接触或邻近。腹部背板无基侧脊。

分布：世界广布。世界已知 135 种 4 亚种，中国记录 14 种，浙江分布 1 种。

（588）考氏奔沙翅虫 *Thinodromus* (*Amisammus*) *kochi* (Bernhauer, 1939)（图 4-III-260）

Trogophloeus (*Carpalimus*) *kochi* Bernhauer, 1939d: 585.

Carpelimus kochi: Herman, 1970: 392.

Thinodromus kochi: Gildenkov, 2000: 1075.

主要特征：体长约 3.0 mm。体棕色至暗棕色，头部和腹部通常颜色较深，触角、口器和足黄褐色；体表密被长柔毛。头部亚三角形，触角较长，复眼较大。前胸背板宽大于长，最宽处位于端部 1/3 处，基部 2/3 两侧逐渐收窄，密布小刻点。鞘翅横宽，侧缘向端部逐渐略变宽。受精囊分为两个相等的部分。

分布：浙江、湖北。

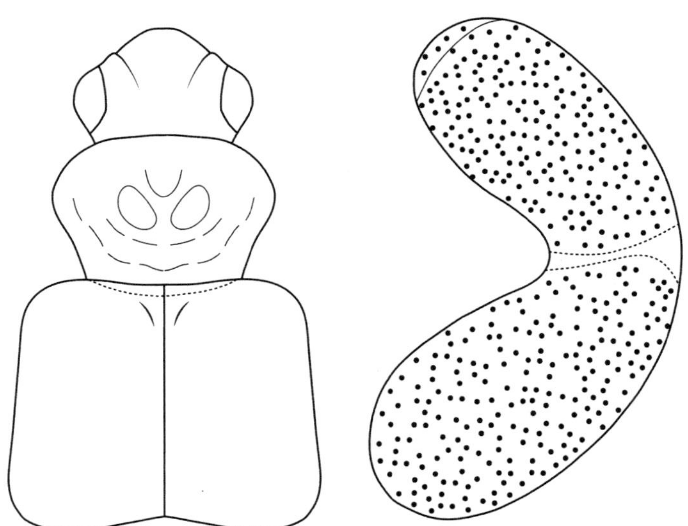

图 4-III-260　考氏奔沙翅虫 *Thinodromus* (*Amisammus*) *kochi* (Bernhauer, 1939)（仿自 Gildenkov，2000）
A. 前体；B. 受精囊

（九）斧须隐翅虫亚科 Oxyporinae

主要特征：体中型至大型，宽长条形；有光泽，通常双色。头部发达；上颚约与头等长，向前突出；下唇须末节极度膨大成斧形或新月形；触角着生在头前缘两侧接近复眼。前足基节大而突出，圆锥形，中足基节相互远离；跗式 5–5–5 式。腹部可见腹板 6 节，侧背板 2 对。

生物学：常聚集在各类蘑菇上，菌食性。

分布：古北区、东洋区、新北区、新热带区。世界已知 2 属 133 种（亚种），中国记录 2 属 54 种 3 亚种，浙江分布 1 属 1 种。

256. 斧须隐翅虫属 *Oxyporus* Fabricius, 1775

Oxyporus Fabricius, 1775: 267. Type species: *Staphylinus rufus* Linnaeus, 1758.

主要特征：体中型至大型，粗壮。上颚发达，向前突出；下颚须末节极度膨大，呈新月形；触角第 6 或第 7 节侧扁，轴部光洁。阳茎侧叶极短，针状。

生物学：菌食性种类。

分布：古北区、东洋区、新北区、新热带区。世界已知 147 种 6 亚种，中国记录 47 种 3 亚种，浙江分布 1 种。

（589）中华斧须隐翅虫 *Oxyporus sinicus* Huang, Zhao, Li *et* Hayashi, 2006（图 4-III-261）

Oxyporus (*Oxyporus*) *sinicus* Huang, Zhao, Li *et* Hayashi, 2006: 208.

主要特征：体长 7.8–9.1 mm。体红褐色，上颚、头前缘、鞘翅端部从中缝后 1/5 处至外缘后 3/5 处、第 3 背板中间 3/5、第 4 背板中间 1/5（有时不明显）、第 5 背板中间 4/5、第 6 和第 7 背板，以及各节腹板黑色。雄性头部和上颚明显较雌性发达；阳茎侧叶极小，长约为中叶长的 1/7，顶端具 2 根极小的刚毛。本种通过体色不难与其他种类区分。

分布：浙江（庆元）、四川。

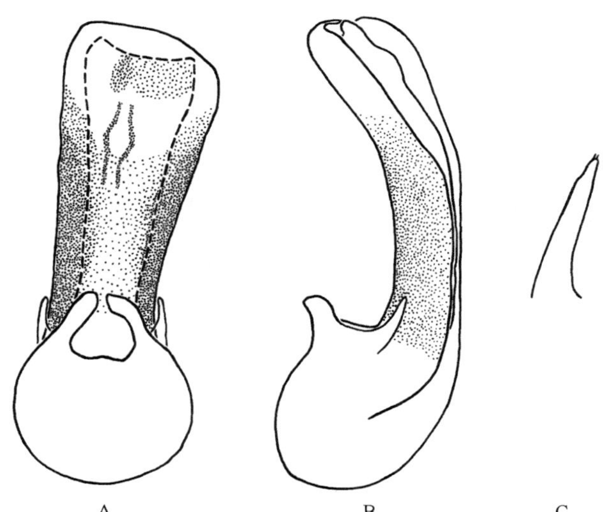

图 4-III-261　中华斧须隐翅虫 *Oxyporus sinicus* Huang, Zhao, Li *et* Hayashi, 2006

A. 阳茎腹面观；B. 阳茎侧面观；C. 阳茎侧叶端部侧面观

（十）突唇隐翅虫亚科 Megalopsidiinae

主要特征：体小型，长条形，有光泽。上唇前缘有 1 对长突起；复眼极大而突出，占据头侧大部分；触角短，端部 2–3 节膨大呈棍棒状。前胸背板有横向或斜伸沟槽，前基节缝封闭。前足基节小，圆锥形，跗式 5–5–5 式。腹部可见腹板 6 节，侧背板 2 对。

生物学：常发现于生有真菌的朽木上。

分布：世界广布。世界已知 1 属 425 种，中国记录 1 属 8 种，浙江分布 1 属 1 种。

257. 突唇隐翅虫属 *Megalopinus* Eichelbaum, 1915

Megalops Erichson, 1839a: 30 [HN]. Type species: *Oxyporus caelatus* Gravenhorst, 1802.

Megalopinus Eichelbaum, 1915: 104 [Replacement name for *Megalops* Erichson, 1839]. Type species: *Oxyporus caelatus* Gravenhorst, 1802.

Stylopodus L. Benick, 1917: 190. Type species: *Megalops cephalotes* Erichson, 1840.

主要特征：体小型，长条形，有光泽。复眼极大而突出，占据大部分头侧；触角很短，端部 2–3 节膨大呈棍棒状；上唇前缘有 1 对长突起。前胸背板有横向或斜伸沟槽，前基节缝封闭。腹部可见腹板 6 节，侧背板 2 对。前足基节小，圆锥形；跗式 5–5–5 式。

生物学：常发现于生有真菌的朽木上。

分布：世界广布。世界已知 425 种，中国记录 8 种，浙江分布 1 种。

（590）汉氏突唇隐翅虫 *Megalopinus helferi* (Dormitzer, 1851)（图 4-III-262，图版 III-116）

Megalops helferi Dormitzer, 1851: 61.

Megalops subfasciatus Champion, 1923: 45.

Megalopinus helferi: Puthz, 2014: 1525.

主要特征：体长 2.9–3.8 mm。体黑色，鞘翅中部各具 1 个近哑铃形黄斑，附肢红黄色，触角末 2 节颜色逐渐加深。头宽于前胸背板，窄于鞘翅。前胸背板具 4 条带刻点的横沟。鞘翅具 3 列带刻点纵沟，沿缝缘有少量刻点。腹部第 3–6 背板基部各具成对纵沟。阳茎对称，侧叶与中叶等长，侧叶端部无刚毛。本种与加里曼丹突唇隐翅虫 *M. vexabilis* Puthz, 2012 极相似，但本种阳茎侧叶较长，端部无刚毛；中叶内囊结构较简单。

分布：浙江（临安）、海南；印度，缅甸，越南，老挝，泰国，菲律宾，马来西亚，新加坡，印度尼西亚。

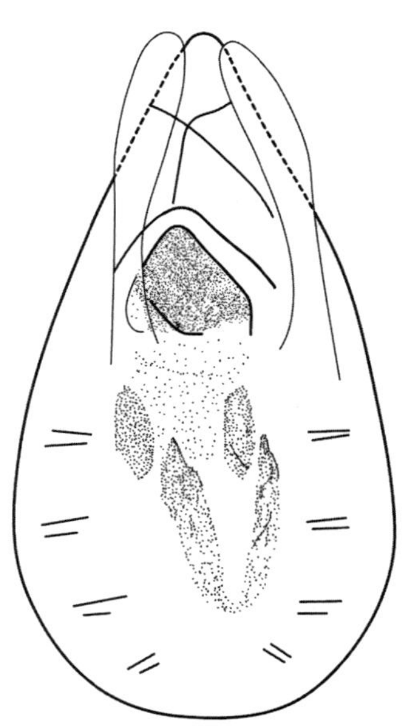

图 4-III-262　汉氏突唇隐翅虫 *Megalopinus helferi* (Dormitzer, 1851)阳茎腹面观

（十一）突眼隐翅虫亚科 Steninae

主要特征：体小型至中型，长圆筒形，密被刻点。触角纤细，着生在复眼前缘连线之后（复眼之间），端部 2–3 节略膨大；复眼极大而突出，至少占据绝大部分头侧。前基节缝封闭；前侧片不可见。鞘翅短。后足基节小，圆锥形，相互分离；跗式 5–5–5 式。腹部末 5–6 节外露，可见腹板 6 节，侧背板 1 对或缺。

生物学：常生活在枯枝落叶、草丛及农田中，有的在溪流边活动，有的在河流石块的背光处聚集。

分布：世界广布。世界已知 2 属 3339 种（亚种），中国记录 2 属 597 种 27 亚种，浙江分布 2 属 55 种 4 亚种。

258. 束毛隐翅虫属 *Dianous* Leach, 1819

Dianous Leach, 1819: 173. Type species: *Dianous coerulescens* Gyllenhal, 1810.

主要特征：该属与突眼隐翅虫属 *Stenus* 相似，但本属复眼相对较小，下唇不特化成可弹出的捕食器，下颏宽短；部分种类后足跗节具特殊的刚毛；第 9 腹板后侧的刚毛束更发达；阳茎内部多数无明显的骨片；雌性无骨质化的受精囊。

生物学：生活于溪流和河流边。

分布：古北区、东洋区、新北区。世界已知 262 种 11 亚种，中国记录 128 种 5 亚种，浙江分布 9 种 1 亚种。

分种检索表

1. 后足第 1 跗节明显长于后 3 节之和……2
- 后足第 1 跗节短于后 3 节之和……3
2. 鞘翅整个暗蓝色……**闪蓝束毛隐翅虫 *D. coeruleotinctus***
- 鞘翅双色，具较大的金属色区域……**蓝胸束毛隐翅虫 *D. coeruleovestitus***
3. 鞘翅无红斑……4
- 鞘翅具红斑……6
4. 附肢明显长；后足第 4 跗节深分叶……**浙江束毛隐翅虫 *D. zhejiangensis***
- 附肢明显短；后足第 4 跗节不分叶……5
5. 腿节大部分红色……**红足束毛隐翅虫 *D. rufidulus***
- 腿节暗黑色……**皱纹束毛隐翅虫 *D. rugosipennis***
6. 鞘翅斑点到达鞘翅侧缘……**班氏束毛隐翅虫 *D. banghaasi banghaasi***
- 鞘翅斑点不达鞘翅侧缘……7
7. 前胸背板刚毛几乎不可见；鞘翅斑点直径明显小于触角第 3 节长度……8
- 前胸背板刚毛长而明显；鞘翅斑点直径稍小于至大于触角第 3 节长度……9
8. 后足第 4 跗节简单；足黑色……**显斑束毛隐翅虫 *D. luteostigmaticus***
- 后足第 4 跗节双分叶；足多红色……**福氏束毛隐翅虫 *D. freyi***
9. 体长 3.9–4.8 mm；鞘翅侧缘向后逐渐分离……**等束毛隐翅虫 *D. aequalis***
- 体长 5.1–6.9 mm；鞘翅侧缘较平行……**疑束毛隐翅虫 *D. dubiosus***

（591）等束毛隐翅虫 *Dianous aequalis* Zheng, 1993（图 4-III-263）

Dianous aequalis Zheng, 1993: 199.

主要特征：体长 3.9–4.8 mm。体黑色具金属蓝光泽，鞘翅中部各具 1 个圆形橙斑，附肢颜色较体色略浅。前体密布刻点，被明显亚竖立刚毛。头宽是鞘翅宽的 0.83–0.94 倍。鞘翅长是宽的 0.98–1.06 倍；后足第 4 跗节分叶。雄性第 8 腹板后缘中部浅凹入，第 9 腹板后侧角尖锐；阳茎中叶端部双叶状，侧叶端部长度和宽度具一定变化。雌性第 8 腹板后缘中部细长突出。本种可通过较小的体型、向后稍分离的鞘翅和相对较短的腹部与浙江近似种类区分。

分布： 浙江（安吉、临安、龙泉、泰顺）、江西、广东、四川、贵州。

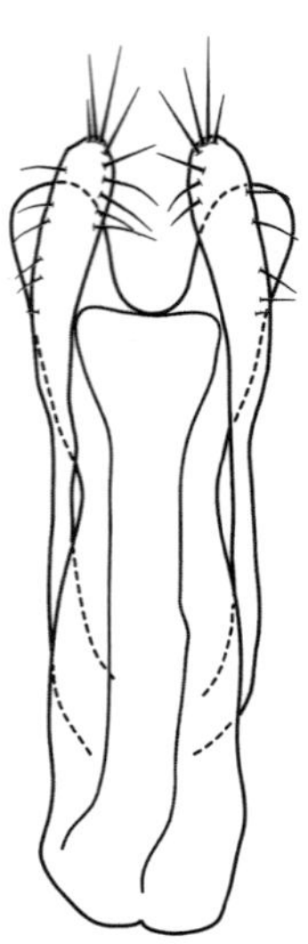

图 4-III-263 等束毛隐翅虫 *Dianous aequalis* Zheng, 1993 阳茎腹面观

（592）班氏束毛隐翅虫 *Dianous banghaasi banghaasi* Bernhauer, 1916（图 4-III-264）

Dianous banghaasi Bernhauer, 1916b: 27.

Dianous pilosus Champion, 1919: 54.

主要特征： 体长 5.3–7.2 mm。体黑色，具明显的金属蓝光泽；鞘翅中部各具 1 个横长的橙斑，橙斑可达鞘翅侧缘；附肢颜色较体色略浅。前体密布刻点，被明显亚竖立刚毛。头宽是鞘翅宽的 0.72–0.81 倍。鞘翅长是宽的 1.02–1.07 倍；后足第 4 跗节不分叶。雄性第 8 腹板后缘中部浅凹入，第 9 腹板后侧角尖锐；阳茎中叶端部双叶状，侧叶端部长于中叶并具刚毛。雌性第 8 腹板后缘中部向后突出。本种通过可达侧缘的鞘翅黄斑与浙江其他种类区分。

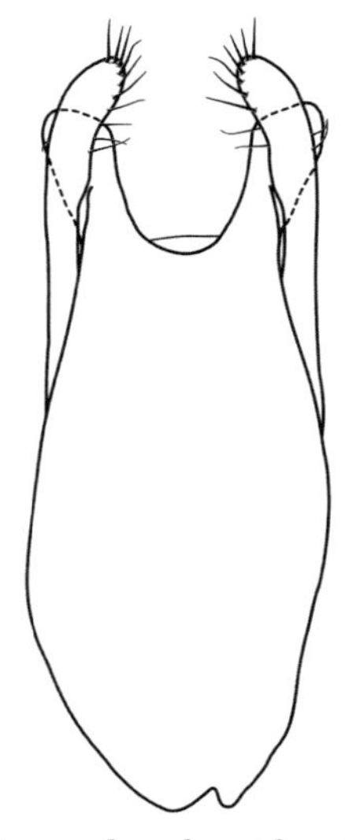

图 4-III-264 班氏束毛隐翅虫 *Dianous banghaasi banghaasi* Bernhauer, 1916 阳茎腹面观

分布：浙江（安吉、临安、诸暨、磐安、龙泉、泰顺）、山西、山东、河南、陕西、上海、江西、湖南、福建、广东、广西、四川、贵州；韩国。

（593）闪蓝束毛隐翅虫 *Dianous coeruleotinctus* Puthz, 2000（图 4-III-265）

Dianous coeruleotinctus Puthz, 2000: 437.

主要特征：体长 5.4–6.6 mm。体黑色，鞘翅具明显的金属蓝光泽，触角末 4 节及跗节褐色；体表刚毛以白色为主，前胸背板刚毛不明显，两鞘翅中域刚毛组成隐约的“X”形。头宽是鞘翅宽的 0.78–0.87 倍，刻点非常细密。前胸背板刻点明显较头部稀疏且粗大。鞘翅长是宽的 1.07–1.14 倍，刻点粗大而密集。后足第 1 跗节长度明显长于后 3 节之和，但短于后 4 节之和。雄性第 8 腹板后缘中部浅凹入，第 9 腹板无明显后侧角；阳茎中叶端部圆突，侧叶端部约等长于中叶并具刚毛。雌性第 8 腹板后缘中部具 1 对向后的突起。本种与蓝胸束毛隐翅虫 *D. coeruleovestitus* Puthz, 2000 比较相似，但可以通过后者鞘翅具黄铜或紫铜色进行区分。

分布：浙江（安吉、临安、诸暨、磐安）、湖南。

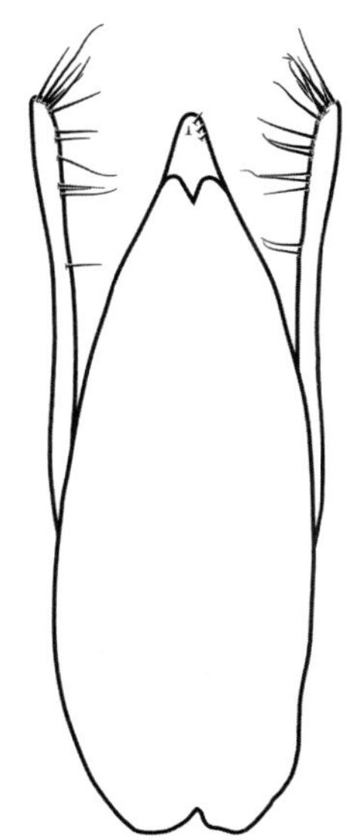

图 4-III-265 闪蓝束毛隐翅虫 *Dianous coeruleotinctus* Puthz, 2000 阳茎腹面观

（594）蓝胸束毛隐翅虫 *Dianous coeruleovestitus* Puthz, 2000（图 4-III-266）

Dianous coeruleovestitus Puthz, 2000: 436.

主要特征：体长 5.4–6.6 mm。体黑色，鞘翅具明显的黄铜或者紫铜区域，触角尤其端部数节颜色较浅；体表被毛以褐色为主，但鞘翅具白色刚毛组成的斑块，前胸背板无明显刚毛。头宽是鞘翅宽的 0.83–0.91 倍，刻点非常细密。前胸背板刻点明显较头部稀疏而稍大。鞘翅长是宽的 1.09–1.17 倍，刻点粗大而密。后足第 1 跗节长度明显长于后 3 节之和，但短于后 4 节之和。雄性第 8 腹板后缘中部浅凹入，第 9 腹板具宽的后侧角；阳茎中叶端部圆突，侧叶端部长于中叶并具刚毛。雌性第 8 腹板后缘中部具 1 对向后的突起。本种与闪蓝束毛隐翅虫 *D. coeruleotinctus* Puthz, 2000 比较相似，但可以通过本种鞘翅具黄铜或紫铜色进行区分。

分布：浙江（安吉、临安、诸暨）、福建、香港、广西、贵州。

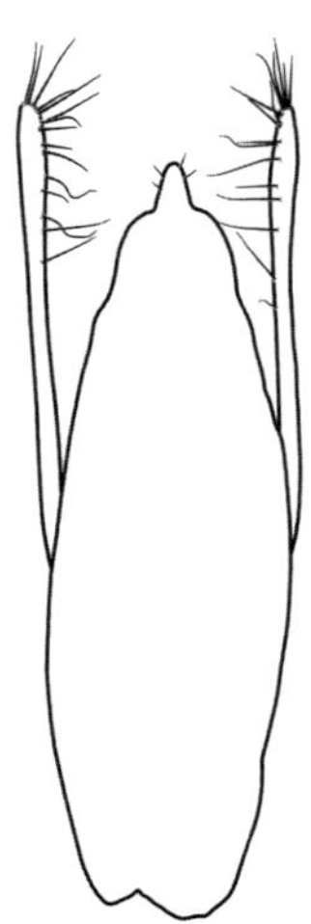

图 4-III-266　蓝胸束毛隐翅虫 *Dianous coeruleovestitus* Puthz, 2000 阳茎腹面观

（595）疑束毛隐翅虫 *Dianous dubiosus* Puthz, 2000（图 4-III-267，图版 III-117）

Dianous dubiosus Puthz, 2000: 467.

主要特征：体长 5.1–6.9 mm。体黑色；鞘翅中部各具 1 圆形橙斑，橙斑直径小于触角第 3 节；附肢红棕色。前体密布刻点，被有白色至褐色刚毛，但前胸背板被毛不明显；前胸背板和鞘翅刻点至少部分明显愈合。头宽是鞘翅宽的 0.76–0.85 倍；鞘翅长是宽的 1.00–1.06 倍。后足第 4 跗节不分叶。雄性第 8 腹板后缘中部浅凹入；第 9 腹板后侧角略突出，由锯齿状小齿组成。阳茎中叶端部窄圆突，侧叶端部长于中叶并具刚毛。雌性第 8 腹板后缘中部向后突出。本种与福氏束毛隐翅虫 *D. freyi* Benick, 1940 近似，但后者足的颜色较深，后足第 4 跗节浅分叶。

分布：浙江（磐安）、陕西、湖北、广西、贵州。

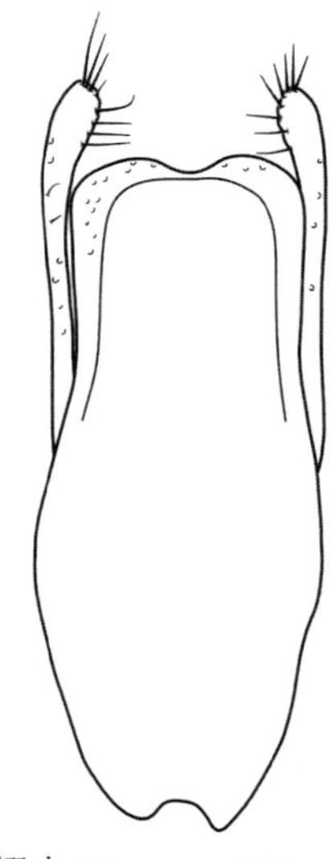

图 4-III-267　疑束毛隐翅虫 *Dianous dubiosus* Puthz, 2000 阳茎腹面观

（596）福氏束毛隐翅虫 *Dianous freyi* Benick, 1940（图 4-III-268）

Dianous freyi L. Benick, 1940: 573.

Dianous klapperichi L. Benick, 1942: 76.

主要特征：体长 5.2–6.9 mm。体黑色；鞘翅中部各具 1 圆形橙斑，橙斑直径小于触角第 3 节；附肢红棕色。前体密布刻点，前胸背板和鞘翅刻点至少部分明显愈合；被毛白色至褐色，前胸背板无明显被毛。头宽是鞘翅宽的 0.76–0.85 倍；鞘翅长是宽的 1.00–1.06 倍；后足第 4 跗节浅分叶。雄性第 8 腹板后缘中部浅凹入；第 9 腹板后侧角仅略突出，由锯齿状小齿组成；阳茎中叶端部窄圆突，侧叶端部长于中叶并具刚毛。雌性第 8 腹板后缘中部向后突出。本种与显斑束毛隐翅虫 *D. luteostigmaticus* Rougemont, 1986 近似，但后者足的颜色较深，且后足第 4 跗节不分叶。

分布：浙江（全境除舟山）、安徽、湖北、江西、湖南、福建、广东、四川、贵州、云南。

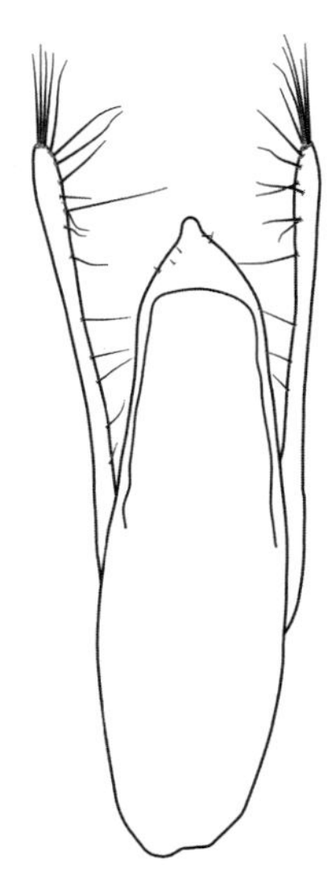

图 4-III-268　福氏束毛隐翅虫 *Dianous freyi* Benick, 1940 阳茎腹面观

（597）显斑束毛隐翅虫 *Dianous luteostigmaticus* Rougemont, 1986（图 4-III-269）

Dianous luteostigmaticus Rougemont, 1986: 263.

主要特征：体长 5.8–6.5 mm。体黑色，具微弱金属光泽；鞘翅中部各具 1 圆形橙斑，橙斑直径小于触角第 3 节；附肢黑色。前体密布刻点，前胸背板和鞘翅刻点至少部分明显愈合；被毛白色至褐色，前胸背板无明显被毛。头宽是鞘翅宽的 0.77–0.91 倍；鞘翅长是宽的 1.00–1.11 倍；后足第 4 跗节不分叶。雄性第 8 腹板后缘中部浅凹入，第 9 腹板后侧角尖细；阳茎中叶端部三角形，侧叶端部长于中叶并具刚毛。雌性

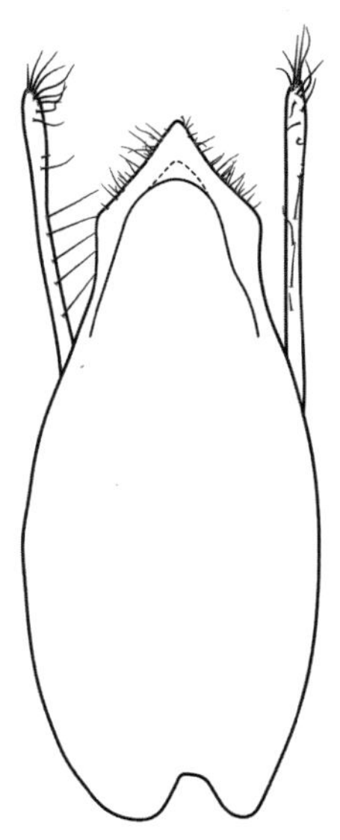

图 4-III-269　显斑束毛隐翅虫 *Dianous luteostigmaticus* Rougemont, 1986 阳茎腹面观

第 8 腹板后缘中部向后突出较宽。本种与福氏束毛隐翅虫 *D. freyi* Benick, 1940 近似，但后者足的颜色浅色，且后足第 4 跗节浅分叶。

分布：浙江（临安）、福建、香港。

（598）红足束毛隐翅虫 *Dianous rufidulus* Shuai *et* Tang, 2019（图 4-III-270）

Dianous rufidulus Q. Shuai *et* Tang, 2019: 282.

主要特征：体长 4.5–5.3 mm。体黑色，具微弱金属光泽；触角黑褐色，末 3 节红褐色；下颚须红褐色，端部深色；足红棕色，但腿节端半部和胫节基部黑褐色。前体密布刻点，前胸背板刻点至少部分明显愈合，鞘翅刻点强烈愈合成斜沟状；被毛金色，前胸背板无明显被毛。头宽是鞘翅宽的 0.85–0.99 倍；鞘翅长是宽的 1.01–1.08 倍；后足第 4 跗节不分叶。雄性第 8 腹板后缘中部凹入，第 9 腹板后侧角发达；阳茎中叶端部尖锐，端部两侧具略翻折的肩部，侧叶端部长于中叶并具刚毛。雌性第 8 腹板后缘中部向后突出。本种与皱纹束毛隐翅虫 *D. rugosipennis* Puthz, 2000 非常近似，但本种足颜色较红，阳茎形状有所不同。

分布：浙江（安吉、临安）。

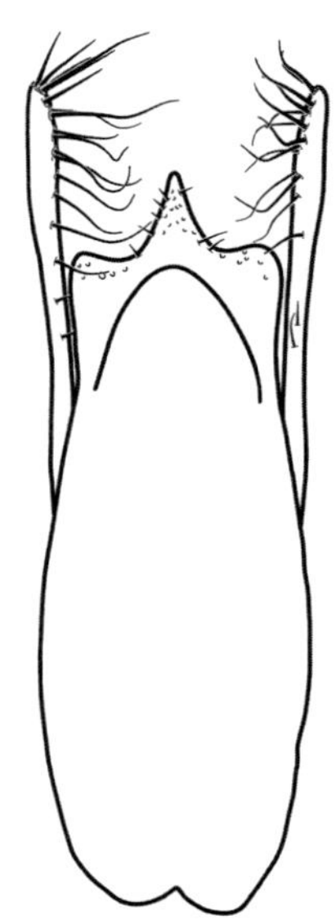

图 4-III-270　红足束毛隐翅虫 *Dianous rufidulus* Shuai *et* Tang, 2019 阳茎腹面观

（599）皱纹束毛隐翅虫 *Dianous rugosipennis* Puthz, 2000（图 4-III-271）

Dianous rugosipennis Puthz, 2000: 456.

主要特征：体长 4.9–6.2 mm。体黑色，具金属光泽；触角末 3 节红褐色，下颚须红褐色，足胫节大部和跗节红棕色。前体密布刻点，前胸背板刻点至少部分明显愈合，鞘翅刻点强烈愈合成中侧部向缝缘前后部发出的斜沟；被毛银色，前胸背板无明显被毛。头宽是鞘翅宽的 0.85–0.98 倍；鞘翅长是宽的 1.00–1.09 倍；后足第 4 跗节不分叶。雄性第 8 腹板后缘中部凹入，第 9 腹板后侧角发达；阳茎中叶端部尖锐，端部两侧肩部下倾，侧叶端部长于中叶并具刚毛。雌性第 8 腹板后缘中部向后突出。本种与红足束毛隐翅虫 *D. rufidulus* Shuai *et* Tang, 2019 近似，可通过本种腿节深色与后者区分。

分布：浙江（安吉、临安、武义、开化、龙泉）、安徽、福建。

图 4-III-271　皱纹束毛隐翅虫 *Dianous rugosipennis* Puthz, 2000 阳茎腹面观

（600）浙江束毛隐翅虫 *Dianous zhejiangensis* Shi *et* Zhou, 2009（图 4-III-272）

Dianous zhejiangensis K. Shi *et* Zhou, 2009: 290.

主要特征：体长 5.2–6.9 mm。体黑色，触角末 3 节和足跗节颜色较浅。前体密布刻点，前胸背板刻点至少部分明显愈合，鞘翅刻点强烈愈合成中侧部向缝缘前后部发出的斜沟；被毛银色，前胸背板和鞘翅无明显被毛。头宽是鞘翅宽的 0.93–1.03 倍；鞘翅长是宽的 1.05–1.19 倍；后足第 4 跗节深分叶。雄性第 8 腹板后缘中部凹入，第 9 腹板后侧角明显；阳茎中叶端部窄圆突，端部两侧肩部下倾，侧叶端部长于中叶并具刚毛。雌性第 8 腹板后缘中部向后微弱突出。本种体色和鞘翅刻点与红足束毛隐翅虫 *D. rufidulus* Shuai *et* Tang, 2019 非常近似，但本种腿节黑色，阳茎形状有所不同。

分布：浙江（安吉、临安、武义、开化、龙泉）。

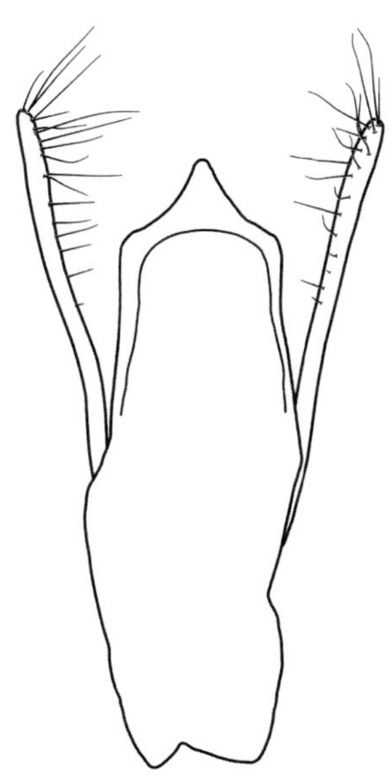

图 4-III-272　浙江束毛隐翅虫 *Dianous zhejiangensis* Shi *et* Zhou, 2009 阳茎腹面观

259. 突眼隐翅虫属 *Stenus* Latreille, 1797

Stenus Latreille, 1797: 77. Type species: *Staphylinus juno* Paykull, 1789.

Zolmaenus Stephens, 1829b: 291. Type species: *Staphylinus juno* Paykull, 1789.

Nestus Rey, 1884: 246. Type species: *Stenus boops* Ljungh, 1810.

Mutinus Casey, 1884b: 146. Type species: *Stenus dispar* Casey, 1884.

Areus Casey, 1884b: 150. Type species: *Areus flavicornis* Erichson, 1840.

Stenosidotus Lynch Arribálzaga, 1884: 338. Type species: *Stenus aenescens* Lynch Arribálzaga, 1884.

主要特征：本属与束毛隐翅虫属 *Dianous* 相似，区别在于复眼相对较大，下唇特化成可弹出的捕食器，下颏细长；后足跗节无特殊的刚毛；第 9 腹板后侧的刚毛束较不发达；阳茎内部通常具明显的骨片。不少种类具骨质化的受精囊。

生物学：生活于水源附近或落叶层等生境中。

分布：世界广布。世界已知 2949 种 174 亚种，中国记录 469 种 22 亚种，浙江分布 46 种 3 亚种。

分种检索表

1. 后足第 4 跗节简单 ··· 2
- 后足第 4 跗节明显 2 分叶 ··· 14
2. 腹部无侧背板 ··· 3
- 腹部具明显的侧背板 ··· 4
3. 前体刚毛竖立；鞘翅长小于宽 ··· **竖毛突眼隐翅虫 *S. hirtiventris***
- 前体刚毛倒伏；鞘翅长等于宽 ··· **多毛突眼隐翅虫 *S. pilosiventris***
4. 第 3–5 背板无明显的基纵脊 ··· 5
- 第 3–5 背板具明显的基纵脊 ··· 7
5. 体长 4.5–5.5 mm；鞘翅黑色具橙斑；后足第 1 跗节明显长于末节 ··· **瘦突眼隐翅虫 *S. tenuipes***
- 体长 2.8–3.6 mm；鞘翅黑色；后足第 1 跗节长度等于末节 ··· 6
6. 腿节基半部颜色明显浅于端半部；雄性第 7 腹板后中部平坦；阳茎内囊宽 ··· **东方突眼隐翅虫 *S. eurous***
- 腿节基半部颜色稍浅于端半部；雄性第 7 腹板后中部凹陷；阳茎内囊窄 ··· **绒毛突眼隐翅虫 *S. pubiformis***
7. 第 3–5 背板具 3 条基纵脊 ··· 8
- 第 3–5 背板具 4 条基纵脊 ··· **小黑突眼隐翅虫 *S. melanarius melanarius***
8. 体长 2.5–2.8 mm；第 10 背板具白色毛斑 ··· **性突眼隐翅虫 *S. sexualis***
- 体长至少为 3.7 mm；第 10 背板无白色毛斑 ··· 9
9. 第 9 腹板后侧角为 1 大齿突 ··· 10
- 第 9 腹板后侧角由数个小锯齿组成 ··· 12
10. 腹部较扁，具略上扬的侧背板 ··· **伪黑突眼隐翅虫 *S. lewisius pseudoater***
- 腹部近圆筒形，具下倾的侧背板 ··· 11
11. 体较光亮；头明显窄于鞘翅；鞘翅长宽比为 0.74；体长 4.8–5.5 mm ··· **台湾突眼隐翅虫 *S. formosanus***
- 体较黯淡；头略窄于鞘翅；鞘翅长宽比为 0.88；体长 4.5–4.9 mm ··· **分离突眼隐翅虫 *S. distans***
12. 前胸背板长明显小于宽 ··· **祖线突眼隐翅虫 *S. proclinatus***
- 前胸背板长略微大于宽 ··· 13
13. 鞘翅侧缘向后渐分离，刻点不规则 ··· **挂墩突眼隐翅虫 *S. kuatunensis***
- 鞘翅侧缘较平行，刻点多数规则 ··· **日本突眼隐翅虫 *S. japonicus***
14. 腹部很光亮，具长而竖立的刚毛 ··· 15

- 腹部相对黯淡，具短而倒伏的刚毛……23
15. 第 3–6 腹节具窄的侧背板……卷毛突眼隐翅虫 *S. cirrus*
- 仅第 3 腹节具窄的侧背板，第 4–6 背板和腹板完全愈合……16
16. 体长 2.3–3.1 mm；前胸背板刻点之间具网状微刻纹……17
- 体长 3.5–5.0 mm；前胸背板刻点之间光滑……18
17. 头和前胸背板中部的刻点间区明显宽于刻点直径……乌岩岭突眼隐翅虫 *S. wuyanlingus*
- 头和前胸背板中部的刻点间区明显窄于刻点直径……沈山佳突眼隐翅虫 *S. shenshanjiai*
18. 鞘翅无明显黄斑……余氏突眼隐翅虫 *S. yuyimingi*
- 前翅具明显黄斑……19
19. 头明显窄于鞘翅；后翅发达……广西突眼隐翅虫 *S. guangxiensis*
- 头明显宽于鞘翅；后翅短小……20
20. 前胸背板和鞘翅刻点较密，但不拥挤……卵斑突眼隐翅虫 *S. ovalis*
- 前胸背板和鞘翅刻点很密、拥挤……21
21. 鞘翅刻点极密、拥挤；雄性第 8 腹板后缘中部非常宽而浅的凹入……朱礼龙突眼隐翅虫 *S. zhulilongi*
- 鞘翅刻点相对较不密、拥挤；雄性第 8 腹板后缘中部较窄而圆弧形凹入……22
22. 鞘翅斑点较长，延伸至肩部……李金文突眼隐翅虫 *S. lijinweni*
- 鞘翅斑点较短，短于鞘翅长的 1/2……九龙山突眼隐翅虫 *S. jiulongshanus*
23. 第 3–6 腹节具发达的侧背板……24
- 第 3–6 腹节多数无侧背板，少数种第 3 腹节具极窄的侧背板……28
24. 鞘翅具橙斑……25
- 鞘翅无橙斑……26
25. 头几乎等宽于鞘翅；鞘翅长明显小于宽……格氏突眼隐翅虫 *S. gestroi*
- 头明显窄于鞘翅；鞘翅长约等于宽……面突眼隐翅虫 *S. facialis*
26. 体长 3.5–4.1 mm；鞘翅刻点不呈漩涡状……暗腹突眼隐翅虫 *S. rugipennis*
- 体长 5.1–7.1 mm；鞘翅后半部中域刻点漩涡状……27
27. 体具明显的金属光泽……闪蓝突眼隐翅虫 *S. viridanus*
- 体黑色，无金属光泽……武夷山突眼隐翅虫 *S. wuyimontium*
28. 第 10 背板后缘长双齿型；整体刻点粗密，刚毛短粗……29
- 第 10 背板后缘非双齿型；整体刻点多变，刚毛正常……31
29. 触角第 1 节颜色仅不明显地深于第 2 节；前体刻点定界较好，不拥挤……密点突眼隐翅虫 *S. confertus*
- 触角第 1 节颜色明显深于第 2 节；前体刻点多少愈合，非常拥挤……30
30. 整体刻点相对小而更密……迅速突眼隐翅虫 *S. rorellus cursorius*
- 整体刻点相对大而较密……异尾突眼隐翅虫 *S. dissimilis*
31. 第 10 背板后缘深凹，形成 2 个明显的小角……钩茎突眼隐翅虫 *S. gastralis*
- 第 10 背板后缘圆弧形，无明显的小角……32
32. 头明显宽于鞘翅，鞘翅肩部不发达，后翅退化……33
- 头明显窄于鞘翅，鞘翅肩部发达，后翅发达……43
33. 第 3 腹节具窄但完整的侧背板……34
- 第 3 腹节至多仅在基半部具侧背板痕迹……36
34. 前体无网状微刻纹……雅突眼隐翅虫 *S. decens*
- 前体具网状微刻纹……35
35. 头宽与鞘翅宽之比为 1.09–1.11；前胸背板和鞘翅刻点较少愈合……联突眼隐翅虫 *S. communicatus*
- 头宽与鞘翅宽之比为 1.14–1.38；前胸背板和鞘翅刻点较多愈合……东白山突眼隐翅虫 *S. dongbaishanus*
36. 体长 2.0–3.2 mm，雄性第 9 腹板后侧角相对短而不发达……37

- 体长 3.2–5.0 mm，雄性第 9 腹板后侧角长而发达……41
37. 前胸背板光滑无微刻纹；腹部背板和腹板由缝分离……凤阳山突眼隐翅虫 ***S. fengyangshanus***
- 前胸背板具网状微刻纹；腹部背板和腹板完全愈合……38
38. 头侧部刻点间距与刻点直径的一半等长；鞘翅长宽比为 0.93–0.98……窄突眼隐翅虫 ***S. substrictus***
- 头侧部刻点间距小于至等于刻点直径的一半；鞘翅长宽比为 0.81–0.90……39
39. 较大的种，前体长 1.4 mm……清凉峰突眼隐翅虫 ***S. qingliangfengus***
- 较小的种，前体长 1.1–1.3 mm……40
40. 前胸背板刻点较愈合……伪米突眼隐翅虫 ***S. pseudomicuba***
- 前胸背板刻点较不愈合……短小突眼隐翅虫 ***S. breviculus***
41. 体长 3.2–4.2 mm；鞘翅褐色，明显较头部色浅……桐杭岗突眼隐翅虫 ***S. tonghanggangus***
- 体长 4.0–5.0 mm；鞘翅颜色至多不明显地浅于头部……42
42. 前体长 2.0–2.2 mm；整体刻点相对较密……朱氏突眼隐翅虫 ***S. zhujianqingi***
- 前体长 2.2–2.4 mm；整体刻点相对较疏……天目山突眼隐翅虫 ***S. tianmushanus***
43. 体长 3.8–4.3 mm；刻点极紧密……浙江突眼隐翅虫 ***S. zhejiangensis***
- 体长大于 4.5 mm；刻点稀疏……44
44. 第 7 背板后中部具白色毛斑……45
- 第 7 背板后中部无白色毛斑……48
45. 前胸背板粗壮，长略微大于宽；足双色……46
- 前胸背板细长，长明显大于宽；足单色……47
46. 鞘翅具 1 对橙红色斑……丽尾突眼隐翅虫 ***S. decoripennis***
- 鞘翅无橙斑……虎突眼隐翅虫 ***S. cicindeloides***
47. 第 6 背板几乎无微刻纹……黄腿突眼隐翅虫 ***S. bispinoides***
- 第 6 背板具明显的网状微刻纹……迅捷突眼隐翅虫 ***S. currax***
48. 鞘翅具 1 对橙斑……美斑突眼隐翅虫 ***S. alumoenus***
- 鞘翅无橙斑……平头突眼隐翅虫 ***S. plagiocephalus***

（601）美斑突眼隐翅虫 *Stenus alumoenus* Rougemont, 1981（图 4-III-273，图版 III-118）

Stenus alumoenus Rougemont, 1981: 371.

主要特征：体长 4.5–5.7 mm。体黑色，鞘翅具 1 对到达侧缘的巨大红斑，附肢红黄色，腿节颜色稍深。

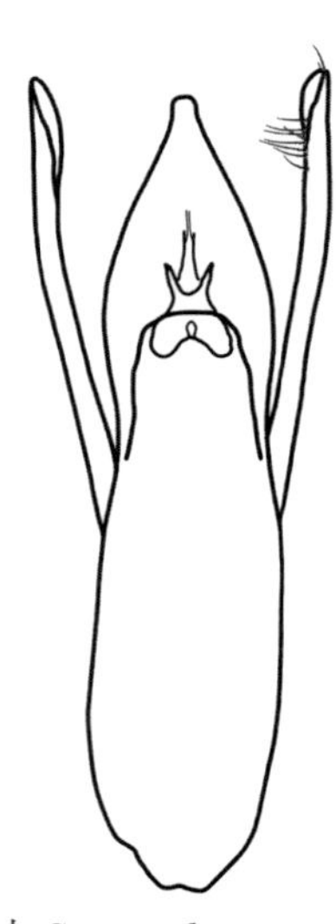

图 4-III-273　美斑突眼隐翅虫 *Stenus alumoenus* Rougemont, 1981 阳茎腹面观

副唇舌卵圆形。前体刻点较为规则，刻点间距多数明显小于刻点直径的一半，刻点间区无微刻纹。腹部无侧背板，刻点间区部分具微刻纹。足第 4 跗节强烈分叶。雄性第 8 腹板后缘中部凹入，第 9 腹板后缘锯齿状无后侧角。阳茎中叶端部圆突；侧叶微长于中叶，端部内侧具短刚毛。本种与越南的妙斑突眼隐翅虫 *S. amoenulus* Puthz, 1981 非常相似，但后者雄性第 9 腹板具明显的后侧角，阳茎中叶长于侧叶，中叶端部和侧叶端部均较宽。

分布：浙江（诸暨）、广东；老挝，泰国。

（602）黄腿突眼隐翅虫 *Stenus bispinoides* Puthz, 1984（图 4-III-274，图版 III-119）

Stenus bispinoides Puthz, 1984: 584.

主要特征：体长 5.4–5.5 mm。体黑色，附肢黄色。副唇舌卵圆形。前体刻点较粗密，刚毛明显，刻点间区无刻纹，腹部无侧背板，刚毛明显，刻点间区具模糊微刻纹。足第 4 跗节强烈分叶。雄性第 8 腹板后缘中部凹入，第 9 腹板后侧角明显。阳茎中叶端部尖锐；侧叶约等于或略短于中叶，端部内侧具密刚毛。本种外形与双角突眼隐翅虫 *S. bispinus* Motschulsky 非常相似，但本种阳茎端部骨质化区域明显较长且端部非常尖细。

分布：浙江（临安）、福建；印度，越南，泰国。

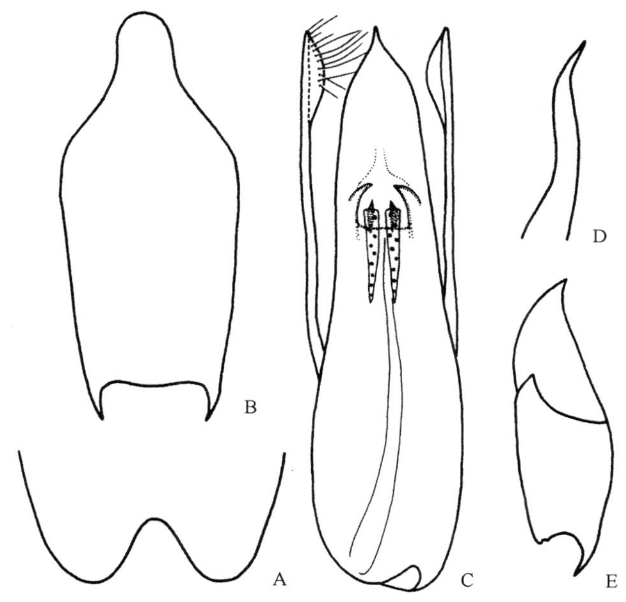

图 4-III-274 黄腿突眼隐翅虫 *Stenus bispinoides* Puthz, 1984

A. 雄性第 8 腹板；B. 雄性第 9 腹板；C. 阳茎腹面观；D. 阳茎端部侧面观；E. 雌性负瓣片

（603）短小突眼隐翅虫 *Stenus breviculus* Tang *et* Puthz, 2010（图 4-III-275）

Stenus breviculus Tang *et* Puthz, 2010: 32.

主要特征：体长 2.0–2.2 mm。体黑色，附肢黄色。副唇舌卵圆形。前体刻点粗密，头部刻点间区具网状刻纹，腹部无侧背板，刻点向后逐渐变小稀疏，刻点间区具微刻纹。足第 4 跗节分叶。雄性第 8 腹板后缘中部凹入，第 9 腹板后侧角长。阳茎中叶端部宽钝；侧叶远长于中叶，端部内侧具密刚毛。雌性具骨质化受精囊。本种与伪米突眼隐翅虫 *S. pseudomicuba* Tang, Puthz *et* Yue, 2016 较为相似，但本种头部刻点较稀疏。

分布：浙江（庆元）。

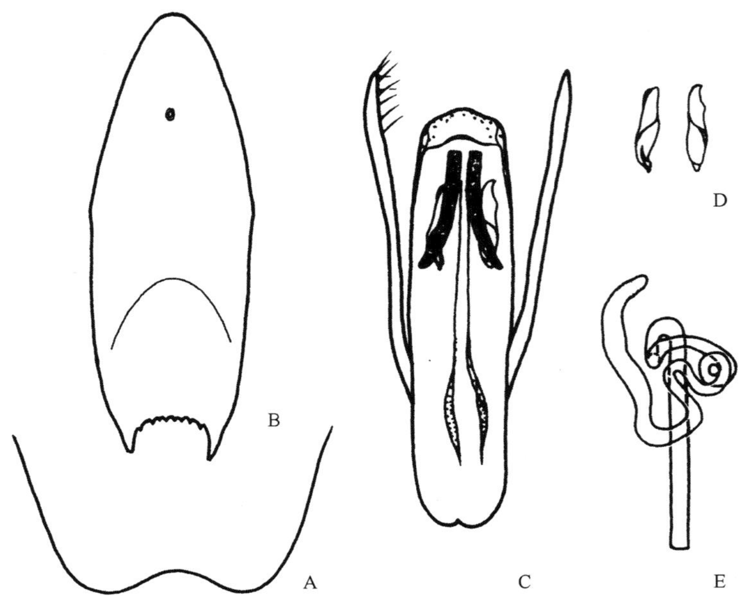

图 4-III-275　短小突眼隐翅虫 *Stenus breviculus* Tang *et* Puthz, 2010
A. 雄性第 8 腹板；B. 雄性第 9 腹板；C. 阳茎腹面观；D. 阳茎内骨片；E. 受精囊

（604）虎突眼隐翅虫 *Stenus cicindeloides* (Schaller, 1783)（图 4-III-276）

Staphylinus cicindeloides Schaller, 1783: 324.

Stenus cicindeloides: Gravenhorst, 1802: 155.

Stenus scabrior Stephens, 1833b: 282.

Stenus hydropathicus Wollaston, 1857: 197.

Stenus cicindela Sharp, 1874a: 85.

Stenus polypterus Bernhauer, 1938: 30.

Stenus coomani Cameron, 1940: 250.

主要特征： 体长 4.7–6.8 mm。体黑色，下颚须、触角红棕色，腿节基半部、胫节端半部、跗节大部红棕色，腿节端半部、胫节基半部、第 1–3 及 5 跗节端部烟褐色。头明显窄于鞘翅，副唇舌卵圆形。前体刻点粗密，略相互愈合，刻点间区无刻纹，全体被毛明显。腹部无侧背板。足第 4 跗节分叶。雄性第 8 腹板

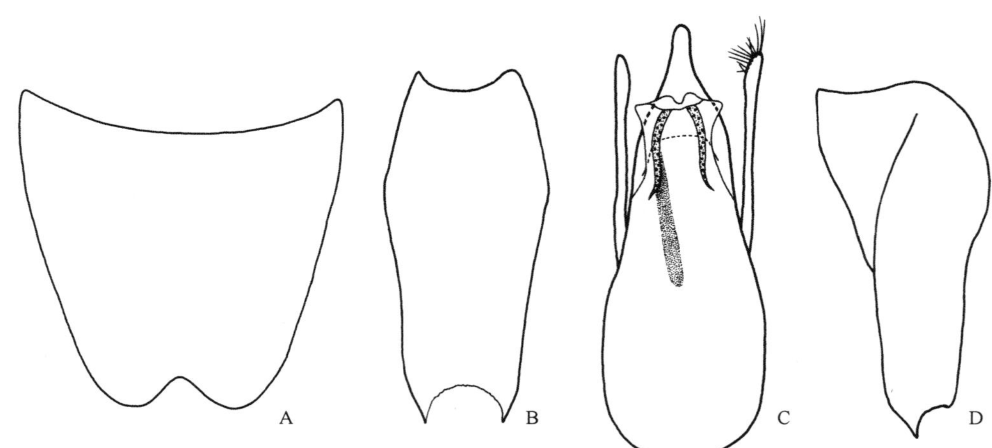

图 4-III-276　虎突眼隐翅虫 *Stenus cicindeloides* (Schaller, 1783)
A. 雄性第 8 腹板；B. 雄性第 9 腹板；C. 阳茎腹面观；D. 雌性负瓣片

后缘中部凹入，第 9 腹板后侧角明显。阳茎中叶自基部 1/3 起向端部逐渐变细，顶端细圆；侧叶略短于中叶，端部略粗，内侧着生约 15 根刚毛。本种与丽尾突眼隐翅虫 *S. decoripennis* Puthz, 2008 近缘，但后者鞘翅具橙红色圆斑。

分布：浙江（全境）、黑龙江、吉林、辽宁、北京、河北、陕西、江苏、上海、湖北、江西、湖南、福建、台湾、香港、广西、四川、贵州、云南；俄罗斯，蒙古国，朝鲜，韩国，日本，中亚地区，越南，老挝，西亚地区，欧洲，非洲。

（605）卷毛突眼隐翅虫 *Stenus cirrus* Benick, 1940（图 4-III-277）

Stenus cirrus L. Benick, 1940: 561.

主要特征：体长 2.6–3.6 mm。体黑色，腹部非常光亮，触角、颚须及足红黄色。副唇舌卵圆形。前体刻点粗密，前胸背板和鞘翅刻点较愈合，刻点间区具微刻纹，全体被毛明显。腹部刚毛长而半竖立，腹部第 3–6 节具窄的侧背板。足第 4 跗节分叶。雄性第 8 腹板后缘中部凹入，第 9 腹板后侧角明显。阳茎中叶端部逐渐变窄；侧叶长于中叶，端部略粗，内侧着生约 20 根刚毛。雌性受精囊骨质化。本种通过黑色的体色和腹部具窄的侧背板不难与国内卷毛突眼隐翅虫 *S. cirrus* 种团的其他物种区分。

分布：浙江（临安）。

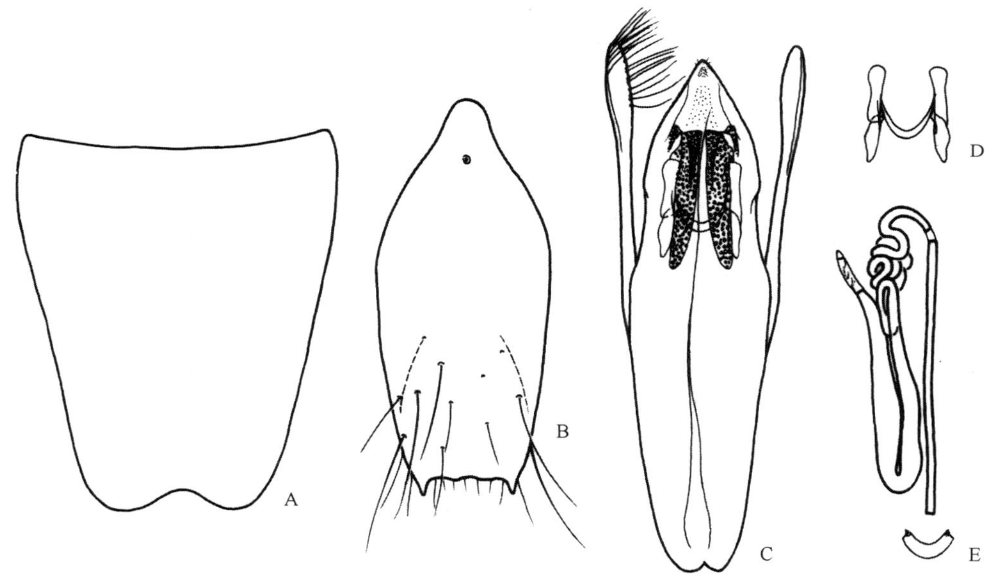

图 4-III-277　卷毛突眼隐翅虫 *Stenus cirrus* Benick, 1940

A. 雄性第 8 腹板；B. 雄性第 9 腹板；C. 阳茎腹面观；D. 阳茎内骨片；E. 受精囊

（606）联突眼隐翅虫 *Stenus communicatus* Tang *et* Jiang, 2018（图 4-III-278，图版 III-120）

Stenus communicatus Tang *et* Jiang, 2018: 302.

主要特征：体长 2.5–3.0 mm。体黑褐色，鞘翅红褐色，足黄褐色。副唇舌卵圆形。前体刻点粗密，刻点间区具微刻纹，全体被毛不明显。腹部仅第 3 节具窄的侧背板，之后背板和腹板完全愈合。足第 4 跗节分叶。雄性第 8 腹板后缘中部凹入，第 9 腹板后侧角明显。阳茎中叶端部逐渐变窄；侧叶长于中叶，内侧生 6 根端部刚毛和 4–5 根亚端部刚毛。雌性具骨质化受精囊。本种与清凉峰突眼隐翅虫 *S. qingliangfengus* Tang *et* Jiang, 2018、伪米突眼隐翅虫 *S. pseudomicuba* Tang, Puthz *et* Yue, 2016 和短小突眼隐翅虫 *S. breviculus* Tang *et* Puthz, 2010 较相似，但本种腹部第 3 节具完整侧背板。

分布：浙江（婺城）。

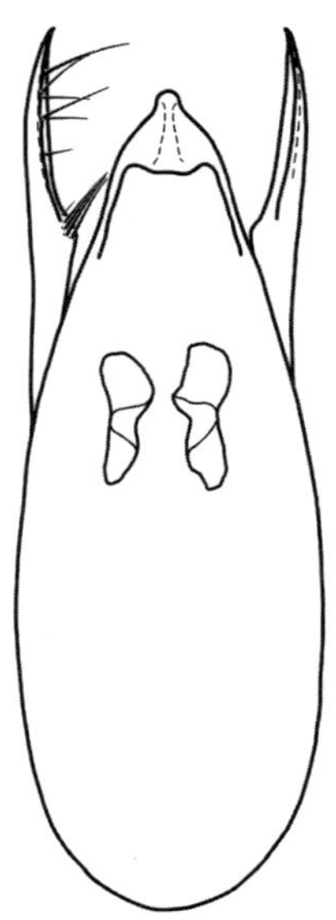

图 4-III-278 联突眼隐翅虫 *Stenus communicatus* Tang *et* Jiang, 2018 阳茎腹面观

（607）密点突眼隐翅虫 *Stenus confertus* Sharp, 1889（图 4-III-279，图版 III-121）

Stenus confertus Sharp, 1889: 331.

主要特征：体长 3.0–3.3 mm。体黑褐色，附肢红黄色。副唇舌卵圆形。整体刻点粗密，刻点间区光滑，被毛短但明显。腹部仅第 3 腹节具窄的侧背板，第 10 背板后缘具 2 尖锐突起的后侧角。足第 4 跗节分叶。雄性第 7 和第 8 腹板后缘中部凹入，第 9 腹板后侧角不明显，后缘锯齿状。阳茎中叶端部尖突；侧叶短于中叶，端部内侧着生约 8 根刚毛。本种与异尾突眼隐翅虫 *S. dissimilis* Sharp, 1874 近缘，但后者刻点更密集，体型较小。

分布：浙江（诸暨）、陕西；朝鲜，日本。

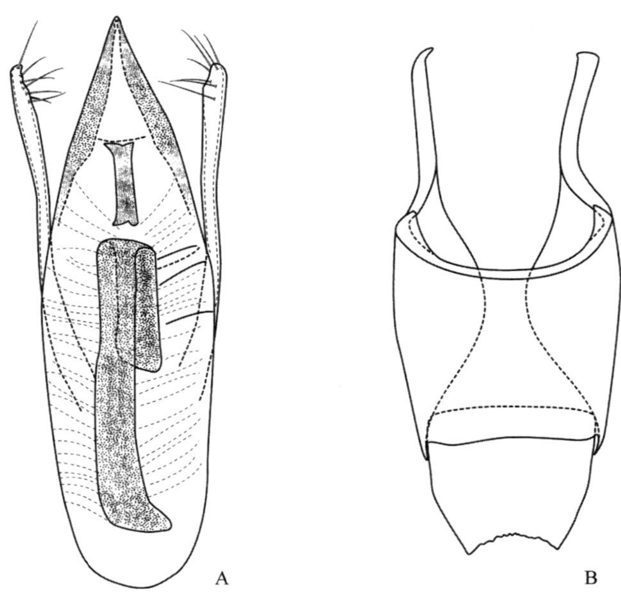

图 4-III-279 密点突眼隐翅虫 *Stenus confertus* Sharp, 1889
A. 阳茎腹面观；B. 雄性第 10 背板

（608）迅捷突眼隐翅虫 *Stenus currax* Sharp, 1874（图 4-III-280）

Stenus currax Sharp, 1874a: 88.

Stenus kochi L. Benick, 1940: 565.

主要特征：体长 4.5–5.5 mm。体黑色，附肢黄色。副唇舌卵圆形。前体刻点较粗密，刚毛明显，刻点间区光滑。腹部无侧背板，刚毛明显，刻点间区具不规则微刻纹。足第 4 跗节强烈分叶。雄性第 8 腹板后缘中部凹入，第 9 腹板后侧角明显。阳茎中叶端部尖锐；侧叶约等于或稍短于中叶，端部内侧具密刚毛。本种与黄腿突眼隐翅虫 *S. bispinoides* Puthz, 1984 外形上非常相似，但本种腹部第 6 背板具明显微刻纹。

分布：浙江（临安）、福建、台湾；日本，缅甸，越南，泰国，马来西亚，印度尼西亚。

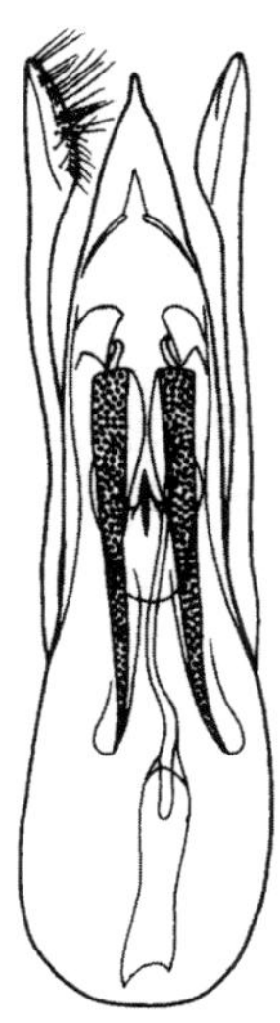

图 4-III-280 迅捷突眼隐翅虫 *Stenus currax* Sharp, 1874 阳茎腹面观

（609）雅突眼隐翅虫 *Stenus decens* Puthz, 2003（图 4-III-281）

Stenus decens Puthz, 2003: 139.

主要特征：体长 2.4–3.4 mm。体深褐色，头部和腹部后段颜色较深，附肢红黄色。副唇舌卵圆形。

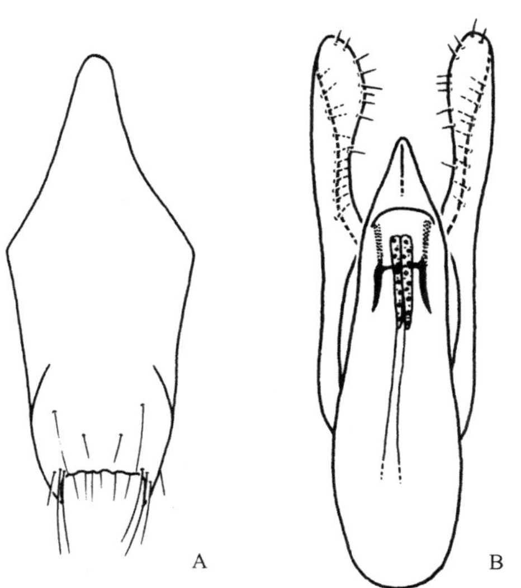

图 4-III-281 雅突眼隐翅虫 *Stenus decens* Puthz, 2003
A. 雄性第 9 腹板；B. 阳茎腹面观

前体刻点粗密，刻点界线清晰，刻点间区光滑。腹部第 3 节具很窄但完整的侧背板，之后腹节至少基半部具很窄的侧背板。足第 4 跗节分叶。雄性第 8 腹板后缘中部浅凹入，第 9 腹板后侧角明显。阳茎中叶端部圆突；侧叶长于中叶，端部膨大，内侧约有 20 根刚毛。雌性第 8 腹板后中部尖突，具骨质化受精囊。本种与联突眼隐翅虫 *S. communicatus* Tang *et* Jiang, 2018 和东白山突眼隐翅虫 *S. dongbaishanus* Tang, Liu *et* Zhao, 2017 较相似，但本种前体刻点间区光滑无网纹。

分布：浙江（临安）。

（610）丽尾突眼隐翅虫 *Stenus decoripennis* Puthz, 2008（图 4-III-282，图版 III-122）

Stenus decoripennis Puthz, 2008: 175.

主要特征：体长 4.7–6.8 mm。体黑色，鞘翅后中部具 1 对橙红色大斑，附肢红黄色，跗节端部深色。副唇舌卵圆形。头明显窄于鞘翅，前体刻点粗密，部分轻微愈合，刻点间区无刻纹，全体被毛明显。腹部无侧背板。足第 4 跗节分叶。雄性第 8 腹板后缘中部凹入，第 9 腹板后侧角明显。阳茎中叶自基部 1/3 起向上逐渐变细，顶端膨大成圆球形；侧叶略短于中叶端部，端部内侧着生约 8 根刚毛。本种与虎突眼隐翅虫 *S. cicindeloides* (Schaller, 1783)相似，但本种鞘翅具橙红色圆斑。

分布：浙江（诸暨、江东）、江西、贵州。

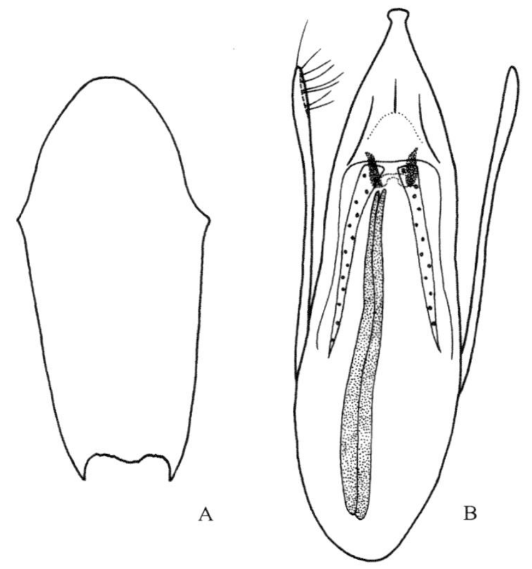

图 4-III-282　丽尾突眼隐翅虫 *Stenus decoripennis* Puthz, 2008
A. 雄性第 9 腹板；B. 阳茎腹面观

（611）异尾突眼隐翅虫 *Stenus dissimilis* Sharp, 1874（图 4-III-283，图版 III-123）

Stenus dissimilis Sharp, 1874a: 87.

主要特征：体长 2.6–2.8 mm。体黑褐色，附肢红黄色，触角第 1 节近黑色。副唇舌卵圆形。整体刻点粗密，刻点多少有些相互愈合，刻点间区窄，被毛短但明显。腹部仅第 3 腹节具窄的侧背板，第 10 背板后缘具 2 尖锐突起的后侧角。足第 4 跗节分叶。雄性第 7、8 腹板后缘中部凹入，第 9 腹板后侧角不明显，后缘锯齿状。阳茎中叶端部尖突；侧叶短于中叶，端部内侧着生 7–9 根刚毛。本种与密点突眼隐翅虫 *S. confertus* Sharp, 1889 近缘，但本种刻点更密集，触角第 1 节近黑色，体型较小。

分布：浙江（诸暨）、台湾、海南、香港、四川；韩国，日本。

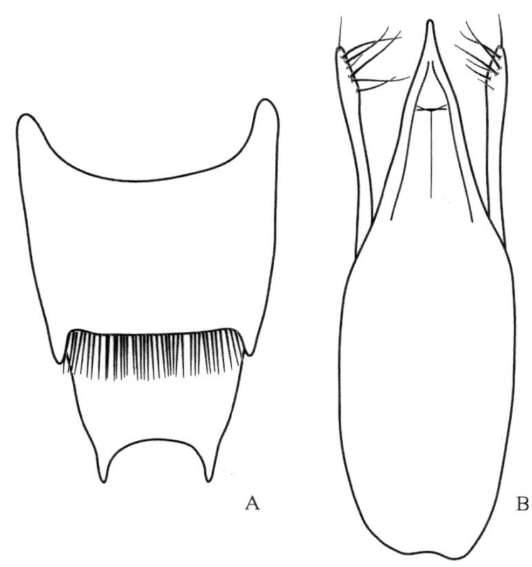

图 4-III-283 异尾突眼隐翅虫 *Stenus dissimilis* Sharp, 1874

A. 雄性第 9–10 背板；B. 阳茎腹面观

（612）分离突眼隐翅虫 *Stenus distans* Sharp, 1889（图 4-III-284，图版 III-124）

Stenus distans Sharp, 1889: 327.

Stenus beppuensis Bernhauer, 1939b: 151.

主要特征：体长 4.5–4.9 mm。体黑色，附肢红黄色，但腿节端部颜色明显加深。副唇舌卵圆形。前体刻点极粗密，刻点轻微相互愈合，刻点间区极窄具微刻纹，前胸背板和鞘翅被毛不可见。腹部具窄的侧背板，第 3–6 背板基部向后具 3 条短基脊。足第 4 跗节简单。雄性第 7 腹板后缘中部具浅凹入，凹入前具前压痕，第 8 腹板后缘中部凹入，第 9 腹板后侧角长。阳茎中叶端部近方形，侧叶略长于中叶，端部内侧密布刚毛。本种与台湾突眼隐翅虫 *S. formosanus* Benick, 1914 相似，可通过体背刻点明显较小与后者区分。

分布：浙江（安吉、诸暨）、北京、山西、河南、陕西、湖北、湖南、福建、台湾、四川、贵州；俄罗斯，朝鲜，韩国，日本。

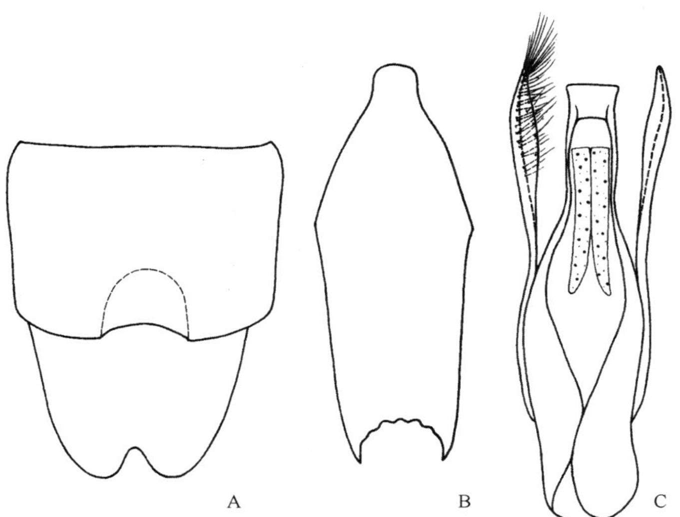

图 4-III-284 分离突眼隐翅虫 *Stenus distans* Sharp, 1889

A. 雄性第 7–8 腹板；B. 雄性第 9 腹板；C. 阳茎腹面观

（613）东白山突眼隐翅虫 *Stenus dongbaishanus* Tang, Liu *et* Zhao, 2017（图 4-III-285，图版 III-125）

Stenus dongbaishanus Tang, Liu *et* Zhao, 2017: 27.

主要特征：体长 2.7–3.0 mm。头黑色，前胸背板和鞘翅褐色，腹部黑褐色，附肢红黄色。副唇舌卵圆形。前体刻点粗密，前胸背板和鞘翅刻点多少愈合，刻点间区具网纹。腹部仅第 3 节具窄但完整的侧背板，之后背板和腹板完全愈合。足第 4 跗节分叶。雄性第 8 腹板后缘中部凹入，第 9 腹板后侧角明显。阳茎中叶端部具 1 小尖突；侧叶长于中叶，端部略粗，内侧具 5–6 根端部刚毛，3–4 根亚端部刚毛。雌性具骨质化受精囊。本种与联突眼隐翅虫 *S. communicatus* Tang *et* Jiang, 2018 较相似，但本种前胸背板和鞘翅刻点更加愈合。

分布：浙江（诸暨）。

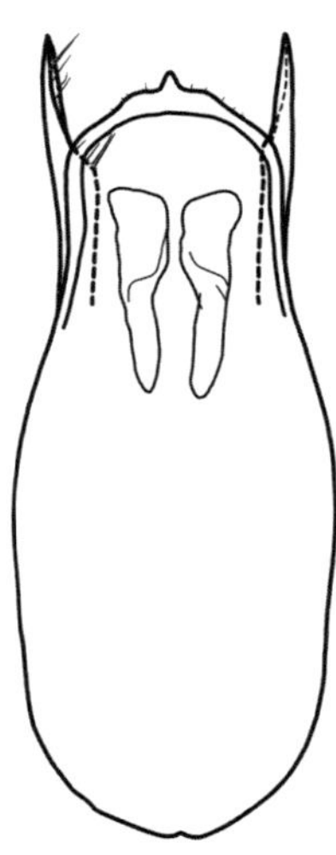

图 4-III-285　东白山突眼隐翅虫 *Stenus dongbaishanus* Tang, Liu *et* Zhao, 2017 阳茎腹面观

（614）东方突眼隐翅虫 *Stenus eurous* Puthz, 1980（图 4-III-286，图版 III-126）

Stenus puberulus eurous Puthz, 1980: 30.

Stenus eurous: Puthz, 2008: 151.

主要特征：体长 3.0–3.6 mm。体黑色，附肢除腿节颜色稍浅。副唇舌卵圆形。前体刻点粗密，刻点

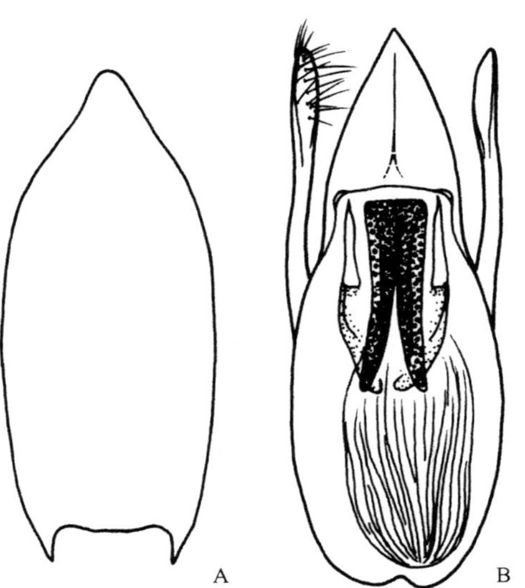

图 4-III-286　东方突眼隐翅虫 *Stenus eurous* Puthz, 1980

A. 雄性第 9 腹板；B. 阳茎腹面观

定界较好，刻点间区光滑，被毛明显，腹部具侧背板。足第 4 跗节简单。雄性第 8 腹板后缘中部凹入，第 9 腹板后侧角明显。阳茎中叶向端部尖锐，端部中央具中纵脊，内囊宽大；侧叶略短于中叶，端部内侧密布刚毛。本种与绒毛突眼隐翅虫 *S. pubiformis* Puthz, 2012 相似，但后者雄性第 7 腹板具明显压痕。

分布：浙江（安吉、临安、诸暨）、陕西、安徽、湖北、台湾、广东、海南、香港、贵州。

（615）面突眼隐翅虫 *Stenus facialis* Benick, 1940（图 4-III-287，图版 III-127）

Stenus facialis L. Benick, 1940: 569.

主要特征：体长 5.1–5.4 mm。体黑色，鞘翅具 1 对橙红色卵圆形斑点，附肢红黄色。副唇舌卵圆形。前体刻点粗密多少相互愈合，腹部刻点密但规则，整体刻点间区具微刻纹。腹部具窄的侧背板。足第 4 跗节分叶。雄性第 7 腹板后缘中部凹入，凹入之前具压痕；第 8 腹板后缘中部凹入；第 9 腹板具尖锐后侧角。阳茎中叶端部亚三角形；侧叶长于中叶，端部强烈扩大，内侧疏生刚毛。本种外形与斑突眼隐翅虫 *S. maculifer* Cameron, 1930 相似，但后者鞘翅斑点更偏后侧。

分布：浙江（临安、诸暨）、福建。

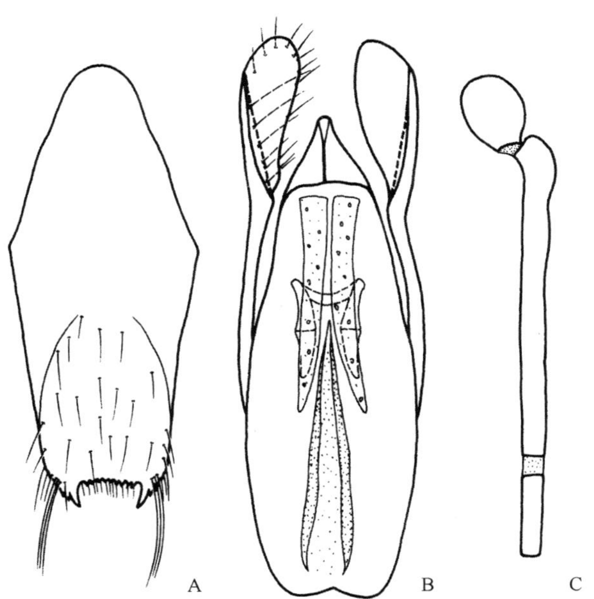

图 4-III-287 面突眼隐翅虫 *Stenus facialis* Benick, 1940

A. 雄性第 9 腹板；B. 阳茎腹面观；C. 受精囊

（616）凤阳山突眼隐翅虫 *Stenus fengyangshanus* Tang *et* Jiang, 2018（图 4-III-288，图版 III-128）

Stenus fengyangshanus Tang *et* Jiang, 2018: 302.

主要特征：体长 2.8–3.2 mm。体黑褐色，头部略深，附肢红黄色。副唇舌卵圆形。前体刻点粗密，刻点界线较清晰，刻点间区光滑，体表被毛不明显。腹部第 3 节基半部具窄的侧背板，之后背板和腹板由明显的缝分离。足第 4 跗节分叶。雄性第 8 腹板后缘中部凹入，第 9 腹板后侧角明显。阳茎中叶端部逐渐变窄；侧叶长于中叶，端部略粗，内侧着生 12–14 根刚毛。雌性具骨质化受精囊。本种与清凉峰突眼隐翅虫 *S. qingliangfengus* Tang *et* Jiang, 2018、伪米突眼隐翅虫 *S. pseudomicuba* Tang, Puthz *et* Yue, 2016 和短小突眼隐翅虫 *S. breviculus* Tang *et* Puthz, 2010 等种类较相似，可通过前胸背板刻点间区光滑，以及背板具粗大刻点与之区分。

分布：浙江（龙泉）。

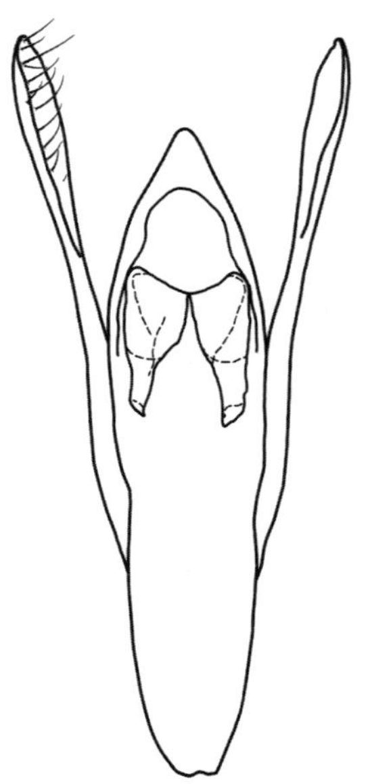

图 4-III-288　凤阳山突眼隐翅虫 *Stenus fengyangshanus* Tang *et* Jiang, 2018 阳茎腹面观

（617）台湾突眼隐翅虫 *Stenus formosanus* Benick, 1914（图 4-III-289，图版 III-129）

Stenus formosanus L. Benick, 1914: 285.

Stenus forterugosus Bernhauer, 1938: 26.

主要特征：体长 4.8–5.5 mm。体黑色；附肢红黄色，但腿节端部颜色明显加深。副唇舌卵圆形。前体刻点极粗密，刻点常相互愈合，刻点间区光滑，前胸背板和鞘翅无被毛。腹部具窄的侧背板，第 3–6 背板基部向后具 3 条短基脊。足第 4 跗节简单。雄性第 7 腹板后缘中部具浅凹入，凹入前方具浅压痕；第 8 腹板后缘中部凹入；第 9 腹板后侧角长。阳茎中叶端部近方形；侧叶略长于中叶，端部内侧密布刚毛。本种与分离突眼隐翅虫 *S. distans* Sharp, 1889 相似，可通过头部较鞘翅窄与后者区分。

分布：浙江（安吉）、江苏、福建、台湾、广东、海南、香港、重庆；日本，越南。

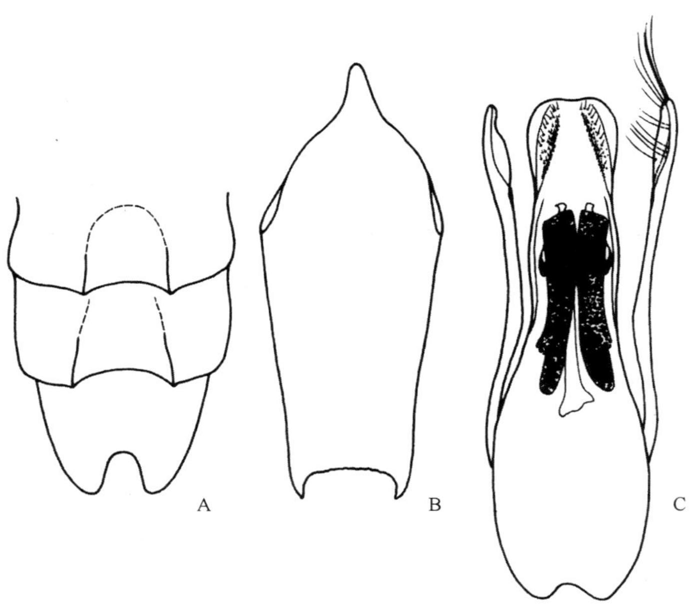

图 4-III-289　台湾突眼隐翅虫 *Stenus formosanus* Benick, 1914
A. 雄性第 6–8 腹板；B. 雄性第 9 腹板；C. 阳茎腹面观

（618）钩茎突眼隐翅虫 *Stenus gastralis* Fauvel, 1895（图 4-III-290）

Stenus gastralis Fauvel, 1895: 214.

主要特征：体长 3.4–3.6 mm。体黑褐色，附肢红黄色。副唇舌卵圆形。整体刻点粗密，刻点界线清晰，刻点间区光滑，被毛短。腹部仅第 3 腹节具窄的侧背板，第 10 背板后缘凹入，但两侧角突不发达。足第 4 跗节分叶。雄性第 8 腹板后缘中部凹入，第 9 腹板无后侧角，后缘锯齿状，中间明显凹入。阳茎中叶端部极其细长，向腹面呈弯钩状；侧叶稍短于中叶，端部内侧着生 13–18 根刚毛。本种外形与密点突眼隐翅虫 *S. confertus* Sharp, 1889 较相似，但本种刚毛相对较长；第 10 背板后缘凹入，但两侧角突不发达。

分布：浙江（诸暨）；印度，缅甸，越南。

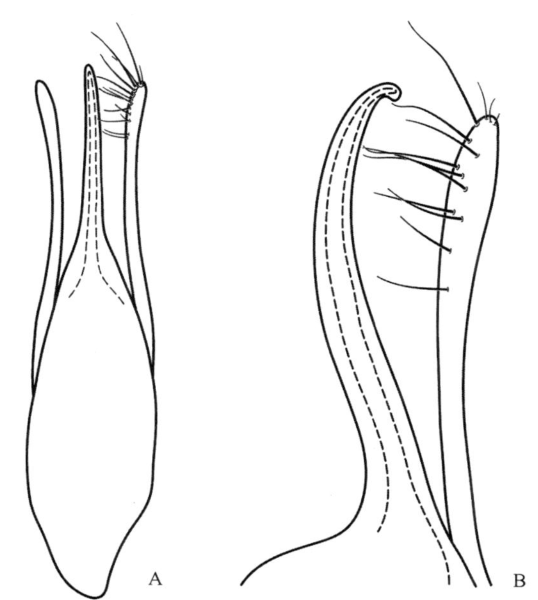

图 4-III-290　钩茎突眼隐翅虫 *Stenus gastralis* Fauvel, 1895

A. 阳茎背面观；B. 阳茎端部侧面观

（619）格氏突眼隐翅虫 *Stenus gestroi* Fauvel, 1895（图 4-III-291，图版 III-130）

Stenus gestroi Fauvel, 1895: 212.

Stenus callifrons L. Benick, 1926: 276.

Stenus grandiculus L. Benick, 1926: 277.

Stenus stigmatipennis L. Benick, 1929: 90.

Stenus ridiculus Scheerpeltz, 1933: 1196.

Stenus chinkiangensis Bernhauer, 1938: 32.

Stenus takara Nakane, 1963a: 21.

Stenus (*Parastenus*) *submaculatus taiwanensis* Puthz, 1968a: 47.

主要特征：体长 5.6–6.8 mm。体黑色，鞘翅具 1 对橙红色卵圆形斑点，附肢红黄色。副唇舌卵圆形。头部刻点界线明显，隆脊后中部及触角基瘤后侧无刻点，前胸背板刻点极为愈合，鞘翅刻点多少愈合，腹部刻点密而规则，整体刻点间区具微刻纹。腹部具线状侧背板。足第 4 跗节分叶。雄性第 8 腹板后缘中部凹入，第 9 腹板具尖锐后侧角。阳茎中叶端部中央具细长突起；侧叶长度多变，整个内侧疏生刚毛。本种外形与齿茎突眼隐翅虫 *S. dentellus* L. Benick, 1940 较相似，但后者前体刻点较密，头部沿中线密布刻点。

分布：浙江（安吉、临安、诸暨、庆元、龙泉、泰顺）、江苏、福建、台湾、海南、云南；日本，印度，尼泊尔，缅甸，越南，老挝，泰国，马来西亚，印度尼西亚。

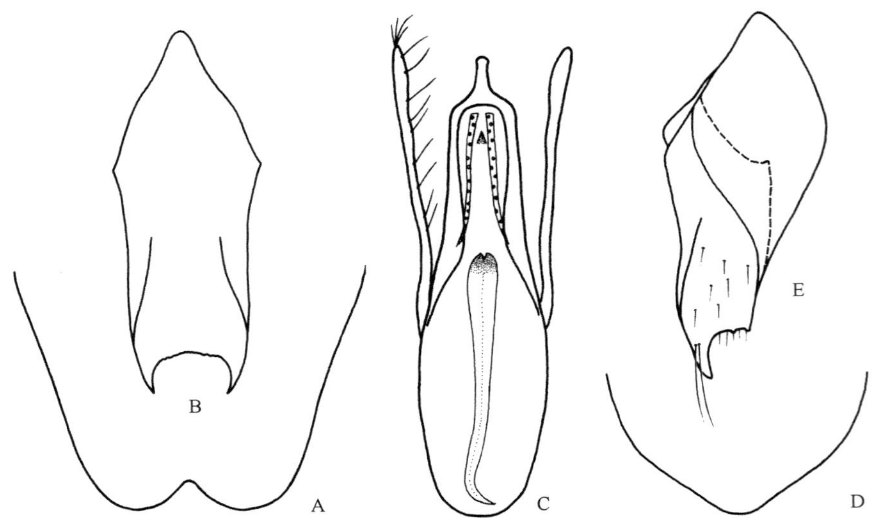

图 4-III-291　格氏突眼隐翅虫 *Stenus gestroi* Fauvel, 1895

A. 雄性第 8 腹板；B. 雄性第 9 腹板；C. 阳茎腹面观；D. 雌性第 8 腹板；E. 雌性负瓣片

（620）广西突眼隐翅虫 *Stenus guangxiensis* Rougemont, 1984（图 4-III-292，图版 III-131）

Stenus guangxiensis Rougemont, 1984: 352.

主要特征：体长 4.5–5.5 mm。体黑色，鞘翅偏外侧具 1 对橙色长斑，腹部非常光亮，附肢红黄色。副唇舌卵圆形。前体刻点较粗密，前胸背板和鞘翅刻点较愈合，刻点间区具光滑，全体被毛明显。腹部刚毛长而半竖立，腹部仅第 3 节具窄的侧背板。足第 4 跗节分叶。雄性第 8 腹板后缘中部凹入，第 9 腹板后侧角宽钝。阳茎中叶端部逐渐变窄；侧叶稍长于中叶，端部略粗，内侧着生稀疏刚毛。本种外形与铜色突眼隐翅虫 *S. aeneonitens* Puthz, 1998、刘氏突眼隐翅虫 *S. liuyixiaoi* Liu, Tang *et* Luo, 2017 相似，须通过阳茎区分。

分布：浙江（临安、开化、泰顺）、安徽、广西。

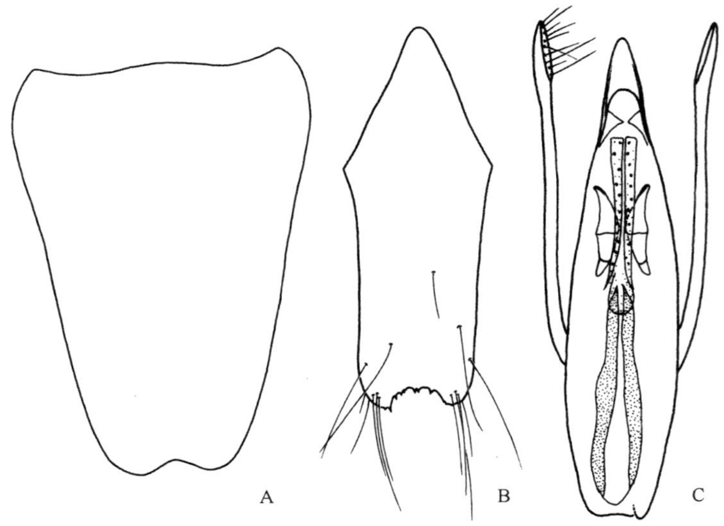

图 4-III-292　广西突眼隐翅虫 *Stenus guangxiensis* Rougemont, 1984

A. 雄性第 8 腹板；B. 雄性第 9 腹板；C. 阳茎腹面观

（621）竖毛突眼隐翅虫 *Stenus hirtiventris* Sharp, 1889（图 4-III-293，图版 III-132）

Stenus hirtiventris Sharp, 1889: 328.

Stenus kinkiangensis Bernhauer, 1939d: 588.

主要特征：体长 2.5–2.7 mm。体黑褐色，附肢红褐色。副唇舌卵圆形。整体刻点粗密，刻点界线清晰，刻点间区光滑，被毛长而竖立。第 3–5 腹节仅基部具极窄的侧背板，侧背板具刻点，第 3–5 背板具 4 条向后延伸的基纵脊。足第 4 跗节分叶。雄性第 8 腹板后缘中部凹入，第 9 腹板后侧角明显。阳茎中叶端部五边形；侧叶等长于中叶，端部内侧着生约 7 根刚毛。雌性具骨质化受精囊。本种外形与多毛突眼隐翅虫 *S. pilosiventris* Bernhauer, 1915 相似，但本种刚毛相对长，鞘翅长小于宽。

分布：浙江（临安）、山西、陕西、江苏；日本。

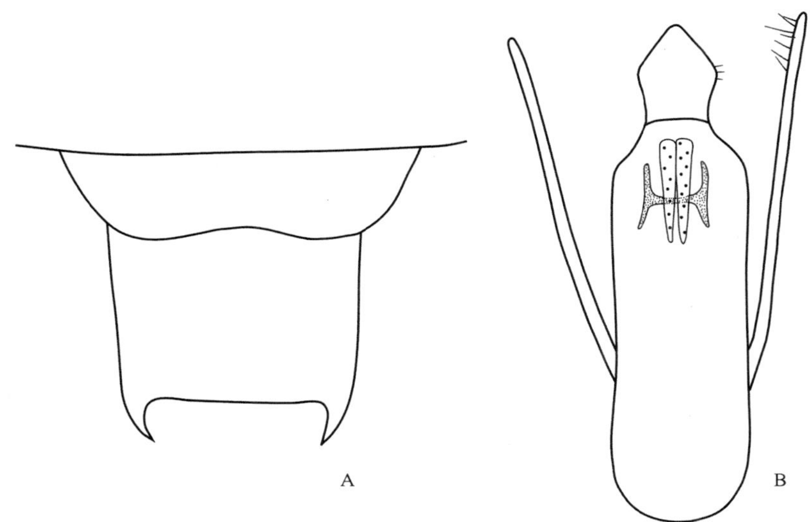

图 4-III-293　竖毛突眼隐翅虫 *Stenus hirtiventris* Sharp, 1889

A. 雄性第 8–9 腹板；B. 阳茎腹面观

（622）日本突眼隐翅虫 *Stenus japonicus* Sharp, 1874（图 4-III-294，图版 III-133）

Stenus japonicus Sharp, 1874a: 84.

Stenus necessarius L. Benick, 1922: 176.

Stenus niponensis Cameron, 1930b: 205.

Stenus sinensis L. Benick, 1940: 562.

Stenus civicus L. Benick, 1941: 284.

主要特征：体长 3.4–4.3 mm。体黑色，附肢红黑色。副唇舌卵圆形。前体刻点极粗密，刻点常相互愈合，刻点间区条脊状具微刻纹，前胸背板和鞘翅被毛不可见。腹部具侧背板，第 3–6 背板基部向后具 3 条短基脊。足第 4 跗节简单。雄性第 8 腹板后缘中部凹入；第 9 腹板后侧角明显，由 3 齿组成。阳茎中叶端部 2 裂；侧叶短于中叶，端部内侧密布刚毛。本种与挂墩突眼隐翅虫 *S. kuatunensis* Benick, 1942 相似，可通过后者鞘翅梯形且刻点不规则加以区分。

分布：浙江（全境）、山西、陕西、江苏、上海、安徽、湖北、福建、贵州；俄罗斯，朝鲜，日本。

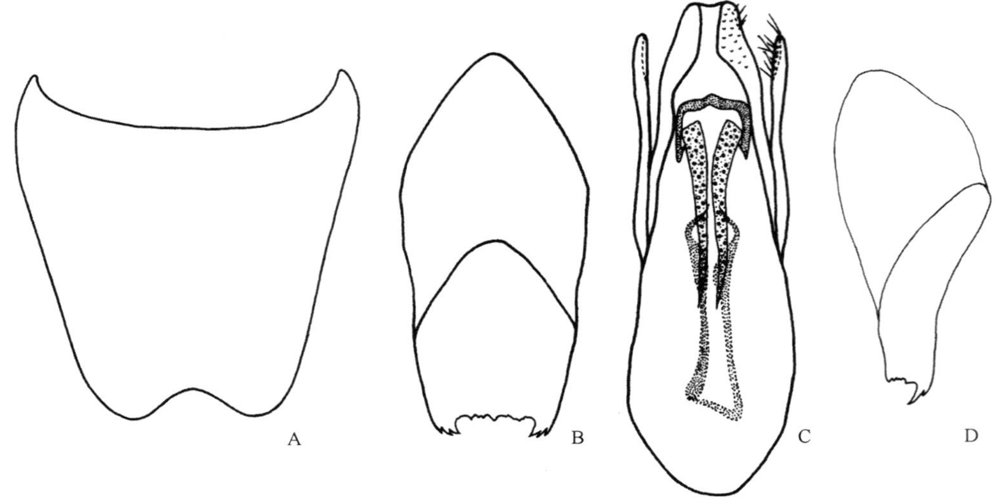

图 4-III-294　日本突眼隐翅虫 *Stenus japonicus* Sharp, 1874
A. 雄性第 8 腹板；B. 雄性第 9 腹板；C. 阳茎腹面观；D. 雌性负瓣片

（623）九龙山突眼隐翅虫 *Stenus jiulongshanus* Tang *et* Puthz, 2008（图 4-III-295）

Stenus jiulongshanus Tang *et* Puthz, 2008: 7.

主要特征：体长 3.8–4.8 mm。体黑色，鞘翅偏外侧具 1 对定界模糊的橙色卵形斑，腹部非常光亮，附肢红黄色。副唇舌卵圆形。前体刻点较粗密，前胸背板和鞘翅刻点稍愈合，刻点间区光滑，全体被毛明显。腹部刚毛长而半竖立，腹部仅第 3 节具窄的侧背板。足第 4 跗节分叶。雄性第 8 腹板后缘中部凹入，第 9 腹板后侧角尖锐。阳茎中叶端部逐渐变窄；侧叶稍长于中叶，端部略粗，内侧着生 23–31 根刚毛。受精囊骨质化。本种与李金文突眼隐翅虫 *S. lijinweni* Tang *et* Puthz, 2008 较为相似，但后者鞘翅斑点更长，到达鞘翅肩部。

分布：浙江（遂昌）。

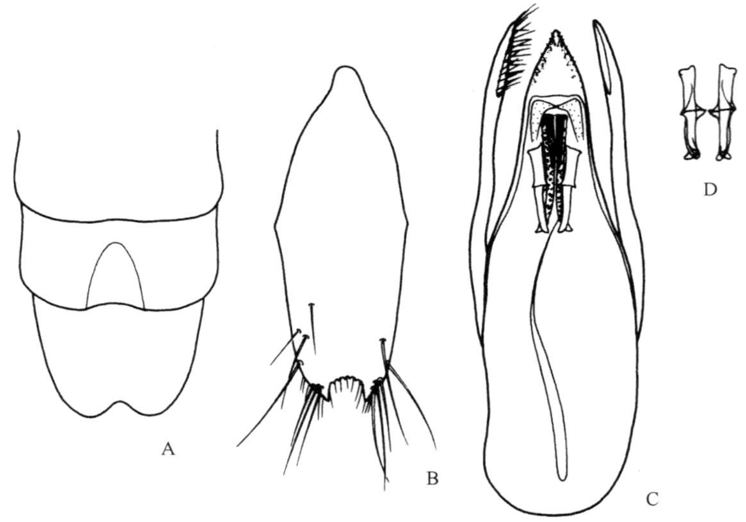

图 4-III-295　九龙山突眼隐翅虫 *Stenus jiulongshanus* Tang *et* Puthz, 2008
A. 雄性第 6–8 腹板；B. 雄性第 9 腹板；C. 阳茎腹面观；D. 阳茎内骨片

（624）挂墩突眼隐翅虫 *Stenus kuatunensis* Benick, 1942（图 4-III-296，图版 III-134）

Stenus kuatunensis L. Benick, 1942: 63.

主要特征：体长 3.6–4.1 mm。体黑色，附肢红黑色。副唇舌卵圆形。前体刻点极粗密，刻点多相互愈合，刻点间区条脊状具微刻纹，前胸背板和鞘翅被毛不可见。腹部具侧背板，第 3–6 背板基部向后具 3 条短基脊。足第 4 跗节简单。雄性第 8 腹板后缘中部凹入；第 9 腹板后侧角明显，由 3 齿组成。阳茎中叶端部 2 裂；侧叶短于中叶，端部内侧密布刚毛。本种与日本突眼隐翅虫 *S. japonicus* Sharp, 1874 相似，但后者鞘翅矩形，刻点相对规则。

分布：浙江（诸暨、龙泉）、福建。

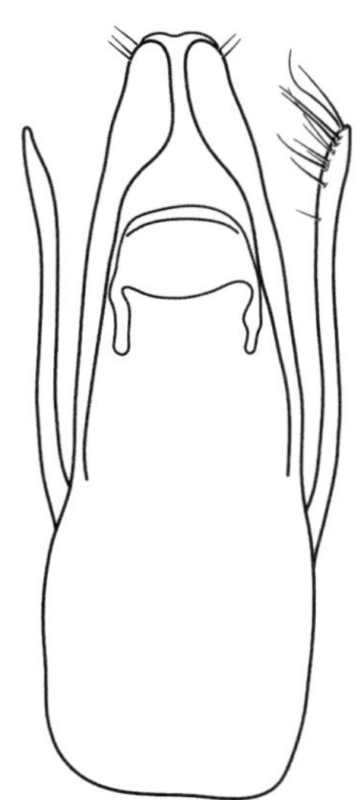

图 4-III-296　挂墩突眼隐翅虫 *Stenus kuatunensis* Benick, 1942 阳茎腹面观

（625）伪黑突眼隐翅虫 *Stenus lewisius pseudoater* Bernhauer, 1938（图 4-III-297，图版 III-135）

Stenus pseudoater Bernhauer, 1938: 27.

Stenus subnitidus Bernhauer, 1939d: 587.

Stenus lewisius pseudoater: Puthz, 1968b: 44.

主要特征：体长 3.7–4.4 mm。体黑色，下颚须下唇须部分黄色。副唇舌卵圆形。前体刻点较粗密，刻点部分相互愈合，刻点间区光滑，前体被毛明显。腹部具侧背板，第 3–7 背板基部向后具 3 条较长的基脊。足第 4 跗节简单。雄性第 8 腹板后缘中部凹入，第 9 腹板后侧角长。阳茎中叶端部亚矩形；侧叶稍短于中叶，

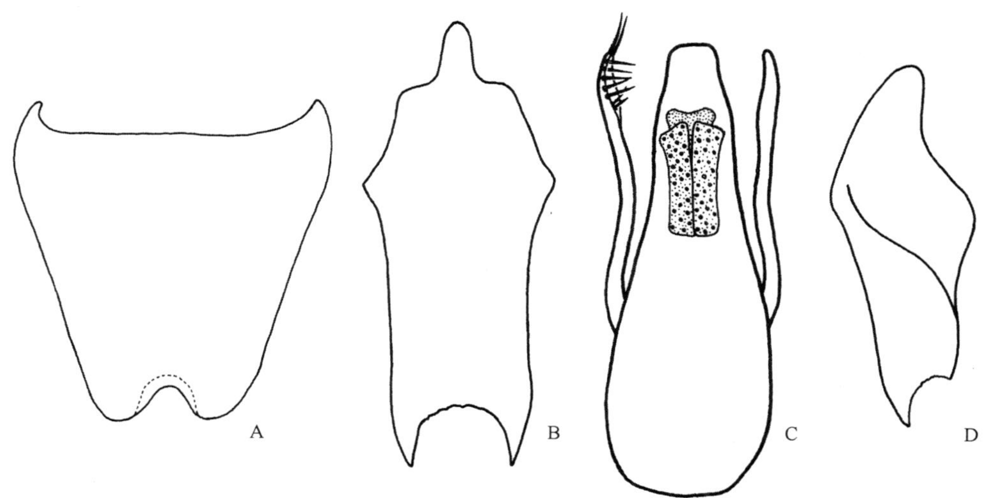

图 4-III-297　伪黑突眼隐翅虫 *Stenus lewisius pseudoater* Bernhauer, 1938

A. 雄性第 8 腹板；B. 雄性第 9 腹板；C. 阳茎腹面观；D. 雌性负瓣片

端部内侧密布刚毛。本种与隐秘突眼隐翅虫 *S. secretus* Bernhauer, 1915 相似，但后者整体刻点更密且愈合。

分布：浙江（全境）、黑龙江、辽宁、北京、天津、河北、山西、河南、陕西、江苏、上海；朝鲜。

（626）李金文突眼隐翅虫 *Stenus lijinweni* Tang *et* Puthz, 2008（图 4-III-298）

Stenus lijinweni Tang *et* Puthz, 2008: 5.

主要特征：体长 3.8–5.0 mm。体黑色，鞘翅偏外侧具 1 对橙色卵形斑，腹部非常光亮，附肢红黄色。副唇舌卵圆形。前体刻点较粗密，前胸背板和鞘翅刻点稍愈合，刻点间区具光滑，全体被毛明显。腹部刚毛长而半竖立，腹部仅第 3 节具窄的侧背板。足第 4 跗节分叶。雄性第 8 腹板后缘中部凹入，第 9 腹板后侧角尖锐。阳茎中叶端部圆钝；侧叶稍长于中叶，端部略粗，内侧着生约 9 根刚毛。受精囊骨质化。本种与九龙山突眼隐翅虫 *S. jiulongshanus* Tang *et* Puthz, 2008 较相似，但本种鞘翅斑点更长，可达鞘翅肩部。

分布：浙江（开化）、江西。

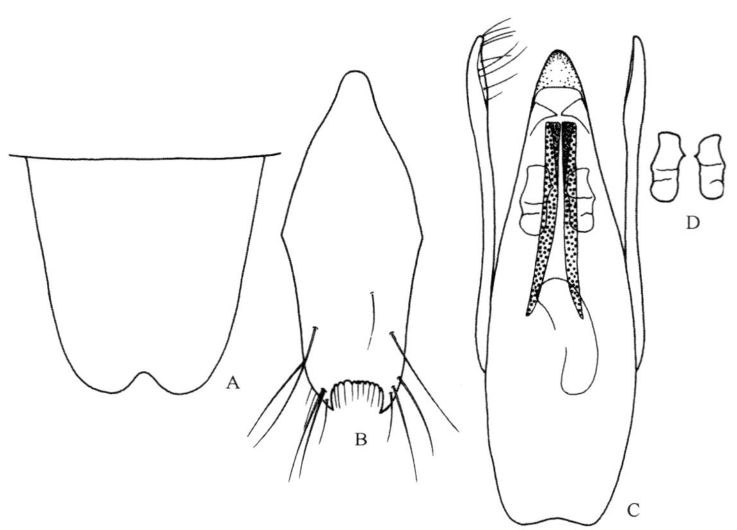

图 4-III-298　李金文突眼隐翅虫 *Stenus lijinweni* Tang *et* Puthz, 2008

A. 雄性第 8 腹板；B. 雄性第 9 腹板；C. 阳茎腹面观；D. 阳茎内骨片

（627）小黑突眼隐翅虫 *Stenus melanarius melanarius* Stephens, 1833（图 4-III-299，图版 III-136）

Stenus melanarius Stephens, 1833b: 299.

Stenus gracilentus Fairmaire *et* Laboulbène, 1856: 578.

Stenus nigripalpis Thomson, 1857: 224.

Stenus verecundus Sharp, 1874a: 81.

Stenus walkeri Bernhauer, 1931b: 126.

Stenus orientalis Bernhauer, 1931b: 127.

Stenus hiroyukii Puthz, 2001: 103.

主要特征：体长 3.0–3.8 mm。体黑色，有光泽。头部窄于鞘翅，密布小刻点；唇基有 2 条纵向浅沟；触角短，向后仅伸达前胸背板中部。前胸背板筒形，长大于宽，最宽处位于中部前方；刻点较头部略大。鞘翅长约等于宽，亚梯形，刻点与前胸背板相似。腹部刻点较鞘翅小而稀；侧背板中等发达。足较粗壮，跗节简单。

分布：浙江、黑龙江、吉林、辽宁、北京、天津、山西、河南、陕西、宁夏、江苏、上海、安徽、江西、湖南、福建、台湾、广东、海南、广西、四川、贵州、云南；俄罗斯，蒙古国，朝鲜，韩国，日本，中亚地区，印度，尼泊尔，缅甸，越南，斯里兰卡，菲律宾，印度尼西亚，西亚地区，欧洲。

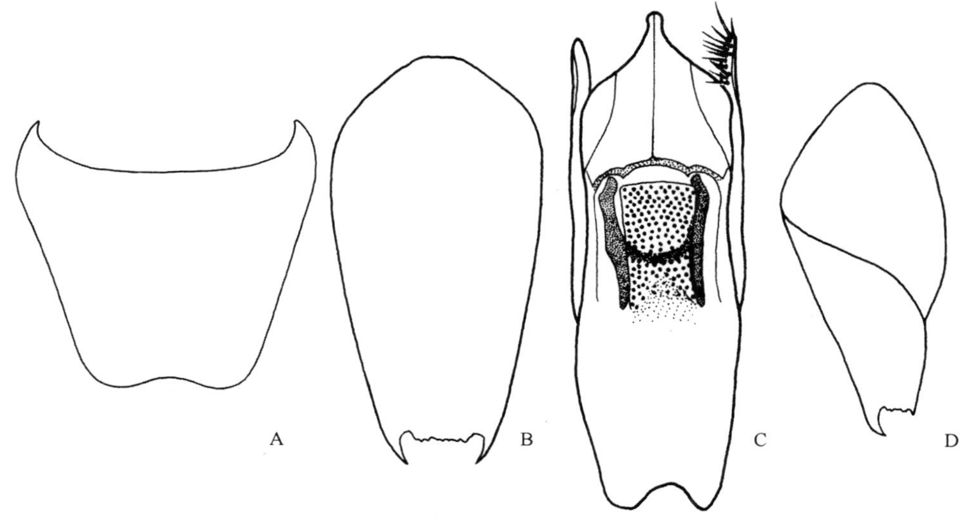

图 4-III-299 小黑突眼隐翅虫 *Stenus melanarius melanarius* Stephens, 1833
A. 雄性第 8 腹板；B. 雄性第 9 腹板；C. 阳茎腹面观；D. 雌性负瓣片

（628）卵斑突眼隐翅虫 *Stenus ovalis* Tang, Li *et* Zhao, 2005（图 4-III-300，图版 III-137）

Stenus ovalis Tang, Li *et* Zhao, 2005: 613.

主要特征：体长 4.1–4.7 mm。体黑色，鞘翅偏外侧具 1 对橙色卵形斑，腹部非常光亮，附肢红黄色。副唇舌卵圆形。前体刻点较粗密，前胸背板和鞘翅刻点轻度愈合，刻点间区具光滑，全体被毛明显。腹部刚毛长而半竖立，腹部仅第 3 节具窄的侧背板。足第 4 跗节分叶。雄性第 8 腹板后缘中部凹入，第 9 腹板后侧角尖锐。阳茎中叶端部圆钝；侧叶长于中叶，端部略粗，内侧疏生刚毛。受精囊骨质化。本种与朱礼龙突眼隐翅虫 *S. zhulilongi* Tang *et* Puthz, 2008、李金文突眼隐翅虫 *S. lijinweni* Tang *et* Puthz, 2008 和九龙山突眼隐翅虫 *S. jiulongshanus* Tang *et* Puthz, 2008 较相似，但本种前胸背板和鞘翅的刻点相对稀疏且刻点界线相对较清晰。

分布：浙江（龙泉、泰顺）。

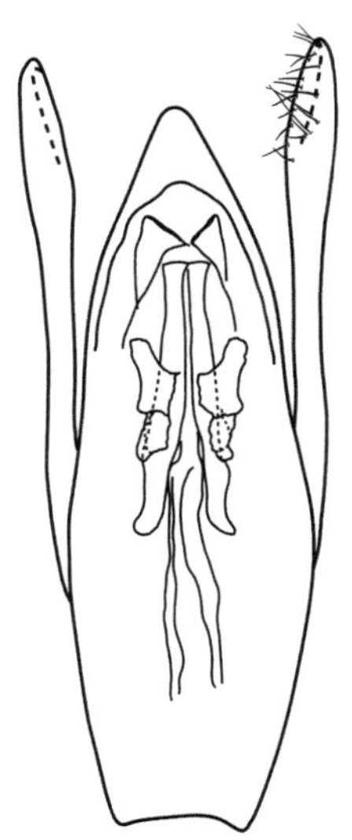

图 4-III-300 卵斑突眼隐翅虫 *Stenus ovalis* Tang, Li *et* Zhao, 2005 阳茎腹面观

（629）多毛突眼隐翅虫 *Stenus pilosiventris* Bernhauer, 1915（图 4-III-301，图版 III-138）

Stenus pilosiventris Bernhauer, 1915b: 70.

主要特征：体长 2.5–3.1 mm。体黑褐色，附肢红褐色。副唇舌卵圆形。整体刻点粗密，刻点界线清晰，刻点间区多少具微刻纹，被毛长而倒伏。第 3–5 腹节仅基部具极窄的侧背板，侧背板具刻点，第 3–5 背板具 4 条向后延伸的基纵脊。足第 4 跗节分叶。雄性第 8 腹板后缘中部凹入，第 9 腹板后侧角明显。阳茎中叶端部五边形；侧叶等长于中叶，端部内侧着生约 9 根刚毛。雌性具骨质化受精囊。本种外形与竖毛突眼隐翅虫 *S. hirtiventris* Sharp, 1889 相似，但本种刚毛相对短，鞘翅长等于宽。

分布：浙江（临安、诸暨）、黑龙江、辽宁、北京、河北、山西、山东、陕西、宁夏、甘肃、江苏、上海、江西、湖南、四川；俄罗斯，蒙古国，朝鲜，韩国，日本。

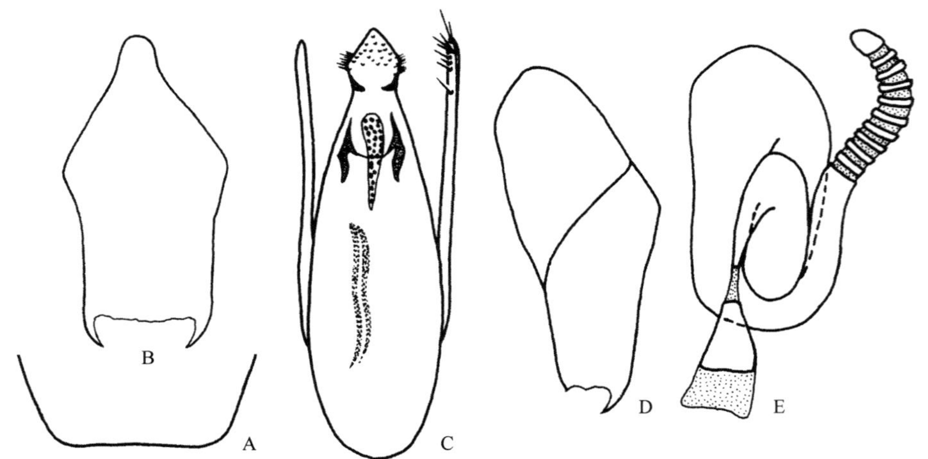

图 4-III-301　多毛突眼隐翅虫 *Stenus pilosiventris* Bernhauer, 1915
A. 雄性第 8 腹板；B. 雄性第 9 腹板；C. 阳茎腹面观；D. 雌性负瓣片；E. 受精囊

（630）平头突眼隐翅虫 *Stenus plagiocephalus* Benick, 1940（图 4-III-302，图版 III-139）

Stenus plagiocephalus L. Benick, 1940: 567.

主要特征：体长 5.3–5.5 mm。体黑色，附肢黄色。副唇舌卵圆形。前体刻点较粗密，前胸背板刻点

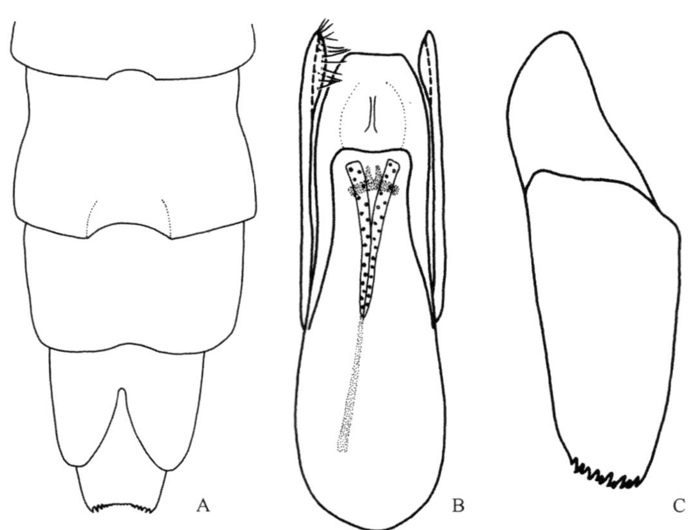

图 4-III-302　平头突眼隐翅虫 *Stenus plagiocephalus* Benick, 1940
A. 雄性第 5–9 腹板；B. 阳茎腹面观；C. 雌性负瓣片

多少愈合，前体刚毛明显，刻点间区无刻纹。腹部仅第 3 节具极窄的侧背板，刚毛明显，刻点间区具模糊微刻纹。足第 4 跗节强烈分叶。雄性第 4–5 和第 7 腹板后缘中部具浅圆弧形凹入；第 6 腹板后缘中央具 1 深圆弧形凹入；第 8 腹板后缘中部深凹入；第 9 腹板端侧角小而尖，后缘轻微的圆弧形凹入，具很多小齿。阳茎中叶端部平截；侧叶长于中叶，端部内侧具密刚毛。本种与暗窄突眼隐翅虫 *S. angusticollis* Eppelsheim, 1895 近似，但可通过本种明显粗壮的体型和性征与之区分。

分布：浙江（临安、诸暨）、福建；日本。

（631）祖线突眼隐翅虫 *Stenus proclinatus* Benick, 1922（图 4-III-303）

Stenus proclinatus L. Benick, 1922: 177.

Stenus chinensis Bernhauer, 1931b: 125.

主要特征：体长 3.4–4.4 mm。体黑色，附肢红黑色。副唇舌卵圆形。前体刻点极粗密，刻点多相互愈合，刻点间区具微刻纹，前胸背板和鞘翅被毛短。腹部具侧背板，第 3–6 背板基部向后具 3 条短基脊。足第 4 跗节简单。雄性第 8 腹板后缘中部凹入；第 9 腹板后侧角明显，由 1 大齿和外侧 1 小齿组成。阳茎中叶端部宽圆，二裂状；侧叶短于中叶，端部内侧密布刚毛。本种与日本突眼隐翅虫 *S. japonicus* Sharp, 1874 相似，可通过本种前胸背板长短于宽加以区分。

分布：浙江（海宁）、上海。

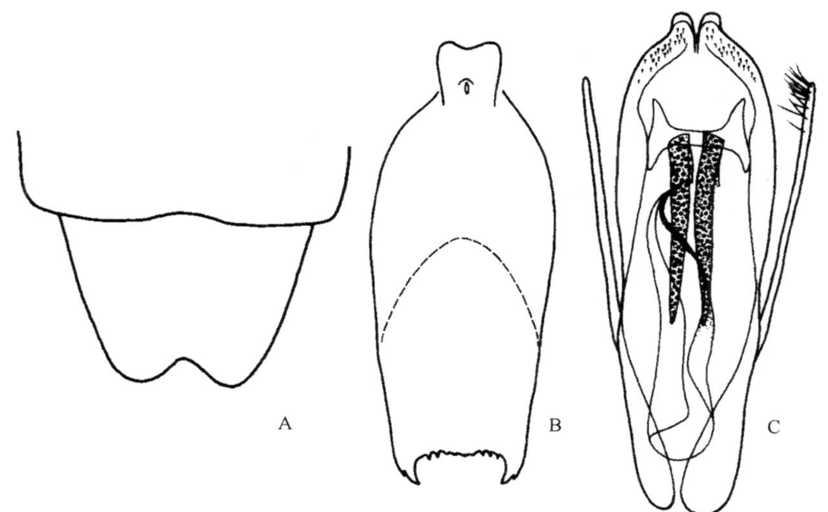

图 4-III-303 祖线突眼隐翅虫 *Stenus proclinatus* Benick, 1922

A. 雄性第 7–8 腹板；B. 雄性第 9 腹板；C. 阳茎腹面观

（632）伪米突眼隐翅虫 *Stenus pseudomicuba* Tang, Puthz *et* Yue, 2016（图 4-III-304，图版 III-140）

Stenus pseudomicuba Tang, Puthz *et* Yue, 2016: 144.

主要特征：体长 2.3–2.7 mm。头黑色；前胸背板红棕色；鞘翅亮红棕色；腹部棕色，最后 3 节暗棕色；附肢黄色。副唇舌卵圆形。前体刻点粗密，仅前胸背板刻点间区微刻纹明显。腹部无侧背板，刻点向后逐渐变小稀疏，仅第 5 及之后背板刻点间区具微刻纹。足第 4 跗节分叶。雄性第 8 腹板后缘中部凹入，第 9 腹板后侧角长。阳茎中叶端部宽钝，中部具小突；侧叶长于中叶，侧叶端部内侧具密刚毛。雌性具骨质化受精囊。本种与短小突眼隐翅虫 *S. breviculus* 较为相似，但本种体色较浅，胸部刻点较愈合。

分布：浙江（安吉、临安）。

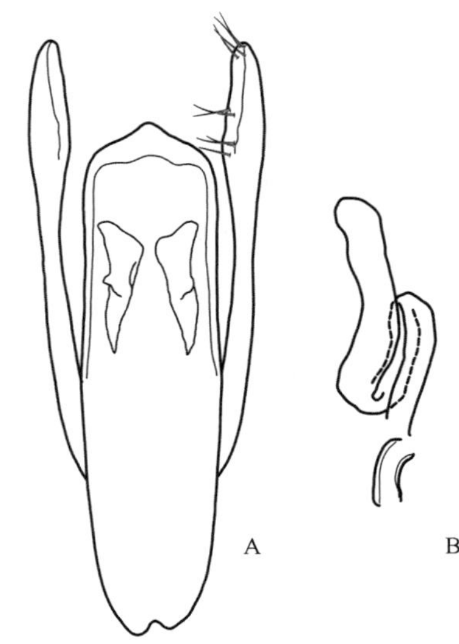

图 4-III-304　伪米突眼隐翅虫 *Stenus pseudomicuba* Tang, Puthz *et* Yue, 2016
A. 阳茎腹面观；B. 受精囊

（633）绒毛突眼隐翅虫 *Stenus pubiformis* Puthz, 2012（图 4-III-305，图版 III-141）

Stenus pubiformis Puthz, 2012: 93.

主要特征：体长 2.8–3.5 mm。体黑色，附肢除腿节外颜色稍浅。副唇舌卵圆形。前体刻点粗密，刻点定界较好，刻点间区光滑，被毛明显。腹部具侧背板。足第 4 跗节简单。雄性第 7 腹板后中部压痕，第 8 腹板后缘中部凹入，第 9 腹板后侧角明显。阳茎中叶向端部变尖锐，端部中央具中纵脊，内囊细长；侧叶略短于中叶，端部内侧密布刚毛。本种与 *S. eurous* 相似，可通过本种雄性第 7 腹板具明显压痕，以及阳茎加以区分。

分布：浙江（安吉、临安、诸暨）、辽宁、山西、山东、陕西、上海；俄罗斯，朝鲜。

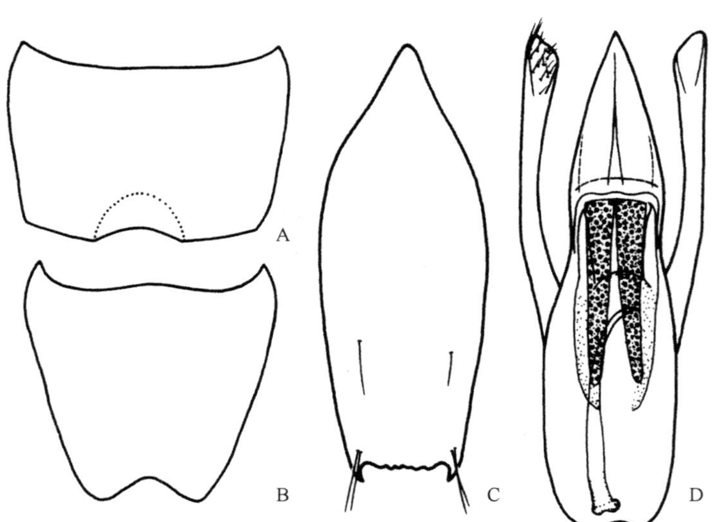

图 4-III-305　绒毛突眼隐翅虫 *Stenus pubiformis* Puthz, 2012
A. 雄性第 7 腹板；B. 雄性第 8 腹板；C. 雄性第 9 腹板；D. 阳茎腹面观

（634）清凉峰突眼隐翅虫 *Stenus qingliangfengus* Tang *et* Jiang, 2018（图 4-III-306，图版 III-142）

Stenus qingliangfengus Tang *et* Jiang, 2018: 299.

主要特征：体长 2.5–2.9 mm。头黑褐色，前胸背板褐色，鞘翅浅褐色，腹部浅褐色，但第 7 腹节后半部至腹末褐色，附肢红黄色。副唇舌卵圆形。前体刻点粗密，前胸背板和鞘翅刻点多少愈合，刻点间区具微刻纹，全体被毛不明显。腹部仅第 3 节具侧背板痕迹，之后背板和腹板完全愈合。足第 4 跗节分叶。雄性第 8 腹板后缘中部凹入，第 9 腹板后侧角明显。阳茎中叶端部逐渐变为窄圆突；侧叶长于中叶，端部略粗，内侧着生 19–24 根刚毛。雌性具骨质化受精囊。本种与伪米突眼隐翅虫 *S. pseudomicuba* Tang, Puthz *et* Yue, 2016 和短小突眼隐翅虫 *S. breviculus* Tang *et* Puthz, 2010 较相似，但本种体型较大。

分布：浙江（临安）。

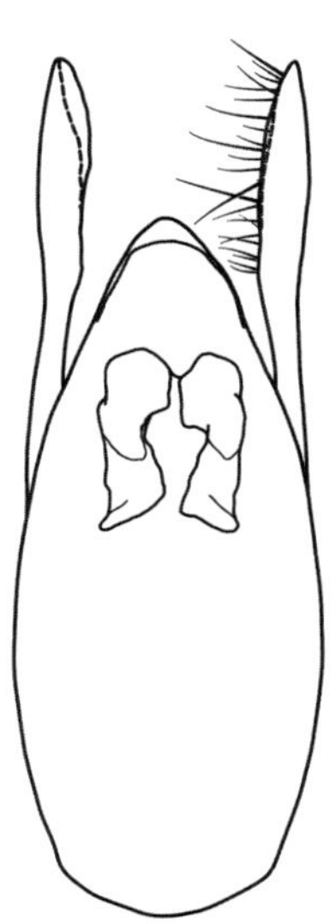

图 4-III-306 清凉峰突眼隐翅虫 *Stenus qingliangfengus* Tang *et* Jiang, 2018 阳茎腹面观

（635）迅速突眼隐翅虫 *Stenus rorellus cursorius* Benick, 1921（图 4-III-307，图版 III-143）

Stenus planifrons Fauvel, 1889: 253 [HN].

Stenus cursorius L. Benick, 1921: 193 [Replacement name for *Stenus planifrons* Fauvel, 1889].

Stenus rorellus cursorius: Herman, 2001a: 33.

主要特征：体长 2.7–3.1 mm。体黑褐色，附肢红黄色，触角第 1 节黑褐色。副唇舌卵圆形。整体刻点极粗密，刻点多少有些相互愈合，刻点间区极窄，被毛短但明显。腹部仅第 3 腹节具窄的侧背板，第 10 背板后缘具 2 尖锐突起的后侧角。足第 4 跗节分叶。雄性第 7 和第 8 腹板后缘中部凹入；第 9 腹板后侧角

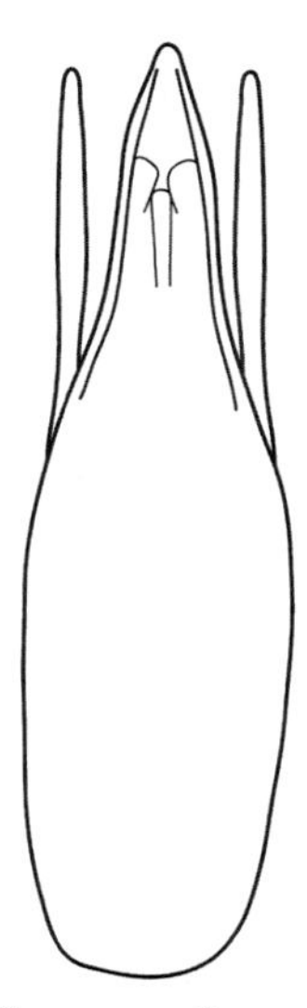

图 4-III-307 迅速突眼隐翅虫 *Stenus rorellus cursorius* Benick, 1921 阳茎腹面观

不明显，后缘锯齿状。阳茎中叶端部尖突；侧叶短于中叶，端部内侧着生约 9 根刚毛。本种与密点突眼隐翅虫 *S. confertus* Sharp, 1889 和异尾突眼隐翅虫 *S. dissimilis* Sharp, 1874 近缘，但本种刻点更密集，鞘翅较宽。

分布：浙江（安吉、临安、庆元、泰顺）、北京、山西、上海、香港、云南；巴基斯坦，印度，不丹，尼泊尔，孟加拉国，缅甸，越南，老挝，泰国，菲律宾，马来西亚，印度尼西亚，大洋洲。

（636）暗腹突眼隐翅虫 *Stenus rugipennis* Sharp, 1874（图 4-III-308，图版 III-144）

Stenus rugipennis Sharp, 1874a: 85.

Stenus conformis Eppelsheim, 1886: 44.

Stenus sharpianus Cameron, 1930b: 205.

Stenus namazu Hromádka, 1979: 101.

主要特征：体长 3.5–4.1 mm。体黑褐色，附肢红黄色，触角第 1 节明显深色。副唇舌卵圆形。前体刻点粗密，前胸背板和鞘翅刻点多少愈合，刻点间区具微刻纹，背板刻点粗密。腹部具窄而具刻点的侧背板。足第 4 跗节分叶。雄性第 8 腹板后缘中部凹入，第 9 腹板后侧角明显。阳茎中叶端部尖突；侧叶长于中叶，端部膨大，内侧着生约 11 根刚毛。雌性第 8 腹板后缘中间尖突，具骨质化受精囊。本种与疑皱突眼隐翅虫 *S. suspectatus* Puthz, 2003 相似，可通过雌雄性征加以区分。

分布：浙江（全境）、山西、陕西、福建、台湾、四川、贵州；俄罗斯，朝鲜，韩国，日本，中亚地区。

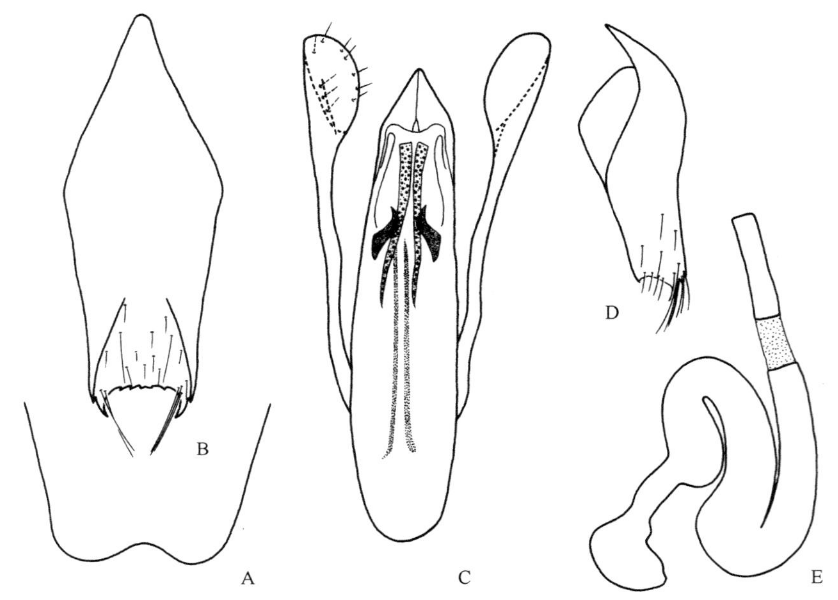

图 4-III-308　暗腹突眼隐翅虫 *Stenus rugipennis* Sharp, 1874

A. 雄性第 8 腹板；B. 雄性第 9 腹板；C. 阳茎腹面观；D. 雌性负瓣片；E. 受精囊

（637）性突眼隐翅虫 *Stenus sexualis* Sharp, 1874（图 4-III-309）

Stenus sexualis Sharp, 1874a: 84.

Stenus coniventris Bernhauer, 1938: 30.

主要特征：体长 2.5–2.8 mm。体黑色，附肢黄色。副唇舌卵圆形。前体刻点粗密，刻点定界较好，刻点间区具微刻纹，被毛明显。腹部具侧背板，第 3–6 背板基部向后具 3 条短基脊，第 10 背板具白色毛斑。足第 4 跗节简单。雄性第 8 腹板后缘中部凹入，第 9 腹板后侧角明显。阳茎中叶向端部尖锐；侧叶长于中叶，端部内侧密布刚毛。本种与大头突眼隐翅虫 *S. megacephalus* Cameron, 1929 相似，但本种头窄于鞘翅，前体被毛稀疏倒伏。

分布：浙江（诸暨）、北京、河北、山西、陕西、江苏、上海、四川、贵州；日本，老挝。

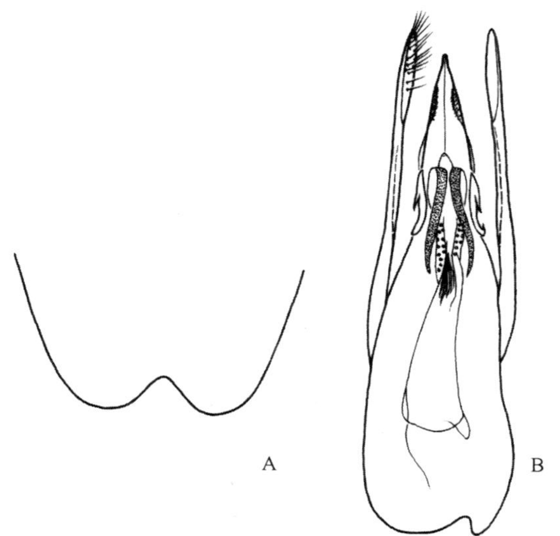

图 4-III-309 性突眼隐翅虫 *Stenus sexualis* Sharp, 1874
A. 雄性第 8 腹板；B. 阳茎腹面观

（638）沈山佳突眼隐翅虫 *Stenus shenshanjiai* Tang *et* Puthz, 2008（图 4-III-310）

Stenus shenshanjiai Tang *et* Puthz, 2008: 8.

主要特征：体长 2.3–2.8 mm。体黑色，腹部非常光亮，附肢红黄色。副唇舌卵圆形。前体刻点较粗密，前胸背板和鞘翅刻点轻度愈合，刻点间区具网纹，全体被毛明显。腹部刚毛长而半竖立，腹部仅第 3 节具窄的侧背板。足第 4 跗节分叶。雄性第 8 腹板后缘中部凹入，第 9 腹板后侧角尖锐。阳茎中叶端部窄圆形；侧叶稍长于中叶，端部略粗，内侧着生 8–10 根刚毛。雌性受精囊骨质化。本种与漆黑突眼隐翅虫 *S. nigritus* Tang, Li *et* Zhao, 2005 较相似，但本种头部较宽，鞘翅刻点较规则。

分布：浙江（武义）。

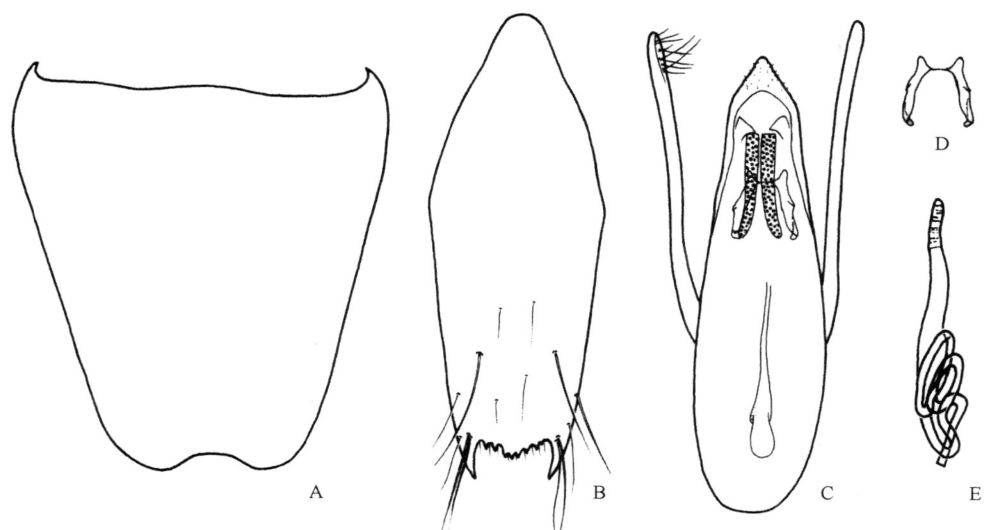

图 4-III-310 沈山佳突眼隐翅虫 *Stenus shenshanjiai* Tang *et* Puthz, 2008
A. 雄性第 8 腹板；B. 雄性第 9 腹板；C. 阳茎腹面观；D. 阳茎内骨片；E. 受精囊

（639）窄突眼隐翅虫 *Stenus substrictus* Tang *et* Puthz, 2010（图 4-III-311）

Stenus substrictus Tang *et* Puthz, 2010: 30.

主要特征：体长 2.8–3.2 mm。体黑色，鞘翅稍浅，附肢黄色。副唇舌卵圆形。前体刻点粗密，刻点间区具网状刻纹。腹部无侧背板，刻点向后逐渐变小稀疏，刻点间区具微刻纹。足第 4 跗节分叶。雄性第 8 腹板后缘中部凹入，第 9 腹板后侧角长。阳茎中叶端部圆突；侧叶远长于中叶，侧叶端部内侧具密刚毛。雌性具骨质化受精囊。本种与凤阳山突眼隐翅虫 *S. fengyangshanus* Tang *et* Jiang, 2018 较为相似，但后者前胸背板的刻点间区光滑无微刻纹。

分布：浙江（遂昌）。

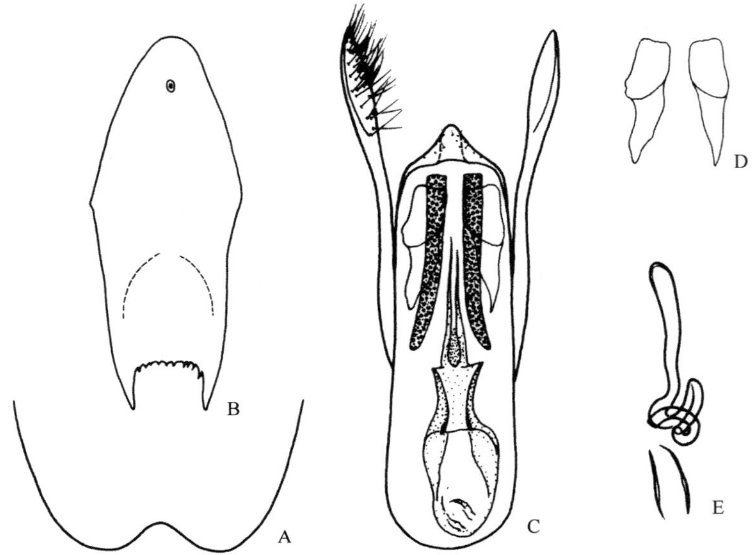

图 4-III-311　窄突眼隐翅虫 *Stenus substrictus* Tang *et* Puthz, 2010

A. 雄性第 8 腹板；B. 雄性第 9 腹板；C. 阳茎腹面观；D. 阳茎内骨片；E. 受精囊

（640）瘦突眼隐翅虫 *Stenus tenuipes* Sharp, 1874（图 4-III-312，图版 III-145）

Stenus tenuipes Sharp, 1874a: 80.

主要特征：体长 4.5–5.5 mm。体黑色，鞘翅具 1 对中等大小的橙色圆斑。头部眼间额区隆起，明显

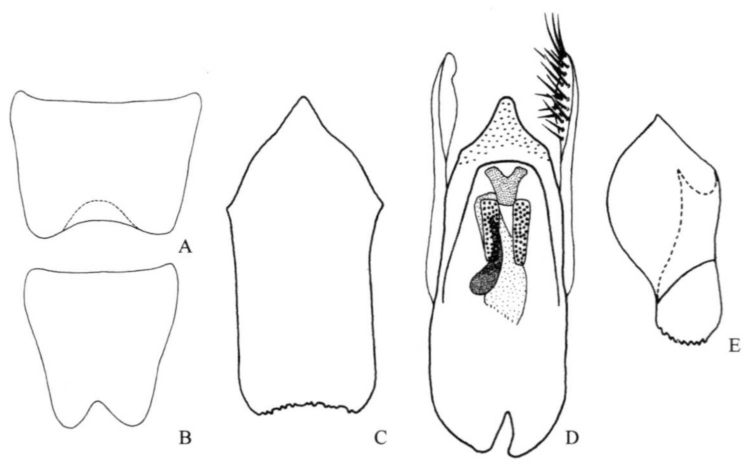

图 4-III-312　瘦突眼隐翅虫 *Stenus tenuipes* Sharp, 1874

A. 雄性第 7 腹板；B. 雄性第 8 腹板；C. 雄性第 9 腹板；D. 阳茎腹面观；E. 雌性负瓣片

低于复眼内缘；头侧刻点相对稀疏，刻点间区约等于刻点直径。前胸背板刻点轻微愈合。鞘翅刻点密集而规则。腹部有具刻点的侧背板。足第 4 跗节简单。雄性第 7 腹板后缘中部凹入，凹入前方有浅压痕；第 8 腹板后缘中部凹入；第 9 腹板后缘锯齿形，无明显后侧角。阳茎中叶端部变窄；侧叶长于中叶，端部内侧具密刚毛。

分布：浙江（全境）、江苏、上海、湖北、江西、湖南、福建、台湾、广西、贵州、云南；韩国，日本。

（641）天目山突眼隐翅虫 *Stenus tianmushanus* Tang, Puthz *et* Yue, 2016（图 4-III-313，图版 III-146）

Stenus tianmushanus Tang, Puthz *et* Yue, 2016: 140.

主要特征：体长 4.3–5.0 mm。头黑色，其余身体稍浅，附肢黄色。副唇舌卵圆形。前体刻点粗密，刻点间区光滑。腹部无侧背板，刻点向后逐渐变小稀疏，仅第 7 及之后背板刻点间区具网纹。足第 4 跗节分叶。雄性第 8 腹板后缘中部凹入，第 9 腹板后侧角长。阳茎中叶端部尖锐；侧叶长于中叶，侧叶端部内侧具密刚毛。雌性具骨质化受精囊。本种与朱氏突眼隐翅虫 *S. zhujianqingi* Tang, Li *et* Wang, 2012 较相似，但后者体较小，刻点较密。

分布：浙江（临安）。

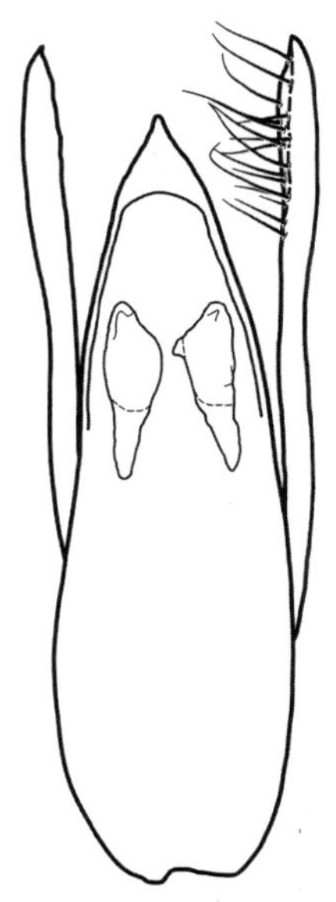

图 4-III-313　天目山突眼隐翅虫 *Stenus tianmushanus* Tang, Puthz *et* Yue, 2016 阳茎腹面观

（642）桐杭岗突眼隐翅虫 *Stenus tonghanggangus* Tang, Puthz *et* Yue, 2016（图 4-III-314，图版 III-147）

Stenus tonghanggangus Tang, Puthz *et* Yue, 2016: 142.

主要特征：体长 3.2–4.2 mm。头黑色，前胸背板和腹部深棕色，鞘翅褐色，附肢黄色。副唇舌卵圆形。前体刻点粗密，刻点间区光滑。腹部无侧背板，刻点向后逐渐变小稀疏，仅第 5 及之后背板刻点间区具微刻纹。足第 4 跗节分叶。雄性第 8 腹板后缘中部凹入，第 9 腹板后侧角长。阳茎中叶端部宽钝；侧叶长于中叶，侧叶端部内侧具密刚毛。雌性具骨质化受精囊。本种与天目山突眼隐翅虫 *S. tianmushanus* Tang, Puthz *et* Yue, 2016 及朱氏突眼隐翅虫 *S. zhujianqingi* Tang, Li *et* Wang, 2012 较相似，但本种体较小，鞘翅色浅，前体刻点愈合程度较低。

分布：浙江（安吉）。

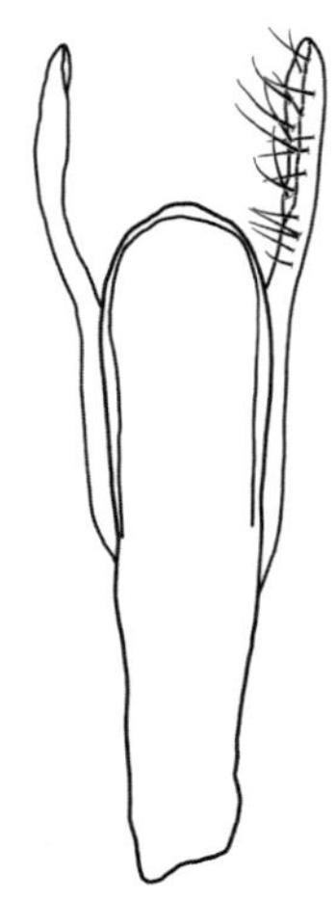

图 4-III-314　桐杭岗突眼隐翅虫 *Stenus tonghanggangus* Tang, Puthz *et* Yue, 2016 阳茎腹面观

（643）闪蓝突眼隐翅虫 *Stenus viridanus* Champion, 1925（图 4-III-315，图版 III-148）

Stenus viridans Champion, 1925: 106 [HN].

Stenus viridanus Champion, 1925: 169 [Replacement name for *Stenus viridans* Champion, 1925].

主要特征：体长 5.5–7.1 mm。体黑色具强烈金属蓝光泽；附肢黄褐色；腿节双色，基半部黄色，端半部褐色。副唇舌卵圆形。前体刻点粗大并高度愈合；刻点间区窄，呈皱纹状，在鞘翅形成漩涡状。腹部前部刻点紧密，后部适度紧密，具侧背板。前体被毛很不明显。足第 4 跗节分叶。雄性第 6 腹板后缘中部浅凹入，凹入前具浅压入；第 7 腹板中后部具密毛；第 8 腹板后缘中部深凹入；第 9 腹板后侧角长，后缘深凹入。阳茎中叶端部长而突出；侧叶明显短于中叶，侧叶端部膨大，内侧具密刚毛。雌性具骨质化受精囊。

分布：浙江（龙泉）、陕西、湖北、江西、重庆、四川、贵州、云南；巴基斯坦，印度，不丹。

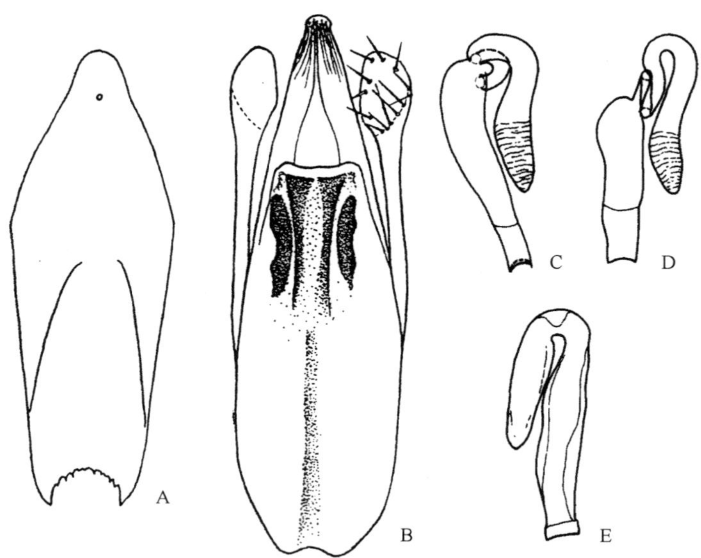

图 4-III-315　闪蓝突眼隐翅虫 *Stenus viridanus* Champion, 1925（雄性仿自 Zheng，1992）

A. 雄性第 9 腹板；B. 阳茎腹面观；C-E. 受精囊

（644）乌岩岭突眼隐翅虫 *Stenus wuyanlingus* Liu, Tang *et* Luo, 2017（图 4-III-316，图版 III-149）

Stenus wuyanlingus Liu, Tang *et* Luo, 2017: 76.

主要特征：体长 2.3–2.8 mm。头黑色，前胸背板和腹部棕色，鞘翅浅棕色，中域稍浅，腹部非常光亮，附肢红黄色。副唇舌卵圆形。前体刻点较粗密，前胸背板和鞘翅刻点多少愈合，刻点间区具网纹，全体被毛明显。腹部刚毛长而半竖立，腹部仅第 3 节具窄的侧背板。足第 4 跗节分叶。雄性第 8 腹板后缘中部凹入，第 9 腹板后侧角尖锐。阳茎中叶端部窄圆形；侧叶稍长于中叶，端部略粗，内侧着生 8–11 根刚毛。雌性受精囊骨质化。

分布：浙江（泰顺）。

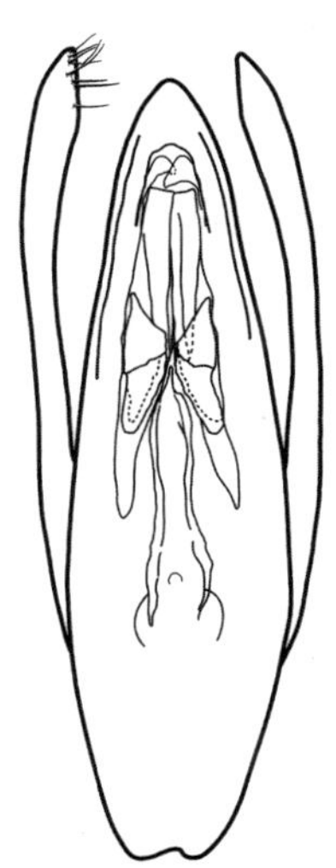

图 4-III-316　乌岩岭突眼隐翅虫 *Stenus wuyanlingus* Liu, Tang *et* Luo, 2017 阳茎腹面观

（645）武夷山突眼隐翅虫 *Stenus wuyimontium* Puthz, 2003（图 4-III-317）

Stenus (*Hemistenus*) *wuyimontium* Puthz, 2003: 154.

Stenus (*Hemistenus*) *crispirugulosus* Zhao *et* Zhou, 2005: 102.

主要特征：体长 5.1–5.8 mm。体黑色，附肢红黄色。副唇舌卵圆形。前体刻点粗大并高度愈合，刻点间区窄而呈皱纹状，前胸背板和鞘翅无明显被毛。腹部前部刻点紧密，后部适度紧密，具窄的侧背板。足第 4 跗节分叶。雄性第 8 腹板后缘中部深凹入，第 9 腹板后侧角长。阳茎中叶端部具小圆突；侧叶长于中叶，端部膨大，内侧具密刚毛。雌性具骨质化受精囊。

分布：浙江（庆元、龙泉、泰顺）、福建、四川。

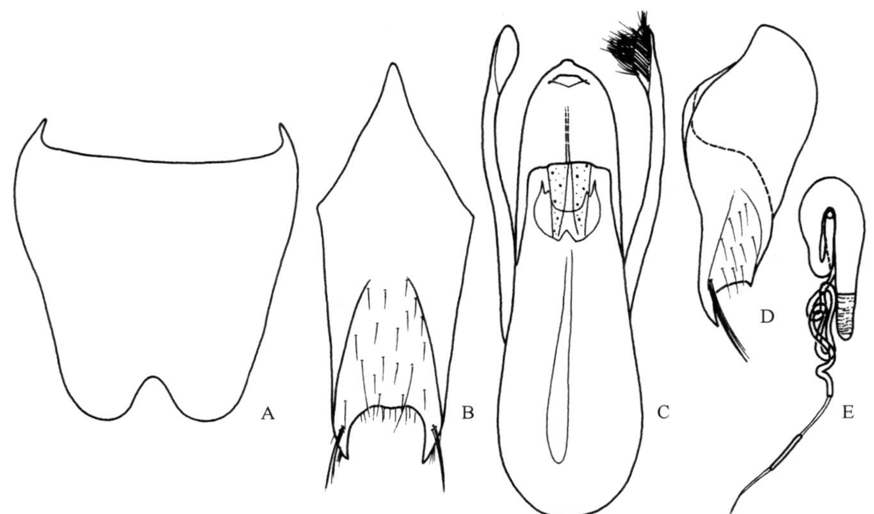

图 4-III-317　武夷山突眼隐翅虫 *Stenus wuyimontium* Puthz, 2003

A. 雄性第 8 腹板；B. 雄性第 9 腹板；C. 阳茎腹面观；D. 雌性负瓣片；E. 受精囊

（646）余氏突眼隐翅虫 *Stenus yuyimingi* Liu, Tang *et* Luo, 2017（图 4-III-318，图版 III-150）

Stenus yuyimingi Liu, Tang *et* Luo, 2017: 79.

主要特征：体长 4.1–4.7 mm。头黑色，前胸背板和腹部褐色，鞘翅浅褐色且中域颜色稍浅，腹部非常光亮，附肢红黄色。副唇舌卵圆形。前体刻点较粗密，前胸背板和鞘翅刻点相对定界良好，刻点间区光滑，全体被毛明显。腹部刚毛长而半竖立，腹部仅第 3 节具窄的侧背板。足第 4 跗节分叶。雄性第 8 腹板后缘中部凹入，第 9 腹板后侧角宽而锐。阳茎中叶端部较宽，顶端尖锐；侧叶等长于中叶，端部略粗，内侧着生 19–22 根刚毛。雌性受精囊骨质化。本种可通过前体刻点间区光滑和鞘翅无明显橙斑与卷毛突眼隐翅虫 *S. cirrus* Benick, 1940 种组种类区分。

分布：浙江（龙泉）。

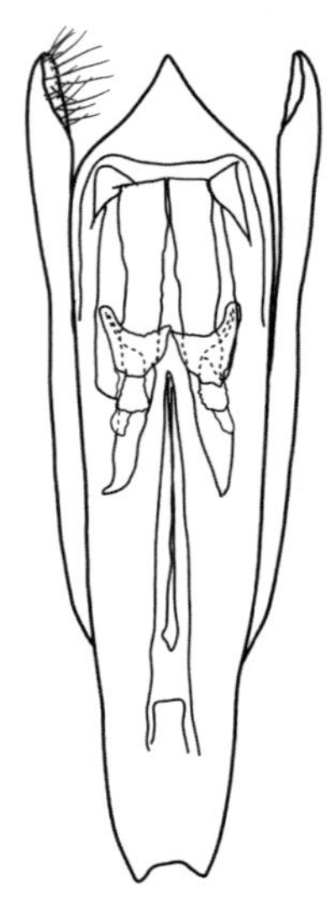

图 4-III-318　余氏突眼隐翅虫 *Stenus yuyimingi* Liu, Tang *et* Luo, 2017 阳茎腹面观

（647）浙江突眼隐翅虫 *Stenus zhejiangensis* Tang, Liu *et* Zhao, 2017（图 4-III-319，图版 III-151）

Stenus zhejiangensis Tang, Liu *et* Zhao, 2017: 31.

主要特征：体长 3.8 mm。体黑色，附肢红黄色。副唇舌卵圆形。前体刻点粗密，刻点间区部分具网纹。

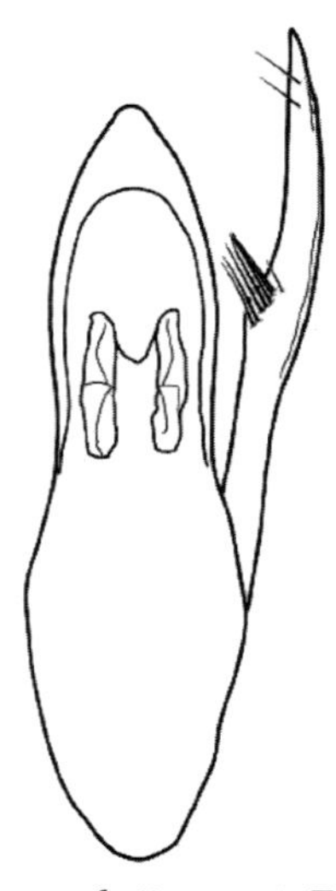

图 4-III-319　浙江突眼隐翅虫 *Stenus zhejiangensis* Tang, Liu *et* Zhao, 2017 阳茎腹面观

腹部仅第 3 节具非常窄而具刻点的侧背板，之后背板腹板愈合形成不明显的缝，刻点向后逐渐变小稀疏，刻点间区具网纹。足第 4 跗节分叶。雄性第 8 腹板后缘中部凹入，第 9 腹板后侧角长。阳茎中叶端部尖圆；侧叶长于中叶，端部内侧具 2 簇刚毛。雌性未知。本种与东白山突眼隐翅虫 *S. dongbaishanus* 较相似，但本种体色较深，鞘翅肩部发达，具能飞行的后翅。

分布：浙江（诸暨）。

（648）朱氏突眼隐翅虫 *Stenus zhujianqingi* Tang, Li *et* Wang, 2012（图 4-III-320，图版 III-152）

Stenus zhujianqingi Tang, Li *et* Wang, 2012: 44.

主要特征：体长 4.0–4.3 mm。头黑色，其余身体稍浅，附肢黄色。副唇舌卵圆形。前体刻点粗密，刻点间区光滑。腹部无侧背板，刻点向后逐渐变小稀疏，仅第 7 及之后背板刻点间区具网纹。足第 4 跗节分叶。雄性第 8 腹板后缘中部凹入，第 9 腹板后侧角长。阳茎中叶端部尖圆；侧叶长于中叶，侧叶端部内侧具密刚毛。雌性具骨质化受精囊。本种与天目突眼隐翅虫 *S. tianmushanus* Tang, Puthz *et* Yue, 2016 较为相似，但本种体较小，刻点较密。

分布：浙江（临安）。

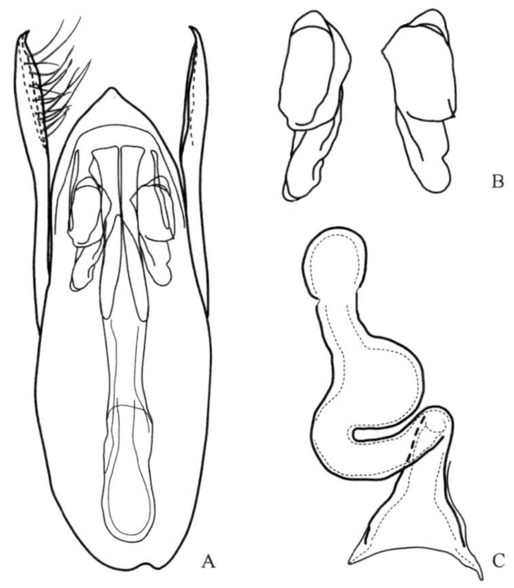

图 4-III-320　朱氏突眼隐翅虫 *Stenus zhujianqingi* Tang, Li *et* Wang, 2012
A. 阳茎腹面观；B. 阳茎内骨片；C. 受精囊

（649）朱礼龙突眼隐翅虫 *Stenus zhulilongi* Tang *et* Puthz, 2008（图 4-III-321）

Stenus zhulilongi Tang *et* Puthz, 2008: 2.

主要特征：体长 3.7–5.0 mm。体黑色，鞘翅偏外侧具 1 对橙色卵形斑，腹部非常光亮，附肢红黄色。副唇舌卵圆形。前体刻点较粗密，前胸背板和鞘翅刻点轻度愈合，刻点间区具光滑，全体被毛明显。腹部刚毛长而半竖立，腹部仅第 3 节具窄的侧背板。足第 4 跗节分叶。雄性第 8 腹板后缘中部凹入，第 9 腹板后侧角尖锐。阳茎中叶端部圆钝；侧叶长于中叶，端部略粗，内侧着生约 8 根刚毛。雌性受精囊骨质化。本种与李金文突眼隐翅虫 *S. lijinweni* Tang *et* Puthz, 2008 和九龙山突眼隐翅虫 *S. jiulongshanus* Tang *et* Puthz, 2008 较为相似，但本种前胸背板和鞘翅的刻点相对更密。

分布：浙江（龙泉、泰顺）。

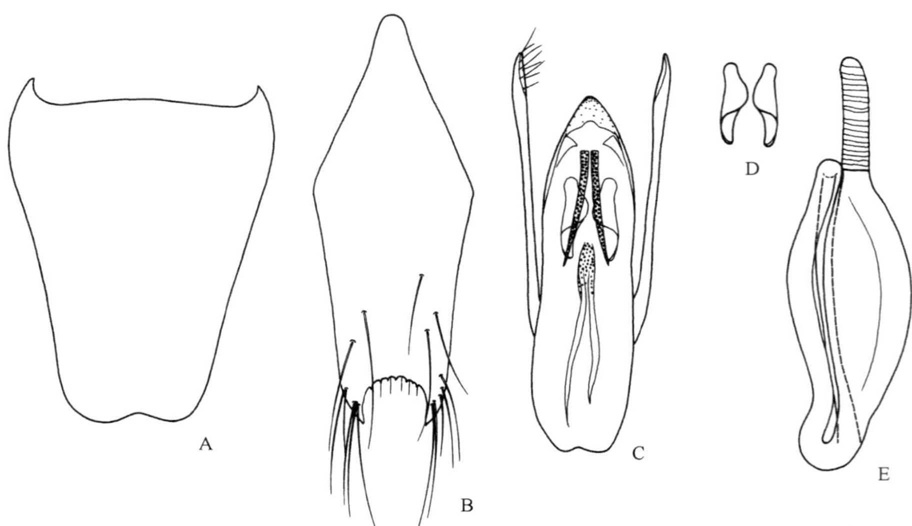

图 4-III-321　朱礼龙突眼隐翅虫 *Stenus zhulilongi* Tang *et* Puthz, 2008
A. 雄性第 8 腹板；B. 雄性第 9 腹板；C. 阳茎腹面观；D. 阳茎内骨片；E. 受精囊

（十二）丽隐翅虫亚科 Euaesthetinae

主要特征：体小型，长条形。触角纤细，触角 11 节，着生在复眼前方，端部 2–3 节略膨大成棒状；上唇前缘常有齿或锯齿，上颚细长，镰刀形，无臼齿。前基节缝封闭。腹部可见腹板 6 节，侧背板 1 对或缺。前足基节小，圆锥形，跗式 5–5–5 式、5–5–4 式或 4–4–4 式。

生物学：通常发现于落叶层中。

分布：世界广布。世界已知 25 属 1159 种（亚种），中国记录 6 属 123 种 1 亚种，浙江分布 1 属 1 种。

圆唇隐翅虫族 Stenaesthetini Bernhauer *et* Schubert, 1911

260. 圆唇隐翅虫属 *Stenaesthetus* Sharp, 1874

Stenaesthetus Sharp, 1874a: 79. Type species: *Stenaesthetus sunioides* Sharp, 1874.

Aulacosthaetus Bernhauer, 1939c: 211. Type species: *Aulacosthaetus rambouseki* Bernhauer, 1939.

Gerhardia Kistner, 1960: 32. Type species: *Stenaesthetus africana* Bernhauer, 1960.

Rishwanedaphus Makhan, 2013: 1. Type species: *Rishwanedaphus amrishi* Makhan, 2013.

主要特征：体小型，触角第 3–11 节细长，腹部无侧背板，跗式 5–5–4 式，后足跗节第 1 节长于之后 3 节之和。至少部分种类具好蚁性。

分布：古北区、东洋区、旧热带区、新热带区。世界已知 111 种 2 亚种，中国记录 12 种，浙江分布 1 种。

（650）短沟圆唇隐翅虫 *Stenaesthetus brevisulcatus* Puthz, 2013（图 4-III-322）

Stenaesthetus brevisulcatus Puthz, 2013: 2100.

主要特征：体长 1.9–2.4 mm。体棕色。头部具粗密刻点。前胸背板具 4 条基纵沟，两侧沟很长，中间 2 条短于前胸背板的一半；刻点粗密，常纵向愈合，但纵沟内无刻点。鞘翅刻点相对小而密，纵向愈合。雄性第 7 腹板近后缘中部有压痕，第 8 腹板后缘深凹入，第 9 腹板向后中部突起。阳茎细长，端部较尖；

侧叶长于中叶，端部加粗，内侧疏布刚毛。受精囊骨质化。本种与海岛圆唇隐翅虫 *S. insulanus* Puthz, 2010 较相似，但后者前胸背板刻点较浅，中纵沟内具刻点。

分布：浙江（武义）、江西、福建。

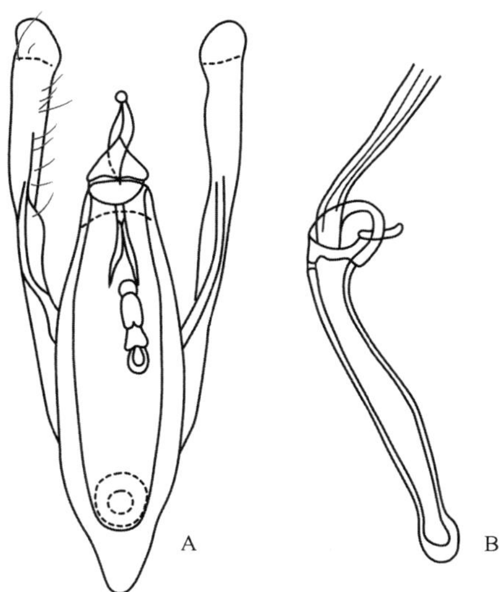

图 4-III-322　短沟圆唇隐翅虫 *Stenaesthetus brevisulcatus* Puthz, 2013

A. 阳茎腹面观；B. 受精囊

（十三）苔甲亚科 Scydmaeninae

主要特征：体小型，通常小于 2.5 mm。触角 11 节，着生在头前缘。前胸背板长大于宽，侧缘不向外扩展，后缘中部不向前凹入。鞘翅长，几乎伸达腹末。后足基节相互接近，跗式 5–5–5 式。

生物学：通常发现于石块下、落叶层和朽木中，少数与蚂蚁共生。

分布：世界广布。世界已知 117 属 5465 种（亚种），中国记录 16 属 193 种，浙江分布 3 属 12 种。

分属检索表

1. 下颚须第 4 节端部半圆形或平截形 ······ **卵苔甲属 *Cephennodes***
- 下颚须第 4 节端部锥形 ······ 2
2. 具亚颏侧沟 ······ **钩颚苔甲属 *Stenichnus***
- 无亚颏侧沟 ······ **美苔甲属 *Horaeomorphus***

卵苔甲超族 Cephenniitae Reitter, 1882

卵苔甲族 Cephenniini Reitter, 1882

261. 卵苔甲属 *Cephennodes* Reitter, 1884

Cephennodes Reitter, 1884: 420. Type species: *Cephennodes simonis* Reitter, 1884.

Coatesia Lea, 1915: 230. Type species: *Coatesia lata* Lea, 1915.

Hawkeswoodcephennodes Makhan, 2009: 1. Type species: *Cephennodes aschnae* Makhan, 2005.

主要特征：体小型，体长 1.2–1.7 mm，体卵圆至长卵圆形。头横宽；复眼小而突出；触角 11 节，末

3 节膨大，形成不明显端锤。前胸背板半椭圆形，基部最宽；近基部具 1 对窝；前胸腹板中央隆脊强烈突起。鞘翅近椭圆形；基窝大，具毛。足狭长。阳茎卵圆形，膨大。

分布：古北区、东洋区。世界已知 216 种，中国记录 83 种，浙江分布 9 种。

分种检索表

1. 鞘翅后半部侧边具毛斑或特化长刚毛……2
- 鞘翅不具毛斑或特化长刚毛……4
2. 鞘翅后半部侧边具特化长刚毛……豪猪卵苔甲 *C. hystrix*
- 鞘翅后半部侧边具毛斑……3
3. 雄性鞘翅毛斑不内凹，远离边缘；鞘翅从最宽处向后均匀变窄……网翅卵苔甲 *C. bicribratus*
- 雄性鞘翅毛斑内凹，接近边缘；鞘翅从最宽处向后急剧变窄……大田坪卵苔甲 *C. datianpingensis*
4. 额具 1 对特化鬃毛……5
- 额不具特化鬃毛……6
5. 额区不具修饰……额角卵苔甲 *C. capricornis*
- 额与唇基交界处具 1 对突起……突唇卵苔甲 *C. clypeicornis*
6. 雄性唇基与额明显分离……离唇卵苔甲 *C. clypeatus*
- 雄性唇基与额或多或少愈合……7
7. 体长 1.5–1.7 mm；触角第 3–7 节长宽近似或宽大于长……异茎卵苔甲 *C. paramerus*
- 体长小于 1.5 mm；触角第 3–7 节狭长……8
8. 触角第 9 节长宽近似，第 10 节略横宽；阳茎中叶基囊背面端部中央不具凹陷……毛翅卵苔甲 *C. setifer*
- 触角第 9–10 节狭长；阳茎中叶基囊背面端部中央具深而窄的凹陷……殷氏卵苔甲 *C. yinziweii*

（651）网翅卵苔甲 *Cephennodes* (*Cephennodes*) *bicribratus* Jałoszyński, 2016（图 4-III-323）

Cephennodes (*Cephennodes*) *bicribratus* Jałoszyński, 2016: 426.

主要特征：体长 1.3 mm，近卵形；红棕色。头部横宽，背面具密集细小刻点；触角第 1 节长宽相等，第 2–7 节狭长，第 8 节长宽相等，第 9 节长稍大于宽，第 10 节略横宽，第 11 节长度约为第 9–10 节之和。

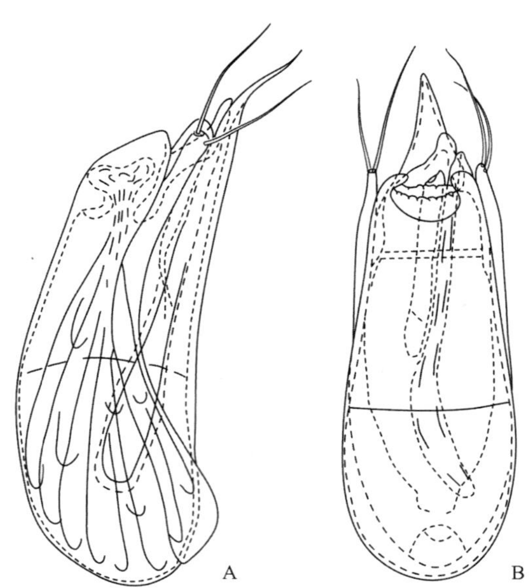

图 4-III-323 网翅卵苔甲 *Cephennodes* (*Cephennodes*) *bicribratus* Jałoszyński, 2016（仿自 Jałoszyński，2016）
A. 阳茎侧面观；B. 阳茎背面观

前胸背板近半椭圆形，前缘近平直，基部显著变窄，盘区刻点细密。鞘翅近椭圆形，长稍大于宽，刻点细小而不明显。雄性鞘翅长是宽的 1.2 倍，最宽处向后均匀变窄，鞘翅毛斑不内凹，远离边缘；后胸腹板侧边无凹陷；足无修饰。阳茎中叶端突侧面观非钩形，向内弯曲。

分布：浙江（龙泉）。

（652）额角卵苔甲 *Cephennodes* (*Cephennodes*) *capricornis* Jałoszyński, 2012（图 4-III-324）

Cephennodes capricornis Jałoszyński, 2012: 240.

主要特征：体长 1.6–1.7 mm，长卵形；红棕色。头显著横宽，背面中央具密集细刻点，四周渐稀疏。触角第 9 节显著横宽；第 10 节大于第 9 节，横宽；第 11 节稍宽于第 10 节，约等长于第 9–10 节之和，长约为宽的 2 倍。前胸背板半椭圆形，前缘略呈弧形，盘区刻点较大而密，刻点向前后逐渐变小而稀疏。鞘翅近椭圆形，长大于宽，刻点明显较前胸背板更小而稀。雄性额鬃短，约等长于复眼；额不具修饰；鞘翅长宽比为 1.13–1.19；后胸腹板侧边无凹陷；足不具修饰；阳茎中叶端部窄三角形，稍突出。

分布：浙江（临安）、湖南、海南。

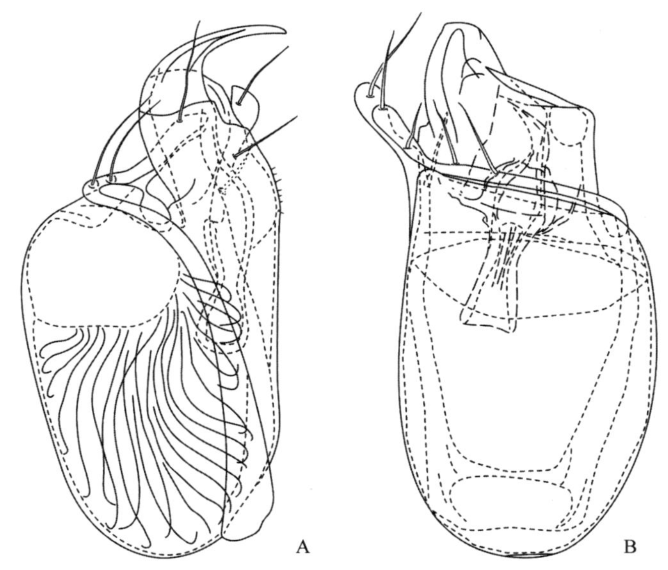

图 4-III-324　额角卵苔甲 *Cephennodes* (*Cephennodes*) *capricornis* Jałoszyński, 2012（仿自 Jałoszyński，2012）
A. 阳茎侧面观；B. 阳茎背面观

（653）离唇卵苔甲 *Cephennodes* (*Cephennodes*) *clypeatus* Jałoszyński, 2012（图 4-III-325）

Cephennodes clypeatus Jałoszyński, 2012: 247.

主要特征：体长约 1.2 mm，长卵形；红棕色。头显著横宽，背面具较密集细刻点。触角第 9 节显著长于并宽于第 8 节，略横宽；第 10 节显著宽于并长于第 9 节，横宽；第 11 节稍宽于第 10 节，约等长于第 9–10 节之和，长约为宽的 2 倍。前胸背板半椭圆形，于基部 1/3 处最宽，前缘宽弧形，盘区刻点小而明显，刻点向四周逐渐变浅变稀。鞘翅椭圆形，长大于宽，刻点明显较前胸背板更小而浅。雄性唇基与额被横沟分离；鞘翅长宽比为 1.21–1.27；后胸腹板侧边无凹陷；足不具修饰；阳茎中叶卵圆形，端部宽弧形，略突出。

分布：浙江（临安）。

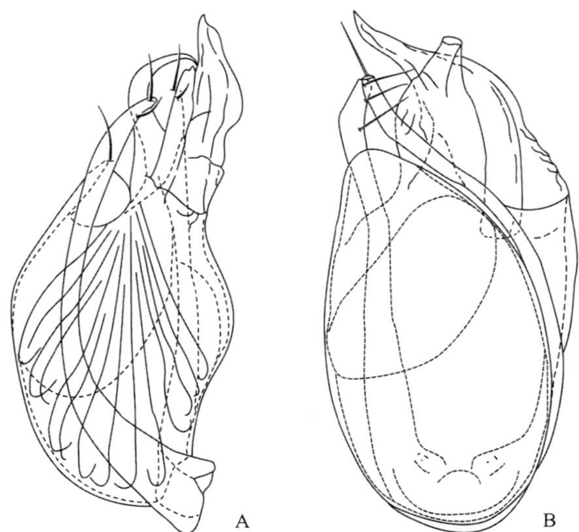

图 4-III-325　离唇卵苔甲 *Cephennodes* (*Cephennodes*) *clypeatus* Jałoszyński, 2012（仿自 Jałoszyński，2012）
A. 阳茎侧面观；B. 阳茎背面观

（654）突唇卵苔甲 *Cephennodes* (*Cephennodes*) *clypeicornis* Jałoszyński, 2012（图 4-III-326）

Cephennodes clypeicornis Jałoszyński, 2012: 237.

主要特征：体长约 1.6 mm，长卵形；红棕色。头显著横宽，背面具稀疏细刻点。触角第 9 节稍长于且显著宽于第 8 节，明显横宽；第 10 节稍大于第 9 节，略横宽；第 11 节稍宽于第 10 节，约等长于第 9–10 节之和，长约为宽的 2 倍。前胸背板亚四边形，盘区刻点小而明显，刻点向四周逐渐变小而浅。鞘翅椭圆形，长大于宽，刻点明显较前胸背板更小而浅。雄性额鬃显著长于复眼；额-唇基突发达；鞘翅纵宽比为 1.10；后胸腹板侧边无凹陷；足不具修饰；阳茎中叶端部宽圆形。

分布：浙江（临安）。

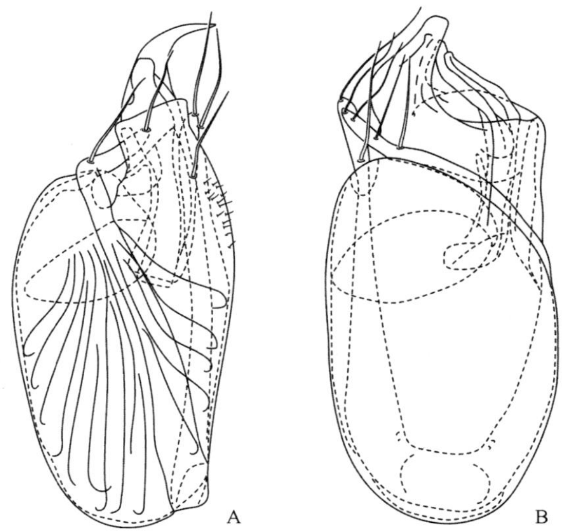

图 4-III-326　突唇卵苔甲 *Cephennodes* (*Cephennodes*) *clypeicornis* Jałoszyński, 2012（仿自 Jałoszyński，2012）
A. 阳茎侧面观；B. 阳茎背面观

（655）大田坪卵苔甲 *Cephennodes* (*Cephennodes*) *datianpingensis* Jałoszyński, 2016（图 4-III-327）

Cephennodes (*Cephennodes*) *datianpingensis* Jałoszyński, 2016: 424.

主要特征：体长约 1.3 mm，近卵圆形；红棕色。头显著横宽，背面刻点细而浅，密集。触角第 10 节横宽；第 11 节约等长于第 9–10 节之和，宽于第 9 节，长约是宽的 2 倍。前胸背板近半椭圆形，盘区刻点细小，不明显。鞘翅近椭圆形，长大于宽，刻点细小而不明显。雄性鞘翅长宽比为 1.20；鞘翅毛斑内凹，接近边缘；鞘翅从最宽处向后急剧变窄；后胸腹板侧边无凹陷；足不具修饰；阳茎中叶端突侧面观向背面弯曲成钩形。

分布：浙江（龙泉）。

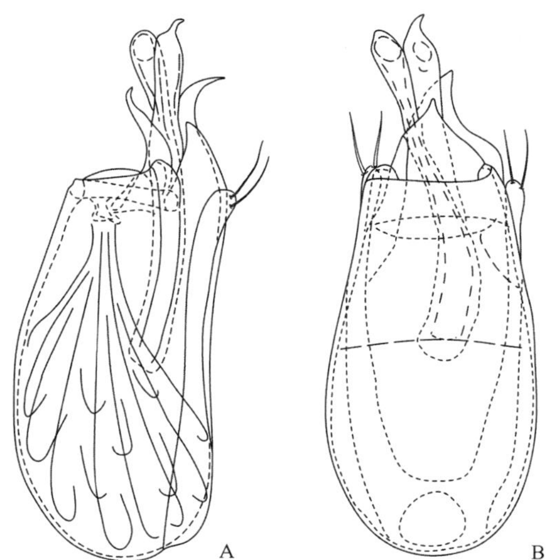

图 4-III-327　大田坪卵苔甲 *Cephennodes* (*Cephennodes*) *datianpingensis* Jałoszyński, 2016（仿自 Jałoszyński，2016）

A. 阳茎侧面观；B. 阳茎背面观

（656）豪猪卵苔甲 *Cephennodes* (*Cephennodes*) *hystrix* Jałoszyński, 2016（图 4-III-328）

Cephennodes (*Cephennodes*) *hystrix* Jałoszyński, 2016: 419.

主要特征：体长约 1.6 mm，近卵形；红棕色。头显著横宽，背面刻点密集而明显；触角各节狭长，第 3–8 节各 3 倍长于宽或更长，第 11 节显著短于第 9–10 节之和。前胸背板半椭圆形，盘区刻点细小而明显。鞘翅近椭圆形，长大于宽，刻点细而浅，端部具特化长刚毛。雄性鞘翅长宽比为 1.17；后胸腹板侧边无凹陷；足不具修饰；阳茎中叶基囊背面端部中央具深纵凹。

分布：浙江（庆元）。

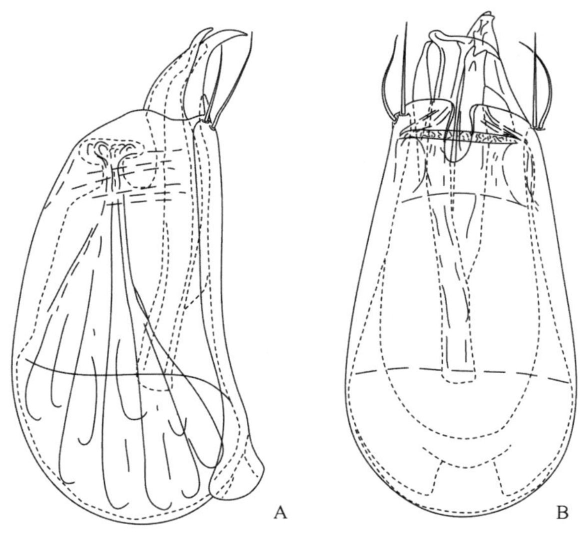

图 4-III-328　豪猪卵苔甲 *Cephennodes* (*Cephennodes*) *hystrix* Jałoszyński, 2016（仿自 Jałoszyński，2016）

A. 阳茎侧面观；B. 阳茎背面观

（657）异茎卵苔甲 *Cephennodes* (*Cephennodes*) *paramerus* Jałoszyński, 2007（图 4-III-329）

Cephennodes (*Cephennodes*) *paramerus* Jałoszyński, 2007: 29.

主要特征：体长 1.5–1.7 mm，近卵形；红棕色。头显著横宽，背面刻点密集而明显。触角第 10 节大于第 9 节，略宽于长；第 11 节约等长于第 9–10 节之和。前胸背板近半椭圆形，盘区刻点大而明显。鞘翅近椭圆形，长大于宽，刻点与前胸背板近似。雄性鞘翅纵宽比为 1.16–1.17；后胸腹板侧边无凹陷；足不具修饰；阳茎左侧叶极宽阔，左右明显不对称。

分布：浙江（龙泉）、福建。

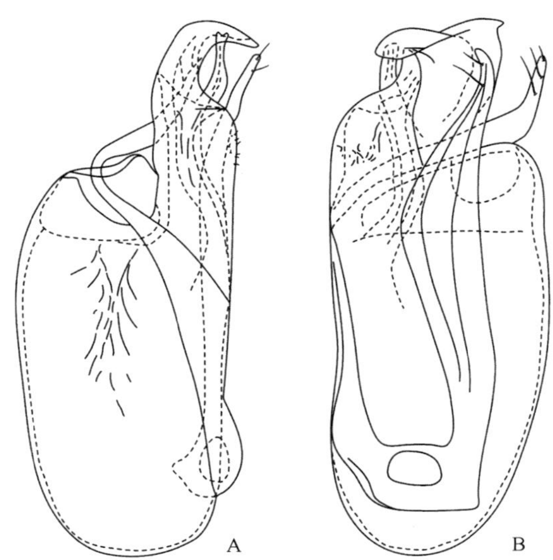

图 4-III-329　异茎卵苔甲 *Cephennodes* (*Cephennodes*) *paramerus* Jałoszyński, 2007（仿自 Jałoszyński，2007）
A. 阳茎侧面观；B. 阳茎背面观

（658）毛翅卵苔甲 *Cephennodes* (*Cephennodes*) *setifer* Jałoszyński, 2016（图 4-III-330）

Cephennodes (*Cephennodes*) *setifer* Jałoszyński, 2016: 421.

主要特征：体长约 1.3 mm，卵圆形；红棕色。头显著横宽，背面刻点细小，不明显；触角第 10 节略

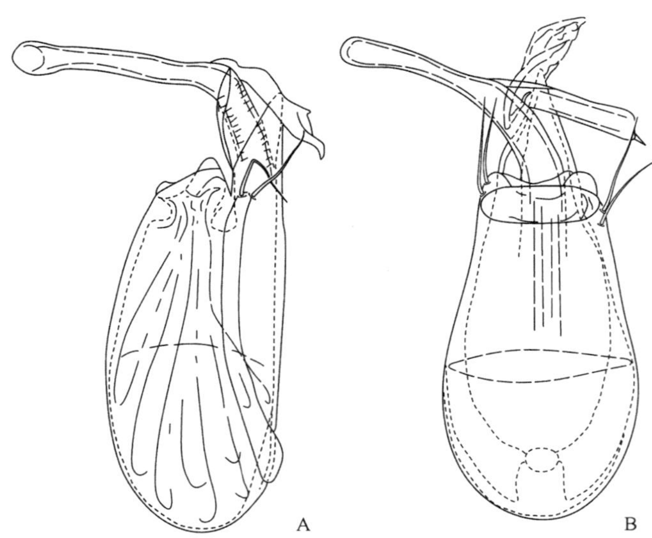

图 4-III-330　毛翅卵苔甲 *Cephennodes* (*Cephennodes*) *setifer* Jałoszyński, 2016（仿自 Jałoszyński，2016）
A. 阳茎侧面观；B. 阳茎背面观

横宽，第 11 节约等长于第 9–10 节之和。前胸背板半椭圆形，盘区刻点细小而明显，向前后方逐渐变小而浅。鞘翅近椭圆形，长大于宽，端部具修饰，近中缝处平坦；刻点细而浅。雄性鞘翅纵宽比为 1.17；后胸腹板侧边无凹陷；足不具修饰；阳茎中叶基囊背面端部中央不具凹陷。

分布：浙江（龙泉）。

（659）殷氏卵苔甲 *Cephennodes* (*Cephennodes*) *yinziweii* Jałoszyński, 2016（图 4-III-331）

Cephennodes (*Cephennodes*) *yinziweii* Jałoszyński, 2016: 422.

主要特征：体长 1.4–1.5 mm，卵圆形；体红棕色。头部显著横宽，亚三角形，密布小刻点。前胸背板半卵圆形，横宽，后角近乎直角，后缘略呈二波状，盘区刻点显著大于头部，向前后方逐渐变小。鞘翅长大于宽，端部无修饰，亚肩线明显，表面刻点不明显，后翅发达。足细长，胫节直。阳茎中叶端部具 1 凹陷。

分布：浙江（龙泉）。

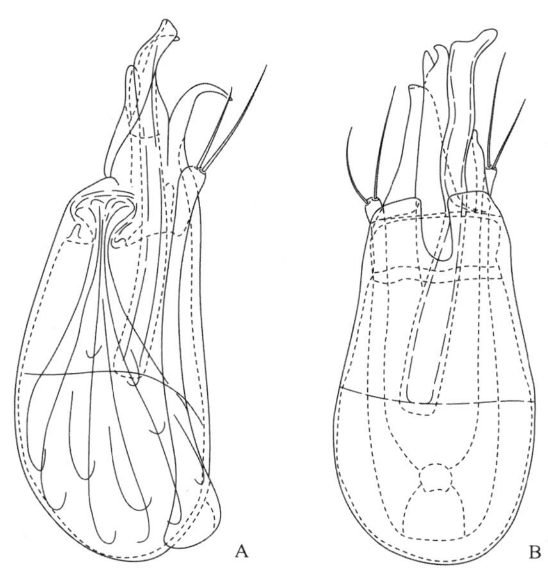

图 4-III-331　殷氏卵苔甲 *Cephennodes* (*Cephennodes*) *yinziweii* Jałoszyński, 2016（仿自 Jałoszyński，2016）
A. 阳茎侧面观；B. 阳茎背面观

苔甲超族 Scydmaenitae Leach, 1815

锥须苔甲族 Stenichnini Fauvel, 1885

262. 美苔甲属 *Horaeomorphus* Schaufuss, 1889

Horaeomorphus Schaufuss, 1889: 21. Type species: *Horaeomorphus eumicroides* Schaufuss, 1889.

Vinsoniana Lhoste, 1956: 283. Type species: *Scydmaenus mauritiensis* Lhoste, 1956.

Allohoraeomorphus Franz, 1986: 164. Type species: *Allohoraeomorphus calcarifer* Franz, 1986.

主要特征：体中大型，体长 2.5–2.8 mm；体红棕色。头长大于宽，复眼略突出；触角 11 节，第 6–8 节强烈横宽，第 11 节锥形。前胸背板长卵圆形，近端部最宽；近基部具成排窝。鞘翅长卵形。足细长。阳茎长卵形，侧叶细长，内囊复杂。

分布：古北区、东洋区。世界已知 98 种，中国记录 10 种，浙江分布 1 种。

（660）中华美苔甲 *Horaeomorphus chinensis* Franz, 1985（图 4-III-332，图版 III-153）

Horaeomorphus chinensis Franz, 1985: 116.

主要特征：体长 2.5–2.8 mm；红棕色。头长大于宽。前胸背板长显著大于宽，盘区中心密布浅而明显的大刻点。鞘翅狭长卵形，长宽比为 1.54–1.63；盘区中央密布小而深刻的刻点，向侧面及后部逐渐稀疏。后足转节极度延长成长刺状，长度约达后足腿节之半，端部尖锐。阳茎中叶顶端具向背面弯曲的背突，内囊具复杂的钟形中心骨片组，其两侧有狭长的弱骨质化骨片；侧叶狭长，长于中叶，端部和近端部各具 2 根刚毛。

分布：浙江（庆元）、福建。

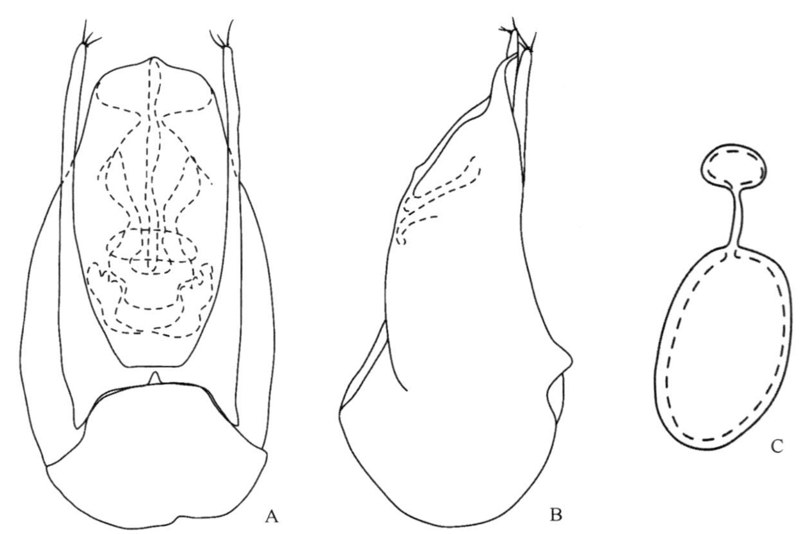

图 4-III-332 中华美苔甲 *Horaeomorphus chinensis* Franz, 1985
A. 阳茎背面观；B. 阳茎侧面观；C. 受精囊

263. 钩颚苔甲属 *Stenichnus* Thomson, 1859

Stenichnus Thomson, 1859: 61. Type species: *Scydmaenus exilis* Erichson, 1837.

Cyrtoscydmus Motschulsky, 1869: 260. Type species: *Scydmaenus collaris* P. W. J. Müller *et* Kunze, 1822.

Leptoderoides Croissandeau, 1898: 404. Type species: *Scydmaenus leptoderus* Reitter, 1882.

Pseudoleptocharis Croissandeau, 1898: 407. Type species: *Scydmaenus ellipticus* Reitter, 1884.

主要特征：体小型，体长 1.6–1.9 mm；体红棕色。头宽大于长，复眼突出；触角 11 节，末节圆锥形。前胸背板近球形，端部 1/3 处最宽；近基部具成排浅窝。鞘翅圆锥形，基部最宽，向端部逐渐变窄。足细长。阳茎球囊状，侧叶狭长。

分布：古北区、东洋区、旧热带区。世界已知 166 种 21 亚种，中国记录 9 种，浙江分布 2 种。

（661）洞宫钩颚苔甲 *Stenichnus* (*Stenichnus*) *donggonganus* Wang *et* Li, 2016（图 4-III-333，图版 III-154）

Stenichnus (*Stenichnus*) *donggonganus* D. Wang *et* Li, 2016: 595.

主要特征：体长约 1.6 mm；红棕色。头显著横宽，背面刻点细小稀疏；触角各节相对长度比为 2.0∶1.6∶1.1∶1.2∶1.4∶1.3∶1.4∶1.2∶1.4∶1.4∶2.6。前胸背板长宽近似，盘区刻点细小稀疏。鞘翅长大于宽，长宽比为 1.42；盘区刻点明显，较大而深，向后逐渐变小和浅。前足腿节背缘适度扩展。阳茎中叶腹面中央具纵沟，背面端部近五边形，内囊具成团弱骨质齿状结构；侧叶狭长，超过中叶端部，端部和近端部各具数根刚毛。

分布：浙江（庆元、龙泉）。

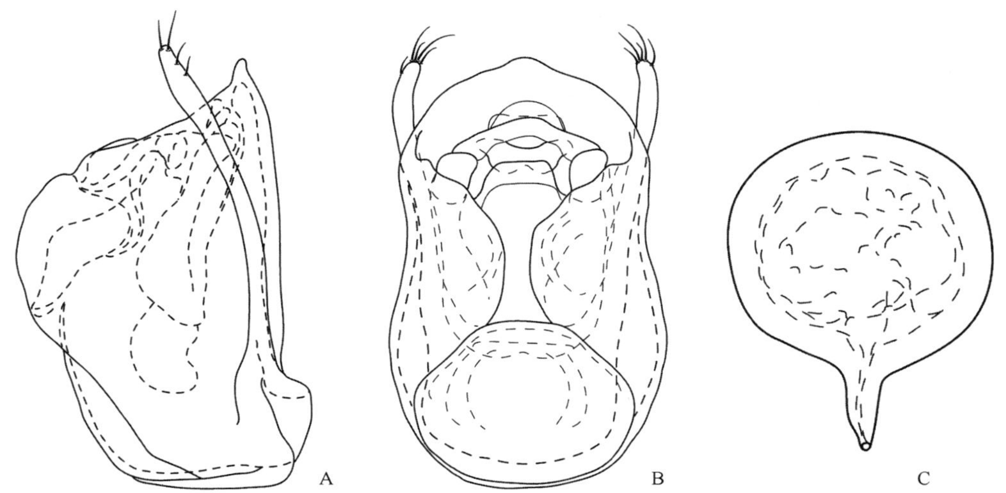

图 4-III-333 洞宫钩颚苔甲 *Stenichnus* (*Stenichnus*) *donggonganus* Wang *et* Li, 2016

A. 阳茎侧面观；B. 阳茎背面观；C. 受精囊

（662）浙江钩颚苔甲 *Stenichnus* (*Stenichnus*) *zhejiangensis* Wang *et* Li, 2016（图 4-III-334，图版 III-155）

Stenichnus (*Stenichnus*) *zhejiangensis* D. Wang *et* Li, 2016: 594.

主要特征：体长 1.6–1.9 mm；红棕色。头显著横宽，背面刻点细小稀疏；触角各节相对长度比为 2.2∶1.6∶1.3∶1.5∶1.5∶1.4∶1.5∶1.6∶1.4∶1.8∶3.2。前胸背板长宽近似，盘区刻点细小稀疏。鞘翅长大于宽，长宽比为 1.34–1.39；盘区刻点和前胸背板相似。前足腿节背缘强烈扩展，边缘齿状。阳茎中叶腹突发达，背面中央具“T”形突起，内囊具 1 对骨片；侧叶宽阔，不及中叶端部，端部和近端部各约有 10 根刚毛。

分布：浙江（临安、磐安）。

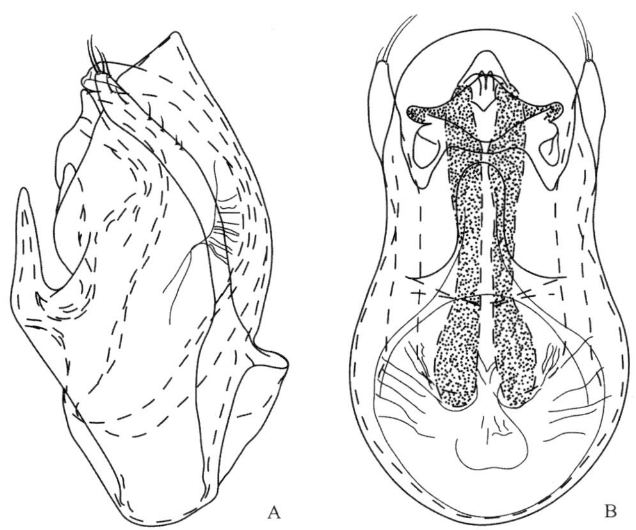

图 4-III-334 浙江钩颚苔甲 *Stenichnus* (*Stenichnus*) *zhejiangensis* Wang *et* Li, 2016

A. 阳茎侧面观；B. 阳茎背面观

（十四）毒隐翅虫亚科 Paederinae

主要特征：体小型至大型；长条形。下颚须末节极小，针尖状或疣状，或长于亚末节且外侧有斜切构造；触角 11 节，着生在额前缘。前胸背板有不透明大而突出的后侧片，前侧片扁平，刀状。前足基节大，延长；跗式 5–5–5 式。腹部可见腹板 6 节，节间膜网纹呈方形，通常侧背板 2 对。

生物学：常在水边的石块附近、落叶或杂草堆中生活。有些种类的血淋巴中存在内共生菌，能产生毒素，皮肤接触虫体体液后会引起皮炎。

分布：世界广布。世界已知 224 属 7591 种，中国记录 52 属 866 种 9 亚种，浙江分布 22 属 77 种。

分属检索表

1. 下颚须第 4 节膨大，宽于第 3 节，至少与第 3 节等长……2
- 下颚须第 4 节很小，比第 3 节明显短而窄……4
2. 第 3–6 腹节具侧背板……**切须隐翅虫属 *Pinophilus***
- 第 3–6 腹节无侧背板，背腹板愈合成环状……3
3. 头部后缘呈弧形突出；腹部表面不具鱼鳞状刻纹……**梨须隐翅虫属 *Oedichirus***
- 头部后缘平截；腹部表面具鱼鳞状刻纹……**鳞腹隐翅虫属 *Palaminus***
4. 下颚须末节呈疣状、平截或梭形……5
- 下颚须末节呈针状或锥状……7
5. 触角非膝状……**毒隐翅虫属 *Paederus***
- 触角膝状……6
6. 鞘翅侧缘上方具 1 条隆线……**复线隐翅虫属 *Homaeotarsus***
- 鞘翅侧缘上方无隆线……**折角隐翅虫属 *Ochthephilum***
7. 触角粗短，第 2 节呈念珠状……**珠角隐翅虫属 *Echiaster***
- 触角细长，第 2 节呈四角钝圆的长方形……8
8. 前足基节窝端部扩大，与前背折缘相连或狭窄分离……9
- 前足基节窝端部无明显扩大，与前背折缘明显分离……10
9. 上唇前缘仅具 2 个齿突……**黑尾隐翅虫属 *Astenus***
- 上唇前缘具 4 个齿突……**四齿隐翅虫属 *Nazeris***
10. 颈宽为头宽的 1/8–1/5……11
- 颈宽等于或大于头宽的 1/4……14
11. 外咽缝明显分离且互相平行……**平缝隐翅虫属 *Scopaeus***
- 外咽缝前部明显分离，后部合并或非常靠近……12
12. 后颊向头后凸出；前胸背板长宽相等或稍横宽……**延颊隐翅虫属 *Panscopaeus***
- 后颊不向头后凸出；前胸背板长明显大于宽……13
13. 上唇中部具纵隆线，前缘为 3 个齿……**隆齿隐翅虫属 *Stilicoderus***
- 上唇中部无纵隆线，前缘为 2 个或 4 个齿……**皱纹隐翅虫属 *Rugilus***
14. 前胸背板长明显大于宽……15
- 前胸背板横宽或长宽几乎相等……19
15. 颈宽小于头宽的 1/2 而等于或大于头宽的 1/4……**狭颈隐翅虫属 *Tetartopeus***
- 颈宽等于或大于头宽的 1/2……16
16. 头、前胸背板和鞘翅刻点密集……**圆颊隐翅虫属 *Domene***
- 头、前胸背板和鞘翅刻点较稀疏……17

17. 鞘翅刻点排成纵列……伪线隐翅虫属 *Pseudolathra*
- 鞘翅刻点排列不规则……18
18. 鞘翅通常单色；鞘翅侧缘具 1 条隆线……隆线隐翅虫属 *Lathrobium*
- 鞘翅通常具色斑；鞘翅侧缘具 2 条隆线……双线隐翅虫属 *Lobrathium*
19. 头部与前胸背板异色；雄性第 7 腹板后缘具 1 排栉状刚毛……粗鞭隐翅虫属 *Lithocharis*
- 头部与前胸背板同色；雄性第 7 腹板后缘无栉状刚毛或具多排栉状刚毛……20
20. 头和前胸背板具极密集细刻点……露兹隐翅虫属 *Luzea*
- 头和前胸背板具稀疏且粗大刻点……21
21. 上唇前缘具 3–4 个齿突；右侧上颚具 3 个齿……短鞘隐翅虫属 *Isocheilus*
- 上唇前缘具 2 个齿突或 1 个缺刻；右侧上颚具 4 个齿……尖尾隐翅虫属 *Medon*

隆线隐翅虫族 Lathrobiini Laporte, 1835

黑尾隐翅虫亚族 Astenina Hatch, 1957

264. 黑尾隐翅虫属 *Astenus* Dejean, 1833

Astenus Dejean, 1833: 65. Type species: *Staphylinus angustatus* Paykull, 1789.

Thoobia Gistel, 1856: 389. Type species: *Staphylinus angustatus* Paykull, 1789.

Neognathus Sharp, 1874a: 69. Type species: *Neognathus angulatus* Sharp, 1874.

Astenognathus Reitter, 1909: 150. Type species: *Sunius bimaculatus* Erichson, 1840.

Suniogaster Reitter, 1909: 151. Type species: *Sunius ampliventris* Reitter, 1900.

主要特征：体长 3–7 mm，通常瘦长型；多为浅棕色，腹部末端多为深棕色至黑色，体表密布粗大刻点和刚毛。头部较大，长椭圆形；上唇横宽，前缘中部具 2 个齿突；上颚细长；下颚须第 4 节十分短小，针尖状；触角细长，通常可延伸超过前胸背板中部。前胸背板近椭圆形，长大于宽，端部 1/4 处最宽。鞘翅近长方形，长大于宽；大多具发达的后翅。足细长，第 4 跗节 2 分叶。腹部细长，第 3–6 腹节向端部逐渐变宽，第 7 节之后逐渐变窄。雄性第 7、8 腹板后缘中部通常凹入；阳茎无刚毛，端部形状多样。雌性第 7、8 腹板后缘圆弧形。

分布：古北区、东洋区、旧热带区、澳洲区。世界已知 468 种 22 亚种，中国记录 24 种 3 亚种，浙江分布 1 种。

（663）沃克黑尾隐翅虫 *Astenus walkerianus* Bernhauer, 1929

Astenus walkerianus Bernhauer, 1929b: 109.

主要特征：体长约 4.0 mm；体黑色，鞘翅、腹部各节后缘和腹部末端红棕色；密布金黄色细刚毛，体边缘具黑色长刚毛。头部较大，宽大于长，向后明显变宽；头边缘刻点较密，中部刻点稍稀疏；复眼小，后颊长度大于复眼直径的 2 倍；触角较短，亚末节长宽相等。前胸背板与鞘翅等宽，明显横宽，宽是长的 1.33 倍；侧缘平行，前缘圆弧形，后角呈钝角，密布刻点。鞘翅横宽，短于前胸背板，侧缘平行；刻点比前胸背板的更密。腹部密布刻点和金黄色细刚毛，还具大量黑色刚毛。

分布：浙江（海宁）。

265. 四齿隐翅虫属 *Nazeris* Fauvel, 1873

Nazeris Fauvel, 1873: 298. Type species: *Sunius pulcher* Aubé, 1850.

Mesunius Sharp, 1874a: 68. Type species: *Mesunius wollastoni* Sharp, 1874.

Himastenus Biswas *et* Sen Gupta, 1984: 123. Type species: *Himastenus apterus* Biswas *et* Sen Gupta, 1984.

主要特征：体长 3.8–8.0 mm，瘦长形；多为红棕色至深棕色，体表密布粗大刻点和刚毛。头部较大，近圆形；上唇横宽，前缘中部具 4 个齿突；上颚细长，基半部具 3 齿；下颚须第 4 节十分短小，针尖状；触角细长，通常可延伸达前胸背板中部。前胸背板椭圆形，长大于宽，端部 1/3 处最宽。鞘翅基部狭窄，向端部逐渐变宽；后翅完全退化。足细长，第 4 跗节 2 分叶。腹部细长，第 3–6 腹节向端部逐渐变宽，第 7 节之后逐渐变窄。雄性第 7 腹板后缘中部通常凹入，部分种类凸出；第 8 腹板后缘中部明显凹入。阳茎无刚毛，具 1 对背侧突，腹突和背侧突形状变化多样。雌性第 7、8 腹板后缘圆弧形。

分布：古北区、东洋区。世界已知 271 种 12 亚种，中国记录 177 种 2 亚种，浙江分布 17 种。

分种检索表

1. 头部腹面的刻点之间具微刻纹 ·································· **定成四齿隐翅虫 *N. sadanarii***
- 头部腹面的刻点之间无微刻纹 ·································· 2
2. 腹部各节背板无微刻纹 ·································· 3
- 腹部各节背板或部分背板具微刻纹 ·································· 8
3. 全体长大于 5.0 mm；阳茎腹突端部分 3 叶，背侧突明显长于腹突 ·································· **拟暗棕四齿隐翅虫 *N. parabrunneus***
- 全体长小于 4.9 mm；阳茎腹突端部不分叶，背侧突短于腹突 ·································· 4
4. 雄性第 7 腹板后缘中间具三角形小凹入 ·································· **百山祖四齿隐翅虫 *N. baishanzuensis***
- 雄性第 7 腹板后缘中间凸出 ·································· 5
5. 阳茎腹突腹面观顶端凹入 ·································· 6
- 阳茎腹突腹面观顶端凸出 ·································· 7
6. 体深棕色；雄性第 8 腹板后缘具三角形浅凹 ·································· **小四齿隐翅虫 *N. minor***
- 体红棕色；雄性第 8 腹板后缘具“V”形深凹 ·································· **雁荡四齿隐翅虫 *N. yandangensis***
7. 雄性第 8 腹板后缘具三角形凹入；阳茎腹突腹面观近端部稍变宽 ·································· **九龙山四齿隐翅虫 *N. jiulongshanus***
- 雄性第 8 腹板后缘具“V”形凹入；阳茎腹突腹面观近端部稍变窄 ·································· **李氏四齿隐翅虫 *N. lijinweni***
8. 腹部各节背板均具微刻纹 ·································· 9
- 腹部第 4–6 背板无微刻纹 ·································· 11
9. 全体长大于 5.5 mm；阳茎腹突腹面观顶端二分叉 ·································· **严氏四齿隐翅虫 *N. yanyingae***
- 全体长小于 5.0 mm；阳茎腹突腹面观顶端不分叉 ·································· 10
10. 雄性第 8 腹板后缘具三角形浅凹；阳茎背侧突明显短于腹突 ·································· **中华四齿隐翅虫 *N. chinensis***
- 雄性第 8 腹板后缘具“V”形深凹；阳茎背侧突长于腹突 ·································· **牛头山四齿隐翅虫 *N. niutoushanus***
11. 雄性第 8 腹板后缘的凹入宽而浅 ·································· 12
- 雄性第 8 腹板后缘具“V”形深凹 ·································· 13
12. 阳茎腹突腹面观顶端二分叉，背侧突长于腹突 ·································· **叉四齿隐翅虫 *N. furcatus***
- 阳茎腹突腹面观顶端不分叉，背侧突短于腹突 ·································· **沈氏四齿隐翅虫 *N. shenshanjiai***
13. 阳茎背侧突长于腹突 ·································· 14
- 阳茎背侧突短于腹突 ·································· 15
14. 阳茎腹突腹面观顶端凸出；背侧突基半部内侧不凸出 ·································· **张氏四齿隐翅虫 *N. zhangsujiongi***
- 阳茎腹突腹面观顶端凹入；背侧突基半部向内侧半圆形凸出 ·································· **赵氏四齿隐翅虫 *N. zhaotiexiongi***

15. 阳茎腹突腹面观向端部逐渐变尖，近端部不凸出……………………………………………**靖文四齿隐翅虫 *N. zhujingwenae***
- 阳茎腹突腹面观近端部向两侧呈三角形凸出 ……………………………………………………………………16
16. 雄性第 7 腹板后缘具浅凹入；阳茎背侧突仅稍短于腹突……………………………………**劳氏四齿隐翅虫 *N. rougemonti***
- 雄性第 7 腹板后缘凹入明显，呈三角形；阳茎背侧突明显短于腹突，长度约为腹突的 2/3………**古田四齿隐翅虫 *N. gutianensis***

（664）百山祖四齿隐翅虫 *Nazeris baishanzuensis* Hu, Li *et* Zhao, 2011（图 4-III-335，图版 III-156）

Nazeris baishanzuensis Hu, Li *et* Zhao, 2011: 16.

主要特征：体长 4.1–4.7 mm；红棕色，腹部暗棕色。头部长宽相等，密布非脐状粗刻点。前胸背板长稍大于宽（1.15∶1）；刻点与头部相似。鞘翅与前胸背板等宽，刻点与前胸背板相似。腹部无微刻纹。雄性第 7 腹板后缘中间具三角形小凹入；第 8 腹板后缘具“V”形深凹入。阳茎腹突腹面观宽而长，侧缘平行，顶端具 1 小凸起；侧叶细长，向内侧弯曲，近中部内侧稍膨大，明显短于中叶。本种与雁荡四齿隐翅虫 *N. yandangensis* Hu, Li *et* Zhao, 2011 相似，但本种雄性第 7 腹板后缘具凹入，阳茎腹突腹面观顶端凸出。

分布：浙江（庆元）。

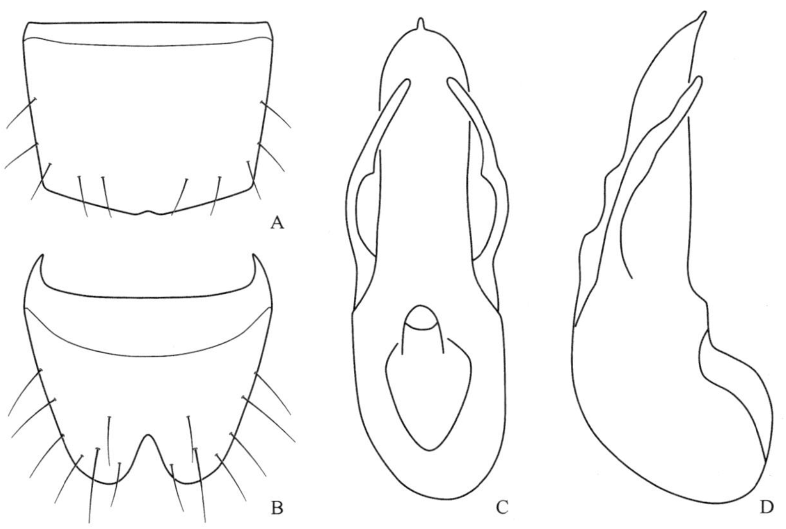

图 4-III-335　百山祖四齿隐翅虫 *Nazeris baishanzuensis* Hu, Li *et* Zhao, 2011

A. 雄性第 7 腹板；B. 雄性第 8 腹板；C. 阳茎腹面观；D. 阳茎侧面观

（665）中华四齿隐翅虫 *Nazeris chinensis* Koch, 1939（图 4-III-336，图版 III-157）

Nazeris chinensis Koch, 1939: 160.

Nazeris tianmuensis Hu, Li *et* Zhao, 2011: 11.

主要特征：体长 4.4–4.6 mm；红棕色，腹部颜色稍深。头长宽相等，密布非脐状粗刻点。前胸背板长稍大于宽（1.15∶1）；表面刻点与头部近似。鞘翅与前胸背板等宽，刻点与前胸背板相似。腹部各背板均密布微刻纹。雄性第 7 腹板后缘具宽而浅的凹入；第 8 腹板后缘具三角形凹入；阳茎腹突向端部逐渐变尖，近基部 1/3 处向两侧呈三角形凸出（腹面观）；背侧突细而短，稍向内侧弯曲，明显短于腹突。本种与同地分布的定成四齿隐翅虫 *N. sadanarii* Hu *et* Li, 2010 非常相似，但本种头部腹面无微刻纹；雄性第 7 腹板近后缘中部无粗黑刚毛；阳茎背侧突十分短。

分布：浙江（安吉、临安）。

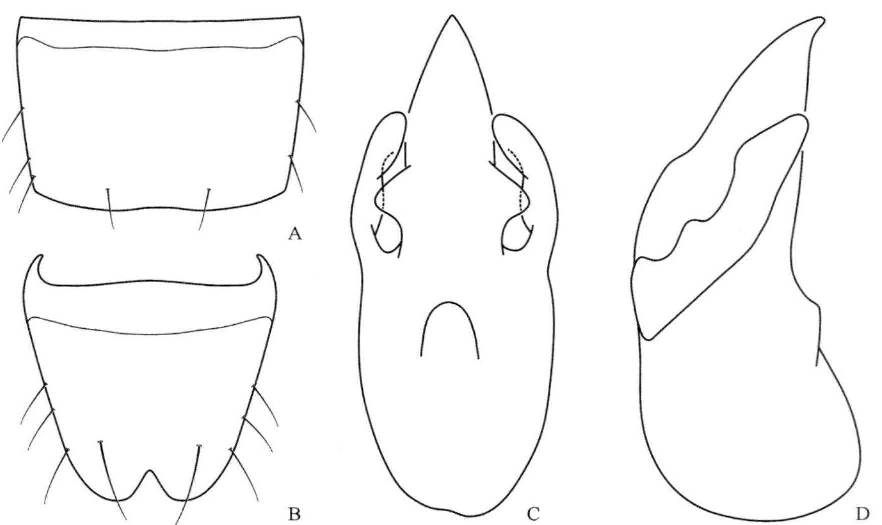

图 4-III-336　中华四齿隐翅虫 *Nazeris chinensis* Koch, 1939

A. 雄性第 7 腹板；B. 雄性第 8 腹板；C. 阳茎腹面观；D. 阳茎侧面观

（666）叉四齿隐翅虫 *Nazeris furcatus* Hu, Li *et* Zhao, 2011（图 4-III-337，图版 III-158）

Nazeris furcatus Hu, Li *et* Zhao, 2011: 3.

主要特征：体长 5.2–6.2 mm；深棕色。头长稍大于宽（1.05∶1），密布非脐状粗刻点。前胸背板长稍大于宽（1.19∶1）；表面刻点与头部近似。鞘翅稍窄于前胸背板（0.97∶1），刻点与前胸背板相似。腹部第 7 背板的端部 1/3 具微刻纹。雄性第 7 腹板后缘具宽而浅的凹入；第 8 腹板后缘具宽而浅的三角形凹入；阳茎腹突腹面观较宽，顶端二分叉，腹突近基部两侧各具 1 指状小突起；背侧突粗壮，腹面观中部向内侧明显凸出，稍长于腹突。本种与拟暗棕四齿隐翅虫 *N. parabrunneus* Hu, Li *et* Zhao, 2011 较相似，但本种腹部第 7 背板的端部 1/3 具微刻纹；雄性第 7 腹板后缘凹入；阳茎腹突顶端二分叉；背侧突中部向内侧明显凸出。

分布：浙江（泰顺）。

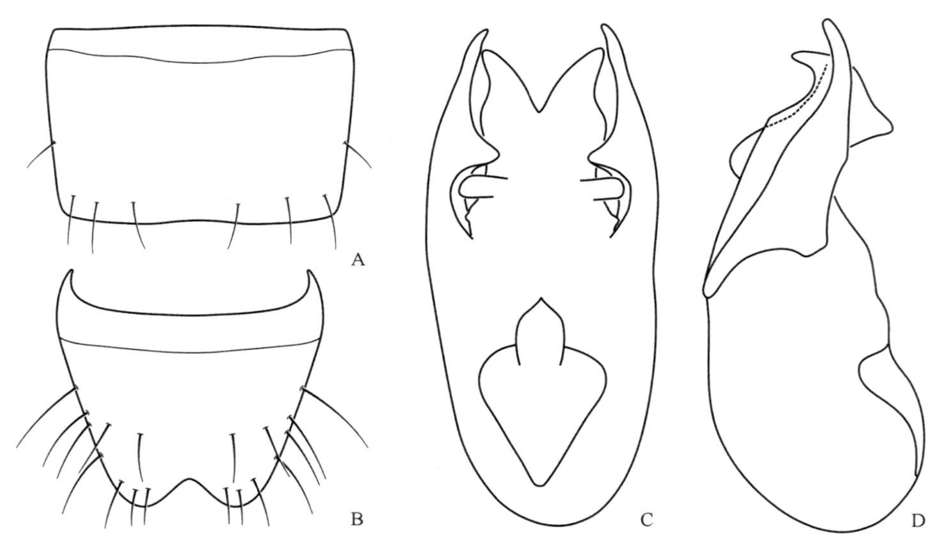

图 4-III-337　叉四齿隐翅虫 *Nazeris furcatus* Hu, Li *et* Zhao, 2011

A. 雄性第 7 腹板；B. 雄性第 8 腹板；C. 阳茎腹面观；D. 阳茎侧面观

（667）古田四齿隐翅虫 *Nazeris gutianensis* Hu *et* Li, 2016（图 4-III-338，图版 III-159）

Nazeris gutianensis Hu *et* Li, 2016: 369.

主要特征：体长 4.8–5.6 mm；深棕色。头部密布非脐状粗刻点。前胸背板长稍大于宽（1.14∶1）；表面刻点与头部近似。鞘翅稍宽于前胸背板（1.08∶1），刻点与前胸背板相似。腹部第 7 背板的端部 1/3 和第 8 背板具微刻纹。雄性第 7 腹板后缘凹入明显，呈三角形；第 8 腹板后缘具“V”形深凹入；阳茎腹突腹面观较长，近端部向两侧呈三角形突出；背侧突细，稍向内侧弯曲，明显短于腹突。本种与劳氏四齿隐翅虫 *N. rougemonti* Ito, 1996 十分相似，但本种雄性第 7 腹板后缘明显凹入；阳茎背侧突较短，明显短于腹突。

分布：浙江（开化）。

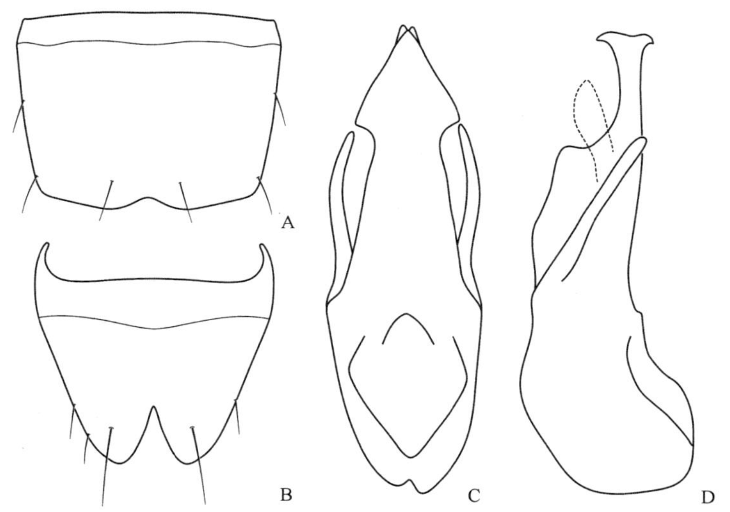

图 4-III-338　古田四齿隐翅虫 *Nazeris gutianensis* Hu *et* Li, 2016

A. 雄性第 7 腹板；B. 雄性第 8 腹板；C. 阳茎腹面观；D. 阳茎侧面观

（668）九龙山四齿隐翅虫 *Nazeris jiulongshanus* Hu, Li *et* Zhao, 2011（图 4-III-339，图版 III-160）

Nazeris jiulongshanus Hu, Li *et* Zhao, 2011: 13.

主要特征：体长 4.6–4.8 mm；红棕色，腹部暗棕色。密布非脐状的粗大刻点。前胸背板长稍大于宽

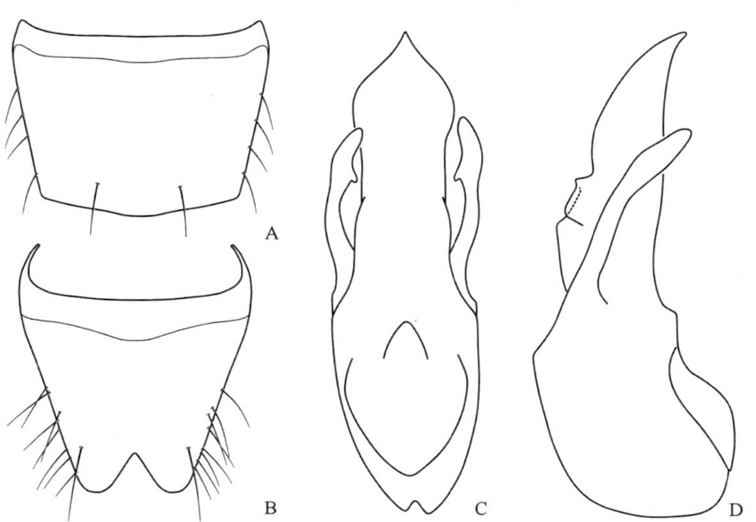

图 4-III-339　九龙山四齿隐翅虫 *Nazeris jiulongshanus* Hu, Li *et* Zhao, 2011

A. 雄性第 7 腹板；B. 雄性第 8 腹板；C. 阳茎腹面观；D. 阳茎侧面观

（1.17∶1）；刻点稍粗于头部刻点。鞘翅与前胸背板等宽，刻点与前胸背板相似。腹部无微刻纹。雄性第 7 腹板后缘中间稍凸出；第 8 腹板后缘具三角形深凹；阳茎腹突宽而长，侧缘近平行，近端部向两侧稍变宽，顶端凸出；背侧突细，腹面观稍向内侧弯曲，近端部 1/3 处内侧具小突起，明显短于腹突。本种与百山祖四齿隐翅虫 *N. baishanzuensis* Hu, Li *et* Zhao, 2011 十分相似，但本种雄性第 7 腹板后缘不凹入；雄性第 8 腹板后缘具三角形凹入；阳茎腹突腹面观近端部向两侧稍变宽；背侧突近端部 1/3 处内侧具小突起。

分布：浙江（遂昌）。

（669）李氏四齿隐翅虫 *Nazeris lijinweni* Hu, Li *et* Zhao, 2011（图 4-III-340）

Nazeris lijinweni Hu, Li *et* Zhao, 2011: 17.

主要特征：体长 4.1 mm；红棕色，腹部暗棕色。头长宽相等，密布非脐状粗大刻点。前胸背板长稍大于宽（1.17∶1）；刻点稍粗于头部刻点。鞘翅与前胸背板等宽，刻点与前胸背板相似。腹部无微刻纹。雄性第 7 腹板后缘中间凸出；第 8 腹板后缘具“V”形深凹；阳茎腹突较宽，腹面观基半部侧缘近平行，端半部向顶端逐渐变尖，顶端凸出；背侧突细长，明显向内侧弯曲，近中部内侧具小突起，短于腹突。本种与九龙山四齿隐翅虫 *N. jiulongshanus* Hu, Li *et* Zhao, 2011 非常相似，但本种雄性第 8 腹板后缘的凹入呈“V”形；阳茎腹突腹面观近端部变窄。

分布：浙江（龙泉）。

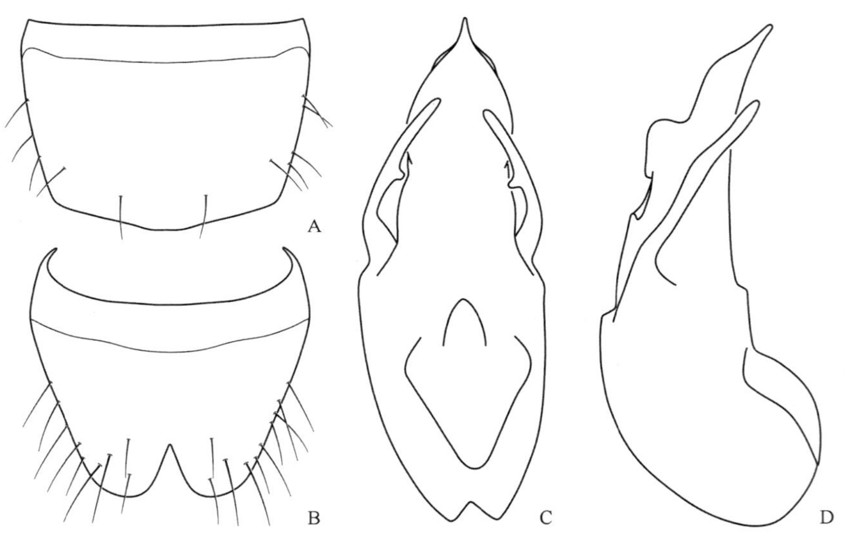

图 4-III-340 李氏四齿隐翅虫 *Nazeris lijinweni* Hu, Li *et* Zhao, 2011

A. 雄性第 7 腹板；B. 雄性第 8 腹板；C. 阳茎腹面观；D. 阳茎侧面观

（670）小四齿隐翅虫 *Nazeris minor* Koch, 1939（图 4-III-341，图版 III-161）

Nazeris minor Koch, 1939: 159.

Nazeris nigritulus Hu, Li *et* Zhao, 2011: 9.

主要特征：体长 4.5–4.7 mm；体深棕色。头部近圆形，密布非脐状粗大刻点。前胸背板长稍大于宽（1.20∶1）；刻点稍粗于头部刻点。鞘翅稍宽于前胸背板（1.04∶1），刻点与前胸背板相似。腹部无微刻纹。雄性第 7 腹板后缘中间凸出；雄性第 8 腹板后缘具三角形浅凹；阳茎腹突腹面观中间收缩狭窄，端半部向两侧圆弧形变宽，顶端具“V”形小凹入，腹突基部两侧各具 1 翅状小突起；背侧突细长且较直，端半部稍膨大，稍短于腹突。本种与同地分布的中华四齿隐翅虫 *N. chinensis* Koch, 1939 较相似，但本种体深棕色，腹部无微刻纹，雄性第 7 腹板后缘中间凸出。

分布：浙江（安吉、临安）。

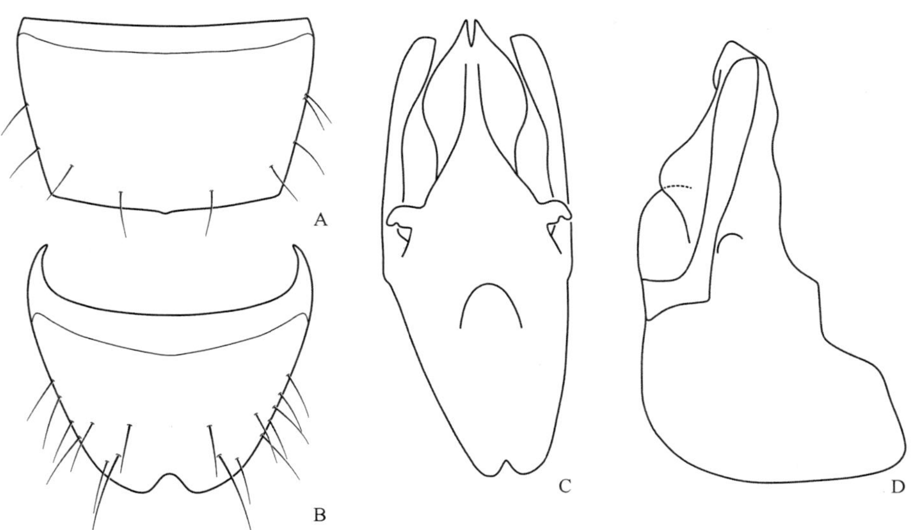

图 4-III-341　小四齿隐翅虫 *Nazeris minor* Koch, 1939

A. 雄性第 7 腹板；B. 雄性第 8 腹板；C. 阳茎腹面观；D. 阳茎侧面观

（671）牛头山四齿隐翅虫 *Nazeris niutoushanus* Hu, Li *et* Zhao, 2011（图 4-III-342，图版 III-162）

Nazeris niutoushanus Hu, Li *et* Zhao, 2011: 7.

主要特征：体长 4.5–4.9 mm；体深棕色。头长稍大于宽（1.06：1），密布非脐状粗刻点。前胸背板近椭圆形，长稍大于宽（1.19：1），前 1/3 处最宽；表面刻点与头部近似。鞘翅与前胸背板等宽，刻点与前胸背板相似。腹部第 4–6 背板和第 7 腹板具微刻纹。雄性第 7 腹板后缘稍凸出；第 8 腹板后缘具“V”形深凹入；阳茎腹突腹面观端半部向两侧变宽，顶端近平截；背侧突细长，明显向内侧弯曲，长于腹突。本种与张氏四齿隐翅虫 *N. zhangsujiongi* Hu *et* Li, 2016 十分相似，但本种腹部第 4–6 背板和第 7 腹板具微刻纹，阳茎腹突腹面观较宽，顶端近平截。

分布：浙江（武义）。

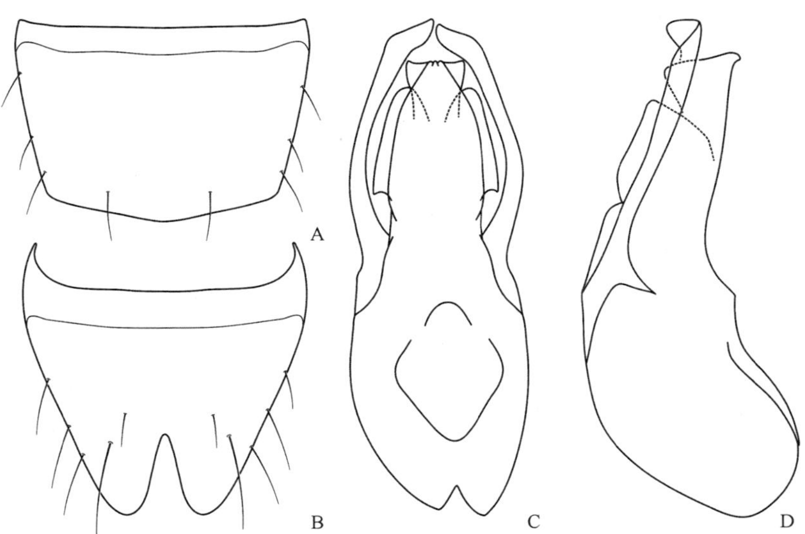

图 4-III-342　牛头山四齿隐翅虫 *Nazeris niutoushanus* Hu, Li *et* Zhao, 2011

A. 雄性第 7 腹板；B. 雄性第 8 腹板；C. 阳茎腹面观；D. 阳茎侧面观

（672）拟暗棕四齿隐翅虫 *Nazeris parabrunneus* Hu, Li *et* Zhao, 2011（图 4-III-343，图版 III-163）

Nazeris parabrunneus Hu, Li *et* Zhao, 2011: 2.

主要特征：体长 5.1–6.4 mm；体深棕色。头长稍大于宽（1.06∶1），密布非脐状粗刻点。前胸背板近椭圆形，长大于宽（1.22∶1）；表面刻点与头部近似。鞘翅稍宽于前胸背板（1.03∶1），刻点与前胸背板相似。腹部无微刻纹。雄性第 7 腹板后缘中间凸出；第 8 腹板后缘具宽而深的三角形凹入；阳茎腹突较短，端部分 3 叶，中叶尖而细，侧叶呈钩状向背面强烈弯曲；背侧突腹面观向内侧强烈弯曲，端部膨大，明显长于腹突。本种与分布于福建的暗棕四齿隐翅虫 *N. brunneus* Hu, Zhao *et* Zhong, 2006 非常相似，但本种雄性第 7 腹板后缘中间的凸出较短而钝；雄性第 8 腹板后缘的凹入较宽；阳茎背侧突端部更大。

分布：浙江（遂昌）、福建。

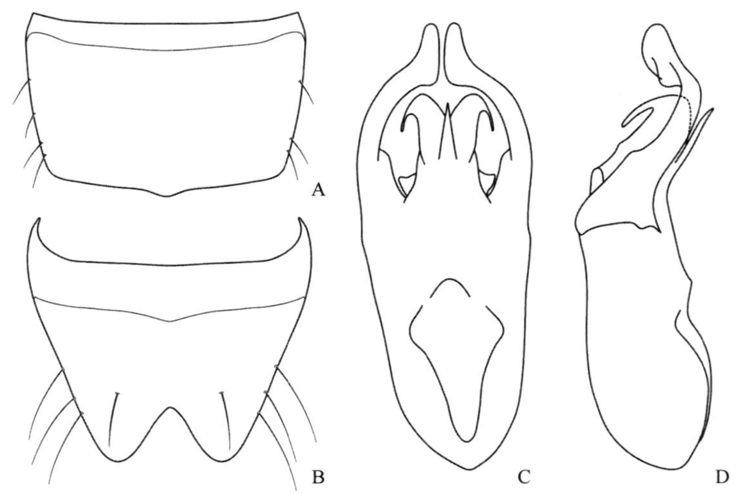

图 4-III-343　拟暗棕四齿隐翅虫 *Nazeris parabrunneus* Hu, Li *et* Zhao, 2011
A. 雄性第 7 腹板；B. 雄性第 8 腹板；C. 阳茎腹面观；D. 阳茎侧面观

（673）劳氏四齿隐翅虫 *Nazeris rougemonti* Ito, 1996（图 4-III-344，图版 III-164）

Nazeris rougemonti Ito, 1996a: 63.

主要特征：体长 4.8–5.9 mm；体深棕色。头长稍大于宽（1.04∶1），密布非脐状粗刻点。前胸背板近

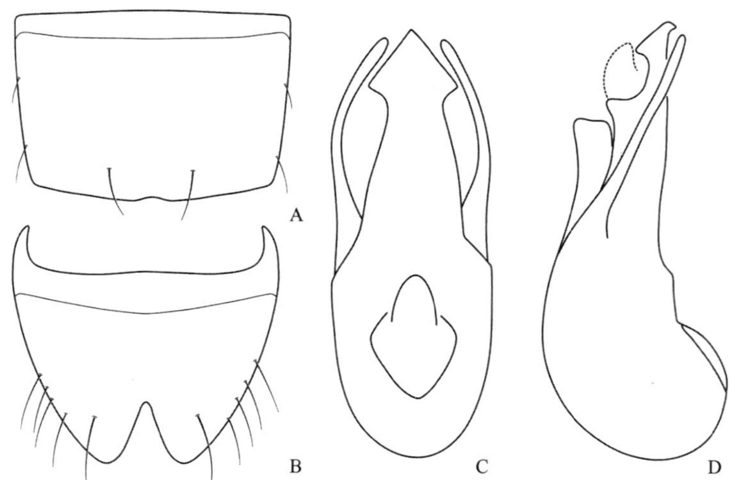

图 4-III-344　劳氏四齿隐翅虫 *Nazeris rougemonti* Ito, 1996
A. 雄性第 7 腹板；B. 雄性第 8 腹板；C. 阳茎腹面观；D. 阳茎侧面观

椭圆形，长稍大于宽（1.18∶1），前 1/3 处最宽；表面刻点与头部近似。鞘翅稍宽于前胸背板（1.04∶1），刻点与前胸背板相似。腹部第 7 背板的端部 1/3 具微刻纹。雄性第 7 腹板后缘具浅凹入；第 8 腹板后缘具“V”形凹入；阳茎腹突腹面观较长，近端部向两侧呈三角形凸出；背侧突细长，稍向内侧弯曲，稍短于腹突。本种与古田四齿隐翅虫 *N. gutianensis* Hu *et* Li, 2016 十分相似，但本种雄性第 7 腹板后缘的凹入较小；阳茎背侧突较长，仅稍短于腹突。

分布：浙江（安吉、临安、诸暨）。

（674）定成四齿隐翅虫 *Nazeris sadanarii* Hu *et* Li, 2010（图 4-III-345，图版 III-165）

Nazeris hisamatsui Hu *et* Li, 2009: 231 [HN].

Nazeris sadanarii Hu *et* Li, 2010: 114 [Replacement name for *Nazeris hisamatsui* Hu *et* Li, 2009].

主要特征：体长 3.9–4.4 mm；体红棕色。头长稍大于宽（1.05∶1），密布非脐状粗刻点，腹面的刻点之间具微刻纹。前胸背板近长椭圆形，长稍大于宽（1.14∶1），前 1/3 处最宽；表面刻点与头部近似。鞘翅稍窄于前胸背板（0.95∶1），刻点与前胸背板相似。腹部各背板均密布微刻纹。雄性第 7 腹板近后缘中部区域具黑色粗刚毛，后缘平截；第 8 腹板后缘具“V”形凹入；阳茎腹突短小，腹面观向端部逐渐变窄，顶端稍凹，腹突基部两侧各具 1 翅状小突起；背侧突粗而长，稍向内侧弯曲，端半部膨大，长于中叶。本种与中华四齿隐翅虫 *N. chinensis* Koch, 1939 非常相似且同地分布，但本种头部腹面具微刻纹；雄性第 7 腹板近后缘中部区域具黑色粗刚毛；阳茎背侧突长于腹突。

分布：浙江（临安）、安徽。

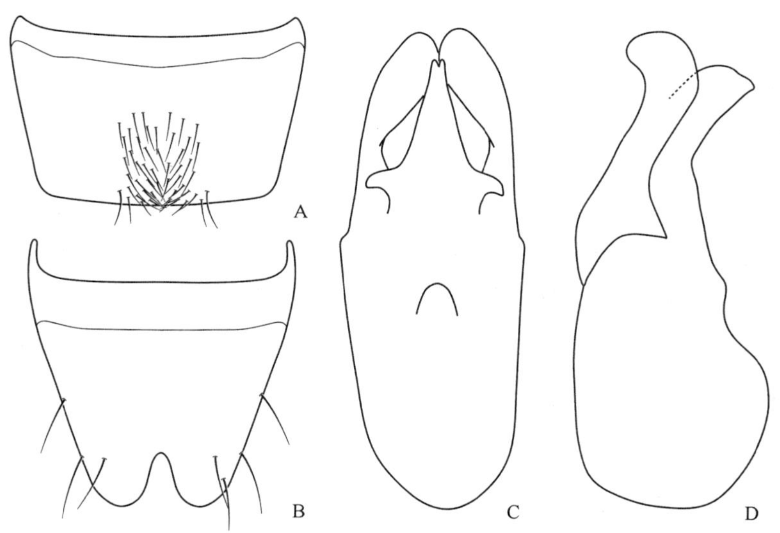

图 4-III-345 定成四齿隐翅虫 *Nazeris sadanarii* Hu *et* Li, 2010

A. 雄性第 7 腹板；B. 雄性第 8 腹板；C. 阳茎腹面观；D. 阳茎侧面观

（675）沈氏四齿隐翅虫 *Nazeris shenshanjiai* Hu, Li *et* Zhao, 2011（图 4-III-346，图版 III-166）

Nazeris shenshanjiai Hu, Li *et* Zhao, 2011: 8.

主要特征：体长 5.1 mm；体深棕色。头长稍大于宽（1.07∶1），密布非脐状粗刻点。前胸背板近椭圆形，长稍大于宽（1.22∶1），前 1/3 处最宽；表面刻点与头部近似。鞘翅与前胸背板等宽，刻点与前胸背板相似。腹部第 7 背板的端部 1/3 具微刻纹。雄性第 7 腹板后缘稍凹入；第 8 腹板后缘具三角形浅凹入；阳茎腹突腹面观端半部明显变宽，顶端凹入，腹突基部两侧各具 1 三角形小突起；背侧突细长，基半部稍变宽，短于腹突。本种与劳氏四齿隐翅虫 *N. rougemonti* Ito, 1996 较相似，但本种雄性第 8 腹板后缘的凹入较浅；

阳茎腹突腹面观端半部明显变宽且顶端凹入。

分布：浙江（龙泉）。

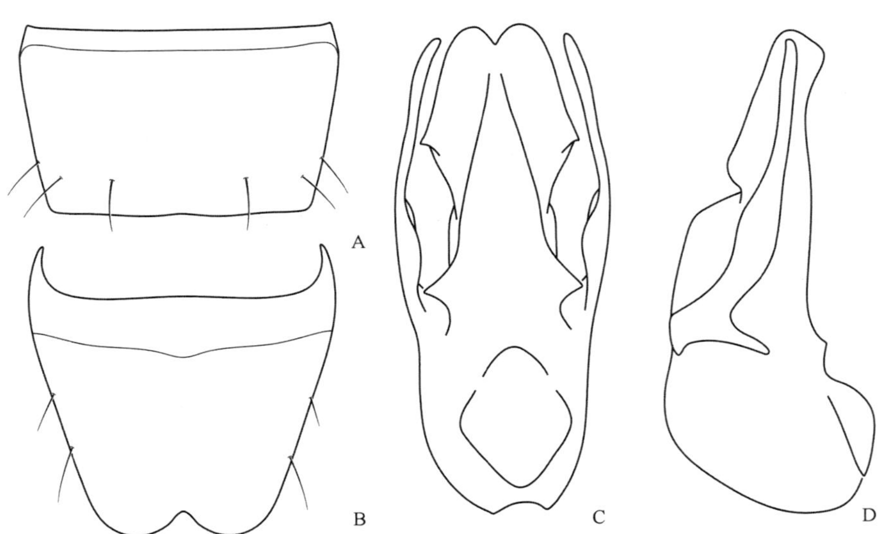

图 4-III-346　沈氏四齿隐翅虫 *Nazeris shenshanjiai* Hu, Li *et* Zhao, 2011
A. 雄性第 7 腹板；B. 雄性第 8 腹板；C. 阳茎腹面观；D. 阳茎侧面观

（676）雁荡四齿隐翅虫 *Nazeris yandangensis* Hu, Li *et* Zhao, 2011（图 4-III-347，图版 III-167）

Nazeris yandangensis Hu, Li *et* Zhao, 2011: 12.

主要特征：体长 3.8–4.2 mm；红棕色，腹部棕色至暗棕色。头长稍大于宽（1.06∶1），密布非脐状的粗大刻点。前胸背板近椭圆形，长稍大于宽（1.17∶1），前 1/3 处最宽；刻点与头部相似。鞘翅稍窄于前胸背板（0.97∶1），刻点与前胸背板相似。腹部无微刻纹。雄性第 7 腹板后缘中间稍凸出；第 8 腹板后缘具“V”形深凹入；阳茎腹突腹面观基半部侧缘近平行，端半部变窄，顶端呈“V”形凹入；背侧突细长，向内侧弯曲，近端部稍膨大，短于腹突。本种与九龙山四齿隐翅虫 *N. jiulongshanus* Hu, Li *et* Zhao, 2011 非常相似，但本种体型更小，雄性第 8 腹板后缘和阳茎中叶顶端均具“V”形凹入。

分布：浙江（乐清）。

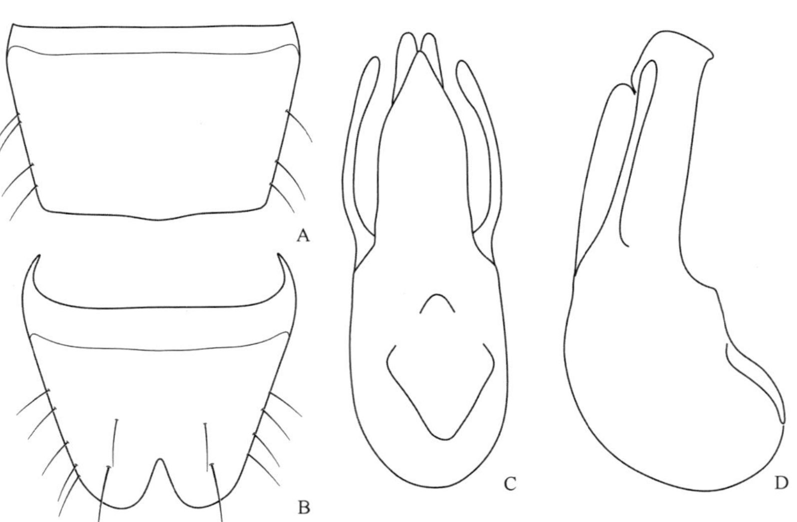

图 4-III-347　雁荡四齿隐翅虫 *Nazeris yandangensis* Hu, Li *et* Zhao, 2011
A. 雄性第 7 腹板；B. 雄性第 8 腹板；C. 阳茎腹面观；D. 阳茎侧面观

（677）严氏四齿隐翅虫 *Nazeris yanyingae* Hu, Li *et* Zhao, 2011（图 4-III-348，图版 III-168）

Nazeris yanyingae Hu, Li *et* Zhao, 2011: 5.

主要特征：体长 5.6–6.0 mm；体深棕色。头长稍大于宽（1.03∶1），密布非脐状粗刻点。前胸背板近椭圆形，长稍大于宽（1.14∶1）；表面刻点与头部近似。鞘翅稍窄于前胸背板（0.96∶1），刻点与前胸背板相似。腹部各节均具微刻纹。雄性第 7 腹板后缘近平截；第 8 腹板后缘具宽而浅的三角形凹入；阳茎腹突腹面观中部最窄，顶端二分叉，中间背面具 1 根锥状突起，腹突近基部两侧各具 1 钩状小突起；背侧突直而粗壮，腹面观近端部变窄，稍长于腹突。本种与叉四齿隐翅虫 *N. furcatus* Hu, Li *et* Zhao, 2011 十分相似，但本种腹部各节均具微刻纹；阳茎背侧突中部内侧不凸出。

分布：浙江（庆元）。

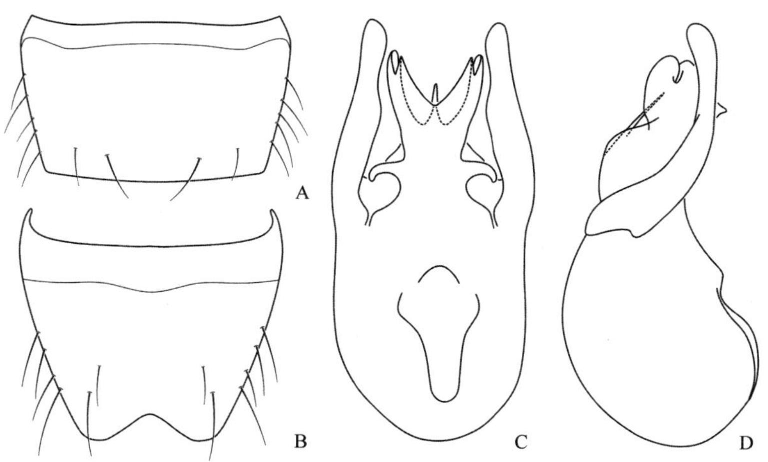

图 4-III-348 严氏四齿隐翅虫 *Nazeris yanyingae* Hu, Li *et* Zhao, 2011

A. 雄性第 7 腹板；B. 雄性第 8 腹板；C. 阳茎腹面观；D. 阳茎侧面观

（678）张氏四齿隐翅虫 *Nazeris zhangsujiongi* Hu *et* Li, 2016（图 4-III-349，图版 III-169）

Nazeris zhangsujiongi Hu *et* Li, 2016: 371.

主要特征：体长 4.4–5.4 mm；棕色。头长宽相等，密布非脐状粗刻点。前胸背板近椭圆形，长稍大于

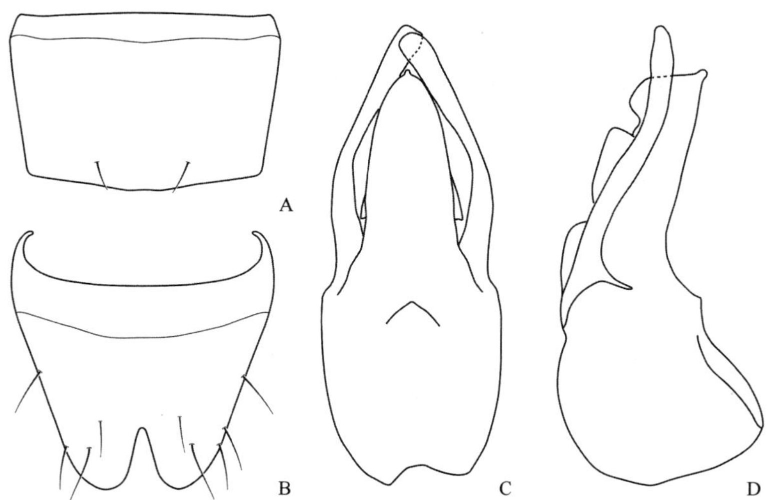

图 4-III-349 张氏四齿隐翅虫 *Nazeris zhangsujiongi* Hu *et* Li, 2016

A. 雄性第 7 腹板；B. 雄性第 8 腹板；C. 阳茎腹面观；D. 阳茎侧面观

宽（1.19∶1），前 1/3 处最宽；表面刻点与头部近似。鞘翅与前胸背板等宽，刻点与前胸背板相似。腹部第 7 背板的端半部和第 8 背板具微刻纹。雄性第 7 腹板后缘稍凸出；第 8 腹板后缘具“V”形深凹入；阳茎腹突腹面观向端部逐渐变窄，顶端凸出；背侧突细长，明显向内侧弯曲，长于腹突。本种与牛头山四齿隐翅虫 *N. niutoushanus* Hu, Li *et* Zhao, 2011 十分相似，但本种腹部第 4–6 背板无微刻纹；阳茎腹突腹面观顶端较尖。

分布：浙江（磐安）。

（679）赵氏四齿隐翅虫 *Nazeris zhaotiexiongi* Hu *et* Li, 2016（图 4-III-350，图版 III-170）

Nazeris zhaotiexiongi Hu *et* Li, 2016: 370.

主要特征：体长 4.9–5.4 mm；红棕色。头长宽相等，密布非脐状的粗大刻点。前胸背板近椭圆形，长稍大于宽（1.14∶1），前 1/3 处最宽；刻点与头部相似。鞘翅稍宽于前胸背板（1.04∶1），刻点与前胸背板相似。腹部第 7 背板端半部和第 8 背板具微刻纹。雄性第 7 腹板后缘近平截；第 8 腹板后缘具“V”形凹入；阳茎腹突腹面观宽而长，中部最宽，向端部逐渐变窄，顶端具小凹入；背侧突基半部向内侧半圆形凸出，端半部细长，稍长于腹突。本种与中华四齿隐翅虫 *N. chinensis* Koch, 1939 十分相似，但本种腹部第 3–6 背板无微刻纹；雄性第 8 腹板后缘具“V”形凹入；阳茎背侧突长于腹突。

分布：浙江（诸暨）。

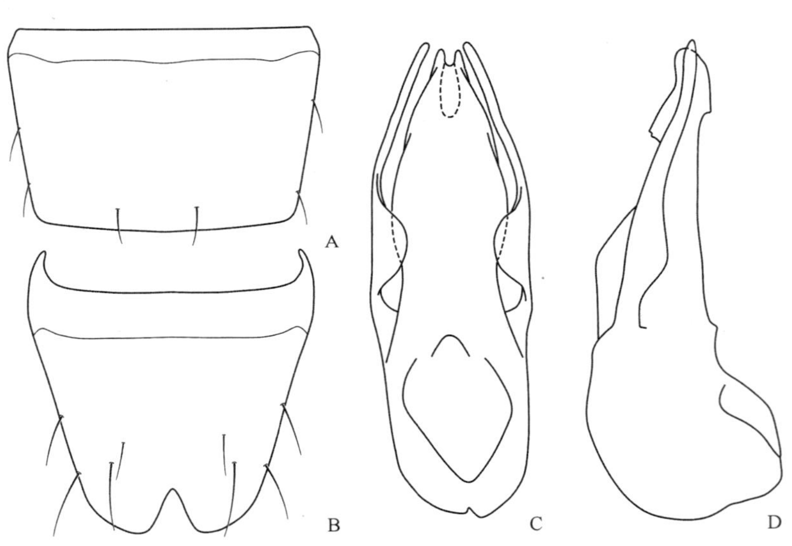

图 4-III-350　赵氏四齿隐翅虫 *Nazeris zhaotiexiongi* Hu *et* Li, 2016
A. 雄性第 7 腹板；B. 雄性第 8 腹板；C. 阳茎腹面观；D. 阳茎侧面观

（680）靖文四齿隐翅虫 *Nazeris zhujingwenae* Hu, Li *et* Zhao, 2011（图 4-III-351，图版 III-171）

Nazeris zhujingwenae Hu, Li *et* Zhao, 2011: 15.

主要特征：体长 3.9–4.2 mm；红棕色，腹部棕色至暗棕色。头长宽相等，密布非脐状的粗大刻点。前胸背板长稍大于宽（1.14∶1），前 1/3 处最宽；刻点与头部相似。鞘翅与前胸背板等宽，刻点与前胸背板相似。腹部第 7 背板端部 1/3 和第 8 背板具微刻纹。雄性第 7 腹板后缘中间稍凹入；第 8 腹板后缘具“V”形深凹入；阳茎腹突腹面观近基部宽阔，向端部逐渐变尖，顶端凸出；背侧突细长，近中部内侧具小突起，稍短于腹突。本种与赵氏四齿隐翅虫 *N. zhaotiexiongi* Hu *et* Li, 2016 十分相似，但本种体型更小；阳茎腹突顶端凸出；背侧突短于腹突。

分布：浙江（诸暨、余姚、天台）。

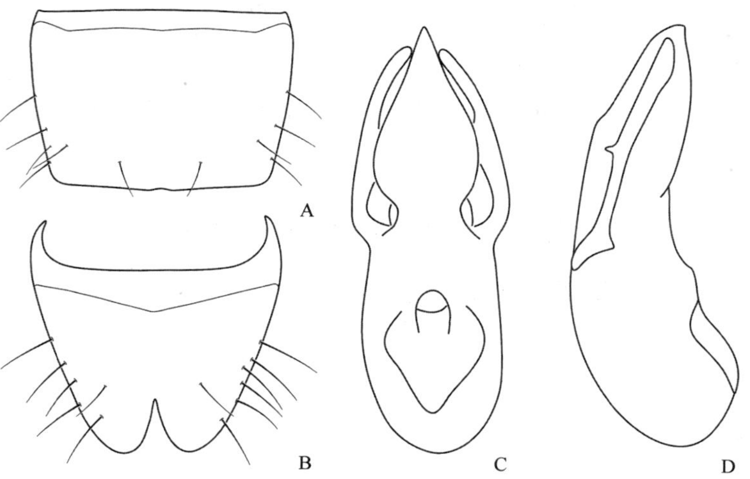

图 4-III-351 靖文四齿隐翅虫 *Nazeris zhujingwenae* Hu, Li *et* Zhao, 2011

A. 雄性第 7 腹板；B. 雄性第 8 腹板；C. 阳茎腹面观；D. 阳茎侧面观

珠角隐翅虫亚族 Echiasterina Casey, 1905

266. 珠角隐翅虫属 *Echiaster* Erichson, 1839

Echiaster Erichson, 1839a: 29. Type species: *Echiaster longicollis* Erichson, 1840.

主要特征：身体修长，体色通常为黄色至黑色。头部近方形，表面刻点粗糙且非常密集，无隆脊，触角粗短。前胸背板常为卵形，表面刻点粗糙且密集。鞘翅近方形，刻点细密；后翅发达。雄性第 8 腹板后缘具凹痕。

分布：古北区、东洋区。世界已知 63 种，中国记录 2 种，浙江分布 1 种。

（681）单色珠角隐翅虫 *Echiaster* (*Echiaster*) *unicolor* Bernhauer, 1922（图 4-III-352）

Echiaster japonicus var. *unicolor* Bernhauer, 1922: 230.

Echiaster japonicus Bernhauer, 1923: 123.

Echiaster unicolor: Schülke & Smetana, 2015: 938.

主要特征：体长约 5 mm；黄红色，腹部端部略黑。头长略大于宽，表面具粗糙刻点；触角略长于头长，

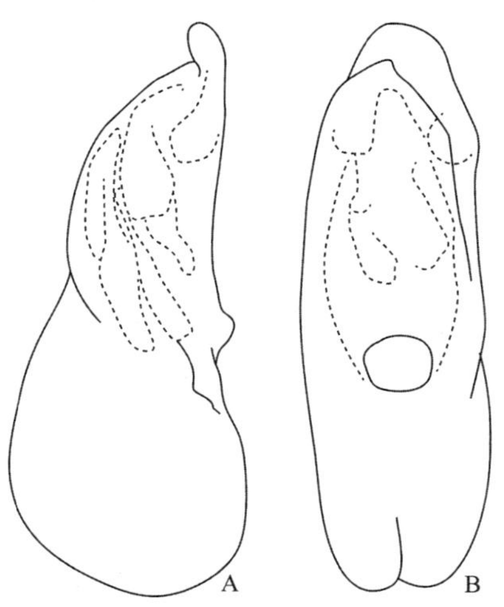

图 4-III-352 单色珠角隐翅虫 *Echiaster* (*Echiaster*) *unicolor* Bernhauer, 1922（仿自 Assing，2013d）

A. 阳茎侧面观；B. 阳茎背面观

第 2 节长大于宽。前胸背板略长于头部，表面刻点和微刻纹与头部相似。鞘翅较前胸背板明显短。腹部表面刻点细而密集。雄性第 8 腹板后缘中部具深的凹陷。阳茎侧叶细长且弯曲。本种与硕珠角隐翅虫 *E. maior* Assing, 2013 相似，可根据本种雄性第 8 腹板后缘中部具深的凹陷、阳茎侧叶细长且弯曲加以区分。

分布：浙江（临安）、湖南、福建、台湾、广西、四川、云南；日本。

隆线隐翅虫亚族 Lathrobiina Laporte, 1835

267. 圆颊隐翅虫属 *Domene* Fauvel, 1873

Domene Fauvel, 1873: 305. Type species: *Lathrobium scabricolle* Erichson, 1840.

Spaelaeomene Coiffait, 1982a: 405. Type species: *Domene camusi* Peyerimhoff, 1949.

Nipponolathrobium Watanabe, 2012: 336. Type species: *Lathrobium yozawanum* Watanabe, 1980.

主要特征：身体狭长，通常为褐色至黑色。头部圆形，表面刻点粗糙而密集，具隆脊；下颚须针状；触角修长。前胸背板常为卵形，表面刻点粗糙且非常密集。鞘翅近方形，刻点细密；后翅退化或发达。雄性第 8 腹板后缘具明显修饰。

分布：古北区、东洋区、新北区。世界已知 84 种，中国记录 25 种，浙江分布 2 种。

（682）健角圆颊隐翅虫 *Domene* (*Macromene*) *firmicornis* Assing *et* Feldmann, 2014（图 4-III-353，图版 III-172）

Domene firmicornis Assing *et* Feldmann, 2014: 510.

主要特征：体长 11.5–12.0 mm；黑色，足和触角呈黑色至浅棕色。头长约等于头宽，表面具密集且粗糙的刻点；触角细长。前胸背板长略大于宽（1.11∶1）；刻点与头部刻点相似；无微刻纹。鞘翅略短于前胸背板（0.95∶1），表面具压痕。腹部各节刻点极细密。雄性第 7 和第 8 腹板后缘具浅压痕；阳茎侧叶细长且弯曲，背突较薄，内囊具膜状结构。雌性第 8 腹板后缘具浅凹痕。

分布：浙江（临安）、安徽。

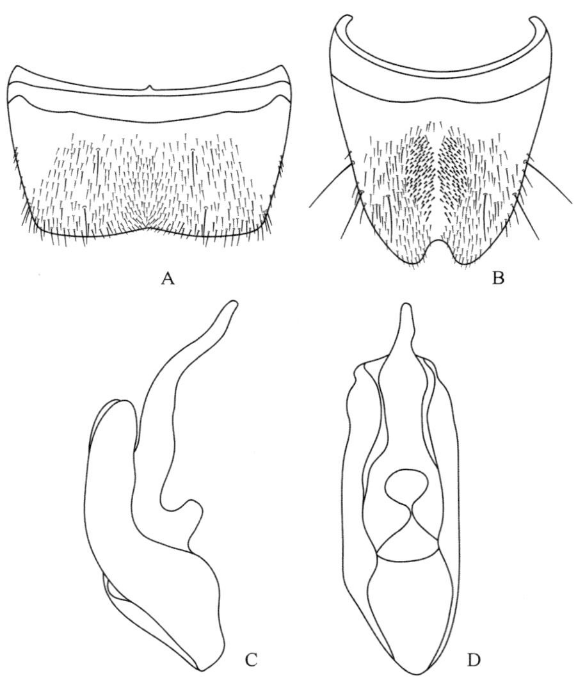

图 4-III-353　健角圆颊隐翅虫 *Domene* (*Macromene*) *firmicornis* Assing *et* Feldmann, 2014

A. 雄性第 7 腹板；B. 雄性第 8 腹板；C. 阳茎侧面观；D. 阳茎腹面观

（683）瑞特圆颊隐翅虫 *Domene* (*Macromene*) *reitteri* Koch, 1939（图 4-III-354，图版 III-173）

Domene reitteri Koch, 1939: 161.

主要特征：体长 5.8–8.6 mm；棕黑色。头长略大于宽（1.02–1.05∶1），表面具密集且粗糙的刻点；触角细长。前胸背板长明显大于宽（1.25–1.28∶1）；刻点与头部刻点类似；无微刻纹。鞘翅短于前胸背板（0.84–0.89∶1）。腹部各节密布细刻点。雄性第 7 和第 8 腹板后缘具压痕且压痕内具较短修饰刚毛。阳茎侧叶刀片状且基部宽大；背突长且直；内囊具骨质化结构。雌性第 8 腹板后缘凸出。本种与陈氏圆颊隐翅虫 *D. chenae* Peng *et* Li, 2014 相似，可根据雄性第 7 腹板压痕内具较长修饰刚毛、阳茎侧叶基部明显较宽加以区分。

分布：浙江（安吉、临安）、安徽、江西。

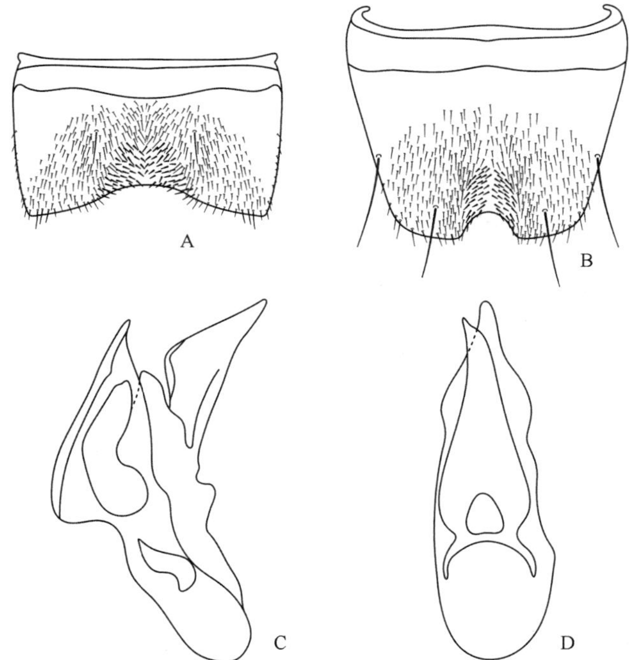

图 4-III-354　瑞特圆颊隐翅虫 *Domene* (*Macromene*) *reitteri* Koch, 1939
A. 雄性第 7 腹板；B. 雄性第 8 腹板；C. 阳茎侧面观；D. 阳茎腹面观

268. 隆线隐翅虫属 *Lathrobium* Gravenhorst, 1802

Lathrobium Gravenhorst, 1802: 51. Type species: *Staphylinus elongatus* Linnaeus, 1767.

Typhlobium Kraatz, 1856b: 625. Type species: *Typhlophilum stagophilum* Kraatz, 1856.

Centrocnemis Joseph, 1868: 366. Type species: *Lathrobum krniense* Joseph, 1868.

Hypophylladobius Fauvel, 1885: 34. Type species: *Staphylinus elongatus* Linnaeus, 1767.

Bathrolium Gozis, 1886: 14. Type species: *Staphylinus punctatus* Geoffroy, 1785.

Centrocnemiella E. Strand, 1934: 276. Type species: *Lathrobium krniense* Joseph, 1868.

Glyptomerodoschema Scheerpeltz, 1976a: 29. Type species: *Lathrobium janetscheki* Scheerpeltz, 1976.

主要特征：身体狭长，通常为褐色至黑色。头部近方形；表面刻点粗糙且较密集，通常具微刻纹；下颚须针状；触角修长。前胸背板近长方形，表面刻点粗糙，背中线处常无刻点分布。鞘翅近方形，刻点细密，鞘翅侧缘具 1 条隆线；后翅通常退化。雄性第 7–8 腹板后缘通常具明显修饰。

分布：古北区、东洋区、新北区。世界已知 747 种 15 亚种，中国记录 238 种，浙江分布 30 种。

分种检索表

1. 后翅发达……中华隆线隐翅虫 *L. sinense*
- 后翅缺失……2
2. 雄性第 3 腹板后缘具修饰刚毛……巨茎隆线隐翅虫 *L. immanissimum*
- 雄性第 3 腹板后缘无修饰刚毛……3
3. 雄性第 4 腹板后缘具修饰刚毛……4
- 雄性第 4 腹板后缘无修饰刚毛……7
4. 雄性第 8 腹板后缘凹入较为对称……5
- 雄性第 8 腹板后缘凹入明显不对称……6
5. 雄性第 6 腹板后缘无修饰刚毛……汤氏隆线隐翅虫 *L. tangi*
- 雄性第 6 腹板后缘具 1 簇修饰刚毛……朱氏隆线隐翅虫 *L. zhui*
6. 阳茎侧叶端部分叉……宋氏隆线隐翅虫 *L. songi*
- 阳茎侧叶端部尖锐……九龙山隆线隐翅虫 *L. jiulongshanense*
7. 雄性第 5 腹板后缘具修饰刚毛……8
- 雄性第 5 腹板后缘无修饰刚毛……14
8. 阳茎侧叶整体呈钩状……9
- 阳茎侧叶整体非钩状……10
9. 雄性第 7 腹板粗刚毛数量超过 20 根……陈氏隆线隐翅虫 *L. chenae*
- 雄性第 7 腹板粗刚毛数量低于 10 根……钩茎隆线隐翅虫 *L. uncum*
10. 雄性第 8 腹板后缘凹入明显不对称……11
- 雄性第 8 腹板后缘凹入较为对称……12
11. 雄性第 7 腹板后缘具粗黑刚毛……赵氏隆线隐翅虫 *L. zhaotiexiongi*
- 雄性第 7 腹板后缘无粗黑刚毛……百山祖隆线隐翅虫 *L. baishanzuense*
12. 阳茎侧叶比背突短……天目隆线隐翅虫 *L. tianmushanense*
- 阳茎侧叶比背突长……13
13. 雄性第 7 腹板后缘具密集粗短刚毛……余氏隆线隐翅虫 *L. yui*
- 雄性第 7 腹板后缘无粗短刚毛……龙王山隆线隐翅虫 *L. longwangshanense*
14. 雄性第 6 腹板后缘具修饰刚毛……15
- 雄性第 6 腹板后缘无修饰刚毛……17
15. 雄性第 8 腹板后缘凹入对称……郝氏隆线隐翅虫 *L. haoae*
- 雄性第 8 腹板后缘凹入不对称……16
16. 雄性第 7 腹板后缘凹入深且不对称……古田山隆线隐翅虫 *L. gutianense*
- 雄性第 7 腹板后缘凹入浅且对称……今立隆线隐翅虫 *L. imadatei*
17. 阳茎内囊和背突退化……斜毛隆线隐翅虫 *L. obstipum*
- 阳茎内囊发达且具背突……18
18. 阳茎背突整体呈钩状……凤阳山隆线隐翅虫 *L. fengyangense*
- 阳茎背突整体非钩状……19
19. 阳茎内囊具纽带状骨刺……凌氏隆线隐翅虫 *L. lingae*
- 阳茎内囊无纽带状骨刺……20
20. 雄性第 7 腹板具修饰性粗刚毛……21
- 雄性第 7 腹板无修饰性粗刚毛……24
21. 雄性第 7 腹板不对称……钩隆线隐翅虫 *L. nannani*
- 雄性第 7 腹板较对称……22

22. 雄性第 8 腹板后缘具 1 对压痕 ··············· 田村隆线隐翅虫 *L. tamurai*
- 雄性第 8 腹板后缘仅具 1 条压痕 ··············· 23
23. 雄性第 8 腹板压痕较宽且阳茎较长··············· 劳氏隆线隐翅虫 *L. rougemonti*
- 雄性第 8 腹板压痕较窄且阳茎较短··············· 扭曲隆线隐翅虫 *L. mancum*
24. 雄性第 8 腹板后缘具 1 对压痕 ··············· 严氏隆线隐翅虫 *L. yani*
- 雄性第 8 腹板后缘仅具 1 条压痕 ··············· 25
25. 阳茎背突长于侧叶··············· 26
- 阳茎侧叶长于背突··············· 29
26. 雄性第 8 腹板后缘不对称··············· 27
- 雄性第 8 腹板后缘对称··············· 28
27. 雄性第 8 腹板后缘凹入呈"V"形··············· 小尾隆线隐翅虫 *L. parvitergale*
- 雄性第 8 腹板后缘凹入呈波浪形 ··············· 库氏隆线隐翅虫 *L. cooteri*
28. 雌性第 8 背板后缘明显凸出 ··············· 封氏隆线隐翅虫 *L. fengae*
- 雌性第 8 背板后缘近平截··············· 栗洋隆线隐翅虫 *L. liyangense*
29. 阳茎侧叶明显高于背突··············· 小眼隆线隐翅虫 *L. mu*
- 阳茎侧叶明显低于背突··············· 沈氏隆线隐翅虫 *L. sheni*

(684)百山祖隆线隐翅虫 *Lathrobium (Lathrobium) baishanzuense* Peng *et* Li, 2012(图 4-III-355,图版 III-174)

Lathrobium baishanzuense Peng *et* Li, 2012b: 70.

主要特征:体长 8.5–9.3 mm;棕色至红棕色。头长小于宽(0.88–0.90∶1),表面具密集且粗糙的刻点。前胸背板长大于宽(1.14–1.15∶1),刻点较头部明显稀疏,无微刻纹。鞘翅短于前胸(0.65–0.66∶1);后翅退化。腹部各节密布细刻点。雄性第 5、第 6 和第 8 腹板后缘具修饰刚毛;第 8 腹板压痕呈三角形且后缘凹入不对称。阳茎侧叶呈刀状;背突极度发达且端部宽大。雌性第 8 腹板后缘凸出。本种与余氏隆线隐翅虫 *L. yui* Peng *et* Li, 2015 相似,可根据雄性第 8 腹板后缘具较大凹入、阳茎侧叶基部较窄加以区分。

分布:浙江(庆元)。

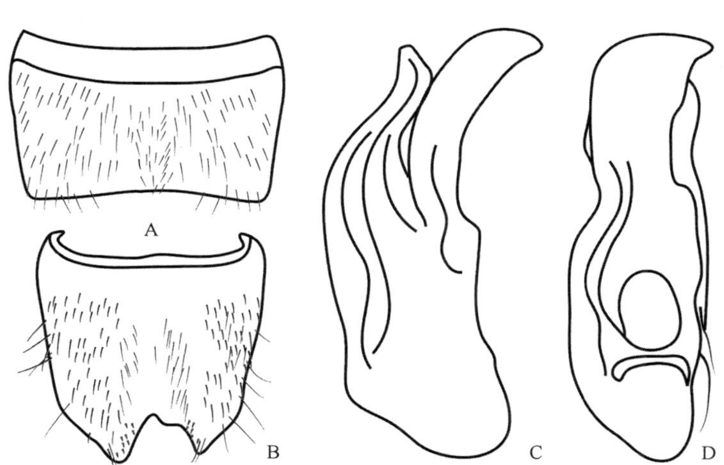

图 4-III-355 百山祖隆线隐翅虫 *Lathrobium (Lathrobium) baishanzuense* Peng *et* Li, 2012
A. 雄性第 7 腹板;B. 雄性第 8 腹板;C. 阳茎侧面观;D. 阳茎腹面观

(685)陈氏隆线隐翅虫 *Lathrobium (Lathrobium) chenae* Peng *et* Li, 2014(图 4-III-356,图版 III-175)

Lathrobium chenae Peng *et* Li, 2014a: 11.

主要特征:体长 6.1–6.8 mm;红棕色。头长略小于宽(0.94–0.96∶1),表面具较密集粗糙刻点。前胸背板长大于宽（1.22–1.25∶1），刻点较头部明显稀疏，无微刻纹。鞘翅短于前胸（0.55–0.57∶1）。腹部各节刻点密布细刻点。雄性第 5–8 腹板后缘具修饰性刚毛；第 8 腹板后缘凹入浅且宽。阳茎侧叶钩状；背突片状；内囊具 1 根修长骨刺。本种与钩茎隆线隐翅虫 *L. uncum* Peng, Li *et* Zhao, 2012 相似，可根据较大体型、雄性第 8 腹板后缘和压痕形状，以及阳茎侧叶较粗壮加以区分。

分布：浙江（临安）。

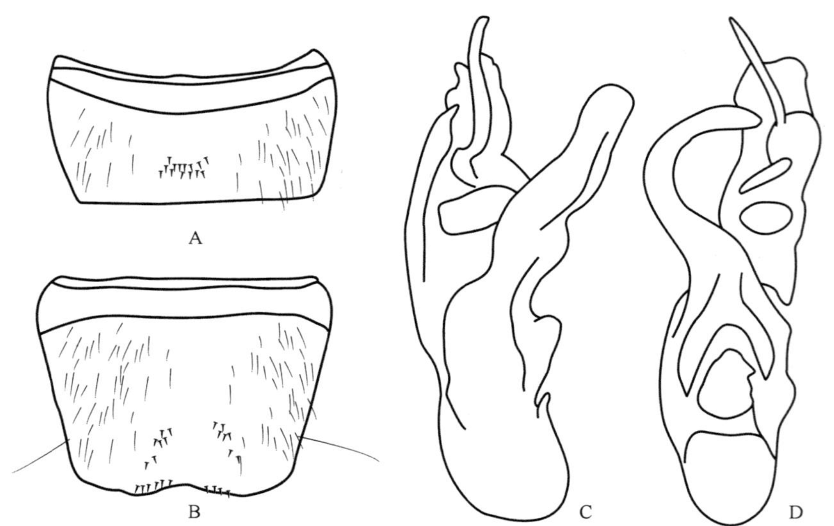

图 4-III-356 陈氏隆线隐翅虫 *Lathrobium* (*Lathrobium*) *chenae* Peng *et* Li, 2014

A. 雄性第 7 腹板；B. 雄性第 8 腹板；C. 阳茎侧面观；D. 阳茎腹面观

（686）库氏隆线隐翅虫 *Lathrobium* (*Lathrobium*) *cooteri* Watanabe, 1999（图 4-III-357）

Lathrobium (*Lathrobium*) *cooteri* Watanabe, 1999b: 573.

主要特征：体长 9.8–10.5 mm；棕黑色。头长略小于宽（0.93∶1），表面具网状微刻纹和较稀疏粗糙刻点。前胸背板长大于宽（1.33∶1），刻点较头部密而粗。鞘翅短于前胸（0.65∶1）。腹部各节刻点密布细刻点。雄性第 7 腹板后缘具较浅凹入；第 8 腹板后缘凹入不对称。阳茎侧叶粗短；背突长且弯曲。本种与阿玉隆

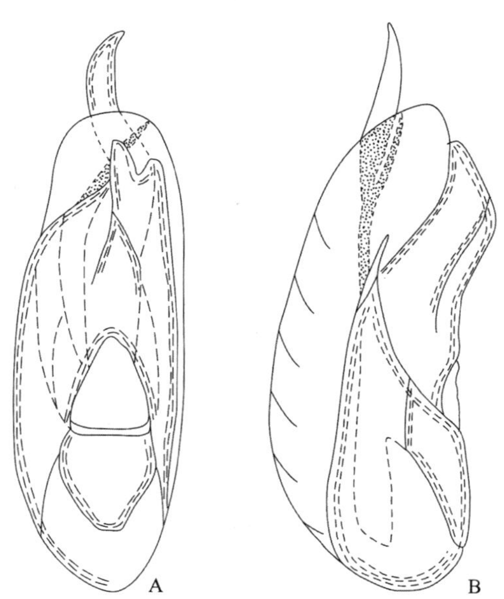

图 4-III-357 库氏隆线隐翅虫 *Lathrobium* (*Lathrobium*) *cooteri* Watanabe, 1999（仿自 Watanabe，1999b）

A. 阳茎背面观；B. 阳茎侧面观

线隐翅虫 *L. ayui* Peng *et* Li, 2014 相似，可根据雄性第 8 腹板后缘凹入不对称，以及阳茎侧叶粗短加以区分。

分布：浙江（临安）。

（687）封氏隆线隐翅虫 *Lathrobium* (*Lathrobium*) *fengae* Peng *et* Li, 2014（图 4-III-358，图版 III-176）

Lathrobium fengae Peng *et* Li, 2014a: 13.

主要特征：体长 6.3–7.5 mm；暗棕色。头长小于宽（0.85–0.89∶1），表面具密集且粗糙的刻点。前胸背板长大于宽（1.11–1.13∶1），刻点较头部略稀疏。鞘翅较短于前胸背板（0.65–0.69∶1）；后翅退化。腹部各节密布细刻点。雄性第 8 腹板中线处具浅压痕，且压痕内具稀疏粗黑短刚毛。阳茎侧叶短且细；背突发达且宽大；内囊具 1 列长膜状结构和 2 根弱骨质化骨刺。雌性第 8 腹板后缘凸出。本种与沈氏隆线隐翅虫 *L. sheni* Peng *et* Li, 2012 相似，可根据雄性第 8 腹板中线处具浅压痕和阳茎背突发达加以区分。

分布：浙江（临安）。

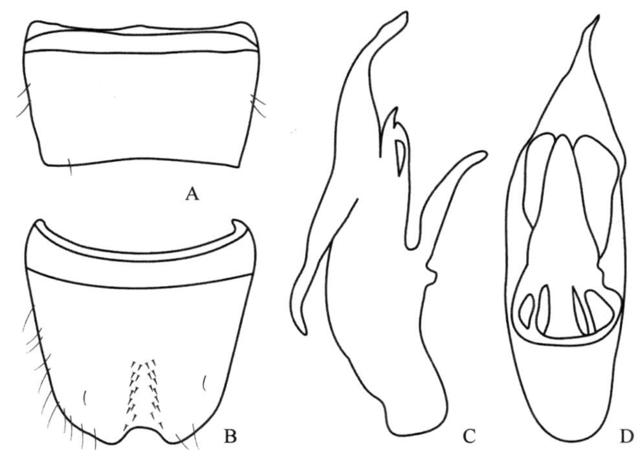

图 4-III-358　封氏隆线隐翅虫 *Lathrobium* (*Lathrobium*) *fengae* Peng *et* Li, 2014

A. 雄性第 7 腹板；B. 雄性第 8 腹板；C. 阳茎侧面观；D. 阳茎腹面观

（688）凤阳山隆线隐翅虫 *Lathrobium* (*Lathrobium*) *fengyangense* Peng *et* Li, 2015（图 4-III-359，图版 III-177）

Lathrobium fengyangense Peng *et* Li, 2015: 256.

主要特征：体长 8.0–8.2 mm；暗棕色。头长小于宽，表面具密集且粗糙的刻点。前胸背板长大于宽

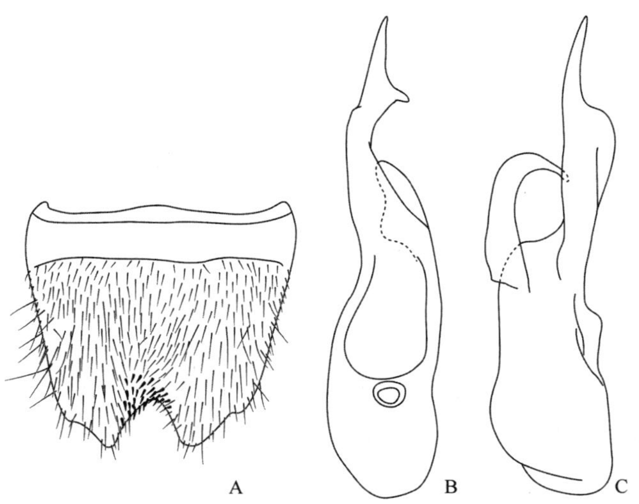

图 4-III-359　凤阳山隆线隐翅虫 *Lathrobium* (*Lathrobium*) *fengyangense* Peng *et* Li, 2015

A. 雄性第 8 腹板；B. 阳茎腹面观；C. 阳茎侧面观

（1.15∶1），刻点与头部相似。鞘翅远短于前胸背板（0.51–0.52∶1）；后翅退化。腹部各节密布细刻点。雄性第 7 腹板后缘凹入明显且呈半椭圆形；第 8 腹板后缘凹入深且略不对称，压痕内具稀疏粗黑短刚毛。阳茎侧叶端部分叉；背突呈钩状；内囊具 3 根短骨刺。雌性第 8 腹板后缘强烈凸出。本种与斜毛隆线隐翅虫 *L. obstipum* Peng *et* Li, 2012 相似，可根据雄性第 8 腹板后缘凹入略不对称和阳茎背突呈钩状加以区分。

分布：浙江（龙泉）。

（689）古田山隆线隐翅虫 *Lathrobium* (*Lathrobium*) *gutianense* Peng *et* Li, 2014（图 4-III-360，图版 III-178）

Lathrobium gutianense Peng *et* Li, 2014a: 15.

主要特征：体长 10.7–11.5 mm；黑棕色，鞘翅及腹部基部 4 节红褐色。头长小于宽（0.90∶1），表面具密集且粗糙的刻点。前胸背板长大于宽（1.12∶1），刻点较头部略稀疏。鞘翅远短于前胸背板（0.48–0.49∶1）；后翅退化。腹部各节密布细刻点。雄性第 6 和第 7 腹板具明显修饰；第 8 腹板后缘具较小凹入和大面积压痕，压痕内具密集粗短刚毛。阳茎侧叶细且直；背突弱骨质化；内囊具多根短骨刺。雌性第 8 腹板后缘强烈凸出。本种与赵氏隆线隐翅虫 *L. zhaotiexiongi* Peng *et* Li, 2012 相似，可根据雄性第 5 腹板无修饰刚毛和雄性第 8 腹板后缘具较小凹入加以区分。

分布：浙江（开化）。

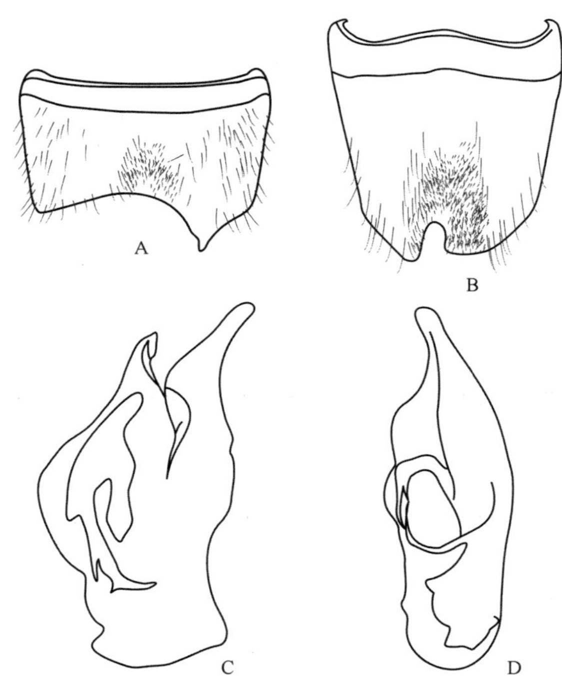

图 4-III-360　古田山隆线隐翅虫 *Lathrobium* (*Lathrobium*) *gutianense* Peng *et* Li, 2014
A. 雄性第 7 腹板；B. 雄性第 8 腹板；C. 阳茎侧面观；D. 阳茎腹面观

（690）郝氏隆线隐翅虫 *Lathrobium* (*Lathrobium*) *haoae* Peng *et* Li, 2015（图 4-III-361，图版 III-179）

Lathrobium haoae Peng *et* Li, 2015: 250.

主要特征：体长 8.3–10.7 mm；棕黑色，足呈棕色，触角呈暗棕色。头长小于宽（0.86–0.90∶1），表面具较密集且粗糙的刻点；触角长 2.5–2.6 mm。前胸背板长大于宽（1.18–1.23∶1），刻点较头部略稀疏。鞘翅远短于前胸背板（0.50–0.53∶1）；后翅退化。腹部各节密布细刻点。雄性第 4–7 腹板具明显修饰。第 8 腹板中线处具较深压痕，且压痕内密布粗短刚毛；后缘凹入深且呈“V”形。阳茎侧叶细长；背突极度发达且宽大；内囊具 1 根长骨刺。雌性第 8 腹板后缘强烈凸出且延长。本种与朱氏隆线隐翅虫 *L. zhui* Peng *et* Li,

2014 相似，可根据阳茎背突宽大且内囊具 1 根长骨刺加以区分。

分布：浙江（龙泉）。

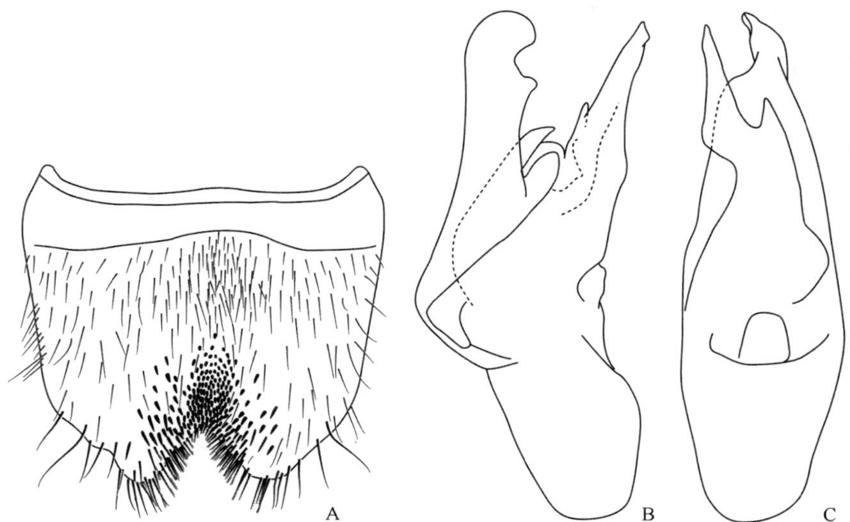

图 4-III-361 郝氏隆线隐翅虫 *Lathrobium* (*Lathrobium*) *haoae* Peng *et* Li, 2015

A. 雄性第 8 腹板；B. 阳茎侧面观；C. 阳茎腹面观

（691）今立隆线隐翅虫 *Lathrobium* (*Lathrobium*) *imadatei* Watanabe *et* Luo, 1992（图 4-III-362，图版 III-180）

Lathrobium imadatei Watanabe *et* Luo, 1992: 48.

主要特征：体长 8.0–8.8 mm；暗棕色，足和触角呈棕色至亮棕色。头长小于宽（0.91–0.92∶1），表面具较密集且粗糙的刻点；触角长 2.2–2.3 mm。前胸背板长大于宽（1.20–1.23∶1），刻点与头部相似。鞘翅短于前胸背板（0.61–0.64∶1）；后翅退化。腹部各节细刻点极其密集。雄性第 6 和第 7 腹板具明显压痕；第 8 腹板具大面积压痕，压痕内具密集短刚毛而压痕边缘修饰刚毛较长。阳茎侧叶发达且端部尖锐；背突粗壮；内囊具短骨刺。雌性第 8 腹板后缘强烈凸出。本种与戴氏隆线隐翅虫 *L. daicongchaoi* Peng *et* Li, 2012 相似，可根据雄性第 8 腹板具大面积压痕和阳茎背突短粗加以区分。

分布：浙江（泰顺）。

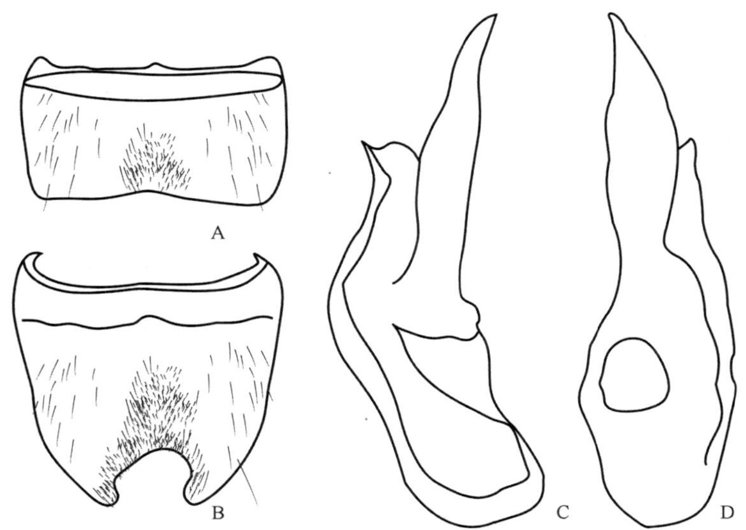

图 4-III-362 今立隆线隐翅虫 *Lathrobium* (*Lathrobium*) *imadatei* Watanabe *et* Luo, 1992

A. 雄性第 7 腹板；B. 雄性第 8 腹板；C. 阳茎侧面观；D. 阳茎腹面观

（692）巨茎隆线隐翅虫 *Lathrobium* (*Lathrobium*) *immanissimum* Peng *et* Li, 2012（图 4-III-363，图版 III-181）

Lathrobium immanissimum Peng *et* Li, 2012b: 72.

主要特征：体长 10.6–12.5 mm；棕色。头长小于宽（0.86–0.88∶1），表面具较稀疏且粗糙的刻点；触角长 2.5–2.6 mm。前胸背板长大于宽（1.11–1.14∶1），刻点较头部略稀疏。鞘翅短于前胸背板（0.63–0.65∶1）；后翅退化。腹部各节密布细刻点。雄性第 3–7 腹板具明显修饰；第 8 腹板具大面积压痕，压痕内具密集短粗刚毛，后缘凹入深且对称。阳茎侧叶细长；背突粗壮；内囊具弯钩状骨刺。雌性第 8 腹板后缘凸出。本种雄性第 3 腹板具明显修饰，阳茎侧叶极其发达，据此与同属其他物种不难区分。

分布：浙江（庆元、龙泉）。

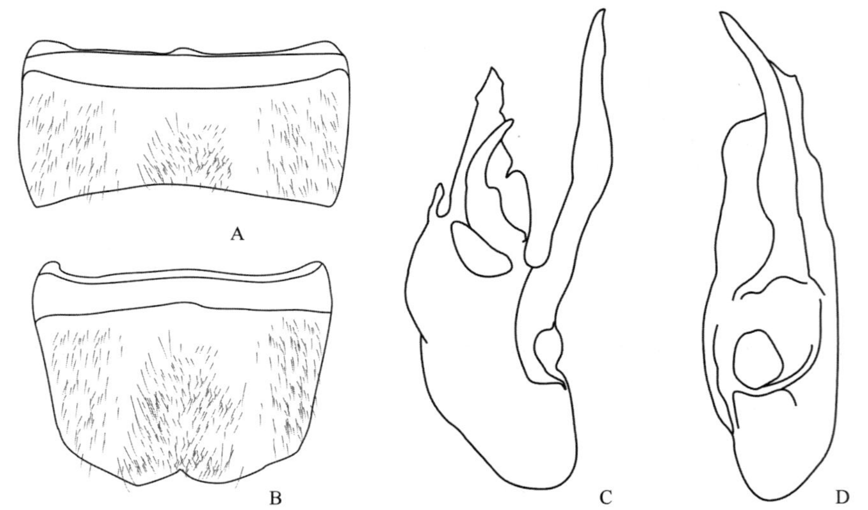

图 4-III-363　巨茎隆线隐翅虫 *Lathrobium* (*Lathrobium*) *immanissimum* Peng *et* Li, 2012
A. 雄性第 7 腹板；B. 雄性第 8 腹板；C. 阳茎侧面观；D. 阳茎腹面观

（693）九龙山隆线隐翅虫 *Lathrobium* (*Lathrobium*) *jiulongshanense* Peng *et* Li, 2012（图 4-III-364，图版 III-182）

Lathrobium (*Lathrobium*) *jiulongshanense* Peng *et* Li, 2012a: 58.

主要特征：体长 8.9–10.1 mm；暗棕色。头长约等于宽（0.98–1.0∶1），表面具较密集且粗糙的刻点。

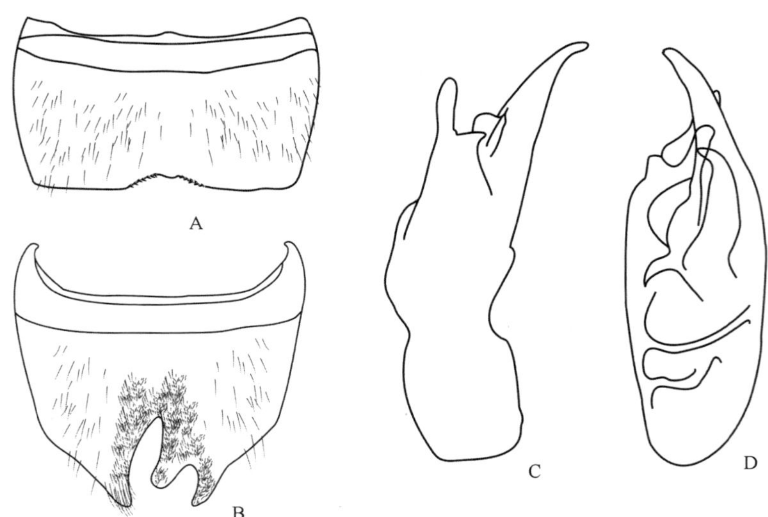

图 4-III-364　九龙山隆线隐翅虫 *Lathrobium* (*Lathrobium*) *jiulongshanense* Peng *et* Li, 2012
A. 雄性第 7 腹板；B. 雄性第 8 腹板；C. 阳茎侧面观；D. 阳茎腹面观

前胸背板长大于宽（1.10–1.15∶1），刻点较头部略稀疏。鞘翅远短于前胸背板（0.50–0.56∶1）；后翅退化。腹部各节密布细刻点。雄性第 4–7 腹板具明显修饰；第 8 腹板后缘具大面积压痕，压痕内密布长短不一的修饰刚毛，后缘凹入深且明显不对称。阳茎侧叶端部尖锐；背突小且较直；内囊具 1 较宽骨刺。雌性第 8 腹板后缘强烈凸出。本种雄性第 4–7 腹板具明显修饰，阳茎内囊具 1 较宽骨刺，可据此与同属其他物种区分。

分布：浙江（遂昌）。

（694）凌氏隆线隐翅虫 *Lathrobium* (*Lathrobium*) *lingae* Peng, Li *et* Zhao, 2012（图 4-III-365，图版 III-183）

Lathrobium (*Lathrobium*) *lingae* Peng, Li *et* Zhao, 2012: 22.

主要特征：体长 6.9 mm；红棕色。头长小于宽（0.91∶1），表面具较密集且粗糙的刻点。前胸背板长大于宽（1.11∶1），刻点较头部略稀疏。鞘翅短于前胸背板（0.71∶1）；后翅退化。腹部各节密布细刻点。雄性第 7 腹板压痕呈半椭圆形，压痕内具较密集粗短黑刚毛；第 8 腹板后缘具大面积压痕，压痕内具较密集粗短黑刚毛。阳茎侧叶呈长刀状；背突较发达；内囊具纽带状骨刺。本种与小尾隆线隐翅虫 *L. parvitergale* Assing, 2013 相似，可根据雄性第 8 腹板具大面积压痕和阳茎侧叶呈长刀状加以区分。

分布：浙江（临安）。

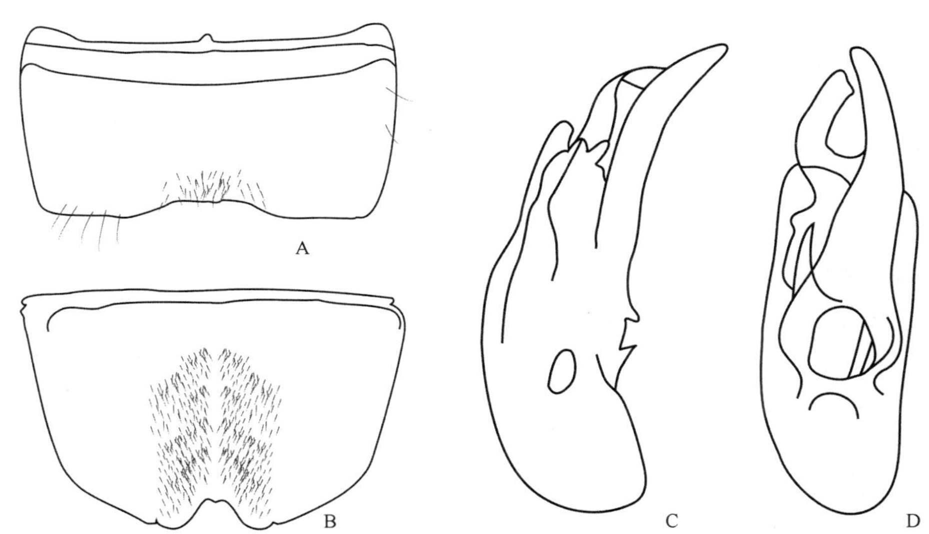

图 4-III-365　凌氏隆线隐翅虫 *Lathrobium* (*Lathrobium*) *lingae* Peng, Li *et* Zhao, 2012

A. 雄性第 7 腹板；B. 雄性第 8 腹板；C. 阳茎侧面观；D. 阳茎腹面观

（695）栗洋隆线隐翅虫 *Lathrobium* (*Lathrobium*) *liyangense* Peng *et* Li, 2015（图 4-III-366，图版 III-184）

Lathrobium liyangense Peng *et* Li, 2015: 257.

主要特征：体长 4.5–5.5 mm；棕色。头长约等于宽（1.01–1.02∶1），表面具密集且粗糙的刻点。前胸背板长大于宽（1.20–1.24∶1），刻点较头部略细且稀疏。鞘翅远短于前胸背板（0.50–0.51∶1）；后翅退化。腹部各节刻点浅，不明显。雄性第 7 腹板无修饰刚毛且后缘平截；第 8 腹板后缘中线处具较深压痕，压痕内具密集粗黑短刚毛。阳茎侧叶短且粗壮；背突较直；内囊具 2 根长骨刺。雌性第 8 腹板后缘强烈凸出且略延长。本种与小眼隆线隐翅虫 *L. mu* Peng *et* Li, 2015 相似，可根据阳茎侧叶粗短和内囊具 2 根长骨刺加以区分。

分布：浙江（庆元）。

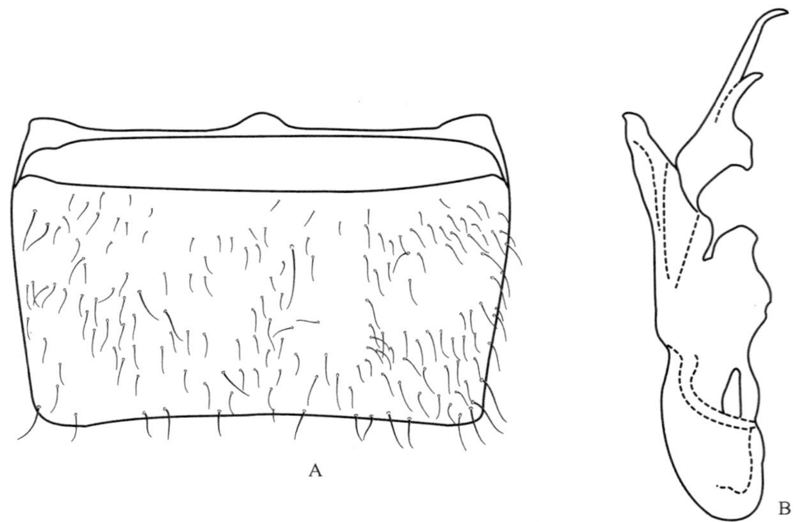

图 4-III-366　栗洋隆线隐翅虫 *Lathrobium* (*Lathrobium*) *liyangense* Peng *et* Li, 2015
A. 雄性第 7 腹板；B. 阳茎侧面观

（696）龙王山隆线隐翅虫 *Lathrobium* (*Lathrobium*) *longwangshanense* Peng, Li *et* Zhao, 2012（图 4-III-367，图版 III-185）

Lathrobium (*Lathrobium*) *longwangshanense* Peng, Li *et* Zhao, 2012: 24.

主要特征：体长 9.6 mm；红棕色。头长略小于宽（0.95∶1），表面具密集且粗糙的刻点。前胸背板长略大于宽（1.09∶1），刻点较头部略稀疏。鞘翅短于前胸背板（0.73∶1）；后翅退化。腹部各节密布较细刻点。雄性第 5–7 腹板具明显修饰；第 8 腹板具较小压痕，压痕内具短黑刚毛；后缘凹入浅且略不对称。阳茎侧叶呈长刀状；背突发达；内囊具短骨刺。本种与天目隆线隐翅虫 *L. tianmushanense* Watanabe, 1999 相似，可根据雄性第 8 腹板后缘凹入浅和阳茎侧叶呈长刀状加以区分。

分布：浙江（安吉）。

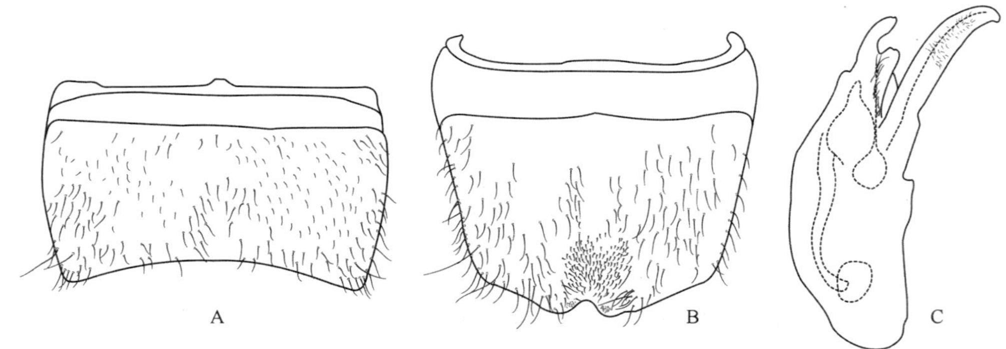

图 4-III-367　龙王山隆线隐翅虫 *Lathrobium* (*Lathrobium*) *longwangshanense* Peng, Li *et* Zhao, 2012
A. 雄性第 7 腹板；B. 雄性第 8 腹板；C. 阳茎侧面观

（697）扭曲隆线隐翅虫 *Lathrobium* (*Lathrobium*) *mancum* Assing *et* Peng, 2013（图 4-III-368，图版 III-186）

Lathrobium mancum Assing *et* Peng, 2013: 1646.

主要特征：体长 5.5–8.0 mm；暗棕色至棕黑色，鞘翅后缘红黄色。头长略大于头宽（1.05–1.10∶1），表面具较密集且粗糙的刻点。前胸背板长大于宽（1.20∶1），刻点与头部相似。鞘翅远短于前胸背板（0.51–0.54∶1）；后翅退化。腹部各节密布细刻点。雄性第 7 腹板具修饰性刚毛；第 8 腹板压痕内具稀疏粗短黑刚毛。阳茎侧叶粗壮；背突弱骨质化；内囊具 2 根粗大骨刺和 1 簇小骨刺。雌性第 8 腹板后缘凸出。

本种与劳氏隆线隐翅虫 *L. rougemonti* Watanabe, 1999 相似，可根据雄性第 8 腹压痕内刚毛略细，以及阳茎内囊骨刺较多加以区分。

分布：浙江（安吉）。

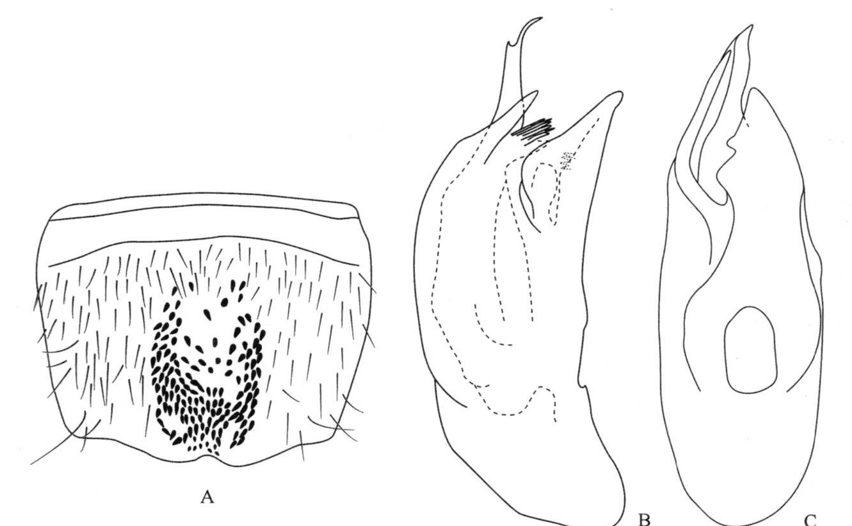

图 4-III-368 扭曲隆线隐翅虫 *Lathrobium* (*Lathrobium*) *mancum* Assing *et* Peng, 2013
A. 雄性第 8 腹板；B. 阳茎侧面观；C. 阳茎腹面观

（698）小眼隆线隐翅虫 *Lathrobium* (*Lathrobium*) *mu* Peng *et* Li, 2015（图 4-III-369，图版 III-187）

Lathrobium mu Peng *et* Li, 2015: 258.

主要特征：体长 5.8–7.6 mm；棕褐色。头长略小于宽（0.95–0.97∶1），表面具密集且粗糙的刻点。前胸背板长大于宽（1.16–1.20∶1），刻点与头部相似。鞘翅短于前胸背板（0.56–0.61∶1）；后翅退化。腹部

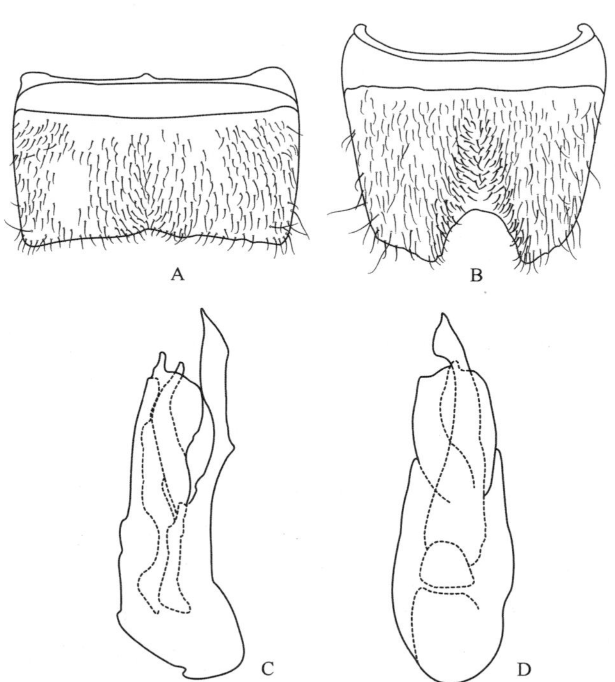

图 4-III-369 小眼隆线隐翅虫 *Lathrobium* (*Lathrobium*) *mu* Peng *et* Li, 2015
A. 雄性第 7 腹板；B. 雄性第 8 腹板；C. 阳茎侧面观；D. 阳茎腹面观

各节密布细刻点。雄性第 7 腹板具修饰性刚毛；第 8 腹板后缘具较深压痕，压痕内具较密集粗黑短刚毛，后缘凹入深且呈“U”形。阳茎侧叶细长；背突宽大；内囊具 2 根长骨刺。雌性第 8 腹板后缘强烈凸出。本种与栗洋隆线隐翅虫 *L. liyangense* Peng *et* Li, 2015 相似，可根据雄性第 8 腹板具深的后缘凹入和阳茎侧叶细长加以区分。

分布：浙江（龙泉）。

（699）钩隆线隐翅虫 *Lathrobium* (*Lathrobium*) *nannani* Peng *et* Li, 2014（图 4-III-370，图版 III-188）

Lathrobium nannani Peng *et* Li, 2014a: 17.

主要特征：体长 7.0–9.1 mm；棕色。头长略小于宽（0.91–0.98∶1），表面具密集且粗糙的刻点。前胸背板长大于宽（1.11–1.18∶1），刻点较头部明显稀疏。鞘翅远短于前胸背板（0.50–0.54∶1）；后翅退化。腹部各节密布细刻点；第 7 腹板后缘具浅压痕，压痕两侧具密集粗黑短刚毛。雄性第 8 腹板具大面积压痕，压痕内具较密集粗黑短刚毛且分布不均匀。阳茎侧叶端部剧烈弯曲；背突较长且弯曲；内囊具 2 根长骨刺。雌性第 8 背板后缘尖锐。本种与阿玉隆线隐翅虫 *L. ayui* Peng *et* Li, 2015 相似，可根据雄性第 8 腹板后缘具较深凹入和阳茎侧叶较长加以区分。

分布：浙江（开化）。

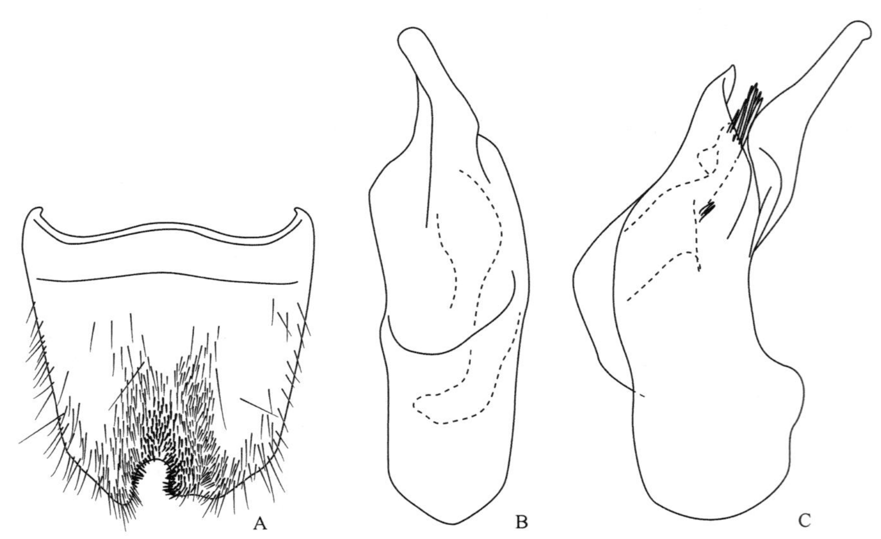

图 4-III-370 钩隆线隐翅虫 *Lathrobium* (*Lathrobium*) *nannani* Peng *et* Li, 2014
A. 雄性第 8 腹板；B. 阳茎腹面观；C. 阳茎侧面观

（700）斜毛隆线隐翅虫 *Lathrobium* (*Lathrobium*) *obstipum* Peng *et* Li, 2012（图 4-III-371，图版 III-189）

Lathrobium obstipum Peng *et* Li, 2012b: 78.

主要特征：体长 6.3–7.2 mm；暗棕色。头长小于宽（0.88–0.90∶1），表面具较密集且粗糙的刻点。前胸背板长大于宽（1.13–1.15∶1），刻点较头部略稀疏。鞘翅短于前胸背板（0.64–0.67∶1）；后翅退化。腹部各节密布细刻点。雄性第 7 腹板无明显修饰；第 8 腹板后缘近平截，具 1 簇密集短黑刚毛。阳茎侧叶端部分叉；背突退化；内囊较退化。雌性第 8 腹板后缘强烈凸出。本种与沈氏隆线隐翅虫 *L. sheni* Peng, Li *et* Zhao, 2012 相似，可根据雄性第 8 腹板后缘具 1 簇密集短黑刚毛和端部分叉的阳茎侧叶加以区分。

分布：浙江（庆元）。

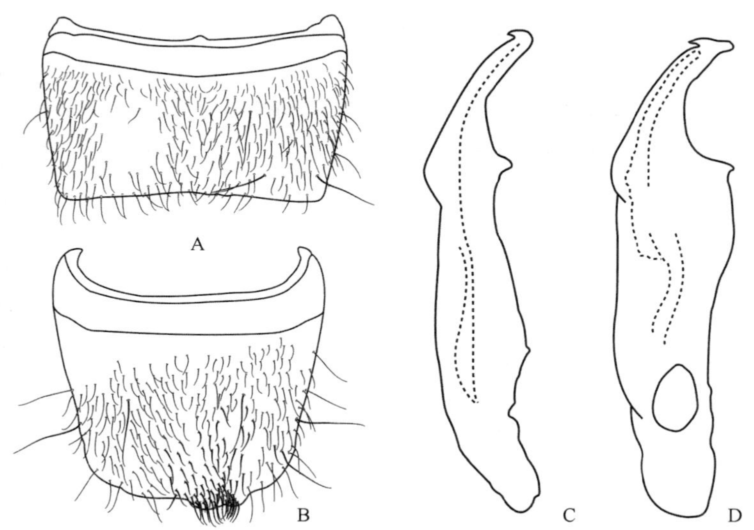

图 4-III-371　斜毛隆线隐翅虫 *Lathrobium* (*Lathrobium*) *obstipum* Peng *et* Li, 2012
A. 雄性第 7 腹板；B. 雄性第 8 腹板；C. 阳茎侧面观；D. 阳茎腹面观

（701）小尾隆线隐翅虫 *Lathrobium* (*Lathrobium*) *parvitergale* Assing, 2013（图 4-III-372）

Lathrobium parvitergale Assing, 2013a: 42.

主要特征：体长 11.5–12.0 mm；黑色。头长小于宽（0.95∶1），表面具较稀疏且粗糙的刻点。前胸背板长大于宽（1.15∶1），刻点与头部类似。鞘翅远短于前胸背板（0.52∶1）；后翅退化。腹部各节密布细刻点。雄性第 7 腹板无明显修饰；第 8 腹板后缘凹入呈“V”形，具 1 簇密集短黑刚毛。阳茎侧叶粗短，端部分叉；背突发达；内囊具 1 根长骨刺。雌性第 8 腹板后缘强烈凸出。本种与沈氏隆线隐翅虫 *L. sheni* Peng, Li *et* Zhao, 2012 相似，可根据雄性第 8 腹板后缘凹入呈“V”形以及端部分叉的阳茎侧叶加以区分。

分布：浙江（临安）。

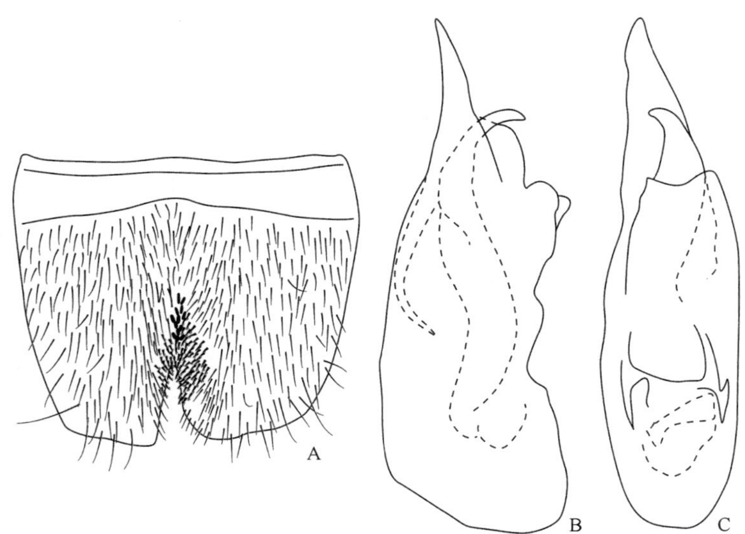

图 4-III-372　小尾隆线隐翅虫 *Lathrobium* (*Lathrobium*) *parvitergale* Assing, 2013（仿自 Assing，2013a）
A. 雄性第 8 腹板；B. 阳茎侧面观；C. 阳茎腹面观

（702）劳氏隆线隐翅虫 *Lathrobium* (*Lathrobium*) *rougemonti* Watanabe, 1999（图 4-III-373）

Lathrobium (*Lathrobium*) *rougemonti* Watanabe, 1999b: 576.

主要特征：体长 5.6–6.5 mm；棕红色。头长小于宽（0.94∶1），表面具稀疏且粗糙的刻点。前胸背板长大于宽（1.12∶1），刻点与头部类似。鞘翅短于前胸背板（0.84∶1）；后翅退化。腹部各节密布细刻点。雄性第 7 腹板具粗短黑刚毛；第 8 腹板后缘具较深压痕且压痕内具大量短黑刚毛。阳茎侧叶粗壮且不对称；背突较短；内囊具数根骨刺。雌性第 8 腹板后缘强烈凸出。本种与扭曲隆线隐翅虫 *L. mancum* Assing *et* Peng, 2013 相似，可根据雄性第 8 腹板压痕内刚毛略粗大和阳茎内囊骨刺较少加以区分。

分布：浙江（临安）。

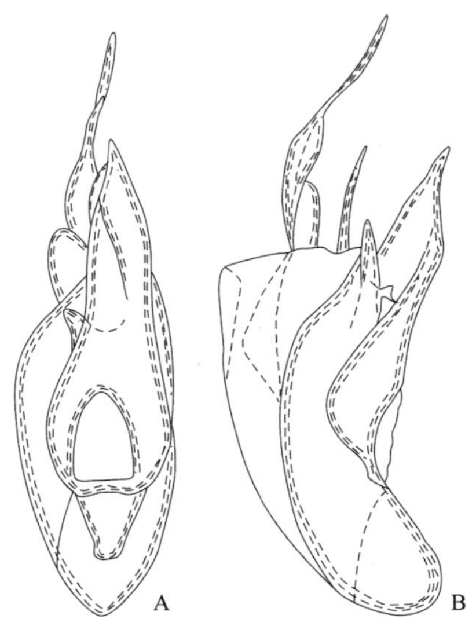

图 4-III-373　劳氏隆线隐翅虫 *Lathrobium* (*Lathrobium*) *rougemonti* Watanabe, 1999（仿自 Watanabe，1999b）

A. 阳茎腹面观；B. 阳茎侧面观

（703）沈氏隆线隐翅虫 *Lathrobium* (*Lathrobium*) *sheni* Peng *et* Li, 2012（图 4-III-374，图版 III-190）

Lathrobium (*Lathrobium*) *sheni* Peng *et* Li, 2012a: 61.

主要特征：体长 6.1–7.5 mm；暗棕色。头长约等于宽，表面具密集且粗糙的刻点。前胸背板长大于宽（1.14–1.17），刻点与头部类似。鞘翅短于前胸背板（0.64–0.66）；后翅退化。腹部各节密布细刻点。雄性

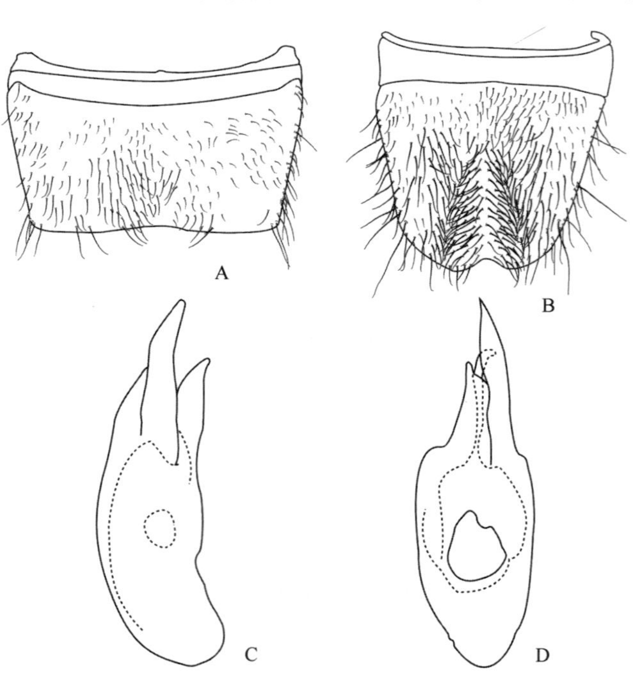

图 4-III-374　沈氏隆线隐翅虫 *Lathrobium* (*Lathrobium*) *sheni* Peng *et* Li, 2012

A. 雄性第 7 腹板；B. 雄性第 8 腹板；C. 阳茎侧面观；D. 阳茎腹面观

第 7 腹板无明显修饰刚毛。雄性第 8 腹板中线处具较浅压痕，且压痕两侧具较密集长刚毛。阳茎侧叶较短；背突骨质化较弱；内囊具 2 根骨刺。雌性第 8 腹板后缘强烈凸出。本种与封氏隆线隐翅虫 *L. fengae* Peng *et* Li, 2014 很相似，可根据雄性第 8 腹板中线处具较浅压痕、阳茎背突较弱骨质化加以区分。

分布：浙江（遂昌）。

（704）中华隆线隐翅虫 *Lathrobium* (*Lathrobium*) *sinense* Herman, 2003（图 4-III-375，图版 III-191）

Lathrobium (*Lathrobium*) *chinense* Bernhauer, 1938: 36 [HN].

Lathrobium sinense Herman, 2003: 6 [Replacement name for *Lathrobium chinense* Bernhauer, 1938].

主要特征：体长 4.9–6.3 mm；黄褐色至红褐色，头部和鞘翅颜色稍深。头长大于宽（1.05–1.10∶1），表面具密集且较细的刻点。前胸背板长大于宽（1.25–1.30∶1），刻点与头部类似。翅二型；鞘翅短于前胸背板（0.65–0.85∶1）。腹部各节刻点极细且较密集。雄性第 7 和 8 腹板无明显修饰刚毛。阳茎侧叶较粗短且端部平截；背突较厚；内囊具骨质化结构和 1 根弯曲骨刺。雌性第 8 腹板后缘强烈凸出。本种体型较小、鞘翅二型、雄性第 7 和 8 腹板修饰不明显，据此可与同属其他物种区分。

分布：浙江（临安）、陕西、甘肃、江苏、湖北、四川；日本。

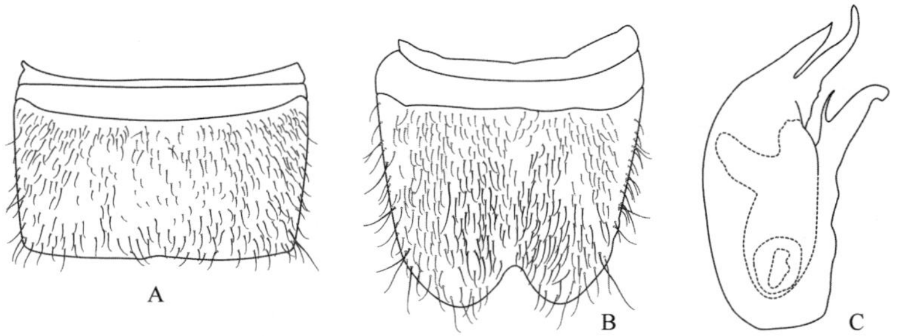

图 4-III-375 中华隆线隐翅虫 *Lathrobium* (*Lathrobium*) *sinense* Herman, 2003
A. 雄性第 7 腹板；B. 雄性第 8 腹板；C. 阳茎侧面观

（705）宋氏隆线隐翅虫 *Lathrobium* (*Lathrobium*) *songi* Peng *et* Li, 2015（图 4-III-376，图版 III-192）

Lathrobium songi Peng *et* Li, 2015: 252.

主要特征：体长 9.5–9.7 mm；暗棕色。头长小于宽（0.94∶1），表面具密集且粗糙的刻点。前胸背板

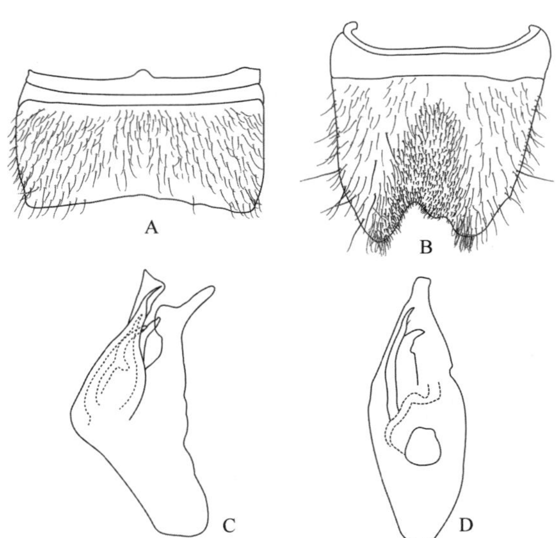

图 4-III-376 宋氏隆线隐翅虫 *Lathrobium* (*Lathrobium*) *songi* Peng *et* Li, 2015
A. 雄性第 7 腹板；B. 雄性第 8 腹板；C. 阳茎侧面观；D. 阳茎腹面观

长大于宽（1.16–1.19∶1），刻点与头部类似。鞘翅远短于前胸背板（0.51–0.55∶1）；后翅退化。腹部各节密布细刻点。雄性第 4–7 腹板具明显修饰刚毛；第 8 腹板具大面积压痕，压痕内具密集短粗刚毛，后缘凹入深且不对称。阳茎侧叶端部分叉；背突极发达且端部膨大。

分布：浙江（庆元）。

（706）田村隆线隐翅虫 *Lathrobium* (*Lathrobium*) *tamurai* Watanabe *et* Luo, 1992（图 4-III-377，图版 III-193）

Lathrobium (*Lathrobium*) *tamurai* Watanabe *et* Luo, 1992: 52.

主要特征：体长 6.8–7.0 mm；浅棕色至棕色。头长小于宽（0.90–0.92∶1），表面具密集且粗糙的刻点。前胸背板长大于宽（1.14–1.18∶1），刻点较头部略稀疏。鞘翅短于前胸背板（0.59–0.62∶1）；后翅退化。腹部各节密布细刻点。雄性第 7 腹板具稀疏较短刚毛；第 8 腹板后缘具 1 对小压痕，压痕内具密集短刚毛。阳茎侧叶端部钩状；背突宽大；内囊具 2 根细长骨刺。雌性第 8 腹板后缘强烈凸出且端部钝圆。本种与严氏隆线隐翅虫 *L. yani* Peng *et* Li, 2015 相似，可根据体型较小、雄性第 7 腹板具较浅后缘压痕和阳茎侧叶较窄加以区分。

分布：浙江（泰顺）。

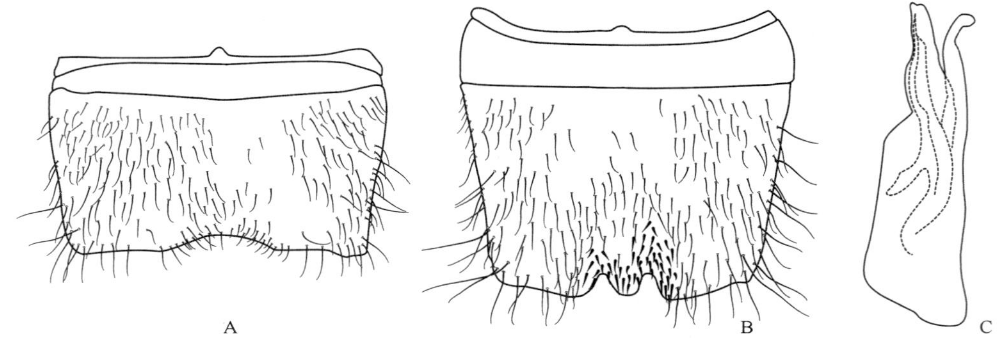

图 4-III-377　田村隆线隐翅虫 *Lathrobium* (*Lathrobium*) *tamurai* Watanabe *et* Luo, 1992
A. 雄性第 7 腹板；B. 雄性第 8 腹板；C. 阳茎侧面观

（707）汤氏隆线隐翅虫 *Lathrobium* (*Lathrobium*) *tangi* Peng *et* Li, 2012（图 4-III-378，图版 III-194）

Lathrobium tangi Peng *et* Li, 2012b: 74.

主要特征：体长 8.6–10.1 mm；暗棕色。头长略小于宽，表面具密集且粗糙的刻点。前胸背板长大于宽（1.18–1.19∶1），刻点较头部略稀疏。鞘翅短于前胸背板（0.63–0.65∶1）；后翅退化。腹部各节密布细刻点。雄性第 4、第 5 和第 7 腹板具明显压痕和修饰刚毛。雄性第 6 腹板后缘无修饰刚毛；第 8 腹板中线处具较深压痕，压痕内具密集短粗刚毛。阳茎侧叶端部分叉；背突极度发达且端部尖锐；内囊具 2 根骨刺。雌性

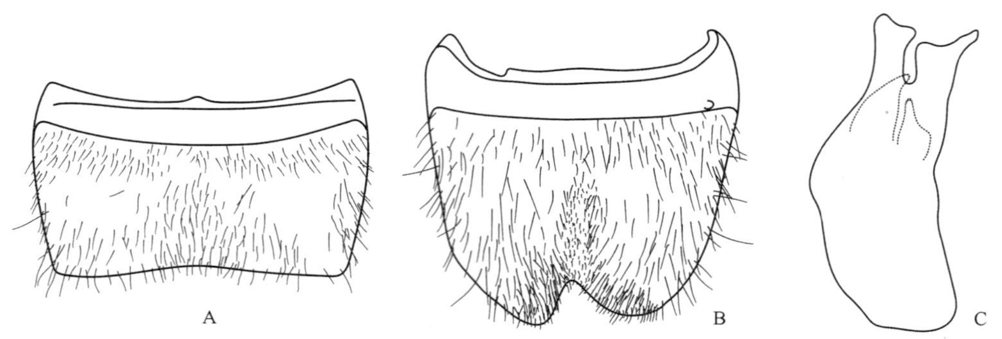

图 4-III-378　汤氏隆线隐翅虫 *Lathrobium* (*Lathrobium*) *tangi* Peng *et* Li, 2012
A. 雄性第 7 腹板；B. 雄性第 8 腹板；C. 阳茎侧面观

第 8 腹板后缘凸出。本种与宋氏隆线隐翅虫 *L. songi* Peng *et* Li, 2015 相似，但本种体形较粗壮，雄性第 8 腹板压痕面积较小，阳茎内囊具 2 根骨刺。

分布：浙江（庆元）。

（708）天目隆线隐翅虫 *Lathrobium* (*Lathrobium*) *tianmushanense* Watanabe, 1999（图 4-III-379，图版 III-195）

Lathrobium (*Lathrobium*) *tianmushanense* Watanabe, 1999a: 249.

主要特征：体长 8.1–8.3 mm；暗棕色。头长小于宽（0.87–0.89∶1），表面具稀疏且粗糙的刻点。前胸背板长大于宽（1.13–1.15∶1），刻点较头部略稀疏。鞘翅短于前胸背板（0.64–0.67∶1）；后翅退化。腹部各节密布细刻点。雄性第 5–7 腹板具明显压痕和修饰刚毛。雄性第 8 腹板具大面积压痕，压痕内密布短粗黑刚毛，后缘深凹入。阳茎侧叶呈牛角状；背突极度发达且端部尖锐；内囊具 2 根骨刺。雌性第 8 腹板后缘强烈凸出且端部较尖锐。本种与小尾隆线隐翅虫 *L. parvitergale* Assing, 2013 相似，可根据雄性第 5–6 腹板后缘有修饰，以及牛角状的阳茎侧叶加以区分。

分布：浙江（安吉、临安）。

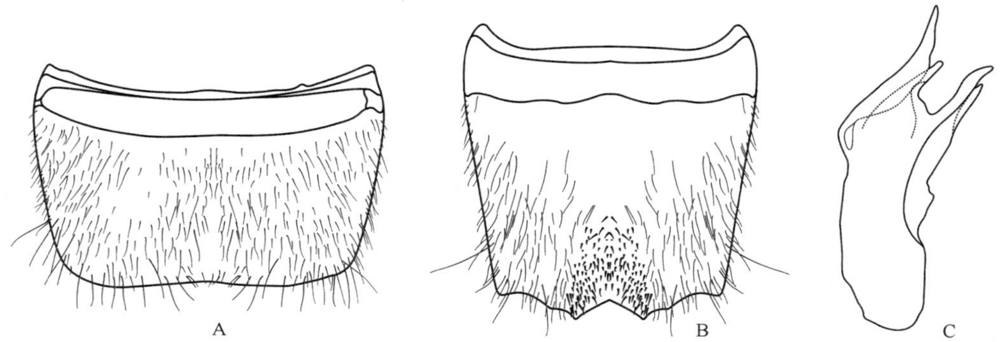

图 4-III-379 天目隆线隐翅虫 *Lathrobium* (*Lathrobium*) *tianmushanense* Watanabe, 1999
A. 雄性第 7 腹板；B. 雄性第 8 腹板；C. 阳茎侧面观

（709）钩茎隆线隐翅虫 *Lathrobium* (*Lathrobium*) *uncum* Peng, Li *et* Zhao, 2012（图 4-III-380，图版 III-196）

Lathrobium (*Lathrobium*) *uncum* Peng, Li *et* Zhao, 2012: 25.

主要特征：体长 5.4–5.9 mm；红棕色。头长略小于宽（0.96–0.97∶1），表面具密集且粗糙的刻点。前胸背板长大于宽（1.23–1.25∶1），刻点较头部略稀疏且粗糙。鞘翅短于前胸背板（0.70∶1）；后翅退化。腹部各节密布细刻点。雄性第 7 腹板具明显压痕和修饰刚毛；第 8 腹板后缘具较浅压痕，且压痕各个边缘

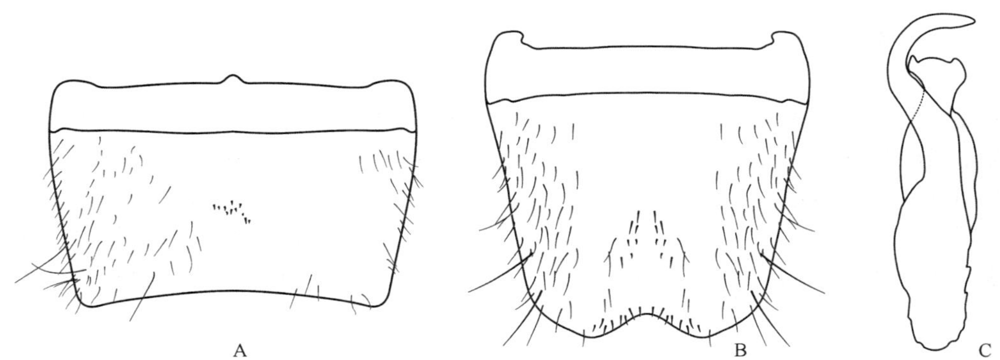

图 4-III-380 钩茎隆线隐翅虫 *Lathrobium* (*Lathrobium*) *uncum* Peng, Li *et* Zhao, 2012
A. 雄性第 7 腹板；B. 雄性第 8 腹板；C. 阳茎侧面观

具数根黑刚毛。阳茎侧叶钩状；背突片状；内囊具 1 根骨刺。雌性第 8 腹板后缘强烈凸出。本种与陈氏隆线隐翅虫 *L. chenae* Peng *et* Li, 2014 相似，可根据体型较小和阳茎侧叶较细加以区分。

分布：浙江（安吉）。

（710）严氏隆线隐翅虫 *Lathrobium* (*Lathrobium*) *yani* Peng *et* Li, 2015（图 4-III-381，图版 III-197）

Lathrobium yani Peng *et* Li, 2015: 261.

主要特征：体长 9.8–10.3 mm；暗棕色。头长小于宽（0.89–0.94∶1），表面具较稀疏且粗糙的刻点。前胸背板长大于宽（1.18–1.20∶1），刻点较头部略浅且稀疏。鞘翅远短于前胸背板（0.51–0.53∶1）；后翅退化。腹部各节密布细刻点。雄性第 7 腹板具明显压痕和修饰刚毛；第 8 腹板后缘具 1 对较小压痕，且压痕周边具短刚毛。阳茎侧叶发达且端部宽大；背突较短；内囊具 2 根长骨刺。雌性第 8 腹板后缘凸出。本种与田村隆线隐翅虫 *L. tamurai* Watanabe *et* Luo, 1992 相似，可根据体型较大且体色较深、雄性第 8 腹板后缘压痕形状和阳茎侧叶较宽加以区分。

分布：浙江（龙泉）。

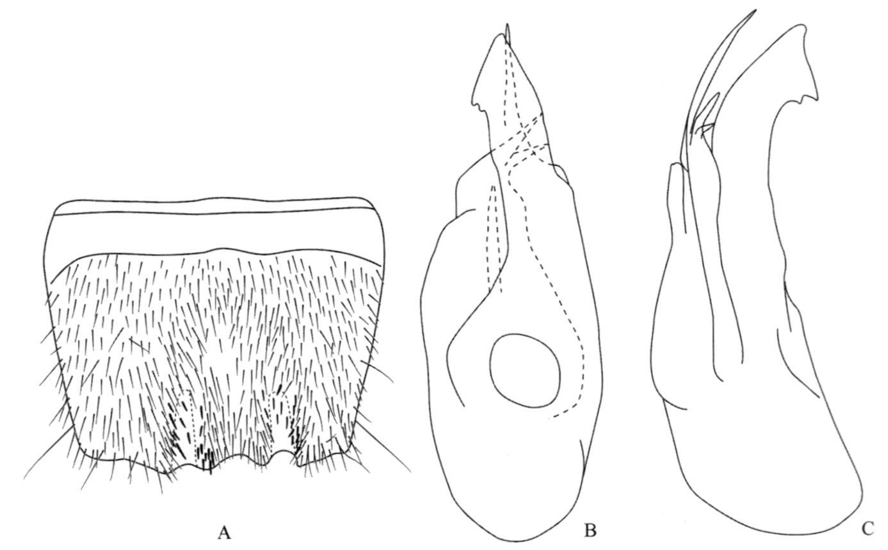

图 4-III-381　严氏隆线隐翅虫 *Lathrobium* (*Lathrobium*) *yani* Peng *et* Li, 2015
A. 雄性第 8 腹板；B. 阳茎腹面观；C. 阳茎侧面观

（711）余氏隆线隐翅虫 *Lathrobium* (*Lathrobium*) *yui* Peng *et* Li, 2015（图 4-III-382，图版 III-198）

Lathrobium yui Peng *et* Li, 2015: 254.

主要特征：体长 7.2–8.6 mm；暗棕色。头长小于宽（0.93–0.96∶1），表面具密集且粗糙的刻点。前胸背板长大于宽（1.16–1.19∶1），刻点较头部稀疏。鞘翅远短于前胸背板（0.50–0.52∶1）；后翅退化。腹部各节密布较细刻点。雄性第 5–7 腹板具明显压痕和修饰刚毛；第 8 腹板中线处具较深压痕，压痕内密布粗短刚毛。阳茎侧叶基部宽大；背突端部宽大；内囊具 3 根细骨刺。雌性第 8 腹板后缘凸出。本种与百山祖隆线隐翅虫 *L. baishanzuense* Peng *et* Li, 2012 相似，可根据雄性第 7 腹板具修饰刚毛和阳茎侧叶基部较宽大加以区分。

分布：浙江（龙泉）。

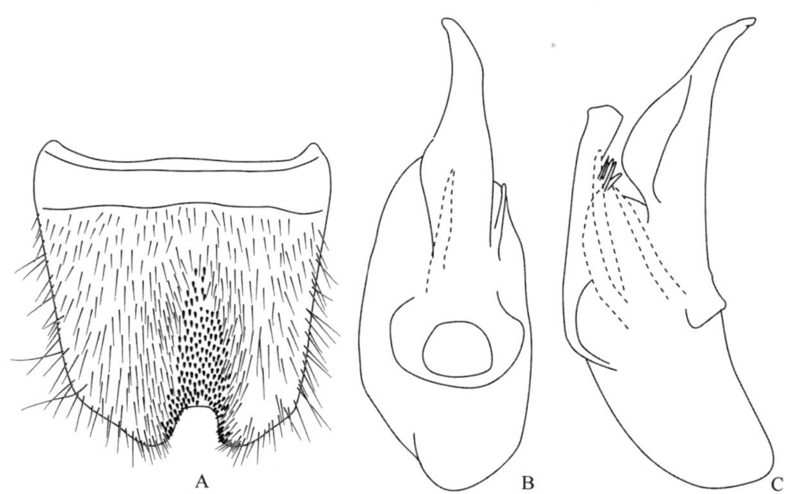

图 4-III-382　余氏隆线隐翅虫 *Lathrobium* (*Lathrobium*) *yui* Peng *et* Li, 2015

A. 雄性第 8 腹板；B. 阳茎腹面观；C. 阳茎侧面观

（712）赵氏隆线隐翅虫 *Lathrobium* (*Lathrobium*) *zhaotiexiongi* Peng *et* Li, 2012（图 4-III-383，图版 III-199）

Lathrobium (*Lathrobium*) *zhaotiexiongi* Peng *et* Li, 2012a: 62.

主要特征：体长 9.9–11.1 mm；红棕色。头长小于宽（0.88–0.92∶1），表面具密集且粗糙的刻点。前胸背板长大于宽（1.12–1.13∶1），刻点较头部稀疏且粗糙。鞘翅远短于前胸背板（0.59–0.65∶1）；后翅退化。腹部各节密布较细刻点。雄性第 5–7 腹板具明显压痕或修饰刚毛；第 8 腹板后缘具大面积压痕，压痕内密布长短不一的修饰刚毛。阳茎侧叶端部较尖锐；背突发达且弯曲；内囊具短骨刺。雌性第 8 腹板后缘凸出。本种与百山祖隆线隐翅虫 *L. baishanzuense* Peng *et* Li, 2012 相似，可根据雄性第 7 腹板具修饰刚毛和阳茎侧叶基部较宽大加以区分。

分布：浙江（诸暨、遂昌）。

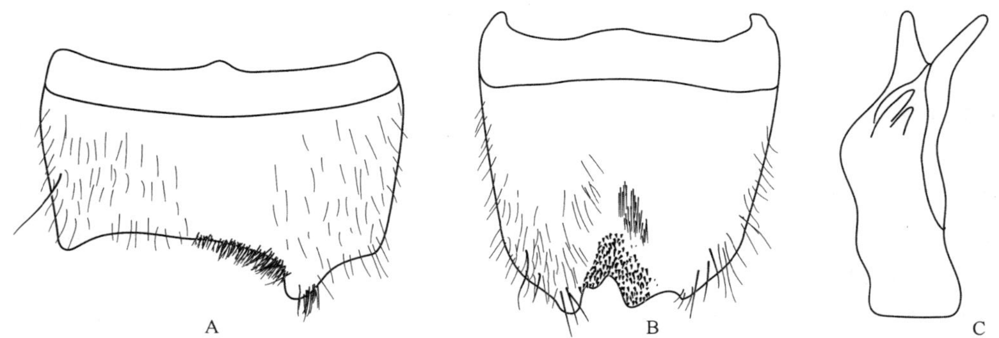

图 4-III-383　赵氏隆线隐翅虫 *Lathrobium* (*Lathrobium*) *zhaotiexiongi* Peng *et* Li, 2012

A. 雄性第 7 腹板；B. 雄性第 8 腹板；C. 阳茎侧面观

（713）朱氏隆线隐翅虫 *Lathrobium* (*Lathrobium*) *zhui* Peng *et* Li, 2014（图 4-III-384，图版 III-200）

Lathrobium pilosum Peng *et* Li, 2012b: 74 [HN].

Lathrobium zhui Peng *et* Li, 2014a: 34 [Replacement name for *Lathrobium pilosum* Peng *et* Li, 2012].

主要特征：体长 8.5–9.3 mm；暗棕色。头长小于宽（0.84–0.86∶1），表面具密集且粗糙的刻点。前胸背板长大于宽（1.14–1.15∶1），刻点较头部略稀疏。鞘翅远短于前胸背板（0.63∶1）；后翅退化。腹部各节密布较细刻点。雄性第 4–7 腹板具明显压痕，第 6 腹板后缘有修饰刚毛；第 8 腹板中线具较深压痕，且压痕内密布短粗黑刚毛。阳茎侧叶细直；背突发达且端部宽大；内囊具 1 根粗短骨刺。雌性第 8 腹板后缘凸出。本种

与郝氏隆线隐翅虫 *L. haoae* Peng *et* Li, 2015 相似，可根据雄性第 7 腹板压痕较大和较小的阳茎背突加以区分。

分布：浙江（庆元）。

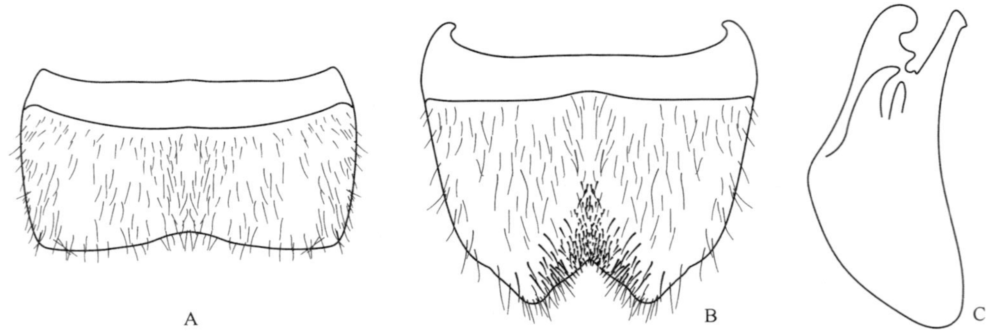

图 4-III-384　朱氏隆线隐翅虫 *Lathrobium* (*Lathrobium*) *zhui* Peng *et* Li, 2014
A. 雄性第 7 腹板；B. 雄性第 8 腹板；C. 阳茎侧面观

269. 双线隐翅虫属 *Lobrathium* Mulsant *et* Rey, 1878

Lobrathium Mulsant *et* Rey, 1878a: 78. Type species: *Lathrobium multipunctum* Gravenhorst, 1802.

Lathrotaxis Casey, 1905: 122. Type species: *Lathrobium longiusculum* Gravenhorst, 1802.

Lathrobiella Casey, 1905: 133. Type species: *Lathrobium collare* Erichson, 1840.

Allobrathium Coiffait, 1972: 134. Type species: *Lathrobium lethierryi* Reiche, 1872.

主要特征：身体狭长，体通常黑色。头部近方形，表面刻点粗糙且密集，通常具微刻纹；下颚须针状，触角修长。前胸背板常近长方形，表面刻点粗糙，中线处常无刻点分布。鞘翅常近长方形，刻点细密，鞘翅侧缘具 2 条隆线；后翅通常发达。雄性第 7–8 腹板后缘通常具明显修饰。

分布：古北区、东洋区、新北区。世界已知 204 种 2 亚种，中国记录 65 种，浙江分布 6 种。

分种检索表

1. 身体棕色；阳茎侧叶 2 裂……………………………………圆双线隐翅虫 ***L. rotundiceps***
- 身体黑色；阳茎侧叶非 2 裂……………………………………2
2. 阳茎侧叶几乎和背突等长……………………………………香港双线隐翅虫 ***L. hongkongense***
- 阳茎侧叶远远长于背突……………………………………3
3. 雄性第 8 腹板前缘具粗黑修饰性刚毛……………………………………寡毛双线隐翅虫 ***L. demptum***
- 雄性第 8 腹板中部或后缘具粗黑修饰性刚毛……………………………………4
4. 雄性第 8 腹板后缘凹入为“U”形……………………………………弧茎双线隐翅虫 ***L. tortuosum***
- 雄性第 8 腹板后缘凹入为三角形……………………………………5
5. 阳茎侧叶腹面观较粗壮且呈“S”形……………………………………铲双线隐翅虫 ***L. spathulatum***
- 阳茎侧叶腹面观直且细长……………………………………棒针双线隐翅虫 ***L. configens***

（714）棒针双线隐翅虫 *Lobrathium configens* Assing, 2012（图 4-III-385）

Lobrathium configens Assing, 2012a: 93.

Lobrathium zonale Li, Solodovnikov *et* Zhou, 2013: 575.

主要特征：体长 6.0–7.2 mm；黑色，鞘翅后缘具黄斑。头长约等于宽（0.98–1.0∶1），表面具密集且粗糙的刻点。前胸背板长大于宽（1.3∶1），刻点较头部略稀疏且粗糙。鞘翅长于前胸背板（1.08–1.12∶1）。腹部各节密布较细刻点。雄性第 7 腹板后缘具较浅压痕；第 8 腹板中线处具较深压痕，压痕具稀疏短粗黑刚毛。阳茎侧叶细长；背突短且薄。雌性第 8 腹板后缘凸出。本种与棘刺双线隐翅虫 *L. bispinosum* Assing, 2012 相似，可根据体色较浅且具光泽和阳茎侧叶较细加以区分。

分布：浙江（临安）、陕西、青海、湖北、四川、云南。

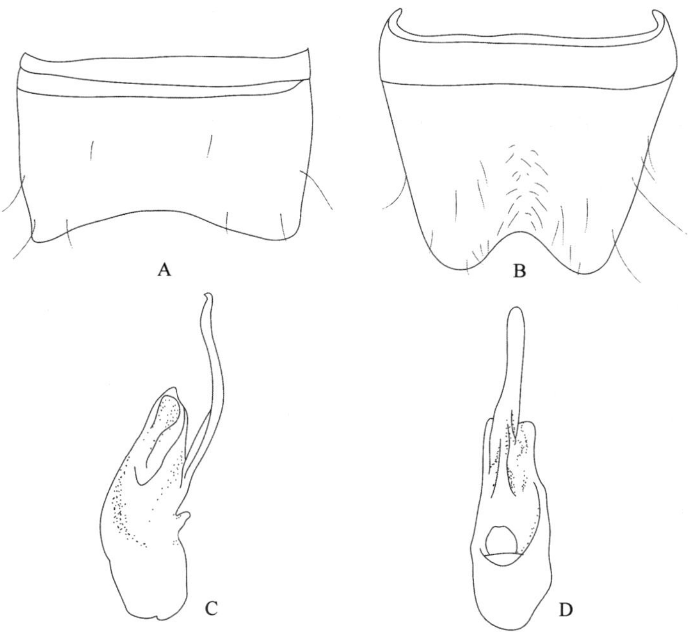

图 4-III-385　棒针双线隐翅虫 *Lobrathium configens* Assing, 2012

A. 雄性第 7 腹板；B. 雄性第 8 腹板；C. 阳茎侧面观；D. 阳茎腹面观

（715）寡毛双线隐翅虫 *Lobrathium demptum* Assing, 2012（图 4-III-386，图版 III-201）

Lobrathium demptum Assing, 2012a: 97.

主要特征：体长 6.3–7.0 mm；黑色，鞘翅后缘具黄斑。头长约等于宽（0.98–1.0∶1），表面具密集且

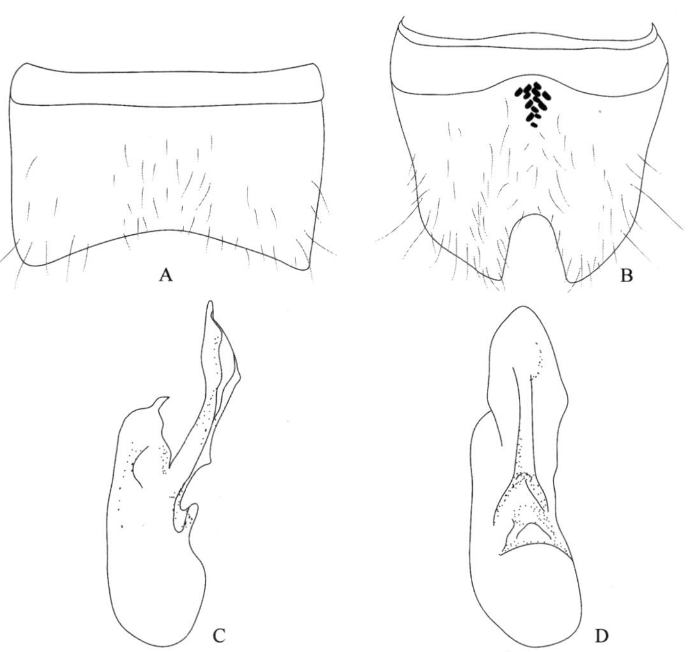

图 4-III-386　寡毛双线隐翅虫 *Lobrathium demptum* Assing, 2012

A. 雄性第 7 腹板；B. 雄性第 8 腹板；C. 阳茎侧面观；D. 阳茎腹面观

粗糙的刻点。前胸背板长大于宽（1.25–1.30∶1），刻点较头部略稀疏。鞘翅短于前胸背板（0.95∶1）。腹部各节密布较细刻点。雄性第 7 腹板后缘具较浅压痕；第 8 腹板中线处具较深压痕，压痕顶部具数根短粗黑刚毛。阳茎侧叶发达且粗长；背突短且骨质化较强。雌性第 8 腹板后缘凸出且钝圆。本种与香港双线隐翅虫 *L. hongkongense* (Bernhauer, 1931)相似，可根据体表无光泽和阳茎侧叶明显粗长加以区分。

分布：浙江（安吉、临安）、湖北。

（716）香港双线隐翅虫 *Lobrathium hongkongense* (Bernhauer, 1931)（图 4-III-387，图版 III-202）

Lathrobium (*Lobrathium*) *hongkongense* Bernhauer, 1931b: 127.

Lobrathium sibynium Zheng, 1988: 186.

Lobrathium ryukyuense Ito, 1996b: 114.

Lobrathium hongkongense: Assing, 2012a: 86.

主要特征：体长 6.3–7.3 mm；黑色具金属光泽，鞘翅后缘具黄斑。头长约等于宽，表面具密集且粗糙的刻点。前胸背板长大于宽（1.25–1.30∶1），刻点较头部明显稀疏。鞘翅短于前胸背板（0.90–0.95∶1）。腹部各节密布较细刻点。雄性第 7 腹板后缘具压痕；第 8 腹板后缘具较深压痕，压痕内密布粗黑短刚毛。阳茎侧叶直且端部具骨刺；背突骨质化弱。雌性第 8 腹板后缘凸出。本种与寡毛双线隐翅虫 *L. demptum* Assing, 2012 相似，可根据体表具明显光泽和阳茎侧叶明显短加以区分。

分布：浙江（安吉、临安、诸暨）、陕西、江苏、湖北、湖南、福建、台湾、广东、香港、广西、四川、贵州、云南；日本。

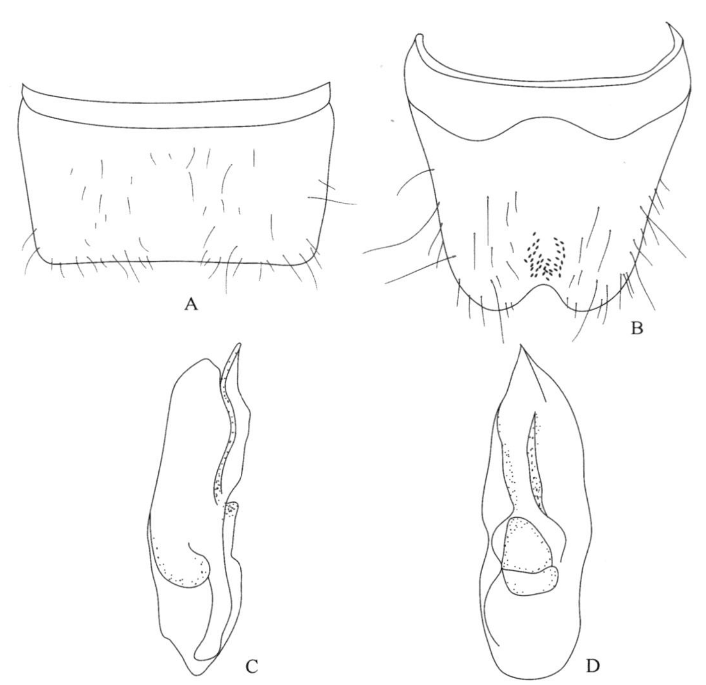

图 4-III-387　香港双线隐翅虫 *Lobrathium hongkongense* (Bernhauer, 1931)

A. 雄性第 7 腹板；B. 雄性第 8 腹板；C. 阳茎侧面观；D. 阳茎腹面观

（717）圆双线隐翅虫 *Lobrathium rotundiceps* (Koch, 1939)（图 4-III-388，图版 III-203）

Lathrobium rotundiceps Koch, 1939: 163.

Lobrathium rotundiceps: Assing, 2012a: 107.

主要特征：体长 8.9–10.2 mm；红棕色至棕色。头长约等于宽，表面具密集且粗糙的刻点。前胸背板长大于宽（1.25–1.30∶1），刻点较头部明显稀疏。鞘翅约与前胸背板等长（0.92–1.01∶1）。腹部各节刻点细密。雄性第 7 腹板后缘具较深宽凹入；第 8 腹板后缘具较深压痕，压痕内密布粗黑短刚毛。阳茎侧叶短且二裂状；背突较短。雌性第 8 腹板后缘强烈凸出。本种与叉茎双线隐翅虫 *L. bidigitatum* Assing, 2010 相似，可根据雄性第 8 腹板后缘具较深压痕和阳茎侧叶明显短加以区分。

分布：浙江（安吉、临安）。

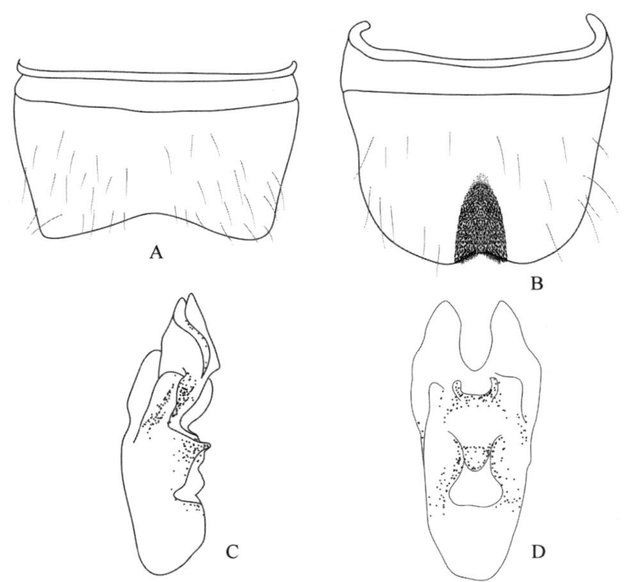

图 4-III-388　圆双线隐翅虫 *Lobrathium rotundiceps* (Koch, 1939)
A. 雄性第 7 腹板；B. 雄性第 8 腹板；C. 阳茎侧面观；D. 阳茎腹面观

（718）铲双线隐翅虫 *Lobrathium spathulatum* Assing, 2012（图 4-III-389，图版 III-204）

Lobrathium spathulatum Assing, 2012a: 95.

主要特征：体长 6.0–6.8 mm；黑色，鞘翅后缘中部具黄色斑。头长约等于宽（0.99–1.0∶1），表面具密

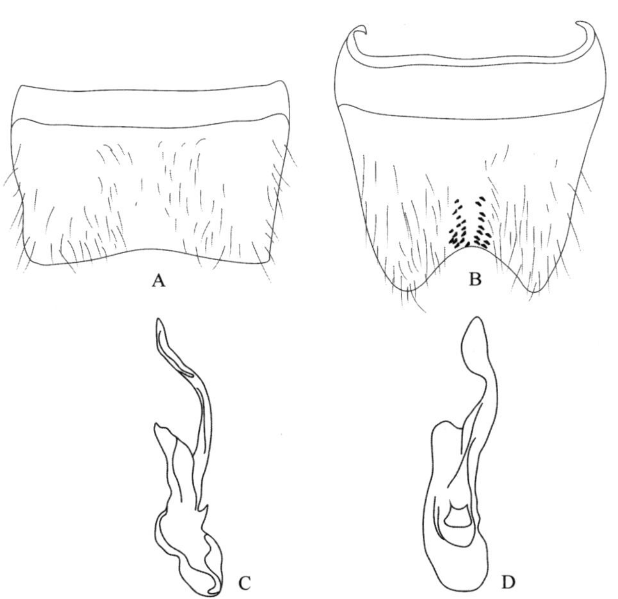

图 4-III-389　铲双线隐翅虫 *Lobrathium spathulatum* Assing, 2012
A. 雄性第 7 腹板；B. 雄性第 8 腹板；C. 阳茎侧面观；D. 阳茎腹面观

集粗糙的刻点。前胸背板长大于宽（1.20–1.25∶1），刻点较头部明显稀疏且粗糙。鞘翅略长于前胸背板（1.10∶1）。腹部各节刻点细密。雄性第 7 腹板后缘无修饰刚毛；第 8 腹板后缘中线处具较深压痕，压痕两侧分布稀疏粗黑短刚毛。阳茎侧叶长，端部呈勺状；背突薄且骨质化较弱。雌性第 8 腹板后缘凸出。本种与叉茎双线隐翅虫 *L. bidigitatum* Assing, 2010 相似，可根据鞘翅后缘中部具黄色斑、阳茎侧叶端部不分叉加以区分。

分布：浙江（安吉、临安）、陕西、湖北、四川。

（719）弧茎双线隐翅虫 *Lobrathium tortuosum* Li, Solodovnikov *et* Zhou, 2013（图 4-III-390，图版 III-205）

Lobrathium tortuosum Li, Solodovnikov *et* Zhou, 2013: 574.

主要特征：体长 7.5–8.3 mm；黑色，鞘翅近后缘中部具较小黄斑。头长约等于宽，表面具密集且粗糙的刻点。前胸背板长大于宽（1.25–1.30∶1），刻点较头部明显稀疏。鞘翅明显长于前胸背板（1.30∶1）。腹部各节刻点细且较密集。雄性第 7 腹板后缘具较浅压痕；第 8 腹板后缘具较深压痕，压痕周边稀疏分布粗黑短刚毛，后缘凹入浅且呈“U”形。阳茎侧叶强烈弯曲；背突发达且骨质化强烈。雌性第 8 腹板后缘近平截。本种与暗双线隐翅虫 *L. fuscoguttatum* Li, Dai *et* Li, 2013 相似，可根据体型略大且鞘翅色斑较大和阳茎侧叶较短加以区分。

分布：浙江（临安、庆元、龙泉）。

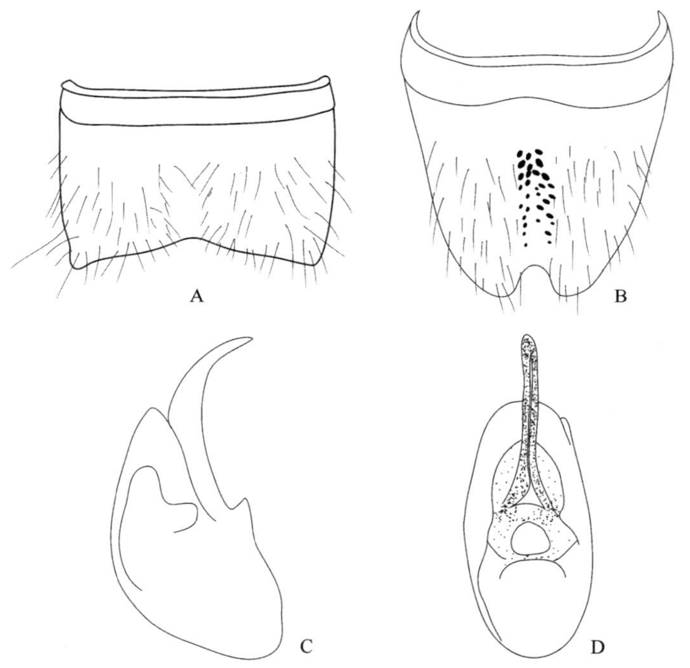

图 4-III-390 弧茎双线隐翅虫 *Lobrathium tortuosum* Li, Solodovnikov *et* Zhou, 2013

A. 雄性第 7 腹板；B. 雄性第 8 腹板；C. 阳茎侧面观；D. 阳茎腹面观

270. 伪线隐翅虫属 *Pseudolathra* Casey, 1905

Pseudolathra Casey, 1905: 129. Type species: *Lathrobium anale* LeConte, 1880.

Paralathra Casey, 1905: 130. Type species: *Paralathra filicornis* Casey, 1905.

Linolathra Casey, 1905: 131. Type species: *Linolathra filitarsis* Casey, 1905.

Microlathra Casey, 1905: 142. Type species: *Lathrobium pallidulum* LeConte, 1880.

Lathrobidium Portevin, 1929: 382. Type species: *Lathrobium lusitanicum* Erichson, 1840.

主要特征：头部和前胸背板刻点稀疏，无不规则大刻点；颈宽等于或大于头宽的 1/2；下颚须第 4 节极小，远比第 3 节短而窄；复眼通常不突出；触角第 2 节近长方形，长明显大于宽。前胸背板长明显大于宽，前缘钝圆，不平截；前足基节窝端部不扩大，与前背折缘明显分离。鞘翅宽不窄于前胸背板，刻点排成纵列。第 4 跗节不分叶。受精囊非骨质化，腹部侧缘近平行。

分布：古北区、东洋区、旧热带区、澳洲区。世界已知 100 种，中国记录 9 种，浙江分布 1 种。

（720）常伪线隐翅虫 *Pseudolathra* (*Allolathra*) *regularis* (Sharp, 1889)（图 4-III-391，图版 III-206）

Lathrobium regulare Sharp, 1889: 258.

Pseudolathra regularis: Assing, 2012c: 326.

主要特征：体长约 8.0 mm；暗棕色至黑色。头长略大于宽（1.05∶1），表面具稀疏且粗糙的刻点；触角第 1 节最长。前胸背板长大于宽（1.20∶1），刻点较头部明显粗糙。鞘翅略长于前胸背板（1.10∶1）。腹部各节刻点细且较密集。雄性第 7 腹板后缘具较深凹入；第 8 腹板后缘具深凹。阳茎侧叶粗短；背突骨质化弱。本种头长略大于宽，阳茎侧叶粗短，据此与同属其他物种不难区分。

分布：浙江（临安）、北京、陕西、江苏、四川、云南；日本。

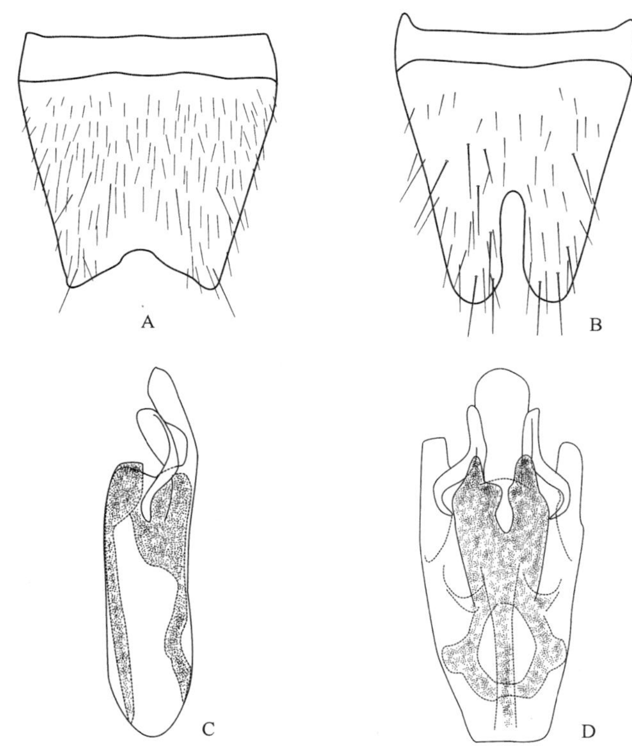

图 4-III-391　常伪线隐翅虫 *Pseudolathra* (*Allolathra*) *regularis* (Sharp, 1889)（仿自 Assing，2012c）

A. 雄性第 7 腹板；B. 雄性第 8 腹板；C. 阳茎侧面观；D. 阳茎腹面观

271. 狭颈隐翅虫属 *Tetartopeus* Czwalina, 1888

Tetartopeus Czwalina, 1888: 349. Type species: *Lathrobium terminatum* Gravenhorst, 1802.

Deratopeus Casey, 1905: 112. Type species: *Deratopeus parvipennis* Casey, 1905.

主要特征：颈宽小于头宽的 1/2，但等于或大于头宽的 1/4；后颊侧缘一般无长刚毛；下颚须第 4 节极小，远比第 3 节短而窄；触角第 2 节近长方形，长明显大于宽。前胸背板长明显大于宽；前足基节窝端部无明显扩大，与前背折缘明显分离。第 4 跗节不分叶。雌性受精囊非骨质化。

分布：古北区、东洋区、新北区、澳洲区。世界已知 44 种 2 亚种，中国记录 3 种，浙江分布 1 种。

（721）斑翅狭颈隐翅虫 *Tetartopeus gracilentus* (Kraatz, 1859)（图 4-III-392，图版 III-207）

Lathrobium gracilentum Kraatz, 1859: 115.

Lathrobium pallipes Sharp, 1889: 257.

Lathrobium maculatum Last, 1984a: 120.

Lobrathium wui Zheng, 2001a: 324.

Lobrathium bimaculatum Li, Tang *et* Zhu, 2007: 261.

Tetartopeus gracilentus: Assing, 2012a: 123.

主要特征：体长 6.5–7.2 mm；黑色，鞘翅后缘外侧具小黄斑。头长明显大于宽（1.21∶1），表面具密集且粗糙的刻点。前胸背板长大于宽（1.17–1.20∶1），刻点较头部明显稀疏。鞘翅略长于前胸背板（1.05–1.15∶1）。腹部各节刻点细且较密集。雄性第 7 腹板后缘无修饰刚毛；第 8 腹板后缘缺刻较浅。阳茎侧叶端部钩状；背突发达；内囊具复杂骨质化结构。本种阳茎侧叶端部钩状且背突发达，内囊具复杂骨质化结构，据此可与同属其他物种区分。

分布：浙江（临安、诸暨）、湖南、台湾、贵州、云南；俄罗斯，韩国，日本，斯里兰卡，大洋洲。

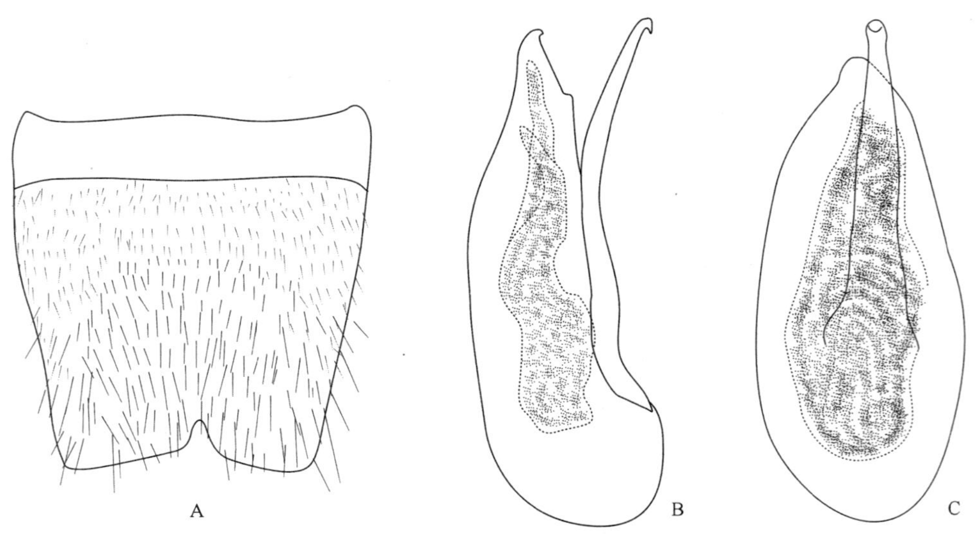

图 4-III-392　斑翅狭颈隐翅虫 *Tetartopeus gracilentus* (Kraatz, 1859)

A. 雄性第 8 腹板；B. 阳茎侧面观；C. 阳茎腹面观

尖尾隐翅虫亚族 Medonina Casey, 1905

272. 短鞘隐翅虫属 *Isocheilus* Sharp, 1889

Isocheilus Sharp, 1889: 263. Type species: *Lithocharis staphylinoides* Kraatz, 1859.

主要特征：头部与前胸背板同色；后颊不向头后突出，颈宽等于或大于头宽的 1/4。头具稀疏粗大刻点；上唇前缘具 3–4 个齿突；右侧上颚均具 3 个齿；复眼直径明显小于头长的 1/2；下颚须第 4 节很小，比第 3 节明显短而窄；触角较细长，第 2 节无明显膨大，第 3–4 节长大于宽。前胸背板横宽或长宽约相等；中央具稀疏刻点。鞘翅略长于前胸背板。第 4 跗节不分叶；前足基节窝端部无明显扩大，与前背折缘明显分离。

分布：古北区、东洋区。世界已知 6 种，中国记录 1 种，浙江分布 1 种。

（722）暗红短鞘隐翅虫 *Isocheilus staphylinoides* (Kraatz, 1859)

Lithocharis staphylinoides Kraatz, 1859: 134.

Isocheilus staphylinoides: Bernhauer & Schubert, 1912: 243.

主要特征：体长 5.5–6.5 mm；暗红棕色至暗棕色，触角、足、鞘翅周缘及腹部背板后缘红棕色。头部略扁平，亚三角形，后角不收窄；密布微刻点，并有稀疏大刻点，中部具极细的纵向光滑带。前胸背板前宽后窄，与头部约等宽，刻点与头部相似。鞘翅长大于宽，较前胸背板长而宽，密布小刻点和柔毛。

分布：浙江、台湾；俄罗斯，韩国，日本，斯里兰卡。

273. 粗鞭隐翅虫属 *Lithocharis* Dejean, 1833

Lithocharis Dejean, 1833: 65. Type species: *Paederus ochraceus* Gravenhorst, 1802.

Metaxyodonta Casey, 1886a: 29. Type species: *Metaxyodonta alutacea* Casey, 1886.

主要特征：头部略横宽，颜色与前胸背板不同；颈宽等于或大于头宽的 1/4；下颚须第 4 节极小，远比第 3 节短而窄；复眼直径明显小于头长的 1/2；后颊侧缘一般无长刚毛；触角第 2 节不膨大，第 5–7 节各节长不显著大于宽。前胸背板横宽或长宽约相等；前足基节窝端部无明显扩大，与前背折缘明显分离。第 4 跗节不分叶。雄性第 7 腹板后缘具 1 列栉状刚毛。雌性受精囊非骨质化。

分布：世界广布。世界已知 79 种，中国记录 7 种，浙江分布 1 种。

（723）棕色粗鞭隐翅虫 *Lithocharis nigriceps* Kraatz, 1859（图 4-III-393）

Lithocharis nigriceps Kraatz, 1859: 139.

Lithocharis parviceps Sharp, 1874a: 66.

Lithocharis ardena Sanderson, 1945: 94.

Lithocharis changlingensis Li, 1992: 56.

主要特征：体长 3.3–3.7 mm；棕褐色至红褐色，头部及腹部暗棕色。头部亚圆形，长约等于宽，上唇前缘具 1 小齿，密布微小刻点。前胸背板两侧近平行，刻点与头部相似，中部具不明显的光滑细条带。鞘翅长约等于宽，密布微小刻点和柔毛。

分布：浙江、陕西、台湾、四川；俄罗斯，朝鲜，韩国，日本，中亚地区，印度，斯里兰卡，欧洲，北美洲。

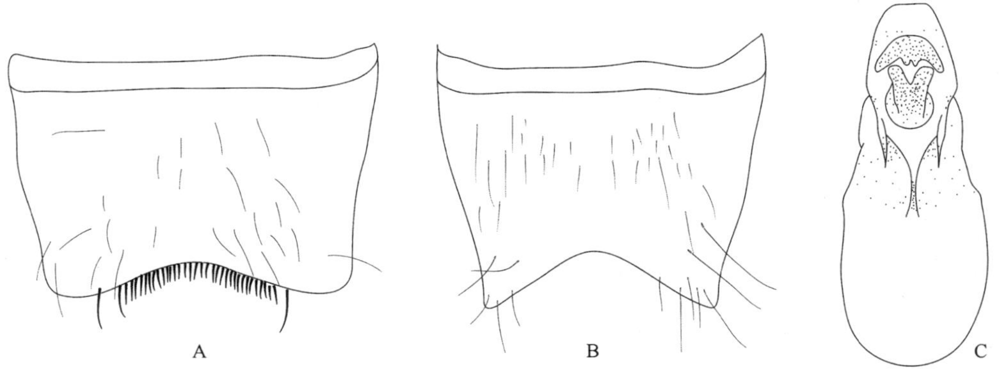

图 4-III-393　棕色粗鞭隐翅虫 *Lithocharis nigriceps* Kraatz, 1859（仿自 Assing，2008b）

A. 雄性第 7 腹板；B. 雄性第 8 腹板；C. 阳茎腹面观

274. 露兹隐翅虫属 *Luzea* Blackwelder, 1952

Micromedon Luze, 1912: 396 [HN]. Type species: *Medon caucasicus* Luze, 1912.

Luzea Blackwelder, 1952: 288 [Replacement name for *Micromedon* Luze, 1912]. Type species: *Medon caucasicus* Luze, 1912.

主要特征：头部与前胸背板同色或稍有色差；颈宽等于或大于头宽的 1/4；头密布微小刻点；下颚须第 4 节很小，远比第 3 节短而窄；复眼直径小于头长的 1/2；后颊侧缘一般无长刚毛；触角第 2 节不膨大，第 3–4 节长明显大于宽。前胸背板横宽或长宽约相等；密布微小刻点。前足基节窝端部无明显扩大，与前背折缘明显分离。第 4 跗节不分叶。雄性第 8 腹板后缘中部明显凹入。

分布：古北区、东洋区、旧热带区。世界已知 9 种，中国记录 1 种，浙江分布 1 种。

（724）红翅露兹隐翅虫 *Luzea rubecula* (Sharp, 1889)（图 4-III-394）

Medon rubeculus Sharp, 1889: 264.

Luzea valida Assing, 2011a: 247.

Luzea rubecula: Assing, 2013c: 253.

主要特征：体长 4.0–4.7 mm；黑色，前胸背板棕色，鞘翅、腹部末端、触角及足黄红色。头长约等于宽，后颊亚平行，表面密布小刻点和刻纹。前胸背板前宽后窄，长宽约相等，明显窄于头部，刻点与头部相似。鞘翅长略大于宽，宽于前胸背板，刻点小而密；后翅发达。腹部窄于鞘翅，第 5 节最宽；密布小刻点和刻纹。雄性第 8 腹板后缘中部明显凹入。

分布：浙江（平湖）；俄罗斯，韩国，日本。

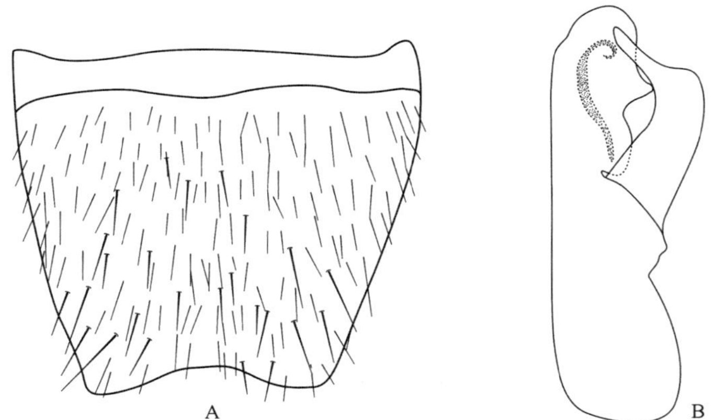

图 4-III-394　红翅露兹隐翅虫 *Luzea rubecula* (Sharp, 1889)（仿自 Assing，2011a）

A. 雄性第 8 腹板；B. 阳茎侧面观

275. 尖尾隐翅虫属 *Medon* Stephens, 1833

Medon Stephens, 1833a: 103. Type species: *Medon ruddii* Stephens, 1833.

Paramedon Casey, 1905: 166. Type species: *Paramedon arizonicus* Casey, 1905.

Oxymedon Casey, 1905: 177. Type species: *Oxymedon rubrum* Casey, 1905.

主要特征：头部与前胸背板同色，均具稀疏大刻点。颈宽等于或大于头宽的 1/4；上唇前缘凹入深，具 2 个齿突；复眼直径明显小于头长的 1/2；下颚须第 4 节极小，远比第 3 节短而窄；右侧上颚常具 4 个齿；外咽缝在中间或基部几乎接触；触角第 2 节无明显膨大，长明显大于宽，第 3–4 节长大于宽。前胸背板横宽或长宽约相等，前缘圆弧形。前足基节窝端部无明显扩大，与前背折缘明显分离。第 4 跗节不分叶。雌性受精囊非骨质化。

分布：古北区、东洋区、新北区。世界已知 327 种 5 亚种，中国记录 13 种，浙江分布 1 种。

（725）孔鞭尖尾隐翅虫 *Medon perforatus* Assing, 2013（图 4-III-395）

Medon perforatus Assing, 2013c: 246.

主要特征：体长约 4.2 mm；黑棕色，头部黑色。头部略横宽，亚方形，密布粗刻点和微刻纹。前胸背板长约等于宽，亚方形，刻点与头部相似。鞘翅长大于宽，宽于前胸背板，刻点较前胸背板略小，但较密，无明显刻纹。腹部略窄于鞘翅，密布小刻点，具微刻纹。雄性第 7 腹板后缘中部凹入，两侧各具 6–7 根梳状刚毛；第 8 腹板后缘中部有“U”形深凹。阳茎顶端 2 分叶，并形成 1 个圆孔。

分布：浙江（临安）。

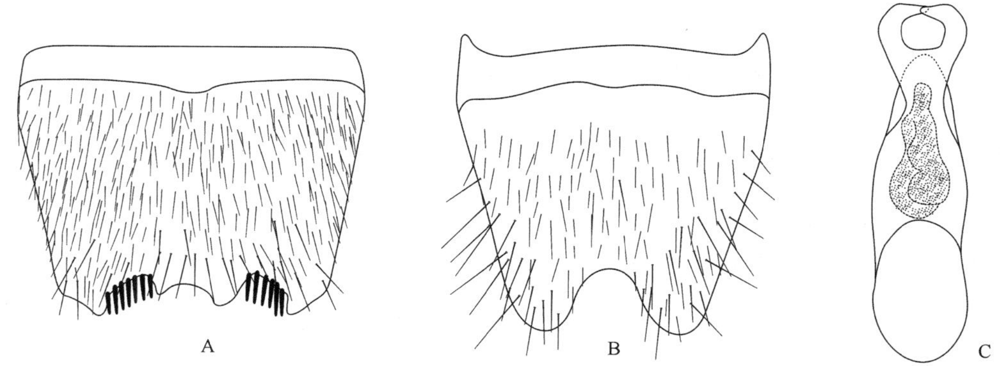

图 4-III-395　孔鞭尖尾隐翅虫 *Medon perforatus* Assing, 2013（仿自 Assing，2013c）

A. 雄性第 7 腹板；B. 雄性第 8 腹板；C. 阳茎腹面观

276. 延颊隐翅虫属 *Panscopaeus* Sharp, 1889

Panscopaeus Sharp, 1889: 262. Type species: *Scopaeus lithocharoides* Sharp, 1874.

Medostilicus Coiffait, 1982b: 101. Type species: *Medostilicus deharvengi* Coiffait, 1982.

主要特征：头部后颊向后方凸出；颈极细，为头宽的 1/8–1/5；下颚须第 4 节极小，远比第 3 节短而窄；外咽缝前部明显分离，后部合并或非常接近；触角细长，第 2 节近长方形，长远大于宽。前胸背板长宽相等或稍横宽；前足基节窝端部不扩大，与前背折缘明显分离。第 4 跗节不分叶。

分布：古北区、东洋区。世界已知 7 种，中国记录 3 种，浙江分布 1 种。

（726）屋久延颊隐翅虫 *Panscopaeus yakushimanus* (Ito, 1992)（图 4-III-396）

Achenomorphus yakushimanus Ito, 1992: 61.

Panscopaeus yakushimanus: Herman, 2003: 5.

主要特征：体长 3.3–4.0 mm；红棕色，鞘翅和腹部颜色较深。头部亚四边形，宽略大于长，细布微小刻点和刻纹。前胸背板近五边形，长宽约相等；表面刻点、刻纹与头部相似，具中纵线。鞘翅较前胸背板长而宽，密布较粗刻点。腹部两侧具刚毛，表面密布小刻点。阳茎中叶在近端部收窄，侧叶近端部变宽，顶端横切。

分布：浙江、台湾、四川；日本。

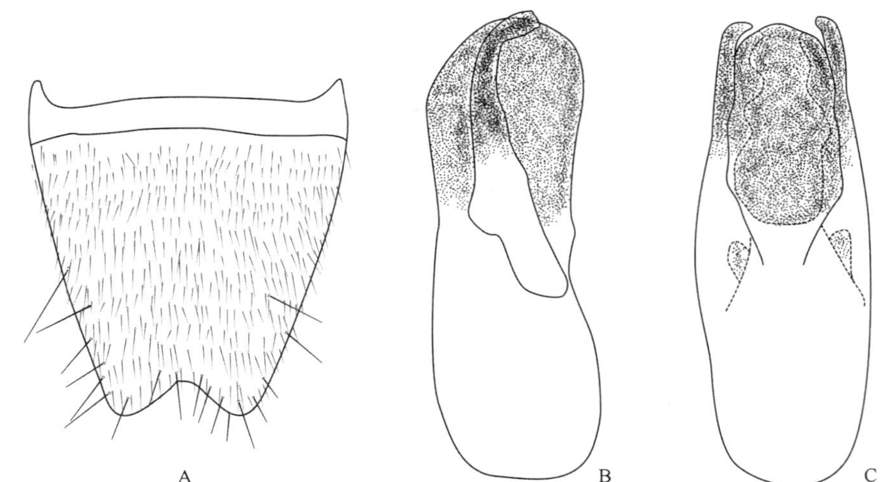

图 4-III-396　屋久延颊隐翅虫 *Panscopaeus yakushimanus* (Ito, 1992)（仿自 Assing，2011c）
A. 雄性第 8 腹板；B. 阳茎侧面观；C. 阳茎腹面观

平缝隐翅虫亚族 Scopaeina Mulsant *et* Rey, 1878

277. 平缝隐翅虫属 *Scopaeus* Erichson, 1840

Scopaeus Erichson, 1840: 604. Type species: *Paederus laevigatus* Gyllenhal, 1827.

Scoponeus Motschulsky, 1858f: 641. Type species: *Scoponeus testaceus* Motschulsky, 1858.

Leptorus Casey, 1886b: 220. Type species: *Scopaeus exiguus* Erichson, 1840.

Hyposcopaeus Coiffait, 1960: 285. Type species: *Scopaeus scitulus* Baudi di Selve, 1857.

Heteroscopaeus Coiffait, 1960: 285. Type species: *Scopaeus sericans* Mulsant *et* Rey, 1855.

Anomoscopaeus Coiffait, 1968b: 426. Type species: *Xantholinus gracilis* Sperk, 1835.

Asiascopaeus Coiffait, 1984: 152. Type species: *Scopaeus asiaticus* Bernhauer, 1915.

主要特征：颈宽为头宽的 1/8–1/5；下颚须第 4 节极小，远比第 3 节短而窄；外咽缝明显分离且互相平行；触角细长，第 2 节近长方形。前足基节窝端部无明显扩大，与前背折缘明显分离。第 4 跗节不分叶。

分布：古北区、东洋区、新北区、旧热带区、澳洲区。世界已知 453 种 8 亚种，中国记录 13 种，浙江分布 2 种。

（727）比氏平缝隐翅虫 *Scopaeus* (*Scopaeus*) *beesoni* Cameron, 1931

Scopaeus beesoni Cameron, 1931: 185.

主要特征：体长约 4.0 mm；略带光泽，头部暗红棕色，前胸背板红色，鞘翅黑色（后缘红褐色），腹部棕色。头部近方形，宽于前胸背板，后角圆润；密布微刻点；触角第 8–10 节略横宽。前胸背板前宽后窄，长大于宽，肩角圆润；刻点与头部相似。鞘翅较前胸背板长而宽，密布小刻点。腹部密布小刻点和柔毛。雄性第 8 腹板后缘呈圆弧形凹入。

分布：浙江；印度。

（728）中华平缝隐翅虫 *Scopaeus* (*Scopaeus*) *chinensis* Frisch, 2011（图 4-III-397）

Scopaeus chinensis Frisch, 2011: 366.

主要特征：体长 3.8–4.0 mm；体色多变，浅棕色至黄棕色，头与腹部颜色通常较深；前体通常具成对的黑色刚毛。头长略大于宽，后缘平直，表面密布微刻点；触角细长，倒数第 2 节长是宽的 1.4 倍。前胸背板刻点与头部相似。鞘翅刻点略大于前胸背板。腹部具明显的网状刻纹。雄性第 8 腹板后缘有 2 齿；阳茎端部侧面观向背面弯曲。

分布：浙江（临安）、北京、河南、广西。

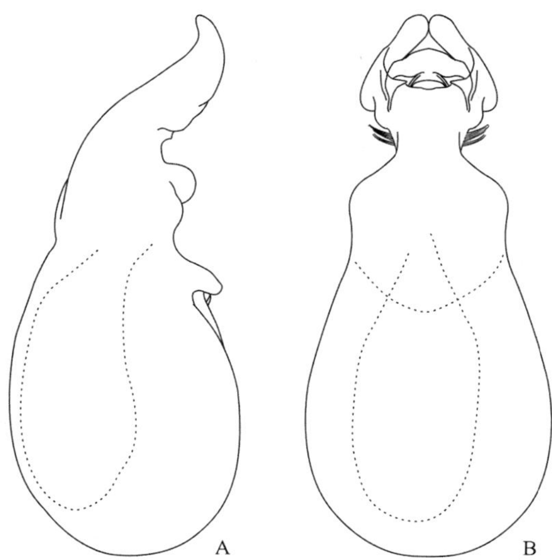

图 4-III-397 中华平缝隐翅虫 *Scopaeus* (*Scopaeus*) *chinensis* Frisch, 2011（仿自 Frisch，2011）

A. 阳茎侧面观；B. 阳茎背面观

合缝隐翅虫亚族 Stilicina Casey, 1905

278. 皱纹隐翅虫属 *Rugilus* Leach, 1819

Rugilus Leach, 1819: 173. Type species: *Staphylinus orbiculatus* Paykull, 1789.

Stilicus Berthold, 1827: 331. Type species: *Staphylinus orbiculatus* Paykull, 1789.

Sepedomorphus Gistel, 1834: 9. Type species: *Staphylinus orbiculatus* Paykull, 1789.

Stilicosoma Casey, 1905: 219. Type species: *Rugilus rufipes* Germar, 1836.

Tetragnathostilicus Scheerpeltz, 1976b: 118. Type species: *Stilicus gracilis* Eppelsheim, 1895.

Stilidentus Coiffait, 1978: 129. Type species: *Stilicus dorjulensis* Coiffait, 1978.

主要特征：体长 3.4–6.5 mm，细长形；通常为深棕色，部分种类的鞘翅侧缘、肩角或后角颜色较浅。头部大，近圆形，密布脐状刻点；上唇前缘中部具 2 或 4 个齿突；上颚细长，左侧上颚具 3 个臼齿，右侧上颚具 3 或 4 个臼齿。前胸背板近椭圆形，长大于宽，中间常具 1 条无刻点的光滑纵带。鞘翅近方形或长方形，密布刻点。足细长，跗节均不分叶。腹部细长，第 3–5 节向端部逐渐变宽，第 6 节之后逐渐变窄。雄性第 7 腹板后缘中部通常凹入，少数种类平截；第 8 腹板后缘中部明显凹入；阳茎侧叶发达。雌性第 7、8 腹板后缘圆弧形。

分布：古北区、东洋区、新北区、澳洲区。世界已知 263 种 13 亚种，中国记录 39 种，浙江分布 3 种。

分种检索表

1. 前体深棕色；鞘翅细刻点之间无粗大刻点……………………………………………**柔毛皱纹隐翅虫 *R. velutinus***
- 前体棕色或红棕色；鞘翅细刻点之间散布粗大刻点……………………………………………2
2. 前体棕色；阳茎侧叶明显长于中叶，腹面观顶端分叉……………………………………**裂叶皱纹隐翅虫 *R. bifidus***
- 前体红棕色；阳茎侧叶略长于中叶，腹面观端部圆弧形凸出……………………………**红棕皱纹隐翅虫 *R. rufescens***

（729）裂叶皱纹隐翅虫 *Rugilus* (*Eurystilicus*) *bifidus* Assing, 2012（图 4-III-398，图版 III-208）

Rugilus (*Eurystilicus*) *bifidus* Assing, 2012b: 171.

主要特征：体长 4.1–4.6 mm；棕色，鞘翅侧缘黄褐色，腹部深棕色。头长小于宽（0.90∶1）；后颊长度约等于复眼纵径；密布脐状细刻点。前胸背板长大于宽（1.12∶1），比头窄（0.81∶1）；刻点与头部相似。鞘翅长小于宽（0.79∶1），明显宽于前胸背板（1.336∶1），密布细刻点，细刻点之间散布粗大刻点。腹部各背板密布细刻点和微刻纹。雄性第 7 腹板后缘微凹；第 8 腹板后缘凹入宽而浅；阳茎侧叶明显长于中叶，顶端分叉。本种与红棕皱纹隐翅虫 *R. rufescens* (Sharp, 1874)很相似，区别在于本种体型稍大；阳茎侧叶明显长于中叶，顶端分叉。

分布：浙江（庆元、乐清）、福建；缅甸。

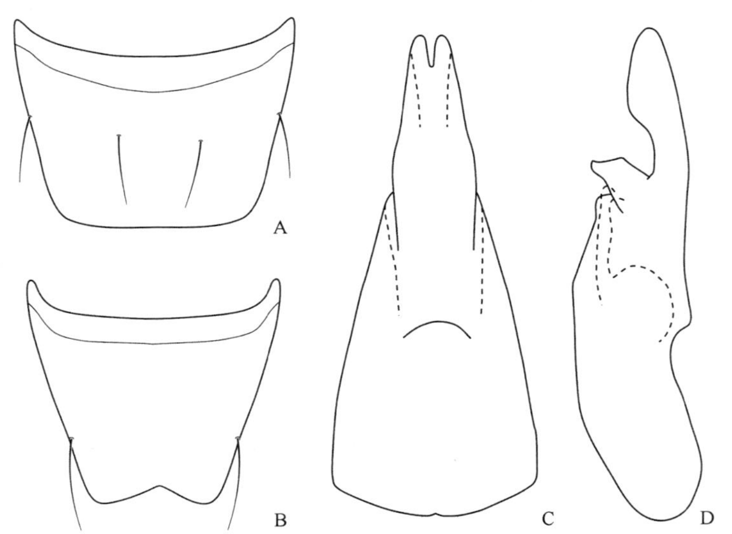

图 4-III-398　裂叶皱纹隐翅虫 *Rugilus* (*Eurystilicus*) *bifidus* Assing, 2012

A. 雄性第 7 腹板；B. 雄性第 8 腹板；C. 阳茎腹面观；D. 阳茎侧面观

（730）红棕皱纹隐翅虫 *Rugilus* (*Eurystilicus*) *rufescens* (Sharp, 1874)（图 4-III-399，图版 III-209）

Stilicus rufescens Sharp, 1874a: 61.

Stilicus rufescens var. *indicus* Cameron, 1914: 542.

Rugilus rufescens: Smetana, 2004: 619.

Rugilus kamchaticus Ryabukhin, 2007: 2.

主要特征：体长 3.9–4.4 mm；红棕色，鞘翅侧缘和端部黄褐色，腹部深棕色。头长小于宽（0.93∶1）；后颊长度约等于复眼纵径；密布脐状细刻点。前胸背板长大于宽（1.11∶1），窄于头部（0.82∶1）；刻点与头部相似。鞘翅长小于宽（0.78∶1），明显宽于前胸背板（1.38∶1），密布细刻点，细刻点之间散布粗大刻点。腹部背板密布刻点和微刻纹。雄性第 7 腹板后缘平截，第 8 腹板后缘微凹；阳茎侧叶略长于中叶，腹面观端部呈圆弧形凸出。本种与裂叶皱纹隐翅虫 *R. bifidus* Assing, 2012 十分相似，但体型稍小，鞘翅更长而宽；阳茎侧叶短，腹面观顶端凸出，不分叉。

分布：浙江（余杭、临安、鄞州、普陀）、黑龙江、北京、河北、山西、陕西、江苏、湖北、湖南、台湾、广西；俄罗斯，朝鲜，韩国，日本，印度，缅甸。

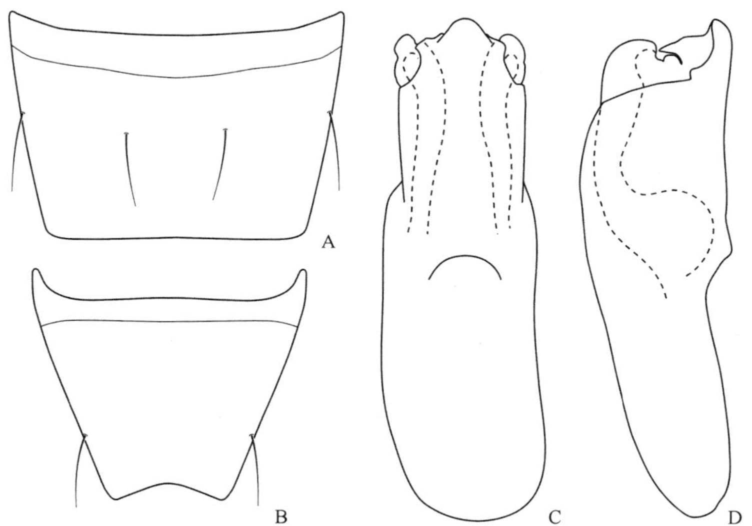

图 4-III-399 红棕皱纹隐翅虫 *Rugilus* (*Eurystilicus*) *rufescens* (Sharp, 1874)
A. 雄性第 7 腹板；B. 雄性第 8 腹板；C. 阳茎腹面观；D. 阳茎侧面观

（731）柔毛皱纹隐翅虫 *Rugilus* (*Eurystilicus*) *velutinus* (Fauvel, 1895)（图 4-III-400，图版 III-210）

Stilicus velutinus Fauvel, 1895: 226.
Rugilus velutinus: Smetana, 2004: 620.

主要特征：体长 4.8–5.3 mm；深棕色，鞘翅后缘外角黄褐色。头长小于宽（0.88∶1）；后颊长度等于复眼纵径；密布脐状细刻点。前胸背板长大于宽（1.22∶1），比头部窄（0.71∶1）；刻点与头部相似。鞘翅长小于宽（0.76∶1），明显宽于前胸背板（1.39∶1），密布细刻点，细刻点之间无粗大刻点。腹部背板密布细刻点和微刻纹。雄性第 7 腹板后缘微凹；第 8 腹板后缘凹入宽而深；阳茎侧叶明显长于中叶，腹面观顶端凸出，侧面观腹面具钩状突起。本种通过体深棕色，鞘翅细刻点之间无粗大刻点可与同属其他物种区分。

分布：浙江（诸暨、余姚、天台）、陕西、湖北、福建、台湾、广西、四川；印度，尼泊尔，缅甸，越南，老挝，泰国。

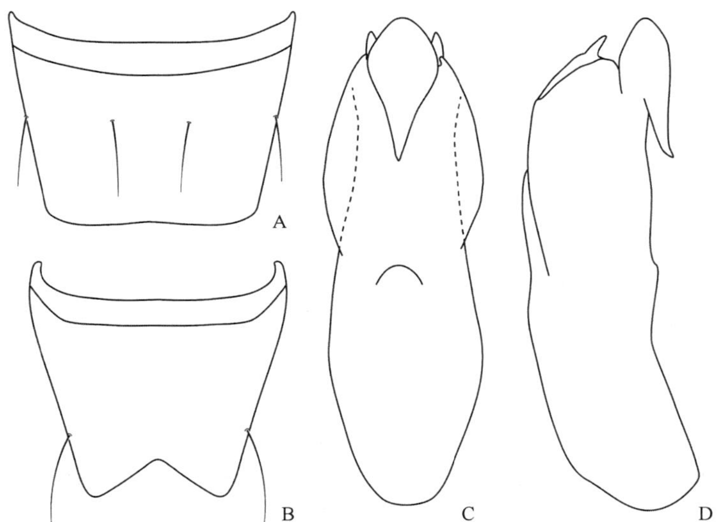

图 4-III-400 柔毛皱纹隐翅虫 *Rugilus* (*Eurystilicus*) *velutinus* (Fauvel, 1895)
A. 雄性第 7 腹板；B. 雄性第 8 腹板；C. 阳茎腹面观；D. 阳茎侧面观

279. 隆齿隐翅虫属 *Stilicoderus* Sharp, 1889

Stilicoderus Sharp, 1889: 320. Type species: *Stilicoderus signatus* Sharp, 1889.

Stilicoderopsis Scheerpeltz, 1965: 183. Type species: *Stilicoderopsis malaisei* Scheerpeltz, 1965.

主要特征：体长 5–8 mm，细长形；通常深棕色，部分种类的鞘翅具 1 对红棕色斑点。头部大而圆形，密布细刻点；上唇前缘中部具 3 个齿突。前胸背板近椭圆形，长大于宽，密布颗粒状小突起，中间常具 1 条光滑纵带。鞘翅近方形，密布粗刻点。足细长，跗节均不分叶。腹部细长，第 3–5 节向端部逐渐变宽，第 6 节之后逐渐变窄。雄性第 7 腹板后缘中部通常浅凹；第 8 腹板后缘中部明显凹入；阳茎侧叶发达，形状变化多样。雌性第 7 和第 8 腹板后缘圆弧形。

分布：古北区、东洋区。世界已知 116 种，中国记录 35 种，浙江分布 1 种。

（732）斧茎隆齿隐翅虫 *Stilicoderus continentalis* Rougemont, 2015（图 4-III-401）

Stilicoderus continentalis Rougemont, 2015: 123.

主要特征：体长约 6.3 mm；黑色至棕黑色。头长稍大于宽（1.03∶1）；后颊向后稍变宽，密布细刻点和较长的红棕色细刚毛。前胸背板长大于宽（1.13∶1），比头部窄（0.86∶1）；密布颗粒状小突起，细刚毛较头部的短，中间具 1 无刻点刚毛的光滑纵带。鞘翅长宽相等，宽于前胸背板（1.32∶1），密布细刻点，疏布粗大刻点，刚毛与前胸背板相似。腹部密布细刻点和刚毛。雄性第 8 腹板后缘中部具“U”形深凹；阳茎侧面观侧叶端部明显膨大，呈斧形。本种与台湾隆齿隐翅虫 *S. formosanus* Rougemont, 1996 十分相似，但本种头部、前胸背板和鞘翅的细刚毛较长，阳茎侧面观侧叶端部更圆。

分布：浙江（安吉、临安）、福建、四川。

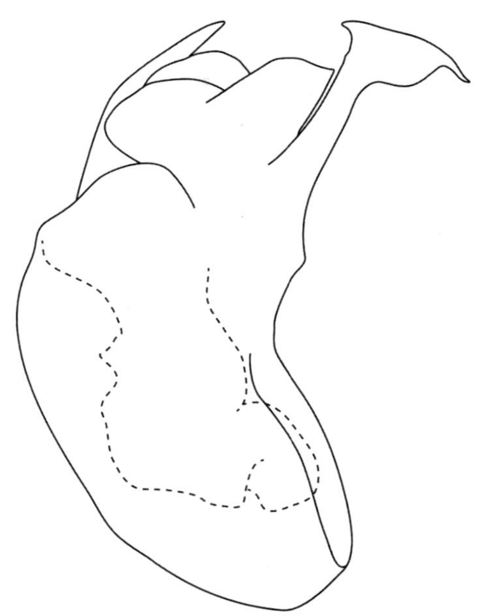

图 4-III-401　斧茎隆齿隐翅虫 *Stilicoderus continentalis* Rougemont, 2015 阳茎侧面观（仿自 Rougemont，2015）

毒隐翅虫族 Paederini Fleming, 1821

无纹隐翅虫亚族 Cryptobiina Casey, 1905

280. 复线隐翅虫属 *Homaeotarsus* Hochhuth, 1851

Homaeotarsus Hochhuth, 1851: 34. Type species: *Homaeotarsus chaudoirii* Hochhuth, 1851.

Spirosoma Motschulsky, 1858c: 206. Type species: *Spirosoma fulvescens* Motschulsky, 1857.

主要特征：身体多为棕色或黑色。头部无明显粗刻纹；下颚须末节呈针状或锥形；触角膝状。前胸背板无明显纵隆脊和凹陷。鞘翅侧缘上方具 1 条纵隆线。

分布：古北区、东洋区。世界已知 114 种，中国记录 7 种，浙江分布 1 种。

（733）伯氏复线隐翅虫 *Homaeotarsus bernhaueri* (Cameron, 1924)

Cryptobium bernhaueri Cameron, 1924: 196.

Cryptobium distinctus Cameron, 1924: 197.

Homaeotarsus bernhaueri: Smetana, 2004: 586.

主要特征：体长约 10.0 mm；黑色，有光泽，鞘翅端部红色。头部三角形，基部强烈变宽，宽于前胸背板；表面具中等密度的小刻点；上颚具 2 齿；触角第 4–10 节分别长大于宽，第 11 节短于第 10 节。前胸背板前宽后窄，中央区域无刻点。鞘翅长略大于宽，密布粗刻点。腹部密布小刻点。

分布：浙江；巴基斯坦，印度。

281. 折角隐翅虫属 *Ochthephilum* Stephens, 1829

Ochthephilum Stephens, 1829a: 24. Type species: *Paederus fracticornis* Paykull, 1800.

Cryptobium Mannerheim, 1830: 38. Type species: *Paederus fracticornis* Paykull, 1800.

主要特征：身体多为棕色或黑色。头部无纵向粗刻纹；触角膝状；下颚须第 4 节极小，远比第 3 节短而窄。前胸背板平滑，无明显纵隆脊和凹陷。鞘翅侧缘上方无隆线。

分布：古北区、东洋区、新北区。世界已知 212 种，中国记录 9 种，浙江分布 1 种。

（734）定海折角隐翅虫 *Ochthephilum tinghaiense* (Scheerpeltz, 1979)

Cryptobium tinghaiense Scheerpeltz, 1979: 138.

Ochthephilum tinghaiense: Smetana, 2004: 587.

主要特征：体长约 6 mm；黑色，鞘翅端部 1/3 黄红色，触角和足黄褐色。头部表面密布刻点。前胸背板密布刻点，中部有纵向光滑条带，刻点较头部密。鞘翅略长于前胸背板，表面刻点较前胸背板粗大。腹部背板刻点细而密。

分布：浙江、福建。

毒隐翅虫亚族 Paederina Fleming, 1821

282. 毒隐翅虫属 *Paederus* Fabricius, 1775

Paederus Fabricius, 1775: 268. Type species: *Staphylinus riparius* Linnaeus, 1758.

Paederillus Casey, 1905: 62. Type species: *Paederus littorarius* Gravenhorst, 1806.

Leucopaederus Casey, 1905: 67. Type species: *Paederus ustus* LeConte, 1858.

Neopaederus Blackwelder, 1939: 97. Type species: *Paederus morio* Mannerheim, 1830.

Dioncopaederus Scheerpeltz, 1957b: 464. Type species: *Paederus littoralis* Gravenhorst, 1802.

主要特征：体色通常鲜艳，双色或黑色。颈部宽度小于头宽的 1/2；下颚须末节极小，疣状；外咽缝不平行，不相交；触角非膝状。前胸背板卵圆形；前胸腹板基节间无隆脊。阳茎侧叶刚毛较少且多集中于端部。

分布：古北区、东洋区、新北区、旧热带区、澳洲区。世界已知 538 种 30 亚种，中国记录 72 种 2 亚种，浙江分布 2 种。

（735）蓝翅毒隐翅虫 *Paederus* (*Harpopaederus*) *describendus* Willers, 2001（图 4-III-402）

Paederus describendus Willers, 2001: 11.

主要特征：体长 8.3–9.3 mm；黑色，前胸背板和腹部前 4 节红黄色，小盾片暗红色，鞘翅略带蓝色金属光泽。头部宽略大于长；表面稀布大小不等的刻点；触角各节长大于宽，第 3 节最长。前胸背板长略大于宽，略宽于头部，侧缘弧形，最宽处位于前方 1/3，表面刻点、刻纹和刚毛与头部相似。鞘翅亚梯形，表面稀布大而深的刚毛刻点。腹部具稀疏小刻点，无明显横刻纹。

分布：浙江（临安）。

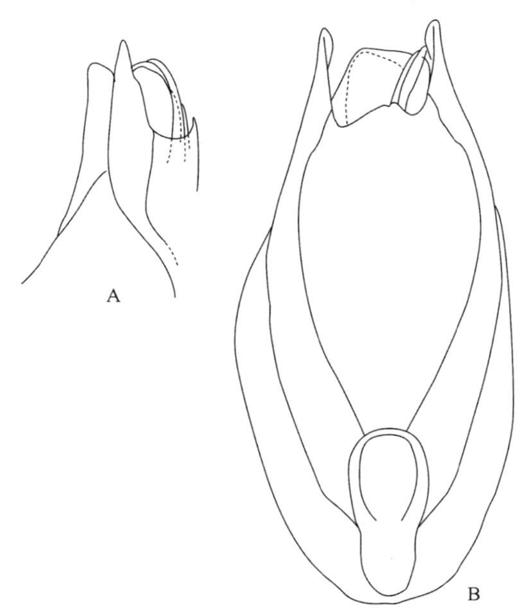

图 4-III-402　蓝翅毒隐翅虫 *Paederus* (*Harpopaederus*) *describendus* Willers, 2001（仿自 Willers，2001）
A. 阳茎端部侧面观；B. 阳茎腹面观

（736）红足毒隐翅虫 *Paederus jianyueae* Peng *et* Li, 2014（图 4-III-403，图版 III-211）

Paederus jianyueae Peng *et* Li, 2014b: 121.

主要特征：体长 9.2–10.3 mm；黑色，触角、前胸背板及足红黄色，鞘翅具蓝色金属光泽。头部横宽，具稀疏刻点。前胸背板卵圆形，最宽处位于前端 1/3，表面稀布刻点与刚毛。鞘翅亚梯形，前窄后宽，短于前胸背板，表面具中等密度的粗大刻点和刚毛。腹部宽于鞘翅，具中等密度的小刻点和刚毛。雄性第 8 腹板后缘中部深凹。雌性第 8 腹板后缘三分叶。

分布：浙江（临安）、安徽。

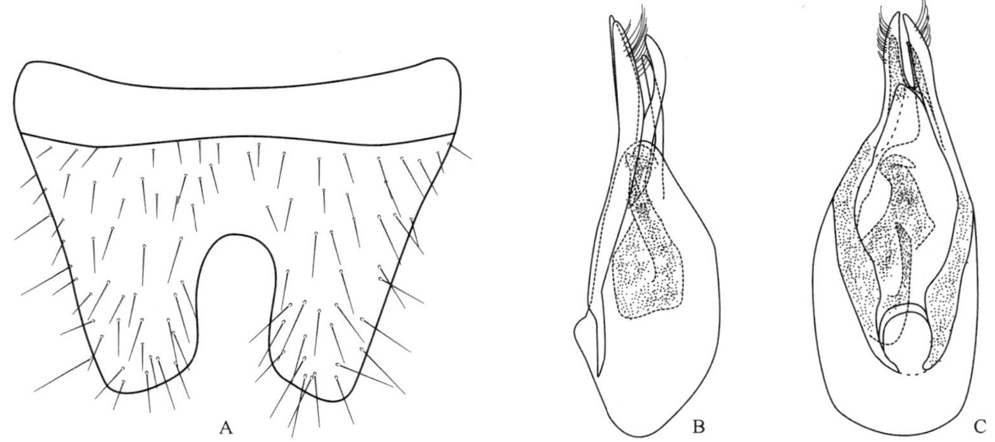

图 4-III-403　红足毒隐翅虫 *Paederus jianyueae* Peng *et* Li, 2014（仿自 Peng and Li，2014b）
A. 雄性第 8 腹板；B. 阳茎侧面观；C. 阳茎腹面观

切须隐翅虫族 Pinophilini Nordmann, 1837

切须隐翅虫亚族 Pinophilina Nordmann, 1837

283. 切须隐翅虫属 *Pinophilus* Gravenhorst, 1802

Pinophilus Gravenhorst, 1802: 201. Type species: *Pinophilus latipes* Gravenhorst, 1802.

Lycidus Laporte, 1835: 121. Type species: *Pinophilus latipes* Gravenhorst, 1802.

Pityophilus Brullé, 1837: 75. Type species: *Pinophilus latipes* Gravenhorst, 1802.

Parapalaminus Bierig, 1943: 155. Type species: *Palaminus symphylus* Bierig, 1943.

主要特征：体型较大，细长形，两侧近平行。头部具粗大刻点；在复眼后收窄，颈部粗壮；下颚须第 4 节膨大，宽于第 3 节，至少与第 3 节等长，侧缘有斜切构造。前胸背板刻点与头部相似。鞘翅后缘近乎平截；刻点较前胸背板密。腹部刻点较小；第 3–6 腹节具侧背板，背板和腹板不愈合成环状。跗节前 3 节短，第 4 跗节二裂状，第 5 节细长。

分布：古北区、东洋区、旧热带区。世界已知 198 种 2 亚种，中国记录 11 种 1 亚种，浙江分布 1 种。

（737）爪哇切须隐翅虫 *Pinophilus javanus* Erichson, 1840

Pinophilus javanus Erichson, 1840: 672.

Pinophilus pallipes Kraatz, 1859: 156.

Pinophilus insignis Sharp, 1874a: 77.

主要特征：体长 14.0–15.0 mm；黑色。头部明显窄于前胸背板，密布粗大刻点；触角短于头和前胸背板之和。前胸背板亚四边形，长约等于宽，与鞘翅等宽，密布粗大刻点，中部具细而光滑的纵带。鞘翅略长于前胸背板，密布粗大刻点。前足跗节强烈扩大。腹部密布粗刻点。

分布：浙江；日本，印度尼西亚。

环腹隐翅虫亚族 Procirrina Bernhauer *et* Schubert, 1912

284. 梨须隐翅虫属 *Oedichirus* Erichson, 1839

Oedichirus Erichson, 1839a: 29. Type species: *Oedichirus paederinus* Erichson, 1840.

Elytrobaeus R. F. Sahlberg, 1847: 801. Type species: *Elytrobaeus geniculatus* R. F. Sahlberg, 1847.

主要特征：体长 7.0–10.5 mm，细长形；常为深棕色；全身具粗大刻点。头部横宽；复眼大而凸出；后颊较短；下颚须第 4 节膨大成斧形，宽于第 3 节。前胸背板长大于宽，前宽后窄。鞘翅基部较窄，向端部变宽，少数种类鞘翅长方形。腹部细长，第 3–7 节无侧背板，背、腹板愈合成圆筒状。雄性第 7 腹板后缘常具小凹入，第 8 腹板后缘具不对称深凹。阳茎腹面观常不对称，具腹突和侧叶，形状多样。足细长，前足 1–4 跗节显著膨大。

分布：古北区、东洋区、旧热带区。世界已知 416 种 14 亚种，中国记录 11 种，浙江分布 1 种。

（738）赤焰梨须隐翅虫 *Oedichirus flammeus* Koch, 1939（图 4-III-404）

Oedichirus flammeus Koch, 1939: 156.

主要特征：体长 9.1–10.2 mm；红棕色至深棕色。头长明显小于宽（0.79∶1），散布粗大刻点；复眼大而凸出，长度约为后颊的 2 倍。前胸背板长稍大于宽（1.06∶1），散布粗大刻点，近中部的刻点排成纵列。鞘翅长小于宽（0.86∶1），密布粗刻点。腹部第 3–6 节密布粗刻点，第 7–8 节疏布细刻点。雄性第 7 腹板后缘中间具圆弧形凹入，雄性第 8 腹板后缘具宽而深的凹入。阳茎不对称；侧叶细长，顶端稍膨大。本种与半月梨须隐翅虫 *O. latexcisus* Assing, 2014 外形相似，但本种刻点较粗较稀疏，雄性第 7 腹板后缘凹陷和隆起较小，雄性第 8 腹板后缘凹入更深。

分布：浙江（安吉、临安）。

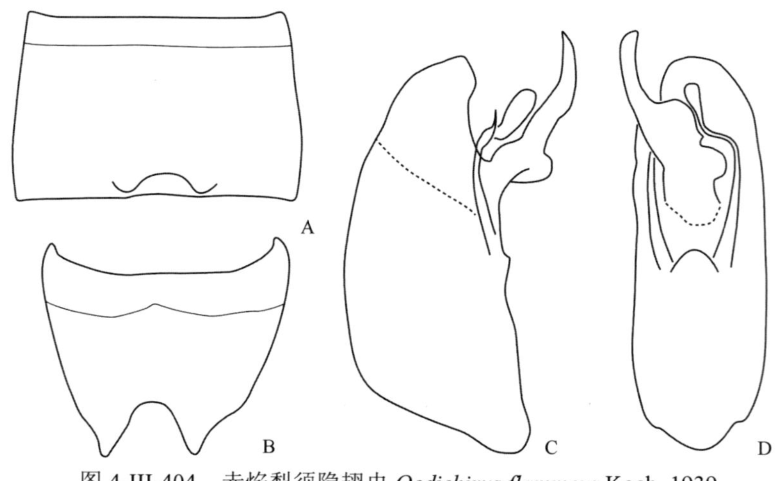

图 4-III-404　赤焰梨须隐翅虫 *Oedichirus flammeus* Koch, 1939

A. 雄性第 7 腹板；B. 雄性第 8 腹板；C. 阳茎侧面观；D. 阳茎腹面观

285. 鳞腹隐翅虫属 *Palaminus* Erichson, 1839

Palaminus Erichson, 1839a: 29. Type species: *Palaminus pilosus* Erichson, 1839.

主要特征：头部刻点粗而稀，后缘平截；下颚须第 4 节膨大，远宽于第 3 节，至少与第 3 节等长。前胸背板横宽或粗壮，非狭长形，刻点与头部相似。腹部密布明显鱼鳞状刻纹；第 3–6 腹节无侧背板，背腹板愈合成环状。

分布：古北区、东洋区。世界已知 307 种 4 亚种，中国记录 7 种，浙江分布 1 种。

（739）平截鳞腹隐翅虫 *Palaminus truncatus* Fauvel, 1903

Palaminus truncatus Fauvel, 1903a: 152.

主要特征：体长 4.5–5.0 mm；黑色有光泽，体表具浅黄色细刚毛，足黄色。头短，密布刻点。前胸背板横宽，前宽后窄，最宽处与头宽相等，侧缘圆弧形，后角钝圆，刻点较头部明显。鞘翅长是前胸背板的 2 倍。腹部密布刻点和网状刻纹。

分布：浙江。

（十五）隐翅虫亚科 Staphylininae

主要特征：体中型至大型，长条形。触角 11 节，着生在额前缘（触角前缘连线之前）；颈部通常明显。前背折缘通常窄，缺大而骨化的后侧片，至多有薄而透明的小突起，前基节缝显著开放。鞘翅与鞘翅缘折之间无隆线定界。腹部可见腹板 6 节，侧背板和节间膜微刻纹呈菱形。前足基节大而延长，跗式通常 5–5–5 式，少数 5–4–4 式。

生物学：生境多样，常生活在枯枝落叶及堆积的杂草中，有的在动物粪便中。

分布：世界广布。世界已知 381 属 8742 种（亚种），中国记录 127 属 1320 种 25 亚种，浙江分布 36 属 79 种 3 亚种。

分属检索表

1. 前胸腹板前方具骨质化的骨片……2
- 前胸腹板前方无骨质化的骨片……14
2. 鞘翅不相互叠盖，缝缘直；颈部约为头宽的 1/2……**直缝隐翅虫属 *Othius***
- 鞘翅部分相互重叠，缝缘弯曲；颈部通常窄于头宽的 1/3……3
3. 前背折缘上线向下弯曲与下线接触……**方头隐翅虫属 *Nudobius***
- 前背折缘从后角延伸至前角，上线与下线不接触……4
4. 后足胫节外侧具端栉刺和亚端栉刺……**无沟隐翅虫属 *Achmonia***
- 后足胫节外侧仅具端栉刺……5
5. 上颚无侧沟；前胸背板近前角处各具 1 个大刻点，有时很小或消失……**叶唇隐翅虫属 *Liotesba***
- 上颚有侧沟；前胸背板具刻点列或前胸背板具 1 对刻点……6
6. 下颚须末节小，基部显著窄于亚末节端部……7
- 下颚须末节大，基部不窄于亚末节端部……10
7. 触角间的口上片显著向前突出，窄而长……**三列隐翅虫属 *Talliella***
- 触角间的口上片正常……8
8. 前胸背板刻点列由大量刻点组成，有时中部光滑带两侧具散乱刻点……**缢胸隐翅虫属 *Xanthophius***
- 前胸背板刻点列由 5 或 6 个刻点组成……9
9. 外咽缝一半以上相互接触；雄性第 8 腹板后缘具 1 个亚四边形突起……**并缝隐翅虫属 *Phacophallus***
- 外咽缝约一半长度接近，有时在基部愈合；雄性第 8 腹板后缘无突起……**分缝隐翅虫属 *Erymus***
10. 雄性生殖节侧片端部有凹陷……**凹尾隐翅虫属 *Medhiama***
- 雄性生殖节侧片端部无凹陷……11

11. 雄性生殖节对称，侧片有时在背面愈合但无修饰……………………………………………………聚叶隐翅虫属 *Neohypnus*
- 雄性生殖节对称或不对称，侧片具修饰……………………………………………………………………………12
12. 雌性生殖节不对称，侧片、腹片和背片变形很大……………………………………………齐茎隐翅虫属 *Megalinus*
- 雌性生殖节对称，侧片具修饰（突起或长刚毛等）…………………………………………………………………13
13. 颈片无缝……………………………………………………………………………………………井片隐翅虫属 *Emathidis*
- 颈片有缝……………………………………………………………………………………………短片隐翅虫属 *Atopolinus*
14. 下颚须末节针状，短于亚末节的 1/4；颈部最窄处窄于头宽的 1/3 ………………………………细颈隐翅虫属 *Diochus*
- 下颚须末节较长，至少为亚末节的 1/3；颈部最窄处明显宽于头宽的 1/3…………………………………………15
15. 前背折缘强烈反折，侧面观几乎不可见；若前背折缘微弱可见，则有眼下脊 ……………………………………16
- 前背折缘不反折，侧面观几乎全部可见；无眼下脊……………………………………………………………………21
16. 缺眼下脊……………………………………………………………………………………………宽背隐翅虫属 *Algon*
- 有眼下脊………17
17. 跗式 5–4–4 式；下颚须和下唇须十分细长 ……………………………………………………长须隐翅虫属 *Atanygnathus*
- 跗式 5–5–5 式；下颚须和下唇须多样，但不十分细长………………………………………………………………18
18. 触角膝状……………………………………………………………………………………………宽颈隐翅虫属 *Anchocerus*
- 触角非膝状 ……19
19. 下颚须末节很小，基部宽度不超过亚末节的一半；小盾片基部具 1 条横向的脊………………狭须隐翅虫属 *Heterothops*
- 下颚须末节基部的宽度稍窄于亚末节；小盾片具 2 条横向的脊 ……………………………………………………20
20. 头背面和前胸背板光滑，无微刻纹；前胸背板背排刻点每列仅剩靠近前缘的 1 个；阳茎侧叶退化为短三角形薄片，端刚毛和感觉瘤刚毛均缺失……………………………………………………………………圆头隐翅虫属 *Quwatanabius*
- 头背面和前胸背板均具微刻纹，或至少前胸背板具微刻纹；前胸背板背排刻点每列 3 个，偶尔为 2 个；阳茎侧叶形态多样，但不退化为短三角形薄片，具端刚毛 ……………………………………………………颊脊隐翅虫属 *Quedius*
21. 无爪间刚毛；颈部中域缺刚毛刻点…………………………………………………………………………………………22
- 具爪间刚毛；颈部中域具刚毛刻点；若颈部中域缺刚毛刻点，则前胸背板大部无刻点 ………………………………30
22. 前背折缘在前足基节窝后具后侧片；后足第 1 跗节短于后 2 节之和………………………伊里隐翅虫属 *Erichsonius*
- 前背折缘在前足基节窝后无后侧片；后足第 1 跗节长于后 2 节之和…………………………………………………23
23. 雌雄前足第 1–4 跗节均不变宽，腹面无修饰性刚毛……………………………………………………………………24
- 雌雄前足第 1–4 跗节变宽，腹面具修饰性刚毛 …………………………………………………………………………26
24. 下唇须末节细长，明显窄于亚末节…………………………………………………………………佳隐翅虫属 *Gabrius*
- 下唇须末节几乎不窄于亚末节 ……………………………………………………………………………………………25
25. 下颚须末节纺锤形，与亚末节等宽…………………………………………………………………等须隐翅虫属 *Bisnius*
- 下颚须末节圆筒形，明显窄于亚末节………………………………………………………背点隐翅虫属 *Eccoptolonthus*
26. 前背折缘具 1 条额外的侧缘线 ………………………………………………………………宽头隐翅虫属 *Hybridolinus*
- 前背折缘无额外的侧缘线 …………………………………………………………………………………………………27
27. 前胸背板近侧缘最大的刚毛刻点与侧缘的间距小于或略大于刻点直径…………………………………………………28
- 前胸背板近侧缘最大的刚毛刻点与侧缘的间距是刻点直径的 3 倍以上 ………………………………………………29
28. 下颚须末节非锥形，长度超过亚末节的 1.3 倍；下唇须长，末节长度至少为亚末节的 1.5 倍 ………菲隐翅虫属 *Philonthus*
- 下颚须末节锥形，不长于亚末节的 1.3 倍；下唇须短，末节长度约为亚末节的 1.3 倍…………异节隐翅虫属 *Gabronthus*
29. 下颚须末节明显锥形………………………………………………………………………………瘦隐翅虫属 *Neobisnius*
- 下颚须末节圆柱形…………………………………………………………………………………刃颚隐翅虫属 *Hesperus*
30. 前背折缘上缘线在到达前胸背板前缘前不很明显的翻折；若翻折明显，则雄性第 8 腹板中域具 1 个圆形小凹坑……………………………………………………………………………………………………肿跗隐翅虫属 *Turgiditarsus*
- 前背折缘上缘线在到达前胸背板前缘前明显翻折；若翻折不明显，则雄性第 8 腹板无凹坑 ……………………………31
31. 眼后刚毛刻点离头后缘距离明显小于离眼后缘的距离………………………………………普拉隐翅虫属 *Platydracus*

\- 眼后刚毛刻点离头后缘距离明显大于离眼后缘的距离……32
32\. 头部后侧部向后延展成圆形的突起……突颊隐翅虫属 ***Naddia***
\- 头部后侧部不向后延展，若中轻度延展，则复眼长于后颊……33
33\. 上颚内缘中部的齿呈背腹 2 片，腹片的齿较小……钝胸隐翅虫属 ***Thoracostrongylus***
\- 上颚内缘中部的齿呈 1 片……34
34\. 前 3 节可见背板亚基线双波状……鸟粪隐翅虫属 ***Eucibdelus***
\- 前 3 节可见背板亚基线非双波状……35
35\. 上颚中部内缘 2 齿之间深凹入……凹颚隐翅虫属 ***Agelosus***
\- 上颚内缘无深凹……迅隐翅虫属 ***Ocypus***

细颈隐翅虫族 Diochini Casey, 1906

286. 细颈隐翅虫属 *Diochus* Erichson, 1839

Diochus Erichson, 1839a: 300. Type species: *Diochus nanus* Erichson, 1839.
Rhegmatocerus Motschulsky, 1858f: 657. Type species: *Rhegmatocerus punctipennis* Motschulsky, 1858.

主要特征：体较小而细长。下颚须末节针状，短于亚末节的 1/4；颈部最窄处窄于头宽的 1/3。前胸背板前方无特殊骨片。阳茎侧叶小而成对。

分布：世界广布。世界已知 78 种，中国记录 7 种，浙江分布 1 种。

（740）日本细颈隐翅虫 *Diochus japonicus* Cameron, 1930（图 4-III-405）

Diochus japonicus Cameron, 1930b: 206.
Diochus bicornutus Zhou *et* Zhou, 2016: 6.

主要特征：体长 5.1–5.2 mm；体深棕色，腹部颜色较浅，附肢红棕色。左上颚内缘中部具 3 个小锐齿，右上颚中部具 1 小齿，触角第 2 节明显短于触角第 3 节。雄性头部中央具长椭圆形隆起；第 8 背板后缘双波状；第 9 背板端部尖锐；第 8 腹板后缘前凹入，并具刚毛列；第 9 腹板后侧角突出。阳茎较骨质化，内囊具 1 对角状骨片，侧叶细。雌性受精囊明显骨化。本种与广布的锥突细颈隐翅虫 *D. conicollis* (Motschulsky, 1858)较为相似，但后者右上颚具细长的齿。

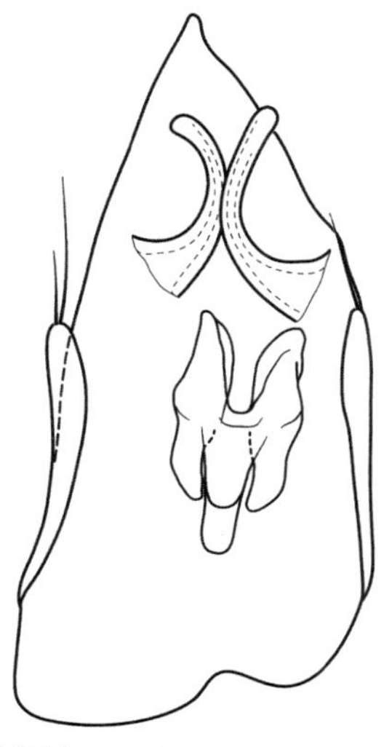

图 4-III-405 日本细颈隐翅虫 *Diochus japonicus* Cameron, 1930 阳茎腹面观

分布：浙江（龙泉）、吉林、辽宁、福建、海南、广西、云南；韩国，日本。

直缝隐翅虫族 Othiini Thomson, 1859

287. 直缝隐翅虫属 *Othius* Stephens, 1829

Othius Stephens, 1829a: 23. Type species: *Staphylinus punctulatus* Goeze, 1777.

Othiellus Casey, 1906: 422. Type species: *Othius laeviusculus* Stephens, 1833.

Othiogeiton Scheerpeltz, 1976a: 31. Type species: *Othiogeiton nepalensis* Scheerpeltz, 1976.

主要特征：体较大而细长。颈部约为头宽的 1/2。前胸腹板前方具骨质化的骨片。鞘翅不相互叠盖，缝缘直。阳茎侧叶长而成对。

分布：古北区、东洋区、新北区、新热带区、澳洲区。世界已知 127 种 5 亚种，中国记录 47 种 5 亚种，浙江分布 3 种 1 亚种。

分种检索表

1. 头背面刻点极密，刻点间距小于刻点直径的一半 ……………… **糙头直缝隐翅虫 *O. fortepunctatus***
- 头背面刻点稀疏，刻点间距至少部分明显大于刻点直径 ……………… 2
2. 体型较小，体长 8.7–9.5 mm；生殖节褐色，与之前腹节相同 ……………… **刻点直缝隐翅虫 *O. punctatus***
- 体型较大，体长 10.2–15.7 mm；生殖节至少后半部橙红色 ……………… 3
3. 鞘翅刻点较大而稀疏，呈较清晰的列状 ……………… **宽胸直缝隐翅虫 *O. latus latus***
- 鞘翅刻点较小而密，不呈列状 ……………… **红尾直缝隐翅虫 *O. rufocaudatus***

（741）糙头直缝隐翅虫 *Othius fortepunctatus* Assing, 2008（图 4-III-406，图版 III-212）

Othius fortepunctatus Assing, 2008a: 258.

主要特征：体长约 11.6 mm；体黑褐色，鞘翅和腹部末端明显较浅，附肢红棕色。头部具 1 对额后刻点，除额区外密布刻点。鞘翅和腹部具密刻点。第 7 背板后缘具栅栏状组织。雄性第 8 腹板后缘平截，

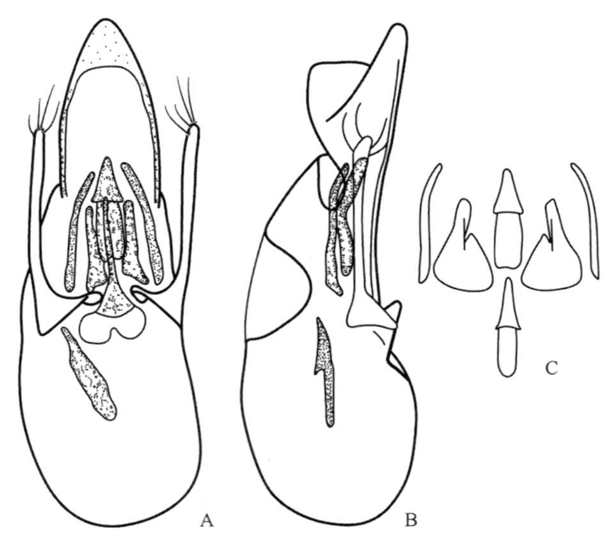

图 4-III-406 糙头直缝隐翅虫 *Othius fortepunctatus* Assing, 2008（仿自 Assing，2008a）

A. 阳茎腹面观；B. 阳茎侧面观；C. 阳茎内骨片

第 9 腹板后侧角长，后缘凹入；阳茎形态如图 4-III-406 所示。本种与贵州的斯氏直缝隐翅虫 *O. schillhammeri* Assing, 2003 近似，但头部和腹部的刻点更密集。

分布：浙江（临安）。

（742）宽胸直缝隐翅虫 *Othius latus latus* Sharp, 1874（图 4-III-407，图版 III-213）

Othius latus Sharp, 1874a: 51.

Othius stoetzneri Bernhauer, 1931a: 1.

Othius latus ozakii Ito, 1993b: 143.

Othius chongqingensis Zheng, 1995: 343, 346.

主要特征：体长 10.2–15.7 mm；体黑色，腹部第 7 腹节后缘、第 8 腹节后半部及之后腹节红棕色，附肢红棕色。头部具 1 对额后刻点。鞘翅刻点清晰整齐，刻点间区无刻纹。第 7 背板后缘具栅栏状组织。雄性第 7 腹板后缘中部浅凹入，凹入前具压痕；第 8 腹板后缘中部凹入；第 9 腹板后侧角长度多变化；阳茎粗壮，内囊具 6 片骨片。本亚种与宽腹直缝隐翅虫 *O. latus gansuensis* Assing, 1999 近似，可通过后者鞘翅红棕色加以区分。

分布：浙江（全境）、辽宁、陕西、青海、上海、湖南；俄罗斯，日本。

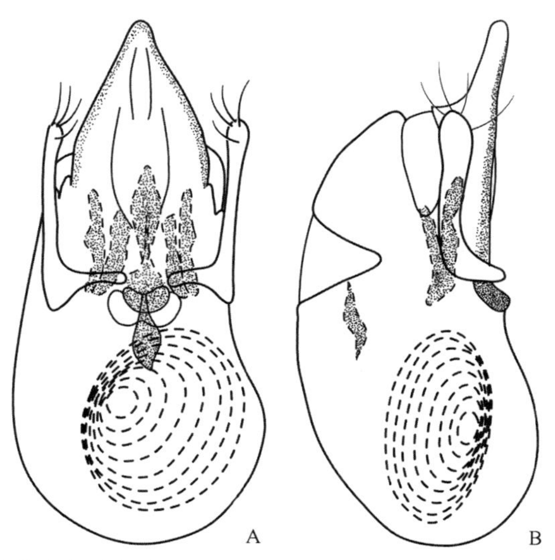

图 4-III-407　宽胸直缝隐翅虫 *Othius latus latus* Sharp, 1874（仿自 Assing，1999）
A. 阳茎腹面观；B. 阳茎侧面观

（743）刻点直缝隐翅虫 *Othius punctatus* Bernhauer, 1923（图 4-III-408，图版 III-214）

Othius puncticeps Bernhauer, 1916a: 26 [HN].

Othius punctatus Bernhauer, 1923: 124 [Replacement name for *Othius puncticeps* Bernhauer, 1916].

Othiellus arisanus Shibata, 1973: 126.

Othius goui Zheng, 1995: 342.

主要特征：体长 8.7–9.5 mm；体黑色；鞘翅颜色有变化，有时颜色较浅；附肢颜色稍浅。头部具 1 对额后刻点，中域无刻点区较长，侧部刻点相对稀疏。鞘翅刻点密。第 7 背板后缘具栅栏状组织。雄性第 5 和第 6 腹板中央具椭圆形压痕，并着生密毛；第 7 腹板后缘微凹，近中后部密布柔毛；第 8 腹板后缘微凹，中部具浅的三角形压痕；第 9 腹板后缘圆弧形凹入。本种与四川的网纹直缝隐翅虫 *O. maculativentris* Zheng,

1995 近似，但后者头较宽，前胸背板后部刻点接近后角，足色较深。

分布：浙江（全境）、山东、陕西、甘肃、湖北、湖南、台湾、四川、贵州。

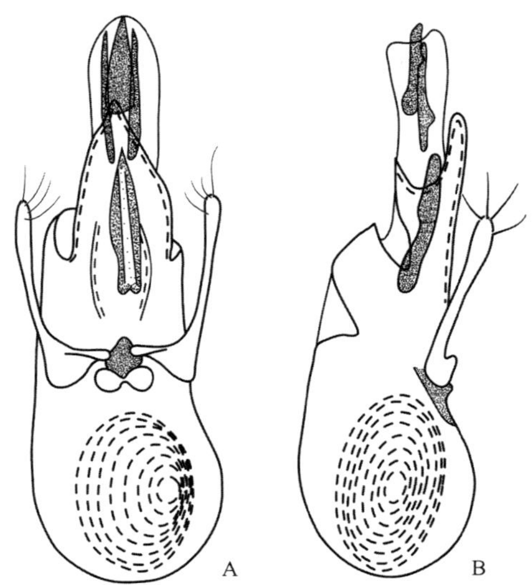

图 4-III-408　刻点直缝隐翅虫 *Othius punctatus* Bernhauer, 1923（仿自 Assing，1999）
A. 阳茎腹面观；B. 阳茎侧面观

（744）红尾直缝隐翅虫 *Othius rufocaudatus* Assing, 2013（图 4-III-409）

Othius rufocaudatus Assing, 2013b: 85.

主要特征：体长 14.5–15.5 mm；体黑色，第 8 腹节后半部及之后腹节红棕色，附肢红棕色。头部具 1 对额后刻点，中域无刻点区较长，侧部刻点相对稀疏。鞘翅刻点密。第 7 背板后缘具栅栏状组织。雄性第 7 腹板后缘微凹，近中后部密布柔毛；第 8 腹板后缘微凹，中部具浅的三角形压痕；第 9 腹板后缘圆弧形凹入。本种与台湾直缝隐翅虫 *O. taiwanus* Ito, 1989 近似，但本种前胸背板更宽短，足更短。

分布：浙江（开化、缙云）、陕西。

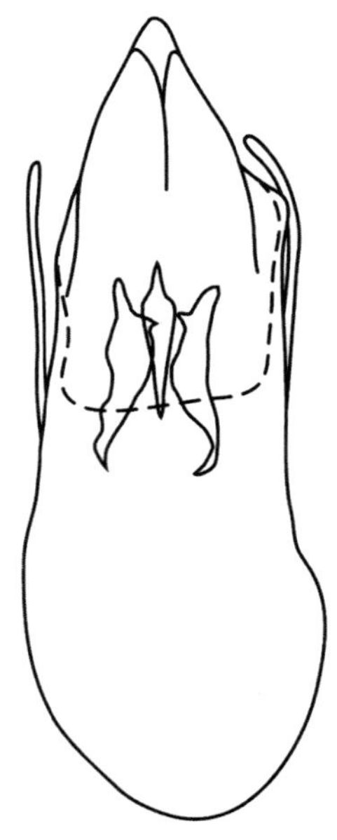

图 4-III-409　红尾直缝隐翅虫 *Othius rufocaudatus* Assing, 2013 阳茎腹面观（仿自 Assing，2013b）

隐翅虫族 Staphylinini Latreille, 1802

膝角隐翅虫亚族 Acylophorina Outerelo *et* Gamarra, 1985

288. 宽颈隐翅虫属 *Anchocerus* Fauvel, 1905

Anchocerus Fauvel, 1905a: 141. Type species: *Anchocerus birmanus* Fauvel, 1905.

主要特征：体长 6–14 mm，粗壮；多为深棕色。头近方形或圆形，基部较宽；刚毛刻点极少；复眼很小，明显短于后颊；触角膝状，前 3 节光滑无柔毛；下颚须和下唇须末节均密布柔毛。前胸背板宽大，向端部稍变窄，近中部具 1 对刚毛刻点，无微刻纹。鞘翅近方形，密布刻点和刚毛。腹部密布刻点和微刻纹。雄性第 9 腹板端部圆弧形突出或具小凹入；阳茎形态各异，侧叶通常退化，明显短于中叶，部分种类侧叶端部具刚毛或感觉瘤刚毛。

分布：古北区、东洋区、澳洲区。世界已知 23 种，中国记录 7 种，浙江分布 1 种。

（745）硕宽颈隐翅虫 *Anchocerus giganteus* Hu, Li *et* Zhao, 2010（图 4-III-410，图版 III-215）

Anchocerus giganteus Hu, Li *et* Zhao, 2010: 65.

主要特征：体长 10.7–12.5 mm；体深棕色。头长小于宽（0.88∶1）；复眼很小，长度仅为后颊之半；头顶密布细小刻点，无微刻纹。前胸背板长小于宽（0.85∶1）；散布大量细小刻点；背排刻点每列 1 个；近侧缘具 1 对刚毛刻点。无微刻纹。鞘翅稍宽于前胸背板（1.02∶1）；密布刻点，无微刻纹。腹部各节密布横波状微刻纹。雄性第 9 腹板端部圆弧形突出；阳茎侧叶分叉，顶端各具 4–8 根感觉瘤刚毛。雌性第 10 背板近三角形，边缘着生大量长刚毛。本种与柴田宽颈隐翅虫 *A. shibatai* Smetana, 1995 十分相似，但本种头部密布细小刻点，阳茎侧叶分叉。

分布：浙江（庆元）、福建。

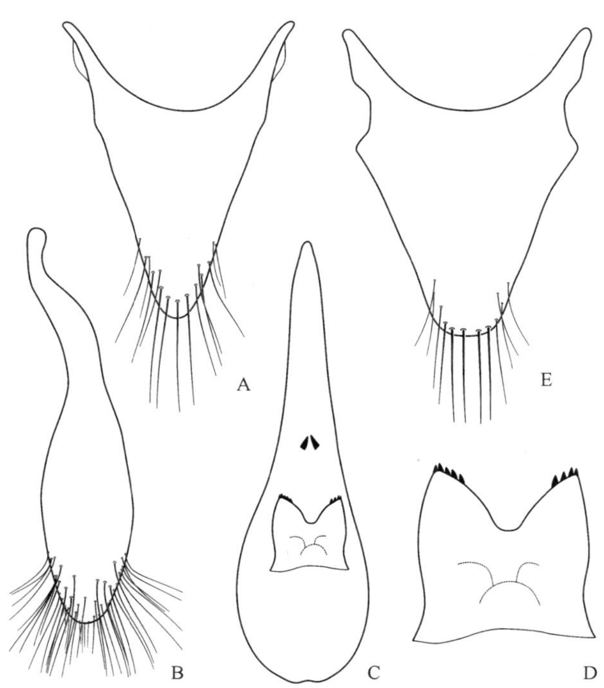

图 4-III-410　硕宽颈隐翅虫 *Anchocerus giganteus* Hu, Li *et* Zhao, 2010

A. 雄性第 10 背板；B. 雄性第 9 腹板；C. 阳茎腹面观；D. 阳茎侧叶腹面观；E. 雌性第 10 背板

宽背隐翅虫亚族 Algonina Schillhammer *et* Brunke, 2015

289. 宽背隐翅虫属 *Algon* Sharp, 1874

Algon Sharp, 1874a: 22. Type species: *Algon grandicollis* Sharp, 1874.

Creophilopsis Cameron, 1921: 272. Type species: *Creophilopsis semiaenea* Cameron, 1921.

Brachycamonthus Bernhauer, 1933a: 37. Type species: *Brachycamonthus kaiserianus* Bernhauer, 1933.

Allopygus Cameron, 1950a: 21. Type species: *Allopygus malayanus* Cameron, 1950.

主要特征：较大型种；两触角窝间距较触角窝与复眼之间的距离大；无眼下脊，下颚须末节较粗，端部平截，长度长于亚末节；颈部最窄处明显宽于头宽的 1/3。前背折缘强烈反折，侧面观不可见；前胸腹板前方无骨质化的骨片。

分布：古北区、东洋区、旧热带区。世界已知 80 种，中国记录 28 种，浙江分布 1 种。

（746）球胸宽背隐翅虫 *Algon sphaericollis* Schillhammer, 2006（图 4-III-411，图版 III-216）

Algon sphaericollis Schillhammer, 2006: 146.

主要特征：体长 11.5–19.0 mm；体黑色，触角末两节、上颚、下颚须、下唇须、跗节颜色较浅。复眼长度为后颊长的 1.80–2.05 倍。前体无微刻纹，前胸背板宽为长的 1.09–1.12 倍。鞘翅刻点粗糙。雄性第 8 腹板后缘中部凹入，第 9 腹板后侧角长。阳茎中叶端部略弯曲成钩状。本种与台湾的松木宽背隐翅虫 *A. matsukii* Shibata, 1979 近似，但本种前胸背板较窄。

分布：浙江（临安）、山东、上海、福建、四川、贵州；俄罗斯，朝鲜，韩国。

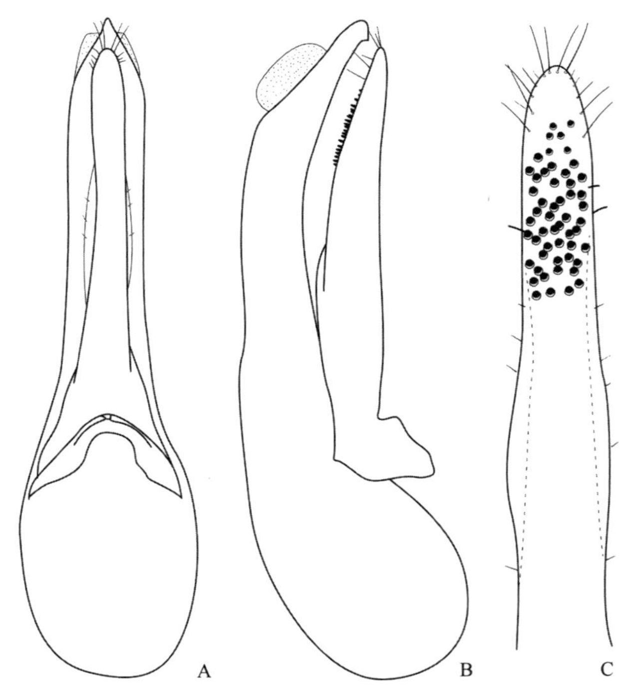

图 4-III-411　球胸宽背隐翅虫 *Algon sphaericollis* Schillhammer, 2006（仿自 Schillhammer，2006）

A. 阳茎腹面观；B. 阳茎侧面观；C. 阳茎侧叶端部内面观

衰茎隐翅虫亚族 Amblyopinina Seevers, 1944

290. 狭须隐翅虫属 *Heterothops* Stephens, 1829

Heterothops Stephens, 1829a: 23. Type species: *Staphylinus binotatus* Gravenhorst, 1802.

Trichopygus Nordmann, 1837: 137. Type species: *Tachyporus dissimilis* Gravenhorst, 1802.

主要特征：体长 3.0–5.0 mm；体多为深棕色。头部近圆形；背面仅具少量刚毛刻点，密布微刻纹；复眼较大，长于后颊；前、后额刻点之间具额外的刚毛刻点；触角前 3 节无柔毛；下颚须和下唇须末节锥状，明显窄于亚末节，无柔毛。前胸背板稍向端部变窄，具背排刻点，密布微刻纹。鞘翅稍向端部变宽，密布刻点和刚毛，无微刻纹。腹部向端部逐渐变窄，密布刻点、刚毛和微刻纹。雄性第 8 腹板后缘中间凹入；第 9 腹板端部常具三角形凹入；第 10 背板近三角形，端部着生长刚毛。阳茎细长；中叶近端部逐渐变尖，内部具内囊骨片；侧叶退化消失。雌性第 10 背板近三角形，端部着生长刚毛。

分布：古北区、东洋区、新北区、新热带区、澳洲区。世界已知 145 种，中国记录 6 种，浙江分布 1 种。

（747）黄缘狭须隐翅虫 *Heterothops cognatus* Sharp, 1874（图 4-III-412，图版 III-217）

Heterothops cognatus Sharp, 1874a: 20.

主要特征：体长 3.3–5.0 mm；棕色至深棕色。头长等于宽；前、后额刻点之间具 1 个刚毛刻点；后额

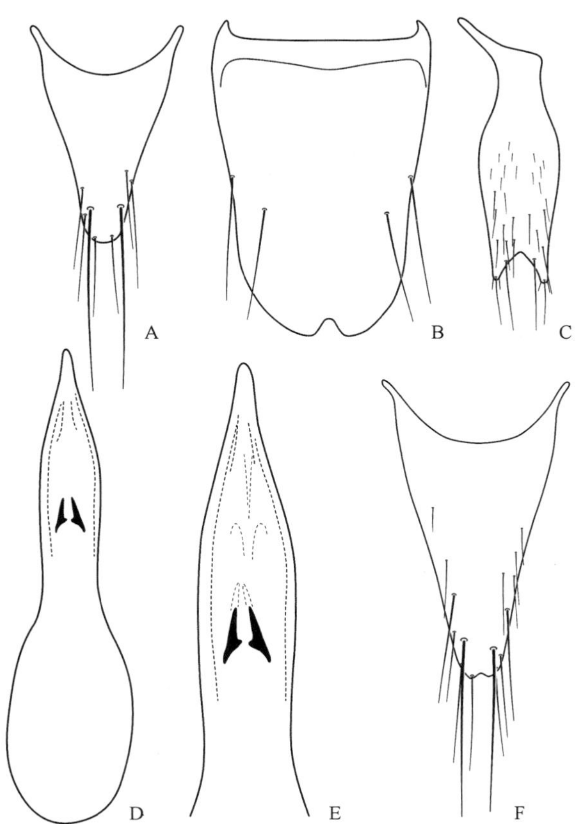

图 4-III-412 黄缘狭须隐翅虫 *Heterothops cognatus* Sharp, 1874

A. 雄性第 10 背板；B. 雄性第 8 腹板；C. 雄性第 9 腹板；D. 阳茎腹面观；E. 阳茎内囊骨片；F. 雌性第 10 背板

刻点与头后缘之间具 2 个刚毛刻点；密布横波状微刻纹。前胸背板长稍小于宽（0.92∶1），背排刻点每列 1 个，微刻纹与头部类似。鞘翅宽于前胸背板（1.31∶1）；密布刻点，无微刻纹。腹部各节密布横波状微刻纹。雄性第 8 腹板端部具浅而窄的三角形凹入；阳茎中叶腹面观两侧平行，近端部逐渐变尖。本种与皂狭须隐翅虫 *H. tzaw* Smetana, 1995 十分相似，但本种鞘翅后缘颜色变浅，阳茎内囊骨片狭长。

分布：浙江（安吉）、辽宁、陕西；韩国，日本。

歧隐翅虫亚族 Anisolinina Hayashi, 1993

291. 肿跗隐翅虫属 *Turgiditarsus* Schillhammer, 1997

Tumiditarsus Schillhammer, 1996: 63 [HN]. Type species: *Tumiditarsus ledangensis* Schillhammer, 1996.

Turgiditarsus Schillhammer, 1997: 109 [Replacement name for *Tumiditarsus* Schillhammer, 1996]. Type species: *Tumiditarsus ledangensis* Schillhammer, 1996.

主要特征：上颚细长镰刀状，颈部中域具刚毛刻点。前背折缘上缘线在到达前胸背板前缘前不明显地翻折。前足跗节特化，末节极度膨大，具爪间刚毛。

生物学：与白蚁共生。

分布：古北区、东洋区。世界已知 5 种，中国记录 2 种，浙江分布 1 种。

（748）中华肿跗隐翅虫 *Turgiditarsus chinensis* (Schillhammer, 1996)（图 4-III-413）

Tumiditarsus chinensis Schillhammer, 1996: 65.

Turgiditarsus chinensis: Schillhammer, 1997: 109.

主要特征：体长约 10 mm；体黑色，背板后缘红褐色，触角末 4 节白色，足红褐色。上颚细长镰刀状；复眼占据头长的 2/3；头顶无刻点，其余部分密布小刻点。前胸背板明显宽于头部，具刻点 5 对；小盾片光滑无刻点。腹部密布刻点刚毛。前足第 5 跗节巨大。雌性腹部第 8 背腹板后缘无栉状刚毛。本种与科达达肿跗隐翅虫 *T. kodadai* Schillhammer, 1997 近似，但本种前胸背板刻点排列较不规则，腹部第 8 背腹板后缘无栉状刚毛。

分布：浙江（临安）。

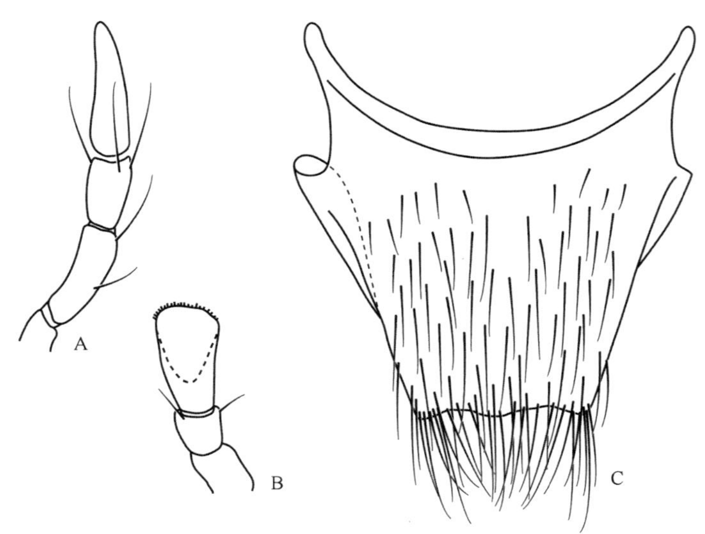

图 4-III-413　中华肿跗隐翅虫 *Turgiditarsus chinensis* (Schillhammer, 1996)（仿自 Schillhammer，1996）

A. 下颚须；B. 下唇须；C. 雌性第 10 背板

毛列隐翅虫亚族 Cyrtoquediina Brunke *et* Solodovnikov, 2015

292. 圆头隐翅虫属 *Quwatanabius* Smetana, 2002

Quwatanabius Smetana, 2002b: 272. Type species: *Quedius flavicornis* Sharp, 1889.

主要特征：体长 5–6 mm；多为暗棕色。头部近圆形；背面仅具少量刚毛刻点，无微刻纹；复眼较小，短于后颊；前、后额刻点之间常具 1 个额外的刚毛刻点；触角前 3 节无柔毛；下颚须和下唇须末节均窄而延长，长度等于前 2 节之和，无柔毛。前胸背板稍向端部变窄，具背刻点列，无微刻纹。鞘翅近长方形；鞘翅各具少量刻点，排成 3 列；无微刻纹。腹部密布刻点和微刻纹。雄性第 8 腹板后缘中间凹入，第 9 腹板端部突出或具三角形小凹入。阳茎细长，具骨质化的内囊骨片；侧叶退化成三角形小薄片，无感觉瘤刚毛。

分布：古北区、东洋区。世界已知 5 种，中国记录 5 种，浙江分布 1 种。

（749）浙江圆头隐翅虫 *Quwatanabius zhejiangensis* Hu, Li *et* Zhao, 2012（图 4-III-414，图版 III-218）

Quwatanabius zhejiangensis Hu, Li *et* Zhao, 2012: 67.

主要特征：体长 5.3 mm；头和鞘翅深棕色，前胸背板和腹部红棕色。头长小于宽（0.86∶1）；复眼长是后颊长的 0.65 倍；前、后额刻点之间具 1 个刚毛刻点；后额刻点与头后缘之间具 2 个刚毛刻点；无微刻纹。前胸背板长小于宽（0.86∶1）；背排刻点和亚背排刻点各为每列 1 个；无微刻纹。鞘翅宽于前胸背板

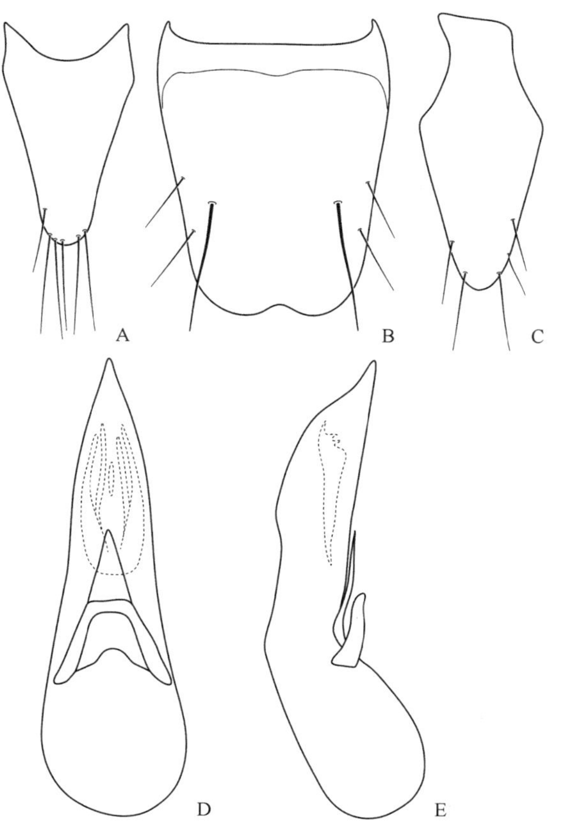

图 4-III-414　浙江圆头隐翅虫 *Quwatanabius zhejiangensis* Hu, Li *et* Zhao, 2012

A. 雄性第 10 背板；B. 雄性第 8 腹板；C. 雄性第 9 腹板；D. 阳茎腹面观；E. 阳茎侧面观

（1.05∶1）；每鞘翅具少量刻点，排成 3 列；无微刻纹。腹部各节密布横波状微刻纹。雄性第 8 腹板端部呈圆弧形凹入；阳茎侧叶呈三角形薄片，长度为中叶长的 1/3，无感觉瘤刚毛。

分布：浙江（庆元）。

伊里隐翅虫亚族 Erichsoniina Brunke *et* Solodovnikov, 2015

293. 伊里隐翅虫属 *Erichsonius* Fauvel, 1874

Erichsonius Fauvel, 1874: 201. Type species: *Staphylinus cinerascens* Gravenhorst, 1802.

Actobius Fauvel, 1875: xxix. Type species: *Staphylinus cinerascens* Gravenhorst, 1802.

Parerichsonius Coiffait, 1963: 9. Type species: *Philonthus signaticornis* Mulsant *et* Rey, 1853.

主要特征：体型相对较小。颈部中域缺刚毛刻点。前背折缘在前足基节窝后具后侧片。后足第 1 跗节短于后 2 节之和，无爪间刚毛。阳茎具成对的侧叶。

分布：古北区、东洋区、新北区、旧热带区、澳洲区。世界已知 172 种 2 亚种，中国记录 13 种，浙江分布 2 种。

（750）中华伊里隐翅虫 *Erichsonius chinensis* (Bernhauer, 1939)（图版 III-219）

Actobius chinensis Bernhauer, 1939d: 592.

Erichsonius chinensis: Herman, 2001b: 2590.

主要特征：体长 5.3–6.1 mm；头黑褐色，前胸背板颜色稍浅，鞘翅和腹部红褐色，附肢红黄色。头部刻点较小而密集，复眼长度约为后颊长的一半。前胸背板刻点相对稀疏，内侧刻点 9 对。鞘翅长大于宽，长于前胸背板。腹部第 7 背板后缘具栅栏状组织。雄性第 8 腹板后缘凹入，第 9 腹板后缘圆弧形。本种与罗氏伊里隐翅虫 *E. luoi* Uhlig *et* Watanabe, 2016 近似，但后者体型较大，头和前胸背板较宽，刻点较粗大而稀疏。

分布：浙江（临安）。

（751）罗氏伊里隐翅虫 *Erichsonius* (*Sectophilonthus*) *luoi* Uhlig *et* Watanabe, 2016（图 4-III-415）

Erichsonius (*Sectophilonthus*) *luoi* Uhlig *et* Watanabe, 2016: 143.

主要特征：体长 6.5–7.1 mm；头黑褐色，前胸背板稍浅，鞘翅和腹部褐色，但腹部背板后缘红褐色，

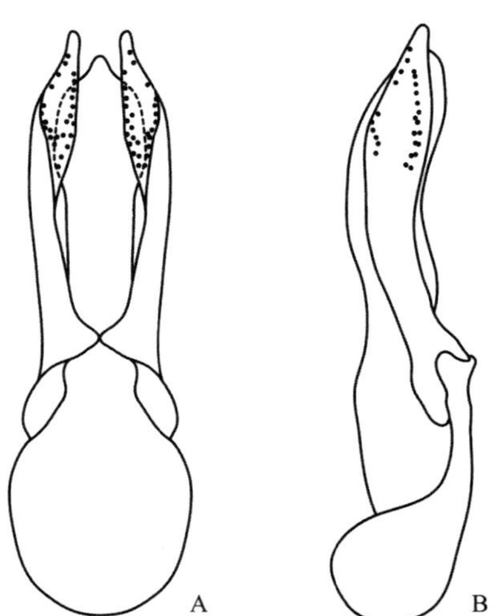

图 4-III-415　罗氏伊里隐翅虫 *Erichsonius* (*Sectophilonthus*) *luoi* Uhlig *et* Watanabe, 2016

A. 阳茎腹面观；B. 阳茎侧面观

附肢红黄色。复眼长度为后颊长的 0.65 倍；头部刻点粗大，相对较密。前胸背板内侧刻点 7–9 对。鞘翅长大于宽，长于前胸背板。腹部第 7 背板后缘具栅栏状组织。雄性第 8 腹板后缘凹入，第 9 腹板后缘圆弧形。阳茎侧叶稍长于中叶，端部扩大，顶端尖锐，端部约有 31 个感觉刚毛瘤。本种与中华伊里隐翅虫 *E. chinensis* (Bernhauer, 1939)近似，但本种体型较大，头和前胸背板较宽，刻点较粗大稀疏。

分布：浙江（泰顺）。

菲隐翅虫亚族 Philonthina Kirby, 1837

294. 等须隐翅虫属 *Bisnius* Stephens, 1829

Bisnius Stephens, 1829a: 23. Type species: *Staphylinus cephalotes* Gravenhorst, 1802.

Gefyrobius Thomson, 1859: 24. Type species: *Staphylinus nitidulus* Gravenhorst, 1802.

主要特征：中型种类。下颚须末节纺锤形，与亚末节等宽；下唇须末节几乎不窄于亚末节；无眼后脊；颈部中域缺刚毛刻点。前背折缘的前缘线向腹面明显弯折，前足基节窝后无后侧片。雌雄前足第 1–4 跗节均不变宽，腹面无修饰性刚毛，无爪间刚毛；后足第 1 跗节长于后 2 节之和。

分布：世界广布。世界已知 84 种 6 亚种，中国记录 15 种，浙江分布 1 种。

（752）古田山等须隐翅虫 *Bisnius gutianshanus* Li *et* Zhou, 2010（图 4-III-416）

Bisnius gutianshanus Li *et* Zhou, 2010b: 107.

主要特征：体长 4.7–5.1 mm；头黑色，前胸背板红棕色，鞘翅红棕色至棕色，腹部第 3–7 背板后缘及整个第 8 背板红黄色，触角前 3 节红棕色，附肢红黄色。复眼略短于后颊，头部刻点间区具明显微刻纹。前胸背板背排刻点 5 对，刻点间区具微刻纹。鞘翅长于前胸背板。腹部密布刻点，具微刻纹。雄性第 8 腹板后缘浅凹入，第 9 腹板后部浅双叶形；阳茎侧叶短于中叶，端部 2 裂，内缘具感觉刚毛瘤。本种与泼坦等须隐翅虫 *B. potanini* (Eppelsheim, 1889)近似，但后者头与前胸背板无微刻纹。

分布：浙江（开化）。

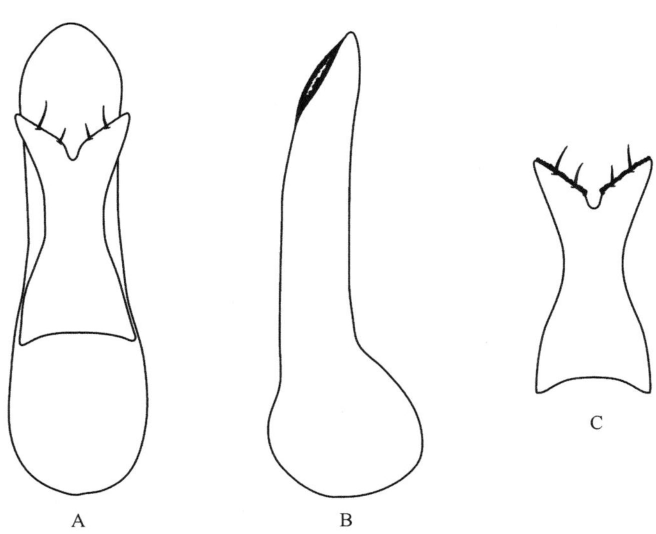

图 4-III-416　古田山等须隐翅虫 *Bisnius gutianshanus* Li *et* Zhou, 2010

A. 阳茎腹面观；B. 阳茎侧面观；C. 阳茎侧叶端部内面观

295. 背点隐翅虫属 *Eccoptolonthus* Bernhauer, 1912

Eccoptolonthus Bernhauer, 1912a: 206. Type species: *Philonthus conradti* Bernhauer, 1912.

Pseudohesperus Hayashi, 2008: 146. Type species: *Philonthus rutiliventris* Sharp, 1874.

主要特征：中型种类。下唇须末节几乎不窄于亚末节；下颚须末节圆筒形，明显窄于亚末节；无眼后脊；颈部中域缺刚毛刻点，头部刻点较多。前胸背板刻点与头部相似，前背折缘在前足基节窝后无后侧片，前背折缘的前缘线向腹面明显弯折。雌雄前足第 1–4 跗节均不变宽，腹面无修饰性刚毛；后足第 1 跗节长于后 2 节之和，无爪间刚毛。

分布：古北区、东洋区。世界已知 22 种，中国记录 8 种，浙江分布 1 种。

（753）疏背点隐翅虫 *Eccoptolonthus sparsipunctatus* (Li *et* Zhou, 2011)（图 4-III-417，图版 III-220）

Pseudohesperus sparsipunctatus Li *et* Zhou, 2011: 712.

Eccoptolonthus sparsipunctatus: Newton, 2015: 14.

主要特征：体长 8.6–9.8 mm；头黑褐色，前胸背板颜色略浅，鞘翅褐色，缝缘和后缘红黄色，腹部各节后缘红褐色，附肢红黄色。头密布刻点，但头顶无刻点，刻点间区无微刻纹。前胸背板具无刻点中带，刻点间区无微刻纹。鞘翅长小于宽，但长于前胸背板。腹部密布刻点。雄性第 8 腹板后缘凹入；第 9 腹板后部双叶形，每叶极细长。阳茎侧叶短于中叶，亚端部最宽之后变窄，内面具较多感觉刚毛瘤。本种与耀疏背隐翅虫 *E. eustilbus* (Kraatz, 1859)近似，但后者鞘翅单色，前胸背板刻点相对稀疏。

分布：浙江（临安）。

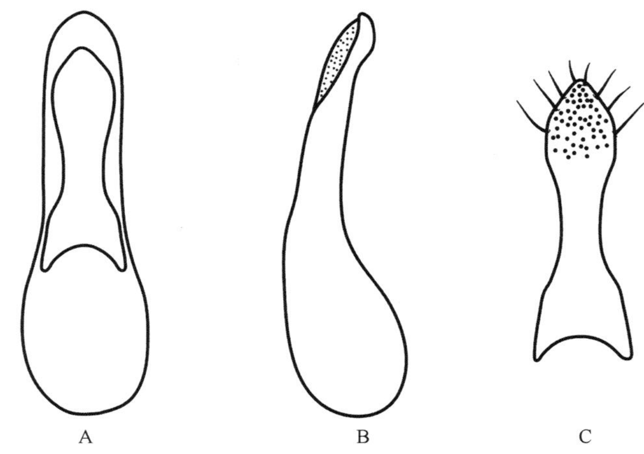

图 4-III-417　疏背点隐翅虫 *Eccoptolonthus sparsipunctatus* (Li *et* Zhou, 2011)

A. 阳茎腹面观；B. 阳茎侧面观；C. 阳茎侧叶端部内面观

296. 佳隐翅虫属 *Gabrius* Stephens, 1829

Gabrius Stephens, 1829a: 23. Type species: *Staphylinus aterrimus* Gravenhorst, 1802.

主要特征：下唇须末节细长，明显窄于亚末节；无眼后脊；颈部中域缺刚毛刻点。前背折缘的前缘线向腹面明显弯折，前背折缘在前足基节窝后无后侧片。雌雄前足第 1–4 跗节均不变宽，腹面无修饰性刚毛；后足第 1 跗节长于后 2 节之和，无爪间刚毛。

分布：世界广布。世界已知 450 种 7 亚种，中国记录 55 种 1 亚种，浙江分布 3 种。

分种检索表

1. 头长等于宽；鞘翅浅黄红色……………………………………………………………………………**贫佳隐翅虫 *G. egens***
- 头长明显大于宽；鞘翅黑色至暗棕色……………………………………………………………………………………2
2. 体型较小，体长 4.8–5.5 mm；腹部黑色 ……………………………………………………**佩氏佳隐翅虫 *G. pelzelmayeri***
- 体型较大，体长 5.9–6.5 mm；腹部黑色但第 3–7 背板后缘红棕色 ………………………………**隐佳隐翅虫 *G. invisus***

（754）贫佳隐翅虫 *Gabrius egens* (Sharp, 1874)（图 4-III-418）

Philonthus egens Sharp, 1874a: 44.

Gabrius egens: Smetana, 1960: 303.

主要特征：体长 6 mm；体黑色，鞘翅浅黄红色，腹部各节后缘红色，口部和触角第 2、3 节红黄色，足红黄色。头长等于宽，密布微刻纹，复眼长是后颊长的 0.78 倍。前胸背板长是宽的 1.1 倍，具刻点 6 对。鞘翅长是前胸背板的 1.14 倍。雄性第 8 腹板后缘中部浅凹入；阳茎侧叶端部宽平，中间略凹。本种可通过较宽的头部和浅色的鞘翅与其他同属种类区分。

分布：浙江（临安、庆元）；韩国，日本。

图 4-III-418　贫佳隐翅虫 *Gabrius egens* (Sharp, 1874)阳茎腹面观

（755）隐佳隐翅虫 *Gabrius invisus* Li, Schillhammer *et* Zhou, 2012（图 4-III-419）

Gabrius invisus Li, Schillhammer *et* Zhou, 2012: 959.

主要特征：体长 5.9–6.5 mm；头和前胸背板黑色，鞘翅暗棕色，腹部黑色但第 3–7 背板后缘红棕色，触角黑色但前 3 节红棕色，其余附肢红黄色。头宽长比为 0.80–0.82；疏布刻点，头顶无刻点，具微刻纹。前胸背板长宽比为 1.11–1.25，具刻点 6–7 对。鞘翅长是前胸背板的 1.08–1.25 倍。腹部第 3–5 背板具 2 条基线。雄性第 8 腹板后缘中部凹入；第 9 腹板不对称，左后角极度延长。阳茎中叶长，侧面观亚端部腹面具小突起；侧叶短于中叶，端部加宽，前缘凹入，沿前缘内面具较多感觉刚毛瘤。

分布：浙江（安吉、临安、龙泉）、北京、河南、陕西、湖北、湖南、四川。

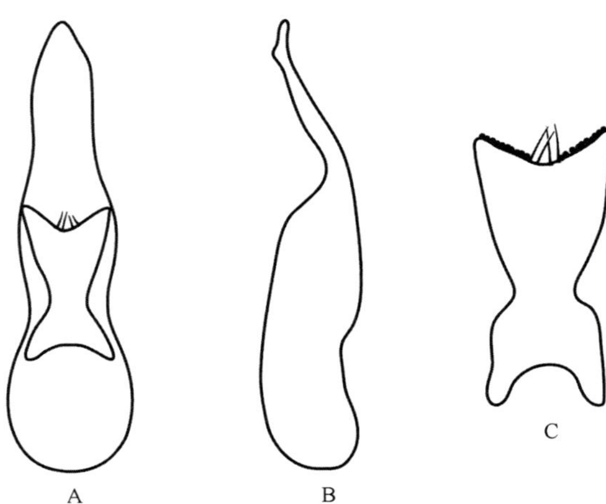

图 4-III-419　隐佳隐翅虫 *Gabrius invisus* Li, Schillhammer *et* Zhou, 2012（仿自 Li et al.，2012）

A. 阳茎腹面观；B. 阳茎侧面观；C. 阳茎侧叶端部内面观

（756）佩氏佳隐翅虫 *Gabrius pelzelmayeri* (Bernhauer, 1939)

Philonthus pelzelmayeri Bernhauer, 1939d: 590.

Gabrius pelzelmayeri: Smetana, 1973: 133.

主要特征：体长 4.8–5.5 mm；黑色，触角基部和端部黄红色。头部略窄于前胸背板，复眼间有 4 个刻点，眼后具少量大刻点；复眼小；后颊长约为复眼的 2 倍；触角细长，倒数第 2 节略横宽。前胸背板窄于鞘翅，长显著大于宽，侧缘平行，表面有刻点列。鞘翅长大于宽，与前胸背板等长或略短于前胸背板，具中等密度的刻点和灰黄色柔毛。腹部具较密的小刻点。

分布：浙江（临安）。

297. 异节隐翅虫属 *Gabronthus* Tottenham, 1955

Gabronthus Tottenham, 1955: 180. Type species: *Gabrius maritimus* Motschulsky, 1858.

主要特征：体型较小。下颚须末节长度约为亚末节的 1.3 倍，明显窄于稍膨大的第 2 节；下唇须末节明显窄于亚末节，约为亚末节的 1.5 倍；颈部中域缺刚毛刻点。前背折缘的前缘线向腹面明显弯折，在前足基节窝后无后侧片，前背折缘无额外的侧缘线，前胸背板近侧缘最大的刚毛刻点与侧缘的间距小于或略大于刻点直径。雌雄前足第 1–4 跗节变宽，腹面具修饰性刚毛，无爪间刚毛。

分布：世界广布。世界已知 52 种，中国记录 6 种，浙江分布 2 种。

（757）斜异节隐翅虫 *Gabronthus inclinans* (Walker, 1859)（图 4-III-420）

Xantholinus inclinans Walker, 1859: 51.

Gabronthus inclinans: Tottenham, 1955: 191.

主要特征：体长约 4 mm；头褐色，前胸背板和鞘翅红棕色，腹部棕色，附肢红黄色。头前部无压痕。阳茎中叶端部钝圆，中叶端部不尖锐。本种与浙江异节隐翅虫 *G. zhejiangensis* Zheng, 2001 相似，但本种的额部无压痕。

分布：浙江、香港、广西、云南；斯里兰卡，印度尼西亚。

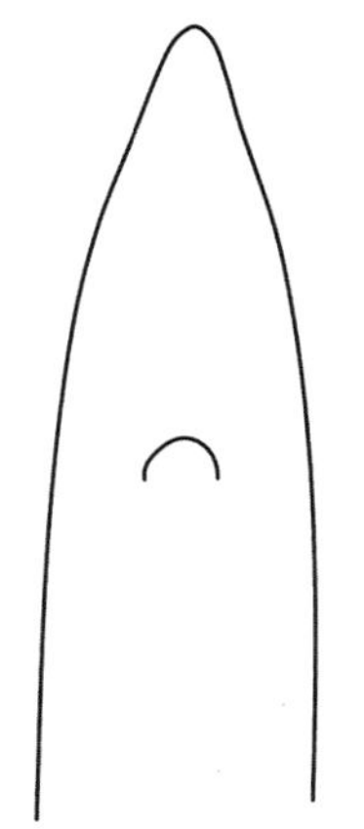

图 4-III-420　斜异节隐翅虫 *Gabronthus inclinans* (Walker, 1859)阳茎中叶端部

（758）浙江异节隐翅虫 *Gabronthus zhejiangensis* Zheng, 2001（图 4-III-421）

Gabronthus zhejiangensis Zheng, 2001a: 328.

主要特征：体长 4.0–4.5 mm；头黑色，前胸背板黑色至黑褐色，鞘翅红褐色，腹部黑褐色，触角前两节红褐色。头方形，约与前胸背板等宽，长是宽的 1.07 倍，额具宽而深的中纵凹，背面具微刻纹。前胸背板长是宽的 1.22 倍，背排刻点 5 对。鞘翅缝缘长度是前胸背板长的 0.63 倍。腹部第 7 背板后缘具栅栏状组织。雄性第 8 腹板后缘中部微凹入，第 9 腹板后部深凹入。阳茎中叶端部尖锐；侧叶短于中叶，端部较圆，内面具 5 个感觉刚毛瘤。本种与斜异节隐翅虫 *G. inclinans* (Walker, 1859)相似，可通过本种额部具压痕加以区分。

分布：浙江（临安）。

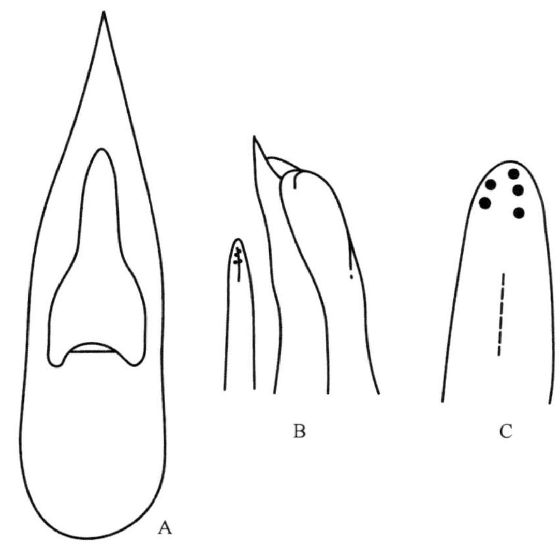

图 4-III-421　浙江异节隐翅虫 *Gabronthus zhejiangensis* Zheng, 2001（仿自 Zheng，2001a）

A. 阳茎腹面观；B. 阳茎侧面观；C. 阳茎侧叶端部内面观

298. 刃颚隐翅虫属 *Hesperus* Fauvel, 1874

Hesperus Fauvel, 1874: 200. Type species: *Staphylinus rufipennis* Gravenhorst, 1802.

Onthostygnus Sharp, 1884: 392. Type species: *Onthostygnus fasciatus* Sharp, 1884.

主要特征：体型较大。下颚须末节圆筒形，外咽缝合并于头的后半部，颈部中域缺刚毛刻点。前背折缘的前缘线向腹面明显弯折，在前足基节窝后无后侧片，前胸背板近侧缘最大的刚毛刻点与侧缘的间距是刻点直径的 3 倍以上。前足胫节外沿具刺。雌雄前足第 1–4 跗节变宽，腹面具修饰性刚毛，无爪间刚毛。

分布：世界广布。世界已知 209 种，中国记录 14 种，浙江分布 1 种。

（759）北京刃颚隐翅虫 *Hesperus* (*Hesperus*) *beijingensis* Li, Zhou *et* Schillhammer, 2010（图 4-III-422）

Hesperus beijingensis L. Li, Zhou *et* Schillhammer, 2010: 523.

主要特征：体长 10.2–12.1 mm；头和前胸背板黑色，具黄铜光泽；鞘翅前 1/3 部红褐色，之后大部黑色，缝缘和后缘黄色；腹部第 3–5 背板红色，之后背板黑色，但第 8 背板后缘红黄色；触角前 3 节红色，之后节黑色，末 2 节白色；附肢红黄色。头和前胸背板具深的微刻纹。前胸背板刻点相对小而疏。腹部刻点粗密。雄性第 8 腹板后缘凹入，第 9 腹板后部双叶形。阳茎侧叶短于中叶，端部宽钝，内面无感觉刚毛瘤。本种与台湾刃颚隐翅虫 *H. taiwanensis* Shibata, 1973 近似，但后者体较小，腹部刻点稀疏。

分布：浙江（龙泉）、北京、河南、安徽、湖北、福建、四川、云南。

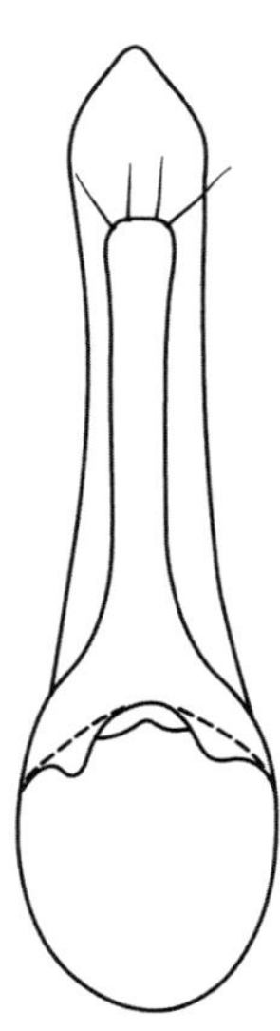

图 4-III-422　北京刃颚隐翅虫 *Hesperus* (*Hesperus*) *beijingensis* Li, Zhou *et* Schillhammer, 2010 阳茎腹面观（仿自 Li et al.，2010）

299. 宽头隐翅虫属 *Hybridolinus* Schillhammer, 1998

Hybridolinus Schillhammer, 1998: 146. Type species: *Hybridolinus daliensis* Schillhammer, 1998.

主要特征：颈部最窄处明显宽于头宽的 1/3；无眼下脊和眼后脊；触角第 6–11 节不强烈扩大；下颚须末节较长，至少为亚末节的 1/3；下唇须末节非斧形；两触角窝间距较触角窝与复眼之间的距离大。前足基节窝后无后侧片；前背折缘不反折，侧面观几乎全部可见，前缘线向腹面明显弯折，具 1 条额外的侧缘线；前胸腹板前方无骨质化的骨片；小腹片无中纵脊。腹部第 3–5 背板无亚基线。足无爪间刚毛；后足第 1 跗节长于后 2 节之和。雌雄前足第 1–4 跗节变宽，腹面具修饰性刚毛。

分布：古北区、东洋区。世界已知 16 种，中国记录 13 种，浙江分布 1 种。

（760）凤阳山宽头隐翅虫 *Hybridolinus fengyangshanus* Li *et* Zhou, 2010（图 4-III-423）

Hybridolinus fengyangshanus L. Li *et* Zhou, 2010a: 40.

主要特征：体长约 11.2 mm；头和前胸背板黑色；鞘翅红褐色，后缘黄色，各鞘翅后侧部具 1 三角形黑斑和腹部褐色；腹部第 3–7 背板后缘红黄色；触角前 2 节红色，末 3 节白色；附肢红黄色。头部刻点间区无微刻纹，复眼长是后颊的 1.8 倍。前胸背板具窄的无刻点中带，刻点间区具弱微刻纹。鞘翅长宽比为 1.32。雄性第 8 腹板后缘凹入，第 9 腹板后部双叶形。阳茎侧叶短于中叶，端部双叶状，内面具较多感觉刚毛瘤。本种与刃颚宽头隐翅虫 *H. hesperoides* Schillhammer, 1998 近似，但后者触角末两节白色。

分布：浙江（龙泉）。

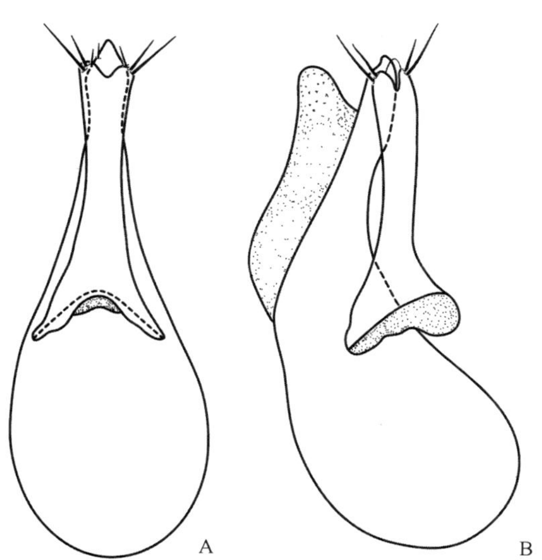

图 4-III-423　凤阳山宽头隐翅虫 *Hybridolinus fengyangshanus* Li *et* Zhou, 2010（仿自 Li and Zhou，2010）
A. 阳茎腹面观；B. 阳茎侧面观

300. 瘦隐翅虫属 *Neobisnius* Ganglbauer, 1895

Neobisnius Ganglbauer, 1895: 464. Type species: *Neobisnius villosulus* Stephens, 1833.

主要特征：下颚须末节很大且明显锥形；颈部中域缺刚毛刻点。前胸背板近侧缘最大的刚毛刻点与侧缘的间距是刻点直径的 3 倍以上；前背折缘的前缘线向腹面明显弯折，在前足基节窝后无后侧片。雌雄前足第 1–4 跗节变宽。腹面具修饰性刚毛，无爪间刚毛。

分布：世界广布。世界已知 72 种 5 亚种，中国记录 6 种，浙江分布 3 种。

分种检索表

1. 鞘翅红色……………………………………………………………………………**黑头瘦隐翅虫 *N. nigripes***
- 鞘翅主要为沥青色或棕色……………………………………………………………………………2
2. 鞘翅沥青色但缝缘和后缘颜色稍浅……………………………………………**台湾瘦隐翅虫 *N. formosae***
- 鞘翅棕色但缝缘后缘和侧缘红黄色……………………………………………**长窄瘦隐翅虫 *N. praelongus***

（761）台湾瘦隐翅虫 *Neobisnius formosae* Cameron, 1949

Neobisnius formosae Cameron, 1949: 175.

主要特征：体长 3.7–3.8 mm；体黑色，鞘翅沥青色，但缝缘和后缘颜色稍浅，触角前 3 节和足红黄色。全体无微刻纹。本种与长瘦隐翅虫 *N. prolixus* (Erichson, 1840)近似，但本种复眼较大，后颊基部更收窄，刻点更小而稀，鞘翅非同色。

分布：浙江、台湾、香港、广西、四川、云南。

（762）黑头瘦隐翅虫 *Neobisnius nigripes* Bernhauer, 1941（图 4-III-424）

Neobisnius nigripes Bernhauer, 1941b: 227.

主要特征：体长约 4.0 mm；体黑色，鞘翅红色，触角基部和端部颜色较浅，足暗褐色，跗节红棕色。头与前胸背板等宽，长大于宽，额前缘具 1 个三角形无刻点区，后颊适度长于复眼。前胸背板宽大约是长的 2/3，沿中线光滑。鞘翅两侧较平行。雄性第 8 腹板后缘中部浅凹入。阳茎中叶端部尖锐；侧叶短，端部钝圆，内面具感觉刚毛瘤。本种与日本的小瘦隐翅虫 *N. pumilus* Sharp, 1874 近似，但可通过头较窄和足深色加以区分。

分布：浙江、福建、香港、四川。

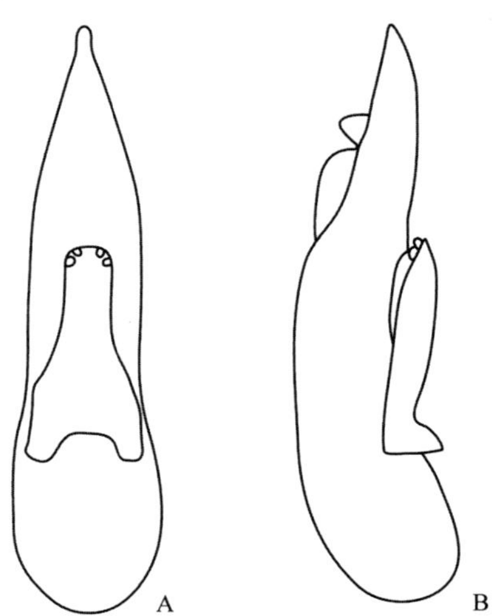

图 4-III-424 黑头瘦隐翅虫 *Neobisnius nigripes* Bernhauer, 1941
A. 阳茎腹面观；B. 阳茎侧面观

（763）长窄瘦隐翅虫 *Neobisnius praelongus* (Gemminger *et* Harold, 1868)

Philonthus longulus Kraatz, 1859: 99 [HN].

Philonthus praelongus Gemminger *et* Harold, 1868: 591 [Replacement name for *Philonthus longulus* Kraatz, 1859].

Neobisnius praelongus: Bernhauer & Schubert, 1914: 323.

主要特征：体长约 4.0 mm；头黑色，前胸背板黑棕色，鞘翅棕色但缝缘后缘和侧缘红黄色，腹部棕色但腹板后缘红黄色，触角前 3 节红黄色，足黄色。头稍宽于前胸背板，中域无刻点，复眼与后颊等长。前胸背板长大于宽，具宽的无刻点中纵带。腹部前 3 节基部具横向压痕，压痕处刻点较其他处刻点粗大。雄性第 8 腹板后缘中部浅凹入。本种可通过鞘翅颜色与其他浙江种类区分。

分布：浙江（临安）、台湾；日本，印度，缅甸，越南，泰国，柬埔寨，斯里兰卡，菲律宾，马来西亚，印度尼西亚。

301. 菲隐翅虫属 *Philonthus* Stephens, 1829

Philonthus Stephens, 1829a: 23. Type species: *Philonthus splendens* Fabricius, 1793.

Philonthopsis Cameron, 1932: 261. Type species: *Philonthopsis antennalis* Cameron, 1932.

Endeius Coiffait *et* Saiz, 1968: 355. Type species: *Endeius loensis* Coiffait *et* Saiz, 1968.

Kirschenblatia Bolov *et* Kryzhanovskij, 1969: 512. Type species: *Kirschenblatia kabardensis* Bolov *et* Kryzhanovskij, 1969.

Paralionthus Ádám, 1996: 236. Type species: *Staphylinus punctus* Gravenhorst, 1802.

主要特征：下颚须末节非锥形，长度超过亚末节的 1.3 倍；下唇须长，末节长度至少为亚末节的 1.5 倍；

颈部中域缺刚毛刻点。前胸背板近侧缘最大的刚毛刻点与侧缘的间距小于或略大于刻点直径；前背折缘前缘线向腹面明显弯折，在前足基节窝后无后侧片。雌雄前足第 1–4 跗节变宽，腹面具修饰性刚毛，无爪间刚毛。

分布：世界广布。世界已知 1328 种 31 亚种，中国记录 114 种 4 亚种，浙江分布 11 种 2 亚种。

分种检索表

1. 头宽大于前胸背板宽 ……………………………………………………………… **黄足菲隐翅虫 *P. flavipes***
- 头宽小于前胸背板宽 ……………………………………………………………………………………… 2
2. 较大的种类，体长 10.2–13.3 mm；前胸背板具刻点 3 对 …………………………………………… 3
- 较小的种类，体长 4.5–9.0 mm；前胸背板具刻点 5 或 6 对 ………………………………………… 5
3. 鞘翅和胫节及跗节橙色 ……………………………………………… **橘黄菲隐翅虫 *P. spinipes kabardensis***
- 鞘翅和胫节及跗节黑褐色 ………………………………………………………………………………… 4
4. 阳茎侧叶内面感觉刚毛瘤较多，呈纵向 4 列 ……………………………………… **束菲隐翅虫 *P. tractatus***
- 阳茎侧叶内面感觉刚毛瘤较少，呈纵向 2 列 ……………………………………… **奥氏菲隐翅虫 *P. oberti***
5. 头长明显大于头宽 ………………………………………………………………………………………… 6
- 头长小于至等于头宽 ……………………………………………………………………………………… 7
6. 体暗棕色，体长 7.0–8.5 mm ………………………………………………………… **棕菲隐翅虫 *P. aeneipennis***
- 体红褐色，体长 5.0–5.5 mm ……………………………………………………… **领菲隐翅虫 *P. eidmannianus***
7. 前胸背板背排刻点 6 对 ……………………………………………………………… **友菲隐翅虫 *P. amicus***
- 前胸背板背排刻点 5 对 …………………………………………………………………………………… 8
8. 眼长明显小于后颊长度 …………………………………………………………………………………… 9
- 眼长明显大于后颊长度 …………………………………………………………………………………… 11
9. 体较大，体长约 6.8 mm ……………………………………………… **天目山菲隐翅虫 *P. tienmuschanensis***
- 体较小，体长 4.5–5.5 mm ………………………………………………………………………………… 10
10. 体黑色，鞘翅暗红色 ………………………………………………………………… **弗氏菲隐翅虫 *P. freyi***
- 体棕色，头部稍深 ……………………………………………………………………… **弱菲隐翅虫 *P. debilis***
11. 头长等于头宽 …………………………………………………………………… **戊苏菲隐翅虫 *P. wuesthoffi***
- 头长明显小于宽 …………………………………………………………………………………………… 12
12. 后颊较圆；鞘翅棕色但缝缘和后缘红色 ………………………………………… **黄缘菲隐翅虫 *P. tardus***
- 后颊较突出；鞘翅棕色 ………………………………………………… **矩菲隐翅虫 *P. rectangulus rectangulus***

（764）棕菲隐翅虫 ***Philonthus (Philonthus) aeneipennis* Boheman, 1858**（图 4-III-425，图版 III-221）

Philonthus aeneipennis Boheman, 1858: 30.

Philonthus erythropus Kraatz, 1859: 88.

Philonthus kuluensis Schubert, 1908: 617.

Philonthus punctatissimus Schubert, 1908: 619.

主要特征：体长 7.0–8.5 mm；体暗棕色，鞘翅略具金属光泽，附肢红棕色。头窄于前胸背板，长略大于宽；复眼长约为后颊的 0.93 倍。前胸背板长宽比约为 1.18，具刻点 5 对。雄性第 8 腹板后缘中部浅凹入。阳茎中叶端部略尖；侧叶端部 2 分叶，2 分叶内侧紧贴，内面具感觉刚毛瘤。本种与疑菲隐翅虫 *P. quisquiliarius* Gyllenhal, 1810 较相似，但是可通过本种头长大于宽、体型较纤细与之区分。

分布：浙江（临安）、辽宁、北京、河北、陕西、江苏、台湾、海南、香港、四川、云南；韩国，日本，巴基斯坦，印度，不丹，尼泊尔，印度尼西亚，西亚地区，非洲，大洋洲。

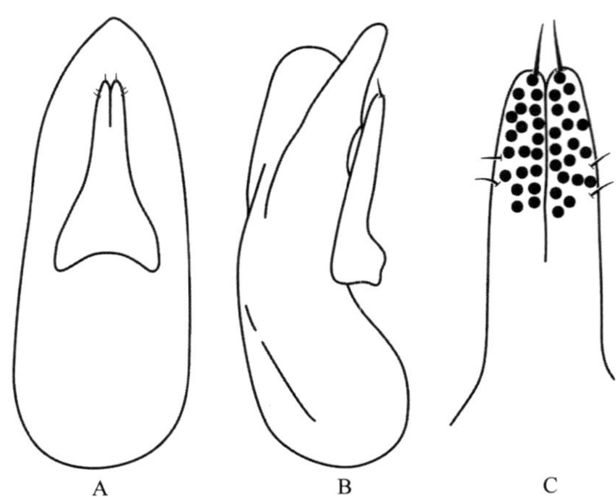

图 4-III-425　棕菲隐翅虫 *Philonthus* (*Philonthus*) *aeneipennis* Boheman, 1858
A. 阳茎腹面观；B. 阳茎侧面观；C. 阳茎侧叶内面观

（765）友菲隐翅虫 *Philonthus* (*Philonthus*) *amicus* Sharp, 1874

Philonthus amicus Sharp, 1874a: 45.

主要特征：体长约 5.2 mm；头黑色，其余身体褐色，附肢红褐色。头窄于前胸背板，长略小于宽；复眼长略长于后颊。前胸背板长不明显地大于宽，具刻点 6 对。雄性第 8 腹板后缘中部浅凹入。本种与古北区的褐足菲隐翅虫 *P. albipes* Kuwert, 1890 有些相似，但是可通过后者相对较窄的头部和前胸背板具 4 对刻点进行区分。

分布：浙江、北京、江苏、香港、贵州、云南；俄罗斯，日本。

（766）弱菲隐翅虫 *Philonthus* (*Philonthus*) *debilis* (Gravenhorst, 1802)（图 4-III-426，图版 III-222）

Staphylinus debilis Gravenhorst, 1802: 35.
Staphylinus lucidus Gravenhorst, 1802: 21.
Philonthus debilis: Erichson, 1839b: 467.
Philonthus melanocephalus Heer, 1839: 269.
Philonthus coloratus Tottenham, 1939a: 202.

主要特征：体长 4.5–5.5 mm；体棕色，头部颜色较深，附肢颜色稍浅。头窄于前胸背板，长略小于宽，

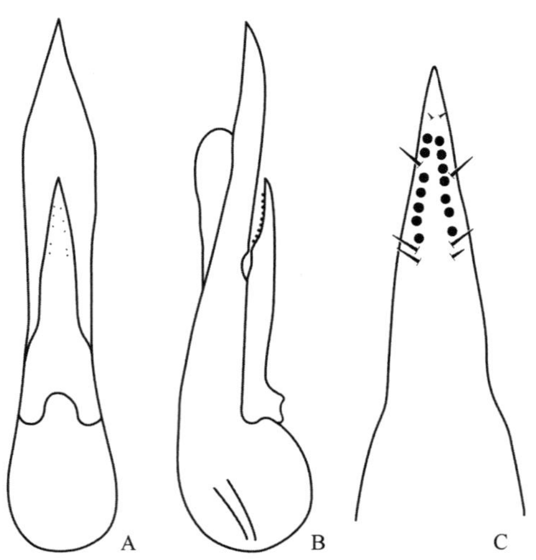

图 4-III-426　弱菲隐翅虫 *Philonthus* (*Philonthus*) *debilis* (Gravenhorst, 1802)
A. 阳茎腹面观；B. 阳茎侧面观；C. 阳茎侧叶端部内面观

复眼短于后颊。前胸背板长约等于宽，具刻点 5 对。雄性第 8 腹板后缘中部浅凹入。阳茎中叶和侧叶端部均十分尖锐，侧叶端部内面具感觉刚毛瘤。

分布：浙江、吉林；俄罗斯，蒙古国，日本，中亚地区，西亚地区，欧洲，北美洲，非洲。

（767）领菲隐翅虫 *Philonthus* (*Philonthus*) *eidmannianus* Scheerpeltz, 1929（图 4-III-427）

Philonthus eidmannianus Scheerpeltz, 1929: 121.

Philonthus diallus Tottenham, 1953: 145.

主要特征：体长 5.0–5.5 mm；体红褐色，头部和腹部大部颜色稍深，附肢红黄色。头窄于前胸背板，长大于宽；复眼略长于后颊。前胸背板长略大于宽，具刻点 5 对。雄性第 8 腹板后缘中部浅凹入。阳茎中叶端部尖锐；侧叶端部尖锐，内面具感觉刚毛瘤。本种与棕菲隐翅虫 *P. aeneipennis* Boheman, 1858 外形较相似，但是可通过本种体小、体色较浅、阳茎侧叶不分叶与之区分。

分布：浙江（杭州）、黑龙江、吉林、辽宁、上海；俄罗斯，日本。

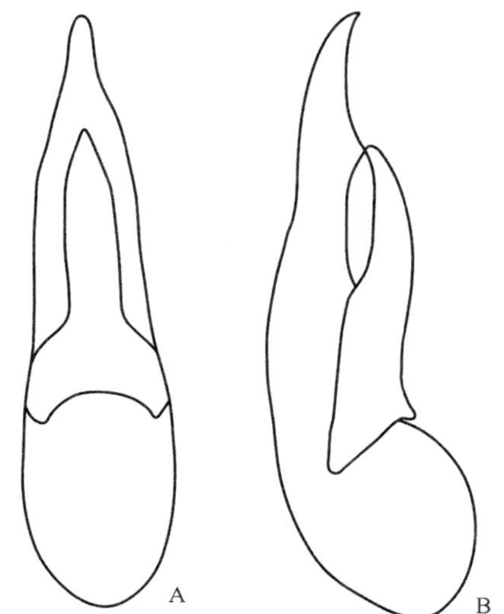

图 4-III-427 领菲隐翅虫 *Philonthus* (*Philonthus*) *eidmannianus* Scheerpeltz, 1929
A. 阳茎腹面观；B. 阳茎侧面观

（768）黄足菲隐翅虫 *Philonthus* (*Philonthus*) *flavipes* Kraatz, 1859

Philonthus flavipes Kraatz, 1859: 88.

主要特征：体长约 6.0 mm；体黑色，鞘翅具绿色金属反光，腹部带彩虹色，触角第 1 节和末两节浅色，足黄色。雄性头部较横宽，宽于前胸背板；复眼较大，长于后颊；前胸背板长稍大于宽，背排刻点 5 对；第 8 腹板后缘中部凹入。雌性头部相对窄，约与前胸背板等宽，复眼相对较小。

分布：浙江、福建、台湾、香港、云南；日本，斯里兰卡，非洲。

（769）弗氏菲隐翅虫 *Philonthus* (*Philonthus*) *freyi* Bernhauer, 1939

Philonthus freyi Bernhauer, 1939d: 591.

主要特征：体长约 4.5 mm；体黑色，鞘翅暗红色，腹板后缘和腹末端红色，触角棕色，口器和其他附肢红黄色。头窄于前胸背板，长约等于宽，眼间具 4 对刻点，复眼远小于后颊。前胸背板长约等于宽，具

6 对刻点。鞘翅稍长于前胸背板，短于前胸背板，具灰黄色被毛。后足跗节较短，第 1 节短于之后 3 节之和。

分布：浙江（临安）；日本。

（770）奥氏菲隐翅虫 *Philonthus* (*Philonthus*) *oberti* Eppelsheim, 1889（图 4-III-428，图版 III-223）

Philonthus oberti Eppelsheim, 1889: 174.

Philonthus beckeri Bernhauer, 1933a: 30.

Philonthus diffusiventris Bernhauer, 1933b: 41.

Philonthus pseudojaponicus Bernhauer, 1936a: 307.

Philonthus reflexiventris Tikhomirova, 1973: 164.

主要特征：体长约 13.0 mm；体黑色，腹部带彩虹色，附肢颜色略浅。头略窄于前胸背板，长是宽的 0.75 倍，复眼略长于后颊。前胸背板长略小于宽，具 3 对刻点。雄性第 8 腹板后缘中部凹入；阳茎中叶端部和侧叶端部窄圆，侧叶内面具 2 列感觉刚毛瘤。本种可以通过较大的体型和前胸背板具刻点 3 对与其他浙江同属物种区分。

分布：浙江（临安）、黑龙江、辽宁、北京、山西、陕西、甘肃、福建、重庆、四川、云南；俄罗斯，蒙古国，朝鲜，韩国，日本。

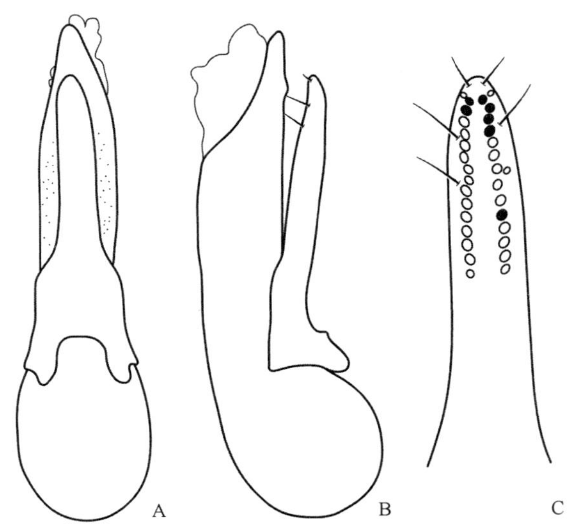

图 4-III-428　奥氏菲隐翅虫 *Philonthus* (*Philonthus*) *oberti* Eppelsheim, 1889

A. 阳茎腹面观；B. 阳茎侧面观；C. 阳茎侧叶内面观

（771）矩菲隐翅虫 *Philonthus* (*Philonthus*) *rectangulus rectangulus* Sharp, 1874

Philonthus rectangulus Sharp, 1874a: 42.

Philonthus bernhaueri Csiki, 1901: 104.

Philonthus tetragonocephalus Notman, 1924: 271.

Philonthus rufipennis Wüsthoff, 1936: 236.

Philonthus mequignoni Jarrige, 1938: 206.

主要特征：体长 7.7–8.7 mm；体黑褐色，头部颜色稍深，触角第 2 节基部和足红棕色。头近矩形，略窄于前胸背板，长是宽的 0.91 倍，复眼长是后颊的 1.14 倍。前胸背板长约等于宽，背排刻点 5 对。雄性第 8 腹板后缘浅凹入；第 9 腹板宽短，后缘圆弧形凹入。阳茎中叶宽大，端部变尖；侧叶短于中叶，2 分叶，内面具感觉刚毛瘤。

分布：浙江（临安）、黑龙江、吉林、北京、河北、山西、陕西、甘肃、新疆、台湾、香港、广西、四川、云南；俄罗斯，蒙古国，韩国，日本，中亚地区，不丹，尼泊尔，西亚地区，欧洲，北美洲，非洲。

（772）橘黄菲隐翅虫 *Philonthus* (*Philonthus*) *spinipes kabardensis* (Bolov *et* Kryzhanovskij, 1969)（图 4-III-429）

Kirschenblatia spinipes kabardensis Bolov *et* Kryzhanovskij, 1969: 515.

Kirschenblatia buchari Boháč, 1977: 20.

Philonthus spinipes hulunbeierensis Li, 1993: 35.

Philonthus spinipes kabardensis: Schülke & Smetana, 2015: 1049.

主要特征：体长 12.1–12.6 mm；头部、前胸背板和小盾片黑色，鞘翅橘黄色，腹部黑褐色，触角第 2 节基部红棕色，其余节呈褐色，足腿节黑色，胫节和跗节橘黄色。头近矩形，略窄于前胸背板，长是宽的 0.65 倍，复眼长是后颊的 1.4 倍。前胸背板宽略大于长，背排刻点 3 对。雄性第 8 腹板后缘浅凹入，第 9 腹板后缘凹入。阳茎中叶粗大，顶端具 1 小突；侧叶短于中叶，内面具感觉刚毛瘤。本种可通过鞘翅和足的颜色与浙江同属其他种类区分。

分布：浙江（临安）、黑龙江、吉林、辽宁、北京、山西、山东、甘肃、上海、台湾、贵州；俄罗斯，朝鲜，韩国，西亚地区，欧洲。

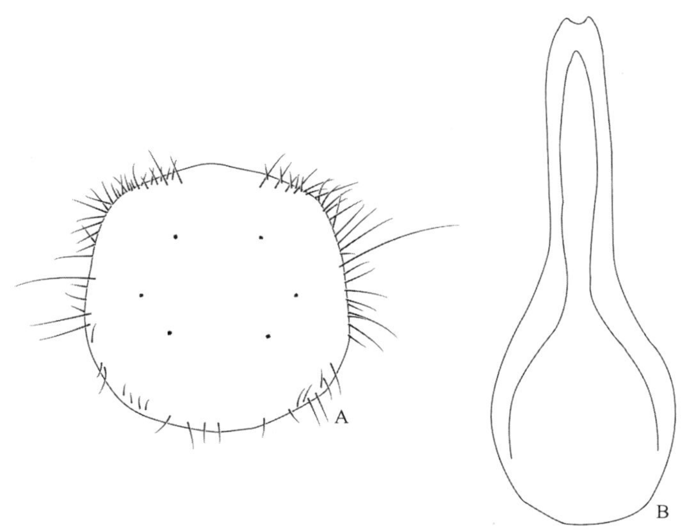

图 4-III-429 橘黄菲隐翅虫 *Philonthus* (*Philonthus*) *spinipes kabardensis* (Bolov *et* Kryzhanovskij, 1969)
（仿自 Schülke & Uhlig，1989）
A. 前胸背板；B. 阳茎腹面观

（773）黄缘菲隐翅虫 *Philonthus* (*Philonthus*) *tardus* Kraatz, 1859（图版 III-224）

Philonthus tardus Kraatz, 1859: 84.

Philonthus solidus Sharp, 1874a: 43.

Philonthus curtipennis Bernhauer, 1902a: 26.

Philonthus inornatus Cameron, 1920b: 215.

主要特征：体长 8.0–9.0 mm；体褐色，但头部和前胸背板颜色稍深，鞘翅后缘和缝缘红黄色，腹部背板后缘多少较浅，触角颜色较深，其他附肢红棕色。头窄于前胸背板，宽稍大于长，复眼稍长于后颊。前胸背板长略大于宽，背排刻点 5 对。腹部刻点相对小。本种与棕菲隐翅虫 *P. aeneipennis* Boheman, 1858 相似，但本种头部和前胸背板均较宽。

分布：浙江、陕西、台湾、香港、四川；韩国，日本，斯里兰卡，非洲。

（774）天目山菲隐翅虫 *Philonthus (Philonthus) tienmuschanensis* Bernhauer, 1939

Philonthus tienmuschanensis Bernhauer, 1939d: 591.

主要特征：体长约 6.8 mm；黑色，鞘翅稍光亮，附肢红黄色。头窄于前胸背板，长约等于宽，眼间具较多相对小的成对刻点，眼长远小于后颊。前胸背板长明显大于宽，背排刻点 5 对。鞘翅较前胸背板长，长略大于宽。腹部刻点密，刚毛黄褐色。后足跗节第 1 节长于之后 3 节之和。本种与棕菲隐翅虫 *P. aeneipennis* Boheman, 1858 近似，可通过本种较暗的鞘翅和短而宽的头部进行区分。

分布：浙江（临安）。

（775）束菲隐翅虫 *Philonthus (Philonthus) tractatus* Eppelsheim, 1895（图 4-III-430，图版 III-225）

Philonthus tractatus Eppelsheim, 1895: 61.

Philonthus proximatus Schubert, 1908: 616.

Philonthus cupreipennis Cameron, 1926b: 350.

主要特征：体长 10.2–13.3 mm；体黑色，附肢红棕色。头近矩形，窄于前胸背板，长是宽的 0.75 倍，复眼长是后颊的 1.38 倍。前胸背板长是宽的 0.90 倍，背排刻点 3 对。腹部背板刻点和柔毛细小，较鞘翅刻点稀疏，且具微刻纹，前 3 背板各具 2 条基线。雄性第 8 腹板后缘中部具凹入，第 9 腹板后缘凹入；阳茎中叶细长，侧叶内面具感觉刚毛瘤。

分布：浙江（临安）、云南、西藏；印度，不丹，尼泊尔。

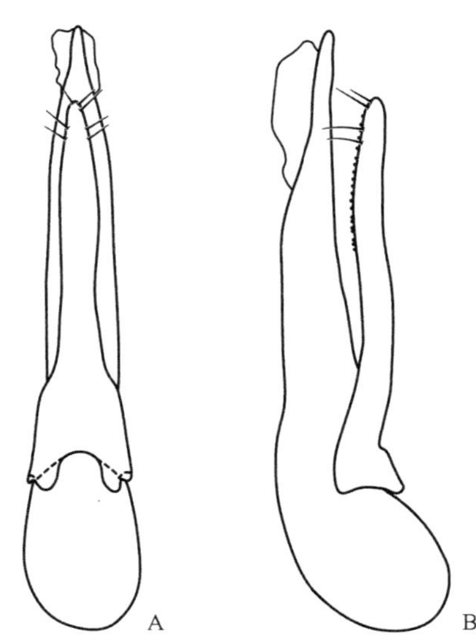

图 4-III-430　束菲隐翅虫 *Philonthus* (*Philonthus*) *tractatus* Eppelsheim, 1895

A. 阳茎腹面观；B. 阳茎侧面观

（776）戊苏菲隐翅虫 *Philonthus (Philonthus) wuesthoffi* Bernhauer, 1939（图 4-III-431）

Philonthus wuesthoffi Bernhauer, 1939a: 98.

Philonthus tuberculatus Coiffait, 1974: 203.

主要特征：体长 6.4–7.3 mm；体黑色，鞘翅和足略带红棕色，触角第 2 节基部略带红棕色。头近方形，明显窄于前胸背板，头长等于宽，复眼较大，是后颊的 1.3 倍。前胸背板宽与长几乎相等，背排刻点 4 对。

腹部背板刻点和柔毛细小密集，具微刻纹。雄性第 8 腹板后缘中域倒“V”形凹入，第 9 腹板后缘凹入。阳茎中叶近端部渐变尖；侧叶两边平行，内面具感觉刚毛瘤。

分布：浙江（临安）、黑龙江、吉林、辽宁、江苏；俄罗斯，朝鲜，韩国，日本，欧洲。

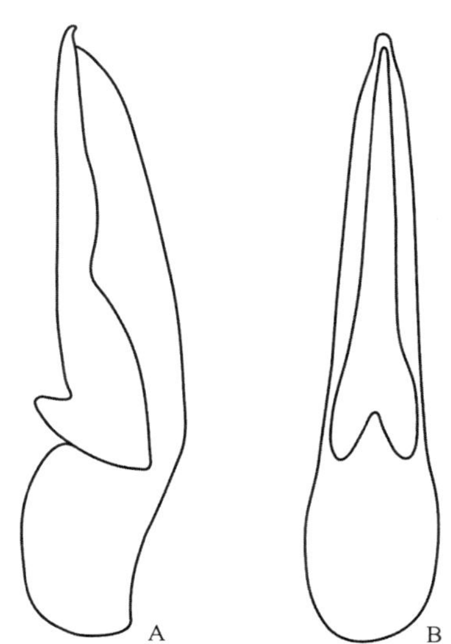

图 4-III-431 戊苏菲隐翅虫 *Philonthus* (*Philonthus*) *wuesthoffi* Bernhauer, 1939
A. 阳茎侧面观；B. 阳茎腹面观

颊脊隐翅虫亚族 Quediina Kraatz, 1857

302. 颊脊隐翅虫属 *Quedius* Stephens, 1829

Quedius Stephens, 1829a: 22. Type species: *Quedius levicollis* Brae, 1832.

Aemulus Gistel, 1834: 8. Type species: *Staphylinus fuliginosus* Gravenhorst, 1802.

Thanatomanes Gistel, 1856: 388. Type species: *Staphylinus impressus* Panzer, 1796.

Quediellus Casey, 1915: 398, 402. Type species: *Quedius debilis* Horn, 1878.

Quediochrus Casey, 1915: 398, 420. Type species: *Quedius spelaeus* Horn, 1871.

Anastictodera Casey, 1915: 421. Type species: *Quedius compransor* Fall, 1912.

Tenebrobius Rambousek, 1915: 27. Type species: *Quedius bernhaueri* Rambousek, 1915.

主要特征：体长 5.0–20.0 mm；多为深棕色，部分物种具金属光泽或鞘翅具黄色斑纹。头部近圆形，密布微刻纹，仅具少量刚毛刻点，少数种类具大量粗大刻点，前、后额刻点之间及两前额刻点之间有时具额外的刚毛刻点；具完整的眼下脊；触角前 3 节无柔毛；下颚须和下唇须末节稍长于亚末节，无柔毛。前胸背板具背排刻点和亚背排刻点，密布微刻纹。鞘翅密布刻点，常具微刻纹。腹部密布刻点和微刻纹。雄性第 8 腹板后缘具不同形状和深度的凹陷；第 9 腹板端部圆弧形突出或具小凹入；阳茎形态各异，侧叶近端部具数根细刚毛，底面具各种排列方式和数量的感觉瘤刚毛。

分布：世界广布。世界已知 875 种 40 亚种，中国记录 283 种，浙江分布 15 种。

分种检索表

1. 触角 4–10 节特化成栉状；前胸背板侧、后缘的刻点远离边缘，间距明显大于刻点直径……**栉角颊脊隐翅虫 *Q. pectinatus***
- 触角 4–10 节非栉状；前胸背板侧、后缘的刻点靠近边缘，间距与刻点直径相近或小于刻点直径……2
2. 头部、前胸背板和鞘翅具绿色或蓝色金属光泽；前胸背板的背排刻点每列 7–8 个……3
- 头部、前胸背板和鞘翅无金属光泽；前胸背板的背排刻点每列 3 个……5
3. 头部、前胸背板和鞘翅具绿色金属光泽；鞘翅无红黄色大斑……**雷公山颊脊隐翅虫 *Q. leigongshanensis***

- 头部、前胸背板和鞘翅具蓝色金属光泽；鞘翅近后缘具红黄色大斑……4
4. 触角基部 3 节红棕色；腹部刻点稀疏；阳茎侧叶明显长于中叶……铜斑颊脊隐翅虫 ***Q. cupreonotus***
- 触角基部 3 节深棕色；腹部刻点密集；阳茎侧叶略长于中叶……大斑颊脊隐翅虫 ***Q. cupreostigma***
5. 头部后缘刻点每侧 1 个……6
- 头部后缘刻点每侧 2 个……9
6. 体长不超过 6 mm；触角第 3 节与第 2 节等长……窄叶颊脊隐翅虫 ***Q. aereipennis***
- 体长大于 7 mm；触角第 3 节长是第 2 节的 1.5 倍……7
7. 阳茎侧叶腹面观两侧平行，端部宽而圆……中华颊脊隐翅虫 ***Q. chinensis***
- 阳茎侧叶腹面观向端部逐渐变窄，端部狭窄……8
8. 阳茎中叶腹面观近端部两侧各具 1 指状分叉……刚颊脊隐翅虫 ***Q. gang***
- 阳茎中叶腹面观近端部无分叉……植颊脊隐翅虫 ***Q. herbicola***
9. 头部前额刻点之间还具 2 个刚毛刻点……10
- 头部前额刻点之间无刚毛刻点……12
10. 鞘翅散布刻点，不排成纵列……翅斑颊脊隐翅虫 ***Q. bipictus***
- 鞘翅刻点排成纵列，大部分表面无刻点……11
11. 鞘翅中部具宽阔的黄褐色纵带……黄条颊脊隐翅虫 ***Q. rabirius***
- 鞘翅深棕色，无黄色纵带……黄侧颊脊隐翅虫 ***Q. pretiosus***
12. 体红棕色，头部、前胸背板中部和腹部各节中部深棕色……浅色颊脊隐翅虫 ***Q. pallens***
- 体黑色或深棕色……13
13. 小盾片具刻点和刚毛……盾刻颊脊隐翅虫 ***Q. simulans***
- 小盾片无刻点和刚毛……14
14. 小盾片基半部具密集的刻纹，呈横向皱褶……比氏颊脊隐翅虫 ***Q. beesoni***
- 小盾片光滑无刻纹……郝氏颊脊隐翅虫 ***Q. holzschuhi***

（777）翅斑颊脊隐翅虫 *Quedius* (*Distichalius*) *bipictus* Smetana, 2015（图 4-III-432）

Quedius (*Distichalius*) *bipictus* Smetana, 2015: 908.

主要特征：体长 7.5–8.5 mm；头和前胸背板黑色，鞘翅黄色，具大黑斑，腹部深棕色。头长小于宽

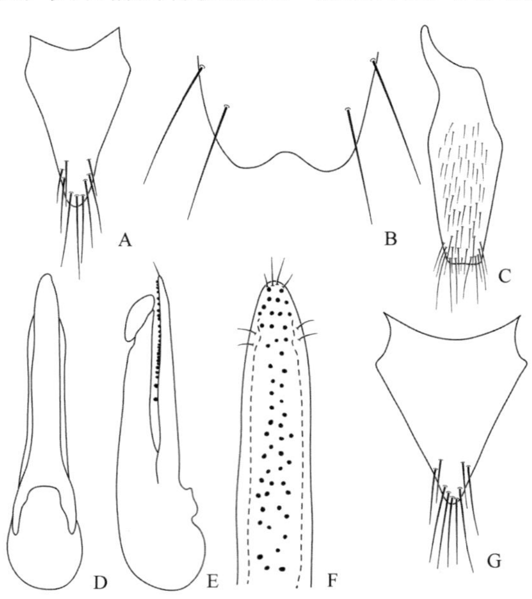

图 4-III-432　翅斑颊脊隐翅虫 *Quedius* (*Distichalius*) *bipictus* Smetana, 2015（仿自 Smetana，2015）

A. 雄性第 10 背板；B. 雄性第 8 腹板；C. 雄性第 9 腹板；D. 阳茎腹面观；E. 阳茎侧面观；F. 阳茎侧叶内面观；G. 雌性第 10 背板

（0.83∶1），复眼明显长于后颊（2.38∶1），两前额刻点间具 1 对刚毛刻点，表面密布横波状微刻纹。前胸背板长小于宽（0.88∶1），背排刻点每列 3 个，亚背排刻点每列 2 或 3 个，表面刻纹与头部相似。鞘翅较长，散布刻点，无微刻纹。雄性第 8 腹板端部具圆弧形浅凹，雄性第 9 腹板端部平截。阳茎细长；中叶端部具 1 对叶状突起；侧叶长于中叶，端半部沿中纵线密布感觉瘤刚毛。

分布：浙江（诸暨）、福建、广西。

（778）黄侧颊脊隐翅虫 *Quedius* (*Distichalius*) *pretiosus* Sharp, 1874（图 4-III-433，图版 III-226）

Quedius (*Distichalius*) *pretiosus* Sharp, 1874a: 26.

主要特征：体长 6.2–7.2 mm；体深棕色，前胸背板侧缘、腹部各节边缘黄褐色，鞘翅微带蓝色金属光泽。头长小于宽（0.86∶1），复眼明显长于后颊（3.67∶1），两前额刻点间具 1 对刚毛刻点，表面密布横波状微刻纹。前胸背板长小于宽（0.91∶1），背排刻点每列 3 个，亚背排刻点每列 2 个，刻纹与头部相似。鞘翅宽于前胸背板（1.13∶1）；刻点较稀疏，排成纵列；无微刻纹。雄性第 8 腹板端部具三角形深凹；阳茎侧叶与中叶等长，端部 1/3 密布感觉瘤刚毛。

分布：浙江（安吉、临安、缙云、龙泉）、吉林、辽宁、湖北、江西、福建、广西、重庆、四川、贵州；韩国，日本。

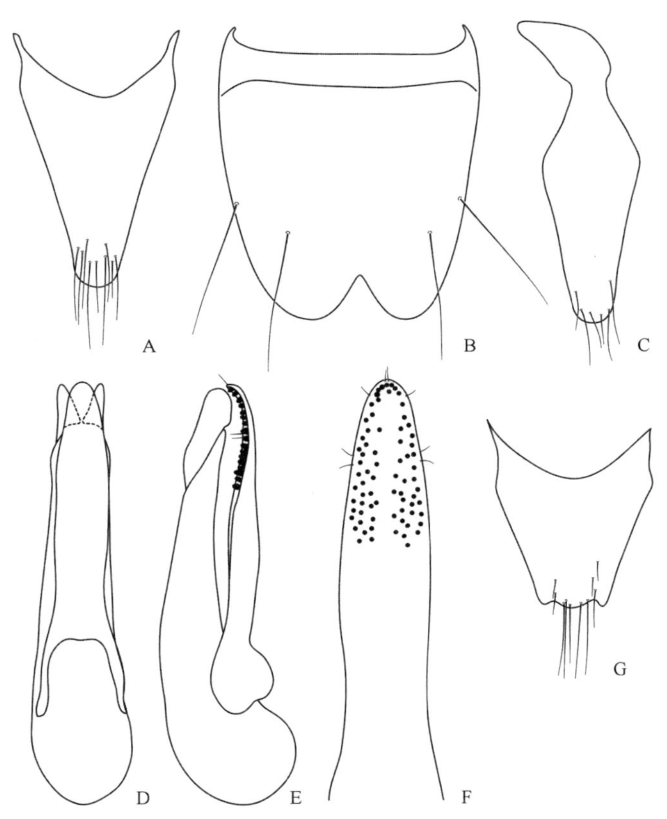

图 4-III-433 黄侧颊脊隐翅虫 *Quedius* (*Distichalius*) *pretiosus* Sharp, 1874

A. 雄性第 10 背板；B. 雄性第 8 腹板；C. 雄性第 9 腹板；D. 阳茎腹面观；E. 阳茎侧面观；F. 阳茎侧叶内面观；G. 雌性第 10 背板

（779）黄条颊脊隐翅虫 *Quedius* (*Distichalius*) *rabirius* Smetana, 1998（图 4-III-434，图版 III-227）

Quedius (*Distichalius*) *rabirius* Smetana, 1998: 321.

主要特征：体长 6.2–7.2 mm；深棕色，鞘翅中部各具 1 宽的黄褐色纵带。头长小于宽（0.85∶1），复眼明显长于后颊（3.30∶1），两前额刻点间具 1 对额外的刚毛刻点，表面密布横波状微刻纹。前胸背板长稍小于宽（0.96∶1），背排刻点每列 3 个，亚背排刻点每列 2 个，刻纹与头部相似。鞘翅宽于前胸背板（1.19∶1）；刻点较稀疏，排成纵列；无微刻纹。雄性第 8 腹板端部具深且宽的三角形凹入；阳茎腹面观中叶端部平截；侧叶明显超过中叶，端部 1/3 密布感觉瘤刚毛。

分布：浙江（安吉、临安）、四川。

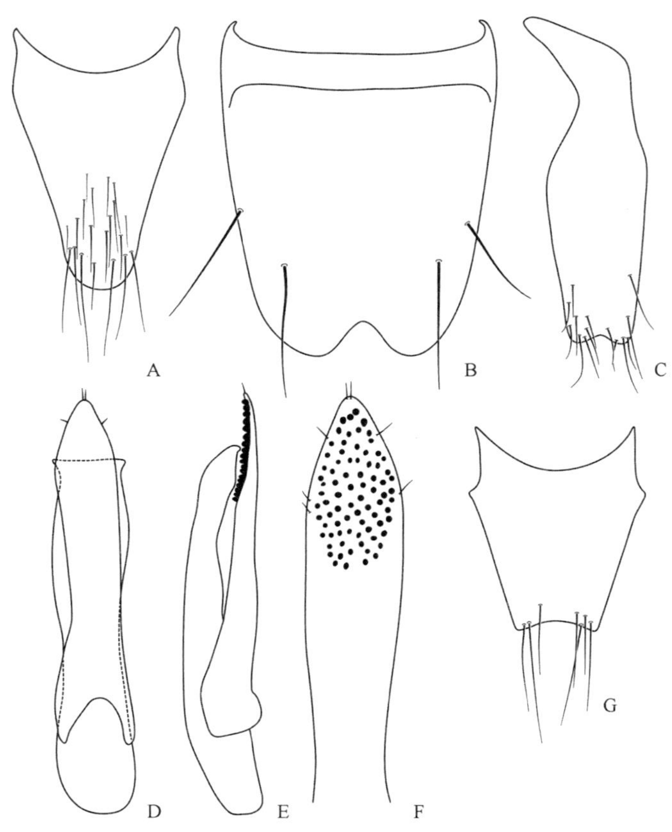

图 4-III-434 黄条颊脊隐翅虫 *Quedius* (*Distichalius*) *rabirius* Smetana, 1998

A. 雄性第 10 背板；B. 雄性第 8 腹板；C. 雄性第 9 腹板；D. 阳茎腹面观；E. 阳茎侧面观；F. 阳茎侧叶内面观；G. 雌性第 10 背板

（780）比氏颊脊隐翅虫 *Quedius* (*Microsaurus*) *beesoni* Cameron, 1932（图 4-III-435，图版 III-228）

Quedius (*Microsaurus*) *beesoni* Cameron, 1932: 285.

Quedius (*Microsaurus*) *mimeticus* Cameron, 1932: 286.

Quedius (*Microsaurus*) *notabilis* Cameron, 1932: 286.

Quedius peraffinis Cameron, 1932: 286.

Quedius sungkangensis Hayashi, 1992: 11.

主要特征：体长 9.3–12.8 mm；黑色。头长小于宽（0.75∶1），复眼长是后颊的 1.85 倍，密布横波状微刻纹。前胸背板长小于宽（0.81∶1），两侧边缘延展；背排刻点每列 3 个，亚背排刻点每列 3 个，微刻纹与头部类似。鞘翅宽于前胸背板（1.04∶1）；密布刻点；无微刻纹。雄性第 8 腹板端部具三角形凹入；阳茎侧叶细长，但不超过中叶，无感觉瘤刚毛。本种与艾科颊脊隐翅虫 *Q. acco* (Smetana, 1996)十分相似，但本种鞘翅稍宽于前胸背板；阳茎中叶顶端的凹入不明显，侧叶非常窄。

分布：浙江（安吉、景宁、泰顺）、陕西、上海、湖北、福建、台湾、广西、重庆、四川、贵州、云南；印度，尼泊尔。

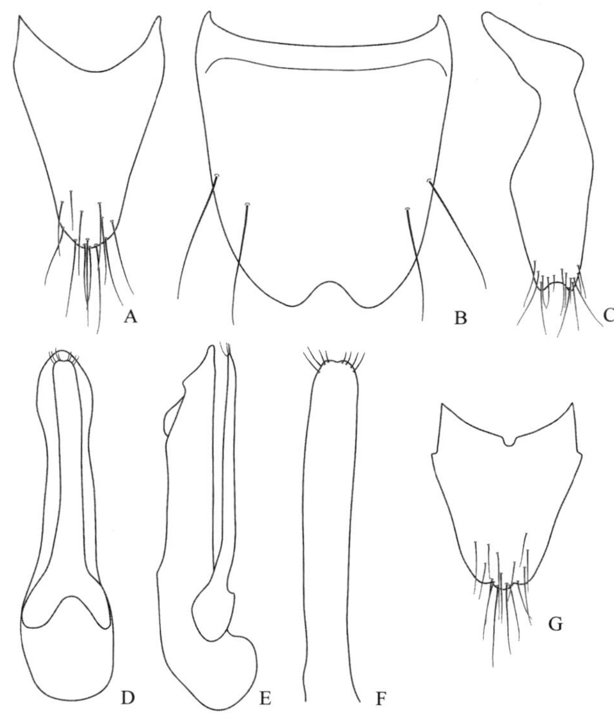

图 4-III-435 比氏颊脊隐翅虫 *Quedius* (*Microsaurus*) *beesoni* Cameron, 1932

A. 雄性第 10 背板；B. 雄性第 8 腹板；C. 雄性第 9 腹板；D. 阳茎腹面观；E. 阳茎侧面观；F. 阳茎侧叶内面观；G. 雌性第 10 背板

（781）郝氏颊脊隐翅虫 *Quedius* (*Microsaurus*) *holzschuhi* Smetana, 1999（图 4-III-436，图版 III-229）

Quedius (*Microsaurus*) *holzschuhi* Smetana, 1999: 220.

主要特征：体长 9.4–10.1 mm；黑色。头长小于宽（0.86∶1），复眼短于后颊（0.84∶1），密布横波状

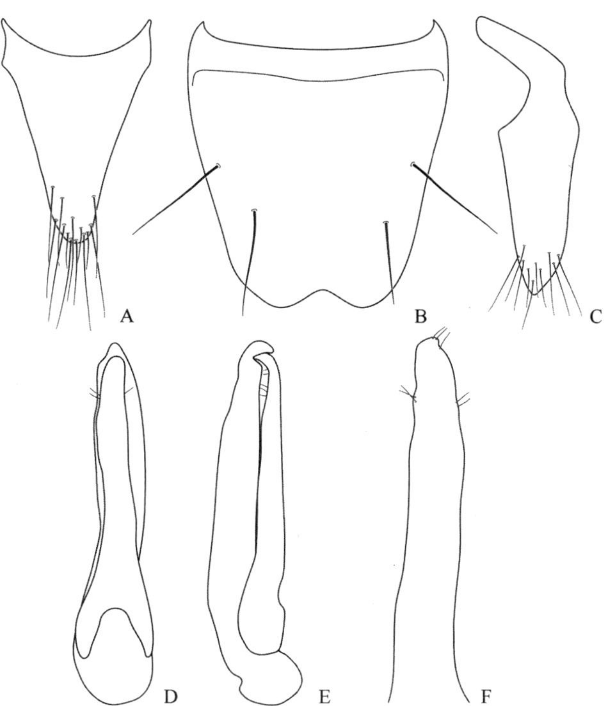

图 4-III-436 郝氏颊脊隐翅虫 *Quedius* (*Microsaurus*) *holzschuhi* Smetana, 1999

A. 雄性第 10 背板；B. 雄性第 8 腹板；C. 雄性第 9 腹板；D. 阳茎腹面观；E. 阳茎侧面观；F. 阳茎侧叶内面观

微刻纹。前胸背板长小于宽（0.91∶1），背排刻点每列 3 个，亚背排刻点每列 3 个；微刻纹与头部类似。鞘翅宽于前胸背板（1.16∶1），密布细刻点，无微刻纹。雄性第 8 腹板端部具浅且宽的圆弧形凹入。阳茎侧叶十分细长，但短于中叶，侧面观端部向背面明显弯曲，近端部具数根很细的感觉瘤刚毛。本种体形狭长，复眼较小，阳茎中叶和侧叶端部均呈弯钩状，可与本属其他种明显区分。

分布：浙江（庆元）、陕西、四川、贵州；老挝。

（782）浅色颊脊隐翅虫 *Quedius* (*Microsaurus*) *pallens* Smetana, 1996（图 4-III-437）

Quedius (*Microsaurus*) *pallens* Smetana, 1996a: 128.

主要特征：体长 6.8–8.9 mm；红棕色，头部、前胸背板中部、腹部各节中部深棕色。头长小于宽（0.85∶1），复眼长于后颊（2.0∶1），密布横波状微刻纹。前胸背板长稍小于宽（0.97∶1）；背排刻点每列 3 个，亚背排刻点每列 3 个；微刻纹与头部类似。鞘翅宽于前胸背板（1.20∶1），密布刻点，无微刻纹。雄性第 8 腹板端部具宽而深的三角形凹入。阳茎粗壮；侧叶不超过中叶，近端部强烈变窄，无感觉瘤刚毛。本种可通过独特的体色和阳茎结构与本属其他种明显区分。

分布：浙江（安吉、临安、庆元、龙泉）、江西、福建。

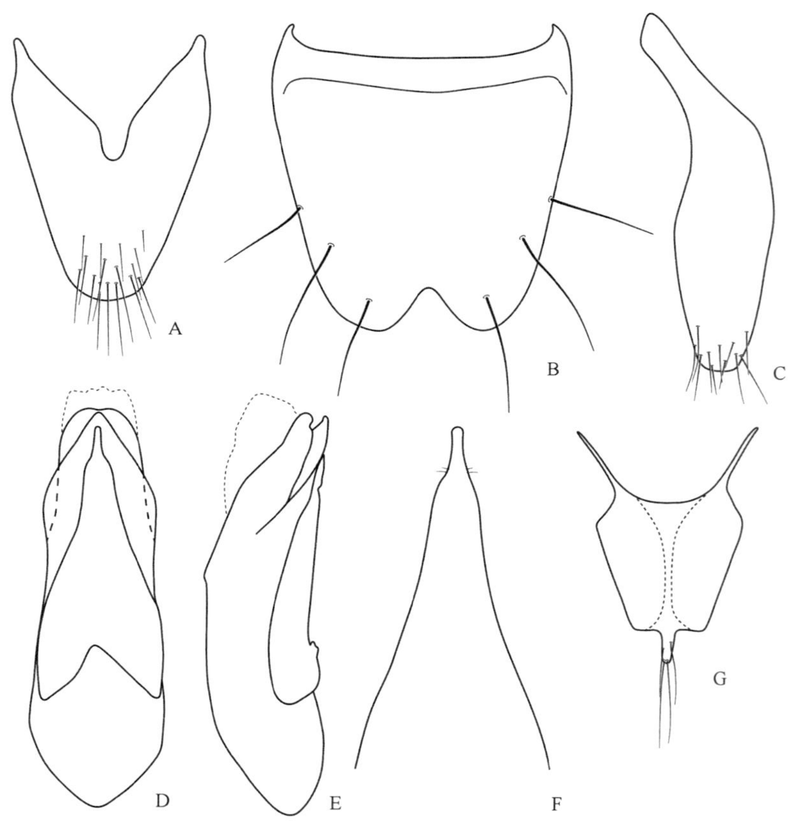

图 4-III-437 浅色颊脊隐翅虫 *Quedius* (*Microsaurus*) *pallens* Smetana, 1996
A. 雄性第 10 背板；B. 雄性第 8 腹板；C. 雄性第 9 腹板；D. 阳茎腹面观；E. 阳茎侧面观；F. 阳茎侧叶内面观；G. 雌性第 10 背板

（783）盾刻颊脊隐翅虫 *Quedius* (*Microsaurus*) *simulans* Sharp, 1874（图 4-III-438）

Quedius simulans Sharp, 1874a: 25.

主要特征：体长 7.7–7.9 mm；深棕色。头长小于宽（0.90∶1），复眼长于后颊（1.10∶1），密布横波状微刻纹。前胸背板长稍小于宽（0.97∶1）；背排刻点每列 3 个，亚背排刻点每列 2 个；微刻纹与头部类似；小盾片具刻点和刚毛。鞘翅宽于前胸背板（1.13∶1），密布刻点，无微刻纹。雄性第 8 腹板端部具宽而深的三角形凹入。阳茎侧叶不超过中叶，端半部较宽，感觉瘤刚毛沿端部边缘排成较规则的两纵列。本种小盾片具刻点和刚毛，可与本亚属大多数物种区分，仅与克氏颊脊隐翅虫 *Q. klapperichi* Smetana, 1996 非常相似，但本种阳茎侧叶更短而宽，感觉瘤刚毛更密。

分布：浙江（庆元）；日本。

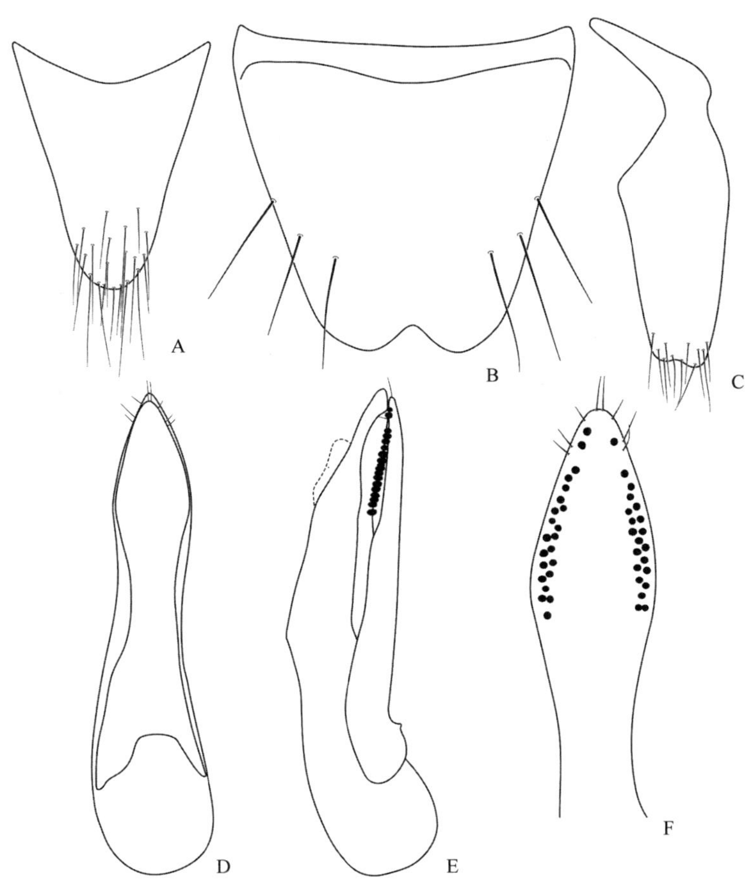

图 4-III-438　盾刻颊脊隐翅虫 *Quedius* (*Microsaurus*) *simulans* Sharp, 1874

A. 雄性第 10 背板；B. 雄性第 8 腹板；C. 雄性第 9 腹板；D. 阳茎腹面观；E. 阳茎侧面观；F. 阳茎侧叶内面观

（784）窄叶颊脊隐翅虫 *Quedius* (*Raphirus*) *aereipennis* Bernhauer, 1929（图 4-III-439，图版 III-230）

Quedius aereipennis Bernhauer, 1929b: 111.

Quedius (*Raphirus*) *maculiventris* Bernhauer, 1934a: 12.

Quedius (*Raphirus*) *zhaoi* Zheng, 2001a: 326.

主要特征：体长 4.8–6.0 mm；体棕色至红棕色。头长小于宽（0.81∶1）；复眼极大，显著长于后颊（6.67∶1）；前、后额刻点之间无刚毛刻点，后额刻点与头后缘之间具 1 个刚毛刻点；密布横波状微刻纹。前胸背板背排刻点每列 3 个，亚背排刻点每列 2 个，密布横波状微刻纹。鞘翅侧缘长于前胸背板（1.18∶1），密布细刻点，无微刻纹。腹部各背板近侧缘具簇状浅黄色柔毛。雄性第 8 腹板端部具三角形凹入。阳茎侧叶两侧近平行，端部不超过中叶，感觉瘤刚毛排成两纵列。

分布：浙江（临安、宁波）、陕西、湖北、福建、重庆、四川、贵州、云南。

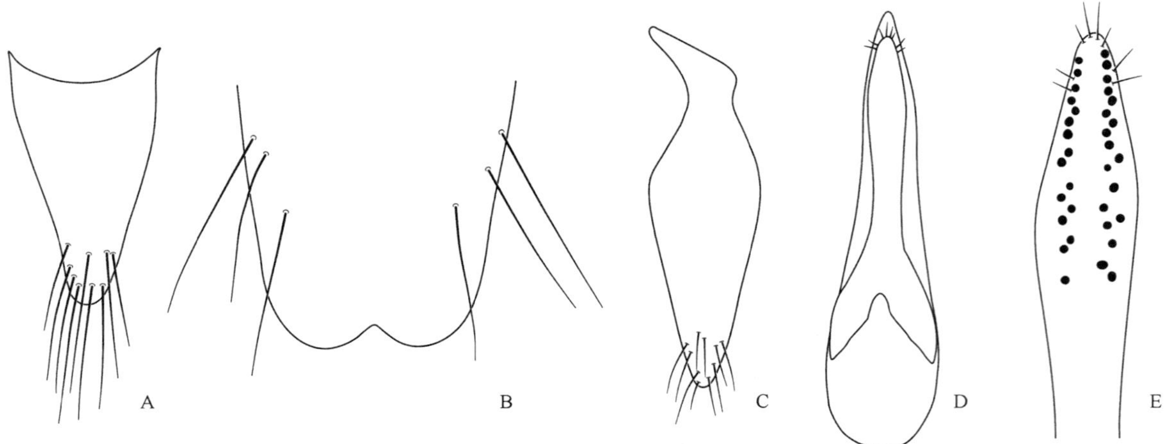

图 4-III-439　窄叶颊脊隐翅虫 *Quedius* (*Raphirus*) *aereipennis* Bernhauer, 1929（仿自 Smetana，1996b）
A. 雄性第 10 背板；B. 雄性第 8 腹板；C. 雄性第 9 腹板；D. 阳茎腹面观；E. 阳茎侧叶内面观

（785）中华颊脊隐翅虫 *Quedius* (*Raphirus*) *chinensis* Bernhauer, 1915（图 4-III-440）

Quedius (*Raphirus*) *chinensis* Bernhauer, 1915b: 74.

Quedius (*Raphirus*) *jinchengius* Zheng, 2001b: 326.

主要特征：体长 8.8–11.1 mm；深棕色至黑色，触角基部 3 节红棕色。头长小于宽（0.84∶1），复眼长是后颊的 4 倍，密布网状微刻纹。前胸背板长小于宽（0.88∶1），背排刻点每列 3 个，亚背排刻点每列 2 个，密布横波状微刻纹。鞘翅侧缘长于前胸背板（1.19∶1），密布刻点，无微刻纹。雄性第 8 腹板端部圆弧形

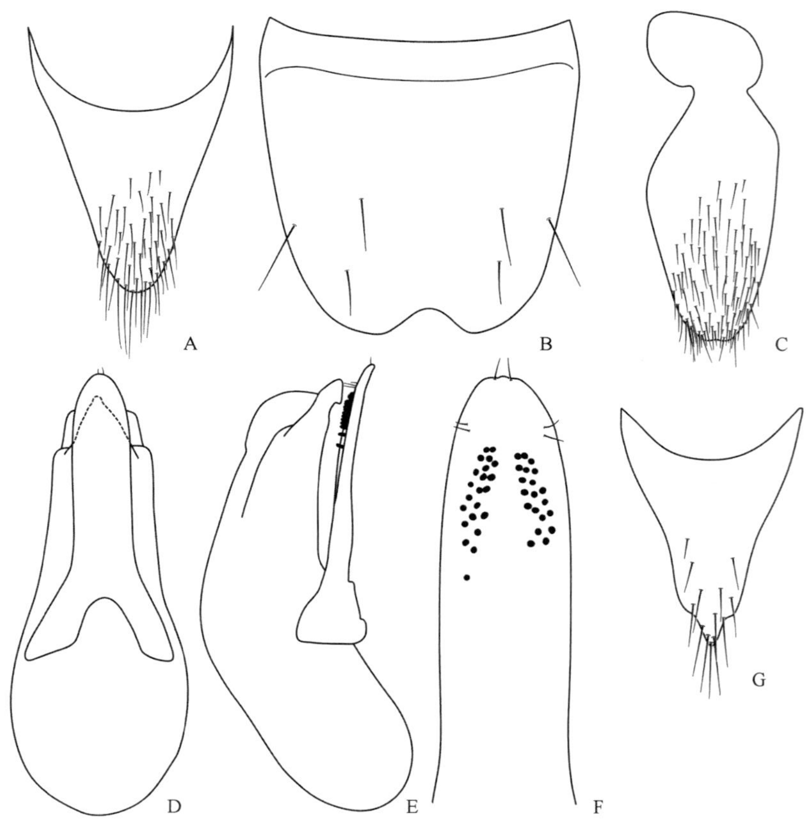

图 4-III-440　中华颊脊隐翅虫 *Quedius* (*Raphirus*) *chinensis* Bernhauer, 1915
A. 雄性第 10 背板；B. 雄性第 8 腹板；C. 雄性第 9 腹板；D. 阳茎腹面观；E. 阳茎侧面观；F. 阳茎侧叶内面观；G. 雌性第 10 背板

凹入。阳茎侧叶腹面观两侧近平行，感觉瘤刚毛密集，排成 2 列。本种与分颊脊隐翅虫 *Q. fen* Smetana, 1996 较相似，但本种雄性第 8 腹板端部的凹入更宽更圆，阳茎侧叶更宽，感觉瘤刚毛更多更密。

分布：浙江（西湖、临安、鄞州）、山东、福建、广东、广西、重庆、四川、贵州。

（786）铜斑颊脊隐翅虫 *Quedius* (*Raphirus*) *cupreonotus* Smetana, 2014（图 4-III-441）

Quedius (*Raphirus*) *cupreonotus* Smetana, 2014: 607.

主要特征：体长约 6.0 mm；黑色；鞘翅带蓝绿色金属光泽，近后缘具红黄色大斑。头长小于宽（0.87∶1），复眼显著长于后颊（4.83∶1），具大量十分粗大的刻点，密布网状微刻纹。前胸背板长等于宽；背排刻点十分粗大，每列 8 个，亚背排刻点每列 4–5 个；具横波状微刻纹。鞘翅宽于前胸背板（1.17∶1）；刻点粗大而连续，形成皱褶；无微刻纹。雄性第 8 腹板端部具三角形深凹。阳茎侧叶明显长于中叶，感觉瘤刚毛沿端部边缘不规则排列。本种与双斑颊脊隐翅虫 *Q. bisignatus* Smetana, 2002 十分相似，但本种足颜色较浅，前胸背板近侧缘无密集的细刻点。

分布：浙江（泰顺）。

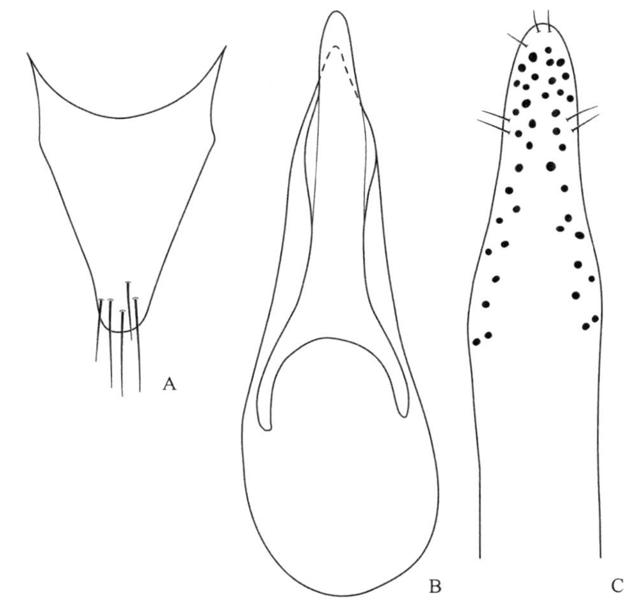

图 4-III-441 铜斑颊脊隐翅虫 *Quedius* (*Raphirus*) *cupreonotus* Smetana, 2014（仿自 Smetana，2014）

A. 雄性第 10 背板；B. 阳茎腹面观；C. 阳茎侧叶内面观

（787）大斑颊脊隐翅虫 *Quedius* (*Raphirus*) *cupreostigma* Smetana, 2014（图 4-III-442）

Quedius (*Raphirus*) *cupreostigma* Smetana, 2014: 603.

主要特征：体长 5.6–6.3 mm；体黑色带蓝色金属光泽，鞘翅后缘具红黄色大斑。头长小于宽（0.87∶1），复眼显著长于后颊（4.80∶1），表面刻点密且十分粗大，密布网状微刻纹。前胸背板长等于宽；背排刻点十分粗大，每列 8 个，亚背排刻点每列 5 个，密布横波状微刻纹。鞘翅宽于前胸背板（1.15∶1）；刻点粗大而连续，形成皱褶；无微刻纹。雄性第 8 腹板端部具宽而深的三角形凹入。阳茎侧叶略长于中叶，近端部具大量感觉瘤刚毛。本种与铜斑颊脊隐翅虫 *Q. cupreonotus* Smetana, 2014 十分相似，但本种足颜色较深，阳茎侧叶较短且端部 1/3 明显变窄。

分布：浙江（安吉、临安）。

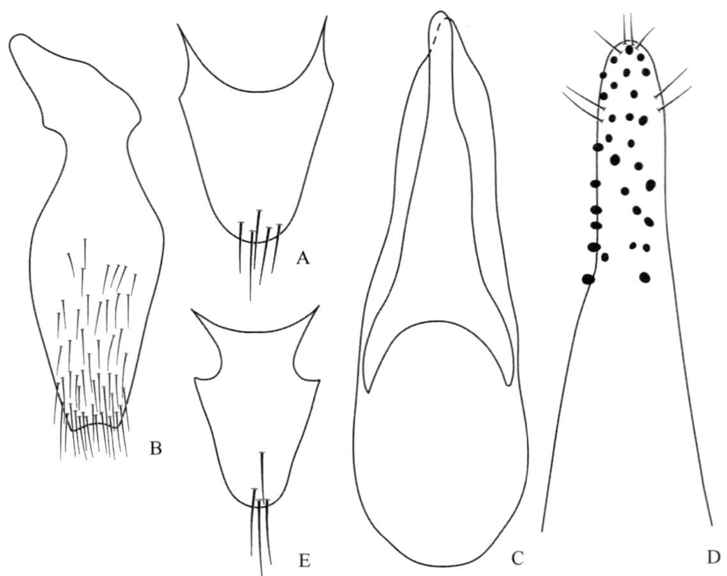

图 4-III-442　大斑颊脊隐翅虫 *Quedius* (*Raphirus*) *cupreostigma* Smetana, 2014（仿自 Smetana，2014）
A. 雄性第 10 背板；B. 雄性第 9 腹板；C. 阳茎腹面观；D. 阳茎侧叶内面观；E. 雌性第 10 背板

（788）刚颊脊隐翅虫 *Quedius* (*Raphirus*) *gang* Smetana, 1996（图 4-III-443，图版 III-231）

Quedius (*Raphirus*) *gang* Smetana, 1996b: 232.

主要特征：体长 9.3–12.8 mm；深棕色。头长小于宽（0.87∶1），复眼显著长于后颊（4.71∶1），表面

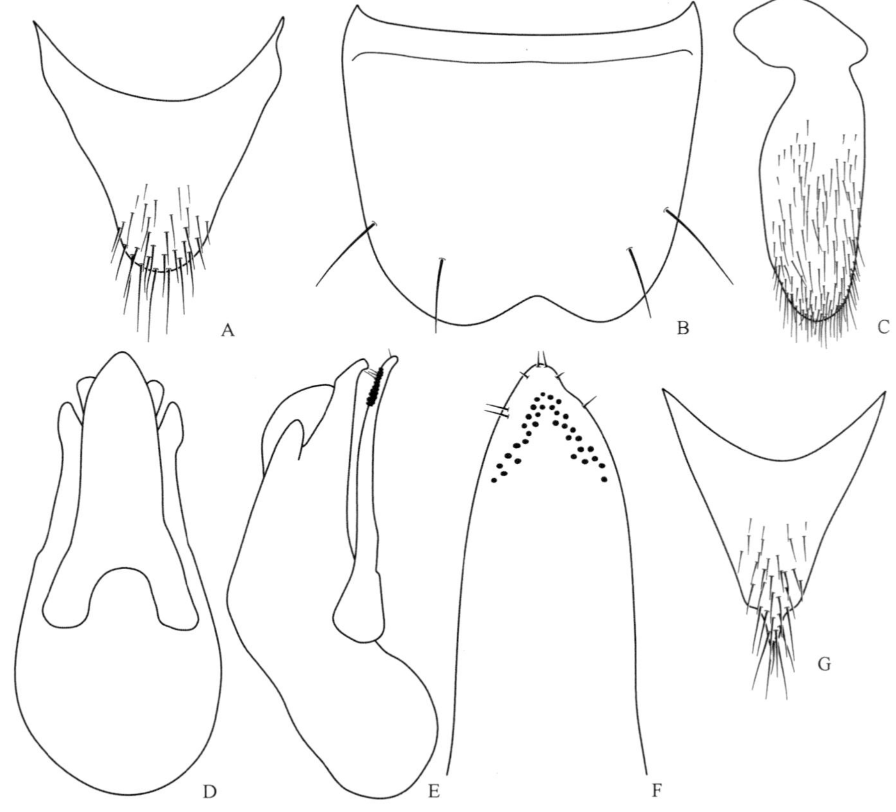

图 4-III-443　刚颊脊隐翅虫 *Quedius* (*Raphirus*) *gang* Smetana, 1996
A. 雄性第 10 背板；B. 雄性第 8 腹板；C. 雄性第 9 腹板；D. 阳茎腹面观；E. 阳茎侧面观；F. 阳茎侧叶内面观；G. 雌性第 10 背板

密布网状微刻纹。前胸背板长小于宽（0.91∶1）；背排刻点每列 3 个，亚背排刻点每列 1 个，表面密布横波状微刻纹。鞘翅宽于前胸背板（1.10∶1），密布刻点，无微刻纹。雄性第 8 腹板端部具宽而浅的三角形凹入，第 9 腹板端部圆弧形突出。阳茎中叶腹面观近端部两侧各具 1 指状分叉；侧叶端部变窄，略超过中叶；感觉瘤刚毛排成“人”字形。本种与中华颊脊隐翅虫 *Q. chinensis* Bernhauer, 1915 十分相似，但本种阳茎中叶腹面观近端部两侧各具 1 指状分叉，侧叶端部变窄。

分布：浙江（安吉、临安）、福建、广西。

（789）植颊脊隐翅虫 *Quedius* (*Raphirus*) *herbicola* Smetana, 2002（图 4-III-444）

Quedius (*Raphirus*) *herbicola* Smetana, 2002a: 122.

主要特征：体长 7.5–10.0 mm；深棕色。头长小于宽（0.83∶1），复眼长近后颊的 4 倍，表面密布网状微刻纹。前胸背板长小于宽（0.88∶1）；背排刻点每列 3 个，亚背排刻点每列 2 个；密布横波状微刻纹。鞘翅侧缘长于前胸背板（1.18∶1），密布刻点，无微刻纹。雄性第 8 腹板端部凹入宽而圆。阳茎侧叶明显长于中叶，具大量感觉瘤刚毛。本种与中华颊脊隐翅虫 *Q. chinensis* Bernhauer, 1915 非常相似，但本种侧叶明显长于中叶，且顶端狭窄。

分布：浙江（安吉、庆元）、湖北、贵州。

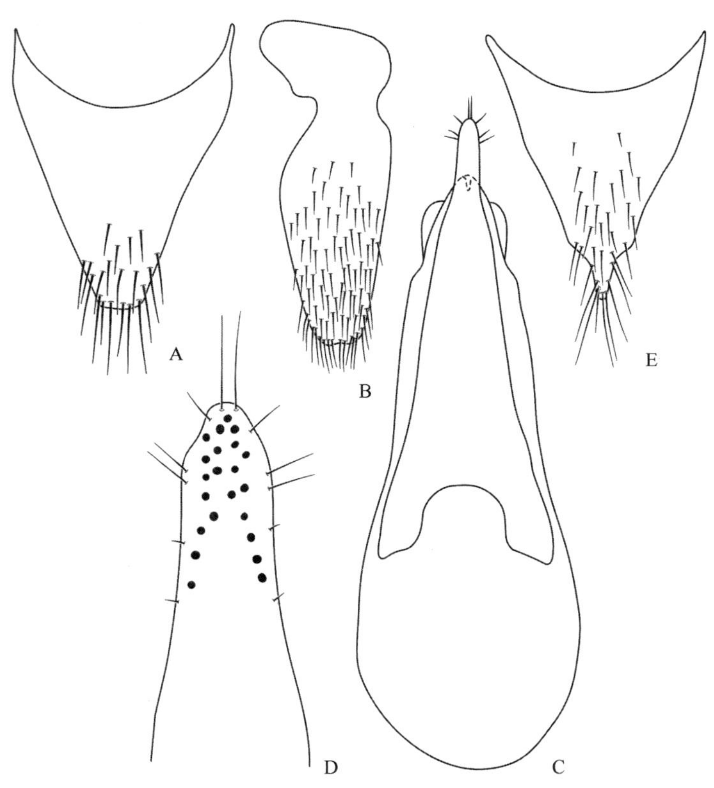

图 4-III-444　植颊脊隐翅虫 *Quedius* (*Raphirus*) *herbicola* Smetana, 2002（仿自 Smetana，2002a）
A. 雄性第 10 背板；B. 雄性第 9 腹板；C. 阳茎腹面观；D. 阳茎侧叶端部内面观；E. 雌性第 10 背板

（790）雷公山颊脊隐翅虫 *Quedius* (*Raphirus*) *leigongshanensis* Li, Tang *et* Zhu, 2007（图 4-III-445）

Quedius leigongshanensis Li, Tang *et* Zhu, 2007: 264.

主要特征：体长 6.4–6.9 mm；头、前胸背板和鞘翅深棕色带绿色金属光泽，腹部深棕色，第 7 节后缘和第 8 节红棕色。头长小于宽（0.91∶1）；复眼极大，显著长于后颊（6.40∶1）；散布粗大刻点，密布横波状微刻纹。前胸背板长等于宽；背排刻点每列 7–8 个，亚背排刻点每列 4 个，刻纹与头部相似。鞘翅宽于前胸背板（1.16∶1）；密布粗刻点，无微刻纹。雄性第 8 腹板端部具“U”形凹入。阳茎侧叶短于中叶，感觉瘤刚毛排成稀疏的 2 列。本种与棕绿颊脊隐翅虫 *Q. wassu* Smetana, 1998 较相似，但本种阳茎中叶和侧叶端部均窄而尖，感觉瘤刚毛较少且排成 2 列。

分布：浙江（安吉）、贵州。

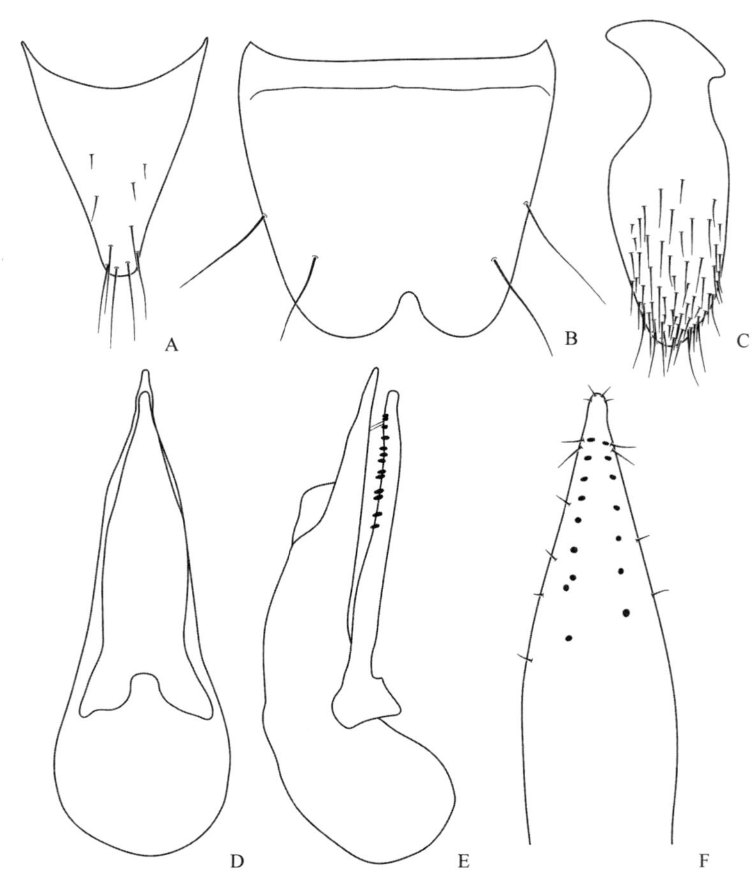

图 4-III-445　雷公山颊脊隐翅虫 *Quedius* (*Raphirus*) *leigongshanensis* Li, Tang *et* Zhu, 2007
A. 雄性第 10 背板；B. 雄性第 8 腹板；C. 雄性第 9 腹板；D. 阳茎腹面观；E. 阳茎侧面观；F. 阳茎侧叶内面观

（791）栉角颊脊隐翅虫 ***Quedius* (*Velleius*) *pectinatus* (Sharp, 1874)**（图 4-III-446，图版 III-232）

Velleius pectinatus Sharp, 1874a: 24.

Velleius simillimus Fairmaire, 1891: cxci.

Quedius pectinatus: Solodovnikov, 2012: 32.

主要特征：体长 18.1–21.1 mm；深棕色至黑色。头长小于宽（0.76∶1），复眼长于后颊（1.64∶1）；密布网状微刻纹；触角第 4–10 节呈栉状。前胸背板长稍小于宽（0.74∶1）；背排刻点每列 2 个，亚背排刻点每列 2 个；密布横波状微刻纹。鞘翅宽于前胸背板（1.04∶1）；散布粗大刻点，无微刻纹。雄性第 8 腹板端部具圆弧形浅凹，雄性第 9 腹板端部圆弧形突出。阳茎中叶腹面观两侧平行，端部圆弧形；侧叶狭窄，稍长于中叶，端部具 1 细小的凹入，感觉瘤刚毛排成两纵列。

分布：浙江（临安）、吉林、河南、上海、江西、台湾、四川；韩国，日本。

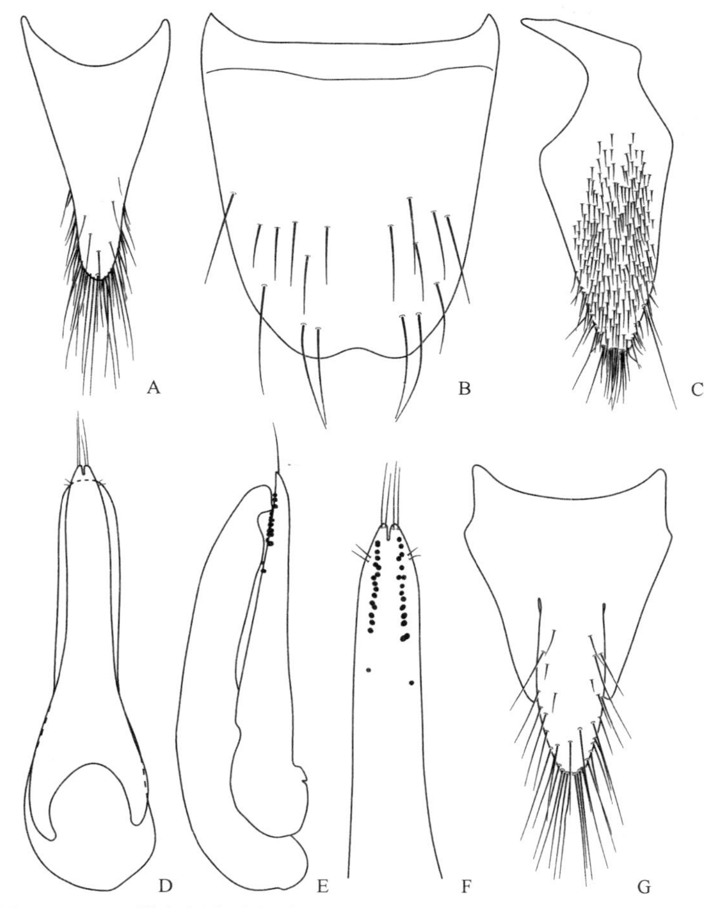

图 4-III-446　栉角颊脊隐翅虫 *Quedius* (*Velleius*) *pectinatus* (Sharp, 1874)

A. 雄性第 10 背板；B. 雄性第 8 腹板；C. 雄性第 9 腹板；D. 阳茎腹面观；E. 阳茎侧面观；F. 阳茎侧叶内面观；G. 雌性第 10 背板

隐翅虫亚族 Staphylinina Latreille, 1802

303. 凹颚隐翅虫属 *Agelosus* Sharp, 1889

Agelosus Sharp, 1889: 110. Type species: *Goerius carinatus* Sharp, 1874.

Xanthocypus J. Müller, 1925: 40. Type species: *Ocypus weisei* Harold, 1877.

主要特征：体型大。上颚内缘中部的齿仅有 1 片，非背腹 2 片；内缘基部突出，中部 2 齿之间深凹入；下颚臼叶不分叶；眼后刚毛刻点离头后缘距离明显大于离眼后缘的距离。前胸背板和颈部大部分具刻点和刚毛；前背折缘长而宽。腹部前 3 背板亚基线弧形，非二波状。前足胫节不膨大，中足基节窝后中部界线明显。

分布：古北区、东洋区。世界已知 13 种，中国记录 7 种，浙江分布 2 种。

（792）双斑凹颚隐翅虫 *Agelosus distigma* Smetana, 2018（图 4-III-447）

Agelosus distigma Smetana, 2018: 226.

主要特征：体长约 22 mm；体黑色，附肢深棕色，鞘翅侧部至中域各具 1 个黄色毛斑。全体刻点密集，头和前胸背板刻点间区具微刻纹。头长是宽的 1.28 倍，前胸背板长等于宽，鞘翅长是前胸背板长的 0.93 倍。腹部第 7 背板后缘具栅栏状组织。雄性第 8 腹板后缘中部浅凹入，第 9 腹板后缘浅凹入。阳茎不对称，侧叶端部钝圆，内面观端部左侧具较多感觉刚毛瘤。本种与四斑凹颚隐翅虫 *A. quadrimaculatus* (Cameron,

1932)较相似，可通过本种腹部无黄色毛斑且鞘翅毛斑较小与之区分。

分布：浙江（龙泉）。

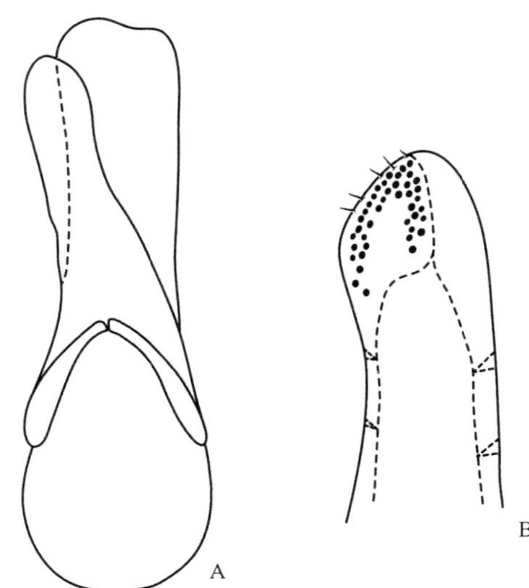

图 4-III-447　双斑凹颚隐翅虫 *Agelosus distigma* Smetana, 2018

A. 阳茎腹面观；B. 阳茎侧叶端部内面观

（793）四斑凹颚隐翅虫 *Agelosus quadrimaculatus* (Cameron, 1932)（图 4-III-448）

Staphylinus (*Tasgius*) *quadrimaculatus* Cameron, 1932: 207.

Agelosus quadrimaculatus: Smetana, 2018: 222.

主要特征：体长 20.0–27.0 mm；体黑色，附肢深棕色，鞘翅侧部至中域各具 1 个黄色毛斑，腹部第 6、7 背板基中部各具 1 个黄色毛斑。全体刻点密集，头和前胸背板刻点间区无微刻纹。头长是宽的 1.25 倍，前胸背板长等于宽，鞘翅与前胸背板等长。腹部第 7 背板后缘具栅栏状组织。雄性第 8 腹板后缘中部浅凹入，第 9 腹板后缘凹入。阳茎不对称；侧叶端部钝圆，内面观端部左侧具较多感觉刚毛瘤。本种与双斑凹颚隐翅虫 *A. distigma* Smetana, 2018 较相似，可通过本种腹部具黄色毛斑且鞘翅毛斑较大与之区分。

分布：浙江（开化）、湖南、广西、云南；印度，越南，老挝。

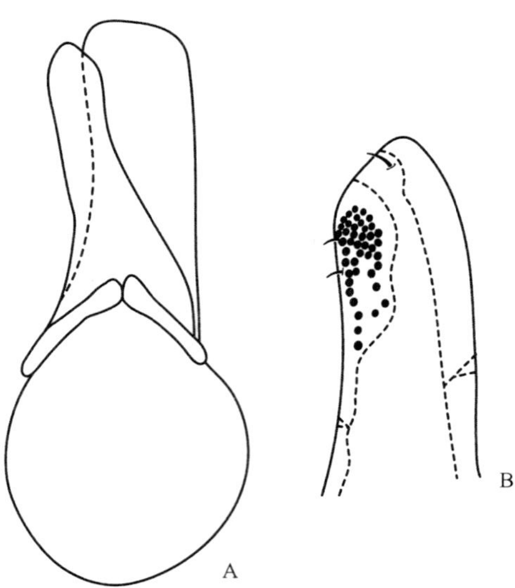

图 4-III-448　四斑凹颚隐翅虫 *Agelosus quadrimaculatus* (Cameron, 1932)

A. 阳茎腹面观；B. 阳茎侧叶端部内面观

304. 鸟粪隐翅虫属 *Eucibdelus* Kraatz, 1859

Eucibdelus Kraatz, 1859: 70. Type species: *Eucibdelus gracilis* Kraatz, 1859.

Nudeucibdelus Hayashi, 1997: 30. Type species: *Eucibdelus ishigakiensis* Hayashi, 1997.

主要特征：体型多数较大，部分种类拟态鸟粪。上唇分 2 叶，每叶长明显小于宽；眼后刚毛着生于后颊前方。前胸背板刻点密集，前背折缘短而窄。前足跗节末节较长，长度超出第 4 节；后足第 4 跗节不分叶。

分布：古北区、东洋区。世界已知 30 种，中国记录 12 种，浙江分布 2 种。

（794）福氏鸟粪隐翅虫 *Eucibdelus freyi* Bernhauer, 1939（图版 III-233）

Eucibdelus freyi Bernhauer, 1939d: 595.

主要特征：体长约 8.5 mm；体黑褐色，鞘翅肩部至后缘颜色稍浅，口器红褐色，触角第 8–10 节较深，附肢红褐色。前体被毛以金色为主，腹部背板亚基部凹陷内被毛为银色和黑色。头部密布刻点，长明显大于宽。前胸背板长明显大于宽，刻点密集，无刻点中带在后半部较宽。雄性第 8 腹板后缘中部凹入。本种与同地分布的考氏鸟粪隐翅虫 *E. kochi* Bernhauer, 1939 相似，但后者头部和前胸背板较宽而短。

分布：浙江（临安）。

（795）考氏鸟粪隐翅虫 *Eucibdelus kochi* Bernhauer, 1939（图版 III-234）

Eucibdelus kochi Bernhauer, 1939d: 596.

主要特征：体长约 12.1 mm；体黑褐色，鞘翅侧缘后缘颜色稍浅，口器红褐色，触角第 1–4 节及末节红褐色，足除腿节外其余红褐色。前体被毛以金色为主；腹部背板被毛为银色和黑色，组成前缘白色中域黑色的成对毛斑。头部密布刻点，长稍大于宽。前胸背板长稍大于宽，刻点密集，无明显无刻点中带。雄性第 8 腹板后缘中部凹入。本种与同地分布的福氏鸟粪隐翅虫 *E. freyi* Bernhauer, 1939 相似，但本种体型较大，头部和前胸背板较粗短。

分布：浙江（临安）。

305. 突颊隐翅虫属 *Naddia* Fauvel, 1867

Caranistes Erichson, 1840: 925 [HN]. Type species: *Caranistes westermanni* Erichson, 1840.

Naddia Fauvel, 1867: 117 [Replacement name for *Caranistes* Erichson, 1840]. Type species: *Caranistes westermanni* Erichson, 1840.

主要特征：体型大。头部后侧部向后延展成圆形的突起，眼后刚毛刻点离头后缘距离明显大于离眼后缘的距离。前胸背板和颈部大部分具刻点和刚毛，前背折缘长而宽。前足胫节不膨大。

分布：古北区、东洋区。世界已知 37 种，中国记录 11 种，浙江分布 1 种。

（796）粗足突颊隐翅虫 *Naddia atripes* Bernhauer, 1939（图版 III-235）

Naddia atripes Bernhauer, 1939d: 597.

主要特征：体长约 15.0 mm；体黑色，鞘翅后缘红色，第 7 腹板后缘及之后腹节颜色较浅，附肢红棕色。头部和前胸背板被毛银色至金色。鞘翅中域被毛颜色较淡，组成“M”形斑纹；后缘具金色长毛；其余部分被毛黑色为主。腹部第 3–6 背板两侧及第 7 背板被毛金色，其余部分被毛黑色。雄性第 7 腹板后中部具长毛，第 8 腹板后缘中部凹入。本种与南岭突颊隐翅虫 *N. nanlingensis* Yang *et* Zhou, 2010 相似，可通过本种鞘翅后缘具金色长毛与之区分。

分布：浙江（临安）。

306. 迅隐翅虫属 *Ocypus* Leach, 1819

Ocypus Leach, 1819: 172. Type species: *Staphylinus cyaneus* Paykull, 1789.

Goerius Westwood, 1827: 58. Type species: *Staphylinus olens* O. F. Müller, 1764.

Isopterum Gistel, 1856: 388, 420. Type species: *Staphylinus cyaneus* Paykull, 1789.

Atlantogoerius Coiffait, 1956b: 185. Type species: *Ocypus sylvaticus* Wollaston, 1865.

Fortunocypus Coiffait, 1964: 82. Type species: *Ocypus fortunatarum* Wollaston, 1871.

Nudabemus Coiffait, 1982b: 74. Type species: *Nudabemus caerulescens* Coiffait, 1982.

主要特征：体型很大。上颚内缘无深凹，中部的齿呈 1 片，非背腹 2 片；两上颚内缘中部各具或至少左上颚内缘中部具 2 个或者更多的齿；下颚臼叶不分叶；具颈背脊。中足基节窝后中部定界清晰。后足胫节背侧具刺。腹部前 3 节背板亚基线非双波状；前 4 背板压痕不明显；背板刻点一致。

分布：古北区、东洋区、新北区。世界已知 169 种 23 亚种，中国记录 67 种 3 亚种，浙江分布 1 种。

（797）阑氏迅隐翅虫 *Ocypus* (*Pseudocypus*) *lewisius* Sharp, 1874（图 4-III-449，图版 III-236）

Ocypus lewisius Sharp, 1874a: 33.

Ocypus kobensis Cameron, 1930b: 207.

主要特征：体长 17.0–19.0 mm；体黑褐色，鞘翅红褐色，腹部各背板后缘红褐色，附肢红棕色。头和前胸背板刻点密集，前胸背板无完整的无刻点中带，腹部第 7 背板后缘无白色栅栏状组织。雄性第 8 腹板后缘中部凹入，第 9 腹板后缘圆突。阳茎中叶端部圆突，侧叶细长波曲。本种与密毛迅隐翅虫 *O. densissimus* (Bernhauer, 1933)相似，需通过阳茎形态与之区分。

分布：浙江（奉化）、辽宁、湖北；韩国，日本。

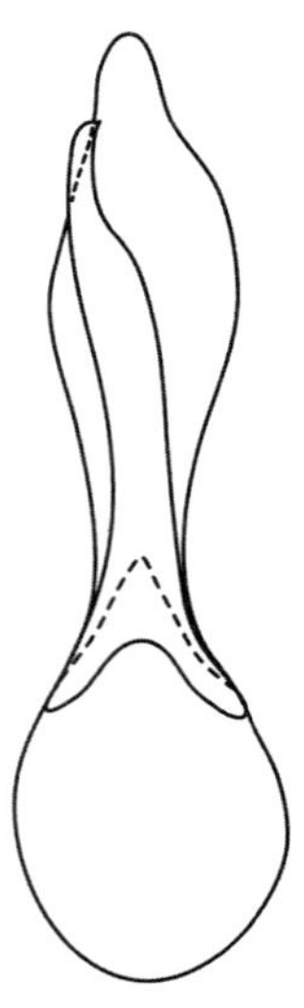

图 4-III-449 阑氏迅隐翅虫 *Ocypus* (*Pseudocypus*) *lewisius* Sharp, 1874 阳茎腹面观

307. 普拉隐翅虫属 *Platydracus* Thomson, 1858

Platydracus Thomson, 1858: 29. Type species: *Staphylinus stercorarius* Olivier, 1795.

Bemasus Mulsant *et* Rey, 1876: 259. Type species: *Bemasus lutarius* Gravenhorst, 1806.

Amichorus Sharp, 1884: 390. Type species: *Amichorus fauveli* Sharp, 1884.

Neotasgius J. Müller, 1925: 41. Type species: *Staphylinus brevicornis* Weise, 1877.

主要特征：体型大。下唇须末节无毛，稍呈纺锤形；上颚齿具背腹 2 片；眼后刚毛刻点离头后缘距离明显小于离眼后缘的距离。前胸背板通常密布刻点。后足胫节背侧面具刺。

分布：古北区、东洋区、新北区、旧热带区、新热带区。世界已知 292 种 14 亚种，中国记录 27 种 2 亚种，浙江分布 2 种。

（798）中华普拉隐翅虫 *Platydracus* (*Platydracus*) *chinensis* (Bernhauer, 1914)

Staphylinus chinensis Bernhauer, 1914: 101.

Platydracus (*Platydracus*) *chinensis*: Smetana & Davies, 2000: 39.

主要特征：体长约 17.5 mm；体黑色，附肢黑棕色至黑红色。头稍窄于前胸背板，具很窄的无刻点中带，复眼长于后颊 3 倍。前胸背板宽稍大于长，中后部具很短的无刻点中带。鞘翅具黑色被毛。腹部前 3 节基部具较明显的棕色纵向毛斑。本种与普拉隐翅虫属 *P. speculifrons* (Bernhauer, 1939)相似，但本种头较宽，腹部无金色毛斑。

分布：浙江（舟山）。

（799）镜额普拉隐翅虫 *Platydracus* (*Platydracus*) *speculifrons* (Bernhauer, 1939)

Staphylinus (*Platydracus*) *speculifrons* Bernhauer, 1939d: 593.

Platydracus (*Platydracus*) *speculifrons*: Smetana & Davies, 2000: 40.

主要特征：体长约 15.0 mm；体黑色具金毛，头和前胸背板具黄铜光泽，鞘翅具污斑，附肢略呈烟褐色。头宽是长的 1.25 倍，窄于前胸背板，复眼远长于后颊；头部刻点密，具 4 个无刻点区并呈近“十”字形排列。前胸背板宽稍大于长，具无刻点中带。腹部前 3 节基部具金色毛斑，侧部具黑色毛带。

分布：浙江（临安）。

308. 钝胸隐翅虫属 *Thoracostrongylus* Bernhauer, 1915

Thoracostrongylus Bernhauer, 1915e: 233. Type species: *Ontholestes javanus* Bernhauer, 1915.

Parontholestes Coiffait, 1982b: 71. Type species: *Parontholestes nepalicus* Coiffait, 1982.

主要特征：体型中等。眼后刚毛刻点离头后缘距离明显大于离眼后缘的距离；头部后侧部不向后延展；上颚内缘中部的齿呈背腹 2 片，腹片的齿较小。前胸背板前侧角钝圆，具颈背脊，中胸腹板仅基部具中纵脊。

分布：古北区、东洋区。世界已知 16 种，中国记录 11 种，浙江分布 1 种。

（800）台湾钝胸隐翅虫 *Thoracostrongylus formosanus* Shibata, 1982（图 4-III-450，图版 III-237）

Thoracostrongylus formosanus Shibata, 1982: 71.

主要特征：体长 9.2–9.4 mm。体深褐色；前体略具黄铜光泽；腹部黑褐色，两侧红褐色；足红棕色。

前体被毛黄色至褐色，常具一些由银色毛组成的小毛簇；腹部具 4 条黑色刚毛组成的纵条带；体具密刻点。头宽是前胸背板的 1.22 倍，复眼长是后颊长的 2.9–3.5 倍。腹部第 7 背板后缘具白色栅栏状组织。雄性第 8 腹板后缘中部凹入，第 9 腹板后缘凹入，第 10 背板后侧角突出。阳茎中叶端部侧面观端部 1/9 处无齿突；侧叶短小，端部具数根刚毛。雌性第 10 背板后侧角较雄性更为突出。

分布：浙江（龙泉）、湖北、湖南、福建、台湾、四川。

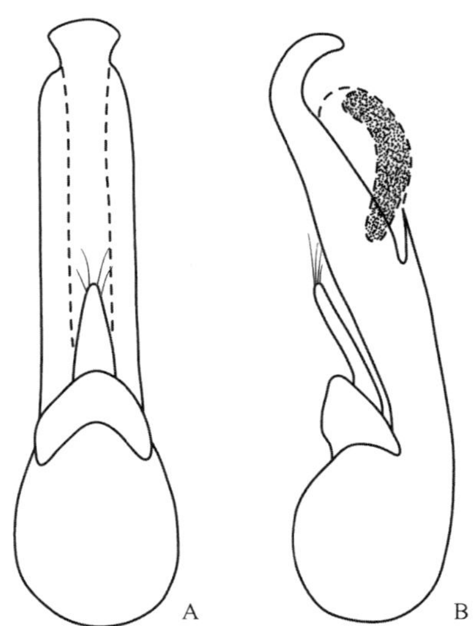

图 4-III-450　台湾钝胸隐翅虫 *Thoracostrongylus formosanus* Shibata, 1982
A. 阳茎腹面观；B. 阳茎侧面观

长须隐翅虫亚族 Tanygnathinina Reitter, 1909

309. 长须隐翅虫属 *Atanygnathus* Jakobson, 1909

Tanygnathus Erichson, 1839b: 417 [HN]. Type species: *Tanygnathus terminalis* Erichson, 1839.

Atanygnathus Jakobson, 1909: 521 [Replacement name for *Tanygnathus* Erichson, 1839]. Type species: *Tanygnathus terminalis* Erichson, 1839.

主要特征：下颚须和下唇须极细长；具眼下脊；两触角窝间距较触角窝与复眼之间的距离小；颈部最窄处明显宽于头宽的 1/3。前胸腹板前方无骨片；前背折缘强烈反折，侧面观几乎不可见。跗式 5–4–4 式，具爪间刚毛。

分布：古北区、东洋区、新北区、旧热带区、新热带区。世界已知 54 种，中国记录 6 种，浙江分布 1 种。

（801）曲囊长须隐翅虫 *Atanygnathus bisinuosus* Smetana, 2017（图 4-III-451）

Atanygnathus bisinuosus Smetana, 2017: 166.

主要特征：体长 3.6–4.0 mm；头部、鞘翅和腹部漆黑色，前胸背板黄褐色。头部光滑，无微刻纹。前胸背板很宽，向后逐渐增宽，后缘呈圆弧形，表面无微刻纹。鞘翅基部略窄于前胸背板，向后缘逐渐变宽；密布小刻点。腹部刻点在各背板基部小而密，向端部逐渐变为大而稀。雄性第 8 腹板后缘中部有三角形深凹。

分布：浙江（安吉）。

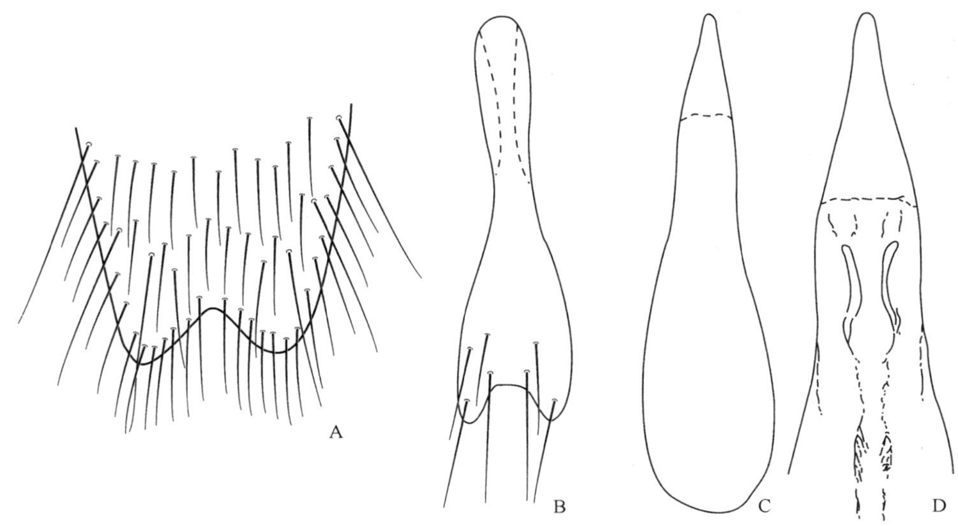

图 4-III-451 曲囊长须隐翅虫 *Atanygnathus bisinuosus* Smetana, 2017（仿自 Smetana，2017）
A. 雄性第 8 背板端部；B. 雄性第 9 腹板；C. 阳茎腹面观；D. 阳茎端部及内囊

胸片隐翅虫族 Xantholinini Erichson, 1839

310. 无沟隐翅虫属 *Achmonia* Bordoni, 2004

Achmonia Bordoni, 2004a: 57. Type species: *Achmonia doloc* Bordoni, 2004.

Daolus Bordoni, 2004b: 84. Type species: *Daolus hromadkai* Bordoni, 2004.

主要特征：上颚无侧沟，下颚须末节远长于亚末节，颈部通常窄于头宽的 1/3。前胸背板无刻点列，前背折缘从后角延伸至前角，上线与下线不接触；前胸腹板前方具骨质化的骨片。鞘翅部分相互重叠，缝缘弯曲。前足跗节扩大，后足胫节外侧具端栉刺和亚端栉刺。

分布：东洋区。世界已知 23 种，中国记录 7 种，浙江分布 1 种。

（802）暗黑无沟隐翅虫 *Achmonia nigra* (Bordoni, 2009)（图版 III-238）

Daolus niger Bordoni, 2009b: 1868.

Achmonia nigra: Bordoni, 2012: 109.

主要特征：体长约 16.0 mm；体黑色，光亮无微刻，生殖节和附肢红褐色。头向后略变宽，后角钝圆，表面光滑，具少量小刻点，复眼小而平坦，上唇具 4 齿。前胸背板长是宽的 1.29 倍，较头长而窄，表面光滑，几乎无刻点。鞘翅较前胸背板短而窄，缝缘长度是两鞘翅宽度的 0.75 倍，具较疏的粗大刻点，外侧刻点排列成较整齐，内侧刻点排列不整齐。腹部无刻纹，具小而密集的刻点。阳茎较大，侧叶较短，两侧对称，内囊较短，管状。

分布：浙江（临安）。

311. 短片隐翅虫属 *Atopolinus* Coiffait, 1982

Atopolinus Coiffait, 1982d: 246. Type species: *Atopolinus manhariensis* Coiffait, 1982.

Nepaliellus Bordoni, 1989: 2. Type species: *Nepaliellus absurdus* Bordoni, 1989.

主要特征：头具疏刻点；上颚有侧沟；下颚须末节大，基部不窄于亚末节端部；颈部通常窄于头宽的

1/3。前胸背板具刻点列，前背折缘从后角延伸至前角，上线与下线不接触；颈片有缝。鞘翅部分相互重叠，缝缘弯曲。雌雄生殖节侧片具修饰，阳茎伪侧叶大，内囊具大刺或大片。

分布：古北区、东洋区。世界已知 87 种，中国记录 50 种，浙江分布 3 种。

分种检索表

1. 头黑色，前胸背板棕色，鞘翅红色，腹部棕色 ………………………………… **中华短片隐翅虫 *A. sinicus***
- 整体红棕色 ………………………………………………………………………………………… 2
2. 前胸背板背列刻点 7–8 个，侧列刻点 5–6 个 ………………………… **龙王山短片隐翅虫 *A. longwang***
- 前胸背板刻点密，无明显背列和侧列刻点列 ………………………………… **红色短片隐翅虫 *A. subruber***

（803）龙王山短片隐翅虫 *Atopolinus longwang* Bordoni, 2013（图 4-III-452）

Atopolinus longwang Bordoni, 2013b: 1769.

主要特征：体长约 8.0 mm；体红棕色。体无微刻纹，但腹部有的区域具横波状微刻纹。头向后变宽，头部刻点稀疏，复眼小。前胸背板背列刻点 7–8 个，侧列刻点 5–6 个。鞘翅密布刻点，排成 5–6 列。阳茎不对称，伪侧叶复杂，内囊具刺列。

分布：浙江（安吉）。

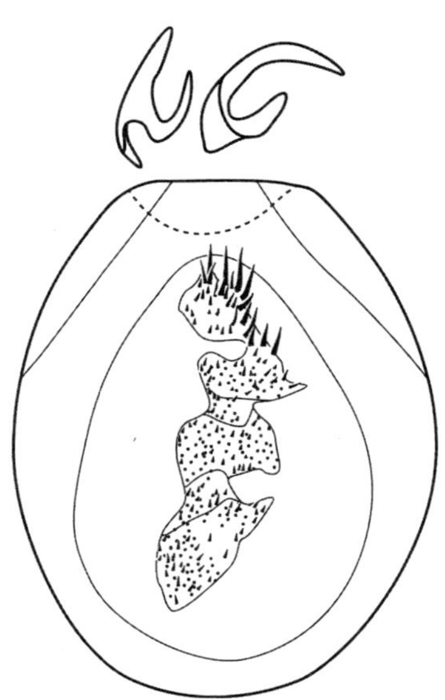

图 4-III-452　龙王山短片隐翅虫 *Atopolinus longwang* Bordoni, 2013 阳茎腹面观

（804）中华短片隐翅虫 *Atopolinus sinicus* Bordoni, 2002（图 4-III-453）

Atopolinus sinicus Bordoni, 2002: 881.

主要特征：体长约 8.0 mm；头黑色，前胸背板棕色，鞘翅红色，腹部棕色，但第 8 腹节至腹末黄色，附肢棕色。头向后变宽，刻点稀疏，复眼小。前胸背板背列刻点 7–8 个，侧列刻点 5 个。阳茎不对称，伪侧叶复杂，内囊具刺列。

分布：浙江（临安）。

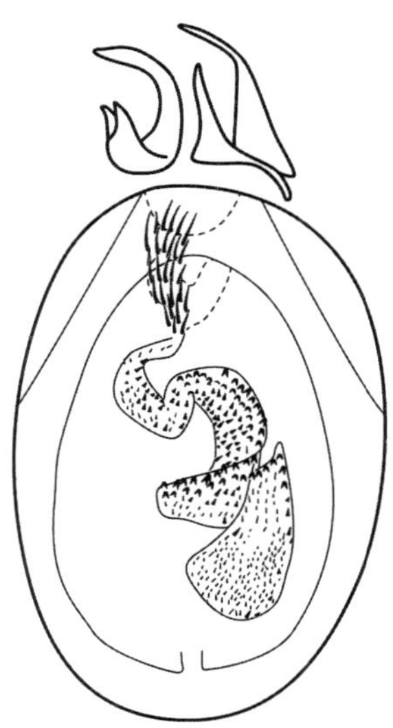

图 4-III-453 中华短片隐翅虫 *Atopolinus sinicus* Bordoni, 2002 阳茎腹面观

（805）红色短片隐翅虫 *Atopolinus subruber* Bordoni, 2013（图 4-III-454）

Atopolinus subruber Bordoni, 2013b: 1769.

主要特征：体长约 7.0 mm；体红棕色；体无微刻纹。头向后变宽，密布细小刻点，复眼小。前胸背板密布较粗刻点，中间分开具 1 中带。鞘翅刻点排列成不规则的纵列。阳茎不对称，具短而弯的伪侧叶，内囊具刺列。

分布：浙江（庆元）。

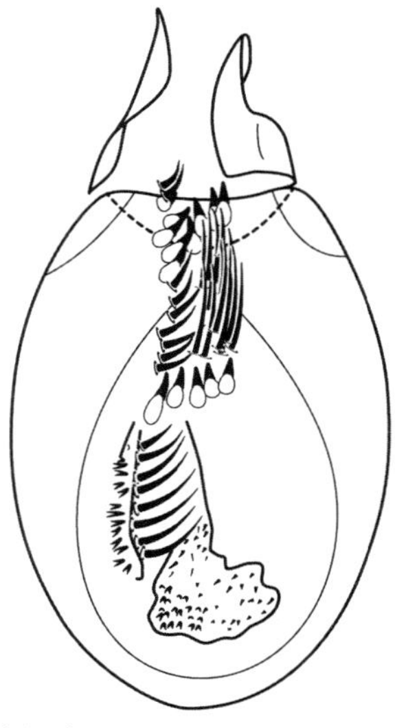

图 4-III-454 红色短片隐翅虫 *Atopolinus subruber* Bordoni, 2013 阳茎腹面观

312. 并片隐翅虫属 *Emathidis* Bordoni, 2007

Cibyra Bordoni, 2002: 824 [HN]. Type species: *Cibyra dilucida* Bordoni, 2002.

Emathidis Bordoni, 2007b: 67 [Replacement name for *Cibyra* Bordoni, 2002]. Type species: *Cibyra dilucida* Bordoni, 2002.

主要特征：头部刻点密集；下颚须末节大，基部不窄于亚末节端部；颈部通常窄于头宽的 1/3。颈片无缝。鞘翅部分相互重叠，缝缘弯曲。阳茎伪侧叶大，内囊具大刺或大片。雌雄生殖节对称，侧片具修饰。

分布：东洋区。世界已知 3 种，中国记录 1 种，浙江分布 1 种。

（806）肩井片隐翅虫 *Emathidis humerosa* (Bernhauer, 1934)（图 4-III-455）

Xantholinus humerosus Bernhauer, 1934a: 7.

Emathidis humerosa: Bordoni, 2010: 114.

主要特征：体长约 6.0 mm；体黑色，很光亮，腹部深棕色，小盾片和附肢红黄色，但触角较深。头部与前胸背板等宽，长远大于宽，后角圆。前胸背板略窄于鞘翅，长是宽的 1.33 倍，背列具 8 个刻点，侧列具 4 个刻点。鞘翅稍短于前胸背板。阳茎较对称，内囊具小刺。

分布：浙江（安吉、临安、遂昌、泰顺）、江西、四川。

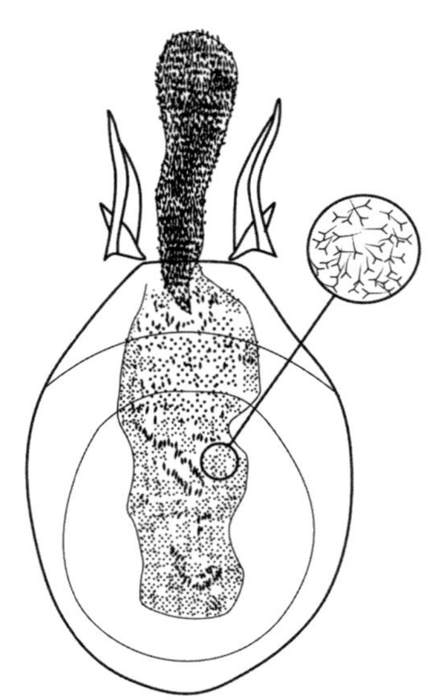

图 4-III-455 肩井片隐翅虫 *Emathidis humerosa* (Bernhauer, 1934)阳茎腹面观

313. 分缝隐翅虫属 *Erymus* Bordoni, 2002

Erymus Bordoni, 2002: 549. Type species: *Erymus vexator* Bordoni, 2002.

主要特征：触角间的口上片正常；上颚有侧沟；下颚须末节小，基部显著窄于亚末节端部；外咽缝约一半长度接近，有时在基部愈合；颈部通常窄于头宽的 1/3。颈片有缝。前胸背板刻点列由 5–6 个刻点组成；前背折缘从后角延伸至前角，上线与下线不接触。鞘翅部分相互重叠，缝缘弯曲。前足跗节不扩大，后足胫节外侧仅具端栉刺。

分布：古北区、东洋区。世界已知 32 种，中国记录 6 种，浙江分布 2 种。

（807）大理分缝隐翅虫 *Erymus dalianus* Bordoni, 2006（图 4-III-456）

Erymus dalianus Bordoni, 2006: 19.

主要特征：体长 3.8–4.0 mm；头深棕色，前胸背板和腹部末节棕色，鞘翅红棕色，足暗棕色，触角基部 3 节颜色较深。头长是宽的 1.3 倍，头后角较圆，复眼长是后颊的 0.63 倍，无微刻纹。前胸背板长是宽的 1.6 倍，背列刻点 5–7 个，侧列刻点 5–6 个。阳茎侧叶弯曲，内囊无明显骨片。本种体色多变，可通过性征与相似种区分。

分布：浙江（龙泉）、湖北、海南、广西、四川、云南。

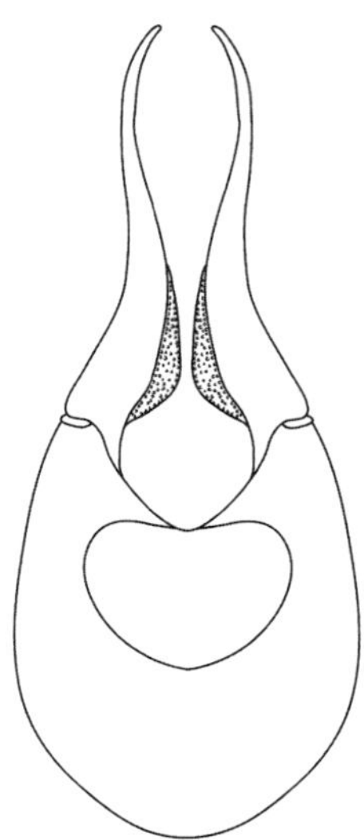

图 4-III-456　大理分缝隐翅虫 *Erymus dalianus* Bordoni, 2006 阳茎腹面观

（808）优雅分缝隐翅虫 *Erymus gracilis* (Fauvel, 1895)（图 4-III-457）

Leptacinus gracilis Fauvel, 1895: 240.

Leptacinus notabilis Cameron, 1926b: 342.

Leptacinus nilamburensis Cameron, 1932: 10.

Leptacinus circumcaspicus Gusarov, 1993: 70.

Erymus gracilis: Bordoni, 2002: 560.

主要特征：体长约 4.1 mm；体棕色，鞘翅、腹末端和附肢颜色较浅。头长是宽的 1.3 倍，头后角较圆，复眼长是后颊的 0.59 倍，无微刻纹。前胸背板长是宽的 1.5 倍，背列刻点 5–6 个，侧列刻点 5–6 个。阳茎侧叶较直，内囊无明显骨片。

分布：浙江（安吉）、台湾、香港、广西；中亚地区，印度，尼泊尔，缅甸，印度尼西亚，西亚地区。

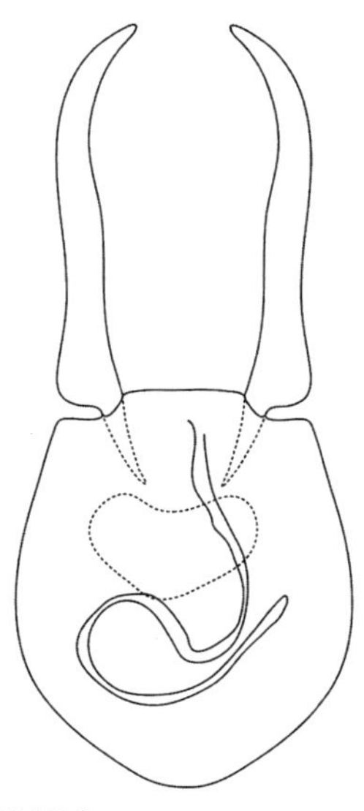

图 4-III-457　优雅分缝隐翅虫 *Erymus gracilis* (Fauvel, 1895)阳茎腹面观

314. 叶唇隐翅虫属 *Liotesba* Scheerpeltz, 1965

Liotesba Scheerpeltz, 1965: 199. Type species: *Liotesba malaisei* Scheerpeltz, 1965.

主要特征：上颚无侧沟，上唇前缘被中部深凹分为 2 叶，颈部通常窄于头宽的 1/3。前胸背板近前角处具 1 个大刻点；前背折缘从后角延伸至前角，上线与下线不接触；前胸腹板前方具骨质化的骨片。鞘翅部分相互重叠，缝缘弯曲。

分布：古北区、东洋区。世界已知 21 种，中国记录 10 种，浙江分布 1 种。

（809）凤阳山叶唇隐翅虫 *Liotesba fengyangshana* Zhou *et* Zhou, 2013（图 4-III-458）

Liotesba fengyangshana Zhou *et* Zhou, 2013b: 2877.

主要特征：体长约 8.7 mm；体黑色，鞘翅红棕色，足暗棕色，触角基部 3 节颜色较深。头长是宽的 1.1 倍，头后角较圆，复眼长是后颊的 0.75 倍，具明显的眼前沟。前胸背板明显长于头部，长是宽的 1.4 倍，具微刻点，近前侧角处具 2 个大刻点，近后侧角处具 1 个大刻点。阳茎侧叶细长对称，基球端部具 1 对骨片。本种复眼较大，眼前沟发达，据此可与其他中国同属种类区分。

分布：浙江（龙泉）。

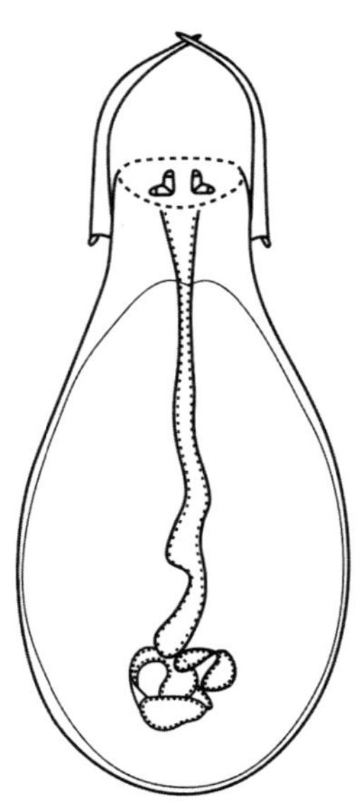

图 4-III-458　凤阳山叶唇隐翅虫 *Liotesba fengyangshana* Zhou *et* Zhou, 2013 阳茎腹面观（仿自 Zhou and Zhou，2013）

315. 凹尾隐翅虫属 *Medhiama* Bordoni, 2002

Medhiama Bordoni, 2002: 663. Type species: *Xantholinus pauper* Sharp, 1889.

主要特征：上颚有侧沟；下颚须末节大，基部不窄于亚末节端部；头背面刻点密；颈部通常窄于头宽的 1/3。前胸背板具刻点列，前背折缘从后角延伸至前角，上线与下线不接触；前胸腹板前方具骨质化的骨片。鞘翅部分相互重叠，缝缘弯曲。后足胫节外侧仅具端栉刺。雄性生殖节侧片端部有凹陷。

分布：古北区、东洋区。世界已知 20 种，中国记录 18 种，浙江分布 1 种。

（810）考氏凹尾隐翅虫 *Medhiama kochi* (Bernhauer, 1940)

Xantholinus kochi Bernhauer, 1940: 634.

Medhiama kochi: Schülke & Smetana, 2015: 1118.

主要特征： 体长约 7.5 mm；体深棕色，头部和前胸背板较深，鞘翅红棕色，触角红色，其他附肢红黄色。头与前胸背板等宽，长是宽的 1.33 倍，头后角较圆。前胸背板明显长于头部，背列刻点 7–8 个，侧列刻点 7–8 个。鞘翅显著短于前胸背板。

分布： 浙江（临安）。

316. 齐茎隐翅虫属 *Megalinus* Mulsant *et* Rey, 1877

Megalinus Mulsant *et* Rey, 1877: 261. Type species: *Staphylinus glabratus* Gravenhorst, 1802.

Metacyclinus Reitter, 1908: 115. Type species: *Staphylinus glabratus* Gravenhorst, 1802.

Lemiganus Bordoni, 1985: 86. Type species: *Xantholinus elianae* Jarrige, 1941.

主要特征： 上颚有侧沟；下颚须末节大，基部不窄于亚末节端部；头背面刻点密；颈部通常窄于头宽的 1/3。前胸背板在光滑中带两侧具大量刻点，未排成刻点列；前背折缘从后角延伸至前角，上线与下线不接触；颈片有缝。鞘翅部分相互重叠，缝缘弯曲，后足胫节外侧仅具端栉刺。

分布： 古北区、东洋区。世界已知 62 种，中国记录 42 种，浙江分布 4 种。

分种检索表

1. 鞘翅深褐色……2
- 鞘翅黄色……**黄褐齐茎隐翅虫 *M. suffusus***
2. 阳茎粗短，长宽比为 1.20–1.55……**安徽齐茎隐翅虫 *M. anhuensis***
- 阳茎细长，长宽比为 1.55–1.70……3
3. 阳茎内囊刺列对称……**博氏齐茎隐翅虫 *M. boki***
- 阳茎内囊刺列不对称……**黄翅齐茎隐翅虫 *M. flavus***

（811）安徽齐茎隐翅虫 *Megalinus anhuensis* (Bordoni, 2007)（图 4-III-459）

Lepidophallus anhuensis Bordoni, 2007a: 10.

Megalinus anhuensis: Bordoni, 2008: 58.

主要特征： 体长约 10 mm。体黑褐色，腹部深棕色，足亮棕色。头部刻点相对稀疏，额部具细小刻点，其他部位的刻点间距小于 2 倍刻点直径；触角第 2 节长于第 3 节；复眼较小，约为后颊长的 1/3 倍。前胸背板背列具 8–9 个刻点，侧列具 8–9 个刻点，前侧角具大刻点。鞘翅各具 5–6 列刻点。阳茎具短而弯的侧叶，内囊具对称的刺列。本种与黄翅齐茎隐翅虫 *M. flavus* (Bordoni, 2002)近似，但后者头后颊相对扩大，阳茎内部刺列不对称。

分布： 浙江（临安）、安徽、湖北、贵州、云南。

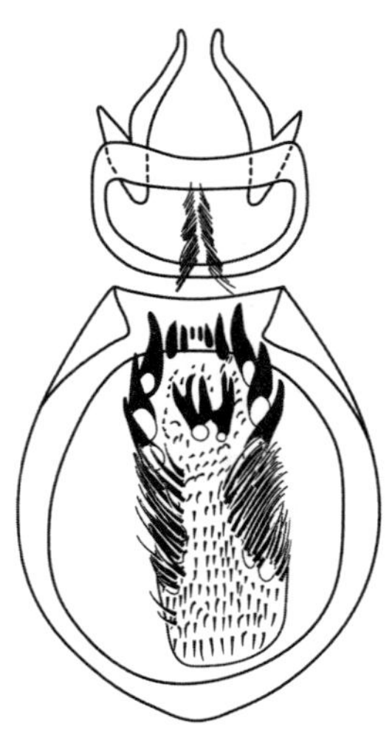

图 4-III-459　安徽齐茎隐翅虫 *Megalinus anhuensis* (Bordoni, 2007)阳茎腹面观（仿自 Bordoni，2007a）

（812）博氏齐茎隐翅虫 *Megalinus boki* (Bordoni, 2000)（图 4-III-460）

Lepidophallus boki Bordoni, 2000: 131.

Megalinus boki: Bordoni, 2008: 58.

主要特征：体长约 10 mm；体黑褐色，头具铜的反光，前胸背板具红色反光，鞘翅黄褐色至黄色，腹部生殖节和第 7、8 腹节后缘黄色。头部刻点相对稀疏，不具无刻点中纵带，额部具细小刻点，其他部位的刻点间距小于 2 倍刻点直径；复眼较小，是后颊长的 0.41 倍。前胸背板背列具 6–7 个刻点，侧列具 7–8 个刻点，前侧角具大刻点。阳茎具短而直的侧叶，内囊具对称的刺列。本种与黄翅齐茎隐翅虫 *M. flavus* (Bordoni, 2002)外形上一致，但后者阳茎内部刺列不对称。

分布：浙江（杭州）、山西、陕西、重庆、四川、贵州、云南。

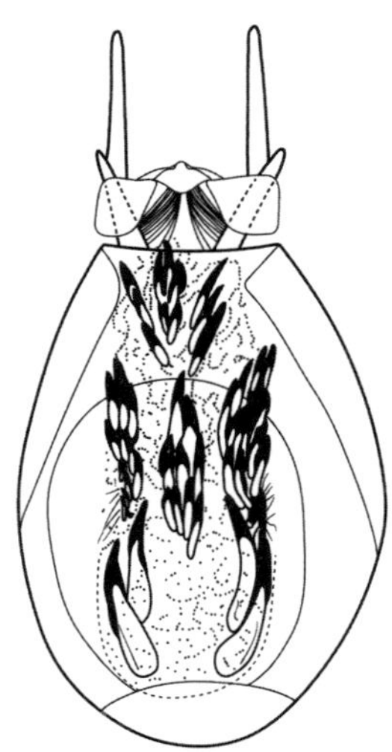

图 4-III-460　博氏齐茎隐翅虫 *Megalinus boki* (Bordoni, 2000)阳茎腹面观（仿自 Bordoni，2000）

（813）黄翅齐茎隐翅虫 *Megalinus flavus* (Bordoni, 2002)（图 4-III-461）

Lepidophallus flavus Bordoni, 2002: 652.

Megalinus flavus: Bordoni, 2008: 58.

主要特征：体长 9.0–10.0 mm；深棕色，前胸背板暗红色，鞘翅黄棕色，腹部末端淡棕色。头部近长方形，表面具中等密度的粗大刻点和密集的多边形的刻纹。前胸背板亚四边形，长于头部，与头部约等宽，盘区刻点列由 7–8 刻点组成，侧缘刻点列由 3–4 刻点组成。鞘翅较前胸背板长而宽，前窄后宽，密布多边形刻纹，刻点较头部略小。腹部密布横向刻纹和微刻点。

分布：浙江（开化）、江苏、上海、湖北、江西、福建、香港、贵州。

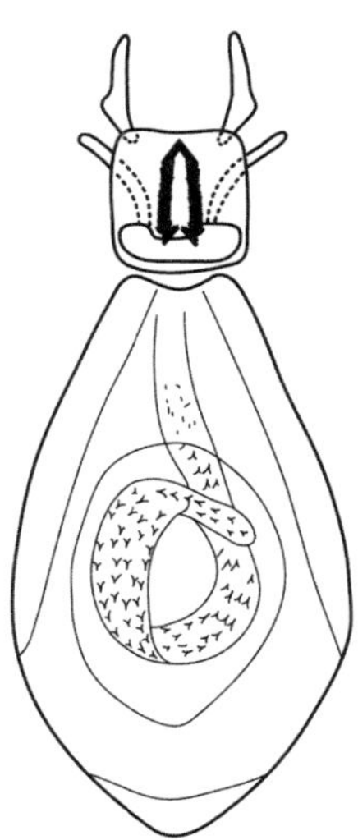

图 4-III-461　黄翅齐茎隐翅虫 *Megalinus flavus* (Bordoni, 2002)阳茎腹面观（仿自 Bordoni，2002）

（814）黄褐齐茎隐翅虫 *Megalinus suffusus* (Sharp, 1874)（图 4-III-462，图版 III-239）

Xantholinus suffusus Sharp, 1874a: 52.

Megalinus suffusus: Watanabe, 1961: 353.

Lepidophallus flavoelytratus Bordoni, 2007a: 11.

主要特征：体长约 9.5 mm；体黑色至深棕色，鞘翅黄色，附肢棕色。头部刻点相对稀疏，不具无刻点中纵带，额部皱纹状具刻点，其他部位的刻点间距小于 2 倍刻点直径，复眼较小，是后颊长的 0.41 倍。前胸背板背列具 7–9 个刻点，侧列具 6–7 个刻点。阳茎具波曲的侧叶，内囊刺列不对称。本种与黄翅齐茎隐翅虫 *M. flavus* (Bordoni, 2002)外形一致，但后者阳茎较短。

分布：浙江（开化）、辽宁、山东、江苏、上海、江西、福建、台湾、贵州；韩国，日本。

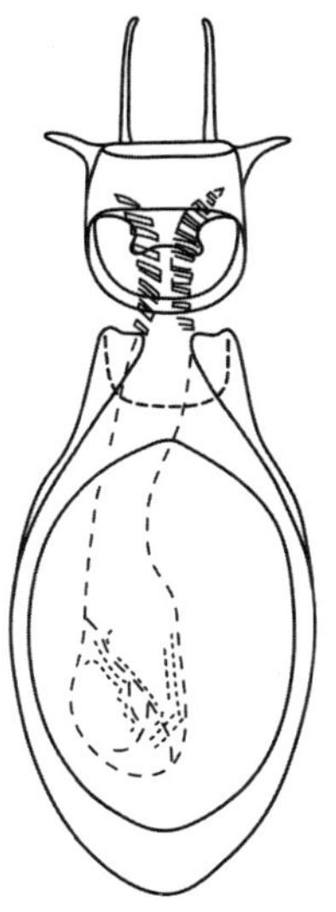

图 4-III-462　黄褐齐茎隐翅虫 *Megalinus suffusus* (Sharp, 1874)阳茎腹面观（仿自 Bordoni，2002）

317. 聚叶隐翅虫属 *Neohypnus* Coiffait *et* Saiz, 1964

Neohypnus Coiffait *et* Saiz, 1964: 522. Type species: *Neohypnus chilensis* Coiffait *et* Saiz, 1964.

Sungaria Bordoni, 2003a: 221. Type species: *Xantholinus mandschuricus* Bernhauer, 1923.

主要特征：下颚须末节大，基部不窄于亚末节端部；头背面刻点密；颈部通常窄于头宽的 1/3。前胸腹板前方具骨质化的骨片；前背折缘从后角延伸至前角，上线与下线不接触。鞘翅部分相互重叠，缝缘弯曲。雄性生殖节对称；阳茎侧叶相互靠近，侧面观亚三角形。雌性生殖节长而窄。

分布：世界广布。世界已知 58 种，中国记录 3 种，浙江分布 1 种。

（815）劳氏聚叶隐翅虫 *Neohypnus rougemonti* (Bordoni, 2003)（图 4-III-463）

Sungaria rougemonti Bordoni, 2003b: 265.

Neohypnus rougemonti: Bordoni, 2013a: 53.

主要特征：体长约 8 mm；体红棕色，头较黑，鞘翅黄色，小盾片棕色，足烟褐色。头侧较直，后角圆；复眼中等，稍突出，长为触角 2–4 节长度之和；头背面具微刻纹痕迹。前胸背板背列具 5–6 个刻点，侧列具 2–3 个刻点。鞘翅具 1 列刻点列。阳茎对称，内囊具小刺。

分布：浙江（临安）、陕西。

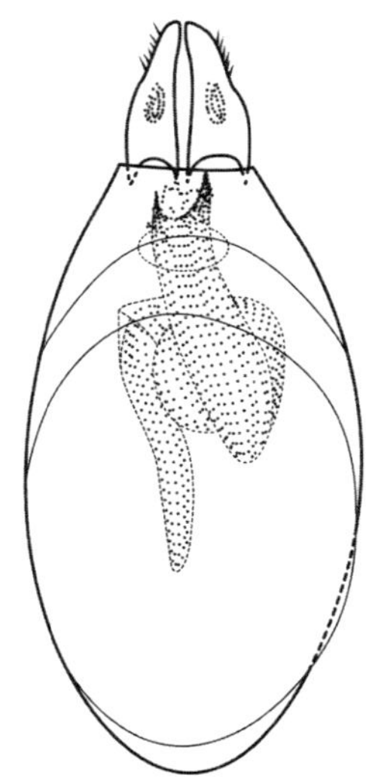

图 4-III-463　劳氏聚叶隐翅虫 *Neohypnus rougemonti* (Bordoni, 2003)阳茎腹面观（仿自 Bordoni，2003a）

318. 方头隐翅虫属 *Nudobius* Thomson, 1860

Nudobius Thomson, 1860: 188. Type species: *Staphylinus lentus* Gravenhorst, 1806.

Calontholinus Reitter, 1908: 114. Type species: *Xantholinus fasciatus* Hochhuth, 1849.

Pedinolinus Bernhauer, 1912b: 479. Type species: *Nudobius africanus* Bernhauer, 1912.

主要特征：触角第 2–11 节长度之和长于头长，第 6–11 节非侧扁，节间压缩不明显；颈部通常窄于头宽的 1/3。前胸背板无刻点列，仅具 1 对大刻点；前背折缘上线从前胸背板后角一直向前延伸，在接近前腹片处与下线愈合；前胸腹板前方具骨质化的骨片。鞘翅部分相互重叠，缝缘弯曲。

分布：古北区、东洋区、新北区、旧热带区、新热带区。世界已知 67 种，中国记录 10 种，浙江分布 2 种。

（816）临安方头隐翅虫 *Nudobius linanensis* Bordoni, 2009（图 4-III-464）

Nudobius linanensis Bordoni, 2009a: 106.

主要特征：体长约 10.0 mm；头黑色，前胸背板和腹部棕色，鞘翅黄褐色，小盾片和附近区域深棕色，触角棕色，足烟褐色。头侧较直，后角圆；复眼突出；头背光滑，散布大而深的刻点。前胸背板长于头部，后部加宽；表面光滑具微刻点，背列具 6–7 个刻点，侧列具 3–4 个刻点。鞘翅具 3 列刻点。腹部具微刻纹和细刻点。阳茎具较粗的侧叶，内囊刺列不对称。本种与甘肃的条囊方头隐翅虫 *N. lemniscatus* Bordoni, 2005 外形一致，需通过阳茎形态区分。

分布：浙江（临安）、陕西、湖北。

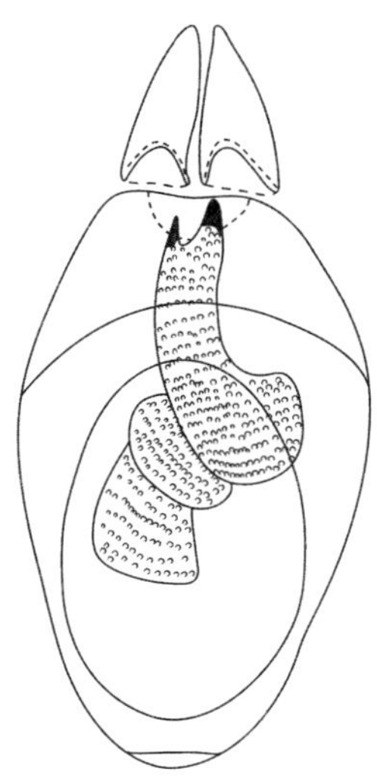

图 4-III-464　临安方头隐翅虫 *Nudobius linanensis* Bordoni, 2009 阳茎腹面观（仿自 Bordoni，2009a）

（817）山方头隐翅虫 *Nudobius shan* Bordoni, 2002（图 4-III-465）

Nudobius shan Bordoni, 2002: 179.

主要特征：体长约 7.5 mm；头黑色，前胸背板、鞘翅和腹部深棕色，鞘翅后缘浅色，附肢浅棕色。

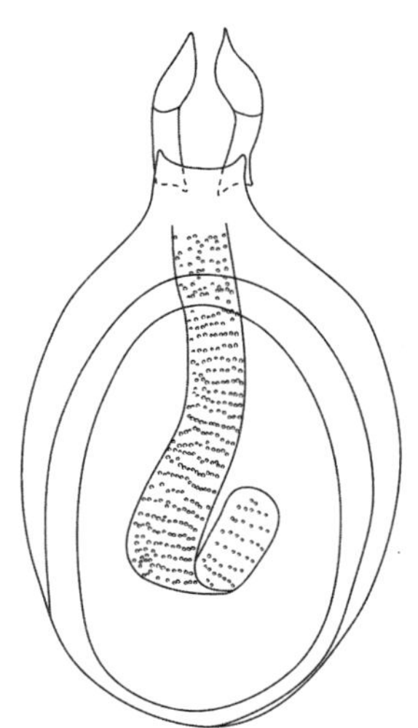

图 4-III-465　山方头隐翅虫 *Nudobius shan* Bordoni, 2002 阳茎腹面观（仿自 Bordoni，2002）

头侧较直，后角圆；复眼突出；头侧部散布刻点。前胸背板微窄于头部，侧缘凹入；背列具 4–8 个刻点。鞘翅具 4 列刻点。阳茎具相对窄的侧叶，内囊具小刺。

分布：浙江（临安）、云南。

319. 并缝隐翅虫属 *Phacophallus* Coiffait, 1956

Phacophallus Coiffait, 1956a: 50. Type species: *Staphylinus parumpunctatus* Gyllenhal, 1827.

主要特征：上颚有侧沟；下颚须末节小，基部显著窄于亚末节端部；外咽缝一半以上相互接触；颈部通常窄于头宽的 1/3。前胸背板刻点列由 5 或 6 个刻点组成，前背折缘从后角延伸至前角，上线与下线不接触；颈片有缝。鞘翅部分相互重叠，缝缘弯曲。前足跗节不扩大，后足胫节外侧仅具端栉刺。雄性第 8 腹板后缘具 1 个亚四边形突起。

分布：世界广布。世界已知 26 种，中国记录 3 种，浙江分布 1 种。

（818）日本并缝隐翅虫 *Phacophallus japonicus* (Cameron, 1933)（图 4-III-466）

Leptacinus japonicus Cameron, 1933c: 169.

Leptacinus chinensis Cameron, 1940: 251.

Phacophallus japonicus: Bordoni, 2002: 541.

主要特征：体长 4.0–5.0 mm；头和腹部黑色，前胸背板红棕色，鞘翅棕黄色。头向后略变宽，表面无微刻纹，后角密布小刻点。前胸背板侧缘中部稍凹入，表面具 5 个刻点组成的刻点列。鞘翅与前胸背板等长，具 3 列刻点列。阳茎侧叶退化，内囊具大刺。本种与黄并缝隐翅虫 *P. flavipennis* (Kraatz, 1859)近似，需通过阳茎形态区分。

分布：浙江（临安）、辽宁、北京、河南、陕西、江苏、湖北、福建、香港、广西、四川、云南；韩国，日本，缅甸，越南，老挝，泰国，马来西亚，印度尼西亚。

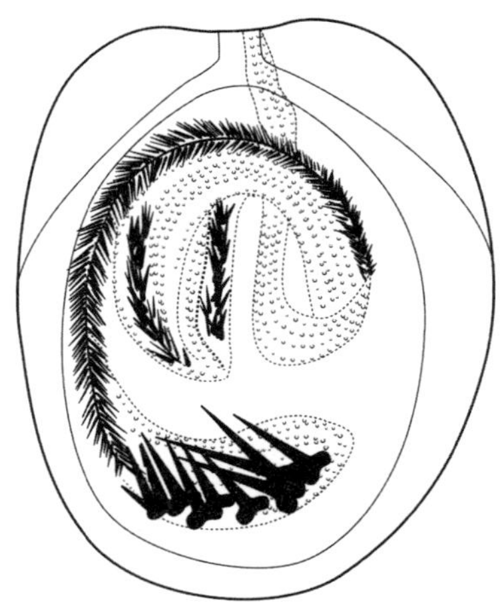

图 4-III-466　日本并缝隐翅虫 *Phacophallus japonicus* (Cameron, 1933)阳茎腹面观

320. 三列隐翅虫属 *Talliella* Bordoni, 2002

Talliella Bordoni, 2002: 475. Type species: *Talliella armentalis* Bordoni, 2002.

主要特征：上颚有侧沟；下颚须末节小，基部显著窄于亚末节端部；触角间的口上片窄而长，显著向前突出；颈部通常窄于头宽的 1/3。前胸背板具刻点列；前背折缘从后角延伸至前角，上线与下线不接触；颈片有缝。鞘翅部分相互重叠，缝缘弯曲，鞘翅刻点 3 列。前足跗节不扩大，后足胫节外侧仅具端栉刺。

分布：东洋区。世界已知 5 种，中国记录 1 种，浙江分布 1 种。

（819）中华三列隐翅虫 *Talliella sinica* Bordoni, 2013（图 4-III-467）

Talliella sinica Bordoni, 2013b: 1756.

主要特征：体长约 3.7 mm；头和鞘翅多少棕色，前胸背板、腹部和附肢黄棕色。头较长，后角较宽圆，具宽的无刻点中带。前胸背板较头部窄而长，背列刻点 7–8 个，侧列刻点 4–5 个。鞘翅中域和近侧缘各具 1 列大刻点列。腹部具网状微刻纹和细小刻点。阳茎侧叶短，内囊具小刺。

分布：浙江（临安）。

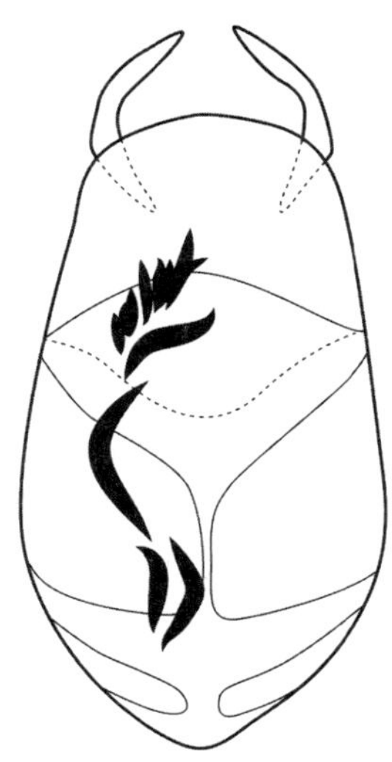

图 4-III-467　中华三列隐翅虫 *Talliella sinica* Bordoni, 2013 阳茎腹面观

321. 缢胸隐翅虫属 *Xanthophius* Motschulsky, 1860

Xanthophius Motschulsky, 1860: 75. Type species: *Xanthophius serpentarius* Motschulsky, 1860.

主要特征：复眼大；上颚有侧沟；下颚须末节小，基部显著窄于亚末节端部；颈部通常窄于头宽的 1/3。前胸背板侧缘后部凹入；前胸背板刻点列由大量刻点组成；前背折缘从后角延伸至前角，上线与下线不接触；颈片有缝。鞘翅部分相互重叠，缝缘弯曲。前足跗节不扩大，后足胫节外侧仅具端栉刺。

分布：古北区、东洋区。世界已知 15 种，中国记录 5 种，浙江分布 2 种。

（820）古田山缢胸隐翅虫 *Xanthophius gutianshanensis* Zhou *et* Zhou, 2013（图 4-III-468）

Xanthophius gutianshanensis Zhou *et* Zhou, 2013a: 367.

主要特征：体长 4.1–4.8 mm；整体棕色，头部颜色稍深，附肢浅棕色。头部亚矩形，长是宽的 1.25 倍，无微刻纹，刻点稀疏，复眼长小于后颊长度的一半。前胸背板背列刻点 12–14 个，侧列刻点 8–9 个。腹部具浅横向微刻纹。本种与单齿缢胸隐翅虫 *X. unicidentatus* Zhou *et* Zhou, 2013 相似，但本种后颊区域较宽，眼前沟较长，前胸背板背列刻点 12–14 个，腹部具浅横向微刻纹。

分布：浙江（开化）。

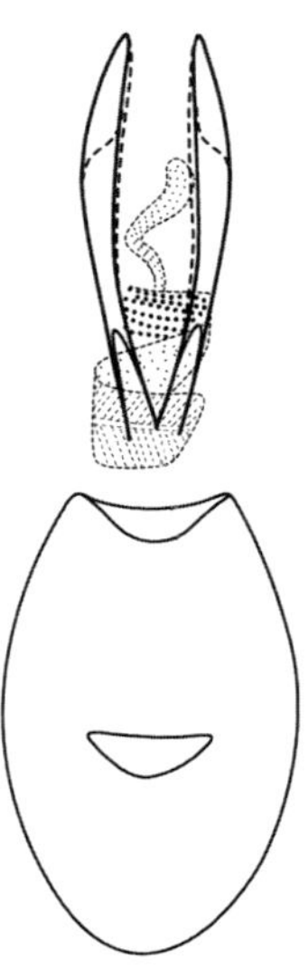

图 4-III-468　古田山缢胸隐翅虫 *Xanthophius gutianshanensis* Zhou *et* Zhou, 2013 阳茎腹面观（仿自 Zhou and Zhou，2013）

（821）单齿缢胸隐翅虫 *Xanthophius unicidentatus* Zhou *et* Zhou, 2013（图 4-III-469）

Xanthophius unicidentatus Zhou *et* Zhou, 2013a: 370.

主要特征：体长 3.5–4.3 mm；头黑褐色，鞘翅棕色但端部 1/4 逐渐浅色，其余躯体和附肢浅棕色。头部亚矩形，长是宽的 1.25 倍，无微刻纹，刻点稀疏；眼前沟短，具 3–4 个刻点；复眼长为后颊长度的一半。前胸背板背列刻点 9–10 个，侧列刻点 8–9 个。腹部无微刻纹。本种与古田山缢胸隐翅虫 *X. gutianshanensis* Zhou *et* Zhou, 2013 相似，但后者后颊区域较宽，眼前沟较长，前胸背板背列刻点 12–14 个，腹部具浅横向微刻纹。

分布：浙江（临安）、广东、海南、云南。

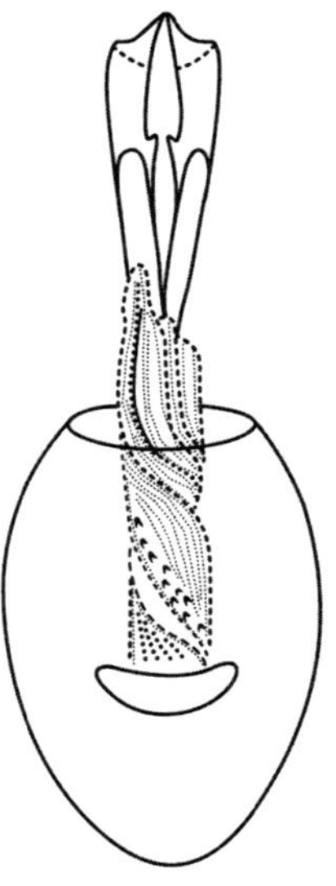

图 4-III-469　单齿缢胸隐翅虫 *Xanthophius unicidentatus* Zhou *et* Zhou, 2013 阳茎腹面观（仿自 Zhou and Zhou，2013）

IV. 金龟总科 Scarabaeoidea

金龟总科又称鳃角类，世界已知现生种类 12 科约 2500 属 35 000 种，广泛分布于世界各大动物地理区，其中 9 科分布于中国。本志依据当今公认度颇高的 Bouchard 等（2011）的金龟总科 12 科分类系统，即毛金龟科 Pleocomidae、粪金龟科 Geotrupidae、刺金龟科 Belohinidae、黑蜣科 Passalidae、皮金龟科 Trogidae、漠金龟科 Glaresidae、重口金龟科 Diphyllostomatidae、锹甲科 Lucanidae、红金龟科 Ochodaeidae、驼金龟科 Hybosoridae、绒毛金龟科 Glaphyridae 和金龟科 Scarabaeidae，对浙江的金龟总科甲虫进行分类编排。

金龟总科昆虫种类多样性高，占鞘翅目昆虫总数的近 13%，受到生物多样性监测的重点关注，是研究物种分化的理想类群之一。其食性丰富，有腐食性、粪食性、尸食性、植食性、捕食性、菌食性等，在生态系统中扮演了多种角色，有传粉者、分解者，也不乏农林业害虫。本志记录浙江 5 科 110 属 265 种。

分科检索表

1. 触角 11 节，鳃片部 3 节……………………………………………………**粪金龟科 Geotrupidae**
- 触角少于 11 节…………………………………………………………………………………………2
2. 中足胫节端距一侧栉齿状………………………………………………………**红金龟科 Ochodaeidae**
- 中足胫节端距非栉齿状…………………………………………………………………………………3
3. 触角鳃片部不紧密结合；颏简单，端部无明显深凹，头部无中突……………………**锹甲科 Lucanidae**
- 触角鳃片部紧密结合……………………………………………………………………………………4
4. 腹部可见腹板 5 节；体背粗糙或具小瘤，不光亮 ……………………………………**皮金龟科 Trogidae**
- 腹部可见腹板通常为 6 节；体背不粗糙，光亮或不光亮……………………………………………5
5. 鞘翅短且端部分离；臀板外露，第 8 腹板具气门 ………………………………**绒毛金龟科 Glaphyridae***
- 鞘翅不短且端部不分离；臀板裸露或不裸露，第 8 腹板无气门 ……………………**金龟科 Scarabaeidae**

*此次考察中确认浙江有绒毛金龟科 Glaphyridae 昆虫分布（图版 IV-1），由于研究基础受限，本志中未记录，故此处将该科列入检索表。

十七、粪金龟科 Geotrupidae

主要特征：体长 5.0–45.0 mm，身体卵形或圆形。体黄色、褐色、红褐色和紫色。触角 11 节，鳃片部 3 节；复眼部分或完全被眼眦分开。唇基通常具角突或结节，上唇平截，突出。下颚须 4 节，下唇须 3–4 节。前胸背板强烈拱起，具或不具结节、角突、沟、脊等，基部宽于鞘翅基部或近等宽。鞘翅强烈拱起，具或不具刻点行。鞘翅完全覆盖臀板。小盾片可见，三角形。足基节窝横向，中足基节窝分离或邻接，前足胫节外缘具齿，具 1 枚端距；中、后足胫节具横脊，端部具 2 枚距，均位于向中线侧（不被后足跗节分开）；跗式 5–5–5 式，爪等大，简单，爪间突可见，突出于第 5 跗节，具 2 刚毛。腹部可见 6 节腹板，具 8 对功能性气门，第 1–7 气门位于侧联膜，第 8 气门位于背板。后翅发育良好。

分布：世界广布。世界已知 68 属 620 种，中国记录 13 属 180 余种，浙江分布 3 属 8 种。

分属检索表

1. 体背强烈隆拱，球形；额唇基缝近直；前足腿节缺少带刚毛的区域（隆金龟亚科 Bolboceratinae） ………**高粪金龟属 *Bolbelasmus***

- 体背隆拱到中度隆拱，非球形；额唇基缝宽“V”形；前足腿节具带黄色刚毛的区域（粪金龟亚科 Geotrupinae）………2
2. 前胸背板具角突……………………………………………………………………………………武粪金龟属 ***Enoplotrupes***
- 前胸背板无角突……………………………………………………………………………………齿粪金龟属 ***Phelotrupes***

322. 高粪金龟属 *Bolbelasmus* Boucomont, 1911

Bolbelasmus Boucomont, 1911: 335. Type species: *Bolboceras gallicum* Mulsant, 1842.

主要特征：体长 7.0–14.0 mm；红褐色到暗褐色，具光泽。唇基弧形，额唇基缝处有时具小结突，雄性额部具锥形小角突，雌性为 1 横脊。触角鳃片部第 1 节内侧多数光滑具光泽，末节与其余两节之和近等长或稍短，外缘光滑。复眼突出，较大，前缘被眼眦分开。前胸背板通常具 4 个尖角突，盘曲刻点稀疏，后缘具边框，完整或不完整。鞘翅在鞘缝和肩突间具 7 条刻点行，第 1 条在小盾片之后开始，行距隆起。前足胫节外缘具 6–10 个齿，中足基节窝邻接或被后胸腹突窄分离。雄性外生殖器简单，阳基侧突两叶，弱或中度骨化，表面无刚毛。

分布：全北区和东洋区。世界已知 21 种，中国记录 4 种，浙江分布 1 种。

（822）高丽高粪金龟 *Bolbelasmus* (*Kolbeus*) *coreanus* (Kolbe, 1886)（图版 IV-2）

Bolboceras coreanus Kolbe, 1886: 188.

Bolbelasmus kurosawai Masumoto, 1984: 76.

Bolbelasmus (*Kolbeus*) *coreanus*: Nikolajev, 2003: 203.

主要特征：体长 9.0–13.5 mm。雄性，体背强隆；全体深褐色，具明显光泽。唇基弧形，后角圆，表面无结突；额部角突垂直于额唇基缝，端圆；复眼突出，较大，前面被眼眦分开。前胸背板具 4 个结节，位于一行，中间结节前缘几乎垂直于前胸背板（小型雄性侧面结节通常消失）；盘区刻点稀疏。鞘翅于肩突和鞘缝间具 7 条刻点行，行 1 被小盾片中断；行距隆起，行距 1 和 2 隆起程度一致。中足基节窝连续，或被中-后胸腹突窄分离；前足胫节外缘具 6–8 齿。雄性外生殖器简单，缺少明显的附属骨化结构；阳基侧突叶状，中度骨化，缺少刚毛。雌性，额部具横向的三叶状脊突，中叶高于侧叶；前胸背板上的横脊不发达。

分布：浙江、辽宁、陕西、宁夏、甘肃、安徽、福建、台湾、四川、贵州、云南；朝鲜，韩国，印度，泰国。

323. 齿粪金龟属 *Phelotrupes* Jekel, 1866

Phelotrupes Jekel, 1866: 575. Type species: *Geotrupes orientalis* Westwood, 1835.

主要特征：触角鳃片部独立可动，中间节不明显变窄，于腹面可见。前胸背板雌性和雄性均无角突，雄性前足胫节末端简单，不分裂。雄性后足腿节后缘通常具发达的齿突，某些 *Sinogeotrupes* 亚属的种类不具齿突，但复眼结突完全消失，西藏齿粪金龟 *Phelotrupes* (*Eogeotrupes*) *cambeforti* 也不具齿突，但鞘翅具 14 条清晰的刻点行。

分布：古北区、东洋区。世界已知 77 种，中国记录 52 种，浙江分布 5 种。

分种检索表

1. 体背暗，黑色，不具金属光泽……………………………………………………………………………………2
- 体背亮，具金属光泽，光泽蓝色、铜色等……………………………………………………………………3

2. 体型较大（长 19.0–24.0 mm）；前足胫节外缘具 5 齿 ……………………………… **台湾齿粪金龟 *P. taiwanus***
- 体型较小（长 17.0–19.0 mm）；前足胫节外缘具 6–7 齿 ……………………………… **弱突齿粪金龟 *P. bolm***
3. 后足腿节无齿 ……………………………… **弧凹齿粪金龟 *P. compressidens***
- 后足腿节具齿 ……………………………… 4
4. 前足胫节外缘具 3 齿，雄性基部具 2–3 个不明晰齿；小盾片具窄中纵沟 ……………… **光沟齿粪金龟 *P. laevistriatus***
- 前足胫节外缘具 7–8 个齿；小盾片无中纵沟 ……………………………… **陈氏齿粪金龟 *P. cheni***

（823）光沟齿粪金龟 *Phelotrupes* (*Eogeotrupes*) *laevistriatus* (Motschulsky, 1858)

Geotrupes laevistriatus Motschulsky, 1858b: 32.
Phelotrupes (*Eogeotrupes*) *laevistriatus*: Král et al., 2001: 2.

主要特征：体长 18.0–23.0 mm。体椭圆形，体背隆拱；体表具强烈金属光泽，铜色、铜褐色、铜紫色，蓝色或蓝绿色，表面无微小刻纹。唇基近半圆形，不上卷，表面具细微刻点，后半部具低矮结突，端尖，侧面近直角；额唇基缝略低陷，“T”形沟明显。前胸背板强弯曲，横向，最宽处位于中部，盘区光滑，无刻点，侧缘具粗刻点；侧小圆陷明显，无刻点具光泽。小盾片宽三角形，具窄中纵沟，无刻点。鞘翅具明显肩疣，基部明显窄于前胸背板；刻点行明显，肩突和鞘缝间具 7 条刻点行；行距略隆起，近等距，无刻点。腹面略粗糙，密布刻点，具短伏毛。前足腿节无齿，具明显的横脊；后足腿节具齿，齿端略尖；前足胫节外缘具 3 齿，基部具 2–3 个不明晰齿。雌性：唇基和复眼上的结突更发达，后足腿节无齿，前足胫节具 2–3 个不明晰齿。

分布：浙江、中国西北部和中部地区；俄罗斯（远东地区），朝鲜半岛，日本。

（824）台湾齿粪金龟 *Phelotrupes* (*Sinogeotrupes*) *taiwanus* (Miyake *et* Yamaya, 1995)

Sinogeotrupes taiwanus Miyake *et* Yamaya, 1995: 32.
Phelotrupes (*Sinogeotrupes*) *taiwanus*: Král, Malý & Schneider, 2001: 135.

主要特征：体长 19.0–24.0 mm。体椭圆形，体背隆拱；体表黑色，无光泽。唇基近半圆形，上卷弱，表面密布细刻点，后半部具低矮结突，端略尖，结突上无刻点；额唇基缝略低。前胸背板强弯曲，横向，最宽处位于中部略靠后，盘区光滑，无刻点，无光泽，侧缘具细微刻点；侧小圆陷明显，无刻点具光泽。小盾片宽三角形，稀布粗刻点。鞘翅具明显肩疣，基部明显窄于前胸背板；刻点行明显，肩突和鞘缝间具 7 条刻点行；行距平，近等距，散布细微、不清晰刻点。腹面粗糙，密布刻点，具短伏毛。前足腿节无齿，具明显的横脊；后足腿节具齿，齿端尖；前足胫节外缘具 5 齿。雌性：前胸背板前缘脊更发达，后足腿节无齿。

分布：浙江、福建、江西、台湾。

（825）弱突齿粪金龟 *Phelotrupes* (*Sinogeotrupes*) *bolm* Král, Malý *et* Schneider, 2001（图版 IV-3）

Phelotrupes (*Sinogeotrupes*) *bolm* Král, Malý *et* Schneider, 2001: 124.

主要特征：体长 17.0–19.0 mm。体长椭圆形，黑色。唇基近半圆形，轻微上卷，表面具微小刻纹，密布粗刻点，额头顶部具 1 弱的纵向突起。前胸背板强弯曲，表面具细微刻痕，盘区稀布细小刻点，侧缘几乎无细小圆齿，前缘不隆起，仅中部轻微变宽。小盾片大，圆三角形。鞘翅阔大，表面布极细微刻痕，具 7 条刻点行，行距隆起，布极细微刻点。腹面粗糙，密布刻点，多毛。足发达，前足腿节无齿，具明显的横脊，后足腿节具齿，齿端圆；前足胫节外缘 6–7 齿，中、后足胫节外侧具横脊；各足跗节较细弱，爪成对简单。

分布：浙江（杭州）、湖北、湖南。

（826）陈氏齿粪金龟 *Phelotrupes* (*Sinogeotrupes*) *cheni* Ochi, Kon *et* Bai, 2010

Phelotrupes (*Sinogeotrupes*) *cheni* Ochi, Kon *et* Bai, 2010: 141.

主要特征：体长 17.0–19.0 mm。体长椭圆形，体背隆拱；体表黑色，具蓝色光泽。唇基近半圆形，表面密布细刻点，后半部具小结突，端尖；额唇基缝不明显。前胸背板强弯曲，最宽处位于基部略靠前，基半部具 1 不明显中纵沟，盘区光滑，无刻点，无光泽；侧小圆陷明显。小盾片宽三角形，几乎无刻点。鞘翅具明显肩疣，基部略窄于前胸背板；刻点行明显，肩突和鞘缝间具 7 条刻点行；行距明显隆起，布细微刻点。前足腿节无齿；后足腿节具齿，齿端圆；前足胫节外缘具 7–8 个齿。

分布：浙江。

（827）弧凹齿粪金龟 *Phelotrupes* (*Sinogeotrupes*) *compressidens* (Fairmaire, 1891)（图版 IV-4）

Geotrypes compressidens Fairmaire, 1891b: vi.

Phelotrupes (*Sinogeotrupes*) *compressidens*: Král, Malý & Schneider, 2001: 125.

主要特征：体长 16.0–22.0 mm。体长椭圆形，体背隆拱；体表黑色具深蓝色色泽；雄性背面具光泽，雌性光泽较弱，无光泽。雄性，唇基近半圆形，上卷弱，表面粗皱，具微小刻纹；额头顶部具明显的结节，侧面近直角。前胸背板强弯曲，表面具细微刻痕，盘区光滑，无刻点；近前缘中部为 1 弧形凹陷；侧小圆陷明显，无刻点具光泽。鞘翅具明显肩疣，基部明显窄于前胸背板；表面密布细微刻痕，刻点行明显，肩突和鞘缝间具 7 条刻点行；行距强隆，近等距，无刻点。腹面粗糙，密布刻点，多毛。足发达；前足腿节无齿，具明显的横脊；后足腿节无齿；前足胫节外缘具 6–7 齿，中、后足胫节外侧具横脊。雌性，前胸背板前缘脊更发达，后足腿节无齿。

分布：浙江（杭州）、湖北、湖南、福建。

324. 武粪金龟属 *Enoplotrupes* Lucas, 1869

Enoplotrupes Lucas, 1869: xiii. Type species: *Enoplotrupes sinensis* Lucas, 1869.

Enoplotrypes Fairmaire, 1886: 320. Type species: *Enoplotrupes sinensis* Lucas, 1869. [incorrect original spelling]

主要特征：体大型，体长 16.0–35.0 mm。体背黑色，表面具蓝色、浅蓝色、绿色或铜色光泽。上唇半圆形，具两叶，前缘略微凹；上颚外缘弯曲。唇基椭圆形，表面刻点粗；雄性在额唇基沟处通常具长角突。颊缝明显，颊角颇尖。前胸背板六边形，雄性通常具长角突。小盾片宽三角形，前缘弯，侧缘宽圆。鞘翅隆拱，肩突发达。后翅发育良好。足腿节无齿，具 2 条带刚毛的横脊；前足胫节外缘通常具 5–7 齿，从端部到基部逐渐变小；中、后足胫节具 3 横脊。该属分 3 亚属。指名亚属：雄性背角细长或粗壮，顶端 2 裂或分叉，雌性前胸背板具横脊或分叉角突；鞘翅粗糙，具微细纹，沙革状或适度具光泽。*Gynoplotrupes* 亚属：雄性背角短，顶部钝，圆或微凹，雌性前胸背板具横脊。*Tyrannotrupes* 亚属：雄性背角砧状，前角分别向前侧缘突出，端尖，雌性前胸背板具横脊；鞘翅具多列刻点行。

分布：古北区和东洋区。世界已知 25 种 2 亚种，中国记录 14 种，浙江分布 2 种。

（828）皱角武粪金龟 *Enoplotrupes* (*Enoplotrupes*) *chaslii* Fairmaire, 1886（图版 IV-5）

Enoplotrypes chaslii Fairmaire, 1886: 320. ["*Enoplotrypes*" incorrect original spelling]

主要特征：体长 18.0–27.0 mm。雄性，体背黑色；腹面深棕色，密被棕色刚毛。雄性，唇基尖拱形，表面布粗皱刻，部分融合，无刻点；额唇基缝角突长，顶部略延伸至前胸背板角突的分叉部分，中部斜弯至尖端。前胸背板表面刻痕由大小不同的刻点组成，部分融合；角突基部细长，中部分叉，顶端略微靠近，向上倾斜，背面具明显的皱褶，皱褶横向融合。鞘翅隆起，具明显的肩疣，表面布极细微刻痕，沙革状，具微细纹。雌性：唇基具尖短结节；前胸背板具直形横脊。

分布：浙江、江西、福建、贵州。

（829）华武粪金龟 *Enoplotrupes* (*Enoplotrupes*) *sinensis* Lucas, 1869

Enoplotrupes sinensis Lucas, 1869:13.

主要特征：体长 22.5–30.0 mm。体黑色。头小而前突，唇基近半圆形，雄性额头顶部有 1 强大微弯角突，雌性仅具短小锥形角突。上唇发达肾形，上颚弯大，外缘背面可见。前胸背板短阔，前缘中央伸出似颈，表面十分粗糙，雄性于盘区有 1 端部分叉的平直前伸粗壮角突，角突前方及两侧光亮，雌性前中段有 1 端部微凹前伸突起。小盾片大，三角形，表面粗糙。鞘翅阔大，表面似缎纹，缝肋及肋纹不见，端部圆弧形向下弯折，缘折阔。臀板全部或部分被鞘翅覆盖。腹面多毛。足发达，前足胫节扁大，外缘锯齿形。中、后足胫节外侧具横脊 4 道。各足跗节较细弱，中后足第 1 跗节长，爪成对简单。

分布：浙江（杭州）、陕西、甘肃、湖北、湖南、四川、云南、西藏。

十八、皮金龟科 Trogidae

主要特征：体长 2.5–20.0 mm，长卵形，拱起。体褐色、灰色至黑色，通常被中等密度灰色或褐色短毛，背面通常覆盖泥土或其他杂物。触角 10 节，鳃片部 3 节，柄节发达。复眼不被眼眦分开。唇基无瘤突或角突。上唇平截，不突出于唇基。上颚具颚刷和臼叶，略突出于唇基端部。下颚须 4 节，下唇须 4 节。前胸背板短阔，拱起，布脊、凹坑和瘤突，被毛或无。鞘翅拱起，具刻点行，行间具脊和瘤突。臀板隐藏于鞘翅下，小盾片可见，戟状或卵状。足基节横向，中足基节窝邻接或近邻接；前足胫节多少细长，外缘具弱齿，1 枚端距；中、后足胫节具 2 枚端距；前足腿节扩大，中、后足腿节不扩大；跗式 5–5–5 式，爪等大，简单，爪间突无。腹部具 5 节腹板，具 7 或 8 对位于联膜上的功能性气门。后翅发达，雄性外生殖器三叶状。

分布：世界广布。世界已知 5 属约 350 种，中国记录 4 属 33 种，浙江分布 1 属 1 种。

325. 皮金龟属 *Trox* Fabricius, 1775

Trox Fabricius, 1775: 31. Type species: *Scarabaeus sabulosus* Linnaeus, 1858.

主要特征：体长 4.0–12.0 mm；浅黄色到黑色，通常具刚毛。额部具 2 个瘤突或 4 个瘤突或无瘤突，具脊或光滑；唇基横向，宽圆或三角形；触角柄节圆，鳃片部第 1 节平。前胸背板通常不收狭，基部与鞘翅邻近，外缘密被刚毛。小盾片卵形。后足胫节外缘具 1 个或多个小齿或刺；后足跗节具刚毛，后足胫节末端最长的距长于跗节前两节之和；后足跗节腹侧仅具散乱的刚毛，爪具 1 刚毛。雄性外生殖器阳基侧突细长，具简单的中叶，端部通常分裂，底片在背面融合。

分布：古北区、东洋区、澳洲区。世界已知 73 种，中国记录 16 种，浙江分布 1 种。

（830）日本皮金龟 *Trox* (*Niditrox*) *niponensis* Lewis, 1895（图版 IV-6）

Trox niponensis Lewis, 1895b: 387.

主要特征：体长 5.5 mm，宽 3.0 mm；黑褐色，长椭圆形。唇基圆弧形，表面粗皱具刻点。前胸背板横阔，表面具粗深刻点，近后缘中部为 1 三角形凹陷，两侧分别具 1 圆形凹陷，侧缘密布短褐色毛。小盾片圆三角形。鞘翅表面具 6 条刻点行，行间皱褶，近末端具褐色短毛簇，端部圆弧形向下弯折，缘折阔。臀板全被鞘翅覆盖。前足胫节外缘锯齿形，内缘 1 距。各足跗节较细弱，爪成对简单。

分布：浙江（杭州）、台湾；俄罗斯，日本。

十九、锹甲科 Lucanidae

主要特征：多具性二型及雄性多型现象。体形圆钝、狭长、扁平或隆凸，光滑或被毛。体长 2.0–100.0 mm。体色多棕褐至黑色，部分种鲜艳并具金属光泽。头部常在前缘、头顶、侧缘处常特化，上颚发达，雄性上颚通常非常发达且呈现繁复多变的形态，是本科的重要特征。复眼多为圆形，外突或平凹，完整或被眼眦分开。触角 10 节，膝状，鳃片部分 3–6 节。鞘翅略呈铁锹状，多具短毛、刻点或纵脊。跗节 5 节，以第 5 节最长。幼虫蛴螬形，体背无皱纹，肛门纵裂状并可与其他金龟子幼虫相区分。

生物学：成虫以花蜜或树汁为食，幼虫则生活在朽木或腐殖质中，在森林生态系统的碳氮循环中占据着特殊生态位，一些物种已经成为监测和评价森林生态系统健康状况的重要指示生物之一。

分布：世界各陆栖动物地理区均有分布。世界已知 100 多属约 1800 种（含亚种），中国记录 30 多属 300 多种。根据标本采集及文献记录，浙江分布 16 属 46 种（亚种）。

分属检索表

1. 触角不呈典型的膝状 ······ 纹锹甲属 *Aesalus*
- 触角呈典型的膝状 ······ 2
2. 眼完整，无眼眦 ······ 琉璃锹甲属 *Platycerus*
- 眼不完整，被眼眦分开 ······ 3
3. 复眼被眼眦均分为上下两部分；性二型现象不显著 ······ 颚锹甲属 *Nigidionus*
- 复眼未被眼眦均分为上下两部分；性二型现象显著 ······ 4
4. 眼眦较短，不长于眼直径的 1/2 ······ 5
- 眼眦较长，长于眼直径的 1/2 ······ 7
5. 体较纤细而闪亮，多具鲜艳的金属光泽；足细长，胫节光滑 ······ 环锹甲属 *Cyclommatus*
- 体多粗壮、暗淡，不具鲜艳的金属光泽；足粗壮，胫节锯齿状 ······ 6
6. 体腹面具浓密的毛丛；雄性后头区显著隆凸或特化为形态多变的后头冠；前足胫节显著宽扁且具尖锐的大齿 ······ 锹甲属 *Lucanus*
- 体腹面较光滑少毛；雄性后头区无隆凸或特化；前足胫节圆钝且具小齿 ······ 柱锹甲属 *Prismognathus*
7. 眼眦长于或等于眼直径的 4/5 ······ 8
- 眼眦不长于眼直径的 4/5 但不短于眼直径的 1/2 ······ 11
8. 前胸背板周缘较光滑无刻点线，侧缘弧状，端部呈尖锐的角状 ······ 9
- 前胸背板周缘有显著的刻点线，侧缘平直，端部平截不呈角状 ······ 10
9. 雄性眼后缘具角突；下唇光滑无毛；雌性的眼眦缘片三角形 ······ 奥锹甲属 *Odontolabis*
- 雄性眼后缘无角突；下唇具浓毛；雌性眼眦缘片平截或半圆形 ······ 新锹甲属 *Neolucanus*
10. 前胸背板及鞘翅比较扁平；鞘翅有浓密的刻点及纵线 ······ 盾锹甲属 *Aegus*
- 前胸背板及鞘翅相当隆凸；鞘翅较光滑，无纵线 ······ 凹锹甲属 *Aulacostethus*
11. 体具强烈的金属光泽；雄性上颚向上明显拱起；前胸背板侧缘呈锯齿状 ······ 拟鹿锹甲属 *Pseudorhaetus*
- 体多暗淡；雄性上颚平直或向内弯曲；前胸背板侧缘较平直或有凹陷不呈锯齿状 ······ 12
12. 雄性体较狭长而匀称；鞘翅光滑或仅有均匀稀疏的小点 ······ 13
- 雄性体较短宽而粗壮；鞘翅常有浓密的刻点或纵线或瘤 ······ 14
13. 雄性体呈粗壮的长椭圆形；头、前胸背板多近长方形；头与前胸等宽，且不短于前胸背板；雌性体较圆，前胸、鞘翅有均匀分布的深密刻点 ······ 前锹甲属 *Prosopocoilus*
- 雄性体较狭长；头近倒梯形，前胸背板因侧缘有凹陷而近乎六边形；头显著窄于、短于前胸背板；雌性体较纤长，前胸、鞘翅比较光滑 ······ 半刀锹甲属 *Hemisodorcus*

14. 雄性体较扁平，头、前胸皮革质感；外生殖器的阳基侧突背面特化成齿状或具齿……………………扁锹甲属 *Serrognathus*
- 雄性体隆凸，头、前胸较为光滑；外生殖器的阳基侧突背面无特化……………………………………15
15. 体粗壮或宽大，眼眦长，至少占眼直径的 1/2 ……………………………………（大）刀锹甲属 *Dorcus*
- 体纤细或短小，眼眦短，不超过眼直径的 1/2 ……………………………………小刀锹甲属 *Falcicornis*

326. 盾锹甲属 *Aegus* MacLeay, 1819

Aegus MacLeay, 1819: 112. Type species: *Aegus chelifer* MacLeay, 1819.

主要特征：性二型现象显著。体小到中型，扁平或中等隆凸。多呈黑褐或红褐色，头、胸、腹多具较密的刻点；鞘翅相对体其他部分更闪亮，背面具 6–12 条明显的背纵线。头较平或稍有隆凸。上颚短且一般不超过头长的 2.0 倍，端部不分叉。上颚上齿的数量较少且比较简单，少有繁复的小齿，上颚中前部的齿常随雄性个体的变小而变小（直至仅见齿痕或完全消失）并更靠近上缘基部，雌性中仅在上颚中部有 1–2 个很微小的齿。上唇多呈短宽的片状。眼微向外凸，眼眦较长，至少占眼直径的 3/4 或更长，但不将眼完全分成上下 2 个部分。触角短，每节具稀疏的刚毛，鳃片部分 3 节。前胸背板前缘呈明显的波曲状，侧缘平直或弧形，微弱或强烈锯齿状，周缘具深密的刻点，多数种类背板中央凹陷或明显凹陷，并在凹陷处具刻点。足短而粗壮，腿节侧缘上常具稀疏的黄色刚毛。前足胫节侧缘有多个小锐齿，中、后足胫节则仅有 1 个或无。

分布：古北区、东洋区、澳洲区。世界已知 200 多种，中国记录近 20 种，浙江分布 6 种。

分种检索表（基于大颚型雄性）

1. 额区有 1 对直立的三角形突起……………………………………………………………………2
- 额区无直立的三角形突起…………………………………………………………………………4
2. 前胸背板的前角端部明显凹陷，呈豁口状……………………………………粤盾锹甲 *A. kuangtungensis*
- 前胸背板的前角端部平截，无凹陷，不呈豁口状 ……………………………………………………3
3. 上颚下缘的大齿不长于上颚上缘的齿……………………………………………亮颈盾锹 *A. laevicollis*
- 上颚下缘的大齿显著长于上颚上缘的齿…………………………………………二齿盾锹甲 *A. bidens*
4. 上颚上、下缘的齿都在基部，在空间上几乎呈上下重叠…………………………丽缘盾锹甲 *A. callosilatus*
- 上颚上缘的齿位于中前部；下缘的齿位于基部，二者在空间不重叠…………………………………5
5. 体宽钝；头略宽于前胸背板，后头显著隆凸；上颚稍长于头长 ……………………阔头盾锹甲 *A. melli*
- 体纤细；头不宽于前胸背板，后头较平；上颚至少是头长的 1.0 倍 ……………………闽盾锹甲 *A. fukiensis*

（831）二齿盾锹甲 *Aegus bidens* Möllenkamp, 1902（图版 IV-7）

Aegus bidens Möllenkamp, 1902: 353.

Aegus cornutus Boileau, 1899a: 319.

Aegus imitator Nagel, 1941: 58.

主要特征：雄性，红褐色至黑褐色，头和前胸背板较鞘翅暗淡，体表具刻点。头中央微凹，额区两侧各有 1 个尖锐的三角形突起。上颚粗壮，向内弯曲，端部较尖，约是头长的 2.0 倍。上颚上缘中部有 1 个向内侧翻伸的三角形大齿，下缘基部有 1 个呈水平直伸的三角形大齿；下缘的基齿比上缘的中齿更长而尖锐。前胸背板宽大于长，前缘波曲状，中部凸出；后缘较平直；侧缘平直，不呈锯齿状；前角钝，端部平截无凹陷，后角大而圆。在背板中央后半部，具纵向的短宽凹陷，凹陷处具有稀疏小刻点（随着体型变小，额区三角形突起逐渐消失；上、下缘的齿也逐渐变小，小颚型上缘的齿仅存齿痕或消失，下缘基齿很小；

前胸背板密覆刻点，侧缘微呈锯齿状）。小盾片近三角形。鞘翅背面可见 9 条明显纵线，具短而稀疏的白色刚毛。前足胫节侧缘呈锯齿状，有 4–5 个锐齿，中足胫节侧缘具 1 个小锐齿；后足胫节侧缘上具 1 个很小的齿。雌性，似小颚型雄性，但较雄性更隆起，具更深密的大刻点；额区两侧无角状突起；上颚短而弯曲；前胸背板中央微凹，不如雄性明显。鞘翅比雄性更光亮，各纵线处的刻点比雄性更深密。

分布：浙江（杭州、龙泉）、广东、广西、云南；越南北部。

（832）丽缘盾锹甲 *Aegus callosilatus* Bomans, 1989（图版 IV-8）

Aegus callosilatus Bomans, 1989: 20.

主要特征：雄性，体较宽，红褐色至黑褐色，头和前胸背板较鞘翅暗淡。头中央无明显凹陷，额区两侧光滑无突起；上颚向内弯曲，约是头长的 1.0 倍，端部较尖。上颚上缘基部有 1 个三角形长齿，向内近水平伸展；下缘基部也有 1 个尖锐的三角形齿，向内后方斜伸；上、下缘的 2 个齿在空间上有重叠。前胸背板宽大于长，背板中央的后半部具较深的纵向凹陷，凹陷处具深密的刻点；前缘波曲状，中部凸出；后缘较平直；侧缘不呈锯齿状；前角宽钝，端部向下凹陷形成豁口，后角大而圆。鞘翅背面可见明显纵条 8 条，具短而稀疏的白色刚毛。小盾片近心形，具细密刻点。前足胫节侧缘呈强烈锯齿状，有 5–6 个锐齿，中足胫节侧缘具 2–3 个小锐齿；后足胫节侧缘上具 1 个锐齿及 1 个小齿。雌性，似小颚型雄性，但前胸背板更隆起，具更深的大刻点；额区两侧无角状突起；上颚短而弯曲，端部尖而无分叉；上缘无齿，下缘中部有 1 个三角形大齿；前胸背板中央向下凹陷；侧缘呈弧状，侧角尖而后角圆。鞘翅比雄性更光亮。

分布：浙江（杭州）、江西、福建、四川。

（833）闽盾锹甲 *Aegus fukiensis* Bomans, 1989（图版 IV-9）

Aegus fukiensis Bomans, 1989: 21.

主要特征：雄性，小型，红褐色至黑褐色，头和前胸背板较鞘翅暗淡。头中央微凹，额区光滑无三角形突起。上颚向内弯曲，端部较尖；上颚上缘近基部有 1 个三角形小齿，向内近水平直伸；下缘基部有 1 个三角形大齿，向内下方斜伸；后者较前者更大而尖锐。前胸背板宽大于长，较光滑，背板中央后半部无明显凹陷，有稀疏小刻点列；前缘波曲状，中部凸出；后缘中部平直，两端向内倾斜；侧缘较直，微呈锯齿状；前角宽钝，端部凹陷形成豁口，后角大而圆（随着体型变小，上颚上下缘的齿也逐渐变小，小颚型上颚上缘光滑无齿，下缘基齿很小；前胸背板侧缘微呈锯齿状）。鞘翅可见明显纵线 7 条，具短而稀疏的白色刚毛。小盾片心形，具稀疏刻点。前足胫节侧缘呈强烈锯齿状，有 4–5 个齿，中足胫节侧缘具 1 个小锐齿；后足胫节侧缘上的 1 齿极小。雌性，似小颚型雄性，但前胸背板更隆起，体背具更深密的大刻点；上颚短而弯曲，端部尖而无分叉；上缘无齿，下缘近端部有 1 个三角形宽齿；前胸背板中后部显著向下凹陷；侧缘呈弧状，侧角尖而后角圆。鞘翅比雄性更光亮。

分布：浙江（杭州）、福建、广东。

（834）粤盾锹甲 *Aegus kuangtungensis* Nagel, 1925（图版 IV-10）

Aegus kuangtungensis Nagel, 1925: 170.

Aegus dispar Didier, 1931: 211.

Aegus angustus Bomans, 1989: 17.

主要特征：雄性，红褐色至黑褐色，头和前胸背板较鞘翅暗淡，体表具刻点。头中央微凹，额区两侧各有 1 个向上直立的三角形突起。上颚向内弯曲，约是头长的 1.0 倍，端部较尖。上颚下缘基部有 1 个三角形小齿，向内下方斜伸；上颚上缘中部稍靠后的位置，具 1 个尖锐的三角形大齿，向内水平直伸。前胸背板宽大于长，在背板中央后半部有纵向的、短宽的凹陷，凹陷处有稀疏而浅的小刻点；前缘波曲状，中部凸出；后缘中部平直，两端向内倾斜；侧缘呈微弱的锯齿状；前角宽钝，向下凹陷形成豁口，后角非常大而圆（随着体型变小，额区三角形突起逐渐消失；上、下缘的齿也逐渐变小，小颚型上缘的齿仅存齿痕或消失，下缘基齿很小；前胸背板密覆刻点，侧缘微呈锯齿状）。小盾片近三角形。鞘翅背面可见明显纵条 8 条，具短而稀疏的白色刚毛。前足胫节侧缘呈锯齿状，有 4–5 个锐齿，中足胫节侧缘具 2 个小锐齿；后足胫节侧缘上具 1 个很小的齿。雌性，与小颚型雄性更相似，但虫体较雄性更隆起，具更深密的大刻点；额区两侧无角状突起；上颚短而弯曲；前胸背板中央微凹，不如雄性明显。鞘翅比雄性更光亮，各纵线处的刻点比雄性更深密。

分布：浙江（杭州、庆元、宁波）、陕西、江西、湖南、福建、广东、四川。

（835）亮颈盾锹甲 *Aegus laevicollis laevicollis* Saunders, 1854（图版 IV-11）

Aegus laevicolle Saunders, 1854: 54.

Aegus punctiger Saunders, 1854: 55.

Aegus laevicollis: Parry, 1870: 63. Correct subsequent spelling (ICZN, Chapter 7).

Aegus pichoni Didier, 1931: 210-211.

主要特征：雄性，小至中型，红褐色至黑褐色，较闪亮。头中央微凹，额区两侧有直立的小三角形突起。上颚弯曲，端部较尖，约是头长的 1.0 倍。上颚下缘基部具 1 个三角形大齿，向内及后方斜伸；上颚上缘中部有 1 个三角形大齿，向内前方斜伸。前胸背板宽大于长，背板中央后半部有狭长的纵向凹陷，凹陷处具深密的小刻点；前缘呈平缓的波曲状，中部凸出；后缘微呈波曲状；侧缘呈微弱的锯齿状；前角端部无凹陷，后角圆（随体型变小，额区三角形突起逐渐消失；上、下缘的齿也逐渐变小，小颚型上缘的齿仅存齿痕或消失，下缘基齿很小）。小盾片心形，密布小刻点。鞘翅背面可见明显纵条 8 条，具短而稀疏的白色刚毛。前足胫节侧缘呈锯齿状，有 5–6 个锐齿，中足胫节侧缘具 2 个小锐齿；后足胫节侧缘上具 1 个很小的齿。雌性，与小颚型雄性更相似，但虫体比雄性更隆起，具更深密的大刻点。上颚短而弯曲，端部尖而无分叉；上缘无齿，下缘中部有 1 个宽钝的三角形大齿；前胸背板中央微向下凹陷，不如雄性明显；侧缘呈弧状，侧角尖而后角圆。鞘翅比雄性更光亮，鞘翅各纵线间隔处具深密的大刻点。

分布：浙江（杭州、庆元）、安徽、江西、湖南、福建、四川。

（836）阔头盾锹甲 *Aegus melli* Nagel, 1925（图版 IV-12）

Aegus melli Nagel, 1925: 174.

主要特征：雄性，小型，宽钝，红褐色至黑褐色。头宽大，稍比前胸宽，额区两侧光滑，无直立的小三角形突起；后头显著隆凸。上颚弯曲，端部较尖，仅稍长于头长。上颚下缘基部有 1 个长而尖锐的三角形大齿，向内下方斜伸；上颚上缘靠近基部有 1 个三角形大齿，向内近水平直伸，且比上颚的齿更大而尖锐；上、下缘的齿在空间距离较近，但尚不重叠。前胸背板较光滑，宽大于长，背板中央无凹陷或刻点线；前缘呈很平缓的波曲状，中部微凸；后缘仅微呈波曲状；侧缘呈弱锯齿状；前角端部显著的凹陷，后角圆（随着体型变小，上颚上缘的齿变小明显，至小颚型中则完全消失，而下缘的齿也逐渐变小，在小颚型中仍有小齿存在）。小盾片心形，密布小刻点。鞘翅背面可见明显纵条 7 条，除第 4–5 纵线、5–6 纵线间隔较宽外，其他各纵线间隔几乎均匀分布。前足胫节侧缘呈锯齿状，有 5–6 个锐齿，中足胫节侧缘具 2 个小锐齿；后足胫节侧缘上具 1 个很小的齿。雌性，与小颚型雄性相似，但虫体更隆起，具更深密的大刻点。上颚短而弯曲，端部尖而无分叉；上缘无齿，下缘中部有 1 个宽钝的三角形大齿；前胸背板中后部有 1 条很浅的凹陷，不如雄性明显；侧缘呈弧状，侧角尖而后角圆。

分布：浙江（温州）、福建、广东、广西。

327. 纹锹甲属 *Aesalus* Fabricius, 1801

Aesalus Fabricius, 1801: 254. Type species: *Lucanus scarabaoides* Panzer, 1793.

主要特征：性二型现象不显著。体小而宽钝（多在 20.0 mm 以下）；暗淡而粗糙，背、腹面均分布刚毛、毛序或毛簇及深密的刻点。头小而平坦，略呈方形；明显窄于前胸背板及鞘翅的宽。触角呈不完全的膝状，鳃片部分 3 节。复眼大而突出。上颚短小，不长于头长，具简单的齿。前胸背板中部向上隆凸，侧缘呈明显的弧形；前缘较平直，后缘呈明显的波曲状，中部向后突出。鞘翅等宽或略宽于前胸背板。前胸背板和鞘翅上都有深密的刻点及刚毛或毛序、毛簇。足纤小，具浓密的刻点和毛，前足胫节较宽扁，外缘呈明显的锯齿状，具发达的小齿，中、后足胫节外缘均具有 4–5 个细密的小齿。

分布：古北区、东洋区、新北区。

备注：本属及其所在 Aesalinae 亚科的分类地位仍需要进一步讨论。浙江目前记录 1 种。

（837）普通纹（斑）锹甲 *Aesalus satoi* Araya *et* Yoshitomi, 2003（图版 IV-13）

Aesalus satoi Araya *et* Yoshitomi, 2003: 190.

Aesalus zhejiangensis Huang *et* Bi, 2009: 20.

主要特征：雄性，体宽钝，暗淡的灰褐色至红褐色。头、前胸背板、鞘翅上均具浓密而均匀分布的刻点和稀疏的白色刚毛；鞘翅的刚毛排列形成较规则的毛序。头小，后头微有隆凸。上颚短小，短于头长，近中部仅有 1 个很小的齿。前胸背板中部向上隆凸，侧缘呈明显的弧形；前缘较平直，后缘呈明显的波曲状，中部向后突出。鞘翅等宽或略宽于前胸背板。小盾片呈宽钝的心形，密布小刻点。鞘翅背面刚毛的毛序 6–7 条，近间隔均匀排列。前足胫节侧缘呈锯齿状，有 3–4 个锐齿，中、后足胫节侧缘具 2–4 个小锐齿。雌性，与雄性非常相似。

分布：浙江（龙泉）、湖北、福建、广西、重庆、贵州、云南。

328. 凹锹甲属 *Aulacostethus* Waterhouse, 1869

Aulacostethus Waterhouse, 1869: 13. Type species: *Aulacostethus archeri* Waterhouse, 1869.

Aegomorphus Houlbert, 1914: 344. Type species: *Aulacostethus archeri* Waterhouse, 1869.

主要特征：性二型现象明显。体中至大型，较宽而圆钝。体背明显隆凸，光滑少毛。头、前胸背板周缘、鞘翅上有小刻点。头宽，多近方形，头中央多有明显的凹陷。雄性的上颚多粗壮而较平直，具不多于 3 个的大齿；雌性上颚细小，短于头长，中部具 1 个小齿。复眼小而内陷，眼眦长，约占眼直径的 4/5，但不将复眼分成上下两个部分。眼的后侧具浓密的大刻点，在眼后缘上接近前胸处有片状的刺突。触角较短，鳃片部分 3 节。前胸背板宽大于长，前缘波曲状，后缘、侧缘都较平直。足较粗壮，侧缘有较整齐的毛列，跗节比较短细。前足胫节宽扁，端部分叉并呈发达的二齿状；侧缘上常有多个发达的小齿；中、后足侧缘上有 1 个小齿。

分布：东洋区。世界已知 5 种，中国记录 5 种，浙江分布 1 种。

（838）天目星凹锹甲 *Aulacostethus tianmuxing* Huang *et* Chen, 2013（图版 IV-14）

Aulacostethus tianmuxing Huang *et* Chen, 2013: 313.

主要特征：雄性，中到大型，黑褐色至黑色。体微呈圆钝，相当隆凸。复眼周围、前胸背板的周边、鞘翅周缘都有深密的大刻点，体腹面的毛呈褐色至黄褐色。头部长大于宽，头顶中央有较深的略呈横向的凹陷（随体型变小凹陷程度渐弱）。上唇小，三角形。复眼后侧具浓密的大刻点，眼后缘处有 1 个三角形的片状刺突并向下弯曲（随体型变小而减小）。上颚较平直，不长于头长，端部尖。上颚基部有 1 个非常粗壮的长齿，并形成分叉（随体型变小，该齿也变小成单齿状，无分叉，并更靠近上颚的中前部）。前胸背板长略大于宽，背板中央明显凸出，前缘呈明显波曲状，后缘微呈波曲状，侧缘较平直。鞘翅光滑无毛，周缘有小刻点，肩角处的刻点大而深密。小盾片半圆形。前足胫节侧缘平直，有 2–4 个大钝齿；中、后足胫节各有 1 个小齿。雌性，外部特征与小颚型的雄性较相似。但体背更加隆凸，不似雄性闪亮。头部几乎布满刻点，前胸背板周缘、鞘翅肩角处的刻点更加深密。头小，上颚明显短于头长，在中部有 1 个短粗的小齿。眼后缘上的三角状刺突相当小而下弯。前足胫节上小齿不明显，仅见 2–3 个比较宽钝的齿痕。其他外部特征似雄性。

分布：浙江（安吉、杭州）。

329. 大刀锹甲属 *Dorcus* MacLeay, 1819

Dorcus MacLeay, 1819: 111. Type species: *Scarabaeus parallelipipedus* Linnaeus, 1758.

主要特征：性二型现象显著。体中至大型，多粗壮而宽钝，黑褐色或红褐或灰褐色。头部宽而短，多近梯形或方形，有些种类的大颚型雄性额区两侧各具 1 个前伸的、宽扁的三角形角突，但小颚型则缺失。大颚型雄性上颚多粗壮且向内强烈弯曲，一般不超过头长的 2.0 倍，小颚型的上颚一般不超过头长的 1.0 倍，雌性上颚短，不超过头长且仅有 1–2 个小钝齿。上唇多宽扁，中央凹陷或者平直。复眼大而凸出，眼眦较长，但不将眼完全分成上下两个部分。触角较短而粗壮，鳃片部分 3 节。前胸背板前缘呈明显的波曲状，侧缘平直或弧形，平直或微弱齿状，多数种类背板中央凹陷或明显凹陷。鞘翅光滑无毛，大颚型雄性鞘翅上无明显的纵线，随体型变小，鞘翅纵线愈发明显；在小颚型雄性及雌性中，鞘翅上具数条明显纵线。足较短细；前足胫节较宽扁，侧缘具 5–10 个不等的小锐齿；中、后足胫节侧缘具 1–2 个小钝齿。

分布：古北区、东洋区、新北区。世界已知 40 多种，中国记录 20 多种，浙江分布 6 种。

分种检索表（基于大颚型雄性）

1. 体表面粗糙，有毛瘤状突起……锈刀锹甲 *D. velutinus*
- 体表面光滑，无毛瘤状突起……2
2. 上颚不发达，短于头与前胸背板的总长，靠近上颚端部无小齿……微颚刀锹甲 *D. sawaii*
- 上颚发达，不短于头与前胸背板的总长，靠近上颚端部内侧有 1 小齿或齿痕……3
3. 体非常粗壮而宽扁；上颚整个强烈向内弯曲，且向着中前部逐渐变细，无宽片状凸出……4
- 体明显纤细；上颚整个向内平缓弯曲，且在中前部有变宽，呈宽片状凸出……5
4. 额区有角状突起；上颚中前部有 1 个向内横伸的大齿……大刀锹甲 *D. hopei*
- 额区无角状突起；上颚中前部有 1 个向前近纵伸的大齿……华东刀锹甲 *D. vicinus*
5. 上颚近基部有 1 个向内横伸的大齿，且沿该齿向前至上颚中前部变宽成长片状凸出，其长约占上颚总长的 1/2……平齿刀锹甲 *D. ursulae*
- 上颚近基部无齿，而在中前部有 1 个大齿，且沿该齿向前在上颚的前部呈短片状变宽，其长仅约占上颚总长的 1/5……凹齿刀锹甲 *D. davidi*

（839）凹齿刀锹甲 *Dorcus davidi* (Séguy, 1954)（图版 IV-15）

Hemisodorcus davidi Séguy, 1954: 187.

Dorcus striatipennis continentalis Sakaino, 1997: 12.

Dorcus davidi: Krajcik, 2001: 45.

Dorcus emikoae Ikeda, 2001: 31.

主要特征：小到中型，体呈黑色，头、前胸背板较光滑闪亮。头近梯形，头顶中前部下凹。上颚基、中部较粗壮而直，端部尖而强烈向内弯曲，约是头长的 2.0 倍；在上颚的中前部、上颚总长约 1/2、3/4 处的 2 个小齿间的区域变宽，呈刀片状，靠近上颚端部具 1 个三角形小齿。上唇宽大，呈长方形，端缘中央向外凸出。前胸背板宽大于长，前缘呈明显波曲状，中部尖锐凸出；后缘较平直；侧缘不平直，中部及后 1/4 处向外凸出（随着体型变小，上颚中部至前部的齿逐渐变小，上颚端部的齿也更细小。至小颚型的上颚仅有 1 个三角形小齿，端部的齿消失；头部则覆盖着浓密的刻点）。小盾片心形。鞘翅较光滑，布满均匀的小刻点。前足胫节侧缘锯齿状，具 6–7 个较明显的小齿；中足胫节有 1 个小锐齿；后足胫节无齿或具 1 个极小的齿。雌性，体背更粗糙。头部密布刻点，前缘两侧弧度更大。上颚比雄性短小，但上颚端部较尖锐。前胸背板中央闪亮，比雄性更隆凸；侧缘弧度更大。鞘翅表面具较浅的纵纹。

分布：浙江（杭州、庆元）、陕西、江西、广西、重庆、四川。

（840）大刀锹甲 *Dorcus hopei* (Sauders, 1854)（图版 IV-16）

Platyprosapus hopei Saunders, 1854: 50.

Dorcus striatopunctatus Saunders, 1854: 51.

Dorcus striatus Saunders, 1854: 53.

Dorcus hopei: Thomson, 1862: 398.

主要特征：雄性，中到大型。体黑色，较闪亮，头和前胸较鞘翅暗淡。头中央微凹，额区两侧各有 1 个宽大的、略向前斜伸的三角形突起。上颚向内强烈弯曲，基部宽，端部尖，约是头长的 2.0 倍；上颚中部有 1 个向上几乎直立的三角形大齿、齿端微向前斜伸；紧邻上颚端部有 1 突起的小齿。上唇宽大，长方形，端缘中部强烈下凹。前胸背板宽大于长，前缘波曲状，背板中央微凹；后缘较平直，侧缘微呈锯齿状、较直；前角较钝，后角钝圆（随着个体变小，中颚型额区三角形突起逐渐变小；上颚中部的齿多向内侧、近水平直伸，上颚端部的小齿也更加细小。至小颚型上颚仅基部有 1 个三角形小齿，端部的齿消失；前胸背板侧缘无明显的凹陷）。小盾片心形，端部较尖。鞘翅周缘有深密的刻点，从鞘翅中部至缘折处，有 5–6 条深密的大刻点形成的短纵线（随着个体变小，鞘翅越来越闪亮，其上的刻点及纵线也愈发浓密可见）。前足胫节侧缘微呈锯齿状，有 5–7 个小锐齿；中足胫节侧缘具 1 个小锐齿；后足胫节侧缘上具 1 个很小的齿。雌性，同小颚型雄性很相似，有较强的金属光泽。体背的刻点、毛较雄性的毛更浓密而长。头小，头顶中央有 2 个近圆形的小隆凸。上颚相当短小，端部尖锐，基部宽大并有 1 个倾斜的近长方形隆起；中部具 1 个大齿及 1 个小齿。前胸背板中央相当光滑而闪亮，比雄性更隆凸；鞘翅上均匀地排列着 10–11 条纵线。

分布：浙江（杭州）、江苏、上海、安徽、湖北、江西、湖南、福建、广东。

备注：该物种主要分布于我国东南部，有时也记作亚种，即 *D. curvidens hopei*。

（841）微颚刀锹甲 *Dorcus sawaii* Tsukawaki, 1999（图版 IV-17）

Dorcus sawaii Tsukawaki, 1999: 6.

主要特征：雄性，小到中型。黑色，体背、腹面均光滑少毛。上颚基部窄、中部宽、端部尖，稍长于头；仅上缘中部有 1 个小齿，下缘中部则扩宽成片状，且在拓宽处的中央微有凹陷。头略隆凸，在复眼周围有细密小刻点；前缘中部及额区呈宽大的近三角形凹陷。上唇宽大，呈片状。前胸背板宽大于长，背板中央微凸；前缘呈明显波曲状，中部向外尖锐凸出；后缘近直线状；侧缘微呈弧形。小盾片心形，具细密的小刻点。足较长而粗壮，具较密的毛；前足胫节较宽扁，侧缘有 5–6 个较小锐齿；中、后足胫节侧缘各有 3–4 个小锐齿。雌性，似雄性。上颚比较短小且端部较钝，微有分叉。头部具更加深密的刻点，其他外部特征似雄性。

分布：浙江（杭州）、江西。

（842）平齿刀锹甲 *Dorcus ursulae* (Schenk, 1996)（图版 IV-18）

Hemisodorcus ursulae Schenk, 1996: 440.
Dorcus ursulae: Krajčik, 2001a: 51.

主要特征：雄性，小到中型。黑色，较暗淡，体背、腹面均光滑少毛。头中央微凹，靠近复眼周围有细密的小刻点，额区无三角形突起。上颚端部强烈弯曲，基部至上缘较直，约是头长的 1.5 倍；靠近上颚基部有 1 个向内平伸的三角形大齿（体型越小则该齿越钝）；沿该齿向前直至上颚的中前部 2/3 处，呈较直的刀片状；靠近上颚端部有 1 个向内斜伸的三角形小齿。上唇宽大，呈长方形，中央强烈下凹。前胸背板宽大于长，前缘呈明显波曲状，背板中央微凸；后缘近直线状；侧缘微弧形，呈锯齿状。背板较光滑。小盾片心形，具细密的小刻点。鞘翅前缘具细密的小刻点。足长而粗壮，前足胫节较宽扁，侧缘呈锯齿状，有 6–7 个小锐齿；中、后足胫节侧缘各具 1 个极小的小齿。雌性，与雄性差异较大。头部具细密的刻点，比雄性更隆凸；上颚比雄性小而宽钝；前胸背板中央相当光滑而闪亮，侧缘不呈锯齿状。前足胫节比雄性更宽扁，鞘翅背面可见明显的黑色纵线。

分布：浙江（杭州）、湖北、福建、广东、四川。

（843）华东刀锹甲 *Dorcus vicinus* Saunders, 1854（图版 IV-19）

Dorcus vicinus Saunders, 1854: 51.

主要特征：雄性，小到中型。黑色，较闪亮，体背光滑腹面少毛。头略隆凸，前缘中部及额区呈较深的三角形凹陷，额区两侧各有 1 个向前斜伸的方形突起。上颚约是头长的 1.0 倍；端部尖锐，在前 1/4 处有 1 个尖锐的齿向前方斜伸近乎直立；在该齿与端部间有 1 个小齿（随着体型变小，前方的齿逐渐变小，并向中部靠近）。上唇宽大，呈长方形。前胸背板宽大于长，前缘呈明显波曲状，背板中央微凸；后缘近直线状；侧缘微呈弧形，侧缘总长约 2/3 处、靠近前缘处稍内凹并形成尖锐的凸出角，背板无凹陷，具稀疏小刻点。小盾片心形，具细密的小刻点。鞘翅具细密的小刻点。足较长而粗壮，前足胫节较宽扁，侧缘呈锯齿状，有 6–7 个锐齿；中足胫节侧缘有 1 个小锐齿；后足胫节侧缘无齿。雌性，体稍小于雄性，与小颚型的雄性非常相似，但体背更粗糙，具更加浓密的刻点。头部具较深的细密的刻点。上颚短小，中部的齿较钝。前胸背板中央相当光滑而闪亮，比雄性更隆凸；侧缘弧度更大。鞘翅较雄性具更深密的刻点，前足胫节的齿比雄性的更多。

分布：浙江（开化）、上海、湖南。

（844）锈刀锹甲 *Dorcus velutinus* Thomson, 1862（图版 IV-20）

Dorcus velutinus Thomson, 1862: 426.
Gnaphaloryx cinerreus Boileau, 1902: 321.

主要特征：雄性，小到中型，宽钝，头、前胸、鞘翅几乎等宽。铁锈色，相当暗淡；体背布满刻点，每个刻点上都具褐色短刚毛。头宽大而微隆，布满刻点及 1–2 根褐色短刚毛。上颚较直，端部平截，向内稍弯，约是头长的 1.0 倍；上颚基部宽，中前部窄，使得上颚从基部至 2/3 长的中前部呈三角形；基部外缘微微向外凸出；靠近上颚端部，有 1 向内前方斜伸的小钝齿。上唇宽大，呈长方形。前胸背板宽大于长，前缘波曲状，背板中央隆凸，后缘较平直；侧缘平直，不呈锯齿状；前角钝，后角无凹陷；布满刻点。小盾片心形。鞘翅边缘为浓密的褐色短刚毛所覆盖；鞘翅粗糙，表面均匀地分布着 5 条由刚毛形成的毛列；其余则密布刻点或具刚毛的刻点。前足胫节较宽扁，侧缘呈锯齿状，具 3–4 个小锐齿；中、后足胫节侧缘无齿，均匀分布浓密褐色长刚毛列及褐色短绒毛。雌性，似雄性，但体背更粗糙，刻点更加浓密。上颚短小且端部尖锐，具 1 个分叉的齿；上唇呈三角形。前胸比雄性更隆凸；侧缘弧度更大。鞘翅比雄性更粗糙。

分布：浙江（杭州、庆元）、河北、陕西、甘肃、湖南、福建、广西、四川、云南。

330. 小刀锹甲属 *Falcicornis* Planet, 1894

Falcicornis Planet, 1894: 44. Type species: *Falcicornis groulti* Planet, 1894.

主要特征：性二型现象显著。体小到中型，有些种有较强的金属光泽。触角较细长，鳃片部分 3 节。复眼大而突出，眼眦较短，约占直径的 1/3；紧靠复眼后侧无明显的突出物。雄性，头多短宽；上颚多长而单薄，端部一般尖锐，少有分叉。前胸背板宽大于长，呈梯形、半圆形或方形不等；前缘多呈波曲状，中部向前凸出，后缘近直线状。足较粗壮，前足胫节较宽扁，端部宽大，侧缘具多个小锐齿；中、后足胫节侧缘具 1–2 个极小细齿。鞘翅光滑，无毛或纵线。雌性，似小颚型雄性，上颚短小而尖细，短于头长，中部多具 1 个小齿；头、前胸背板及鞘翅上具浓密的大刻点。

分布：古北区、东洋区。世界已知近 30 种，中国记录 20 余种，浙江分布 3 种。

分种检索表（基于大颚型雄性）

1. 上颚较短而向内稍弯曲，不长于头长，中前部的大齿上无繁复的小齿……………………………拟戟小刀锹甲 ***F. taibaishanensis***
- 上颚长而向内强烈弯曲，至少是头长的 1.0 倍，中前部的大齿上具繁复的齿 ……………………………………………………………2
2. 上颚中前部的大齿尖锐，端部分叉成弯刀状；颏上覆盖浓密的黄色绒毛………………………………………叉齿小刀锹甲 ***F. séguyi***
- 上颚中前部的大齿粗壮，端部具细密的小齿；颏上具稀疏的褐色长毛………………………………皮氏小刀锹甲 ***F. tenuecostatus***

（845）叉齿小刀锹甲 *Falcicornis séguyi* (De Lisle, 1955)（图版 IV-21）

Macrodorcus séguyi De Lisle, 1955: 6.

Falcicornis séguyi: Huang & Chen, 2013: 266.

主要特征：雄性，小到中型，红褐色至黑褐色，较暗淡，体背为较粗糙质感，中胸腹面光滑少毛。头宽大而较扁平，前缘中部及额区呈 1 个近三角形凹陷，复眼后侧具细密的小刻点。上唇宽大，长方形，中央微有凹陷。颏近梯形，覆盖着金黄色的长绒毛。上颚约是头长的 1.0 倍，呈倾斜的刀片状，基部至中前部相当宽大，端部尖锐而向内强烈弯曲。上颚基部有 1 个微小的三角形齿，在上颚中前部、总长约 2/3 处有 1 个向上直立的大而尖锐的三角形长齿，齿端微向后方倾斜（随个体变小，上颚逐渐变短小，上颚中前部的大齿逐渐细小，至小颚型雄性的上颚中部仅有 2 小齿）。前胸背板宽大于长，前缘呈明显波曲状，中部向外尖锐凸出；后缘较平直；侧缘向后倾斜且在中部向外微凸，形成尖锐的前角及较钝的后角。前胸背板较光滑，分布着小刻点。小盾片心形，基部有小刻点。鞘翅表面较粗糙，有细浅的小刻点。前足胫节侧缘呈锯齿状，有 4–6 个小锐齿；中、后足胫节侧缘各具 1 个小齿。雌性，似小颚型雄性，但较雄性闪亮，红褐色至黑色。头、前胸背板的刻点更浓密。上颚极短，短于头长，端部尖锐，中部有 1 个三角形小齿。前胸背板比雄性更隆凸，前缘两侧角更尖锐。

分布：浙江（杭州）、江苏、安徽、湖北、江西、福建、广东、海南、广西、贵州、云南；越南北部。

（846）拟戟小刀锹甲 *Falcicornis taibaishanensis* (Schenk, 2008)（图版 IV-22）

Macrodorcas taibaishanensis Schenk, 2008: 9.

Falcicornis taibaishanensis: Huang & Chen, 2013: 279.

主要特征：雄性，小到中型，红褐色至黑褐色，较暗淡，体背、腹面均光滑少毛。头较宽大，前缘中部及额区呈较深的凹陷，眼周缘有浓密的刻点。上颚短小，不长于头长，端部尖锐而向内强烈弯曲；上颚近基部有 1 个小齿，中部有 1 个尖锐的大齿且向上斜伸，2 齿间相连且变宽，使其略呈戟状。上唇呈宽大的长方形，中央微有凹陷。前胸背板宽大于长，前缘呈明显波曲状，中部向外尖锐凸出，中央较平而光滑；后缘较平直；侧缘呈斜线状向后延伸，形成尖锐的前角及很钝的后角。背板较光滑，布满均匀的小刻点（随着体型变小，上颚逐渐短小，上颚中前部的大齿也变小变短；中颚型上颚上的齿不再呈戟状，而呈 1 个向内弯曲的尖齿；小颚型仅在上颚中部有 1 个小齿）。小盾片心形，端部尖锐，布满小刻点。鞘翅表面具浅细的小刻点，鞘翅中央有隐约的纵带。前足胫节侧缘呈锯齿状，有 4–6 个小齿；中、后足胫节侧缘上无可见的小齿。雌性，似小颚型雄性，但更闪亮，黑褐色。头、前胸、背部的刻点更密，前胸背板前缘、两侧缘的弧度更大；上颚极短，端部尖，中部有 1 个三角形的小齿。上唇短，近倒梯形，中部凹陷。前胸背板比雄性更隆凸，前缘两侧更尖锐。

分布：浙江（宁波）、湖南、福建、广东、广西、贵州。

（847）皮氏小刀锹甲 *Falcicornis tenuecostatus* (Fairmaire, 1888)（图版 IV-23）

Dorcus tenuecostatus Fairmaire, 1888a: 116.

Dorcus sancha: Fujita, 2010: 237.

Falcicornis tenuecostatus tenuecostatus: Huang & Chen, 2013: 281.

主要特征：雄性，小到中型，红褐色至黑褐色，较暗淡，体背、腹面较光滑，仅在中胸腹面两侧有暗褐色的毛丛。头宽大，前缘中部及额区呈较浅的凹陷，复眼后侧具细密的小刻点。上唇呈长方形，中央强烈凹陷。颏上具稀疏的褐色长毛。上颚约是头长的 1.0 倍，呈倾斜的刀片状，基部至中前部较宽，端部尖锐而向内强烈弯曲。上颚基部光滑无齿，在上颚前部、总长约 2/3 处有 1 个向前斜且向上突出的长方形大齿，齿的外缘呈锯齿状，具 4–6 小锐齿且两端的 2 个小齿更大而尖锐；近邻上颚端部有 1 个三角形钝齿（随着体型变小，上颚逐渐变短，上颚前部的大齿逐渐变短，端部的齿变小直至消失；至中、小颚型，上颚上不再有凸出的长方形大齿，而是中前部变宽并拓展成片状，其外缘上有 5–6 个小齿呈锯齿状，均匀排列）。前胸背板宽大于长，前缘呈明显波曲状，中部向外凸出；后缘较平直；侧缘前端、总长约 1/4 处向内显著凹陷，形成尖锐的前角，并在靠近后端微有凹陷，形成较钝的后角（中、小颚型的侧缘前端无凹陷）。前胸背板较光滑，具稀疏的细浅刻点。小盾片呈尖锐的心形。鞘翅表面较光滑。前足胫节侧缘呈锯齿状，有 6–8 个小锐齿；中、后足胫节侧缘光滑，仅有 1 个极微小的齿。雌性，似小颚型雄性，但较雄性闪亮，红褐色至黑色。头、前胸背板的刻点更浓密。上颚极短，短于头长，端部尖锐，中部有 1 个三角形小齿。前胸背板比雄性更隆凸，前缘两侧角更尖锐。

分布：浙江（杭州）、北京、天津、河北、安徽、江西、福建、广东、四川、贵州。

331. 半刀锹甲属 *Hemisodorcus* Thomson, 1862

Hemisodorcus Thomson, 1862: 397, 421. Type species: *Lucanus nepalensis* Hope, 1831.

Nipponodorcus Nomura *et* Kurosawa, 1960: 41. Type species: *Eurytrachelus rubrofemoratus* Snellen van Vollenhoven, 1865.

主要特征：性二型现象显著。体中至大型，体形匀称且光滑少毛；多呈黑褐色或红褐色，有较强的金属光泽。雄性的头部宽而粗壮，前缘多宽于后缘呈梯形；上颚长而稍内弯，端部尖锐；上颚上鲜有繁复的小齿。大颚型的上颚超过头长的 2.0 倍，中、小颚型的则不超过头长的 2.0 倍。上唇多呈短宽的片状，中央微凹。眼眦短，不超过眼直径的 1/2，眼眦末端明显凸出眼外，紧靠复眼后侧无明显的突出物，眼眦缘片多呈长方形的薄片状。触角较细长，鳃片部分 3 节。前胸背板前缘多呈波曲状，后缘近直线状，侧缘多有凹陷。鞘翅光滑，无毛或纵线，有较强的金属光泽。足细长；前足胫节较宽扁，侧缘具 5–10 个小锐齿；中、后足胫节侧缘具 1–2 个极小细齿。

分布：古北区、东洋区。世界已知 20 多种，中国记录 20 种，浙江分布 1 种。

（848）锐齿半刀锹甲 *Hemisodorcus haitschunus* (Didier *et* Séguy, 1952)（图版 IV-24）

Eurytrachellelus haitschunus Didier *et* Séguy, 1952: 227.

Hemisodorcus haitschunus: Schenk, 2000: 80.

主要特征：雄性，中到大型，体较光滑闪亮。头及前胸黑色，鞘翅红褐色。体背、腹面均光滑少毛。头部近梯形，前缘宽于后缘，头顶中央有 1 近三角形的凹陷。上颚基、中部较粗壮而直，端部强烈弯曲，端部很尖，约是头长的 2.0 倍；在其中前部、总长约 3/4 处有 1 个向内、向前斜伸的、尖锐而细长的大齿，在该齿与上颚端部间具 2 个小锐齿。上唇近长方形，中央向下凹陷，端缘中部微向外凸出。前胸背板前缘呈明显波曲状，中央微微凸出；后缘较平直；侧缘不平直，靠近前缘的 1/3 侧缘向内具很深的凹陷（随着体型变小，上颚逐渐变短小，端部不再强烈向内弯曲，上颚中前部的齿也变小变短；小颚型的上颚较直，约与头部等长，仅在中前部有 1 个小齿，在该齿与上颚端部间也仅有 1 个更小的齿）。小盾片呈尖锐的三角形。鞘翅具较强金属光泽。前足胫节侧缘锯齿状，具 4–5 个小齿；中足胫节有 1 个小齿；后足胫节无齿或 1 个微齿。雌性，似小颚型雄性，但体形更粗壮，头顶具浓密的大刻点和 1 对圆形小突起；上颚短于头长，中部具 1 个小钝齿，前胸背板周侧及鞘翅周侧有密而深的大刻点。

分布：浙江（杭州）、福建、广东。

332. 前锹甲属 *Prosopocoilus* Hope *et* Westwood, 1845

Lucanus (*Prosopocoilus*) Hope *et* Westwood, 1845: 4. Type species: *Lucanus cavifrons* Hope *et* Westwood, 1845.

Cladognathus Burmeister, 1847: 364. Type species: *Lucanus giraffa* Olivier, 1789.

Psalidognathus Motschulsky, 1857: 29. Type species: *Lucanus inclinatus* Motschulsky, 1857.

Psalidoremus Motschulsky, 1861: 13. Type species: *Lucanus inclinatus* Motschulsky, 1857.

Prosopocoelus Van Roon, 1910: 25. Type species: *Lucanus cavifrons* Hope *et* Westwood, 1845.

主要特征：性二型现象显著。体背、腹面均光滑少毛。多数种类大型雄性的上颚相当发达，长于头、前胸背板及鞘翅长的总和，呈现出差异明显的雄性多型性，上颚随体型变小而逐渐变得细小，在小颚型中甚至短于或仅等长于头长。雄性头多宽阔粗壮，呈方形或倒梯形；头顶强烈隆起、平或凹陷；复眼大而突出，眼眦较短，不将复眼分成 2 部分。触角长，每节具稀疏纤毛，棒状部分 3 节。前胸背板前缘明显的波曲状，侧缘多平直或微呈外弧状向外凸出。足细长，前足胫节端部外侧二分叉，侧缘锯齿状或具小锐齿。中、后足胫节端部外侧 3 分叉，形成 3 个小齿，侧缘具 1–3 个微齿。雌性：体型明显小于雄性（少数雄性个体小于大的雌性）。头、前胸背板及鞘翅上常有深密的刻点。头窄小，较圆钝。上颚短于头长，多数种类上颚无明显大齿，仅在上颚中前部具 1 个小钝齿。鞘翅长于头、胸、上颚的总长。中、后足上一般都具 1 个以上的小齿。

分布：古北区、东洋区、旧热带区、澳洲区。世界已知 200 多种，中国记录近 30 种，浙江分布 3 种。

分种检索表（基于大颚型雄性）

1. 体呈黄色或黄褐色；头顶有 1 对近三角形的突起 ··········· **黄褐前锹甲 *P. blanchardi***
\- 体黑褐色；头顶光滑无起 ··········· 2
2. 前胸背板侧缘有尖利的前、后角突；左右上颚上的齿形基本对称，均匀分布 6–9 个小齿，靠近上颚基部各有 1 个横伸的钝齿 ··········· **儒圣前锹甲 *P. confucius***
\- 前胸背板侧缘光滑无角突；左右上颚的齿形明显不对称，均匀分布 3–4 个小齿，靠近上颚基部各有 1 个横伸的钝齿及 1 个前伸的锐齿，右侧的更大而尖锐 ··········· **剪齿前锹甲 *P. forficula***

（849）黄褐前锹甲 *Prosopocoilus blanchardi* (Parry, 1873)（图版 IV-25）

Metopodontus blanchardi Parry, 1873: 337.

Prosopocoilus blanchardi: Benesh, 1960: 63.

主要特征：雄性，中到大型，体黄色或黄褐色，头部颜色较深；前胸背板两侧、靠近后缘处各有 1 个黑褐色圆斑；头前缘两端、前胸背板的前后缘及背板盘区中线、鞘翅周缘都为黑色。头近宽大的方形；额区深深凹陷，头顶中央具 2 个向上直立的、几乎对称的、间隔分开的、宽大的三角形片状凸起，凸起端部黑色。上颚细长，约是头和前胸总长的 1.0 倍，向内弯曲；靠近基部、上颚总长约 1/3 处有 1 个粗壮的三角形大齿（有些个体也会位于上颚的中部）；靠近中前部、上颚总长约 2/3 处直至端部有 3–4 个向前斜伸、均匀分布的三角形锐齿；紧邻端部有 1 个小齿。前胸背板中央较平，侧缘前部微呈弧形，向后较平直地延伸（随着体型变小，额区凹陷变浅；头顶中央的三角形凸起也逐渐变小；上颚逐渐变短变直，上颚上的大齿也变小且更靠近基部，小齿数量也渐少渐小；小颚型的额区仅微有凹陷，头顶中央仅余 2 个小点状凸起；上颚变得平直，仅稍长于头及前胸的总长，基部仅有 1 个三角形小齿，锯齿状小齿仅留 3–4 个齿痕）。小盾片呈心形。鞘翅光滑闪亮。前足胫节外缘具 3–4 个较小锐齿；中、后足胫节外缘具 1 个小齿。雌性，与小颚型雄性较相似，黑褐色至红褐色，但上颚、眼眦缘片、各足上具深密刻点。上颚稍短于头长。前足胫节较雄性更宽扁，侧缘有 5–6 个较钝的小齿；中、后足胫节无齿。

分布：浙江（杭州）、北京、河北、河南、陕西、甘肃、江苏、安徽、湖北、广西、四川。

（850）儒圣前锹甲 *Prosopocoilus confucius* (Hope, 1842)（图版 IV-26）

Lucanus confucius Hope, 1842a: 60.

Prosopocoilus confucius: Benesh, 1960: 66.

Cladognathus arrowi Gravely, 1915: 416.

主要特征：雄性，中到大型，少数个体达 100.0 mm，体黑褐色，较闪亮。头近呈宽大的方形；额区至头顶明显凹陷；头顶无任何凸起；眼后缘显著向外凸出。上颚粗壮而较平直，约是头及前胸总长的 1.0 倍；端部尖锐，向内弯曲；在上颚的基部有 1 个向内下方斜伸的、粗壮的三角形大齿；上颚中部有 1 个向内平伸的三角形锐齿，沿着该锐齿向前至上颚端部，均匀排列着 6–9 个向前斜伸的小齿。前胸背板宽大于长，背板中央微隆凸；前缘波曲状，中部向前凸出；后缘较平直；侧缘较平直，在与前、后缘相接处都形成了尖角（随着体型变小，眼后缘向外凸出更明显，上颚变短变直，其上的大齿也逐渐变小，中部锐齿逐渐消失，小齿也渐少渐小。小颚型的眼后缘向外呈片状明显凸出；上颚几乎平直，短于头及前胸总长，基部仅 1 个三角形小齿，上前部的小齿仅余齿痕）。小盾片近心形。鞘翅光滑闪亮；小盾片、肩角处具细小的刻点。前足胫节外缘锯齿状，有 6–8 个较明显的小锐齿；中足胫节具 1 个小锐齿，后足胫节具 1 个很小的齿。雌性，体具较强的金属光泽；头、前胸背板及鞘翅上有密而深的刻点；头较平，头顶中后部微微隆起；上颚尖锐，中部具 1 个三角形小钝齿。前足胫节侧缘微呈锯齿状，前足胫节端部分叉较雄性更尖锐，中、后足胫节中后部各有 1 个长锐齿。

分布：浙江（杭州）、江苏、江西、福建、广东、海南、广西；越南。

（851）剪齿前锹甲 *Prosopocoilus forficula* (Thomson, 1856)（图版 IV-27）

Dorcus forficula Thomson, 1856: 527.

Prosopocoilus forficula: Benesh, 1960: 68.

主要特征：雄性，中到大型，体黑褐色至红褐色，较闪亮。头近呈宽大的方形；额区前部深深凹陷，呈半圆形，头顶中央无任何凸起。眼后缘微向外凸出。上颚较细长，约是头及前胸总长的 1.0 倍；端部尖锐，向内弯曲。上颚基部呈倾斜凹陷，位于基部的齿不对称：左侧上颚基部有 1 个三角形钝齿，紧邻该齿前方有 1 个向内侧前方斜伸的三角形大齿；右侧上颚基部有 1 个很大的方形齿，紧邻该齿前方有 1 个向内侧前方斜伸的、相当长而尖锐的三角形大齿，且远大于上颚所有的其他齿；在上颚总长约 2/3 处至上颚端部，均匀分布着 3–4 个三角形锐齿；紧邻上颚端部有 1 个小齿。前胸背板宽大于长，背板中央隆凸；前缘波曲状，中部向前凸出，后缘微呈波曲状；侧缘较平直（随着体型变小，体背更加闪亮；上颚变短变直，其上的齿也逐渐变小，中部锐齿逐渐消失；小齿也渐少渐小。至小颚型雄性，体非常闪亮，眼后缘向外明显凸出；上颚几乎平直，短于头及前胸的总长，基部仅有 2 个三角形小齿，上颚前部仅留下浅的齿痕）。肩角尖。小盾片近心形。前足胫节外缘锯齿状，有 5–7 个小锐齿；中足胫节具 1 个小锐齿，后足胫节具 1 个很小的齿。雌性，体相当闪亮，宽而钝圆；头、前胸背板及鞘翅上有深密刻点；头较平，头顶中后部微微隆起；眼后缘凸出，呈半圆形；上颚细小，短于头长，端部尖锐，中部具 1 个三角形小钝齿。前足胫节侧缘微呈锯齿状；前足胫节端部分叉较雄性更尖锐；中、后足胫节中后部有 1 个长锐齿。

分布：浙江（杭州）、湖南、福建、海南、广西；越南北部。

333. 拟鹿锹甲属 *Pseudorhaetus* Planet, 1899

Pseudorhaetus Planet, 1899: 174. Type species: *Pseudorhaetus oberthuri* Planet, 1899.

主要特征：性二型现象显著。体多相当隆凸且光滑闪亮，具不同程度的金属光泽。雄性，上颚具较明显的雄性多型现象，大、中型雄性上颚相当发达而弯曲，具多个装饰性的小齿。头较小而平坦，近方形。触角较纤细，鳃片部分 3 节。眼眦较短，约占眼直径的 1/3，不将复眼完全分开。眼的后侧方有 1 尖锐的三角形角突。前胸背板向上微隆凸，前缘波曲状，后缘较平直；侧缘呈明显的锯齿状。鞘翅光滑，无刻点或纵线。足长而粗壮，光滑无毛，前足胫节外缘呈明显的锯齿状，具发达的小齿；中足胫节外缘多具 1 个尖锐的齿。

分布：东洋区。世界已知 3 种，中国记录 3 种，浙江分布 1 种。

（852）中华拟鹿锹甲 *Pseudorhaetus sinicus* (Boileau, 1899)（图版 IV-28）

Rhaetulus sinicus Boileau, 1899b: 111.

Pseudorhaetus sinicus: Didier & Séguy, 1953: 88.

主要特征：雄性，中至大型，黑色，具强烈金属光泽；体背相当光滑闪亮，鞘翅比头和前胸背板更甚。额区、头顶中央向下凹陷；眼后缘片呈宽钝的三角形；上颚较细而向内强烈弯曲，稍长于头及前胸的总长；端部尖锐无分叉，向内弯曲；从上颚基部至上颚总长的 2/3 处强烈弯曲并向上拱起，使得上颚总长的 1/3 明显低于上颚其他部分。上颚基部有 1 个向内上方斜伸的三角形大齿；位于上颚中部稍靠前、约在上颚总长 2/3 处有 1 个长而尖锐的三角形大齿，向上、向前斜伸；紧邻端部，有 1 个几乎垂直于上颚的小齿；沿着该中前齿向后至上颚基部方向，有 8–14 个小齿呈锯齿状均匀分布，而沿着该中前齿向前至端部间，有 5–6 个小齿呈锯齿状均匀分布。前胸背板宽大于长，前半部窄而后半部宽；背板中央强烈隆凸；前缘明显的波曲状，中部尖锐凸出，后缘较平直；侧缘呈锯齿状，靠近前缘的 2/3 侧缘呈斜线状向后延伸，在侧缘的后部、侧缘总长约 1/3 处向外凸出形成尖锐的角突，随后先后凹入与后缘相接，形成很尖的前角及很宽钝的后角（随着体型变小，眼后缘片逐渐变小；上颚逐渐变短，隆起程度渐弱；前胸背板侧缘呈强烈锯齿状；上颚基部的大齿、中前部的大齿也逐渐变小。至小颚型雄性中，上颚弯曲程度较弱，中部不再强烈隆起，仅稍长于头及前胸的总长，上颚上不再有大齿，内侧有 10–14 个小齿呈锯齿状均匀排列）。小盾片近半圆形。各足腿节呈现出明显的亮红色，前足胫节侧缘有 4–8 个小齿，中足胫节侧缘具 1 个小锐齿；后足胫节侧缘上无齿。雌性，虫体较雄性更隆起，虫体呈黑色，较亮；额区两侧具点状突起；上颚短而弯曲；前胸背板中央微凹，不如雄性明显。鞘翅比雄性更光亮，前足胫节侧缘呈锯齿状，有 3–6 个小齿，中足胫节侧缘具 1 个小锐齿，后足胫节无小齿。

分布：浙江（杭州）、江西、福建、广东、贵州。

334. 扁锹甲属 *Serrognathus* Motschulsky, 1861

Serrognathus Motschulsky, 1861c: 12. Type species: *Serrognathus castanicolor* Motschulsky, 1861.

Platyprosopus Hope *et* Westwood, 1845: 6. Type species: *Lucanus titanus* Boisduval, 1835.

Dorcus Burmeister, 1847: 383. Type species: *Dorcus titanus* Boisduval, 1835.

主要特征：性二型现象显著。体中至大型，较平而宽扁，多较粗糙而暗淡。复眼小而凹陷，眼眦较长，末端嵌入眼内，不将复眼分成上下两个部分。雄性，头多呈方形而相当平坦；上颚多粗壮，平直或向内弯曲，至多具 1 个发达的齿，多有小齿呈锯齿状排列。前胸背板宽大于长，前缘多呈波曲状，后缘近直线状，侧缘多有凹陷。足较短细，前足胫节较宽扁，外缘具多个小锐齿；中、后足胫节外缘具 1–2 个小细齿。鞘翅表面具细密的皮革制小突起。大型雄性的鞘翅上无明显的纵线，随体形变小，鞘翅纵线增多，至小型雄性及雌性个体中，鞘翅上具数条明显纵线。雌性，与小型的雄性较相似，但通常较小型雄性为大，有较强的金属光泽；上颚尖细且短于头长，中部多具 1 个小齿；头、前胸背板及鞘翅上具更深密的刻点。

分布：古北区、东洋区。世界已知 20 多种，中国记录 15 种，浙江分布 4 种。

分种检索表（基于大颚型雄性）

1. 体隆凸纤细，体长不短于头长的 2.0 倍……………………………………………………**细颚扁锹甲 *S. gracilis***
- 体宽扁粗壮，体长不超过头长的 2.0 倍……………………………………………………………………………2
2. 上唇呈狭窄片状，上颚近基部光滑无齿，中前部具 1 个大齿且无繁复的小齿………………**穗茎扁锹甲 *S. hirticornis***
- 上唇呈宽大片状，上颚近基部有大齿且中前部具有繁复的小齿……………………………………………………3
3. 上唇端缘中部向下凹陷至裂开，使其分成 2 个近三角形的片状角突；上颚平直，约是头长的 1.0 倍…………………………………………………………………………………………**中华扁锹甲 *S. titanus platymelus***
- 上唇端缘中部向下凹陷但没有裂开，使得两侧角突向上斜伸；上颚弯曲，约是头长的 0.5 倍……**尖腹扁锹甲 *S. consentaneus***

（853）尖腹扁锹甲 *Serrognathus consentaneus* (Albers, 1886)（图版 IV-29）

Eurytrachelus consentaneus Albers, 1886: 28.

Serrognathus consentaneus: Kurosawa, 1976: 8.

Dorcus consentaneus: Mizunuma & Nagai, 1994: 269.

Dorcus consentaneus akahorii Tsukawaki, 1998: 82.

主要特征：雄性，中到大型，体较扁平，黑褐色；体背光滑少毛；体腹面具褐色短毛，中胸腹板上的毛长而浓密；前、中后足基节中部具褐色刚毛簇。上颚间的区域光滑，呈斜坡状。头宽大于长，长方形，额区有近半圆形的显著凹陷。上唇呈近长方形的片状，端缘中部凹陷很深，使得两侧形成向上斜伸的角突。上颚较匀称纤细，约是头长的 0.5 倍，向内强烈弯曲；在其基部有 1 个向内平伸的大齿；沿该齿向前直至邻近上颚端部，均匀分布着 4–7 个小齿，呈锯齿状排列（随着体型变小，体更加闪亮，上颚逐渐短小，中前部的大齿也变小变短，鞘翅上的纵线、刻点逐渐多而明显；至小颚型的上颚显著短于头长，仅在上颚基部有 1 个三角形小齿，其余的仅剩齿痕）。前胸背板比头和鞘翅略宽，背板中央微隆凸，前缘呈明显波曲状，中部凸出；后缘平缓；侧缘不平直，与前缘相接的 1/3 侧缘稍向内弯曲近弧形，在占侧缘总长 2/3 处向内微凹向外突出形成尖角。小盾片近三角形。鞘翅表面较粗糙，布满细小刻点，靠近肩角处的刻点大而密；鞘翅上各有 1 条明显的纵带。前足胫节侧缘锯齿状，有 5–9 个均匀排列的小齿。中、后足胫节各具 1 个微小的齿。雌性，似小颚型雄性。头、前胸背板周侧、鞘翅、体腹面具更深密的大刻点；前胸背板中央光滑闪亮；头较平，无可见的小突起。上颚稍短于头长，端部尖锐，在其中部具 1 个三角形小齿。上唇近梯形，端缘中部略有凹陷。

分布：浙江（绍兴）、辽宁、北京、山东、江苏、湖北、江西；朝鲜半岛，日本。

（854）穗茎扁锹甲 *Serrognathus hirticornis* (Jakowlew, [1897])（图版 IV-30）

Eurytrachelus hirticornis Jakowleff, 1896: 457.
Serrognathus hirticornis: Benesh, 1960: 83.

主要特征：雄性，小到中型，体较扁平，黑褐色；体背光滑少毛；体腹面具褐色短毛，中胸腹板上的毛长而浓密；前、中后足基节中部具褐色刚毛簇；前足腿节中部及腹面上侧、中后足腿节腹面下侧具浓密褐色毛丛。上颚间的区域光滑，呈斜坡状。头宽大于长，近长方形；头顶有略呈倒三角形的凹陷。上唇呈狭窄的长方形，端缘中部向下凹陷。上颚发达，约是头长的 2.0 倍，基部至中前部宽，端部尖细且稍向内弯曲；上颚基部光滑无齿；在其中前部、上颚总长约 2/3 处有 1 个向上斜伸、凸出的矩形大齿，齿的端缘中部向内凹陷形成分叉（有些个体则在上颚中部 1/2 处有 1 个尖锐的、向内平伸的三角形大齿，在前部 3/4 处具 1 个较钝的三角形小齿，且 2 齿间相连接处向下凹陷）；邻近上颚端部，有 1 个几乎垂直于端部的三角形小齿。前胸背板宽大于长，背板中央形成椭圆形凹陷；前缘呈明显波曲状，中部尖锐凸出；后缘平缓；侧缘不平直，与前缘相接的 2/3 侧缘稍向内弯曲近弧形，在占侧缘总长 2/3 处向内明显凹陷后向外突出形成尖角（随着体型变小，上颚逐渐短小，中前部的大齿也变小变短，鞘翅不再光滑，其上的纵线、刻点逐渐多而明显；小颚型上颚短于头长，仅在基部有 1 个三角形小齿）。小盾片近三角形。鞘翅表面较粗糙，布满细小刻点，靠近肩角处的刻点大而密；鞘翅中部有 2 条明显的刻点纵带。前足胫节侧缘锯齿状，有 5–7 个较小锐齿。中、后足胫节各具 1 个微小的齿。雌性，似小颚型雄性，但更闪亮。头、前胸背板周侧、鞘翅、体腹面具深密大刻点；前胸背板中央相当光滑闪亮；头较平，靠近后头有 2 个圆形小突起。上颚稍短于头长，端部尖锐，在其中部具 1 个三角形小齿。上唇近梯形，端缘中部略有凹陷。

分布：浙江（杭州）、江西、湖南、福建、广东、广西、重庆、四川、贵州、云南。

（855）细颚扁锹甲 *Serrognathus gracilis* (Saunders, 1854)（图版 IV-31）

Cladognathus gracilis Saunders, 1854: 47.
Serrognathus gracilis: Liu, Cao& Wan, 2019: 120.

主要特征：雄性，小到中型，体呈黑色或红褐色，体背具粗糙的颗粒质感。头顶微隆起，前缘中部向下较深凹陷，靠近眼内侧的头顶隆起处各有 1 个小的纵向凹陷。上唇宽大，近五边形，中央凹陷。上颚约是头长的 3.0 倍；上颚的基、中部较粗壮而直，端部较细，向内弯曲；基部光滑无齿；在中前部、上颚总长约 3/5 的位置有 1 个微向前倾斜的三角形长齿；紧邻该齿、向着上颚基部方向有 4–8 个小细齿，呈锯齿状均匀排列；在该齿与上颚端部间，有 2–4 个小齿较均匀地排列；靠近上颚端部，有 1 个大的三角形钝齿。前胸背板宽大于长；背板中央凸出，前缘呈明显波曲状，后缘较平直；侧缘微呈弧形，细密的锯齿状（随着体型变小，上颚变短小，中前部的齿也变小变短，且逐渐位于上颚中部至更靠近基部，位于大齿前后的小齿也逐渐减少；至小颚型的上颚约与头等长，仅在上颚基部有 1 个三角形小齿或很浅的齿痕）。小盾片三角形。鞘翅表面暗淡，鞘翅基部、小盾片、肩角处具深密小刻点。前足胫节侧缘呈强烈锯齿状，具 6–7 个小锐齿；中足胫节有 1 个小锐齿及 1 个小齿；后足胫节无齿或 1 个极微小的齿。雌性，似小颚型雄性，但较雄性闪亮。头、前胸背板周侧、鞘翅、体腹面具深密的大刻点。头较平，后方稍稍隆起。上颚稍短于头长，端部尖锐，在其中部具 1 个三角形小齿。上唇近梯形，端缘中部略有凹陷。

分布：浙江（杭州）、江苏、安徽、湖北、江西、福建、广东、广西、四川。

（856）中华扁锹甲 *Serrognathus titanus platymelus* (Saunders, 1854)（图版 IV-32）

Platyprosapus platymelus Saunders, 1854: 50.

Dorcus marginalis Saunders, 1854: 53.

Eurytrachelus titanus hymir Kriesche, 1935: 173.

Serrognathus titanus platymelus: Benesh, 1960: 87.

主要特征：雄性，中到大型，体较扁平，红褐色至黑褐色，暗淡；体背粗糙具颗粒质感。上颚之间的区域呈斜坡状，光滑闪亮。头宽大于长，近长方形；额区有略呈倒三角形的较深凹陷。上唇呈宽大的长方形片状，端缘中部裂开形成几乎对称的 2 个三角形角突。上颚较扁直且粗壮，约是头长的 1.0 倍，基部至中部相当宽阔，端部较细而平截，端部稍内弯；靠近上颚基部有 1 个向内平展的三角形大齿；紧邻上颚端部，有 1 个向内直伸、几乎与上颚端部垂直的三角形小齿；在基部大齿与端部小齿之间有 6–9 个小齿呈锯齿状均匀排列。上唇宽大，端缘中部裂开，呈 2 个几乎对称的三角形片。前胸背板中央较平；前缘呈明显波曲状，后缘呈平缓的波曲状；侧缘不平直，靠近前角、占侧缘总长 1/3 凹入，与后缘相接处有 1 个尖角（随着体型变小，体背逐渐变得闪亮；上颚逐渐变短小，上颚中前部的大齿也逐渐变小，且位于上颚更靠近基部，小齿数量也逐渐减少；小颚型上颚仅约等长于头及前胸的总长，上颚基部有 1 个三角形小齿，锯齿状小齿仅留 3–4 个很浅的齿痕）。小盾片近心形。鞘翅表面较光滑，具细小的刻点，鞘翅中部有 1 条较深而明显的纵带。前足胫节侧缘呈强烈锯齿状，有 5–7 个较小的锐齿。中、后足胫节各有 1 个小齿。雌性，似小颚型雄性，但更闪亮。头、前胸背板周缘、鞘翅周缘上的刻点具非常深密的大刻点，头顶中央有 2 个近圆形的小隆凸。上颚短于头长，基部宽大，在其中部具 1 个三角形小齿。上唇近五边形，具浓密的黄毛。前胸背板中央相当光滑，比雄性更隆凸；鞘翅上具明显细小刻点形成的线，但无规则地排列。

分布：浙江、全国广布。

备注：此种中文名众多，如中华扁锹甲、大扁锹甲、扁锹甲华南亚种等，也记作独立种，即 *S. platymelus*。

335. 颚锹甲属 *Nigidionus* Kriesche, 1926

Nigidionus Kriesche, 1926: 385. Type species: *Nigidius parryi* Bates, 1866.

主要特征：性二型现象不显著。体背较凸出，光滑少毛，身体两侧几乎相互平行。头宽阔，前半部较平。眼眦将复眼完全分成上下两部分。上颚短小，向上弯翘。触角短粗，棒状部分 3 节。前胸背板向上隆起，宽大于长。足较短小，前足胫节外缘多呈锯齿状，小锐齿不少于 3 个；中、后足胫节侧缘具 1–2 微小的齿。

分布：东洋区。世界仅知 1 种，广布于包括浙江在内的中国南部。

（857）简颚锹甲 *Nigidionus parryi* (Bates, 1866)（图版 IV-33）

Nigidius parryi Bates, 1866: 347.

Nigidionus parryi: Kriesche, 1926: 385.

Nigidius parryi var. *gigas* Möllenkamp, 1901: 363.

主要特征：雄性，小到中型，黑色。体背较光滑，头部近六边形，头顶中央微有凹陷，靠近额区两侧各有 1 个凸起。上唇短小，近三角形。上颚短小，约与头部等长，端部向上弯翘，有 3–4 个很小的齿。触角短小，每节具稀疏的纤毛，第 2–7 各节几乎等长等粗，第 8–10 节显著膨大；前胸背板显著隆凸，长大于宽，中部较两边凹陷，在背板中央的后半部，具 1 个布满刻点的凹槽；前缘波曲状而后缘较小，靠近前缘的 1/3 侧缘向外拓宽成长方形，中部 1/3 侧缘凹陷，靠近后缘的 1/3 侧缘向内倾斜与后缘平缓相接。小盾片呈长三角形。鞘翅背面具 6–8 条均匀排列的纵线，各纵线间填满浓密刻点。足较短小，具稀疏短毛，前足胫节外缘有 3–4 个小锐齿，中、后足胫节外缘端部具 3 个小锐齿。雌性，与雄性类似，小到中型。体较雄性壮硕而暗淡；前胸背板中后部的凹陷长而宽；第 5 腹节较雄性略圆钝。

分布：浙江（杭州）、甘肃、安徽、湖北、湖南、福建、台湾、四川、贵州、云南；越南北部。

备注：有多个中文名，如简颚锹甲、筒颚锹甲、葫芦锹甲等。

336. 环锹甲属 *Cyclommatus* Parry, 1863

Cyclommatus Parry, 1863: 448. Type species: *Lucanus tarandus* Thunberg, 1806.

Lucanus (*Cyclophthalmus*) Hope *et* Westwood, 1845: 5. Type species: *Lucanus metallifer* Boisduval, 1835.

Megaloprepes Thomson, 1862: 420. Type species: *Lucanus tarandus* Thunberg, 1806.

主要特征：性二型现象显著。体中至大型，多呈金褐、铜绿或灰褐色的金属光泽，体背、腹面均光滑少毛，上颚相当发达。雄性，中至大型。头多呈方形或倒梯形；复眼大而突出，眼眦约占眼直径的 1/3，不将复眼分成上下两部分。触角长，每节具稀疏的纤毛，鳃片部分 3 节。上颚短于头长，多数种类仅中前部具 1 个小钝齿。前胸背板前缘明显的波曲状。足细长，各足胫节均光滑无齿，具褐色或黄褐色的绒毛。雌性，通常小于雄性，不如雄性闪亮，头、前胸背板及鞘翅上常具比雄性更深密的刻点。头窄而小，较圆钝。中后足胫节细长，侧缘上一般具 1 个细齿或无。

分布：东洋区。世界已知 80 多种，中国记录 10 多种，浙江分布 2 种。

（858）米兹环锹甲 *Cyclommatus mniszechii* (Thomson, 1856)（图版 IV-34）

Cyclophthalmus mniszechii Thomson, 1856: 526.

Cyclommatus mniszechii: Parry, 1864: 41, 84.

Cyclommatus mniszechii var. *tonkinensis* Didier, 1931: 164.

主要特征：雄性，体黄棕色，具金属光泽；上颚基部、额区、上唇、眼后缘呈铜绿色；前胸背板周缘、鞘翅周缘，以及前中后足腿节侧缘、端部和胫节侧缘外部、跗节黑色。头宽大，倒梯形，头顶中央有 1 对小圆斑（有些个体在其后还有 1 对呈倒八字形排列的长条斑）；头顶中央向后有 1 对明显向上隆起、略呈弧状的细脊；上颚发达，约是头长的 1.0 倍，基半部粗壮、端半部纤细且向内强烈弯曲；向着上颚基部方向、上颚总长约 1/4 处有 1 个较尖锐的三角形齿向内侧水平伸展（有些个体该齿位于上颚中部、总长约 1/2 的位置）；靠近端部、上颚总长约 3/4 处也有更加尖锐的三角形齿，沿该齿向前直至上颚的端部，有 3–4 个小齿均匀排列（随着体型变小，头逐渐变小，头顶中央向后侧的细脊状隆起变短变弱；上颚逐渐变短，弯曲度渐弱；中颚型头顶中央仅见短小脊状隆起或完全消失；紧靠上颚基部有 1 个钝齿且在齿端分叉。至小颚型雄性，头近规则的方形，无脊状隆凸；上颚较为平直，仅约等长或稍短于头长，上颚仅内侧有 7–8 个小齿呈锯齿状排列）。前胸背板近梯形，两侧各具 1 个黑色纵带。小盾片半圆形。鞘翅密布细小刻点。足细长，前足胫节内缘密布黄毛，侧缘有 1–2 个小齿；中、后外缘无小齿。雌性，似小颚型雄性，较为暗淡；头、前胸背板、鞘翅具深密大刻点；头窄小，头顶中央有 1 对黑色圆斑。上颚短于头长，仅在中部有 1 个小齿。前胸背板周缘黑色，两侧各具 1 条黑色纵带。足较粗壮，没有毛丛；前足胫节外缘有 3–4 个小齿；中、后足胫节外缘也各有 1 个小齿。

分布：浙江（杭州）、上海、江西、福建、台湾、广东、广西；越南北部。

（859）碟环锹甲 *Cyclommatus scutellaris* Möllenkamp, 1912（图版 IV-35）

Cyclommatus scutellaris Möllenkamp, 1912: 7.

主要特征：雄性，体黄棕色，较暗淡，通常头、前胸通常较鞘翅色深且更暗淡。上颚基部、额区、上唇、眼后缘、前胸背板周缘、鞘翅周缘，以及前中后足腿节侧缘、端部和胫节侧缘外部、跗节黑色。头较宽大，倒梯形，头顶具明显的三角形凹陷，在三角形凹陷的两侧、眼后缘处有 6–13 条深深凹入的皱褶（有些个体纹路较浅）；上颚发达，约是头长的 1.0 倍；基半部较粗壮，端半部较纤细且向内显著弯曲；紧靠上颚基部有 1 个宽钝三角形大齿，左侧上颚该齿向内近水平伸展，右侧上颚则微向前斜伸，两侧齿并不对称（有些个体左侧齿端部平截，右侧齿基部突出，呈现更加明显的不对称）；中部有 1 个锐齿；紧邻上颚端部有 1 个尖锐三角形大齿（随着体型变小，上颚逐渐变短，弯曲度渐弱；中颚型眼后缘处的皱纹逐渐变浅变短，但仍可辨；至小颚型，头近规则方形，光滑无褶；上颚较直，仅稍长于头部，不再有明显大齿，内侧有 12–14 个均匀分布的小锯齿）。前胸背板近梯形，两侧中后部各具 1 个黑斑（有些个体中，前胸背板中央也有 1 个黑色菱形条斑；或两侧黑斑较小或延伸至侧缘前后两端）。小盾片半圆形，黑色。肩角处有黑色的大斑。足细长，前足胫节、全长约前 3/5 处都具较浓密黄毛，胫节外缘无明显小齿，中、后足侧缘光滑无齿。雌性，似小颚型雄性，但体背腹面具深密大刻点。头窄小，头顶中央具较浅凹陷。上颚短小而平直，仅中部有 1 个小齿。前胸背板靠近两侧缘具大黑斑。鞘翅表面无明显长纵带，肩角处的黑斑大而显著。前足胫节侧缘上有 3–4 个小锐齿；中、后足胫节则各具 1 个小齿。

分布：浙江（杭州）、湖北、湖南、福建、台湾、广东、广西、重庆、四川、贵州。

337. 锹甲属 *Lucanus* Scopoli, 1763

Lucanus Scopoli, 1763: 1. Type species: *Scarabaeus cervus* Linnaeus, 1758.

Pseudolucanus Hope *et* Westwood, 1845: 30. Type species: *Lucanus capreolus* Linnaeus, 1763.

Hexaphyllus Mulsant, 1839: 119. Type species: *Hexaphyllus pontbrianti* Mulsant, 1839.

主要特征：性二型现象显著。体中到大型，体背、腹面多呈磨砂状，体背具有刻点和排列整齐的黄褐毛，体腹面通常具浓密的长毛。雄性，头部大，前缘明显隆起，多在中部向前凸出或向后内凹，形成不同形状的额脊；部分种类则具向上直立的盾片。额与上唇分开或不明显分开或愈合，有些种类上唇向前显著延伸并形成分叉。头顶强烈隆起，后头区有形状各异的后头冠，在大颚型雄性中，后头冠显著并呈现种的特异性；中、小颚型雄性随体型减小而减弱，甚至完全消失。复眼大而突出，眼眦将复眼分成两部分。上颚长而非常发达。触角长，每节具稀疏的纤毛，鳃片部分多为 4 节，也有些种类为 5–6 节。前胸背板前缘呈明显波曲状，侧缘中部向外凸出。足细长，前足胫节侧缘呈锯齿状或具稀疏齿。中、后足胫节侧缘具 1 个小齿或无。雌性，体型明显小于雄性（少数雄性个体小于大的雌性）。头、前胸背板及鞘翅上具深密刻点。头窄小，近方形，无后头冠。上颚多短于头长，多具 1 个小钝齿。中、后足侧缘上一般都具数个小锐齿。

分布：古北区、东洋区、新北区。世界已知 120 多种，中国记录近 70 种，浙江分布 7 种（亚种）。

备注：中文名也称“深山锹甲属”。

分种检索表（基于大颚型雄性）

1\. 上唇的端部特化，向外延伸成长笏板状且在端部分叉······························ **赫氏锹甲 *L. hermani***
\- 上唇端部呈三角形的片状，不向外伸··2
2\. 上颚靠近基部有 1 个宽而尖锐的三角形大齿··················· **姬锹甲大陆亚种 *L. swinhoei continentalis***
\- 上颚近基部光滑无齿或只有细小齿··3

3. 鞘翅黑色具规则或模糊的黄斑；上颚不长于头及前胸背板的总长 ………………………………………… **黄斑锹甲 *L. parryi***
- 鞘翅全黑或红褐色，无色斑；上颚长于头及前胸背板的总长 ………………………………………………………… 4
4. 后头冠的端部较圆，额脊的中部向上显著突起 ……………………………………………………………………… 5
- 后头冠的端部较钝，额脊的中部向上微有突起 ……………………………………………………………………… 6
5. 上颚总长 2/3 处的中前部具 1 个尖锐大齿且向上斜伸；上颚基部至中前部的大齿间具 5–8 个稀疏排列的小齿；中前部大齿至上颚端部间具 2–4 个稀疏排列的小齿 ………………………………………… **福运锹甲 *L. fortunei***
- 上颚总长 2/3 处的中前部具 1 个宽钝大齿且近水平内伸；上颚基部至中前部大齿间具 6–8 个紧密排列的小齿；中前部大齿至上颚端部间具 1 个方形小齿 ………………………………………… **卡拉锹甲 *L. klapperichi***
6. 上颚总长 2/3 处的中前部具 1 个尖锐大齿且向前斜伸；上颚基部至中前部大齿间具 3–4 个稀疏、间断排列的小齿 ……………………………………………………………… **武夷锹甲 *L. wuyishanensis***
- 上颚总长 1/2 处的上颚中部具 1 个尖锐大齿且向上近直立；上颚基部至中部大齿间具 6–9 个均匀排列的极细小齿 ……………………………………………………………… **宽叉锹甲 *L. fonti***

（860）宽叉锹甲 *Lucanus fonti* Zilioli, 2005（图版 IV-36）

Lucanus fonti Zilioli, 2005: 150.

主要特征：雄性，中到大型，体背较光滑，具稀疏黄色短毛，体腹面的毛较长而浓密；上颚、头、前胸背板呈红褐色，鞘翅浅红褐色，鞘翅边缘黑色。各足基节、腿节基部和端部黑色；前足腿节背面和腹面下侧、中后足腿节的背面和腹面中央具黄褐色长纵斑带；胫节红褐色，内侧具黑色长纵斑带。额脊较平直，中部呈隆凸的薄片状。头部后缘凹陷浅而短，不足后缘总长的 1/3，后头冠半圆形，宽大，向上微翘。上颚弯曲，长于头及前胸总长；端部呈宽大的分叉；在上颚总长约 1/2 处的中部有 1 个尖锐的三角形大齿，向上斜伸近乎直立；在该大齿至上颚基部间具 6–9 个较均匀分布的小齿；在该大齿与上颚端部间隔的中部有 4–6 个小齿（随着体型变小，上颚逐渐纤细，不再向内强烈弯曲，但仍不短于头及前胸总长；上颚中部齿也逐渐变小，但仍比其他小齿明显大而尖锐）。额脊不再隆凸而趋向平直。后头冠变窄变小，端部几乎平截。前胸背板宽大于长，背板中央较平，凸出不明显，前缘呈明显波曲状、后缘较直；侧缘向后强烈倾斜延伸后内凹。鞘翅光滑，仅在小盾片上、缘折处有非常稀疏的短毛。肩角尖。小盾片近三角形。前足胫节侧缘有 3–6 个锐齿；中、后足胫节各有 2 个锐齿。雌性，明显小于雄性，体背较雄性更光滑闪亮。头、前胸背板及鞘翅上具深密刻点。上颚宽钝，短于头长，仅在下缘中部具 1 个钝齿，其上有 2 个小齿。头窄小，近方形。前足胫节侧缘有 2–3 个发达的小齿；中、后足胫节各有 2 个锐齿及 1 个小齿。

分布：浙江（杭州、台州、泰顺）、福建。

（861）福运锹甲 *Lucanus fortunei* Saunders, 1854（图版 IV-37）

Lucanus fortunei Saunders, 1854: 46.
Lucanus laevigatus Didier, 1931: 225.

主要特征：雄性，小到中型，体背浅红至深红褐色，鞘翅边缘黑色。前、中、后足基节、腿节基、端部黑色，胫节红褐色，内侧具黑色长纵斑带（有时前足斑带不明显）；前足腿节背、腹面下侧、中后足腿节的背、腹面中央具黄褐色长纵斑带。上颚粗壮，向内强烈弯曲，长于头及前胸的总长；端部呈宽大分叉；上颚近前端、上颚总长约 2/3 处有 1 个向上斜伸的尖锐大齿；沿该大齿向着上颚基部，均匀分布 5–8 个小齿；沿该大齿向着上颚端部的中间有 2–4 个小齿。额脊微呈波曲状，中部向上隆凸成盾片状。头后缘中央向下具较深的凹陷；后头冠非常发达，眼后缘向两侧拓展成宽大的半圆形，端部向上翻翘（随着体型变小，上颚逐渐纤细，不再向内强烈弯曲，但仍不短于头及前胸总长；上颚前端的齿也逐渐变小并向后分布至上颚总长的 1/2 处。至小颚型的上颚无大齿，仅有 4–5 个稀疏排列的小齿；额脊中部呈短片状，不再隆凸。后头冠变窄变小，不呈微翘的片状）。前胸背板宽大于长，背板中央较平，凸出不明显，前、后缘微呈波曲状。鞘翅光滑，仅在小盾片上、缘折处有非常稀疏的短毛。肩角尖。小盾片近三角形。前足胫节侧缘有 2–3 个锐齿；中足胫节有 2 个锐齿；后足胫节有 2 个小齿。雌性，明显小于雄性，红褐色至黑褐色，较雄性光滑闪亮。头、前胸背板及鞘翅具深密刻点。头窄小，近方形。上颚宽钝，短于头长，仅下缘中部具 1 个大钝齿。前足胫节侧缘有 2 个发达的齿；中足胫节有 2 个锐齿及 1 个小齿；后足胫节有 2 个锐齿。

分布：浙江（杭州、台州、庆元、龙泉、泰顺）、福建、广东。

（862）赫氏锹甲 *Lucanus hermani* De Lisle, 1973（图版 IV-38）

Lucanus hermani De Lisle, 1973: 137.

主要特征：雄性，大型，体背光滑，暗红褐色；体腹黑褐色，具短而稀疏的黄色软毛。前、中、后足基节、腿节基部和端部黑色；前、中、后足腿节腹面中部、背面中央具宽的黄褐色斑带（前足背面中央的斑带有时不明显）；胫节、跗节黑褐色。上颚细长而向内弯曲，长约是头及前胸总长的 1.0 倍；端部分叉；靠近上颚基部有 1 个向后侧斜伸的三角形大齿；中前部没有大齿，有 9–10 个小齿较均匀地分布于上颚中部至端部分叉间，其中位于中部的 2 个齿稍大。额区大部向下强烈凹陷至扇形，额脊强烈弯曲，中部具 1 个向上直立的阔铲状盾片。头后缘较浅的凹陷长；后头冠窄而突出，眼后缘向外侧显著拓展，且在端部向上强烈翻翘，使后头冠形近“钺”状；上唇圆筒状，向前延伸，下倾后上翘，端缘中部呈较大的分叉（随着体型变小，上颚逐渐变短，但仍显著长于头及前胸的总长；上颚基齿也逐渐变至细小。至小颚型雄性上颚上已无显著的大齿，但上颚基部的齿仍明显较大。额区的凹陷逐渐变浅，额脊中部仅存很小的片状凸起，后头冠也更加窄小，端部几乎无翻翘）。前胸背板宽大于长，背板中央凸出，前、后缘呈明显波曲状；侧缘向后强烈倾斜延伸后内凹，与前后缘形成尖的前角及近直角的后角。鞘翅光滑，仅在小盾片上、缘折处有非常稀疏的短毛。小盾片三角形。前足胫节侧缘有 4–6 个锐齿；中足胫节有 3 个锐齿；后足胫节有 3 个微齿。雌性，体暗红褐色至黑褐色，明显小于雄性，体背更光滑闪亮。头、前胸背板及鞘翅上有深密大刻点。头窄小，近方形。上颚宽钝，短于头长，仅在下缘中部具 1 个大的钝齿，齿的端缘略有凹陷。前足胫节侧缘有 3–4 个大齿及 2–3 个小齿；中足胫节有 2 个锐齿及 1 个小齿；后足胫节有 2 个锐齿及 1 个小齿。

分布：浙江（泰顺）、福建、广东、海南、广西、四川；越南北部。

（863）卡拉锹甲 *Lucanus klapperichi* Bomans, 1989（图版 IV-39）

Lucanus klapperichi Bomans, 1989: 9.

主要特征：雄性，小到中型，体背暗红褐色至黑色。前、中、后足基节、腿节基部和端部黑色，胫节红褐色，内侧具黑色长纵斑带（有时前足斑带不明显）；在前足腿节背、腹面下侧及中后足腿节的背、腹面中央具黄褐色长纵斑带。上颚向内弯曲，长于头及前胸的总长；端部呈宽大分叉；上颚近前端、上颚总长的 2/3 处有 1 个近水平内伸的宽钝大齿；沿该大齿向着上颚基部具 6–8 个均匀分布的小齿；中前部大齿至上颚端部间具 1 个方形小齿。额脊微呈波曲状，中部向上隆凸成盾片状。头后缘中央向下凹陷较深；后头冠发达，眼后缘向外拓展成宽大的长方形，端部向上翻翘（随着体型变小，上颚不再向内强烈弯曲，但仍不短于头及前胸的总长；上颚前端的齿也逐渐变小并后移；至小颚型上颚仅稀疏分布 4–5 个小齿；额脊中部不再隆凸成短片状。后头冠逐渐变窄变小，端缘不呈微翘的片状）。前胸背板宽大于长，背板中央较平，凸出不明显，前、后缘微呈波曲状。鞘翅光滑，仅在小盾片上、缘折处有稀疏短毛。小盾片近三角形。前足胫节侧缘有 2–3 个锐齿；中、后足胫节有 2 个锐齿。雌性，明显小于雄性，红褐色至黑褐色，较雄性光滑闪亮。头、前胸背板及鞘翅具深密的刻点。头窄小，近方形。上颚短于头长，宽钝，仅在下缘中部具 1 个大的钝齿。前足胫节侧缘有 2 个发达的齿；中、后足胫节有 2 个锐齿及 1 个小齿；后足胫节有 2 个锐齿。

分布：浙江（杭州、庆元、龙泉、泰顺）、江西、福建、广东。

（864）黄斑锹甲 *Lucanus parryi* Boileau, 1899（图版 IV-40）

Lucanus parryi Boileau, 1899b: 111.

Lucanus parryi var. *aterrimus* Didier, 1928: 95.

主要特征：雄性，小到中型，体背光滑，体腹具稀疏短毛。体色黑褐色至红褐色，鞘翅周缘黑色，中央黄褐色，肩角处及小盾片处呈黑色三角形，使得鞘翅中央呈 2 个规则的长条形黄斑（有些个体则呈模糊不规则黄斑，有些鞘翅俱为黑色）。上颚稍向内弯曲，不长于头及前胸总长；端部较大分叉，基部无齿；上颚中部有 1 个水平直伸的三角形齿；紧靠中齿内侧，有 3–4 个退化的齿痕；该齿与上端部分叉间距的中部具 2 个明显的小齿。额脊较为平直，中部几无隆凸。头后缘中央向下微有凹陷；后头冠较不发达，眼后缘向外侧微微拓展，端部较平直，无翻翘，整个后头冠呈窄的长方形（随着体型变小，上颚逐渐变短，约等长于头及前胸的总长；上颚中齿也逐渐变至细小；至小颚型的上颚上已无显著大齿，仅上颚中部有 2 个紧邻小齿。额脊变平，后头冠也更加窄小至平坦）。前胸背板宽大于长，背板中央较平，凸出不明显，前、后缘微呈波曲状；侧缘向后倾斜延伸后内凹。小盾片三角形。前足胫节侧缘有 3 个锐齿及 2 个小齿；中足胫节有 2 个锐齿及 1 个小齿；后足胫节有 3。雌性，体黑色，明显小于雄性，更加光滑闪亮。头、前胸背板及鞘翅上有密而深的刻点。头窄而小，近方形。上颚宽钝，短于头长，仅在下缘中部具 1 个大的钝齿。前足胫节侧缘有 2 个发达的齿；中足胫节有 2 个锐齿及 1 个小齿；后足胫节有 2 个锐齿。

分布：浙江（德清、安吉、杭州）、安徽、江西、福建。

（865）姬锹甲 *Lucanus swinhoei* Parry, 1874（图版 IV-41）

Lucanus swinhoei Parry, 1874: 370.

Lucanus swinhoei continentalis Zilioli, 1998: 145.

主要特征：中到大型，头、前胸背板上有较稀疏的黄色短毛，体腹面黑红褐色，具浓密的黄色长毛；上颚、头、前胸背板呈暗红褐色，鞘翅浅红褐色，鞘翅边缘黑色。前、中、后足基节、腿节基部和端部黑色；前足腿节背、腹面下侧及中后足腿节的背、腹面中央具黄褐色长纵斑带；胫节浅红褐色，内侧具不明显的黑色长纵斑带，中后足的斑带比前足明显。上颚长，长过头胸部的总和；平缓弯曲，端部分叉，上颚总长 1/3 处靠近基部具 1 个长而尖锐的三角形大齿，微向前伸；沿着该大齿向着上颚端部具 5–8 个均匀向前排列的小齿，最前方的 1 个小齿与端部分叉间有间隔，无齿。额脊较平直，中部有 1 个狭长薄盾片。头部后缘凹陷长而深，约占后缘总长的 1/2；后头冠端部较圆钝，微向上翻卷（随着体型变小，上颚逐渐变短，不长于头及前胸的总长；上颚靠近基部的齿也逐渐变细小；至小颚型的上颚仅具 3–5 个较小的齿。额脊变平，后头冠也更加窄小至平坦）。前胸背板宽大于长，背板中央凸出，前、后缘呈明显波曲状；侧缘向后强烈倾斜延伸后内凹，与前后缘形成尖的前角及钝的后角。鞘翅比较光滑，几乎无毛。肩角很钝。小盾片半圆形。前足胫节侧缘有 3–4 个小齿；中足胫节有 2 个锐齿及 1 个小齿；后足胫节有 1 个小齿。雌性：明显小于雄性，红褐色至黑褐色，相当光滑闪亮。头、前胸背板及鞘翅上有深密刻点。头窄小，近方形，有黄色短毛。上颚宽钝，短于头长，仅在下缘中部具 1 个大的钝齿。前足胫节侧缘有 2 个发达的齿；中足胫节有 2 个锐齿及 1 个小齿；后足胫节有 2 个小齿。

分布：浙江（庆元）、福建、台湾、广西。

（866）武夷锹甲 *Lucanus wuyishanensis* Schenk, 1999（图版 IV-42）

Lucanus wuyishanensis Schenk, 1999: 114.

主要特征：雄性，小到中型，体背浅红至深红褐色，头、前胸背板上有短而贴伏的黄色短毛，体腹深褐色，具浓密的黄色长毛；鞘翅边缘黑褐色。前、中、后足基节、腿节基部和端部黑色，胫节黄至红褐色，内侧具黑色长纵斑带（有些个体前足斑带不明显）；在前足腿节背、腹面下侧及中后足腿节的背、腹面中央具黄褐色长纵斑带。上颚粗壮，向内显著弯曲，长于头及前胸的总长；上颚总长 2/3 处的中前部具向前微斜伸的尖锐大齿，从上颚基部至该大齿间稀疏、间断分布着 3–4 个小齿，从该大齿向着上颚端部间有 2 个紧密排列的方形小钝齿。额脊微呈波曲状，中部向上微微隆凸。头后缘中央向下具较浅的凹陷；后头冠发达，端部相当宽钝，端部向上显著翻翘。前胸背板宽大于长，背板中央较平，凸出不明显，前、后缘微呈波曲状。鞘翅光滑，仅在小盾片上、缘折处有非常稀疏的短毛。小盾片近三角形。前足胫节侧缘有 2–3 个锐齿；中足胫节有 2 个锐齿；后足胫节有 1 个小齿（随着体型变小变细，上颚中前部大齿的位置渐至上颚中部，额脊几乎平直，后头冠显著变小变平，端部向外不翻翘）。雌性，明显小于雄性，红褐色至黑褐色，更加光滑闪亮。头、前胸背板及鞘翅上有深密刻点。头窄小呈方形，有黄色短毛。上颚宽钝，短于头长，仅在下缘中部具 1 个大的钝齿。前足胫节侧缘有 2 个发达的齿；中足胫节有 2 个锐齿及 1 个小齿；后足胫节有 2 个小齿。

分布：浙江（龙泉）、江西、湖南、福建、广西、重庆。

338. 柱锹甲属 *Prismognathus* Motschulsky, 1860

Prismognathus Motschulsky, 1860c: 138. Type species: *Prismognathus subaeneus* Motschulsky, 1860.

Gonometopus Houlbert, 1915: 19. Type species: *Gonometopus triapicalis* Houlbert, 1915.

主要特征：性二型现象显著。体小到中型，多具金属光泽，体背光滑或具极短而稀疏的毛，腹面多具长而稀疏的黄褐色软毛，中胸腹板上的毛最长而浓密。雄性，头宽大，多近呈倒梯形；复眼大而突出；眼眦非常短。上颚不长于头及前胸的总和，一般下缘明显宽于上缘，使上颚分成上下两层；下缘的小齿呈锯齿状排列。触角长，每节具稀疏的纤毛，鳃片 4 节组成。前胸背板宽于或等宽于鞘翅，前后缘呈不等程度的波曲状。鞘翅表面光滑，无明显的刻点或背纵线。足细长，前足胫节粗壮，侧缘具多个小齿。中、后足胫节细长，侧缘上具 1–2 个小细齿或无齿。雌性，体型多明显小于雄性。头、前胸背板及鞘翅上较雄性具更深密的刻点。头窄小，近方形；上颚短于头长；多数种仅在上缘中部具 1 个大齿，下缘的中部或基部具 1 个小齿。

分布：古北区、东洋区。世界已知 30 多种，中国记录 20 多种，浙江分布 3 种（亚种）。

分种检索表（基于大颚型雄性）

1. 上颚较细长，约是头长的 1.0 倍，不具繁复的小齿；眼眦缘片较狭窄……………………………三叉柱锹甲 *P. triapicalis*
- 上颚较粗壮，至多是头长的 0.5 倍，具繁复的小齿；眼眦缘片大……………………………………………………2
2. 上唇方形；上颚显著弯曲；眼眦缘片端缘向后倾斜，端角相当尖锐且向下、向后方斜伸……………………………………………………………………………………大卫柱锹甲华东亚种 *P. davidis tangi*
- 上唇三角形；上颚较平直；眼眦缘片端缘较平直，端部较尖锐且向上微微斜伸……………………卡拉柱锹甲 *P. klapperichi*

（867）大卫柱锹甲华东亚种 *Prismognathus davidis tangi* Huang *et* Chen, 2017（图版 IV-43）

Prismognathus davidis tangi Huang *et* Chen, 2017: 113.

主要特征：小到中型。红褐色至黑褐色，头的前缘端部、前胸背板靠近后缘处分别有 1 个黑色小圆斑；各足腿节腹面、胫节多呈浅红褐色。头宽大于长，前缘中部较强凹陷，端部向后强烈倾斜，缘片呈宽大、端部尖锐且微向下斜伸的三角形。上唇呈较狭小的方形。上颚较短而粗壮，至多是头长的 0.5 倍，中部、端部向内弯曲，下缘略宽于上缘；上缘较光滑，基部有 1 个稍向下倾斜的小齿，中部有 1 个平直的大齿，近端部有 1 个近直立的、向上弯曲的长齿；下缘有 16–19 个小齿，锯齿状排列，靠近基部的 3 个齿较其他各小齿更粗壮（随着体型变小，上颚逐渐变短，上颚上的齿渐小渐少，眼眦缘片也不再尖锐凸出）。前胸背板中央中度凸出，前缘呈平缓的波曲状，后缘较平直，侧缘向后微微倾斜。鞘翅窄于前胸背板，肩角钝。小盾片近三角形。前足胫节侧缘有 4–5 个发达的齿；中足胫节有 2–3 个小的锐齿；后足胫节有 2 个微小的齿。雌性，与小颚型雄性较相似，但头的前缘中部略内凹，端部稍向后倾斜。唇基长，近方形，无分叉。眼眦短，向前呈直线状延伸，与前缘端部连接形成小的近三角状的突出。上颚短于头长，内弯，端部尖而简单，无分叉；下缘中部有 1 个小而前伸的弯齿；上缘中部有 1 个近直立的、向上弯曲的长齿。鞘翅长于头、胸及上颚的总长。中后足上都具 1 个大的锐齿。

分布：浙江（杭州）、安徽。

（868）卡拉柱锹甲 *Prismognathus klapperichi* Bomans, 1989（图版 IV-44）

Prismognathus klapperichi Bomans, 1989: 15.

主要特征：雄性，小到中型，体背光滑，体腹具稀疏短毛。体黑褐色至红褐色（有些个体则在靠近鞘翅端部各有 1 个长条形黄斑体或模糊不规则的黄斑）；头的前缘端部、前胸背板靠近后缘处分别有 1 个黑色小圆斑；各足腿节腹面、胫节通常浅黄褐色至红褐色。头宽大，中央呈较深的三角形凹陷；其前缘中部强烈凹陷，端部呈直线状向后倾斜；眼眦缘片呈宽大三角状且端部尖锐微向上斜伸，显著向外侧凸出。上唇呈狭小的三角形。上颚较短而粗壮，至多是头长的 0.5 倍，比较平直，仅端部略向内弯曲，下缘明显宽于上缘；上缘较光滑，在基部、中部各有 1 个平直小齿，近端部有 1 个近直立的、向上弯曲的长齿；下缘有 13–16 个小齿呈锯齿状排列，靠近下缘基部的 2 个齿明显粗壮（随着体型变小，上颚逐渐变短，上颚上、下缘的齿也逐渐变小而少，至小颚型的上颚上缘仅在端部有 1 个小齿，下缘 6–8 个小齿呈锯齿状排列）。前胸背板中央强烈凸出，前缘呈强波曲状，后缘较平直；侧缘较平直，几乎相互平行。鞘翅明显窄于前胸背板。小盾片近半圆形。前足胫节侧缘有 5–6 个锐齿；中足胫节有 2 个锐齿；后足胫节有 1 个小齿或无。雌性，似小颚型雄性，但头窄小，近方形略圆，眼眦缘片呈短而狭小半扇形，嵌入眼中，不向外凸出。上颚相当短小，短于头长，端部尖而无分叉，也无小齿；在其下缘中部仅有 1 个大而前伸的弯齿，上缘中部有 1 个几乎直立的、向上弯曲的长齿。上唇略近方形，中部略分叉。

分布：浙江（杭州、庆元）、湖南、福建、广东、广西、重庆、四川、贵州。

（869）三叉柱锹甲 *Prismognathus triapicalis* (Houlbert, 1915)（图版 IV-45）

Gonometopus triapicalis Houlbert, 1915: 19.

Prismognathus triapicalis: Nagai, 2005: 32.

主要特征：雄性，小到中型，体背光滑，体腹具稀疏短毛。体呈红褐色至黑褐色（有些个体在靠近鞘翅端部各有 1 个长条形黄斑）；头的前缘端部、前胸背板近后缘处分别有 1 个黑色小圆斑；各足腿节腹面、胫节通常浅黄褐色至红褐色。头宽大，中央具较浅的三角形凹陷，其前缘中部平缓凹陷，端部向后微倾斜；眼眦缘片略呈长方形（长大于宽）且端部尖锐略向上斜伸。上唇呈宽大的方形，端缘中部向内深凹陷，使两侧形成微上翘的角突。上颚较细长，约是头长的 1.0 倍，向内向下显著弯曲；上缘较光滑，靠近端部有 1 个近直立的、向上弯曲的长齿；下缘光滑，在其基部有 1 个平直的小齿，在其端部有 3–4 个小齿呈锯齿状排列（随着体型变小，上颚不再弯曲，趋向平直且短，稍长于或等长于头部，上缘端部的齿变小或消失，下缘基部的齿更小而尖锐，至小颚型的上颚上缘端部仅有 1 个小齿或齿痕，下缘仅在中前部有 6–7 个小齿呈锯齿状排列）。前胸背板中央平缓凸出，前缘呈明显的波曲状，后缘较平直；侧缘向后平缓倾斜。鞘翅略窄于前胸背板，肩角钝。小盾片近半圆形。前足胫节侧缘有 4–7 个锐齿；中足胫节侧缘有 1–2 个锐齿；后足胫节侧缘无齿。雌性，似小颚型雄性，但头窄小，近方形略圆，眼眦缘片呈短而狭小半扇形，嵌入眼中，不向外凸出。上颚相当短小，短于头长，端部尖而无分叉，也无小齿；在其上缘中部有 1 个几乎直立的、向上弯曲的长齿，下缘中部仅有 1 个前伸的小弯齿。上唇略近方形，中部略分叉。

分布：浙江（庆元、龙泉）、湖北、湖南、福建、广东、广西、重庆、贵州、云南。

339. 奥锹甲属 *Odontolabis* Hope, 1842

Odontolabis Hope, 1842b: 247. Type species: *Odontolabis cuvera* Hope, 1842.

Anoplocnemus Hope, 1843a: 279. Type species: *Lucanus burmeisteri* Hope, 1841.

Calcodes Westwood, 1834: 116. Type species: *Lucanus aeratus* Hope, 1835.

主要特征：性二型现象显著。体中至大型，光滑闪亮，具不同程度的金属光泽。头部宽而平，复眼大而突出，眼眦长，约占眼直径的 4/5，眼眦缘片宽，形状各异；眼后缘处具 1 个刺状突起。雄性上颚呈明显的多型性，大颚型雄性上颚长而粗壮，具繁复的齿，一般都长于头及前胸的总长；中颚型雄性上颚粗壮，齿的数量与形状通常与大颚型雄性差异显著，一般不长于头及前胸的总长；小颚型雄性上颚，多具简单的锯齿状小齿，一般短于头长。雌性上颚短小，仅靠近端部有微小的齿。触角较长，鳃片部分 3 节。前胸背板宽大于长，前缘呈明显的波曲状，中部向前凸出，后缘较平直；侧缘多曲折，向后倾斜，也多具尖锐的刺状突起；侧缘多在与后缘相接处向内凹陷。鞘翅光滑闪亮，无明显的毛或纵线，有些种类具纵斑。足较长而粗壮，前足胫节较宽扁，外缘具小锐齿；中、后足胫节外缘光滑无齿；端部呈尖锐的 3 分叉。

分布：东洋区。世界已知 40 多种，中国记录 6 种，浙江分布 3 种。

分种检索表（基于大颚型雄性）

1. 体黑色但鞘翅边缘红色……………………………………………………………………**中华奥锹甲 *O. sinensis***
- 体全部呈色……………………………………………………………………………………2
2. 体型较大，上颚长且粗壮………………………………………………………………**西奥锹甲 *O. siva***
- 体型较小，上颚短且扁平………………………………………………………………**扁齿奥锹甲 *O. platynota***

（870）扁齿奥锹甲 *Odontolabis platynota* (Hope *et* Westwood, 1845)（图版 IV-46）

Lucanus platynota Hope *et* Westwood, 1845: 5, 18.

Odontolabis platynota: Parry, 1864: 77.

Odonotolabris emarginata Saunders, 1854: 49.

Odonotolabris evansii Westwood, 1855: 201.

主要特征：雄性，中到大型，体呈较暗淡的黑褐色。额、上颚基部间的区域呈半圆形凹陷。头顶较平，眼前部各有 1 个脊状隆凸。眼眦缘片较宽，近半圆形。眼后缘向外拓宽延展，形成宽钝的、向下倾斜的三角形角突。上唇呈较小的三角形。上颚向内弯曲，约是头长的 1.0 倍；上颚基部有 1 个宽钝的大齿，且齿的端缘具 2 个小钝齿；上颚端部有 3 个小锐齿均匀排列（随着体型变小，上颚逐渐变短变直；中颚型的上颚短于头及前胸背板的总长，上颚基部的钝齿上有 3–4 个微小的钝齿，近上颚端部具 4–5 个小锐齿均匀排列；至小颚型的上颚则平直，短于头长，从上颚基部至端部有 6–8 个小钝齿呈锯齿状排列）。前胸背板中央隆凸，前缘波曲状，中部凸出，后缘呈较平缓的波曲状，侧缘近弧形，在侧缘总长约 1/4、靠近后缘处向内微有凹陷。鞘翅光滑，小盾片黑色，心形。前足胫节端部宽扁，侧缘具 4–6 个小锐齿，中、后足胫节无齿。雌性，体型较小，似小颚型雄性；头小而较扁平；眼眦缘片宽而呈较尖锐的三角形；眼后缘短而平直，无角突；上颚宽扁且短小，短于头长；上颚无显著的大齿，从基部至端部具 4–6 个小钝齿，呈锯齿状排列；前足胫节相当宽扁，侧缘有 6–7 个较钝的小齿，中、后足胫节侧缘无小齿。

分布：浙江（杭州）、广东、海南、广西、四川、贵州；越南北部。

（871）中华奥锹甲 *Odontolabis sinensis* (Westwood, 1848)（图版 IV-47）

Lucanus (*Odontolabis*) *gazella* var. *sinensis* Westwood, 1848: 54.

Odontolabis sinensis: Leuthner, 1885: 450.

主要特征：雄性，中到大型，鞘翅边缘红褐色，其他部分黑色。头近方形，头部顶端中央呈倒三角形凹陷，随着体型的减小，凹陷逐渐不明显；上唇较小，呈三角形，眼眦宽，近似方形，眼后缘有 1 三角形尖锐的刺状突起。大颚型雄性中，上颚粗壮而弯曲，长于头及前胸的总长，基部有 1 个三角形尖齿，上颚的中前部具宽钝的大齿，端部具 1 个大齿。中小颚型雄性中，随着体型的减小，上颚变短，齿变小变少。中颚型雄性中，上颚约等长于头长，中前部宽钝的大齿消失；小颚型雄性，上颚短于头长，上颚仅有 3–4 个大齿，靠近基部的 2 个比较大；或者只剩 3–4 个小齿呈不规则的锯齿状排列。前胸背板中央隆凸，前缘波曲状，中部凸出，后缘波曲状；侧缘后方靠近后缘处有 1 凹陷，与后缘连接处形成 1 三角形尖锐的刺状突起；肩角钝，小盾片半圆形；鞘翅光滑，边缘红褐色，前足胫节具 3–4 个较小锐齿，中、后足胫节无齿。雌性，上唇三角形，上唇长方形；眼眦很长而宽，几乎将复眼完全分开；前胸背板前缘呈波曲状，后缘较直，侧缘后 1/4 处向内凹陷；上颚短于头长，近端部具 3 个较钝的呈锯齿状排列的小齿；前足胫节侧缘有 6–7 个小齿，中、后足胫节侧缘无小齿。

分布：浙江（杭州）、江西、福建、广东、海南、贵州。

（872）西奥锹甲 *Odontolabis siva* (Hope *et* Westwood, 1845)（图版 IV-48）

Lucanus siva Hope *et* Westwood, 1845: 5, 16.

Odontolabis siva: Leuthner, 1885: 436.

Odontolabis carinata Parry, 1864: 76.

Calcodes chinensis Arrow, 1943: 134.

主要特征：雄性，中到大型，黑色，十分闪亮，体表光滑。头近方形，头顶中央具倒三角形的微微凹陷；眼后缘有 1 个大的尖锐角突。大颚型雄性中，上颚粗壮而弯曲，长于头及前胸的总长；上颚基部具 1 个宽钝的齿，齿的端部二分叉；靠近上颚端部有 1 个较小的三角形齿，沿着该齿至上颚端部间，均匀分布 3 个小齿。中颚型雄性中，上颚稍长于或短于头长，强烈弯曲，基部变宽，靠近上颚基部的齿变小，距离上颚端部有 3–4 个尖锐的齿。小颚型雄性中，上颚显著短于头长，基本的大齿变得非常小，上颚上仅留下 6–7 个小齿呈锯齿状排列。前胸背板宽大于长，背板中央较平；前缘波曲状，中部凸出，后缘呈较平缓的波曲状，侧缘接近后缘处向内形成较深的凹陷，在凹陷处形成 2 个尖锐的刺状突起；盾片呈宽大的心形。鞘翅光滑，较闪亮。前足胫节外缘具 4–6 个较小锐齿；中、后足胫节光滑。雌性与小型雄性较相似，但存在以下区别：上颚、额、眼眦缘片、各足上具深密的刻点。上颚稍短于头长，有 3–4 个小钝齿，呈锯齿状排列。上唇宽大，近半圆形。下唇近方形，明显比雄性宽大，具更深密的刻点；前足胫节较雄性宽扁，侧缘有 3–4 个小齿；中、后足胫节侧缘无小齿。

分布：浙江（杭州）、江西、福建、台湾、广东、海南、广西；越南北部。

340. 新锹甲属 *Neolucanus* Thomson, 1862

Neolucanus Thomson, 1862: 415. Type species: *Odontolabis baladeva* Hope, 1842.

Lucanus (*Odontolabis*) Hope *et* Westwood, 1845: 5. Type species: *Lucanus delesserti* Hope *et* Westwood, 1845.

Anodontolabis Parry, 1863: 447. Type species: *Odontolabis baladeva* Hope, 1842.

主要特征：性二型现象显著。体中至大型，较为隆凸，相当光滑闪亮。头宽大，额区多有凹陷。雄性上颚呈明显的多型性，通常不长于头长，向内稍弯曲，下缘宽于上缘，基部有 1 个类似齿痕的突起。大颚型雄性的上颚长而粗壮，有显著的大齿和数量众多的小齿；中、小颚型雄性随着体型变小，上颚上的齿逐渐减小变少，至小颚型雄性上颚仅有简单的小齿呈锯齿状排列。触角较长，鳃片部分 3 节。复眼大而突出，眼眦长，约占眼直径的 4/5，但没将复眼分成上下两个部分；眼眦缘片相当宽，形状各异。前胸背板宽大于长，前缘波曲状，中部向前凸出，后缘较平直；侧缘多曲折，向后倾斜；侧缘多在与后缘相接处向内略微凹陷。鞘翅光滑闪亮，无明显的毛或纵线，有些种类具纵斑。足长而粗壮，前足胫节较宽扁，外缘具小锐齿，端部呈尖锐的二分叉，内侧缘端部无分叉，具 1 个向下弯伸的发达的距；中、后足胫节外缘光滑无齿；端部呈较尖锐的三分叉；内侧缘端部 1 长 1 短、向外弯伸的发达的距。

分布：东洋区。世界已知 80 多种，中国记录 40 多种，浙江分布 3 种。

分种检索表（基于大颚型雄性）

1. 头部黑色；鞘翅红褐色至黑色 ………… **华新锹甲 *N. sinicus***
- 体全部都呈黑色 ………… 2
2. 体型较小；上颚约等于头长；前胸背板后缘无明显凹陷 ………… **亮光新锹甲 *N. nitidus***
- 体型较大；上颚远长于头长；前胸背板后缘有显著凹陷 ………… **刀颚新锹甲 *N. perarmatus***

（873）亮光新锹甲 *Neolucanus nitidus* (Saunders, 1854)（图版 IV-49）

Odontolabis nitidus Saunders, 1854: 47.

Neolucanus nitidus: Leuthner, 1885: 427.

主要特征：雄性，中到大型。体红褐色至黑色，较闪亮，鞘翅较其他部分更为闪亮。头中央具三角形的凹陷。上颚、眼眦缘片上有细小的刻点，眼眦近方形。大颚型雄性中，上颚几乎与头等长，向内稍弯曲，基部有 1 个类似齿痕的突起，中部光滑无齿，端部有 1 个向上直立的大齿；下缘有 4 个钝齿从基部到端部均匀排列（随着体型减小，上颚逐渐减短小，大齿也逐渐变小，至小颚型雄性个体上颚端部到基部内侧有呈锯齿状均匀排列的小齿）。前胸背板宽大于长，背板中央明显凸出，靠近侧缘处形成下陷。小盾片黑色，近心形。鞘翅中度隆凸，光滑，非常闪亮。前足胫节具 3–4 个锐齿；中足胫节光滑无齿，靠近内侧的刚毛列非常短而稀疏；胫节端部内侧有 1 个长方形的短片状物，上覆浓密的黄色短刚毛；后足与中足相似，胫节端部片状物更窄，刚毛更短而稀疏。雌性，体较雄性更闪亮。体形宽而圆；上颚、眼眦缘片、额区、各足上具更深密的刻点。上颚有 3 个明显的钝齿。前足胫节外侧端部分叉不如雄性强烈尖锐，侧缘有 3–4 个较钝的齿；中、后足胫节无齿，侧缘端部外侧无明显的片状物凸出，也无明显的刚毛簇。

分布：浙江（杭州）、安徽、江西、福建、广东、海南、广西、贵州；越南北部。

（874）刀颚新锹甲 *Neolucanus perarmatus* Didier, 1925（图版 IV-50）

Neolucanus perarmatus Didier, 1925: 262.

Neolucanus goral Kriesche, 1926: 382.

主要特征：雄性，中到大型。体呈较闪亮的黑褐色，体背相当隆凸；头近呈宽大的倒梯形；上颚、眼眦缘片上有细密小刻点。上颚基部强烈凹陷，头顶中央凹陷很浅。眼眦缘片宽大，端部尖锐，整个缘片呈钝三角形。上颚发达，向内倾斜成宽大刀片状，端部分叉，稍长于头及前胸的总长；在上缘基部至中部、约占上缘总长的 1/2 处呈向上直立的宽片状齿；下缘端部宽大，明显宽于上颚其他部分，有 3–4 个小齿，呈锯齿状排列其上。前胸背板宽大于长，背板中央明显凸出，致使靠近侧缘处形成下陷；前缘呈较缓的波曲状，中部平缓凸出，后缘呈较平缓的波曲状；侧缘近弧形，向后倾斜延伸，在与后缘相接处向内具非常短而深的凹陷，在凹陷处的两端形成 2 个向外斜伸、向上翻翘的尖锐角状突起。鞘翅光滑闪亮。小盾片心形，端部较尖。前足胫节具 4–5 个小锐齿；中、后足胫节无齿，胫节端部内侧有 1 个长方形片状物，上覆浓密黄色刚毛。雌性，与雄性较相似，体较雄性更短圆；上颚、额、眼眦缘片、各足具更大而深密的刻点。上颚稍短于头长，下缘中部宽而钝，有 3–4 个呈锯齿状排列的小钝齿。前足胫节较雄性宽大，端部分叉较雄性更尖锐；侧缘有 5–6 个尖锐的齿；中、后足胫节无齿，侧缘端部外侧的长方形片状物非常窄小，无明显的刚毛簇。

分布：浙江（杭州）、福建、广东；越南北部，老挝。

（875）华新锹甲 *Neolucanus sinicus* (Saunders, 1854)（图版 IV-51）

Odontolabris sinicus Saunders, 1854: 48.

Neolucanus sinicus: Leuthner, 1885: 428.

主要特征：中到大型。体背微隆凸，呈暗淡的红褐色至黑褐色。头呈窄小的方形；上颚基部微有凹陷，头顶中央平。眼眦较窄，近长方形。上颚短而稍薄，至多与头部等长；上缘基部、中部无齿，中部向下明显凹陷，端部尖，向内稍弯曲，上缘端部有 1 个直立的三角形大齿；下缘具 4–5 个宽钝的三角形齿，从基部到端部均匀排列（随着体型变小，上颚逐渐变短变薄，上颚上、下缘的齿也渐小渐少，至小颚型的上颚上缘无齿，下缘仅有 3–4 个小齿呈锯齿状排列）。前胸背板宽大于长，背板中央微微凸出；前缘波曲状，后缘平直，侧缘近弧形，与后缘相接处向内呈十分不明显的凹陷。鞘翅中度隆凸，光滑暗淡。盾片半圆形。前足胫节具 3–4 个锐齿；中、后足胫节光滑无齿。雌性，体较雄性更变宽而圆钝；上颚、眼眦缘片、额区、各足上具更深密的刻点。头顶中央凹陷很浅。眼眦缘片较雄性明显宽钝，近半圆形。上颚短于头长，下缘中部宽而钝，有 3 个小钝齿呈锯齿状排列。前足胫节外侧端部分叉不如雄性尖锐，侧缘有 3–4 个较钝的齿；中、后足胫节侧缘端部外侧无明显的片状物凸出，也无明显的刚毛簇。

分布：浙江（杭州）、上海、安徽、江西。

341．琉璃锹甲属 *Platycerus* Geoffroy, 1762

Platycerus Geoffroy, 1762: 62. Type species: *Scarabaeus caraboides* Linnaeus, 1758.

Systenocerus Reitter, 1883: 93. Type species: *Scarabaeus caraboides* Linnaeus, 1758.

主要特征：性二型现象较显著。体多具较强的蓝、绿、棕褐色等金属光泽。上颚内侧、头、前胸背板侧缘、各足上多具稀疏的长毛，体腹面具浓密的长毛；体背腹面均具浓密的刻点。头较小而平坦，近方形，明显窄于前胸背板、鞘翅的宽。触角较长而粗壮，呈明显的膝状，鳃片部分 4 节。复眼大而突出，无眼眦；上颚短小，不长于头长，具简单的齿。前胸背板中部向上隆凸，周缘内侧向下具很深的凹陷；前缘呈明显的波曲状，中部尖锐突出，后缘较平直。鞘翅闪亮无毛，覆盖着深密的刻点；足细长，具浓密的刻点和毛，前足胫节外缘呈明显的锯齿状，具发达的小齿，中、后足胫节外缘仅有 1 个小锐齿或无。

分布：古北区、东洋区、新北区。世界已知 30 多种，中国记录 20 多种，浙江分布 1 亚种。

（876）天目山琉璃锹甲 *Platycerus hongwonpyoi tianmushanus* Imura *et* Wan, 2006（图版 IV-52）

Platycerus hongwonpyoi tianmushanus Imura *et* Wan, 2006: 294.

主要特征：雄性，小到中型，体较窄，铜绿色，具金属光泽，密布刻点。体背无毛。头呈方形，具深密的小刻点。上颚短小，约等长于头长；端部尖锐，分叉，基部具 1 小齿。前胸背板中后部强烈向上隆凸，具较密的刻点，侧缘圆弧状。小盾片半圆形。鞘翅具很深密的刻点。前足胫节外缘略呈锯齿状，有 3–4 个非常小细齿；中、后足胫节相似，无齿；腿节红色。雌性，与雄性非常相似，但头更小，上颚非常短小，鞘翅较前胸背板更宽。

分布：浙江（杭州）。

二十、红金龟科 Ochodaeidae

主要特征：体长 3.0–10.0 mm，长椭圆形，拱起。体黄色、棕色、红棕色或黑色，偶有两色。触角 9–10 节，鳃片部 3 节。复眼不被眼眦分开。唇基简单或前缘具瘤突。上唇通常 2 裂或微凹，突出于唇基之外。上颚发达，显著突出于上唇之外。下颚须 4–5 节，下唇须 3–4 节。前胸背板近方形，拱起，通常具刻点和刚毛，无瘤突、脊或角突。鞘翅拱起，具或不具刻点行，通常具刻点或颗粒状点，具刚毛，偶光滑无毛。小盾片可见，三角形。臀板有时外露，有时隐藏于鞘翅下。前足基节圆锥形或横向，中、后足基节横向，中足基节窝分离或邻接，前足胫节外缘具齿，内缘具 1 距；中、后足胫节端部具 2 距；跗式 5–5–5 式，爪等大，成对简单，无爪间突。腹节具 6 节可见腹板；8 对功能性腹部气门，1–6 位于联膜上，7–8 位于背板上。后翅发达。

分布：古北区、东洋区、新北区、旧热带区、新热带区。世界已知 13 属约 100 种，中国记录 4 属 14 种，浙江分布 1 属 1 种。

342. 拟红金龟属 *Nothochodaeus* Nikolajev, 2005

Notochodaeus Nikolajev, 2005: 219. Type species: *Ochodaeus maculatus* Waterhouse, 1875.

主要特征：该属与红金龟属相似。但该属中胸腹板突宽，端部方形。前臀板靠中部两侧具 1 斜沟。

分布：东洋区。世界已知 30 多种，中国记录 9 种，浙江分布 1 种。

（877）台湾拟红金龟 *Nothochodaeus formosanus* (Kurosawa, 1968)

Ochodaeus formosanus Kurosawa, 1968: 241.

Nothochodaeus formosanus: Nikolajev, 2009: 205.

主要特征：体长 7.9–8.9 mm；体棕色，上颚、头部两侧、腹面和足部胫节黑褐色，体背具黑褐色斑：前胸背板中央具 1 边界不明确的黑褐色斑块，两侧各具 1 小斑点；鞘翅前部和后部具斑点，中央具波曲状斑带。全体被灰棕色长毛。唇基窄，半圆形，额唇基沟处具 1 半圆形脊；额头顶部宽，具 2 个横形结突。前胸背板隆拱，横形，具不显著中纵沟；表面匀布圆刻点；侧缘圆，前角钝角，略伸突，后角圆；后缘弯突，两侧斜，中央钝角状伸突，端圆。小盾片平，端尖，侧缘明显弯，表面具粒状刻点。鞘翅与前胸背板等宽，最宽处位于肩突后方；盘区具刻点，刻点行 1 和 2 略发达，行距平，密布粒状刻点。臀板密布粒状刻点。前胸腹板发达，略三角形突出。后足基跗节略长于其余各节之和，胫节末端的距略短于基跗节。

分布：浙江（杭州）、台湾、四川。

二十一、金龟科 Scarabaeidae

主要特征：体长 1.0–180.0 mm，体形多样，颜色多变，具或无金属光泽，被毛或光裸。触角 8–10 节，鳃片部 3–7 节。眼眦可见，不完全分割复眼；唇基具或无瘤或角突；上唇通常明显，突出或不突出于唇基；上颚多样，下颚须 4 节，下唇须 3 节。前胸背板多样，具或无脊和角突。鞘翅拱起或平坦，具或无刻点行。小盾片可见或无，三角形或抛物线形。足基节窝横向或圆锥形；前足胫节外缘具齿，1 枚端距；中、后足胫节细长或粗壮，具 1–2 枚端距；爪简单或具齿或不等大。腹部可见腹板通常 6 节，偶见 5 或 7 节，5–7 对功能性气门位于联膜、腹板或背板上。后翅发达或退化。雄性外生殖器双叶状或愈合。

分布：世界已知约 1600 属约 27 000 种，种类占金龟总科 77.0%，其中约 600 个属为世界性广布。中国记录 9 亚科，包括沙金龟亚科 Aegialiinae、蜉金龟亚科 Aphodiinae、平胫金龟亚科 Aulonocneminae、蜣螂亚科 Scarabaeinae、臂金龟亚科 Euchirinae、鳃金龟亚科 Melolonthinae、丽金龟亚科 Rutelinae、犀金龟亚科 Dynastinae 和花金龟亚科 Cetoniinae。浙江分布 7 亚科 89 属 210 种。

金龟科中国常见亚科检索表（成虫）

1. 体长 45.0–75.0 mm；雄性前足胫节极度延长，常与体长相当，前足胫节具 2 个长刺——端部刺和中部刺，雌性前足胫节端距内侧距缺失；爪末端分叉且相等，前胸背板两侧向后强烈延伸，侧缘具细齿，后角钝且具较侧缘粗大的齿，盘区布细刻点或皱纹状刻点，浅褐色到黑色或青铜绿色……………………**臂金龟亚科 Euchirinae**
- 不同时具有以上特征……………………2
2. 臀板完全或近乎完全被鞘翅端部覆盖……………………**蜉金龟亚科 Aphodiinae**
- 臀板完全裸露……………………3
3. 唇基侧面收缩，从而触角基节背面可见……………………**花金龟亚科 Cetoniinae**
- 触角基节背面不可见……………………4
4. 各腹板从两侧向中部明显变窄，腹部中线长度短于后胸腹板；小盾片通常不可见……………………**蜣螂亚科 Scarabaeinae**
- 腹板正常，不向中部明显变窄，腹部中线长度长于后胸腹板；小盾片通常可见……………………5
5. 中、后足爪大小不相等，且可以独立活动……………………**丽金龟亚科 Rutelinae**
- 中、后足爪大小相等，且不可以独立活动，单爪金龟属 *Hoplia* 仅具 1 爪……………………6
6. 中、后足爪简单；前胸背板基部和鞘翅宽度近相等；后足胫节具 2 个端距；上颚背面可见……………………**犀金龟亚科 Dynastinae**
- 中、后足爪分叉或具齿，有时简单，但其前胸背板基部明显窄于鞘翅；后足胫节具 1–2 个端距或无端距；上颚背面不可见……………………**鳃金龟亚科 Melolonthinae**

（一）蜉金龟亚科 Aphodiinae

主要特征：体长 1.5–15.0 mm，小型者居多，体常略呈半圆筒形。体多呈褐色至黑色，也有赤褐或淡黄褐等色，鞘翅颜色变化较多，有斑点或与其余体部异色。唇基扩展至覆盖口器，通常端缘微凹。上颚骨化较弱，通常被唇基覆盖。触角 9 节，鳃片部 3 节。前胸背板盖住中胸后侧片。小盾片发达。中足基节窝邻接或近邻接，侧面开放。后足胫节具 2 枚端距。鞘翅多有刻点沟或纵沟线，臀板不外露。腹部可见 6 节。足粗壮，前足胫节外缘多有 3 齿，中、后足胫节均有端距 2 枚，各足有成对简单的爪。

生物学：蜉金龟占据多个生态位。常见种类是粪食性，然而有些种类则专食某种类型粪便或特殊环境中的粪便（如动物巢穴中）。也有很多种类为腐食性，也有些种类与蚂蚁共生，在动物尸体、垃圾堆及仓库尘土堆中也有一些种类生息，偶有个别种类兼害作物幼芽的记载。

分布： 世界广布。世界已知约 3300 种，中国记录 96 属 359 种，浙江分布 8 属 14 种。

分属检索表

1. 前胸背板和鞘翅具纵脊……………………………………………………………………………………**秽蜉金龟属 *Rhyparus***
- 前胸背板和鞘翅不具纵脊……………………………………………………………………………………2
2. 小盾片大，长为鞘翅的 1/5–1/3；前胸背板后角通常斜截，基部具边框，有时中部边框中断；唇基前角圆，至少雄性头部具明显隆凸，通常具横褶；雄性前足胫节端距粗厚，端部斜截形……………………**肯蜉金龟属 *Teuchestes***
- 小盾片小，长为鞘翅的 1/10–1/8；前胸背板后角圆或钝圆，通常不斜截……………………………………3
3. 前胸背板盘区隆凸，明显与侧缘分开，两侧凹，前角和后角附近更为明显，或者似深凹槽状，侧缘圆弯突，基部通常无边框；颊大，偶具大而尖的长毛；雄性前足胫节端距通常向端部扩宽，似膨大，隆拱具光泽；体大型，7.0–10.5 mm …………………………………………………………………………………………**扁蜉金龟属 *Platyderides***
- 前胸背板盘区隆凸不与侧缘分开……………………………………………………………………………4
4. 鞘翅刻点行深凹，通常似沟状，均不达端部，有时侧部 3 条于鞘翅端前会合，后部行距通常强隆拱；雄性中足胫节末端距更短，通常截形；体小型至中型，4.0–7.5 mm……………………………………**裸蜉金龟属 *Pharaphodius***
- 鞘翅刻点行宽，端部刻点行或至少侧面刻点行之间融合……………………………………………………5
5. 中足和后足胫节端缘刺毛不等长；唇基通常深颗粒状，两侧通常呈浅裂或钝圆形，偶为齿状；前胸背板侧部至多略呈圆形，通常明显具纤毛，基部无边框；鞘翅刻点行 7 和 9 于端前会合，共同形成短肋状凸起，行 10 通常扁平；体小型 …………………………………………………………………………………………**斜蜉金龟属 *Plagiogonus***
- 中足和后足胫节端缘刺毛等长或近等长……………………………………………………………………6
6. 小盾片通常为三角形，基部大多宽；唇基表面不呈颗粒状，圆形，或两侧近边缘处均具尖齿；额唇基缝具隆起，雄性额唇基缝结突更发达；鞘翅仅具 1 枚肩齿……………………………………………**细蜉金龟属 *Calamosternus***
- 小盾片基部平行或近平行……………………………………………………………………………………7
7. 体中型至大型，4.5–13.0 mm，大多强隆拱；前胸背板后角斜截；雄性通常于前中部凹陷……………**蜉金龟属 *Aphodius***
- 体小型至中型，3.5–6.0 mm，大多较隆拱；前胸背板后角圆或圆钝 ……………………………**野蜉金龟属 *Agrilinus***

343. 野蜉金龟属 *Agrilinus* Mulsant *et* Rey, 1870

Agrilinus Mulsant *et* Rey, 1870b: 419. Type species: *Scarabaeus ater* DeGeer, 1774.

Pseudolimarus Balthasar, 1931: 217. Type species: *Aphodius jugurtha* Balthasar, 1931.

主要特征： 体小型至中型，大多较隆拱，体表光滑，极少数种部分或完全无光泽，若为后者，鞘翅微细网状，后部被细毛。唇基圆形，或者近前缘处通常呈齿状。颊突出于复眼外。雄性前额具更发达的结突，雌性突起较弱或无。前胸背板后角圆或圆钝，基部具边框。小盾片为较宽或较窄的三角形，通常具明显刻点。鞘翅向后扩宽，有时具肩齿。中足和后足胫节端缘刺毛等长。某些种中，雄性中足胫节下端距较短，且端部弯曲（Balthasar，1964）。

分布： 古北区、东洋区。世界已知 34 种，中国记录 14 种，浙江分布 2 种。

（878）全棘野蜉金龟 *Agrilinus spinulosus* (Schmidt, 1910)

Aphodius spinulosus Schmidt, 1910: 358.

Agrilinus striatus: Dellacasa, Dellacasa, Král & Bezděk, 2016: 3.

主要特征： 体长 5.0 mm，体短宽，强隆拱，后部较宽，具光泽，光滑无毛。体黑色，头部前缘和前胸背板两侧微红色，通常鞘翅肩部也呈微红色，端部前或盘区及边缘的某些刻点较浅。头部宽，狭直，刻点密，中部刻点稍大，额唇基缝处加深；唇基微弯，侧部具 1 个上卷的小齿；颊大，呈钝角，自侧缘处微偏。额唇基缝中间具 1 个小结突。前胸背板横向，前部较狭，侧部刻点密，盘区散布大、小两种刻点，后角钝；两侧和基部均具微凸边框。小盾片三角形，具刻点。鞘翅基部与前胸背板等宽，肩齿小，向后扩宽，具刻纹，仅后部和侧部鞘缝具刻点行，因为刻点行前部更宽、皱，此处行距狭且强烈隆拱；侧部和后部行距平，无第 9 和第 10 刻点行。腹面具刻点和刚毛，后胸腹板和腿节处刻点散乱，刚毛短，腹部红色区域刻点细，刚毛长。后足胫节端距短而等长，上端距甚短于第 1 跗节，与随后 3 节跗节之和等长。

分布：浙江、辽宁、云南。

（879）条纹野蜉金龟 *Agrilinus striatus* (Schmidt, 1910)

Aphodius striatus Schmidt, 1910: 359.

Agrilinus striatus: Dellacasa, Dellacasa, Král & Bezděk, 2016: 3.

主要特征：体长 6.0 mm，体狭长，隆拱，具光泽。体表红棕色，有时前胸背板盘区和鞘翅颜色较深。头部相当平，颊圆，前缘中部极少凹陷，表面均匀密布刻点，额唇基缝具 3 个结突，中突圆形。前胸背板横向扩宽，后部变圆，不均匀散布较大细刻点，侧缘具毛，后角圆；基部具边框。小盾片三角形，基半部具刻点。鞘翅后部略宽，刻点行深，点径间刻点深显，行距平，散布刻点，近端部刻点较密。体腹部尤其是足更亮，具光泽。具尖的中胸腹突。后胸中部和腿节布细刻点，无毛；腹部密布刻点，具毛。后足胫节端缘刺毛等长，短；上端距与第 1 跗节等长，也与随后 2 节总和等长。

分布：浙江、辽宁、云南。

344. 蜉金龟属 *Aphodius* Hellwig, 1798

Aphodius Hellwig, 1798: 101. Type species: *Scarabaeus fimetarius* Linnaeus, 1758.

Platycephalus Cuvier, 1797: 517. [HN] Type species: *Scarabaeus fimetarius* Linnaeus, 1758.

Cytoderhinus Seabra, 1909: 15. Type species: *Scarabaeus fimetarius* Linnaeus, 1758.

主要特征：体中型至大型，大多强隆拱，光滑，通常具光泽。头部平，具凸起，偶于额唇基缝中突前具横向皱褶。唇基圆形，仅近颊缘处成角度。前胸背板后角通常斜截，有时边框很浅；侧缘和基部具边框，前缘无边框。雄性前胸背板通常于前中部凹陷。小盾片宽三角形。中足和后足胫节端缘刺毛等长或近乎等长。

分布：世界广布。世界已知 44 种，中国记录 10 种，浙江分布 3 种。

分种检索表

1. 每鞘翅中段 1/3 处有 1 大黑斑，鞘翅及腹末 2 节及腹部腹板侧端淡棕褐色……………………**雅蜉金龟 *A. elegans***
- 鞘翅无大黑斑……………………………………………………………………2
2. 鞘翅亮珊瑚红色；体背强隆拱；颊似耳状；前足胫节末端距宽钝……………………**珊瑚红蜉金龟 *A. corallifer***
- 鞘翅黄红色；体较隆拱；颊明显凸出于复眼外，几乎不呈耳状，下部露出 3 根短淡黄色刚毛；雄性前足胫节端距渐尖，腹侧稍弯；雌性前足胫节端距略短，笔直……………………**广东蜉金龟 *A. guangdongensis***

（880）珊瑚红蜉金龟 *Aphodius corallifer* Koshantschikov, 1913

Aphodius corallifer Koshantschikov, 1913: 262.

主要特征：体长 10.0 mm，体背强隆拱，具光泽，光滑无毛。头和前胸背板黑色，鞘翅亮珊瑚红色。唇基略具边框，侧缘圆。颊圆，似耳状，明显具光泽。额唇基缝处具 3 个结突，侧突也同样明显。前胸背板强烈隆凸，前基部处深凹，均匀密布细刻点；自深凹处中心至基部边缘散布粗刻点，且近似整齐成 2 列；

后角具清晰边框，并强烈凸出；基部具边框。小盾片宽，无刻点，但表面略皱。鞘翅显具刻点和沟行。前足胫节末端距宽钝，3 枚外齿光滑。雌性未知。

分布：浙江。

（881）雅蜉金龟 *Aphodius elegans* Allibert, 1847（图版 IV-53）

Aphodius elegans Allibert, 1847: 18.

Aphodius expletus Schmidt, 1909: 20.

主要特征：体长 12.0–13.0 mm，宽 5.5–6.5 mm。体长椭圆形，背面十分隆拱，体表光滑具光泽，体色黑，鞘翅及腹末两节及腹部腹板侧端淡棕褐色，每鞘翅中段 1/3 处有 1 大黑横斑。唇基宽大，前侧缘近梯形，雄性于后部中央有 1 沟状角突，两侧有小丘突各 1 个，3 个突起呈扁三角形排列，雌性仅见后中微丘状突起。额部及头顶部窄，呈光滑横带。前胸背板横阔，散布少数深大刻点，雄性前中部有浅缓凹陷。小盾片三角形。鞘翅背面及侧面共具 10 条宽显刻点行，行间微隆无刻点，背面 5 条上贯翅基，10 条刻点沟后端不达翅端，而成 1+10、2+9、3+6、4+5、7+8 末端相交合。臀板全被鞘翅覆盖。足粗壮，前足胫节外缘端半部 3 齿大，基半部细微锯齿形，端距扁长形（雄）或尖刺形（雌）。

分布：浙江（杭州）、内蒙古、山东、河南、陕西、甘肃、青海、新疆、江苏、湖北、江西、福建、台湾、广东、四川、贵州、云南、西藏；朝鲜，韩国。

（882）广东蜉金龟 *Aphodius guangdongensis* Maté, 2008

Aphodius (*Aphodius*) *guangdongensis* Maté, 2008: 66.

主要特征：体长 6.4–8.0 mm，椭圆形，中度隆拱，光滑无毛，具光泽，头和胸部黑色，鞘翅黄红色。头部具光泽，遍布粗深规则刻点；唇基边缘强皱，唇基鲜具边框，侧部具细边框。颊部圆，明显凸出于复眼外，几乎不呈耳状，下部露出 3 根短淡黄色刚毛。额唇基缝甚显，具 3 个结突；中突圆锥形，并高于侧结突，侧结突通常仅稍抬高。前胸背板黑色，具光泽，中下部较宽；具 2 类刻点，较小刻点在盘区侧部较细至逐渐消失，较大刻点宽度是小刻点的 4.0 倍，侧部和基半部遍布更密刻点；基部和侧部具明晰边框。小盾片三角形，通常无刻点，侧部凹陷致使端半略隆凸。鞘翅具光泽，肩部圆；刻点行清晰，行距隆起，端部呈肋状；行距宽度为行间的 6.0 倍。前足跗节长度与胫节近等长或略短；前足胫节端距渐尖，腹侧稍弯，未到达第 2 跗节端部；前足胫节腹侧隆突具小齿。中足胫节下端距尖，呈钩状。腿节具光泽，前足和中足腿节疏布明显刻点；中足腿节于端缘具 1 列刚毛。腹部沥青色，皮革状，被覆疏细、匍匐状的长黄色毛。后胸腹板具极浅凹的细刻点。雄性外生殖器的阳基侧突端部于背腹侧渐尖，向下弯并于端前横向扩宽，除了中部略具突起，其余部分呈圆形；端腹侧为感觉区。内阳茎具简单小距。

雄性：额唇基缝具 3 个结突。前足胫节端距渐尖，腹侧稍弯；中足胫节下端距尖并呈钩状。

雌性：额唇基缝几乎无结突，中突和侧突均扁平。胸部较小，无前内侧纵线；后胸腹板稍凹。前足胫节端距略短，笔直；中足胫节下端距尖锐。

分布：浙江、福建、广东。

345. 细蜉金龟属 *Calamosternus* Motschulsky, 1860

Calamosternus Motschulsky, 1860c: 156. Type species: *Scarabaeus granarius* Linnaeus, 1767.

Megalisus Mulsant *et* Rey, 1870a: 209. Type species: *Aphodius stercorarius* Mulsant *et* Rey, 1870.

主要特征：体小型或近乎中型，强烈隆拱，光滑无毛，具光泽。头部通常平。唇基表面不呈颗粒状，圆形，或两侧近边缘处均具尖齿。额唇基缝具隆起，雄性额唇基缝结突更发达。雄性前胸背板更隆凸，基部具边框，边框通常很细，但总明晰可见。小盾片收狭，基半部平行。鞘翅具明显刻点行，仅具 1 枚肩齿。中足和后足胫节端缘刺毛等长（Balthasar，1964）。

分布：近于世界广布。世界已知 23 种，中国记录 5 种，浙江分布 1 种。

（883）单匪细蜉金龟 *Calamosternus uniplagiatus* (Waterhouse, 1875)

Aphodius uniplagiatus Waterhouse, 1875: 84.

Aphodius (*Calamosternus*) *desuetus* Balthasar, 1933b: 145.

Calamosternus uniplagiatus: Dellacasa, Gordon & Dellacasa, 2004: 132.

主要特征：体长 3.8–4.2 mm，长椭圆形，隆拱，具光泽；体黑色，头部和前胸背板两侧边框处呈微红色半透明状，鞘翅黑红相间。头布细刻点，端部微凹，侧部钝角；颊钝，凸出于复眼；前额具三结突，中突圆锥状。前胸背板不均匀密布大刻点，疏具纤毛，两侧略圆，后角钝圆；基部显具细边框，刻点更明显。小盾片三角形，黑色，其顶点几乎能达到鞘翅端部，几无刻点。鞘翅具齿状刻点行，刻点小、浅，行距平，疏布小刻点。足沥青黑色，跗节微红色。后足第 1 跗节稍长于胫节上端距，与随后 2 节跗节之和等长。

雄性：额唇基缝处具三结突，中突更坚固，前胸背板疏布明显刻点。

雌性：额唇基缝无三结突，前胸背板密布刻点（Waterhouse，1875）。

分布：浙江、辽宁、上海、福建、台湾、云南；韩国，日本。

346. 裸蜉金龟属 *Pharaphodius* Reitter, 1892

Aphodius (*Pharaphodius*) Reitter, 1892: 172. Type species: *Scarabaeus marginellus* Fabricius, 1781.

主要特征：体小型至中型，通常光滑无毛，体色各异。头部平，唇基边缘圆形，钝圆或锯齿状；颊通常凸出于复眼，或者无饰边，但通常在两侧都略突出；额唇基缝通常具明晰隆起或其前具隆起。少数种的前胸背板仅基部具边框，其他种不具边框，大多两侧略凹。小盾片小，三角形，通常基部平行。鞘翅刻点行深凹，通常似沟状，均不达端部，有时侧部 3 条于鞘翅端前会合；后部行距通常强隆拱。中足和后足胫节端缘刺毛等长或不等长。雄性中足胫节末端距更短，通常截形。

分布：世界广布。世界已知 104 种，中国记录 7 种，浙江分布 3 种。

分种检索表

1. 额唇基缝近无，具 3 个丘突，中突更发达；前胸背板具粗刻点；后足胫节端距长于第 1 跗节；体黑色，体表光滑，具光泽……………………………………………………………………………………**净泽裸蜉金龟 *P. putearius***
- 额唇基缝可见或否，无隆起或具弱中突；前胸背板具 2 类刻点；后足胫节端距与第 1 跗节近等长……………………2
2. 无光泽，体浅棕色，但头后部或大部分区域、唇基、前胸背板盘区、有时鞘翅盘区、鞘翅刻点沟行几乎总为深褐色，鞘翅侧部为单色黄棕色；头部尤其中突处，疏布刻点；中足和后足胫节端缘刺毛并不十分等长；后足第 1 跗节几乎与随后 3 节跗节之和等长……………………………………………………**无缘裸蜉金龟 *P. marginellus***
- 具光泽，体深红褐色，头部前缘和前胸背板的侧部为较浅褐色，前胸背板盘区深棕色；头部密布大小不等刻点，前额甚显；中足和后足胫节端缘刺毛近等长；后足第 1 跗节短于随后 3 节跗节之和……………………**皱纹裸蜉金龟 *P. rugosostriatus***

（884）无缘裸蜉金龟 *Pharaphodius marginellus* (Fabricius, 1781)

Scarabaeus marginellus Fabricius, 1781: 21.

Aphodius marginellus: Harold, 1862: 146.

Pharaphodius marginellus: Paulian, 1942: 31.

主要特征：体长 4.5–6.5 mm，长椭圆形，较隆拱，无光泽，光滑无毛；体浅棕色，但头后部或大部分区域、唇基、前胸背板盘区、有时鞘翅盘区、鞘翅刻点沟行几乎总为深褐色，鞘翅侧部为单色黄棕色。头部小，尤其中央隆突处，疏布刻点。唇基前部宽截，几乎无边框，近前部宽圆形。颊略倾斜，复眼明显凸出。前额不隆起，额唇基缝可见或不可见。前胸背板疏布细刻点，其间疏布稍强刻点；后角钝。小盾片基部略平行，布有一些难以辨认的刻点。鞘翅刻点沟行清晰，但行距间刻点稍弱；行距基部略弱，端部强隆拱。中足和后足胫节端缘刺毛并不十分等长。后足第 1 跗节与胫节下端距近等长，几乎与随后 3 节跗节之和等长。

雄性：前胸背板疏布细刻点，其间疏布稍强刻点。

雌性：盘区布更密刻点。

分布：浙江、江苏、上海、安徽、湖北、江西、湖南、台湾、海南、香港、广西、四川、贵州、云南；日本，巴基斯坦，印度，不丹，尼泊尔。

（885）净泽裸蜉金龟 *Pharaphodius putearius* (Reitter, 1895)（图版 IV-54）

Aphodius putearius Reitter, 1895: 208 [DA].

Pharaphodius putearius: Dellacasa, Dellacasa, Král & Bezděk, 2016: 11.

主要特征：体长 6.0–6.5 mm，体长椭圆形，隆拱；体黑色，体表光滑，具光泽。头前部突起；唇基中部微凹，侧缘近直，在颊前方微弯；颊钝圆，比复眼突出；额唇基缝近无，具 3 个丘突，中突更发达。前胸背板匀布粗刻点；侧缘圆，具明显边框，后角钝圆；基部无边框。小盾片基部两侧近平行，无刻点。鞘翅刻点行深，具刻点，端部刻点更宽更深，刻点略齿状，端部刻点至行距边缘；行距基部近平，盘区隆拱，端部强隆拱，无刻点。后足胫节端距长于第 1 跗节。

雄性：前胸背板横形；前足胫节端距宽短，略下弯；后胸腹板凹陷，具刻点。

雌性：前胸背板前部窄；前足胫节端距细长，直；后胸腹板近平，光滑无刻点。

分布：浙江、内蒙古、北京、天津、河北、山西、山东、河南、陕西、宁夏、甘肃、江苏、上海、安徽、湖北、江西、湖南、福建、台湾、广东、海南、广西、四川、贵州、云南。

（886）皱纹裸蜉金龟 *Pharaphodius rugosostriatus* (Waterhouse, 1875)

Aphodius rugosostriatus Waterhouse, 1875: 92 [DA].

Aphodius (*Pseudacrossus*) *juxtus* Petrovitz, 1972: 163.

Aphodius (*Pharaphodius*) *raddei* Berlov, 1989: 393.

Pharaphodius rugosostriatus: Dellacasa, Dellacasa, Král & Bezděk, 2016: 11.

主要特征：体长 5.5–7.0 mm，体细长，中度隆拱，具光泽，体深红褐色，头部前缘和前胸背板的侧部为较浅褐色，前胸背板盘区深棕色。头部密布大小不等刻点，前额甚显；唇基明显无刻点，半圆形，前缘微凹；颊圆，略凸出于复眼外；额唇基缝具明晰凹陷，其前部凸起仅微抬升。前胸背板横向，显具密刻点，粗布较大刻点，前缘和侧缘显具细刻点；前角钝，后角稍圆钝；基部无边框，呈圆形。小盾片小，顶端尖锐，基底平行，基部布刻点。鞘翅前中部几乎等宽，但鞘翅长几乎是宽的 2.0 倍；刻点行宽，深凹，行距宽，基部弱具刻点，端部较隆拱，疏布细刻点，侧部显具刻点，刻点具圆锯齿状；基部微凹，端侧略宽。中足和后足胫节端缘刺毛近等长。后足第 1 跗节长度约等于胫节上端距，短于随后 3 节跗节总长之和。

雄性：前足胫节端距弯曲（Waterhouse，1875；Balthasar，1964）。

分布：浙江、黑龙江、吉林、辽宁、内蒙古、北京、天津、河北、山西、山东、河南、陕西、宁夏、甘肃、江苏、上海、安徽、湖北、江西、湖南、福建、台湾、广东、海南、广西、四川、贵州、云南；俄罗斯，韩国，日本。

347. 斜蜉金龟属 *Plagiogonus* Mulsant, 1842

Plagiogonus Mulsant, 1842: 306. Type species: *Scarabaeus arenarius* Olivier, 1789.

Oloperus Mulsant *et* Rey, 1870b: 610. Type species: *Aphodius nanus* Fairmaire, 1860.

Eccoptaphodius Iablokoff-Khnzorian, 1964: 63. Type species: *Aphodius avetissiani* Iablokoff-Khnzorian, 1964.

主要特征：体小型，大多强隆拱，具光泽，鞘翅光滑，头前部通常明显具毛。头部平，唇基通常分布有颗粒状刻点，两侧通常呈浅裂或钝圆形，偶为齿状；颊小；额唇基缝大多明晰，但无隆突。前胸背板侧部至多略呈圆形，通常明显具纤毛，基部无边框。小盾片小，三角形。刻点行 7 和 9 于鞘翅端前会合，共同形成短肋状凸起，行 10 通常平。中足和后足胫节端缘刺毛不等长。

分布：古北区、东洋区、旧热带区。世界已知 28 种，中国记录 7 种，浙江分布 1 种。

（887）脊状斜蜉金龟 *Plagiogonus culminarius* (Reitter, 1900)

Aphodius (*Plagiogonus*) *culminarius* Reitter, 1900: 156.

Plagiogonus culminarius: Dellacasa, Dellacasa, Král & Bezděk, 2016: 11.

主要特征：体长 3 mm。体强隆拱，具光泽；头部和前胸背板黑色，前胸背板前角或侧部呈浅棕色，鞘翅浅棕色，通常端前变暗；腹部黑褐色，足黄色，胫节黄褐色。头疏布细刻点，前部布粗刻点；唇基显具边框，边缘处略具纤毛；颊圆，明显凸出于复眼；额唇基缝细，明显凹陷。前胸背板具两类刻点，中部前疏布细和中等刻点；侧部略圆，后角钝圆；基部几无边框。小盾片小，三角形，黑色，光滑。鞘翅缝近黑色，背中部两侧纵线具黑色光泽；鞘翅中部稍扩宽，刻点行钝齿形，刻点行端部深凹，行距微隆拱，刻点不显，端部具 4–7 条深沟线。腿节和跗节细长，后足第 1 跗节短于 2、3 节总长，背侧跗节近乎等长；后足第 1 跗节略长于后足胫节上端距，略短于随后 3 节跗节总长。

分布：浙江、黑龙江、辽宁、北京、甘肃、新疆、广东、西藏；俄罗斯，蒙古国，韩国，吉尔吉斯斯坦。

348. 扁蜉金龟属 *Platyderides* Schmidt, 1916

Platyderus Schmidt, 1913: 122. [HN] Type species: *Aphodius arrowi* Schmidt, 1910.

Aphodius (*Platyderides*) Schmidt, 1916: 99. [RN] Type species: *Aphodius arrowi* Schmidt, 1910.

Thaiaphodius Masumoto, 1991: 27. Type species: *Aphodius doiangkhangensis* Masumoto, 1991.

Platyderides: Dellacasa, Bordat & Dellacasa, 2001: 247.

主要特征：体型大多相对较大，长椭圆形，体背光滑无毛或有毛；体黑色或棕色，鞘翅两侧黄棕色。头部平；唇基前部具或无边框，近前缘处的侧部圆形，或通常锯齿状；颊大，偶具大而尖的长毛；无隆突。前胸背板两侧凹，前角和后角附近更为明显，或者似深凹槽状；侧部通常具上卷的宽边框；侧缘圆弯突；基部大多无边框，鲜具边框。小盾片三角形，相当小。鞘翅大多具细刻点和刻点行，通常无光泽。中足和后足胫节端缘刺毛不等长。雄性前足胫节端距通常向端部扩宽，似膨大，隆拱具光泽。

分布：古北区、东洋区。世界已知 5 种，中国记录 3 种，浙江分布 1 种。

（888）小突扁蜉金龟 *Platyderides arrowi* (Schmidt, 1910)

Aphodius arrowi Schmidt, 1910: 353.

Aphodius (*Platyderides*) *arrowi* Schmidt, 1913: 122.

Platyderides arrowi: Dellacasa, Bordat & Dellacasa, 2001: 248.

主要特征：体长 7.0–8.0 mm，长椭圆形，体中等隆拱，具光泽；体黑色，头前、前胸背板侧部和鞘翅端部缘微红色，触角黄色。头部宽，不均匀密布明显刻点，后缘散布刻点；唇基凸起，边缘上卷；颊钝圆，明显凸出于复眼外；无隆凸，额唇基缝凹陷，呈角状。前胸背板短横，两侧略弯，前部不显狭于后部；盘区布有大、小两种刻点，侧缘更密，后角圆，侧部和基部具边框。小盾片三角形，基半部具刻点。鞘翅基部狭于胸部，向后扩宽，长为头胸部总长的 2.0 倍，侧部具短毛；具明显刻点行；行距布满刻点，微隆凸，末端前部散布圆刻点，侧部更密更大。除腹部外，体下部具光泽，后胸和腿节类似于前胸骨板的边缘，具明显刻点和毛，后胸腹板前缘尖锐。腹部粗糙，鲜具光泽，具长毛。前足胫节端距内弯。后足胫节端缘具长短不等的刺毛，后足基跗节长于胫节上端距，与随后 2 节跗节之和近等长。

雄性：前足胫节末端距内弯，中足胫节下端距缩短。

分布：浙江、辽宁、四川。

349. 胄蜉金龟属 *Teuchestes* Mulsant, 1842

Teuchestes Mulsant, 1842: 176. Type species: *Scarabaeus fossor* Linnaeus, 1758.

主要特征：体中型到近大型，强隆拱，具光泽，体表面光滑。体黑色，鞘翅通常黄红色至棕红色。至少雄性头部具明显隆凸，通常具横褶，颊明显突出于复眼外。雄性前胸背板有时前侧凹陷；后角通常斜截；基部具边框，有时中部边框中断。小盾片大，端尖。鞘翅强隆拱，刻点行大多完整。中足和后足胫节端缘刺毛等长或不等长。雄性前足胫节端距粗厚，端部斜截形。

分布：古北区、东洋区、旧热带区。世界已知 11 种，中国记录 6 种，浙江分布 2 种。

（889）短身胄蜉金龟 *Teuchestes brachysomus* (Solsky, 1874)

Aphodius (*Otophorus*) *brachysomus* Solsky, 1874: 13.

Aphodius major Waterhouse, 1875: 80.

Teuchestes brachysomus: Dellacasa, Dellacasa, Král & Bezděk, 2016: 12.

主要特征：体长 9.0 mm；体短椭圆形，背隆拱，黑色，具光泽。头部布细刻点；唇基边缘上卷；颊圆，略突出于复眼；额唇基缝具三结突，中突更大更明显。前胸背板宽近乎为长之半，呈斜截弯曲状；表面不具明显刻点，基部散布不规则大刻点；后角钝圆；基部斜，具边框。小盾片纵向深凹，细长三角形，具平行边，长度超过鞘翅 1/4，2/3 以上微弯，具明显细刻点，边缘深凹。鞘翅约比前胸背板长 1/4，基部与前胸背板等宽，在近前胸背板处变宽，近末端处呈弧形收狭，末端圆形；刻点行圆锯齿状，行距隆凸光滑；行 8 到达肩部前消失，行 9 与肩部下的前缘相连。腿节不具刻点，后足第 1 跗节长于胫节上端距；每节内端均具长毛。

雄性：额唇基缝具三结突，其前为横向半圆形隆突；前胸背板中部凹，散布细刻点；前足胫节端距弱弯，平行，端部钝截形。

雌性：额唇基缝结突稍隆起，无横向隆突；前胸背板弱隆凸，刻点更大更密。

分布：浙江、黑龙江、吉林、新疆、福建、广东、四川、云南；俄罗斯、韩国、日本。

（890）弯距胄蜉金龟 *Teuchestes sinofraternus* (Dellacasa *et* Johnson, 1983)

Aphodius (*Teuchestes*) *sinofraternus* Dellacasa *et* Johnson, 1983: 528.

Teuchestes sinofraternus: Dellacasa, Dellacasa, Král & Bezděk, 2016: 12.

主要特征：体长 8.0–10.5 mm；体短椭圆形，体背隆拱，具光泽，光滑无毛；体黑色，棕色或近鞘翅顶端偶具大块棕红色斑点。头部散布不规则细密刻点，唇基中部微弯，前缘狭，除了近前角处均不上卷；颊钝圆，明显凸出于复眼；额唇基缝不甚明显，仅侧部可见，具结突。前胸背板极隆凸，宽，疏布不规则刻点，混杂有大、小、模糊 3 类刻点，非细网状；前缘仅近前角具边框；侧部具明显边框，深弯到后角，后角钝且明显；基部无边框，但通常具明显狭长带。小盾片大，微凹，具适中刻点，明显微网状。鞘翅刻点行散布大刻点，呈明显圆锯齿状；行距隆凸，细网状，几不具刻点。后足胫节上端距长于第 1 跗节，第 1 跗节与随后 3 节之和等长。

雄性：唇基显具横脊，前胸背板前中部弱凹；额唇基缝具三结突，中突发达，侧突虽明显但弱且横向。前足胫节距宽阔，强烈内弯，近端略狭；后足胫节扁平，于端半处强烈扩大，其背侧向后扩展，近顶点沟处近乎笔直且完整。

雌性：弱具横结突；前胸背板中部不凹。前足胫节狭近平行；后足胫节既不扁平，也无扩宽或伸长。

分布：浙江、甘肃、新疆、江西、福建、广东、广西、四川、贵州。

350. 秽蜉金龟属 *Rhyparus* Westwood, 1845

Rhyparus Westwood, 1845: 93. [HN] Type species: *Rhyparus desjardinsi* Westwood, 1845.

主要特征：头基部具 4 个结突；唇基盘区隆拱，凹槽环状；唇基边框具宽双缘；前胸背板具纵脊和沟槽，中横槽或者深沟横切纵沟槽；鞘翅所有行距明显具纵脊，端部具球状毛状体；前胸腹板端部具突起，戟状；后胸腹板一般后侧部具突起；前足胫节外齿均位于端部 1/4 处。

分布：古北区、东洋区。世界已知 76 种，中国记录 13 种，浙江分布 1 种。

（891）尖胫秽蜉金龟 *Rhyparus schoolmeestersi* Ochi, Kon *et* Kawahara, 2018

Rhyparus schoolmeestersi Ochi, Kon *et* Kawahara, 2018: 20.

主要特征：体长 5.2–6.8 mm，体中型，长椭圆形，体背强隆拱；体黑色，通常均无光泽。头部横向近六边形。唇基近梯形，前缘中央平截，两侧弯曲，略上卷；中央微凹，具 1 对短的中隆脊。颊稍强凸出，基半部深凹。额具 4 条明显长纵脊，强烈凸起，被覆针状刻点，前部较疏，后部较密。前胸背板横向，近中部最宽；前缘中部近笔直；后角钝；基缘中部钝，几乎不具边框。前胸背板盘区具 8 条纵脊和 7 条行间脊，最中间 2 条均匀抬升，中部略外弯；中间 2 条脊 2 后部明显弯曲且略低于正中；中间靠外的 2 条脊 3 无中断，强烈后弯；最外面 2 条脊 4 不完整，于脊 3 顶点处模糊，中部明显，又在基部模糊，并于基部与脊 3 连接。小盾片小，端部尖锐。鞘翅细长；肩突弱，鞘翅缝和缘折平，呈肋状；盘区每侧各强具 6 条纵脊和 5 条行间脊；脊 2 与其余相比稍抬升，近端部和端部强具隆起，端部密布淡黄色毛状体；脊 3 由基部延伸到脊 2 顶点水平线前，无隆起；脊 4 与脊 3 近乎等长，但比脊 3 更低更细；脊 5 稍弯，比脊 4 略抬升，具略圆形突起，并与球根状区域连续；行间脊 1–4 明显具两纵列粗刻点行。臀板腹部 5 节均具 1 排横向刻点，被覆小刚毛；第 5 腹节于中部呈三角形沟槽的两侧扩宽；第 6 腹节于中部处强具宽大的圆形隆起，具中纵隆脊。前足胫节基半狭窄，并在端半外侧明显扩展，外缘 1 个尖齿。后足第 1 跗节略长于随后 3 节之和。

雄性：中足胫节粗壮，背内缘强弯，内远端强烈向内具尖齿。后足胫节细长，内远端末具 1 发达尖突，该凸起顶端具 1 短端距。

雌性：前胸背板前外侧凸缘顶端比雄性更宽圆，1 对脊大多在基半略分散开，中脊略宽于雄性。中足胫节稍扩宽，背内缘近乎直，内远端几乎不凸出，顶端具 2 个近等端距。后足胫节略宽，内远端末几乎不内弯。

分布：浙江、云南；老挝。

(二)蜣螂亚科 Scarabaeinae

主要特征：体小至大型，体长 1.5–68.0 mm。体卵圆形至椭圆形。体躯厚实，背腹均隆拱，尤以背面为甚，也有体躯扁圆者。体色多为黑色、黑褐色至褐色，或有斑纹，少数属种有金属光泽。头前口式，唇基与眼上刺突连成一片，似铲，或前缘多齿形，口器被盖住，背面不可见。触角 8–9 节，鳃片部 3 节。前胸背板宽大，有时占背面的 1/2 乃至过半。多数种类小盾片不可见。鞘翅通常较短，多有 7–8 条刻点沟。臀板半露，即臀板分上臀板和下臀板两部分，由臀中横脊分隔，上臀板仍为鞘翅盖住，下臀板外露，此为本亚科重要特征。许多属种，主要是体型较大的种类，其上臀板中央有或深或浅的纵沟，用以通气呼吸，称为气道。腹部气门位于侧膜，全为鞘翅覆盖。腹面通常被毛，背面有时也被毛。部分类群前足无跗节。中足基节左右远隔，多纵位而左右平行，或呈倒八字形着生。后足胫节只有 1 枚端距。很多属种性二型现象显著，其成虫的头面、前胸背板着生各式突起。

分布：世界广布。世界已知 235 属 5800 余种，中国记录 32 属 364 种，浙江分布 12 属 29 种。

分属检索表

1. 后足腿节通常短和粗壮，中、后足胫节通常粗短，向端部强烈且突然变宽，中、后足胫节几乎呈三角形；仅 Onitini 族部分种类足和跗节细，但其鞘翅第 9 行间强烈拱起，且前足胫节无端距；中、后足跗节三角形且第 1 节明显比其他各节更粗壮和长，其他各节逐渐变短和变窄；身体通常强烈拱起，个别属扁平，性二型明显……2
- 后足腿节通常明显延长，中、后足胫节通常细长，后足胫节常略弯曲，后足跗节弱三角形，且第 1 节略长于其他各节；身体通常扁拱，短且宽卵形，黑、棕黑、黄棕或金属色，具性二型但通常不明显……11
2. 下唇须第 2 节比第 1 节短，第 3 节总是很长；性二型明显，尤其是头和前胸背板通常具发达角突、脊或凹坑等，鞘翅两侧具 1 个或 2 个侧隆脊……3
- 下唇须第 2 节长于第 1 节，第 3 节非常小，经常完全缺失……8
3. 前胸背板具 2 条侧隆脊……**联蜣螂属 *Synapsis***
- 前胸背板具 1 条侧隆脊……4
4. 鞘翅具 2 条侧隆脊……5
- 鞘翅具 1 条侧隆脊……6
5. 触角鳃片部第 1 节光亮，质地与触角基节相同，无被毛，其余 2 节被毛，颜色深，无光泽……**巨蜣螂属 *Heliocopris***
- 触角鳃片部三节完全相同，被毛，颜色深，无光泽……**洁蜣螂属 *Catharsius***
6. 小型，中等程度拱起，非常光亮，黑色，有时具微弱金属光泽；两性差别较小，前胸背板腹面触角窝深且具明显边缘……**小粪蜣螂属 *Microcopris***
- 中型或中小型，强烈拱起或平坦，光亮或不光亮，通常无金属光泽；两性差异明显，前胸背板腹面触角窝浅且无明显边缘……7
7. 身体弱拱起，较平坦，不光亮仅具弱光泽，不完全黑色，常灰色或者褐色；腿节比粪蜣螂属 *Copris* 明显细，中、后足胫节向端部略弯曲，具弱齿，中、后足跗节细，第 1 节细长，通常长是端部宽的 2.0 倍，其余节细，仅近端部稍微扩展；前胸背板无明显角突，纵中线通常缺失或者非常微弱；前足胫节外缘具 4 齿，唇基中部常光滑……**异粪蜣螂属 *Paracopris***
- 强烈拱起，光亮，一般为黑色；腿节和跗节粗壮，前胸背板一般具明显角突，通常纵中线明显，前足胫节外缘具 3 或 4 齿；唇基中部光滑或布刻点……**粪蜣螂属 *Copris***
8. 触角 8 节，前胸背板腹面无触角窝，鞘翅扁平……9
- 触角 9 节，前胸背板腹面一般具触角窝，鞘翅通常拱起……10
9. 鞘翅端部具丛或列状刚毛……**前胫蜣螂属 *Tibiodrepanus***
- 鞘翅端部无毛……**利蜣螂属 *Liatongus***
10. 前胸背板基部具 2 个椭圆形凹坑；前足跗节雌雄缺失或雄性缺失，前足胫节端距常与胫节融合而不能活动；小盾片可见，中等体型，少数大型……**凹蜣螂属 *Onitis***

\- 前胸背板基部无椭圆形凹坑；前足跗节可见，前足胫节端距可动；小盾片不可见，小型，少数中等体型……………………………………………嗡蜣螂属 ***Onthophagus***

11\. 后胸后侧片背面观不可见或几乎不可见……………………………………裸蜣螂属 ***Gymnopleurus***

\- 后胸后侧片背面观明显可见……………………………………异裸蜣螂属 ***Paragymnopleurus***

351. 洁蜣螂属 *Catharsius* Hope, 1837

Catharsius Hope, 1837: 21. Type species: *Scarabaeus molossus* Linnaeus, 1758.

主要特征：宽阔，强烈拱起。头部宽阔，半圆形，常具角突。触角 9 节，鳃片部长且被毛。颏横阔。前胸背板通常具角突，基缘具饰边。小盾片缺失。鞘翅具 7 条刻点行，1 条侧隆脊取代第 8 刻点行，共具 2 条侧隆脊。腹部完全被覆盖。足较短，前足胫节外缘具 3 齿。中足基节长，平行，中等远离。中、后足胫节向端部强烈扩展，外侧至少具 2 条横脊，中足胫节具 2 端距。所有足均具跗节，后足跗节扩展，端部节窄于基部节，第 1 节明显长于第 2 节。

分布：古北区、东洋区、旧热带区。世界已知 94 种，中国记录 5 种，浙江分布 1 种。

（892）神农洁蜣螂 *Catharsius molossus* (Linnaeus, 1758)（图 4-IV-1）

Scarabaeus molossus Linnaeus, 1758: 347.

Catharsius molossus: Harold, 1877: 44.

主要特征：体长 23–40.0 mm。卵形，强烈拱起，背面中度光亮，无毛，仅头部和前胸背板少量被毛。黑色，口须、触角和足略红褐色。

雄性：头部：横阔，前缘半圆弧状；前缘中央无凹，颊向两侧强烈延伸，颊侧角为锐角，前缘饰边中部宽于两侧；唇基和颊分界明显，前缘在分界线处明显具凹；头部角突位于复眼连线中央略前处，角突直，通常短于头长，有时与头长接近，基部近圆锥状，向端部两侧平行，基部两侧各具 1 个小齿；表面光亮且光滑，唇基布少量皱纹近无刻点，颊布稍密且粗大刻点，角突布不规则刻纹或粒突点。前胸背板：强烈拱起，宽是长的 1.9 倍，基部具弱纵中线；前缘具二曲，具细饰边，侧缘饰边细，前角明显前伸，近直角状，后角圆钝；基缘具饰边，中部向后延伸；盘区近前缘处为陡峭斜坡，斜坡顶部为横脊状，横脊两端各具 1 个

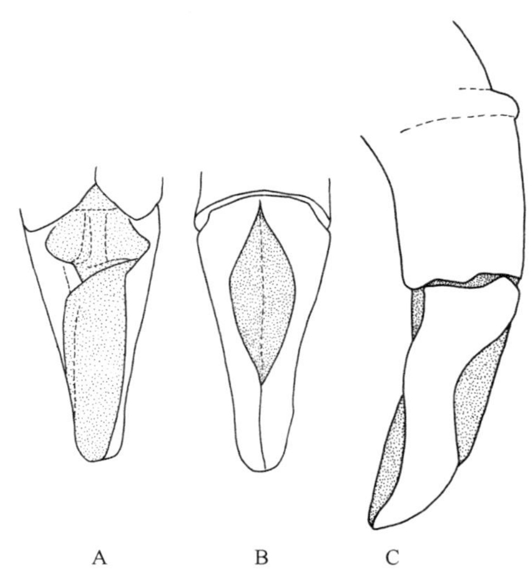

图 4-IV-1　神农洁蜣螂 *Catharsius molossus* (Linnaeus, 1758)雄性外生殖器

A. 腹面观；B. 背面观；C. 侧面观

圆钝突起，横脊中部向前突出，突出中央具弱凹；弱光亮，中央疏布模糊刻点，近两侧和基部刻点趋于密和粗糙。鞘翅：强烈拱起，长是宽的 1.8–1.9 倍；刻点行弱，行上刻点弱，行间平坦。足：粗壮，中、后足胫节向端部逐渐变宽。阳茎：侧面观基侧突与基板为钝角状。

雌性：头部具 1 不高耸的横脊，横脊背面观顶端略凹，侧面观双叶状；表面密布粗大刻点或皱纹；前胸背板均匀拱起，盘区前面无陡峭斜坡，具弱弯横脊；刻点明显比雄性粗大。鞘翅行间更拱起。

分布：浙江、北京、河北、河南、上海、福建、台湾、广东、香港、四川、贵州、云南、西藏；巴基斯坦，印度，尼泊尔，越南，老挝，泰国，柬埔寨，斯里兰卡，印度尼西亚，阿富汗。

352. 粪蜣螂属 *Copris* Geoffroy, 1762

Copris Geoffroy, 1762: 87. Type species: *Scarabaeus lunaris* Linnaeus, 1758.

主要特征：中到大型，较窄，强烈拱起，通常光裸无被毛。头部宽，近半圆形，唇基前缘中部具弱凹，触角 9 节。前胸背板横阔，前缘具 1 膜状须边，基缘附近具槽线，通常具复杂角突，纵中线明显。小盾片缺失。鞘翅较长，具 9 条刻点行，具 1 条侧隆脊。后胸腹板长。足较短，腿节粗壮，前足胫节外缘具 3 或 4 齿，前足跗节非常短，向端部强烈扩展。中足基节长，近平行。中足胫节外缘无横脊，后足胫节外缘具 1 横脊，中、后足跗节较短，第 1 节是第 2 节长度的 2.0 倍及其以上。腹板非常短。

分布：世界广布。世界已知 226 种，中国记录 43 种，浙江分布 5 种。

分种检索表

1. 雄性前胸背板无强烈角突，通常简单，或者端半部微弱拱起，有些种雌性或雄性具鞭痕状皱纹 ………………………………………………………… **四川粪蜣螂 *C. szechouanicus***
- 雄性前胸背板具发达角突，雌性前胸背板至少近端部稍突起 ………………………………2
2. 鞘翅布皮革状皱纹，不光亮，刻点行可见但不清晰，或行上刻点非常细密，行间疏布小但明显刻点；前胸背板亮 ………………………………………………………… **车华粪蜣螂 *C. ochus***
- 鞘翅光亮，刻点行清晰，基部稍不光亮 ………………………………3
3. 前足胫节外缘具 3 齿 ………………………………**杨氏粪蜣螂 *C. xingkeyangi***
- 前足胫节外缘具 4 齿 ………………………………4
4. 唇基中部通常布细小但清晰刻点，两侧刻点变大，有时趋于皱纹状 ………………**中华粪蜣螂 *C. sinicus***
- 唇基近于光滑无刻点，或者至少大型个体唇基无刻点且光亮 ………………**福建粪蜣螂 *C. fukiensis***

（893）福建粪蜣螂 *Copris* (*Copris*) *fukiensis* Balthasar, 1952（图 4-IV-2）

Copris fukiensis Balthasar, 1952: 225.

主要特征：体长 10.5–11.5 mm。体长卵形，强烈拱起，背面中度光亮，无毛，仅头部和前胸背板少量被毛。体红褐色到黑色，口须、触角和足略红褐色。

雄性：头部：横阔，前缘半圆弧状；前缘中央具宽阔浅凹，颊向两侧强烈延伸，颊侧角为直角，前缘饰边中部宽于两侧；唇基和颊分界明显，前缘在分界线处明显具凹；头部角突位于复眼连线中央略前处，角突近直，长度接近头长，基部近圆锥状，向端部两侧平行，基部无齿；表面光亮且光滑，唇基布少量皱纹近无刻点，颊布稍密且粗大刻点，角突布不规则刻纹或粒突点。前胸背板：强烈拱起，宽是长的 2.0 倍，纵中线明显；前缘具二曲，具细饰边，侧缘饰边细，前角明显前伸，平截状，后角圆钝；基缘具饰边，中部向后延伸；盘区近前缘处为陡峭斜坡，斜坡顶部具 2 个弱突起；光亮，中央疏布模糊刻点，近两侧、中央和基部刻点趋于密和粗糙。鞘翅：强烈拱起，长是宽的 1.9–2.0 倍；刻点行明显深凹，行上刻点明显，行间拱起，基部具细小粒突，基部以外弱光亮，疏布小但明显刻点，近基部刻点趋于大和浅。臀板：横阔，均匀凸出。足：中足胫节端部突然变宽，后足胫节向端部逐渐变宽，后足胫节外缘具 1 个发达齿突。阳茎：侧面观基侧突与基板为钝角状。

分布：浙江、福建、台湾；日本。

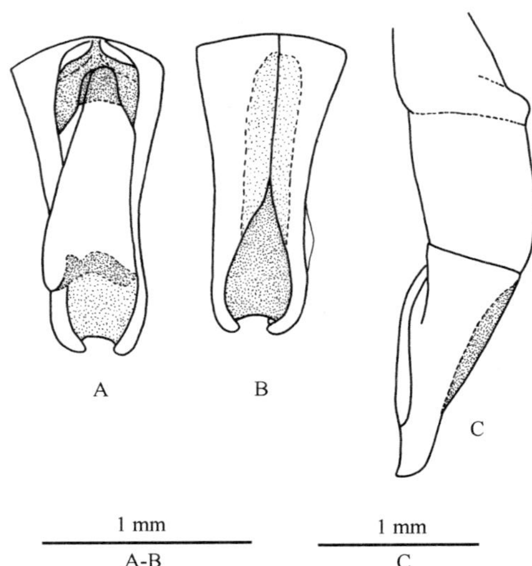

图 4-IV-2　福建粪蜣螂 *Copris* (*Copris*) *fukiensis* Balthasar, 1952 雄性外生殖器

A. 腹面观；B. 背面观；C. 侧面观

（894）四川粪蜣螂 *Copris* (*Copris*) *szechouanicus* Balthasar, 1958（图 4-IV-3）

Copris szechouanicus Balthasar, 1958: 479.

主要特征：体长 18.0–20.0 mm。体长卵形，强烈拱起，背面中度光亮，无毛，仅头部和前胸背板少量被毛。体红褐色到黑色，口须、触角和足略红褐色。

雄性：头部：横阔，前缘半圆弧状；前缘中央具宽阔浅凹，颊向两侧强烈延伸，颊侧角为直角，前缘饰边中部宽于两侧；唇基和颊分界明显，前缘在分界线处明显具凹；头部角突位于复眼连线中央略前处，角突近直，侧面观前缘为后缘的 2.0 倍，前缘长度约为头长之半，基部近圆锥状，向端部两侧平行，基部无明显齿突；表面光亮且光滑，唇基布少量皱纹近无刻点，颊布稍密且粗大刻点，角突布不规则刻纹或粒突点。前胸背板：强烈拱起，宽是长的 2.0 倍，纵中线明显；前缘具二曲，具细饰边，侧缘饰边细，前角

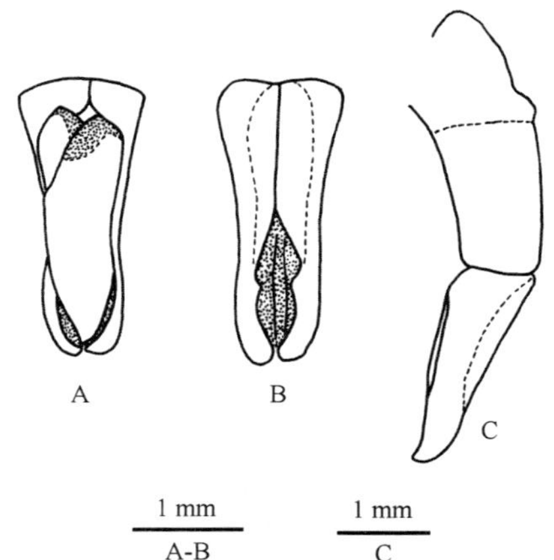

图 4-IV-3　四川粪蜣螂 *Copris* (*Copris*) *szechouanicus* Balthasar, 1958 雄性外生殖器

A. 腹面观；B. 背面观；C. 侧面观

明显前伸，平截状，后角圆钝；基缘具饰边，中部向后延伸；盘区近前缘处为陡峭斜坡，斜坡顶部具 2 个圆钝突起；光亮，中央疏布深刻点，近两侧、中央和基部刻点趋于密和粗糙。鞘翅：强烈拱起，长是宽的 1.9–2.0 倍；刻点行明显深凹，行上刻点明显，行间拱起，基部具细小粒突，基部以外弱光亮，疏布小但明显刻点，近基部刻点趋于大和浅。臀板：横阔，均匀凸出。足：中足胫节端部突然变宽，后足胫节向端部逐渐变宽，后足胫节外缘具 1 个发达齿突。阳茎：侧面观基侧突与基板为钝角状。

雌性：头部具 1 短角突；前胸背板盘区前面具 1 个弱凹坑；刻点较雄性更为密集和粗大。

分布：浙江、湖北、湖南、福建、四川、贵州。

（895）中华粪蜣螂 *Copris* (*Copris*) *sinicus* Hope, 1842（图 4-IV-4）

Copris sinicus Hope, 1842c: 60.
Copris sulcicollis Lansberge, 1886: 10.

主要特征：体长 14.0–20.0 mm。体长卵形，强烈拱起，背面中度光亮，无毛，仅头部和前胸背板少量被毛。体红褐色到黑色，口须、触角和足略红褐色。

雄性：头部：横阔，前缘半圆弧状；前缘中央具宽阔浅凹，颊向两侧强烈延伸，颊侧角为直角，前缘饰边中部宽于两侧；唇基和颊分界明显，前缘在分界线处明显具凹；头部角突位于复眼连线中央略前处，角突近直，略圆弧状后弯，长度略超过头长，基部近圆锥状，向端部两侧平行，基部中央具弱脊；表面光亮且光滑，唇基布少量皱纹和非常细小刻点，颊布稍密且粗大刻点，角突布不规则刻纹或粒突点。前胸背板：强烈拱起，宽是长的 2.0 倍，纵中线明显；前缘具二曲，具细饰边，侧缘饰边细，前角明显前伸，平截状，后角圆钝；基缘具饰边，中部向后延伸；盘区近前缘处为陡峭斜坡，斜坡顶部具 3 个发达角突，中央角突最小；弱光亮，中央疏布模糊刻点，近两侧、中央和基部刻点趋于密和粗糙。鞘翅：强烈拱起，长是宽的 1.9–2.0 倍；刻点行明显深凹，行上刻点明显，行间拱起，基部具细小粒突，基部以外弱光亮，疏布小但明显刻点，近基部刻点趋于大和浅。臀板：横阔，均匀凸出。足：中足胫节端部突然变宽，后足胫节向端部逐渐变宽，后足胫节外缘具 1 个发达齿突。阳茎：侧面观基侧突与基板为钝角状。

雌性：头部具 1 短角突或横脊；前胸背板刻点较雄性更为密集和粗大。

分布：浙江、上海、湖北、江西、福建、广东、香港、四川、云南；印度，尼泊尔，孟加拉国，缅甸，越南，泰国，印度尼西亚。

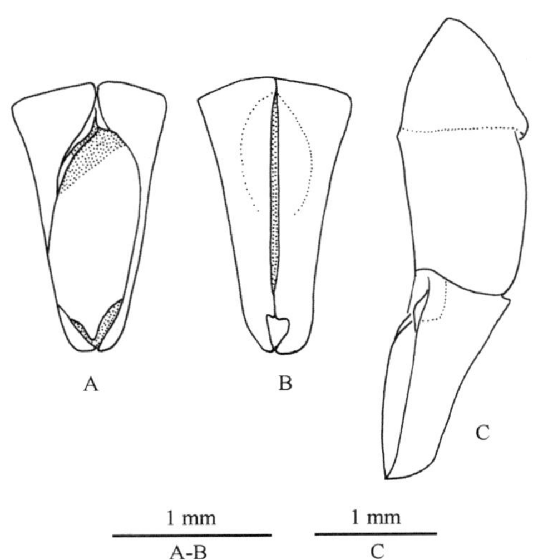

图 4-IV-4　中华粪蜣螂 *Copris* (*Copris*) *sinicus* Hope, 1842 雄性外生殖器
A. 腹面观；B. 背面观；C. 侧面观

（896）车华粪蜣螂 *Copris* (*Sinocopris*) *ochus* (Motschulsky, 1860)（图 4-IV-5）

Catharsius ochus Motschulsky, 1860b: 13.

Copris ochus: Waterhouse, 1875: 73.

主要特征：体长 20.0–28.0 mm。体长卵形，强烈拱起，背面中度光亮，无毛，仅头部和前胸背板少量被毛。体红褐色到黑色，口须、触角和足略红褐色。

雄性：头部：横阔，前缘半圆弧状；前缘中央具宽阔浅凹，颊向两侧强烈延伸，颊侧角为直角，前缘饰边中部宽于两侧；唇基和颊分界明显，前缘在分界线处明显具凹；头部角突位于复眼连线中央略前处，角突近直，长度略小于头长的 2.0 倍，基部近圆锥状，向端部两侧平行，基部具弱齿突；表面光亮且光滑，唇基布少量皱纹近无刻点，颊布稍密且粗大刻点，角突布不规则刻纹或粒突点。前胸背板：强烈拱起，宽是长的 2.0 倍，纵中线明显；前缘具二曲，具细饰边，侧缘饰边细，前角明显前伸，平截状，后角圆钝；基缘具饰边，中部向后延伸；盘区近前缘处为陡峭斜坡，斜坡两侧各具 1 个发达角突，斜坡顶部横脊状且具浅凹；光亮，中央疏布细刻点，近两侧、中央和基部刻点趋于密和粗糙。鞘翅：强烈拱起，长是宽的 1.9–2.0 倍；刻点行可见但不清晰，行上刻点可见，有的个体趋于细密，行间拱起，基部具细小粒突，基部以外弱光亮，疏布小但明显刻点，近基部刻点趋于大和浅。臀板：横阔，均匀凸出。足：中足胫节端部突然变宽，后足胫节向端部逐渐变宽，后足胫节外缘具 1 个发达齿突。阳茎：侧面观基侧突与基板为钝角状。

雌性：头部具 1 短角突或横脊；前胸背板刻点较雄性更为密集和粗大。

分布：浙江、黑龙江、吉林、辽宁、内蒙古、北京、天津、河北、山西、山东、河南、宁夏、甘肃、江苏、福建、广东、四川；俄罗斯，蒙古国，朝鲜，韩国，日本。

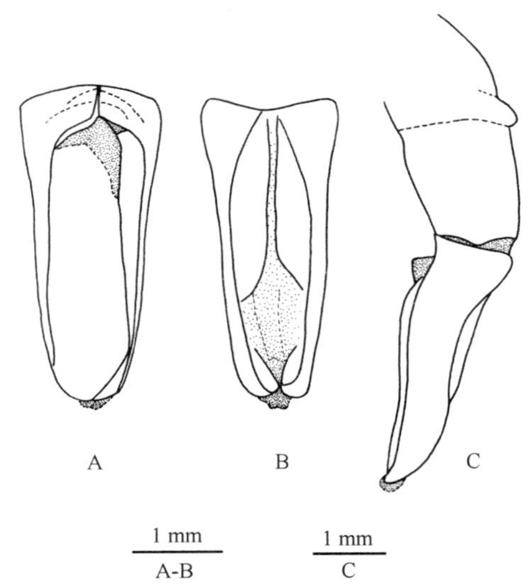

图 4-IV-5　车华粪蜣螂 *Copris* (*Sinocopris*) *ochus* (Motschulsky, 1860)雄性外生殖器

A. 腹面观；B. 背面观；C. 侧面观

（897）杨氏粪蜣螂 *Copris* (*Sinocopris*) *xingkeyangi* Ochi, Kon *et* Bai, 2020（图 4-IV-6）

Copris (*Sinocopris*) *xingkeyangi* Ochi, Kon *et* Bai, 2020: 923.

主要特征：体长 14.9–19.8 mm。体长卵形，强烈拱起，背面中度光亮，无毛，仅头部和前胸背板少量被毛。体红褐色到黑色，口须、触角和足略红褐色。

雄性：头部：横阔，前缘半圆弧状；前缘中央具宽阔浅凹，颊向两侧强烈延伸，颊侧角为直角，前缘饰边中部宽于两侧；唇基和颊分界明显，前缘在分界线处明显具凹；头部角突位于复眼连线中央略前处，角突圆弧状后弯，长度略小于头长的 2.0 倍，基部近圆锥状，向端部两侧平行，基部无齿突；表面光亮且光滑，唇基布少量皱纹近无刻点，颊布稍密且粗大刻点，角突布不规则刻纹或粒突点。前胸背板：强烈拱起，宽是长的 2.0 倍，纵中线明显；前缘具二曲，具细饰边，侧缘饰边细，前角明显前伸，平截状，后角圆钝；基缘具饰边，中部向后延伸；盘区近前缘处为陡峭斜坡，斜坡顶部具 4 个发达角突，中央角突端部平截且具浅凹；光亮，中央疏布细刻点，近两侧、中央和基部刻点趋于密和粗糙。鞘翅：强烈拱起，长是宽的 1.9–2.0 倍；刻点行明显深凹，行上刻点明显，行间拱起，基部具细小粒突，基部以外弱光亮，疏布小但明显刻点，近基部刻点趋于大和浅。臀板：横阔，均匀凸出。足：中足胫节端部突然变宽，后足胫节向端部逐渐变宽，后足胫节外缘具 1 个发达齿突。阳茎：侧面观基侧突与基板为钝角状。

分布：浙江、青海、四川、贵州、云南、西藏。

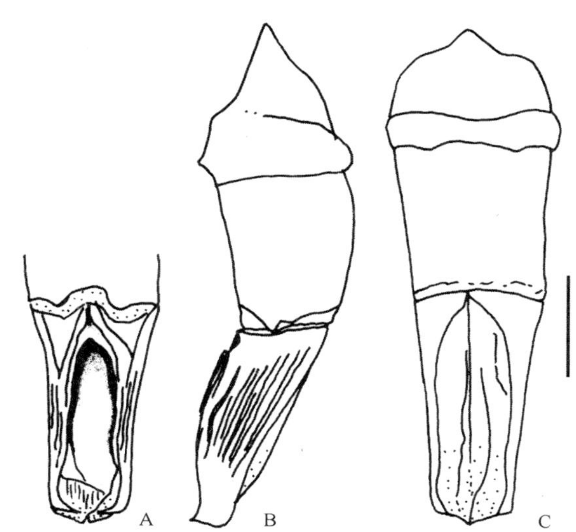

图 4-IV-6　杨氏粪蜣螂 *Copris* (*Sinocopris*) *xingkeyangi* Ochi, Kon *et* Bai, 2020 雄性外生殖器
A. 腹面观；B. 侧面观；C. 背面观

353. 裸蜣螂属 *Gymnopleurus* Illiger, 1803

Gymnopleurus Illiger, 1803: 199. Type species: *Ateuchus flagellatus* Fabricius, 1787.

Spinigymnopleurus Shipp, 1897: 168. Type species: *Gymnopleurus tristis* Laporte, 1840.

主要特征：身体通常相当扁平，仅个别种类特别拱起，黑色，有些分布于热带的类群具金属光泽或被白毛。唇基前缘通常具 2–4 齿，头部不具横脊，前胸背板宽大，扁拱，基部无饰边；小盾片缺失；鞘翅通常连锁，肩后内弯，后胸后侧片背面观不可见或几乎不可见，飞行时鞘翅闭锁，可见 7 条刻点行。中胸短；前足具跗节，中足胫节具 1 枚端距，后足腿节延长且弯曲。

雌雄差异在于前足胫节端距，雄性宽扁且向下弯曲，雌性为锥形。

幼虫：触角第 3 节感区圆锥状，毛内唇侧具 8 根毛，上颚侧面具 4–5 根毛，内颚叶钩状突基部具齿，前胸背甲明显具前角，足端部无丘状突起，第 3 腹节背板无背中突，腹部末节腹面无明显复毛区，即使体视镜下仍近乎光裸无毛。

分布：古北区、东洋区、旧热带区。世界已知 64 种，中国记录 5 种，浙江分布 1 种。

（898）墨侧裸蜣螂 *Gymnopleurus mopsus* (Pallas, 1781)（图 4-IV-7）

Scarabaeus mopsus Pallas, 1781: 3.

Gymnopleurus mopsus: Erichson, 1847: 755.

主要特征：体长 10.0–16.0 mm。体卵形，扁平，背面非常光亮，无毛，仅头部和前胸背板少量被毛。体黑褐色，有时鞘翅颜色略浅，口须、触角和足略红褐色。

雄性：头部：横阔，前缘半圆弧状；端部平截且宽阔凹入，凹入两侧具弱齿，颊向两侧不强烈延伸，颊侧角圆钝，前缘饰边中部宽于两侧；唇基和颊分界明显，前缘在分界线处无明显凹入；头部无角突和横脊；表面光亮，唇基密布皱纹状刻点，颊布更细密皱纹。前胸背板：均匀拱起，宽约是长的 1.8 倍，纵中线模糊可见；前缘具二曲，具细饰边，侧缘饰边细，前角明显前伸，锐角状，后角圆钝；基缘具饰边，中部不显著向后延伸；盘区无陡峭斜坡和角突；弱光亮，中央疏布粗大深刻点。鞘翅：均匀拱起，长约是宽的 1.6 倍；刻点行浅凹，行上刻点不明显，行间平坦，基部具细小粒突，基部以外弱光亮，布与前胸背板相近的刻点。腹部：第 1 腹板背面观外侧明显具边缘。臀板：横阔，均匀凸出，光亮。足：前足胫节端距宽扁且向下弯曲，中、后足胫节向端部逐渐略变宽。阳茎：侧面观基侧突与基板钝角状。

雌性：前足胫节端距锥形。

分布：浙江、黑龙江、吉林、辽宁、内蒙古、北京、河北、山西、山东、甘肃、新疆、江苏、江西、福建；亚洲，欧洲，北非。

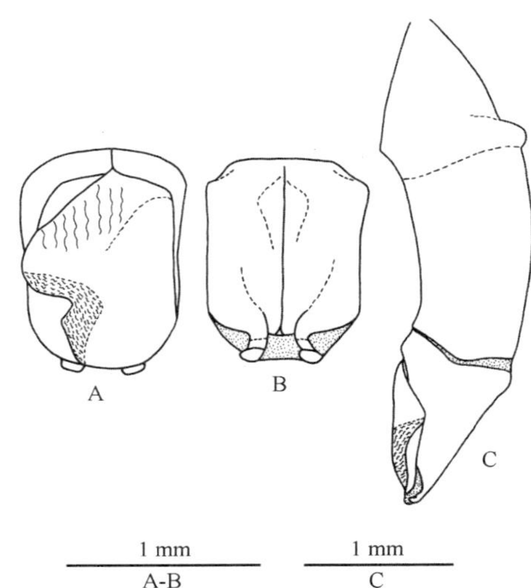

图 4-IV-7　墨侧裸蜣螂 *Gymnopleurus mopsus* (Pallas, 1781)雄性外生殖器

A. 腹面观；B. 背面观；C. 侧面观

354. 巨蜣螂属 *Heliocopris* Hope, 1837

Heliocopris Hope, 1837: 23. Type species: *Scarabaeus gigas* Fabricius, 1758.

主要特征：体大型，极其拱起，黑色到褐色，红棕色为未成熟个体，头部大，具角突或者横脊，触角 9 节，触角鳃片部第 1 节光亮，质地与触角基节相同，无感受器，其余 2 节具感受器，颜色深，无光泽。前胸背板具复杂角突、隆突、凹坑和沟槽，两侧通常具缘毛，小盾片近缺失。鞘翅刻点行清晰，具 2 条侧隆脊。前足胫节外缘具 3 发达齿，前足跗节细短；中、后足胫节短，端部粗大，后足胫节略向内弯曲，中足胫节具 2 枚端距，中、后足跗节呈三角形片状逐渐缩小。

分布：古北区、东洋区、旧热带区。世界已知约 60 种，中国记录 3 种，浙江分布 1 种。

（899）悍马巨蜣螂 *Heliocopris bucephalus* (Fabricius, 1775)（图 4-IV-8）

Scarabaeus bucephalus Fabricius, 1775: 24.

Heliocopris bucephalus: Castelnau, 1840: 76.

主要特征：体长 36.0–55.0 mm。体卵形，强烈拱起，背面中度光亮，无毛，仅头部和前胸背板少量被毛。体红褐色，鞘翅颜色略浅。

雄性：头部：横阔，前缘半圆弧状；前缘中央具宽阔浅凹，凹两侧略叶片状突出和下弯，颊向两侧强烈延伸，颊侧角近直角，前缘饰边中部宽于两侧；唇基和颊分界明显，前缘在分界线处明显具凹；头部角突位于复眼连线中央略前处，角突圆锥形，略向后弯曲，基部无齿；表面密布皱纹近无刻点，角突布更变粗大的皱纹。前胸背板：强烈拱起，宽约是长的 2.0 倍，纵中线不明显；前缘具二曲，具细饰边，侧缘饰边细，前角明显前伸，后角圆钝；基缘具饰边，中部几乎不向后延伸；盘区近前缘处为陡峭斜坡，斜坡顶部具 4 叶状角突，外侧 1 对角突最大，内侧 1 对角突由横脊连接；弱光亮，中央密布皱纹状圆刻点，斜坡密布横向皱纹。鞘翅：强烈拱起，长是宽的 1.7–1.8 倍；刻点行不明显，行上刻点模糊，行间平坦，疏布小但明显的刻点。臀板：横阔，均匀凸出，光亮近无刻点。足：中、后足胫节向端部逐渐变宽，中足胫节外缘具 3 齿，后足胫节外缘具 4 齿。阳茎：侧面观基侧突与基板呈钝角状。

雌性：头部具横脊，横脊背面观顶端略凹；前胸背板均匀拱起，盘区前面具弱弯横脊；刻点明显比雄性粗大。

分布：浙江（永康）、海南、四川、云南；巴基斯坦，印度，尼泊尔，缅甸，斯里兰卡，印度尼西亚，阿富汗。

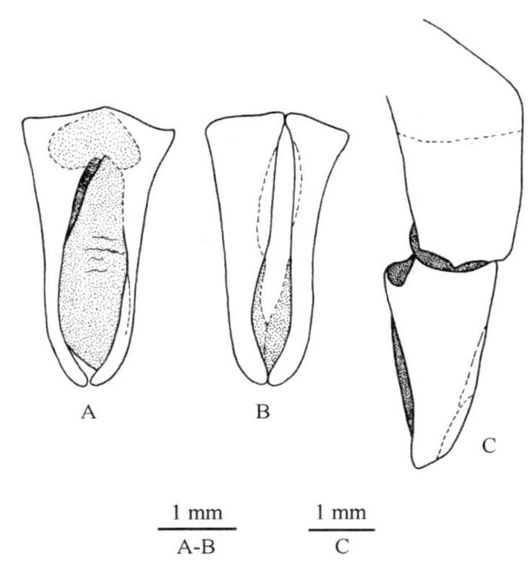

图 4-IV-8 悍马巨蜣螂 *Heliocopris bucephalus* (Fabricius, 1775)雄性外生殖器

A. 腹面观；B. 背面观；C. 侧面观

355. 利蜣螂属 *Liatongus* Reitter, 1892

Liatongus Reitter, 1892: 38. Type species: *Onthophagus phanaeoides* Westwood, 1840.

主要特征：中小型，身体较窄长，扁平或强烈拱起，常光裸；褐色到黄褐色，有时鞘翅红褐色，头部和前胸背板有时具金属光泽。头部常具 1–2 个发达角突，单角突常可延伸到前胸背板基部附近，双角突或单角突端部分叉的通常较短，长度不超过头部纵长。触角 8 节，颏横阔。前胸背板或者中央具凹且两侧具角突，或者中央强烈拱起且常具角突；纵中线基部明显。小盾片可见。鞘翅端部无长毛，臀板无明显横脊。足较粗壮，前足胫节外缘具 4 个发达齿；中、后足胫节外缘具 1–3 个齿。

分布：东洋区、旧热带区、澳洲区（引种），可分布在较高海拔（2000–2500 m）。世界已知 46 种，中国记录 19 种，浙江分布 3 种。

分种检索表

1. 头部具 2 个齿状角突，通常具横脊 ························· **牛利蜣螂 *L. bucerus***
- 雄性头部具 1 个叶状角突，角突端部分叉，通常无横脊 ························· 2

2. 头部角突端部叉向外发散，不平行；前胸背板背面观两侧具长卵形凹，基部中央圆钝，不向后延伸；体长 9.5–10.5 mm ……………………………………………… **塞氏利蜣螂 *L. vseteckai***

- 头部角突端部叉近平行；前胸背板背面观两侧具圆形凹，基部中央向后延伸为钝齿状；体长 10.0–11.0 mm ……………………………………………… **范氏利蜣螂 *L. fairmairei***

（900）牛利蜣螂 *Liatongus bucerus* (Fairmaire, 1891)（图 4-IV-9）

Oniticellus bucerus Fairmaire, 1891a: 194.

Oniticellus denticornis Reitter, 1892: 47 (nec Fairmaire, 1887).

Liatongus bucerus: Orbigny, 1898: 224.

主要特征：体长 8.0–15.0 mm。体卵形，强烈拱起，背面非常光亮，无毛，仅头部和前胸背板少量被毛。体红棕色，头部和前胸背板颜色略深，口须、触角和足略红褐色。

雄性：头部：横阔，前缘半圆弧状；前缘中央无明显凹入，颊向两侧强烈延伸，颊侧角近直角，前缘饰边中部宽于两侧；唇基和颊分界非常细弱；复眼连线中央略前处具 1 对直立齿状角突，角突间为横脊，角突长度明显短于头长，略向内弯曲，近圆锥状，基部无齿；表面光亮且光滑，疏布细刻点。前胸背板：强烈拱起，宽约是长的 1.6 倍，纵中线近完整；前缘凹入，具细饰边，侧缘饰边细，前角明显前伸，圆弧状，后角圆钝；基缘具饰边，中部向后延伸；盘区近前缘处为陡峭斜坡，斜坡顶部具三角状横脊；弱光亮，中央疏布深刻点，近两侧和基部刻点趋于密和粗大。小盾片可见。鞘翅：强烈拱起，长约是宽的 1.9 倍；刻点行明显深凹，行上刻点明显，行间扁拱，基部具细小粒突，基部以外弱光亮，疏布小但明显刻点，近基部刻点趋于大和浅。臀板：近三角形，均匀凸出，光亮。足：前足胫节外缘具 4 齿，中、后足胫节向端部逐渐变宽。阳茎：侧面观基侧突与基板近直角状。

雌性：头部具 1 不高耸的横脊；前胸背板均匀拱起，盘区前面无陡峭斜坡。

分布：浙江、四川、贵州、云南。

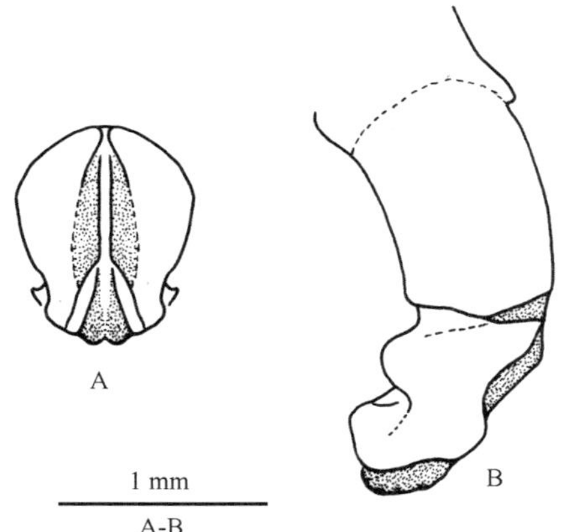

图 4-IV-9　牛利蜣螂 *Liatongus bucerus* (Fairmaire, 1891)雄性外生殖器

A. 背面观；B. 侧面观

（901）范氏利蜣螂 *Liatongus fairmairei* (Boucomont, 1921)（图 4-IV-10）

Oniticellus fairmairei Boucomont, 1921: 27.

Liatongus gagatinus: Arrow, 1931: 365.

主要特征：体长 10.0–11.0 mm。体卵形，均匀拱起，背面非常光亮，无毛，仅头部和前胸背板少量被毛。体红棕色，头部和前胸背板颜色略深且具金属光泽，口须、触角和足略红褐色。

雄性：头部：横阔，前缘半圆弧状；前缘中央平截且无明显凹入，颊向两侧强烈延伸，颊侧角圆弧状，前缘饰边中部宽于两侧；唇基和颊分界非常细弱；复眼连线中央略前处具1直立角突，角突间为横脊，角突长度接近或达到头长，略向后弯曲，近圆锥状，基部无齿；表面光亮且光滑，疏布细刻点。前胸背板：强烈拱起，宽约是长的1.6倍，纵中线近完整；前缘凹入，具细饰边，侧缘饰边细，前角明显前伸，圆弧状，后角圆钝；基缘具饰边，中部向后延伸；盘区近前缘处为陡峭斜坡，斜坡顶部具2个向前指向的指状突起；弱光亮，中央疏布深刻点，近两侧和基部刻点趋于密和粗大。鞘翅：强烈拱起，长约是宽的1.7倍；刻点行明显深凹，行上刻点明显，行间拱起，基部具细小粒突，基部以外弱光亮，疏布小但明显的刻点，近基部刻点趋于大和浅。臀板：近三角形，均匀凸出，光亮。足：中、后足胫节端部突然变宽。阳茎：侧面观基侧突与基板近直角状。

雌性：头部具1不高耸的横脊；前胸背板均匀拱起，盘区前面无陡峭斜坡。

分布：浙江、甘肃、上海、江西、四川。

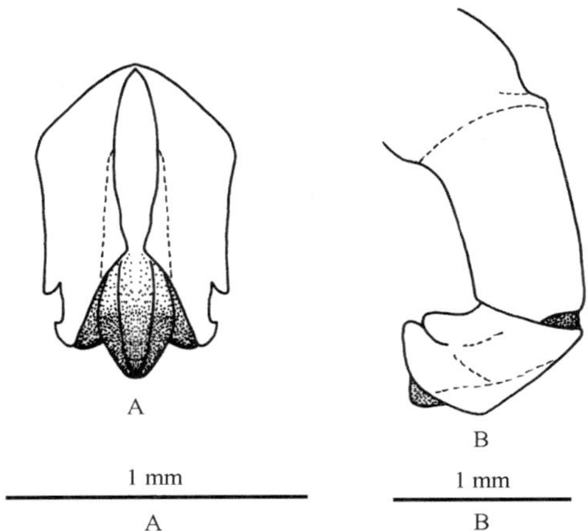

图4-IV-10 范氏利蜣螂 *Liatongus fairmairei* (Boucomont, 1921)雄性外生殖器

A. 背面观；B. 侧面观

（902）塞氏利蜣螂 *Liatongus vseteckai* Balthasar, 1933

Liatongus vseteckai Balthasar, 1933a: 63.

Liatongus fairmairei: Janssens, 1953: 73.

主要特征：体长9.5–10.5 mm。体卵形，强烈拱起，背面非常光亮，无毛，仅鞘翅末端少量被毛。体红棕色，头部和前胸背板具绿色金属光泽，口须、触角和足略红褐色。

雄性：头部：横阔，前缘半圆弧状，前缘近平截且略上翘；颊向两侧强烈延伸，颊侧角圆弧状，前缘饰边中部宽于两侧；唇基和颊分界非常细弱；复眼连线中央略前处具1发达角突，略向后弯曲且端部分叉，角突长度可达到头长的2.0倍，基部无齿；表面光亮且光滑，疏布细刻点。前胸背板：均匀拱起，宽约是长的1.4倍，纵中线近完整；前缘凹入，具细饰边，侧缘饰边细，前角明显前伸，圆弧状，后角圆钝；基缘具饰边，中部向后延伸；盘区近前缘处为陡峭斜坡，斜坡顶部具2个前指发达角突，角突间具横脊，盘区基部具纵凹，两侧具长卵形凹；光亮，中央疏布粗刻点，近两侧和基部刻点趋于密和小。鞘翅：均匀拱起，长约是宽的1.7倍；刻点行明显深凹，行上刻点明显，行间拱起，基部具细小粒突，基部以外弱光亮，疏布小但明显的刻点，近基部刻点趋于大和浅。臀板：近三角形，均匀凸出，光亮。足：前足胫节外缘具4齿，中、后足胫节向端部逐渐变宽。阳茎：侧面观基侧突与基板近直角状。

雌性：头部具1不高耸的横脊；前胸背板均匀拱起，盘区前面具弱突起。

分布：浙江、福建、四川。

356. 小粪蜣螂属 *Microcopris* Balthasar, 1958

Microcopris Balthasar, 1958: 474. Type species: *Scarabaeus reflexus* Fabricius, 1787.

主要特征：小型，中等拱起，非常光亮，黑色，有时具微弱金属光泽，通常光裸无被毛。头部唇基前缘中央具凹，有时唇基具弱小角突，触角 9 节。前胸背板横阔，常布粗大刻点，基缘附近具槽线，通常无角突，纵中线明显；前胸背板腹面触角窝深且具明显边缘。小盾片缺失。鞘翅较长，具 9 条刻点行，具 1 条侧隆脊，刻点行较深。后胸腹板长。足较短，腿节粗壮，前足胫节外缘具 3 或 4 齿，前足跗节非常短，向端部强烈扩展；中足基节长，近平行；中足胫节外缘无横脊，后足胫节外缘具 1 横脊；中、后足跗节较短，第 1 节是第 2 节长度的 2.0 倍及其以上。腹板非常短。两性差别较小。

分布：东洋区。世界已知 8 种，中国记录 4 种，浙江分布 2 种。

（903）近小粪蜣螂 *Microcopris propinquus* (Felsche, 1910)（图 4-IV-11）

Copris propinquus Felsche, 1910: 347.

Microcopris propinquus: Balthasar, 1963: 377.

主要特征：体长 10.0–11.0 mm。体长卵形，中度拱起，背面非常光亮，无毛，仅头部和前胸背板少量被毛。体黑色或棕黑色，口须、触角和足略红褐色。

雄性：头部：横阔，前缘半圆弧状；前缘中央具“V”形深凹，凹两侧略叶片状突出和上翘，颊向两侧强烈延伸，颊侧角近直角，前缘饰边中部宽于两侧；唇基和颊分界明显，前缘在分界线处无明显凹入；头部角突位于复眼连线中央略前处，角突圆锥形，短于头长之半；表面光亮且光滑，唇基疏布圆刻点，颊布稍密且粗大刻点，角突布与唇基接近的刻点。前胸背板：均匀拱起，宽是长的 1.8 倍，纵中线由刻点组成，几乎到达前后缘；前缘具二曲，具细饰边，侧缘饰边细，前角明显前伸，圆弧状，后角圆钝；基缘具饰边，中部向后延伸；盘区无陡峭斜坡和突起；光亮，邻近纵中线两侧光裸，向外则趋于密布深圆刻点，近两侧和基部刻点趋于密和粗糙。鞘翅：均匀拱起，长是宽的 2.1–2.2 倍；刻点行明显深凹，行上刻点明显，鞘翅第 8 刻点行完整或者在端部刻线被刻点替代，鞘翅端部与盘区刻点同样稀疏且细小，第 9 刻点行缺失，行间扁拱，疏布小但明显的刻点。臀板：横阔，均匀凸出，光亮。足：前足胫节端距简单，中足胫节端部突然变宽，后足胫节向端部逐渐变宽，外缘具 1 发达齿。阳茎：侧面观基侧突与基板呈钝角状。

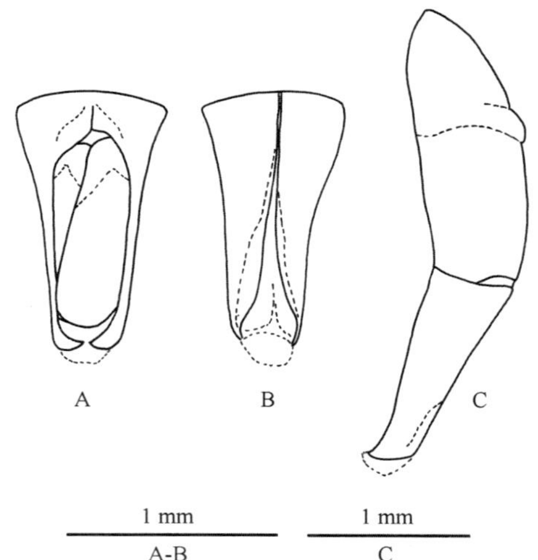

图 4-IV-11　近小粪蜣螂 *Microcopris propinquus* (Felsche, 1910)雄性外生殖器

A. 腹面观；B. 背面观；C. 侧面观

雌性：头部无角突，有时具横脊。

分布：浙江（杭州）、福建、台湾、四川、云南；老挝。

（904）拟小粪蜣螂 *Microcopris reflexus* (Fabricius, 1787)（图 4-IV-12）

Scarabaeus reflexus Fabricius, 1787a: 16.

Microcopris reflexus: Balthasar, 1958: 474.

主要特征：体长 7.0–11.0 mm。体长卵形，中度拱起，背面非常光亮，无毛，仅头部和前胸背板少量被毛。体黑色或棕黑色，具金属光泽，口须、触角和足略红褐色。

雄性：头部：横阔，前缘半圆弧状；前缘中央具“V”形深凹，凹的开口明显窄于近小粪蜣螂 *M. propinquus* (Felsche, 1910)，凹两侧略叶片状突出和上翘，颊向两侧强烈延伸，颊侧角近直角，前缘饰边中部宽于两侧；唇基和颊分界明显，前缘在分界线处无明显凹入；头部复眼连线中央略前处具 1 个小瘤突；表面光亮且光滑，唇基疏布圆刻点，颊布稍密且粗大刻点，角突布与唇基接近的刻点。前胸背板：均匀拱起，宽是长的 1.8 倍，纵中线由刻点组成几乎到达前后缘；前缘具二曲，具细饰边，侧缘饰边细，前角明显前伸，圆弧状，后角圆钝；基缘具饰边，中部向后延伸；盘区无陡峭斜坡和突起；光亮，邻近纵中线两侧光裸，向外则趋于密布深圆刻点，近两侧和基部刻点趋于密和粗糙。鞘翅：均匀拱起，长是宽的 2.1–2.2 倍；刻点行明显深凹，行上刻点明显，鞘翅第 8 刻点行完整或者在端部刻线被刻点替代，鞘翅端部与盘区刻点同样稀疏且细小，第 9 刻点行缺失，行间扁拱，疏布小但明显的刻点。臀板：横阔，均匀凸出，光亮。足：前足胫节端距简单，中足胫节端部突然变宽，后足胫节向端部逐渐变宽，外缘具 1 发达齿。阳茎：侧面观基侧突与基板呈钝角状。

雌性：头部无角突，有时具横脊。

分布：浙江（杭州）、湖北、福建、台湾、海南、香港、广西、四川、云南；印度，缅甸，越南，泰国，马来西亚，印度尼西亚。

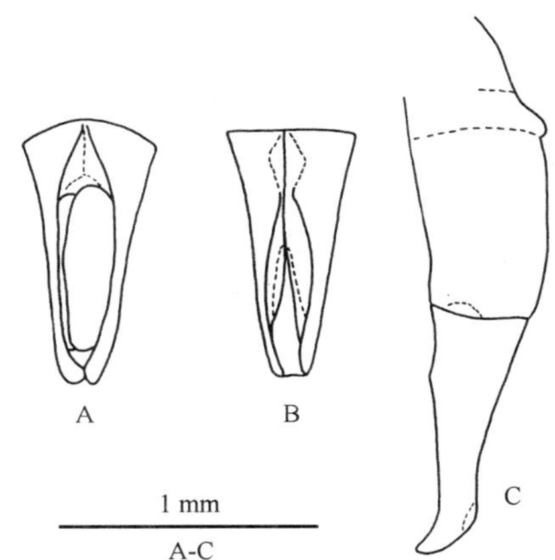

图 4-IV-12　拟小粪蜣螂 *Microcopris reflexus* (Fabricius, 1787)雄性外生殖器

A. 腹面观；B. 背面观；C. 侧面观

357. 凹蜣螂属 *Onitis* Fabricius, 1798

Onitis Fabricius, 1798: 2. Type species: *Scarabaeus inuus* Fabricius, 1781.

主要特征：体长形，足短粗。头部中度宽阔，触角 9 节，除基节外其他各节均非常短，鳃片部紧凑，第 7 节杯状，光滑且角质化，第 8、9 节海绵状材质，被第 7 节包裹。前胸背板无角突或凹坑，基部近中线具 2 浅圆凹，小盾片可见但很小。鞘翅缘折简单，明显具纵脊。前足胫节外缘具 4 齿，中足基节长且平行，远离；中、后足胫节向端部强烈扩展，跗节第 1 节长于第 2 节 2.0 倍。

雄性：前足相当细长，胫节延长，外缘具弱齿，端部具指状突出物，有时前足胫节腹面具 1 或多个齿。前足跗节和端距缺失。所有腿节或部分腿节前缘具 1 个或多个锐齿。

雌性：头部有时具横脊或短角突，而同种雄性则不发达或无角突。前足短粗，胫节宽阔，外缘具发达的齿，端部无突出物，具可活动的端距。

分布：古北区、东洋区、旧热带区。世界已知 154 种，中国记录 10 种，浙江分布 2 种。

（905）掘凹蜣螂 *Onitis excavatus* Arrow, 1931（图 4-IV-13）

Onitis excavatus Arrow, 1931: 391.

Onitis chiangmaiensis Masumoto, 1995: 91.

主要特征：体长 19.0–22.0 mm。体宽卵形，强烈拱起。体黑色，晦暗，头部、身体腹面及足暗红色，身体腹面被褐色短毛，鞘翅后缘具列毛。

雄性：头部：唇基椭圆形，端缘中部具凹，布细密皱纹，具略弯曲横脊，横脊中断；额不光亮，布趋于皱纹状刻点；头顶具弯曲短横脊。前胸背板：疏布细刻点，无连续纵中线，但可见痕迹；基缘饰边完整，基部凹坑间布细皱纹。鞘翅：拱起，除肩部外晦暗无光泽，宽是长的 0.4 倍；刻点行微弱，行间扁拱，外侧刻点行间疏布大小不均浅刻点。臀板：光裸无毛。后胸腹板：布发达粒突，粒突向前和两侧趋于细密，被直立长毛，中部具横凹。腹部：侧面被毛，中部光裸。足：前足腿节前缘中部具 1 弱齿，前足胫节明显延伸，端部弯曲，具 1 短指状延伸物，腹面具锯齿状隆突，基部无齿；中足基节后缘无齿。

雌性：前足胫节不强烈延伸，前足腿节无齿。

分布：浙江（杭州）、江苏、上海、湖北、江西、湖南、福建、台湾、广东、广西、四川、贵州、云南；印度，缅甸，越南，泰国。

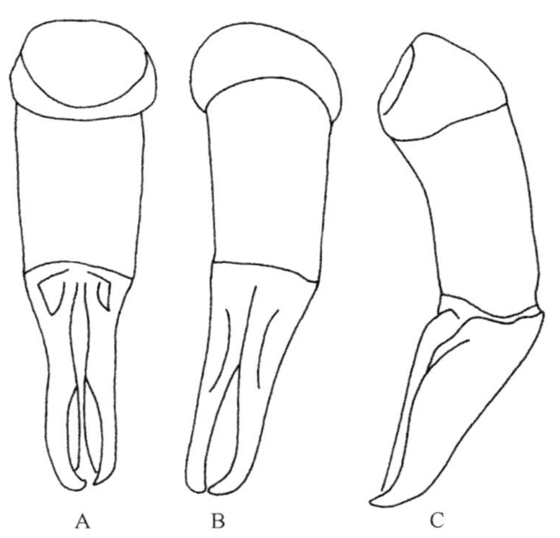

图 4-IV-13　掘凹蜣螂 *Onitis excavatus* Arrow, 1931 雄性外生殖器

A. 腹面观；B. 背面观；C. 侧面观

（906）镰凹蜣螂 *Onitis falcatus* (Wulfen, 1786)（图 4-IV-14）

Scarabaeus falcatus Wulfen, 1786: 14.

Onitis falcatus: Lansberge, 1875: 53.

主要特征：体长 18.0–24.0 mm。体宽卵形，强烈拱起。体黑色，晦暗，头部、身体腹面及足暗红色，身体腹面被褐色短毛，鞘翅后缘具列毛。

雄性：头部：唇基椭圆形，端缘中部具凹，布细密皱纹，具略弯曲横脊，横脊中断；额不光亮，布趋于皱纹状刻点；头顶具弯曲短横脊。前胸背板：疏布细刻点，无连续纵中线，但可见痕迹；基缘饰边完整，基部凹坑间布细皱纹。鞘翅：拱起，除肩部外晦暗无光泽，宽是长的 0.4 倍；刻点行微弱，行间扁拱，外侧刻点行间疏布大小不均浅刻点。臀板：光裸无毛。后胸腹板：粒突不发达，其向前和两侧趋于细密，被直立长毛，中部无横凹。腹部：侧面被毛，中部光裸。足：前足腿节前缘中部具 1 弱齿，前足胫节明显延伸，端部弯曲，具 1 短指状延伸物，腹面具锯齿状隆突，基部无齿；中足基节后缘无齿。

雌性：前足胫节不强烈延伸，前足腿节无齿。

分布：浙江、北京、河北、山东、河南、江苏、上海、湖北、江西、湖南、福建、台湾、广东、海南、广西、四川、贵州、云南；印度，孟加拉国，缅甸，越南，老挝，泰国，菲律宾，马来西亚。

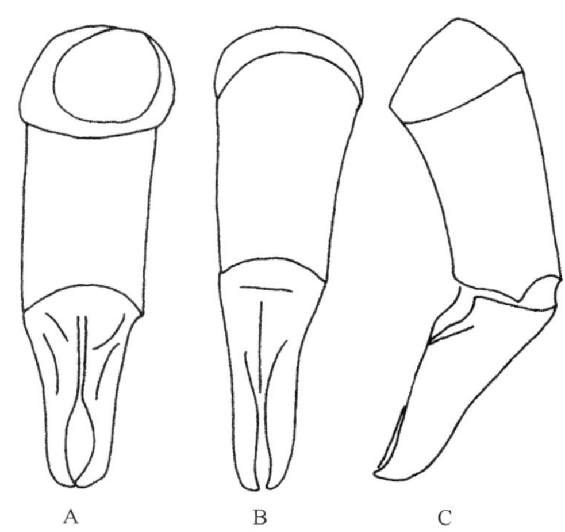

图 4-IV-14 镰凹蜣螂 *Onitis falcatus* (Wulfen, 1786)雄性外生殖器

A. 腹面观；B. 背面观；C. 侧面观

358. 嗡蜣螂属 *Onthophagus* Latreille, 1802

Onthophagus Latreille, 1802: 141. Type species: *Scarabaeus taurus* Schreber, 1759.

Monapus Erichson, 1847: 763 nota. Type species: *Onthophagus mniszechi* Harold, 1869.

Psilax Erichson, 1847: 763 nota. Type species: *Onthophagus pronus* Erichson, 1842.

主要特征：小到中型，个别微型；光滑或密被或疏被柔毛或刚毛，通常具角突，有时角突不明显。唇基与眼片融合，前缘形态多样，从圆形无齿到具弱齿或锐齿。触角短，9 节，偶尔 8 节，第 1 节较长，有时具毛列。前胸背板侧缘中部最宽且呈圆钝或尖锐的角，后角通常不明显，基部圆弧形，圆钝或者叶状。小盾片缺失。鞘翅完全覆盖腹部，具 1 条侧脊和 7 条刻点行。中后胸腹板近于直，后胸腹板有时具凹。腹部短，臀板横脊弱或明显。足粗壮，前足胫节外缘通常具 4 齿，偶尔 3 齿，齿间通常具小齿；中、后足胫节向端部强烈扩展，端缘近于直，偶尔三叶状；前足跗节细长，中、后足跗节略扁平，内缘具稠密硬毛，外缘具稀疏硬毛，第 1 节中等长度，第 2 节稍窄，通常短于第 1 节之半，第 3 节长是第 2 节之半，第 4 节长是第 3 节之半，第 5 节细长。

雄性：通常头部和（或）前胸背板具发育程度不同的角突，第 6 腹板中部非常短；前足胫节通常延长，有时端缘与内侧缘近垂直，有时短于雌性（拟羊截嗡蜣螂 *O. tragoides* Boucomont, 1914）；前足胫节端距通常扩展，弯曲。

雌性：角突有时与雄性角突形状接近但不发达，或者具形状完全不同的较弱的角突，第 6 腹板中部纵向通常较长。有时触角两性不同（*O. igneus*）；前足胫节端距通常针状，不强烈向下弯曲。

分布：世界广布。世界已知约 1800 种，中国记录 174 种，浙江分布 9 种。

分种检索表

1. 前胸背板基部近后缘突然拱起；中大型个体，常具明显花纹；性二型显著，雄性头部和（或）前胸背板角突非常发达；唇基端缘从不具中凹或二齿状；前胸背板侧脊从不到达前角，后胸腹板基部通常纵向隆起或形成角状突起…………………………………………………………………………………………………长华嗡蜣螂 ***O. (S.) productus***
- 前胸背板基部均匀拱起；通常小到中型，很少为大型，无明显各色花纹；性二型通常不明显，头和（或）前胸背板通常简单或仅具弱角突；唇基前缘通常具凹；前胸背板侧脊通常到达前角，后胸腹板通常向前延伸…………2
2. 雄性前胸背板基角附近具翼状向后延伸和拱起，拱起部分呈平行脊状或略向前收缩，有时侧脊近基部不明显，但脊近端部明显拱起和具角，盘区拱起近三角形或多边形……………………………隆衍亮嗡蜣螂 ***O. (P.) trituber***
- 雄性前胸背板基角附近无翼状向后延伸和拱起，无饰边或尖锐边缘，无前述的角突，盘区无前述的角突，端半部从不为屋脊状，仅为陡坡……………………………………………………………………………………3
3. 雄性前胸背板盘区中部或中部之前具 2 个或更多瘤突，瘤突间具 1 纵凹；雌性前胸背板简单；背面黑褐色或鞘翅黄色，有时布黑斑；体长 5.0–10.0 mm……………………………………………………………………4
- 雄性前胸背板角突形状不同，有的雌性近前缘具多个角突……………………………………………5
4. 鞘翅刻点行间黄褐色，刻点行为黄褐色；前胸背板中部无发达凹槽……………巴氏驼嗡蜣螂 ***O. (G.) balthasari***
- 鞘翅整体黑褐色，无斑纹；前胸背板中部具浅凹槽………………………………寡居驼嗡蜣螂 ***O. (G.) viduus***
5. 触角鳃片部第 1 节发达，杯状，近新月形，包裹鳃片部端部 2 节；雄性唇基通常具齿或在前缘中部具“T”形延伸，头部通常无角突；前胸背板简单或复杂，背面通常具粒突，臀板基部具饰边；背面完全黑色或仅头部和前胸背板具金属光泽；体长 8.0–18.0 mm…………………………………………………………………………6
- 触角鳃片部第 1 节不发达，从不为杯状；不同时具有以上特征……………………………………………7
6. 身体具绿色金属光泽；体长 8.0–9.5 mm……………………………………锐突帕嗡蜣螂 ***O. (P.) acuticollis***
- 身体无绿色金属光泽；体长 13.0–18.0 mm…………………………………三角帕嗡蜣螂 ***O. (P.) tricornis***
7. 背面不完全黑色，鞘翅具橘黄色斑纹……………………………………缙云后嗡蜣螂 ***O. (M.) ginyunensis***
- 背面完全黑色，头部和前胸背板有时具金属光泽……………………………………………………8
8. 头顶具脊……………………………………………………………………黑玉后嗡蜣螂 ***O. (M.) gagates***
- 头部无脊……………………………………………………………………策氏后嗡蜣螂 ***O. (M.) cernyi***

（907）巴氏驼嗡蜣螂 *Onthophagus* (*Gibbonthophagus*) *balthasari* Všetečka, 1939

Onthophagus balthasari Všetečka, 1939: 43.

主要特征：体长 5.5–6.0 mm。体卵形，强烈拱起，背面光亮。体黄褐色，头部和前胸背板颜色略深，通常具金属光泽，口须、触角和足颜色略浅。

雄性：头部：横阔，前缘半圆弧状；前缘略突出和上翘，颊向两侧不强烈延伸，颊侧角为圆弧状；唇基和颊分界明显；唇基后部无明显横脊，头顶向后延伸为 2 个角突；表面光亮，唇基和颊密布圆刻点，有时略皱纹状。前胸背板：强烈拱起，宽约是长的 1.6 倍，基半部纵中线明显；前缘具二曲，具细饰边，侧缘饰边细，前角明显前伸，圆弧状，后角圆钝；基缘具饰边，中部向后延伸；盘区近前缘处具陡峭斜坡，斜坡顶部中央具 2 个邻近的尖锐突起；光亮，中央密布粗大刻点，近两侧和基部刻点趋于密和小，斜坡光裸近无刻点。鞘翅：强烈拱起，长约是宽的 1.9 倍；刻点行明显深凹，行上刻点明显，刻点行黄褐色，行间扁拱，疏布粗大具毛刻点。臀板：横阔，均匀凸出，光亮，疏被具毛刻点。足：中、后足胫节向端部逐渐变宽。阳茎：侧面观基侧突与基板近直角状。

雌性：头部无角突，前胸背板均匀拱起，无明显角突，有时具横脊。

分布：浙江、江苏、上海、云南；越南。

（908）隆衍亮嗡蜣螂 *Onthophagus* (*Paraphanaeomorphus*) *trituber* (Wiedemann, 1823)（图 4-IV-15）

Copris trituber Wiedemann, 1823: 47.

Onthophagus (*Paraphanaeomorphus*) *trituber*: Kabakov & Yanushev, 1983: 158.

主要特征：体长 7.0–9.0 mm。体卵形，强烈拱起，背面光亮，被黄色伏毛。头部和前胸背板具弱金属光泽，鞘翅橘黄色，具 3 条纵向黑斑带，有时黑斑融合，身体其他部分为黑褐色、红褐色到黑色。

雄性：头部：横阔，前缘半圆弧状，前缘中央无明显凹；颊向两侧不强烈延伸，颊侧角为圆弧形，前缘饰边中部宽于两侧；唇基和颊分界明显，前缘在分界线处明显具凹；头部前脊细弱可见；头顶向后延伸为片状角突；表面光亮且光滑，唇基布少量皱纹近无刻点，颊布稍密且粗大刻点，角突布不规则刻纹或粒突点。前胸背板：强烈拱起，宽是长的 1.5 倍，纵中线明显且完整；前缘具二曲，具细饰边，侧缘饰边细，前角明显前伸，锐角状，后角圆钝；具 2 个小隆突，无明显深槽；光亮，端半部疏布细刻点，基半部密布粗大具毛刻点。鞘翅：强烈拱起，长是宽的 1.8 倍；刻点行明显深凹，行上刻点明显，行间扁拱，基部具细小粒突，基部以外弱光亮，疏布小但明显刻点。臀板：横阔，均匀凸出，光亮。足：中、后足胫节向端部逐渐变宽。阳茎：侧面观基侧突与基板近直角状。

雌性：头部具 2 条横脊，头顶无角突；前胸背板隆突更发达。

分布：浙江、辽宁、上海、台湾、广东、香港、云南；韩国，日本，印度，越南，新加坡，印度尼西亚。

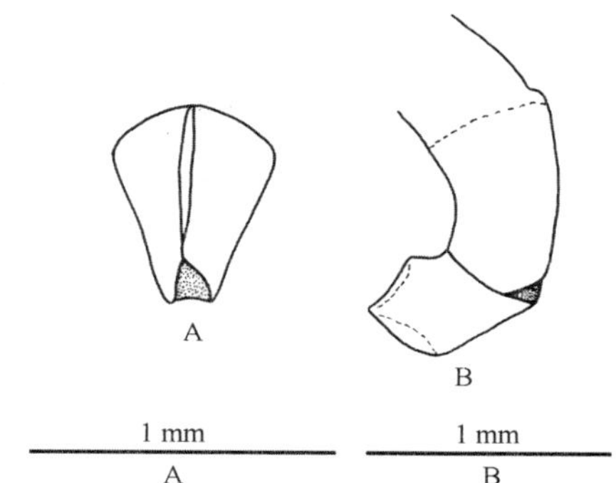

图 4-IV-15 隆衍亮嗡蜣螂 *Onthophagus* (*Paraphanaeomorphus*) *trituber* (Wiedemann, 1823)雄性外生殖器
A. 背面观；B. 侧面观

（909）寡居驼嗡蜣螂 *Onthophagus* (*Gibbonthophagus*) *viduus* Harold, 1875（图 4-IV-16）

Onthophagus viduus Harold, 1875: 291.

Onthophagus yumigatanus Matsumura, 1937: 169.

主要特征：体长 5.0–9.0 mm。体卵形，强烈拱起，背面光亮。体红褐色到黑褐色，头部和前胸背板无金属光泽，前胸背板和鞘翅无浅色斑，口须、触角和足黄褐色。

雄性：头部：横阔，前缘半圆弧状；前缘略突出和上翘，颊向两侧不强烈延伸，颊侧角为圆弧状；唇基和颊分界明显；头部无角突，具 2 条横脊；表面光亮，唇基和颊密布圆刻点，有时略皱纹状。前胸背板：强烈拱起，宽约是长的 1.6 倍，基半部纵中线明显；前缘具二曲，具细饰边，侧缘饰边细，前角明显前伸，圆弧状，后角圆钝；基缘具饰边，中部向后延伸；盘区近前缘处具陡峭斜坡，具宽阔浅凹，斜坡顶端具弱突起；光亮，中央密布粗大刻点，近两侧和基部刻点趋于密和小，斜坡光裸近无刻点。鞘翅：强烈拱起，长约是宽的 1.9 倍；刻点行明显深凹，行上刻点明显，行间扁拱，疏布粗大具毛刻点。臀板：横阔，均匀凸出，光亮，疏被具毛刻点。足：中、后足胫节向端部逐渐变宽。阳茎：侧面观基侧突与基板近直角状。

雌性：头部横脊更发达，前胸背板均匀拱起，无陡峭斜坡和突起。

分布：浙江、黑龙江、辽宁、北京、山东、甘肃、上海、江西、福建、台湾、四川；朝鲜，韩国，日本。

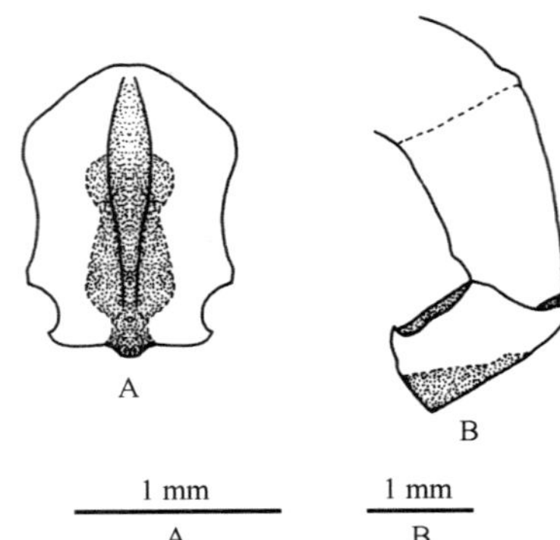

图 4-IV-16　寡居驼嗡蜣螂 *Onthophagus* (*Gibbonthophagus*) *viduus* Harold, 1875 雄性外生殖器

A. 背面观；B. 侧面观

（910）长华嗡蜣螂 *Onthophagus* (*Sinonthophagus*) *productus* Arrow, 1907（图 4-IV-17）

Onthophagus productus Arrow, 1907: 423.

主要特征：体长 9.5–11.0 mm。体卵形，强烈拱起，背面中度光亮，无毛，仅头部和前胸背板少量被毛。体黑色，口须、触角和足略红褐色。

雄性：头部：横阔，前缘半圆弧状；前缘中央无凹，颊向两侧不强烈延伸，颊侧角为钝角，前缘饰边中部宽于两侧；唇基和颊分界明显，前缘在分界线处明显具凹；头部无横脊，头顶向后延伸为 2 个牛角状角突；表面光亮且光滑，唇基密布皱纹状刻点，颊布稍粗大刻点，角突布不规则刻纹或粒突点。前胸背板：强烈拱起，宽是长的 1.4 倍，基部 2/3 具不明显槽状纵中线；前缘具二曲，具细饰边，侧缘饰边细，前角明显前伸，圆弧状，后角圆钝；基缘具饰边，中部向后延伸；盘区近前缘处为陡峭斜坡，斜坡顶部具弱凹，两侧具槽状凹坑，该凹坑与头部角突相契合；弱光亮，中央疏布浅刻点，近两侧和基部刻点趋于密和粗糙。鞘翅：强烈拱起，长是宽的 1.7 倍；刻点行明显细小，从不融合，行上刻点明显，行间扁拱，基部具细小粒突，基部以外弱光亮，疏布小但明显刻点，近基部刻点趋于大和浅。臀板：横阔，均匀凸出，光亮。足：中、后足胫节向端部逐渐变宽。阳茎：侧面观基侧突与基板近直角状。

雌性：未知。

分布：浙江、四川、云南；印度，孟加拉国。

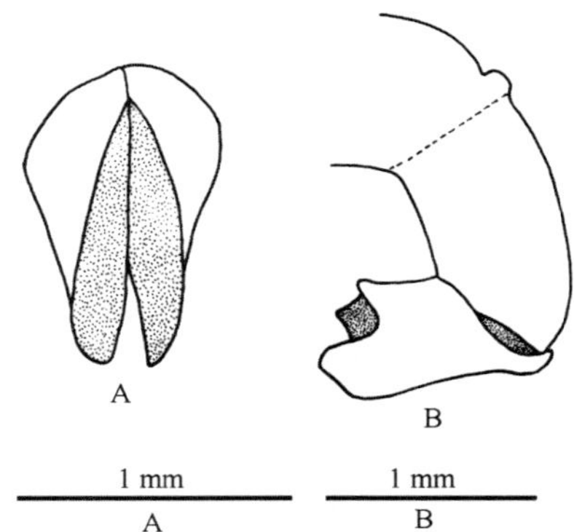

图 4-IV-17　长华嗡蜣螂 *Onthophagus* (*Sinonthophagus*) *productus* Arrow, 1907 雄性外生殖器

A. 背面观；B. 侧面观

（911）策氏后嗡蜣螂 *Onthophagus* (*Matashia*) *cernyi* Balthasar, 1935

Onthophagus cernyi Balthasar, 1935: 312, 324.

主要特征：体长 7.5–9.0 mm。体卵形，强烈拱起，背面非常光亮，密布半倒伏短黄毛。体黑色，头部和前胸背板具弱金属光泽，口须、触角和足略红褐色。

雄性：头部：横阔，前缘半圆弧状；前缘中央略上翘，颊向两侧不强烈延伸，颊侧角圆弧状，前缘饰边中部宽于两侧；唇基和颊分界明显，前缘在分界线处不明显凹入；头部无横脊和角突；表面光亮，唇基密布皱纹状刻点，颊布稍细密刻点。前胸背板：强烈拱起，宽约是长的 1.5 倍，槽状纵中线模糊；前缘凹入，具细饰边，侧缘饰边细，前角明显前伸，锐角状，后角圆钝；基缘具饰边，中部略向后延伸；盘区近前缘处为陡峭斜坡，中部具近三角形隆突，隆突无明显边缘，近后角处具弱角突，角突不突出于侧缘；弱光亮，中央密布皱纹状具毛刻点，近两侧和基部刻点趋于密和粗糙。鞘翅：强烈拱起，长约是宽的 2.0 倍；刻点行明显，行上刻点明显，行间扁拱，基部具细小粒突，密布粗大皱纹状具毛刻点，近基部刻点趋于大和浅。臀板：横阔，均匀凸出，密布粗大皱纹状具毛刻点。足：中、后足胫节向端部逐渐变宽。阳茎：侧面观基侧突与基板近直角状。

雌性：前胸背板均匀拱起，盘区前面无陡峭斜坡或仅具弱斜坡，近后角无角突或仅具弱角突。

分布：浙江、重庆、四川。

（912）黑玉后嗡蜣螂 *Onthophagus* (*Matashia*) *gagates* Hope, 1831（图 4-IV-18）

Onthophagus gagates Hope, 1831: 22.

Onthophagus angulatus Kollar *et* Redtenbacher, 1844: 522.

主要特征：体长 9.0–15.0 mm。体卵形，强烈拱起，背面非常光亮，无毛，仅头部和前胸背板少量被毛。体黑色，口须、触角和足略红褐色。

雄性：头部：横阔，前缘半圆弧状；前缘中央明显前伸且上翘，颊向两侧不强烈延伸，颊侧角圆弧状，前缘饰边中部宽于两侧；唇基和颊分界明显，前缘在分界线处明显凹入；头部具 2 条横脊，无角突；表面光亮，唇基密布皱纹状刻点，颊布稍细密刻点。前胸背板：强烈拱起，宽约是长的 1.5 倍，槽状纵中线明显；前缘凹入，具细饰边，侧缘饰边细，前角明显前伸，锐角状，后角圆钝；基缘具饰边，中部略向后延伸；盘区近前缘处为陡峭斜坡，中部具近三角形隆突，隆突具明显边缘，近后角处具发达角突，角突明显突出于侧缘；光亮，中央疏布浅圆刻点，近两侧和基部刻点趋于密和粗糙。鞘翅：强烈拱起，长约是宽的 2.0 倍；刻点行明显，行上刻点明显，行间扁拱，基部具细小粒突，疏布浅圆刻点，近基部刻点趋于大和浅。臀板：横阔，均匀凸出，密布刻点。足：中、后足胫节向端部逐渐变宽。阳茎：侧面观基侧突与基板近直角状。

雌性：前胸背板均匀拱起，盘区前面无陡峭斜坡或仅具弱斜坡，近后角无角突或仅具弱角突。

分布：浙江、陕西、福建、台湾、四川、云南、西藏；印度，尼泊尔，老挝。

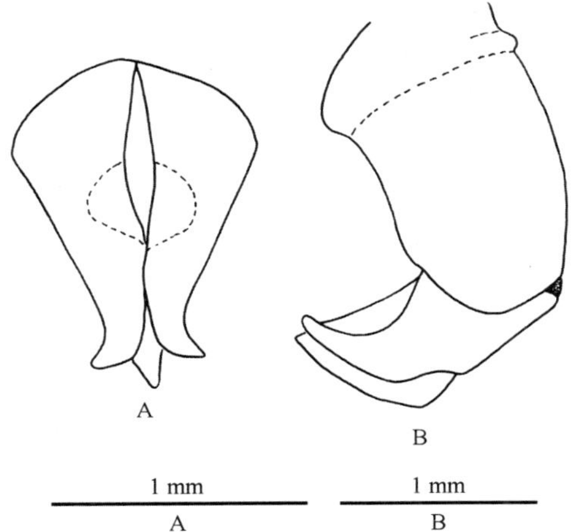

图 4-IV-18　黑玉后嗡蜣螂 *Onthophagus* (*Matashia*) *gagates* Hope, 1831 雄性外生殖器

A. 背面观；B. 侧面观

（913）缙云后嗡蜣螂 *Onthophagus* (*Matashia*) *ginyunensis* Všetečka, 1942

Onthophagus ginyunensis Všetečka, 1942: 255.

主要特征：体长 9.0 mm。体卵形，强烈拱起，背面非常光亮，无明显被毛。体黑色，鞘翅基部和端部具橘黄色斑，口须、触角和足略红褐色。

雄性：头部：横阔，前缘半圆弧状；前缘中央具三角形凹，凹两侧略上翘，颊向两侧强烈延伸，颊侧角钝角状，前缘饰边中部宽于两侧；唇基和颊分界明显，前缘在分界线处不明显凹入；头部具 2 条横脊，无角突；表面光亮，唇基密布皱纹状刻点，颊布稍细密刻点。前胸背板：强烈拱起，宽约是长的 1.5 倍，槽状纵中线模糊；前缘二曲，具细饰边，侧缘饰边细，前角明显前伸，锐角状，后角圆钝；基缘具饰边，中部略向后延伸；盘区近前缘处为陡峭斜坡，中部无三角形隆突，两侧具凹槽，从不向两侧呈角突状延伸；光亮，中央疏布圆刻点，近两侧和基部刻点趋于密和粗糙。鞘翅：强烈拱起，长约是宽的 2.0 倍；基部黄斑有时分为 2–3 个，有时趋于融合，端部黄斑通常连接且横贯；刻点行明显，行上刻点明显，行间扁拱，基部具细小粒突，疏布粗大圆刻点，近基部刻点趋于大和浅。臀板：横阔，均匀凸出。足：中、后足胫节向端部逐渐变宽。阳茎：侧面观基侧突与基板近直角状。

雌性：前胸背板均匀拱起，盘区前面无陡峭斜坡或仅具弱斜坡，近后角无角突或仅具弱角突。

分布：浙江、重庆。

（914）锐突帕嗡蜣螂 *Onthophagus* (*Parascatonomus*) *acuticollis* Gillet, 1927

Onthophagus acuticollis Gillet, 1927: 255.

Onthophagus marani Všetečka, 1942: 255.

主要特征：体长 8.0–9.5 mm。体卵形，强烈拱起，背面非常光亮。体黑褐色，通体具金属光泽，头部和前胸背板金属光泽尤为强烈，口须、触角和足略红褐色。

雄性：头部：横阔，前缘半圆弧状，无凹；颊向两侧不强烈延伸，颊侧角为直角，前缘饰边中部宽于两侧；唇基和颊分界明显，前缘在分界线处明显具凹；头部前脊略弯曲，头顶无角突，为横脊状；表面光亮且光滑，唇基密布颗粒状刻点，颊布稍密且皱纹状刻点。前胸背板：强烈拱起，宽是长的 1.3 倍，基部 2/3 具不明显槽状纵中线；前缘具二曲，具细饰边，侧缘饰边细，前角明显前伸，圆弧状，后角圆钝；基缘具饰边，中部向后延伸；盘区近前缘处为陡峭斜坡，斜坡顶部具 1 个圆钝隆突；光亮，疏布细刻点，近两侧和基部刻点趋于密和小。鞘翅：强烈拱起，长是宽的 2.0 倍；刻点行明显深凹，行上刻点明显，行间扁拱，基部具细小粒突，基部以外弱光亮，疏布小但明显刻点。臀板：横阔，均匀凸出，光亮。足：中、后足胫节向端部逐渐变宽。阳茎：侧面观基侧突与基板近直角状。

雌性：未知。

分布：浙江、湖南、台湾；日本。

（915）三角帕嗡蜣螂 *Onthophagus* (*Parascatonomus*) *tricornis* (Wiedemann, 1823)（图 4-IV-19）

Copris tricornis Wiedemann, 1823: 10.

Onthophagus (*Parascatonomus*) *tricornis*: Paulian, 1932: 212.

主要特征：体长 13.0–18.0 mm。体卵形，强烈拱起，背面非常光亮。体黑色，无明显金属光泽，口须、触角和足略红褐色。

雄性：头部：横阔，前缘半圆弧状，端部中央具 1 指状延伸物；颊向两侧不强烈延伸，颊侧角为直角，前缘饰边中部宽于两侧；唇基和颊分界明显，前缘在分界线处明显具凹；头部无横脊，头顶向后延伸为宽片状角突，角突两侧各具 1 尖锐小角突；表面光亮且光滑，唇基密布颗粒状刻点，颊布稍密且皱纹状刻点，角突疏布细刻点。前胸背板：强烈拱起，宽是长的 1.3 倍，基部 2/3 具不明显槽状纵中线；前缘具二曲，具细饰边，侧缘饰边细，前角明显前伸，圆弧状，后角圆钝；基缘具饰边，中部向后延伸；盘区近前缘处为陡峭斜坡，斜坡顶部具 1 个发达圆锥状角突；光亮，密布粗大皱纹状刻点，近两侧和基部刻点趋于密和颗粒状。鞘翅：强烈拱起，长是宽的 2.0 倍；刻点行明显深凹，行上刻点明显，行间扁拱，基部具细小粒突，基部以外弱光亮，疏布小但明显的具毛刻点。臀板：横阔，均匀凸出，光亮。足：中、后足胫节向端部逐渐变宽。阳茎：侧面观基侧突与基板近直角状。

雌性：头部无角突；前胸背板均匀拱起，盘区前面无陡峭斜坡和角突。

分布：浙江（海宁）、上海、湖北、江西、福建、台湾、云南；日本，孟加拉国，越南，印度尼西亚。

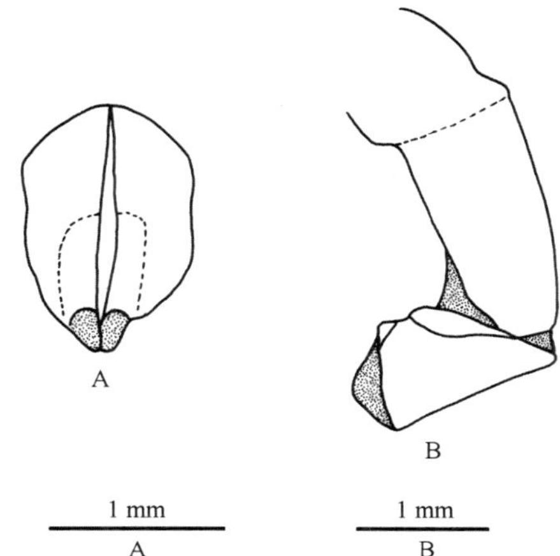

图 4-IV-19　三角帕嗡蜣螂 *Onthophagus* (*Parascatonomus*) *tricornis* (Wiedemann, 1823)雄性外生殖器
A. 背面观；B. 侧面观

359. 异粪蜣螂属 *Paracopris* Balthasar, 1939

Paracopris Balthasar, 1939: 2. Type species: *Copris punctulatus* Wiedemann, 1823.

主要特征：中型或中小型，弱拱起，较平坦，不光亮仅具弱光泽，不完全黑色，常灰色或者褐色。唇基中部常光滑。前胸背板无明显角突，前胸背板腹面触角窝浅且无明显边缘，纵中线通常缺失或者非常微弱。鞘翅刻点行较浅。足的腿节比粪蜣螂属 *Copris* 明显细，前足胫节外缘具 4 齿，中、后足胫节向端部略弯曲，具弱齿，中、后足跗节细，第 1 节细长，通常长是端部宽的 2.0 倍，其余节细，仅近端部稍微扩展。两性差异明显。

分布：东洋区。世界已知 17 种，中国记录 5 种，浙江分布 1 种。

（916）龙首异粪蜣螂 *Paracopris cariniceps* (Felsche, 1910)（图 4-IV-20）

Copris cariniceps Felsche, 1910: 348.

Paracopris cariniceps: Balthasar, 1963: 371.

主要特征：体长 11.0–13.0 mm。体长卵形，中度拱起，背面具弱光泽，无毛，仅头部和前胸背板少量被毛。体灰褐色，口须、触角和足略红褐色。

雄性：头部：横阔，前缘半圆弧状；前缘中央具宽阔浅凹，颊向两侧强烈延伸，颊侧角近直角，前缘饰边中部宽于两侧；唇基和颊分界明显，前缘在分界线处无明显凹入；唇基端半部中央具纵向三角片状角突，角突到达前缘，额唇基分界处为横脊，横脊中部具弱齿；唇基疏布深圆刻点，颊布稍密且粗大刻点，颊上刻点呈粒突状。前胸背板：均匀拱起，宽是长的 1.6 倍，纵中线模糊可见；前缘具二曲，具细饰边，侧缘饰边细，前角明显前伸，平截状，后角圆钝；基缘具饰边，中部向后延伸；盘区无陡峭斜坡和突起；均匀密布粗大深圆刻点；基部中央略向后延伸。鞘翅：均匀拱起，长是宽的 2.2–2.3 倍；刻点行明显，行上刻点明显，鞘翅行间布与前胸背板近似刻点，向两侧趋于皱纹状，行间平坦。臀板：横阔，均匀凸出，光亮。足：中、后足胫节向端部逐渐变宽，外缘具 1 发达齿。阳茎：侧面观基侧突与基板呈钝角状。

雌性：头部具圆锥形突起。

分布：浙江、江苏、上海、江西、福建、台湾、香港、云南；老挝。

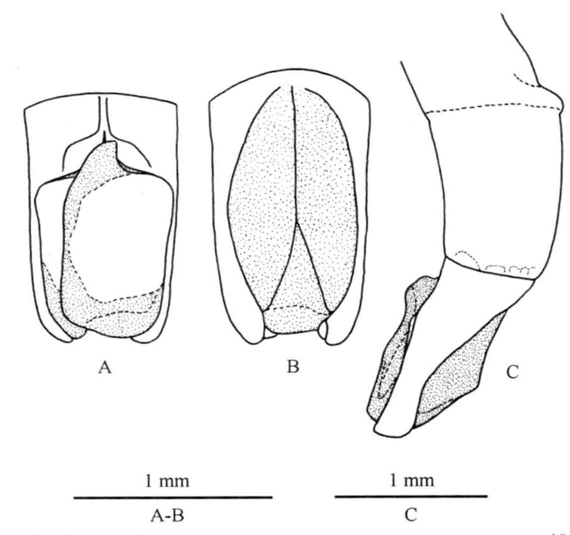

图 4-IV-20 龙首异粪蜣螂 *Paracopris cariniceps* (Felsche, 1910)雄性外生殖器

A. 腹面观；B. 背面观；C. 侧面观

360. 异裸蜣螂属 *Paragymnopleurus* Shipp, 1897

Paragymnopleurus Shipp, 1897: 166. Type species: *Scarabaeus sinuatus* Olivier, 1789.

Progymnopleurus Garreta, 1914: 52. Type species: *Scarabaeus sinuatus* Olivier, 1789.

主要特征：身体通常相当扁平，仅个别种类特别拱起，黑色，有些分布于热带的类群具金属光泽或被白毛。唇基前缘通常具 2 齿，极少时为 4 齿；头部不具横脊。前胸背板宽大，扁拱，基部无饰边。小盾片缺失。鞘翅通常连锁，肩后内弯。后胸后侧片背面观明显可见，飞行时鞘翅闭锁，可见 7 条刻点行。中胸短。前足腿节扁平且尖锐，具跗节；中足胫节具 1 枚端距，个别情况下为 2 枚端距，此时则第 2 端距非常小或仅有痕迹；后足腿节延长且弯曲。

雌雄差异在于前足胫节端距，雄性宽扁且向下弯曲，雌性为锥形。

分布：古北区、东洋区、旧热带区。世界已知 23 种，中国记录 5 种，浙江分布 2 种。

（917）弯裸蜣螂 *Paragymnopleurus sinuatus* (Olivier, 1789)（图 4-IV-21）

Scarabaeus sinuatus Olivier, 1789: 160.

Paragymnopleurus sinuatus: Garreta, 1914: 52.

主要特征：体长 14.0–22.0 mm。体卵形，扁平，背面非常光亮，无毛，仅头部和前胸背板少量被毛。体紫黑色，具金属光泽，口须、触角和足颜色略浅。

雄性：头部：横阔，前缘半圆弧状；前缘具“V”字深凹，凹两侧为略上翘齿，颊向两侧不强烈延伸，颊侧角圆钝，前缘饰边中部宽于两侧；唇基和颊分界明显，前缘在分界线处无明显凹入；头部无角突和横脊；表面光亮，唇基密布皱纹状刻点，颊布更细密皱纹。前胸背板：均匀拱起，宽约是长的 1.9 倍，纵中线不明显；前缘具二曲，具细饰边，侧缘饰边细，前角明显前伸，锐角状，后角圆钝；基缘具饰边，中部不显著向后延伸；盘区无陡峭斜坡和角突；弱光亮，中央密布模糊且粗糙刻点，有时略粒突状。鞘翅：均匀拱起，长约是宽的 1.6 倍；刻点行浅凹，行上刻点不明显，行间平坦，基部具细小粒突，基部以外弱光亮，布与前胸背板相近的刻点。臀板：横阔，均匀凸出，光亮。足：前足胫节端距宽扁且向下弯曲，中、后足胫节向端部逐渐略变宽，中足端距具 1 距。阳茎：侧面观基侧突与基板钝角状。

雌性：前足胫节端距锥形。

分布：浙江、北京、江苏、上海、安徽、湖北、江西、湖南、福建、台湾、广东、海南、四川、贵州、云南、西藏；朝鲜，印度，尼泊尔，缅甸，越南，老挝。

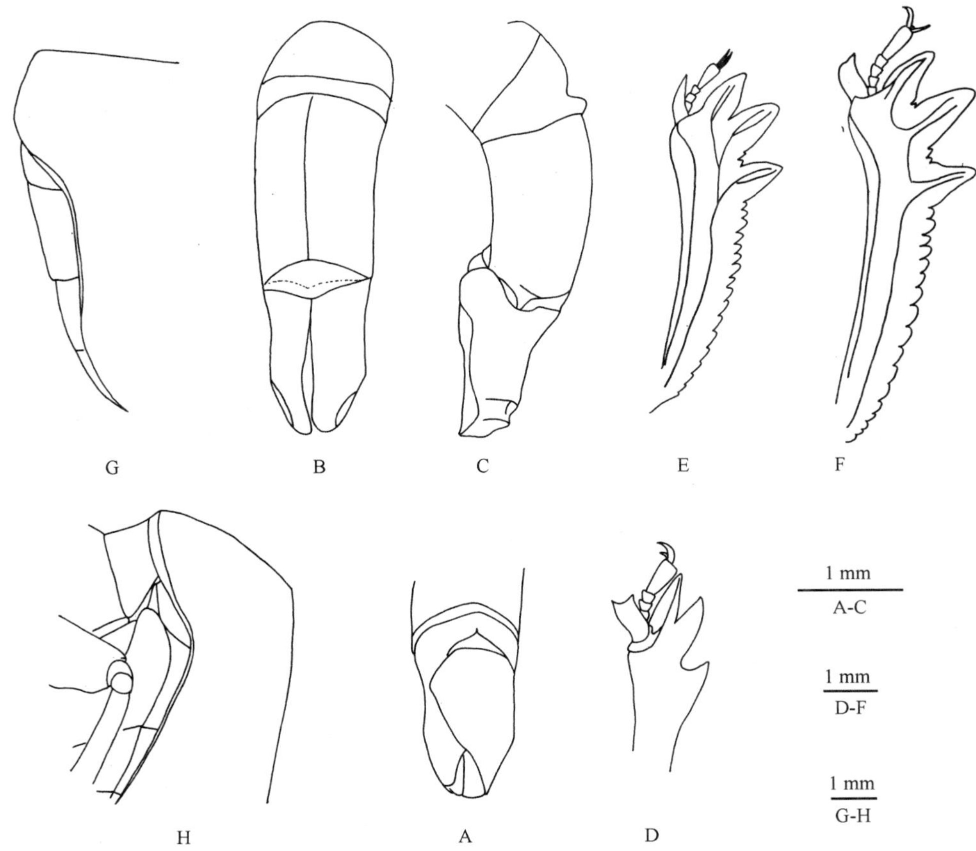

图 4-IV-21　弯裸蜣螂 *Paragymnopleurus sinuatus* (Olivier, 1789)

A. 雄性外生殖器腹面观；B. 雄性外生殖器背面观；C. 雄性外生殖器侧面观；D. 雄性前足胫节端距；E. 雌性前足胫节端距；F. 雄性前足胫节端距；G. 鞘翅背面观；H. 鞘翅侧面观

（918）圣裸蜣螂 *Paragymnopleurus brahminus* (Waterhouse, 1890)（图 4-IV-22）

Gymnopleurus brahminus Waterhouse, 1890: 411.

Paragymnopleurus brahminus: Janssens, 1940: 16.

主要特征：体长 15.0–22.0 mm。体卵形，扁平，背面非常光亮，无毛，仅头部和前胸背板少量被毛。体黑褐色，口须、触角和足颜色略浅。

雄性：头部：横阔，前缘半圆弧状；前缘具“V”字深凹，凹两侧为略上翘齿，颊向两侧不强烈延伸，颊侧角圆钝，前缘饰边中部宽于两侧；唇基和颊分界明显，前缘在分界线处无明显凹入；头部无角突和横脊；表面光亮，唇基密布粒突状刻点，颊布更细密皱纹。前胸背板：均匀拱起，宽约是长的 1.9 倍，纵中线不明显；前缘具二曲，具细饰边，侧缘饰边细，前角明显前伸，锐角状，后角圆钝；基缘具饰边，中部不显著向后延伸；盘区无陡峭斜坡和角突；弱光亮，中央密布粒突状刻点；前胸背板腹面无明显刻点，疏布短毛，且短毛基部为颗粒状。鞘翅：均匀拱起，长约是宽的 1.6 倍；刻点行浅凹，行上刻点不明显，行间平坦，基部具细小粒突，基部以外弱光亮，布与前胸背板相近的刻点。臀板：横阔，均匀凸出，光亮。足：前足胫节端距宽扁且向下弯曲，中、后足胫节向端部逐渐略变宽。阳茎：侧面观基侧突与基板钝角状。

雌性：前足胫节端距锥形。

分布：浙江、江苏、上海、湖北、江西、湖南、福建、四川、贵州、云南、西藏。

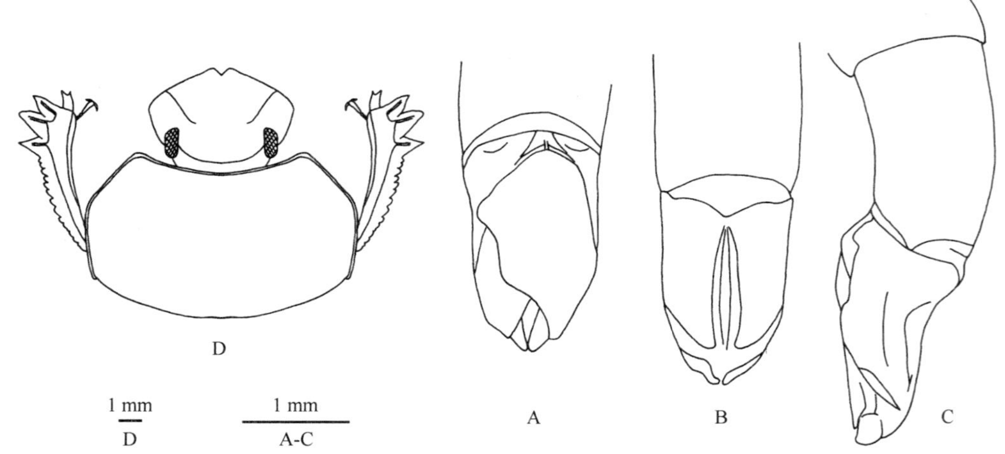

图 4-IV-22　圣裸蜣螂 *Paragymnopleurus brahminus* (Waterhouse, 1890)

A. 雄性外生殖器腹面观；B. 雄性外生殖器背面观；C. 雄性外生殖器侧面观；D. 头和前胸背板背面观

361. 联蜣螂属 *Synapsis* Bates, 1868

Synapsis Bates, 1868: 89. Type species: *Copris brahminus* Hope, 1831.

Homalocopris Solsky, 1871: 136. Type species: *Ateuchus tmolus* Fischer, 1821.

主要特征：中度拱起，足粗壮且较长，中足基节远离，平行。头部宽阔，唇基前缘具凹，两侧向后强烈延伸，通常具横脊。触角短，9 节，第 4 节略长于第 3 节，第 5、6 节非常短，端部 3 节被毛。前胸背板短，具 2 条侧隆脊，前角外缘具 2 或 3 齿，后角圆钝。小盾片缺失。鞘翅直，具 6 条刻点行，缘折宽阔。前足胫节外缘具 3 齿，端部齿延长且圆钝，跗节短。中、后足胫节基部细长，从中后部开始向端部逐渐扩展，跗节端部节比基部节细。后胸腹板长，具凹。

分布：古北区、东洋区。世界已知 20 种，中国记录 10 种，浙江分布 1 种。

（919）戴氏联蜣螂 *Synapsis davidis* Fairmaire, 1878

Synapsis davidis Fairmaire, 1878: 96.

主要特征：体长 28.0–33.0 mm。体卵形，强烈拱起，背面光亮，无毛，仅头部和前胸背板少量被毛。体黑褐色，口须、触角和足略红褐色。

雄性：头部：横阔，前缘半圆弧状；前缘中央具宽阔浅凹，凹两侧略叶片状突出和上翘，颊向两侧强烈延伸，颊侧角为小于 45°的锐角，前缘饰边中部宽于两侧；唇基和颊分界明显，前缘在分界线处无明显凹入；复眼连线中央略前处具 1 圆锥形角突，角突长度短于头长之半，基部无齿；表面光亮，唇基密布横向粗大皱纹，头顶密布粒突。前胸背板：中度拱起，宽是长的 1.7 倍，纵中线不明显；前缘具二曲，具细饰边，前角明显前伸，三齿状，后角圆钝；基缘具饰边，中部向后延伸；盘区近前缘处无陡峭斜坡，斜坡顶部具横脊；光亮，盘区基半部光裸无刻点，盘区端半部密布粗大粒突，近两侧和前缘粒突趋向于小。鞘翅：强烈拱起，长约是宽的 2.0 倍；刻点行浅，行上刻点明显，行间平坦，基部具细小粒突，基部以外弱光亮，疏布小但明显的刻点，近基部刻点趋于大和浅。臀板：横阔，均匀凸出，光亮。足：中、后足胫节向端部逐渐变宽。阳茎：侧面观基侧突与基板近钝角状。

分布：浙江、河北、山东、陕西、甘肃、上海、湖北、福建、台湾、广东、重庆、四川、贵州、西藏。

362. 前胫蜣螂属 *Tibiodrepanus* Krikken, 2009

Tibiodrepanus Krikken, 2009: 16. Type species: *Copris setosus* Wiedemann, 1823.

主要特征：小型个体，通常体长为 4.0–5.0 mm。头横阔，无对称分布的凸凹和沟槽。头部通常具 1 对角突。前胸背板盘区通常具角突，中部和两侧常具凹坑。小盾片非常不发达。鞘翅盘区具直且平行的线状刻点行，行间扁拱。臀板略拱起。后足基节略分离。前足胫节直或略弯曲，外缘具 3 锐齿；后足跗节第 1 节长度等于或略短于第 2–4 节长度之和。

分布：东洋区。世界已知 5 种，中国记录 1 种，浙江分布 1 种。

（920）中华前胫蜣螂 *Tibiodrepanus sinicus* (Harold, 1868)

Drepanocerus setosus Boheman, 1858: 50. [HN]

Drepanocerus sinicus Harold, 1868: 104. [RN]

Tibiodrepanus sinicus: Krikken, 2009: 21.

主要特征：体长 4.5–5.5 mm。体卵形，强烈拱起，背面中度光亮，被直立黄色长毛。体黄褐色，口须、触角和足颜色略浅。

雄性：头部：横阔，前缘半圆弧状；前缘中央具宽阔浅凹，凹两侧略叶片状突出和上翘，颊向两侧不强烈延伸，颊侧角圆钝，前缘饰边颜色略深，中部宽于两侧；唇基和颊分界明显，前缘在分界线处明显具凹；头部无发达角突或横脊；基部被毛比端部更密。前胸背板：均匀拱起，宽约是长的 1.3 倍；前缘宽阔凹入，具细饰边，侧缘饰边细，前角明显前伸，圆弧状，后角圆钝；基缘具饰边，中部向后延伸；盘区无陡峭斜坡，近端部具 1 对向后略弯曲指状角突，长度可接近前胸背板长度，也有些个体角突不发达，仅为圆锥状角突，角突基部无齿；布大小不一的浅坑，浅坑中具直立黄毛和密布小粒突。鞘翅：均匀拱起，长约是宽的 2.0 倍；刻点行明显深凹，行上具卵形浅坑。臀板：横阔，均匀凸出，布大小不一的浅坑和直立黄毛。足：前足胫节短粗，中足胫节明显扩展，外缘具 3 齿，外缘齿小或近乎无，后足胫节向端部逐渐变宽。阳茎：侧面观基侧突与基板近直角状。

雌性：前胸背板平坦，无高耸突起，前足胫节不明显扩展，外缘齿发达。

分布：浙江（永康）、福建、海南、香港、广西、贵州；印度，缅甸，越南，老挝，泰国。

（三）鳃金龟亚科 Melolonthinae

主要特征：体长 3.0–60.0 mm；体常为红棕色或黑色，有些种类带蓝色金属光泽或绿色光泽。体表被显著刚毛或鳞毛。头部常无角突。眼分开，小眼为晶锥眼。上唇位于唇基之下，或与唇基前缘愈合，横向、窄形或圆锥形。触角窝从背面不可见，触角 11、10、7 节或更少，鳃片部 3–7 节，椭圆到长形，光滑或略带刚毛；*Rhizotrogus bellieri* 两侧的触角节数不对称，分别为 10 节和 11 节。上颚发达，角质化，从背侧看不到或只能看到少许。胸部和前胸背板无角突。小盾片外露。中胸后侧片被鞘翅基部所覆盖。爪简单，分裂，齿状或梳状。后足爪常成对，等大或仅单爪（单爪鳃金龟族 Hopliini）。后足胫节端部有 1–2 根刺，相邻或被跗节基部分开。中胸气门完整，节间片严重退化。鞘翅边缘直，肩部后侧无凹陷。翅基第 1 腋片前背侧边缘强烈弧形，后背侧表面中部明显变窄。腹部常有功能性腹气门 7 对（第 8 对明显退化），有时候气门数量减少至 5 或 6 对（*Gymnopyge*）；第 1 和 2、第 1–4、第 1–5 或第 1–6 对位于肋膜，其他的气门位于腹板，或第 7 气门位于腹板和背板的愈合线上，或在背板上（单爪鳃金龟属 *Hoplia*）；1 对气门暴露在鞘翅边缘以下。第 5 或 6 节可见腹板愈合，愈合线经常至少在侧面可见。第 6 腹板可见时，常部分或完全缩入第 5 腹板。臀板可见。雌雄二型性不是很明显。

分布：分布于各大动物地理区，以热带、亚热带地区种类最为丰富。世界已知 750 属 11 000 余种，中国记录 74 属 895 种，浙江分布 27 属 72 种。

分属检索表

1. 后足跗节末端具 2 爪，后足胫节具 1–2 端距……2
- 后足跗节末端仅具 1 爪，后足胫节无端距……26
2. 前胸背板后缘中段具 1 对齿形缺刻……双缺鳃金龟属 ***Diphycerus***
- 前胸背板后缘中段正常、完整，无齿形缺刻……3
3. 上唇与唇基愈合为上唇基；后足胫节端部具 2 距分列跗节两侧……4
- 上唇与唇基不愈合；后足胫节端部 2 距在跗节同侧或仅 1 距……12
4. 眼眦退化，眼略突……5
- 眼眦正常……7
5. 后足腿节前缘刚毛向后生长……胖绢金龟属 ***Pachyserica***
- 后足腿节前缘刚毛向前生长……6
6. 臀板长，端部前伸，不被鞘翅完全盖住……臀绢金龟属 ***Gastroserica***
- 臀板完全被鞘翅盖住……新绢金龟属 ***Neoserica***
7. 中足基节间的中胸腹板宽度为中足腿节宽度之半到 2/3……8
- 中足基节间的中胸腹板宽度与中足腿节等宽……10
8. 后足腿节外侧具纵向连续的锯齿状线……鳞绢金龟属 ***Lasioserica***
- 后足腿节外侧无纵向连续的锯齿状线，偶尔有不连续线……9
9. 腹板中央具 1 纵凹，后足腿节暗淡，后缘腹侧距端部 2/3 处边缘锯齿状……日本绢金龟属 ***Nipponoserica***
- 腹板中央无纵凹，后足腿节具光泽，后缘腹侧边缘非锯齿状……绢金龟属 ***Serica***
10. 后足胫节表面光滑无刻点……亮毛绢金龟属 ***Paraserica***
- 后足胫节表面具刻点……11
11. 体中到大型（4.5–12.0 mm），雌雄触角鳃片部均为 3 节，雌雄臀板不具二型性……码绢金龟属 ***Maladera***
- 体中型（4–7 mm），雄性触角鳃片部 3–7 节，雌雄臀板具二型性……小绢金龟属 ***Microserica***
12. 腹部腹板间缝中央明显可见；可见腹板 5 节……阿鳃金龟属 ***Apogonia***
- 腹部腹板间缝中央较浅或模糊；可见腹板 6 节……13
13. 后胸前侧片宽（长约为宽的 2.0 倍）……14
- 后胸前侧片窄（长为宽的 5.0–6.0 倍）……19
14. 触角鳃片部 3 节……15
- 触角鳃片部大于 3 节……16
15. 上唇左右明显不对称……歪鳃金龟属 ***Cyphochilus***
- 上唇左右对称……黑鳃金龟属 ***Dasylepida***
16. 鞘翅无纵肋；头部、前胸背板和鞘翅多布鳞片，鞘翅鳞片呈云状……云鳃金龟属 ***Polyphylla***
- 鞘翅具 4–5 条纵肋；头部、前胸背板和鞘翅密布短毛或短鳞毛……17
17. 腹节侧方无鳞斑……等鳃金龟属 ***Exolontha***

- 腹节侧方有鳞斑 ……………………………………………………………………………………18
18. 鳃片部显著长于余下各节长之和；前胸背板侧缘具齿 …………………………**鳃金龟属 *Melolontha***
- 鳃片部等于或略长于余下各节长之和；前胸背板侧缘平滑 ……………………**缘胸鳃金龟属 *Tocama***
19. 雄性鳃片部大于 3 节，显著长于第 2–7 节之和；跗爪近端部具 1 齿 ……………………………………20
- 雄性鳃片部 3 节，多微长于、等于或小于第 2–7 节（第 2–6 节）之和；跗爪靠近基部或中间位置具 1 齿 ……………21
20. 雄性鳃片部 7 节 ……………………………………………………………**七鳃金龟属 *Heptophylla***
- 雄性鳃片部 5 节 ……………………………………………………………**希鳃金龟属 *Hilyotrogus***
21. 额区有发达的隆脊……………………………………………………………………………………22
- 额区平，或隆起不发达 ………………………………………………………………………………23
22. 触角鳃片部 3 节 ……………………………………………………………**脊鳃金龟属 *Miridiba***
- 触角鳃片部 5–8 节……………………………………………………………**多鳃金龟属 *Megistophylla***
23. 后胸腹板未着生长毛…………………………………………………………**索鳃金龟属 *Sophrops***
- 后胸腹板着生长毛……………………………………………………………………………………24
24. 跗爪 2 分裂，不垂直…………………………………………………………**黄鳃金龟属 *Pseudosymmachia***
- 跗爪中位着生 1 齿，垂直或稍前斜…………………………………………………………………25
25. 鞘翅纵肋 I 后方收拢变窄 ……………………………………………………**狭肋鳃金龟属 *Eotrichia***
- 鞘翅纵肋 I 后方多少扩阔 ……………………………………………………**齿爪鳃金龟属 *Holotrichia***
26. 前胸背板后角钝角近弧形，无深凹；中胸前侧片不可见 ……………………**平爪鳃金龟属 *Ectinohoplia***
- 前胸背板侧缘在后角之前向内深凹，从背部明显可见部分中胸前侧片 ……………**胸爪鳃金龟属 *Thoracoplia***

双弓鳃金龟族 Diplotaxini Burmeister, 1855

363. 阿鳃金龟属 *Apogonia* Kirby, 1819

Apogonia Kirby, 1819a: 401. Type species: *Apogonia gemellata* Kirby, 1819.

主要特征：体小到中型，常为黑色、棕黑色、栗褐色或红褐色，体表甚光亮。头宽大，唇基甚短阔，与眼眦连成一片。触角 10 节，鳃片部 3 节，短小。前胸背板短阔。小盾片三角形。鞘翅具明显 4 纵肋，具膜质饰边。臀板短小，布粗大具毛刻点。胸部腹侧被毛，密布刻点。腹部刻点稀。前足胫节外缘 3 齿。阳基侧突不对称。

分布：主要分布于古北区、东洋区。世界已知 483 种，中国记录 18 种，浙江分布 4 种。

分种检索表

1. 前胸背板粗糙，密被纵向硬鬃毛 ……………………………………**川圹阿鳃金龟 *A. xiengkhouangana***
- 前胸背板密布或疏布刻点，不具鬃毛……………………………………………………………………2
2. 前胸背板前角呈锐角；鞘翅具 4 条纵肋……………………………………**黑阿鳃金龟 *A. cupreoviridis***
- 前胸背板非直角或钝角；鞘翅具 2 条纵肋……………………………………………………………3
3. 唇基前缘直，似梯形；前胸背板具稀疏刻点 ……………………………………**图阿鳃金龟 *A. tumai***
- 唇基近椭圆形；前胸背板密布规则刻点，刻点略粗糙……………………………**筛阿鳃金龟 *A. cribricollis***

（921）黑阿鳃金龟 *Apogonia cupreoviridis* Kolbe, 1886

Apogonia cupreoviridis Kolbe, 1886: 193.

主要特征：体小型，长椭圆形。体长 8.0–10.5 mm，宽 4.6–6.2 mm。体多呈黑褐色，最淡者红褐色，体表甚亮。唇基短宽似梯形，密布粗大扁圆刻点，边缘折翘。额唇基沟明显，中部具凹陷。触角 10 节，鳃片部 3 节，短小。前胸背板布脐形刻点，前角锐角形前伸，后角钝角形。小盾片三角形，布少量刻点。鞘翅平坦，缝肋及 4 条纵肋清晰，侧缘前段明显钝角形扩阔，缘折宽，有膜质边饰。臀板小而隆拱，布粗大具毛刻点，中纵常呈脊状。胸下具微毛，刻点密布。腹部具毛，刻点浅稀。前足胫节外缘 3 齿。

分布：浙江（湖州、杭州、宁波、金华、温州）、黑龙江、辽宁、北京、天津、山东、陕西、甘肃、江苏、上海、安徽、湖北、江西、湖南、福建、广东、广西、四川、云南。

（922）筛阿鳃金龟 *Apogonia cribricollis* Burmeister, 1855

Apogonia cribricollis Burmeister, 1855: 256.

主要特征：体长 7.8–11.4 mm。体黑色，具金属光泽，触角和须黄色。体背多光裸，足和腹侧被浅色稀疏刚毛。唇基近椭圆形，密布粗刻点。额唇基沟明显。触角 10 节，被稀疏长刚毛，鳃片部 3 节，短于柄节。前胸背板基部最宽，前缘具膜质边缘，后缘线缺失，表面规则密布刻点，刻点微粗糙；前角锐角，端部略圆，后角圆钝。小盾片三角形，端部 1/4 光裸，其余布稀疏粗刻点。鞘翅凸起，中部最宽，布不规则粗刻点，具 2 微隆起的光滑纵肋。鞘翅端部侧缘具膜质缘饰。胸部腹侧布被毛刻点。臀板隆起，布不规则粗刻点。前足胫节外缘 3 齿。

分布：浙江（湖州、杭州、宁波、丽水、温州）、黑龙江、吉林、辽宁、福建、广东、海南、香港、广西、四川、贵州、西藏；缅甸，越南，老挝，泰国，柬埔寨。

（923）图阿鳃金龟 *Apogonia tumai* Kobayashi, 2016

Apogonia tumai Kobayashi, 2016: 27.

主要特征：体长 7.5–9.0 mm。体椭圆形，浅红褐色至褐色有光泽。体表刻点具微毛。触角 10 节，鳃片部 3 节短于柄节。唇基梯形，密布粗糙刻点；前缘平直，侧缘略直斜截状。额区略凸，具稀疏小刻点。前胸背板具稀疏细刻点，侧缘于最宽处前段直，后半部分略弧弯；盘区近侧缘处具 1 近圆形的凹陷；前角直角，后角圆钝。小盾片宽三角形，刻点无或极其稀少。鞘翅具 1 条缝肋和 2 条纵肋，近纵肋处具凹痕线。纵肋间密布粗刻点。前足胫节外缘 2 齿。腹板具刻点，刻点着生微毛；腹板侧缘无脊。臀板略凸，密布具毛粗刻点。

分布：浙江（杭州）、福建。

（924）川圹阿鳃金龟 *Apogonia xiengkhouangana* Kobayashi, 2010

Apogonia xiengkhouangana Kobayashi, 2010: 65

主要特征：体长 10.0–10.5 mm，宽 6.0 mm，椭圆形。体红褐色至黑色，背面光滑无毛，腹面有具毛刻点。唇基宽，前缘圆；表面平坦，密布皱褶刻点。额区具粗密刻点。触角 10 节，鳃片部 3 节短于柄节。前胸背板密布刻点；侧缘弧弯；前角直角，后角圆钝。小盾片三角形，两侧具刻点，中纵区无。鞘翅具缝肋和 3 条纵肋，纵肋间具粗糙刻点，基部具皱纹。前足胫节外缘外缘 3 齿，第 3 齿微小。腹部腹板两侧具浓密刻点，中央稀疏；第 2 腹板中央具 1 对微弱隆起；第 1–4 节各节两侧具明显隆突。臀板略凸，密布具毛粗刻点。

分布：浙江、广西；老挝。

双缺鳃金龟族 Diphycerini Medvedev, 1952

364. 双缺鳃金龟属 *Diphycerus* Fairmaire, 1878

Diphycerus Fairmaire, 1878: 100. Type species: *Diphycerus davidis* Fairmaire, 1878.

Metaceraspis Frey, 1962a: 63. Type species: *Metaceraspis fukiensis* Frey, 1962.

主要特征：体小型，体黑褐色，体表具黑褐色长毛。触角 9 节，鳃片部 3 节。前胸背板后缘具 1 对齿形缺刻，背板两侧及中纵部密布白色短毛。鞘翅短，前部宽后端窄。前足胫节外缘 2 齿；爪成对，简单。腹部多被白毛。

分布：古北区、东洋区。世界已知 6 种，中国记录 5 种，浙江分布 1 种。

（925）毛缺鳃金龟 *Diphycerus davidis* Fairmaire, 1878

Diphycerus davidis Fairmaire, 1878: 100.

主要特征：成虫体长 5.7–7.0 mm。体表被黑褐色长毛。触角 9 节，鳃片部 3 节。前胸背板后缘具 1 对三角形缺刻，前胸背板两侧及中纵线附近密布白色短毛，多少呈白色带。小盾片乳白色短毛排列似“旋”。前足胫节外缘 2 齿。前足 2 跗爪短，末端分裂。中、后足细长，末端不分裂。腹部腹面多被乳白色毛。

分布：浙江（安吉）、辽宁、山西、河南、陕西、宁夏、甘肃、四川。

七鳃金龟族 Heptophyllini Medvedev, 1951

365. 七鳃金龟属 *Heptophylla* Motschulsky, 1858

Heptophylla Motschulsky, 1858b: 32. Type species: *Heptophylla picea* Motschulsky, 1858.

主要特征：体中型，淡黄褐色、红褐色至深褐色；体亮有闪光，散布刻点。唇基近梯形，散布深刻点。触角 10 节，雄性鳃片部 7 节，末 4–5 节最大，长度几乎相等。前胸背板短阔，散布圆刻点。小盾片近半圆形或短阔三角形，散布刻点。鞘翅狭长，肩突发达，缝肋发达，纵肋可见 2–3 条，密布粗刻点。胸腹板被长绒毛。前足胫节外缘 3 齿，内缘距发达。后足胫节具 2 端距。跗爪深分裂，齿爪端宽。

分布：古北区、东洋区。世界已知 6 种，中国记录 5 种，浙江分布 1 种。

（926）阔背七鳃金龟 *Heptophylla laticollis* Zhang, 1995

Heptophylla laticollis Zhang, 1995: 243.

主要特征：体长 12.6–14.0 mm，宽 6.1–6.7 mm，卵圆形，后方狭长。体淡褐泛红，头面、前胸背板、小盾片及足色较深，呈栗褐色，鞘翅薄被丝绒闪色层。唇基短阔近梯形，密布圆大刻点，前缘微凹，额唇基沟深且近横直。触角 10 节，鳃片部 7 节，明显长于余节，除第 1 鳃片部略短外，其余 6 节几乎等长。前胸背板短阔，后缘边框密布圆大被毛刻点。小盾片近半圆形，散布刻点。鞘翅狭长，肩突发达，缝肋阔。臀板隆拱近三角形，密布被微毛刻点。胸腹板被柔长绒毛。前足胫节外缘 3 齿，内缘距发达。后足胫节狭长，后足跗节第 1 节明显短于第 2 节。

分布：浙江（丽水）。

366. 希鳃金龟属 *Hilyotrogus* Fairmaire, 1886

Hilyotrogus Fairmaire, 1886: 325. Type species: *Hilyotrogus unguicularis* Fairmaire, 1886.

主要特征：体中型，狭长，浅棕色、淡褐色至褐色。触角 10 节，鳃片部 5 节，雄性长雌性短，各节长短不齐。前胸背板短阔，刻点多稀疏，前缘具毛，侧缘弧状外扩。小盾片近半圆形或短阔三角形，散布刻点。鞘翅狭长，缝肋发达。跗爪端部 2 深裂。臀板皱褶。

分布：古北区、东洋区。世界已知 32 种，中国记录 15 种，浙江分布 1 种。

（927）二色希鳃金龟 *Hilyotrogus bicoloreus* (Heyden, 1887)（图版 IV-55）

Lachnosterna bicoloreus Heyden, 1887: 265.

Hilyotrogus bicoloreus: Reitter, 1902: 258.

主要特征：体狭长，体长 12.3–15.5 mm；体褐色至棕褐色，头部、足及前胸背板和小盾片的边缘色深。腹板密布浅黄色长绒毛。唇基短阔，散布深刻点，边缘上翘明显，前缘弧凹。额区中部约具 20 个浅大具毛刻点。触角 10 节，鳃片部 5 节，雄性长大雌性短小，各节长短不齐。前胸背板较短，散布深大刻点，前缘具成排纤毛，侧缘弧形，后缘无边框，前后角均为钝角。鞘翅散布刻点，缝肋发达，纵肋明显。前足胫节外缘 3 齿。臀板表面皱褶，侧缘具长毛。跗爪端部深裂，下支末端斜截。

分布：浙江、辽宁、北京、河北、山西、河南、甘肃、青海、重庆、四川、贵州；俄罗斯（远东地区），朝鲜半岛。

单爪鳃金龟族 Hopliini Latreille, 1829

367. 平爪鳃金龟属 *Ectinohoplia* Redtenbacher, 1868

Ectinohoplia Redtenbacher, 1868: 63. Type species: *Ectinohoplia sulphuriventris* Redtenbacher, 1868.

Spinohoplia Sabatinelli, 1997: 67. Type species: *Spinoplia ahrensis* Sabatinelli, 1997.

主要特征：触角 10 节，鳃片部 3 节。前胸背板最阔点于中部，最宽长度窄于鞘翅基部，前角为前伸之锐角，后角为钝角近弧。鞘翅较短，常仅覆盖至前臀板前缘，最阔点于基部，前后几乎同宽，背面较平整不隆拱，缝角处有刺毛，亦少见缺刺毛者。前足胫节 3 外缘齿且无距；前、中足为异长之 2 爪，小爪长度约为大爪的 2/3–3/4，大小爪末端上沿均可见分裂；后足仅 1 爪。

分布：主要分布于整个古北区和东洋区。世界已知 43 种，中国记录 24 种，浙江分布 1 种。

（928）长脚平爪鳃金龟 *Ectinohoplia hieroglyphica* Moser, 1912

Ectinohoplia hieroglyphica Moser, 1912: 307.

主要特征：体长 8.0 mm，体表呈黑色。头部皱褶，额顶区布金色鳞片，被黄色刚毛。触角 10 节，鳃片部 3 节。前胸背板最阔点于中部，向前向后逐渐收缩，前角前伸为锐角，后角为钝角近弧，被短的棕色刚毛，盘区密布黄色鳞片，亦有构成斑纹之黑色鳞片，2 条斑纹中间弯曲，有时两端相互连接。鞘翅最阔点于基部，布黄色鳞片，亦有构成斑纹之黑色鳞片，每个鞘翅肩角有 1 个斑纹，中间的横向带由 3 个纵向斑纹构成，连续或不连续，在接缝处向后延伸于鞘翅末端前形成 2 个小的斑纹，盘区被短的棕色刚毛，缝角处没有刺毛。臀板、前臀板及腹部密布金色鳞片，但有鬃毛的地方没有鳞片。足上的鳞片稍稀疏，跗节的鳞片微微发蓝；前足胫节 3 齿，前、中足大小爪末端上沿可见分裂且大小爪差异不大；后足仅 1 个简单的爪。

分布：浙江（温州）；越南。

368. 胸爪鳃金龟属 *Thoracoplia* Prokofiev, 2015

Thoracoplia Prokofiev, 2015: 319. Type species: *Ectinohoplia pictipes* Fairmaire, 1889.

主要特征：触角 10 节，鳃片部 3 节。前胸背板侧缘在后角之前向内深凹，从背部明显可见前胸背板基部和鞘翅基部之间楔入的部分中胸前侧片。鞘翅覆盖有纵向平行的短硬半卧刚毛，边缘几乎平行，缝角处没有刺毛。小盾片大，其宽度超过前胸背板基部宽度的 1/3。前臀板外露长度超过其长度的 3/4，至少其前 2/3 覆盖着浓密的鳞状刚毛。足细长；只在足上有明亮的鳞片；后足爪末端总是分裂。

分布：古北区、东洋区。世界已知 6 种，中国记录 5 种，浙江分布 1 种。

（929）许氏胸爪鳃金龟 *Thoracoplia xuorum* Kobayashi, 2018

Thoracoplia xuorum Kobayashi, 2018: 67.

主要特征：体长 8.0–9.0 mm，宽 4.0–4.5 mm。雄性黑色，雌性浅棕色；胫节齿的末端、爪的末端红棕色到深红棕色。头密布粗刻点，布稍密半伏短刚毛，额顶区缝线略弓形。唇基近半圆，宽为长的 2.3 倍，密布粗刻点，盘区密布细直刚毛。触角 10 节，鳃片部 3 节。前胸背板最阔点于中部，最宽长度窄于鞘翅基部，侧缘向前或向后延伸几乎笔直，前角为前伸之锐角，微凸，后角为钝角，后缘微弧，有时侧缘在后角前稍有内凹；雄性布黑色鳞片，亦布构成图案之黄褐色鳞片，雌性布浅棕色鳞片，亦布构成图案之淡黄色鳞片，沿前缘和后缘两侧分布，密布刻点，盘区密布不规则长短的半伏刚毛和鳞状刚毛（长 0.07–0.15 mm）。小盾片稍大，三角形，长约为宽的 1.3 倍，末端不尖锐，密布刻点。鞘翅最阔点于基部，背面平整，肩角略微凸出，雄性布黑色鳞片，亦布构成图案之黄褐色鳞片，雌性布构成图案之淡黄色鳞片，沿小盾片分布并在盘区形成 3 条横带，盘区布不规则短刚毛行，缝角处没有刺毛。臀板中间微凸，密布稍长直立刚毛（长 0.1–0.15 mm），与前臀板及腹面密布黄灰色无光泽鳞片（有时部分鳞片有光泽）。前、中足腿节稀疏分布细长暗蓝色鳞片，后足腿节密布与腹部相同的黄灰色鳞片，胫节稀疏分布细长椭圆形鳞片；前足胫节 3 齿，第 1 齿大而尖，第 2、3 齿钝但明显；前、中足爪末端上沿可见分裂，大爪比小爪稍长；后足爪稍粗壮，爪末端上沿分裂。

分布：浙江（杭州）。

白鳞鳃金龟族 Leucopholini Burmeister, 1855

369. 歪鳃金龟属 *Cyphochilus* Waterhouse, 1867

Cyphochilus Waterhouse, 1867: 141. Type species: *Melolontha candida* Olivier, 1789.

主要特征：体棕色至黑色，体表密被白色鳞片，常盖住底色；臀板与腹面无金属光泽。触角10节，鳃片部3节，雄虫触角鳃片部等于或长于余节之长，极少短于。上唇不对称，右半部强烈肿大前凸。眼不突出；前胸横形，侧缘弯曲，无锯齿，前缘后缘无边框，后缘无直立刚毛。腹板具鳞毛，侧缘无白点。爪基部扩大，端部不裂开。阳基侧突基部愈合。

分布：古北区、东洋区。世界已知 38 种，中国记录 11 种，浙江分布 1 种。

（930）粉歪鳃金龟 *Cyphochilus farinosus* Waterhouse, 1867（图版 IV-56）

Cyphochilus farinosus Waterhouse, 1867: 143.

主要特征：雄性体表被点状白鳞毛，雌性鳞毛长椭圆形，足深红色。眼间具明显凹窝。唇基前缘圆，前缘剧烈上翻。眼非常突出，触角鳃片部长于余节长度之和。前胸背板短，前缘具弱凹陷，后缘具 2 凹陷。鞘翅在近端部处最宽，翅缝隆起，鞘翅上分别具 3 纵肋。中胸腹板简单，被黄褐色软毛，腹板被厚灰绒毛状鳞毛。臀板窄，三角形，端部圆，被薄黄鳞毛。

分布：浙江、中国东北、上海、湖南、福建、海南；朝鲜，韩国。

370. 黑鳃金龟属 *Dasylepida* Moser, 1913

Dasylepida Moser, 1913: 287. Type species: *Lepidiota nana* Sharp, 1876.

主要特征：体中型，触角 10 节，鳃片部 3 节。体表被短毛或短鳞片；臀板、腹板和中胸腹板侧缘被白色或黄色鳞毛；胸部具浓密长毛。鞘翅有皱褶；具 5 条纵肋。跗爪于基部 2 分裂，着生齿，齿基部另着生 1 小齿。成虫体色有雌雄二型现象。

分布：古北区、东洋区。世界已知 7 种，中国记录 5 种，浙江分布 1 种。

（931）黄腹黑鳃金龟 *Dasylepida nana* (Sharp, 1876)（图版 IV-57）

Lepidiota nana Sharp, 1876: 76.

Dasylepida nana: Nomura, 1970: 62.

Dasylepida fissa Moser, 1913: 287.

主要特征：体长 16.0–20.0 mm；雄性体黑褐至黑色，腹板被黄色鳞毛，中胸腹板被黄棕色长软毛；雌性体赤褐色或暗褐色，后胸腹板被深黄棕色长软毛，腹板被略白色鳞毛。唇基近长方形，额区具微弱的刻点和黄色短刚毛。触角 10 节，鳃片部 3 节；雄性鳃片部长于或等于柄节；雌性短于柄节。前胸背板布微弱皱褶刻点，刻点均被长刚毛，后缘密被黄色直立刚毛。小盾片除中纵线外密布短毛。鞘翅具 5 条纵肋，第 4 条不甚明显；前缘近端部具皱褶。前足胫节外缘 3 齿；后足腿节腹面密布短毛；跗爪 2 分裂，内齿远短于爪。腹板密被短鳞片；臀板三角形，雄性中央隆起，端部弧状；雌性平坦，末端截断。

分布：浙江（宁波）、台湾、香港。

鳃金龟族 Melolonthini Leach, 1819

371. 等鳃金龟属 *Exolontha* Reitter, 1902

Exolontha Reitter, 1902: 269. Type species: *Melolontha umbraculata* Burmeister, 1855.

主要特征：体中到大型。全体密布刻点，被绒毛，点间具皱褶。唇基近半圆或梯形，前缘无中凹。触角 10 节，鳃片部 7 节。前胸背板前缘、后缘常无边框。鞘翅各有纵肋 4 条。后胸腹板前部无腹突，腹节侧方无鳞毛斑。前足胫节外缘 2 或 3 齿，内缘距发达。后足胫节中部无明显横脊，后足跗节第 1 节短于第 2 节，爪发达。

分布：主要分布于东洋区。世界已知 18 种，中国记录 14 种，浙江分布 2 种。

（932）大等鳃金龟 *Exolontha serrulata* (Gyllenhal, 1817)

Melolontha serrulata Gyllenhal, 1817: 168.

Melolontha manillarum Blanchard, 1851: 160.

Exolontha serrulata: Chang, 1965b: 225.

主要特征：体大型，体长 26.2–31.5 mm，宽 12.7–16.7 mm。全体密被具毛刻点，背侧绒毛长短一致。头阔，唇基短阔，前缘近横直无中凹。触角 10 节，鳃片部狭长，雌雄均为 7 节，其中第 2–7 节几乎等长。前胸背板前缘具凸线状边框，密布具毛缺刻，后缘无边框，中央常有光滑纵线。小盾片具显著光滑中纵线。鞘翅各具不明显纵肋 4 条。臀板端缘中央有倒“V”形凹缺（雄性）或端中部微隆似鼻（雌性）。后胸腹板前部无前伸凸起，腹板侧方无鳞斑。前足胫节外缘 3 齿，后足跗节第 1 节短于第 2 节。爪发达，爪齿细小，中位垂直着生。

分布：浙江（湖州、杭州、绍兴、宁波、舟山、金华、丽水、温州）、湖南、福建、香港；印度，泰国。

（933）影等鳃金龟 *Exolontha umbraculata* (Burmeister, 1855)

Melolontha umbraculata Burmeister, 1855: 418.

Exolontha umbraculata: Reitter, 1902: 269.

主要特征：体长 21.0–25.0 mm，宽 9.5–11.0 mm。体长卵圆形，黑褐色，密被绒毛。头较长大，唇基横矩形，前角圆，前缘几乎横直，边缘微上卷。触角鳃片部 7 节，第 3–6 节等长，其余各节均渐短。前胸背板侧缘前段直形，布稀疏微缺刻。小盾片心形，上具光滑中纵线。鞘翅褐色，纵肋明显，纵肋III较弱，鞘翅前半部有心形具光泽的淡褐色毛斑，其后为深褐色“V”形宽毛带，毛带后缘模糊，端部深浅色相间，致端部色较浅。臀板发达，中央有较显著的纵沟纹，前足胫节外缘 2 齿，内缘距发达，后足跗节第 1 节显著短于第 2 节，爪细长。

分布：浙江（湖州、杭州、宁波、丽水、温州）、湖南、福建、香港、四川。

372. 鳃金龟属 *Melolontha* Fabricius, 1775

Melolontha Fabricius, 1775: 31. Type species: *Scarabaeus melolontha* Linnaeus, 1758.

Hoplosternus Guérin-Méneville, 1838: 63. Type species: *Melolontha chinensis* Guérin-Méneville, 1838.

Oplosternus Guérin-Méneville, 1838: 63. Type species: *Melolontha chinensis* Guérin-Méneville, 1838 [incorrect original spelling].

主要特征：体中到大型，棕色、褐色至深褐色，触角鳃片部雄性 7 节，雌性 6 节。体表密布细刻点。前胸背板中纵线凹陷。鞘翅第 3–4 纵肋显著可见。中足基节之间无中胸腹突，或仅有 1 微小锥形突；前足胫节外缘雄性 2 齿，雌性 3 齿。臀板尾端明显具 1 细长突起。

分布：古北区、东洋区和旧热带区。世界已知 66 种，中国记录 28 种，浙江分布 2 种。

（934）弟兄鳃金龟 *Melolontha frater* Arrow, 1913

Melolontha frater Arrow, 1913b: 400.

主要特征：体长 22.0–26.0 mm，宽 11.0–14.0 mm。体棕色、淡褐色至褐色。体表密布灰白色鳞毛。触角 10 节，鳃片部雄性第 7 节长大，雌性第 6 节短小。唇基长大略外弯，近方形，前缘直；被黄褐色绒毛，以前部中点呈放射状排列。前胸背板被针状灰白色鳞毛，盘区中纵沟浅且不连贯；前缘有成排纤毛；前角钝角，后侧角直角。小盾片近半圆形。鞘翅纵肋 4 条明显，肋间散布粗刻点。胸部腹面密被长毛。前足胫节外缘雄性 2 齿，雌性 3 齿，跗爪近基部具小齿。臀板中纵线明显，端部具突起。

分布：浙江（德清）、黑龙江、吉林、辽宁、内蒙古、北京、河北、山西、河南、宁夏、甘肃；朝鲜半岛，日本。

（935）灰胸突鳃金龟 *Melolontha incana* (Motschulsky, 1854)

Oplosterna incana Motschulsky, 1854e: 46.

Hoplosternus incanus: Reitter, 1902: 260.

Melolontha incana: Li, Yang & Wang, 2010: 345.

主要特征：体长 21.0–31.0 mm，宽 10.5–15.0 mm。体褐色、深褐色或栗褐色。体表密布针状灰黄色或灰白色鳞毛。触角 10 节，鳃片部雄性 7 节，长大微弯曲；雌性 6 节，短小且直。头宽，唇基前缘略凹，侧缘上翘。前胸背板短阔，密布针尖状鳞毛，形成 5 条纵纹，中央布不均匀刻点。小盾片大。鞘翅肩突、端均发达，纵肋第 1–3 条明显可见。胸部腹面密布毛。中胸腹突伸达前足基节之间。腹部腹板两侧具三角形乳黄色斑。前足胫节外缘雄性 2–3 齿，雌性 3 齿；各跗爪各具 1 齿，内、外爪不完全对称。臀板三角形，末端钝圆。

分布：浙江（安吉）、黑龙江、吉林、辽宁、内蒙古、北京、河北、山西、山东、河南、陕西、宁夏、湖北、江西、湖南、四川、贵州；俄罗斯，朝鲜半岛。

373. 云鳃金龟属 *Polyphylla* Harris, 1841

Polyphylla Harris, 1841: 30. Type species: *Melolontha variolosa* Hentz, 1830.

主要特征：体中到大型，栗褐色、褐色、深褐色或黑褐色。体背侧被各式白或乳白色鳞毛斑。唇基扩阔。触角 10 节，雄性触角鳃片部宽阔长大，7 节，雌性鳃片部短小，4–6 节。前胸背板后缘中段正常，无齿形缺刻。鞘翅纵肋无或退化。胸部腹侧被密绒毛。腹侧无三角形白斑或密被白鳞。后足胫节 2 端距相近，位于胫节端部一侧。

分布：古北区、东洋区和旧热带区。世界已知 82 种，中国记录 22 种，浙江分布 5 种。

分种检索表

1. 体黄褐色至红褐色······2
- 体栗褐色、深褐至黑色······3
2. 唇基前缘强烈上折，无中凹······**戴云鳃金龟 *P. davidis***
- 唇基前缘适度上折，中部微凹······**霉云鳃金龟 *P. nubecula***
3. 额区密被灰黄或棕灰色绒毛；小盾片中纵滑亮，两侧被白鳞毛······**大云鳃金龟 *P. laticollis***
- 额区被淡黄色鳞毛，无绒毛；小盾片基部两侧被淡黄色鳞片或前端并排 2 三角形白鳞斑······4

4. 雄性鳃片部为柄节的 4.0 倍；前胸背板盘区被淡黄细绒毛，中央有灰白色纵长鳞纹，两侧中断鳞纹；小盾片基部两侧被淡黄色鳞片，中后部无鳞片…… **台云鳃金龟 *P. formosana***
- 雄性鳃片部为柄节的 2.5 倍；前胸背板盘区具 3 条宽黄色鳞片条纹，仅中间完整，两侧 2 条缺如；小盾片前端并排 2 三角形白鳞斑，中部光裸 …… **普斑鳃金龟 *P. ploceki***

（936）戴云鳃金龟 *Polyphylla* (*Polyphylla*) *davidis* Fairmaire, 1888（图版 IV-58）

Polyphylla davidis Fairmaire, 1888b: 17.

主要特征：体长 35.0–44.0 mm，宽 18.0–20.0 mm。通体黄褐色至红褐色，具黄色毛斑。头部与前胸背板密被刻点。唇基前缘强烈上折，无中凹，密布被毛刻点。眼周被长密黄软毛。额唇基沟明显，额区侧缘密被具毛刻点，中部多数不被毛。触角鳃片部 7 节，长过余节的 2.0 倍。前胸背板密被具毛刻点，稀疏不均，形成数个毛斑。小盾片密被具毛刻点，中部至后缘光滑无刻点。鞘翅长为宽的 3.0 倍，外缘、中部均具纵凹。胸腹板密被黄长软毛，中胸腹板中部具 1 深纵凹。腹板密布具毛刻点，每节后缘中部光滑。腿节扁宽，被数列红褐色刺，足密布具毛刻点，臀板近三角形，表面密布被毛刻点。雄性爪对称。前足胫节外缘雄性 2 齿，雌性 3 齿。

分布：浙江（湖州、杭州、宁波、金华、丽水）、江苏、湖南、福建、四川、贵州。

（937）台云鳃金龟 *Polyphylla* (*Polyphylla*) *formosana* Niijima *et* Kinoshita, 1923

Polyphylla formosana Niijima *et* Kinoshita, 1923: 69.

主要特征：体大型，长 35.0–47.0 mm，宽 20.0–24.0 mm，体背黑褐色，腹深褐色至黑色。上唇短，呈长方形，基部最宽；侧缘被少许淡黄色鳞毛。额区布明显刻点，被淡黄色鳞毛。触角 10 节，雄性鳃片部 7 节，鳃片部为柄节的 4.0 倍；雌性鳃片部 5 节，短于柄节。前胸背板盘区被淡黄细绒毛，中央有灰白色纵长鳞纹，两侧中断鳞纹。鞘翅基部密被不规则白鳞毛斑。小盾片基部两侧被淡黄色鳞片，中后部无鳞片。前足胫节外缘端部具 1 齿，中部具 1 微齿。后足基节被白绒毛。

分布：浙江（杭州）、台湾。

（938）霉云鳃金龟 *Polyphylla* (*Polyphylla*) *nubecula* Frey, 1962（图版 IV-59）

Polyphylla nubecula Frey, 1962b: 614.

主要特征：通体红褐色，具黄色毛斑。头部与前胸背板被黄色具毛刻点。唇基前缘适度上折，中部微凹，表面密布被毛刻点。眼周被密长黄软毛。触角鳃片部 7 节，长度超过余节的 2.0 倍。小盾片前缘密被具毛刻点，中部至后缘光滑无刻点。鞘翅长为宽的 3.0 倍，外缘、中部均具纵凹。胸腹板密被长黄软毛，中胸腹板中部具 1 深纵凹。腹板密布具毛刻点，每节后缘中部光滑。腿节扁宽，足密布具毛刻点，臀板近三角形，表面密布被毛刻点。前足胫节雌雄皆 3 齿，雄性基齿弱；雄性爪对称。

分布：浙江（丽水）、福建、广东、广西、云南。

（939）大云鳃金龟 *Polyphylla* (*Gynexophylla*) *laticollis chinensis* Fairmaire, 1888（图版 IV-60）

Polyphylla chinensis Fairmaire, 1888b: 17.

Polyphylla laticollis chinensis: Reitter, 1902: 271.

Polyphylla potanini Semenov, 1890: 198.

Polyphylla vacca Semenov, 1890: 199.

Polyphylla (*Gynexophylla*) *chinensis chinensis*: Medvedev, 1951: 87.

主要特征：体长 31.0–38.5 mm，宽 15.5–19.8 mm。体栗褐至黑褐色，头、前胸背板及足色泽常较深，鞘翅色较淡，体背被各式白或乳白色鳞片组成的斑纹。体长椭圆形，背面相当隆拱。唇基阔大，前方微扩阔（雄）或略收狭（雌），密布具鳞片的皱形刻点，前缘强烈上折，中段微弧凸；额区密被灰黄或棕灰色绒毛。触角 10 节，雄性鳃片部 7 节，强烈阔大外弯，长度与前胸背板等长；雌性鳃片部短小，6 节。前胸背板盘区前侧部具微凹陷，侧缘有具毛缺刻。小盾片大，中纵滑亮，两侧被白鳞毛。鞘翅无纵肋，具鳞片，刻点不匀分布，似云纹。臀板及腹下密被针状短毛。胸下绒毛厚密。雄性腹下有宽纵凹沟，雌性腹下饱满。前足胫节外缘雄性 2 齿，雌性 3 齿；爪发达对称。

分布：浙江（湖州、杭州、绍兴、宁波、金华、台州、金华丽水）、北京、山西、山东、四川、西藏。

（940）普斑鳃金龟 *Polyphylla* (*Polyphylla*) *ploceki* Tesař, 1944

Polyphylla ploceki Tesař, 1944: 339.

主要特征：体大型，深棕色至黑色，背侧密布小鳞片。唇基前缘中部前凸，两侧略抬起。额区两侧各具 1 浅黄色鳞纹，中央具 1 浅黄色鳞纹。触角鳃片部 7 节，为余节长的 2.5 倍。前胸背板盘区具 3 条宽黄色鳞片条纹，仅中间完整，两侧 2 条缺如；盘区两侧各具 1 粗糙刻点和短鳞片组成的黄色环斑纹；前胸背板侧缘具宽钝齿；后缘具完整细边框，后半段平行。小盾片前端并排 2 三角形白鳞斑；中部光裸。鞘翅缝肋发达，无纵肋，具云纹状分布小鳞片。胸腹面具浓密短毛。跗爪基部 2 分裂，齿锐。阳基侧突端部尖锐呈钩状向下弧弯。

分布：浙江（浙江）、广东。

374. 缘胸鳃金龟属 *Tocama* Reitter, 1902

Tocama Reitter, 1902: 265. Type species: *Melolontha rubiginosa* Fairmaire, 1889. Raised by Kryzhanovskij, 1978: 134.

Zhangia Bunalski, 2002: 408. Type species: *Zhangia margaritae* Bunalski, 2002.

主要特征：体中到大型，背侧栗色至黑褐色，似缎，被细密鳞毛。唇基方形，表面微弱凹陷，密布粗糙被毛刻点，前缘微弱到适度上翘，中部内凹可见上唇背面。触角 10 节，鳃片部 7 节，长度等于或长于余节之长。前胸背板盘区密布被毛刻点，侧缘光滑。鞘翅中部最宽。前足跗节外侧 3 齿，前、中足腿节扁平，后足腿节强壮，表面隆起，被短粗刚毛。

分布：主要分布于古北区和东洋区。世界已知 11 种，中国记录 7 种，浙江分布 1 种。

（941）锈褐缘胸鳃金龟 *Tocama rubiginosa* (Fairmaire, 1889)（图版 IV-61）

Melolontha rubiginosa Fairmaire, 1889a: 21.

Tocama rubiginosa: Reitter, 1902: 265.

Melolontha albidiventris Fairmaire, 1889a: 21.

主要特征：雄性体长 15.0–18.0 mm，宽 7.5–9.6 mm，雌性体长 16.7–20.0 mm，宽 11.0 mm。体中型。头部、触角、前胸背板、小盾片和腹面为红褐色至黑褐色，鞘翅暗栗色，体背侧（除头部）密被黄褐或灰褐色细小刚毛，头部被披针状刚毛。下颚须端部 1 节纺锤形，长度约为 1–3 节长度的 2/3。雄性触角鳃片部 7 节，直，略长于余节；雌性触角鳃片部 6 节，略短于余节，下颚须端部 1 节呈球状。前胸背板侧面观为弧形，盘区被披针状刚毛，侧缘与前缘疏布长刚毛。鞘翅表面皱褶，每个鞘翅最外侧的纵肋不完整，肩部隆起明显。前胸腹板中突前伸，可达前足转节基部。前足跗节基部齿退化。后足跗节背侧刺长度可达第 2 跗节长度的 1/3，腹侧的刺长度短于第 1 跗节。

分布：浙江（湖州、杭州、绍兴、宁波、舟山、金华、丽水）、北京、河北、江苏、上海、安徽、江西、湖南、福建、广东。

根鳃金龟族 Rhizotrogini Burmeister, 1855

375. 狭肋鳃金龟属 *Eotrichia* Medvedev, 1951

Eotrichia Medvedev, 1951: 308. Type species: *Holotrichia titanis* Reitter, 1902.

主要特征：体中型，卵圆形；棕色、红棕色或深褐色，被散布刻点。触角 10 节。唇基宽于额。前胸背板前缘和侧缘具边框，最宽处于中点或近中点。鞘翅缝肋发达，4 条纵肋平行排列；纵肋 I 端部收狭或于中点最阔，端部变窄。跗节端爪中部垂直具齿。雄性外生殖器阳基侧突多少呈扁筒状；背面端部无硬化区，有边框。

分布：古北区和东洋区。世界已知 46 种，中国记录 17 种，浙江分布 1 种。

（942）棕狭肋鳃金龟 *Eotrichia titanis* (Reitter, 1902)（图版 IV-62）

Holotrichia titanis Reitter, 1902: 178.

Eotrichia titanis: Medvedev, 1951: 309.

主要特征：体中型，长 17.5–25.4 mm，宽 9.5–14.0 mm。体棕色至深褐色，有闪光。体背光滑无毛，胸部腹面具浓密长毛。额区后方圆钝隆起。触角 10 节，鳃片部 3 节。前胸背板疏布刻点；中纵带微凸，后缘除中间外具边框似横脊，且具成排被毛刻点；侧缘前半段具钝齿，齿间具毛。小盾片除中央外具刻点。鞘翅散布刻点；纵肋自内向外顺次递弱；纵肋 I 后方收敛。中、后足胫节外侧横脊中断；背内缘无齿。后足第 1 跗节明显短于第 2 跗节。跗爪发达，齿弱于爪端。阳基侧突前缘宽且平滑；腹部膜质区近三角形。

分布：浙江（杭州、绍兴、宁波、金华）、吉林、辽宁、河北、山西、山东、河南、陕西、甘肃、江苏、湖北、广西；俄罗斯（远东地区），朝鲜半岛。

376. 齿爪鳃金龟属 *Holotrichia* Hope, 1837

Holotrichia Hope, 1837: 99. Type species: *Melolontha serrata* Fabricius, 1781.

Ancylonycha Dejean, 1833: 160. Type species: *Melolontha serrata* Fabricius, 1781.

主要特征：体中型，长卵圆形；体多褐色、棕褐色、黑褐色，头、胸部色泽常较深。头顶无高锐横脊。前胸背板横阔，前缘具边框，后缘边框有或无。鞘翅具 4 条纵肋，其中纵肋 I 末端扩阔。胸部腹板密被绒毛。前足胫节外缘 3 齿，内缘有 1 发达距，个别种类短小。中、后足胫节末端着生 2 发达端距；跗节下方内侧具刺毛列。臀板外露，腹板仅 6 个可见，第 5 腹板后部常见缢痕或凹坑。

分布：古北区和东洋区。世界已知 183 种，中国记录 40 种，浙江分布 6 种。

分种检索表

1. 体表被灰白色粉层或丝状闪光……2
- 全体油亮，不被闪光粉层……5
2. 鞘翅纵肋 I 后方扩阔，靠近缝肋，端部与缝肋接触……**暗黑鳃金龟 *H. parallela***
- 鞘翅纵肋 I 后方扩阔不明显，与缝肋远离……3

3. 唇基前缘中部明显内凹；前中胸部腹面着生稀疏短毛；后胸腹板中部光亮无毛 ……………… **宽齿爪鳃金龟 *H. lata***
- 唇基前缘近横直或微凹；胸部着生浓密长毛 ……………………………………………… 4
4. 唇基略宽于额；后足胫节外侧具完整横脊 ……………………………… **卵圆齿爪鳃金龟 *H. ovata***
- 唇基与额等宽；后足胫节中断 …………………………………………… **铅灰齿爪鳃金龟 *H. plumbea***
5. 臀板隆凸高度不超过末腹板之长 ……………………………………… **红褐大黑鳃金龟 *H. rubida***
- 臀板隆凸高度超过末腹板之长 ………………………………………… **江南大黑鳃金龟 *H. gebleri***

（943）江南大黑鳃金龟 *Holotrichia gebleri* (Faldermann, 1835)（图版 IV-63）

Melolontha gebleri Faldermann, 1835: 374.

Melolontha oblita Faldermann, 1835: 459.

Lachnosterna diomphalia Bates, 1888: 373.

Holotrichia gebleri: S. I. Medvedev, 1951: 303.

别名：华北大黑鳃金龟、东北大黑鳃金龟

主要特征：体长 18.8–22.1 mm。全体油亮，不被闪光粉层。前胸背板宽不及长，通常仅有较大刻点，前缘后方两侧无亮斑，后缘具边框。鞘翅 I –Ⅳ纵肋明显。臀板及腹部稀布大刻点，无毛或仅少数刻点被毛。第 6 腹板无横脊，后缘完整。臀板隆突顶点在下半部，顶端圆尖无凹，或圆钝中央具凹，隆突高度大于末腹板之长。阳基侧突下突分叉，中叶端片端部扩阔，中突突片 1 个。

分布：浙江（湖州、嘉兴、杭州、宁波、舟山、金华、丽水、温州）、黑龙江、吉林、辽宁、内蒙古、河北、山东、河南、陕西、甘肃、青海、江苏、安徽、湖北、四川。

（944）宽齿爪鳃金龟 *Holotrichia lata* Brenske, 1892（图版 IV-64）

Holotrichia lata Brenske, 1892a: 163.

Phyllophaga quoripana Saylor, 1937: 322.

Holotrichia pruinosa Niijima *et* Kinoshita, 1923: 51.

主要特征：体长 20.0–28.8 mm，宽 11.9–16.6 mm。体背面黑褐色或红褐色，腹面、足和触角红褐色至暗红褐色。头部密布刻点，唇基前缘中凹显著，唇基明显宽于额。额唇基沟正常，中部无深凹。前胸背板通常仅有较大刻点，前缘后方两侧无亮斑，侧缘微波浪形弯曲，前角直角形。小盾片刻点浅，部分区域光滑。鞘翅各具 5 纵肋，外侧纵肋不甚明显。胸部腹侧绒毛短稀，后胸腹板中部光裸。臀板及腹部散布大刻点，无毛或仅少数刻点被毛。中、后足横脊不明显。

分布：浙江（湖州、杭州、绍兴、宁波）、江苏、上海、江西、湖南、福建、台湾、香港、广西、四川、云南；越南。

（945）暗黑鳃金龟 *Holotrichia parallela* (Motschulsky, 1854)（大褐鳃角金龟）（图版 IV-65）

Ancylonycha parallela Motschulsky, 1854b: 64.

Holotrichia parallela: Lewis, 1895b: 380.

主要特征：体长 16.0–21.9 mm，宽 7.8–11.1 mm，长椭圆形。体多黑褐色、沥黑色，兼有黄褐色、栗褐色个体，体色暗淡，被淡蓝灰色粉状闪光薄层，腹侧闪光更显著。头阔大，唇基长大，前缘微中凹，密布粗大刻点；额顶部微隆拱，刻点稍稀。触角 10 节，鳃片部甚短小，3 节组成。前胸背板密布深大椭圆刻点，常有宽亮中纵带。小盾片短阔，近半圆形。鞘翅散布脐形刻点，纵肋 I 后方显著扩阔，并与缝肋及纵肋 II 相接。臀板长，几乎不隆起。胸下密被绒毛。后足跗节第 1 节明显长于第 2 节。

分布：浙江（湖州、杭州、绍兴、宁波、舟山、金华、台州、衢州、丽水、温州）、黑龙江、吉林、辽宁、河北、山东、河南、陕西、甘肃、青海、江苏、上海、安徽、湖北、四川；俄罗斯，朝鲜，韩国，日本。

（946）红褐大黑鳃金龟 *Holotrichia rubida* Chang, 1965（图版 IV-66）

Holotrichia rubida Chang, 1965a: 48.

主要特征：体长 20.3–22.0 mm，宽 10.4–12.3 mm。体较大，颇扁圆，唇基显宽于额，前缘中凹浅，布圆大刻点。额区刻点较稀。雄性触角鳃片部约为前 6 节之和。前胸背板布圆大刻点，近前缘刻点密，侧缘弧形扩出，前段直形，有少数具毛缺刻，后段内弯，有少数缺刻。小盾片近半圆，后端圆尖，基部散布刻点。臀板短阔，顶端圆宽，散布小刻点。第 5 腹板后方中部有深横凹坑，末腹板短，雄性中段具微凹陷。前足胫节内沿距与中齿对生。后足跗节第 1、2 节等长，后足胫节端距狭尖。

分布：浙江（嘉兴、杭州、宁波、舟山、台州、丽水）。

（947）铅灰齿爪鳃金龟 *Holotrichia plumbea* Hope, 1845（图版 IV-67）

Holotrichia plumbea Hope, 1845: 8.

主要特征：体长 17.0–22.0 mm，宽 9.0–11.6 mm。体棕褐色，头、前胸背板及小盾片颜色略深，触角、胸腹板与足红褐色。体背被铅灰色粉层。头小，具细刻点，唇基边缘上折，以两侧尤甚。触角 10 节，鳃片部 3 节。前胸背板宽，具细刻点，侧缘自中部后向外突出，前侧角呈锐角前突，前缘内凹，中央具 1 平滑纵带。胸腹板密被长黄毛。前足胫节外缘 3 齿，内缘具 1 距，后足胫节具 2 端距，雄性后足第 1、2 跗节等长，雌性第 1 节较第 2 节略短。爪下缘中央具 1 齿。阳基侧突短宽，背面端部具三角形膜，内阳茎端部具纤毛。

分布：浙江（湖州、嘉兴、杭州、绍兴、宁波、台州、丽水）、江苏、安徽、江西、福建、贵州。

（948）卵圆齿爪鳃金龟 *Holotrichia ovata* Chang, 1965（图版 IV-68）

Holotrichia ovata Chang, 1965a: 44.

主要特征：体长 17.2–22.6 mm，宽 9.6–11.7 mm。体茶色或赤褐带黑；头、胸、小盾片及足色泽较深。全体显被铅灰色粉层，足颇光亮。体近卵形。头稍狭，唇基略宽于额，前缘近横直，布皱大刻点。额区较隆，额头顶部左右各有 1 小丘凸。雄性触角鳃片部略长于柄节。鞘翅纵肋 I 后段微扩阔，不与肋缝相接。臀板表面微皱，散布刻点。腹面散布刻点，少数具毛。末前腹板具明显横缢。前足胫节内沿距与中齿对生。后足胫节狭长，横脊完整；末跗节具 5 根端毛，雄性后足第 1 跗节略长于第 2 节。

分布：浙江（湖州）、江西、湖南、福建、广东、海南、广西。

377. 多鳃金龟属 *Megistophylla* Burmeister, 1855

Megistophylla Burmeister, 1855: 424. Type species: *Megistophylla junghuhnii* Burmeister, 1855.

Hecatomnus Fairmaire, 1891a: 202. Type species: *Hecatomnus grandicornis* Fairmaire, 1891.

主要特征：体中型，卵圆形，黑褐色至栗色，有闪光；背面多具微毛刻点。额区窄，具横脊。触角 10 节，鳃片部 5–8 节；鳃片直或极度向外弧弯；雄性鳃片部多明显长于或等于余节之和；雌性略短于余节之和。前胸背板侧缘后半部多平滑或略呈钝齿状。前、中足第 1–3 跗节或第 1–4 跗节每节端部腹面多具 1 簇长度不等的浓密微毛。鞘翅缝肋发达，无纵肋。雄性外生殖器阳基侧突多呈鹅头状，侧面多皱褶凹陷。

分布：东洋区。世界已知 16 种，中国记录 4 种，浙江分布 1 种。

（949）巨多鳃金龟 *Megistophylla grandicornis* (Fairmaire, 1891)（图版 IV-69）

Hecatomnus grandicornis Fairmaire, 1891a: 202.

Megistophylla grandicornis: Arrow, 1944: 634.

主要特征：体长 17.3–22.6 mm，宽 8.1–10.1 mm。体卵圆形，背面光裸，有闪光。头部、触角、前胸背板和小盾片红棕色；鞘翅和足棕色或深棕色。唇基宽于额，前缘浅凹。触角 10 节，鳃片部 5 节，雄性发达，前伸且前半部外扩，鳃片部 2.4–2.6 倍长于余节之和，雌性鳃片部短。前胸背板前半部近侧缘各具 1 列 7–10 根长毛。鞘翅无纵肋，缘折具毛不达顶端。后足胫节具完整横脊。臀板三角形，略隆起。雄性外生殖器阳基侧突左右对称，侧面观呈鹅头状。

分布：浙江（丽水）、湖北、江西、湖南、福建、台湾、广西、重庆、贵州、云南；印度，越南，马来半岛，印度尼西亚（苏门答腊、爪哇）。

378. 脊鳃金龟属 *Miridiba* Reitter, 1902

Miridiba Reitter, 1902: 170. Type species: *Rhizotrogus trichophorus* Fairmaire, 1891.

Holotrochus Brenske, 1894: 75 (non Erichson, 1840). Type species: *Holotrochus vestitus* Brenske, 1894.

主要特征：体中型，棕色至深红棕色。触角 9 节或 10 节，鳃片部 3 片。唇基短于额，前缘或向上弯折。上唇中部强烈凹。额隆脊发达。前胸背板前缘有宽边框。前足胫节外缘 3 齿，胫节背有 1 纵向具毛隆脊；前、中足第 1–4 跗节各节端部腹面均具 1 簇浓密短毛；中、后足胫节外侧具 1 完整或中断横脊；后足胫节具 2 端距；跗爪中间垂直着生 1 发达齿。雄性外生殖器阳基侧突具指突。

分布：古北区、东洋区。世界已知 58 种，中国记录 20 种，浙江分布 5 种。

分种检索表

1. 触角 10 节……………………………………………………………………………… **华脊鳃金龟 *M. sinensis***
- 触角 9 节……………………………………………………………………………………………………2
2. 前胸背板和鞘翅光滑无毛；前胸背板侧缘平滑 ……………………………………… **章脊鳃金龟 *M. youweii***
- 前胸背板和鞘翅具毛；前胸背板侧缘具钝齿 ……………………………………………………………3
3. 前胸背板和鞘翅基部具长毛……………………………………………………… **毛黄脊鳃金龟 *M. trichophora***
- 前胸背板和鞘翅具短毛……………………………………………………………………………………4
4. 中足胫节外侧具中断横脊；阳基侧突背部指突和腹部指突的长度比为 1.25……………… **具毛脊鳃金龟 *M. pilosella***
- 中足胫节外侧具完整横脊；阳基侧突背部指突和腹部指突的长度比为 1.50……………… **挂脊鳃金龟 *M. kuatunensis***

（950）挂脊鳃金龟 *Miridiba kuatunensis* Gao *et* Fang, 2018（图版 IV-70）

Miridiba kuatunensis Gao *et* Fang, 2018: 4.

主要特征：体长 17.3–18.5 mm，宽 7.6–8.5 mm，卵圆形，体背密布刻点及短毛。触角 9 节，鳃片部 3 节，雄性鳃片比第 2–6 节之和略长，雌性与之等长。前胸背板前缘具边框，边框前缘有短毛；侧缘具密钝齿和短毛，前角近直角，后角圆钝。小盾片被短毛和细刻点。鞘翅具稀刻点和短毛，缘折具毛但不达顶端。

后足腿节密被毛；后、中足胫节具完整横脊；后足胫节背外缘具 1 齿，背内缘具 4 齿。可见腹板和臀板均密布刻点及短毛。内阳茎具 4 指突，两背突前伸向下倾斜于端部靠拢，尾端略膨大；腹突端部前伸，顶端向外和向下弧弯。

分布：浙江（丽水）、湖南、福建、广东、广西。

（951）具毛脊鳃金龟 *Miridiba pilosella* (Moser, 1908)（图版 IV-71）

Holotrichia pilosella Moser, 1908: 336.

Holotrichia formosana Moser, 1910: 470.

Miridiba pilosella: Nomura, 1977: 88.

主要特征：体长 21.7–22.9 mm，宽 9.5–10.6 mm，长卵圆形。唇基前缘适度内凹。额区具短毛，隆脊高锐。触角 9 节，鳃片部 3 节。前胸背板密布刻点和短毛，前缘具边框，边框具短毛，后缘平滑无毛，侧缘具钝齿和短毛，前角近直角，后角圆钝。小盾片密布刻点和短毛。鞘翅具刻点和稀疏短毛，缘折具毛，稀疏排列不达顶端。中足胫节外侧具中断横脊；后足胫节外侧具完整横脊，背内缘具 5 小齿。雄性外生殖器阳基侧突具 4 指突，背突于端部向下弯折并靠拢，端部腹面具喙状突起略外弯，腹突前伸变细，端部向外弧弯。

分布：浙江（湖州、宁波、丽水）、辽宁、河北、山西、山东、江苏、安徽、湖北、江西、福建、台湾、广东、广西、四川、贵州；越南。

（952）华脊鳃金龟 *Miridiba sinensis* (Hope, 1842)（图版 IV-72）

Holotrichia sinensis Hope, 1842c: 60.

Rhizotrogus cribellatus Fairmaire, 1891a: 200.

Miridiba sinensis: Nomura, 1977: 88.

主要特征：体长 19.3–22.4 mm，宽 8.3–12.0 mm。体棕色至深红棕色，体表密布刻点，光裸有光泽。唇基弓形，前缘中部极度宽凹。额隆脊发达但较钝。触角 10 节，鳃片部 3 节。前胸背板前缘具边框无毛；后缘平滑无毛；侧缘于最宽处具 4–6 个弱齿，齿间具短毛，其余部分平滑，前半段上折；前角近直角，后角圆钝。鞘翅缘折近基部 1/2 部分具毛。中、后足胫节外侧具完整横脊。雄性外生殖器阳茎基短于阳基侧突；阳基侧突具左右 2 指突，前伸并向下弧弯，中部内缘具不对称的阔叶；阳茎背部具方形膜，似天窗。

分布：浙江（湖州、嘉兴、杭州、绍兴、宁波、舟山、台州、丽水、温州）、山东、江苏、湖北、江西、湖南、福建、台湾、广东、海南、广西、四川、贵州、云南。

（953）毛黄脊鳃金龟 *Miridiba trichophora* (Fairmaire, 1891)（图版 IV-73）

Rhizotrogus trichophora Fairmaire, 1891a: 199.

Miridiba trichophora: Reitter, 1902: 70.

主要特征：体长 12.4–18.0 mm，宽 5.8–8.7 mm。体长卵圆形，表面密被黄棕色长毛。唇基前缘中央略直，两侧外扩，无毛。额唇基缝近直。额被短毛，隆脊高锐。前胸背板前缘边框被毛，后缘和侧缘平滑，前角钝，后角圆钝。小盾片光裸。鞘翅无纵肋，缘折具毛。中、后足胫节外侧具 1 完整横脊（中间中断小）；胫节背内缘着生 4–5 个齿。雄性外生殖器：4 指突，背突在前端腹面着生具毛颗粒，背突向下弧弯，端部呈小喙状，锋利；内阳茎基部具 1 刺，表层锉区具感器或短毛；尾杆细长，端部分开。

分布：浙江（湖州、嘉兴、杭州、绍兴、宁波、金华、台州、温州）、辽宁、内蒙古、北京、天津、河北、山西、山东、河南、陕西、甘肃、江苏、上海、安徽、湖北、江西、福建、广东、香港、重庆、四川、贵州。

（954）章脊鳃金龟 *Miridiba youweii* Gao *et* Fang, 2018（图版 IV-74）

Miridiba youweii Gao *et* Fang, 2018: 9.

主要特征：体长 22.0–24.0 mm，宽 10.0–12.2 mm。体表光裸。唇基弓形，前缘中部内凹，额脊高锐发达。触角 9 节，鳃片部 3 节。前胸背板密布刻点，前缘边框具毛且两端具缺刻，后缘具边框，侧缘平滑。小盾片密布小刻点。鞘翅缘折基部具少量毛。前足胫节背侧具隆脊，内端距着生点距第 2 外齿比离第 3 齿更近；中、后足胫节外侧距端 2/5 处具完整横脊；后足胫节背内缘具 4 齿，后足胫节端距茅尖状。雄性外生殖器阳基侧突具 4 指突，背突于基部 1/3 处向下折，腹突端部外折，折角 90°。

分布：浙江（莫干山）、贵州、云南。

379. 黄鳃金龟属 *Pseudosymmachia* Dalla Torre, 1912

Pseudosymmachia Dalla Torre, 1912: 224. Type species: *Symmachia chinensis* Brenske, 1892.

主要特征：体中型，唇基前缘直或稍呈波状，胸部腹侧具黄色长毛，腹部光亮，前足基节具 1 板状突起。跗节爪端两叶状，触角 9 节或 10 节，触角鳃片部 3 节，体背光裸或着生短绒毛。阳基侧突平伸，与阳基等长或长于阳基，腹面骨化，两阳基侧突片于背面完全愈合。

分布：古北区和东洋区。世界已知 25 种，中国记录 24 种，浙江分布 2 种。

（955）小黄鳃金龟 *Pseudosymmachia flavescens* (Brenske, 1892)

Metabolus flavescens Brenske, 1892b: 153.

Pseudosymmachia flavescens: Smetana & Král, 2006: 224.

主要特征：体中型，较狭长，体长 11.0–13.6 mm，宽 5.3–7.4 mm。体浅黄褐色，头、前胸背板呈淡栗褐色，鞘翅色最浅而带黄，全体被匀密短毛。头大，唇基密布大的具毛刻点，前缘中凹较显，额唇基沟不明显。额区密布粗大刻点，额具明显中纵沟，两侧丘状隆起。触角 9 节，鳃片部短小，3 节，雄性较长。下颚须末节细狭。前胸背板具毛刻点颇匀密，前缘边框有成排粗大具长毛刻点。小盾片短阔三角形，散布具毛刻点。鞘翅刻点密，仅纵肋 I 明显可见。胸下密被绒毛。前足胫节外缘 3 齿，内缘距粗长；爪圆弯，爪下有小齿。

分布：浙江（杭州、宁波、丽水）、北京、河北、山西、山东、河南、陕西、江苏。

（956）鲜黄鳃金龟 *Pseudosymmachia tumidifrons* (Fairmaire, 1887)

Metabolus tumidifrons Fairmaire, 1887: 107.

Pseudosymmachia tumidifrons: Smetana & Smith, 2006: 50.

主要特征：体中型，椭圆形，体长 13.0–14.0 mm，宽 7.3–7.5 mm。体表光裸，鲜黄色，头部黑褐有光泽；腹面淡黄褐色，具光泽。唇基新月形，前侧缘弯翘。两复眼间明显隆起，额区中央具 1 近“凸”形中间被对开的隆脊。触角 9 节，鳃片部 3 节，雄性鳃片部长而略弯曲，长度等于柄部各节之和；雌性鳃片部短小。前胸背板具边框，侧缘锯齿状，具稀疏细长毛。鞘翅最宽处位于鞘翅后端。臀板略呈三角形，末端较圆。前足胫节外缘 3 齿，爪在中部深裂。中、后足胫节中段有 1 完整的具刺横脊。

分布：浙江（湖州、杭州、绍兴、宁波、舟山、丽水、温州）、吉林、辽宁、河北、山西、山东、江西；朝鲜。

380. 索鳃金龟属 *Sophrops* Fairmaire, 1887

Sophrops Fairmaire, 1887: 106. Type species: *Sophrops parviceps* Fairmaire, 1887.

Microtrichia Brenske, 1900: 343. Type species: *Phytalus eurystomus* Burmeister, 1855.

主要特征：体中型，体表具刻点，无毛或具微毛，或白色粉层。体棕色或深棕色。额区无隆脊。上唇与唇基分离，中部极凹陷；下颚须第 4 节具凹陷。额区无隆脊。唇基近双瓣状，前缘上翘。触角 10 节，第 1 节腹面具 1 列毛，鳃片部 3 节。前胸背板前或后缘具边框；侧缘钝齿状。中、胸腹板光裸。后足胫节外侧具完整或中断横脊。跗爪分裂具斜齿。雄性外生殖器阳基侧突短于阳茎基，腹面膜质；端部多呈不完整环。

分布：古北区和东洋区。世界已知 76 种，中国记录 31 种，浙江分布 3 种。

分种检索表

1. 唇基前缘略内凹 ······ 海索鳃金龟 *S. heydeni*
- 唇基前缘明显内凹 ······ 2
2. 体深红棕色至深褐色；前胸背板侧缘具钝齿 ······ 华索鳃金龟 *S. chinensis*
- 体黑色；前胸背板侧缘平滑 ······ 黑索鳃金龟 *S. planicollis*

（957）华索鳃金龟 *Sophrops chinensis* Brenske, 1892（图版 IV-75）

Brahmina chinensis Reitter, 1902: 173.

Sophrops chinensis: Reitter, 1902: 173.

主要特征：体长卵圆形，长 15.0 mm，宽 7.5 mm。体深红棕色至深褐色，光裸具刻点。触角 10 节，鳃片部 3 节。唇基略宽于额；唇基双瓣状，密布刻点，前缘中央明显内凹。额区略隆起，密布刻点。前胸背板密布较额区小的刻点，前缘有矮边框；侧缘前半部有钝的具毛齿，后半部光滑；后缘无边框；前角钝角，后角圆钝。鞘翅背面具粗糙刻点；缝肋发达；纵肋 I 于后部扩阔，但不与缝肋接触。中、后足胫节外侧具中断横脊；背内棱无齿。鞘翅缘折无毛。腹板两侧有灰白粉层。雄性外生殖器阳基侧突短，端部前伸内拢。

分布：浙江（安吉）；越南。

（958）海索鳃金龟 *Sophrops heydeni* Brenske, 1892

Brahmina heydeni Brenske, 1892c: 108.

Sophrops heydeni: Reitter, 1902: 173.

主要特征：体中型，长 10.0–11.6 mm，宽 5.0–6.0 mm；近椭圆形。体黄褐色具光泽，头黑色，唇基、前胸背板深红棕色。唇基宽，前缘略中凹，刻点深大且皱。额区刻点较唇基更密。触角 10 节，鳃片部 3 节，雄性长于、等于或微短于柄部，雌性几乎等长于柄部 1/2。前胸背板密布皱刻点。鞘翅长为宽的 2.0 倍；具 4 纵肋；纵肋 I 最宽，后端与缝肋分开，缘折具短毛。雄性腹板光亮，有宽浅纵沟，末腹板有长锐横脊。前足胫节外缘 3 齿，中齿靠近端齿，基齿微弱。后足第 1 跗节短于第 2 跗节。跗爪端部深裂，端部斜截。雄性外生殖器阳基侧突短，端部延伸成齿状环拢。

分布：浙江（丽水）、黑龙江、辽宁；俄罗斯（远东地区），朝鲜半岛。

（959）黑索鳃金龟 *Sophrops planicollis* (Burmeister, 1855)（图版 IV-76）

Phytalus planicollis Burmeister, 1855: 352.

Ancylonycha nigra Redtenbacher, 1868: 67.

Sophrops planicollis: Smetana & Král, 2006: 227.

主要特征：体中型，长 8.0–9.0 mm。体黑色，体背光裸，前胸背板与足密布细刻点，刻点略呈白色。唇基双瓣状，宽于额，中部明显内凹。唇基及额区密布深刻点。触角 10 节，鳃片部 3 节。前胸背板密布细刻点，较额区的刻点小；前缘具边框；后缘无边框；侧缘平滑无齿，前半部略上翘；前角钝角，后角圆钝。鞘翅皱褶，纵肋不平滑；缝肋不发达；纵肋 I 末端膨大但不与缝肋相连。小盾片密布刻点。中、后足密布细刻点，胫节外侧具中断横脊。跗齿端部 2 分裂，细锐。

分布：浙江、江西、香港、澳门、四川；越南，老挝，泰国。

绢金龟族 Sericini Kirby, 1837

381. 臀绢金龟属 *Gastroserica* Brenske, 1897

Gastroserica Brenske, 1897: 412. Type species: *Serica marginalis* Brenske, 1894.

主要特征：雄性触角鳃片部 4 节，雌性 3 或 4 节。颏扁平。前胸背板前角不前伸，前背折缘腹侧隆起。中足基节间的中胸腹板与中足腿节等宽，密被长刚毛。臀板长，端部隆起，不全被鞘翅遮盖。后足胫节具纵凹，密布中等大小刻点，腹侧边缘锯齿状，中部平滑无刻点，末端与跗节接合处强烈凹陷。前足胫节短，2 齿，前足跗节爪对称。

分布：古北区和东洋区。世界已知 31 种，中国记录 29 种，浙江分布 6 种。

分种检索表

1. 前胸背板盘区无凹陷 ………………………………………… **黑缘臀绢金龟 *G. marginalis***
- 前胸背板盘区具 1 纵向凹痕或纵凹后还具 1 横凹 ………………………………………… 2
2. 盘区纵凹后具 1 横凹 ………………………………………… 3
- 盘区仅具 1 纵凹 ………………………………………… 4
3. 眼大，上唇基窄，臀板强烈隆起，盘区后部横凹明显 ………………………………………… **盘凹臀绢金龟 *G. impressicollis***
- 眼正常，上唇基宽，臀板适度隆起，盘区后部横凹弱 ………………………………………… **湖北臀绢金龟 *G. hubeiana***
4. 额唇基沟明显且适度弯曲；前胸背板深褐色，中纵凹黄褐色 ………………………………………… **浩宇臀绢金龟 *G. haoyui***
- 额唇基沟不明显；前胸背板黑色 ………………………………………… 5
5. 前胸背板具细刻点，纵凹微弱 ………………………………………… **赫氏臀绢金龟 *G. herzi***
- 前胸背板具密粗刻点，纵凹正常 ………………………………………… **双缺臀绢金龟 *G. sulcata***

（960）浩宇臀绢金龟 *Gastroserica haoyui* Liu *et* Ahrens, 2014（图版 IV-77）

Gastroserica haoyui Liu *et* Ahrens, 2014: 95.

主要特征：体长 7.2 mm，宽 3.9–4.3 mm，翅长 5.5–5.6 mm。体椭圆形，深褐色，足、触角、上唇基、盘区中纵凹、前胸背板侧缘及鞘翅纵肋黄褐色，背侧具适度光泽，被适度密直立长刚毛。上唇基短，前缘微上折，中部具浅凹。额唇基沟明显且适度弯曲。触角 10 节，雄性触角鳃片部 4 节，雌性 3 节，各节近等长，雄性鳃片部略长于余节之和。前胸背板前缘中部无凹刻，盘区中部具明显纵凹，近后缘距后角 1/4 处各有 1 浅压痕。腹侧暗淡，中胸腹板与中足腿节等宽。后足跗节第 1 节略短于第 2、3 节长度之和，约为胫节外侧端距的 2.0 倍长。前足跗节短，2 枚齿，爪不对称。

分布：浙江（丽水）。

（961）赫氏臀绢金龟 *Gastroserica herzi* (Heyden, 1887)（图版 IV-78）

Serica herzi Heyden, 1887: 264.

Gastroserica herzi: Brenske, 1897: 414.

主要特征：体长 6.1–6.6 mm，宽 3.3–3.8 mm，翅长 4.2–4.6 mm。体长椭圆形，体色多样，除了前角附近模糊的红斑，前胸背板均为黑色至米黄色（多数为雄性）。盘区中部具 1 细浅纵凹。上唇基短宽，前缘中部具浅凹。触角 10 节，黄褐色，鳃片部深褐色，雄性触角鳃片部 4 节，雌性 3 节，各节近等长，雄性鳃片部明显长于余节之和。前胸背板前缘中部具凹刻，盘区中部无凹陷，近后缘距后角 1/4 处各有 1 条明显压痕。后足跗节第 1 节等于第 2–3 节长度之和，约为胫节外侧端距的 2.0 倍长，腹侧具粗壮锯齿状脊，各节端部具环形排列细刺。前足跗节短，2 枚齿，爪不对称。

分布：浙江（杭州）、江西、湖南、福建、海南、广西、四川、贵州、云南；韩国。

（962）湖北臀绢金龟 *Gastroserica hubeiana* Ahrens, 2000（图版 IV-79）

Gastroserica hubeiana Ahrens, 2000: 94.

主要特征：体长 7.4–7.5 mm，宽 3.8–4.0 mm，鞘翅长 5.1 mm。体长椭圆形，红褐色，前胸背板、上唇基、小盾片和足黄褐色，额区和前胸背板上 2 对斑深绿色。上唇基横形，前缘横直，边缘不上折。触角 10 节，黄褐色，雄性触角鳃片部 4 节，雌性 3 节，雄性鳃片明显长于余节之和。盘区中部具明显纵凹且盘区后部具 1 弱横凹，近后缘距后角 1/4 处各有 1 条浅压痕。臀板适度隆起，散布刻点，被长刚毛。后足跗节第 1 节等于第 2–3 节长度之和，约为胫节外侧端距的 2.0 倍长。前足跗节短，2 枚齿，爪不对称。

分布：浙江（杭州）、湖北、江西、湖南、四川。

（963）盘凹臀绢金龟 *Gastroserica impressicollis* (Fairmaire, 1891)

Serica impressicollis Fairmaire, 1891a: 196.

Gastroserica impressicollis: Brenske, 1897: 416.

主要特征：体长 6.6–7.5 mm，宽 3.6–4.0 mm，鞘翅长 4.8–5.1 mm。体长椭圆形，体色适度变化，深栗色至黄褐色，前胸背板常有 2 深色对称黑斑，体背侧与足具光泽。上唇基矩形，前缘横直，边缘强烈上折。触角 10 节，黄褐色，鳃片部深褐色，雄性触角鳃片部 4 节，雌性 3 节，各节近等长，雄性鳃片长度等于余节之和。盘区中部具深凹，近后缘距后角 1/4 处各有 1 条明显压痕。臀板圆锥形，强烈隆起。后足跗节第 1 节等于第 2、3 节长度之和，约为胫节外侧端距的 2.0 倍长。前足跗节短，2 枚齿，爪不对称。

分布：浙江（杭州）、江西、广西、四川。

（964）黑缘臀绢金龟 *Gastroserica marginalis* (Brenske, 1894)

Serica marginalis Brenske, 1894: 10.

Gastroserica marginalis: Brenske, 1897: 413.

主要特征：体长 7.3–7.5 mm，宽 3.9–4.3 mm，鞘翅长 4.7–5.3 mm。体棕色，上唇基短宽，前缘强烈上折。触角鳃片部黑色，余节浅棕色；雄性触角鳃片部 4 节，雌性 3 节，各节近等长，鳃片部略短于余节之和。盘区两侧各有 1 黑斑，中部无浅凹陷，近后缘距后角 1/4 处各有 1 条明显压痕。中胸腹板与中足腿节几乎等宽，后足腿节扁平，后缘无锯齿，近端部加厚。后足胫节外侧具 2 排刺毛，分别位于距端部 1/3 和 2/3 处。后足跗节第 1 节等于第 2、3 节长度之和，约为胫节外侧端距的 2.0 倍长。前足跗节短，2 枚齿，爪对称。

分布：浙江（杭州）、山东、上海、湖北、江西、湖南、福建、广东、海南、香港、广西、四川、贵州；越南，老挝。

（965）双缺臀绢金龟 *Gastroserica sulcata* Brenske, 1897

Gastroserica sulcata Brenske, 1897: 414.

主要特征：体长 6.6–7 mm，宽 3.8–3.9 mm，翅长 4.8–5.1 mm。体长椭圆形，体表光裸，雄性除红斑外，前胸背板完全为黑色，前足和中足胫节褐色，雌性为红色到浅棕色，额区和腹面深色。触角 10 节，黄褐色，鳃片部深褐色，雄性触角鳃片部 4 节，雌性 3 节，各节近等长，雄性鳃片部略短于余节之和。盘区中部具深凹，近后缘距后角 1/4 处各有 1 明显压痕。后足跗节第 1 节等于第 2、3 节长度之和，约为胫节外侧端距的 2.0 倍长。前足跗节短，2 枚齿，爪不对称。

分布：浙江（杭州）、江西、广西、四川、贵州；越南。

382. 鳞绢金龟属 *Lasioserica* Brenske, 1896

Lasioserica Brenske, 1896: 155. Type species: *Serica nobilis* Brenske, 1894 .

主要特征：体椭圆形，红褐至深褐色，有时带金属光泽，背侧颜色暗淡，部分被白色厚鳞片和刚毛，上唇基与额区光裸。雄性触角鳃片部 4 节，雌性 3 节。前背折缘基部隆起。前胸背板前角明显前突，鞘翅端部边缘被细毛。后足腿节前缘具连续锯齿状刻纹。后足胫节适度细长，背侧具明显锯齿状脊，侧缘具纵向突起，腹侧缘锯齿状。

分布：东洋区。世界已知 45 种，中国记录 12 种，浙江分布 1 种。

（966）挂墩鳞绢金龟 *Lasioserica kuatunica* Ahrens, 1996

Lasioserica kuatunica Ahrens, 1996: 25.

主要特征：体长 7.0 mm，宽 4.2 mm，鞘翅长 5.5 mm。体深棕绿色，体表具金属光泽，被黄刚毛。触角 10 节，鳃片部黄色；雄性触角鳃片部 4 节，鳃片长度约为余节长度的 2.0 倍，雌性 3 节，鳃片部等于余节之和。前胸背板与鞘翅被刚毛。小盾片中央光裸且凸起，近边缘布大小不等刻点。臀板基部强烈隆起，被短刚毛，中部有光滑线。足浅棕色，中胸腹板窄于中足腿节最宽处，后足腿节扁平，后缘无锯齿，近端部加厚。后足跗节第 1 节长于第 2–3 节长度之和。

分布：浙江（丽水、温州）、福建。

383. 码绢金龟属 *Maladera* Mulsant *et* Rey, 1871

Maladera Mulsant *et* Rey, 1871: 599. Type species: *Scarabaeus holosericea* Scopoli, 1772.

主要特征：体小到大型（4.5–12.0 mm），卵圆形。全体黑色、红褐色、黄褐色或杂色；鞘翅或布黑斑或具弱绿色光泽；背侧暗淡或具强烈光泽，一些种类具虹彩光泽。大部分种类光裸无毛，但一些种类密被刚毛。触角 10 节，鳃片部 3 节，大部分种类触角短。前胸背板适度扩阔，前角明显前伸。前背折缘基部隆起。大部分种类足短宽。后足胫节末端与跗节接合处具深或浅凹陷。

分布：古北区、东洋区、新北区。世界已知 604 种，中国记录 85 种，浙江分布 10 种。

分种检索表

1. 鞘翅表面被鳞毛……………………………………………………………………暗腹码绢金龟 ***M. opaciventris***
- 鞘翅表面无鳞毛……………………………………………………………………………………………………2
2. 后足腿节前缘具锯齿状刻纹，雄虫阳基筒状…………………………………………………………………3
- 后足腿节前缘无锯齿状刻纹，雄虫阳基非筒状………………………………………………………………4
3. 上唇基表面微凹，几乎不隆起；雄性触角鳃片部长于余节长度之和……………木色码绢金龟 ***M. lignicolor***
- 上唇基中央微隆凸；胸部腹板密被绒毛；雄性触角鳃片部等于余节长度之和……东方码绢金龟 ***M. orientalis***
4. 上唇基中部具明显纵脊；胸下杂乱被有粗短绒毛……………………………………阔胫码绢金龟 ***M. verticalis***
- 上唇基中部具微弱纵脊或无明显纵脊……………………………………………………………………………5
5. 上唇基前缘具微弱凹陷，表面布皱状刻点和少许具毛刻点……………………………………………………6
- 上唇基表面滑亮，无皱状刻点……………………………………………………………………………………7
6. 体深褐色；雄性鳃片部长于余节；后足跗节第 1 节等于胫节外侧端距之长…………莫氏码绢金龟 ***M. motschulskyi***
- 体红褐色；雄性鳃片部短于余节；后足跗节第 1 节长于胫节外侧端距……………齿胫码绢金龟 ***M. serripes***
7. 体表无光泽；上唇基表面具微凹……………………………………………………………阔足码绢金龟 ***M. secreta***
- 体表多少具光泽；上唇基表面无凹陷………………………………………………………………………………8
8. 体黑色至深红褐色；前足胫节外缘 3 齿………………………………………………中华码绢金龟 ***M. sinica***
- 体红棕色或淡棕色；前足胫节外缘 2 齿……………………………………………………………………………9
9. 体淡棕色；雄性鳃片部强烈长大……………………………………………………小阔胫码绢金龟 ***M. ovatula***
- 体红棕色；雄性鳃片部正常……………………………………………………………多样码绢金龟 ***M. diversipes***

（967）阔足码绢金龟 *Maladera* (*Aserica*) *secreta* (Brenske, 1897)

Autoserica secreta Brenske, 1897: 431.

Maladera secreta: Murayama, 1938: 12.

Autoserica cruralis Frey, 1972a: 170.

主要特征：体长 7.5–9.0 mm，宽 4.2–5.0 mm。体红褐色，无光泽，腹板、臀板、足与触角褐色。上唇基梯形，前部光裸无毛，前缘上折，中部微隆，表面密布刻点，具微凹。前胸背板基部最宽，表面布细密刻点，被小刚毛。触角 10 节，鳃片部 3 节，雄性鳃片部约与余节等长，雌性鳃片部短于余节。小盾片刻点与前胸背板相似。鞘翅具皱褶，被黄褐色刚毛，具 4 条纵肋，肋间带隆起。臀板刻点与前胸背板相似。胸腹板密布粗糙刻点，腹板每节中部具刺毛列。后足腿节外缘无锯齿刻纹。后足胫节变宽，内侧具 5 根强壮刺。

分布：浙江（杭州、金华、衢州）、陕西、湖北、江西、福建、广西、贵州；日本，越南。

（968）小阔胫码绢金龟 *Maladera* (*Cephaloserica*) *ovatula* (Fairmaire, 1891)

Serica ovatula Fairmaire, 1891a: 195.

Maladera (*Cephaloserica*) *ovatula*: Kim, 1981: 344.

主要特征：体小型，近长椭圆形；体长 6.5–8.0 mm，宽 4.2–4.8 mm。体淡棕色，额区深褐色，前胸背板红棕色，触角鳃片部淡黄褐色。体表较粗糙，刻点散乱，具丝绒般闪光。头较短阔，唇基滑亮，密布刻点，纵脊不明显。额区稀布浅刻点，具光滑中纵带。触角 10 节，鳃片部 3 节，雄性鳃片部约与余节等长。

前胸背板明显短阔，密布刻点，侧缘后段接近弧形。胸下被毛甚少，腹部每腹板有 1 排整齐刺毛。前足胫节外缘 2 齿，后足胫节甚扁宽，光滑，几乎无刻点，2 端距着生于胫端两侧。

分布：浙江（杭州、绍兴、宁波、舟山、金华、衢州、温州）、黑龙江、吉林、辽宁、内蒙古、河北、山西、山东、河南、宁夏、江苏、安徽、福建、广东、海南、四川、贵州；韩国。

（969）阔胫码绢金龟 *Maladera* (*Cephaloserica*) *verticalis* (Fairmaire, 1888)（图版 IV-80）

Serica verticalis Fairmaire, 1888a: 118.

Maladera (*Cephaloserica*) *verticalis*: Ahrens, 2007a: 5.

主要特征：体长卵圆形，体长 6.7–9.0 mm，宽 4.5–5.7 mm。体浅棕或棕红色，体表刻点均匀，具丝绒般闪光。头阔大，上唇基近梯形，布较深但不匀刻点，中部有较明显纵脊；额唇基沟弧形，额上布浅细刻点。触角 10 节，鳃片部 3 节，雄性鳃片部长于余节。鞘翅有 9 条清晰刻点沟，沟间带呈纵肋状，有少量刻点，后侧缘有较显折角。胸下杂乱被有粗短绒毛。腹部每腹板有 1 排短壮刺毛。前足胫节外缘 2 齿，后足胫节十分扁宽，表面几乎光滑无刻点，2 端距着生在跗节两侧。

分布：浙江（湖州、嘉兴、杭州、绍兴、丽水、温州）、黑龙江、吉林、辽宁、北京、河北、山西、山东、陕西、甘肃、福建；蒙古国，韩国。

（970）暗腹码绢金龟 *Maladera* (*Eumaladera*) *opaciventris* (Moser, 1915)

Autoserica opaciventris Moser, 1915a: 355.

Maladera opaciventris: Fabrizi, Liu, Bai, Yang & Ahrens, 2021: 30.

主要特征：体椭圆形，体长 8.0–9.0 mm, 体宽 4.5–5.3 mm。体红褐至深褐色，上唇基、额区、腹面与臀板密被刚毛和长毛。上唇基短宽，表面布粗大刻点和鳞毛。额区密布粗大刻点，刻点内着生刚毛。触角 10 节，雄性触角鳃片部 3 节，雄性鳃片部等于余节之和。前胸背板宽。表面刻点较深。小盾片近三角形，中央光裸，近边缘布细密刻点。鞘翅密布细刻点列，表面具鳞毛。腹侧暗淡，每节腹板具 1 横向刚毛列，中胸腹板略宽于中足腿节。臀板三角形，密布刻点被软毛。后足胫节短宽。

分布：浙江（湖州、杭州）、安徽；韩国。

（971）莫氏码绢金龟 *Maladera* (*Maladera*) *motschulskyi* (Brenske, 1897)

Serica motschulskyi Brenske, 1897: 370.

Maladera motschulskyi: Nomura, 1959: 40.

Autoserica furcillata Brenske, 1897: 400.

主要特征：体长 8.0–9.0 mm，宽 5.0–5.5 mm。体深褐色，腹面褐色，体表无光泽。头阔大，前缘具微弱凹陷，表面布皱状刻点和少许具毛刻点。触角 10 节，细长，鳃片部 3 节，黄色，雄性鳃片部长于余节。前胸背板宽。鞘翅上沿纵肋密布不规则刻点，纵肋微弱隆起。臀板微弱向后突出，端部较圆。腹板适度分布刚毛。后足腿节具光泽，散布粗大刻点。后足胫节略短，适度宽，光滑具光泽。后足跗节第 1 节等于胫节外侧端距之长。

分布：浙江（丽水）、湖北；韩国。

（972）木色码绢金龟 *Maladera* (*Omaladera*) *lignicolor* (Fairmaire, 1887)（图版 IV-81）

Serica lignicolor Fairmaire, 1887: 110.

Maladera (*Omaladera*) *lignicolor*: Ahrens, 2007a: 4.

主要特征：体长 8.0–9.0 mm。体背侧、腹板、足和臀板黑褐色，表面具皱褶，触角黄褐色，前胸背板和鞘翅散布细毛，腹板密布粗刻点，腹板每节着生褐色粗长刚毛列。上唇基梯形，前缘上折，中部微凹，表面几乎不隆起。触角 10 节，鳃片部 3 节组成，雄性鳃片部等于余节之长，雌性短于余节之长。前胸背板侧缘近平行，后 1/4 处略向内收，表面布粗刻点，刻点内着生的刚毛长短不一。鞘翅具 4 条刻点沟，刻点大小不一，沟间带隆起。臀板上布不规则刻点。后足腿节细，近边缘着生 2 列稀疏刚毛。

分布：浙江（杭州）、湖北、福建、台湾、四川；韩国。

（973）东方码绢金龟 *Maladera* (*Omaladera*) *orientalis* (Motschulsky, 1858)

Serica orientalis Motschulsky, 1858b: 33.

Maladera (*Omaladera*) *orientalis*: Ahrens, 2006: 14.

主要特征：体近卵圆形，体长 6.0–9.0 mm，宽 3.4–5.5 mm。体黑褐或棕黑色，亦有少数淡黑色个体，体表较粗而晦暗，有微弱丝绒般闪光。唇基布挤皱刻点，中央微隆凸，额唇基沟钝角形后折。触角 10 节，鳃片部 3 节，雄性触角鳃片部约为余节之倍。鞘翅有 9 条刻点沟，沟间带微隆拱，散布刻点，缘折有成列纤毛。臀板宽大三角形，密布刻点。胸部腹板密被绒毛，腹部每腹板有 1 排毛。前足胫节外缘 2 齿；后足胫节较狭厚，布少数刻点，胫端 2 距着生于跗节两侧。

分布：浙江（衢州）、吉林、辽宁、内蒙古、北京、河北、山西、山东、宁夏、甘肃、江苏、上海、安徽、湖北、湖南、福建、台湾、广东、海南；俄罗斯，蒙古国，韩国，日本。

（974）多样码绢金龟 *Maladera* (*Omaladera*) *diversipes* Moser, 1915（图版 IV-82）

Maladera diversipes Moser, 1915a: 346.

主要特征：体近长椭圆形，体长 6.5 mm，宽 4.5 mm。体红棕色，触角鳃片部淡黄褐色。体表较粗糙，刻点散乱，具丝绒般闪光。头较短阔，上唇基滑亮，密布刻点，侧缘微弧形，额唇基沟弧形。触角 10 节，鳃片部 3 节。前胸背板明显短阔，基部最宽，密布刻点，侧缘后段不内弯。腹部每腹板有 1 排整齐刺毛。前足胫节外缘 2 齿，后足胫节甚扁宽，光滑，几乎无刻点，2 端距着生于胫端两侧。

分布：浙江（丽水）、江西、福建、广东。

（975）中华码绢金龟 *Maladera sinica* (Hope, 1845)

Serica sinica Hope, 1845: 9.

Maladera sinica: Ahrens, 2002: 88.

主要特征：体椭圆形，体长 8.0–9.5 mm；体黑色至深红褐色，头、鞘翅侧缘及足红褐色，触角黄褐色。体表、头部和足除后足腿节外具光泽。头部无横沟。额区前部具刻点，后侧被软毛，触角 10 节，雄性触角鳃片部与余节等长，雌性触角短于余节之长。前胸背板刻点比前胸稍密，中部无凹陷。前角突出，后角近直角，端部圆。鞘翅刻点较浅，侧缘被些许刚毛。腹板两侧散布长刚毛。前足胫节外缘 3 齿，后足胫节细长，背侧无刚毛，后足胫节外侧距基部 2/3 处具锯齿状脊。

分布：浙江（宁波）、福建、台湾。

（976）齿胫码绢金龟 *Maladera serripes* (Moser, 1915)

Serica serripes Moser, 1915a: 339.

Maladera serripes: Fabrizi, Liu, Bai, Yang & Ahrens, 2021: 272.

主要特征：体卵圆形，体长 7.6 mm，宽 5.5 mm，鞘翅长 4.8 mm。体红褐色，头部颜色较深，触角黄色，体背侧暗淡无光。上唇基、胫节和跗节具光泽。触角 10 节，黄色，雄性鳃片部 3 节，鳃片部略短于余节之和。鞘翅基部略宽，沟间带微弱隆拱，密布细刻点，缘折具纤毛。后足腿节前缘无锯齿状刻纹，后缘边缘锯齿状。后足胫节适度长且宽，跗节第 1 节约为第 2–3 节长度之和，略长于胫节外侧端距，背侧布细微刻点，腹侧具粗壮锯齿状脊。前足跗节短，2 枚齿，爪不对称。

分布：浙江、湖北、江西、福建。

384. 小绢金龟属 *Microserica* Brenske, 1894

Microserica Brenske, 1894: 52. Type species: *Microserica quadrimaculata* Brenske, 1894.

主要特征：体短，卵圆形，体长 4.0–7.0 mm。体色多样。触角 10 节，雄性鳃片部 3–7 节，雌性 3 节。鞘翅黄到红褐色，有时黑色，布椭圆形斑。鞘翅端部边缘非膜质，无绒毛缘饰。后足胫节短且扁圆。臀板具明显雌雄二型：雄性臀板刻点正常，适度弯曲，无光泽；雌性臀板密布刻点，强烈弯曲，具光泽。前足胫节 2 齿，爪简单，对称。

分布：古北区和东洋区。世界已知 164 种，中国记录 14 种，浙江分布 2 种。

（977）福建小绢金龟 *Microserica fukiensis* (Frey, 1972)

Gastroserica fukiensis Frey, 1972a: 174.

Microserica fukiensis: Ahrens, 2002: 59.

主要特征：体长 5.0–5.3 mm，宽 2.8–3.2 mm；卵圆形。体红褐或黄褐色，头部黑色至沥青色，触角鳃片部沥青色。雄性上唇基、腹部、后胸腹板和臀板两侧黄褐色或沥青色；雌性上唇基红褐色，腹面红褐或黄褐色。上唇基、触角和足具光泽。触角 10 节，雄性触角鳃片部 4 节；长度为余节的 1.5 倍；雌性鳃片部 3 节；长度与余节近等。雄性臀板隆拱，雌性微隆拱，端部散布刚毛。雄性第 5 和 6 腹板具纵沟。后足腿节长是宽的 2.5 倍，中部最宽，后缘端部 1/3 锯齿状；后足胫节长是宽的 3.0 倍，几乎无刚毛。

分布：浙江（杭州）、湖北、江西、福建、台湾、海南、广西、贵州。

（978）印记小绢金龟 *Microserica sigillata* Brenske, 1897

Microserica sigillata Brenske, 1897: 417.

主要特征：体长 4.6–5.4 mm，宽 3.0–3.6 mm。体暗淡，深褐色至黑褐色，胸部被细毛。上唇基前缘具微弱凹陷，短阔，密布细刻点，上唇中部明显隆起，额区散布刻点。头部密布刻点，部分刻点着生细毛。触角 10 节，雄性鳃片部 4 节，鳃片长度明显长于余节；雌性 3 节，鳃片长度等于余节之长。前胸背板阔，表面密布粗大刻点。后足腿节细，端部有微弱刻痕。后足胫节细长，跗节第 1 节约为胫节外侧端距的 2.0 倍长，背侧布细微刻点，腹侧具粗壮锯齿状脊，各节端部具环形排列细刺。前足跗节长，爪对称。

分布：浙江（丽水）、上海、江西、福建、四川、贵州。

385. 新绢金龟属 *Neoserica* Brenske, 1894

Neoserica Brenske, 1894: 44. Type species: *Serica ursina* Brenske, 1894.

主要特征：体椭圆形，体浅褐色至黑色，有时具绿色闪光。除上唇基、跗节和爪，其他部分背侧均暗淡，密布白色直立小刚毛。触角 10 节，雄性鳃片部 4 节，长于触角余部长度之和；雌性 3 节，等于或短于余部长度之和。颏前部平坦，后部隆起。后足腿节前缘无齿状边缘线。后足跗节背侧具纵凹，侧面具 1 明显纵凸。

分布：古北区和东洋区。世界已知 149 种，中国记录 135 种，浙江分布 9 种。

分种检索表

1. 后足胫节腹侧近边缘无锯齿状刻纹，具 4 或 5 根粗壮等距的刚毛……2
- 后足胫节腹侧近边缘具锯齿状刻纹，具 3 根粗壮等距的刚毛……4
2. 后足胫节腹侧边缘具 4 根粗壮等距的刚毛……**拟异新绢金龟 *N. abnormoides***
- 后足胫节腹侧边缘具 5 根粗壮等距的刚毛……3
3. 后足胫节腹侧具粗壮锯齿状脊；后足跗节第 1 节略短于第 2–3 节长度之和，约为胫节外侧端距的 2.0 倍长……**似熊新绢金龟 *N. ursina***
- 后足胫节腹侧具微锯齿状脊；后足跗节第 1 节明显短于随后两节之长，明显长于背侧端距 2.0 倍……**天目山新绢金龟 *N. tianmushanica***
4. 上唇基表面具 1 横脊……**唇脊新绢金龟 *N. silvestris***
- 上唇基表面无横脊……5
5. 额唇基沟明显……6
- 额唇基沟不明显……7
6. 体红褐色，上唇基与鞘翅上具红褐色不规则斑点；雄性触角鳃片部 4 节，是余节之和的 2.3 倍；后足跗节第 1 节等于其后两节长度之和，且长于背侧端距的 2.0 倍……**浙江新绢金龟 *N. zheijangensis***
- 体黄褐色，前胸背板具 2 深褐色斑点；雄性触角鳃片部 5 节，是余节长度的 3.5 倍；后足跗节第 1 节略短于随后 2 节之长，等于背侧端距的 2.0 倍……**龙王山新绢金龟 *N. longwangshanica***
7. 后足跗节第 1 节 2.0 倍于背侧端距……**永康新绢金龟 *N. yongkangensis***
- 后足跗节第 1 节略长于背侧端距……8
8. 上唇基前缘强烈上折；鞘翅短椭圆形，近中部最宽；后足跗节第 1 节略短于随后两节之长，长于背侧端距的 2.0 倍……**孟氏新绢金龟 *N. mengi***
- 上唇基前缘中部微上折；鞘翅短卵圆形，中后部最宽；后足跗节第 1 节与其后两节长度之和相等，且稍长于背侧端距……**暗腹新绢金龟 *N. obscura***

（979）似熊新绢金龟 *Neoserica* (*s. str.*) *ursina* (Brenske, 1894)

Serica ursina Brenske, 1894: 10.
Neoserica ursina: Ahrens, 2003: 187.

主要特征：体长 7.5–8.1 mm，宽 4.3–5.0 mm，鞘翅长 5.3–5.7 mm。体卵圆形，红褐色，除了胫节、跗节与上唇基，其他部分或有金属光泽。触角 10 节，雄性鳃片部 4 节，鳃片长度明显长于余节之和；雌性 3 节，鳃片部短于余节之和。中胸腹板宽于中足腿节最宽处。后足腿节扁平，前缘无锯齿状刻纹，后缘具短刚毛。后足胫节细长，跗节第 1 节略短于第 2–3 节长度之和，约为胫节外侧端距的 2.0 倍长，腹侧具粗壮锯齿状脊，具 5 根粗壮等距的刚毛，各节端部具环形排列细刺。前足跗节短，具 2 齿，爪对称。

分布：浙江（杭州）、上海、江西、福建、四川、贵州。

（980）永康新绢金龟 *Neoserica* (*s. str.*) *yongkangensis* Liu *et* Ahrens, 2015（图版 IV-83）

Neoserica (*Neoserica*) *yongkangensis* Liu *et* Ahrens, 2015: 2389.

主要特征：体长 7.3 mm，鞘翅长 5.7 mm，体宽 4.3 mm。体椭圆形，背侧红褐色，暗淡无光泽，额区、小盾片和鞘翅边缘色略深，具绿色光泽，腹侧和足深棕色，触角黄褐色，通体密被近倒伏短刚毛。触角 10 节，触角鳃片部 4 节，等于余节之和。后足基节被毛，中胸腹板与中足腿节等宽。后足胫节适度宽，背侧具尖锐的脊和 2 组刺，近基部的刺在后足胫节中部、近端部在 3/4 处、基部具些许独立刺；腹侧边缘微锯齿状，具 3 根粗壮等距的刚毛。后足跗节第 1 节 2.0 倍于背侧端距；前足胫节短，具 2 齿。

分布：浙江（金华）。

（981）孟氏新绢金龟 *Neoserica* (*s. l.*) *mengi* Liu, Fabrizi, Bai, Yang *et* Ahrens, 2014（图版 IV-84）

Neoserica mengi Liu, Fabrizi, Bai, Yang *et* Ahrens, 2014: 72.

主要特征：体长 5.2–5.9 mm，鞘翅长 3.8–4.0 mm，宽 3.4–3.6 mm。体椭圆形，深红褐色，触角黄褐色，背侧暗淡光裸，上唇基与额区前半部具光泽。触角 10 节，触角鳃片部 4 节，是余节的 1.2 倍。后足基节光裸，中胸腹板与中足腿节等宽。足适度细长。后足胫节背侧具尖锐的脊和 2 组刺，近基部的刺在后足胫节中部、近端部在 3/4 处、基部具些许独立刺；腹侧边缘微锯齿状，具 3 根粗壮等距的刚毛。后足跗节第 1 节略短于第 2–3 节之长，长于背侧端距的 2.0 倍。前足胫节短，具 2 齿。

分布：浙江（温州）、广西、云南。

（982）天目山新绢金龟 *Neoserica* (*s. l.*) *tianmushanica* Ahrens, Fabrizi *et* Liu, 2019（图版 IV-85）

Neoserica tianmushanica Ahrens, Fabrizi *et* Liu, 2019: 33.

主要特征：体长 8.5 mm，鞘翅长 6.1 mm，宽 4.6 mm。体椭圆形，深褐色，鞘翅有时为红褐色，触角黄褐色，背侧暗淡近光裸，上唇基具光泽。触角 10 节，触角鳃片部 4 节，是余节的 1.5 倍。后足基节光裸，中胸腹板与中足腿节等宽。后足胫节背侧具尖锐的脊和 2 组刺，近基部的刺在后足胫节中部、近端部在 4/5 处、基部具些许独立刺；腹侧边缘具微锯齿状刻纹，具 5 根粗壮等距的刚毛。后足跗节第 1 节明显短于第 2–3 节之长，明显长于背侧端距的 2.0 倍。前足胫节长，具 2 齿。

分布：浙江（杭州）。

（983）龙王山新绢金龟 *Neoserica* (*s. l.*) *longwangshanica* Ahrens, Fabrizi *et* Liu, 2019（图版 IV-86）

Neoserica longwangshanica Ahrens, Fabrizi *et* Liu, 2019: 39.

主要特征：体长 5.6 mm，鞘翅长 4.0 mm，宽 3.1 mm。体椭圆形，黄褐色，额区深褐色，前胸背板具 2 深褐色斑点，鞘翅散布深褐色小点，触角黄褐色，背侧暗淡近光裸，上唇基具适度光泽。触角 10 节，触角鳃片部 5 节，为余节长度的 3.5 倍。后足基节光裸，中胸腹板与中足腿节等宽。后足胫节背侧具尖锐的脊和 2 组刺，近基部的刺在后足胫节中部之后、近端部在 3/4 处、基部具些许独立刺；腹侧边缘微锯齿状，具 3 根粗壮等距的刚毛。后足跗节第 1 节略短于第 2–3 节之长，等于背侧端距的 2.0 倍。前足胫节长，具 2 齿。

分布：浙江（湖州）。

（984）拟异新绢金龟 *Neoserica* (*s. l.*) *abnormoides* Ahrens, Liu, Fabrizi, Bai *et* Yang, 2014（图版 IV-87）

Neoserica abnormoides Ahrens, Liu, Fabrizi, Bai *et* Yang, 2014: 39.

主要特征：体长 12.5–12.7 mm，鞘翅长 9.0–9.2 mm，宽 7.5–7.6 mm。体椭圆形，深褐色，触角鳃片部黄褐色，除上唇基前部具光泽外，背侧多晦暗。触角 10 节，触角鳃片部 6 节，略长于余节之和。后足基节无毛，中胸腹板宽度为中足腿节之半。后足胫节适度细长，背侧具尖锐的脊和 2 组刺，近基部的刺在后足胫节中部之前、近端部在 3/4 处、基部具短刚毛；腹侧边缘微锯齿状，具 4 根粗壮等距的刚毛。后足跗节第 1 节略长于第 2–3 节长度之和，且稍长于背侧端距；前足胫节长，具 2 齿；爪对称。

分布：浙江（泰顺乌岩岭）、福建、广东、广西。

（985）暗腹新绢金龟 *Neoserica* (*s. l.*) *obscura* (Blanchard, 1850)

Omaloplia obscura Blanchard, 1850: 79.

Neoserica obscura: Frey, 1972b: 212.

Microserica roeri Frey, 1972a: 171.

Aserica chinensis Arrow, 1946: 268.

主要特征：体长 5.6 mm，鞘翅长 3.9 mm，宽 3.6 mm。体短卵圆形，鞘翅红棕色，背面除上唇基晦暗外，前胸背板和鞘翅均具光泽。触角 10 节，触角鳃片部 4 节，长度等于余节之和。后足基节无毛，中胸腹板宽度和中足腿节几乎相等，中部具被长刚毛的半圆形脊。后足胫节短阔，背侧具尖锐的脊和 2 组刺，近基部的刺在后足胫节长度的 1/3 处、近端部在 3/4 处、基部具短刚毛；腹侧边缘微锯齿状，具 3 根粗壮等距的刚毛。后足跗节第 1 节与第 2–3 节长度之和相等，且稍长于背侧端距；前足胫节短，具 2 齿；爪对称。

分布：浙江（杭州、丽水）、江西、湖南、福建、广东、广西、贵州。

（986）唇脊新绢金龟 *Neoserica* (*s. l.*) *silvestris* Brenske, 1902

Neoserica silvestris Brenske, 1902: 61.

主要特征：体长 8.1 mm，宽 3.8 mm，鞘翅长 4.0 mm。体短卵圆形，深褐至黑色，除上唇基黯淡，其他部分或有金属光泽，前胸背板和鞘翅光滑。触角 10 节，雄性鳃片部 4 节，鳃片长度略长于余节之和。中胸腹板宽度等于中足腿节最宽处。后足腿节扁平，前缘具锯齿状刻纹，后缘光裸。后足胫节短宽，跗节第 1 节略短于第 2–3 节长度之和，约为胫节外侧端距的 1.3 倍长，背侧布细微刻点，腹侧具粗壮锯齿状脊，具 3 根粗壮等距的刚毛，各节端部具环形排列细刺。前足跗节短，具 2 齿；爪对称。

分布：浙江（湖州）、山东、陕西、湖北、福建、四川、贵州、云南。

（987）浙江新绢金龟 *Neoserica* (*s. l.*) *zheijangensis* Liu, Fabrizi, Bai, Yang *et* Ahrens, 2014（图版 IV-88）

Neoserica zheijangensis Liu, Fabrizi, Bai, Yang *et* Ahrens, 2014: 66.

主要特征：体长 5.1–5.9 mm，鞘翅长 3.9–4.0 mm，宽 2.9–3.2 mm。体椭圆形，深红褐色，上唇基与鞘翅具红褐色不规则斑点，触角鳃片部黄褐色，仅上唇基与额区前部具光泽，背侧多晦暗，近光裸。触角 10 节，鳃片部 4 节，是余节之和的 2.3 倍。中胸腹板与中足腿节等宽。后足胫节背侧具尖锐的脊和 2 组刺，近基部的刺在后足胫节中部、近端部在 3/4 处、基部具短刚毛；腹侧边缘微锯齿状，具 3 根粗壮等距的刚毛。后足跗节第 1 节等于第 2–3 节长度之和，且长于背侧端距的 2.0 倍；前足胫节适度长，具 2 齿；爪对称。

分布：浙江（丽水）、湖北、福建。

386. 日本绢金龟属 *Nipponoserica* Nomura, 1973

Nipponoserica Nomura, 1973: 120. Type species: *Serica similis* Lewis, 1895.

Pseudomaladera Nikolajev, 1980: 40. Type species: *Serica koltzei* Reitter, 1897.

主要特征：体长椭圆形，中型到大型（9.0–12.0 mm），深色至红褐色，额区暗淡，背侧光滑。触角 9–10 节，雌雄鳃片部均为 3 节，雄性触角更长。前背折缘基部凸出。中足基节间的中胸腹板与中足腿节几乎等宽。腹板中央具 1 纵凹。足细长，后足腿节前缘无齿状刻纹，前足跗节 2 齿。左右阳基侧突对称。

分布：古北区和东洋区。世界已知 19 种，中国记录 12 种，浙江分布 2 种。

（988）安吉日本绢金龟 *Nipponoserica anjiensis* Ahrens, Fabrizi *et* Liu, 2017（图版 IV-89）

Nipponoserica anjiensis Ahrens, Fabrizi *et* Liu, 2017: 70.

主要特征：体长 8.0–8.5 mm，鞘翅长 6.0–6.4 mm，宽 3.6–3.8 mm。体长椭圆形，黄色，额区深褐色，触角黄褐色，背侧光裸具光泽。触角 9 节，鳃片部 3 节，其长几乎是余节之和的 3.0 倍。后足基节无毛，中胸腹板与中足腿节之半等宽，具不规则鳞毛。腹板倒数第 2 节具深纵凹。后足胫节背侧具尖锐的脊和 1 组刺，近端部在 4/5 处、基部具短刚毛；腹侧边缘微锯齿状，具 3 个粗壮的刚毛，其中端部的 1 个与其他距离较远。后足跗节第 1 节略长于第 2 节，且长于背侧端距的 3.0 倍；前足跗节适度长，具 2 齿；爪对称。

分布：浙江（湖州）、陕西、西藏。

（989）似缎日本绢金龟 *Nipponoserica sericanioides* Ahrens, Fabrizi *et* Liu, 2017（图版 IV-90）

Nipponoserica sericanioides Ahrens, Fabrizi *et* Liu, 2017: 79.

主要特征：体长 9.5–10.0 mm，鞘翅长 6.2–7.1 mm，宽 5.2–5.3 mm。体长椭圆形，红褐色，额区深褐色，触角黄褐色，背侧光裸具光泽。触角 9 节，鳃片部 3 节，其长是余节长之和的 3.0 倍。后足基节无毛，中胸腹板与中足腿节之半等宽。腹板倒数第 2 节具短浅中凹。后足胫节细长，背侧具尖锐的脊和 1 组刺，近端部在 4/5 处、基部具短刚毛；腹侧边缘微锯齿状，具 3 个粗壮的刚毛，其中端部的 1 个与其他距离较远。后足跗节第 1 节明显长于第 2 节，且明显长于背侧端距；前足跗节适度长，具 2 齿；爪对称。

分布：浙江（丽水）。

387. 亮毛绢金龟属 *Paraserica* Reitter, 1896

Paraserica Reitter, 1896: 183. Type species: *Serica grisea* Motschulsky, 1866.

主要特征：体中型，背及腹侧密被刚毛。触角 10 节，雌雄鳃片部均 3 节，雄性鳃片部远长于余节之和。鞘翅端部膜质。前足跗节外侧具 2 齿。中足基节间的中胸腹板与中足腿节等宽。后足跗节细长，外侧具脊，具 2–4 根刺。后足爪被刻点和短刚毛。

分布：东洋区。世界已知 5 种，中国记录 5 种，浙江分布 1 种。

（990）幕阜亮毛绢金龟 *Paraserica mupuensis* Ahrens, Fabrizi *et* Liu, 2017（图版 IV-91）

Paraserica mupuensis Ahrens, Fabrizi *et* Liu, 2017: 84.

主要特征：体长 7.8–8.8 mm，鞘翅长 5.8–6.6 mm，宽 4.2–5.0 mm。体长椭圆形，深褐色，鞘翅红褐色，触角黄褐色，背侧褐色，腹侧具光泽，被密毛。触角 9 节，触角鳃片部 3 节，是余节之长的 1.8 倍。后足基节密被毛，与腹板相似，中胸腹板与中足腿节等宽，具不规则鳞毛。后足胫节背侧具锐脊和 2 组刺，近端部的刺靠近端部之后、近基部的刺在 3/4 处，基部具短刚毛；腹侧边缘微锯齿状，具 6 个粗壮等距的刚毛。后足跗节第 1 节明显长于第 2 节，且略长于背侧端距；前足跗节适度长，具 2 齿；爪对称。

分布：浙江（杭州）、湖北、湖南。

388. 胖绢金龟属 *Pachyserica* Brenske, 1897

Pachyserica Brenske, 1897: 420. Type species: *Pachyserica rubrobasalis* Brenske, 1897.

主要特征：体中型，椭圆形，深褐色，部分种类红褐色，具绿色光泽。触角浅黄色，10 节，鳃片部 3 节。背侧除上唇基外暗淡，密被白鳞毛斑及直立长刚毛。前胸背板宽，基部最宽，侧缘外凸，前缘中部外凸。

前背折缘基部强烈隆起。足细长，后足胫节背侧具明显脊，着生 2 组刺。前足跗节 2 齿。后足腿节近前缘无锯齿。

分布：东洋区。世界已知 23 种，中国记录 10 种，浙江分布 1 种。

（991）红基胖绢金龟 *Pachyserica rubrobasalis* Brenske, 1897（图版 IV-92）

Pachyserica rubrobasalis Brenske, 1897: 420.

主要特征：体长 11.3 mm，鞘翅长 8.3 mm，宽 6.9 mm。体长椭圆形，深褐色具绿色光泽，触角黄褐色；体背密布直立白色刚毛。触角 10 节，鳃片部 3 节，雄性触角鳃片部与余节等长。小盾片短阔三角形，密布粗刻点，中部光滑，被细短鳞毛。鞘翅纵肋不明显。臀板适度凸起，布适度微刻点，被短伏鳞毛和长刚毛。后足腿节前缘具锯齿状刻纹，后缘具短刚毛。后足胫节细，跗节第 1 节等于第 2–3 节长度之和，约为胫节外侧端距的 2.0 倍长，背侧布细微刻点，腹侧具 3 根长刺。前足跗节长，具 2 齿；爪对称。

分布：浙江（湖州、杭州、温州）、江西、福建。

389. 绢金龟属 *Serica* MacLeay, 1819

Serica MacLeay, 1819: 146. Type species: *Scarabaeusbrunnus* Linnaeus, 1758.

Taiwanoserica Nomura, 1974: 82. Type species: *Taiwanoserica elongata* Nomura, 1974.

主要特征：体长 6.0–12.0 mm，常红色、黄色或黑褐色，偶尔黑色，背侧暗淡或有光泽，光滑、具稀疏刚毛或密布刚毛。触角 9–10 节，雌雄鳃片部均为 3 节，雄性鳃片部更长且外翻。前背折缘基部不伸出，与前胸背板基部形成 1 个锐角，前胸背板前角前伸为锐角。足细长，后足跗节侧面或具脊。

分布：古北区、东洋区和新北区。世界已知 190 种，中国记录 117 种，浙江分布 1 种。

（992）异爪绢金龟 *Serica pulvinosa* Frey, 1972

Serica pulvinosa Frey, 1972a: 168.

主要特征：体长 7–7.8 mm，宽 4–4.7 mm，鞘翅长 5.6 mm。体长卵圆形，红褐色，部分带墨绿光泽，足黄褐至红褐色，除了上唇基颜色较暗淡，体背侧被密短毛，鞘翅具些许直立刚毛。触角 10 节，黄色，雄性鳃片部 3 节，其长等于余节之和。鞘翅基部略宽，沟间带微弱隆拱，密布细刻点，缘折具纤毛。后足腿节前缘具锯齿状刻纹，后缘具短刚毛。后足胫节细长，跗节第 1 节约为第 2–3 节长度之和，约为胫节外侧端距的 2.0 倍长，背侧布细微刻点，腹侧具粗壮锯齿状脊，具 2 根长刺。前足跗节短，具 2 齿；爪不对称。

分布：浙江、湖北、福建、台湾。

（四）臂金龟亚科 Euchirinae

主要特征：鞘翅单一黄褐色或者具橙色斑纹。触角鳃片部 3 节。口器适合柔软多汁的食物；上唇中央具浅凹，两侧具长毛列；上颚内侧密布短毛；下颚端部具 2 或 3 个内缘齿，尖端具 1 丛长毛。前胸背板拱起，两侧向后强烈延伸，侧缘具细齿，后角钝且具较侧缘粗大的齿，盘区布细刻点或皱纹状刻点，浅褐色到黑色或青铜绿色。雄性前足常与体长相当，前足胫节具 2 个长刺——端部刺和中部刺，雌性前足胫节端距内侧距缺失；爪末端分叉且相等。腹部具 6 个腹板，气门列有折角，呈 2 列。

分布：主要分布于东洋区。世界已知 3 属 17 种（亚种），中国记录 2 属 9 种，浙江分布 2 属 2 种。

390. 棕臂金龟属 *Propomacrus* Newman, 1837

Propomacrus Newman, 1837: 255. Type species: *Propomacrus arbaces* Newman, 1837.

Macropropus Agassiz, 1846: 309. Type species: *Propomacrus arbaces* Newman, 1837.

Porropus Laporte, 1840: 113. Type species: *Scarabaeus bimucronatus* Pallas, 1781.

主要特征：雄性前足胫节内缘具稠密金黄色毛列，前胸背板栗褐色至黑色。

分布：主要分布于古北区和东洋区。世界已知 4 种（亚种），中国记录 2 种，浙江分布 1 种。

（993）戴氏棕臂金龟 *Propomacrus davidi* Deyrolle, 1874

Propomacrus davidi Deyrolle, 1874: 447.

Propomacrus davidi fujianensis Wu *et* Wu, 2008: 827.

主要特征：雄性 44.0 mm，雌性 36.0 mm。雄性前足胫节内缘具 1 行浓密金黄色柔毛，前胸背板深棕色，足和鞘翅周缘深棕色。

分布：浙江、江西、福建。

391. 彩臂金龟属 *Cheirotonus* Hope, 1840

Cheirotonus Hope, 1840: 78. Type species: *Cheirotonus macleayii* Hope, 1840.

主要特征：与棕臂金龟属 *Propomacrus* 的区别在于雄性前足胫节内缘无黄色毛列，前胸背板具绿色金属光泽。

分布：主要分布于古北区和东洋区。世界已知 11 种（亚种），中国记录 7 种，浙江分布 1 种。

（994）阳彩臂金龟 *Cheirotonus jansoni* (Jordan, 1898)（图版 IV-93）

Propomacrus jansoni Jordan, 1898: 419.

Cheirotonus jansoni: Pouillaude, 1913: 474.

Propomacrus nankinensis Yu, 1936: 3.

Cheirotonus szetshuanus Medvedev, 1960: 14.

主要特征：雄性体长 55.0–68.0 mm，雌性体长 49.0–38.0 mm。前胸背板光滑，具刻点，绿色且具金属光泽；鞘翅一般红棕色到黑色，鞘缝和鞘翅侧缘具橙色斑带，肩部具橙色斑点，偶尔鞘翅为单一黑色。

分布：浙江、江苏、安徽、江西、湖南、福建、广东、海南、广西、重庆、四川、贵州、云南；越南，老挝。

（五）丽金龟亚科 Rutelinae

主要特征：成虫大多数色彩鲜艳，具金属光泽，以体色绿色居多。触角 9–10 节，鳃片 3 节长而薄。跗节具 2 个大小不对称、能活动的爪，大多数种类的前、中足大爪分裂，少数种类或仅雌性简单，小爪简单，不分裂。

分布：世界广布。世界已知约 230 属 4200 种，中国记录 25 属 526 种，浙江分布 9 属 45 种。

分属检索表

1. 上唇角质，前缘中部延伸成喙状，部分与唇基融合 ·································· 喙丽金龟属 *Adoretus*
- 上唇膜质，前缘中部不延伸成喙状，与唇基明显分离 ······································ 2

2. 体背偏扁平；前胸背板后缘中部弧形弯缺（图 4-IV-23A）；鞘翅向后明显收狭……………………………**弧丽金龟属 *Popillia***
- 体背偏隆拱；前胸背板后缘弧形后扩或近横直（图 4-IV-23B）；鞘翅向后不明显收狭……………………………3
3. 中胸腹板具发达前伸腹突；鞘翅长，盖过前臀板……………………………**矛丽金龟属 *Callistethus***
- 中胸腹板无前伸腹突或前伸腹突短……………………………4
4. 体长椭圆形；后足显著伸长，后足胫节伸直几乎达腹部末端……………………………**长丽金龟属 *Adoretosoma***
- 体椭圆形；后足不显著伸长……………………………5
5. 中胸腹板前伸腹突短……………………………6
- 中胸腹板无前伸腹突……………………………7
6. 体黑色，不被毛；鞘翅短，肩疣正常，左右鞘翅各有 1 或深或浅的窝陷……………………………**黑丽金龟属 *Melanopopillia***
- 体色多变，体被毛或部分被毛；鞘翅长，肩疣甚发达，从背面不见鞘翅外缘基边……………………………**发丽金龟属 *Phyllopertha***
7. 前胸腹板于前足基节之间有垂突……………………………**彩丽金龟属 *Mimela***
- 前胸腹板简单无垂突……………………………8
8. 体型小，通常小于 6.0 mm；鞘翅短阔……………………………**短丽金龟属 *Pseudosinghala***
- 体型大，通常大于 6.0 mm；鞘翅通常较长……………………………**异丽金龟属 *Anomala***

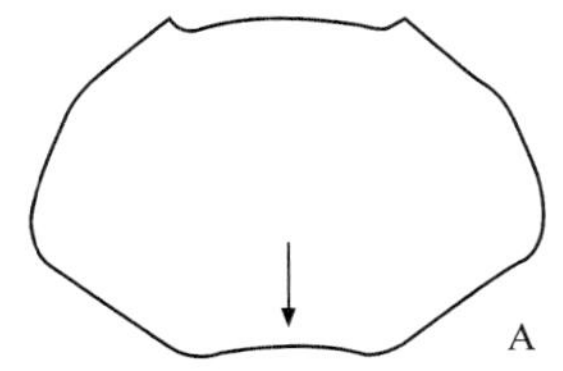

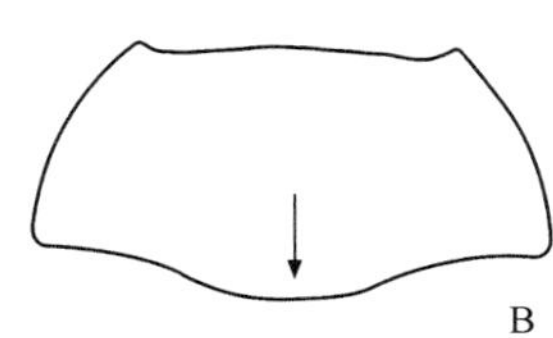

图 4-IV-23　前胸背板

A. 棉花弧丽金龟 *Popillia mutans*；B. 蓝边矛丽金龟 *Callistethus plagiicollis plagiicollis*

392. 长丽金龟属 *Adoretosoma* Blanchard, 1851

Adoretosoma Blanchard, 1851: 234. Type species: *Adoretosoma elegans* Blanchard, 1851.

Euchrysinda Reitter, 1903: 80. Type species: *Phyllopertha chinensis* Redtenbacher, 1867.

主要特征：体中型，长椭圆形，隆拱不强，具金属光泽，背面不被毛，腹面毛稀弱。唇基横梯形或半圆形。前胸背板中部最宽，基部显狭于鞘翅，后缘中部后弯，后缘边框完整，表面布不密刻点。小盾片圆三角形或半圆形。鞘翅长，两侧近平行，肩疣发达；点行明显，略深。无中胸腹突。前足胫节 2 齿；前、中足大爪分裂；后足长，后足胫节伸直几乎达腹端。

雄性：前足胫节通常宽，前足跗节粗，大爪宽扁，其内侧面近下缘有 1 微齿突。

雌性：前足胫节较窄，前足跗节细，大爪正常。

分布：东洋区。世界已知 22 种，中国记录 13 种，浙江分布 2 种。

（995）黑跗长丽金龟 *Adoretosoma atritarse atritarse* (Fairmaire, 1891)（图版 IV-94）

Phyllopertha atritarse Fairmaire, 1891b: xi.

Phyllopertha incostatum Fairmaire, 1891b: xi.

Adoretosoma metallicum Arrow, 1899: 266.

Adoretosoma atritarse: Ohaus, 1905: 82.

主要特征：体长椭圆形。体长 9.0–12.0 mm，宽 5.0–6.5 mm。体浅黄褐色，头后半部、前胸背板中部、小盾片、鞘翅蓝黑色或墨绿色，中、后足胫端和跗节（有时仅每节端半部）黑色；雌性头部和前胸背板浅黄褐色。唇基近半圆形，上卷强。前胸背板十分光滑，刻点纤细而疏，后角钝角形。鞘翅背面有 5 条细刻点行，行距窄而平，行距 2 基部具 1 列细刻点。臀板疏布细（雄）或粗密（雌）刻点。雄性外生殖器阳基侧突近端部具 1 三角形齿，端部外弯。

分布：浙江（杭州）、江苏、湖北、江西、湖南、福建、台湾、广东、四川、贵州、云南、西藏。

（996）纵带长丽金龟 *Adoretosoma elegans* Blanchard, 1851（图版 IV-95）

Adoretosoma elegans Blanchard, 1851: 234.

Phyllopertha tenuelimbatum Fairmaire, 1889a: 24.

Adoretosoma humerale Ohaus, 1905: 82.

主要特征：体长椭圆形。体长 9.0–10.0 mm，宽 4.0–5.0 mm。体浅黄色，头后半部、前胸背板盘部大菱形斑、小盾片、鞘翅外半侧和鞘翅及小盾片周围、中后足胫节端部和跗节黑色带绿色金属光泽。唇基前缘近直，上卷弱。前胸背板光滑，刻点细小而疏，后角钝角状。鞘翅背面有 5 条粗刻点沟行，行距窄，略隆起，行距 2 中央具 1 列细刻点。臀板刻点粗密。雄性外生殖器阳基侧突鸟喙状下弯，底片中央发达，细长上弯，突出于阳基侧突之上。

分布：浙江、陕西、江苏、湖北、江西、湖南、福建、广东、香港、广西、四川、贵州、云南。

393. 喙丽金龟属 *Adoretus* Dejean, 1833

Adoretus Dejean, 1833: 157. Type species: *Melolontha nigrifrons* Steven, 1809.

Prionadoretus Ohaus, 1914b: 512. Type species: *Prionadoretus serridens* Ohaus, 1914.

主要特征：体长形；通常褐色，背腹面常被短毛、刺毛或鳞毛，有时鞘翅毛浓集为小毛斑。头宽大，复眼发达；唇基通常近半圆形；上唇中部狭带状向下延伸如喙；触角 10 节，甚少 9 节。鞘翅长，外缘和后缘无缘膜。前足胫节外缘具 3 齿，内缘具 1 距；前、中足大爪通常分裂。

雄性：臀板通常隆拱强。

雌性：臀板通常隆拱弱。

分布：古北区、东洋区、旧热带区和澳洲区。世界已知约 480 种，中国记录 29 种，浙江分布 2 种。

（997）中华喙丽金龟 *Adoretus* (*Lepadoretus*) *sinicus* Burmeister, 1855（图 4-IV-24A，图版 IV-96）

Adoretus sinicus Burmeister, 1855: 532.

主要特征：体长形，有时后部略宽。体长 9.0–11.0 mm，宽 4.0–5.0 mm。体红褐或暗褐色，密被灰色细窄短鳞毛，鞘翅部分鳞毛聚集成不甚明显的毛斑，端突毛斑较大，臀板中部杂被颇密长竖毛。唇基半圆形，上卷强。前胸背板刻点浓密粗浅，刻点边缘不甚清晰；侧缘圆弧状弯突，后角圆或钝圆。鞘翅刻点如前胸背板，窄行距弱脊状隆起，端突发达。臀板不甚隆拱，密布浅细刻纹。腹部侧缘具脊边。前足胫节 3 齿，后足胫节宽，纺锤形，外缘 2 齿。

分布：浙江、陕西、江苏、湖北、福建、台湾、广东、海南、香港；朝鲜，韩国，日本，印度，越南，泰国，柬埔寨，新加坡，印度尼西亚，马里亚纳群岛，加罗林群岛，美国（夏威夷）。

（998）毛斑喙丽金龟 *Adoretus* (*Lepadoretus*) *tenuimaculatus* Waterhouse, 1875（图 4-IV-24B，图版 IV-97）

Adoretus tenuimaculatus Waterhouse, 1875: 112.

主要特征：体长形，有时后部略宽。体长 9.0–11.0 mm，宽 4.0–5.0 mm。体暗褐色，密被灰白色细窄短鳞毛，鞘翅具若干小毛斑，端突毛斑较大，其外侧具 1 小毛斑，臀板中部杂被颇密长竖毛。唇基半圆形，上卷强。前胸背板刻点浓密粗浅，刻点边缘不甚清晰；侧缘圆角状弯突，后角近直角。鞘翅刻点如前胸背板，窄行距弱脊状隆起，端突发达。雄臀板隆拱强，端缘具 1 光滑三角形区。腹部侧缘具脊边。前足胫节 3 齿，后足胫节宽，纺锤形，外缘具 1 齿突。

分布：浙江、辽宁、陕西、湖南、福建、台湾、广东、贵州；朝鲜，韩国，日本。

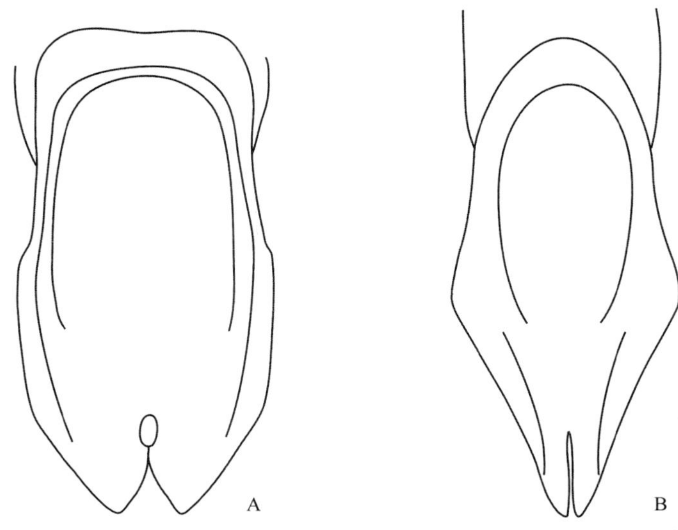

图 4-IV-24 雄性外生殖器阳基侧突

A. 中华喙丽金龟 *Adoretus* (*Lepadoretus*) *sinicus*；B. 毛斑喙丽金龟 *Adoretus* (*Lepadoretus*) *tenuimaculatus*

394. 异丽金龟属 *Anomala* Samouelle, 1819

Anomala Samouelle, 1819: 191. Type species: *Melolontha frischii* Fabricius, 1775.

Idiocnema Faldermann, 1835: 377. Type species: *Idiocnema sulcipennis* Faldermann, 1835.

Aprosterna Hope, 1836: 117. Type species: *Mimela nigricans* Kirby, 1823.

主要特征：体通常椭圆或长椭圆形，有时短椭圆或长形。唇基和额布刻点或皱褶，多成皱刻；头顶通常布较疏细刻点；触角 9 节，通常鳃片短于其余各节总和。前胸背板宽胜于长，基部不显狭于鞘翅；侧缘在中部或稍前处圆形或圆角状弯突；中央有时具 1 纵沟、纵隆脊或光滑纵线；后缘中部向后圆弯。小盾片近三角形或半圆形。鞘翅长，盖过臀板基缘；肩疣不十分发达，从背面可见鞘翅外缘基边；鞘翅缘膜通常发达。无前胸腹突和中胸腹突。前足胫节外缘 1–3 齿，多数 2 齿，内缘具 1 距；中、后足胫节端部各具 2 端距；前、中足大爪通常分裂，后足大爪不分裂。

分布：世界广布。世界已知约 1000 种，中国记录 200 余种，浙江分布 20 种（亚种）。

分种检索表

1. 体表被短毛……………………………………………………………………………………………2
- 体表不被毛或仅部分区域被毛或全体被几乎不可见的微刺毛……………………………………3
2. 体绿色；体背密被黄色短毛；鞘翅平，背面无明晰刻点沟行……………………**毛绿异丽金龟 *A. graminea***
- 体红褐色或褐色；全体被不甚密可见红褐底色的短毛，背面刻点甚密；鞘翅背面有 6 条深沟行，行距圆脊状隆起…………………………………………………………………**等毛异丽金龟 *A. hirsutoides***
3. 前胸背板被颇密长毛……………………………………………………**丝毛异丽金龟 *A. sieversi***
- 前胸背板不被长毛……………………………………………………………………………………4

4. 前胸背板具后缘沟线，中断或完整 ……………………………………………………………………………… 5
- 前胸背板后缘沟线全缺 ……………………………………………………………………………………… 17
5. 腹部侧缘正常，不隆起 ……………………………………………………………………………………… 6
- 腹部侧缘脊状或角状隆起 …………………………………………………………………………………… 16
6. 前胸背板盘区草绿色至暗绿色，具金属光泽 ……………………………………………………………… 7
- 前胸背板浅褐色至深褐色，或红褐色（偶见具绿色光泽个体） ………………………………………… 10
7. 前胸背板侧缘与盘区颜色一致，无黄色平边 ………………………… **红脚异丽金龟 *A. rubripes rubripes***
- 前胸背板侧缘具黄色或宽或窄平边 ………………………………………………………………………… 8
8. 鞘翅表面光滑，行距不隆起 ………………………………………………… **斜沟异丽金龟 *A. obliquisulcata***
- 鞘翅表面不平整，部分行距隆起 …………………………………………………………………………… 9
9. 鞘翅刻点行略陷，窄行距略隆起；前胸背板无明显中纵沟 ………………… **铜绿异丽金龟 *A. corpulenta***
- 鞘翅沟行深显，窄行距圆角状强隆；前胸背板中纵沟深显 ………………………… **绿脊异丽金龟 *A. aulax***
10. 前足胫节外缘 3 齿 ………………………………………………………………… **角唇异丽金龟 *A. anguliceps***
- 前足胫节外缘 2 齿 ………………………………………………………………………………………… 11
11. 体背面和腹面均为红色或红褐色或橘红色 ………………………………………………………………… 12
- 体色黄褐色到深褐色 ………………………………………………………………………………………… 13
12. 雄性外生殖器阳基侧突侧缘不具齿 ………………………………………… **蓝盾异丽金龟 *A. semicastanea***
- 雄性外生殖器阳基侧突侧缘具 1 齿 …………………………………………………… **红背异丽金龟 *A. amoena***
13. 体型较大，通常大于 17.0 mm，体色深；唇基上卷强 ……………………………… **棕褐异丽金龟 *A. edentula***
- 体型较小，通常小于 17.0 mm，体色淡；唇基上卷弱 ……………………………………………………… 14
14. 鞘翅行距窄脊状隆起，布颇密细横皱；体黄褐色 …………………………… **圆脊异丽金龟 *A. laevisulcata***
- 鞘翅行距弱隆，匀布细小颇密刻点；体色多变，浅黄褐至深褐色 ……………………………………… 15
15. 雄性外生殖器阳基侧突较短 ……………………………………………………… **暗背异丽金龟 *A. obscurata***
- 雄性外生殖器阳基侧突较长 ……………………………………………………… **弱脊异丽金龟 *A. sulcipennis***
16. 腹部侧缘明显脊状隆起，除末节外被颇密长白毛 ………………………………… **毛边异丽金龟 *A. coxalis***
- 腹部侧缘仅基部 2 节有不甚明显的隆起，不被毛 ………………………………………… **大绿异丽金龟 *A. virens***
17. 腹部基部 4 节侧缘具强脊边 …………………………………………………… **绿丝异丽金龟 *A. viridisericea***
- 腹部侧缘正常，不隆起 ……………………………………………………………………………………… 18
18. 体背暗紫色，表面不具斑点和斑纹 ……………………………………………… **紫背异丽金龟 *A. imperialis***
- 体色不如上述 ………………………………………………………………………………………………… 19
19. 鞘翅浅黄色，具明显绿色或暗褐色条纹数条；雄性外生殖器阳基侧突左右叶长度相等，端部上弯 ……………………………………………………………………………………………… **脊纹异丽金龟 *A. viridicostata***
- 体色多变，通常全体墨绿色，背面带绿色金属光泽；雄性外生殖器阳基侧突不对称，左叶明显长于右叶，均竖直，不弯曲 ……………………………………………………………………………………………… **斑翅异丽金龟 *A. spiloptera***

（999）红背异丽金龟 *Anomala amoena* Frey, 1971（图版 IV-98）

Anomala rufithorax Ohaus, 1933: 477.

Anomala amoena Frey, 1971: 113 (New name for *Anomala rufithorax* Ohaus, 1933).

主要特征：体长 15.0–18.0 mm，宽 8.0–11.0 mm。体背面和腹面红褐色，有时深红褐色，腹面深褐色；头（有时除额区外）、小盾片、中后胸腹面和足深蓝色，有时后足跗节和后足胫节末端具绿色金属光泽；前胸背板或深或浅具蓝色或紫色光泽，有时深蓝色。胸部腹面疏被长毛。

体长椭圆形，体背不甚隆拱。唇基横梯形，前缘近直，前角宽圆，边缘上卷，表面皱刻粗密；额部三角形平塌，密布粗大刻点，点间皱，有时隆起；头顶部刻点疏细，点间光滑。前胸背板近横方形，匀布浅细刻点，近侧缘中部具 2 个圆形小凹坑；侧缘近前部斜直，前角锐角前伸，近后部略弯缺，后角钝角，端圆；后缘沟线完整。小盾片宽三角形，光滑，布少许浅细刻点。鞘翅平滑，刻点行不低陷，宽行距刻点细；侧缘前半部具明显宽平边。臀板隆拱较弱，密布细刻点，基半部刻点横形。足部发达，前足胫节 2 齿；后足胫节纺锤形。雄性外生殖器阳基侧突长，端部向外弯折，呈"L"形，近端部具 1 外弯尖齿。

分布：浙江、山东、江苏、四川、贵州、云南、西藏。

（1000）角唇异丽金龟 *Anomala anguliceps* Arrow, 1917（图版 IV-99）

Anomala anguliceps Arrow, 1917: 158.

Anomala corneola Lin, 2002: 394.

主要特征：体长 18.0–21.5 mm，宽 9.5–11.0 mm。体浅红褐色，有时褐或暗褐色（偶有唇基和额部色较浅），带漆光；头部、前胸背板（通常色较浅）、小盾片、鞘翅甚窄周缘和腹部各节后缘、足部各关节、距、刺列和跗节暗红褐色。

体长椭圆形，体背不甚隆拱。唇基近横方形，近前渐狭，前缘直，上卷强，前角钝角状，有时略向前伸突，皱刻颇粗；额部皱刻浓密而粗，头顶部刻点细密。触角鳃片长于前 5 节总长，雌雄等长。前胸背板隆拱，光滑；匀布颇密细小刻点，侧缘中部强圆弯突，前后段直，前角直角形、前伸，后角钝角状、端弱圆；后缘沟线完整，后缘镶边甚窄。小盾片三角形，宽略胜于长，侧缘略弯突，刻点细小颇密。鞘翅刻点行通常不甚明晰（靠近鞘翅 1 行除外），不低陷；行距平，行距 2 沿中央布不成列刻点；肩突外侧具 1 颇强窄纵脊，后半较弱，长达端突；侧缘镶边窄圆脊状，长达后圆角后端。臀板布甚密颇粗刻点。前足胫节 3 齿，基齿细，中齿和端齿强，后足胫节近柱形，近端部收狭。前足大爪深裂，中足大爪简单。

雄性：臀板隆拱，刻点较浅弱；前足胫节宽，距位于中齿正对方，大爪宽。外生殖器阳基侧突长形，端部平截而宽，腹面左右叶相接；底片长，端部矛状，中部近前具 1 硬折，后部凹陷。

雌性：臀板弱隆，前足胫节端齿宽，距位于基齿正对方。外生殖器阴片长形，外半部骨化强。

分布：浙江、福建、广东、广西、四川、贵州、云南；印度，缅甸。

（1001）绿脊异丽金龟 *Anomala aulax* (Wiedemann, 1823)（图版 IV-100）

Melolontha aulax Wiedemann, 1823: 93.

Anomala aulax: Burmeister, 1844: 255.

Anomala costifera Reitter, 1895: 209.

主要特征：体长 12.0–18.0 mm，宽 6.0–9.0 mm。体背草绿色，带强金属光泽，唇基、前胸背板宽侧边、鞘翅侧边端缘（有时不太清晰）、臀板端半部（基半部通常暗褐色至黑褐色，有时成 2 个黑褐斑）、胸部腹面和各足腿节浅黄褐色，有时浅红褐色，腹部和胫跗节红褐色或浅红褐色，后足胫跗节颜色深。

体长椭圆形，体背隆拱。唇基宽横梯形，前缘近直，上卷不强，前角宽圆，浓布粗深刻点，点间成横皱；额部刻点浓密而粗，部分皱褶，头顶部刻点如额部，侧缘较疏；触角鳃片部长于其前 5 节总长。前胸背板浓布密而略深横刻点，中纵沟深显；侧缘匀圆弯突，前角锐角前伸，后角圆；后缘沟线中断。小盾片圆三角形，侧缘弯突，刻点如前胸背板。鞘翅匀布浓密刻点和横刻纹，沟行深显，行距窄，圆角状强隆。臀板隆拱强，浓布密横刻纹。足不发达，前足胫节具 2 齿；后足胫节中部略宽膨；前、中足大爪分裂。雄性外生殖器阳基侧突宽，近端部收窄，向外侧弯曲，几乎成直角，形如镰刀状，且两侧阳基侧突部分遮盖；阳基侧突底面自中部收窄成细长刺状，稍外弯，端部向外侧成齿；底片发达，端部具 2 小齿，向腹面弯曲。

分布：浙江（杭州）、安徽、湖北、江西、湖南、福建、台湾、广东、海南、香港、广西、四川、贵州、云南、西藏；俄罗斯，朝鲜，韩国，越南。

（1002）铜绿异丽金龟 *Anomala corpulenta* Motschulsky, 1854（图版 IV-101）

Anomala corpulenta Motschulsky, 1854c: 28.

Anomala planerae Fairmaire, 1891a: ccv.

主要特征：体长 15.5–20.0 mm，宽 8.5–11.5 mm。头、前胸背板和小盾片暗绿色，唇基和前胸背板侧边浅黄色，鞘翅绿或黄绿色，带弱金属光泽，有时侧边和后缘略带褐色；臀板褐色或浅褐色，通常基部中央具 1 大三角形斑，侧缘中部小斑，黑褐色，有时黑斑全缺或仅见侧小斑；腹面和腿节黄褐色；胫跗节红褐色，或臀板、腹面和足褐色，胫跗节色深。

体椭圆形，体背隆拱。唇基宽短，前缘近直，上卷强，前角宽圆，皱刻粗密，刻点几乎不可辨；额部皱刻粗密如唇基，头顶部刻点细密；触角鳃片部与其前 5 节总长约等。前胸背板刻点粗密，疏密不匀，中部刻点略横形，有时具细弱短中纵沟；侧缘中部圆弯突，前角锐角前伸，后角圆；后缘沟线中断，不达小盾片侧。小盾片圆三角形，宽胜于长，表面刻点如前胸背板。鞘翅刻点行略陷，背面宽行距平，布粗密刻点，窄行距略隆起。臀板隆拱，布细密横刻纹。足不发达，前足胫节 2 齿；后足胫节中部略宽膨；前、中足大爪分裂。雄性外生殖器阳基侧突宽，端部向下弯卷，具 1 弱齿突。

分布：浙江（杭州）、黑龙江、吉林、辽宁、内蒙古、河北、山西、山东、河南、陕西、宁夏、甘肃、江苏、安徽、湖北、江西、湖南、福建、四川、贵州、西藏；蒙古国，朝鲜，韩国。

（1003）毛边异丽金龟 *Anomala coxalis* Bates, 1891（图版 IV-102）

Anomala coxalis Bates, 1891: 77.

Euchlora heydeni Frivaldszky, 1892: 124.

主要特征：体长 16.0–22.5 mm，宽 9.5–13.0 mm。体背草绿色，带强漆光，臀板强金属绿色，通常两侧具或宽或窄红褐色边；腹面和足通常强金属绿色，前足基节常全部或部分呈红色，有时腹部和各足基腿节红色带弱绿色光泽，腹部各节前半部或臀板红色仅留基缘绿色，偶有前胸背板侧缘具不清晰宽红褐边。前臀板密被极为短细伏毛，杂被颇密长毛；臀板基半部褐色，端部被不密长毛，腹部侧缘除末节外被颇密长白毛。

体长椭圆形，体背隆拱。唇基横梯形，前缘近直，上卷甚弱，前角宽圆，密布粗深刻点，点间隆起呈横皱；额头顶部布不均匀粗刻点；触角鳃片部长于其前 5 节总和。前胸背板浓布粗深刻点；侧缘中部圆弯突，前角锐角前伸，后角钝角；后缘沟线中断，几乎达小盾片侧。小盾片三角形，侧缘中部略弯突，表面刻点较稀疏。鞘翅均匀浓布粗深刻点，刻点行几乎不可辨认。臀板隆拱，表面浓布横刻纹。腹部基部 3 节近侧缘凹陷，侧缘强脊状。足粗壮，前足胫节 2 齿；前、中足大爪分裂。雄性外生殖器阳基侧突近三角形，中部至端部圆隆。

分布：浙江（杭州）、江苏、安徽、湖北、江西、湖南、福建、台湾、广东、海南、广西、四川、贵州、云南。

（1004）棕褐异丽金龟 *Anomala edentula* Ohaus, 1925（图版 IV-103）

Anomala edentula edentula Ohaus, 1925: 128.

Anomala fusca Lin, 1985: 121.

主要特征：体长 17.5–19.5 mm，宽 9.5–11.0 mm。体黄褐色或棕褐色，带不同程度的绿色金属光泽；头顶部有时暗褐色，前胸背板中部通常有 2 个界线不明、或大或小的黑褐色斑，鞘翅基部中央有 1 个界线不清的黑褐色斑，此斑有时甚不明显。臀板被颇密白色短伏毛，端部被长毛。

体椭圆形，体背隆拱。唇基横梯形，前缘略弯突，前角圆，边缘上卷，表面皱刻粗密；额头顶部刻点颇密而粗，前半部略皱。触角鳃片部与第 2–6 节总长相等。前胸背板刻点粗密，两侧更密，部分刻点横形，点间线状；侧缘均匀弯突，前角锐角前伸，后角钝角角端圆；后缘边框在小盾片前中断。小盾片通常圆三角形，刻点粗密，具光滑宽边。鞘翅点行略低陷，窄行距略隆起，宽行距平，亚鞘缝行距最宽，密布粗大刻点，宽行距 2 和 3 具 1 或 2 行排列不规则刻点，前者部分带横皱；此外鞘翅表面均匀密布颇粗刻点；侧缘前半部具窄平边，肩突和端突发达。臀板隆拱不强，匀布浓密细横刻纹。足部粗壮，前足胫节外缘具 2 齿，基齿甚弱有时不明显；后足胫节柱状，端部扩宽；前、中足大爪深裂。

雄性：阳基侧突长形，端部下弯，端圆，底片端缘中央深缺。

雌性：阴片长形，被长毛。

分布：浙江、台湾、广东、海南、香港；日本，越南。

（1005）毛绿异丽金龟 *Anomala graminea* Ohaus, 1905（图版 IV-104）

Anomala graminea Ohaus, 1905: 86.

主要特征：体长 13.0–15.0 mm，宽 6.5–8.0 mm。体背暗草绿色，无光泽，臀板、腹面和足近黑色，各足腿节、胫节和跗节带绿色金属光泽。背面密被黄色短细伏毛，前臀板后缘、臀板、腹面和腿节密被白色更密长毛。

体长椭圆形，体背隆拱。唇基半圆形，上卷强，密布粗刻点，点间隆起成皱褶，唇基中央隆起；额唇基缝平直；额部密布粗深刻点，头顶部刻点稍疏细；触角鳃片部长于前 5 节之和。前胸背板布浓密颇粗横刻纹，具宽显中纵沟；侧缘前半部弯缺，后半部直，前角锐角，后角钝角状；后缘沟线中断。小盾片半圆形，密布颇粗横形刻点。鞘翅表面革状，沟行浅，窄行距弱隆，侧缘无镶边。臀板表面沙革状。前胸腹板后缘中央、前足基节间后方具 1 向后下伸展疣状突。足细长，前足胫节 2 齿；前、中足大爪分裂；后足胫节强纺锤形。雄性外生殖器阳基侧突裂为 2 细长叶，外叶端缘回弯，内叶中部具齿状突起。

分布：浙江、湖南、福建、广东、广西；越南。

（1006）等毛异丽金龟 *Anomala hirsutoides* Lin, 1996（图版 IV-105）

Anomala hirsutoides Lin, 1996b: 159.

主要特征：体长 11.0–14.0 mm，宽 6.0–8.5 mm。体褐色或暗红褐色，胫跗节黑褐色。背腹面被较密短细伏毛，底色可见，胸部腹面和臀板端部被较长毛。

体长椭圆形，体背隆拱。唇基宽横梯形，前缘稍弯突，上卷不强，前角宽圆，皱刻粗深；额部布颇密粗深刻点，点间隆起相接，头顶部刻点较疏细；触角鳃片部长于其前 5 节总长。前胸背板密布颇粗刻点；侧缘中部稍前圆弯突，前角锐角前伸，后角近直角；后缘沟线全缺。小盾片圆三角形，宽胜于长，表面刻点如前胸背板。鞘翅刻点颇粗而密，背面有 6 条深沟行，行距圆脊状强隆，亚鞘缝行距具 1 条略浅而宽的深沟行，不达端部。臀板隆拱，密布细横刻纹。腹部基部 4 节侧缘具强脊边。足不发达，前足胫节 2 齿；前、中足大爪分裂；后足腿节发达。雄性外生殖器不对称；阳基侧突端部向下弯折如长刺，内侧稀被短毛；左侧阳基侧突较短，底面内缘具 1 小齿突；内囊端部具多种发达的刺状结构。

分布：浙江（杭州、宁波）、安徽、江西、福建、广东。

（1007）紫背异丽金龟 *Anomala imperialis* Arrow, 1899（图版 IV-106）

Anomala imperialis Arrow, 1899: 264.

Anomala polychroma Ohaus, 1905: 85.

主要特征：体长 14.0–16.0 mm，宽 6.5–9.0 mm。体背暗紫色，具不甚强绿色金属光泽，前胸背板宽侧边黄褐色，臀板、腹面、足的部分黄褐色，有时臀板和腹面全黄褐色，足多深褐色，有时全体红褐，仅头部后半部和前胸背板 2 大斑黑褐色。

体椭圆形，体背隆拱。唇基近半圆形，上卷颇强，密布粗刻点，点间隆起成皱褶；额唇基缝平直；额头顶部刻点略细密，前半皱；触角鳃片部略长于前 5 节之和。前胸背板刻点细密，具宽显中纵沟，通常几乎达前后缘，中纵沟前半部刻点粗密成横皱；侧缘中部弯突强，前角锐角、前伸，后角钝角状、端圆；无后缘沟线。小盾片半圆形，刻点细密。鞘翅密布颇粗刻点，具横皱，背面具 6 条深沟行，行 2 通常浅，不达前后缘；行距窄圆脊状强隆。臀板隆拱强，密布颇粗横刻纹。腹部侧缘圆。足细长，前足胫节 2 齿；前、中足大爪分裂。雄性外生殖器阳基侧突背面 2 叶相叠，外缘中部靠前位置收窄，端部三角形；腹面裂为 2 叶，细长前伸，约为背面叶长的 2.0 倍。

分布：浙江、湖南、福建、广东、广西；越南，老挝。

（1008）圆脊异丽金龟 *Anomala laevisulcata* Fairmaire, 1888（图版 IV-107）

Anomala laevisulcata Fairmaire, 1888c: 19.

Anomala holcoptera Fairmaire, 1889a: 26.

主要特征：体长 8.0–15.0 mm，宽 4.5–7.0 mm。体浅黄褐色至褐色，有时浅红褐色，少数暗褐色，或仅鞘翅颜色深，前胸背板通常具 2 个或小或大、浅或深色斑，头顶部偶有 2 暗色小斑。

体椭圆形，体背不甚隆拱。唇基横梯形，前缘弯突，上卷弱，前角宽圆，皱刻细密；额头顶部刻点细密。前胸背板匀布浅细而密刻点，常具浅或深窄中纵沟；粗圆中部弯突，后部弯缺，前角锐角，后角钝角，后角内侧常具 1 斜陷线；后缘沟线完整。鞘翅布颇密细刻点，鞘翅至肩突内侧之间有 6 条近等距刻点深沟行，行距窄脊状隆起，布颇密细横皱。臀板密布颇粗横刻纹。足不发达；前足胫节 2 齿，基齿细弱；后足胫节中部弱膨。雄性外生殖器阳基侧突渐窄，端部角状。

分布：浙江、安徽、江西、湖南、福建、广东、海南、广西、四川、贵州、云南；越南，老挝。

（1009）斜沟异丽金龟 *Anomala obliquisulcata* Lin, 2002（图版 IV-108）

Anomala obliquisulcata Lin, 2002: 402.

主要特征：体长 14.0–17.0 mm，宽 7.0–9.5 mm。头部、前胸背板（具浅黄褐侧边）和小盾片碧绿色，带强金属光泽，鞘翅草绿有时苹绿色，具强漆光，臀板黑褐色，带绿色金属光泽，端半部浅黄褐色或红褐色；腹面和足黑褐色，有时不同部位及腿节浅褐色，偶有腹部和后足胫节红褐色。前臀板后部密被短细伏毛，臀板被颇密长伏毛，腹面侧缘被毛较密。

体椭圆形，有时长椭圆形，体背隆拱。唇基横梯形，前缘近直，上卷弱，前角宽圆，皱刻细密；额部刻点密而颇粗，通常皱，头顶部刻点细密。前胸背板刻点细密有时颇粗；后角前具 1 深斜陷，有时较短浅；侧缘中部弯突，前角直角或近锐角、前伸，后角钝角形，端圆；后缘沟线中断，长达小盾片侧。小盾片正三角形，侧缘弯突，刻点细密。鞘翅表面光滑，布细小不甚密刻点，背面刻点行明晰，宽行距布细刻点；侧缘镶边圆脊状，长达后缘角端部。臀板隆拱，布颇粗密横刻纹。前足胫节 2 齿；前、中足大爪分裂；后足腿节宽，前缘弧形弯突，胫节近纺锤形。雄性外生殖器阳基侧突宽而短，端圆，腹面具 1 小齿突；底片端半部宽横，前缘浅弯缺。

分布：浙江、山东、湖北、江西、湖南、福建、广东、海南、广西、贵州。

（1010）暗背异丽金龟 *Anomala obscurata* Reitter, 1903（图版 IV-109）

Anomala obscurata Reitter, 1903: 65.

主要特征：体长 14.0–17.0 mm，宽 7.0–9.5 mm。体黄褐色至暗褐色，头部和前胸背板有时黄褐色，带弱绿色金属光泽，有时暗褐色，带绿色金属光泽，前胸背板具浅黄色侧边；鞘翅暗褐色，边缘色深；腹面和足黄褐色，足胫节、跗节色较深。

体长椭圆形，体背隆拱。唇基长横梯形，前缘近直，上卷弱，前角宽圆，皱刻粗密；额部刻点密而颇粗，略皱，头顶部刻点细密。前胸背板刻点细密；侧缘中部近前弯突，前角直角或近锐角，后角钝角形，端圆；后缘沟线完整。小盾片圆三角形，侧缘弯突，刻点粗密。鞘翅表面布细密刻点，背面刻点行明晰，行距隆起；侧缘镶边圆脊状，长达后缘角端部。臀板隆拱，布颇粗密横刻纹。足部不发达，前足胫节 2 齿；前、中足大爪分裂；后足细长。雄性外生殖器阳基侧突深裂，内叶细窄，外叶发达，呈包围状，腹面略相接。

分布：浙江、福建。

（1011）红脚异丽金龟 *Anomala rubripes rubripes* Lin, 1996（图版 IV-110）

Anomala rubripes rubripes Lin, 1996a: 302.

主要特征：体长 21.0–28.0 mm，宽 11.5–15.0 mm。体背面草绿色，带漆光，鞘翅侧缘窄边暗绿或红色，唇基前部、前胸背板侧边、有时连鞘翅侧缘具强烈红或红金色泽；臀板带强烈金属绿色光泽，有时两侧略带红色光泽，偶呈红褐色；腹面和足通常红色、火红或枣红色，各足胫跗节色较深，有时腹面各腹节中部具火红色反光；偶有鞘翅紫红色，腹面浅铜色。

体椭圆形，体背隆拱强。唇基上卷弱，密布细刻点；额部密布细刻点。前胸背板刻点细密，两侧刻点较粗，后缘沟线中断。鞘翅匀布密而略粗刻点，刻点行略可辨认。臀板浓布细小横刻纹。雄性外生殖器阳基侧突端部内弯；底片从中部 2 裂，两叶平行。

分布：浙江、安徽、湖北、江西、湖南、福建、广东、海南、广西、贵州、云南。

（1012）蓝盾异丽金龟 *Anomala semicastanea* Fairmaire, 1888（图版 IV-111）

Anomala semicastanea Fairmaire, 1888c: 21.

Aprosterna castaneipennis Fairmaire, 1891a: cciv.

主要特征：体长 12.5–16.0 mm，宽 7.0–10.0 mm。体背面和腹面红褐色，有时色较深，光泽弱，腹部具极弱的绿色光泽；头、小盾片、中后胸腹面和足深褐色，带强烈墨绿色至蓝紫色金属光泽；前胸背板红褐色，或深或浅具紫蓝色光泽，有时深蓝色，有时前胸背板中央近前缘具 2 个黑色圆斑点，后缘色较深。额部两侧疏被不长竖毛，胸部腹面疏被长毛。

体长椭圆形，体背不甚隆拱。唇基横梯形，前缘近直，前角宽圆，边缘上卷强，表面皱刻粗密；额部三角形平塌，密布粗大刻点，点间皱，有时隆起；头顶部刻点疏细，点间光滑。前胸背板近横方形，匀布浅细刻点，近侧缘中部具 2 个圆形小凹坑；侧缘近前部斜直，前角锐角、前伸，近后部略弯缺，后角钝角，端圆；后缘沟线完整。小盾片宽三角形，光滑，基部布少许细刻点。鞘翅平滑，刻点行不低陷，宽行距刻点细；侧缘前半部具明显宽平边。臀板隆拱较弱，密布细刻点，基半部刻点横形。足部发达，前足胫节 2 齿；后足胫节纺锤形。雄性外生殖器阳基侧突长，端部向外弯折，呈“L”形。

分布：浙江、陕西、江苏、上海、安徽、江西、湖南、福建、广东、香港、广西；越南。

（1013）丝毛异丽金龟 *Anomala sieversi* Heyden, 1887（图版 IV-112）

Anomala sieversi Heyden, 1887: 266.

Anomala atrocoerulea Reitter, 1903: 63.

Anomala subpurpurea Reitter, 1903: 63.

主要特征：体长 11.0–14.0 mm，宽 6.5–8.0 mm。体背草绿色，带弱漆光，前胸背板侧边、鞘翅侧缘和后缘带弱紫红色泽；臀板、腹面和足黑褐色，带颇强紫红色泽；有时全体蓝色或黑色。前胸背板密被颇长竖毛，臀板、胸部、腹部两侧和腿节密被长毛，腹部侧缘毛浓密。

体长椭圆形，体背隆拱。唇基宽横梯形，前缘近直，上卷弱，前角宽圆，皱刻粗密；额部刻点细密，略皱，头顶部较疏细；触角鳃片部长于前 5 节之和。前胸背板近方形，刻点粗密，混杂细刻点，有时部分刻点横椭圆形，侧区刻点较粗，有时粗大而浅，部分刻点融合；中央具 1 光滑纵线，有时具纵沟；侧缘中部强弯突，前后段弯缺，前角锐角、前伸，后角近直角，端角状；无后缘沟线，有时两侧仅具短压痕线。小盾片近半圆形，表面杂布细刻点。鞘翅匀布颇粗密刻点，粗刻点行弱陷，宽行距平，杂布颇密粗刻点。臀板布浓密细横刻纹。腹部基部 4 节，侧缘具强脊边。足不甚发达，前足胫节 2 齿；中、后足大爪分裂；后足胫节弱纺锤形。雄性外生殖器阳基侧突左右两叶，外缘渐窄，端圆，端部向内弯，呈钝齿状突出。

分布：浙江、黑龙江、吉林、辽宁、内蒙古、北京、河北、山东、陕西、江苏、湖北、江西、湖南、福建、四川、贵州；朝鲜，韩国。

（1014）斑翅异丽金龟 *Anomala spiloptera* Burmeister, 1855（图版 IV-113）

Anomala spiloptera Burmeister, 1855: 500.

Anomala densestrigosa Fairmaire, 1888c: 20.

主要特征：体长 13.0–17.5 mm，宽 7.5–10.0 mm。体色多变，通常全体墨绿色，背面带绿色金属光泽，每鞘翅近中部横排 3 浅黄色斑，有时色斑连接成横带；或体浅褐色，额头顶部和前胸背板（浅色宽侧边除外）墨绿色，多数臀板和腹部褐色，有时腹部大部分黑褐色，两侧和后部浅黄褐色，后足胫跗节有时连前、中足跗节红褐色，有时鞘翅单数窄行距、肩突和外侧暗褐色；有时背面浅褐色（额头顶部暗褐色除外）。

体椭圆形或长椭圆形，体背隆拱。唇基上卷颇强。前胸背板刻点粗密，通常略呈横行，后角直角形；无后缘沟线。鞘翅刻点细密，杂布横刻纹和横皱，沟行深显，行距圆脊状强隆。臀板密布粗横刻纹。足细长。雄性外生殖器阳基侧突不对称，均细长，左叶长于右叶；底片细长，末端稍膨大，浅裂。

分布：浙江、江西、福建、广东、四川、贵州；印度。

（1015）弱脊异丽金龟 *Anomala sulcipennis* (Faldermann, 1835)（图版 IV-114）

Idiocnema sulcipennis Faldermann, 1835: 378.

Anomala sulcipennis: Burmeister, 1855: 497.

主要特征：体长 7.0–11.0 mm，宽 4.0–5.5 mm。体浅黄褐色，有时带弱绿色金属光泽，各足跗节（有时仅各足端部）褐色或浅褐色；有时体褐色或深褐色，前胸背板两侧和臀板及腹面部分位置黄褐色；有时额头顶部、前胸背板中部、鞘翅和臀板具暗色斑纹。

体长形，两侧近平行，或长椭圆形。唇基宽横梯形，前缘近直，上卷不强，前角宽圆，表面皱刻粗密；额部密布粗深刻点，点间窄于点径，头顶布略稀疏刻点；触角鳃片部略长于其前 5 节总和。前胸背板匀布细密刻点；侧缘中部圆弯突，前角直角，后角圆；后缘沟线完整。小盾片圆三角形，宽略胜于长，密布粗刻点。鞘翅匀布细小颇密刻点，刻点行浅陷，行距弱隆；侧缘镶边宽，长达后圆角。臀板隆拱弱，密布细横刻纹。足不发达，前足胫节外缘 2 齿，基齿细弱；前中足大爪分裂；后足胫节中部略宽膨。雄性外生殖器阳基侧突分叉，内侧部分凹陷，外侧部分末端内弯。

分布：浙江（杭州）、河北、河南、陕西、江苏、湖北、湖南、福建、广东、广西、四川、贵州。

（1016）大绿异丽金龟 *Anomala virens* Lin, 1996（图版 IV-115）

Anomala virens Lin, 1996a: 307.

主要特征：体长 21.0–29.0 mm，宽 12.0–17.0 mm。体背和臀板草绿色，带强烈金属光泽（有时前胸背板泛珠泽），鞘翅带强烈漆光或珠光；腹面和各足基节强金属绿色，腹面各节基缘泛蓝泽，胫节、跗节蓝黑色，前者带强金属绿泽；偶有全体玫瑰红色。

体椭圆形，体背隆拱强。唇基横梯形，前缘近直，上卷甚弱，前角宽圆，皱刻细密；额部刻点粗密，有时皱，头顶部刻点细密；触角鳃片部短于前5节之和。前胸背板刻点细密；侧缘中部弯突，前角直角，后角端角形，端圆；后缘沟线中断，长达小盾片侧。鞘翅表面光滑，刻点细而颇密，刻点行隐约可辨；肩突和端突不发达；鞘翅后侧缘扩阔。臀板浓密细横刻纹。腹部基部两节侧缘角状。足粗壮，前足胫节2齿，端齿细弱；前、中足大爪分裂；后足腿节发达，后足胫节中部略宽膨。雄性外生殖器阳基侧突三角形，端部向内弯；底片发达，前缘近直，后半部分侧缘强烈内弯，中央具中纵沟。

分布：浙江（杭州）、山西、山东、河南、湖北、江西、湖南、福建、广东、海南、广西、四川、贵州、云南。

（1017）脊纹异丽金龟 *Anomala viridicostata* Nonfried, 1892（图版 IV-116）

Anomala viridicostata Nonfried, 1892: 86.

主要特征：体长 14.5–18.0 mm，宽 7.5–10.0 mm。头、前胸背板、有时小盾片和臀板基部墨绿色，唇基、前胸背板宽侧边、臀板、胸部腹面和各足腿节浅黄褐色，鞘翅单数窄行距、肩突和端突及侧缘宽纵条墨绿色，各足胫、跗节红褐色（后足的色深）；腹部红褐色，有时各腹节基部黑褐色，两侧和端部浅黄褐色；有时鞘翅墨绿色，在第3、5、7窄行距中部各具1浅黄斑，外侧斑长形。

体长椭圆形，体背隆拱。唇基宽横梯形，前缘直，上卷颇强，前角宽圆，皱刻粗密；额部皱刻粗密如唇基，头顶部刻点略细密；触角鳃片部长于其前5节总长。前胸背板布颇粗密横形刻点；侧缘中部弯突，前角锐角、前伸，后角钝角；无后缘沟线。小盾片三角形，宽胜于长，刻点颇粗密，略横形。鞘翅布浓密粗刻点和横刻纹，刻点行强陷，窄行距脊状隆起。臀板隆拱，密布粗横刻纹。足不发达，前足胫节2齿，基齿细弱；前、中足大爪分裂；后足腿节发达。雄性外生殖器阳基侧突后半部分长如针状，末端略上弯。

分布：浙江（杭州、金华）、安徽、湖北、江西、湖南、福建、广东、广西、四川、贵州、云南。

（1018）绿丝异丽金龟 *Anomala viridisericea* Ohaus, 1905（图版 IV-117）

Anomala viridisericea Ohaus, 1905: 85.

Anomala tectiformis Frey, 1970: 174.

主要特征：体长 10.0–14.0 mm，宽 5.5–7.5 mm。体浅黄褐色，前胸背板有时具不甚明显暗斑。

体长椭圆形。唇基近宽半圆形，上卷弱。前胸背板刻点浓密略粗，后缘沟线全缺。鞘翅表面均匀密布颇粗横刻纹和刻点；背面具6条深沟行，行2不达端部，行距圆脊状隆起，缘膜发达。臀板长，密布横刻纹。腹部侧缘前4节具强脊边。足不发达，前足胫节2齿。

分布：浙江（杭州）、江西、湖南、福建、广东、海南、广西、四川。

395. 矛丽金龟属 *Callistethus* Blanchard, 1851

Callistethus Blanchard, 1851: 198. Type species: *Callistethus consularis* Blanchard, 1851.

Spilota Burmeister, 1844: 266. Type species: *Melolontha marginata* Fabricius, 1792. [HN]

主要特征：体椭圆或长椭圆形，背面光裸。唇基横形，前缘近直，前角圆。前胸背板后缘中部向后圆弯，后缘沟线短或缺。小盾片三角形或圆三角形。鞘翅长，盖过前臀板，点行明显。中胸腹突发达，伸过中足基节。前足胫节外缘具2齿，内缘具1距，前、中足大爪分裂。

分布：东洋区和新热带区，少量分布于全北区、旧热带区和澳洲区。世界已知约 150 种（亚种），中国记录 7 种（亚种），浙江分布 1 亚种。

（1019）蓝边矛丽金龟 *Callistethus plagiicollis plagiicollis* (Fairmaire, 1886)（图版 IV-118）

Spilota plagiicollis Fairmaire, 1886: 329.

Paraspilota impictus Bates, 1888: 374.

Callistethus plagiicollis plagiicollis: Machatschke, 1957: 93.

主要特征：体长 11.0–16.0 mm，宽 6.0–9.0 mm。体背红褐色有时黄褐色，通常头部和臀板色略深，腹面和足暗褐色，前胸背板侧缘暗蓝色。

体长椭圆形，体背不甚隆拱。唇基近横方形，向前略收狭，上卷弱，表面光滑；额部光滑无刻点，头顶部中央光滑，两侧疏布极细微刻点；触角鳃片部发达，长于其前 5 节总长。前胸背板光滑，布颇密细微浅刻点，后角大于直角，无后缘沟线。鞘翅刻点行明晰，宽行距布颇密细刻点，窄行距无刻点。臀板光滑，布颇密细小浅刻点。中胸腹突尖长。足细长，不甚发达；前足胫节 2 齿，基齿细弱；前、中足大爪分裂；后足腿节发达，后足胫节弱纺锤形。雄性外生殖器阳基侧突短，长约为宽的 2.0 倍，端部宽圆。

分布：浙江（金华）、辽宁、北京、河北、山西、河南、陕西、甘肃、江苏、安徽、湖北、江西、湖南、福建、广东、广西、四川、贵州、云南、西藏；俄罗斯（远东地区），蒙古国，朝鲜，韩国，越南。

396. 黑丽金龟属 *Melanopopillia* Lin, 1980

Melanopopillia Lin, 1980: 300. Type species: *Melanopopillia dinghuensis* Lin, 1980.

主要特征：体中型，椭圆形，背面通常不甚隆拱。唇基缝明显；复眼不甚发达；触角 9 节，鳃片部通常略长于鞭部（第 2–6 节）。前胸背板宽胜于长，基部最宽；后缘向后均匀圆弯，有时在两侧微缓弧凹；后缘边框全缺，或甚短仅见于后角附近。小盾片宽三角形。鞘翅短，宽胜于长或宽长相等，通常露出前臀板后部；左右鞘翅各有 1 或深或浅的窝陷，在小盾片后方斜向肩疣；后缘圆，缝角具 1 小齿，缘膜正常，肩疣发达，鞘翅点行明显。腹面被毛不密。中胸腹突竖扁而短，通常高胜于长，向下隆凸。腹部各腹节具 1 横列毛。前足胫节外缘具 2 齿，内缘具 1 距，前、中足大爪分裂，中、后足胫节各具 2 列带刺毛斜脊，后足较粗壮。

雄性：臀板隆拱强；腹部末节后缘中央弧凹；前足胫节端齿尖短，跗节较粗，大爪宽扁。

雌性：臀板隆拱较弱；腹部末节后缘均匀弯突；前足胫节端齿宽长，跗节和大爪细长；后足粗壮。

分布：东洋区。世界已知 3 种，中国均有记录，浙江分布 1 种，为首次记录。

（1020）华南黑丽金龟 *Melanopopillia praefica* (Machatschke, 1971)（图版 IV-119）浙江新记录

Callistethus praefica Machatschke, 1971: 199.

Melanopopillia praefica: Lin, 1980: 299.

主要特征：体长 11.0–15.0 mm，宽 7.0–9.0 mm。全体黑色，带漆光。唇基横梯形，通常上卷弱。前胸背板密布细（雄）或略粗（雌）刻点，后角钝角状。鞘翅刻点行低陷，窄行距弱圆脊状隆起，宽行距布颇粗密刻点。小盾片圆三角形，布颇密细刻点。臀板隆拱不甚强（雄）或弱（雌），布浓密细横刻纹。腹部侧缘圆角状，无脊状褶边。后足粗壮，胫节纺锤形。

生物学：浙江丽水景宁的该种标本采自豆科植物崖豆藤属（*Millettia*）的花上。

分布：浙江（丽水）、湖南、福建。

397. 彩丽金龟属 *Mimela* Kirby, 1823

Mimela Kirby, 1823: 101. Type species: *Mimela chinensis* Kirby, 1823.

Trimela Ohaus, 1924: 171. Type species: *Mimela macassara* Heller, 1896.

主要特征：体卵形、长卵形，甚少近圆形，通常带强金属光泽。唇基横梯形、横方形或近半圆形；唇基和额布刻点或皱刻，头顶通常刻点疏细；触角 9 节。前胸背板一般基部最宽，侧缘中部弯突，后缘向后圆弯；后缘沟线通常中断。小盾片三角形或圆三角形。鞘翅长，后部较宽，表面通常光滑；缘膜发达。腹面在前足基节间有 1 向下片状突出物，称前胸腹突，通常端部向前弯折，从侧面可见。中胸腹突有或无。足部通常较粗壮；前足胫节外有 1–2 齿，内缘具 1 距；前、中足大爪通常分裂；后股通常宽阔。

分布：主要分布于古北区、东洋区、旧热带区，少数分布于澳洲区。世界已知 209 种（亚种），中国记录 77 种（亚种），浙江分布 9 种（亚种）。

分种检索表

1. 中足大爪简单……………………………………………………………………………**闽绿彩丽金龟 *M. fukiensis***
- 中足大爪分裂……………………………………………………………………………2
2. 臀板不被毛………………………………………………………………………………3
- 臀板密被短毛或被长毛…………………………………………………………………8
3. 后足腿节后缘强内弯……………………………………………………………**弯股彩丽金龟 *M. excisipes***
- 后足腿节后缘不内弯……………………………………………………………………4
4. 体背墨绿色，带强烈金属光泽…………………………………………………………5
- 体背浅黄褐色……………………………………………………………………………6
5. 腹部侧缘正常，不隆起；前胸背板后缘沟线完整……………………………**墨绿彩丽金龟 *M. splendens***
- 腹部侧缘脊状隆起；前胸背板后缘沟线不完整，短或缺……………**拱背彩丽金龟 *M. confucius confucius***
6. 体背除正常细刻点外，无十分浓密和纤细刻点分布，偶散布小刻点；前胸背板无中纵沟……………………………………………………………………………………**浅褐彩丽金龟 *M. testaceoviridis***
- 体背除正常刻点外，布十分浓密纤细刻点；前胸背板具浅弱或明显中纵沟……………7
7. 体长 14.0–15.0 mm；前胸背板中纵沟明显；前胸背板侧缘缓弯突……………**釜沟彩丽金龟 *M. fusania***
- 体长 15.0–20.0 mm；前胸背板中纵沟浅弱；前胸背板侧缘中部弯突……………**中华彩丽金龟 *M. chinensis***
8. 前胸背板无后缘沟线；前胸背板和鞘翅宽侧边及臀板后半部浅黄褐色……………**黄裙彩丽金龟 *M. flavocincta***
- 前胸背板具后缘沟线；鞘翅宽侧边和臀板后半部绿色……………**浙草绿彩丽金龟 *M. passerinii tienmusana***

（1021）中华彩丽金龟 *Mimela chinensis* Kirby, 1823（图版 IV-120）

Mimela chinensis Kirby, 1823: 107.

Melolontha stilbophora Wiedemann, 1823: 92.

Mimela splendens Burmeister, 1844: 288.

主要特征：体长 15.0–20.0 mm，宽 9.0–12.0 mm。体背浅黄褐色，带强绿色金属光泽，有时前胸背板具 2 个不甚明晰的暗色斑；臀板端半部、胸部腹面和足浅黄褐色或浅红褐色，腹部红褐；有时体背草绿色或暗绿色。腹面被毛细弱，各腹节具 1 横列甚细弱短毛。

体椭圆形，后部较宽，体背隆拱，均匀密布十分细微刻点。头部疏布细刻点；唇基宽横梯形，前缘直，上卷不强，表面和额部皱褶浅细；触角鳃片部长于前 5 节之和。前胸背板均匀布不密细刻点，具浅中纵沟，近侧缘中部具 1 小圆陷，近后角具 1 浅斜陷；侧缘缓弯突，前角锐角、前伸，后角钝角、端圆；后缘沟线完整，有时在小盾片前浅弱。小盾片圆三角形，端钝，疏布细刻点。鞘翅布稀疏细小刻点；粗刻点行平，单数行距窄，双数行距宽平，布不密粗刻点。臀板隆拱，布不密脐形刻点。前胸腹突薄犁状。中胸腹突甚短，疣状。足细长；前足胫节 2 齿；前、中足大爪分裂；后足胫节弱纺锤形。雄性外生殖器阳基侧突端半部细长下弯，左右叶较短。

分布：浙江、河北、山西、湖北、江西、湖南、福建、台湾、广东、海南、广西、四川、贵州、云南。

（1022）拱背彩丽金龟 *Mimela confucius confucius* Hope, 1836（图版 IV-121）

Mimela confucius Hope, 1836: 112.

Mimela flexuosa Lin, 1966: 144.

主要特征：体长 19.5–22.0 mm，宽 11.0–13.0 mm。体背墨绿色，带强烈金属光泽；腹面和足红褐色至深红褐色；有时臀板端半部和各足腿节、前足基节和胸部腹面（除中部外），间或前胸背板侧缘窄边浅红褐色。

体宽椭圆形，后部较宽，体表甚隆拱。唇基表面隆拱，宽横梯形，前缘略弯突，上卷弱，前角宽圆，皱刻细；额部刻点细密，略皱，头顶部刻点细密；触角鳃片部与其前 5 节之和相等。前胸背板宽横，刻点细密，此外表面布极纤细浓密刻点；通常具明显中纵沟，有时弱而短；侧缘中部稍后弯突不强，前角强锐角，前伸，后角圆；后缘沟线短，达小盾片侧，沟线有时短或近消失。小盾片宽圆三角形，布颇密细小刻点。鞘翅甚隆拱，粗刻点行明显，内侧 3 行近端部沟陷，宽行距布粗密刻点。臀板隆拱强，密布粗浅脐状刻点。前胸背板薄犁状，后角钝角形。中胸腹突甚短。腹部基部 4 节侧缘具强棱脊边。前足胫节 2 齿，基齿细小；前、中足大爪分裂；后足腿节发达，后足胫节近纺锤形。雄性外生殖器阳基侧突短粗，两侧平行，末端向内斜弯；底片发达，基部侧面呈直角。

分布：浙江、河北、山西、陕西、安徽、湖北、江西、湖南、福建、广东、海南、广西、四川、贵州、云南；越南。

（1023）弯股彩丽金龟 *Mimela excisipes* Reitter, 1903（图版 IV-122）

Mimela excisipes Reitter, 1903: 54.

主要特征：体长 13.0–17.0 mm，宽 8.0–9.5 mm。全体墨绿色、深红褐色或黑褐色，带强烈绿色金属光泽。每腹节具 1 横列疏细毛，侧缘毛较密。

体椭圆形，有时后部较宽，体背隆拱强。唇基宽横梯形，表面隆拱，前缘近直，上卷不强，前角宽圆，皱刻细；额部皱刻细密，头顶部刻点细密；触角鳃片部长于其前 5 节总长。前胸背板中部刻点细而颇密；侧缘中部近后弯突，前段稍弯缺，后段圆，前角强锐角，前伸，后角圆；后缘沟线在小盾片前中断。小盾片宽三角形，刻点纤细。鞘翅平滑，细刻点行明显，内侧 3 行近端部低陷，宽行距布疏细刻点。臀板隆拱，光滑，布颇密细刻点。前胸腹突宽，近柱形，端部靴状。中胸腹突甚短，端近平截。腹部基部 2 节侧缘基半部具褶边。前足胫节 2 齿，基齿细；前、中足大爪分裂；后足甚粗壮，腿节后缘强内弯，后足胫节强纺锤形，跗节粗短。雄性外生殖器阳基侧突窄长；底片短，近方形。

分布：浙江、山东、河南、陕西、江苏、安徽、湖北、江西、湖南、福建、台湾、广东、四川。

（1024）黄裙彩丽金龟 *Mimela flavocincta* Lin, 1966（图版 IV-123）

Mimela flavocincta Lin, 1966: 146.

Mimela kitanoi Miyake, 1987: 7.

主要特征：体长 17.5–19.0 mm，宽 10.5–11.5 mm。体背草绿色，带漆光，唇基、前胸背板宽侧边、鞘翅宽侧边和端部及臀板后半部浅黄褐色，胸部腹面和各足腿节浅红褐色，腹部和前、中足胫跗节红褐色，后足胫跗节色较深。前臀板后缘和臀板密被短细伏毛；腹部被不甚密但十分细的短毛，每腹节中部被 1 横列疏短毛。

体椭圆形，近端部较宽，体背隆拱。唇基宽横梯形，前缘近直，上卷弱，前角宽圆，皱褶细密；额头顶部刻点细而颇密，额部弱皱；触角鳃片部长于其前 5 节之和。前胸背板宽横，布颇密细刻点；具细窄中纵沟，不达前后缘；侧缘缓弯突，前角锐角，后角钝角，端圆；后缘沟线全缺。小盾片三角形，侧缘弯，疏布细小刻点。鞘翅刻点粗而颇密，刻点行明显；宽行距密布刻点。臀板隆拱，横刻纹细密。前胸腹突薄犁状，后角直角形。中胸腹突不前伸。腹部基部 2 节侧缘褶边不强，第 3 节侧缘角状。足细长，前足胫节 2 齿，前、中足大爪分裂；后足胫节中部略宽膨，胫端长距弯曲。雄性外生殖器阳基侧突呈鸟喙状下弯，端部近平截。

分布：浙江、湖北、湖南、福建、台湾。

（1025）闽绿彩丽金龟 *Mimela fukiensis* Machatschke, 1955（图版 IV-124）

Mimela fukiensis Machatschke, 1955: 502.

主要特征：体长 14.0–16.0 mm，宽 8.0–8.5 mm。体背暗绿色，臀板墨绿色，带金属光泽；前胸背板窄侧边和臀板边浅红褐色。臀板被中等密长毛，胸部腹面密被长毛。

体椭圆形，有时后部较宽，体背隆拱强。唇基近横方形，向前略收狭，前缘直，上卷不甚强，前角圆，皱刻粗密；额头顶部布浓密粗深刻点，额部皱。前胸背板均匀布浓密粗深刻点，点间隆起网状；侧缘均匀圆弯突，前角锐角，前伸，后角近直角，端圆；后缘沟线完整。小盾片宽三角形，侧缘弯，刻点如前胸背板，边光滑。鞘翅布浓密细皱褶，无光泽；窄行距隆起。臀板隆拱，布浓密横刻点。前胸腹突薄犁状，后角具 1 下伸齿突。无中胸腹突。前足胫节 2 齿；中足大爪简单；后足胫节纺锤形，表面粗糙。雄性外生殖器阳基侧突简单，三角形。

分布：浙江（杭州）、安徽、江西、湖南、福建。

（1026）釜沟彩丽金龟 *Mimela fusania* Bates, 1888（图版 IV-125）

Mimela fusania Bates, 1888: 375.
Anomala sculpticollis Fairmaire, 1897: 215.
Mimela viriditincta Fairmaire, 1891a: ccv.
Mimela plicicollis Arrow, 1908a: 247.

主要特征：体长 14.0–15.0 mm，宽 8.0–9.5 mm。体黄褐色或褐色，背面带强烈绿色金属光泽，头顶部和前胸背板侧区（除宽侧边外）色较深，臀板和腹部通常褐色，足部红褐色或黄褐色。

体椭圆形，后部较宽，体背隆拱，布浓密的十分纤细、通常不明晰的刻点。唇基宽横弱梯形，前缘近直，上卷不强，前角宽圆，皱褶细；额部皱刻细密，头顶部刻点细密。前胸背板宽横，基部最宽，表面光滑，刻点细密；具深中纵沟，通常不达前后缘；两侧表面凹凸不平，具不规则大凹陷，后角附近通常具 1 深斜陷；侧缘缓弯突，前角近锐角，后角钝角、端不尖；后缘沟线通常完整。小盾片近半圆形，刻点如前胸背板。鞘翅粗刻点行明显，宽行距密布粗深刻点；侧缘镶边强圆脊状，长达后圆角。臀板隆拱，布粗密刻点。前胸腹突薄犁状，后角直角形。中胸腹突甚短，小疣状。足细长，前足胫节 2 齿；前、中足大爪分裂；后足胫节纺锤形。雄性外生殖器阳基侧突左右叶外缘中部弱弧状弯突，端部外弯，侧面观端半部下弯。

分布：浙江、黑龙江、吉林、辽宁、天津、河北、山西、山东、河南、江苏、湖北、江西、湖南、福建、四川；朝鲜，韩国。

（1027）浙草绿彩丽金龟 *Mimela passerinii tienmusana* Lin, 1993（图版 IV-126）

Mimela passerinii tienmusana Lin, 1993: 106.

主要特征：体长 18.0–20.5 mm，宽 10.0–11.0 mm。体背深草绿色，臀板金属绿色，唇基和前胸背板侧边浅黄褐色。额不被毛，臀板被颇密长毛，胸部腹面和腿节密被细长毛，腹部被不密长毛、侧缘毛密。

体椭圆形，后部较宽。唇基宽横方形，前缘直，上卷不甚强，前角圆，皱刻粗密；额部刻点较粗密；头顶部刻点细密；触角鳃片部长于前 5 节总和。前胸背板布较粗密刻点；侧缘中部近前圆弯突，前角弱锐角，前伸，后角略大于直角，端不尖；具后缘沟线。鞘翅密布粗大而深的刻点，点间隆起，背面刻点行仍可辨认，鞘翅无浅色边。臀板隆拱不强，表面沙革状细皱。前胸腹突薄犁状，中胸腹突短。前足胫节通常 2 齿，基齿细弱，偶或消失，端齿粗；后足胫节较粗壮，表面粗糙。雄性外生殖器阳基侧突端缘直，底片凹度弱，近端缘中部无锐角弯褶。

分布：浙江（杭州）、福建。

（1028）墨绿彩丽金龟 *Mimela splendens* (Gyllenhal, 1817)（图版 IV-127）

Melolontha splendens Gyllenhal, 1817: 110.
Mimela splendens: Burmeister, 1855: 506.
Mimela davidis Fairmaire, 1886: 330.
Mimela murasaki Chûjô, 1940: 76.

主要特征：体长 15.0–21.5 mm，宽 8.5–13.5 mm。全体墨绿色，通常体背带强烈绿色金属光泽，有时前胸背板和小盾片泛蓝黑色泽或鞘翅泛弱紫红色泽；偶有背面前半部深红褐色，鞘翅和臀板黑褐色，腿节、胫节红褐色，腹部和跗节深红褐色。腹面被毛弱，各腹节具 1 横列短弱毛。

体宽椭圆形，体背不甚隆拱，甚光滑，布细微刻点。唇基宽横弱梯形，前缘直，上卷颇强，前角圆，皱刻浅细，表面略隆拱；额头顶部刻点细小颇密。前胸背板布颇密细微刻点；中纵沟明显；侧缘均匀弯突，前角锐角，前伸，后角近直角；后缘沟线完整。小盾片宽圆三角形，刻点微细，沿侧缘具 1 浅沟线。鞘翅细刻点行略可辨认，宽行距布细小刻点；侧缘前半部具宽平边。臀板隆拱，布不密细刻点。前胸腹突薄犁状，后角直角形。中胸腹突甚尖短。足部不甚发达，前足胫节 2 齿；前、中足大爪分裂；后足胫节纺锤形，后足跗节颇粗壮。雄性外生殖器阳基侧突简单，端圆。

分布：浙江（杭州）、黑龙江、吉林、辽宁、河北、山西、安徽、湖北、江西、湖南、福建、台湾、广东、广西、四川、贵州、云南；朝鲜，韩国，日本。

（1029）浅褐彩丽金龟 *Mimela testaceoviridis* Blanchard, 1851（图版 IV-128）

Mimela testaceoviridis Blanchard, 1851: 197.
Mimela chryseis Bates, 1866: 345.
Anomala surigera Heyden, 1886: 291.

主要特征：体长 14.0–18.0 mm，宽 8.0–10.5 mm。体浅黄褐色、浅褐色，有时深褐色，略带绿色光泽，腹部、后足胫跗节色较深。腹面被毛细弱，各腹节具 1 横列疏弱短毛。

体宽椭圆形，后部较宽，体背隆拱。唇基宽横梯形，前缘近直，上卷不强，前角宽圆，皱褶浅细；额头顶部刻点细密，额前部皱。前胸背板宽横，光滑，布颇密细刻点；侧缘中部强弯突，前角锐角、前伸，后角钝角、端圆；后缘沟线通常在小盾片中部前中断。小盾片宽三角形，侧缘弯，布不密细刻点。鞘翅粗刻点行近端部低陷，宽行距布颇密粗刻点。臀板隆拱，密布颇粗圆刻点。前胸腹突薄犁状。无中胸腹突。足不粗壮，前足胫节 2 齿；前、中足大爪分裂；中、后足胫节强纺锤形。雄性外生殖器阳基侧突渐窄，内缘弧凹。

分布：浙江（杭州）、河北、山西、山东、江苏、安徽、湖北、江西、湖南、福建、台湾、广西、四川。

398. 发丽金龟属 *Phyllopertha* Stephens, 1830

Phyllopertha Stephens, 1830: 223. Type species: *Scarabaeus horticola* Linnaeus, 1758.

主要特征：体中型，长椭圆形。背面部分或全部被毛，刻点或皱刻密；体色暗，鞘翅通常暗褐或黑色。唇基通常横梯形，边缘上卷；下颚须末节长，端部扩宽，端斜切；触角 9 节。前胸背板基部显狭于鞘翅，侧缘在中部弯突，后缘沟线完整。鞘翅长，肩疣甚发达，从背面不见鞘翅外缘基部；缘折长，深达后缘；具缘膜。中胸腹突短，疣状，通常略伸过中足基节。前足胫节外缘具 2 齿，内缘具 1 距；前、中足大爪分裂。

雄性：触角鳃片部长于鞭部（第 2–6 节）；前足跗节（特别是第 5 节）粗壮；前足大爪宽。

雌性：触角鳃片部短于鞭部；前足跗节和大爪细长，第 1 节长形；鞘翅外缘前半部有时增厚成疣条。

分布：主要分布于古北区，少数分布于东洋区。世界已知 26 种，中国记录 23 种，浙江分布 1 种。

（1030）分异发丽金龟 *Phyllopertha diversa* Waterhouse, 1875（图版 IV-129）

Phyllopertha diversa Waterhouse, 1875: 106.

Phyllopertha maculicollis Reitter, 1903: 84.

主要特征：体长 8.0–10.5 mm，宽 4.5–5.0 mm。体黑色带褐，有弱光泽，鞘翅黄褐色，鞘缝和边缘黑褐色。体被褐色长毛。

唇基横形，前缘近直，上卷弱，表面刻点粗密；额头顶部刻点较大。前胸背板光亮，基部窄于翅基，无中纵沟，刻点粗大而较密，侧缘于中点之前强烈地圆形弯突，后段明显弯缺，后缘沟线完整。小盾片三角形，密布粗大刻点。鞘翅长形，光亮，被毛稀疏，具刻点行，肩瘤发达，缘折达后角。臀板被长而颇密的毛，布颇粗密的横刻纹。中胸腹突甚短。前足胫节外缘 2 齿，前、中足大爪分裂。

分布：浙江、黑龙江、吉林、辽宁、内蒙古、北京、天津、河北、山西、山东、河南、陕西；朝鲜，韩国，日本。

399. 弧丽金龟属 *Popillia* Dejean, 1821

Popillia Dejean, 1821: 60. Type species: *Trichius bipunctatus* Fabricius, 1787.

Godschama Reitter, 1903: 50. Type species: *Popillia hexaspila* Ancey, 1883.

主要特征：体小型，椭圆或短椭圆形，带强烈的金属光泽。唇基横梯形或半圆形，边缘上卷通常强；唇基和额布刻点或皱刻，头顶通常布较疏细刻点；触角 9 节。前胸背板隆拱强，基部显狭于鞘翅；后缘在小盾片前弧形弯缺。鞘翅短，向后略收狭，露出部分前臀板，后缘圆；具缘膜。臀板通常在基部有 2 个圆形、三角形或横形毛斑，有时 2 斑连接成横毛带，有时臀板均匀被密毛。腹面具发达中胸腹突；有时每腹板两侧各具 1 浓毛斑。足通常粗壮，前足胫节外缘具 2 齿，内缘具 1 距。

分布：主要分布于东洋区、旧热带区，少数分布于古北区。世界已知 340 余种，中国记录 62 种，浙江分布 8 种。

分种检索表

1. 臀板光裸，无毛斑 ·························· **棉花弧丽金龟 *P. mutans***

\- 臀板具 2 个左右对称的毛斑 ························· 2

2. 前臀板沿后缘被密毛 ·········· 闽褐弧丽金龟 *P. fukiensis*
- 前臀板后缘光裸，不被毛 ·········· 3
3. 鞘翅背面宽行距间无其他刻点行，为 5 条等距同形刻点沟行 ·········· 弱背弧丽金龟 *P. dilutipennis*
- 鞘翅背面宽行距间有其他刻点行，背面刻点行 5 条以上，或刻点行不等距 ·········· 4
4. 亚鞘缝行距间刻点沿中央散乱分布 ·········· 琉璃弧丽金龟 *P. flavosellata*
- 亚鞘缝行距间刻点成单行 ·········· 5
5. 唇基半圆形；鞘翅后半部明显收狭，鞘翅刻点行明显窄脊状隆起 ·········· 近方弧丽金龟 *P. subquadrata*
- 唇基宽梯形或宽横梯形；鞘翅后半部轻微收狭，鞘翅刻点行弱隆起 ·········· 6
6. 后缘沟线长，几乎达小盾片侧 ·········· 中华弧丽金龟 *P. quadriguttata*
- 后缘沟线极短 ·········· 7
7. 臀板毛斑大，斑间与斑径约相等；鞘翅横陷弱 ·········· 曲带弧丽金龟 *P. pustulata*
- 臀板毛斑细弱，斑间宽于斑径；鞘翅横陷深显 ·········· 弱斑弧丽金龟 *P. histeroidea*

（1031）弱背弧丽金龟 *Popillia dilutipennis* Fairmaire, 1889（图版 IV-130）

Popillia dilutipennis Fairmaire, 1889b: 342.

Popillia formosana Arrow, 1913a: 45.

主要特征：体长 8.0–9.0 mm，宽 4.5–5.5 mm。头、前胸背板（浅色侧边除外）和小盾片黑褐色或暗红褐色，具绿色金属光泽；其余部分红褐色，臀板和腹面通常色较深。臀板具 2 三角形毛斑。

唇基弱横梯形，前缘直，上卷略强，前角圆，皱褶细密；额部刻点颇粗密，前部皱，头顶部刻点疏。前胸背板盘部刻点疏细，后角光滑几乎无刻点，两侧刻点较粗密；侧缘中部弯突，前段近直，后段近直或略弯缺，前角锐角前伸，后角钝角角状；后缘沟线长。小盾片三角形，侧缘略弯突，疏布细或较粗刻点。鞘翅背面有 5 条等距刻点深沟行，行距圆脊状强隆。臀板隆拱，密布粗横刻纹。中胸腹突较短，侧扁，端圆。足粗壮，中、后足胫节纺锤形，近基部最宽。

分布：浙江、安徽、福建、台湾、广东、香港、广西、云南；韩国。

（1032）琉璃弧丽金龟 *Popillia flavosellata* Fairmaire, 1886（图版 IV-131）

Popillia flavosellata Fairmaire, 1886: 331.

Popillia atrocaerulea Bates, 1888: 376.

Popillia inconstans Fairmaire, 1889a: 28.

主要特征：体长 8.5–12.5 mm，宽 6.0–8.0 mm。体色多变，全黑蓝、全黑、全墨绿色，或鞘翅红褐色，或前胸背板蓝、鞘翅红褐色、浅褐带黑侧边或具三角形大黄褐色斑，或前胸背板墨绿、鞘翅黄褐略带红色或浅褐具黑侧边，或前胸背板和鞘翅蓝、鞘翅具黄褐色斑，或体背蓝、各腹节基部红色，或前胸背板和小盾片墨绿或枣红，鞘翅黑色具 1 波折形黄褐横板。臀板基部有 2 个通常互相远离的小毛斑；腹部每腹节具 1 横列毛，侧缘具 1 浓毛斑。

唇基横梯形，前缘近直，上卷弱。前胸背板盘部刻点颇粗密；侧缘中部弯突，前后段近直，后缘沟线甚短。鞘翅背面有 5 条粗刻点沟行，行距隆起；行 2 宽，沿中央布排列不整齐的粗刻点；横陷深显。臀板密布粗或细横刻纹。中胸腹突长，侧扁，端圆。中、后足胫节纺锤形，后足粗壮。

分布：浙江、黑龙江、吉林、辽宁、北京、山西、山东、宁夏、江苏、上海、安徽、湖北、江西、湖南、四川、贵州、云南、西藏；俄罗斯（远东地区），朝鲜，韩国。

（1033）闽褐弧丽金龟 *Popillia fukiensis* Machatschke, 1955（图版 IV-132）

Popillia fukiensis Machatschke, 1955: 508.

主要特征：体长 8.0–10.5 mm，宽 4.5–6.0 mm。体红褐色，带金属光泽，头、前胸背板部分墨绿色。前臀板沿后缘被密毛，臀板基部有 2 个横三角形大毛斑。

体短椭圆形。唇基宽横梯形，前缘近直，上卷弱，前角宽圆，皱褶粗密；额部刻点粗密，头顶部刻点较疏。触角鳃片部等于前 5 节之和。前胸背板刻点细而不密；侧缘中部偏前强弯突，前后端略弯缺，前角锐角、前伸，后角略大于直角，端不尖；后缘沟线几乎达斜边半长。小盾片正三角形，侧缘略弯突，布少数粗刻点。鞘翅背面具 7 条等距粗刻点深沟行，行 2 基部点杂乱；行距窄脊状隆起。臀板表面光滑，基部和两侧密布细横刻纹。中胸腹突长，侧扁，向前尖细，端圆。足粗壮；中、后足胫节纺锤形，后足大爪简单，雄性中足大爪简单，雌性中足大爪分裂；后足胫节近基部宽膨。雄性外生殖器阳基侧突背面平坦，长形；底片下弯，端圆，从内伸出 2 根细长针状突。

分布：浙江（杭州）、江西、福建、广东、广西、贵州。

（1034）弱斑弧丽金龟 *Popillia histeroidea* (Gyllenhal, 1817)（图版 IV-133）

Rutela histeroidea Gyllenhal, 1817: 66.

Popillia histeroidea: Burmeister, 1844: 297.

Popillia coerulea Boheman, 1858: 55.

Popillia discipennis Fairmaire, 1886: 332.

主要特征：体长 8.0–11.5 mm，宽 5.0–7.0 mm。体蓝黑色或墨绿色，带强金属光泽；有时鞘翅红褐色或紫红色（有时基部 1 方斑、鞘翅侧缘和后半部蓝黑色），有时红褐色。臀板 2 毛斑细弱、互相远离，毛斑有时较密或完全磨脱；腹部每腹节侧缘具 1 浓毛斑。

体椭圆形。唇基宽横，向前略收狭，前缘近直，上卷不强，前角圆，表面皱刻粗密；额部皱刻粗密；头顶部刻点密而颇粗，复眼内侧具纵刻纹；触角鳃片部约等于前 5 节之和。前胸背板前半部粗深而颇密，两侧刻点粗密，小盾片前光滑无刻点；侧缘中部强圆弯突，前端稍弯缺，后段近直，前角锐角、前伸，后角宽圆；后缘沟线极短。小盾片三角形，疏布细刻点。鞘翅背面有 6 条粗刻点深沟行，行 2 短，通常不达中部；行距隆起；横陷深显。臀板十分隆拱，端部向后强烈伸突，布不密刻点。中胸腹突长，侧扁，端圆。足粗壮，前足胫节 2 齿；中、后足大爪发达，后足大爪简单，雄性中足大爪简单，雌性中足大爪分裂；中、后足胫节强纺锤形。雄性外生殖器阳基侧突长形，端尖；底片宽长，两侧向上弯卷，端部尖舌状上卷。

分布：浙江、安徽、湖北、江西、湖南、福建、广东、海南、广西、四川、贵州、云南；缅甸，越南。

（1035）棉花弧丽金龟 *Popillia mutans* Newman, 1838（图版 IV-134）

Popillia mutans Newman, 1838: 337.

Popillia indigonacea Motschulsky, 1854a: 47.

Popillia relucens Blanchard, 1851: 199.

主要特征：体长 9.0–14.0 mm，宽 6.0–8.0 mm。体蓝黑色、蓝色、墨绿色、暗红色或红褐色，带强烈金属光泽。臀板无毛斑。

体短椭圆形。唇基近半圆形，前缘近直，上卷弱，皱褶颇粗；额部皱刻粗密；头顶部刻点粗密，复眼内侧具纵刻纹。触角鳃片部略长于前 5 节之和。前胸背板甚隆拱，盘部和后部光滑无刻点，前部和两侧刻点较粗，有时横形；侧缘中部强弯突，前段弯缺，后段直，前角锐角、前伸，后角宽圆；后缘沟线甚短。

小盾片三角形，疏布细刻点。鞘翅背面有 6 条粗刻点沟行，行 2 远不达端部；行距宽，稍隆起；具明显横陷。臀板隆拱，密布粗横刻纹。中胸腹突长，端圆。足粗壮；前足胫节 2 齿；中、后足大爪发达，后足大爪简单，雄性中足大爪简单，雌性中足大爪分裂；中、后足胫节强纺锤形。雄性外生殖器阳基侧突向前尖细，内缘弯缺；底片中等长，端部向下弯卷，两侧具椭圆形小隆突。

分布：浙江（杭州、金华）、吉林、辽宁、内蒙古、河北、山西、山东、河南、陕西、宁夏、甘肃、江苏、安徽、湖北、江西、湖南、福建、台湾、广东、海南、广西、四川、贵州、云南；俄罗斯，朝鲜，韩国。

（1036）曲带弧丽金龟 *Popillia pustulata* Fairmaire, 1887（图版 IV-135）

Popillia pustulata Fairmaire, 1887: 114.

主要特征：体长 7.0–10.5 mm，宽 4.5–6.5 mm。体墨绿色，前胸背板和小盾片带强烈金属光泽；鞘翅黑色，有时红褐色，具漆光，每鞘翅中部各有 1 浅褐色曲横带，有时分裂为 2 斑，带、斑有时不明显。臀板有 2 个大毛斑，腹部各节侧缘具 1 浓毛斑。

唇基宽横梯形，向前收狭，前缘近直，上卷弱，前角圆，皱褶颇粗，额部皱刻粗密，前胸背板甚隆拱，盘部刻点十分疏细，两侧刻点粗密；侧缘中部偏前圆弯突，前后段近直，前角锐角前伸，后角圆或圆角状；后缘沟线极短。小盾片三角形，刻点疏细。鞘翅背面有 6 条刻点深沟行，行距脊状隆起。臀板隆拱强，布细密横刻纹。中胸腹突长，侧扁，端圆。足粗壮，中、后足胫节强纺锤形。

分布：浙江（杭州）、山西、山东、陕西、江苏、安徽、湖北、江西、湖南、福建、广东、广西、四川、贵州、云南。

（1037）中华弧丽金龟 *Popillia quadriguttata* (Fabricius, 1787)（图版 IV-136）

Trichius quadriguttata Fabricius, 1787b: 377.

Popillia castanoptera Hope, 1843b: 63.

Popillia quadriguttata: Burmeister, 1844: 310.

Popillia chinensis Frivaldszky, 1890: 201.

主要特征：体长 7.5–12.0 mm，宽 4.5–6.5 mm。体色多变：体墨绿色带金属光泽，鞘翅黄褐色带漆光，或鞘翅、鞘缝和侧缘暗褐色；或全体黑色、黑褐色、蓝黑色、墨绿色或紫红色；有时全体红褐色；有时体红褐色，头后半、前胸背板和小盾片黑褐色。臀板有 2 个圆毛斑，腹部各节侧缘具 1 浓毛斑。

体椭圆形。唇基宽横梯形，前缘直，通常上卷甚强，前角圆，表面和额部布粗密刻点或皱刻。触角鳃片部约等于前 5 节之和。前胸背板盘部布颇细密或颇粗刻点，两侧刻点粗密或甚密；侧缘中部圆弯突，前后段近直，前角锐角前伸，后角大于直角，圆角状；后缘沟线长，几乎达小盾片侧。小盾片三角形，侧缘近直，布颇粗刻点。鞘翅背面有 6 条刻点深沟行，行 2 不达端部；行距隆起；无横陷。臀板隆拱，密布粗横刻纹。中胸腹突不甚长，不宽扁，端不尖。足不十分发达，前、中足大爪分裂，后足胫节内侧具 1 列长毛，后足跗节较粗壮。雄性外生殖器阳基侧突端部尖细下弯；底片短，端缘弯卷。

分布：浙江（杭州）、黑龙江、吉林、辽宁、内蒙古、河北、山西、山东、河南、陕西、宁夏、甘肃、青海、江苏、安徽、江西、湖南、福建、台湾、广东、广西、四川、贵州、云南；俄罗斯，朝鲜，韩国。

（1038）近方弧丽金龟 *Popillia subquadrata* Kraatz, 1892（图版 IV-137）

Popillia subquadrata Kraatz, 1892: 259.

主要特征：体长 8.5–9.0 mm，宽 5.0–5.5 mm。体墨绿色，带强烈金属光泽，鞘翅红褐色或黄褐色，鞘缝和周缘黑色或黑褐色（有时甚窄，有时较宽扩展至肩突），有时鞘翅全黑色。臀板基部有 2 个横行毛斑，腹部各节侧缘具 1 浓毛斑。

体椭圆形。唇基近半圆形，上卷弱，皱刻粗密；额部刻点粗密，前半皱；头顶部刻点粗密。前胸背板隆拱强，前半部刻点粗大而密，后半部光滑，刻点浅细或纤疏；侧缘中部偏前强弯突，前端略弯缺，后段近直，前角锐角前伸，后角钝角形；后缘沟线甚短。小盾片三角形，疏布颇粗或细刻点。鞘翅背面颇平坦，有 6 条粗大刻点深沟行，行距 2 宽，沿中央布颇密粗大刻点，其余行距窄脊状隆起。臀板隆拱，密布粗横刻纹。中胸腹突大，高胜于长，宽扁，前缘宽圆。足颇粗壮；中、后足大爪发达，后足大爪简单，雄性中足大爪简单，雌性中足大爪分裂；中、后足胫节强纺锤形，后足跗节粗壮。雄性外生殖器阳基侧突左右愈合，端部中央深裂，近端部外侧角状；底片短，端缘中央深裂。

分布：浙江（宁波）、湖北、江西、湖南、福建、海南、广西、四川、贵州；印度。

400. 短丽金龟属 *Pseudosinghala* Heller, 1891

Pseudosinghala Heller, 1891: 294. Type species: *Pseudosinghala vorstmani* Heller, 1891.

主要特征：体小型，椭圆形。唇基半圆形或横方形，前角圆，轻微上卷，额唇基缝完整，较清晰。触角 9 节，雌雄无明显差别。前胸背板隆拱，前窄后宽，小盾片前近直，基部略窄于鞘翅；前角前伸，略尖，后角钝角，端圆。鞘翅短阔，不达臀板，不甚隆拱，有时具低陷，刻点行通常不加深，雌性侧缘通常无镶边，肩突不弯曲，向后迅速变窄，内缘与外缘相接处形成 1 个尖角。前臀板密布浅刻点，有时刻点马蹄形。臀板强隆拱，盘区无毛。无中胸腹突，足细长，前足胫节外缘具 2 发达尖齿，前、中足大爪分裂，后足大爪简单。

雄性：前足跗节大爪宽扁。

雌性：前足跗节大爪正常。

分布：东洋区。世界已知 7 种，中国记录 2 种，浙江分布 1 种（浙江新记录）。

（1039）横带短丽金龟 *Pseudosinghala transversa* (Burmeister, 1855)（图版 IV-138）浙江新记录

Phyllopertha transversa Burmeister, 1855: 513.

Singhala basipennis Fairmaire, 1889a: 28.

Singhala immaculata Fairmaire, 1893b: 291.

Pseudosinghala transversa: Machatschke, 1955: 507.

主要特征：体长 5.0–6.0 mm，宽 3.0–3.5 mm。体黑色，有时鞘翅中央近基部具 1 黄色横带，有时全黑色，有时除边缘外，鞘翅黄色。

唇基近横方形，向前略收狭，前缘中央浅凹缺，上卷颇强。前胸背板密布粗深圆刻点，后角甚宽圆，后缘沟线完整。鞘翅背面粗刻点行略陷，宽行距布颇密粗深刻点，窄行距略隆起。臀板隆拱，刻点粗密。

分布：浙江（乐清）、湖北、福建、广东、四川、贵州、云南、西藏；印度。

（六）犀金龟亚科 Dynastinae

主要特征：犀金龟亚科的特征十分鲜明：上颚多少外露而于背面可见；上唇为唇基覆盖，唇基端缘具 2 钝齿；触角 9–10 节，鳃片部 3 节组成。前足基节窝横向，前胸腹板于基节之间生出柱形、三角形、舌形等垂突。多大型至特大型种类，性二态现象在许多属中显著（除扁犀金龟族 Phileurini 全部种类，圆头犀金龟族 Cyclocephalini 和禾犀金龟族 Pentodontini 部分种类），其雄性头面、前胸背板有强大角突或其他突起或凹坑，雌性则简单或可见低矮突起。

分布：世界广布。世界已知约 1670 种，中国记录 16 属 62 种，浙江分布 5 属 6 种。

分属检索表

1. 颏宽大，盖住下唇须基部；性二态现象显著或弱；体大多扁平；前臀板发音区显著或缺无；足粗壮（扁犀金龟族 Phileurini）……………………………………………………………………………………**晓扁犀金龟属 *Eophileurus***
- 颏较狭，不盖住下唇须基部……………………………………………………………………………………2
2. 后足跗节第 1 节简单、圆柱形；雄性前足略延长，雌性前足正常；性二态现象显著；前臀板多无发音区（犀金龟族 Dynastini）……………………………………………………………………………………3
- 后足跗节第 1 节扩大成三角形或喇叭形……………………………………………………………………4
3. 上颚前缘简单……………………………………………………………………**叉犀金龟属 *Trypoxylus***
- 上颚前缘明显凹切……………………………………………………………………**木犀金龟属 *Xylotrupes***
4. 后足胫节末端近平截；性二态现象不显著（禾犀金龟族 Pentodontini）………………**禾犀金龟属 *Pentodon***
- 后足胫节端缘具或长或短的齿突 2 枚；性二态现象十分显著（蛀犀金龟族 Oryctini）…………**瘤犀金龟属 *Trichogomphus***

401. 晓扁犀金龟属 *Eophileurus* Arrow, 1908

Eophileurus Arrow, 1908b: 332. Type species: *Geotrupes planatus* Wiedemann, 1823.

主要特征：唇基端部尖，上卷弱。额部有 1 角突或瘤突，雌性通常仅有 1 瘤突。触角 10 节，雌雄鳃片部均短小。上颚近三角形，外缘端部通常强烈尖锐。前胸背板具完整边框，雄性近前缘通常具 1 大凹陷，向后弱化为 1 浅凹沟；雌性仅有 1 条中纵沟。鞘翅略平，布或粗或细刻点，成对刻点列常不明显。前臀板无摩擦发音区，至多有横向汇合的微弱刻点带。臀板雄性通常强烈隆拱，雌性较平，雄性和雌性中央两侧端部均凹陷。足细长，前足胫节外缘具 3 齿，后足胫节端缘密布硬毛，雄性前足跗节通常强烈变粗，内爪强烈弯曲。

分布：古北区、东洋区和澳洲区。世界已知 55 种，中国记录 6 种，浙江分布 1 种。

（1040）中华晓扁犀金龟 *Eophileurus* (*Eophileurus*) *chinensis* (Faldermann, 1835)（图版 IV-139）

Phileurus chinensis Faldermann, 1835: 370.

Phileurus morio Faldermann, 1835: 371.

Eophileurus chinensis: Arrow, 1908b: 332.

主要特征：体长 18.0–27.0 mm，宽 8.5–12.0 mm。体深褐色至黑色。体狭长椭圆形，背腹甚扁圆。头面略呈三角形，唇基前缘钝角形，前缘尖而弯翘，上颚大而端尖，向上弯翘。前胸背板横阔，密布粗大刻点。鞘翅长，侧缘近平行，表面具刻点沟行。臀板短阔。足较粗壮，前足胫节外缘具 3 齿，中、后足第 1 跗节末端外延成指状突。雄性头部中央具 1 竖生圆锥形角突，前胸背板盘区有略呈五边形的凹陷，前足大爪内侧宽扁。雌性头部为 1 短锥突，前胸背板盘区为 1 宽浅纵凹。

分布：浙江（杭州）、黑龙江、吉林、辽宁、内蒙古、河北、山西、山东、河南、甘肃、江苏、安徽、福建、湖北、江西、湖南、台湾、广东、海南、广西、四川、贵州、云南；俄罗斯，朝鲜，韩国，日本，不丹。

402. 禾犀金龟属 *Pentodon* Hope, 1837

Pentodon Hope, 1837: 92. Type species: *Scarabaeus punctatus* Villers, 1789.

主要特征：体黑色，通常具光泽。唇基前缘圆、具双齿或平截。额部具 1 或 2 个瘤突，偶有具 1 条横脊。上颚外缘 3 齿。触角 10 节，鳃片部短小。前胸背板隆拱。鞘翅通常密布刻点，通常具明显的成对刻点行。前足胫节外缘 3 齿，常有小副齿。雄性前足跗节不变粗。后足胫节向端部适度扩阔，端部平截具硬毛。

后足第 1 跗节扩大。

分布：古北区、东洋区和澳洲区。世界已知 34 种，中国记录 8 种（亚种），浙江分布 1 种。

（1041）阔胸禾犀金龟 *Pentodon quadridens mongolicus* Motschulsky, 1849

Scarabaeus quadridens mongolicus Motschulsky, 1849: 111.

Pentodon patruelis Frivaldszky, 1890: 202.

Pentodon gobicus Endrödi, 1965: 198.

主要特征：体长 17.0–25.5 mm，宽 9.5–14.0 mm。体黑褐色或红褐色，腹面着色常较淡。体短状卵圆形，背面十分隆拱。头阔大，唇基长梯形，密布刻点，前缘平直，两端各呈 1 上翘齿突，侧缘斜直；额唇基缝明显，中央有 1 对疣突。前胸背板宽，十分圆拱，散布圆大刻点，侧缘圆弧形，后缘无边框。鞘翅纵肋隐约可辨。臀板短阔微隆，散布刻点。前胸垂突柱状。足粗壮，前足胫节宽扁，外缘 3 齿，基齿中齿间具 1 小齿，基齿以下有 2–4 个小齿；后足胫节端缘有刺 17–24 枚。

分布：浙江、黑龙江、吉林、辽宁、内蒙古、河北、山西、山东、河南、陕西、宁夏、甘肃、青海、新疆、安徽、湖北、江西、湖南；蒙古国。

403. 瘤犀金龟属 *Trichogomphus* Burmeister, 1847

Trichogomphus Burmeister, 1847: 219. Type species: *Scarabaeus milo* Olivier, 1789.

主要特征：体深褐色至黑色。唇基宽大，前缘通常深凹。上颚外缘简单弧弯，端部通常较尖，偶有内缘凹切。触角 10 节，雌雄性鳃片部均短小。雄性有 1 额角；雌性仅有 1 瘤突，偶有 1 额角。雄性前胸凹陷通常较大；雌性前胸背板简单隆拱。鞘翅具刻点或光滑无刻点。前胸腹突薄片状。前臀板无摩擦发音区。前足胫节外缘 3 齿，后足胫节端缘 2 齿。雄性前足跗节不变粗，后足基跗节三角形。

分布：东洋区和澳洲区。世界已知 19 种，中国记录 4 种，浙江分布 1 种。

（1042）蒙瘤犀金龟 *Trichogomphus mongol* Arrow, 1908（图版 IV-140）

Trichogomphus martabani Burmeister, 1847: 220.

Trichogomphus mongol Arrow, 1908b: 347.

主要特征：体长 32.0–52.0 mm，宽 17.0–26.0 mm。体黑色，被毛褐红色。体长椭圆形。头小，唇基前缘双齿形。小盾片短阔三角形，基部布粗大具毛刻点。鞘翅两侧近平行，除基部、端部及侧缘布粗大刻点外，表面光滑，背面可见 2 条浅弱纵沟纹。臀板甚短阔，上部密布具毛刻点。前足胫节外缘 3 齿，内缘距发达。雄性头部有 1 前宽后狭、向后上弯的强大角突，前胸背板前部呈 1 斜坡，后部强隆升成瘤突，瘤突前侧方有齿状突起 1 对，前侧、后侧十分粗皱。雌性头部简单，密布粗大刻点，头顶具 1 矮小结突，前胸背板无隆凸，近前缘中部有浅弱凹陷。

分布：浙江（杭州、衢州）、河北、湖北、江西、湖南、福建、台湾、广东、海南、香港、广西、重庆、四川、贵州、云南；缅甸，越南，老挝，柬埔寨。

404. 木犀金龟属 *Xylotrupes* Hope, 1837

Xylotrupes Hope, 1837: 19. Type species: *Scarabaeus gideon* Linnaeus, 1767.

主要特征：体大型，褐色，无金属光泽。上颚端部凹切，外缘具叶突。额部和前胸背板通常分别具前伸分叉的额角和胸角。雌性额部仅有 2 个微小瘤突，前胸背板简单隆起。鞘翅光滑，通常具清晰格状刻纹，疏布细刻点，无成对刻点列。前胸腹突短，三角形。前臀板无摩擦发音区。前足胫节外缘 3 齿，雄性更细长。

分布：东洋区和澳洲区。世界已知 50 种，中国记录 3 种（亚种），浙江分布 1 种。

（1043）橡胶木犀金龟 *Xylotrupes mniszechii tonkinensis* Minck, 1920

Xylotrupes tonkinensis Minck, 1920: 217.

Xylotrupes bourgini Paulian, 1945: 196.

Xylotrupes siamensis Minck, 1920: 217.

主要特征：体长 32.0–55.0 mm。体红褐色、褐色至黑色，腹板和后足基节被微绒毛。唇基宽大，前缘浅凹。上颚端部凹切。雄性额角发达，端部分叉、后弯；小型个体缩小，但端部仍明显分叉。前胸背板略具光泽，前部斜面疏布微细刻点；雄性前胸背板中部伸出 1 强壮前倾角突，端部分叉、微下弯，基部下部两侧各有 1 纵脊；小型个体胸角完全退化，仅见微凸。小盾片短宽，布不规则细微刻点。雄性鞘翅似革质，密布不规则微刻点。前足胫节外缘 3 齿，基齿远离端部 2 齿。雄性臀板较隆拱。雌性额部仅 1 突起痕迹，前胸背板简单无突起，密布刻点和褶皱，鞘翅密布细刻点，臀板不甚隆拱。

分布：浙江、安徽、福建、台湾、香港、广西、四川、贵州、云南、西藏。

405. 叉犀金龟属 *Trypoxylus* Minck, 1920

Trypoxylus Minck, 1920: 216. Type species: *Scarabaeus dichotomus* Linnaeus, 1771.

主要特征：体表光滑或仅具微毛。性二型现象显著。唇基平截，前缘通常深凹。上颚长尖。雄性额角单次分叉或两次分叉，胸角单次分叉。雌性额部仅有 1 个瘤突或无，前胸背板有 1 个不同程度的深凹。鞘翅无刻点列。前臀板无摩擦发音区。前足胫节外缘 3 齿，雄性更细长。后足胫节端部有 2 个短宽齿。雄性前足跗节不变粗，只是爪和跗节端部比中部和基部更粗壮。

分布：东洋区和澳洲区。世界已知 2 种 9 亚种，中国记录 2 种 3 亚种，浙江分布 2 种（亚种）。

说明：早期文献中该属为 *Allomyrina* 的异名，Krell（2002）详细说明了早期文献中出现错误的原因。目前叉犀金龟属 *Trypoxylus* 共 2 种，分别为戴叉犀金龟和双叉犀金龟，均分布于中国。*Allomyrina* 目前仅 1 种，为 *Allomyrina pfeifferi*，分布于马来西亚。为了方便名称的使用，该属及属下 2 种中文名不变。

（1044）戴叉犀金龟 *Trypoxylus davidis* (Deyrolle, 1878)

Xylotrupes davidis Deyrolle, 1878: 106.

Trypoxylus davidis: Minck, 1920: 216.

主要特征：体型极大，粗壮，长椭圆形。体长 34.0–41.0 mm。体深褐色至黑褐色，雄性体色较暗，雌性亮。性二态现象明显。雄性体表和唇基光裸，雌性鞘翅和臀板密被刚毛。唇基深凹。前胸背板布极细微刻点和刻纹。臀板隆拱强。足粗壮，前足胫节外缘 3 齿。雄性头部具 1 强大单分叉角突，角突中部具 1 对短支，分叉部分后弯；前胸背板十分隆拱，中央具 1 粗壮角突，端部燕尾状分叉，指向前方。雌性头部无角突，额顶部微隆起；前胸背板前部密布圆形刻点，具 1 个瘤突。

分布：浙江、甘肃、江西、湖南、福建。

(1045)双叉犀金龟指名亚种 *Trypoxylus dichotomus dichotomus* (Linnaeus, 1771)(图版 IV-141)

Scarabaeus dichotom Linnaeus, 1771: 529.

Trypoxylus politus Prell, 1934: 58.

Trypoxylus dichotomus: Minck, 1920: 216.

主要特征:体型极大,粗壮,长椭圆形。体长 35.0–60.0 mm,宽 19.5–32.5 mm。体红棕色、深褐色至黑褐色。体被柔弱茸毛。性二态现象明显。头较小,唇基前缘侧端齿突形。前胸背板边框完整。小盾片短阔三角形,具明显中纵沟。鞘翅肩突、端突发达。臀板十分短阔,两侧密布具毛刻点。足粗壮,前足胫节外缘 3 齿。雄性头部具 1 强大双分叉角突,分叉部分后弯;前胸背板十分隆拱,表面刻纹致密似沙皮,中央具 1 短角突,端部燕尾状分叉,指向前方。雌性头部无角突,额顶部隆起,横列 3 个小丘突,中高侧低;前胸背板刻纹粗大皱褶,具短毛,无角突,中央前半部分具"Y"形洼纹。雄性个体发育差异大,角突有时不甚明显。

分布:浙江(杭州、舟山)、黑龙江、吉林、辽宁、河北、山西、山东、河南、陕西、宁夏、甘肃、江苏、安徽、湖北、江西、湖南、福建、台湾、广东、海南、广西、四川、贵州、云南;朝鲜,韩国,日本,老挝。

(七)花金龟亚科 Cetoniinae

主要特征:体长通常 4.0–46.0 mm,椭圆形或长形。体多呈古铜色、铜绿色、绿色或黑色等,一般具有鲜艳的金属光泽,表面多具刻纹或花斑;部分种类表面光滑或具粉末状分泌物,通常多数有绒毛或鳞毛。头部较小且扁平;唇基多为矩形或半圆形,唇基前缘有时会具有不同程度的中凹或边框,部分种类具有不同形状的角突。复眼通常发达;触角为 10 节,柄节通常膨大,鳃片部 3 节。前胸背板通常呈梯形或椭圆形,侧缘弧形,后缘横直或具上中凹或向后方伸展,少数种类甚至盖住小盾片。中胸后侧片发达,从背面可见。小盾片呈三角形。鞘翅表面扁平,肩后缘向内弯凹,后胸前侧片与后侧片于背面可见,少数种类外缘弯凹不明显或不弯凹,部分种类鞘翅上具有 2–3 条纵肋。臀板为三角形。中胸腹突呈半圆形、三角形、舌形等。足较短粗,部分种类细长,前足胫节一般雌粗雄窄,外缘齿的数目一般雌多雄少,跗节为 5 节(跗花金龟属跗节为 4 节);爪 1 对,对称简单。

分布:各大动物地理区,以热带、亚热带地区种类最为丰富。世界已知 509 属 3600 余种,中国记录 69 属 413 种,浙江分布 26 属 42 种。

分属检索表

1. 鞘翅肩后不向内弯凹或弯凹不明显;中胸后侧片于背面不可见,无中胸腹突……2
\- 鞘翅肩后缘明显向内弯凹;中胸后侧片膨大,于背面可见,中胸腹突向前突伸……8
2. 后足基节相对远离;前足胫节外缘具 3–6 小齿(弯腿金龟族 Valgini)……3
\- 后足基节相对接近;前足胫节外缘具 1–3 小齿(斑金龟族 Trichini)……5
3. 前足胫节外缘 2–3 齿……**山弯腿金龟属 *Oreoderus***
\- 前足胫节外缘 5–6 齿……4
4. 前胸背板较窄;臀板密被厚重的鳞毛层……**驼弯腿金龟属 *Hybovalgus***
\- 前胸背板较宽;臀板无鳞毛或仅被稀疏的鳞毛……**毛弯腿金龟属 *Dasyvalgus***
5. 拟态似蜜蜂;全身密被长绒毛……**毛斑金龟属 *Lasiotrichius***
\- 不具拟态;虫体无或仅部分部位被有绒毛……6
6. 前胸背板长大;雄性中足胫节强烈内弯且扩展……**扩斑金龟属 *Agnorimus***
\- 前胸背板稍短宽或近于圆形;雄性中足胫节正常……7
7. 体型较大;鞘翅外缘中部微向外斜扩;雄性前足胫节外缘具 1 齿,雌性具 2 齿……**长腿斑金龟属 *Epitrichius***

\- 体型较小；鞘翅外缘中部明显外扩；前足胫节外缘具 2 齿 ········ **环斑金龟属 *Paratrichius***

8\. 上颚锋利；下颚外颚叶刚毛刷退化；无中胸腹突（颏花金龟族 Cremastochelini） ········ 9

\- 上颚薄片状；下颚外颚叶具浓密刚毛刷；中足基节被中胸腹突分开 ········ 11

9\. 颏膨大，将其余各部分口器包被起来（颏花金龟亚族 Cremastochilina） ········ **跗花金龟属 *Clinterocera***

\- 颏几乎不膨大，最多加厚或向前折叠 ········ 10

10\. 前胸背板后缘中部具有 1 对浅压痕；头部额区具有隆起，唇基无边框；鞘翅较宽，翅面上具有纵肋；前胸腹板具有明显的前胸腹板突；外颚叶二齿状（普花金龟亚族 Coenochilina） ········ **普花金龟属 *Coenochilus***

\- 前胸背板后缘中部无浅压痕；头部额区无隆起，唇基具有边框；鞘翅上通常无纵肋；腹部侧缘于背面不可见；雄性唇基侧缘无角突（肋花金龟亚族 Pilinurgina） ········ **肋花金龟属 *Parapilinurgus***

11\. 前胸背板后缘中部向后具不同程度延伸，部分或全部盖住小盾片；雄性头部或前胸背板无角突；腹部侧缘于背面可见（带花金龟族 Taeioderini） ········ 12

\- 前胸背板后缘中部不向后延伸；小盾片外露 ········ 14

12\. 体纺锤形；前胸背板及鞘翅中央具 1 深凹陷 ········ **瘦花金龟属 *Coilodera***

\- 体长形；前胸背板及鞘翅中央无凹陷 ········ 13

13\. 唇基近六边形；前胸背板表面密被绒毛 ········ **毛绒花金龟属 *Macronotops***

\- 唇基近矩形；前胸背板表面仅具稀疏的绒毛；触角鳃片部极度膨大；前胸背板中央无斑纹或具“Y”形绒斑 ········ **丽花金龟属 *Euselates***

14\. 前胸背板后角强烈向基部收缩成圆弧形，露出大部分中胸后侧片，后缘一般弯曲，中凹较深；头部和唇基均无角突 ········ 15

\- 前胸背板后角略呈直角，不向基部收缩，仅露出小部分中胸后侧片，后缘横直，无中凹或中凹较浅；有些种类头部或唇基具角突（巨花金龟族 Goliathini） ········ 18

15\. 前胸背板中央隆起；鞘翅肩后缘弯凹不明显（亮花金龟族 Diplognathini） ········ **锈花金龟属 *Anthracophora***

\- 前胸背板扁平，中央不隆起；鞘翅肩后缘具明显弯凹（花金龟族 Cetoniini） ········ 16

16\. 中胸腹突基部较宽，不缢缩，两侧向前突伸，前端圆 ········ **青花金龟属 *Gametis***

\- 中胸腹突基部微微缢缩 ········ 17

17\. 前胸背板稍短宽，近梯形，无明显后角，后缘中凹较浅；体形较狭长，背面几乎无金属光泽；中胸腹突稍突出，强烈横向，近前缘 1 横沟，沟内排列黄绒毛 ········ **短突花金龟属 *Glycyphana***

\- 前胸背板后角钝或呈圆弧形，但很明显，后缘中凹较深；体表大多具较强金属光泽和不规则似波纹状白绒斑；中胸腹突扁平，薄板状 ········ **星花金龟属 *Protaetia***

18\. 前足基节明显分开，前足胫节内缘具有共生的刺；中胸腹突窄小；鞘翅肩后缘直，不向内弯凹（鹿花金龟亚族 Dicronocephalina） ········ **鹿花金龟属 *Dicronocephalus***

\- 前足基节接近，前足胫节内缘无共生的刺，中足基节被宽大的中胸腹突分开；鞘翅肩后缘向内弯凹（突花金龟亚族 Coryphocerina） ········ 19

19\. 前胸背板前缘或中部高高隆起 ········ 20

\- 前胸背板正常，近梯形 ········ 21

20\. 雄性唇基前缘和前胸背板具角突 ········ **背角花金龟属 *Neophaedimus***

\- 雄性唇基和前胸背板均无角突 ········ **鳞花金龟属 *Cosmiomorpha***

21\. 体狭长；每对鞘翅各具 2 个大斑，鞘翅斑纹为红色 ········ **斑花金龟属 *Periphanesthes***

\- 体短宽 ········ 22

22\. 中胸腹突短宽，向两侧扩展 ········ 23

\- 中胸腹突细长，不向两侧扩展 ········ 25

23\. 后足基节相互接近 ········ **罗花金龟属 *Rhomborhina***

\- 后足基节相互远离 ········ 24

24\. 中胸腹突两侧强烈扩展，似铲形 ········ **阔花金龟属 *Torynorrhina***

\- 中胸腹突两侧微微扩展，不呈铲状··························伪阔花金龟属 ***Pseudotorynorrhina***
25. 唇基表面无角突或突起··························纹花金龟属 ***Diphyllomorpha***
\- 唇基和头部均具角突··························唇花金龟属 ***Trigonophorus***

406. 青花金龟属 *Gametis* Burmeister, 1842

Gametis Burmeister, 1842: 356. Type species: *Cetonia versicolor* Fabricius, 1775.

主要特征：体长 11.0–17.0 mm；体多为绿色、褐色或黑色，密被刻点。唇基狭长，前缘微微向上弯折，中凹明显。前胸背板近梯形，两侧边缘弧形，后缘中部向内凹陷。小盾片宽大，近三角形，末端圆钝。鞘翅狭长，肩部最宽，肩后缘向内弯凹明显。鞘翅密被刻点行，散布不规律的白绒斑。臀板扁平，呈三角形。中胸腹突较短，向前突伸，末端圆钝。前足胫节外缘具 3 齿，跗节细长。

分布：古北区和东洋区。世界已知 8 种 4 亚种，中国记录 4 种 3 亚种，浙江分布 2 种。

（1046）小青花金龟 *Gametis jucunda* (Faldermann, 1835)（图版 IV-142）

Cetonia jucunda Faldermann, 1835: 386.

Gametis jucunda: Burmeister, 1842: 360.

主要特征：体长 12.6–13.9 mm，宽 6.2–6.5 mm。体绿色、棕色、铜褐色或黑色。头部黑色，唇基狭长，表面密被刻点和皱纹。前缘渐窄具深中凹，且微微向上弯，侧缘微微外扩。额区扁平，密被刻点。眼眦短粗。触角棕黑色，鳃片部膨大，约等于第 2–7 节长度之和。前胸背板呈绿色，靠近侧缘呈黑色；形状近梯形，密被刻点和浅黄色绒毛；前胸背板前角不突出，较圆钝，侧缘具窄边框，后角圆钝，后缘圆弧形，中部具浅凹；盘区靠近侧缘各有 1 对白色小绒斑。小盾片宽大，末端圆钝，光滑无刻点及绒毛。鞘翅狭长，肩后明显弯凹，缝角不突出。鞘翅上密被刻点行，靠近端部及侧缘具有不规则的白色小绒斑。臀板扁平，呈三角形，其上具不规则绒斑，且密被黄色长绒毛。腹面（除后胸腹板中央及腹部中央外）均被有黄色长绒毛。前足胫节外缘具 3 齿，雌性第 3 齿较钝，雌性第 3 齿较锋利。各足腿节和胫节内缘均具有 1 排黄色密绒毛，中、后足胫节外侧各具 1 个隆突。跗节细长，爪微微弯曲。

分布：浙江（杭州）、黑龙江、吉林、辽宁、内蒙古、北京、天津、河北、山西、山东、河南、陕西、宁夏、甘肃、青海、新疆、江苏、上海、安徽、湖北、江西、湖南、福建、台湾、广东、海南、香港、澳门、广西、重庆、四川、贵州、云南、西藏。

（1047）斑青花金龟 *Gametis bealiae* (Gory *et* Percheron, 1833)（图版 IV-143）

Cetonia bealiae Gory *et* Percheron, 1833: 282.

Gametis bealiae: Burmeister, 1842: 365.

主要特征：体长 11.0–14.0 mm，宽 6.5–9.5 mm。体黑色或暗绿色，前胸背板和鞘翅上各有 2 个大斑，有时前胸背板上无斑；体上除大斑外还有众多小绒斑，但有的绒斑较少。头部黑色，唇基狭长，表面密被刻点和皱纹；前缘渐窄具中凹，且微上弯。额区扁平，密被刻点。眼眦短粗。触角棕黑色，鳃片部膨大，约等于第 2–7 节长度之和。前胸背板近梯形，盘区刻点较稀，两侧密布粗大刻点、皱纹及浅黄色短绒毛，中间 2 个斑为黑色或暗绿色（前胸背板是黄褐色，大斑近于三角形）。前胸背板前角不突出，较圆钝，侧缘具窄边框，后角圆钝，后缘圆弧形，中部具浅凹。小盾片宽大，末端圆钝，光滑无刻点及绒毛。鞘翅较宽，肩后明显弯凹，缝角不突出。鞘翅上有明显刻点行，无毛或几乎无绒毛。鞘翅表面的黄褐色大斑几乎占据每个翅总面积的 1/3，大斑的后外侧有 1 横向、近于三角形的绒斑，有的具不规则小绒斑。臀板短宽，密布横向皱纹和浅黄色短绒毛，中间横排 4 个浅黄色绒斑。腹面（除后胸腹板中央及腹部中央外）均被有黄色长绒毛。前足胫节外缘具 3 齿，雌性第 3 齿较钝，雌性第 3 齿较锋利。各足腿节和胫节内缘均具有 1 排黄色密绒毛，中、后足胫节外侧各具 1 个隆突。跗节细长，爪微微弯曲。

分布：浙江、河北、福建、广东。

407. 短突花金龟属 *Glycyphana* Burmeister, 1842

Glycyphana Burmeister, 1842: 345. Type species: *Cetonia horsfieldii* Hope, 1831.

Glycetonia Reitter, 1891: 52. Type species: *Glycyphana fulvistemma* Motschulsky, 1858.

主要特征：体长 8.0–15.0 mm；体多为黑色或绿色。唇基短粗，前缘中凹明显。前胸背板近梯形，两侧边缘弧形，后缘中部微微向内凹陷，有时无。小盾片狭长，近三角形，末端圆钝。鞘翅狭长，肩部最宽，肩后缘向内弯凹明显。鞘翅密被刻点行及皱纹，其上通常会有不同形状和颜色的斑纹。臀板扁平，呈三角形。中胸腹突较短，向前突伸，前缘变宽，圆钝。前足胫节外缘具 3 齿，中、后足胫节外缘各具 1 齿，跗节细长；爪小，微微弯曲。

分布：古北区、东洋区和澳洲区。世界已知 160 余种（亚种），中国记录 12 种（亚种），浙江分布 1 种。

（1048）黄斑短突花金龟 *Glycyphana* (*Glycyphana*) *fulvistemma* Motschulsky, 1858（图版 IV-144）

Glycyphana fulvistemma Motschulsky, 1858h: 18.

Euryomia sieboldi Snellen van Vollenhoven, 1864: 158.

Glycyphana nagoyana Takagi, 1936: 24.

主要特征：体长 8.8–9.5 mm，宽 3.5–4.0 mm；体黑色。唇基较短，表面密被刻点。前缘弧形，具中凹，且微微向上折翘，侧缘无边框，向外斜扩。额区扁平，密被粗刻点。眼眦短粗。触角柄节较长，鳃片部近椭圆形。前胸背板近梯形，前角微微突出，侧缘弧形，具窄边框，后角圆钝，后缘横直。前胸背板表面密被刻点和刻纹，散布数量不等的黄色小绒斑，有时无。小盾片狭长，三角形，末端圆钝，具稀疏刻点。鞘翅狭长，肩后明显弯凹，缝角不突出。鞘翅上密被刻点行，每对鞘翅中央各具有 1 个浅黄色的大斑，边缘散布不规则的黄色小绒斑。臀板扁平（雌性中央微微隆起），呈三角形，其上具横行的皱纹，雌性具有 2 块对称的黄色绒斑，雄性无。腹面（除后胸腹板中央及腹部中央光滑外）均被有粗糙的皱纹和稀疏的黄色绒毛。雌性后胸腹板侧缘，后胸后侧片及各腹节两侧均具有 1 个黄色的绒斑块。前足胫节外缘具 3 齿，各足腿节和胫节内缘均具有 1 排黄色密绒毛，中、后足胫节外侧各具 1 个隆突。跗节短粗，第 5 跗节略长于其他各跗节。爪细长，微微弯曲。

分布：浙江、黑龙江、辽宁、北京、陕西、甘肃、江苏、上海、安徽、湖北、湖南、福建、台湾、海南、广西、四川、贵州、云南；俄罗斯，韩国，日本。

408. 星花金龟属 *Protaetia* Burmeister, 1842

Protaetia Burmeister, 1842: 472. Type species: *Cetonia mandarina* Weber, 1801.

主要特征：体长 7.0–25.0 mm；体多为绿色、暗褐色、铜红色或黑色，极具金属光泽。唇基近矩形，前缘横直或具中凹，侧缘具边框。前胸背板近梯形，两侧边缘弧形，后缘横直，具深中凹。小盾片三角形，末端圆钝。鞘翅狭长，肩部最宽，肩后缘向内弯凹明显。鞘翅上通常具有不规则的绒斑。臀板三角形，扁平或末端高隆。中胸腹突宽大，微微向前延伸，前缘圆钝。足粗壮，前足胫节外缘具 3 齿；中、后足胫节外缘具 1–2 个隆突，内侧多具绒毛；跗节短粗；爪较小而弯曲。

分布：古北区和东洋区。世界已知约 500 种，中国记录 63 种（亚种），浙江分布 4 种。

分种检索表

1\. 体红棕色，无金属光泽……………………………………………………………………………………2
\- 体色多变，具金属光泽……………………………………………………………………………………3
2\. 缝角锋利，强烈向后突出……………………………………………………………………**纺星花金龟 *P. fusca***
\- 缝角圆钝，微突出……………………………………………………………………………**因星花金龟 *P. intricata***
3\. 足胫节外缘具 2 个中隆突………………………………………………………………**东方星花金龟 *P. orientalis***
\- 足胫节外缘具 1 个中隆突………………………………………………………………**白星花金龟 *P. brevitarsis***

（1049）东方星花金龟 *Protaetia* (*Calopotosia*) *orientalis* (Gory *et* Percheron, 1833)（图版 IV-145）

Cetonia orientalis Gory *et* Percheron, 1833: 193.

Protaetia orientalis: Arrow, 1910: 143.

主要特征：体长 17.5–22.3 mm，宽 10.0–13.9 mm。体绿色、铜红色、暗褐色，体表极具金属光泽。唇基较短，密被圆形刻点，侧缘向下微微斜扩，前缘强烈向上折翘，具不同程度的中凹。额区密被刻点，中央微弱隆起。眼眦短粗，较光滑，无刻点。触角鳃片部较长。前胸背板近梯形，中央光滑，越接近两侧刻点越密集。前胸背板前角不突出，侧缘具窄边框，后角圆钝，后缘中部向内凹陷；盘区中央有 4 个小白绒斑，纵向排列整齐，其前方和后方也各有 1 对小白绒斑。小盾片宽大，末端圆钝，光滑无刻点。鞘翅宽大，肩后明显向内弯凹，缝角微微突出；其上密被白色绒斑，集中在鞘翅中后部及鞘翅的外缘处，绒斑的分布在种间微微有所不同。臀板长三角形，雄性端部明显隆起，雌性扁平；密被皱纹且靠近侧缘有对称的白绒斑。腹面除中央光滑外，各腹板及腹节侧缘被有皱纹和大片的白绒斑。前足胫节具 3 齿，雄性第 1、2 齿距离很近且较锋利，第 3 齿远离，很小不明显；雌性第 3 齿明显锋利。中、后足胫节外侧各具 2 个隆突。跗节短粗，爪微微弯曲。

分布：浙江（杭州）、北京、河北、山东、河南、陕西、江苏、上海、安徽、湖北、江西、湖南、福建、广东、海南、香港、广西、重庆、四川、贵州、云南。

（1050）白星花金龟 *Protaetia* (*Liocola*) *brevitarsis* (Lewis, 1879)（图版 IV-146）

Cetonia brevitarsis Lewis, 1879: 463.

Pachnotosia mimuloides Reitter, 1899: 66.

Protaetia brevitarsis: Arrow, 1913b: 406.

主要特征：体长 24.3–27.9 mm，宽 13.7–14.1 mm。体黑色或绿色，体表具金属光泽。唇基较短，密被刻点，前缘向上微卷翘，具浅中凹，侧缘向下斜扩。额区密被粗糙刻点。眼眦短粗，表面具刻点。前胸背板近梯形，前角不突出，侧缘具边框，后角圆钝，后缘中部向内凹陷。前胸背板表面散布粗糙的圆形大刻点及浅黄色小绒斑。小盾片长三角形，末端圆钝，光滑无刻点。鞘翅宽大，肩后明显向内弯凹，中央具有 2 条纵肋，缝角微突出。鞘翅表面具粗糙的刻点行及不规则的浅黄色绒斑。臀板三角形，密被皱纹，散布浅黄色小绒斑。腹面除后胸腹板中央及腹部中央光滑外，密被刻点及浅黄色绒斑，各腹节侧缘各具 1 对浅黄色横斑。前足胫节具 3 齿，第 1、2 齿距离很近且较锋利，第 3 齿较小。中、后足腿节内缘具浓密的棕黄色绒毛，中、后足胫节外侧各具 1 个隆突。跗节短粗，爪微弯曲。

分布：浙江（萧山）、黑龙江、吉林、辽宁、内蒙古、北京、河北、山西、山东、河南、陕西、宁夏、甘肃、青海、新疆、江苏、上海、安徽、湖北、江西、湖南、福建、广东、广西、四川、贵州、云南、西藏；俄罗斯，朝鲜，韩国，日本。

（1051）因星花金龟 *Protaetia* (*Potosia*) *intricata* Saunders, 1852

Protaetia (*Potosia*) *intricata* Saunders, 1852: 31.

主要特征：体长 15.0 mm。体红棕色，体表无金属光泽。唇基较短，密被刻点，前缘向上微卷翘，具浅中凹，侧缘向下斜扩。额区密被粗糙刻点。眼眦短粗，表面具刻点。前胸背板近梯形，前角不突出，侧缘具边框，后角圆钝，后缘中部向内凹陷。前胸背板表面密布粗糙的圆形大刻点及刻纹，另被浅黄色小绒斑。小盾片长三角形，末端圆钝，基部具刻点。鞘翅宽大，肩后明显向内弯凹，中央具有 2 条纵肋，缝角圆钝，微突出。鞘翅表面具粗糙的刻点行及不规则的浅黄色绒斑。臀板三角形，密被刻纹，散布浅黄色小绒斑。腹面除后胸腹板中央及腹部中央光滑外，被刻点及浅黄色绒斑，各腹节侧缘各具 1 对浅黄色横斑。前足胫节具 3 齿，第 3 齿较小；中、后足胫节外侧各具 1 个隆突；跗节短粗；爪微弯曲。

分布：浙江、福建。

（1052）纺星花金龟 *Protaetia* (*Heteroprotaetia*) *fusca* (Herbst, 1790)（图版 IV-147）

Cetonia fusca Herbst, 1790: 257.

Protaetia fusca: Arrow, 1910: 154.

Protaetia taiwana Niijima *et* Matsummura, 1923: 176.

主要特征：体长 14.1–15.2 mm，宽 7.8–8.1 mm。体棕红色，体表无金属光泽。唇基较短，密被刻点，前缘向上微卷翘，具浅中凹，侧缘向下斜扩。额区密被粗糙刻点及棕黄色绒毛。眼眦短粗，表面具刻点及黄色短绒毛。前胸背板近梯形，前角不突出，侧缘具边框，后角圆钝，后缘中部向内凹陷。前胸背板表面具粗糙的圆形大刻点及土黄色小绒斑。小盾片长三角形，末端圆钝，光滑无刻点。鞘翅宽大，肩后明显向内弯凹，中央具有 1 条纵肋，缝角锋利，强烈向后突出。鞘翅表面具刻点行及黄色短绒毛，侧缘及后缘云纹状白色绒斑。臀板三角形，密被刻点及棕黄色绒斑。腹面除后胸腹板中央及腹部中央光滑外，密被刻点及棕黄色绒斑。前足胫节具 3 齿，第 1、2 齿距离很近且较锋利，第 3 齿较小；中、后足胫节外侧各具 1 个隆突；跗节短粗；爪微弯曲。

分布：浙江、上海、湖北、江西、福建、台湾、广东、海南、香港、广西、贵州、云南；日本，印度，越南，老挝，菲律宾，马来西亚，新加坡，印度尼西亚，澳大利亚，毛里求斯。

409. 锈花金龟属 *Anthracophora* Burmeister, 1842

Anthracophora Burmeister, 1842: 623. Type species: *Anthracophora rusticola* Burmeister, 1842.

Poecilophilides Kraatz, 1898: 406. Type species: *Anthracophora rusticola* Burmeister, 1842.

主要特征：体长 15.0–19.0 mm，体多为褐锈色或黑色。唇基较短，前缘横直，侧缘具边框。前胸背板近梯形，两侧边缘弧形，后缘弧形，具深上凹。小盾片三角形，末端圆钝。鞘翅宽大，肩部最宽，肩后缘微微向内弯凹。鞘翅上通常具有不规则的斑纹。臀板三角形，扁平，被有刻点。中胸腹突圆形，微微向前延伸。足粗壮，前足胫节外缘具 3 齿，中、后足胫节外侧各具 1 个隆突，跗节短粗，爪较小而弯曲。

分布：东洋区。世界已知 4 种，中国记录 2 种，浙江分布 1 种。

（1053）褐锈花金龟 *Anthracophora rusticola* Burmeister, 1842（图版 IV-148）

Anthracophora rusticola Burmeister, 1842: 624.

Diplognatha rama Bainbridge, 1842: 217.

Porphyronota sinensis Saunders, 1852: 32.

主要特征：体长 14.7–15.1 mm，宽 7.9–8.2 mm。体褐锈色。唇基较短，密被粗糙刻点，中央褐锈色，边缘黑色。唇基前缘向上折翘，尖角不突出，无中凹，侧缘微微向下斜扩。额区密被刻点，中央褐锈色，边缘黑色。眼眦短，表面被有刻点。触角鳃片部较长，约等于第 2–7 节之和。前胸背板近梯形，表面散布圆形的刻点及不规则的黑色斑纹。前胸背板前角不突出，侧缘具窄边框，后角圆钝，后缘中部向内凹陷。小盾片三角形，末端圆钝，表面光滑，表面被有黑色斑纹。鞘翅宽大，肩后微微向内弯凹，缝角不突出。其上被有 8 纵列刻点行和黑色斑纹。臀板三角形，雌性较雄性稍长，黑色，表面被有刻点及 2 个黄色的小圆斑。中胸腹突橘黄色，向前突伸，端部圆钝。腹面黑色，除中央光滑外，后胸腹板侧缘及腹节侧缘具有粗糙的刻点。前足胫节具 3 齿，中、后足胫节外侧各具 1 个隆突。跗节短粗，第 5 跗节略长于其他跗节，爪微微弯曲。

分布：浙江、辽宁、北京、河北、河南、陕西、甘肃、江苏、上海、江西、湖南、海南、香港、广西、四川、云南。

410. 普花金龟属 *Coenochilus* Schaum, 1841

Coenochilus Schaum, 1841: 250, 268. Type species: *Cetonia maura* Fabricius, 1801.

Xenogenius Kolbe, 1892: 71. Type species: *Coenochilus conradti* Kolbe, 1892.

Anatonochilus Péringuey, 1907: 492, 517. Type species: *Coenochilus glabratus* Boheman, 1857.

主要特征：体狭长，大多黑色或暗褐色。唇基前缘较宽，前角圆弧形，触角基节宽大，三角形。前胸背板亚圆形或六角形。小盾片为长三角形或正三角形，侧缘微凹，末端尖。鞘翅狭长，基部最宽，肩后缘向内强烈弯曲，两侧向后稍变窄。臀板三角形，有些种类具隆起。前胸腹板具细长前突。中胸腹突不突出。最末 1–3 对气孔突出为瘤状。前足胫节雌宽雄窄，外缘近前端具 2 齿突；跗节细长，5 节，第 1 节较短，爪小，稍弯曲。

分布：东洋区。世界已知 75 种，中国记录 2 种，浙江分布 1 种。

（1054）条纹普花金龟 *Coenochilus striatus* Westwood, 1874

Coenochilus striatus Westwood, 1874: 46.

主要特征：体长 10.8 mm，宽 3.1 mm。体黑色，具光泽。头部额区具有圆形粗刻点；唇基表面具皱纹，无边框，前缘具深中凹，两侧向下扩展；触角 10 节，柄节膨大成三角形。前胸背板近六边形，表面密被刻点，后缘横直。小盾片三角形，末端尖锐。鞘翅肩部最宽，肩后明显向内弯凹，后外缘圆弧形；每对鞘翅上各具有 2 条纵脊。臀板扁平，密被圆形刻点和黄色绒毛。中胸腹突小，不突出。后胸腹板两侧及腹部 1–3 节侧缘具银白色绒层，其余部分光滑。足上密被刻点，雄性前足胫节外缘具 2 齿；中、后足胫节外缘具 1 横突，内侧排列黄色绒毛；跗节细长，爪中等弯曲。

分布：浙江、江西、湖南、福建、台湾、广东、香港、广西、贵州；日本。

411. 跗花金龟属 *Clinterocera* Motschulsky, 1858

Clinterocera Motschulsky, 1858g: 112. Type species: *Cremastochila scabrosa* Motschulsky, 1854.

主要特征：体长 12–24 mm。头部圆隆；复眼较小；颏膨大，呈桃形，水平近似盘状；触角基节宽大而扁平，近于三角形，与颏构成一空间，休息时将口器和触角完全关闭在里面。前胸背板短宽，近椭圆形，后缘弧形，无中凹。小盾片较大，三角形，末端尖锐。鞘翅狭长，肩后缘微微弯凹，两侧近于平行。臀板突出，宽大于长，最末 1 对气孔强烈突出。中胸腹突将中足基节分开，但不向前突伸。足粗短，前足胫节外缘 1–2 个齿，跗节仅 4 节。

分布：东洋区。世界已知 25 种，中国记录 14（亚种），浙江分布 3 种。

分种检索表

1. 鞘翅黑色，每翅具有 3 个橘红色的小斑……………………………………………………三斑跗花金龟 ***C. trimaculata***
- 鞘翅上无橘红色的小斑……………………………………………………………………………………2
2. 鞘翅黄褐色，头部、前胸背板、腹面均为黑色，鞘翅靠近小盾片黑斑小………………………黑斑跗花金龟 ***C. davidis***
- 鞘翅黄褐色，前胸背板和腹面为多少带暗的黄褐色，鞘翅上肩部具有橘黄色大斑………………大斑跗花金龟 ***C. discipennis***

（1055）黑斑跗花金龟 *Clinterocera davidis* (Fairmaire, 1878)（图版 IV-149）

Callynomes davidis Fairmaire, 1878: 107.

Clinterocera humaralis Moser, 1902: 529.

Clinterocera davidis: Medvedev, 1964: 340.

主要特征：体长 15.6 mm，宽 5.8 mm。体黑色，稍具光泽。头部黑色，密被粗刻点；唇基前缘拱起，具浅中凹，两侧向下扩展；前颏短而宽，背面密布弧形皱纹。触角 10 节，柄节膨大成三角形。前胸背板近椭圆形，表面密被刻点。小盾片三角形，末端尖锐。鞘翅黄褐色，肩部最宽，肩后明显向内弯凹，后外缘圆弧形；近小盾片处有 1 两翅公共的近于方形的黑斑，近外缘为黑色。臀板突出、圆隆，散布刻点。中胸腹突不突出。后胸腹板和腹部散布刻点。足上密被刻点，雄性前足胫节外缘弱 2 齿；中、后足胫节外缘具 1 横突；跗节细长，爪中等弯曲。

分布：浙江、江西、湖南、福建、广东、广西。

（1056）大斑跗花金龟 *Clinterocera discipennis* Fairmaire,1889

Clinterocera discipennis Fairmaire, 1889a: 32.

主要特征：体长 17.5 mm，宽 5.5 mm。体黑色，稍具光泽。头部橘黄色，额区散布粗刻点；唇基光滑，前缘拱起，具深中凹，两侧向下扩展；前颏短而宽，背面密布弧形皱纹。触角 10 节，柄节膨大成三角形。前胸背板近椭圆形，表面密被刻点。小盾片三角形，末端尖锐。鞘翅狭长，肩部最宽，肩后明显向内弯凹，后外缘圆弧形；每对鞘翅上肩部具有 1 个橘黄色大斑。臀板突出、圆隆，散布刻点。中胸腹突不突出。后胸腹板两侧橘黄色，其余部分光滑。足上密被刻点，雄性前足胫节外缘弱 2 齿；中、后足胫节外缘具 1 横突；跗节细长，爪中等弯曲。

分布：浙江、江西、湖南、福建、广东、海南、广西、重庆、贵州、云南。

（1057）三斑跗花金龟 *Clinterocera trimaculata* Ma, 1993

Clinterocera trimaculata Ma, 1993: 284.

主要特征：体长 24.5 mm，宽 7.2 mm。体黑色（唇基及前胸背板橘红色），无光泽。唇基宽大，前缘弧形拱起；背面密布粗糙刻点；前颏短而宽，密布弧形皱纹。触角 10 节，柄节膨大成三角形。前胸背板近椭圆形，表面密被刻点，两侧各有 1 个小黑斑。小盾片三角形，末端尖锐。鞘翅狭长，肩部最宽，肩后明显向内弯凹，后外缘圆弧形；每对鞘翅具有 3 个橘红色的斑点。臀板突出、圆隆，散布刻点。中胸腹突不突出。后胸腹板密布粗糙弧形刻纹，腹部 2–5 节，每节前部为橘红色，后半部黑色，遍布较稀弧形刻纹。足短粗；前足胫节外缘具 2 齿，中、后足胫节外侧中央具隆突；跗节短，4 节，爪小，微弯曲。

分布：浙江、贵州。

412. 肋花金龟属 *Parapilinurgus* Arrow, 1910

Parapilinurgus Arrow, 1910: 204. Type species: *Parapilinurgus variegatus* Arrow, 1910.

主要特征：体长 10–14 mm，身体表面散布土黄色鳞状绒层。头部较小；唇基短宽，前部呈弧形向上折翘，前缘圆；复眼突出。前胸背板较小，近椭圆形，后缘横直，无中凹，常密被长绒毛。鞘翅扁平，比前胸宽得多，两侧近于平行，肩部最宽，肩后缘向内强烈弯曲，鞘翅中部具凹陷。臀板短宽几乎不突出，末对气孔突出。中胸腹突狭长，不突出。足细长，前足胫节外缘有 1–2 个齿。跗节细长，5 节，爪稍微弯曲。

分布：东洋区。世界已知 7 种，中国记录 4 种，浙江分布 1 种。

（1058）长毛肋花金龟 *Parapilinurgus inexpectatus* Krajčík, 2010（图版 IV-150）

Parapilinurgus inexpectatus Krajčík, 2010: 3.

主要特征：体长 10.7–11.7 mm，宽 4.5–5.3 mm。体黑色或褐色，体表密被不规则的白色鳞状绒层和黄色绒毛。头部表面密被半月形粗刻点；唇基两侧向下扩展，无边框，近前缘渐窄，唇基前缘向上反卷；触角 10 节，柄节膨大约为梗节的 3.0 倍，其上着生黄色长绒毛；复眼圆隆，突出，眼眦发达，表面布满黄色长绒毛。前胸背板近圆形，前角强烈向前延伸，两侧及后缘圆弧形，无边框；背面密布粗大的“∧”形刻点，每个刻点内着生 1 根黄色长绒毛。小盾片狭长，呈三角形，末端尖锐，表面具有同前胸背板相同的刻点及绒毛。鞘翅肩部最宽，肩后明显向内弯凹，后外缘圆弧形，缝角不突出；表面密布白色绒层、近椭圆形刻点及黄色长绒毛；每对鞘翅上各具有 2 条纵脊，鞘翅中部具有 1 个明显的凹陷。臀板扁平，中部略微突出，其上具有圆形刻点和黄色绒毛，但几乎全部被白色厚绒层所覆盖。中胸腹突小，不突出；后胸腹板（除中央外）被长毛及黄色绒层；腹部具黄色短绒毛及弧形刻点。足上密被刻点，各足腿节均有黄色长绒毛及黄色绒层，雄性前足胫节外缘仅具 1 齿，中、后足胫节具中隆突；跗节细长，爪中等弯曲。

分布：浙江（杭州）、江西、福建、广西、四川。

413. 鹿花金龟属 *Dicronocephalus* Hope, 1831

Dicranocephalus Hope, 1831: 24. Type species: *Dicranocephalus wallichii* Hope, 1831.

Dicranoceps Medvedev, 1972: 112. Type species: *Dicronocephalus wallichii* Hope, 1831.

主要特征：体形短宽，中到大型。体表常被灰白色或黄粉色粉末状分泌物。唇基端部内凹，雄性唇基前缘两侧向前强烈延伸成角突；雌性唇基前缘两侧特化尖锐，但不具角突。前胸背板圆隆，呈椭圆形，其上常有不同形状的黑斑。鞘翅肩后不向内弯凹，腹部边缘完全被鞘翅覆盖。臀板短宽，末端圆。中胸腹突位于中足基节之间，较小，不突伸。腹部常具长绒毛。足长大。

分布：主要分布于古北区、东洋区。世界已知 11 种（亚种），中国记录 10 种（亚种），浙江分布 1 种。

（1059）黄粉鹿花金龟 *Dicronocephalus bowringi* Pascoe, 1863（图版 IV-151）

Dicronocephalus bowringi Pascoe, 1863: 25.

Dicronocephalus diminuata Young, 2012: 203.

主要特征：体长 19–25 mm（不带唇基角突），宽 10–13 mm。几乎全体呈黄绿色，唇基、前胸背板 2 条肋、鞘翅上的肩突和后突、后胸腹板中间、腹部、腿节的部分、胫节和跗节等为栗色或栗红色。

雄性：唇基背面深凹，里面密布较细皱纹，前缘呈弧形突出，中央向下突出，两侧向前强烈延伸似鹿角形，顶端 2 角向上弯翘，通常内侧角较长，有时 2 角相差不多，但也有外侧角的唇基角突、前胸背板和鞘翅稍长的；前伸角突的基部外侧具向上弯的宽角。前胸背板近于椭圆形，中央 2 条肋带短，通常从前缘伸达中部或稍过中部，背板的周缘边框为栗色。小盾片近于正三角形，末端尖，基部具浅黄色绒毛。鞘翅近于长方形，肩部最宽，两侧向后稍变窄，缝角不突出，肩突肋纹近于三角形。臀板短宽，黄色，散布黄色绒毛。中胸腹突较小，微呈圆锥形。后胸腹板中间光滑，栗红色或暗栗色，中央小沟较深，两侧和后胸前侧片除边缘外被黄色分泌物和散布较稀浅黄色绒毛。后胸后侧片栗红色。腹部无覆盖物，呈栗红色，两侧散布黄褐色绒毛。足较细长，腿节有黄绿色分泌物组成的斑点；前足胫节延长较多，外缘 3 齿较小，跗节相当长，约接近胫节长的 2 倍，比中、后足跗节长 1/3。爪大，强烈弯曲。

雌性：较小，唇基两侧无向前延伸的角突，背面有 1 深凹，里面皱纹较粗糙，前缘弧凹，两前角尖锐，两侧缘弧形。前胸背板近于圆形，中央 2 肋带较长。足不延长，前足胫节较宽，外缘 3 齿较长大，其他特征和雄性相似。

分布：浙江、河北、山东、陕西、甘肃、江苏、湖北、江西、湖南、广东、海南、香港、广西、四川、贵州、云南、西藏；俄罗斯。

414. 鳞花金龟属 *Cosmiomorpha* Saunders, 1852

Cosmiomorpha Saunders, 1852: 28. Type species: *Cosmiomorpha modesta* Saunders, 1852.

主要特征：体长 13–24 mm。体多为暗褐色、栗红色或栗黑色，密被鳞毛。唇基近矩形，前缘向上折翘，两侧有较高的边框。前胸背板近梯形，两侧边缘弧形或波纹形。小盾片近三角形，末端尖锐。鞘翅狭长，肩部最宽，肩后缘向内弯凹明显。每对鞘翅中央具有 2–3 条纵肋。臀板三角形，末端浑圆。跗节 5 节，爪弯曲。

分布：东洋区。世界已知 23 种（亚种），中国记录 11 种（亚种），浙江分布 3 种（亚种）。

分种检索表

1. 体型较小；前足跗节较纤细，不延长，第 1 跗节短于第 2 跗节 ······························· **钝毛鳞花金龟 *C. (M.) setulosa setulose***
- 体型较大；雄性前足跗节延长且粗壮，第 1 跗节远长于第 2 跗节 ······························· 2
2. 前胸背板上无斑纹；唇基前缘横直，尖角不突出 ······························· **褐鳞花金龟 *C. (C.) modesta***
- 前胸背板上具大斑纹；唇基前缘强烈卷翘，尖角突出 ······························· **沥斑鳞花金龟 *C. (C.) decliva***

（1060）沥斑鳞花金龟 *Cosmiomorpha* (*Cosmiomorpha*) *decliva* Janson, 1890（图版 IV-152）

Cosmiomorpha decliva Janson, 1890: 127.

主要特征：体长 12.7–21.1 mm，宽 7.9–10.1 mm。体棕色。头部密被刻点；唇基长形、内陷，具有金属光泽，前缘向上折翘，两尖角强烈突出，侧缘具边框，且外扩。头顶中部有 1 个隆起的纵脊。眼眦短粗，密被刻点。触角棕色，柄节膨大，各节上具浅棕色绒毛。前胸背板近梯形，前缘强烈向下倾斜，密被均匀的刻点；前胸背板前角不突出，较圆钝，侧缘具边框，后角近 90°，后缘横直，无中凹；盘区中央具有 1 块黑色的大斑，约占面积的 1/2，两侧具有 1 对黑色的小圆斑。小盾片黑色，末端尖锐，散布刻点。鞘翅狭长，肩后明显弯凹，端部渐狭，后缘弧形，缝角不突出。鞘翅表面密被粗刻点和浅棕色短鳞毛，每对鞘翅上各有 3 条纵肋。臀板三角形，密被倒伏的浅棕色鳞毛。腹面（除后胸腹板和腹部中央外）均被浓密的浅棕色鳞毛。中胸腹突强烈向前突伸，光滑，中部具缢缩，前缘尖。足细长；前足胫节外缘具 3 齿，雄性不明显，齿较钝，雌性锋利；中、后足胫节外侧各具 1 个隆突；跗节细长，第 5 跗节的长度是第 4 跗节的 2.0 倍，爪大而弯曲。

分布：浙江（杭州）、山西、陕西、湖北、江西、湖南、福建、四川。

（1061）褐鳞花金龟 *Cosmiomorpha* (*Cosmiomorpha*) *modesta* Saunders, 1852（图版 IV-153）

Cosmiomorpha modesta Saunders, 1852: 29.

主要特征：体长 18.3–22.4 mm，宽 8.1–10.3 mm。体棕红色。头部密被刻点和浅棕色小鳞毛；唇基长形，具有金属光泽，前缘横直，微微向上折翘，两尖角不突出，侧缘具边框，不外扩。头顶中部有 1 个隆起的圆形突起。眼眦细长，密被刻点和 1 排鳞毛。触角棕色，柄节膨大，鳃片部长度约为第 2–7 节之和。前胸背板近梯形，前缘强烈向下倾斜，密被均匀的刻点和浅棕色的小鳞毛；前胸背板前角不突出，较圆钝，侧缘具边框，后角近 90°，后缘横直，无中凹。小盾片深棕色，边缘黑色，末端尖锐，密布刻点和鳞毛。鞘翅宽大，肩后明显弯凹，后缘弧形，缝角不突出；密被粗刻点和浅棕色短鳞毛，侧缘渐渐稀疏，每对鞘翅上各有 3 条纵肋。臀板三角形，密被倒伏的浅棕色绒毛。腹面（除后胸腹板和腹部中央外）均被浓密的浅棕色鳞毛。中胸腹突强烈向前突伸，光滑，前缘尖。足细长；前足胫节外缘具 3 齿，雄性不明显，齿较钝，雌性锋利；中、后足胫节外侧各具 1 个隆突，内侧均有 1 排浓密的黄色绒毛刷；跗节细长，第 5 跗节的长度是第 4 跗节的 2.0 倍，爪大而弯曲。

分布：浙江（杭州、舟山）、山东、河南、江苏、湖北、湖南、福建、香港、贵州、云南。

（1062）钝毛鳞花金龟指名亚种 *Cosmiomorpha* (*Microcosmiomorpha*) *setulosa setulosa* Westwood, 1854（图版 IV-154）

Cosmiomorpha setulosa setulosa Westwood, 1854: 70.

主要特征：体长 12.7–16.1 mm，宽 5.2–8.2 mm。体棕黑色。头部密被刻点和棕色小鳞毛；唇基长形，具有金属光泽，前缘横直，微微向上卷翘，两尖角不突出，侧缘具边框，强烈外扩。头顶中部微隆。眼眦细长，密被刻点和 1 排鳞毛。触角棕色，柄节膨大，鳃片部长度约为其他各节之和。前胸背板近梯形，中央隆拱，密被均匀的刻点和浅棕色的小鳞毛。前胸背板前角突出，侧缘具边框，后缘横直，无中凹。小盾片深棕色，末端尖锐，散布刻点。鞘翅宽大，肩后明显弯凹，后缘弧形，缝角不突出。密被“^”状刻点和浅棕色鳞毛，每对鞘翅上各有 2 条纵肋。臀板三角形，密被倒伏的浅棕色绒毛。腹面（除后胸腹板和腹部中央外）均被浓密的浅棕色鳞毛。中胸腹突强烈微微向前突伸，光滑，前缘圆钝。足细长；前足胫节外缘具 3 齿，雄性不明显，齿较钝，雌性宽大，齿锋利；中、后足胫节外侧各具 1 个隆突，中足胫节内侧具有 1 排稀疏的黄色绒毛刷；跗节短粗，爪小而弯曲。

分布：浙江（杭州）、江西、福建、广东、香港、四川、贵州、云南。

415. 纹花金龟属 *Diphyllomorpha* Hope, 1843

Diphyllomorpha Hope, 1843c: 107. Type species: *Diphyllomorpha mearesi* Hope, 1843.

主要特征：体长 21–24 mm。体表略具光泽。唇基近矩形，前缘略宽并向上折翘，两侧具边框。前胸背板近梯形，侧缘较直，后缘具浅中凹。小盾片宽大，三角形，末端尖锐。鞘翅狭长，基部宽，肩后明显弯凹。臀板短宽，具皱纹和黄绒毛。中胸腹突细长，向前突伸。足细长，前足胫节外缘具 1–2 齿，雌多雄少，跗节 5 节，爪弯曲。

分布：东洋区。世界已知 10 种（亚种），中国记录 6 种（亚种），浙江分布 1 亚种。

（1063）榄纹花金龟指名亚种 *Diphyllomorpha olivacea olivacea* (Janson, 1883)（图版 IV-155）

Rhomborhina olivacea olivacea Janson, 1883: 63.

主要特征：体长 21.1–23.1 mm，宽 9.2–10.7 mm。体绿色或黑绿色，体表具光泽。头部表面密被刻点；唇基宽大（雌性更宽），端部微微凹陷，前缘横直且具边框，侧缘具边框，且向外斜扩；触角 10 节，柄节膨大，鳃片部长大于其他各节之和；复眼圆隆，突出，眼眦细长，其上被有刻点。前胸背板近梯形，基部最宽；侧缘具边框，后缘横直，中部具浅上凹，盘区中央密被小刻点，两侧刻点变粗大。小盾片宽大，呈三角形，末端尖锐，零星散布小刻点。鞘翅肩部最宽，肩后微微向内弯凹，后外缘圆弧形，缝角微微突出；鞘翅密被横波浪状小皱纹，侧缘及端部皱纹较深，较粗糙，每对鞘翅各具有 2 条不明显的纵肋。臀板棕褐色，三角形，其上被同心圆状皱纹，端部外缘着生 1 排黄色长绒毛。中胸腹突细长、光滑，强烈突出，前缘尖；后胸腹板（除中央光滑外）被有横皱纹；腹部中央光滑，侧缘具刻点及黄色绒毛。足细长、粗糙具刻点和皱纹；雄性前足胫节细长，外缘具 1 齿，雌性宽大，外缘具 2 齿；中、后足胫节内侧具 1 排黄色长绒毛，外侧具 1 中隆突（雄性不明显）；跗节粗长，爪大且弯曲。

分布：浙江（杭州）、安徽、江西、湖南、福建、四川。

416. 背角花金龟属 *Neophaedimus* Lucas, 1870

Neophaedimus Lucas, 1870: lxxx. Type species: *Neophaedimus auzouxii* Lucas, 1870.

主要特征：体长 20–25 mm，稍具光泽。雄性唇基前缘中央具 1 强烈向上突伸的叉状角突，雌性唇基前缘无角突，前缘折翘，两侧具边框。前胸背板近梯形，前缘中部隆起，后缘平直无中凹，雄性具有 1 个强烈向前延伸的锥形角突，雌性无角突。小盾片宽大，三角形，末端尖锐。鞘翅肩后中等内凹，两侧近平行。臀板短宽。中胸腹突较为突出，前端钝圆。足细长，前足胫节外缘具 3 齿，跗节 5 节，爪大而弯曲。

分布：古北区。世界已知 2 种，中国记录 2 种，浙江分布 1 种。

（1064）栗色背角花金龟 *Neophaedimus castaneus* Ma, 1989（图版 IV-156）

Neophaedimus castaneus Ma, 1989: 226.

主要特征：体长 21.2–22.2 mm，宽 10.0–10.2 mm。体棕褐色，体表具光泽。头部黑色，向内凹陷，表面密被刻点和直立的黄色绒毛；雄性唇基前缘中央具 1 叉状角突，向上强烈延伸弯折，雌性无角突，唇基前缘仅向上折翘，且唇基中央微微凹陷；触角 10 节，柄节膨大，其上着生黄色长绒毛；复眼圆隆，突出，眼眦细长，表面布满黄色长绒毛。前胸背板近梯形，基部最宽；侧缘弯曲，具窄边框，后缘横直，无中凹；背面黑色，近两侧缘及中央处各有 1 条棕褐色的条带，雄性盘区靠近端部具有 1 个向前突伸的背突，雌性无此结构。小盾片宽大，呈三角形，末端尖锐，中央棕褐色，边缘黑色。鞘翅肩部最宽，肩后明显向内弯凹，后外缘圆弧形，缝角不突出；除边缘黑色外，均为棕褐色；每对鞘翅上各具有 2 条不明显的纵肋。臀板深褐色、扁平，其上密被皱纹和倒伏的黄色细绒毛。中胸腹突光滑，强烈突出，前缘圆；后胸腹板（除中央光滑外）密被刻点及黄色细绒毛；腹部褐红色，稀疏地被有黄色短绒毛及小刻点。足细长、光滑，背面仅具零星小刻点，前足胫节外缘具 3 齿，雄性细长，齿小而钝，雌性宽大，齿大而锋利，中、后足胫节具 1 不明显的中隆突，跗节长，爪大且弯曲。

分布：浙江（杭州）。

417. 斑花金龟属 *Periphanesthes* Kraatz, 1880

Periphanesthes Kraatz, 1880: 213. Type species: *Macroma aurora* Motschulsky, 1857.

Bonsiella Ruter, 1965: 206. Type species: *Coryphocera blanda* Jordan, 1895.

主要特征：体型中等，狭长；体为红色，或红褐色。唇基近矩形，前缘横直，向上折翘，两侧具边框。前胸背板近梯形，侧缘弧形，后缘横直，中凹较浅。小盾片三角形，末端迟钝。鞘翅狭长，肩后向内弯凹，两侧向后逐渐变窄。臀板较短，末端圆。中胸腹突呈舌状，强烈向前延伸。前足胫节外缘具 1–2 齿，跗节细长，爪略弯曲。

分布：东洋区。世界已知 1 种，中国记录 1 种，浙江分布 1 种。

（1065）红斑花金龟 *Periphanesthes aurora* (Motschulsky, 1858)

Macroma aurora Motschulsky, 1858a: 57.

Periphanesthes aurora: Kraatz, 1880: 213.

Coryphocera blanda Jordan, 1895: 266.

主要特征：体长 18.0–23.0 mm，宽 8.5–10.0 mm。体黑褐色或褐红色，具红色（有些微带绿色）大斑和较大刻点或皱纹。唇基近方形，前缘向上折翘，两侧边框平行，外侧向下呈钝角形斜扩；背面具小刻点。复眼较突出。触角褐色。前胸背板近于梯形，两侧呈弧形，具边框，后角略圆，后缘横直，具浅中凹；背面密布粗糙刻点和皱纹，具 3 个浅红色纵向带状斑：中央1个，后端有时延达后缘，两侧沿边框各有 1 个，自前角延至后角。小盾片微呈长三角形，中部有红色斑，两侧散布较大刻点。鞘翅较狭长，肩部最宽，向后强烈变窄，后外端缘圆弧形，缝角稍突出；翅表匀布粗糙刻点和皱纹，后外侧皱纹较密大，每个鞘翅具 2 大红斑：1 个位于中部之后、微横向，另 1 个置于后端。臀板短宽，近于三角形，密布横向皱纹，两侧各有 1 个椭圆形红色大斑。中胸腹突稍长，前端圆，散布稀大刻点和黄绒毛。后胸腹板除中央小沟外，两侧密布粗糙皱纹和黄绒毛，每侧中央各有 1 个黄绿色大斑。腹部中央光滑几乎无刻点，两侧密布粗糙皱纹，3–4 节两侧近边缘和第 5 节中央分别各有 1 个浅红色大斑。足稍粗壮，密布粗糙大刻点和稀疏黄绒毛，每个足的腿节内侧和末端、胫节末端和后足腿节基部均有黄绿色大斑。前足胫节外缘雄性有 1 齿，雌性有 2 齿；中、后足胫节外缘中央各有 1 隆突；跗节稍细长，爪大弯曲。

分布：浙江、江苏、安徽、江西、湖南、福建、广东、海南、广西。

418. 伪阔花金龟属 *Pseudotorynorrhina* Mikšić, 1967

Pseudotorynorrhina Mikšić, 1967: 309. Type species: *Rhomborhina japonica* Hope, 1841.

主要特征：体长 20.0–26.0 mm，较阔花金龟属小。唇基宽大近矩形，前缘向上折翘，侧缘向下扩展。前胸背板近梯形，侧缘弧形具边框，后缘横直具浅中凹。小盾片宽大，呈三角形，表面光滑。鞘翅宽大，肩后微微向内弯凹。臀板短宽，末端弧形。中胸腹突向前突伸，末端圆钝。足粗壮，前足胫节外缘 1–2 齿，跗节细长，爪略弯曲。

分布：东洋区。世界已知 3 种，中国记录 3 种，浙江分布 2 种。

（1066）横纹伪阔花金龟 *Pseudotorynorrhina fortunei* (Saunders, 1852)（图版 IV-157）

Rhomborhina fortunei Saunders, 1852: 30.
Pseudotorynorrhina fortunei: Mikšić, 1977: 259.

主要特征：体长 24.7–25.4 mm，宽 10.8–11.2 mm。体绿色，体表具光泽。唇基宽大，前缘横直，微微向上折翘，尖角圆钝，侧缘具边框，且向外斜扩。头部表面密被刻点，中央微微隆起；触角 10 节，鳃片部长约为其他各节之和；复眼圆隆，突出，眼眦细长，其上被有刻点。前胸背板近梯形，基部最宽；前角不突出，侧缘具边框，后缘横直，中部具浅上凹，盘区全部布满圆形的刻点。小盾片宽大，近等边三角形，末端尖锐，零星散布小刻点。鞘翅肩部最宽，肩后明显向内弯凹，后外缘圆弧形，缝角突出；鞘翅密被横行的皱纹。臀板三角形，末端微微隆起，其上密被横向皱纹，端部外缘着生 1 排黄色长绒毛。中胸腹突光滑，强烈突出，前缘圆钝；腹部除后胸腹板及腹板中央光滑外，被有刻点和皱纹。足细长，粗糙具刻点和皱纹；雄性前足胫节细长，外缘具 1 齿，雌性宽大，外缘具 2 齿；中、后足胫节外侧各具 1 中隆突；跗节细长，爪小、弯曲。

分布：浙江、辽宁、北京、陕西、江苏、上海、湖北、湖南、福建、海南、广西、四川、贵州。

（1067）日铜伪阔花金龟 *Pseudotorynorrhina japonica* (Hope, 1841)（图版 IV-158）

Rhomborhina japonica Hope, 1841: 64.
Pseudotorynorrhina japonica: Mikšić, 1967: 309.

主要特征：体长 19.3–25.1 mm，宽 9.5–12.2 mm。体绿色、橄榄色或棕褐色，体表具光泽。头部表面密被刻点；唇基宽大，前缘横直且具边框，尖角圆钝，侧缘具边框，且向外斜扩；触角 10 节，柄节膨大，鳃片部长约等于第 2–7 节之和；复眼圆隆，突出，眼眦短粗，其上被有刻点。前胸背板近梯形，基部最宽；侧缘具边框，后缘横直，中部具浅上凹，盘区中央光滑，两侧密被刻点。小盾片宽大，呈三角形，末端尖锐，零星散布小刻点。鞘翅肩部最宽，肩后明显向内弯凹，后外缘圆弧形，缝角微微突出；鞘翅密被小刻点，端部刻点较深，较粗糙。臀板三角形，末端微微圆隆，其上密被横向皱纹，端部外缘着生 1 排黄色长绒毛。中胸腹突光滑，强烈突出，中部微微缢缩，前缘圆钝；后胸腹板（除中央光滑外）被有刻点；腹部侧缘具刻点及黄色长绒毛。足细长，粗糙具刻点；雄性前足胫节细长，外缘具 1 齿，雌性宽大，外缘具 2 齿；中、后足胫节内侧具 1 排黄色长绒毛，外侧具 1 中隆突；跗节粗长，爪大且弯曲。

分布：浙江（杭州）、江苏、湖北、江西、福建、四川。

419. 罗花金龟属 *Rhomborhina* Hope, 1837

Rhomborhina Hope, 1837: 120. Type species: *Goliathus heros* Gory *et* Percheron, 1833.

主要特征：体中到大型，体表多具光泽。唇基近矩形，前缘向上折翘，两侧具边框，外缘向下扩展。前胸背板近梯形，两侧具边框，后缘横直，具中凹。小盾片宽大，三角形，末端钝。鞘翅宽大，肩后明显弯凹。臀板短宽，末端圆。中胸腹突向前延伸，末端钝。足粗壮，前足胫节外缘 1–2 齿，跗节细长，爪弯曲。

分布：古北区、东洋区。世界已知 33 种（亚种），中国记录 20 种（亚种），浙江分布 2 种 1 亚种。

分种检索表

1. 体为蓝色或紫色，前足胫节呈暗红色，中、后足胫节多少带点红色……………………**紫罗花金龟 *R. violacea***
- 体为绿色，前足及中、后足胫节绿色……………………………………………………2
2. 鞘翅墨绿色，小盾片两侧及靠近翅缝无明显特殊颜色……………………**希氏罗花金龟 *R. hiekei***
- 鞘翅墨绿色，小盾片两侧及靠近翅缝处呈黑色……………**丽罗花金龟指名亚种 *R. resplendens resplendens***

（1068）希氏罗花金龟 *Rhomborhina* (*Rhomborhina*) *hiekei* Ruter, 1965

Rhomborhina hiekei Ruter, 1965: 201.

主要特征：体中型。体绿色，体表具金属光泽。头部表面密被刻点，中央微微隆起；唇基方形，前缘略弯，向上折翘；触角鳃片部不长于其余各节之和。前胸背板近梯形，侧缘具边框，边框未到达基部；盘区密布规则刻点，中部稀疏，侧缘密。小盾片长三角形，端尖，具细密刻点。鞘翅肩部最宽，肩后向内略弯凹，后外缘圆弧形，缝角突出；鞘翅密被刻点行，行间布细密不规则刻点。臀板三角形，末端微微隆起，密被刻点。中胸腹突光滑，强烈突出，前缘圆钝；腹部仅后胸腹板及腹板侧缘被有稀疏的刻点。足细长，粗糙具刻点和皱纹；前足胫节细长，外缘具 2 齿；中、后足胫节外侧各具 1 中隆突；跗节细长，爪小、弯曲。

分布：浙江。

（1069）丽罗花金龟指名亚种 *Rhomborhina* (*Rhomborhina*) *resplendens resplendens* (Swartz, 1817)

Cetonia resplendens Swartz, 1817: 51.

Rhomborhina resplendens: Burmeister, 1842: 198.

Rhomborhina hainanensis Schürhoff, 1942: 284.

主要特征：体长 25.6–36.7 mm，宽 12.8–17.7 mm。体绿色，体表极具金属光泽。头部表面密被刻点，中央微微隆起；唇基方形，前缘横直，向上折翘，中部微微凸出，尖角圆钝，侧缘具边框，且向外斜扩；触角 10 节，鳃片部长约为第 2–7 节之和；复眼圆隆，突出，眼眦黑色，细长，其上被有刻点。前胸背板近梯形，基部最宽。前角不突出，侧缘具边框，后缘横直，中部具浅上凹；盘区中央光滑，两侧具小刻点。小盾片宽大，近等边三角形，末端尖锐，光滑无刻点。鞘翅肩部最宽，肩后明显向内弯凹，后外缘圆弧形，缝角突出；鞘翅密被成排的刻点行，小盾片两侧及靠近翅缝处呈黑色。臀板三角形，末端微微隆起，雄性较雌性长，其上密被刻点。中胸腹突光滑，强烈突出，前缘圆钝；腹部仅后胸腹板及腹板侧缘被有稀疏的刻点。足细长，粗糙具刻点和皱纹；雄性前足胫节细长，外缘具 1 齿，雌性宽大，外缘具 2 齿；中、后足胫节外侧各具 1 中隆突，雄性不明显；跗节细长，爪小、弯曲。

分布：浙江（余杭）、陕西、江西、福建、广东、海南、香港、广西、四川、云南。

（1070）紫罗花金龟 *Rhomborhina* (*Rhomborhina*) *violacea* Schürhoff, 1942

Rhomborhina violacea Schürhoff, 1942: 284.

主要特征：体长 25.1–29.2 mm，宽 11.1–13.3 mm。体蓝色或紫色，体表极具光泽。头部表面密被刻点；唇基长形，前缘横直，尖角圆钝，侧缘具边框，且垂直向下斜扩；触角 10 节，柄节膨大，鳃片部长约等于其余各节之和；复眼圆隆，突出，眼眦短粗。前胸背板近梯形，基部最宽；侧缘具窄边框，后缘横直，中部具浅上凹，其上密被均匀的小浅刻点。小盾片深紫色，宽大，呈三角形，末端尖锐，零星散布小刻点。鞘翅肩部最宽，肩后明显向内弯凹，后外缘圆弧形，缝角微微突出；鞘翅仅有零星小刻点，表面密布网纹。臀板棕红色、三角形，其上密被波状皱纹，端部着生 1 排黄色长绒毛。中胸腹突光滑，强烈突出，呈箭头状；腹面蓝紫色，后胸腹板光滑，仅侧缘被刻点；腹部光滑，侧缘具波状小皱纹。足粗糙具皱纹；雄性前足胫节细长，外缘具 1 齿，雌性宽大，外缘具 2 齿；中、后足胫节外侧各具 1 明显的中隆突；跗节粗长，爪大且强烈弯曲。

分布：浙江、江西、湖南。

420. 阔花金龟属 *Torynorrhina* Arrow, 1907

Torynorrhina Arrow, 1907: 433. Type species: *Rhomborhina distincta* Hope, 1841.

主要特征：体长 23.3–35.0 mm，具有金属光泽。头部较小，唇基近矩形，前缘向上折翘，两侧具边框。前胸背板近梯形，两侧弧形，后缘横直，具中凹。小盾片长三角形，末端尖锐。鞘翅宽大，肩后微微向内弯凹。臀板短宽，末端圆弧形。中足基节远离，中胸腹突呈铲状强烈向前延伸。足长大，前足胫节外缘 1–2 齿，中、后足胫节内侧具长绒毛，跗节 5 节，爪弯曲。

分布：东洋区。世界已知 16 种（亚种），中国记录 7 种，浙江分布 1 种。

（1071）黄花阔花金龟 *Torynorrhina fulvopilosa* (Moser, 1911)（图版 IV-159）

Rhomborhina fulvopilosa Moser, 1911: 120.
Torynorrhina fulvopilosa: Mikšić, 1977: 246.

主要特征：体长 23.3–29.8 mm，宽 11.5–13.5 mm。体棕色或棕褐色，体表具光泽。头部表面密被刻点；唇基长形，前缘横直，尖角圆钝，侧缘具边框，且向下斜扩；触角 10 节，柄节膨大，鳃片部长约等于其余各节之和；复眼圆隆，突出，眼眦短粗。前胸背板近梯形，基部最宽；侧缘具窄边框，后缘横直，中部具浅上凹，其上密被均匀的浅刻点。小盾片深绿色，宽大，呈三角形，末端尖锐，零星散布小刻点。鞘翅肩部最宽，肩后明显向内弯凹，后外缘圆弧形，缝角不突出；鞘翅无刻点，表面密布极细的黄色小绒毛。臀板棕黑色、微微圆隆，其上密被皱纹黄色长绒毛。中胸腹突光滑，强烈突出，呈铲状；后胸腹板（除中央光滑外）密被刻点。腹部黑绿色且光滑，仅侧缘具刻点及黄色长绒毛。足细长，粗糙具刻点；雄性前足胫节细长，外缘具 1 齿，雌性宽大，外缘具 2 齿；中、后足胫节内侧具 1 排黄色长绒毛，外侧具 1 不明显的中隆突；跗节粗壮，爪大且弯曲。

分布：浙江（杭州）、陕西、安徽、江西、福建、广西、四川、贵州。

421. 唇花金龟属 *Trigonophorus* Hope, 1831

Trigonophorus Hope, 1831: 24. Type species: *Cetonia hardwickii* Hope, 1831.

主要特征：体为中到大型，体表多具光泽。唇基背面具较深的凹陷，前缘中央向上折翘，呈三角形、倒梯形或方形；头部通常具有不同形状的角突。前胸背板近梯形，侧缘弧形，后缘横直，略向内弯凹。小盾片宽大，近等边三角形，末端尖锐。鞘翅肩部最宽，肩后外缘微微向内弯凹。臀板短宽，近于三角形。前足胫节外缘具 1–2 齿，跗节细长，爪大弯曲。

分布：东洋区。世界已知 2 亚属 16 种，中国记录 1 亚属 13 种 1 亚种，浙江分布 1 亚属 1 亚种。

（1072）绿唇花金龟指名亚种 *Trigonophorus* (*Trigonophorus*) *rothschildii rothschildii* Fairmaire, 1891（图版 IV-160）

Trigonophorus rothschildii Fairmaire, 1891a: 206.

Trigonophorus politus Medvedev, 1964: 49.

主要特征：体长 23.6–23.9 mm（不包括唇基角突），宽 11.6–12.2 mm。体翠绿色。唇基宽大，密被刻点，唇基前缘中央向前突出，形成 1 个直立的扇形角突，雄性略窄，雌性略宽大。头部具有 1 个向前伸出的头突，雄性呈三角形，末端尖锐，雌性呈长方形，端部具中凹。眼眦细长，同体色。触角除柄节翠绿色外，均为棕色，柄节长大。前胸背板近梯形，前角不突出，侧缘窄边框，后缘横直，中部微微内凹。前胸背板中央散布稀疏的刻点，两侧刻点较密集。小盾片光滑，宽大，三角形，末端尖锐。鞘翅雌性较宽，肩后明显弯凹，缝角微微突出。除小盾片周围光滑外，其余均被有圆形的刻点。臀板近三角形，雄性很窄且扁平，雌性较宽，微微隆起。腹面光滑，中胸腹突细长，强烈向前突伸。足细长；雄性前足胫节细长，外缘具 1 齿，雌性较宽大，具 3 齿；雄雌中、后足胫节外侧各具 1 个隆突，内侧各具 1 排浓密的黄色绒毛刷；跗节粗壮，第 5 跗节长于第 4 跗节，爪小，弯曲。

分布：浙江、河南、陕西、四川。

422. 瘦花金龟属 *Coilodera* Hope, 1831

Coilodera Hope, 1831: 25. Type species: *Coilodera penicillata* Hope, 1831.

主要特征：体长 23.0–26.3 mm。体黑色，体表具黄色绒斑及绒毛。唇基狭长，密被刻点及绒毛，前缘中央具不同程度的中凹，侧缘微向下斜扩，中央微隆突；额区中央隆起，两侧密被黄色绒斑及绒毛；眼眦短粗，表面具刻点；触角鳃片部长大，略长于第 2–7 节之和。前胸背板近梯形，基部最宽；前角圆钝、不突出，侧缘后半部分向内凹；后角圆钝，后缘中部向后延伸；前胸背板密被黄色绒斑及绒毛。前胸背板中部凹陷，两侧具 1 对斜向的纵肋，纵肋微突出，宽度略有不同，表面光滑。小盾片狭长，末端尖锐，表面黑色或具黄色绒斑。鞘翅狭长，肩后明显向内弯凹，鞘翅中央凹陷，两侧隆起。鞘翅中部具 2 对绒斑，绒斑上各具 4 条黑色纵带，后缘具 1 对橘黄色横斑，有时后 2 对绒斑聚合成 1 块大绒斑。鞘翅侧缘中、后部各具 1 对小绒斑。臀板扁平、近三角形，表面密被黄色绒斑及浓密的黄色绒毛层。腹面光滑，仅中胸后侧片、后胸前侧片、后足基节及各腹节侧缘表面被有黄色绒斑及长绒毛。第 5 可见腹节端部被有黄色长绒毛。前足胫节外缘具 3 个齿，前 2 齿较接近，第 3 齿略小并远离。各足腿节及胫节内缘均被有橘黄色长绒毛，中、后足胫节外侧各具 1 个中隆突。跗节细长，末跗节长于其他各节。爪中等、微弯曲。

分布：东洋区。世界已知 17 种（亚种），中国记录 4 种（亚种），浙江分布 1 种。

（1073）黑盾脊瘦花金龟 *Coilodera nigroscutellaris* Moser, 1902（图版 IV-161）

Coilodera nigroscutellaris Moser, 1902: 527.

主要特征：体长 25.1–26.3 mm，宽 11.4–12.1 mm。体黑色，体表具橘黄色绒斑及绒毛。唇基狭长，密被刻点及橘黄色绒毛，前缘中央具中凹，侧缘微向下斜扩，中央微隆突；额区中央隆起，两侧密被橘黄色绒斑及绒毛；眼眦短粗，表面具刻点；触角鳃片部长大，略长于第 2–7 节之和。前胸背板近梯形，基部最宽；前角圆钝、不突出，侧缘后半部分向内凹；后角圆钝，后缘中部向后延伸；前胸背板密被橘黄色绒斑及绒毛。前胸背板中部凹陷，两侧具 1 对斜向的纵肋，纵肋微突出，表面光滑。小盾片狭长，末端尖锐，表面黑色，具刻纹。鞘翅狭长，肩后明显向内弯凹，中央隆起，两侧凹陷。鞘翅中部具 2 对椭圆形的橘黄色绒斑，绒斑上各具 4 条黑色纵带，后缘具 1 对橘黄色横斑。鞘翅侧缘中、后部各具 1 对橘黄色小绒斑。臀板扁平、近三角形，表面密被橘黄色的绒斑及浓密的橘黄色绒毛层。腹面光滑，仅中胸后侧片、后胸前侧片、后足基节及各腹节侧缘表面被有橘黄色绒斑及长绒毛。第 5 可见腹节端部被有橘黄色长绒毛。前足胫节外缘具 3 个齿，前 2 齿较接近，第 3 齿略小并远离。各足腿节及胫节内缘均被有橘黄色长绒毛，中、后足胫节外侧各具 1 个中隆突。跗节细长，末跗节长于其他各节。爪中等、微弯曲。

与脊瘦花金龟 *Coilodera penicillata* Hope, 1831 形态近似，区别在于脊瘦花金龟的小盾片表面具黄色绒斑，而黑盾脊瘦花金龟的小盾片为黑色。

分布：浙江、福建、广东、海南、广西、重庆、贵州；越南。

423. 丽花金龟属 *Euselates* Thomson, 1880

Euselates Thomson, 1880: 277. Type species: *Euselates magnus* Thomson, 1880.

主要特征：体长 10.2–21.0 mm。体黑色与砖红色相间，其上被有规则的斑纹。唇基近矩形，前缘横直或具中凹，两侧缘具边框，其上通常具有不同形状的条带。前胸背板近梯形，两侧边缘弧形，后缘中部向下不同程度延伸。小盾片近三角形，末端尖锐。鞘翅狭长，肩部最宽，肩后缘微微向内弯凹，鞘翅上具有不同形状的斑纹。臀板三角形，末端圆。中胸腹突短小，仅微微突出。足细长，前足胫节外缘具 3 齿，跗节细长，爪弯曲。

分布：东洋区。世界已知 52 种（亚种），中国记录 14 种（亚种），浙江分布 2 种。

（1074）穆平丽花金龟 *Euselates* (*Euselates*) *moupinensis* (Fairmaire, 1891)（图版 IV-162）

Taeniodera moupinensis Fairmaire, 1891b: xii.

Euselates moupinensis Mikšić, 1974: 75.

主要特征：体长 10.2–13.5 mm，宽 3.9–4.9 mm。体黑色，伴有黄色和砖红色的斑纹。唇基矩形，密被刻点，雄性（除边缘外）密被浅黄色鳞粉层和半直立的黄色绒毛，雌性无此特征。唇基前缘横直，微微向上卷翘，侧缘具边框，向外斜扩。额区微微圆隆，头顶中央光滑。眼眦细长，具直立的黄色绒毛。触角浅棕色，鳃片部长于其他各节之和。前胸背板前缘横直，前角不突出，侧缘弧形，后缘中部微微向下延伸；其上密被刻点和黄色绒毛。雄性前胸背板中央具有 1 个浅黄色的“Y”形斑纹，两侧缘各具有 1 条浅黄色的纵带，雌性无此特征。小盾片狭长，三角形，末端尖，雄性小盾片中央具 1 浅黄色的窄纵带。鞘翅砖红色，狭长，肩部最宽，肩后微微弯凹，端部渐狭，缝角不突出。每对鞘翅上各有 3 对黑色的斑纹形成的条带，分别位于小盾片周围、鞘翅中部及鞘翅末端。臀板三角形，雄性端部隆起，除 1 对黑色区域外均被有浅黄色鳞粉层，雌性扁平，刻点粗糙，无鳞粉层。中胸腹突小而光滑，仅微微突出。腹面（除后胸腹板中央外）及腹部的侧缘布满浓密的浅黄色鳞粉层和黄色绒毛。足细长，密被刻点；前足胫节外缘具 3 齿，雄性第 3 齿不明显，雌性第 3 齿锋利；中足胫节外侧各具 1 个隆突，中、后足胫节内缘具有稀疏的黄色长绒毛；跗节细长；爪微微弯曲。

分布：浙江（杭州）、陕西、江西、福建、台湾、广西、四川。

（1075）三带丽花金龟 *Euselates* (*Euselates*) *ornata* (Saunders, 1852)（图版 IV-163）

Taeniodera ornata Saunders, 1852: 31.

Euselates ornata: Mikšić, 1974: 78.

主要特征：体长 17.1–18.4 mm，宽 7.0–7.4 mm。体棕红色。唇基狭长，表面被有刻点及短绒毛，前缘中央具浅中凹，侧缘微向外斜扩。额区中央微隆起，密被刻点及短绒毛；额区具 4 个不规则的黄色小绒斑块。眼眦细长，表面具刻点及绒毛。触角鳃片部长大。前胸背板近椭圆形，中央最宽；前角不突出，后角圆钝，后缘中部向后微延伸。前胸背板密被粗糙刻点及棕色短绒毛，中央具 1 条黄色纵带，侧缘具 2 条黄色纵带。小盾片近三角形，末端尖锐，表面被 1 黄色纵带。鞘翅狭长，肩后明显向内弯凹，中央具有 2 条纵肋，缝角不突出。鞘翅棕红色，周围散布黑色斑纹，鞘翅中央及侧缘共具 4 对黄色绒斑。臀板三角形，被有粗糙的皱纹及棕黄色细绒毛。腹面仅中央具稀疏的刻点及细绒毛，各腹板及腹节侧缘具不规则的黄色绒斑，第 5 可见腹节端部密被棕黄色长绒毛。足为棕色，前足胫节具 3 个锋利的小齿；中、后足胫节外侧各具 1 个尖锐的中隆突，中、后足胫节内侧被有棕黄色细绒毛；跗节短粗，末跗节长于其他各节；爪小而弯曲。

分布：浙江（古田山）、上海、福建、广东、海南、广西、云南；越南。

424. 毛绒花金龟属 *Macronotops* Krikken, 1977

Macronotops Krikken, 1977: 200. Type species: *Pleuronota sexmaculata* Kraatz, 1894.

主要特征：体长 14.0–18.0 mm。体棕红色，体表密被绒毛。唇基短宽，表面密被刻点及绒毛，前缘弧形，微卷翘，侧缘向下斜扩。额区密被粗糙刻点及绒毛。眼眦细长，表面具刻点及绒毛。触角鳃片部长大。前胸背板近梯形，前角或向前突出，侧缘中部通常突出，后角近直角，后缘中部向后具有不同程度的延伸；前胸背板表面密被粗糙刻点及绒毛。小盾片近三角形，末端尖锐，表面密被刻点及绒毛。鞘翅宽大，肩后微向内弯凹，中央具 1–2 条纵肋，缝角不突出；鞘翅表面通常具有 2–4 对绒斑。臀板三角形，有时中央具 1 个圆形绒斑。腹面中央光滑，侧缘被有刻点及浓密的绒毛。前足胫节具 3 个齿，中、后足胫节外缘各具 1 个中隆突；跗节粗壮，末跗节长于其他各节；爪小，微弯曲。

分布：古北区、东洋区北部。世界已知 12 种（亚种），中国均有记录，浙江分布 1 亚种。

（1076）小斑毛背毛绒花金龟 *Macronotops vuilleti olivaceofusca* (Bourgoin, 1916)

Macronota olivaceofusca Bourgoin, 1916: 135.

Pleuronota subsexmaculata Ma, 1992: 438.

Macronotops vuilleti olivaceofusca: Krikken, 1977: 208.

主要特征：体长 15.9–16.5 mm，宽 7.6–7.9 mm。体棕红色，体表密被棕黄色绒毛。唇基短宽，近六边形，密被刻点及棕黄色短绒毛，前缘横直，微向上卷翘，侧缘向外斜扩。额区密被粗糙刻点及浓密的黄棕色绒毛。眼眦细长，表面具刻点及绒毛。触角鳃片部长大。前胸背板近梯形，前角不突出，侧缘弧形，后角近直角，后缘中部微向后延伸；前胸背板表面密被粗糙刻点及浓密的棕黄色绒毛层。小盾片近三角形，末端尖锐，表面具稀疏的刻点及黄棕色短绒毛。鞘翅宽大，肩后微向内弯凹，中央具有 1 条纵肋，中央靠近翅缝处具 1 对极小的黄色圆形小绒斑，侧缘具 1 大 1 小 2 对黄色绒斑，缝角不突出。臀板三角形，表面被有棕黄色短绒毛，中央具 1 个黄色大绒斑。腹面密被刻点，除中央绒毛稀疏外，其余部分均密被棕黄色长绒毛。各足均被有黄色绒毛；前足胫节具 3 个齿，中、后足胫节外缘各具 1 个中隆突；跗节粗壮；爪小，微弯曲。

分布：浙江（杭州）、河南、陕西、湖北、湖南、福建、广西、重庆、四川、贵州、云南；越南。

425. 扩斑金龟属 *Agnorimus* Miyake *et* Iwase, 1991

Agnorimus Miyake *et* Iwase, 1991: 187. Type species: *Gnorimus tibialis* Chujo, 1938.

主要特征：体隆拱，体背无光泽。唇基前缘不上卷，中后胸腹突长，小盾片近三角形，雄性腹板无沟，雌性臀板无沟，雄性中足胫节强烈内弯且扩展。

分布：东洋区。世界已知 5 种（亚种），中国记录 2 种，浙江分布 1 亚种。

（1077）图案扩斑金龟 *Agnorimus pictus pictus* (Moser, 1902)

Gnorimus pictus Moser, 1902: 531.

Gnorimus tibialis Chûjô, 1938: 444.

Agnorimus pictus: Miyake & Iwase, 1991: 189.

主要特征：体长 14.3–20.5 mm，宽 6.5–10.6 mm。体色多变，通常头部、前胸背板、小盾片深绿色，鞘翅深绿或黑色，每翅匀布 12–14 个白绒斑，腹面黑色光亮。体表多黄色或白色绒斑。唇基长，前角略圆，中凹较深，两侧边框稍显，外侧向下呈弧形斜扩，表面密布小刻点；额头顶部稀被小刻点；眼眦短，无刻点；触角褐色，鳃片部较短。前胸背板略六角形，背面强烈圆隆，表面匀布较大刻点；前角钝角，后角微上翘，钝角，后缘弧形。小盾片稍短宽，近正三角形，匀布小刻点。鞘翅宽大，肩部最宽，两侧向后微变窄，后外端缘圆弧形。臀板稍短宽，末端圆。足粗壮，前足胫节外缘 2 齿；中、后足胫节雌性正常，雄性中足胫节弯曲，基部细，近端部扩展，具毛簇；后足胫节基部很细，内侧隆突三角形，顶端具毛簇；跗节细长，第 1 节长，后部具长毛簇；爪大，中度弯曲。

分布：浙江、江西、湖南、福建、台湾、广东、海南、广西、重庆、四川、贵州、云南；越南，老挝，泰国。

426. 长腿斑金龟属 *Epitrichius* Tagawa, 1941

Epitrichius Tagawa, 1941: 18. Type species: *Trichius elegans* Kano, 1931.

主要特征：体长 12.6–21.0 mm。体色多为绿色或铜红色，个别种类具有金属光泽。唇基短宽，前缘通常具有深中凹。前胸背板近圆弧形。小盾片近心形，末端圆钝。鞘翅狭长，肩后缘无内弯凹，侧缘中部微微向外斜扩，鞘翅上具有不同形状的斑纹。臀板三角形，雄性较长，明显隆起，雌性短宽，中部具 1 深凹陷。足细长，雄性前足胫节外缘具 1 齿，雌性具 2 齿，后足跗节长于前、中足跗节。

分布：东洋区。世界已知 7 种，中国记录 5 种，浙江分布 1 种。

（1078）绿绒长腿斑金龟 *Epitrichius bowringii* (Thomson, 1857)（图版 IV-164）

Trichius bowringii Thomson, 1857: 118.

Trichius miyashitai Krajčík, 2006: 25.

主要特征：体长 12.6–15.5 mm，宽 4.4–5.4 mm。体绿色，头部具有金属光泽。唇基短宽，除边缘外密被纵线形皱纹及黄色细绒毛；侧缘具边框，前缘圆滑，中凹明显。额区微微圆隆，密被纵线形皱纹。眼眦细长，具短绒毛。触角棕黄色，鳃片部较长。前胸背板近六边形，散布黄色短绒毛，中央处具 1 对黄色绒毛簇，前角和后角绒毛较密集。前胸背板前角突出，侧缘具窄边框，后缘圆弧形。小盾片短小，末端尖，具皱纹但无绒毛。鞘翅狭长，肩后无弯凹，鞘翅外缘中部明显外扩，缝角不突出；每对鞘翅上各有 2 对黄色斑纹。臀板三角形，雄性较长，明显隆起，雌性短宽，中部具深凹陷。腹面全部布满浓密的黄色绒毛。前足胫节外缘雄性具 1 齿，雌性具 2 齿；中、后足胫节外侧各具 1 个隆突；跗节细长，爪微微弯曲。

分布：浙江（杭州）、福建、广东、海南、广西、云南。

427. 毛斑金龟属 *Lasiotrichius* Reitter, 1899

Lasiotrichius Reitter, 1899: 101. Type species: *Scarabaeus succinctus* Pallas, 1781.

主要特征：体长 9.0–12.0 mm。体黑色，全身密被长绒毛，拟态似蜜蜂。唇基长形，前缘向上卷翘，侧缘微微外扩。前胸背板圆弧形，密被刻点及长绒毛。小盾片长三角形，末端圆钝。鞘翅短宽，肩后无弯凹，鞘翅外缘中部明显外扩。臀板长三角形，端部微微隆起，密被黑色长绒毛。前足胫节外缘具 2 齿，跗节细长，爪微微弯曲。

分布：东洋区。世界已知 6 种，中国记录 5 种（亚种），浙江分布 3 种（亚种）。浙江分布的 3 种极为相似，仅外生殖器有微小差异，相关地位有待进一步研究，此处仅根据原始描记列于此处，不加检索表进行区分。

（1079）四川毛斑金龟 *Lasiotrichius sichuanicus* Krajčík, 2001

Lasiotrichius sichuanicus Krajčík, 2001b: 67.

主要特征：体长 11.5 mm，长椭圆形。体背黑色，鞘翅亮赭色，横斑褐色，体表密被褐色、黑色和赭色长毛；腹面黑色，密被白色或浅黄色长毛；前臀板密布黄色长毛；臀板黑色，有光泽，密被黑色长毛；足黑色。唇基表面密布刻点及长柔毛。触角鳃片部略长于第 2–7 节长度之和。前胸背板长胜于宽，侧缘圆，前角近直角，后角钝，后缘略圆；盘区密布刻点和柔毛。小盾片略长于宽，表面具刻点。鞘翅略宽于前胸背板，端部略窄；鞘翅表面具刻点行，行距平。前足胫节具 2 尖齿，内缘具 1 长距。该种与短毛斑金龟 *Lasiotrichius succinctus* 较为相似。

分布：浙江、四川。

（1080）图纳毛斑金龟 *Lasiotrichius turnai* Krajčík, 2011

Lasiotrichius turnai Krajčík, 2011: 77.

主要特征：体长 8.0–8.3 mm，宽 5.0 mm。体背黑色，鞘翅暗褐色，横斑褐色，体表密被白色、淡黄色和棕色颇长毛；腹面黑色，密被浅黄色长毛；臀板黑色，有光泽，密被黑色长毛；足黑色，前足胫节具 2 尖齿。触角鳃片部短于第 2–7 节长度之和。该种与短毛斑金龟 *Lasiotrichius succinctus* 和四川毛斑金龟 *Lasiotrichius sichuanicus* 极为相似。

分布：浙江、湖北、福建。

（1081）短毛斑金龟花野亚种 *Lasiotrichius succinctus hananoi* (Sawada, 1943)（图版 IV-165）

Trichius succinctus hananoi Sawada, 1943: 6.

主要特征：体长 7.1–9.9 mm，宽 3.0–3.9 mm。体黑色。头部密被刻点和黄色与黑色交杂的直立绒毛；唇基长形，前缘圆滑，具中凹，侧缘微微外扩；额区微微隆拱；眼眦短粗；触角棕黄色，鳃片部长大，长度约等于第 2–7 节之和。前胸背板圆隆，密被刻点及黄色和黑色交杂的长绒毛。前胸背板前角不突出，较圆钝，侧缘弧形，无边框，后缘圆弧形。小盾片长三角形，末端圆钝，具刻点及长绒毛。鞘翅棕色，密被黄色绒毛，鞘翅短宽，肩后无弯凹，鞘翅外缘中部明显外扩，缝角不突出。鞘翅上具有 3 条深棕色的横条带，各条带上绒毛颜色为黑色。前臀板较窄，密被黄色的长绒毛，臀板长三角形，端部微微隆起，密被黑色长绒毛。腹面均被有浓密的黄色绒毛。足细长，前足胫节外缘具 2 齿，各足腿节与胫节均被有浓密的黄色绒毛，中、后足胫节外侧各具 1 个隆突；跗节细长，爪微微弯曲。

分布：浙江（杭州）、陕西、甘肃、四川。

428. 环斑金龟属 *Paratrichius* Janson, 1881

Paratrichius Janson, 1881: 610. Type species: *Paratrichius longicornis* Janson, 1881.

主要特征：体长 7.9–17.0 mm。体多为黑色或砖红色，其上具有不同颜色及形状的斑纹。唇基近矩形，前缘向上折翘，两侧无边框，向外斜扩。前胸背板圆弧形，其上被有不规则的绒斑。小盾片较小，末端圆钝。鞘翅狭长，肩后无弯凹，鞘翅外缘中部明显外扩，缝角不突出，其上被有不规则的绒斑。臀板三角形，末端浑圆。前足胫节外缘具 2 齿，跗节细长，后足跗节长于前、中足跗节，爪微微弯曲。

分布：东洋区。世界已知约 70 种，中国记录 27 种，浙江分布 1 种。

（1082）小黑环斑金龟 *Paratrichius septemdecimguttatus* (Snellen van Vollenhoven, 1864)（图版 IV-166）

Trichius septemdecimguttatus Snellen van Vollenhoven, 1864: 159.

主要特征：体长 7.9–11.3 mm，宽 3.3–3.4 mm。体黑色。头部密被刻点，唇基短宽，粗糙，密被刻点。唇基中央内陷，前缘上卷，具浅中凹，侧缘微微外扩；额区隆拱，密被刻点；眼眦细长；触角棕黄色，鳃片部长大，约等于其他各节总长的 2.0 倍。前胸背板圆隆，密被刻点；前胸背板前角突出，较圆钝，周围散布白色短绒毛，侧缘弧形，具窄边框，后缘圆弧形；盘区具有 6 个浅黄色的小绒斑（雌性无），分别位于中央两侧、两侧缘及后缘中部。小盾片短小，末端圆钝，散布刻点和小绒毛。鞘翅狭长，肩后无弯凹，鞘翅外缘中部明显外扩，缝角不突出。鞘翅上分布着 7–9 对浅黄色斑纹，分别位于靠近小盾片两侧、靠近鞘翅基部 1/5 处、靠近鞘翅基部 1/3 及 2/3 处及鞘翅 1/2 处。臀板三角形，雄性较长，微微隆起，雌性短宽，较扁平，臀板左右各有 1 个黄色的大绒斑。腹面（除后胸腹板和腹部末节及各节侧缘外）均被有黄色绒毛层。足细长，前足胫节外缘具 2 齿，雄性较窄，齿钝，雌性较宽，齿较大而锋利；中、后足胫节外侧各具 1 个隆突；跗节细长，后足跗节长于前、中足跗节，爪微微弯曲。

分布：浙江（杭州）、湖北、福建。

429. 毛弯腿金龟属 *Dasyvalgus* Kolbe, 1904

Dasyvalgus Kolbe, 1904: 34. Type species: *Valgus vethi* Ritsema, 1879.

主要特征：体长 5.0–6.0 mm，体表均被有厚重的鳞毛。颜色多为棕色或黑色。唇基狭长，多呈六边形，前缘弧形，或具中凹。前胸背板近梯形，基部最宽，两侧边缘锯齿状。小盾片近三角形，末端圆钝。鞘翅短宽，肩后缘无弯凹，肩突和后突具有鳞毛簇。前臀板外露，后缘中央具有 1 对鳞毛簇，最末 1 对气孔强烈突出。臀板三角形，时而圆隆，后缘具有 1 鳞毛簇。前足胫节外缘具 5–6 齿，跗节细长，后足跗节第 1 节是第 2 节的 2.0 倍，爪简单。

分布：东洋区。世界已知约 130 种，中国记录 22 种，浙江分布 1 种。

（1083）臀带毛弯腿金龟 *Dasyvalgus sommershofi* Endrödi, 1952

Dasyvalgus sommershofi Endröi, 1952: 67.

主要特征：体长 5.0–5.4 mm，宽 1.3–1.5 mm。体棕红色。唇基表面具圆形刻点及黄色小绒毛，唇基呈六边形，前缘弧形，中部具有浅凹陷；额区密被黄色鳞毛，中央具 1 个圆形的突起；眼眦短宽，被同样的鳞毛。前胸背板近梯形，前缘尖角突出，侧缘锯齿状，具有 1 对平行的中脊和 1 对短小的侧脊；前胸背板密被浅黄色鳞毛，中脊末端具 1 对浅黄色并直立的鳞毛簇，前胸背板近后缘处具有 4 个直立的鳞毛簇。小盾片较小，末端尖锐。鞘翅短宽，稀疏地被有浅黄色鳞毛，中央具 1 对由黑色鳞毛形成的斑纹，肩角及后缘各有 1 对由黑色和黄色鳞毛形成的鳞毛簇。前臀板及臀板密被圆形刻点和直立的黄色鳞毛，中部具有 1 条由白色鳞毛所形成的纵条带，前臀板后缘具 1 对直立的黄色鳞毛簇。腹面除各腹节侧缘及第 6 可见腹板光滑之外，均被有黄色鳞毛。前足胫节外缘具 5 齿，第 1 和 3 齿较大，第 2、4、5 齿较小；中、后足胫节被有浅黄色鳞毛，且具中隆突，后足跗节第 1 节是第 2 节的 2.0 倍，爪简单。

分布：浙江（杭州）、江西、福建、广东、云南。

430. 驼弯腿金龟属 *Hybovalgus* Kolbe, 1904

Hybovalgus Kolbe, 1904: 24. Type species: *Hybovalgus bioculatus* Kolbe, 1904.

Excisivalgus Endrödi, 1952: 62. Type species: *Excisivalgus klapperichi* Endrödi, 1952.

主要特征：体长 5.5–11.0 mm。体黑色或棕红色。体表密被鳞毛。唇基狭长，表面密被刻点及黄色短绒毛，前缘弧形，中央具深凹陷，侧缘向外斜扩；额区扁平；眼眦细长，密被黄色绒毛；触角 10 节，鳃片部长大。前胸背板狭长，远窄于鞘翅，前胸背板前角尖锐，向前突出，侧缘波浪状，后角不突出，后缘圆弧形；前胸背板具 2 条平行的纵脊，长度短于前胸背板长度之半，前胸背板表面密被鳞毛。小盾片狭长，末端圆钝，表面密被鳞毛。鞘翅短宽，肩后无弯凹，鞘翅中部最宽，缝角不突出；鞘翅表面密被刻点及 5 列刻点列，其中第 2 间隔列的宽度是第 1 间隔列的 2.0 倍；鞘翅表面被有不同颜色的鳞毛。前臀板宽大，最末 1 对气孔微突出；表面密被刻点及鳞毛，后缘具 1 对突出的鳞毛簇。臀板三角形，表面密被刻点及鳞毛，端部或具 1 个突出的鳞毛簇。中胸腹突不突出，腹面通常被有鳞毛，第 5 腹节宽大，约为其他各腹节宽度的 2.0 倍。足细长，前足胫节外缘具 5–6 齿，中、后足胫节外缘各具 1 个中隆突；爪小、弯曲。

分布：古北区、东洋区。世界已知 10 种，中国均有记录，浙江分布 3 种。

分种检索表

1. 前胸背板无黄色鳞毛层，仅具稀疏的黑色鳞毛……**弧斑驼弯腿金龟 *H. tonkinensis***
- 前胸背板密被黄色鳞毛层……2
2. 前胸背板近椭圆形，侧脊近无；末腹节被橘黄色鳞片，中央稀疏，两侧密……**浅色驼弯腿金龟 *H. fraternus***
- 前胸背板近梯形，具侧脊；末腹节全密被棕黄色鳞片……**西藏驼弯腿金龟 *H. thibetanus***

（1084）浅色驼弯腿金龟 *Hybovalgus fraternus* Moser, 1915（图版 IV-167）

Hybovalgus fraternus Moser, 1915b: 603.

Excisivalgus csikii Endrödi, 1952: 63.

主要特征：体长 5.5–7.5 mm，宽 3.5–4.5 mm。体棕黄色，体表密被浅黄色和黄色鳞毛。唇基狭长，表面密被刻点及黄色短绒毛，前缘弧形，中央具深凹陷，侧缘向外斜扩；额区扁平，眼眦细长，密被黄色绒毛；触角鳃片部长大，长度略大于其他各节之和。前胸背板近椭圆形，狭长，远窄于鞘翅，前胸背板前角尖锐，向前突出，侧缘波浪状，后角不突出，后缘圆弧形；前胸背板具 2 条平行的纵脊，长度约为前胸背板长度的 0.8 倍，侧面的脊不明晰；前胸背板表面被浅黄色鳞毛。小盾片狭长，末端圆钝，表面被鳞毛。鞘翅短宽，肩后无弯凹，鞘翅中部最宽，缝角不突出；鞘翅表面密被刻点，表面被有鳞毛，中央为橘黄色和白色，且伴有 2 对一前一后由黑色鳞毛形成的斑块，前方 1 对较小，后面 1 对较大。前臀板宽大，最末 1 对气孔微突出；表面密被刻点及橘黄色或白色鳞毛，后缘具 1 对突出的鳞毛簇。臀板三角形，表面密被刻点及浅黄色或白色鳞毛，端部具 1 个突出的鳞毛簇。足细长，前足胫节外缘具 5 齿，中、后足胫节外缘各具 1 个中隆突；爪小、弯曲。

分布：浙江（安吉）、江西、湖南、福建、广西、四川、贵州；越南，老挝。

（1085）西藏驼弯腿金龟 *Hybovalgus thibetanus* (Nonfried, 1891)（图版 IV-168）

Valgus thibetanus Nonfried, 1891: 372.

Hybovalgus yunnanus Moser, 1906: 403.

Hybovalgus thibetanus: Ricchiardi & Li, 2017: 3.

主要特征：体长 6.5–8.7 mm，宽 3.6–4.3 mm。体棕红色，体表密被棕黄色及黑色鳞毛。唇基较短，表面密被刻点及黄色短绒毛，前缘弧形，中央具浅凹陷，侧缘向外斜扩；额区扁平，密被直立的长绒毛；眼眦细长，密被黄色绒毛；触角鳃片部长大，长度略大于其他各节之和。前胸背板狭长，远窄于鞘翅，前胸背板前角尖锐，向前突出，侧缘波浪状，后角不突出，后缘圆弧形；前胸背板具 2 条平行的纵脊，长度约为前胸背板长度的 0.63 倍；前胸背板表面密被厚重的棕黄色鳞毛层。小盾片狭长，末端圆钝，表面密被鳞毛。鞘翅短宽，肩后无弯凹，鞘翅中部最宽，缝角不突出；鞘翅表面密被刻点，中央及后缘具 2 对黑色鳞毛形成的斑块，肩部及鞘翅后缘各具 1 对鳞毛簇。前臀板宽大，最末 1 对气孔微突出；表面密被刻点及棕黄色鳞毛，后缘具 1 对突出的鳞毛簇。臀板三角形，表面密被刻点及棕黄色鳞毛，端部具 1 个突出的鳞毛簇。中胸腹突不突出，腹面被有橘黄色的鳞毛，第 5 腹节宽大，约为其他各腹节宽度的 2.0 倍。足细长，前足胫节外缘具 5 齿，第 4 齿较小且钝，中、后足胫节外缘各具 1 个中隆突；爪小、弯曲。

分布：浙江（莫干山）、山西、山东、陕西、甘肃、江苏、湖北、江西、四川、云南、西藏；越南。

（1086）弧斑驼弯腿金龟 *Hybovalgus tonkinensis* Moser, 1904（图版 IV-169）

Hybovalgus tonkinensis Moser, 1904: 272.

Excisivalgus klapperichi Endrödi, 1952: 63.

主要特征：体长 8.6–11.0 mm，宽 4.7–5.5 mm。体黑色或棕红色，体表密被鳞毛。唇基狭长，表面密被刻点及黄色短绒毛，前缘弧形，中央具深凹陷，侧缘向外斜扩；额区扁平；眼眦短粗，密被黄色绒毛；触角鳃片部长大，长度略短于其他各节之和。前胸背板狭长，远窄于鞘翅，前胸背板前角尖锐，向前突出，侧缘波浪状，雄性后角不突出，雌性后角强烈向后延伸，并被有浓密的鳞毛，后缘圆弧形。前胸背板具 2 条平行的纵脊，长度约为前胸背板长度的 0.46 倍，两侧具 2 条短小的侧脊。前胸背板表面密被粗糙刻点，中央两侧及后缘具凹陷。前胸背板表面被稀疏的黑色鳞毛，并具 6 个鳞毛簇，其中 2 个位于纵脊的末端，其余 4 个平行地分布在前胸背板的后缘。小盾片狭长，末端圆钝，表面密被刻点及鳞毛。鞘翅短宽，肩后无弯凹，鞘翅中部最宽，缝角不突出。鞘翅表面密被刻点及 5 条刻点列，其中从翅缝起计数，第 2 间隔列的宽度是第 1 间隔列的 2.0 倍。鞘翅表面被有鳞毛，小盾片两侧及鞘翅中央为浅黄色鳞毛，另具 2 对一前一后由黑色鳞毛形成的斑块，前方 1 对较小，后面 1 对较大。肩突和后突处各有 1 个由黑色和黄色鳞毛形成的鳞毛簇。前臀板宽大，最末 1 对气孔微突出；表面密被刻点及黄色或黑色鳞毛，后缘具 1 对突出的鳞毛簇。臀板三角形，表面密被圆形刻点及黄色或黑色鳞毛，端部具 1 个突出的鳞毛簇。中胸腹突不突出，腹面被粗糙的刻点及散布零星的黄色鳞毛，第 5 腹节宽大，约为其他各腹节宽度的 2.0 倍。足细长，前足胫节外缘具 5 齿；中、后足胫节外缘各具 1 个中隆突；爪小、弯曲。

分布：浙江（杭州）、甘肃、江西、湖南、福建、海南、广西、四川、贵州；越南。

431. 山弯腿金龟属 *Oreoderus* Burmeister, 1842

Oreoderus Burmeister, 1842: 726. Type species: *Valgus argillaceus* Hope, 1842.

主要特征：体长 7.0–11.0 mm。体棕色或黑色，全身密被鳞毛。唇基宽大，前缘弧形或横直，表面被有直立的黄色刚毛，侧缘向下斜扩，额区密被鳞毛。眼眦短粗，密被相同的鳞毛。触角 10 节，鳃片部粗壮。前胸背板基部最宽，侧缘波浪形，表面密被粗糙的刻点及厚重的鳞毛。前胸背板具 4 条纵脊，即中央的 2 条纵脊，侧缘 2 条侧脊，脊的长度在种间具差别。小盾片长三角形，末端圆钝，被有鳞毛。前臀板宽大，表面具有倒伏的鳞毛，气孔不突出。臀板三角形，刻点圆形粗糙，具厚重的倒伏鳞毛。腹面密被粗糙的刻点和厚重的鳞毛。第 5 腹节的长度约为第 4 腹节长度的 2.0 倍。足细长，除前足胫节外均被有卵圆形鳞毛；前足胫节外缘具 2–3 齿；中、后足胫节外缘分别具 1 中隆突或具浓密的鳞毛刷，跗节具小刚毛。

分布：东洋区。世界已知 29 种，中国记录 8 种，浙江分布 1 种。

（1087）短跗山弯腿金龟 *Oreoderus brevitarsus* Li *et* Yang, 2016（图版 IV-170）

Oreoderus brevitarsus Li *et* Yang, 2016: 75.

主要特征：体长 8.2 mm，宽 3.9 mm。体浅棕色至棕色。唇基前缘圆，侧缘微斜扩，表面被有直立的黄色刚毛，额区密被刻点及鳞毛；眼眦短粗，密被相同的鳞毛；触角 10 节，鳃片部长于第 2–7 节之和。前胸背板基部最宽，侧缘波浪形，表面密被长圆形鳞毛。前胸背板具 4 条纵脊，中央的 2 条纵脊锋利，高高突起，长度约为前胸背板长度的 1/2，侧脊较短，不与侧缘相连接。小盾片三角形，末端圆钝，被有鳞毛。鞘翅具有成排的刻点行，密被短鳞毛。前臀板表前缘光滑，刻点稀疏，后缘密被粗糙刻点及鳞毛，气孔中等突出。臀板三角形，刻点粗糙，具厚重的倒伏鳞毛。腹面密被粗糙的刻点和厚重的鳞毛。第 5 腹节中央光滑，长度约为第 4 腹节长度的 2.0 倍。足细长，除前足胫节外均被有卵圆形鳞毛；前足胫节外缘具 2 齿；中、后足胫节外缘具浓密的鳞毛刷，跗节具小刚毛。

雌性：体长 7.5–10.4 mm，宽 3.5–4.7 mm。前胸背板更宽阔，中脊较短，长度约为前胸背板长度的 1/3。前臀板较长，臀板末端具 1 个锋利的尾刺。第 5 腹节更宽，前足胫节较短，内缘具浓密的鳞毛刷，中、后足胫节内外缘均具浓密的鳞毛刷。

分布：浙江（古田山、千岛湖）、福建、云南。

V. 沼甲总科 Scirtoidea

在鞘翅目分类系统中，沼甲总科 Scirtoidea 通常分为 4 科，即沼甲科 Scirtidae、扁腿甲科 Eucinetidae、微甲科 Clambidae 和衰甲科 Decliniidae，中国除衰甲科外其他 3 科均有记录，浙江仅记录沼甲科 1 种。

二十二、沼甲科 Scirtidae

主要特征：体长 1.5–12.0 mm，体卵圆形到狭长形，体通常被细柔毛。头部适当至强烈下弯，有时隐藏于前胸背板之下，后方不突然收缩。触角 11 节，通常丝状，也有锯齿状或梳状。前胸背板横宽，长是宽的 0.2–0.85 倍，侧脊完整，无中纵沟或线。鞘翅长为宽的 0.8–3.6 倍，宽于前胸背板，具不规则刻点或无刻点，小盾片发达。跗式 5-5-5 式，第 4 跗节分叶。腹部可见腹板 5 节。

生物学：成虫常在近水植物上活动，有些种类有趋光性，幼虫常发现于水中。

分布：世界广布。世界已知 60 余属约 1600 种，中国记录 11 属 56 种，浙江分布 1 属 1 种。

432. 水沼甲属 *Hydrocyphon* Redtenbacher, 1858

Hydrocyphon Redtenbacher, 1858: 519. Type species: *Cyphon deflexicollis* P. W. J. Müller, 1821.

主要特征：小型，体长 2.0–3.0 mm，体表密布细刚毛。头向腹面弯折，基部被前胸背板覆盖。触角丝状，第 1–2 节卵圆形，第 3 节最小，长度为第 2 节之半。前胸背板横宽，近梯形，背面稍隆起，前、后角圆弧形，后缘长于前缘，向后强烈弯曲。小盾片三角形，由背面可见。前胸腹突较短，端部圆形；中胸腹板前缘深凹。鞘翅卵圆形至长卵形，背面隆起。足通常细长；后足腿节非特化。腹部第 8 背板强烈骨质化，具 1 对内突；第 8 腹板弱骨质化，三角形，具 1 对狭长突起。阳茎对称或非对称，基囊发达，具 1 对发达的侧叶。

生物学：成虫常见于河流岸边或溪流边，幼虫常见于河流或小溪中。

分布：古北区、东洋区。世界已知 100 余种，中国记录 16 种，浙江分布 1 种。

（1088）李氏水沼甲 *Hydrocyphon lii* Yoshitomi *et* Klausnitzer, 2003（图 4-V-1）

Hydrocyphon lii Yoshitomi *et* Klausnitzer, 2003: 524.

主要特征：体长约 2.0 mm，卵圆形，深棕色，身体密被黄白色短毛。头宽而扁平，复眼间距离约为复眼直径的 2.8 倍。前胸背板两侧略扁平，前缘平直，宽是长的 2.18 倍。鞘翅卵圆形，背面隆起，长度是宽度的 1.31 倍，是前胸背板长度的 4.03 倍。雄性第 8 背板后缘具短刺，腹部第 8 腹板后缘深凹；阳茎瘦长，侧叶不对称。

分布：浙江（临安）。

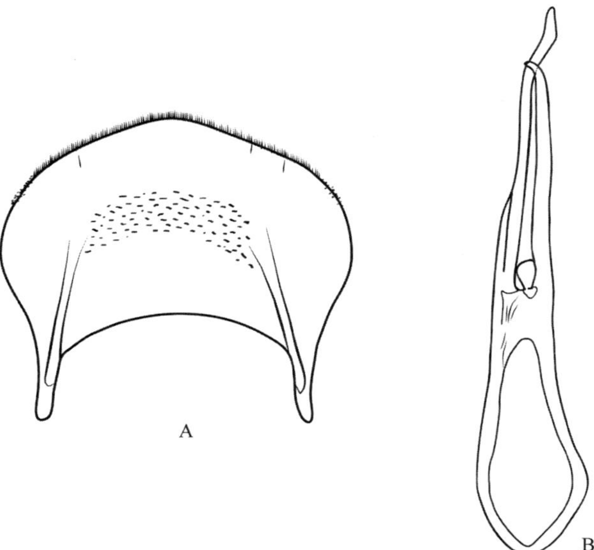

图 4-V-1　李氏水沼甲 *Hydrocyphon lii* Yoshitomi *et* Klausnitzer, 2003（仿自 Yoshitomi and Klausnitzer，2003）
A. 雄性第 8 背板；B. 阳茎（腹面观）

主要参考文献

贾凤龙, 蒲蛰龙. 1997. [新阶元]. 见: 贾凤龙, 吴武, 蒲蛰龙. 我国刺鞘牙甲属四新种(鞘翅目: 牙甲科). 昆虫学报, 40(2): 189-194.

李景科. 1992. 中国东北甲虫志. 吉林: 吉林教育出版社, 205.

李景科. 1993. 中国东北的隐翅虫类. 1-63. 见: 李景科, 陈鹏. 土壤动物区系生态地理研究. 长春: 东北师范大学出版社, ii+265.

李利珍. 1999. 中国长角隐翅虫属一新种记述. 197-199. 见: 中国动物学会. 中国动物科学研究. 北京: 中国林业出版社, 1238.

李利珍, 汤亮, 朱礼龙. 2007. 隐翅虫科. 见: 李子忠, 杨茂发, 金道超. 雷公山景观昆虫. 贵阳: 贵州科技出版社, 759.

梁红斌, 刘漪舟. 2018. 步甲科. 4-39. 见: 杨星科. 天目山动物(第六卷). 杭州: 浙江大学出版社, 266 pp. +38 pls.

林平. 1993. 中国彩丽金龟属志. 广东: 中山大学出版社, 106 pp.

林平. 2002. 丽金龟科. 387-427. 见: 黄邦侃. 福建昆虫志. 第六卷. 福州: 福建科学技术出版社, 894.

刘静, 曹玉言, 万霞. 2019. 鞘翅目: 锹甲科. 见: 吴鸿, 王义平, 杨星科, 等. 天目山动物志. 第六卷. 杭州: 浙江大学出版社, 111-128.

马文珍. 1992. 花金龟科、斑金龟科、弯腿金龟科. 437-457. 见: 湖南省林业厅. 湖南森林昆虫图鉴. 长沙: 湖南科学技术出版社, 1473.

马文珍. 1993. 鞘翅目: 花金龟科、斑金龟科、弯腿金龟科. 284-288. 见: 黄复生. 西南武陵山地区昆虫. 北京: 科学出版社, 777.

吴武, 蒲蛰龙. 1995. [新阶元]. 见: 贾凤龙, 吴武, 蒲蛰龙. 中国梭腹牙甲属的研究(鞘翅目: 牙甲科). 中山大学学报论丛, 2: 124-130.

谢为平, 虞佩玉. 1991. 中国偏须步甲族昆虫的分类研究(鞘翅目: 步行虫科). 动物进化与系统学论文集, 1: 151-172.

杨集昆. 1995. 鞘翅目: 铠甲科. 218-219. 见: 吴鸿. 华东百山祖昆虫. 北京: 中国林业出版社, 586 pp.

郑发科. 1993. 川、滇束毛隐翅虫属初记. 昆虫学报, 36(2): 198-206.

郑发科. 1995. 中国直缝隐翅虫属的新种与新纪录(鞘翅目: 隐翅虫科 胸片隐翅虫亚科). 昆虫学报, 38(3): 340-346.

郑发科. 2001a. 隐翅虫科. 见: 吴鸿, 潘承文. 天目山昆虫. 北京: 科学出版社, 764 pp.

郑发科. 2001b. 中国颊脊隐翅虫属一新亚种(鞘翅目: 隐翅虫科, 隐翅虫亚科). 四川师范学院学报(自然科学版), 22(4): 326-328.

Abdullah M, Qadri N N. 1968. *Neobledius karachiensis*, a new genus and species of the Oxytelinae (Coleoptera: Staphylinidae) from West Pakistan. Pakistan Journal of Scientific and Industrial Research, 11: 394-395.

Abeille de Perrin E. 1901. Nouvelles espèces de Coléoptères français. L'Échange, 17: 59-62.

Acciavatti R E, Pearson D L. 1989. The tiger beetles genus *Cicindela* (Coleoptera, Insecta) from the Indian subcontinent. Annals of Carnegie Museum, 58(4): 77-353.

Achard J. 1920a. Notes sur les Scaphidiidae de la faune indo-malaise. Annales de la Société Entomologique de Belgique, 60: 123-136.

Achard J. 1920b. Synopsis des *Scaphidium* (Col. Scaphidiidae) de l'Indo-Chine et du Yunnan. Bulletin de la Société Entomologique de France, 1920: 209-212.

Achard J. 1923. Révision des Scaphidiidae de la faune japonaise. Fragments Entomologiques (Prague), 1923: 94-120.

Achard J. 1924a. Essai dune subdivision nouvelle de la famille des Scaphidiidae. Annales de la Société Entomologique de Belgique, 64: 25-31.

Achard J. 1924b. Descriptions de trois variétés nouvelles du genre *Scaphidiolum* Achard (Col. Scaphidiidae). Sborník Entomologického Oddělení Národního Músea v Praze, 2: 91.

Ádám L. 1993. Haliplidae, Gyrinidae, Noteridae, Dytiscidae, Laccophilidae and Hydroporidae (Coleoptera) of the Bükk National Park. 77-87. *In:* Mahunka S. Natural History of the National Parks of Hungary. 7. The Fauna of the Bükk National Park. Vol. 1. Budapest:

Magyar Természettudományi Múzeum, 456 pp.

Ádám L. 1996. Staphylinidae (Coleoptera) of the Bükk National Park. 231-258. *In:* Mahunka S. The Fauna of the Bükk National Park. Budapest: Hungarian Natural History Museum, 665 pp.

Agassiz J L R. 1846. Nomenclatoris zoologici index universalis, continens nomina systematica classium, ordinum, familiarum et generum omnium, tam viventium quam fossilium, secundum ordinem alphabeticum unicum disposita, adjectis homonymiis plantarum, nec non variis adnotationibus et emendationibus. Soloduri: Jent et Gassmann, viii+393 pp.

Ahrens D. 1996. Revision der Sericini des Himalaya und angrenzender Gebiete. Die Gattungen *Lasioserica* Brenske, 1896 und *Gynaecoserica* Brenske, 1896 (Coleoptera, Scarabaeoidea). Schwanfelder Coleopterologische Mitteilungen, 16: 1-48.

Ahrens D. 2000. Synopsis der Gattung *Gastroserica* Brenske, 1897 des ostasiatischen Festlandes (Coleoptera: Melolonthidae: Sericini). Entomologische Abhandlungen des Staatlichen Museums für Tierkunde Dresden, 59: 73-121.

Ahrens D. 2002. Notes on distribution and synonymy of sericid beetles of Taiwan, with descriptions of new species (Coleoptera, Scarabaeoidea: Melolonthidae). Annales Historico-Naturales Musei Nationalis Hungarici, 94: 53-91.

Ahrens D. 2003. Zur Identität der Gattung *Neoserica* Brenske, 1894, nebst Beschreibung neuer Arten (Coleoptera, Melolonthidae, Sericini). Koleopterologische Rundschau, 73: 169-226.

Ahrens D. 2006. Cladistic analysis of *Maladera* (*Omaladera*): implications on taxonomy, evolution and biogeography of the Himalayan species (Coleoptera: Scarabaeidae: Sericini). Organisms Diversity et Evolution, 6(1): 1-16.

Ahrens D. 2007a. Taxonomic changes and an updated catalogue for the Palaearctic Sericini (Coleoptera: Scarabaeidae: Melolonthinae). Zootaxa, 1504: 1-51.

Ahrens D. 2007b. Beetle evolution in the Asian highlands: insight from a phylogeny of the scarabaeid subgenus *Serica* (Coleoptera, Scarabaeidae). Systematic Entomology, 32(3): 450-476.

Ahrens D, Fabrizi S, Liu W-G. 2017. [new taxa]. *In:* Liu W-G, Fabrizi S, Bai M, Yang X-K, Ahrens D. New species of *Nipponoserica* and *Paraserica* from China (Coleoptera: Scarabaeidae: Sericini). ZooKeys, 721: 65-91.

Ahrens D, Fabrizi S, Liu W-G. 2019. [new taxa]. *In:* Liu W-G, Fabrizi S, Bai M, Yang X-K, Ahrens D. A taxonomic revision of Chinese *Neoserica* (*sensu lato*): final part (Coleoptera: Scarabaeidae: Sericini). Bonn Zoological Bulletin, Supplement, 64: 1-71.

Ahrens D, Liu W-G, Fabrizi S, Bai M, Yang X-K. 2014. A taxonomic review of the *Neoserica* (*sensu lato*) *abnormis* group (Coleoptera, Scarabaeidae, Sericini). ZooKeys, 439: 27-82.

Albers G. 1886. Ein neuer Lucanide, Eurytrachelus consentaneus von Peking und Odontolabis inaequalis Kaup. Deutsche Entomologische Zeitschrift, 30(1): 27-28.

Allibert A. 1847. Note sur divers insectes Coléoptères trouvés dans des graines de légumineuses rapportées de Canton par Yvan, médicin de l'ambassade française en Chine, et sur quelques autres espèces qui ont vécu dans des haricots venant du Brésil. Revue et Magasin de Zoologie Pure et Appliquée, 10: 11-19.

Andrewes H E. 1923a. On the types of Carabidae described by Schmidt-Göbel in his Faunula Coleopterorum Birmaniae. The Transactions of the Entomological Society of London, 1923: 1-63.

Andrewes H E. 1923b. Papers on oriental Carabidae-X. The Annals and Magazine of Natural History, 12(9): 212-223.

Andrewes H E. 1925. A revision of oriental species of genus *Tachys*. Annali del Museo Civico di Storia Naturale "Giacomo Doria", 51: 327-502, pls. III, IV.

Angelini F, Cooter J. 1998. New species of Agathidiini Westwood (Coleoptera: Leiodidae, Leiodinae) from China. Entomologist's Gazette, 49: 131-137.

Angelini F, Cooter J. 1999. The Agathidiini of China with descriptions of twelve new species of *Agathidium* Panzer (Coleoptera: Leiodidae). Oriental Insects, 33(1): 187-232.

Araya K, Yoshitomi H. 2003. Discovery of the lucanid genus *Aesalus* in the Indochina Realm, with description of a new species. Special Bulletin of the Japanese Society of Coleopterology, 6: 189-199.

Arrow G J. 1899. On sexual dimorphism in beetles of the family Rutelidae. Transactions of the Entomological Society of London, 1899: 255-269.

Arrow G J. 1907. Some new species and genera of Lamellicorn Coleoptera from Indian empire. The Annals and Magazine of Natural History, 19(112): 416-439.

Arrow G J. 1908a. On some new species of the coleopterous genus *Mimela*. The Annals and Magazine of Natural History, 1(3): 241-248.

Arrow G J. 1908b. A contribution to the classification of the coleopterous family Dynastidae. Transactions of the Entomological Society of London, 56: 321-358.

Arrow G J. 1910. The Fauna of British India, Including Ceylon and Burma. Coleoptera Lamellicornia (Cetoniinae and Dynastinae). London: Taylor and Francis, xiv+322 pp., pls. 2.

Arrow G J. 1913a. Notes on the lamellicorn genus *Popillia* and description of some new Oriental species in the British Museum. The Annals and Magazine of Natural History, 12(67): 38-54.

Arrow G J. 1913b. Notes on the lamellicorn Coleoptera of Japan and description of a few new species. The Annals and Magazine of Natural History, 12(8): 394-408.

Arrow G J. 1917. The Fauna of British India, Including Ceylon and Burma. Coleoptera Lamellicornia part II (Rutelinae, Desmonycinae, and Euchirinae). London: Taylor and Francis, 387 pp., pls. 5.

Arrow G J. 1931. The Fauna of British India, Including Ceylon and Burma. Coleoptera Lamellicornia. Part III (Coprinae). London: Taylor and Francis, xii+428 pp.

Arrow G J. 1943. On the genera and nomenclature of the lucanid Coleoptera, and descriptions of a few new species. Proceedings of the Royal Entomological Society of London (B), 12(9-10): 133-143.

Arrow G J. 1944. Systematic notes on melolonthine beetles belonging to *Holotrichia* (Col.: Melolonthinae) and related genera. The Annals and Magazine of Natural History, 11(11): 631-648.

Arrow G J. 1946. Notes on *Aserica* and some related genera of melolonthine beetles, with descriptions of a new species and two new genera. The Annals and Magazine of Natural History, 11(13): 264-283.

Assing V. 1999. A revision of *Othius* Stephens, 1829. VII. The species of the Eastern Palaearctic region east of the Himalayas. Beiträge zur Entomologie, 49: 3-96.

Assing V. 2006. A revision of *Porocallus* Sharp. new synonyms and new species (Insecta: Coleoptera: Staphylinidae: Aleocharinae: Oxypodini). Bonner Zoologische Beiträge, 54(3): 97-102.

Assing V. 2008a. A revision of Othiini XVI. Four new species of *Othius* Stephens from the Himalaya and China, and additional records (Coleoptera: Staphylinidae, Staphylininae). Koleopterologische Rundschau, 78: 245-263.

Assing V. 2008b. On the taxonomy and zoogeography of some Palaearctic Paederinae and Xantholinini (Coleoptera: Staphylinidae). Linzer Biologische Beiträge, 40(2): 1237-1294.

Assing V. 2009. New species and additional records of Lomechusini from the Palaearctic region (Coleoptera: Staphylinidae: Aleocharinae). Stuttgarter Beiträge zur Naturkunde A, Neue Serie, 2: 201-226.

Assing V. 2010. A revision of *Amarochara* of the Holarctic region. IV. Three new species from China, a new synonymy, additional records, and an updated key to species (Coleoptera: Staphylinidae: Aleocharinae: Oxypodini). Linzer Biologische Beiträge, 42(2): 1139-1154.

Assing V. 2011a. *Luzea* and *Pseudomedon* in the Eastern Palaearctic region, with additional records from the West Palaearctic (Coleoptera: Staphylinidae: Paederinae). Linzer Biologische Beiträge, 43(1): 245-252.

Assing V. 2011b. Six new species and additional records of Aleocharinae from China (Coleoptera: Staphylinidae: Aleocharinae). Linzer Biologische Beiträge, 43(1): 291-310.

Assing V. 2011c. A revision of *Panscopaeus* (Coleoptera: Staphylinidae: Paederinae). Beiträge zur Entomologie, 61(2): 389-411.

Assing V. 2012a. A revision of the East Palaearctic *Lobrathium* (Coleoptera: Staphylinidae: Paederinae). Bonn Zoological Bulletin, 61(1): 49-128.

Assing V. 2012b. The *Rugilus* species of the Palaearctic and Oriental regions (Coleoptera: Staphylinidae: Paederinae). Stuttgarter Beiträge zur Naturkunde A, Neue Serie, 5: 115-190.

Assing V. 2012c. The *Pseudolathra* species of the East Palaearctic and the Oriental regions (Coleoptera: Staphylinidae: Paederinae). Beiträge zur Entomologie, 62(2): 299-330.

Assing V. 2013a. On the *Lathrobium* fauna of China III. New species and additional records from various provinces (Coleoptera: Staphylinidae: Paederinae). Contributions to Entomology, 63(1): 25-52.

Assing V. 2013b. A revision of Othiini XVIII. Two new species from China and additional records (Coleoptera: Staphylinidae: Staphylininae). Koleopterologische Rundschau, 83: 73-92.

Assing V. 2013c. A revision of Palaearctic *Medon* IX. New species, new synonymies, a new combination, and additional records (Coleoptera: Staphylinidae: Paederinae). Entomologische Blätter und Coleoptera, 109: 233-270.

Assing V. 2013d. The second species of Echiaster from Asia (Coleoptera: Staphylinidae: Paederinae). Linzer Biologische Beiträge, 45(2): 1527-1530.

Assing V. 2015a. New Nomenclatural and taxonomic acts, and comments. Staphylinidae. 16-18. *In:* Löbl I, Löbl D. Catalogue of Palearctic Coleoptera. Volume 2/1 & 2/2. Revised and Updated Edition. Hydrophiloidea-Staphylinoidea. Leiden/Boston: Brill, 1-1702.

Assing V. 2015b. On the *Tetrabothrus* fauna of China (Coleoptera: Staphylinidae: Aleocharinae: Lomechusini). Linzer Biologische Beiträge, 47(1): 127-143.

Assing V. 2019. A revision of the species of '*Blepharhymenus*' of the Palaearctic and Oriental regions (Coleoptera: Staphylinidae: Aleocharinae: Oxypodini). Koleopterologische Rundschau, 89: 29-106.

Assing V, Feldmann B. 2014. On *Domene scabripennis* Rougemont and its close relatives (Coleoptera: Staphylinidae: Paederinae). Linzer Biologische Beiträge, 46(1): 499-514.

Assing V, Peng Z. 2013. [new taxa]. *In:* Assing V. New species and records of *Lathrobium* from China and Nepal (Coleoptera: Staphylinidae: Paederinae). Linzer Biologische Beiträge, 45(2): 1643-1655.

Aubé C. 1838. Species général des hydrocanthares et gyriniens; pour faire suite au species général des coléoptères de la collection de M. le comte Dejean. Paris: Méquignon Père et Fils, xvi+804 pp. [Published 29 September 1838.]

Báguena C L. 1935. Contribución al catálogo de los coleópteros de Valencia. IV. Dytiscidae. Butlleti de la Institució Catalana d'Historia Natural, 35: 82-91.

Bainbridge W. 1842. Observations on *Osmoderma* and some new species of Cetonidae. Transactions of the Entomological Society of London, 3 [1841-1843]: 214-221.

Balfour-Browne J. 1938. A contribution to the study of the Dytiscidae. I. (Coleoptera, Adephaga). The Annals and Magazine of Natural History, (11) 3: 97-114.

Balfour-Browne J. 1944. New names and new synonymies in the Dytiscidae (Col.). The Annals and Magazine of Natural History, 11(11): 345-359.

Balfour-Browne J. 1946. *Microdytes* gen. nov. *dytiscidarum* (Hyphydrini). Journal of the Bombay Natural History Society, 46: 106-108.

Balfour-Browne J. 1947. The Aquatic Coleoptera of Manchuria (Weymarn Collection). The Annals and Magazine of Natural History, (11)13: 433-460.

Baliani A. 1932. Nuove specie asiatiche del genere Amara (Col., Carab.). Memorie della Società Entomologica Italiana, 11: 5-16.

Balthasar V. 1929. Eine neue Europtron-Art aus Spanien. Časopis Československé Společnosti Entomologické, 26: 41-42.

Balthasar V. 1931. Zwei neue Aphodius-Arten. Coleopterologisches Centralblatt, 5: 216-219.

Balthasar V. 1933a. Einige neue Coprophagen aus China. Entomologisches Nachrichtenblatt, 7: 55-68.

Balthasar V. 1933b. Neue Aphodius-Arten aus dem paläarktischen Asien mit Uebersichten der Untergattungen Volinus und Calamosternus. Koleopterologische Rundschau, 19: 139-146.

Balthasar V. 1935. Onthophagus-Arten Chinas, Japans und der angrenzenden Ländern, mit Beschreibung von 14 neuen Arten und einer Unterart. Folia Zoologica et Hydrobiologica, 8: 303-353.

Balthasar V. 1939. Neue Arten der coprophagen Scarabaeiden aus dem Museo Zoologico della R. Università di Firenze. Redia, 25:

1-36.

Balthasar V. 1952. Několik nových druhu čeledi Scarabaeidae z východní Asie. Quelques Scarabaeidae nouveaux de l'Asie orientale (88ème contribution à la connaissance des Scarabaeidae-Col.). Časopis Československé Společnosti Entomologické, 49: 222-228.

Balthasar V. 1958. Eine neue Untergattung und einige neue Arten der Gattung *Copris*. Sborník Entomologického Oddělení Národního Musea v Praze, 32: 471-480.

Balthasar V. 1963. Monographie der Scarabaeidae und Aphodidae der palaearktischen und orientalischen region Coleoptera: Lamelicornia. Band 2. Coprinae (Onitini, Oniticellini, Onthophagini). Prag: Verlag der Tschechoslowakischen Akademie der Wissenschaften, 627 pp., pls. 16.

Balthasar V. 1964. Monographie der Scarabaeidae und Aphodidae der palaearktischen und orientalischen region Aphodiidae. Prag: Verlag der Tchechoslowakische Akademie der Wissenschaften, 3: 1-652.

Bänninger M. 1932. Uber Carabinae, Erganzungen und Berichtigungen (Col.). 17. Beitrag. Deutsche Entomologische Zeitschrift, 1931: 177-212.

Bates H W. 1866. On a collection of Coleoptera from Formosa[①], sent home by R. Swinhoe Esq. H. B. M. Consul Formosa. Proceeding of the Scientific Meetings of the Zoological Society of London, 34: 339-355.

Bates H W. 1868. Notes on genera and species of Copridae. Coleopterologische Hefte, 4: 87-91.

Bates H W. 1872. Notes on Cicindelidae and Carabidae, and descriptions of new species. The Entomologist's Monthly Magazine, 9 [1872-1873]: 49-52.

Bates H W. 1873a. On the geodephagous Coleoptera of Japan. Transactions of the Entomological Society of London, 1873: 219-322.

Bates H W. 1873b. Description of Geodephagous Coleoptera from China. Transactions of the Entomological Society of London, 1873: 323-334.

Bates H W. 1874. New species of Cicindelidae. The Entomologist's Monthly Magazine, 10 [1873-1874]: 261-269.

Bates H W. 1883. Supplement to the geodephagous Coleoptera of Japan, chiefly from the collection of Mr. George Lewis, made during his second visit, from February, 1880, to September, 1881. Transactions of the Entomological Society of London, 1883: 205-290, pl. xiii.

Bates H W. 1888a. On a collection of Coleoptera from Korea (tribes Geodephaga, Lamellicornia, and Longicornia), made by Mr. J. Leech, F.Z.S. Proceedings of the Scientific Meetings of the Zoological Society of London, 26: 367-383.

Bates H W. 1888b. On some new species of Coleoptera from Kiu-Kiang, China. Proceedings of the Scientific Meetings of the Zoological Society of London, 56: 380-383.

Bates H W. 1891. Coleoptera collected by Mr. Pratt on the Upper Yang-Tsze, and on the borders of Tibet. Second Notice. Journey of 1890. The Entomologist (Supplement), 24: 69-80.

Bates H W. 1892. Viaggio di Leonardo Fea in Birmania e regioni vicine. XLIV. List of the Carabidae. Annali del Museo Civico di Storia Naturale di Genova, 32: 267-428.

Baudi di Selve F. 1870. Coleopterorum messis in insula Cypro et Asia minore ab Eugenio Truqui congregatae recensitio: de Europaeis notis quibusdam additis. Pars altera. Berliner Entomologische Zeitschrift, 13 [1869]: 369-418.

Bedel L. 1881. Faune des Coléoptères du bassin de la Seine. Vol. 1. Annales de la Société Entomologique de France, volume hors série: xxiv+360 pp.

Benesh B. 1960. Lucanidae. Coleopterorum Catalogus, Supplementa, 8(2): 1-178.

Benick L. 1914. H. Sauter's Formosa-Ausbeute: Steninae (Col.). Entomologische Mitteilungen, 3: 285-287.

Benick L. 1917. Neuer Beitrag zur Kenntnis der Megalopinen und Steninen. Entomologische Blätter, 13: 189-195, 291-314.

Benick L. 1921. Nomenklatorisches über Steninen (Col., Staph.). Entomologische Mitteilungen, 10: 191-194.

Benick L. 1922. Zwei neue chinesische *Stenus*-Arten, mit einer synonymischen Bemerkung über St. insularis J. Sahlbg. (Col., Staph.).

① 台湾是中国领土的一部分。Formosa（早期西方人对台湾岛的称呼）一般指台湾，具有殖民色彩。本书因引用历史文献不便改动，仍使用 Formosa 一词，但并不代表作者及科学出版社的政治立场。

Entomologische Mitteilungen, 11: 176-178.

Benick L. 1926. Neue Megalopsidiinen und Steninen, vorwiegend aus dem Zoologischen Museum in Hamburg (Col.). Entomologische Mitteilungen, 15: 262-279.

Benick L. 1929. Die *Stenus*-Arten der Philippinen (Col. Staphyl.). Deutsche Entomologische Zeitschrift, 1929: 33-64, 81-112, 241-277.

Benick L. 1940. Ostpaläarktische Steninen (Col. Staph). Mitteilungen der Münchner Entomologischen Gesellschaft, 30: 559-575.

Benick L. 1941. Weitere ostchinesische Steninen (Col. Staph.). Stettiner Entomologische Zeitung, 102: 274-285.

Benick L. 1942. Weitere ostchinesische Steninen (Col. Staph). Stettiner Entomologische Zeitung, 103: 63-79.

Bergroth E. 1884. Bemerkungen zur dritten Auflage des Catalogus Coleopterorum Europae auctoribus L. von Heyden, E. Reitter et J. Weise. Berliner Entomologische Zeitschrift, 28: 225-230.

Berlov E. 1989. Scarabaeidae: Aphodiinae. 387-402. *In:* Ler P A. Opredelitel nasekomykh dalnego Vostoka SSSR v shesti tomakh. Tom III. Zhestkokrylye, ili zhuki. Chast 1. Leningrad: Akademiya Nauk SSSR, 572 pp.

Bernhauer M. 1899. Dritte Folge neuer Staphyliniden aus Europa, nebst synonymischen und anderen Bemerkungen. Verhandlungen der Kaiserlich-Königlichen Zoologisch-Botanischen Gesellschaft in Wien, 49: 15-27.

Bernhauer M. 1901. Die Staphyliniden der paläarktischen Fauna. Verhandlungen der Kaiserlich-Königlichen Zoologisch-Botanischen Gesellschaft in Wien, 51: 430-506.

Bernhauer M. 1902a. Zur Staphyliniden-Fauna von Ceylon. Deutsche Entomologische Zeitschrift, 1902: 17-45.

Bernhauer M. 1902b. Die Staphyliniden der paläarktischen Fauna. I. Tribus: Aleocharini. (II. Theil). Verhandlungen der Kaiserlich-Königlichen Zoologisch-Botanischen Gesellschaft in Wien, 52(Beiheft): 87-284.

Bernhauer M. 1907a. *Atheta* (nov. subg. *Actocharina*) *leptotyphloides* Bernh. nov. spec. Verhandlungen der Kaiserlich-Königlichen Zoologisch-Botanischen Gesellschaft in Wien, 57: 185-186.

Bernhauer M. 1907b. Zur Staphylinidenfauna von Japan. Verhandlungen der Kaiserlich-Königlichen Zoologisch-Botanischen Gesellschaft in Wien, 57: 371-414.

Bernhauer M. 1907c. Neue Aleocharini aus Nordamerika (Col.) (3. Stück). Deutsche Entomologische Zeitschrift, 1907: 381-405.

Bernhauer M. 1908. Beitrag zur Staphylinidenfauna von Südamerika. Archiv für Naturgeschichte, 74: 283-372.

Bernhauer M. 1910a. Beitrag zur Staphylinidenfauna des palaearktischen Gebietes. Entomologische Blätter, 6: 256-260.

Bernhauer M. 1910b. Beitrag zur Kenntnis der Staphyliniden-Fauna von Zentralamerika. Verhandlungen der Kaiserlich-Königlichen Zoologisch-Botanischen Gesellschaft in Wien, 60: 350-393.

Bernhauer M. 1912a. Beitrag zur Staphylinidenfauna von Africa (Col.). Entomologische Mitteilungen, 1(6): 177-183, (7): 203-209.

Bernhauer M. 1912b. Neue Staphyliniden aus Zentral-und Deutsch-Ostafrika. 469-486. *In:* Schubotz H. Wissenschaftliche Ergebnisse der deutschen Zentral-Afrika-Expedition 1907-1908 unter Führung Adolf Friedrichs, Herzog zu Mecklenburg. Zoologie III. Leipzig: Klinkhardt & Biermann.

Bernhauer M. 1914. Neue Staphylinen der indo-malaiischen Fauna. Verhandlungen der Kaiserlich-Königlichen Zoologisch-Botanischen Gesellschaft in Wien, 64: 76-109.

Bernhauer M. 1915a. Zur Staphylinidenfauna des indo-malayischen Gebietes, insbesonders der Philippinen. (8. Beitrag). Coleopterologische Rundschau, 4: 21-32.

Bernhauer M. 1915b. Neue Staphyliniden des paläarktischen Faunengebietes. Wiener Entomologische Zeitung, 34: 69-81.

Bernhauer M. 1915c. Zur Staphyliniden-fauna des tropischen Afrika (7. Beitrag). Annales Historico-Naturales Musei Nationalis Hungarici, 13: 95-189.

Bernhauer M. 1915d. Neue Staphyliniden der indo-malaiischen Fauna, insbesondere der Sunda-Insel Borneo. (9. Beitrag). Verhandlungen der Kaiserlich-Königlichen Zoologisch-Botanischen Gesellschaft in Wien, 65: 134-158.

Bernhauer M. 1915e. Neue Staphyliniden aus Java und Sumatra. (7. Beitrag zur indomalayischen Staphylinidenfauna). Tijdschrift voor Entomologie, 58: 213-243.

Bernhauer M. 1916a. Neue Staphyliniden der palaearktischen Fauna. Neue Beiträge zur systematischen Insektenkunde, 1: 26-28.

Bernhauer M. 1916b. Kurzflügler aus dem deutschen Schutzgebiete Kiautschau und China. Archiv für Naturgeschichte (A), 81(8): 27-34.

Bernhauer M. 1917. 15. Beitrag zur Staphylinidenfauna des indo-malayischen Gebietes. Coleopterologische Rundschau, 6: 41-46.

Bernhauer M. 1922. Sauter's Formosa-Ausbeute: Staphylinidae. Archiv für Naturgeschichte (A), 88(7): 220-237.

Bernhauer M. 1923. Neue Staphyliniden der palaearktischen Fauna. Koleopterologische Rundschau, 10 [1922]: 122-128.

Bernhauer M. 1926. Neue Staphyliniden aus Ostindien. (22. Beitrag zur indo-malayischen Staphyliniden-Fauna). Wiener Entomologische Zeitung, 43: 19-25.

Bernhauer M. 1928a. Neue Staphyliniden der palaearktischen Fauna. Koleopterologische Rundschau, 14: 8-23.

Bernhauer M. 1928b. 33ster Beitrag zur südamerikanischen Staphylinidenfauna. Tijdschrift voor Entomologie, 71: 286-288.

Bernhauer M. 1929a. Neue Kurzflügler aus China. Entomologisches Nachrichtenblatt (Troppau), 3: 2-4.

Bernhauer M. 1929b. Zur Staphylinidenfauna des chinesischen Reiches. Entomologisches Nachrichtenblatt (Troppau), 3: 109-112.

Bernhauer M. 1929c. Neue Kurzflügler des paläarktischen Gebietes. Koleopterologische Rundschau, 14: 177-195.

Bernhauer M. 1929d. Die Staphyliniden der Philippinen. 25. Beitrag zur indo-malayischen Staphyliniden-Fauna. The Philippine Journal of Science, 38: 337-357.

Bernhauer M. 1931a. Neue Staphyliniden aus China von der Stötzner'schen Expedition. Entomologisches Nachrichtenblatt (Troppau), 5: 1-3.

Bernhauer M. 1931b. Zur Staphylinidenfauna des chinesischen Reiches. Wiener Entomologische Zeitung, 48: 125-132.

Bernhauer M. 1933a. Neuheiten der chinesischen Staphylinidenfauna. Wiener Entomologische Zeitung, 50: 25-48.

Bernhauer M. 1933b. Neues aus der Staphylinidenfauna China's. Entomologisches Nachrichtenblatt (Troppau), 7: 39-54.

Bernhauer M. 1934a. Siebenter Beitrag zur Staphylinidenfauna Chinas. Entomologisches Nachrichtenblatt (Troppau), 8: 1-20.

Bernhauer M. 1934b. Neuheiten der javanischen Staphylinidenfauna. (31. Beitrag zur indomalayischen Fauna). Atti del Museo Civico di Storia Naturale di Trieste, 12: 171-175.

Bernhauer M. 1936a. Neuheiten der palaearktischen Staphylinidenfauna. Pubblicazioni del Museo Entomologico "Pietro Rossi" Duino, 1: 237-254, 303-325.

Bernhauer M. 1936b. [new taxa]. *In:* Bernhauer M, Jeannel R. Trois staphylinides remarquables de la colonie du Kénya. Revue Française d'Entomologie, 2(4)(1935): 213-218.

Bernhauer M. 1936c. Neuheiten der ostafrikanischen Staphylinidenfauna (Coleoptera). The Annals and Magazine of Natural History, 18(10): 321-336.

Bernhauer M. 1938. Zur Staphylinidenfauna von China u. Japan. Entomologisches Nachrichtenblatt (Troppau), 12: 17-39.

Bernhauer M. 1939a. Zur Staphylinidenfauna von China u. Japan. Entomologisches Nachrichtenblatt (Troppau), 12 [1938]: 97-109.

Bernhauer M. 1939b. Zur Staphylinidenfauna von China u. Japan. Entomologisches Nachrichtenblatt (Troppau), 12 [1938]: 145-158.

Bernhauer M. 1939c. Neue Staphyliniden (Coleoptera) aus Neu-Seeland. The Annals and Magazine of Natural History, 4(11): 193-216.

Bernhauer M. 1939d. Neuheiten der chinesischen Staphylinidenfauna (Col.). Mitteilungen der Münchner Entomologischen Gesellschaft, 29: 585-602.

Bernhauer M. 1940. Neuheiten der paläarktischen Staphylinidenfauna (Col. Staph.). Mitteilungen der Münchner Entomologischen Gesellschaft, 30: 622-642.

Bernhauer M. 1941a. Neuheiten der palaearktischen Staphylinidenfauna (Staphylinid.). Entomologische Blätter, 37: 209-211.

Bernhauer M. 1941b. Neue Staphyliniden aus China. Entomologische Blätter, 37: 226-228.

Bernhauer M, Scheerpeltz O. 1926. Staphylinidae VI. (Pars 82). 499-988. *In:* Junk W, Schenkling S. Coleopterorum Catalogus. Volumen 5. Staphylinidae. Berlin: W. Junk, 988 pp.

Bernhauer M, Schubert K. 1912. Staphylinidae III. (Pars 40). 191-288. *In:* Junk W, Schenkling S. Coleopterorum Catalogus. Volumen 5. Staphylinidae. Berlin: W. Junk, 988 pp.

Bernhauer M, Schubert K. 1914. Staphylinidae IV. (Pars 57). 289-408. *In:* Junk W, Schenkling S. Coleopterorum Catalogus. Volumen 5. Staphylinidae. Berlin: W. Junk, 988 pp.

Bernhauer M, Schubert K. 1916. Staphylinidae V. (Pars 67). 409-498. *In:* Junk W, Schenkling S. Coleopterorum Catalogus. Volumen 5. Staphylinidae. Berlin: W. Junk, 988 pp.

Berthold A A. 1827. Latreille's Natürliche Familien des Thierreichs. Aus dem Französischen. Mit Anmerkungen und Zusätzen. Weimar: Landes-Industrie-Comptoirs, 606 pp.

Besuchet C. 1999. Psélaphides paléarctiques. Notes taxonomiques et faunistiques (Coleoptera, Staphylinidae, Pselaphinae). Revue suisse de Zoologie, 106: 45-67.

Bian D, Zhang Y, Ji L. 2015. *Microdytes huangyongensis* sp. n. and new records of *Allopachria* Zimmermann, 1924 from Zhejiang Province, China (Coleoptera: Dytiscidae). Zootaxa, 4040(4): 469-471.

Bierig A. 1943. Algunos estaphylinidae (Col.) nuevos de Costa Rica. Revista Chilena de Historia Natural, 45 [1941]: 154-163.

Biström O. 1988. Generic review of the Bidessini (Coleoptera, Dytiscidae). Acta Zoologica Fennica, 184: 1-41.

Biswas D N, Sen Gupta T. 1984. A new genus of Paederinae: Staphylinidae (Coleoptera) with description of a new species from Nepal. Bulletin of the Zoological Survey of India, 5: 121-131.

Blackburn T. 1885. [new taxa]. *In:* Blackburn T, Sharp D. Memoirs on the Coleoptera of the Hawaiian Islands. The Scientific Transactions of the Royal Dublin Society, (2)3: 119-300.

Blackburn T. 1888. Notes on Australian Coleoptera with descriptions of new species. Proceedings of the Linnean Society of New South Wales, 3(2)(1889): 805-875.

Blackburn T. 1898. Further Notes on Australian Coleoptera, with Descriptions of New Genera and Species. XXIV. Transactions of the Royal Society of South Australia, 22(1897-1898): 221-233.

Blackburn T. 1903. Further notes on Australian Coleoptera, with descriptions of new genera and species. Transactions of the Royal Society of South Australia, 27: 91-182.

Blackwelder R E. 1939. A generic revision of the staphylinid beetles of the tribe Paederini. Proceedings of the United States National Museum, 87: 93-125.

Blackwelder R E. 1942. Notes on the classification of the staphylinid beetles of the groups Lispini and Osoriinae. Proceedings of the United States National Museum, 92: 75-90.

Blackwelder R E. 1952. The generic names of the beetle family Staphylinidae, with an essay on genotypy. United States National Museum Bulletin, 200: i-iv, 1-483.

Blanchard C É. 1843. Insectes de l'Amérique méridionale, recueillis par Alcide d'Orbigny. pp. 58-222. *In:* Bertrand P. (ed.): Voyage dans l'Amerique méridionale (le Brésil, la République orientale de l'Uruguay, la République de Bolivia, la République du Pèrou), exécuté pendant les annés 1826, 1827, 1829, 1830, 1831, 1832 et 1833, par Alcide d'Orbigny. Tome sixième. 2.e Partie: Insectes, 1837–1843. Strasbourg: Berger-Levrault, 222 pp.

Blanchard C É. 1850. Ordre des Coleoptera. *In:* Milne-Edwards H, Blanchard C É, Lucus H. Muséum d'Histoire Naturelle de Paris. Catalogue de la Collection Entomologique. Classe des Insectes. Volume 1, part 1. Paris: Gide and Baudry, 128 pp.

Blanchard C É. 1851. Ier Famille-Scarabaeidae. 129-240. *In:* Milne-Edwards H, Blanchard C É, Lucas H. Catalogue de la Collection Entomologique du Muséum d'Histoire Naturelle de Paris. Classe des Insectes. Ordre des Coléoptères. I, Deuxième livraison. Paris: Gide et Baudry, 129-240.

Blattný C. 1925. Revise Pselaphidů sbírky helferovy. Sborník Entomologického Oddělení Národního Musea v Praze, 3(26): 179-222.

Boháč J. 1977. *Kirschenblatia buchari* sp. n. from the Caucasus (Coleoptera, Staphylinidae). Acta Entomologica Bohemoslovaca, 74: 20-22.

Boheman C H. 1858-1859. Coleoptera. 1-217. *In*: Virgin C. Kongliga svenska fregatten Eugenies resa omkring jorden under befäl af C. A. Virgin åren 1851-1853. Vetenskapliga iakttagelser. 2. Zoologi. 1. Insecta. Stockholm: K. Svenska VetenskapsAkademien, 617 pp. +9 pls. [pp. 1-112 published in 1858; pp. 113-217 in 1859.]

Boileau H. 1898. Description d'un Lucanide nouveau. Bulletin de la Société Entomologique de France, 47: 227-229.

Boileau H. 1899a. Descriptions sommaires d'Aegus nouveaux. Bulletin de la Société Entomologique de France, 48: 319-322.

Boileau H. 1899b. Description de Lucanides nouveaux. Bulletin de la Société Entomologique de France, 48: 111-112.

Boileau H. 1902. Description de Dorcides nouveaux. Bulletin de la Société Entomologique de France, 1902: 320-321.

Boileau H. 1904. Description d'un Lucanide nouveau. Le Naturaliste, 26: 277-278.

Bolov A P, Kryzhanovskij O L. 1969. [new taxa]. *In:* Bolov A. Materialy k faune zhukov-stafilinov (Coleoptera, Staphylinidae) Kabardino-Balkarii. Entomologicheskoe Obozrenie, 48: 512-516.

Bomans H E. 1989. Inventaire d'une collection de Lucanides récoltés en Chine continentale, avec descriptions d'espèces nouvelles (1). Nouvelle Revue d'Entomologie (N. S.), 6(1): 3-23.

Bonelli F A. 1810. Observations entomologiques. Première partie (cicindélètes et portion des carabiques) [with the "Tabula synoptica exhibens genera carabicorum in sectiones et stirpes disposita"]. Turin: Félix Galletti, 58 pp., 1 pl.

Bordoni A. 1985. Note sulla morfologia di alcuni Xantholinini Europei (Col. Staphylinidae). Frustula Entomologica (N. S.), 6 [1983]: 81-88.

Bordoni A. 1989. Beiträge zur Revision der orientalischen Xanthlininae. II. *Nepaliellus absurdus* nov. gen., nov. spec. (Coleoptera: Staphylinidae). Stuttgarter Beiträge zur Naturkunde, Serie A (Biologie), 432: 1-6.

Bordoni A. 2000. Contribution to the knowledge of the Xantholinini from China. I (Coleoptera, Staphylinidae). Mitteilungun aus dem Museum für Naturkunde in Berlin (Zoologische Reihe), 76: 121-133.

Bordoni A. 2002. Xantholinini della Regione Orientale (Coleoptera: Staphylinidae). Classificazione, filogenesi e revisione tassonomica. Museo Regionale di Scienze Naturali Torino, Monografie, 33: 1-998.

Bordoni A. 2003a. Note su alcuni Xantholinini euroasiatici e descrizione di un nuovo genere della Manciuria (Coleoptera Staphylinidae). Bollettino della Società Entomologica Italiana, 134(3): 219-228.

Bordoni A. 2003b. Contributo alla conoscenza degli Xantholinini della Cina. II. (Coleoptera, Staphylinidae). Fragmenta Entomologica, 34(2): 255-292.

Bordoni A. 2004a. Nuovi dati per la conoscenza degli Xantholinini della Regione Orientale. II. Un nuovo genere di Giava (Coleoptera, Staphylinidae). Fragmenta Entomologica, 36(1): 57-62.

Bordoni A. 2004b. Novi dati per la conoscenza degli Xantholinini della Regione Orientale. V. *Daolus hromadkai* gen. n., sp. n. del Nepal e *Thyreocephalus perakensis* sp. n. della Malesia (Coleoptera Staphylinidae). Entomologica, Bari, 38: 83-89.

Bordoni A. 2006. Contributi alla conoscenza degli Xantholinini della Cina. VI. *Zeteotomus dilatipennis* (Kirshenblat, 1848) nello Shaanxi e descrizione di *Erymus dalianus* n. sp. dello Yunnan (Coleoptera, Staphylinidae). Animma. X. 12: 16-23.

Bordoni A. 2007a. Contributo alla conoscenza degli Xantholinini della Cina. XI. Nuove specie dello Yunnan settentrionale e di Guizhou, Hubei e Anhui. Bollettino della Società Entomologica Italiana, 139(1): 7-18.

Bordoni A. 2007b. Notes on some Western Palaearctic Xantholinini (Coleoptera, Staphylinidae) 181° contribution to the knowledge of the Staphylinidae. Zootaxa, 1431: 65-68.

Bordoni A. 2008. *Lepidophallus* Coiffait is a synonym of *Megalinus* Mulsant & Rey (Coleoptera, Staphylinidae, Xantholinini). Onychium, 6: 54-59.

Bordoni A. 2009a. Contribution to the knowledge of the Xantholinini of China. XIV. *Nudobius linanensis* n. sp. from Zhejiang, notes and new records of some interesting species (Insecta Coleoptera Staphylinidae). Quaderno di Studi e Notizie di Storia Naturale della Romagna, 28: 105-109.

Bordoni A. 2009b. New data on Xantholinini from China. XVII. *Daolus niger* nov. sp. from Zhejiang (Coleoptera: Staphylinidae, Xantholinini). 205° contribution to the knowledge of the Staphylinidae. Linzer Biologische Beiträge, 41(2): 1867-1870.

Bordoni A. 2010. Contribution to the knowledge of the Xantholini from China. XV. New species collected by Michael Schülke in Zhejiang and Yunnan (Coleoptera, Staphylinidae). Beiträge zur Entomologie, 60(1): 111-123.

Bordoni A. 2012. New data on the Xantholinini of the Oriental Region, 31. New species and new records from Laos of the Zoological Museum of Copenhagen (Insecta Coleoptera Staphylinidae). Quaderno di Studi e Notizie di Storia Naturale della Romagna, 36: 105-113.

Bordoni A. 2013a. Observations on some Staphylinidae and new synonymies (Coleoptera). Fragmenta Entomologica, 45(1-2): 49-58.

Bordoni A. 2013b. New data on the Xantholinini from China. 24. New genus, new species and new records of the Shanghai Normal

University collection (Coleoptera, Staphylinidae). 244° contribution to the knowledge of the Staphylinidae. Linzer Biologische Beiträge, 45(2): 1745-1797.

Bouchard P, Bousquet Y, Davies A E, Alonso-Zarazaga M A, Lawrence J F, Lyal C H C, Newton A F, Reid C A M, Schmitt M, Ślipiński S A, Smith A B T. 2011. Family-group names in Coleoptera (Insecta). ZooKeys, 88: 1-972.

Boucomont A. 1911. Contribution a la classification des Geotrypidae (Col.). Annales de la Societe Entomologique de France, 79 [1910-1911]: 333-350.

Boucomont A. 1921. [new taxa]. *In:* Boucomont A, Gillet J J E. Fam. Scarabaeidae, Laparosticti (Coléoptères). Faune entomologique de l'Indochine Française. Fasc. 4. Saigon: Imprimerie Nouvelle Albert Portail, 76 pp.

Bourgoin A. 1916. Descriptions de trois *Macronota nouveaux* (Col. Scarabaeidae). Bulletin de la Société Entomologique de France, 1916: 133-137.

Bousquet Y. 1996. Taxonomic revision of Nearctic, Mexican, and west Indian Oodini (Coleoptera, Carabidae). Canadian Entomolosist, 128: 443-537.

Breit J. 1913. Beiträge zur Kenntnis der paläarktischen Coleopterenfauna. Entomologische Blätter, 11/12: 292-299.

Brenske E. 1892a. Neue Arten der Coleopteren-Gattung *Holotrichia* (Lachnosterna). Berliner Entomologische Zeitschrift, 37: 159-192.

Brenske E. 1892b. Ueber einige neue Gattungen und Arten der Melolonthiden. Entomologische Nachrichten, 18: 151-159.

Brenske E. 1892c. Die Arten der Coleopteren-Gattung Brahmina Bl. Berliner Entomologische Zeitschrift, 37: 79-124.

Brenske E. 1893. Beitrag zur Kenntnis der Gattungen Lepidiota und Leucopholis. Berliner Entomologische Zeitschrift, 37 [1892-1893]: 33-62.

Brenske E. 1894. Die Melolonthiden der palaearctischen und orientalischen Region in Königlichen Naturhistorischen Museum zu Brüssel. Beschreibung neuer Arten und Bemerkungen zu bekannten. Mémoires de la Société Entomologique de Belgique, 2: 3-87.

Brenske E. 1896. Insectes du Bengale. Melolonthidae. Annales de la Société Entomologique de Belgique, 40: 150-164.

Brenske E. 1897. Die Serica-Arten der Erde 1. Berliner Entomologische Zeitschrift, 42: 345-438.

Brenske E. 1900. Die Melolonthiden Ceylons. Entomologische Zeitung (Stettin), 61: 341-361.

Brenske E. 1902. Die Serica-Arten der Erde 7. Berliner Entomologische Zeitschrift, 47: 1-70.

Brinck P. 1943. Nomenklatorische und systematische Studien über Dytisciden. Kungliga Fysiografiska Sällskapets i Lund Förhandlingar, 13(13): 134-146.

Brinck P. 1945. Nomenklatorische und systematische Studien über Dytisciden. III. Die Klassifikation der Cybisterinen. Kungliga Fysiografiska Sällskapets Handlingar, 56(4): 1-20.

Brinck P. 1948. Coleoptera of Tristan da Cunha. Results of the Norwegian Scientific Expedition to Tristan da Cunha 1937-1938, 17: 1-121+1 pl.

Broun T. 1880. Manual of the New Zealand Coleoptera. Part 1. Wellington: James Hughes, 651 pp.

Brullé A. 1835a. Histoire naturelle des insectes, comprenant leur classification, leurs moeurs, et la description des espèces. *In:* Audouin J V, Brullé G A. Histoire naturelle des insectes traitant de leur organisation et de leurs moeurs en général, et comprenant leur classification et la description des espèces. Tome V. Coléoptères II. Paris: Pillot, 436 pp.

Brullé A. 1835b. Observations critiques sur la synonymie des carabiques (suite). Revue Entomologique, 3: 271-303.

Brullé G A. 1837. Histoire naturelle des insectes, comprenant leur classification, leurs moeurs, et la description des espèces. *In:* Audouin J.V. & Brullé G.A.: Histoire naturelle des insectes, traitant de leur organisation et de leurs moeurs en général, par M.V. Audouin; Comprenant leur classification et la description de espèces, par M.A. Brullé. Tome VI. Coléoptères III. Paris: F.D. Pillot, 448 pp.

Bunalski M. 2002. Melolonthidae (Coleoptera: Scarabaeoidea) of the Palaearctic and oriental regions. I. Taxonomic remarks on some genera of Melolonthinae. Polskie Pismo Entomologiczne, 71: 401-413.

Burckhardt D H, Löbl I. 2002. Redescription of *Plagiophorus paradoxus* Motschulsky with comments on the pselaphine tribe

Cyatigerini (Coleoptera: Staphylinidae). Revue suisse de Zoologie, 109(2): 397-406.

Burmeister H C C. 1842. Handbuch der Entomologie. Dritter Band. Coleoptera Lamellicornia Melitophila. Berlin: Theod. Chr. Friedr. Enslin, xx+826+1.

Burmeister H C C. 1844. Handbuch der Entomologie. Vierter Band, Erste Abtheilung. Coleoptera Lamellicornia Anthobia et Phyllophaga systellochela. Berlin: Theod. Chr. Friedr. Enslin, xii+588 pp.

Burmeister H C C. 1847. Handbuch der Entomologie. Coleoptera Lamellicornia, Xylophila et Pectinicornia. Berlin: Reimer, viii+584 pp.

Burmeister H C C. 1855. Handbuch der Entomologie. Vierter Band. Besondere Entomologie. Fortsetzung. Zweite Abtheilung. Coleoptera Lamellicornia Phyllophaga chaenochela. Berlin: Theod. Chr. Friedr. Enslin, x+569 pp.

Cameron M. 1914. Descriptions of new species of Staphylinidae from India. Transactions of the Entomological Society of London, 1913: 525-544.

Cameron M. 1920a. New species of Staphylinidae from Ceylon. The Entomologist's Monthly Magazine, 56: 49-53, 94-99.

Cameron M. 1920b. New species of Staphylinidae from India. The Entomologist's Monthly Magazine, 56: 141-148, 214-220.

Cameron M. 1920c. New species of Staphylinidae from Singapore. Part III. Transactions of the Entomological Society of London, 1920: 212-284.

Cameron M. 1921. New species of Staphylinidae from India. The Entomologist's Monthly Magazine, 57: 270-274.

Cameron M. 1924. New species of Staphylinidae from India. Transactions of the Entomological Society of London, 1924: 160-198.

Cameron M. 1925. New Staphylinidae from the Dutch East Indies. Treubia, 6: 174-198.

Cameron M. 1926a. New species of Staphylinidae from India. Part III. Transactions of the Entomological Society of London, 1926: 171-191.

Cameron M. 1926b. New species of Staphylinidae from India. Part II. Transactions of the Entomological Society of London, 1925: 341-372.

Cameron M. 1930a. The fauna of British India including Ceylon and Burma. Coleoptera. Staphylinidae. Volume 1. London: Taylor and Francis, xvii+471 pp.

Cameron M. 1930b. New species of Staphylinidae from Japan. The Entomologist's Monthly Magazine, 66: 181-185, 205-208.

Cameron M. 1931. The fauna of British India including Ceylon and Burma. Coleoptera. Staphylinidae. Volume 2. London: Taylor and Francis, viii+257 pp.

Cameron M. 1932. The fauna of British India including Ceylon and Burma. Coleoptera. Staphylinidae. Volume 3. London: Taylor and Francis, xiii+443 pp.

Cameron M. 1933a. Staphylinidae of the Marquesas Islands. Bernice P. Bishop Museum Bulletin, 114: 73-83.

Cameron M. 1933b. New species of Staphylinidae (Col.) from the Belgian Congo. Bulletin et Annales de la Société Entomologique de Belgique, 73: 35-53.

Cameron M. 1933c. New species of Staphylinidae (Col.) from Japan. The Entomologist's Monthly Magazine, 69: 168-175, 208-219.

Cameron M. 1933d. Staphylinidae (Col.) from Mount Kinabalu. Journal of the Federated Malay States Museums, 17: 338-360.

Cameron M. 1939a. New Staphylinidae (Col.) from New Guinea. The Annals and Magazine of Natural History, 3(11): 139-153.

Cameron M. 1939b. The fauna of British India including Ceylon and Burma. Coleoptera. Staphylinidae. Volume 4. Parts I & II. London: Taylor and Francis, xviii+691 pp.

Cameron M. 1940. New species of oriental Staphylinidae (Col.). The Entomologist's Monthly Magazine, 76: 249-253.

Cameron M. 1944. New oriental Staphylinidae (Col.). The Annals and Magazine of Natural History, 11(11): 312-322.

Cameron M. 1949. New species of Staphylinidae (Col.) from Formosa. Proceedings of the Royal Entomological Society of London (B), 18: 175-176.

Cameron M. 1950a. New species of Staphylinidae (Col.) from the Malay Peninsula. The Annals and Magazine of Natural History, 3(12): 1-40, 89-131.

Cameron M. 1950b. New Staphylinidae from the Belgian Congo. Revue de Zoologie et de Botanique Africaines, 43: 92-98.

Cameron M. 1956. Contributions à l'étude de la faune entomologique du Ruanda-Urundi (Mission P. Basilewsky 1953). Annales du

Musée Royal de Congo Belge, Tervuren (ser. in 8). Sciences Zoologiques, 51: 177-183.

Campbell J M. 1993. A review of the species of *Nitidotachinus* new genus (Coleoptera: Staphylinidae: Tachyporinae). The Canadian Entomologist, 125: 521-548.

Casey T L. 1884a. Contributions to the descriptive and systematic coleopterology of North America. Part I. Philadelphia: Collins Printing House, 60 pp.

Casey T L. 1884b. Revision of the Stenini of America north of Mexico. Insects of the family Staphylinidae, order Coleoptera. Philadelphia: Collins Printing House, 206 pp.

Casey T L. 1885. New genera and species of Californian Coleoptera. Bulletin of the California Academy of Sciences, 1: 283-336.

Casey T L. 1886a. Revision of the California species of *Lithocharis* and allied species. Bulletin of the California Academy of Sciences, 2: 1-40.

Casey T L. 1886b. Descriptive notices of North American Coleoptera. I. Bulletin of the California Academy of Sciences, 2: 157-264.

Casey T L. 1894. Coleopterological notices. V. Annals of the New York Academy of Sciences, 7 [1893]: 281-606.

Casey T L. 1900. Review of the American Corylophidae, Cryptophagidae, Tritomidae and Dermestidae, with other studies. Journal of the New York Entomological Society, 8: 51-172.

Casey T L. 1905. A revision of the American Paederini. Transactions of the Academy of Science of St. Louis, 15: 17-248.

Casey T L. 1906. Observations on the staphylinid groups Aleocharinae and Xantholinini chiefly of America. Transactions of the Academy of Science of St. Louis, 16: 125-434.

Casey T L. 1910. New species of the staphylinid tribe Myrmedoniini. 1-183. Memoirs on the Coleoptera. I. Lancaster, Pennsylvania: New Era Printing Co., 205 pp.

Casey T L. 1911. New American species of Aleocharinae and Myllaeninae. 1-245. Memoirs on the Coleoptera. II. Lancaster, Pennsylvania: The New Era Printing Co., 259 pp.

Casey T L. 1915. Studies in some staphylinid genera of North America. 395-460. Memoirs on the Coleoptera. VI. Lancaster, Pennsylvania: The New Era Printing Co., 460 pp.

Castelnau F. 1840. Histoire Naturelle des Insectes Coléoptères. Avec une introduction renfermant l'Anatomie et la Physiologie des Animaux Articulés, par M. Brullé P. Duménil. Paris, 2: 1-564.

Champion G C. 1919. The genus *Dianous* Samouelle, as represented in India and China (Coleoptera). The Entomologist's Monthly Magazine, 55: 41-55.

Champion G C. 1923. Some Indian Coleoptera (10). The Entomologist's Monthly Magazine, 59: 43-53, 77-80.

Champion G C. 1925. Some Indian [and Tibetan] Coleoptera (17). The Entomologist's Monthly Magazine, 61: 101-112, 169-181.

Chang Y-W. 1965a. Revision of Chinese May beetles of the genus *Holotrichia* Hope III (Coleoptera: Scarabaeidae). Acta Zootaxonomica Sinica, 2(1): 37-53.

Chang Y-W. 1965b. On the Chinese species of the melolonthine genus *Exolontha* (Coleoptera: Scarabaeidae). Acta Zootaxonomica Sinica, 2(3): 225-232.

Chaudoir M de. 1850. Mémoire sur la famille des carabiques. 2e partie (Continuation). Bulletin de la Société Impériale des Naturalistes de Moscou, 23(2): 349-460.

Chaudoir M de. 1852. Mémoire sur la famille des carabiques. 3e partie. Bulletin de la Société Impériale des Naturalistes de Moscou, 25(1): 3-104.

Chaudoir M de. 1855. Mémoire sur la famille des carabiques. 5e partie. Bulletin de la Société Impériale des Naturalistes de Moscou, 28(1): 1-110.

Chaudoir M de. 1856. Mémoire sur la famille des carabiques. 6e partie. Bulletin de la Société Impériale des Naturalistes de Moscou, 29(3): 187-291.

Chaudoir M de. 1865a. Catalogue de la collection de cicindélètes de M. le baron de Chaudoir. Bruxelles: J. Nys., 64 pp.

Chaudoir M de. 1865b. Monographie du genre Collyris Fabricius. Annales de la Société Entomologique de France, 4(4) [1864]: 483-536.

Chaudoir M de. 1868. Révision des Trigonotomides. Annales de la Société Entomologique de Belgique, 11 [1867-1868]: 151-165.

Chaudoir M de. 1870. Mémoire sur les Coptodérides. Annales de la Société Entomologique de Belgique, 12 [1868-1869]: 163-256.

Chaudoir M de. 1872. Observations sur quelques genres de carabiques, avec la description d'espèces nouvelles. Bulletin de la Société Impériale des Naturalistes de Moscou, 45(2): 382-420.

Chaudoir M de. 1873. Monographie des callidides. Annales de la Société Entomologique de Belgique, 15 [1871-1872]: 97-204.

Chaudoir M de. 1875. Genres aberrants du groupe des Cymindides. Bulletin de la Société Impériale des Naturalistes de Moscou, 49(3): 1-61.

Chaudoir M de. 1876a. Monographie des chléniens. Annali del Museo Civico di Storia Naturale di Genova, 8: 3-315.

Chaudoir M de. 1876b. Monographie des brachynides. Annales de la Société Entomologique de Belgique, 19: 11-104.

Chaudoir M de. 1880. Essai monographique sur les Morionides. Bulletin de la Société Impériale des Naturalistes de Moscou, 55(2): 317-384.

Cheng Z-F, Li L-Z, Peng Z. 2019. New species and new records of *Lesteva* Latreille, 1797 (Coleoptera Staphylinidae: Omaliinae) from China. Zootaxa, 4560(1): 1-39.

Chevrolat L A A. 1845. Description de dix coleopteres de Chine, des environs de Macao, et provenant d'une acquisition faite chez M. Parsudaki, marchand naturaliste a Paris. Revue Zoologique, 1845: 95-99.

Chûjô M. 1938. Description of a new species of Scarabaeidae from Formosa. Transactions of the Natural History Society of Formosa, 28: 444-445.

Chûjô M. 1940. Some new and hithertho unrecorded species of the Scarabaeid beetles from Formosa. Nippon no Kôchû, 3: 75-77.

Clairville J P de. 1806. Entomologie helvétique ou catalogue des insectes de la Suisse rangés d'après une nouvelle méthode. Avec descriptions et figures. [Helvetische Entomologie oder Verzeichniss der schweizerischen Insekten nach einer neuen Methode geordnet. Mit Beschreibungen und Abbildungen.]. Zweiter Theil. Zürich: Orell, Fussli et Compagnie, xliii+247 pp. +[4], 32 pls.

Clark H. 1863. Descriptions of new East-Asiatic species of Haliplidae and Hydroporidae. The Transactions of the Royal Entomological Society of London, 1(3): 417-428.

Clark H. 1864. Notes on the genus *Hydaticus* (Leach), with descriptions of new species. The Transactions of the Royal Entomological Society of London, 2(3): 209-222+pl. xiv.

Coiffait H. 1956a. Les Xantholinitae de France et des régions voisines, (Col. Staphylinidae). Revue Française d'Entomologie, 23: 31-75.

Coiffait H. 1956b. Les "*Staphylinus*" et genres voisins de France et des régions voisines. Mémoires du Muséum National d'Histoire Naturelle. Zoologie (A), 8: 177-224.

Coiffait H. 1959. Les *Eusphalerum* (*Anthobium* auct.) de France et des régions voisines. Bulletin de la Société d'Histoire Naturelle de Toulouse, 94: 213-252.

Coiffait H. 1960. Démembrement du genre *Scopaeus* et description de 4 espèces nouvelles (Coleoptera, Staphylinidae). Revue Française d'Entomologie, 27: 283-290.

Coiffait H. 1963. Classification des Philonthini Européens. Description de formes nouvelles. Revue Française d'Entomologie, 30: 5-29.

Coiffait H. 1964. Note sur les *Ocypus* (*sensu lato*) avec description de formes nouvelles. Bulletin de la Société d'Histoire Naturelle de Toulouse, 99: 81-106.

Coiffait H. 1968a. Mission du printemps 1967 en Grèce Staphylinidae avec une étude sur les *Sipalia* de Grèce. Biologia Gallo-Hellenica, 1: 93-109.

Coiffait H. 1968b. *Scopaeus* nouveaux ou mal connus de la région paléarctique occidentale. Bulletin de la Société d'Histoire Naturelle de Toulouse, 104: 405-426.

Coiffait H. 1972. Paederinae nouveaux ou mal connus de la région paléarctique occidentale. Nouvelle Revue d'Entomologie, 2: 131-150.

Coiffait H. 1974. Staphylinides récoltés en Ussuri (Asie Orientale) par S. M. Khnzorian-Iablokoff. Nouvelle Revue d'Entomologie, 4: 197-204.

Coiffait H. 1978. Ergebnisse der Bhutan-Expedition 1972 des Naturhistorischen Museums in Basel. Coleoptera: Fam. Staphylinidae

Subfam. Paederinae, Euaesthetinae, Piestinae, Osoriinae et Omalinae [sic]. Entomologica Basiliensia, 3: 109-150.

Coiffait H. 1982a. Coléoptères Staphylinidae de la région paléarctique occidentale IV. Sous famille Paederinae tribu Paederini 1 (Paederi, Lathrobii). Nouvelle Revue d'Entomologie, 12(Supplément): 3-440.

Coiffait H. 1982b. Contribution à la connaissance des Staphylinides de l'Himalaya (Népal, Ladakh, Cachemire) (Insecta: Coleoptera: Staphylinidae). Senckenbergiana Biologica, 62: 21-179.

Coiffait H. 1982c. Nouveaux Staphylinides afghans du Muséum A. Koenig de Bonn. Bonner Zoologische Beiträge, 33: 75-97.

Coiffait H. 1982d. Staphylinides (Col.) de la région himalayenne et de l'Inde (I. Xantholininae, Staphylininae et Paederinae). Entomologica Basiliensia, 7: 231-302.

Coiffait H. 1984. Coléoptères staphylinides de la région paléartique occidentale. V. Sous famille Paederine tribu Paederini 2. Sous famille Euaesthetinae. Nouvelle Revue d'Entomologie, 13(Supplément): 3-424.

Coiffait H, Saiz F. 1964. Les Xantholininae du Chili (Col. Staphylinidae). Bulletin de la Société d'Histoire Naturelle de Toulouse, 99: 510-524.

Coiffait H, Saiz F. 1968. Les Staphylinidae (*sensu lato*) du Chile. 339-468. *In:* Debouttevllle C, Rapoport E. Biologie de Amérique Australe. Volume IV. Études sur la faune du sol. Paris: Centre National de la Recherche Scientifique, 6 [unnumbered] + 7-472+6 [unnumbered] pp.

Cooman A. 1948. Coléoptères Histeridae d'Extreme-Orient. Notes d'Entomologie Chinoise, 12: 123-141.

Cooter J, Kilian A. 2002. New species of *Leiodes* Latreille, 1796 (Col. Leiodidae) from China. The Entomologist's Monthly Magazine, 138: 157-164.

Cornell J F. 1967. A taxonomic study of *Eubaeocera* new genus (Coleoptera: Scaphidiidae) in North America north of Mexico. The Coleopterists Bulletin, 21: 1-17.

Croissandeau J A. 1898. Monographie des Scydmaenides. Annales de la Société Entomologique de France, 66 [1897]: 402-430.

Crotch G R. 1872. Berichtigungen und Zusätze zum Catalogus Coleopterorum synonymicus et systematicus. Coleopterologische Hefte, 9-10: 204-207.

Crotch G R. 1873. Revision of the Dytiscidae of the United States. Transactions of the American Entomological Society, 4: 383-424.

Csiki E. 1901. Coleopteren. 75-120. *In:* Horváth G. Dritte asiatische Forschungsreise des Grafen Eugen Zichy. Band 2. Zoologische Ergebnisse der dritten Asiatischen Forschungsreise des Grafen Eugen Zichy. II. Budapest: Hornyánsky, xli+427 pp.

Csiki E. 1938. Die Schwimmkäfer (Haliplidae und Dytiscidae) von Sumatra, Java und Bali der Deutschen Limnologischen Sunda-Expedition. Archiv für Hydrobiologie Supplement, 15(1937): 121-130.

Csiki E. 1943. Coleopteren von Alibotusch-Gebirge in Süd-Bulgarien. Mitteilungen aus den Königlichen Naturwissenschaftlichen Instituten, Sofia, 16: 214-218.

Curtis J. 1827. British entomology; being illustrations and descriptions of the genera of insects found in Great Britain and Ireland. Vol. IV. London: J. Curtis, pls. 147-194.

Cussac E. 1852. Description d'un genre nouveau de brachélytres, propre a la faune française. Annales de la Société Entomologique de France, 2(10): 613-615.

Cuvier G L C F D de. 1797. Tableau élémentaire de l'Histoire Naturelle des animaux. Paris: Baudouin, xvi+710 pp.

Czwalina G. 1888. Die Forcipes der Staphyliniden-Gattung *Lathrobium* (*s. str.* Rey) Grav. Deutsche Entomologische Zeitschrift, 32: 337-354, pls. 3, 4.

Dalla Torre K W von. 1912. Scarabaeidae: Melolonthidae III. (Pars 49). 135-290. *In:* Junk W, Schenkling S. Coleopterorum Catalogus. Volumen. XX. Berlin: W. Junk, 450 pp.

De Geer C. 1774. Mémoires pour servir à l'histoire des insectes. Tome quatrième. Stockholm: P. Hesselberg, xii+456 pp., 19 pls.

De Lisle M O. 1955. Description d'un Lucanide nouveau. Bulletin de la Société Entomologique de France, 60: 6-8.

De Lisle M O. 1973. Description de trois Coléoptères Lucanides nouveaux. Nouvelle Revue d'Entomologie (Nouvelle Série), 3(2): 137-142.

Dejean P F M A. 1821. Catalogue de la collection de coléoptères de M. le Baron Dejean. Paris: Crevot, viii+136+[2] pp.

Dejean P F M A. 1825. Species général des coléoptères, de la collection de M. le Comte Dejean. Tome premier. Paris: Crevot, xxx+463 pp.

Dejean P F M A. 1826. Species général des coléoptères, de la collection de M. le Comte Dejean. Tome second. Paris: Crevot, viii+501 pp.

Dejean P F M A. 1828. Species général des coléoptères, de la collection de M. le Comte Dejean. Tome troisième. Paris: Méquignon-Marvis, vii+556 pp.

Dejean P F M A. 1829. Species général des coléoptères, de la collection de M. le Comte Dejean. Tome quatrième. Paris: Méquignon-Marvis, vii+520 pp.

Dejean P F M A. 1831. Species général des coléoptères, de la collection de M. le Comte Dejean. Tome cinquième. Paris: Méquignon-Marvis, viii+883 pp.

Dejean P F M A. 1833. Catalogue des coléoptères de la collection de M. le Comte Dejean. Livraisons 1 & 2. Paris: Méquignon- Marvis Père et Fils, pp. 1-96, pp. 97-176 pp.

Dellacasa G, Bordat P, Dellacasa M. 2001. A revisional essay of world genus-group taxa of Aphodiinae. Genova, Memorie della Società Entomologica Italiana. 79: 1-482.

Dellacasa G, Johnson C. 1983. *Aphodius analis* and its allies in the subgenus *Teuchestes* with descriptions of two new species (Coleoptera Scarabaeidae: Aphodiinae). Revue suisse de Zoologie, 90(3): 519-532.

Dellacasa M, Dellacasa G, Král D, Bezděk A. 2016. Tribe Aphodiini. 98-154. *In:* Löbl I, Löbl D. Catalogue of Palaearctic Coleoptera. Volume 3. Scarabaeoidea–Scirtoidea–Dasciloidea–Buprestoidea–Byrrhoidea. Revised and Updated Edition. Brill, Leiden, Boston: 1-983.

Dellacasa M, Gordon R D, Dellacasa G. 2004. Systematic redefinition of *Calamosternus colimaensis* (Hinton, 1934) and its sibling species, *Calamosternus uniplagiatus* (Waterhouse, 1875). Folia Entomologia Mexicana, 43(1): 131-134.

Deuve T. 1988. Description d'un nouveau Carabidae du Jiangxi (Coleoptera). Nouvelle Revue d'Entomologie (N. S.), 4 [1987]: 386.

Deuve T. 1996. Descriptions de trois Trechinae anophtalmes cavernicoles dans un karst du Hunan, Chine (Coleoptera, Trechidae). Revue Francaise d'Entomologie (N. S.), 18: 41-48.

Deuve T, Tian M-Y. 2015. Trois nouveaux Trechidae troglobies anophtalmes des karsts du Guizhou et du Zhejiang, en Chine (Coleoptera, Caraboidea). Bulletin de la Société Entomologique de France, 102: 397-402.

Deyrolle H. 1874. Revue du groupe des Euchirides de la famille des Mélolonthides et description d'une espèce nouvelle. Annales de la Société Entomologique de France, 5(8): 443-450.

Deyrolle H. 1878. [new species]. *In:* Deyrolle H, Fairmaire L. Descriptions de coléoptères recueillis par M. l'abbé David dans la Chine centrale. Annales de la Société Entomologique de France, 8(5): 87-140.

Didier R. 1925. Description d'une espèce nouvelles de Lucanides. Bulletin de la Société Entomologique de France, 1925: 262-266.

Didier R. 1928. Études sur les Coléoptères Lucanides du Globe. I-V. Paris Fascicule, 1-4: 1-101.

Didier R. 1931. Étude sur les Coléoptères Lucanides du Globe. XI-XV. Paris Fascicule, 8-9: 160-232.

Didier R, Séguy E. 1952. Notes sur quelques espèces de Lucanides et descriptions de formes nouvelles. Revue Francaise d'Entomologie, 19: 220-233.

Didier R, Séguy E. 1953. Catalogue illustré des Lucanides du Globe. Texte. Lechevalier, Paris. Encyclopédie Entomologique, 27(A): 1-223, 136 figs.

Dohrn C A. 1891. Cicindela literata. Entomologische Zeitung (Stettin), 52: 250-254.

Dokhtouroff W. 1883. Matériaux pour servir à l'étude des cicindélides. III. Revue Mensuelle d'Entomologie Pure et Appliquée, 1: 66-70.

Dormitzer M. 1851. Einige Worte über die Minutien der tropischen Fauna. Lotos, Zeitschrift für Natur-Wissenschaften, 1: 59-61.

Drapiez P A J. 1820. Description de cinq insectes nouveaux. Annales Générales des Sciences Physiques, 3: 269-274+pl. xliv.

Dupuis P. 1912. H. Sauter's Formosa-Ausbeute Carabidae. Annales de la Société Entomologique de Belgique, 56: 282-291, 308-338.

Dupuis P. 1914. H. Sauter's Formosa-Ausbeute Carabidae. Annales de la Société Entomologique de Belgique, 57 [1913]: 418-425.

Duran D, Gough H M. 2020. Validation of tiger beetles as distinct family (Coleoptera: Cicindelidae), review and reclassification of tribal relationships. Systematic Entomology. DOI: 10.1111/syen.12440.

Eichelbaum F. 1913. Verzeichnis der von mir in den Jahren 1903 und 1904 in Deutsch-und Britisch-Ostafrika eingesammelten Staphylinidae. Archiv für Naturgeschichte (A), 79(3): 114-168.

Eichelbaum F. 1915. Verbesserungen und Zusätze zu meinem Katalog der Staphylinidengattungen aus dem Jahre 1909. Archiv für Naturgeschichte (A), 81(5): 98-121.

Endrödi S. 1952. Neue und bekannte Hopliinen und Valginen aus der Fukien-Ausbeute des Herrn J. Klapperich. Folia Entomologica Hungarica (N. S.), 5: 41-71.

Endrödi S. 1965. Ergebnisse der zoologischen Forschungen von Dr. Z. Kaszab in der Mongolei. 62. Lamellicornia der II. Expedition. Reichenbachia, 7: 191-199.

Endrödy-Younga S. 1997. Active extraction of water-dissolved oxygen and descriptions of new taxa of Torridincolidae (Coleoptera: Myxophaga). Annals of the Transvaal Museum, 36: 313-332.

Eppelsheim E. 1885. Beitrag zur Staphylinidenfauna West-Afrika's. Deutsche Entomologische Zeitschrift, 29: 97-147.

Eppelsheim E. 1886. Neue Staphylinen vom Amur. Deutsche Entomologische Zeitschrift, 30: 33-46.

Eppelsheim E. 1889. Neue Staphylinen Europa's und der angrenzenden Ländern. Deutsche Entomologische Zeitschrift, 33: 161-183.

Eppelsheim E. 1895. Neue ostindische Staphylinen. Wiener Entomologische Zeitung, 14: 53-70.

Erichson W F. 1832. Genera Dyticeorum. Berolini: Nietackianis, ii+48 pp.

Erichson W F. 1834a. Coleoptera. *In:* Meyen F J F. Beiträge zur Zoologie, gesammelt auf einer Reise um die Erde. Nova Acta Academiae Caesareae Leopoldino-Carolinae Germanicae Naturae Curiosorum, 16(Supplement 28): 219-276.

Erichson W F. 1834b. Uebersicht der Histeroides der Sammlung. Jahrbücher der Insectenkunde, 1: 83-208.

Erichson W F. 1837-1839. Die Käfer der Mark Brandenburg. Vol. 1. Berlin: F. H. Morin, viii + 740 pp. (only pp. 1-384 issued in 1837).

Erichson W F. 1839. Erster Band. 1-400. *In:* Genera et species Staphylinorum insectorum coleopterorum familiae. Berlin: F. H. Morin, 954 pp.

Erichson W F. 1840. Zweiter Band. 401-954. *In:* Genera et species Staphylinorum insectorum coleopterorum familiae. Berlin: F. H. Morin, 954 pp.

Erichson W F. 1843. Beitrag zur Insecten-Fauna von Angola, in besondere Beziehung zur geographischen Verbreitung der Insecten in Afrika. Archiv für Naturgeschichte, 9(1): 199-267.

Erichson W F. 1845-1848. Naturgeschichte der Insecten Deutschlands. Erste Abtheilung. Coleoptera. Dritter Band. Berlin: Nicolaische Buchhandlung, iv+[2]+968 pp., 1 pl. [issued in parts: pp. 1-320: 1845; pp. 321-480: 1846; pp. 481-800: 1847; pp. 800-968: 1848].

Eschscholtz J F von. 1829. Zoologischer Atlas, enthaltend Abbildungen und Beschreibungen neuer Thierarten, während des Flottcapitains von Kotzebue zweiter Reise um die Welt, auf der Russisch-Kaiserlichen Kriegsschlupp Predpriaetië in den Jahren 1823-1826. Erstes Heft. Berlin: G. Reimer, iv+17 pp., pls. 1-5.

Fabricius J C. 1775. Systema Entomologiae sistens Insectorum Classes, Ordines, Genera, Species adiectis Synonymis, Locis, Descriptionibus, Obsevationibus. Flensburgi et Lipsiae: Officina Libraria Kortii, xxxii+832 pp.

Fabricius J C. 1781. Species insectorum exhibens eorum differentias specificas, synonyma auctorum, loca natalia, metamorphosis, adiecitis observastionibus, descriptionibus. Tomus I. Hamburgi et Kilonii: Carol Ernest Bohnii, viii+552 pp.

Fabricius J C. 1787a. Mantissa insectorum sistens eorum species nuper detectus adiectis characteribus genericis, differentiis specificis, emendationibus, descriptionibus. Tom. I. Hafniae: Christ. Gottl. Proft, xx + 348 pp.

Fabricius J C. 1787b. Mantissa insectorum sistens species nuper detectas adiectis synonymis, observationibus, descriptionibus, emendationibus. Tom. II. Hafniae: Christ. Gottl. Proft, [2]+382 pp.

Fabricius J C. 1792-1794. Entomologia systematica emendata et aucta. Secundum classes, ordines, genera, species adjectis synonimis, locis, observationibus, descriptionibus. Hafniae: C. G. Proft. [Vol. 1: part 1, xx+330 pp. published in 1792; part 2, 538 pp. in 1793; Vol. 2, viii+519 pp. in 1793; Vol. 3: part 1, vi+487 pp. in 1793; part 2, 349 pp. in 1794; Vol. 4, vi+472 pp. in 1794.]

Fabricius J C. 1798. Supplementum entomologicae systematicae. Hafniae: Proft et Storch, [4]+572 pp.

Fabricius J C. 1801. Systema eleutheratorum secundum ordines, genera, species; adiectis synonymis, locis, observationibus, descriptionibus. Kiliae: Bibliopolii Academici Novi, Tomus I: xxiv+506 pp., Tomus II: 687 pp.

Fabrizi S, Liu W-G, Bai M, Yang X-K, Ahrens D. 2021. A monograph of the genus *Maladera* Mulsant et Rey, 1871 of China (Coleoptera: Scarabaeidae: Melolonthinae: Sericini). Zootaxa, 4922(1): 1-400.

Fagel G. 1956. Contribution à la connaissance des Staphylinidae. XXXVIII. Démembrement du genre Oxytelus Erichson. Bulletin et Annales de la Société Royale d'Entomologie de Belgique, 92: 267-275.

Fagel G. 1957a. Contribution à la connaissance des Staphylinidae. XXXIX. Oxytelini nouveaux d'Afrique noire. Bulletin Institut royal des Sciences naturelles de Belgique, 33(5): 1-16.

Fagel G. 1957b. Contributions à l'étude de la faune entomologique du Ruanda-Urundi (Mission P. Balilewsky 1953). CXIX. Coleoptera Staphylinidae: Piestinae, Omaliinae, Proteininae, Osoriinae, Oxytelinae. Annales du Musée Royal du Congo Belge, Tervuren (ser. in 8). Sciences Zoologiques, 58: 26-72.

Fagel G. 1960. Contribution à la connaissance des Staphylinidae. LXVII. Le complexe des Anisopsis. Bulletin Institut Royal des Sciences Naturelles de Belgique, 36(41): 1-51.

Fairmaire L. 1873. (Première partie). 331-360. *In:* Fairmaire L, Raffray A. Coléoptères du Nord de l'Afrique. Revue et Magasin de Zoologie, 1(3): 331-385, pls. 15-16.

Fairmaire L. 1878. [new species]. *In*: Deyrolle H, Fairmaire L. Descriptions de coléoptères recueillis par M. l'abbé David dans la Chine centrle. Annales de la Société Entomologique de France, 8(5): 87-140.

Fairmaire L. 1880. Diagnoses de coléoptères de la Chine centrale. Le Naturaliste, 1: 164.

Fairmaire L. 1886. Descriptions de Coléoptères de l'intérieur de la Chine. Annales de la Société Entomologique de France, 6(6): 303-356.

Fairmaire L. 1887. Coléoptères de l'intérieur de la Chine. Annales de la Société Entomologique de Belgique, 31: 87-136.

Fairmaire L. 1888a. Notes sur les Coléoptères des environs de Peking (2 e partie). Revue d'Entomologie, 7: 111-160.

Fairmaire L. 1888b. Trois Polyphylla de la Chine. Bulletin ou Comptes-Rendus des Séances de la Société Entomologique de Belgique, 1888: xvi-xvii.

Fairmaire L. 1888c. Coléoptères de l'intérieur de la Chine (Suite). Annales de la Société Entomologique de Belgique, 32: 7-46.

Fairmaire L. 1889a. Coléoptères de l'intérieur de la Chine. (5e partie). Annales de la Société Entomologique de France, 9(6): 5-84.

Fairmaire L. 1889b. Descriptions de Coléoptères de l'Indo-Chine. Annales de la Société Entomologique de France, 8(6) [1888]: 333-378.

Fairmaire L. 1891a. Coléoptères de l'intérieur de la Chine (Suite: 7e partie). Bulletin ou Comptes-Rendus des Séances de la Société Entomologique de Belgique, 1891: clxxxvii-ccxix.

Fairmaire L. 1891b. Description de Coléoptères de l'intérieur de la Chine (Suite, 6e partie). Bulletin ou Comtes-Rendus des Séances de la Société Entomologique de Belgique, 1891: vi-xxiv.

Fairmaire L. 1893a. Coléoptères des Iles Comores. Annales de la Société Entomologique de Belgique, 37: 521-555.

Fairmaire L. 1893b. Note sur quelques Coléoptères des environs de Lang-Song. Annales de la Société Entomologique de Belgique, 37: 287-302.

Fairmaire L. 1897. Description de Coléoptères nouveaux de la Malaisie, de l'Inde et de la Chine. Notes from de Leyden Museum, 19: 209-233.

Fairmaire L. 1900. Descriptions de coléopteres nouveaux recueillis en Chine par M. de Latouche. Annales de la Société Entomologique de France, 68 [1899]: 616-643.

Fairmaire L, Germain P. 1862. Révision des coléoptères du Chili. Annales de la Société Entomologique de France, 1(4) [1861]: 405-456.

Fairmaire L, Laboulbène A. 1856. [Livraison 3]. 371-665. *In:* Faune entomologique française ou description des insectes qui se trouvent en France. Coléoptèra. Tome premier. Paris: Deyrolle, x+665 pp.

Faldermann F. 1835. Coleopterorum ab Illustrissimo Bungio in China boreali, Mongolia, et Montibus Altaicis collectorum, nec non ab ill. Turczaninoffio et Stchukino e provincia Irkutsk missorum illustrationes. Mémoires présentés à l'Académie Impériale des Sciences de St.-Pétersbourg, 2(4-5): 337-464, pls. i-v.

Falkenström G. 1932. Vorläufige Mitteilung über die neuen Halipliden und Dytisciden, von Dr. D. Hummel in den Jahren 1927-30 während Dr. Sven Hedins China-Expedition eingesammelt. Ent. Tidskr., 53: 191-192.

Falkenström G. 1936a. Halipliden, Dytisciden und Gyriniden aus West-und Zentral-China (Coleoptera). Lingnan Science Journal, 15(1): 79-99.

Falkenström G. 1936b. Halipliden, Dytisciden und Gyriniden aus West-und Zentral-China (Coleoptera). Lingnan Science Journal, 15(2): 225-248.

Falkenström G. 1937. Zwei neue Rhantus aus Australien (Coleopt.). Entomologisk Tidskrift, 58: 39-46.

Falkenström G. 1939. Halipliden und Dytisciden aus der Iberischen Halbinsel, gesammelt im Sommer 1935 von Prof. Dr. O. Lundblad. Arkiv för Zoologi, 31A(5): 1-22.

Fall H C. 1910. New Silphida of the tribe Anisotomi. Canadian Entomologist, 42: 4-8.

Fauvel A. 1867. [new name]. Coleopterologische Hefte, 2: 117.

Fauvel A. 1873. Faune Gallo-Rhénane ou species des insectes qui habitent la France, la Belgique, la Hollande, le Luxembourg, la prusse Rhénane, la Nassau et la Valais avec tableaux synoptiques et planches gravées. Tome 3. Livraison 4. Caen: Le Blanc- Hardel, 215-390.

Fauvel A. 1874. Faune Gallo-Rhénane description des insectes qui habitent la France, la Belgique, la Hollande, les provinces Rhénanes et la Valais avec tableaux synoptiques et planches gravées (Suile 1). Section II. - Staphylini. Bulletin de la Société Linnéenne de Normandie, 8(2): 167-340.

Fauvel A. 1875. Faune Gallo-Rhénane Catalogue systématique des staphylinides de la Faune Gallo-Rhénane avec l'addition synonymique des espèces européennes, siberiénnes, caucasiques et Mediterranéennes et descriptions nouvelles. Tome 2. Livraison 6. Caen: Le Blanc-Hardel, i-xxxviii.

Fauvel A. 1878. Les staphylinides de l'Australie et de la Polynésie. Annali del Museo Civico di Storia Naturale di Genova, 13: 465-598.

Fauvel A. 1885. Aveugle ou non? Réponse à M. de Saulcy au sujet des Glyptomerus et description d'une espèce nouvelle. Revue d'Entomologie, 4: 28-34.

Fauvel A. 1889. Les Coléoptères de la Nouvelle-Calédonie et dépendances avec descriptions, notes et synonymies nouvelles. Revue d'Entomologie, 8: 242-271.

Fauvel A. 1895. Staphylinides nouveaux de l'Inde et de la Malaisie. Revue d'Entomologie, 14: 180-286.

Fauvel A. 1903a. Mission de M. Maurice Maindron dans l'Inde Méridionale. Staphylinides. Revue d'Entomologie, 22: 149-163.

Fauvel A. 1903b. Faune analytique des Coléoptères de la Nouvelle-Calédonie. Revue d'Entomologie, 22: 203-378.

Fauvel A. 1904. Staphylinides exotiques nouveaux. 2e Partie. Revue d'Entomologie, 23: 76-112.

Fauvel A. 1905a. Staphylinides exotiques nouveaux. 3e Partie. Revue d'Entomologie, 24: 113-147.

Fauvel A. 1905b. Staphylinides nouveaux d'Afrique tropicale. Revue d'Entomologie, 24: 194-198.

Fedorenko D. 2015. Notes on the genera *Dischissus* and *Microcosmodes* (Coleoptera, Carabidae, Panagaeini) from the Oriental Region, with description of a new genus and a new species. Russian Entomological Journal, 24(4): 271-279.

Feisthamel J F de. 1845. Description d'une nouvelle espèce de carabe de la Chine. Annales de la Société Entomologique de France, 3(2): 103-104.

Felsche C. 1910. Über coprophage Scarabaeiden. Deutsche Entomologische Zeitschrift, 1910: 339-352.

Feng H-T. 1936. Notes on some Dytiscidae from Musée Hoang Ho Pai Ho, Tientsin with descriptions of eleven new species. Peking Natural History Bulletin, 11(1): 1-15.

Fenyes A. 1918. Coleoptera Fam. Staphylinidae subfam. Aleocharinae. 1-110. *In:* Wytsman P. Genera Insectorum. Fascicle 173a. Bruxelles: Louis Desmet-Verteneuil.

Fenyes A. 1921. New genera and species of Aleocharinae with a polytomic synopsis of the tribes. Bulletin of the Museum of Comparative Zoology at Harvard College, 65: 17-36.

Fery H, Hájek J. 2016. Nomenclatural notes on some Palaearctic Gyrinidae (Coleoptera). Acta Entomologica Musei Nationalis Pragae, 56: 645-663.

Fischer von Waldheim G. 1820. Entomographia Imperii Russici. Auctoritate societatis Caesareae Mosquensis naturae scrutatorum collecta et in lucem edita. Volumen I. Mosquae: A. Semen, 25 pls.

Fischer von Waldheim G. 1828. Entomographia Imperii Russici. Auctoritate societatis Caesareae naturae scrutatorum Mosquensium, in lucem edita. Tomus III. Cicindeletas et Carabicorum partem continens. Mosquae: A. Semen. viii+[1]+314 pp., 18 pls.

Fleischer A. 1904. *Liodes* (*Trichosphaerula* m.) *scita* Er. Wiener Entomologische Zeitung, 23: 261-262.

Fleischer A. 1905. Kritische Studien über *Liodes*-Arten. II Teil. Wiener Entomologische Zeitung, 24: 313-316.

Fleischer A. 1908. Bestimmungs-Tabellen der europäischen Coleopteren. LXIII Heft (63.). Anisotomidae, tribus Liodini. Verhandlungen des Naturforschenden Vereins in Brunn, 46[1907]: 1-63.

Fleutiaux E. 1894. Remarques sur quelques Cicindelidae et descriptions d'espèces nouvelles. Annales de la Société Entomologique de France, 62 [1893]: 483-502.

Fowler W W. 1888. The Coleoptera of the British Islands. A descriptive account of the families, genera, and species indigenous to Great Britain and Ireland, with notes as to localities, habitat, etc. Volume II. Staphylinidae. London: L. Reeve & Co., 444 pp.

Frank J H. 1982. The parasites of the Staphylinidae (Coleoptera). A contribution towards an encyclopedia of the Staphylinidae. University of Florida Agricultural Experiment Station Bulletin, 824: vii+1-118.

Franz H. 1958. Neue und ungenügend bekannte Coleopterenarten aus Spanien. Eos, Revista Española de Entomología, 34: 117-130.

Franz H. 1985. Neue und ungenügend bekannte Scydmaeniden (Coleoptera) aus Taiwan, Fukien① und Thailand. Mitteilungen der Münchner Entomologischen Gesellschaft, 74 [1984]: 91-128.

Franz H. 1986. Zweiter Beitrag zur Kenntnis der Scydmaenidenfauna der Fiji-Inseln. Entomologische Blätter, 82: 147-178.

Frey G. 1962a. Revision der Gattung Ceraspis Serv., nebst Beschreibung einer dazugehorigen neuen Gattung (Col. Melolonth.). Entomologische Arbeiten aus dem Museum G. Frey, 13: 1-66.

Frey G. 1962b. Neue Melolonthiden aus Asien und Ostafrika (Col.). Entomologische Arbeiten aus dem Museum G. Frey, 13: 608-615.

Frey G. 1970. Neue Ruteliden aus Indochina (Col. Scarab.). Entomologische Arbeiten aus dem Museum G. Frey, 21: 170-183.

Frey G. 1971. Neue Ruteliden und Melolonthiden aus Indien und Indochina (Col.). Entomologische Arbeiten aus dem Museum G. Frey, 22: 109-133.

Frey G. 1972a. Neue Sericinen der Klapperich-Ausbeute aus Fukien des Alexander Koenig Museum in Bonn (Col., Scarab., Melolonth.). Entomologische Arbeiten aus dem Museum G. Frey, 23: 162-177.

Frey G. 1972b. Neue Sericinen aus Indien und Indochina, sowie Abbildungen von Parameren bekannter Arten (Col., Scar., Melolonthinae). Entomologische Arbeiten aus dem Museum G. Frey, 23: 186-216.

Frisch J. 2011. The *Scopaeus paliferus* species group (Staphylinidae, Paederinae, Scopaeina) from the eastern Palaearctic, with exclusion of *Scopaeus anhuiensis* Li, 1993 from the Scopaeina Mulsant & Rey, 1878. Zoosystematics and Evolution, 87(2): 361-369.

Frivaldszky J von. 1890. Coleoptera in expeditione D. Comitis Belae Széchenyi in China, praecipue boreali, a Dominis Gustavo Kreitner et Ludovico Lóczy Anno 1879 collecta. Termeszetrajzi Füzetek, 12 [1889]: 197-210.

Frivaldszky J von. 1892. Coleoptera in expeditione D. Comitis Belae Széchenyi in China, praecipue boreali, a Dominis Gustavo Kreitner et Ludovico Lóczy Anno 1879 collecta. (Pars secunda). Természetrajzi Füzetek, 15: 114-125.

Fujita H. 2010. The lucanid beetles of the world. Mushi-Sha's iconographic series of insects 6. Tokyo: Mushi-Sha, 472 pp.

Ganglbauer L. 1895. Die Käfer von Mitteleuropa. Die Käfer der österreichisch-ungarischen Monarchie, Deutschland, der Schweiz, sowie des französischen und italienischen Alpengebietes. Zweiter Band. Famielienreihe Staphylinoidea. I. Theil: Staphylinidae, Pselaphidae. Wien: Carl Gerold's Sohn, 881 pp.

Ganglbauer L. 1896. Sammelreisen nach Südungarn und Siebenbürgen. Coleopterologische Ergebnisse derselben. I. Theil. Annalen des K.-K. Naturhistorischen Hofmuseums, 11: 164-187.

Ganglbauer L. 1899. Die Käfer von Mitteleuropa. Die Käfer des österreichisch-ungarischen Monarchie, Deutschlands, der Schweiz, sowie des französischen und italienischen Alpengebietes. Band 3. Staphylinoidea, II. Theil. Scydmaenidae, Silphidae, Clambidae,

① 本文献政治立场表述错误。台湾（Taiwan）和福建（Fukien）是中国领土的一部分，不应与其他国家名称并列出现。本书因引用历史文献不便改动，但并不代表本书作者及科学出版社的政治立场。

Leptinidae, Platypsyllidae, Corylophidae, Sphaeriidae, Trichopterygidae, Hydroscaphidae, Scaphidiidae, Histeridae. Familienreihe Clavicornia. Sphaeritidae, Ostomidae, Byturidae, Nitidulidae, Cucujidae, Erotylidae, Phalacridae, Thorictidae, Lathridiidae, Mycetophagidae, Colydiidae, Endomychidae, Coccinellidae. Wien: Carl Gerold's Sohn, iv + 1046 pp.

Ganglbauer L. 1904. Die Käfer von Mitteleuropa. Vol. 4(part 1). Wien: Karl Gerold's Sohn, 286 pp.

Gao C-B, Fang H. 2018. [new taxa]. *In:* Gao C-B, Bai M, Fang H, Yu Z-G. Four new species of the genus *Miridiba* Reitter from China. Zootaxa, 4527(1): 1-20.

Garreta L. 1914. Sur les divisions du genre *Gymnopleurus* Illiger (Col. Scarabaeidae) er remarques sur quelques espèces, leur synonymie et leur répartition géographique. Bulletin de la Société Entomologique de France, 1914: 51-55.

Ge S-Q, Yang X-K. 2004. Two new Chinese species of *Tenomerga* Neboiss (Coleoptera: Cupedidae), with a world catalog of the genus. Proceeding of the Entomological Society of Washington, 106(3): 631-638.

Gemminger M, Harold B de. 1868. Catalogus Coleopterorum hucusque descriptorum synonymicus et systematicus. Tom. II. Dytiscidae, Gyrinidae, Hydrophilidae, Staphylinidae, Pselaphidae, Gnostidae, Paussidae, Scydmaenidae, Silphidae, Trichopterygidae, Scaphidiidae. Monachii: E. H. Gummi, 425-752+[6].

Gentili E. 1984. Nuove specie e nuovi dati zoogeografici sul genere *Laccobius* (Coleoptera: Hydrophilidae). Annuario Osservatorio di Fisica terrestre e Museo Antonio Stoppani del Seminario Arcivescoville di Milano (N. S.), 5(1982): 31-32.

Gentili E. 2002. *Hebauerina*, new genus of water beetle from Thailand (Coleoptera, Hydrophilidae). Giornale italiano di Entomologia, 10: 141-145.

Geoffroy E L. 1762. Histoire abrégée des insectes qui se trouvent aux environs de Paris, dans laquelle ces animaux sont rangés suivant un ordre méthodique. Tome Premier. Paris: Chez Durand, 523 pp. + 10 pls.

Geoffroy E L. 1785. [new species]. *In:* Fourcroy A F de. Entomologia Parisiensis; sive catalogus insectorum quae in agro Parisiensi reperiuntur; secundum methodum Geoffraeanam in sectiones, genera et species distributus: cui addita sunt nomina trivalia [sic] et fere trecentae novae species. Pars prima. Paris: Aedibus Serpentineis, viii+544 pp.

Germar E F. 1827. Fauna Insectorum Europae. XIII. Halae: C. A. Kümmel, 25 pp. +25 pls.

Gestro R. 1879. Note sopre alcuni coleotteri dell'Arcipelago Malese e specialmente delle isole della Sonda. Annali del Museo Civico di Storia Naturale di Genova, 15 [1879-1880]: 49-62.

Gildenkov M Y. 2000. Obzor Palearkticheskikh vidov roda *Thinodromus* (Coleoptera, Staphylinidae). Soobshchenie 3. Zoologicheskii Zhurnal, 79(9): 1073-1077.

Gildenkov M Y. 2004. Novye i maloizvestnye palearkticheskie vidy stafilinid roda *Carpelimus* Leach (Coleoptera, Staphylinidae). [New and little known Palaearctic species of the staphylinid genus *Carpelimus* Leach (Coleoptera, Staphylinidae).] Entomologicheskoe Obozrenie, 83(3): 538-552.

Gildenkov M Y. 2015. Fauna *Carpelimus* of the Old World (Coleoptera: Staphylinidae). Smolensk: Smolgu Publishing House, 1-414 pp.

Gillet J J E. 1927. Descriptions de Lamellicornes coprophages nouveaux. Bulletin et Annales de la Société Entomologique de Belgique, 67: 251-261.

Gistel J N F X. 1834. Die Insecten-Doubletten aus der Sammlung des Herrn Grafen Rudolph von Jenison Walworth zu Regensburg, welche sowohl im Kauf als im Tausche abgegeben werden. No. 1. Käfer. München: George Jaquot, 36 pp.

Gistel J N F X. 1848. Naturgeschichte des Thierreichs. Für höhere Schulen bearbeitet durch Johannes Gistel. Mit einem Atlas von 32 Tafeln (darstellend 617 illuminirte Figuren) und mehreren dem Texte eingedruckten Xylographien. Stuttgart: R. Hoffmann, xvi+ 216+[4] pp., 32 pls.

Gistel J N F X. 1856. Die Mysterien der europäischen Insectenwelt. Ein geheimer Schlüssel für Sammler aller Insecten-Ordnungen und Stände, behufs des Fangs, des Aufenhalts-Orts, der Wohnung, Tag- und Jahreszeit u.s.w., oder autoptische Darstellung des Insectenstaats in seinem Zusammenhange zum Bestehen des Naturhaushaltes überhaupt und insbesondere in seinem Einflusse auf die phanerogamische und cryptogamische Pflanzenberöltzerrung Europa's. Zum ersten Male nach 25jährigen eigenen Erfahrungen zusammengestellt und herausgegeben. Kempten: T. Dannheimer, xii+530 pp.

Gomy Y. 1999. Description de trois nouvelles espèces de micro-Histeridae de Chine continentale (Coleoptera). Bulletin de la Société

Entomologique de France, 104: 375-380.

Gory H L, Percheron A R. 1833. Monographie des Cétoines et genres voisins, formant dans les familles naturelles de Latreille la division des Scarabées Mélitophiles. Paris: Baillière, 403 pp., pl. 77.

Gough H M, Duran D P, Kawahara A Y, Toussaint E F. 2019. A comprehensive molecular phylogeny of tiger beetles (Coleoptera, Carabidae, Cicindelinae) challenges current classification. Systematic Entomology, 44(2): 305-321.

Gozis M des. 1886. Recherche de l'espèce typique de quelques anciens genres. Rectifications synonymiques et notes diverses. Montluçon: Herbin, 36 pp.

Gozis M des. 1911. Tableaux de détermination des Dytiscides, Notérides, Hyphydrides, Hygrobiides et Haliplides de la Faune Franco-Rhénane (part). Miscellanea Entomologica, 19: 17-23, 33-48.

Gozis M des. 1912. Tableaux de détermination des Dytiscides, Notérides, Hyphydrides, Hygrobiides et Haliplides de la Faune Franco-Rhénane (part). Miscellanea Entomologica, 20(4): 49-64.

Gramma V N. 1980. A new specics of the genus *Haliplus* Latr. (Coleoptera, Haliplidae) from the Far. East. Revue d'Entomologie de l'URSS, 59: 294-296.

Gravely F H. 1915. A catalogue of the Lucanidae in the collection of the Indian Museum. Records of the Indian Museum, 11: 407-431.

Gravenhorst J L C. 1802. Coleoptera Microptera Brunsvicensia nec non exoticorum quotquot exstant in collectionibus entomologorum Brunsvicensium in genera familias et species distribuit. Brunsuigae: Carolus Reichard, lxvi+206 pp.

Gschwendtner L. 1931. Revision der Cybister tripunctatus-Gruppe. Entomologische Blätter, 27: 65-70, 97-104.

Gschwendtner L. 1934. [new species]. *In:* Zimmermann A. Monographie der paläarktischen Dytiscidae. V. Colymbetinae (1. Teil: Copelatini, Agabini: Gattung Gaurodytes Thoms.). Koleopterologische Rundschau, 20: 138-214.

Guéorguiev V B, Rocchi S. 1993. Contributo alla conoscenza dei Dytiscidae della Nuova Guinea (Coleoptera). Frustula Entomologica (Nuova Serie), 15(1992): 147-166.

Guérin-Méneville F E. 1829. Plates 3-12. *In:* Iconographie du règne animal de G. Cuvier, ou représentation d'après nature de l'une des espèces les plus remarquables et souvent non encore figurées, de chaque genre d'animaux. Avec un texte descriptif mis au courant de la science. Ouvrage pouvant servir d'atlas a tous les traités de zoologie. II. Planches des animaux invertébrés. Insectes. Paris: J. B. Baillière, 576 pp. [issued in parts: 1829-1844, cf. Bedel, 1891]

Guérin-Méneville F E. 1833. Insectes [livraison 7]. 414-512, 5 pls. *In:* Bélanger C. Voyage aux Indes-Orientales, par le nord de l'Europe, les provinces du Caucase, la Géorgie, l'Arménie et la Perse, suivi de détails topographiques, statistiques et autres sur le Pégou, les Isles de Java, de Maurice et de Bourbon, sur le Cap-de-Bonne-Espérance et Sainte-Hélène, pendant les années 1825, 1826, 1827, 1828 et 1829. Zoologie. Paris: Arthus Bertrand, xxxix + 535 pp., 40 pls.

Guérin-Méneville F E. 1838. Insectes du voyage de la Favorite. Magasin de Zoologie, Classe Ⅸ. Insectes 8, 3(1): [1832-1838]: 1-64, pls. 225-238.

Guignot F. 1931-1933. Les hydrocanthares de France. Toulouse: Les Frères Douladoure, xv+1057 pp. [pp. 1-188 published in 1931, pp. 189-786 in 1932, pp. 787-1057 in 1933.].

Guignot F. 1936a. Mission scientifique de l'Omo 4(31). Coleoptera. 10. Haliplidae et Dytiscidae (1re partie). Mémoires du Muséum National d'Histoire Naturelle Paris, 8(1938): 1-75.

Guignot F. 1936b. Un nouvel *Hyphydrus* de Chine (Col. Dytiscidae). Notes Entomologiques Chinoise Musee Heude, 3: 133-134.

Guignot F. 1942. Seizième note sur les hydrocanthares. Bulletin Mensuel de la Société Linnéenne de Lyon, 11: 86-88.

Guignot F. 1948. Vingt-septième note sur les hydrocanthares. Bulletin Mensuel de la Société Linnéenne de Lyon, 17: 163-171.

Guignot F. 1954. Quarante-et-unième note sur les hydrocanthares. Revue Française d'Entomologie, 21: 195-202.

Gusarov V I. 1993. New and little-known Palaearctic Staphylinidae (Coleoptera). Zoosystematica Rossica, 1 [1992]: 65-74.

Gusarov V I. 1997. Staphylinids (Coleoptera: Staphylinidae) from Saudi Arabia and Oman. Fauna of Saudi Arabia, 16: 277-290.

Gyllenhal L. 1810. Insecta Suecica descripta. Classis 1. Coleoptera sive Eleuterata. Tomi I. Pars II. Scaris: F. J. Leverentz, xix+[1]+660 pp.

Gyllenhal L. 1817. [new taxa]. *In:* Schönherr C J. Synonymia Insectorum, oder Versuch einer Synonymie aller bisher bekannten Insecten; nach Fabricii Systema Elautheratorum etc. geordnet. Erster Band. Eleutherata oder Käfer. Dritter Theil. Hispa- Molorchus. Upsala:

Em. Brucelius, 506 pp. + Appendix: Descriptiones novarum specierum, 266 pp.

Habu A. 1954. On four new species of *Trichotichnus* from Mt. Hiko, Kyushu (Coleoptera) (The Carabidaefauna of Mt. Hiko, II). Mushi, 26: 53-59.

Habu A. 1961. Revisional study of the species of the *Trichotichnus*, the subtribe of the tribe Harpalini from Japan. Bulletin of the National Institute of Agricultural Sciences (Series C), 13: 127-169.

Habu A. 1973. Fauna Japonica. Carabidae: Harpalini (Insecta, Coleoptera). Tokyo: Keigaku Publishing Co., xiii+430 pp.

Habu A. 1974. A new *Microlestes* species from Hiroshima prefecture, Japan (Coleoptera, Carabidae). The Entomological Review of Japan, 26(1/2): 18-20.

Hájek J, Fery H. 2017. Family Gyrinidae Latreille, 1810. *In:* Löbl I, Löbl D. Catalogue of Palaearctic Coleoptera.Volume 1. Revised and updated edition. Archostemata-Myxophaga-Adephaga. Leiden/Boston: Brill, 22-29.

Hájek J, Fikáček M. 2008. A review of the genus *Satonius* (Coleoptera: Myxophaga: Torridincolidae): taxonomic revision, larval morphology, notes on wing polymorphism, and phylogenetic implications. Acta Entomologica Musei Nationalis Pragae, 48: 655-676.

Hájek J, Yoshitomi H, Fikáček M, Hayashi M, Jia F-L. 2011. Two new species of *Satonius* Endrödy-Younga from China and notes on the wing polymorphism of *S. kurosawai* Satô (Coleoptera: Myxophaga: Torridincolidae). Zootaxa, 3016: 51-62.

Hammond P M. 1975. Report from the Lund University Ceylon Expedition in 1962. Report No. 34. Coleoptera: Staphylinidae Oxytelini from Ceylon. Entomologica scandinavica, Supplementum, 4(1973-1975): 141-178.

Hansen M. 1999. Fifteen new genera of Hydrophilidae (Coleoptera), with remarks on the generic classification of the family. Entomologica Scandinavica, 30: 121-172.

Harold E von. 1862: Beiträge zur Kenntniss einiger coprophagen Lamellicornien (Drittes Stück). Berliner Entomologische Zeitschrift, 6: 138-171.

Harold E von. 1875. Verzeichniss der von Herrn T. Lenz in Japan gessammelten Coleopteren. Abhandlungen des Naturwissenschaftlichen Verein zu Bremen, 4: 283-296.

Harold E von. 1877. Enumération des Lamellicornes Coprophages rapportés de l'Archipel Malais, de la Nouvelle Guinée et de l'Australie boréale par MM. J. Doria, O. Beccari et L. M. D'Albertis. Annali del Museo Civico di Storia Naturale di Genova, 10: 38-110.

Harold E. 1878. Beiträge zur Käferfauna von Japan. (Viertes Stück.) Japanische Käfer des Berliner Königl. Museums. Deutsche Entomologische Zeitschrift, 22: 65-88.

Harris T W. 1841. A Report on the Insects of Massachusetts, injurious to vegetation. Cambridge: Folsom, Wells and Thurston, 459 pp.

Hatch M H. 1925. Phylogeny and phylogenetic tendencies of Gyrinidae. Papers of the Michigan Academy of Sciences, Arts and Letters, 5: 429-467.

Hatch M H. 1927. Studies on the carrion beetles of Minnesota, including new species. Technical Bulletin, University of Minnesota Agricultural Experiment Station, 48: 1-19.

Hatch M H. 1946. Mr. Ross H. Arnett's "Revision of the Nearctic Silphini and Nicrophorini". Journal of the New York Entomological Society, 54: 99-103.

Hayashi Y. 1990. Notes on Staphylinidae from Taiwan, V. The Entomological Review of Japan, 45: 135-143.

Hayashi Y. 1992. Notes on Staphylinidae from Taiwan. VII. The Entomological Review of Japan, 47: 11-16.

Hayashi Y. 1997. Studies on Staphylinidae from Japan, VI. A new species and two new subgenera of the genus *Eucibdelus* Kraatz from Japan. The Entomological Review of Japan, 52: 25-37.

Hayashi Y. 2008. *Pseudohesperus*, a new genus of Philonthina (Coleoptera: Staphylinidae) from East-Asia, with redescription of its type species *Philonthus rutiliventris* Sharp. The Entomological Review of Japan, 63(2): 145-153.

He W-J, Tang L, Li L-Z. 2008a. A review of the genus *Scaphidium* Olivier (Coleoptera, Staphylinidae, Scaphidiinae) from Tianmushan, East China. Zootaxa, 1898: 55-62.

He W-J, Tang L, Li L-Z. 2008b. Notes on the genus *Scaphidium* Olivier of China with description of a new species (Coleoptera: Staphylinidae: Scaphidiinae). Entomological Review Japan, 62(2): 177-182.

Heer O. 1839. Fascicule II. 145-360. *In:* Fauna Coleopterorum Helvetica. Pars I. Turici: Orelii, Fuesslini et Sociorum, xii+652 pp.

[publ. in parts: 1838-1841].

Heller K M. 1891. Die mit der Ruteliden-Gattung *Singhala* Burm. verwandten Gattungen und Arten. Deutsche Entomologische Zeitschrift, 1891: 289-306.

Heller K M. 1921. New Philippine Coleoptera.The Philippine Journal of Science, 19: 523-627.

Hellwig J C L. 1798. Ankündigungen neuer Bücher. Intelligenzblatt der Allgemeine Literatur-Zeitung, 13: 100-102.

Herbst J F W. 1779. Beschreibung und Abbildung einiger, theils neuer, theils noch nicht abgebildeter Insekten. Beschäftigungen der Berlinischen Gesellschaft Naturforschender Freunde, 4: 314-326, pl. VII.

Herbst J F W. 1784. Heft 5. *In:* Fuessly J C: Archiv der Insectengeschichte. Heft 4-5. Zurich: J.C. Fuessly, 151 pp., pls. 19-30.

Herbst J F W. 1790. Natursystem aller bekannten in-und ausländischen Insekten, als eine Fortsetzung der von Büffonschen Naturgeschichte. Der Käfer, dritter Theil. Berlin: Joachim Pauli, xiv+325 pp., pls. 21-37.

Herman L H. 1970. Phylogeny and reclassification of the genera of the rove-beetle subfamily Oxytelinae of the World (Coleoptera, Staphylinidae). Bulletin of the American Museum of Natural History, 142: 343-454.

Herman L H. 1972. Revision of *Bledius* and related genera. Part I. The aequatorialis, mandibularis, and semiferrugineus groups and two new genera (Coleoptera, Staphylinidae, Oxytelinae). Bulletin of the American Museum of Natural History, 149(2): 111-254.

Herman L H. 2001a. Nomenclatural changes in the Staphylinidae (Insecta: Coleoptera). Bulletin of the American Museum of Natural History, 264: 1-83.

Herman L H. 2001b. Catalogue of the Staphylinidae (Insecta: Coleoptera). 1758 to the end of the second millenium. Bulletion of the American Museum of Natural History, 265(1-7): vi+4218 pp.

Herman L H. 2003. Nomenclatural changes in the Paederinae (Coleoptera: Staphylinidae). American Museum Novitates, 3416: 1-28.

Heyden L F J D von. 1886. Beiträge zur Coleopteren-Fauna von Pecking in Nord-China. Deutsche Entomologische Zeitschrift, 30: 281-292.

Heyden L F J D von. 1887. Verzeichniss der von Herrn Otto Herz auf der chinesischen Halbinsel Korea gesammelten Coleopteren. Horae Societatis Entomologicae Rossicae, 21: 243-273.

Hinton H E. 1945. A monograph of the beetles associated with stored products. Vol. 1. London: British Museum (Natural History), 443 pp.

Hlaváč P. 1998. A new species of the genus *Hyugatychus* (Coleoptera: Staphylinidae: Pselaphinae) from China. Folia Heyrovskyana, 6: 77-80.

Hlaváč P. 2002. A taxonomic revision of the Tyrini of the Oriental region. II. Systematic study on the genus *Pselaphodes* and its allied genera (Coleoptera: Staphylinidae: Pselaphinae). Annales de la Société Entomologique de France (N. S.), 38(3) [2002]: 283-297.

Hlisnikovský J. 1955. Beitrag zur Kenntnis der paläarktischen Dytisciden (Coleoptera). Acta Entomologica Musei Nationalis Pragae, 29(1954): 85-88.

Hlisnikovský J. 1963. Neue Liodidae (Coleoptera) aus Neu-Guinea I. Annales Historico-Naturales Musei Nationalis Hungarici, 55: 301-311.

Hlisnikovský J. 1967. 88. Liodini, Ergebnisse der zoologischen Forschungen von Dr. Z. Kaszab in der Mongolei (Coleoptera). Reichenbachia, 9 [1967-1968]: 255-274.

Hlisnikovský J. 1968a. Eine neue Gattung der Pterolomini (Coleoptera, Silphidae). Reichenbachia, 10: 113-117.

Hlisnikovský J. 1968b. Neue Liodidae (Col.). Entomologische Arbeiten aus dem Museum G. Frey, 19: 144-150.

Hlisnikovský J. 1972. Beitrag zur Kenntnis der Liodidae (Coleoptera) von Ceylon. Mitteilungen der Schweizerischen Entomologischen Gesellschaft, 45: 131-149.

Hochhuth J H. 1846. Hydrocanthares. 213-225. *In:* Chaudoir M de, Hochhuth J H. Énumération des carabiques et hydrocanthares du Caucase. Kiew: J. Wallner, 268 pp.

Hochhuth J H. 1851. Beitraege zur naeheren Kenntniss der Staphylinen Russlands. Enthaltend Beschreibung neuer Genera und Arten, nebst Erläuterungen noch nicht hinlänglich bekannter Staphylinen des russischen Reichs. Bulletin de la Société Impériale des Naturalistes de Moscou, 24(2): 3-58.

Hope F W. 1831. Synopsis of the new species of Nepaul insects in the collection of Major General Hardwicke. 21-32. *In:* Gray J E. Zoological Miscellany. Vol. 1. London: Treuttel, Wurtz & Co., 40 pp., 4 pls.

Hope F W. 1836. Monograph on *Mimela*, a genus of coleopterous insects. Transactions of the Entomological Society of London, 1: 108-117.

Hope F W. 1837. The Coleopterist's Manual, Containing the Lamellicorn Insects of Linnaeus and Fabricius. London: Henry G. Bohn, xiii+[2]+15-121+[4] pp., 3 pls.

Hope F W. 1838. The Coleopterist's Manual, Part the Second, Containing the Predaceous Land and Water Beetles of Linnaeus and Fabricius. London: Bohn, 168 pp.+3 pls.

Hope F W. 1840a. Descriptions of some new insects collected in Assam, by William Griffith, Esq., assistant surgeon on the Madras Medical Establishment. Proceedings of the Linnean Society of London, 1(9): 77-79.

Hope F W. 1840b. The Coleopterist's Manual, Part the Third, Containing Various Families, Genera, and Species of Beetles, Recorded by Linnaeus and Fabricius. Also, Descriptions of Newly Discovered and Unpublished Insects. London: J. C. Bridgewater, and Bowdery and Kerby, [5]+191 pp., pls. 1-3.

Hope F W. 1841. Description of some new lamellicorn Coleoptera from Northern India. Transactions of the Entomological Society of London, 3 [1841-1843]: 62-67.

Hope F W. 1842a. [*Lucanus confucius*]. Proceedings of the Entomological Society London, (1841): 60.

Hope F W. 1842b. On some rare and beautiful Coleopterous insects from Silhet, the major part belonging to the collection of Frederic Parry, Esq., of Cheltenham. The Annals and Magazine of Natural History, 9: 247-248.

Hope F W. 1842c. Descriptions of the coleopterous insects sent to England by Dr. Cantor from Chusan and Canton, with observations on the entomology of China. Proceedings of the Entomological Society of London, 1841: 59-65.

Hope F W. 1843a. On some nondescript Lamellicorn beetles. Transactions of the Entomological Society London, 3(4): 279-283.

Hope F W. 1843b. Descriptions of the coleopterous insects sent to England by Dr. Cantor from Chusan and Canton, with observations on the entomology of China. The Annals and Magazine of Natural History, 11: 62-66.

Hope F W. 1843c. On some rare and beautiful coleopterous insects from Silhet, chiefly in the collection of Frederick Parry, Esq. F. L. S. Transactions of the Linnean Society of London, 19: 103-112, 131-136, 3 pls.

Hope F W. 1845. On the entomology of China, with descriptions of the new species sent to England by Dr. Cantor from Chusan and Canton. Transactions of the Entomological Society of London, 4 [1845-1847]: 4-17.

Hope F W, Westwood J O. 1845. A catalogue of the Lucanoid Coleoptera in the collection of the Rev. F.W. Hope, M.A.F.R.S. & c. President of the Entomological Society of London, with descriptions of the new species therein contained. London: Bridgewater, 31 pp.

Hori M, Cassola F. 1989. Notes on the tiger beetle complex of *Callytron nivicinctum* (Coleoptera, Cicindelidae) with description of a new subspecies. Japanese Journal of Entomology, 57(3): 504-516.

Horn W. 1896. Novae *Cicindelidarum* species ex coll. "Rothschild". Deutsche Entomologische Zeitschrift, 1896: 149-152.

Horn W. 1901. Revision der Cicindeliden mit besonderer Berücksichtigung der Variationsfähigkeit und geographichen Verbreitung. Tribus II. Collyridae Chd. Deutsche Entomologische Zeitschrift, 1901: 33-64.

Horn W. 1904. Ueber die Cicindeliden-Sammlungen von Paris und London. Deutsche Entomologische Zeitschrift, 1904: 81-99.

Horn W. 1908. Eine neue paläarktische Cicindela (Col.). Deutsche Entomologische Zeitschrift, 1908: 33-34.

Horn W. 1913. Matériaux pour servir à l'étude de la faune entomologique de l'Indochine. Cicindelinae. Annales de la Société Entomologique de Belgique, 57: 362-366.

Houlbert C. 1914. Description d'un nouveau genre et d'une espèce nouvelle de la tribu des Dorcinae. Insecta, revue illustree d'Entomologie, Rennes, 4: 344-346.

Houlbert C. 1915. Descriptions de quelques Lucanides nouveaux. Insecta, revue illustree d'Entomologie, Rennes, 5: 17-23.

Houlbert C. 1934. Faune entomologique armoricaine. Coléoptères. Hydrocarabiques. Bulletin de la Société Scientifique de Bretagne, 11: 1-147.

Hromádka L. 1979. Drei neue japanische *Stenus* (*Parastenus*)-Arten. Fragmenta Coleopterologica, 25/28: 100-103.

Hu J-Y, Li L-Z. 2009. [new taxa]. *In:* Hu J-Y, Li L-Z, Zhao Y-L. Two new species of the genus *Nazeris* from Anhui, China (Coleoptera, Staphylinidae). Japanese Journal of Systematic Entomology, 15(1): 231-236.

Hu J-Y, Li L-Z. 2010. [new taxa]. *In:* Hu J-Y, Li L-Z, Tian M-X, Cao G-H. Additional Two New Species of the Genus *Nazeris* from China (Coleoptera, Staphylinidae). Japanese Journal of Systematic Entomology, 16(1): 109-114.

Hu J-Y, Li L-Z. 2016. [new taxa]. *In:* Hu J-Y, Tu Y-Y, Li L-Z. On the *Nazeris* fauna of Zhejiang, China (Coleoptera, Staphylinidae, Paederinae). Zootaxa, 4169(2): 361-373.

Hu J-Y, Li L-Z, Zhao M-J. 2010. A new species of the genus *Anchocerus* Fauvel, 1905 from China (Coleoptera: Staphylinidae: Staphylininae). Zootaxa, 2523: 65-68.

Hu J-Y, Li L-Z, Zhao M-J. 2011. Twelve new species of the genus *Nazeris* Fauvel from Zhejiang Province, China (Coleoptera, Staphylinidae, Paederinae). Zootaxa, 2797: 1-20.

Hu J-Y, Li L-Z, Zhao M-J. 2012. *Quwatanabius* Smetana-a new genus in the fauna of the mainland of China (Coleoptera, Staphylinidae), with description of two new species. Zootaxa, 3191: 65-68.

Huang H, Bi W-X. 2009. [new taxa]. *In:* Huang H, Bi W-X, Li L-Z. Discovery of a second species of Aesalini from continental China, with description of the new species and its third instar larva (Coleoptera: Scarabaeoidea: Lucanidae). Zootaxa, 2069: 18-42.

Huang H, Chen C-C. 2013. Stag beetles of China II. Taiwan: Formosa Ecological Company.

Huang H, Chen C-C. 2017. Stag beetles of China III. Taiwan: Formosa Ecological Company.

Huang J-J, Zhao M-J, Li L-Z, Hayashi Y. 2006. Four new species of the genus *Oxyporus* from China (Coleoptera: Staphylinidae: Oxyporinae). Entomological Review of Japan, 61(2): 205-213.

Huang M-C, Li L-Z, Yin Z-W. 2018a. Four new species of *Pselaphodes* Westwood (Coleoptera: Staphylinidae: Pselaphinae) from Thailand, Laos, and China. Zootaxa, 4472(1): 100-110.

Huang M-C, Li L-Z, Yin Z-W. 2018b. Eleven new species and a new country record of *Pselaphodes* (Coleoptera: Staphylinidae: Pselaphinae) from China, with a revised checklist of world species. Acta Entomologica Musei Nationalis Pragae, 58(2): 457-478.

Iablokoff-Khnzorian S M. 1960. Chetyre novykh zhestkokrylykh iz Armyanskoy SSR (Insecta, Coleoptera). Zoologichesky Zhurnal, 39: 1881-1884.

Iablokoff-Khnzorian S M. 1964. Novyy navoznik iz Armyanskoy SSR. Doklady Akademii Nauk Armyanskoy SSR, 39: 61-63.

Ikeda H. 2001. A new species of the genus *Dorcus* from Shaanxi Province, China. Lucanus World, 25: 31.

Illiger J C W. 1803. Verzeichniss der in Portugall einheimischen Käfer. Erste Lieferung. Magazin für Insektenkunde, 2 [1802]: 186-258.

Illiger J K W. 1802. Aufzählung der Käfergattungen nach der Zahl der Fussglieder. Magazin für Insektenkunde, Braunschweig, 1(3-4): 285-305.

Imura Y. 2009. Three new taxa of the Carabina from Zhejiang and Fujian, southeast China. Elytra, 37: 1-6.

Imura Y, Wan X. 2006. 2006: Occurrence of Platycerus hongwonpyoi (Coleoptera, Lucanidae) on Mt. Tianmu Shan of Zhejiang Province, East China. Elytra, 34: 293-298.

Ito T. 1987. Two new species of the genus *Oxytelopsis* from Japan and Taiwan[①] (Coleoptera, Staphylinidae). The Entomological Review of Japan (Supplement), 42: 75-79.

Ito T. 1992. Notes on the species of Staphylinidae from Japan, I (Coleoptera). The Entomological Review of Japan, 47: 59-65.

Ito T. 1993a. Notes on the species of Staphylinidae from Japan, II (Coleoptera). The Entomological Review of Japan, 48: 141-149.

Ito T. 1993b. Notes on the species of Staphylinidae from Japan, IV (Coleoptera). Transactions of the Shikoku Entomological Society, 20: 61-69.

Ito T. 1996a. A new species of the genus *Nazeris* from China (Coleoptera, Staphylinidae). The Entomological Review of Japan, 51: 63-65.

Ito T. 1996b. Notes on the species of Staphylinidae from Japan, IX. The description of three new species of *Lobrathium* Mulsant et

① 本文献政治立场表述错误。台湾（Taiwan）是中国领土的一部分，不应与其他国家名称并列出现。本书因引用历史文献不便改动，但并不代表本书作者及科学出版社的政治立场。

Rey. (Coleoptera). The Entomological Review of Japan, 50: 109-118.

Jäch M A, Díaz J A. 2004. *Ginkgoscia relicta* gen. n. et sp. n. from China (Coleoptera: Hydraenidae). Koleopterologische Rundschau, 74: 279-286.

Jakobson G G. 1892. Beitrag zur Systematik der Geotrypini. Horae Societatis Entomologicae Rossicae, 26: 245-257.

Jakobson G G. 1909. Zhuki Rossii i Zapadnoi Evropy. Rukovodstvo k opredieleniiu Zhukov. fasc. 7. S. Peterburg: A. F. Devriena, 481-560.

Jakovlev A I. 1896. Dytiscides nouveaux ou peu connus. I. Horae Societatis Entomologicae Rossicae, 30: 175-183.

Jakovlev A I. 1897. Dyticidarum novorum diagnoses. L'Abeille, 29: 37-41.

Jakowleff B E. 1896. Description d'une espèce nouvelle de la famille des Lucanides. Horae Societatis Entomologicae Rossicae, 30: 457-460.

Jałoszyński P. 2007. The Cephenniini of China. II. *Cephennodes* Reitter of southern provinces, with taxonomic notes on the *Cephennodes-Chelonoidum* complex (Coleoptera: Scydmaenidae). Genus, 18(1): 7-101.

Jałoszyński P. 2012. The Cephenniini of China. V. *Cephennodes* Reitter of Guizhou and Zhejiang (Coleoptera: Staphylinidae: Scydmaeninae). Genus, 23(2): 229-248.

Jałoszyński P. 2016. The Cephenniini of China. Ⅷ. New species and new records of *Cephennodes* Reitter of Hunan, Jiangxi, Zhejiang and Fujian (Coleoptera: Staphylinidae: Scydmaeninae). Zootaxa, 4079(4): 415-428.

Janson O E. 1881. Notices of new or little known Cetoniidae. No. 7. Cistula Entomologica, 2 [1875-1882]: 603-612.

Janson O E. 1883. Notices of new or little known Cetoniidae. No. 8. Cistula Entomologica, 3: 63-64.

Janson O E. 1890. Descriptions of two new species of Asiatic Cetoniidae. Notes from the Leyden Museum, 12: 127-129.

Janssens A. 1940. Monographie des Scarabaeus et genres voisins. Mémoires de l'Musée Royal des Sciences Naturelles de Belgique, (2)16: 1-81, 3 pls.

Janssens A. 1953. Coleoptera, Lamellicornia, Fam. Scarabaeidae Tribu Oniticellini. Exploration du Parc National de l'Upemba, Mission G. F. de Witte en collaboration avec W. Adam, A. Janssens, L. van Meel et R. Verheyen, (1946-1949)11: 1-118.

Jarrige J. 1938. Un *Philonthus* nouveau de France (Col. Staphylinidae). Bulletin de la Société Entomologique de France, 43: 206-208.

Jarrige J. 1957. Coleopteres Brachelytra de la Reunion. Mémoires de l'Institut Scientifique de Madagascar (E), 8: 103-118.

Jeannel R. 1922. *Megalobythus goliath*, psélaphide cavernicole nouveau des Monts Bihor. Buletinul Societății de Ştiințe din Cluj, 1: 232-237.

Jeannel R. 1946. Faune de l'empire français. VI. Coléoptères carabiques de la région Malgache (première partie). Paris: Office de la Recherche Scietifique Coloniale, 372 pp.

Jeannel R. 1948. Faune de l'empire français. X. Coléoptères carabiques de la région Malgache (deuxième partie). Paris: Office de la Recherche Scientifique Coloniale, 373-765.

Jeannel R. 1949. Les psélaphides de l'Afrique Orientale (Coleoptera). Mémoires du Muséum National d'Histoire Naturelle, Paris (N. S.), 29: 1-226.

Jeannel R. 1950. Coléoptères psélaphides. Faune de France, 53: i-iii, 1-421.

Jeannel R. 1951. Psélaphides de l'Angola (Coléoptères) recueillis par M. A. de Barros Machado. Publicações Culturais da Companhia de Diamantes de Angola, 9: 1-125.

Jeannel R. 1952. Psélaphides du Saigon. Revue Française d'Entomologie, 19: 69-113.

Jeannel R. 1957. Sur quelques Psélaphides du Tonkin recueillis par le Père A. de Cooman. Revue Française d'Entomologie, 24: 5-32.

Jeannel R. 1958. Révision des psélaphides du Japon. Mémoires de Muséum National d'Histoire Naturelle, Paris (N. S.) (Série A: Zoologie), 18: 1-138.

Jeannel R. 1959. Révision des Psélaphidae de l'Afrique intertropicale. Annales du Musée Royal du Congo Belge, Tervuren (Série 8°: Sciences Zoologiques), 75: 1-742.

Jeannel R. 1960. Sur les psélaphides (Coleoptera) de l'Inde septentrionale. Bulletin of the British Museum (Natural History) Entomology, 9: 403-456.

Jeannel R. 1961. Sur les psélaphides de Ceylan. Bulletin of the British Museum (Natural History), Entomology, 10: 423-456.

Jeannel R, Jarrige J. 1949. Biospeologica. LXVIII. Coléoptères staphylinides (Première Série). Archives de Zoologie Expérimentale et Générale, 86: 255-392.

Jedlička A. 1928. Neue paläarktische Carabiciden. Entomologische Mitteilungen, 17: 44-46.

Jedlička A. 1930. *Pheropsophus beckeri* n. sp.-. Casopis Ceskoslovenské Spolecnosti Entomologické (Acta Societatis Entomologicae Cechosloveniae), 27: 122-123.

Jedlička A. 1932a. Noví Carabidi z jižní Číny (III. díl). Neue Carabiden aus Süd-China (III. Teil). Časopis Československé Společnosti Entomologické, 29: 38-48.

Jedlička A. 1932b. Carabiden aus Ost-Asien. (II. Teil). Entomologisches Nachrichtenblatt, 6: 107-110.

Jedlička A. 1933. Carabidi z východní Asie. Carabiden aus Ostasien (5. Teil). Časopis Československé Společnosti Entomologické, 30: 144-150.

Jedlička A. 1934a. Carabidi z východní Asie. Carabiden aus Ostasien (5. Teil). Časopis Československé Společnosti Entomologické, 31: 13-19.

Jedlička A. 1934b. Noví Carabidi z východní Asie (VI díl). Neue Carabiden aus Ostasien (VI. Teil). Sborník Entomologického Oddělení při Zoologických Sbírkách Národního Musea v Praze, 12: 116-124.

Jedlička A. 1939. Neue Carabiden aus Ostasien. (XII. Teil.). Praha: A. Jedlička, 8 pp.

Jedlička A. 1940. Neue Carabiden aus Ostasien. (Hauptsächlich von der Insel Formosa.) (XIII. Teil.). Praha: A. Jedlička, 18 pp.

Jedlička A. 1951a. Études sur les Carabides de la faune palaearctique. Acta Musei Silesiae (A), 1: 59-60.

Jedlička A. 1951b. Les Carabides nouveaux de l'Asie orientale (Col.). Casopis Ceskoslovenské Spolecnosti Entomologické, 48: 108-116.

Jedlička A. 1953. Neue Carabiden aus der chinesischen Prozinz [sic] Fukien. Entomologische Blätter, 49: 141-147.

Jedlička A. 1956. Příspěvek k poznání palearktických Carabidů. Beitrag zur Kenntnis der palearktischen Carabiden. (Coleoptera). Sborník Entomologického Oddělení Národního Musea v Praze, 30 [1955]: 207-220.

Jedlička A. 1957. Beitrag zur Kenntnis der Carabiden aus der paläarktischen Region (Coleoptera). Über Amara-Arten aus der Gruppe *Cyrtonotus* aus Ostasien Acta Musei Silesiae, 6: 22-34.

Jedlička A. 1960. Neue Carabiden aus dem Sammlungen des Museums Frey (Col.). Entomologischen Arbeiten aus dem Museum G. Frey, 11: 587-598.

Jedlička A. 1964. Monographie der Truncatipennen aus Ostasien, Lebiinae-Odacanthinae-Brachyninae (Coleoptera, Carabidae). Entomologische Abhandlungen Berichte aus dem Staatliches Museum für Tierkunde in Dresden, 28(7): 269-579.

Jekel H. 1866. Essai sur la classification naturelle des Geotrupes Latreille et descriptions d'especes nouvelles. Annales de la Societe Entomologique de France, 5(4) [1865]: 513-618.

Jia F-L. 1997. Taxonomy of the genus *Anacaena* (Coleoptera: Hydrophilidae) in China. Entomotaxonomia, 19: 104-110.

Jia F-L. 1998. A New Genus *Pseudopelthydrus* gen. n. from Hainan Island, China (Coleoptera: Hydrophilidae: Hydrophilinae). Chinese Journal of Entomology, 18: 225-230.

Jia F-L, Lin R-C. 2015. *Cymbiodyta lishizheni* sp. nov., the second species of the genus from China. Zootaxa, 3985(3): 446-450.

Jia F-L, Short A E Z. 2013. *Enochrus algarum* sp. nov., a new hygropetric water scavenger beetle from China (Coleoptera: Hydrophilidae: Enochrinae). Acta Entomologica Musei Nationalis Pragae, 53(2): 609-614.

Jiang R-X, Yin Z-W. 2017a. Eight new species of *Batrisodes* Reitter from China (Coleoptera, Staphylinidae, Pselaphinae). ZooKeys, 694: 11-30.

Jiang R-X, Yin Z-W. 2017b. Eight new species and two new records of *Batriscenellus* Jeannel (Coleoptera: Staphylinidae: Pselaphinae) from China and India. Zootaxa, 4318(3): 561-575.

Jordan K. 1894. New species of Coleoptera from the Indo-and Austro-Malayan region, collected by William Doherty. Novitates Zoologicae: a Journal of Zoology in connection with the Tring Museum, 1: 104-138.

Jordan K. 1895. Einige neue Käfer der Indo-Australischen Region in der Sammlung des Tring-Museums. Entomologische Zeitung

(Stettin), 56: 266-271.

Jordan K. 1898. Some new Coleoptera in the Tring Museum. Novitates Zoologicae, 5: 419-420.

Joseph G. 1868. *Lathrobium* (*Centrocnemis*) *krniense* n. sp. Berliner Entomologische Zeitschrift, 12: 365-366.

Kabakov O N, Yanushev B B. 1983. Material on the fauna and ecology of the genus *Onthophagus* from Southeastern Asia. Fauna and ecology of the animals of Vietnam. Moscow: Nauka, 1-207(156-165).

Kamiya K. 1932. Five new species of Dytiscidae from Japan and the Bonin Islands. Mushi, 5: 4-7.

Kanô T, Kamiya K. 1931. Two new species of Haliplidae from Japan. Transactions of the Kansai Entomological Society, 2: 1-4.

Kapler O. 1999. Three new species of *Asiaster* (Coleoptera: Histeridae) from the Oriental region. Folia Heyrovskyana, 7: 283-287.

Karaman Z. 1957. Die balkanischen Bythininen (Col. Pselaphidae). Ihre Systematik, Zoogeographie und Phylogenie. Bioloski Glasnik, 10: 161-208.

Karaman Z. 1969. Über einige neue balkanische Pselaphiden (Col.). Biologia Gallo-Hellénica, 2: 49-63.

Kasahara S, Ohtani N. 1992. Occurrence of *Morionidius* (Coleoptera, Carabidae) in Japan. Elytra, 20(2): 161-166.

Kataev B M. 1997. Ground beetles of the genus *Harpalus* (Insecta, Coleoptera, Carabidae) from East Asia. Steenstrupia, 23: 123-160.

Kataev B M, Wrase D W. 2001. A new genus and a new species of the subtribe Anisodactylina from Vietnam and remarks on the taxonomic position of Hiekea picipes N. Ito 1997 (Coleoptera: Carabidae: Harpalini). Linzer Biologische Beiträge, 33(1): 637-646.

Katayama Y, Li L-Z. 2008. Three new species of the genus *Tachinus* (Coleoptera, Staphylinidae, Tachyporinae) from Laos. Japanese Journal of Systematic Entomology, 14(1): 125-132.

Keith D, Delpont M. 2004. Noms de remplacement pour deux genres de Cetoniidae (Col. Scarabaeoidea). Bulletin mensuel de la Société linnéenne de Lyon, 79: 363.

Keys J H. 1907. Exaleochara: A genus of Colleoptera new to science. The Entomologist's Monthly Magazine, 43: 102.

Kim J I. 1981. The faunistic study on the insects from Sudong-myeon, Namyangju-gun, Gyeonggi-do, Korea. Bull. KACN, 3: 329-367.

Kim Y-H, Ahn K-J. 2014. Four Homalotine Species New to Korea (Coleoptera: Staphylinidae: Aleocharinae). Animal Systematics, Evolution and Diversity, 30(3): 191-195.

King R L. 1865. On the Pselaphidae of Australia. Transactions of the Entomological Society of New South Wales, 1(3): 167-175, pl. XIV.

Kirby W. 1819a. A century of insects, including several new genera described from his cabinet. Transactions of the Linnean Society London, 12 [1818]: 375-453.

Kirby W. 1819b. Description of several new species of insects collected in New Holland by Robert Brown. Esq. F. R. S. Lib. Linn. Soc. Transactions of the Linnean Society of London, 12 [1818]: 454-478.

Kirby W. 1823. A description of some insects which appear to exemplify Mr. William S. MacLeay's doctrine of affinity and analogy. Transactions of the Linnean Society of London, 14(1): 93-110, 1 pl.

Kirby W. 1825. A description of such genera and species of insects alluded to in the "Introduction to Entomology" of Messrs. Kirby and Spence, as appear not to have been before sufficiently noticed or described. The Transactions of the Linnean Society of London, 14: 563-572.

Kirby W, Spence W. 1828. An Introduction to entomology: or elements of natural history of insects comprising an account of noxious and useful insects, of their metamorphoses, food, strategens, habitations, societies, motions, noises: with plates. Fifth Edition. Volume 4. London: Longman, Rees, Orme, Brown & Green, iv+683 pp., pls. 21-30.

Kirschenhofer E. 1984. Neue paläarktische Bembidiinae unter besonderer Berücksichtigung der von Eigin Suenson in Ostasien durchgefürchten Aufsammlungen, 2. Teil, Tachyiini (Carabidae, Col.). Koleopterologische Rundschau, 58 [1984-1986]: 43-54.

Kirschenhofer E. 1986. Neue Arten truncatipenner Carabidae der palaearktischen und orientalischen Region unter besonderer Berücksichting der Aufsammlungen Eigin Suensons in Ostasien (Coleoptera Carabidae). Entomofauna, 7: 317-346.

Kirschenhofer E. 1989. Neue Bembidion-Arten aus Asien, vorwiegend aus dem Himalaya. Entomofauna, 10: 397-423.

Kirschenhofer E. 1990. Neue Platynini aus China und Korea (Coleoptera, Carabidae). Zeitschrift der Arbeitsgemeinschaft Österreichischer Entomologen, 42: 15-21.

Kirschenhofer E. 1991. Zwei neue Carabiden aus Zentral-und Ostasien (Col., Carabidae, Lebiinae, Pogoninae). Zeitschrift der Arbeitsgemeinschaft Österreichischer Entomologen, 43: 9-12.

Kirschenhofer E. 1997. Neue Arten der Gattungen *Pterostichus* Bonelli 1810 *Synuchus* Gyllenhal 1810 *Lesticus* Dejean 1828 und *Trigonotoma* Dejean 1828 aus Ost-und Südostasien (Coleoptera, Carabidae: Pterostichinae). Linzer Biologische Beiträge, 29: 689-714.

Kirschenhofer E. 2010. Neue Arten der Gattung *Lebia* Latreille, 1802, *Lachnolebia* Maindron, 1905 und *Craspedophorus* Hope, 1838 aus Asien (Coleoptera: Carabidae). Mitteilungen des Internationalen Entomologischen Vereins, 35: 165-175.

Kishimoto T, Shimada T. 2003. *Brathinus satoi* sp. nov. (Coleoptera, Staphylinidae), a new species of peculiar omaliine beetle from Sichuan, China. Special Bulletin of the Japanese Society of Coleopterology, 6: 145-149.

Kistner D H. 1960. XXXIX. Coleoptera Staphylinidae Euaesthetinae. *In:* Mission zoologique de l'I.R.S.A.C. en Afrique orientale. (P. Basilewsky et N. Leleup, 1957). Résultats Scientifiques. Annales du Musée Royal du Congo Belge, Tervuren (ser. in 8). Sciences Zoologiques, 88: 31-39.

Kistner D H. 1985. A new genus and species of termitophilous Aleocharinae from mainland China associated with Coptotermes formosanus and its zoogeographic significance (Coleoptera: Staphylinidae). Sociobiology, 10: 93-104.

Kistner D H. 2003. A new species of aleocharine Staphylinidae (Coleoptera) that is predaceous on termites (Isoptera: Termitidae). Sociobiology, 42(3): 559-567.

Klug J C F. 1821. Entomologiae Brasilianae specimen. Nova Acta Physico-Medica Academiae Caesareae Leopoldino-Carolinae Naturae Curiosorum, 10: 279-324.

Klug J C F. 1834a. Uebersicht der Carabici der Sammlung. 48-82. *In:* Klug F. Jahrbücher der Insectenkunde, mit besonderer Rücksicht auf die Sammlung im Königlich Museum zu Berlin. Erster Band. Berlin: Theod. Chr. Friedr. Enslin, 396 pp., 2 pls.

Klug J C F. 1834b. Symbolae physicae, seu icones et descriptiones Insectorum, quae ex itinere per Africam borealem et Asiam occidentalem Friderici Guilelmi Hemprich et Christiani Godofredi Ehrenberg studio novae aut illustratae redierunt.-Insecta. Decas quarta. Berolini: Officina Academica, 1+41+1 pp. [unpaginated] + pls. XXXI-XL.

Kobayashi H. 2010. Revisional notes of the genus *Apogonia* (Coleoptera, Scarabaeidae, Melolonthinae). Kogane, Tokyo, 11: 41-66.

Kobayashi H. 2016. Three new species of the genus *Apogonia* (Coleoptera, Scarabaeidae, Melolonthinae) from China. Kogane, Tokyo, 18: 27-33.

Kobayashi H. 2018. Four new species of the genus *Thoracoplia* (Coleoptera, Scarabaeidae, Melolonthinae, Hopliini) from China and Laos. Kogane, 21: 63-70.

Koch C. 1939. Über neue und wenig bekannte paläarktische Paederinae. (Col. Staph.). III. Entomologische Blätter, 35: 156-172.

Kocian M. 2003. Monograph of the world species of the genus *Ischnosoma* (Coleoptera: Staphylinidae). Acta Universitatis Carolinae, 47(1-2): 1-153.

Kolbe H J. 1883. Über die madagascarischen Dytisciden des Königl. entomologischen Museums zu Berlin. Archiv für Naturgeschichte, 49(1): 383-427.

Kolbe H J. 1886. Beiträge zur Kenntnis der Coleopteren-Fauna Koreas, bearbeitet auf Grund der von Herrn Dr. C. Gottsche während der Jahne 1883 und 1884 in Korea veranstalteten Sammlung; nebst Bemerkungen über die zoogeographischen Verhältnisse dieses Faunengebiets und Untersuchungen über einen Sinnesapparat im Gaumen von Misolampidius morio. Archiv für Naturgeschichte, 52: 139-157, 163-240, pls. x-xi.

Kolbe H J. 1892. Ueber die von Herrn Leopold Conradt in Deutsch-Ostafrika, namentlich in der Gebirgslandschaft von Usambara gesammelten melitophilen Lamellicornier (Coleoptera). Sitzungsberichte der Gesellschaft Naturforschender Freunde zu Berlin, 5: 61-75.

Kolbe H J. 1904. Gattungen und Arten der Valgiden von Sumatra und Borneo. Entomologische Zeitung (Stettin), 65: 3-57.

Kolenati F A R. 1845. Meletemata entomologica. Fasc. 1. Insecta Caucasi cum distributione geographica. Coleopterorum Pentamera Carnivora. Petropoli: Imperialis Academiae Scientiarum, 88 pp. +2 pls.

Kolenati F A R. 1846. Meletemata entomologica. Fascicule III. Brachelytra Caucasi cum distributione geographica adnexis pselaphinis, scydmaenis, notoxidibus et xylophagis. Petropoli: Typis Imperialis Academiae Scientiarum, 44 pp., pls. XII-XIV.

Kollar V, Redtenbacher L. 1844. Aufzählung und Beschreibung der von Carl Freiherrn von Hügel auf seiner Reise durch Kaschmir und das Himalayagebirge gesammelten Insecten. 393-564, 582-585. *In:* Hügel K F von. Kaschmir und das Reich der Siek. Vierter Band. Zweite Abtheilung. Stuttgart: Hallbergerische Verlag, 244-586 [1844]; 587-865+[6] pp., 31 pls., 1 map [1848].

Komarek A, Hebauer F. 2018. Taxonomic revision of *Agraphydrus* Régimbart, 1903. I. China and Taiwan[①] (Coleoptera: Hydrophilidae: Acidocerinae). Zootaxa, 4452(1): 1-101.

Koshantschikov W. 1913. Fünfter Beitrag zur Kenntnis der Aphodiini. Russkoe Entomologicheskoe Obozrenie, 13: 257-265.

Kraatz G. 1856a. Naturgeschichte der Insecten Deutschlands. Erste Abtheilung Coleoptera. Zweiter Band. Lieferung 1 und 2. Berlin: Nicolai, viii+376 pp.

Kraatz G. 1856b. Eine neue Gattung aus der Familie der Staphylinen. Verhandlungen des Zoologische-Botanischen Vereins in Wien, 6: 625-626.

Kraatz G. 1857a. Genera Aleocharinorum illustrata. Linnaea Entomologica, 11: 1-43, 2 pls.

Kraatz G. 1857b. Beiträge zur Kenntniss der Termitophilen. Linnaea Entomologica, 11: 44-56, pl. 1.

Kraatz G. 1857c. Naturgeschichte der Insecten Deutschlands. Erste Abtheilung Coleoptera. Zweiter Band. Lieferung 3-6. Berlin: Nicolai, 377-1080.

Kraatz G. 1859. Die Staphylinen-Fauna von Ostindien, insbesondere der Insel Ceylan. Archiv für Naturgeschichte, 25(1): 1-196.

Kraatz G. 1877. Japanische Silphidae. 100-108. *In:* Kraatz G, Putzeys J A A H, Weise J, Reitter E, Eichhoff W. Beiträge zur Käferfauna von Japan, meist auf R. Hiller's Sammlungen basirt (Erstes Stück). Deutsche Entomologische Zeitschrift, 21: 81-128.

Kraatz G. 1880. Genera Cetodinarum Australiae. Deutsche Entomologische Zeitschrift, 24: 177-214.

Kraatz G. 1892. Monographische Revision der Ruteliden-Gattung *Popillia* Serville. Deutsche Entomologische Zeitschrift, 1892: 177-192, 225-306, pl. iv.

Kraatz G. 1898. *Pseudanthracophora* nov. gen. Cetonidarum. Deutsche Entomologische Zeitschrift, 1898: 406-408.

Krajčík M. 2001a. Lucanidae of the world. Catalogue—Part I. Checklist of the Stag Beetles of the World (Coleoptera: Lucanidae). Stampata in proprio, Most, Czech Republic, 108 pp.

Krajčík M. 2001b. A new species of *Lasiotrichius* Reitter from China. Cetoniimania, 1(3): 67-69.

Krajčík M. 2006. A new *Trichius* Fabricius from Hainan Island (Coleoptera, Scarabaeoidea, Trichiinae). Animma. X. 14: 24-27.

Krajčík M. 2010. Two new species of the genus *Parapilingurus* Arrow from China (Coleoptera, Scarabaeoidea, Cetoniinae. Animma. X (Plzeň). 32: 1-6.

Krajčík M. 2011. Illustrated Catalogue of Cetoniinae Trechiinae and Valginae of China. Animma. X. Supplement, 1: 1-113.

Král D, Malý V, Schneider J. 2001. Revision of the genera *Odontotrupes* and *Phelotrupes* (Coleoptera: Geotrupidae). Folia Heyrovskyana, Supplementum, 8: 1-178.

Krell F T. 2002. On nomenclature and synonymy of old world Dynastinae (Coleoptera, Scarabaeidae). Entomologische Blätter, 98: 37-46.

Kriesche R. 1926. Neue Lucaniden. Stettiner Entomologische Zeitung, 87: 382-385.

Kriesche R. 1935. Ueber paläarktisch-chinesische. Lucaniden. Koleopterologische Rundschau, 21: 169-174.

Krikken J. 1977. The Asian genus *Pleuronota* Kraatz and allied forms: a clarification (Coleoptera: Cetoniidae). Zoologische Mededelingen, 51: 199-209.

Krikken J. 2009. Drepanocerine dung beetles: a group overview, with description of new taxa (Coleoptera: Scarabaeidae: Scarabaeinae). Haroldius no. 4: 3-30.

Kryzhanovskij O L. 1972. On the taxonomy of extra-Palearctic Histeridae (Coleoptera). Entomologica Scandinavica, 3: 19-25.

Kryzhanovskij O L. 1987. Novye i maloizvestnye palearkticheskie taksony podsemeystva Saprininae (Coleoptera Histeridae). Trudy Zoologicheskogo Instituta Akademii Nauk SSSR, 164: 24-38.

① 本文献政治立场表述错误。台湾（Taiwan）是中国领土的一部分。本书因引用历史文献不便改动，但并不代表本书作者及科学出版社的政治立场。

Kryzhanovskij O L, Reichardt A N. 1976. Zhuki nadsemeystva Histeroidea (semeystva Sphacritidae, Histeridae, Synteliidae). *In:* Fauna SSSR, Zhestkokrylye, V. vyp. 4. Leningrad: Izd. Nauka, 1-434.

Kryzhanovsky O L. 1978. Novyi vid roda Melolontha F. iz Srednei Azii. Trudy Zoologicheskogo Instituta Akademii Nauk SSSR, 61: 133-137.

Kugelann J G. 1794. Verzeichniss der in einigen Gegenden Preussens bis jetzt entdeckten Käfer-Arten, nebst kurzen Nachrichten von denselben. Neustes Magazin für die Liebhaber der Entomologie, herausgegeben von D. H. Schneider, 1: 513-582.

Kurbatov S A, Cuccodoro G, Löbl I. 2007. Revision of *Morana* Sharp and allied genera (Coleoptera: Staphylinidae: Pselaphinae). Annales Zoologici, 57(4): 591-720.

Kurbatov S A, Löbl I. 1995. Contribution to the knowledge of the East Asian *Bryaxis* (Coleoptera, Staphylinidae, Pselaphinae). Archives des Sciences (Genève), 48: 161-172.

Kurbatov S A, Löbl I. 1998. Nouvelles espèces asiatiques du genre *Bryaxis* et quelques données sur les espèces connues (Coleoptera: Staphylinidae: Pselaphinae). Revue suisse de Zoologie, 105: 823-833.

Kurosawa Y. 1968. A revision of the subfamily Ochodaeinae in the Loo-Choos, Formosa, and their adjacent regions (Coleoptera, Scarabaeidae). Bulletin of the National Science Museum (Tokyo), 11: 235-243.

Kurosawa Y. 1976. Family Lucanidae. Check-list of Coleoptera of Japan. The Coleopterists' Association of Japan, 1: 1-9.

Kuwert A. 1886. General-Uebersicht der Helophorinen Europas und der angrenzenden Gebiete. Wiener Entomologische Zeitung, 5: 221-228, 247-250, 281-285.

Kuwert A. 1890a. Bestimmungs-Tabellen der europäischen Coleopteren. XIX. Heft. Hydrophilidae. I. Abteilung: Hydrophilini. Verhandlungen des naturforschenden Vereins in Brünn, 28(1889): 1-121.

Kuwert A. 1890b. Bestimmungs-Tabellen der europäischen Coleopteren. XX. Heft. Hydrophilidae. II. Abteilung: Sphaeridiini und Helophorini. Verhandlungen des Naturforschenden Vereins in Brünn, 28(1889): 159-328.

Kuwert A. 1893. Die grossen Hydrophiliden des Erdballs des Genus *Hydrous* Leach. Deutsche Entomologische Zeitschrift, (1893): 81-93.

Lansberge J W van. 1875. Monographie des Onitides. Annales de la Société Entomologique de Belgique, 18: 5-148.

Lansberge J W van. 1886. Les Coprides de la Malaisie. Tijdschrift voor Entomologie, 29: 1-25.

Laporte F L N. 1833. Mémoire sur cinquante espèces nouvelles ou peu connues d’insectes. Annales de la Société Entomologique de France, 1(1832): 386-415.

Laporte F L N. 1835. Études entomologiques, ou description d’insectes nouveaux, et observations sur la synonymie. Première partie. Paris: Méquignon-Marvis Père et Fils, 159 pp., 4 pls.

Laporte F L N. 1840. Histoire Naturelle des Insectes Coléoptères. Tome deuxième. Histoire Naturelle des animaux articuleés, annelides, crustacés, arachnides, myriapodes et insectes. Tome troisème. Paris: P. Duménil, 564 pp., 38 pls.

Last H R. 1961. 5. Family Staphylinidae. *In:* Chûjô M. Coleoptera from Southeast Asia. Nature & Life in Southeast Asia, Kyoto, 1: 305-309.

Last H R. 1984a. Recorded and new species of Coleoptera (Staphylinidae, Paederinae) in Papua New Guinea. Folia Entomologica Hungarica, 45(2): 109-125.

Last H R. 1984b. Further new species of New Guinea Staphylinidae (Coleoptera) in the collections of the Hungarian and British Museums. Annales Historico-Naturales Musei Nationalis Hungarici, 76: 133-138.

Latreille P A. 1797. Précis des caractères génériques des insectes, disposés dans un ordre naturel. Brive: F. Bourdeaux, xiv+201+[7] pp.

Latreille P A. 1802. Histoire naturelle, générale et particulière des Crustacés et des Insectes. Ouvrage faisant suite aux oeuvres de Leclerc de Buffon, et partie du cours complet d’Histoire naturelle rédigé par C. S. Sonnini, membre de plusieurs sociétés savantes. Familles naturelles des genres. Tome troisième. Paris: F. Dufart, xii+13-467+[1p. Errata].

Latreille P A. 1806. Genera crustaceorum et insectorum secundum ordinem naturalem in familias disposita, iconibus exemplisque plurimis explicata. Tomus primus. Paris and Argentorat: A. Koenig, xviii+302+[1] pp., 16 pls.

Latreille P A. 1809. Genera crustaceorum et insectorum secundum ordinem naturalem in familias disposita, iconibus exemplisque plurimis explicata. 4. Paris and Argentorat: A. Koenig, 1-399.

Latreille P A. 1816. Tome III. Les crustacés, les arachnides et les insectes. *In:* Cuvier G de. Le règne animal distribué d'après son organisation, pour servir de base à l'histoire naturelle des animaux et d'introduction à l'anatomie comparée. Paris: Déterville, xxix+653 pp.

Latreille P A. 1824. [new genus]: 91-134, pls. vi-x. *In:* Latreille P A, Dejean P F M A. Histoire naturelle et iconographie des insectes coléoptères d'Europe. Paris: Crevot, 198 pp., 15 pls.

Latreille P A. 1829. Les crustacés, les arachnides et les insectes, distribués en familles naturelles, ouvrage formant les tomes 4 et 5 de celui de M. le Baron Cuvier sur le regne animal (deuxième édition). Tome premier. Paris: Déterville, xxvii+584 pp.

Lea A M. 1906. Descriptions of new species of Australian Coleoptera. Part Ⅷ. The Proceedings of the Linnean Society of New South Wales, 31: 195-228.

Lea A M. 1915. Notes on Australian and Tasmanian Scydmaenidae, with descriptions of new species. Proceedings of the Royal Society of Victoria (N. S.), 27(2): 198-231.

Leach W E. 1815. Entomology. 57-172. *In:* Brewster D. The Edinburgh encyclopaedia. Vol. 9. Edinburgh: Balfour, 384 pp.

Leach W E. 1817. The Zoological Miscellany, being descriptions of new or interesting animals. Vol. III. London: R. P. Nodder, v+[1]+151 pp., pls. 121-150.

Leach W E. 1819. [new genera]. *In:* Samouelle G. The Entomologist's useful compendium; or an introduction to the knowledge of British insects, comprising the best means of obtaining and preserving them, and a description of the apparatus generally used; together with the genera of Linné, and the modern method of arranging the classes Crustacea, Myriapoda, spiders, mites, and insects from their affinities and structure, according to the views of Dr. Leach. Also an explanation of the terms used in entomology; a calendar of the times of appearance, and usual situations of near 3000 species of British insects; with instructions for collecting and fitting up objects for the microscope. London: Thomas Boys, 496 pp.

Leach W E. 1826. On the stirpes and genera composing the family Pselaphidae; with descriptions of some new species. Zoological Journal, 2: 445-453.

LeConte J L. 1852. Synopsis of the Scydmaenidae of the United States. Proceedings of the Academy of Natural Sciences of Philadelphia, 6: 149-157.

LeConte J L. 1853. Synopsis of the species of the histeroid genus *Abraeus* (Leach) inhabiting the United States, with descriptions of two nearly allied new genera. Proceedings of the Academy of Natural Sciences of Philadelphia, 6: 287-292.

Lee S-G, Ahn K-J. 2015a. A taxonomic review of korean species of the *Atheta* Thomson subgenus *Microdota* Mulsant & Rey, with descriptions of two new species (Coleoptera, Staphylinidae, Aleocharinae). ZooKeys, 502: 61-97.

Lee S-G, Ahn K-J. 2015b. Taxonomy of the genus *Thamiaraea* Thomson in Korea (Coleoptera: Staphylinidae: Aleocharinae). Korean Journal of Applied Entomology, 54(1): 25-30.

Lee S-G, Ahn K-J. 2019. Taxonomy of korean *Carpelimus* Leach (Coleoptera: Staphylinidae: Oxytelinae). Journal of Asia-Pacific Biodiversity, 12: 204-210.

Leschen R A B, Löbl I. 2005. Phylogeny and classification of Scaphisomatini (Staphylinidae: Scaphidiinae) with notes on mycophagy, termitophily, and functional morphology. Coleopterists Society Monographs Patricia Vaurie Series, 3: 1-63.

Leuthner F. 1885. A monograph of the Odontolasbini, a subdivision of the coleopterous family Lucanidae. Transactions of the Zoological Society of London, 11(1): 385-491.

Lewis G. 1879. LIII. On certain new species of Coleoptera from Japan. The Annals and Magazine of Natural History, (5)4: 459-467.

Lewis G. 1884. On some Histeridae new to the Japanese fauna, and notes of others. The Annals and Magazine of Natural History, 13(5): 131-140.

Lewis G. 1888. Notes on the Japanese species of *Silpha*. The Entomologist, an Illustrated Journal of General Entomology, 21: 7-10.

Lewis G. 1895a. Note on the Japanese Rhipidoceridae: a new genus and species. The Annals and Magazine of Natural History, 16(6): 35-36.

Lewis G. 1895b. On the Lamellicorn Coleoptera of Japan and notices of others. The Annals and Magazine of Natural History, 6(16):

374-406.

Lhoste J. 1956. Sur un sous-genre nouveau de *Scydmaenus* Latreille, originaire de l'île Maurice (Col., Scydmaenidae) Mauritius Institute Bulletin, 3: 283-286.

Li C-L, Yang P-S, Wang C-C. 2010 Revision of the *Melolontha guttigera* group (Coleoptera: Scarabaeidae) with a key and an annotated checklist of the east and South-East Asian *Melolontha* groups. Annals of the Entomological Society of America, 103(3): 341-359.

Li J-W, Li L-Z, Zhao M-J. 2007. A review on the genus *Coryphium* Stephens (Coleoptera, Staphylinidae) of China. Mitteilungen aus dem Museum für Naturkunde Berlin. Deutsche Entomologische Zeitschrift (N. F.), 54(1): 89-93.

Li L, Schillhammer H, Zhou H-Z. 2012. Taxonomy of the genus *Gabrius* Stephens, 1829 (Coleoptera: Staphylinidae: Philonthina) from China, with description of two new species. Journal of Natural History, 46(15-16): 955-967.

Li L, Zhou H-Z. 2010a. Taxonomy of the genus *Hybridolinus* Schillhammer (Coleoptera: Staphylinidae: Philonthina) from China. Zootaxa, 2360: 34-46.

Li L, Zhou H-Z. 2010b. Taxonomy of the genus *Bisnius* Stephens (Coleoptera, Staphylinidae, Philonthina) from China. Mitteilungen aus dem Museum für Naturkunde Berlin. Deutsche Entomologische Zeitschrift (N. F.), 57(1): 105-115.

Li L, Zhou H-Z. 2011. Revision and phylogenetic assessment of the rove beetle genus *Pseudohesperus* Hayashi, with broad reference to the subtribe Philonthina (Coleoptera: Staphylinidae: Staphylinini). Zoological Journal of the Linnean Society, 163(3): 679-722.

Li L, Zhou H-Z, Schillhammer H. 2010. Taxonomy of the genus *Hesperus* Fauvel (Coleoptera: Staphylinidae: Philonthina) from China. Annales de la Société Entomologique de France (N. S.), 46 [2010] (3-4): 519-536.

Li L-Z. 1994. Two new species of the genus *Tachinus* (Coleoptera, Staphylinidae) from the Ryukyu Islands, Southwest Japan. Japanese Journal of Entomology, 62: 661-666.

Li L-Z, Zhao M-J. 2002. Description of a new species of genus *Tachinus* (Coleoptera, Staphylinidae) from East China. Japanese Journal of Systematic Entomology, 8(1): 13-15.

Li L-Z, Zhao M-J, Sakai M. 2000. Tow [sic] new species of the genus *Tachinus* (Coleoptera, Staphylinidae) from Zhejiang Province, East China. Japanese Journal of Systematic Entomology, 6: 299-302.

Li L-Z, Zhao M-J, Sakai M. 2001. A new species of the genus *Tachinus* (Coleoptera, Staphylinidae) from Mt. West Tianmu, East China. Japanese Journal of Systematic Entomology, 7: 237-239.

Li S, Yang X-K. 2016. [new taxa]. *In:* Li S, Ricchiardi E, Bai M, Yang X-K. A taxonomy review of *Oreoderus* Burmeister, 1842 from China with a geometric morphometric evaluation (Coleoptera, Scarabaeidae, Valgini). ZooKeys, 552: 67-89.

Li X-J, Li L-Z, Zhao M-J. 2005. A new species of the genus *Lesteva* (Coleoptera: Staphylinidae: Omaliinae) from China. Entomotaxonomia, 27(2): 111-113.

Li X-Y, Solodovnikov A Y, Zhou H-Z. 2013. Four new species of the genus *Lobrathium* Mulsant & Rey (Coleoptera: Staphylinidae: Paederinae) from China. Zootaxa, 3635: 569-578.

Liebke M. 1931. Die afrikanischen Arten der Gattung *Colliuris* Degeer (Col. Car.). Revue de Zoologie et de Botanique Africaines, 20 [1930-1931]: 280-301.

Liebke M. 1933. Neue Colliurinen (Coleopt., Carab.). Stylops, 2(9): 202-210.

Likovský Z. 1974. Nový podrod rodu *Geostiba* Thomson, 1858 (Coleoptera, Staphylinidae). Eine neue Untergattung der Gattung *Geostiba* Thomson, 1858 (Coleoptera, Staphylinidae). Acta Musei Reginaehradecensis S. A.: Scientiae Naturales, 15: 126.

Lin P. 1966. New species of the genus *Mimela* Kirby (Scarabaeidae, Rutelinae). Acta Zootaxonomica Sinica, 3: 138-147.

Lin P. 1980. A new genus, *Melanopopillia*, from China (Coleoptera: Rutelidae). Entomotaxonomia, 2: 297-301.

Lin P. 1985. A new species of the genus *Anomala* from south China. Entomotaxonomia, 7: 119-122.

Lin P. 1996a. *Anomala cupripes* species group of China and a discussion on its taxonomy. Entomologia Sinica, 3: 300-313.

Lin P. 1996b. New species of *Anomala hirsutula* species group from China and discussion on their taxonomic problems (Coleoptera: Rutelidae). Entomotaxonomia, 18: 157-169.

Lindroth C H. 1956. A revision of the genus *Synuchus* Gyllenhal (Coleoptera: Carabidae) in the widest sense, with notes on *Pristosia* Motschulsky (*Eucalathus* Bates) and *Calathus* Bonelli. The Transactions of the Royal Entomological Society of London, 108: 485-576.

Linnaeus C. 1758. Systema Naturae per Regna tria Naturae, secundum classes, ordines, genera, species, cum characteribus, differentiis, synonymis, locis. Tomus I. Editio decima, reformata. Holmiae: Impensis Direct. Laurentii Salvii, iv+824+[1] pp.

Linnaeus C. 1771. Mantissa plantarum altera generum editionis VI. et specierum editionis II. Holmiae: Laurentii Salvii, 588 pp.

Linnaeus C. 1775. Dissertatio Entomologica, Bigas Insectorum Sistens. (Resp. A. Dahl). Upsalia: Typis Edmannianis, iii+7 pp., 1 pl.

Liu J, Cao Y-Y, Zhou S-J, Chen Y-J, Wan X. 2019. Complete mitochondrial genome of *Prismognathus prossi* (Coleoptera: Lucanidae) with phylogenetic implications. Entomologica Fennica, 30(2): 90-96.

Liu S-N, Tang L, Luo R-T. 2017. Notes on the *Stenus* cirrus group of Zhejiang, East China, with descriptions of two new species (Coleoptera, Staphylinidae). ZooKeys, 684: 75-84.

Liu W-G, Ahrens D. 2014. [new taxa]. *In:* Liu W-G, Bai M, Yang X-K, Ahrens D. An update to the taxonomy of the genus *Gastroserica* Brenske (Coleoptera, Scarabaeidae, Sericini). ZooKeys, 426: 87-110.

Liu W-G, Ahrens D. 2015. [new taxa]. *In:* Liu W-G, Bai M, Yang X-K, Ahrens D. New species and records of the *Neoserica* (*sensu stricto*) group (Coleoptera: Scarabaeidae: Sericini). Journal of Natural History, 49: 2379-2395.

Liu W-G, Fabrizi S, Bai M, Yang X-K, Ahrens D. 2014. A taxonomic revision of the *Neoserica* (*sensu lato*) *calva* group (Coleoptera, Scarabaeidae, Sericini). ZooKeys, 448: 47-81.

Löbl I. 1964a. Eine neue Pselaphiden Gattung (Coleoptera) aus Ost-Asien. Annotationes Zoologicae et Botanicae (Bratislava), 5: 1-5.

Löbl I. 1964b. Neue ostasiatische Arten der Gattung *Bryaxis* Kugelann (Col., Pselaphidae). Časopis Československé Společnosti Entomologické, 61: 43-46.

Löbl I. 1964c. Nový druh *Lasinus* z Číny (Col. Pselaphidae). Sborník Slovenského Národného Múzea, Prírodné Vedy, 10: 45-48.

Löbl I. 1964d. Zwei neue Pselaphiden-Arten aus China. Reichenbachia, 2 [1963-1964]: 297-300.

Löbl I. 1965. Beitrag zur Kenntnis der Gattung *Nipponobythus* Jeannel (Col. Pselaphidae). Annalen des Naturhistorischen Museums in Wien, 68: 491-507.

Löbl I. 1967. Beitrag zur Kenntnis der neotropischen Arten der Gattung *Baeocera* Er. Opuscula Zoologica (München), 97: 1-3.

Löbl I. 1968. Description of *Scaphidium comes* sp. n. and notes on some other Palaearctic species of the genus *Scaphidium* (Coleoptera, Scaphidiidae). Acta Entomologica Bohemoslovaca, 65: 386-390.

Löbl I. 1970. Über einige Scaphidiidae (Coleoptera) aus der Sammlung des Muséum National d'Histoire naturelle in Paris. Mitteilungen der Schweizerischen Entomologischen Gesellschaft, 43: 125-132.

Löbl I. 1971. Scaphidiidae von Ceylon (Coleoptera). Revue suisse de Zoologie, 78: 937-1006.

Löbl I. 1973. Beitrag zur Kenntnis der Pselaphidae (Coleoptera) der Koreanischen Volksdemokratischen Republik, Japans und des Ussuri Gebietes. Annales Zoologici, 30: 319-334.

Löbl I. 1974. Beitrag zur Kenntnis der Pselaphiden (Coleoptera) der Koreanischen Volksdemokratischen Republik. Acta Zoologica Cracoviensia, 19: 91-104.

Löbl I. 1975. Beitrag zur Kenntnis der Scaphidiidae (Coleoptera) von Neuguinea. Revue suisse de Zoologie, 82: 369-420.

Löbl I. 1979. Die Scaphidiidae (Coleoptera) Südindiens. Revue suisse de Zoologie, 86: 77-129.

Löbl I. 1990. Review of the Scaphidiidae (Coleoptera) of Thailand. Revue suisse de Zoologie, 97: 505-621.

Löbl I. 1994. *Awas giraffa* gen. n., sp. n. (Coleoptera, Pselaphidae) from Malaysia and the classification of Goniacerinae. Revue suisse de Zoologie, 101: 685-697.

Löbl I. 1999. A review of the Scaphidiinae (Coleoptera: Staphylinidae) of the People's Republic of China, I. Revue suisse de Zoologie, 106: 691-744.

Löbl I. 2015. New Nomenclatural and taxonomic acts, and comments. Staphylinidae. 21. *In:* Löbl I, Löbl D. Catalogue of Palearctic Coleoptera. Volume 2/1 & 2/2. Revised and Updated Edition. Hydrophiloidea-Staphylinoidea. Leiden/Boston: Brill, 1-1702.

Löbl I, Kurbatov S A. 2004. *Brunomanseria faceta* gen. n., sp. n. from Borneo (Coleoptera: Staphylininidae: Pselaphinae). Mitteilungen der Schweizerischen Entomologischen Gesellschaft, 77(3-4): 363-369.

Löbl I, Kurbatov S A, Nomura S. 1998. A revision of the genus *Triomicrus* Sharp (Coleoptera, Staphylinidae, Pselaphinae). Bulletin of the National Science Museum (Tokyo) (A), 24: 69-105.

Löbl I, Tang L. 2013. A review of the genus *Pseudobironium* Pic (Coleoptera: Staphylinidae: Scaphidiinae). Revue suisse de Zoologie, 120(4): 665-734.

Lohse G A. 1971. Über gattungsfremde Arten und Artenkreise innerhalb der "Großgattung" *Atheta* Thomson. Verhandulngen des Vereines für die Naturwissenschaftliche Heimatforschung Hamburg, 38: 67-83.

Lü L, Zhou H-Z. 2012. Taxonomy of the genus *Oxytelus* Gravenhorst (Coleoptera: Staphylinidae: Oxytelinae) from China. Zootaxa, 3576: 1-63.

Lü L, Zhou H-Z. 2015. Review of the genus *Platystethus* Mannerheim (Coleoptera: Staphylinidae: Oxytelinae) in China. Zootaxa, 3915: 151-205.

Lucas P H. 1860. [new species]. *In:* Montrouzier P. Essai sur la faune entomologique de la Nouvelle-Calédonie (Balade) et des îles des Pins, Art, Lifu etc. Annales de la Société Entomologique de France, 8(3): 229-308.

Lucas P H. 1869. [new taxa]. Buletin de la Societe Entomologique de France, 1869: xiii.

Lucas P H. 1870. [new taxa]. Bulletin de la Société Entomologique de France, 1870: lxxx-lxxxi.

Luze G. 1912. Eine neue Art der Staphyliniden-Gattung *Medon* Steph. (*Micromedon* nov. subg.). Verhandlungen der Kaiserlich-Königlichen Zoologisch-Botanischen Gesellschaft in Wien, 61 [1911]: 396.

Lynch Arribálzaga F. 1884. Los estafilinos de Buenos Aires. Boletín de la Academia Nacional de Ciencias (Córdoba), 7: 5-392.

Ma W-L, Li L-Z. 2012a. [new taxa]. *In:* Ma W-L, Li L-Z, Zhao M-J. Two new *Lesteva* Latreille (Coleoptera, Staphylinidae, Omaliinae) from Longwangshan Mountain, East China. ZooKeys, 194: 33-40.

Ma W-L, Li L-Z. 2012b. Erratum. Zootaxa, 3564: 68.

Ma W-Z. 1989. A new species of the family Cetoniidae from China (Coleoptera: Scarabaeoidea). Acta Entomologica Sinica, 32: 226-227.

Ma Y-L, Shi H-L, Liang H-B. 2017. Revision of the Oriental genus *Physodera* Eschscholtz, 1829 (Coleoptera, Carabidae, Lebiini, Physoderina), with the descriptions of two new species. Zootaxa, 4243(2): 297-328.

Machatschke J W. 1955. Zur Kenntnis der Ruteliden Süd-Chinas (Coleoptera: Scarabaeidae, Rutelinae). Beiträge zur Entomologie, 5: 500-510.

Machatschke J W. 1957. Coleoptera Lamellicornia Fam. Scarabaeidae Subfam. Rutelinae. Zweiter Teil. *In:* Wytsman P A G. Genera Insectorum. Fascicule 199 (B). Bruxelles: Desmet-Verteneuil, 219 pp., vi pls.

Machatschke J W. 1971. *Callistethus praefica* n. sp. Eine neue Ruteline aus Fukien (Süd-China) (Coleoptera, Lamellicornia, Melolonthidae, Rutelinae, Anomalini). Entomologische Arbeiten aus dem Museum G. Frey, 22: 198-201.

MacLeay W J. 1873a. Miscellanea entomologica. Transactions of the Entomological Society of New South Wales, 2: 319-370.

MacLeay W J. 1873b. Notes on a collection of Insects from Gayndah. Transactions of the Entomological Society of New South Wales, 2(1873): 79-205.

MacLeay W S. 1819. Horae Entomologicae: or Essays on the annulose animals. London: S. Bagster, Vol. 1, part 1, 1-160.

MacLeay W S. 1825. Annulosa Javanica or an attempt to illustrate the natural affinities and analogies of the Insects collected in Java by Thomas Horsfield, M. D. F. L. & G. S. and deposited by him in the Museum of the Honourable East-India Company. London: Kingsbury, Parbury, and Allen, 50 pp., 1 pl.

Maindron M. 1905. Notes synonymiques sur quelques coléoptères de la famille des Carabidae. Bulletin de la Société Entomologique de France, 1905: 94-95.

Makhan D. 1999. Three new species of Haliplidae (Coleoptera) from China. Entomotaxonomia, 21: 269-274.

Makhan D. 2009. *Hawkeswoodcephennodes* gen. nov. from China (Coleoptera: Scydmaenidae) and a response to the criticisms of Pavel Jaloszynski 2007. Calodema New Series, 108: 1-7.

Makhan D. 2013. *Rishwanedaphus amrishi* gen. et sp. nov. from Palumeu, Suriname (Coleoptera: Staphylinidae: Euaethetinae). Calodema, 259: 1-9.

Makranczy G. 2017. Review of the *Anotylus cimicoides* species group (Coleoptera: Staphylinidae: Oxytelinae). Acta Zoologica Academiae Scientiarum Hungaricae, 63(2): 143-262.

Mandl K. 1942. *Cicindela brevipilosa* Klapperichi, eine neue Cicindela-Rasse aus Fukien (Col.). Mitteilungen der Münchner Entomologischen Gesellschaft, 32: 87-89.

Mandl K. 1981. Neue Coleopteren-Taxa vom Nahen bis zum Fernen Osten (Col. Cicindelidae, Carabidae und Chrysomelidae). Entomologica Basiliensia, 6: 167-182.

Mannerheim C G von. 1830. Précis d'un nouvel arrangement de la famille des brachélytres de l'ordre des insectes coléoptères. St. Petersbourg, 87 pp.

Märkel J C F. 1844. Beiträge zur Kenntniss der unter Ameisen lebenden Insekten. Zweites Stück. Zeitschrift für die Entomologie, 5: 193-271.

Marseul S A de. 1854a. Essai monographique sur la famille des histérides (Suite). Annales de la Société Entomologique de France, (3)2: 161-311, 525-592.

Marseul S A de. 1854b. Essai monographique sur la famille des histérides (Suite). Annales de la Société Entomologique de France, (3)1 [1853]: 447-553.

Marseul S A de. 1862. Supplément à la monographie des histérides. Annales de la Société Entomologique de France, 1(4) [1861]: 509-566.

Marseul S A de. 1873. Coléoptères du Japon recueillis par M. Georges Lewis. Énumération des histérides et des Hétéromeres avec la description des espèces nouvelles. Annales de la Société Entomologique de France, 3(5): 219-230.

Marsham T. 1802. Entomologia Britannica. Tomus I. Coleoptera. Londini: White, xxxi+548 pp.

Masumoto K. 1984. New coprophagous lamellicornia from Japan and Formosa (1). Entomological Review of Japan, 39: 73-83.

Masumoto K. 1991. Coprophagid-beetles from Northwest Thailand. VI. Entomological Review of Japan, 46: 27-37.

Masumoto K. 1995. Coprophagid-beetles from Northwest Thailand. X. Entomological Review of Japan, 50(2): 87-94.

Maté J F. 2008. Description of a new *Aphodius* Illiger species from China (Coleoptera: Scarabaeidae). Nouvelle Revue d'Entomologie (N. S.), 26: 65-69.

Mateu J. 1956. Sobre algunos *Microlestes* SCHM.-GOEB. y Mesolestes SCHATZM. procedentes de Arabia.-. Archivos del Instituto de Aclimatación, 5: 57-68.

Matsumura S. 1937. New *Onthophagus*-species in Japan with a tabular key. Insecta Matsumurana, 11 [1936-1937]: 150-169.

Matthews A [H]. 1838. Notice of some new genera and species of Brachelytra. The Entomological Magazine, 5: 188-198.

Mawdsley J R. 2011. Taxonomy, identification, and phylogeny of the African and Madagascan species of the tiger beetle genus *Chaetodera* Jeannel 1946 (Coleoptera: Cicindelidae). Insecta Mundi, 0191: 1-13.

Mazur S. 1984. A world catalogue of Histeridae (Coleoptera). Polskie Pismo Entomologiezne, 54(3-4): 1-376.

Mazur S. 1999. Preliminary studies upon the *Platysoma* complex (Col. Histeridae). Annals of Warsaw Agricultural University-SGGW, Forestry and Wood Technology, 49: 3-29.

Mazur S. 2010. Faunistic and taxonomic notes upon some histerids (Coleoptera, Histeridae). Baltic Journal of Coleopterology, 10(2): 141-146.

Mazur S. 2011. Review of the Oriental species of the genus *Hister* Linnaeus, 1758 (Coleoptera: Histeridae). Annales Zoologici, 61(3): 483-512

Mazzoldi P. 1998. GYRINIDAE: new species of *Orectochilus* DEJEAN, 1833 subgenus *Patrus* AUBE, 1838 (Coleoptera). *In:* Jiich M A, Ji L. Water Beetles of China. Wien: Zoologisch-Botanische Gesellschaft in Österreichs and Wiener Coleopterologenverein, 137-146.

Medvedev S I. 1951. Plastinchatousye (Scarabaeidae), podsem. Melolonthinae, ch.1(chrushchi). Fauna SSSR, zhestkokrylye. Tom 10, vyp. 1. Moskva, Leningrad: Izd. Akad. Nauk SSSR, 512 pp.

Medvedev S I. 1960. Plastinchatousye (Scarabaeidae), podsem. Euchirinae, Dynastinae, Glaphyrinae, Trichiinae. Fauna SSSR, zhestkokrylye, tom 10, vyp. 4. Moskva, Leningrad: Izdatel'stvo Akademii Nauk SSSR, 398 pp.

Medvedev S I. 1964. Plastinchatousye (Scarabaeidae), podsem. Cetoniidae, Valginae. Fauna SSSR, zhestkokrylye, tom 10, vyp. 5. Moskva, Leningrad: Izdatel'stvo Akademii Nauk SSSR, 375 pp.

Medvedev S I. 1972. O pereimenovanii roda Dicranocephalus Hope, 1831 (Coleoptera, Scarabaeidae) I nakhozhdenie ego predstavitelia v SSSR. Entomologicheskoe Obozrenie, 51: 112-113.

Meggiolaro G. 1960. Un nuovo genere di Pselaphidae italiano. Bollettino della Società Entomologica Italiana, 90: 59-62.

Ménétriés E. 1832. Catalogue raisonné des objets de zoologie recueillis dans un voyage au Caucase et jusqu'aux frontières actuelles de la Perse. St. Pétersbourg: Imprimerie de l'Académie Impériale des Sciences, 1+272+6 pp.+33 pls.

Mikšić R. 1967. Revision der Gattung *Rhomborrhina* Hope (53. Beitrag zur Kenntnis der Scarabaeiden). Entomologische Abhandlungen und Berichte aus dem Staatliches Museum für Tierkunde in Dresden, 35 [1966-1967]: 267-335.

Mikšić R. 1974. Revision der Gattung Euselates Thomson. Mitteilungen aus dem Zoologischen Museum Berlin, 50: 55-129.

Mikšić R. 1977. Monographie der Cetoniinae der paläarktischen und orientalischen Region II. Forstinstitut in Sarajevo, 2: 1-399.

Minck P. 1920. Beitrag zur Kenntnis der Dynastiden. 10. Asiatische Xylotrupiden. Archiv für Naturgeschichte (A), 84(1918): 194-221.

Miwa Y, Mitono T. 1943. [Scaphidiidae of Japan and Formosa]. Transactions of the Natural History Society of Formosa, 33: 512-555 (in Japanese).

Miyake Y. 1987. Notes on some Ruteline beetles, tribe Anomalini from Taiwan (Coleoptera, Scarabaeidae). Lamellicornia, 3: 1-9.

Miyake Y, Iwase K. 1991. A new genus and a new species of Trichiini from Southeastern Asia (Coleoptera, Scarabaeidae). Entomological Review of Japan, 46: 187-193.

Miyake Y, Yamaya S. 1995. Some new beetles belonging to Scarabaeoidea (Insecta: Coleoptera: Trogidae, Geotrupidae and Scararabaeidae) preserved in the Nagaoka Municipal Science Museum. Bulletin of the Nagaoka Municipal Science Museum, 30: 31-40.

Mizunuma T, Nagai S. 1994. The lucanid beetles of the world: Mushi-shaIconograp-hic series of Insects. Tokyo: Mushisha.

Modeer A. 1776. Anmärkningar angående slägtet *Gyrinus*. Physiographiska Sällskapets Handlingar, 1(3): 155-162.

Möllenkamp W. 1901. Beitrag zur Kenntniss der Lucaniden-Fauna. Insektenbörse, 18(46): 363.

Möllenkamp W. 1902. Beitrag zur Kenntniss der Lucaniden-Fauna. Insektenbörse, 19(45): 353-354.

Möllenkamp W. 1912. H. Sauter's Formosa Ausbeute. Lucanidae. Entomologische Mitteilungen, 1: 6-8.

Montrouzier P. 1860. Essai sur la faune entomologique de la Nouvelle-Calédonie et des îles de Pins, Art, Lifu, etc. Annales de la Société Entomologique de France, 8(3): 229-308.

Morawitz A. 1862a. Vorläufige Diagnosen neuer Coleopteren aus Südost-Sibirien. Bulletin de l'Académie Impériale des Sciences de St.-Pétersbourg, 5 [1863]: 231-265.

Morawitz A. 1862b. Vorläufige Diagnosen neuer Carabiciden aus Hakodade. Bulletin de l'Académie Impériale des Sciences de St.-Pétersbourg, 5 [1863]: 321-328.

Morawitz A. 1863. Beitrag zur Käferfauna der Insel Jesso. Erste Lieferung. Cicindelidae et Carabici. Mémoires de l'Académie Impériale des Sciences de St.-Pétersbourg, (7) 6(3): 1-84.

Moser J. 1902. Neue Cetoniden-Arten aus Tonkin, gesammelt von H. Fruhstorfer. Berliner Entomologische Zeitschrift, 46 [1901]: 525-538.

Moser J. 1904. Neue Valgiden-Arten. Berliner Entomologische Zeitschrift, 49: 266-273.

Moser J. 1906. Beitrag zur Kenntnis der Cetoniden. Annales de la Société Entomologique de Belgique, 50: 395-404.

Moser J. 1908. Verzeichnis der von H. Fruhstorfer in Tonkin gesammelten Melolonthiden. Annales de la Société Entomologique de Belgique, 52: 325-343.

Moser J. 1910. Neue Arten der Melolonthiden-Gattungen *Holotrichia* und *Brahmina*. Annales de la Société Entomologique de Belgique, 53 [1909]: 468-478.

Moser J. 1911. Beitrag zur Kenntnis der Cetoniden. Annales de la Société Entomologique de Belgique, 55: 119-129.

Moser J. 1912. Neue Hopliiden aus dem indo-malayischen Gebiet. Deutsche Entomologische Zeitschrift, 1912: 305-325.

Moser J. 1913. Beitrag zur Kenntnis der Melolonthiden (Col.). Deutsche Entomologische Zeitschrift, 1913: 271-297.

Moser J. 1915a. Neue Serica-Arten (Col.). Deutsche Entomologische Zeitschrift, 1915: 337-393.

Moser J. 1915b. Neue Melolonthiden und Cetoniden. Deutsche Entomologische Zeitschrift, 1915: 579-605.

Motschulsky V de. 1839. Coléoptères du Caucase et des provinces transcaucasiennes (Continuation). Bulletin de la Société Impériale des Naturalistes de Moscou, 12: 68-93.

Motschulsky V de. 1844. Insectes de la Sibérie rapportés d'un voyage fait en 1839 et 1840. Mémoires présentés a l'Académie Impériale des Sciences de St.-Pétersbourg par divers savans et lus dans ses assemblées, 5: 1-274, i-xv, 10 pls.

Motschulsky V de. 1845. Remarques sur la collection de Coléoptères Russes. Article 1. Bulletin de la Société impériale des Naturalistes de Moscou, 18, 1(1): 3-127.

Motschulsky V de. 1849. Coléoptères reçus d'un voyage de M. Handschuh dans le midi de l'Espagne, énumérés et suivis de notes. Bulletin de la Société Impériale des Naturalistes de Moscou, 22(3): 52-163.

Motschulsky V de. 1851. Enumération des nouvelles espèces de coléoptères de son dernier voyage. Bulletin de la Société Impériale des Naturalistes de Moscou, 24(4): 479-511.

Motschulsky V de. 1853. Hydrocanthares de la Russie. Helsingfors: Imprimerie de la Société de Litérature Finnoise, 15 pp.

Motschulsky V de. 1854a. Diagnoses de Coléoptères nouveaux trouvés, par M.M. Tatarinoff et Gaschkéwitsch aux environs de Pékin. Études Entomologiques, 2 [1853]: 44-51.

Motschulsky V de. 1854b. Coléoptères du nord de la Chine (Shingai). Études Entomologiques, 3: 63-65.

Motschulsky V de. 1854c. Nouveautés. Études Entomologiques, 2 [1853]: 28-32.

Motschulsky V de. 1855. Nouveautés. Études Entomologiques Motschulsky, 4: 82-84.

Motschulsky V de. 1857. Entomologie speciale. Insectes du Japon. Études Entomologiques. Helsingfors, 6: 25-41.

Motschulsky V de. 1858a. Entomologie speciale. Insectes des Indes orientales. Études Entomologiques, 7: 20-122.

Motschulsky V de. 1858b. Entomologie spéciale. Insectes du Japon. Études Entomologiques, 6: 25-41.

Motschulsky V de. 1858c. Énumeration des nouvelles espèces de coléoptères rapportés de ses voyages. Bulletin de la Société Impériale des Naturalistes de Moscou, 31(3): 204-264.

Motschulsky V de. 1858d. Énumération des nouvelles espèces de Coléoptères rapportés de ses voyages. Bulletin de la Société Impériale des Naturalistes de Moscou, 30 [1857] (4): 490-517.

Motschulsky V de. 1858e. II. Entomologie speciale. Insectes des Indes orientales. I. Serie. Etudes Entomologiques. Helsingfors, 7: 20-122(53-57).

Motschulsky V de. 1858f. Énumeration des nouvelles espèces de Coléoptères rapportés de ses voyages. Bulletin de la Société Impériale des Naturalistes de Moscou, 31(2): 634-670.

Motschulsky V de. 1858g. Nouveautés. Etudes Entomologiques, 6 [1857]: 108-112.

Motschulsky V de. 1858h. Voyages et excursions entomologiques. Etudes Entomologiques, 7: 16-20.

Motschulsky V de. 1859. Catalogue des insectes rapportés des environs du fl. Amour, depuis la Schilka jusqu'à Nikolaëvsk. Bulletin de la Société Impériale des Naturalistes de Moscou, 32: 487-507.

Motschulsky V de. 1860a. Entomologie spéciale. Insectes des Indes orientales, et de contrées analogues. Études Entomologiques, 8 [1859]: 25-118.

Motschulsky V de. 1860b. Voyages et excursions entomologiques. Etudes Entomologiques, 8 [1859]: 6-15.

Motschulsky V de. 1860c. Sur les collections coléoptèrologiques de Linné et de Fabricius (continuation). XXII. Lamellicornes. Etudes Entomologiques, 8 [1859]: 147-162.

Motschulsky V de. 1860d. Coléopteres rapportés de la Sibérie orientale et notamment des pays situeés sur les bords du fleuve Amour par MM. Schrenck, Maack, Ditmar, Voznessensky' etc. déterminés et décrits. *In:* Schrenck L. Reisen und Forschungen in Amur-Lande in den Jahren 1854-1856 im Auftrage der Kaiserl. Akademie der Wissenschaften zu St. Petersburg ausgefuhrt und in Verbindung mit mehreren Gelehrten herausgegeben. Band II. Zweite Lieferung. Coleopteren. St. Petersburg: Eggers et Comp., 80-257, pls. VI-IX, 1 map.

Motschulsky V de. 1861a. Entomologie spéciale. Insectes du Japon (Continuation). Études Entomologiques, 9 [1860]: 4-39. [DP: 12

October 1861 (Bousquet, 2016)]

Motschulsky V de. 1861b. Essai d'un catalogue des insectes de l'île Ceylan. Bulletin de la Société Impériale des Naturalistes de Moscou, 34(1): 95-155, pl. ix.

Motschulsky V de. 1861c. Insectes du Japon. Coléoptères. Etudes entomologiques. Helsingfors, 10: 1-19.

Motschulsky V de. 1862a. Entomologie spéciale. Insectes du Japon (Continuation). Études Entomologiques, 10 [1861]: 3-24.

Motschulsky V de. 1862b. Entomologie spéciale. Remarques sur la collection d'insectes de V. de Motschulsky. Coléoptères. Études Entomologiques, 11: 15-55.

Motschulsky V de. 1864. Énumération des nouvelles espèces de coléoptères rapportés de des voyages. 4-ème article. Carabicines. Bulletin de la Société Impériale des Naturalistes de Moscou, 37: 171-240.

Motschulsky V de. 1865. Enumération des nouvelles espèces de coléoptères rapportés de ses voyages. 4-ème article (suite). Bulletin de la Société Impériale des Naturalistes de Moscou, 37(4): 297-355.

Motschulsky V de. 1869. Enumération des nouvelles espèces de coléoptères rapportés de ses voyages (7 ième article). Bulletin de la Société Impériale des Naturalistes de Moscou, 42(2): 252-275.

Mouchamps R. 1959. Remarques concernant les genres *Hydrobiomorpha* Blackburn et *Neohydrophilus* Orchymont (Coléoptères Hydrophilides). Bulletin et Annales de la Société royale d'Entomologie de Belgique, 95: 295-335.

Mroczkowski M. 1966. Contribution to the knowledge of Silphidae and Dermestidae of Korea (Coleoptera). Annales Zoologici, 23: 433-443.

Müller J. 1925. Terzo contributo alla conoscenza del genere Staphylinus L. Bollettino della Società Entomologica Italiana, 57: 40-48.

Mulsant E. 1839. Description d'un genre nouveau dans la tribu des Lucanides. Annales de la Société Agricole de Lyon, 2: 119-121.

Mulsant E. 1842. Histoire naturelle des Coléoptères de France. Lamellicornes. Paris: Maison Libraire, Lyon: Imprimerie de Dumoulin, Ronet et Sibuet, viii+626 pp., 3 pls.

Mulsant E. 1844. Histoire Naturelle des Coléoptères de France. Palpicornies. L. Maison, Paris; Ch. Savy Jeune, Lyon. 7+196 pp., 1 pl. (errata et addenda: 197).

Mulsant E. 1851. Description d'une Coléoptère nouveau de la famille des Hydrophiliens constituant un nouvelle coupe générique. Mémoires de l'Académie de Lyon, Classe des Sciences, (2)1: 75-76.

Mulsant E, Rey C. 1858. Description de quelques espèces nouvelles de Coléoptères du genre Bérose. Annales de la Société d'Agriculture de Lyon, (3) 2: 316-320.

Mulsant E, Rey C. 1870a. Description de quelques nouvelles espèces d'Aphodiens. Opuscules Entomologiques, 14: 203-221.

Mulsant E, Rey C. 1870b. Histoire naturelle des Coléoptères de France. Tribu des Lamellicornes. Annales de la Société d'Agriculture, Histoire Naturelle et Arts Utiles de Lyon, (4)2 [1869]: 241-650.

Mulsant E, Rey C. 1871. Histoire naturelle des Coléoptères de France. Brévipennes Aléochariens. Paris: Deyrolle, 321 pp., 5 pls.

Mulsant E, Rey C. 1873a. Description de divers Coléoptères brévipennes nouveaux ou peu connus. Opuscules Entomologiques, 15: 147-189.

Mulsant E, Rey C. 1873b. Histoire naturelle des Coléoptères de France. Brévipennes. Aléochariens. Suite. Paris: Deyrolle, 695 pp., 5 pls.

Mulsant E, Rey C. 1874. Tribu des brévipennes: Famille des aléochariens (suite): Sixième branche: Aléocharaires. Annales de la Société Linnéenne de Lyon (N. S.) 20: 285-447.

Mulsant E, Rey C. 1875. Tribu Brévipennes Famille des Aléocharaires. 163-565. *In:* Histoire naturelle des Coléoptères de France. Paris: Deyrolle, 565 pp.

Mulsant E, Rey C. 1876. Histoire naturelle des Coléoptères de France. Tribu des brévipennes. [Staphyliniens]. Annales de la Société d'Agriculture Histoire Naturelle et Arts utiles de Lyon, 8(4) [1875]: 145-856.

Mulsant E, Rey C. 1877. Histoire naturelle des Coléoptères de France. Tribu des brévipennes. Deuxième famille. Xantholiniens. Mémoires de l'Academie des Sciences, Belles-Lettres et Arts de Lyon, 22: 217-344.

Mulsant E, Rey C. 1878a. Histoire naturelle des Coléoptères de France. Tribu des brévipennes. Troisième famille: Pédériens. Quatrième Famille: Euesthetiens. Annales de la Société Linnéenne de Lyon (N. S.), 24 [1877]: 1-341, 6 pls.

Mulsant E, Rey C. 1878b. Histoire naturelle des Coléoptères de France. Tribu des brévipennes. Cinquième famille: Oxyporiens. Sixième famille: Oxyteliens. Annales de la Société d'Agriculture Histoire Naturelle et Arts utiles de Lyon, (4)10: 443-850.

Murayama J. 1938. Revision des Sericines (Col., Scar.) de la Corée. Annotationes Zoologicae Japonenses, 17: 7-21.

Nagai S. 2005. Notes on some SE Asian Stag-beetles, with descriptions of several new taxa (4). Gekkan-Mushi, 414: 32-38.

Nagel P. 1925. Neues über Hirschkäferarten. Entomologische Mitteilungen, 14: 166-176.

Nagel P. 1941. Neues über Hirschkäfers. Deutsche Entomologische Zeitschrift, 1941: 54-75.

Nakane T. 1963a. New or little-known Coleoptera from Japan and its adjacent regions. XVII. Fragmenta Coleopterologica. Pars, 5: 21-22.

Nakane T. 1963b. New or little-known Coleoptera from Japan and its adfacent regions. XVIII. Fragmenta Coleopterologica, 6: 23-26.

Nakane T. 1991. Notes on some little-known beetles (Coleoptera) in Japan. 8. Kita-Kyûshû no Kyûshû, 38: 111-115.

Nakane T, Sawada K. 1960. The Coleoptera of Yakushima Island, Staphylinidae. The Scientific Reports of Kyoto Prefectural University (A), 3: 121-126.

Neboiss A. 1984. Reclassification of *Cupes* Fabricius (*s. lat.*) with descriptions of new genera and species (Cupedidae: Coleoptera). Systematic Entomology, 9: 443-477.

Netolitzky F. 1920a. Versuch einer neuartigen Bestimmungstafel für die asiatischen Testediolum nebst neuen paläarktischen Bembidiini. (Col., Carabidae). Entomologische Mitteilungen, 9: 61-69, 112-119.

Netolitzky F. 1920b. Zwei neue Bembidien-Untergattungen und eine neue Art. Koleopterologische Rundschau, 8: 96.

Newman E. 1837. Description of two Scarabaei in the cabinet of Samuel Hanson, Esq. The Entomological Magazine, 4: 255-257.

Newman E. 1838. New Species of *Popillia*. The Magazine of Natural History and Journal of Zoology, Botany, Mineralogy, Geology and Meteorology (N. S.), 2: 336-338.

Newton A F. 2015. New Nomenclatural and taxonomic acts, and comments. Staphylinidae. 9-15. *In:* Löbl I, Löbl D. Catalogue of Palearctic Coleoptera. Volume 2/1 & 2/2. Revised and Updated Edition. Hydrophiloidea-Staphylinoidea. Leiden/Boston: Brill, 1-1702.

Nietner J. 1856. Entomological papers, being descriptions of new Ceylon Coleoptera with such observations on their habits as appear in any way interesting. The Journal of the Asiatic Society of Bengal, 25: 381-394, 523-554.

Niijima Y, Kinoshita E. 1923. Die Untersuchungen über japanische Melolonthiden II. (Melolonthiden Japans und ihre Verbreitung). Research Bulletins of the College Experiment Forest, College of Agriculture, Hokkaido Imperial University (Sapporo), 2: 1-253.

Niijima Y, Matsumura S. 1923. *Popillia comma*. 139, 228. *In:* Niijima Y, Kinoshita E. Die Untersuchungen über Japanische Melolonthiden II. Melolonthiden Japans und ihre Verbreitung. Research Bulletins of the College Experimental Forests, College of Agriculture, Hokkaido Imperial University, Sapporo, Japan, 2(2): 1-243.

Nikolajev G V. 1980. Novyi rod i vid Plastintschatoucykh podsemeistva Sericinae (Coeloptera, Scarabaeidae) s Dalnego Vostoka. *In:* Ler P A. Taxonomia nasekomykh Dalnego Vostoka 1. Wladiwostok: Akademia Nauk SSSR, 120 pp.

Nikolajev G V. 2003. Lethrus-beetles (Scarabaeidae, Geotrupinae, Lethrini): biology, systematics, distribution, keys. Almaty: Kazakh University, 255 pp.

Nikolajev G V. 2005. *Notochodaeus* gen. n.-novyy rod podsemeystva Ochodaeinae (Coleoptera, Scarabaeidae) iz Azii. *Notochodaeus* gen. n., a new Ochodaeinae genus (Coleoptera, Scarabaeidae) from Asia. Evraziatskiy Entomologicheskiy Zhurnal, 4: 219-220.

Nikolajev G V. 2009. O vidakh semeystva Ochodaeidae (Coleoptera, Scarabaeoidea) palearkticheskoy Azii. Ochodaeidae species (Coleoptera, Scarabaeoidea) of the Palaearctic's Asia. Evraziatskiy Entomologicheskiy Zhurnal, 8: 205-211.

Nilsson A N. 2001. World Catalogue of Insects. Volume 3. Dytiscidae (Coleoptera). Stenstrup: Apollo Books, 395 pp.

Nishikawa M. 1986. New silphid beetles of the subgenus *Calosilpha* (Coleoptera, Silphidae). 153-158. *In:* Uéno S I. Entomological papers presented to Yoshihiko Kurosawa on the occasion of his retirement. Tokyo: Coleopterists' Association of Japan, 342 pp.

Nomura S. 1959. Notes on the Japanese Scarabaeidae with two subspecies from Formosa. Tôhô-Gakuhô, 9: 39-54.

Nomura S. 1970. Notes on some Scarabaeid-beetles from Loochoo and Formosa. Entomological Review of Japan, 22: 61-72.

Nomura S. 1973. On the Sericini of Japan. Tôhô-Gakuhô, 23: 119-152.

Nomura S. 1974. On the Sericini of Taiwan. Tôhô-Gakuhô, 24: 81-115.

Nomura S. 1977. On the Melolonthini of Taiwan (Coleoptera, Scarabaeidae). Tôhô-Gakuhô, 27: 85-109.

Nomura S. 1991. Systematic study on the genus *Batrisoplisus* and its allied genera from Japan (Coleoptera, Pselaphidae). Esakia, 30: 1-462.

Nomura S. 1996. A revision of the tychine pselaphids (Coleoptera, Pselaphidae) of Japan and its adjacent regions. Elytra, 24: 245-278.

Nomura S, Kurosawa Y. 1960. [new taxa]. *In:* Nomura S. List of the Japanese Scarabaeoidea (Coleoptera). Toho-Gakuho, 10: 39-79.

Nomura S, Lee C-E. 1993. A revision of the family Pselaphidae (Coleoptera) from South Korea. Esakia, 33: 1-48.

Nonfried A F. 1891. Weitere Beiträge zur Käferfauna von Südasien und Neuguinea. Berliner Entomologische Zeitschrift, 36: 359-380.

Nonfried A F. 1892. Verzeichnis der um Nienghali in Südchina gesammelten Lucanoiden, Scarabaeiden, Buprestiden und Cerambyciden, nebst Beschreibung neuer Arten. Entomologische Nachrichten, 18: 81-95.

Nordmann A von. 1837. Symbolae ad monographiam staphylinorum. Ex Academiae Caesareae Scientiarum. Petropoli: Academiae Caesareae Scientiarum, 167 pp.

Notman H. 1924. Two new staphylinids from Cranberry Lake, New York. New York State College of Forestry, Syracuse University, Technical Bulletin, 24: 270-272.

Ochi T, Kon M, Bai M. 2010. Four new species of the genus *Phelotrupes* (Coleoptera: Geotrupidae) from China. Entomological Review of Japan, 65: 141-150.

Ochi T, Kon M, Bai M. 2020. A revisional study of the subgenus *Sinocopris* Ochi, Kon et Bai, 2009 of the genus *Copris* (Coleoptera, Scarabaeidae). Giornale Italiano di Entomologia, 15(65): 901-932.

Ochi T, Kon M, Kawahara M. 2018. Four new species of the genus *Rhyparus* from Laos. Kogane, 21: 15-31.

Ochs G. 1925. Descriptions of new asiatic Gyrinidae. Records of the Indian Museum, 27: 193-204.

Ochs G. 1930. Gyrinoidea. Catalogue of Indian Insects. Calcutta: Government of India Central Publications Branch, 19: 1-39.

Ohara M. 1989. On the species of the genus *Margarinotus* from Japan (Coleoptera: Histeridae). Insecta Matsumurana, new series, 41: 1-50.

Ohara M. 1994. A revision of the superfamily Histeroidea of Japan (Coleoptera). Insecta Matsumurana, new series, 51: 1-283.

Ohaus F. 1905. Beiträge zur Kenntnis der Ruteliden. Deutsche Entomologische Zeitschrift, 1905: 81-99.

Ohaus F. 1914a. XIII. Beitrag zur Kenntnis der Ruteliden. Annales de la Societe Entomologique de Belgique, 58: 152-167.

Ohaus F. 1914b. Revision der Adoretini. (Col. Lamell. Rutelin.). Deutsche Entomologische Zeitschrift, 1914: 471-514.

Ohaus F. 1924. XXII. Beitrag zur Kenntnis der Ruteliden (Col. Lamell.). Stettiner Entomologische Zeitung, 84: 167-186.

Ohaus F. 1925. I. Nachtrag zur Rutelinenfauna Formosas (Col. Lamell.). Archiv für Naturgeschichte (A), 91: 122-131.

Ohaus F. 1933. New Rutelinae (Col. Lamell.) in the United States National Museum. Journal of the Washington Academy of Sciences, 23: 473-478.

Oke C. 1933. Australian Staphylinidae. Proceedings of the Royal Society of Victoria, 45: 101-136.

Olivier A G. 1790. Entomologie, ou histoire naturelle des insectes, avec leurs caractères génériques et spécifiques, leur description, leur synonymie, et leur figure enluminée. Coléoptères. Tome second. Paris: de Baudouin, 458 pp.

Olivier A G. 1795. Entomologie, ou histoire naturelle des insectes, avec leur caractères génériques et spécifiques, leur description, leur synonymie, et leur figure illuminée. Coléoptères. Tome troisième. Paris: de Lanneau, 557 pp.

Olivier G A. 1789. Entomologie, ou histoire naturelle des insectes, avec leurs caractères génériques et spécifiques, leur description, leur synonymie et leur figures enluminées. Coléoptères. Tome premier. Paris: de Baudouin, 497 pp.

Orbigny H d'. 1898. Synopsis des Onthophagides paléarctiques. L'Abeille, Journal d'Entomologie, 29: 117-254.

Orchymont A d'. 1919. Contribution a l'étude des sous-familles des Sphaeridiinae et des Hydrophilinae (Col. Hydrophilidae). Annales de la Societe Entomologique de France, 88: 105-168.

Orchymont A d'. 1922. Zoological Results of the Abor Expedition. L. Coleoptera, X: Hydrophilidae. Records of the Indian Museum, 8: 623-629.

Orchymont A d'. 1925. Contribution à l'étude des Hydrophilides III. Bulletin et Annales de la Société Entomologique de Belgique, 65: 261-295.

Orchymont A d'. 1934. Aquatic Insects of China. Article XVII. A new species of water scavenger beetle from China. (Coleoptera, Hydrophilidae). Peking Natural History Bulletin, 9: 109-110.

Orchymont A d'. 1941. *Palpicornia* (Coleoptera). Notes diverses et espèces nouvelles I. Bulletin du Musée royal d'Histoire naturelle de Belgique, 17(1): 1-23.

Orchymont A d'. 1943. Notes complémentaires sur les *Helochares* (*Hydrobaticus*) *orientaux* (Palpicornia Hydrophilidae). Bulletin du Musée royal d'Histoire naturelle de Belgique, 19(21): 1-12.

Pace R. 1984a. Aleocharinae delle Mascarene, parte I: tribù Myllaenini, Pronomaeini, Oligotini e Bolitocharini (Coleoptera, Staphylinidae) (XLV contributo alla conoscenza delle Aleocharinae). Revue suisse de Zoologie, 91: 3-36.

Pace R. 1984b. Nuove Aleocharinae microftalme mediterranee e dell'Iran del Museum d'Histoire Naturelle di Genève (Coleoptera Staphylinidae) (L contributo alla conoscenza delle Aleocharinae). Archives Scientifiques Genève, 37: 211-219.

Pace R. 1984c. Aleocharinae delle Mascarene, parte II: tribù Falagriini, Callicerini, Schistogeniini, Oxypodinini, Oxypodini e Aleocharini (Coleoptera, Staphylinidae) (XLVI contributo alla conoscenza delle Aleocharinae). Revue suisse de Zoologie, 91: 249-280.

Pace R. 1986a. Aleocharinae dell'Asia sudorientale raccolte dal Dr. Osella (Coleoptera Staphylinidae) (LXII contributo alla conoscenza delle Aleocharinae). Bollettino del Museo Civico di Storia Naturale di Verona, 11 [1984]: 481-491.

Pace R. 1986b. Aleocharinae dell'Himalaya raccolte da Guillaume de Rougemont (Coleoptera Staphylinidae) (LXX contributo alla conoscenza delle Aleocharinae). Bollettino del Museo Civico di Storia Naturale di Verona, 12 [1985]: 165-191.

Pace R. 1986c. Aleocharinae della Thailandia e della Birmania riportate da G. de Rougemont (Coleoptera, Staphylinidae) (LIX contributo alla conoscenza delle Aleocharinae). Bollettino del Museo Civico di Storia Naturale di Verona, 11 [1984]: 427-468.

Pace R. 1987a. Aleocharinae riportate dall'Himalaya dal Prof. Franz. Parte III. (LIV contributo alla conoscenza delle Aleocharinae) (Coleoptera, Staphylinidae). Nouvelle Revue d'Entomologie (N. S.), 4: 117-131.

Pace R. 1987b. Aleocharinae dell'Asia sudorientale raccolte da Guillaume de Rougemont (Coleoptera, Staphylinidae) (LXXII contributo alla conoscenza delle Aleocharinae). Bollettino del Museo Civico di Storia Naturale di Verona, 13 [1986]: 139-237.

Pace R. 1987c. Staphylinidae dell Himalaya Nepalese. Aleocharinae raccotte dal Prof. Dr. J. Martens (Insecta: Coleoptera). Courier des Forschungsinstitutes Senckenberg, 93: 383-441.

Pace R. 1992. Aleocharinae nepalesi del Museo di Genevra Parte VII (conclusione): Oxypodini e Aleocharini (Coleoptera, Staphylinidae) (115° contributo alla conoscenza delle Aleocharinae). Revue suisse de Zoologie, 99: 263-342.

Pace R. 1993. Aleocharinae della Cina (Coleoptera, Staphylinidae). Bollettino del Museo Civico di Storia Naturale di Verona, 17 [1990]: 69-125.

Pace R. 1998a. Aleocharinae della Cina: Parte IV (Coleoptera, Staphylinidae). Revue suisse de Zoologie, 105: 911-982.

Pace R. 1998b. Aleocharinae della Cina: Parte I (Coleoptera, Staphylinidae). Revue suisse de Zoologie, 105: 139-220.

Pace R. 1998c. Aleocharinae della Cina: Parte II (Coleoptera, Staphylinidae). Revue suisse de Zoologie, 105: 395-463.

Pace R. 1998d. Aleocharinae della Cina: Parte III (Coleoptera, Staphylinidae). Revue suisse de Zoologie, 105: 665-732.

Pace R. 1999. Aleocharinae della Cina: Parte V (conlusione) (Coleoptera, Staphylinidae). Revue suisse de Zoologie, 106: 107-164.

Pace R. 2004. Hygrnomini e Athetini della Cina con note sinonimiche (Coleoptera, Staphylinidae). Revue suisse de Zoologie, 111(3): 457-523.

Pace R. 2011a. Biodiversità delle Aleocharinae della Cina: Athetini, Prima Parte, Generi *Lasiosomina*, *Hydrosmecta*, *Amischa*, *Alomaina*, *Paraloconota*, *Bellatheta*, *Nepalota*, *Pelioptera*, *Tropimenelytron*, *Berca* and *Amphibolusa* (Coleoptera, Staphylinidae). Beiträge zur Entomologie, 61(1): 155-192.

Pace R. 2011b. Biodiversità delle Aleocharinae della Cina: Athetini, Parte seconda, Generi Aloconota e Liogluta (Coleoptera, Staphylinidae). Beiträge zur Entomologie, 61(1): 193-222.

Pace R. 2012. Biodiversità delle Aleocharinae della Cina: Lomechusini e Thamiareini (Coleoptera, Staphylinidae). Beiträge zur Entomologie, 62(1): 77-102.

Pace R. 2013. Nuovo contributo alla conoscenza delle Aleocharinae della Regione Orientale (Insecta: Coleoptera: Staphylinidae). Veröffentlichungen des Naturkundemuseums Erfurt, 32: 371-381.

Pace R. 2016. Aleocharinae della Cina al "Naturkundemuseum" di Erfurt (lnsecta: Coleoptera: Staphylinidae). Vernate, 35: 295-336.

Pace R. 2017. [new taxa]. *In:* Pace R, Hartmann M. Berichtigungen und Ergänzungen zum Artikel Pace "Aleocharinae della Cina al 'Naturkundemuseum' di Erfurt" (Insecta: Coleoptera: Staphylinidae). Vernate, 36: 297-303.

Pallas P S. 1781. Icones Insectorum praesertim Rossiae Sibiriaeque peculiarum quae collegit et Descriptionibus illustravit. Erlangae: Wolfgangi Waltheri [1781-1806, issued in parts], [6]+104 pp., 8 pls.

Pandellé L. 1876. *Hemisphaera* Pandellé nov. gen., *H. infima* Pand. 57-59. *In:* Uhagon S de. Coleópteros de Badajoz. Anales de la Sociedad española de Historia Natural, 5: 45-78, pl. 1.

Panzer G W F. 1795. Entomologia Germanica exhibens insecta per Germaniam indigena. I. Eleuterata. Norimbergae: 370 pp.+12 pls.

Panzer G W F. 1796. Faunae Insectorum Germanicae initia, oder Deutschlands Insecten. Heft 38. Nürnberg: Felsecker, 24 pp., 24 pls.

Panzer G W F. 1797. Faunae Insectorum Germanicae initia, oder Deutschlands Insecten. Vierter Iahrgang. Heft 37. Nürnberg: Felsecker, 24 pp. + 24 pls.

Parry F J S. 1849. Descriptions of some new species of Coleoptera. Transactions of the Entomological Society of London, 5 [1847-1849]: 179-185.

Parry F J S. 1863. A few remarks upon Mr. James Thomson's catalogue of Lucanidae, published in the "Annales de la Société Entomologique de France, 1862". Transactions of the Entomological Society of London, 1(3): 442-452.

Parry F J S. 1864. A catalogue of lucanoid Coleoptera; with illustrations and descriptions of various new and interesting species. Transactions of the Entomological Society of London, 1(3): 1-113.

Parry F J S. 1870. A revised catalogue of the Lucanoid Coleoptera with remarks on the nomenclature, and descriptions of new species. Transactions of the Royal Entomological Society of London, 1870: 53-118.

Parry F J S. 1873. Characters of seven nondescript Lucanoid Coleoptera, and remarks upon the genus *Lissotes*, *Nigidius* and *Figulus*. Transactions of the Royal Entomological Society of London, 1873: 335-345.

Pascoe F P. 1863. On certain additions to the genus *Dicranocephalus*. Journal of Entomology, 2: 23-26.

Paulian R. 1932. Note rectificative. Bulletin de la Société Entomologique de France, 37: 212.

Paulian R. 1942. Coléoptères Scarabaeidae: Aphodiinae. Exploration du Parc National Albert. Mission G. F. de Witte (1933-1935). Bruxelles: Institut des Parcs Nationaux du Congo Belge, 35: 1-143.

Paulian R. 1945. Coléoptères Scarabéides de l'Indochine. Première partie. Faune de l'Empire Français. III. Paris: Librairie Larose, 225 pp.

Peck S B. 2001. 21. Silphidae Latreille, 1807. 268-271. *In:* Arnett R H Jr, Thomas M C. American beetles, Volume 1: Archostemata, Myxophaga, Adephaga, Polyphaga: Staphyliniformia. Washington: CRC Press, xi+443 pp.

Peng Z, Li L-Z. 2012a. [new taxa]. *In:* Peng Z, Li L-Z, Zhao M-J. Three new species of the genus *Lathrobium* Gravenhorst (Coleoptera, Staphylinidae, Paederinae) from the Jiulongshan Natural Reserve, East China. ZooKeys, 184: 57-66.

Peng Z, Li L-Z. 2012b. [new taxa]. *In:* Peng Z, Li L-Z, Zhao M-J. Five new apterous species of the genus *Lathrobium* Gravenhorst (Coleoptera, Staphylinidae, Paederinae) from the Baishanzu Natural Reserve, East China. ZooKeys, 251: 69-81.

Peng Z, Li L-Z. 2014a. [new taxa]. *In:* Peng Z, Li L-Z, Zhao M-J. Seventeen new species and additional records of *Lathrobium* (Coleoptera, Staphylinidae) from mainland China. Zootaxa, 3780(1): 1-35.

Peng Z, Li L-Z. 2014b. [new taxon]. *In:* Peng Z, Li L-Z, Zhao M-J. New data on the *Paederus biacutus* species group from mainland China (Coleoptera, Staphylinidae, Paederinae). ZooKeys, 419: 117-128.

Peng Z, Li L-Z, Zhao M-J. 2012c. Taxonomic study on *Lathrobium* Gravenhorst (Coleoptera, Staphylinidae, Paederinae) from Longwangshan Mountain, East China). ZooKeys, 165: 21-32.

Peng Z, Li Q-L. 2015. [new taxa]. *In:* Peng Z, Li Q-L, Shen L, Gu F-K. On the *Lathrobium* fauna of the Donggong Mountains, eastern China. Zootaxa, 3095(2): 245-263.

Péringuey L. 1907. Descriptive Catalogue of the Coleoptera of South Africa (Lucanidae and Scarabaeidae). Transactions of the South

African Philosophical Society, 13: 289-546.

Perkins P D, Short A E Z. 2004. *Omniops* gen. n. for two new species of Hydrophilini from Papua New Guinea (Coleoptera: Hydrophilidae). Zootaxa, 494: 1-14.

Perreau M. 1998. *Nargus* (*Eunargus*) *franki* n. sp., une nouvelle espece de Cholevini de Chine (Coleoptera, Leiodidae, Cholevinae). Bulletin de la Societe Entomologique de France, 102[1997]: 447-448.

Peschet R. 1924. Mission Rohan-Chabot dans l'Angola et dans la Rhodésia (1914). Description de dytiscides nouveaux. Bulletin du Muséum National d'Histoire Naturelle Paris, 30(2): 140-144.

Petrovitz R. 1972. Neue Laparostikte Scarabaeiden aus der Orientalischen und Neotropischen Region (Coleoptera). Memorie della Società Entomologica Italiana, 51: 161-168.

Pic M. 1915a. Nouvelles espèces de diverses familles. Mélanges Exotico-Entomologiques, 15: 1-24.

Pic M. 1915b. Genres nouveaux, espèces et variétés nouvelles. Mélanges Exotico-Entomologiques, 16: 2-13.

Pic M. 1915c. Diagnoses de nouveaux genres et nouvelles espèces de scaphidiides. L'Échange, Revue Linnéenne, 31: 30-32.

Pic M. 1916. Notes et descriptions abrégées diverses. Mélanges Exotico-Entomologiques, 17: 2-8.

Pic M. 1920a. Diagnoses de coléoptères exotiques. L'Échange, Revue Linnéenne, 36: 15-16.

Pic M. 1920b. Scaphidiides nouveaux de diverses origines. Annali del Museo Civico di Storia Naturale "Giacomo Doria", 49 [1920-1921]: 93-97.

Pic M. 1923. Nouveautés diverses. Mélanges Exotico-Entomologiques, 38: 1-32.

Pic M. 1925. Notes sur les coléoptères scaphidiides. Annales de la Société Entomologique de Belgique, 64 [1924]: 193-196.

Pic M. 1928. Nouveaux coléoptères de la République Argentine. Revista de la Sociedad Entomologica Argentina, 2: 49-52.

Pic M. 1954. Coléoptères nouveaux de Chine. Bulletin de la Société Entomologique de Mulhouse, 1954: 53-59.

Planet L M. 1894. Description d'une nouvelle espèce de Lucanide. Le Falcicornis Groulti. Le Naturaliste, 16(2): 44-45.

Planet L M. 1899. Description d'un nouveau genre et d'une espèce nouvelle de Coléoptère. Le Naturaliste, 21: 174-175.

Porta A. 1926. Fauna Coleopterorum Italica. Vol. II. Staphylinoidea. Piacenza: Stailimente Tipografico Piacentino, 405 pp.

Portevin G. 1903. Remarques sur les nécrophages du Muséum et description d'especes nouvelles. Bulletin du Museum National d'Histoire Naturelle de Paris, 9: 329-336.

Portevin G. 1905. Troisieme note sur les silphides du Muséum. Bulletin du Museum d'Histoire Naturelle, 11: 418-424.

Portevin G. 1920. Revision des Silphini et Necrophorini de la région Indo-Malaise. Bulletin du Museum National d'Histoire Naturelle, 26: 395-401.

Portevin G. 1922. Note sur quelques silphides des collections du Muséum. Bulletin du Museum National d'Histoire Naturelle, 28: 506-508.

Portevin G. 1923. Revision des Necrophorini du Globe. Bulletin du Museum National d'Histoire Naturelle, 29: 64-71, 141-146, 226-233, 303-309.

Portevin G. 1929. Historie naturelle des coléoptères de France. Vol. 1. Adephaga-Polyphaga: Staphylinoidea. Lechevalier, Paris. Encyclopédie Entomologique, 12(A): 649 pp. +4 pls.

Pouillaude I. 1913. Note sur Eucheirinae avec description d'espèces nouvelles. Insecta, 3: 463-478.

Prell H. 1934. Beiträge zur Kenntnis der Dynastinen (XII). Beschreibungen und Bemerkungen. Entomologische Blätter, 30: 55-60.

Prokofiev A M. 2015. To the knowledge of the genus *Ectinohoplia* Redtb (Coleoptera: Scarabaeidae: Melolonthinae: Hopliini). Amurian Zoological Journal, 7(4): 297-324.

Puthz V. 1968a. On some east Palearctic Steni, particularly from Japan (Coleoptera, Staphylinidae). The Entomological Review of Japan, 20: 41-51.

Puthz V. 1968b. Ein neuer *Stenus* aus dem südl. China: *Stenus* (*Hypostenus*) *shaowuensis* n. sp. nebst synonymischen Bemerkungen zu anderen Arten (Coleoptera, Staphylinidae). Entomologische Blätter, 64: 43-46.

Puthz V. 1980. Die *Stenus*-Arten (*Stenus s. str.* und *Nestus* Rey) der Orientalis: Bestimmungstabelle und Neubeschreibungen. Reichenbachia, 18: 23-41.

Puthz V. 1984. Die Steninen der indischen Halbinsel (Coleoptera, Staphylinidae). Revue suisse de Zoologie, 91: 563-588.

Puthz V. 2000. The genus *Dianous* Leach in China (Coleoptera, Staphylinidae). 261. Contribution to the knowledge of Steninae. Revue suisse de Zoologie, 107: 419-559.

Puthz V. 2001. A new species of the genus *Stenus* Latreille from Japan (Coleoptera, Staphylinidae). Special Publication of the Japan Coleopterological Society, 1: 103-105.

Puthz V. 2003. Neue und alte Arten der Gattung *Stenus* Latreille aus China (Insecta: Coleoptera: Staphylinidae: Steninae). Entomologische Abhandlungen, 60: 139-159.

Puthz V. 2008. *Stenus* Latreille und die segensreiche Himmelstochter (Coleoptera, Staphylinidae). Linzer Biologische Beiträge, 40(1): 137-230.

Puthz V. 2010. A new species of the genus *Stenaesthetus* Sharp from Japan (Coleoptera: Staphylinidae). The Entomological Review of Japan, 65(1): 55-57.

Puthz V. 2012. Revision der *Stenus*-Arten Chinas (2) (Staphylinidae, Coleoptera). Beiträge zur Kenntnis der Steninen CCCXV. Philippia, 15(2): 85-123.

Puthz V. 2013. Revision der orientalischen *Stenaesthetus*-Arten (Coleoptera: Euaesthetinae). 114. Beitrag zur Kenntnis der Euaesthetinen. Linzer Biologische Beiträge, 45(2): 2077-2113.

Puthz V. 2014. Bemerkungen über drei *Megalopinus*-Arten der Orientalis (Coleoptera, Staphylinidae). Linzer Biologische Beiträge, 46(2): 1525-1528.

Putzeys J. 1875. Notice sur les carabiques recueillis par M. Jean VAN VOLXEM à Ceylon, à Manille, en Chine ou Japon (1873-1874).-. Bulletin de la Société Entomologique de Belgique, 1875: 45-53.

Raffray A. 1877. Voyage en Abyssinie et à Zanzibar. Description d'espèces nouvelles de la famille des psélaphides. Revue et Magazin de Zoologie Pure et Appliquée, 5: 279-296, pl. 3.

Raffray A. 1882. Psélaphides nouveaux ou peu connus. ler mémoire. Revue d'Entomologie, 1: 1-16, 25-40, 49-64, 73-85, pls. 1-2.

Raffray A. 1901. Psélaphides nouveaux de Ceylan. Annales de la Société Entomologique de France, 70: 27-30.

Raffray A. 1904. Genera et catalogue des psélaphides. Annales de la Société Entomologique de France, 73: 1-400.

Raffray A. 1905. Genera et catalogue des psélaphides. Annales de la Société Entomologique de France, 73 [1904]: 401-476, pls. 1-3.

Rambousek F J. 1915. *Tenebrobius* (nov. subg. *Quediorum*) *bernhaueri*, nový druh se stř. Makedonie. Časopis Česke Společnosti Entomologické, 12: 27-30.

Rambousek F J. 1921. Vědecké výsledky Československé armády v Rusku a na Sibiři. III. Noví Staphylinidi z vých. Sibiře. (2. část). Časopis Československé Společnosti Entomologické, 18: 82-87.

Redtenbacher L. 1844. Aufzählung und Beschreibung der von Freih. Carl von Huegel auf seiner Reise durch Kaschmir und das Himalayagebirge gesammelten Insecten. *In:* Hügel C. Kaschmir und das Reich der Siek. Vol. 4, part 2. Stuttgart, 393-564, 582-585.

Redtenbacher L. 1857. Fauna austriaca. Die Käfer. ed. 2. Wien: C. Gerold's Sohn, 129-976.

Redtenbacher L. 1858. Fauna Austriaca. Die Kafer. Nach der analytischen Methode bearbeitet. Zweite, ganzlich umgearbeitete, mit mehreren hunderten von Arten und mit der Charakteristik sammlicher europaischen Kafergattungen vermehrte Auflage. Wien: Carl Gerold's Sohn, cxxxvi+1017 pp., 2 pls.

Redtenbacher L. 1868. Zoologischer Theil. Zweiter Band. I. Abtheilung A. 1. Coleopteren. *In:* Reise der österreichischen Fregatte Novara um die Erde in der Jahren 1857, 1858, 1859 unter den befehlen des Commodore B. von Wüllerstorf-Urbair. Wien: Karl Gerold's Sohn, iv + 249pp., 5 pls. [1867].

Régimbart M. 1879. Étude sur la classification des Dytiscidae. Annales de la Société Entomologique de France, 8(5) (1878): 447-466+pl. 10.

Régimbart M. 1882. Essai monographique de la famille des Gyrinidae: 1re partie. Annales de la Société Entomologique de France, 6: 379-458.

Régimbart M. 1883. Essai monographique de la famille des Gyrinidae: 2e partie. Annales de la Société Entomologique de France, 6: 121-190.

Régimbart M. 1889. Contributions à la faune Indo-Chinoise. 2e ménoire. Hydrocanthares. Annales de la Société Entomologique de

France, (6) 9: 147-156.

Régimbart M. 1892. Essai monographique de la famille des Gyrinidae: 2e supplément. Annales de la Société Entomologique de France, 60 [1891]: 663-752.

Régimbart M. 1899. Révision des Dytiscidae de la région Indo-Sino-Malaise. Annales de la Société Entomologique de France, 68: 186-367.

Régimbart M. 1903a. Coléopteres aquatiques (Haliplidae, Dytiscidae, Gyrinidae et Hydrophilidae) recueillis dans le sud de Madagascar par M. Ch. Alluaud (Juillet 1900-mai 1901). Annales de la Société Entomologique de France, 72: 1-51.

Régimbart M. 1903b. Contribution a la faune Indo-Chinoise. 19e mémoire. Annales de la Société Entomologique de France, 72: 52-64.

Reiche L. 1863. Espèces nouvelles de coléoptères appartenant à la faune circa-mediterrannéenne. Annales de la Société Entomologique de France, 3(4): 471-475.

Reitter E. 1882a. Neue Pselaphiden und Scydmaeniden aus Brasilien. Deutsche Entomologische Zeitschrift, 26: 129-152, pl. 5.

Reitter E. 1882b. Bestimmungs-Tabellen der europäischen Coleopteren. V. Paussidae, Clavigeridae, Pselaphidae und Scydmaenidae. Verhandlungen der Kaiserlich-Königlichen Zoologisch-Botanischen Gesellschaft in Wien, 31 [1881]: 443-593.

Reitter E. 1883. [new names]. *In:* Heyden L F J D von, Reitter E, Weise J. Catalogus Coleopterorum Europae et Caucasi. London, Berlin, Paris: Edw. Janson, Libraria Nicolai, Luc. Buquet, 228 pp.

Reitter E. 1884. Beitrag zur Pselaphiden-und Scydmaeniden-Fauna von Java und Borneo. II. Stück. Verhandlungen der Kaiserlich-Königlichen Zoologisch-Botanischen Gesellschaft in Wien, 33 [1883]: 387-428.

Reitter E. 1885. Bestimmungs-Tabellen der Europäischen Coleopteren XII. Necrophaga (Platypsyllidae, Leptinidae, Silphidae, Anisotomidae und Clambidae). Verhandlungen des Naturforschenden Vereins in Brunn, 23 [1884]: 3-122.

Reitter E. 1891. Darstellung der echten Cetoniden-Gattungen und deren mir bekannten Arten aus Europa und den angrenzenden Ländern. Deutsche Entomologische Zeitschrift, 35: 49-74.

Reitter E. 1892. Bestimmungs-Tabellen der Lucaniden und coprophagen Lamellicornen des palaearctischen Faunengebietes. Brünn: Edmund Reitter, 230 pp. [Separate publication with both parts of the Bestimmungstabellen, issued before the volume 31of the Verhandlungen des Naturforschenden Vereins in Brünn].

Reitter E. 1895. Einige neue Coleopteren aus Korea und China. Wiener Entomologische Zeitung, 14: 208-210.

Reitter E. 1896. Uebersicht der mir bekannten palaearktischen, mit der Coleopteren-Gattung Serica verwandten Gattungen und Arten. Wiener Entomologische Zeitung, 15: 180-188.

Reitter E. 1899. Bestimmungs-Tabelle der Melolonthidae aus der europäischen Fauna und den angrenzenden Ländern, enthaltend die Gruppen der Dynastini, Euchirini, Pachypodini, Cetonini, Valgini und Trichiini. Verhandlungen des Naturforschenden Vereins in Brünn, 37 [1898]: 21-111.

Reitter E. 1900. Coleoptera gesammelt in Jahre 1898 in Chin. Central-Asien von Dr. Holderer in Lahr. Wiener Entomologische Zeitung, 29: 153-166.

Reitter E. 1902. Bestimmungs-Tabelle der Melolonthidae aus der europäischen Fauna und den angrenzenden Ländern, enthaltend die Gruppen der Pachydemini, Sericini and Melolonthini. Verhandlungen des Naturforschenden Vereins in Brünn, XL [1901]: 93-303.

Reitter E. 1903. Bestimmungs-Tabelle der Melolonthidae aus der europäischen Fauna und den angrenzenden Ländern, enthaltend die Gruppen der Rutelini, Hopliini und Glaphyrini. (Schluss.). Verhandlungen des Naturforschenden Vereins in Brünn, XLI: 28-158.

Reitter E. 1905. Üeber die paläarktischen Coleopteren-Arten der Gattung Reichenbachia s. str. Deutsche Entomologische Zeitschrift, 1905: 206-210.

Reitter E. 1908. Bestimmungs-Tabelle der Staphyliniden-Gruppen der Othiini und Xantholinini aus Europa und den angrenzenden Ländern. Verhandlungen des Naturforschenden Vereines in Brünn, 46 [1907]: 100-124.

Reitter E. 1909. Fauna Germanica. Die Käfer des Deutschen Reiches. Nach der analytischen Methode bearbeitet. II Band. Schriften des Deutschen Lehrervereins für Naturkunde 24. Stuttgart: K. G. Lutz, 392 pp., pls. 41-80.

Reitter E. 1910. Neue Coleopteren aus den Familien der Pselaphiden und Scydmaeniden nebst Bemerkungen zu verschiedenen bekannten Arten. Wiener Entomologische Zeitung, 29: 151-163.

Rey C. 1882. Tribu des brévipennes. Treizième famille: Habrocériens. Quatorzième famille: Tachyporiens. Annales de la Société Linnéenne de Lyon, (2) 28: 135-308.

Rey C. 1884. Tribu des brévipennes. Deuxième groupe: Micropéplides. Troisième groupe: Sténides. Annales de la Société Linnéenne de Lyon, (2) 30: 153-415.

Rey C. 1886. Histoire naturelle des Coléoptères de France (suite). Annales de la Société linnéenne de Lyon, 32(1885): 1-187, pls. 1-2.

Ricchiardi E, Li S. 2017: Revision of Chinese mainland *Hybovalgus* Kolbe, 1904, with description of a new species, and *Excisivalgus* Endrödi, 1952 reduced to synonymy with *Hybovalgus* (Coleoptera: Scarabaeidae). European Journal of Taxonomy, 340: 1-32.

Rivalier É. 1950. Démembrement du genre *Cicindela* Linné. (Travail préliminaire limité à la faune paléarctique). Revue Française d'Entomologie, 17: 217-244.

Rivalier É. 1961. Démembrement du genre *Cicindela* L. (suite) (1). IV. Faune Indomalaise. Revue Française d'Entomologie, 28: 121-149.

Roeschke H. 1912. H. Sauter's Formosa-Ausbeute. Carabini (Col.). Supplementa Entomologica, 1: 4-6.

Rougemont G M de. 1981. The stenine beetles of Thailand (Coleoptera Staphylinidae). Annali del Museo Civico di Storia Naturale "Giacomo Doria", 83 [1980-1981]: 349-386.

Rougemont G M de. 1984. Sur quelques *Stenus* récoltés en Chine méridionale (Col. Staphylinidae). Nouvelle Revue d'Entomologie, 13 [1983]: 351-355.

Rougemont G M de. 1986. Nouvelles données sur les Steninae d'Orient (Coleoptera, Staphylinidae). Nouvelle Revue d'Entomologie (N. S.), 3: 263-269.

Rougemont G M de. 2000. New species of *Lesteva* Latreille, 1796 from China (Insecta: Coleoptera: Staphylinidae). Annalen des Naturhistorischen Museums in Wien (B), 102: 147-169.

Rougemont G M de. 2001. The staphylinid beetles of Hong Kong. Annotated check list, historical review, bionomics and faunistics. (44th contribution to the knowledge of Staphylinidae). Memoirs of the Hong Kong Natural History Society, 24: 1-146.

Rougemont G M de. 2015. Studies on *Stiliderus* Motschulsky and *Stilicoderus* Sharp: biogeographical notes and descriptions of new species (Coleoptera: Staphylinidae: Paederinae). Stuttgarter Beiträge zur Naturkunde A, Neue Serie, 8: 113-130.

Rougemont G M de. 2017. New species of *Lesteva* Latreille from China (Coleoptera: Staphylinidae, Omaliinae). The Entomologist's Monthly Magazine, 153(2): 101-111.

Ruter G. 1965. Contribution à l'étude des Cetoniinae asiatiques (Col., Scarabaeidae.). Bulletin de la Société Entomologique de France, 70: 194-206.

Růžička J. 2015. Silphidae. 291-304. *In:* Löbl I, Löbl D. Catalogue of Palearctic Coleoptera. Volume 2/1 & 2/2. Revised and Updated Edition. Hydrophiloidea-Staphylinoidea. Leiden/Boston: Brill, 1-1702.

Ryabukhin A S. 2007. First record of the genus *Rugilus* Leach, 1819 (Coleoptera: Staphylinidae: Paederinae) in the North-east Asia with a description of a new species. Far Eastern Entomologist, 172: 1-4.

Sabatinelli G. 1997. Descrizione di *Hoplia testudinis* n. sp. e *Spinohoplia* n. gen. *ahrensis* n. sp. del Nepal (Coleoptera, Scarabaeoidea, Melolonthidae, Hopliini). Lambillionea, 97: 64-72.

Sahlberg C R. 1832. Pars 27-28. 409-440. *In:* Insecta Fennica enumerans, dissertationibus academicis, A 1817-1834 editis. Tomus I. Helsingfors: J. C. Frenckel, viii+519 pp.

Sahlberg J R. 1903. Messis hiemalis Coleopterorum Corcyraeorum. Enumeration Coleopterorum mensibus Novembri-Februario 1895-1896 et 1898-1899 nec non primo vere 1896 in insula Corcyra collectorum. Öfversigt af Finska Vetenskaps-Societetens Förhandlingar, 45(11): 1-85.

Sahlberg R F. 1847. Coleoptera diebus XV-XXVII Decembris anni MDCCCXXXIX ad Rio Janeiro lecta. Acta Societatis Scientiarum Fennicae, 2: 787-805.

Sakaino H. 1997. Descriptions of two new subspecies of *Dorcus striatipennis* (Motschulsky) from central China and Taiwan. Gekkan-Mushi, 316: 9-13.

Samouelle G. 1819. The entomologist's useful compendium; or an introduction to the knowledge of British Insects, comprising the best means of obtainingand preserving them, and a description of the apparatus generally used; together with the genera of Linné, and the modern method of arranging the classes Crustacea, myriapoda, spiders, mites and insects, from their affinities and structure, according to the view of Dr. Leach. Also an explanation of the terms used in entomology; a calendar of the times of appearance and usual situations of near 3, 000 species of British Insects; with instructions for collecting and fitting up objects for the microscope. Thomas Boys, 496 pp., 12 pls.

Sanderson M W. 1945. A new North American species of *Lithocharis*. Proceedings of the Entomological Society of Washington, 47: 94-97.

Sanderson M W. 1947. A new genus of Nearctic Staphylinidae (Coleoptera). Journal of the Kansas Entomological Society, 19(4) [1946]: 130-133.

Satô M. 1960. One new genus and two new species of the subtribe Helocharae from Japan (Coleoptera: Hydrophilidae). Transactions of the Shikoku Entomological Society, 6: 76-80.

Satô M. 1961. *Hydaticus vittatus* (Fabricius) and its allied species (Coleoptera: Dytiscidae). Transactions of the Shikoku Entomological Society, 7: 54-64.

Satô M. 1972. New dytiscid beetles from Japan. Annotationes Zoologicae Japonenses, 45: 49-59.

Satô M. 1982. Two new *Platynectes* species from the Ryukyus and Formosa (Coleoptera, Dytiscidae). Special Issue in Memory of Retired Emeritus Professor Michio Chujo, 1982: 1-4.

Saulcy F H C de. 1865. Descriptions des espèces nouvelles de coléoptères recueillies en Syrie, en Égypte et en Palestine, pendant les mois d'octobre 1863 à janvier 1864, par M. de Saulcy, sénateur, membre de l'Institut. 2e partie. Annales de la Société de Entomologique de France, 4(4) [1864]: 629-660.

Saunders W W. 1834. On the habits of some Indian insects. Transactions of the Entomological Society of London, 1 [1834-1836]: 60-66.

Saunders W W. 1839. Description of six new East Indian Coleoptera. Transactions of the Entomological Society of London, 2 [1837-1840]: 176-179.

Saunders W W. 1852. Characters of undescribed Coleoptera, brought from China by R. Fortune, Esq. Transactions of the Entomological Society of London (N. S.), 2: 25-32.

Saunders W W. 1854. Characters of undescribed Lucanidae, collected in China by R. Fortune, Esq. Transactions of the Entomological Society of London (N. S.), 2: 45-55.

Sawada H. 1943. Notes on *Trichius succinctus* (Pallas). Transactions of the Kansai Entomological Society, 13: 4-6.

Sawada K. 1964. Two new genera of pselaphid-beetles from Japan. The Entomological Review of Japan, 17: 11-14, 1 pl.

Sawada K. 1980. Atheta and its allies of southeast Asia (Coleoptera; Staphylinidae). 2. Reexamination of the species mainly from Borneo. Contributions from the Biological Laboratory Kyoto University, 26(1): 23-66.

Say T. 1831. [untitled continuation of Say, 1830]. 42-49. New Harmony (Indiana): T. Say.

Saylor L W. 1937. Necessary changes in status of important rhizotrogid genera (Coleoptera: Scarabaeidae). Revista de Entomologia. Rio de Janeiro, 7: 318-322.

Schaller J G. 1783. Neue Insekten. Abhandlungen der Hallischen Naturforschenden Gesellschaft, 1: 217-332.

Schauberger E. 1930. Zur Kenntnis der paläarktischen Harpalinen. (VII. Beitrag.). Coleopterologisches Centralblatt, 4 [1929-1930]: 169-218.

Schaufuss L W. 1889. Neue Scydmaeniden im Museum Ludwig Salvator. Berliner Entomologische Zeitschrift, 33: 1-42.

Schaum H R. 1841. [new taxa]. *In:* Burmeister H, Schaum H. Kritische Revision der Lamellicornia Melitophila. Zeitschrift für die Entomologie (Germar), 3: 226-282.

Schaum H R. 1854. Quelques observations sur le groupe des Panagéites, et description de sept nouvelles espèces. Annales de la Société Entomologique de France, 1(3) [1853]: 429-441.

Schaum H R. 1867. [new taxa]. *In:* Schaum H R, Kiesenwetter H von. Naturgeschichte der Insecten Deutschlands. Erste Abtheilung. Coleoptera. Erster Band. Zweite Halfte. Berlin: Nicolai, 1+144 pp.

Schaum H R, Kiesenwetter E A H von. 1868. Naturgeschichte der Insecten Deutschlands begonnen von Dr. W. F. Erichson fortgesetzt von H. Schaum, G. Kraatz und H. v. Kiesenwetter. Erste Abtheilung. Coleoptera. Erster Band. Zweite Hälfte. Berlin: Nicolai, 1+144 pp.

Scheerpeltz O. 1929. Staphyliniden aus Ostasien. Neue Beiträge zur Systematischen Insektenkunde, 4: 114-128, 129-142.

Scheerpeltz O. 1933. Staphylinidae VII (Pars 129). Supplementum I. 989-1500. *In:* Junk W, Schenkling S. Coleopterorum Catalogus. Volumen VI. Staphylinidae. Berlin: W. Junk, 989-1881.

Scheerpeltz O. 1937. Eine neue Art der Gattung *Trogophloeus* Mannh. nebst einer Bestimmungstabelle der aus Nord-und Mitteleuropa bekannt gewordenen Arten dieser Gattung (Col. Staphylinidae). Notulae Entomologicae, 17: 97-119.

Scheerpeltz O. 1946. A British species of *Trogophloeus* (subgenus *Taenosoma*) new to science. The Entomologist's Monthly Magazine, 82: 306-307.

Scheerpeltz O. 1957a. Wissenschaftliche Ergebnisse der Sumba-Expedition des Museums für Völkerkunde und des Naturhistorischen Museums in Basel, 1949. Staphylinidae (Col.) von Sumba und Flores. Verhandlungen der Naturforschenden Gesellschaft in Basel, 68: 217-357.

Scheerpeltz O. 1957b. Vorläufige Diagnosen einiger neuen paläarktischen Arten und Formen der Gattungen *Paederidus* Muls. Rey, *Paederus* Fabr. (mit den neuen Untergattungen *Eopaederus*, *Paederus* s. str. nov., *Heteropaederus*, *Dioncopaederus* und *Oedopaederus*), *Parameropaederus* nov. gen., *Lobopaederus* nov. gen. und *Megalopaederus* nov. gen. Memorie del Museo di Storia Naturale della Venezia Tridentina, 11: 447-475.

Scheerpeltz O. 1963. Ergebnisse der von Wilhelm Kühnelt nach Griechenland unternommenen zoologischen Studienreisen. I. (Coleoptera-Staphylinidae). Sitzungsberichte der Österreichische Akademie der Wissenschaften Mathematisch-Naturwissenschaftliche Klasse, Abt. 1, 172: 413-452.

Scheerpeltz O. 1965. Wissenschaftliche Ergebnisse der Schwedischen Expedition 1934 nach Indien und Burma. Coleoptera Staphylinidae (except Megalopsidiinae et Steninae). Arkiv för Zoologi, 17(2): 93-371.

Scheerpeltz O. 1976a. Wissenschaftliche Ergebnisse der von Prof. Dr. H. Janetschek im Jahre 1961 in das Mt.-Everest-Gebiet Nepals unternommenen Studienreise (Col. Staphylinidae). Khumbu Himal, Ergebnisse des Forschungsunternehmens Nepal Himalaya, 5: 1-75.

Scheerpeltz O. 1976b. Wissenschaftliche Ergebnisse entomologischer Aufsammlungen in Nepal (Col. Staphylinidae). Khumbu Himal, Ergebnisse des Forschungsunternehmens Nepal Himalaya, 5: 77-173.

Scheerpeltz O. 1979. Studien an den paläarktischen Arten der Gattung *Cryptobium* Mannerheim (Col., Staphylinidae, Subfam. Paederinae), mit einer Bestimmungstabelle dieser Arten und den Beschreibungen zweier neuer Arten. Mitteilungen der Münchner Entomologischen Gesellschaft, 68 [1978]: 121-143.

Schenk K D. 1996. Beschreibung eine neuen art der gattung *Hemisodorcus* aus China. Entomologische Zeitschrift, 106(11): 440-442.

Schenk K D. 1999. Beschreibung eine neuen art der gattung *Lucanus* und eine neu subart von *Prosopocoilus forticula* aus China. Entomologische Zeitschrift, 109(3): 114-118.

Schenk K D. 2000. Beschreibung einer neuen Art der Gattung Hemisodorcus Thomson, 1862, aus Myanmar (Coleoptera: Lucanidae). Entomologische Zeitschrift, 110(3): 79-82.

Schenk K D. 2008. Beitrag zur Kenntnis der Hirschkäfer Asiens und Beschreibung mehrerer neuer Arten. Beetles World, 1: 1-12.

Schillhammer H. 1996. New genera and species of Asian Staphylinini (Coleoptera: Staphylinidae: Staphylininae). Koleopterologische Rundschau, 66: 59-71.

Schillhammer H. 1997. *Turgiditarsus*, a new name for *Tumiditarsus* Schillhammer with description of a new species (Coleoptera: Staphylinidae). Entomological Problems, 28: 109-110.

Schillhammer H. 1998. *Hybridolinus* gen. n. (Insecta: Coleoptera: Staphylinidae), a problematic new genus from China and Taiwan①, with descriptions of seven new species. Annalen des Naturhistorischen Museums in Wien (B), 100: 145-156.

Schillhammer H. 2006. Revision of the genus *Algon* Sharp (Coleoptera: Staphylinidae: Staphylininae). Koleopterologische Rundschau,

① 本文献政治立场表述错误。台湾（Taiwan）是中国领土的一部分。本书因引用历史文献不便改动，但并不代表本书作者及科学出版社的政治立场。

76: 135-218.

Schilsky J. 1908. Neue märkische Käfer und Varietäten aus der Gegend von Luckenwalde. Deutsche Entomologische Zeitschrift, 1908: 599-604.

Schiødte J M C. 1841. Genera og species af Danmarks Eleutherata at tjene som fauna for denne orden og som inledning till dens anatomie og historie. Förste bind. Kjöbenhavn: B. Luno, xii+612 pp. +24 pls.

Schiødte J M C. 1866. De tunnelgravende Biller *Bledius*, *Heterocerus*, *Dyschirius* of geres danske Arter. Naturhistorisk Tidsskrift, 4(3): 141-167.

Schmidt A. 1909. Eine Serie neuer Aphodiinen und eine neue Gattung. (Fortsetzung III). Societas Entomologica, 24: 19-21.

Schmidt A. 1910. Neue Arten aus den Gattungen *Aphodius* Illig., *Ataenius* Har., *Saprosites* Redtenb. Deutsche Entomologische Zeitschrift, 1910: 353-361.

Schmidt A. 1913. Erster Versuch einer Einteilung der exotischen Aphodien in Subgenera und als Anhang einige Neubeschreibungen. Archiv für Naturgeschichte (A), 79: 117-178.

Schmidt A. 1916. Namenänderungen und Beschreibung neuer Aphodiinen. Archiv für Naturgeschichte (A), 82: 95-116.

Schmidt-Göbel H M. 1846a. Ein neues Genus aus der Familie der Staphylinen. Entomologische Zeitung (Stettin), 7: 245-248.

Schmidt-Göbel H M. 1846b. Faunula coleopterorum Birmaniae, adjectis nonnulis Bengaliae indigenis. Med. Dr. Johann Wilhelm Helfer's hinterlassene Sammlungen aus Vorder-und Hinter-Indien. Nach seinem Tode im Auftrage des böhm. National-Museums unter Mitwirkung Mehrerer bearbeitet und herausgegeben von Herm. Max. Schmidt-Göbel, Med. Dr. 1. Lfg. Prag: G. Haase Söhne, viii+94 pp., pls. 1-3.

Schneider O. 1903. Ueber *Melanismus korsischer* Käfer. Sitzungsberichte und Abhandlungen der Naturwissenschaftlichen Gesellschaft Isis in Dresden, 1902: 43-60.

Schödl S. 1991. Revision der Gattung *Berosus* Leach, 1. Teil: Die paläarktischen Arten der Untergattung *Enoplurus* (Coleoptera: Hydrophilidae). Koleopterologische Rundschau, 61: 111-135.

Schönfeldt H von. 1890. Ein Beitrag zur Coleopterenfauna der Liu- Kiu-Inseln. Entomologische Nachrichten, 16: 168-175.

Schubert K. 1908. Beitrag zur Staphylinidenfauna Ostindiens (West-Himalaya) (Col.). Deutsche Entomologische Zeitschrift, 1908: 609-625.

Schülke M. 1999. A new species of *Derops* Sharp from China (Coleoptera, Staphylinidae, Tachyporinae). Linzer Biologische Beiträge, 31: 345-350.

Schülke M. 2003a. Übersicht über die *Derops*-Arten Chinas und der angrenzenden Gebiete (Coleoptera: Staphylinidae, Tachyporinae). Linzer Biologische Beiträge, 35: 461-486.

Schülke M. 2003b. Beitrag zur Kenntnis der *Tachinus*-Arten Taiwans und der Ryukyu-Inseln (Coleoptera: Staphylinidae, Tachyporinae). Linzer Biologische Beiträge, 35(2): 763-784.

Schülke M. 2015. Staphylinidae: Changes in rank. p. 8. *In:* Löbl I, Löbl D. Catalogue of Palearctic Coleoptera. Volume 2/1 & 2/2. Revised and Updated Edition. Hydrophiloidea-Staphylinoidea. Leiden/Boston: Brill, 1-1702.

Schülke M, Smetana A. 2015. Staphylinidae. pp. 304-1134. *In:* Löbl I, Löbl D. Catalogue of Palearctic Coleoptera. Volume 2/1 & 2/2. Revised and Updated Edition. Hydrophiloidea-Staphylinoidea. Leiden/Boston: Brill, 1-1702.

Schülke M, Uhlig M. 1989. Zur Zoogeographie und systematischen Stellung von *Philonthus spinipes* Sharp, *Kirschenblatia kabardensis* Bolov & Kryzhan. und *Kirschenblatia buchari* Bohac (Coleoptera, Staphylinidae). Verhandlungen XI SIEEC Gotha 1986, Dresden, 243-250.

Schürhoff P N. 1942. Beiträge zur Kenntnis der Cetoniden (Col.). Ⅸ. Mitteilungen der Münchener Entomologischen Gesellschaft, 32: 279-293.

Sciaky R. 1997. New subgenera and new species of Pterostichini from China (Coleoptera Carabidae). Bollettino del Museo Civico di Storia Naturale di Venezia, 47: 153-176.

Sciaky R, Vigna Taglianti A. 2003. Observation on the systematics of the tribe Tachyini (Coleoptera Carabidae). Bollettino della Società Entomologica Italiana, 135(2): 79-96.

Scopoli G A. 1763. Entomologia Carniolica exhibens Insecta Carniolae Indigena et discributa in ordines, genera, species, varietates. Methodo linnaeana, Insectorum Carnioliae, Ordo I. Coleoptera. Ioannis Thomae Trattner. Vindobonae, 420 pp.

Seabra A F de. 1909. Estudos sobre os animaes uteis e nocivos á agricultura. VI. Esboço monographico sobre os Scarabaeideos de Portugal (Aphodiini e Hybosorini). Lisboa: Direcção geral da Agricultura. Publicações do Laboratorio de Pathologia Vegetal. Imprensa Nacional, 126 pp.

Séguy E. 1954. Les hemisodorcites du Museum de Paris. Revue Francaise d'Entomologie, 21(3): 184-194.

Séguy E. 1955. Notes sur les Coléoptères Lucanides. Revue Francaise d'Entomologie, 22(1): 32-42.

Seidlitz G. 1888. Fauna Baltica. Die Kaefer (Coleoptera) der deutschen Ostseeprovinzen Russlands (2. ed.). 10+lvi+(Gattungen:) 192+ (Arten:) 818 pp. Hartungsche Verlagsdruckerei, Königsberg. (only pp. xli-xlviii, (Gattungen:) pp. 17-80, and (Arten:) pp. 97-336 issued in 1888).

Semenov A P. 1890. Diagnoses Coleopterorum novorun ex Asia Central et Orientali. II. Horae Societatis Entomologicae Rossicae, 24 [1989-1890]: 193-226.

Semenov A P. 1891. Diagnoses Coleopterorum novorum ex Asia Centrali et Orientali, III. Horae Societatis Entomologicae Rossicae, 25 [1890-1891]: 262-382.

Semenov A P. 1898. Symbolae ad cognitionem generis *Carabus* (L.) A. Mor. II. Horae Societatis Entomologicae Rossicae, 31 [1896-1897]: 315-541.

Semenov A P. 1922. Dve novye formy roda Omophron Latr. (Coleoptera, Carabidae) palearkticheskoy fauny. De duabus novis generis Omophron Latr. formis palaearcticis (Coleoptera, Carabidae). Russkoe Entomologicheskoe Obozrenie, 18 [1922-1924]: 46-48.

Semenov A P. 1932. Le caractère zoogéographique du groupe des Pterolomini (Coleoptera, Silphidae) dans la faune paléarctique. Doklady Akademii Nauk SSSR, 1932: 338-341.

Seung J, Lee S. 2019. A new species and three new records of tribe Platysomatini (Coleoptera: Histeridae: Histerinae) from Korea. Journal of Asia-Pacific Biodiversity, 12: 240-248.

Sharp D. 1873. The water beetles of Japan. Transactions of the Entomological Society of London, (1873): 45-67.

Sharp D. 1876. Descriptions of some new species of Scarabaeidae from tropical Asia and Malaisia. Part III (Melolonthini). Coleopterologische Hefte, 15: 65-90.

Sharp D. 1882a. Insecta. Coleoptera. Vol. 1, part 2 (Haliplidae, Dytiscidae, Gyrinidae, Hydrophilidae, Heteroceridae, Parnidae, Georissidae, Cyathoceridae, Staphylinidae). *In:* Godman F D, Salvin O. Biologia Centrali-Americana (16). London: Taylor and Francis, xv+ 824 pp. (only pp. 1-144 issued in 1882)

Sharp D. 1882b. On aquatic carnivorous Coleoptera or Dytiscidae. Scientific Transactions of the Royal Dublin Society, 2(2): 179-1003+pls. 7-18.

Sharp D. 1884. The water-beetles of Japan. Transactions of the Entomological Society of London, (1884): 439-464.

Sharp D. 1890. On some aquatic Coleoptera from Ceylon. Transactions of the Entomological Society of London, (1890): 339-359.

Sharp D. 1915. Studies in Helophorini. 6.-*Gephelophorus* and *Meghelophorus*. The Entomologist's Monthly Magazine, 51: 198-204.

Sharp D S. 1874a. The Staphylinidae of Japan. Transactions of the Entomological Society of London, 1874: 1-103.

Sharp D S. 1874b. The Pselaphidae and Scydmaenidae of Japan. Transactions of the Entomological Society of London, 1874: 105-130.

Sharp D S. 1880. On some Coleoptera from the Hawaiian Islands. Transactions of the Entomological Society of London, 1880: 37-54.

Sharp D S. 1883a. [Staphylinidae, in part]. 145-312. *In:* Biologia Centrali-Americana. Insecta. Coleoptera. Vol. 1. Part 2. London: Taylor & Francis, xvi + 824 pp., 19 pls. [1882-1887]

Sharp D S. 1883b. Revision of the Pselaphidae of Japan. Transactions of the Entomological Society of London, 1883: 291-331.

Sharp D S. 1884. [Staphylinidae, in part]. 313-392. *In:* Biologia Centrali-Americana. Insecta. Coleoptera. Vol. 1. Part 2. London: Taylor & Francis, xvi + 824 pp., 19 pls. [1882-1887]

Sharp D S. 1888. The Staphylinidae of Japan. The Annals and Magazine of Natural History, 2(6): 277-295, 369-387, 451-464.

Sharp D S. 1889. The Staphylinidae of Japan. The Annals and Magazine of Natural History, 3(6): 28-44, 108-121, 249-267, 319-334, 406-419, 463-476.

Sharp D S. 1892. Descriptions of two new Pselaphidae found by Mr. J. J. Walker in Australia and China. The Entomologist's Monthly Magazine, 28: 240-242.

Shatrovskiy A G. 1992. Novye i maloizvestnye vodolyubovye (Coleoptera, Hydrophiloidea) iz yuzhnogo Primor'ya i sopredel'iykh territorii. (New and little known Hydrophiloidea (Coleoptera) from southern Primorye territory and adjacent regions) Éntomologicheskoe Obozrenie, 71: 359-371.

Shavrin A V. 2013. New species of the genus *Geodromicus* Redtenbacher, 1857 (Coleoptera: Staphylinidae: Omaliinae) from Jiangxi Province, China. Baltic Journal of Coleopterology, 13(1): 57-60.

Shen J-W, Yin Z-W. 2015. [new taxa]. *In:* Shen J-W, Yin Z-W, Li L-Z. *Triomicrus* Sharp of Eastern China (Coleoptera: Staphylinidae: Pselaphinae). Zootaxa, 4007(4): 509-528.

Shi K, Zhou H-Z. 2009. A new *Dianous* species (Coleoptera, Staphylinidae, Steninae) from China, with a key to Chinese species of the coerulescens complex. Mitteilungen aus dem Museum für Naturkunde in Berlin, Deutsche Entomologische Zeitschrift (N. F.), 56(2): 289-294.

Shibata Y. 1973. The subfamily Xantholininae from Taiwan, with descriptions of three new species (Coleoptera: Staphylinidae). Transactions of the Shikoku Entomological Society, 11: 121-132.

Shibata Y. 1982. A new species of the genus *Thoracostrongylus* Bernhauer, from Taiwan (Coleoptera: Staphylinidae). Transactions of the Shikoku Entomological Society, 16: 71-76.

Shipp J W. 1897. On the genus *Gymnopleurus*, Illiger; with a list of species and descriptions of two new genera. The Entomologist, 30: 166-168.

Shuai Q, Tang L. 2019. The genus *Dianous* in Zhejiang, East China (Coleoptera, Staphylinidae). Zootaxa, 4706(2): 275-295.

Smetana A. 1960. Monographische Bearbeitung der paläarktischen Arten der Gattung *Gabrius* Curt. aus der *nigritulus*-Gruppe. Deutsche Entomologische Zeitschrift (N. F.), 7: 295-356.

Smetana A. 1973. Ueber einige von Dr. M. Bernhauer beschriebene *Gabrius*-Arten (Coleoptera, Staphylinidae). Nouvelle Revue d'Entomologie, 3(2): 125-136.

Smetana A. 1996a. Contributions to the knowledge of the Quediina (Coleoptera, Staphylinidae, Staphylinini) of China. Part. 5. Genus *Quedius* Stephens, 1829. Subgenus *Microsaurus* Dejean. Section 4. Bulletin of the National Science Museum (A), 22: 113-132.

Smetana A. 1996b. Contributions to the knowledge of the Quediina (Coleoptera, Staphylinidae, Staphylinini) of China. Part 7. Genus *Quedius* Stephens, 1829. Subgenus *Raphirus* Stephens, 1829. Section 2. Elytra, 24: 225-237.

Smetana A. 1998. Contributions to the knowledge of the Quediina (Coleoptera, Staphylinidae, Staphylinini) of China. Part 11. Genus *Quedius* Stephens, 1829. Subgenus *Distichalius* Casey, 1915. Section 1. Elytra, 26: 315-332.

Smetana A. 1999. Contributions to the knowledge of the Quediina (Coleoptera, Staphylinidae, Staphylinini) of China. Part 13. Genus *Quedius* Stephens, 1829. Subgenus *Microsaurus* Dejean, 1833. Section 8. Elytra, 27: 213-240.

Smetana A. 2002a. Contributions to the knowledge of the Quediina (Coleoptera, Staphylinidae, Staphylinini) of China. Part 21. Genus *Quedius* Stephens, 1829. Subgenus *Raphirus* Stephens, 1829. Section 4. Elytra, 30(1): 119-135.

Smetana A. 2002b. *Quwatanabius*, a new genus of east Palearctic Quediina (Coleoptera, Staphylinidae, Staphylinini). Special Bulletin of the Japanese Society of Coleopterology, 5: 271-274.

Smetana A. 2004. Staphylinidae. 237-698. *In:* Löbl I, Smetana A. Catalogue of Palearctic Coleoptera. Volume 2. Hydrophiloidea-Histeroidea-Staphylinoidea. Stenstrup: Apollo Books, 1-942.

Smetana A. 2014. Contributions to the knowledge of the Quediini (Coleoptera: Staphylinidae: Staphylinini) of China. Part 49. Genus Quedius Stephens, 1829. Subgenus Raphirus Stephens, 1829. Section 13. Studies and Reports, Taxonomical Series, 10(2): 595-610.

Smetana A. 2015. Contributions to the knowledge of the Quediina (Coleoptera, Staphylinidae, Staphylinini) of China. Part 51. Genus *Quedius* STEPHENS, 1829. Subgenus *Distichalius* CASEY, 1915. Section 4. Linzer Biologische Beiträge, 47(1): 905-924.

Smetana A. 2017. Taxonomic review of the 'quediine' subtribes of Staphylinini (Coleoptera: Staphylinidae: Staphylininae) of mainland China. Prague: Nakladatelství Jan Farkač, 434 pp.

Smetana A. 2018. Review of the genera *Agelosus* Sharp, 1889, *Apostenolinus* Bernhauer, 1934 and *Apecholinus* Bernhauer, 1933 (Coleoptera: Staphylinidae: Staphylinini: Staphylinina). Zootaxa, 4471(2): 201-244.

Smetana A, Davies A. 2000. Reclassification of the north temperate taxa associated with *Staphylinus sensu lato*, including comments on relevant subtribes of Staphylinini (Coleoptera: Staphylinidae). American Museum Novitates, 3287: 1-88.

Smetana A, Král D. 2006. Tribe Rhizotrogini Burmeister, 1855. 207-228. *In:* Löbl I, Smetana A. Catalogue of Palaearctic Coleoptera. Volume 3. Scarabaeoidea-Scirtoidea-Dascilloidea-Buprestoidea-Byrrhoidea. Denmark: Apollo Books, Stenstrup, 690 pp.

Smetana A, Smith A B T. 2006. Type species designations and other nomenclatural notes on Palaearctic Melolonthinae and Cetoniinae (Coleoptera: Scarabaeoidea: Scarabaeidae). Zootaxa, 1220: 47-53.

Snellen van Vollenhoven S C. 1864. Description de quelques espèces nouvelles de Coléoptères. Tijdschrift voor Entomologie, 7: 145-170.

Solier A J. 1833. Observations sur les deux genres *Brachinus* et *Aptinus*, du species de M. le Comte DEJEAN; et description d'une nouvelle espèce de *Gyrinus*. Annales de la Société Entomologique de France, 2: 459-463.

Solier A J. 1834. Observations sur la tribu des Hydrophiliens, et principalement sur le genre *Hydrophilus* de Fabricius. Annales de la Société Entomologique de France, 3: 299-318.

Solier A J J. 1849. Orden III. Coleopteros. 105-380, 414-511. *In:* Gay C. Historia fisica y politica de Chile segun documentos adquiridos en esta republica durante doce años de residencia en ella y publicada bajo los auspicios del supremo gobierno. Zoologia. Tomo Cuarto. Paris: C. Gay, 511 pp.

Solodovnikov A Y. 2012. Rove beetle subtribes Quediina, Amblyopinina and Tanygnathinina: systematic changes affecting Central European fauna (Coleoptera, Staphylinidae, Staphylinini). ZooKeys, 162: 25-42.

Solsky S M. 1871. Prémices d'une faune entomologique de la vallée de Zaravschan, dans l'Asie centrale. Horae Societatis Entomologicae Rossicae, 8 [1870-1872]: 133-165.

Solsky S M. 1874. Description d'une espèce nouvelle du genre Aphodius. Coleopterologische Hefte, 12: 13-14.

Solsky S M. 1875. Matériaux pour l'entomographie des provinces asiatiques de la Russie. Horae Societatis Entomologicae Rossicae, 11 [1875-1876]: 253-299.

Song X-B, Li L-Z. 2014. Three new species of the myrmecophilous genus *Doryloxenus* from China (Coleoptera, Staphylinidae, Aleocharinae). ZooKeys, 456: 75-83.

Stebnicka Z. 1980. Scarabaeoidea (Coleoptera) of the Democratic People's Republic of Korea. Acta Zoologica Cracoviensia, 24: 191-298.

Steel W O. 1948. Notes on Staphylinidae from Solomon Islands, with description of a new subgenus. Occasional Papers of Bernice P. Bishop Museum, 19(7): 185-189.

Stephens J F. 1828-1829. Illustrations of British entomology. Mandibulata. Vol. 2. London: Baldwin & Cradock, 200 pp. [pp. 1-112 published in 1828, pp. 113-200 in 1829.]

Stephens J F. 1829a. The nomenclature of British insects; being a compendious list of such species as are contained in the Systematic Catalogue of British Insects, and forming a guide to their classification. London: Baldwin and Cradock, 68 pp.

Stephens J F. 1829b. A systematic catalogue of British insects: Being an attempt to arrange all the hitherto discovered indigeneous insects in accordance with their natural affinities. Containing also the references to every English writer on entomology, and to the principal foreign authors. With all the published British genera to the present time. Insecta Mandibulata. Ordo 1. Coleoptera. London: Baldwin and Cradock, xxxiv+416+388 pp.

Stephens J F. 1830. Illustrations of British entomology, or a synopsis of indigenous insects, containing their generic and specific distinctions, with an account of their metamorphoses, times of appearance, localities, food, and economy, as far as practicable. Mandibulata. Vol. 3. London: Baldwin et Cradock, 374+[5] pp., pls. xvi-xix.

Stephens J F. 1832. Illustrations of British entomology; or, a synopsis of indigenous insects: containing their generic and specific distinctions; with an account of their metamorphoses, times of appearance, localities, food, and economy, as far as practicable. Mandibulata. Vol. V. London: Baldwin & Cradock, 448 pp., pls. 24-27. [published in parts: 1832-1835]

Stephens J F. 1833a. The nomenclature of British insects; together with their synonymes: being a compendious list of such species as are contained in the Systematic Catalogue of British Insects, and of those discovered subsequently to its publication; forming a guide to their classification, &c. &c. Second edition. London: Baldwin and Cradock, iv+136 columns.

Stephens J F. 1839. A manual of British Coleoptera, or beetles; ... London: Longman, Orme, Brown, Green, and Longmans, 12+443 pp.

Strand E. 1934. Miscellanea nomenclatorica zoologica et palaeontologica. Folia Zoologica et Hydrobiologica, 6: 271-277.

Sturm J. 1834. Deutschlands Fauna in Abbildungen nach der Natur mit Beschreibungen. V. Abtheilung, Die Insecten. 8. Heft, Käfer. Nürnberg: Privately printed, vi+168 pp. +pls. clxxxv-ccii.

Sugaya H, Nomura S, Burckhardt D. 2004. Revision of the East Asian *Plagiophorus hispidus* species group (Coleoptera: Staphylinidae, Pselaphinae, Cyathigerini). The Canadian Entomologist, 136: 143-167.

Švec Z. 2011. New and less known Agathidiini and Pseudoliodini (Coleoptera: Leiodidae: Leiodinae) from China, Nepal and India. Studies and Reports. Taxonomical Series, 7: 417-441.

Švec Z. 2014. New Agathidium Panzer, 1797 species (Coleoptera: Leiodidae: Leiodinae) from China without or with reduced eyes. Studies and Reports. Taxonomical Series, 10: 187-203.

Swartz O. 1817. [new taxa]: *In:* Schönherr C J. Appendix ad Synonymiam Insectorum. Bd. 1, Theil 3. Sistens descriptiones novarum specierum. Scaris: Officina Lewerentziana, 266 pp., 2 pls.

Tagawa H. 1941. On the (Coleoptera, Scarabaeidae) subfam. Trichiinae of Japan. Transactions of the Kyushu Entomological Society, 3: 9-23.

Takagi S. 1936. Notes on one new aberrant form of *Glycyphana fulvistemma* Motschulsky. Insect World. Gifu, 40(7): 24-25.

Takizawa M. 1931. The Haliplidae of Japan. Insecta Matsumurana, 5(3): 137-143.

Tang L, Jiang Z-H. 2018. Three new species of the *Stenus cephalotes* group from Zhejiang, East China (Coleoptera, Staphylinidae). Zootaxa, 4472(2): 298-306.

Tang L, Li L-Z, He W-J. 2014. The genus *Scaphidium* in East China (Coleoptera, Staphylinidae, Scaphidiinae). ZooKeys, 403: 47-96.

Tang L, Li L-Z, Růžička J. 2011. Notes on the genus *Apteroloma* of China with description of a new species (Coleoptera, Agyrtidae). ZooKeys, 124: 41-49.

Tang L, Li L-Z, Wang J-W. 2012. Two additional species of the *Stenus indubius* group (Coleoptera, Staphylinidae) from China. ZooKeys, 215: 41-54.

Tang L, Li L-Z, Zhao M-J. 2005. Three new species of the group of *Stenus cirrus* (Coleoptera, Staphylinidae) from China. Elytra, 33(2): 609-616.

Tang L, Liu S-N, Zhao T-X. 2017. A study on the genus *Stenus* Latreille from Zhuji City of Zhejiang, East China (Coleoptera, Staphylinidae). Zootaxa, 4323(1): 25-38.

Tang L, Puthz V, Yue Y-L. 2016. A study on the genus *Stenus* Latreille from Tianmushan Mountain Chain of East China (Coleoptera, Staphylinidae). Zootaxa, 4171(1): 139-152.

Tang L, Puthz V. 2008. [new taxa]. *In:* Tang L, Zhao Y-L, Puthz V. Six new *Stenus* species of the *cirrus* group (Coleoptera, Staphylinidae) from China with a key to species of the group. Zootaxa, 1745: 1-18.

Tang L, Puthz V. 2010. [new taxa]. *In:* Tang L, Li L-Z, Puthz V. Five new *Stenus* species of the *cephalotes* group (Coleoptera, Staphylinidae) from China with a key to Chinese species of the group. Zootaxa, 2335: 29-39.

Tesař Z. 1944. Zweiter Beitrag zur Kenntnis der palaearkt (Coll. Scarabaeidae.). Melolonthiden. Sbornik entomologickeho oddeleni narodniho Musea v Praze, Praha, 21-22: 336-343.

Thomson C G. 1852. 2 Insekt-slägtet Homalota. Översigt af Kongliga Vetenskaps-Akademiens Förhandlingar, 9: 131-146.

Thomson C G. 1857. Öfversigt af de arter inom Insektgruppen Stenini, som blifvit funna i Sverige. Öfversigt af Kongliga Vetenskaps-Akademiens Förhandlingar, 14: 219-235.

Thomson C G. 1858. Försök till uppställning af Sveriges Staphyliner. Öfversigt af Kongl. Vetenskaps-Akademiens Förhandlingar, 15: 27-40.

Thomson C G. 1859. Skandinaviens Coleoptera, synoptiskt bearbetade. Tom. I. Lund: Berlingska Boktryckeriet, [5]+290 pp.

Thomson C G. 1860. Skandinaviens Coleoptera, synoptiskt bearbetade. Tom. II. Lund: Berlingska Boktryckeriet, 304 pp.

Thomson C G. 1867. Skandinaviens Coleoptera, synoptiskt bearbetade. Supplementum. Tom. Ⅸ. Lund: Lundbergska Boktryckeriet, 407 pp.

Thomson J. 1856. Description de quatre Lucanides nouveaux de ma collection, précédée du catalogue des Coléoptères lucanoïdes de Hope (1845), et de l'arrangement méthodique adopté par Lacordaire pour sa famille des Pectinicornes. Revue et magasin de zoologie pure et appliquée, 8(2): 516-528.

Thomson J. 1857. Description de trente-trois espèces de Coléoptères. Archives d'Entomologie, 1: 109-127.

Thomson J. 1862. Catalogue des Lucanides de la collection de M. James Thomson, suivi d'un appendix renfermant la description des coupes génériques et spécifiques nouvelles. Annales de la Société Entomologique de France, 2(4): 389-436.

Thomson J. 1880. Diagnoses de genres nouveaux de la famille des Cétonides. Le Naturaliste, 2: 277-278.

Thomson J L. 1856. Description de trois carabes. Annales de la Société Entomologique de France, 4(3): 335-339.

Thomson J L. 1857. Archives entomologiques ou recueil contenant des illustrations d'insectes nouveaux ou rares. Tome 1. Paris: Baillière, 514+[1] pp., 22 pls. [1857-1858].

Thunberg C P. 1784. Dissertatio entomologica novas insectorum species sistens. Cujus partem tertiam, cons. exper. facult. med. Upsal., publice ventilandam exhibent praeses Carol. P. Thunberg, et respondens David Lundahl, Smolandus. In audit. gust. maj. D. XXV. Maji anno MDCCLXXXIV. Horis solitis. Upsaliae: Joh. Edman, pp. 53-68+[1], pl. 3.

Tikhomirova A L. 1973. [new taxa]. *In:* Giliarov M. Ekologiia pochvennykh bespozvonochnykh. Moskva: Izdatelstvo Nauka, 226 pp.

Tottenham C E. 1939a. A species of *Philonthus* (Col., Staphylinidae) new to the British Islands and two new varieties. The Entomologist's Monthly Magazine, 75: 201-202.

Tottenham C E. 1939b. Some notes on the nomenclature of the Staphylinidae (Coleoptera). Proceedings of the Royal Entomological Society of London (B), 8: 224-226, 227-237.

Tottenham C E. 1953. *Philonthus quisquiliarius* Gyllenhal (Coleoptera: Staphylinidae) and its allies. The Annals and Magazine of Natural History, 6(12): 143-148.

Tottenham C E. 1955. Studies in the genus *Philonthus* Stephens (Coleoptera: Staphylinidae). Parts II, III, and IV. The Transactions of the Royal Entomological Society of London, 106: 153-195.

Tschitschérine T. 1889. Insecta, a Cl. G. N. Potanin in China et in Mongolia novissime lecta. Insectes rapportés par Mr. Potanin de son voyage fait en 1884-85-86. VI. Genre *Pterostichus*. Horae Societatis Entomologicae Rossicae, 23: 185-198.

Tschitschérine T. 1895. Supplément à la faune des carabiques de la Corée. Horae Societatis Entomologicae Rossicae, 29 [1894-1895]: 154-188.

Tschitschérine T. 1897. Carabiques nouveaux ou peu connus. L'Abeille, Journal d'Entomologie, 29 [1896-1900]: 45-75.

Tschitschérine T. 1898a. Matériaux pour servir à l'étude des feroniens. IV. Horae Societatis Entomologicae Rossicae, 32 [1898-1899]: 1-224.

Tschitschérine T. 1898b. Carabiques nouveaux ou peu connus. L'Abeille, Journal d'Entomologie, 29 [1896-1900]: 93-114.

Tschitschérine T. 1901. Genera des Harpalini des région Paléarctique et Paléanarctique. Horae Societatis Entomologicae Rossicae, 35: 217-251.

Tschitschérine T. 1906. Notes détachés sur les Harpalini de l'Asie orientale. Horae Societatis Entomologicae Rossicae, 37: 247-292.

Tsukawaki T. 1998. Notes on the genus *Dorcus* MacLeay, 1819 after the publication of "The Lucanid beetles of the world" in 1994. Gekkan-Mushi, 328: 76-84.

Tsukawaki T. 1999. A new species and a new subspecies of the genus *Dorcus* from East Asia. Gekkan-Mushi, 341: 6-7.

Ueng Y T, Wang W-C, Wang J-P. 2006. A new species of water scavenger beetle, *Berosus salinus*, n. sp. from Taiwan and China[①], (Coleoptera: Hydrophilidae). Journal of Taiwan Museum, 59: 61-68.

Ueng Y T, Wang W-C, Wang J-P. 2007. *Berosus tayouanus*, a replacement name for *Berosus salinus* Ueng et al. (Coleoptera: Hydrophilidae). Journal of Taiwan Museum, 60: 87-88.

① 本文献的政治立场表述错误。台湾是中国领土的一部分。本书因引用历史文献不便改动，但并不代表本书作者及科学出版社的政治立场。

Uéno S I. 2007. Two new cave trechines (Coleoptera, Trechinae) from western Zhejiang, East China. Journal of the Speleological Society of Japan, 32: 9-22.

Uhlig M, Watanabe Y. 2016. A new rove beetle species (Coleoptera, Staphylinidae) of China: *Erichsonius* (*Sectophilonthus*) *luoi* sp. nov. Elytra, 6(1): 141-147.

Ullrich W G. 1975. Monographie der Gattung *Tachinus* Gravenhorst (Coleoptera: Staphylinidae), mit Bemerkungen zur Phylogenie und Verbreitung der Arten. Dissertation zur Erlangung des Doktorgrades der Mathematisch-Naturwissenschaftlichen Fakultät der Christian-Albrechts-Universität zu Kiel. Kiel, 365 pp., 61 pls.

Uyttenboogaart D L. 1915. Description d'une nouvelle espece de Dineutes (Fam. Gyrinidae) de l'ile de Formosa. Zoologische Mededelingen, 1: 140.

Van Roon G. 1910. Lucanidae. *In*: Junk W, Schenkling S. Coleopterorum Catalogus, Auspiciis et Auxilio, Volumen. XlX, Pars 8. Berlin: W. Junk, pp. 1-70.

Vazirani T G. 1970. Contributions to the study of aquatic beetles (Coleoptera). VII. A revision of Indian Colymbetinae (Dytiscidae). Oriental Insects, 4: 303-362.

Vigors N A. 1825. Descriptions of some rare, interesting, or hitherto uncharacterized subjects of Zoology. Zoological Journal, 1: 409-418, 526-542, pl. 20.

Všetečka K. 1939. Einige neue und wenig bekannte Formen der Familie Scarabaeidae. Časopis Československé Společnosti Entomologické, 36: 43-44.

Všetečka K. 1942. Duarum specierum generis *Onthophagus* (Col. Scarabaeidae) descriptio. Sborník Entomologického Oddělení Zemského Musea v Praze, 20: 255-256.

Walker F. 1858. Characters of some apparently undescribed Ceylon Insects. The Annals and Magazine of Natural History, 2(3): 202-209.

Walker F. 1859. Characters of some apparently undescribed Ceylon Insects. The Annals and Magazine of Natural History, 3(3): 50-56, 258-265.

Wang D, Li L-Z. 2016. Two new species of the genus *Stenichnus* Thomson (Coleoptera, Staphylinidae, Scydmaeninae) from Zhejiang, East China. Zootaxa, 4144(4): 593-599.

Wang D, Yin Z-W. 2015. [new taxa]. *In:* Wang D, Yin Z-W, Li L-Z. Two New Species of *Batriscenellus* Jeannel (Coleoptera: Staphylinidae: Pselaphinae) from China. Coleopterists Bulletin, 69(3): 405-409.

Wang D, Yin Z-W. 2016. New species and records of *Batraxis* Reitter (Coleoptera: Staphylinidae: Pselaphinae) in continental China. Zootaxa, 4147(4): 443-465.

Wang L-F, Zhou H-Z, Lu L. 2017. Revision of the *Anotylus sculpturatus* group (Coleoptera: Staphylinidae: Oxytelinae) with descriptions of seven new species from China. Zootaxa, 4351(1): 1-79.

Wang L-F, Zhou H-Z. 2020. Taxonomy of *Anotylus nitidifrons* group (Coleoptera: Staphylinidae: Oxytelinae) and five new species from China. Zootaxa, 4861(1): 23-42.

Wasmann E. 1898. Eine neue dorylophile Tachyporinen-Gattung aus Südafrika. Wiener Entomologische Zeitung, 17: 101-103.

Watanabe Y. 1961. The staphylinid-fauna of the middle and southern Izu Islands. Journal of Agricultural Science (Tokyo), 6: 348-356.

Watanabe Y. 1975. A revision of the Japanese species of the genus *Micropeplus* Latreille (Coleoptera, Staphylinidae). Kontyû, 43: 304-326.

Watanabe Y. 1990. A taxonomic study on the subfamily Omaliinae from Japan (Coleoptera, Staphylinidae). Memoirs of the Tokyo University of Agriculture, 31: 55-391.

Watanabe Y. 1999a. Two new subterranean staphylinids (Coleoptera) from East China. Elytra, 27(1): 249-257.

Watanabe Y. 1999b. Two new species of the group of *Lathrobium pollens*/*brachypterum* (Coleoptera, Staphylinidae) from Zhejiang Province, east China. Elytra, 27: 573-580.

Watanabe Y. 2012. Description of a new paederine genus *Nipponolathrobium* (Coleoptera, Staphylinidae), with two new species from Japan. Japanese Journal of Systematic Entomology, 18(2): 335-345.

Watanabe Y, Luo Z-Y. 1991. The micropeplids (Coleoptera) from the Tian-mu Mountains in Zhejiang Province, East China. Elytra, 19: 93-100.

Watanabe Y, Luo Z-Y. 1992. New species of the genus *Lathrobium* (Coleoptera, Staphylinidae) from the Wu-yan-ling Nature Protective Area in Zhejiang Province, east China. Elytra, 20: 47-56.

Watanabe Y, Shibata Y. 1964. On the genus *Micropeplus* Latr. of Japan with descriptions of a new and an unrecorded species (Col.: Staphylinidae). Journal of Agricultural Science (Tokyo), 10: 67-70.

Watanabe Y, Shibata Y. 1972. The staphylinid-fauna of Yaku-shima Island, Japan, with descriptions of a new genus and new species. Journal of Agricultural Science of the Tokyo University of Agriculture, 17: 59-72.

Waterhouse C O. 1867. On some new lamellicorn beetles belonging to the family Melolonthidae. The Entomologist's Monthly Magazine, 4: 141-146.

Waterhouse C O. 1869. On a new genus and some new species of Coleoptera, belonging to the family Lucanidae. Transactions of the Royal Entomological Society of London, 1869: 13-20.

Waterhouse C O. 1875. On the Lamellicorn Coleoptera of Japan. Transactions of the Royal Entomological Society of London, 1875: 71-116.

Waterhouse C O. 1890. Further descriptions of the Coleoptera of the family Scarabaeidae in the British Museum. The Annals and Magazine of Natural History, 5(6): 409-413.

Weber F. 1801. Observationes entomologicae, continentes novorum quae condidit generum characteres, et nuper detectarum specierum descriptiones. Kiliae: Impensis Bibliopolii Academici Novi, xii+116+[1] pp.

Wehncke E. 1880. Neue *Haliplus*. Entomologische Zeitung (Stettin), 41: 72-75.

Weigel J A V. 1806. Geographische, naturhistorische und technologische Beschreibung des souverainen Herzogthums Schlesien. Zehnter Theil. Verzeichnis der bisher entdeckten, in Schlesien lebenden Thiere. Berlin: Himburg, viii+358 pp.

Wendeler H. 1930. Neue exotische Staphyliniden (Coleoptera). Neue Beiträge zur Systematischen Insektenkunde, 4: 181-192, 248-252.

Wesmael C. 1833. Description d'un nouveau genre d'insecte Coléoptère. Recueil Encyclopédique belge. Bruxelles: S'Abonne aux Bureaux du Recueil, 119-123.

Westwood J O. 1827. Observations upon Siagonium quadricorne of Kirby, and on other portions of the Brachelytra (Staphylinus, Lin.). The Zoological Journal, 3: 56-66.

Westwood J O. 1831. Mémoire pour servir à l'histoire naturelle de la familie des cicindélètes. Annales des Sciences Naturelles, 22: 299-317.

Westwood J O. 1834. Descripto generum nonnullorum novorum e familia Lucanidarum cum tabula synoptica familiae notulis illustrate. Annales des Bulletin de la Société Sciences Naturelles, Paris, (2) 1: 112-121.

Westwood J O. 1837. A collection of insects collected at Manilla by Mr. Cuming. Proceedings of the Zoological Society, 5: 127-130.

Westwood J O. 1845. On some exotic species of Aphodiidae. Journal of the Proceedings of the Entomological Society of London, 6: 93.

Westwood J O. 1848. The Cabinet of Oriental Entomology; being a selection of some of the rarer and more beautiful species of insects, natives of India and the adjacent islands, the greater portion of which are now for the first time described and figured. William Smith. London, 88 pp.

Westwood J O. 1854. Supplemental descriptions of species of African, Asiatic and Australian Cetoniidae. Transactions of the Entomological Society of London (N. S.), 3: 61-74.

Westwood J O. 1855. Descriptions of some new species of exotic Lucanidae. Transactions of the Royal Entomological Society of London (N. S.), 3: 197-221.

Westwood J O. 1870. Descriptions of twelve new exotic species of the coleopterous family Pselaphidae. Transactions of the Entomological Society of London, 1870: 125-132.

Westwood J O. 1874. Thesaurus entomologicus oxoniensis: or, illustrations of new, rare, and interesting insects, for the most part contained in the collections presented to the university of Oxford by the Rev. F. W. Hope. Oxford: Claredon Press, xxiv+205 pp., 40 pls.

Wewalka G. 2000. Taxonomic revision of Allopachria (Coleoptera: Dytiscidae). Entomological Problems, 31: 97-128.

Wewalka G. 2010. New species and new records of Allopachria ZIMMERMANN (Coleoptera: Dytiscidae). Koleopterologische Rundschau, 80: 25-42.

White A. 1846. Insects. Fascicle 1. *In:* Richardson J, Gray J E. 1844-1875. The zoology of the voyage of H.M.S. Erebus & Terror, under the command of Captain Sir James Clark Ross, R.N., F.R.S., during the years 1839 to 1843. Volume II. Reptiles, fishes, Crustacea, insects, Mollusca. London: E.W. Janson, 24 pp.

Wiedemann C R W. 1823. Zweihundert neue Käfer von Java, Bengalen und den Vorgebirgen der Gutten Hoffnung. Zoologisches Magazin, 2(1): 1-135, 162-164.

Wiesner J, Bandinelli A, Matalin A. 2017. Notes on the tiger beetles (Coleoptera: Carabidae: Cicindelinae) of Vietnam. 135. Contribution towards the knowledge of Cicindelinae. Insecta Mundi, 0589: 1-131.

Willers J. 2001. Neubeschreibungen und Synonyme chinesischer Arten der Gattung *Paederus s. l.* (Coleoptera: Staphylinidae). Stuttgarter Beiträge zur Naturkunde, Serie A (Biologie), 625: 1-22.

Wollaston T V. 1854. Insecta Maderensia; being an account of the insects of the islands of the Madeiran group. London: J. Van Voorst, xliii+634 pp., 13 pls.

Wollaston T V. 1857. Catalogue of the coleopterous insects of Madeira in the collection of the British Museum. London: The Trustees of the British Museum, xvi+234 pp.

Wollaston T V. 1864. Catalogue of the coleopterous insects of the Canaries in the collection of the British Museum. London: The Trustees of the British Museum, xiii+648 pp.

Wollaston T V. 1871. On the Coleoptera of St. Helena. The Annals and Magazine of Natural History, 8(4): 396-413.

Wu L, Wu Z-Q. 2008. *Propomacrus davidi fujianensis* ssp. nov., a new Euchirinae from Fujian (Coleoptera, Euchiridae). Acta Zootaxonomica Sinica, 33(4): 827-828.

Wu X-Q, Shook G. 2010. Common English and Chinese names for tiger beetles of China. Journal of the Entomological Research Society, 12(1): 73-94.

Wulfen F X. 1786. Descriptiones quorundam Capensium Insectorum. Erlangae: Heyder, 40 pp.

Wüsthoff W. 1936. 3. Familie Staphylinidae. *In:* Horion A D. Zur Käferfauna der Rheinprovinz. Nachtrag XVII. Entomologische Blätter, 32: 235-237.

Xie W, Yu P. 1992. On the Chinese species of *Catascopus* Kirby (Coleoptera, Carabidae). Sinozoologia, 9: 179-186.

Yamamoto S, Maruyama M. 2016. Revision of the subgenus *Aleochara* Gravenhorst of the parasitoid rove beetle genus *Aleochara* Gravenhorst of Japan (Coleoptera: Staphylinidae: Aleocharinae). Zootaxa, 4101(1): 1-68.

Yan Z-Q, Li L-Z. 2015. Description of *Pella tianmuensis* sp. n. from eastern China (Coleoptera, Staphylinidae, Aleocharinae). ZooKeys, 539: 147-150.

Yin Z-W, Bekchiev R. 2014. [new taxon]. *In:* Yin Z-W, Bekchiev R, Li L-Z. A new species of *Lasinus* Sharp (Coleoptera: Staphylinidae: Pselaphinae) from East China. Zootaxa, 3764(5): 597-600.

Yin Z-W, Li L-Z. 2010a. [new taxa]. *In:* Yin Z-W, Li L-Z, Zhao M-J. Contributions to the knowledge of the myrmecophilous pselaphines (Coleoptera, Staphylinidae, Pselaphinae) from China. III. Two new genera and two new species of the subtribe Batrisina (Staphylinidae, Pselaphinae, Batrisitae) from a colony of *Lasius niger* (Hymeptera [Hymenoptera], Formicidae, Formicinae) in East China. Sociobiology, 55(1B): 241-253.

Yin Z-W, Li L-Z. 2010b. [new taxon]. *In:* Yin Z-W, Li L-Z, Zhao M-J. Contributions to the knowledge of the myrmecophilous pselaphines (Coleoptera, Staphylinidae, Pselaphinae) from China. II. *Microdiartiger* (Pselaphinae, Clavigeritae) new to China, with description of a new species. Sociobiology, 56(3): 637-643.

Yin Z-W, Li L-Z. 2011a. [new taxa]. *In:* Yin Z-W, Li L-Z, Zhao M-J. *Batriscenellus* Jeannel (Coleoptera, Staphylinidae, Pselaphinae) redefined, with notes on the Chinese species. Zootaxa, 3016: 37-50.

Yin Z-W, Li L-Z. 2011b. [new taxa]. *In:* Yin Z-W, Li L-Z, Zhao M-J. *Batricavus tibialis*, a new genus and species of Batrisini from South China (Coleoptera: Staphylinidae: Pselaphinae). Acta Entomologica Musei Nationalis Pragae, 51(2): 529-534.

Yin Z-W, Li L-Z. 2012a. Two new species of the genus *Awas* from Central and East China (Coleoptera: Staphylinidae: Pselaphinae).

Acta Entomologica Musei Nationalis Pragae, 52(1): 161-171.

Yin Z-W, Li L-Z. 2012b. [new taxa]. *In:* Yin Z-W, Li L-Z, Zhao M-J. Taxonomic study on *Sathytes* Westwood (Coleoptera: Staphylinidae: Pselaphinae) from China. Part I. Journal of Natural History, 46(13-14): 831-857.

Yin Z-W, Li L-Z. 2013a. [new taxa]. *In:* Yin Z-W, Hlaváč P, Li L-Z. Further studies on the *Pselaphodes* complex of genera from China (Coleoptera, Staphylinidae, Pselaphinae). ZooKeys, 275: 23-65.

Yin Z-W, Li L-Z. 2013b. On the identity of *Pselaphodes walkeri* (Sharp, 1892) (Coleoptera: Staphylinidae: Pselaphinae), with description of a new related species. Zootaxa, 3609(3): 327-334.

Yin Z-W, Li L-Z. 2013c. Notes on synonymy of *Diartiger* Sharp with *Microdiartiger* Sawada (Coleoptera: Staphylinidae: Pselaphinae), with description of two new species from East China. Zootaxa, 3717: 369-376.

Yin Z-W, Li L-Z. 2014a. Revision of the Oriental genus *Horniella* Raffray (Coleoptera, Staphylinidae, Pselaphinae). Zootaxa, 3850(1): 1-83.

Yin Z-W, Li L-Z. 2014b. A new species of *Diartiger* Sharp (Staphylinidae, Pselaphinae, Clavigeritae) from the Fengyangshan-Baishanzu Nature Reserve, East China. ZooKeys, 419: 129-135.

Yin Z-W, Li L-Z. 2014c. *Batrisceniola fengtingae* sp. nov., the first record of the genus in China (Coleoptera: Staphylinidae: Pselaphinae). Acta Entomologica Musei Nationalis Pragae, 54(1): 233-236.

Yin Z-W, Li L-Z. 2016. A new species of *Acetalius* Sharp from eastern China (Coleoptera, Staphylinidae, Pselaphinae). ZooKeys, 592: 93-101.

Yin Z-W, Li L-Z, Zhao M-J. 2010a. Taxonomical study on the genus *Pselaphodes* Westwood (Coleoptera: Staphylinidae: Pselaphinae) from China. Part I. Zootaxa, 2512: 1-25.

Yin Z-W, Li L-Z, Zhao M-J. 2010b. [new taxon]. *In:* Zhao M-J, Yin Z-W, Li L-Z. Description of a new species of the genus *Tribasodites* Jeannel (Coleoptera, Staphylinidae, Pselaphinae) from East China with a key to world species. ZooKeys, 64: 25-31.

Yin Z-W, Li L-Z, Zhao M-J. 2010c. Contributions to the knowledge of the myrmecophilous pselaphines (Coleoptera, Staphylinidae, Pselaphinae) from China. III. Two new genera and two new species of the subtribe Batrisina (Staphylinidae, Pselaphinae, Batrisitae) from a colony of *Lasius niger* (Hymeptera [Hymenoptera], Formicidae, Formicinae) in East China. Sociobiology, 55(1B): 241-253.

Yin Z-W, Li L-Z, Zhao M-J. 2011a. *Batriscenellus* Jeannel (Coleoptera, Staphylinidae, Pselaphinae) redefined, with notes on the Chinese species. Zootaxa, 3016: 37-50.

Yin Z-W, Li L-Z, Zhao M-J. 2011b. Taxonomic study on the genus *Pselaphodes* Westwood (Coleoptera: Staphylinidae: Pselaphinae) from China, Part II. Annales Zoologici, 61(3): 463-481.

Yin Z-W, Nomura S. 2011. [new taxon]. *In:* Yin Z-W, Nomura S, Zhao M-J. Taxonomic study on *Batrisodellus* Jeannel of China, with discussion on the systematic position of *Batrisodellus callissimus* Nomura & Wang, 1991 (Coleoptera, Staphylinidae, Pselaphinae). Spixiana, 34(1): 33-38.

Yin Z-W, Shen J-W, Li L-Z. 2015. New species and new combinations of Asian *Batrisodes* Reitter (Coleoptera, Staphylinidae, Pselaphinae), and synonymy of *Batrisodellus* Jeannel with *Batrisodes*. Deutsche Entomologische Zeitschrift, 62(1): 45-54.

Yin Z-W, Zhao M-J, Li L-Z. 2010. [new taxa]. *In*: Zhao M-J, Yin Z-W, Li L-Z. Two new species of the subtribe Batrisina (Coleoptera, Staphylinidae, Pselaphinae) associated with Pachycondyla luteipes (Formicidae) in China. Sociobiology, 56(2): 527-535.

Yin Z-W, Zhao T-X. 2016. [new taxa]. *In:* Yin Z-W, Newton A F, Zhao T-X. *Odontalgus dongbaiensis* sp. n. from eastern China, and a world catalog of Odontalgini (Coleoptera: Staphylinidae: Pselaphinae). Zootaxa, 4117(4): 567-579.

Yoshitomi H, Klausnitzer B. 2003. Scirtidae: World check list of *Hydrocyphon* Redtenbacher and revision of the Chinese Species. 519-537. *In:* Jäch M A, Ji L. Water beetles of China. Volume III. Wien: Zoologisch-botanische Gesellschaft und Wiener Coleopterologenverein, vi+572 pp.

Yosii R, Sawada K. 1976. Studies on the genus *Atheta* Thomson and its allies (Coleoptera, Staphylinidae) II: Diagnostic characters of genera and subgenera with description of representative species. Contributions from the Biological Laboratory, Kyoto University, 25(1): 11-140.

Young R M. 2012. A diminutive new species of *Dicronocephalus* Hope (Coleoptera: Scarabaeidae: Cetoniinae) from Xizang Zizhiqu (Tibet Autonomous Region), China, with a distributional analysis of the genus. The Coleopterists Bulletin, 66: 203-208.

Yu S-T. 1936. An undescribed *Propomacrus* in China (*Propomacrus nankinensis* sp. nov.). Insekta Interesa, 2: 1-11.

Zaitsev P. 1953. Nasekonye zhestkokrylye. Plavuntsovye i vertyachki. Fauna. SSSR, 58: 1-376.

Zaitzev F A. 1908a. Berichtigungen und Zusätze zu den Haliplidae, Dytiscidae und Gyrinidae in den neuesten Katalogen der Coleoptera.- Russkoe Entomologicheskoe Obozrenie, 7(1907): 114-124.

Zaitzev F A. 1908b. Catalogue des Coléoptères aquatiques des familles Dryopidae, Georyssidae, Cyathoceridae, Heteroceridae et Hydrophilidae. Horae Societatis Entomologicae Rossicae, 38: 283-420.

Zaitzev F A. 1938. Vidy r. *Laccobius* Er. v faune SSSR i sopredel'nykh stran (Coleoptera, Hydrophilidae). Trudy zoologicheskogo Sektora. Akademiya Nauk SSSR, Gruzinskoe Otdelenie, Zakavkazskii Filial, Tiflis, 2: 109-124.

Zaitzev F A. 1953. Nasekomye zhestkokrylye. Plavuntsovye i vertyachki. Fauna SSSR, 4(N. S. 58): 1-376. [In Russian]

Zamotajlov A S. 1992. Notes on classification of the subfamily Patrobinae (Coleoptera, Carabidae) of the Palaearctic region with description of new taxa. Mitteilungen der Schweizerischen Entomologischen Gesellschaft, 65: 251-281.

Zamotajlov A S, Kryzhanovskij O L. 1990. K poznaniyu zhuzhelits triby Patrobini (Coleoptera, Carabidae) Kitaya. Trudy Zoologicheskogo Instituta, Akademiya Nauk SSSR, 211: 9-16.

Zanetti A. 2004. Contributions to the knowledge of Eastern Palaearctic *Eusphalerum* Kraatz, 1857 (Coleoptera, Staphylinidae: Omaliinae). On some groups with setose parameres. Bollettino del Museo Civivo di Storia Naturale di Verona. Botanica Zoologia, 28: 51-95.

Zerche L. 1991. Was ist *Oxypoda lividipennis* Mannerheim, 1831 (Coleoptera, Staphylinidae)?. Entomologische Blätter, 87(1-2): 79-82.

Zhang Y-W. 1995. Coleoptera: Melolonthidae. 242-244. *In*: Wu H. Insects of Baishanzu Mountain eastern China. Beijing: China Forestry Publishing House, 586+xviii.

Zhao C-Y, Zhou H-Z. 2004. A new species of the genus *Micropeplus* (Coleoptera: Staphylinidae: Micropeplinae) in China. Entomologica Sinica, 11(3): 235-238.

Zhao C-Y, Zhou H-Z. 2005. Five new species of the subgenus *Hemistenus* (Coleoptera: Staphylinidae, Steninae) from China. Pan-Pacific Entomologist, 80(1-4): 93-108.

Zhao M-J, Yin Z-W, Li L-Z. 2010. Contributions to the knowledge of the myrmecophilous pselaphines (Coleoptera, Staphylinidae, Pselaphinae) from China. IV. The second species of the genus *Songius* (Coleoptera, Staphylinidae, Pselaphinae), with descriptions of its probable mature larva. Sociobiology, 56(1): 77-89.

Zheng D-L, Li L-Z, Zhao M-J. 2014. Review of *Nitidotachinus* Campbell (Staphylinidae, Tachyporinae) from Mainland China. ZooKeys, 447: 87-107.

Zheng F-K. 1988. Five new species of the genus *Lobrathium* Mulsant et Rey from China (Coleoptera: Staphylinidae, Paederinae). Acta Entomologica Sinica, 31: 186-193(in Chinese).

Zheng F-K. 1992. A new subspecies and a new record of the genus *Stenus* Latreille (Coleoptera: Staphylinidae, Steninae). Journal of Sichuan Teachers College (Natural Science), 13(3): 167-170.

Zhou Y-L, Zhou H-Z. 2013a. Two new species of *Xanthophius* Motschulsky (Coleoptera: Staphylinidae, Staphylininae, Xantholinini) from China with notes on *X. filum* (Kraatz). Zootaxa, 3626(3): 363-380.

Zhou Y-L, Zhou H-Z. 2013b. Taxonomy and phylogeny of the genus *Liotesba* Scheerpeltz (Coleoptera: Staphylinidae: Staphylininae: Xantholinini) with descriptions of four new species. Journal of Natural History, 47(45-46): 2869-2904.

Zhou Y-L, Zhou H-Z. 2016. Taxonomy of the genus *Diochus* Erichson, 1839 (Coleoptera: Staphylinidae, Staphylininae, Diochini) in China with descriptions of four new species. Zootaxa, 4127(1): 1-30.

Zilioli M. 1998. Note on some new stag-beetles *Lucanus* from Vietnam. Coléoptères, 4(11): 137-147.

Zilioli M. 2005. A new contribution to the knowledge of Chinese stag-beetles. *Lucanus fonti* n. sp. from Zhejiang. Atti della Società Italiana di Scienze Naturali e del Museo Civico di Storia Naturale di Milano, 146(2): 149-153.

Zimmermann A. 1922. Einige neue Dytisciden. Notulae Entomologicae, 2: 19-21.

Zimmermann A. 1924a. Die Halipliden der Welt. Entomologische Blätter, 20: 1-16, 65-80, 129-144, 193-213.

Zimmermann A. 1924b. Neue Dytisciden aus dem malayischen Archipel. (Col.). Entomologische Mitteilungen, 13: 193-195.

Zimmermann A. 1930. Monographie der paläarktischen Dytisciden. I. Noterinae, Laccophilinae, Hydroporinae (1. Teil). Koleopterologische Rundschau, 16: 35-118.

Zou S-S, Zhou H-Z. 2015. Taxonomy of the genus *Osorius* Guerin-Meneville (Coleoptera: Staphylinidae, Osoriinae) from China. Zootaxa, 4052(1): 1-38.

中 名 索 引

C

E

F

G

J

K

P

Q

Y

Z

学名索引

A

B

C

D

E

I

Q

R

S

T

W

X

Z

图　版

1. 锚纹虎甲 *Abroscelis anchoralis* (Chevrolat, 1845)；2. 钳端虎甲 *Apterodela lobipennis* (Bates, 1888)；3. 膨边虎甲 *Calomera angulata* (Fabricius, 1798)；4. 雪带白缘虎甲 *Callytron nivicinctum* (Chevrolat, 1845)；5. 中国虎甲 *Cicindela* (*Sophiodela*) *chinensis* De Geer, 1774；6. 金斑虎甲 *Cicindela* (*Cosmodela*) *juxtata* Acciavatti *et* Pearson, 1989；7. 离斑虎甲 *Cicindela* (*Cosmodela*) *separata* Fleutiaux, 1894；8. 逗斑虎甲 *Cicindela* (*Cosmodela*) *virgula* Fleutiaux, 1894；9. 云纹虎甲 *Cylindera* (*Eugrapha*) *elisae* (Motschulsky, 1859)；10. 星斑虎甲指名亚种 *Cylindera* (*Ifasina*) *kaleea kaleea* (Bates, 1866)；11. 断纹虎甲连纹亚种 *Lophyra striolata dorsolineolata* (Chevrolat, 1845)；12. 镜面虎甲 *Myriochila specularis* (Chaudoir, 1865)

图版 I

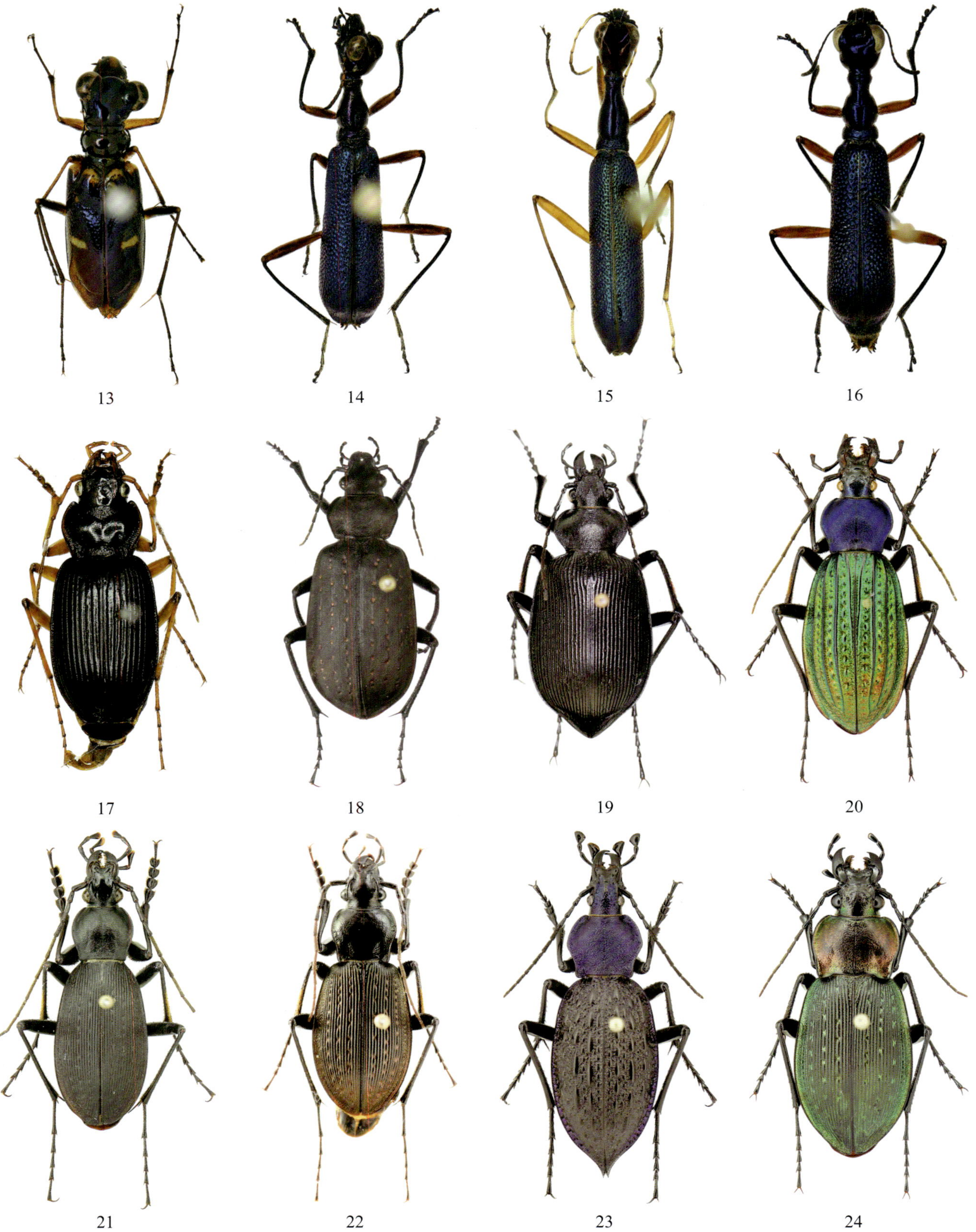

13. 维球胸虎甲 *Therates vitalisi* W. Horn, 1913；14. 光背叶虎甲 *Neocollyris bonellii* (Guérin-Méneville, 1833)；15. 红唇叶虎甲 *Neocollyris rufipalpis* (Chaudoir, 1865)；16. 棒角叶虎甲 *Neocollyris crassicornis* (Dejean, 1825)；17. 中华心步甲 *Nebria chinensis* Bates, 1872；18. 中华星步甲 *Calosoma chinense* Kirby, 1819；19. 大星步甲 *Calosoma maximoviczi* Morawitz, 1863；20. 硕步甲 *Carabus* (*Apotomopterus*) *davidis* H. Deyrolle, 1878；21. 索氏大步甲 *Carabus* (*Apotomopterus*) *sauteri* Roeschke, 1912；22. 警大步甲 *Carabus* (*Acoptopterus*) *vigil* Semenov, 1898；23. 拉步甲 *Carabus* (*Damaster*) *lafossei* Feisthamel, 1845；24. 信大步甲 *Carabus* (*Isiocarabus*) *fiduciarius* Thomson, 1856

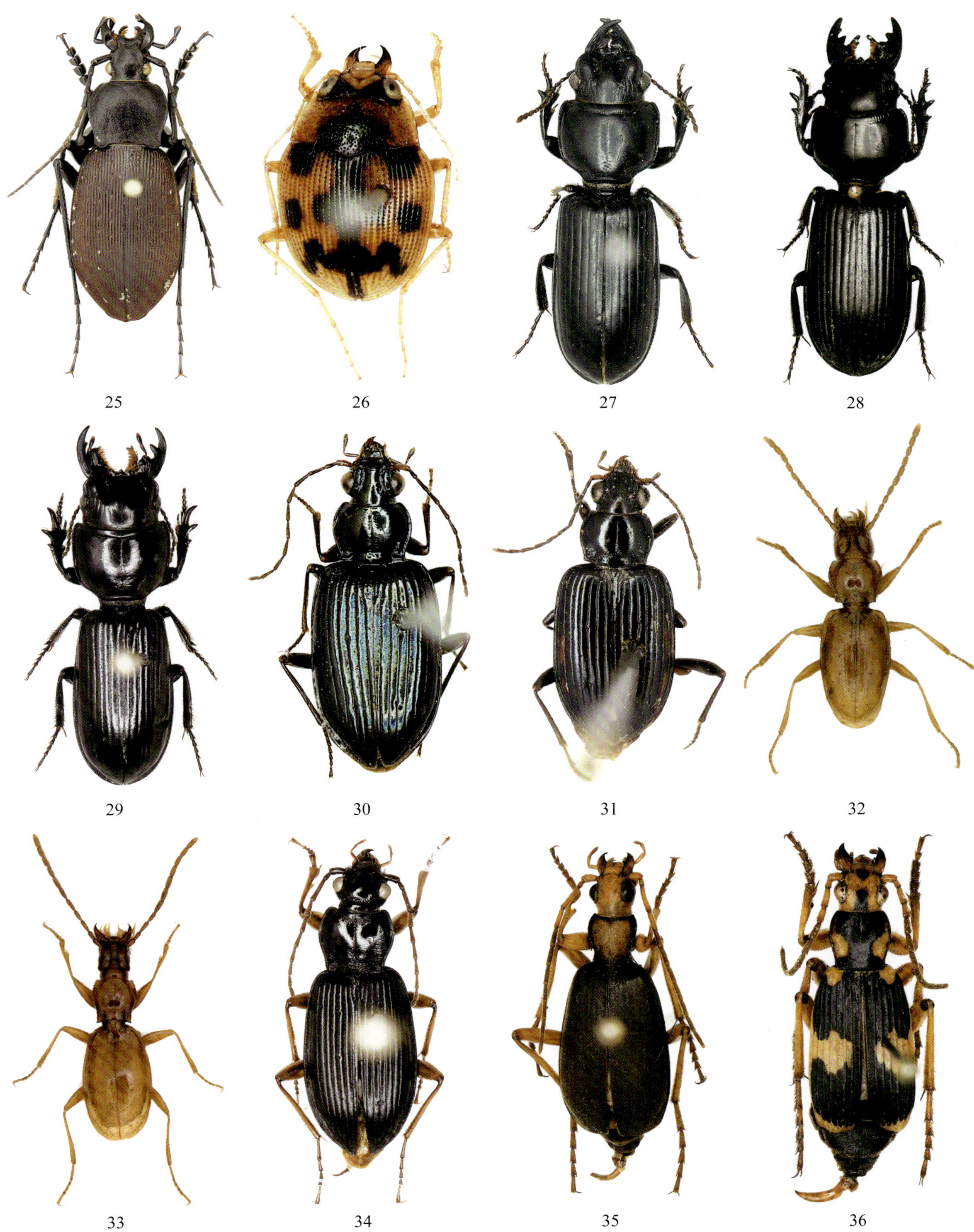

25. 九江大步甲 *Carabus* (*Isiocarabus*) *kiukiangensis* Bates, 1888；26. 均圆步甲 *Omophron aequale jacobsoni* Semenov, 1922；27. 双齿蝼步甲 *Scarites acutidens* Chaudoir, 1855；28. 福建大蝼步甲 *Scarites sulcatus fokienensis* Bänninger, 1932；29. 单齿蝼步甲 *Scarites terricola pacificus* Bates, 1873；30. 拟光背锥须步甲 *Bembidion lissonotoides* Kirschenhofer, 1989；31. 原锥须步甲 *Bembidion proteron* Netolitzky, 1920；32. 浙绒穴步甲 *Cimmeritodes zhejiangensis* Deuve *et* Tian, 2015；33. 浙乌龙穴步甲 *Wulongoblemus tsuiblemoides* Uéno, 2007；34. 德氏原隘步甲 *Archipatrobus deuvei* Zamotajlov, 1992；35. 大气步甲 *Brachinus scotomedes* Redtenbacher, 1868；36. 肖屁步甲 *Pheropsophus assimilis* Chaudoir, 1876

图版 I

37. 贝氏屁步甲 *Pheropsophus beckeri* Jedlička, 1930；38. 爪哇屁步甲 *Pheropsophus javanus* (Dejean, 1825)；39. 耶屁步甲 *Pheropsophus jessoensis* Morawitz, 1862；40. 中华美步甲 *Callistomimus sinicola* Mandl, 1981；41. 孟加拉青步甲 *Chlaenius bengalensis* Chaudoir, 1856；42. 黄斑青步甲 *Chlaenius micans* (Fabricius, 1792)；43. 毛胸青步甲 *Chlaenius naeviger* Morawitz, 1862；44. 点沟青步甲 *Chlaenius praefectus* Bates, 1873；45. 异角青步甲 *Chlaenius variicornis* Morawitz, 1863；46. 逗斑青步甲 *Chlaenius virgulifer* Chaudoir, 1876；47. 台湾逮步甲 *Drypta formosana* Bates, 1873；48. 点翅斑步甲 *Anisodactylus punctatipennis* Morawitz, 1862

49. 三叉斑步甲 *Anisodactylus tricuspidatus* Morawitz, 1863；50. 点翅婪步甲 *Harpalus aenigma* (Tschitschérine, 1897)；51. 大头婪步甲 *Harpalus capito* Morawitz, 1862；52. 铜绿婪步甲 *Harpalus chalcentus* Bates, 1873；53. 朝鲜婪步甲 *Harpalus coreanus* (Tschitschérine, 1895)；54. 多毛婪步甲 *Harpalus eous* Tschitschérine, 1901；55. 福建婪步甲 *Harpalus fokienensis* Schauberger, 1930；56. 毛婪步甲 *Harpalus griseus* (Panzer, 1796)；57. 肖毛婪步甲 *Harpalus jureceki* (Jedlička, 1928)；58. 黄鞘婪步甲 *Harpalus pallidipennis* Morawitz, 1862；59. 草原婪步甲 *Harpalus pastor* Motschulsky, 1844；60. 侧点婪步甲 *Harpalus singularis* Tschitschérine, 1906

图版 I

61. 中华婪步甲 *Harpalus sinicus* Hope, 1845；62. 斯氏婪步甲 *Harpalus suensoni* Kataev, 1997；63. 三齿婪步甲 *Harpalus tridens* Morawitz, 1862；64. 环带寡行步甲 *Loxoncus circumcinctus* (Motschulsky, 1858)；65. 黄唇宽额步甲 *Platymetopus flavilabris* (Fabricius, 1798)；66. 克氏列毛步甲 *Trichotichnus klapperichi* (Jedlička, 1953)；67. 夜列毛步甲 *Trichotichnus noctuabundus* Habu, 1954；68. 波列毛步甲 *Trichotichnus potanini* (Tschitschérine, 1906)；69. 中华丽步甲 *Calleida chinensis* Jedlička, 1934；70. 灿丽步甲 *Calleida splendidula* (Fabricius, 1801)；71. 索凹翅凹唇步甲 *Catascopus sauteri* Dupuis, 1914；72. 赫宽胸步甲 *Coptodera nobilis* Jedlička, 1964

73. 半猛步甲 *Cymindis daimio* Bates, 1873；74. 普长唇步甲 *Dolichoctis rotundata* (Schmidt-Göbel, 1846)；75. 粗毛皮步甲 *Lachnoderma asperum* Bates, 1883；76. 筛毛盆步甲 *Lachnolebia cribricollis* (Morawitz, 1862)；77. 对斑壶步甲 *Lebia calycophora* Schmidt-Göbel, 1846；78. 狭斑壶步甲 *Lebia chiponica* Jedlička, 1939；79. 双叶壶步甲 *Lebia duplex* Bates, 1883；80. 宽带壶步甲 *Lebia retrofasciata* Motschulsky, 1864；81. 眼斑光鞘步甲 *Lebidia bimaculata* (Jordan, 1894)；82. 双斑光鞘步甲 *Lebidia bioculata* Morawitz, 1863；83. 八斑光鞘步甲 *Lebidia octoguttata* Morawitz, 1862；84. 滑覃步甲 *Lioptera erotyloides* Bates, 1883

图版 I

85. 刘氏奥毛步甲 *Orionella lewisii* (Bates, 1873)；86. 凹翅宽颚步甲 *Parena cavipennis* (Bates, 1873)；87. 侧带宽颚步甲 *Parena latecincta* (Bates, 1873)；88. 光背宽颚步甲 *Parena perforata* (Bates, 1873)；89. 角斑宽颚步甲 *Parena sellata* (Heller, 1921)；90. 特氏宽颚步甲 *Parena tesari* (Jedlička, 1951)；91. 中华黑缝步甲 *Peliocypas chinensis* (Jedlička, 1960)；92. 伊氏毛边步甲 *Physodera eschscholzi* Parry, 1849；93. 单色毛边步甲 *Physodera unicolor* Ma, Shi *et* Liang, 2017；94. 黄掘步甲 *Scalidion xanthophanum* (Bates, 1888)；95. 台湾连唇步甲 *Sofota chuji* Jedlička, 1951；96. 黑头捷步甲 *Badister nigriceps* Morawitz, 1863

97. 偏额重唇步甲 *Diplocheila latifrons* (Dejean, 1831)；98. 宽重唇步甲 *Diplocheila zeelandica* (Redtenbacher, 1868)；99. 岛傲步甲 *Morionidius insularis* Kasahara *et* Ohtani, 1992；100. 双斑长颈步甲 *Archicolliuris bimaculata* (Kollar *et* Redtenbacher, 1934)；101. 背拟裂跗步甲 *Adischissus notulatus sumatranus* (Dohrn, 1891)；102. 黄毛角胸步甲 *Peronomerus auripilis* Bates, 1883；103. 黛五角步甲 *Pentagonica daimiella* Bates, 1892；104. 铜细胫步甲 *Agonum chalcomum* (Bates, 1873)；105. 绿宽胫步甲 *Colpodes paradisiacus* (Kirschenhofer, 1990)；106. 日本真胫步甲 *Eucolpodes japonicum chinadense* (Jedlička, 1940)；107. 青翅窗步甲 *Euplynes cyanipennis* Schmidt-Göbel, 1846；108. 布氏盘步甲 *Metacolpodes buchanani* (Hope, 1831)

图版 I

109. 中华爪步甲 *Onycholabis sinensis* Bates, 1873；110. 大宽步甲 *Platynus magnus* (Bates, 1873)；111. 洼鞘宽步甲 *Platynus protensus* (Morawitz, 1863)；112. 绿胸劫步甲 *Lesticus chalcothorax* (Chaudoir, 1868)；113. 大劫步甲 *Lesticus magnus* (Motschulsky, 1861)；114. 光跗通缘步甲 *Pterostichus liodactylus* (Tschitschérine, 1898)；115. 天目通缘步甲 *Pterostichus tienmushanus* Sciaky, 1997；116. 浙江通缘步甲 *Pterostichus zhejiangensis* Kirschenhofer, 1997；117. 安氏艳步甲 *Trigonognatha andrewesi* Jedlička, 1932；118. 铜胸短角步甲 *Trigonotoma lewisii* Bates, 1873；119. 蠋步甲 *Dolichus halensis* (Schaller, 1783)；120. 斯氏锯步甲 *Pristosia suensoni* Lindroth, 1956

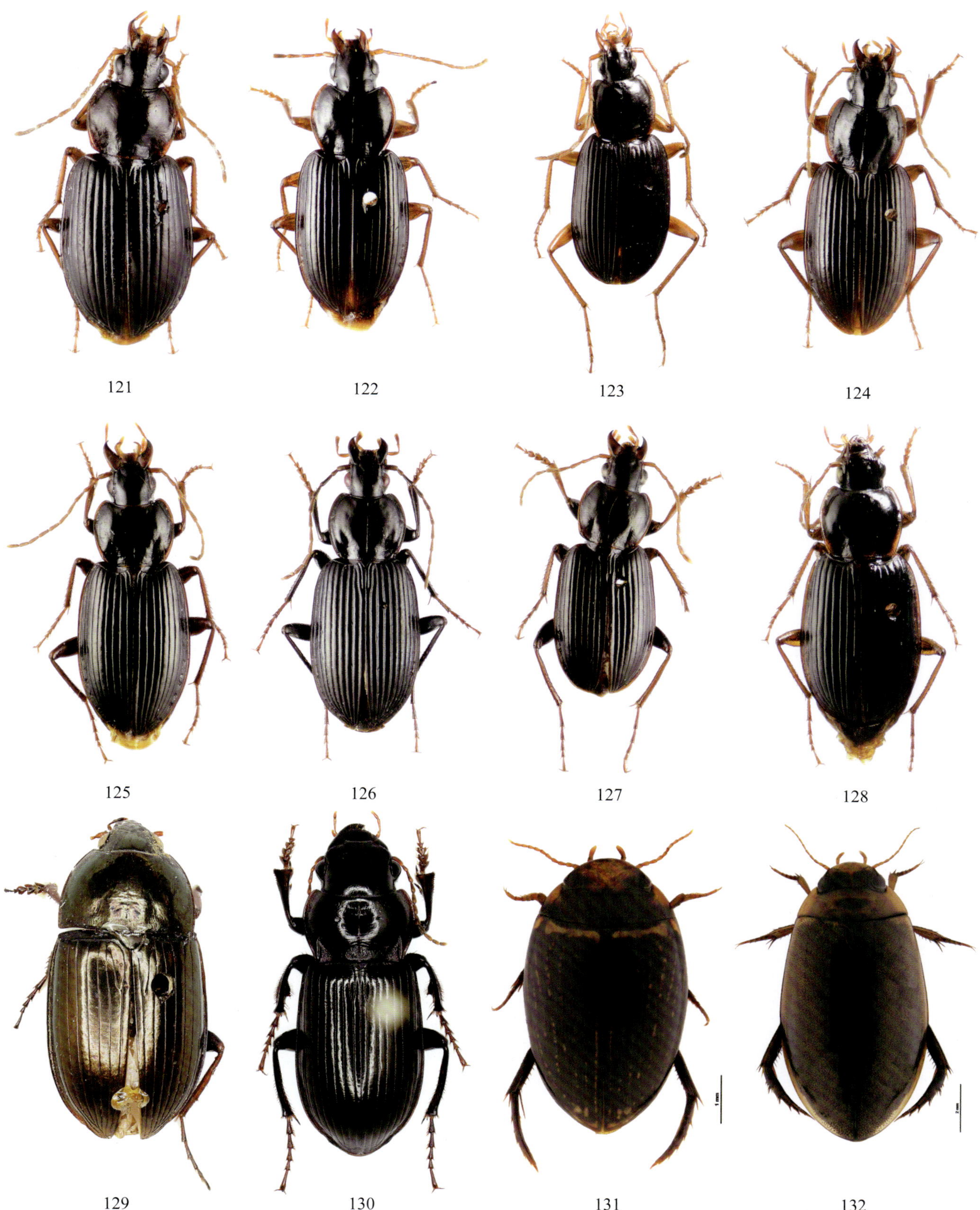

121. 拱胸齿爪步甲 *Synuchus arcuaticollis* (Motschulsky, 1861)；122. 短齿爪步甲 *Synuchus brevis* Lindroth, 1956；123. 梳齿爪步甲 *Synuchus calathinus* Lindroth, 1956；124. 中华齿爪步甲 *Synuchus chinensis* Lindroth, 1956；125. 硕齿爪步甲 *Synuchus major* Lindroth, 1956；126. 耀齿爪步甲网纹亚种 *Synuchus nitidus reticulatus* Lindroth, 1956；127. 诺德齿爪步甲 *Synuchus nordmanni* (Morawitz, 1862)；128. 苏氏齿爪步甲 *Synuchus suensoni* Lindroth, 1956；129. 雅暗步甲 *Amara congrua* Morawitz, 1862；130. 巨胸暗步甲 *Amara gigantea* (Motschulsky, 1844)；131. 异短胸龙虱 *Platynectes dissimilis* (Sharp, 1873)；132. 小雀斑龙虱 *Rhantus suturalis* (W. S. MacLeay, 1825)

图版 I

133. 兹氏刻翅龙虱 *Copelatus zimmermanni* Gschwendtner, 1934；134. 黄唇真龙虱 *Cybister lewisianus* Sharp, 1873；135. 三刻真龙虱 *Cybister tripunctatus lateralis* (Fabricius, 1798)；136. 黑绿真龙虱 *Cybister sugillatus* Erichson, 1834；137. 亚当圆龙虱 *Graphoderus adamsii* (Clark, 1864)；138. 混宽龙虱 *Sandracottus mixtus* (Blanchard, 1843)；139. 灰齿缘龙虱 *Eretes griseus* (Fabricius, 1781)；140. 黄条斑龙虱 *Hydaticus bowringii* Clark, 1864；141. 宽缝斑龙虱 *Hydaticus grammicus* (Germar, 1827)

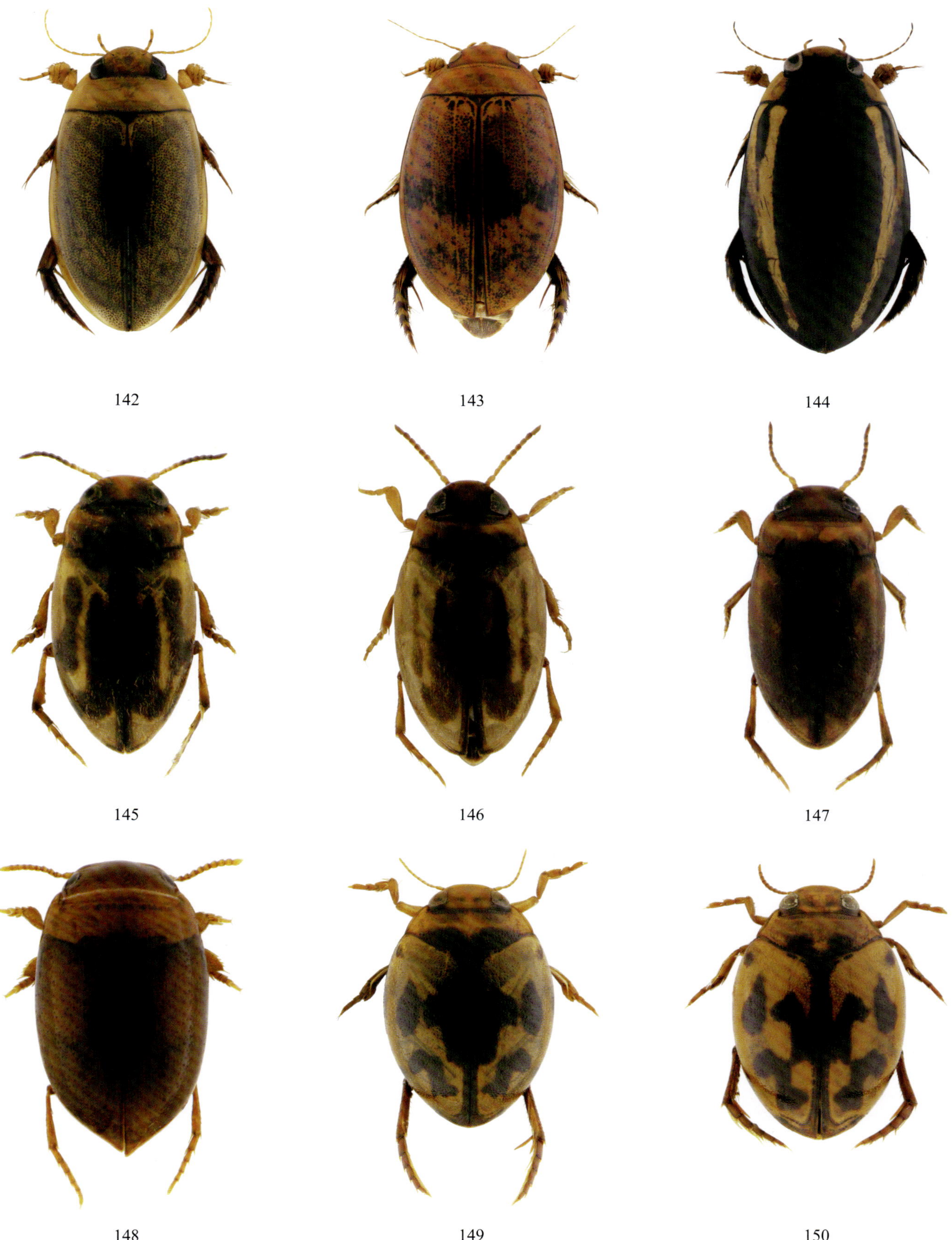

142. 毛茎斑龙虱 *Hydaticus rhantoides* Sharp, 1882； 143. 横带斑龙虱 *Hydaticus thermonectoides* Sharp, 1884； 144. 单斑龙虱 *Hydaticus vittatus* (Fabricius, 1775)；145. 日本短褶龙虱 *Hydroglyphus japonicus* (Sharp, 1873)；146. 佳短褶龙虱 *Hydroglyphus geminus* (Fabricius, 1792)； 147. 东方短褶龙虱 *Hydroglyphus orientalis* (Clark, 1863)； 148. 奥博宽突龙虱 *Hydrovatus obtusus* Motschulsky, 1855； 149. 平茎异爪龙虱 *Hyphydrus detectus* Falkenström, 1936； 150. 东方异爪龙虱 *Hyphydrus orientalis* Clark, 1863

151. 上野微龙虱 *Microdytes uenoi* Satô, 1972；152. 细斑微龙虱 *Microdytes huangyongensis* Bian, Zhang *et* Ji, 2015；153. 王氏圆突龙虱 *Allopachria miaowangi* Wewalka, 2010；154. 圆眼粒龙虱 *Laccophilus difficilis* Sharp, 1873；155. 环斑粒龙虱 *Laccophilus lewisius* Sharp, 1873；156. 夏普粒龙虱 *Laccophilus sharpi* Régimbart, 1889；157. 长斑粒龙虱 *Laccophilus vagelineatus* Zimmermann, 1922

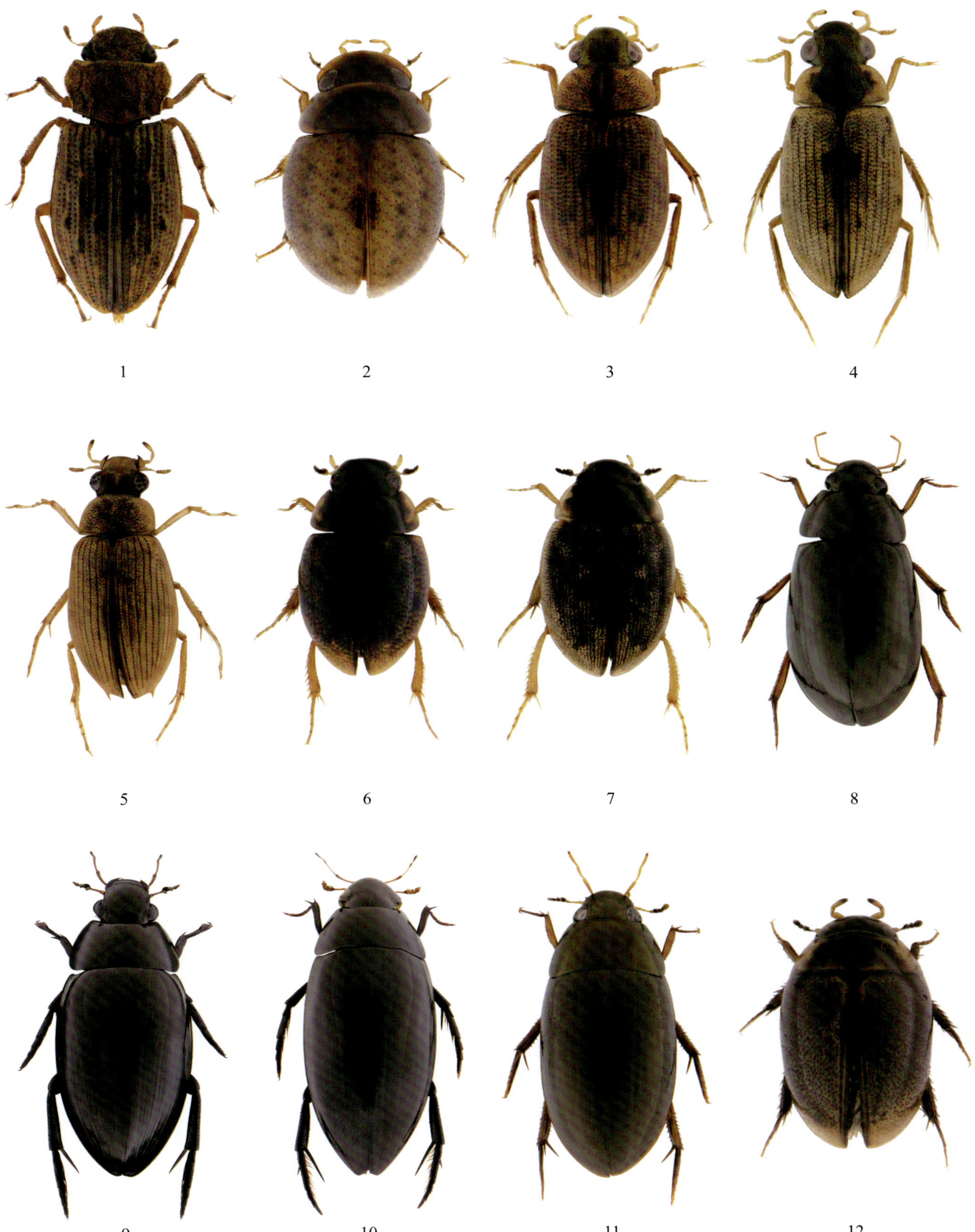

1. 奥利沟背甲 *Helophorus auriculatus* Sharp, 1884；2. 玛隔牙甲 *Amphiops mater* Sharp, 1873；3. 日本贝牙甲 *Berosus japonicus* Sharp, 1873；4. 柔毛贝牙甲 *Berosus pulchellus* W. S. MacLeay, 1825；5. 路氏贝牙甲 *Berosus lewisius* Sharp, 1873；6. 黑长节牙甲 *Laccobius nitidus* Gentili, 1984；7. 双显长节牙甲 *Laccobius binotatus* d'Orchymont, 1934；8. 钝突刺腹牙甲 *Hydrochara affinis* (Sharp, 1873)；9. 尖突牙甲 *Hydrophilus acuminatus* Motschulsky, 1854；10. 长刺牙甲 *Hydrophilus hastatus* (Herbst, 1779)；11. 红脊胸牙甲 *Sternolophus rufipes* Fabricius, 1792；12. 黑黄安牙甲 *Anacaena atriflava* Jia, 1997

图版 II

13. 日本苍白牙甲 *Enochrus japonicus* (Sharp, 1873)；14. 藻苍白牙甲 *Enochrus algarum* Jia *et* Short, 2013；15. 糙苍白牙甲 *Enochrus crassus* (Régimbart, 1903)；16. 李时珍异节牙甲 *Cymbiodyta lishizheni* Jia *et* Lin, 2015；17. 钳形阿牙甲 *Agraphydrus forcipatus* Komarek *et* Hebauer, 2018；18. 黑阿牙甲 *Agraphydrus niger* Komarek *et* Hebauer, 2018；19. 变阿牙甲 *Agraphydrus variabilis* Komarek *et* Hebauer, 2018；20. 锚突丽阳牙甲 *Helochares neglectus* (Hope, 1845)；21. 索氏丽阳牙甲 *Helochares sauteri* d'Orchymont, 1943；22. 宽坦梭腹牙甲 *Cercyon incretus* d'Orchymont, 1941；23. 隆线梭腹牙甲 *Cercyon laminatus* Sharp, 1873；24. 线纹覆毛牙甲 *Cryptopleurum subtile* Sharp, 1884

1. 浙江异脊翅觅葬甲 *Apteroloma zhejiangense* Tang, Li *et* Růžička, 2011；2. 横纹盾葬甲 *Diamesus osculans* Vigors, 1825；3. 滨尸葬甲 *Necrodes littoralis* (Linnaeus, 1758)；4. 红胸丧葬甲 *Necrophila* (*Calosilpha*) *brunnicollis* (Kraatz, 1877)；5. 亚氏丧葬甲 *Necrophila* (*Eusilpha*) *jakowlewi jakowlewi* (Semenov, 1891)；6. 黑媪葬甲 *Oiceoptoma hypocrita* (Portevin, 1903)；7. 红胸媪葬甲 *Oiceoptoma subrufum* (Lewis, 1888)；8. 黑覆葬甲 *Nicrophorus* (*Nicrophorus*) *concolor* Kraatz, 1877；9. 尼覆葬甲 *Nicrophorus* (*Nicrophorus*) *nepalensis* Hope, 1831；10. 佐藤蚁隐翅虫 *Brathinus satoi* Kishimoto *et* Shimada, 2003；11. 中华地隐翅虫 *Geodromicus* (*Geodromicus*) *chinensis* Bernhauer, 1938；12. 光地隐翅虫 *Geodromicus lucidus* Shavrin, 2013

图版 III

13. 小斑盗隐翅虫 *Lesteva* (*Lesteva*) *brevimacula* Ma *et* Li, 2012；14. 美姝盗隐翅虫 *Lesteva* (*Lesteva*) *cala* Ma *et* Li, 2012；15. 凹盗隐翅虫 *Lesteva* (*Lesteva*) *concava* Cheng, Li *et* Peng, 2019；16. 库氏盗隐翅虫 *Lesteva* (*Lesteva*) *cooteri* Rougemont, 2000；17. 丽盗隐翅虫 *Lesteva* (*Lesteva*) *elegantula* Rougemont, 2000；18. 长盗隐翅虫 *Lesteva* (*Lesteva*) *elongata* Cheng, Li *et* Peng, 2019；19. 红缘盗隐翅虫 *Lesteva* (*Lesteva*) *erythra* Ma *et* Li, 2012；20. 黄盗隐翅虫 *Lesteva* (*Lesteva*) *ochra* Li, Li *et* Zhao, 2005；21. 艳盗隐翅虫 *Lesteva* (*Lesteva*) *pulcherrima* Rougemont, 2000；22. 红斑盗隐翅虫 *Lesteva* (*Lesteva*) *rufopunctata rufopunctata* Rougemont, 2000；23. 七斑盗隐翅虫 *Lesteva* (*Lesteva*) *septemmaculata* Rougemont, 2000；24. 亚斑盗隐翅虫 *Lesteva* (*Lesteva*) *submaculata* Rougemont, 2000

25. 日本铠甲 *Micropeplus fulvus japonicus* Sharp, 1874；26. 齿胫窝胸蚁甲 *Batricavus tibialis* Yin *et* Li, 2011；27. 穴腹毛角蚁甲 *Batriscenellus abdominalis* Wang *et* Yin, 2015；28. 中华毛角蚁甲 *Batriscenellus chinensis* Yin *et* Li, 2011；29. 肿腿毛角蚁甲 *Batriscenellus femoralis* Yin *et* Li, 2011；30. 东方毛角蚁甲 *Batriscenellus orientalis* (Löbl, 1973)；31. 丽毛角蚁甲 *Batriscenellus pulcher* Yin *et* Li, 2011；32. 缩足毛角蚁甲 *Batriscenellus strictus* Jiang *et* Yin, 2017；33. 封氏腹毛蚁甲 *Batrisceniola fengtingae* Yin *et* Li, 2014；34. 刺腹鬼蚁甲 *Batrisodes abdominalis* Jiang *et* Yin, 2017；35. 狭翅鬼蚁甲 *Batrisodes angustelytratus* Yin, Shen *et* Li, 2015；36. 封氏鬼蚁甲 *Batrisodes fengtingae* (Yin *et* Nomura, 2011)

图版 III

37. 龙王山鬼蚁甲 *Batrisodes longwangshanus* Yin, Shen *et* Li, 2015；38. 天目鬼蚁甲 *Batrisodes tianmuensis* Jiang *et* Yin, 2017；39. 丽奇腿蚁甲 *Physomerinus pedator* (Sharp, 1883)；40. 迷你糙蚁甲 *Sathytes paulus* Yin *et* Li, 2012；41. 哈氏梯胸蚁甲 *Songius hlavaci* Zhao, Yin *et* Li, 2010；42. 喜毛蚁梯胸蚁甲 *Songius lasiuohospes* Yin, Li *et* Zhao, 2010；43. 中华刺胸蚁甲 *Tribasodes chinensis* Yin, Zhao *et* Li, 2010；44. 缺刺脊胸蚁甲 *Tribasodites spinacaritus* Yin, Li *et* Zhao, 2010；45. 天目脊胸蚁甲 *Tribasodites tianmuensis* Yin, Zhao *et* Li, 2010；46. 宋氏梗角蚁甲 *Diartiger songxiaobini* (Yin *et* Li, 2010)；47. 浙江梗角蚁甲 *Diartiger zhejiangensis* Yin *et* Li, 2014；48. 巨脊蚁甲 *Acetalius grandis* Yin *et* Li, 2016

49. 罗氏长颈蚁甲 *Awas loebli* Yin *et* Li, 2012；50. 丽珠蚁甲 *Batraxis gloriosa* Wang *et* Yin, 2016；51. 粗点鞭须蚁甲 *Triomicrus abhorridus* Shen *et* Yin, 2015；52. 细刺鞭须蚁甲 *Triomicrus aculeus* Shen *et* Yin, 2015；53. 弯鞭须蚁甲 *Triomicrus anfractus* Shen *et* Yin, 2015；54. 矛鞭须蚁甲 *Triomicrus contus* Shen *et* Yin, 2015；55. 大明山鞭须蚁甲 *Triomicrus damingensis* Shen *et* Yin, 2015；56. 片鞭须蚁甲 *Triomicrus frondosus* Shen *et* Yin, 2015；57. 古田山鞭须蚁甲 *Triomicrus gutianensis* Shen *et* Yin, 2015；58. 劳氏鞭须蚁甲 *Triomicrus rougemonti* Löbl, Kurbatov *et* Nomura, 1998；59. 突胫鞭须蚁甲 *Triomicrus tibialis* Shen *et* Yin, 2015；60. 小锤阎蚁甲 *Trissemus* (*Trissemus*) *clavatus* (Motschulsky, 1851)

图版 III

61. 杂阎蚁甲 *Trissemus* (*Trissemus*) *crassipes* (Sharp, 1874)；62. 硕奇首蚁甲 *Nipponobythus grandis* Löbl, 1965；63. 东白锤须蚁甲 *Odontalgus dongbaiensis* Yin *et* Zhao, 2016；64. 天目硕蚁甲 *Horniella tianmuensis* Yin *et* Li, 2014；65. 东方毛蚁甲 *Lasinus orientalis* Yin *et* Bekchiev, 2014；66. 中华安蚁甲 *Linan chinensis* (Löbl, 1964)；67. 封氏长角蚁甲 *Pselaphodes fengtingae* Yin, Li *et* Zhao, 2011；68. 宽茎长角蚁甲 *Pselaphodes latilobus* Yin, Li *et* Zhao, 2010；69. 拟沃氏长角蚁甲 *Pselaphodes pseudowalkeri* Yin *et* Li, 2013；70. 天目长角蚁甲 *Pselaphodes tianmuensis* Yin, Li *et* Zhao, 2010；71. 天童山长角蚁甲 *Pselaphodes tiantongensis* Yin *et* Li, 2013；72. 沃氏长角蚁甲 *Pselaphodes walkeri* (Sharp, 1892)

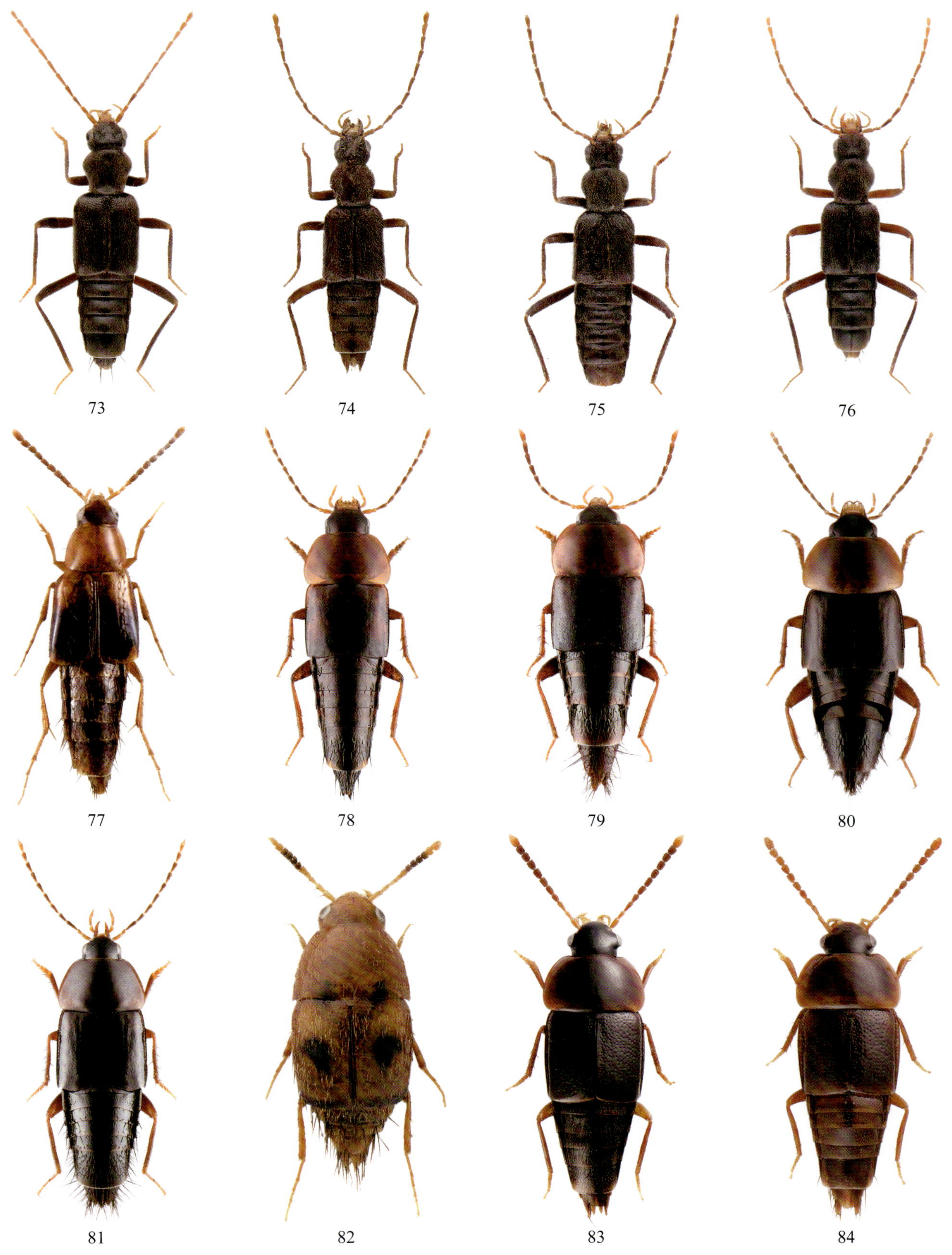

73. 丁山长足隐翅虫 *Derops dingshanus* Watanabe, 1999；74. 点鞘长足隐翅虫 *Derops punctipennis* Schülke, 2003；75. 史氏长足隐翅虫 *Derops schillhammeri* Schülke, 2003；76. 斯氏长足隐翅虫 *Derops smetanai* Schülke, 2003；77. 双列毛须隐翅虫 *Ischnosoma duplicatum* (Sharp, 1888)；78. 暗红长角隐翅虫 *Nitidotachinus bini* Zheng, Li *et* Zhao, 2014；79. 棕色长角隐翅虫 *Nitidotachinus brunneus* Zheng, Li *et* Zhao, 2014；80. 毛长角隐翅虫 *Nitidotachinus capillosus* Zheng, Li *et* Zhao, 2014；81. 堵氏长角隐翅虫 *Nitidotachinus dui* Li, 1999；82. 双点毛背隐翅虫 *Sepedophilus armatus* (Sharp, 1888)；83. 老挝圆胸隐翅虫 *Tachinus* (*Tachinoderus*) *laosensis* Katayama *et* Li, 2008；84. 直海圆胸隐翅虫 *Tachinus* (*Tachinoderus*) *naomii* Li, 1994

图版 III

85. 黄胸圆胸隐翅虫 *Tachinus* (*Tachinoderus*) *nigriceps rubricollis* Rambousek, 1921；86. 大林圆胸隐翅虫 *Tachinus* (*Tachinoderus*) *ohbayashii* Li, Zhao *et* Sakai, 2001；87. 黄红圆胸隐翅虫 *Tachinus* (*Tachinus*) *yasutoshii* Ito, 1993；88. 安吉平缘隐翅虫 *Atheta* (*Ekkliatheta*) *aniiensis* Pace, 2004；89. 淡翅欠光隐翅虫 *Nehemitropia lividipennis* (Mannerheim, 1830)；90. 中华瘦茎隐翅虫 *Nepalota chinensis* Pace, 1998；91. 黄褐脊盾隐翅虫 *Myrmecocephalus pallipennis pallipennis* (Cameron, 1939)；92. 黄翅幅胸隐翅虫 *Pelioptera* (*Pelioptera*) *testaceipennis* (Motschulsky, 1858)；93. 锡兰切胸隐翅虫 *Neosilusa ceylonica* (Kraatz, 1857)；94. 浙江中凹隐翅虫 *Drusilla* (*Drusilla*) *zhejiangensis* Pace, 1998；95. 天目好蚁隐翅虫 *Pella tianmuensis* Yan *et* Li, 2015；96. 中华刺毛隐翅虫 *Peltodonia chinensis* (Pace, 1998)

97. 短翅鲎形隐翅虫 *Doryloxenus aenictophilus* Song *et* Li, 2014；98. 汤氏鲎形隐翅虫 *Doryloxenus tangliangi* Song *et* Li, 2014；99. 夏氏白蚁隐翅虫 *Sinophilus xiai* Kistner, 1985；100. 毕氏出尾蕈甲 *Scaphidium biwenxuani* He, Tang *et* Li, 2008；101. 群居出尾蕈甲 *Scaphidium comes* Löbl, 1968；102. 连斑出尾蕈甲 *Scaphidium connexum* Tang, Li *et* He, 2014；103. 隐秘出尾蕈甲 *Scaphidium crypticum* Tang, Li *et* He, 2014；104. 德拉塔出尾蕈甲 *Scaphidium delatouchei* Achard, 1920；105. 巨出尾蕈甲 *Scaphidium grande* Gestro, 1879；106. 金明出尾蕈甲 *Scaphidium jinmingi* Tang, Li *et* He, 2014；107. 柯拉普出尾蕈甲 *Scaphidium klapperichi* Pic, 1954；108. 绍氏出尾蕈甲 *Scaphidium sauteri* Miwa *et* Mitono, 1943

图版 III

109. 中华出尾蕈甲 *Scaphidium sinense* Pic, 1954；110. 点斑出尾蕈甲 *Scaphidium stigmatinotum* Löbl, 1999；111. 变斑出尾蕈甲 *Scaphidium varifasciatum* Tang, Li *et* He, 2014；112. 吴氏出尾蕈甲 *Scaphidium wuyongxiangi* He, Tang *et* Li, 2008；113. 刺胫短足出尾蕈甲 *Pseudobironium spinipes* Löbl *et* Tang, 2013；114. 红褐花盾隐翅虫 *Anotylus cimicoides* (Fauvel, 1895)；115. 黄翅异形隐翅虫 *Oxytelus* (*Oxytelus*) *bengalensis* Erichson, 1840；116. 汉氏突唇隐翅虫 *Megalopinus helferi* (Dormitzer, 1851)；117. 疑束毛隐翅虫 *Dianous dubiosus* Puthz, 2000；118. 美斑突眼隐翅虫 *Stenus alumoenus* Rougemont, 1981；119. 黄腿突眼隐翅虫 *Stenus bispinoides* Puthz, 1984；120. 联突眼隐翅虫 *Stenus communicatus* Tang *et* Jiang, 2018

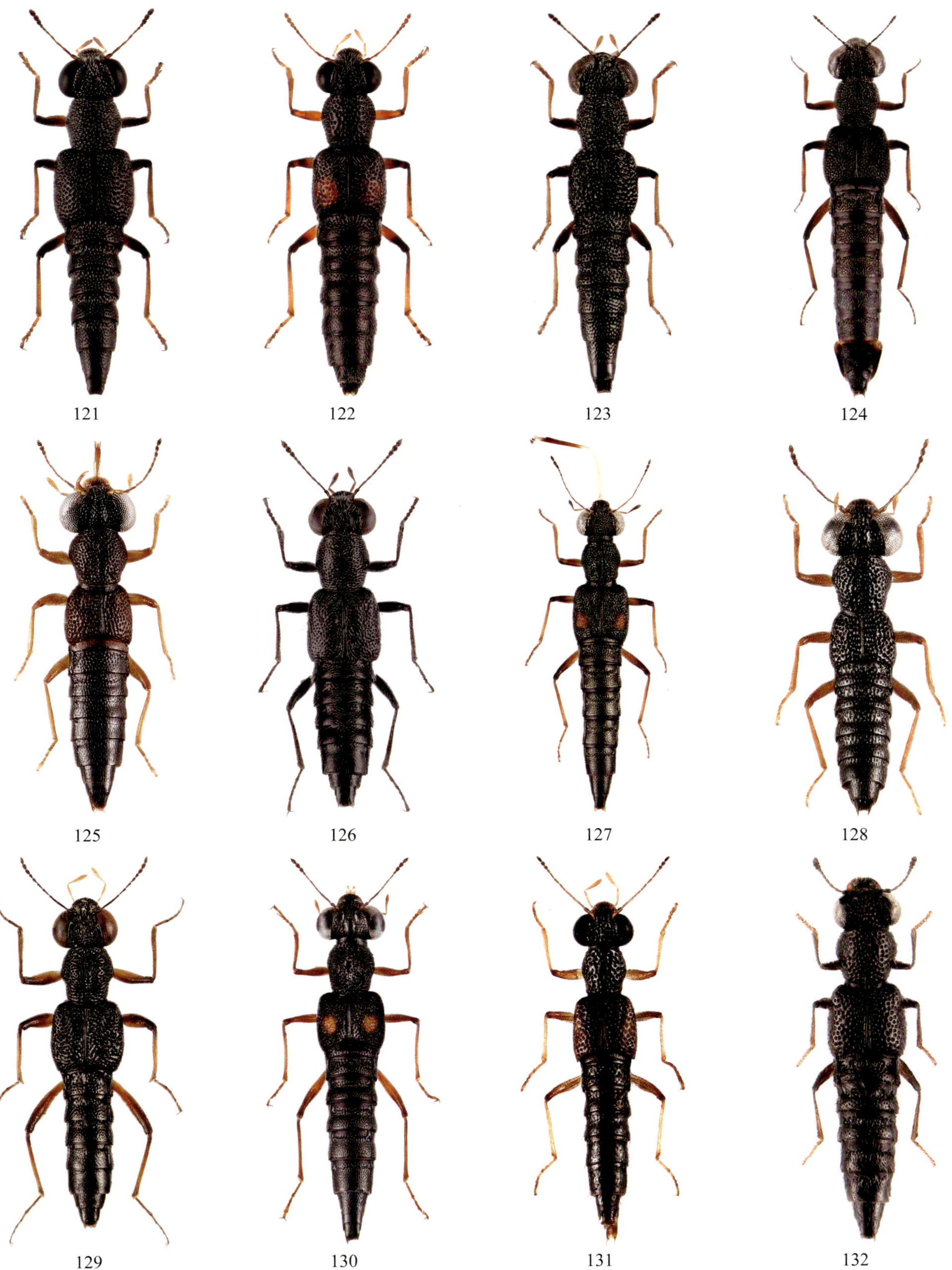

121. 密点突眼隐翅虫 *Stenus confertus* Sharp, 1889；122. 丽尾突眼隐翅虫 *Stenus decoripennis* Puthz, 2008；123. 异尾突眼隐翅虫 *Stenus dissimilis* Sharp, 1874；124. 分离突眼隐翅虫 *Stenus distans* Sharp, 1889；125. 东白山突眼隐翅虫 *Stenus dongbaishanus* Tang, Liu *et* Zhao, 2017；126. 东方突眼隐翅虫 *Stenus eurous* Puthz, 1980；127. 面突眼隐翅虫 *Stenus facialis* Benick, 1940；128. 凤阳山突眼隐翅虫 *Stenus fengyangshanus* Tang *et* Jiang, 2018；129. 台湾突眼隐翅虫 *Stenus formosanus* Benick, 1914；130. 格氏突眼隐翅虫 *Stenus gestroi* Fauvel, 1895；131. 广西突眼隐翅虫 *Stenus guangxiensis* Rougemont, 1984；132. 竖毛突眼隐翅虫 *Stenus hirtiventris* Sharp, 1889

图版 III

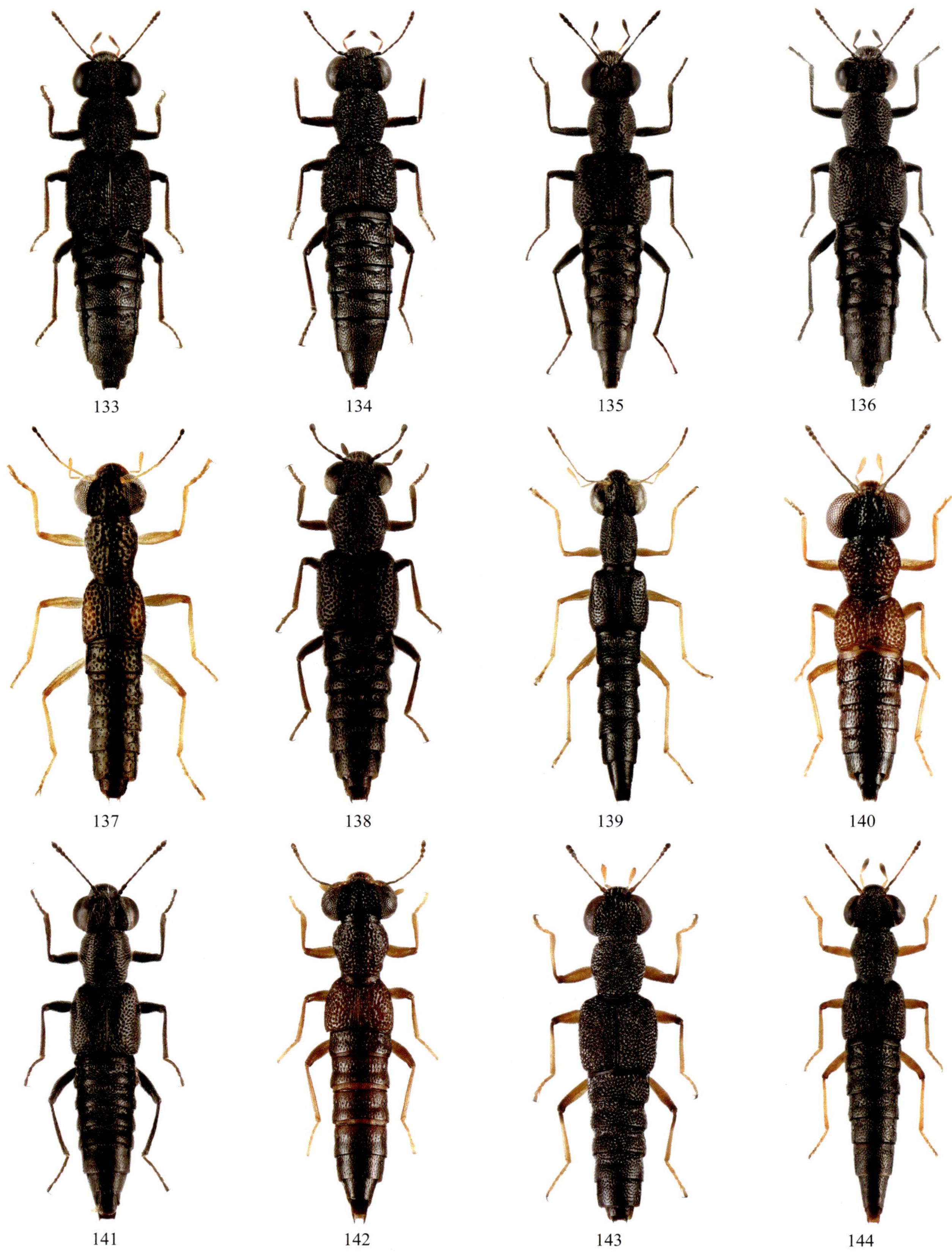

133. 日本突眼隐翅虫 *Stenus japonicus* Sharp, 1874；134. 挂墩突眼隐翅虫 *Stenus kuatunensis* Benick, 1942；135. 伪黑突眼隐翅虫 *Stenus lewisius pseudoater* Bernhauer, 1938；136. 小黑突眼隐翅虫 *Stenus melanarius melanarius* Stephens, 1833；137. 卵斑突眼隐翅虫 *Stenus ovalis* Tang, Li *et* Zhao, 2005；138. 多毛突眼隐翅虫 *Stenus pilosiventris* Bernhauer, 1915；139. 平头突眼隐翅虫 *Stenus plagiocephalus* Benick, 1940；140. 伪米突眼隐翅虫 *Stenus pseudomicuba* Tang, Puthz *et* Yue, 2016；141. 绒毛突眼隐翅虫 *Stenus pubiformis* Puthz, 2012；142. 清凉峰突眼隐翅虫 *Stenus qingliangfengus* Tang *et* Jiang, 2018；143. 迅速突眼隐翅虫 *Stenus rorellus cursorius* Benick, 1921；144. 暗腹突眼隐翅虫 *Stenus rugipennis* Sharp, 1874

145. 瘦突眼隐翅虫 *Stenus tenuipes* Sharp, 1874；146. 天目山突眼隐翅虫 *Stenus tianmushanus* Tang, Puthz *et* Yue, 2016；147. 桐杭岗突眼隐翅虫 *Stenus tonghanggangus* Tang, Puthz *et* Yue, 2016；148. 闪蓝突眼隐翅虫 *Stenus viridanus* Champion, 1925；149. 乌岩岭突眼隐翅虫 *Stenus wuyanlingus* Liu, Tang *et* Luo, 2017；150. 余氏突眼隐翅虫 *Stenus yuyimingi* Liu, Tang *et* Luo, 2017；151. 浙江突眼隐翅虫 *Stenus zhejiangensis* Tang, Liu *et* Zhao, 2017；152. 朱氏突眼隐翅虫 *Stenus zhujianqingi* Tang, Li *et* Wang, 2012；153. 中华美苔甲 *Horaeomorphus chinensis* Franz, 1985；154. 洞宫钩颚苔甲 *Stenichnus* (*Stenichnus*) *donggonganus* Wang *et* Li, 2016；155. 浙江钩颚苔甲 *Stenichnus* (*Stenichnus*) *zhejiangensis* Wang *et* Li, 2016；156. 百山祖四齿隐翅虫 *Nazeris baishanzuensis* Hu, Li *et* Zhao, 2011

图版 III

157. 中华四齿隐翅虫 *Nazeris chinensis* Koch, 1939；158. 叉四齿隐翅虫 *Nazeris furcatus* Hu, Li *et* Zhao, 2011；159. 古田四齿隐翅虫 *Nazeris gutianensis* Hu *et* Li, 2016；160. 九龙山四齿隐翅虫 *Nazeris jiulongshanus* Hu, Li *et* Zhao, 2011；161. 小四齿隐翅虫 *Nazeris minor* Koch, 1939；162. 牛头山四齿隐翅虫 *Nazeris niutoushanus* Hu, Li *et* Zhao, 2011；163. 拟暗棕四齿隐翅虫 *Nazeris parabrunneus* Hu, Li *et* Zhao, 2011；164. 劳氏四齿隐翅虫 *Nazeris rougemonti* Ito, 1996；165. 定成四齿隐翅虫 *Nazeris sadanarii* Hu *et* Li, 2010；166. 沈氏四齿隐翅虫 *Nazeris shenshanjiai* Hu, Li *et* Zhao, 2011；167. 雁荡四齿隐翅虫 *Nazeris yandangensis* Hu, Li *et* Zhao, 2011；168. 严氏四齿隐翅虫 *Nazeris yanyingae* Hu, Li *et* Zhao, 2011

169. 张氏四齿隐翅虫 *Nazeris zhangsujiongi* Hu *et* Li, 2016；170. 赵氏四齿隐翅虫 *Nazeris zhaotiexiongi* Hu *et* Li, 2016；171. 靖文四齿隐翅虫 *Nazeris zhujingwenae* Hu, Li *et* Zhao, 2011；172. 健角圆颊隐翅虫 *Domene* (*Macromene*) *firmicornis* Assing *et* Feldmann, 2014；173. 瑞特圆颊隐翅虫 *Domene* (*Macromene*) *reitteri* Koch, 1939；174. 百山祖隆线隐翅虫 *Lathrobium* (*Lathrobium*) *baishanzuense* Peng *et* Li, 2012；175. 陈氏隆线隐翅虫 *Lathrobium* (*Lathrobium*) *chenae* Peng *et* Li, 2014；176. 封氏隆线隐翅虫 *Lathrobium* (*Lathrobium*) *fengae* Peng *et* Li, 2014；177. 凤阳山隆线隐翅虫 *Lathrobium* (*Lathrobium*) *fengyangense* Peng *et* Li, 2015；178. 古田山隆线隐翅虫 *Lathrobium* (*Lathrobium*) *gutianense* Peng *et* Li, 2014；179. 郝氏隆线隐翅虫 *Lathrobium* (*Lathrobium*) *haoae* Peng *et* Li, 2015；180. 今立隆线隐翅虫 *Lathrobium* (*Lathrobium*) *imadatei* Watanabe *et* Luo, 1992

图版 III

181. 巨茎隆线隐翅虫 *Lathrobium* (*Lathrobium*) *immanissimum* Peng *et* Li, 2012；182. 九龙山隆线隐翅虫 *Lathrobium* (*Lathrobium*) *jiulongshanense* Peng *et* Li, 2012；183. 凌氏隆线隐翅虫 *Lathrobium* (*Lathrobium*) *lingae* Peng, Li *et* Zhao, 2012；184. 栗洋隆线隐翅虫 *Lathrobium* (*Lathrobium*) *liyangense* Peng *et* Li, 2015；185. 龙王山隆线隐翅虫 *Lathrobium* (*Lathrobium*) *longwangshanense* Peng, Li *et* Zhao, 2012；186. 扭曲隆线隐翅虫 *Lathrobium* (*Lathrobium*) *mancum* Assing *et* Peng, 2013；187. 小眼隆线隐翅虫 *Lathrobium* (*Lathrobium*) *mu* Peng *et* Li, 2015；188. 钩隆线隐翅虫 *Lathrobium* (*Lathrobium*) *nannani* Peng *et* Li, 2014；189. 斜毛隆线隐翅虫 *Lathrobium* (*Lathrobium*) *obstipum* Peng *et* Li, 2012；190. 沈氏隆线隐翅虫 *Lathrobium* (*Lathrobium*) *sheni* Peng *et* Li, 2012；191. 中华隆线隐翅虫 *Lathrobium* (*Lathrobium*) *sinense* Herman, 2003；192. 宋氏隆线隐翅虫 *Lathrobium* (*Lathrobium*) *songi* Peng *et* Li, 2015

193. 田村隆线隐翅虫 *Lathrobium* (*Lathrobium*) *tamurai* Watanabe *et* Luo, 1992；194. 汤氏隆线隐翅虫 *Lathrobium* (*Lathrobium*) *tangi* Peng *et* Li, 2012；195. 天目隆线隐翅虫 *Lathrobium* (*Lathrobium*) *tianmushanense* Watanabe, 1999；196. 钩茎隆线隐翅虫 *Lathrobium* (*Lathrobium*) *uncum* Peng, Li *et* Zhao, 2012；197. 严氏隆线隐翅虫 *Lathrobium* (*Lathrobium*) *yani* Peng *et* Li, 2015；198. 余氏隆线隐翅虫 *Lathrobium* (*Lathrobium*) *yui* Peng *et* Li, 2015；199. 赵氏隆线隐翅虫 *Lathrobium* (*Lathrobium*) *zhaotiexiongi* Peng *et* Li, 2012；200. 朱氏隆线隐翅虫 *Lathrobium* (*Lathrobium*) *zhui* Peng *et* Li, 2014；201. 寡毛双线隐翅虫 *Lobrathium demptum* Assing, 2012；202. 香港双线隐翅虫 *Lobrathium hongkongense* (Bernhauer, 1931)；203. 圆双线隐翅虫 *Lobrathium rotundiceps* (Koch, 1939)；204. 铲双线隐翅虫 *Lobrathium spathulatum* Assing, 2012

图版 III

205. 弧茎双线隐翅虫 *Lobrathium tortuosum* Li, Solodovnikov *et* Zhou, 2013；206. 常伪线隐翅虫 *Pseudolathra* (*Allolathra*) *regularis* (Sharp, 1889)；207. 斑翅狭颈隐翅虫 *Tetartopeus gracilentus* (Kraatz, 1859)；208. 裂叶皱纹隐翅虫 *Rugilus* (*Eurystilicus*) *bifidus* Assing, 2012；209. 红棕皱纹隐翅虫 *Rugilus* (*Eurystilicus*) *rufescens* (Sharp, 1874)；210. 柔毛皱纹隐翅虫 *Rugilus* (*Eurystilicus*) *velutinus* (Fauvel, 1895)；211. 红足毒隐翅虫 *Paederus jianyueae* Peng *et* Li, 2014；212. 糙头直缝隐翅虫 *Othius fortepunctatus* Assing, 2008；213. 宽胸直缝隐翅虫 *Othius latus latus* Sharp, 1874；214. 刻点直缝隐翅虫 *Othius punctatus* Bernhauer, 1923；215. 硕宽颈隐翅虫 *Anchocerus giganteus* Hu, Li *et* Zhao, 2010；216. 球胸宽背隐翅虫 *Algon sphaericollis* Schillhammer, 2006

217. 黄缘狭须隐翅虫 *Heterothops cognatus* Sharp, 1874；218. 浙江圆头隐翅虫 *Quwatanabius zhejiangensis* Hu, Li *et* Zhao, 2012；219. 中华伊里隐翅虫 *Erichsonius chinensis* (Bernhauer, 1939)；220. 疏背点隐翅虫 *Eccoptolonthus sparsipunctatus* (Li *et* Zhou, 2011)；221. 棕菲隐翅虫 *Philonthus* (*Philonthus*) *aeneipennis* Boheman, 1858；222. 弱菲隐翅虫 *Philonthus* (*Philonthus*) *debilis* (Gravenhorst, 1802)；223. 奥氏菲隐翅虫 *Philonthus* (*Philonthus*) *oberti* Eppelsheim, 1889；224. 黄缘菲隐翅虫 *Philonthus* (*Philonthus*) *tardus* Kraatz, 1859；225. 束菲隐翅虫 *Philonthus* (*Philonthus*) *tractatus* Eppelsheim, 1895；226. 黄侧颊脊隐翅虫 *Quedius* (*Distichalius*) *pretiosus* Sharp, 1874；227. 黄条颊脊隐翅虫 *Quedius* (*Distichalius*) *rabirius* Smetana, 1998；228. 比氏颊脊隐翅虫 *Quedius* (*Microsaurus*) *beesoni* Cameron, 1932

图版 III

229. 郝氏颊脊隐翅虫 *Quedius* (*Microsaurus*) *holzschuhi* Smetana, 1999；230. 窄叶颊脊隐翅虫 *Quedius* (*Raphirus*) *aereipennis* Bernhauer, 1929；231. 刚颊脊隐翅虫 *Quedius* (*Raphirus*) *gang* Smetana, 1996；232. 栉角颊脊隐翅虫 *Quedius* (*Velleius*) *pectinatus* (Sharp, 1874)；233. 福氏鸟粪隐翅虫 *Eucibdelus freyi* Bernhauer, 1939；234. 考氏鸟粪隐翅虫 *Eucibdelus kochi* Bernhauer, 1939；235. 粗足突颊隐翅虫 *Naddia atripes* Bernhauer, 1939；236. 阑氏迅隐翅虫 *Ocypus* (*Pseudocypus*) *lewisius* Sharp, 1874；237. 台湾钝胸隐翅虫 *Thoracostrongylus formosanus* Shibata, 1982；238. 暗黑无沟隐翅虫 *Achmonia nigra* (Bordoni, 2009)；239. 黄褐齐茎隐翅虫 *Megalinus suffusus* (Sharp, 1874)

1. 绒毛金龟科 Glaphyridae（浙江省江山市张村乡，2017 年，陈炎栋摄）；2. 高丽高粪金龟 *Bolbelasmus* (*Kolbeus*) *coreanus* (Kolbe, 1886)；3. 弱突齿粪金龟 *Phelotrupes* (*Sinogeotrupes*) *bolm* Král, Malý *et* Schneider, 2001；4. 弧凹齿粪金龟 *Phelotrupes* (*Sinogeotrupes*) *compressidens* (Fairmaire, 1891)；5. 皱角武粪金龟 *Enoplotrupes* (*Enoplotrupes*) *chaslii* Fairmaire, 1886；6. 日本皮金龟 *Trox* (*Niditrox*) *niponensis* Lewis, 1895；7. 二齿盾锹甲 *Aegus bidens* Möllenkamp, 1902；8. 丽缘盾锹甲 *Aegus callosilatus* Bomans, 1989；9. 闽盾锹甲 *Aegus fukiensis* Bomans, 1989

A. 大♂　B. 小♂　C. ♀

10

A. 大♂　B. 中♂　C. ♀

11

A. 大♂（背面观）　B. 大♂（腹面观）　C. 小♂　D. ♀

12

10. 粤盾锹甲 *Aegus kuangtungensis* Nagel, 1925；11. 亮颈盾锹甲 *Aegus laevicollis laevicollis* Saunders, 1854；
12. 阔头盾锹甲 *Aegus melli* Nagel, 1925

A. 大♂（背面观） B. 大♂（腹面观）

13

A. 大♂（背面观） B. 大♂（腹面观）

14

A. 大♂ B. 中♂ C. 小♂ D. ♀

15

A. 大♂ B. 中♂ C. 小♂ D. ♀

16

13. 普通纹（斑）锹甲 *Aesalus satoi* Araya *et* Yoshitomi, 2003（黄灏图）；14. 天目星凹锹甲 *Aulacostethus tianmuxing* Huang *et* Chen, 2013（黄灏图）；15. 凹齿刀锹甲 *Dorcus davidi* (Séguy, 1954)；16. 大刀锹甲 *Dorcus hopei* (Sauders, 1854)

图版 IV

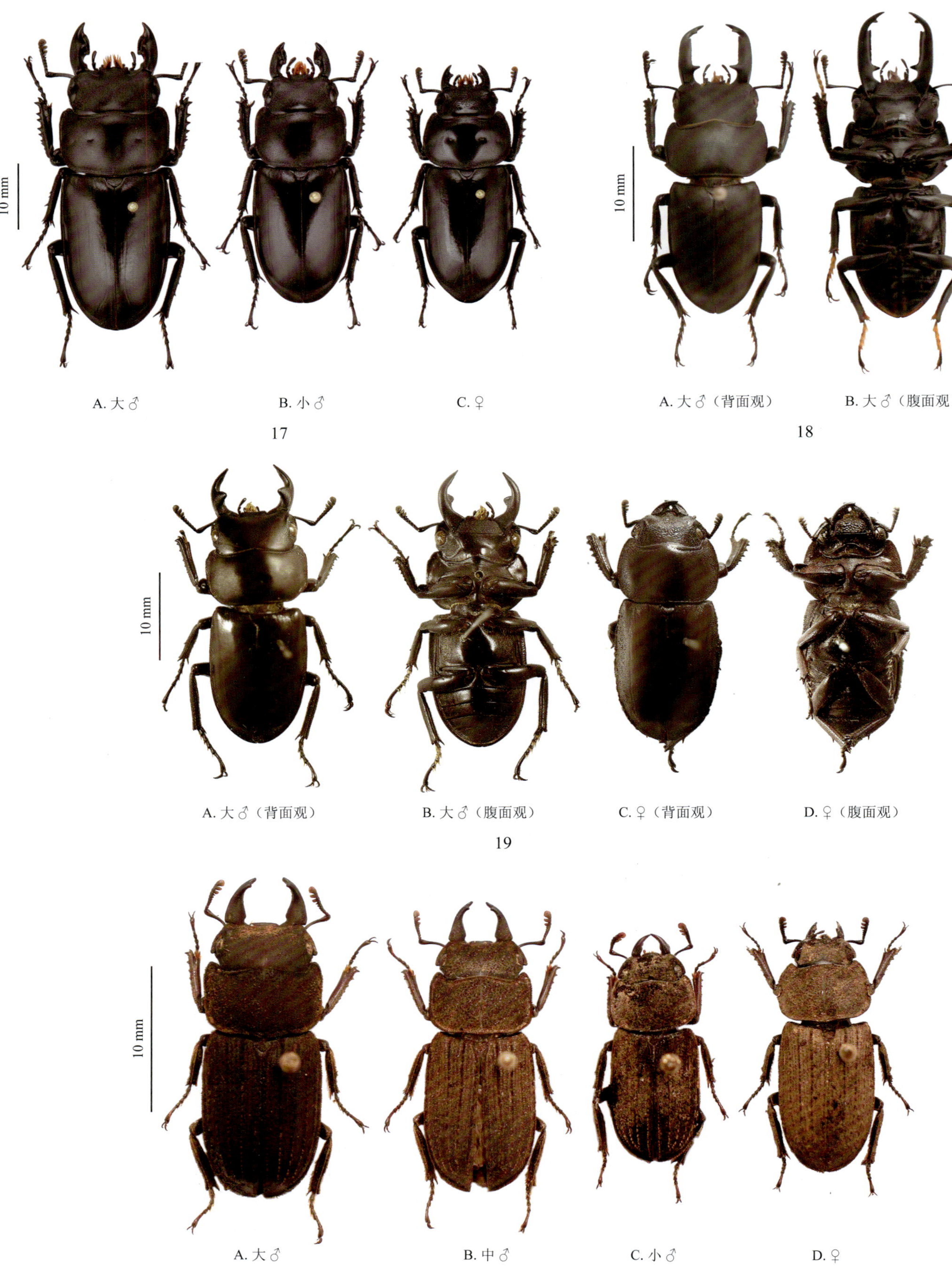

17. 微颚刀锹甲 *Dorcus sawaii* Tsukawaki, 1999（詹志鸿图）；18. 平齿刀锹甲 *Dorcus ursulae* (Schenk, 1996)；19. 华东刀锹甲 *Dorcus vicinus* Saunders, 1854；20. 锈刀锹甲 *Dorcus velutinus* Thomson, 1862

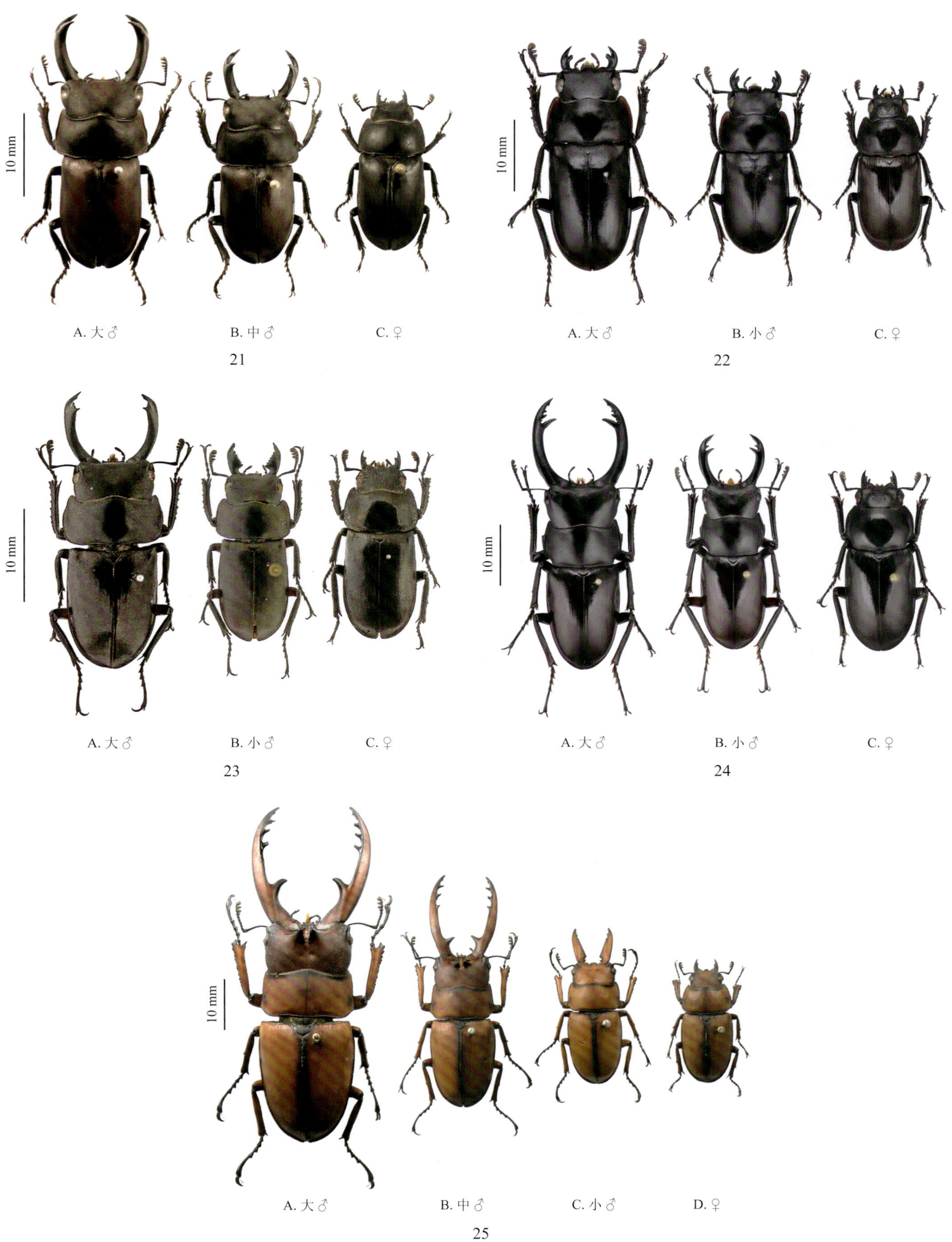

21. 叉齿小刀锹甲 *Falcicornis séguyi* (De Lisle, 1955)；22. 拟戟小刀锹甲 *Falcicornis taibaishanensis* (Schenk, 2008)（詹志鸿图）；23. 皮氏小刀锹甲 *Falcicornis tenuecostatus* (Fairmaire, 1888)；24. 锐齿半刀锹甲 *Hemisodorcus haitschunus* (Didier *et* Séguy, 1952)（詹志鸿图）；25. 黄褐前锹甲 *Prosopocoilus blanchardi* (Parry, 1873)

图版 IV

26. 儒圣前锹甲 *Prosopocoilus confucius* (Hope, 1842)；27. 剪齿前锹甲 *Prosopocoilus forficula* (Thomson, 1856)；
28. 中华拟鹿锹甲 *Pseudorhaetus sinicus* (Boileau, 1899)；29. 尖腹扁锹甲 *Serrognathus consentaneus* (Albers, 1886)

30. 穗茎扁锹甲 *Serrognathus hirticornis* (Jakowlew, [1897])；31. 细颚扁锹甲 *Serrognathus gracilis* (Saunders, 1854)；32. 中华扁锹甲 *Serrognathus titanus platymelus* (Saunders, 1854)；33. 简颚锹甲 *Nigidionus parryi* (Bates, 1866)；34. 米兹环锹甲 *Cyclommatus mniszechii* (Thomson, 1856)

图版 IV

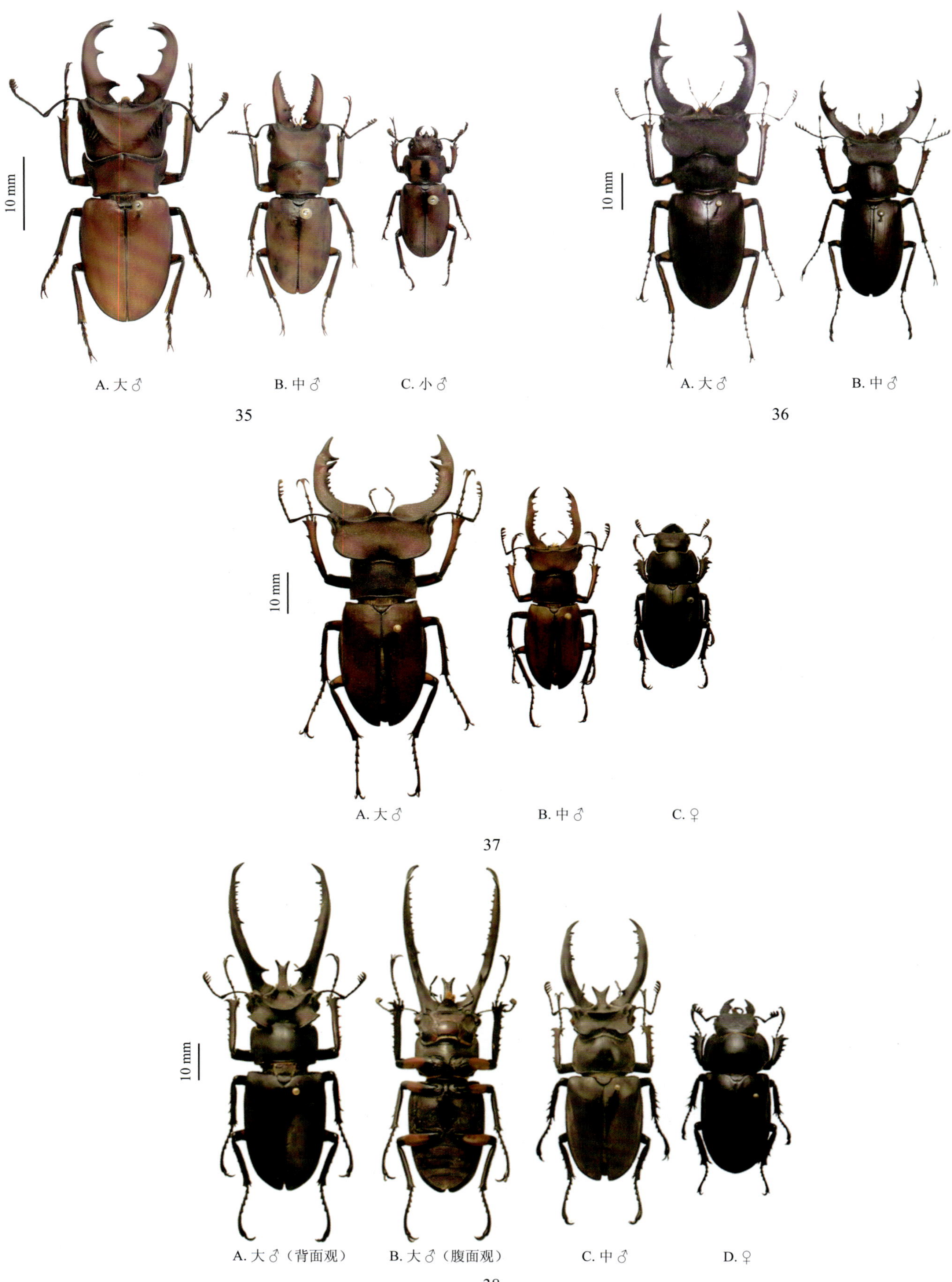

35. 碟环锹甲 *Cyclommatus scutellaris* Möllenkamp, 1912；36. 宽叉锹甲 *Lucanus fonti* Zilioli, 2005；37. 福运锹甲 *Lucanus fortunei* Saunders, 1854；38. 赫氏锹甲 *Lucanus hermani* De Lisle, 1973

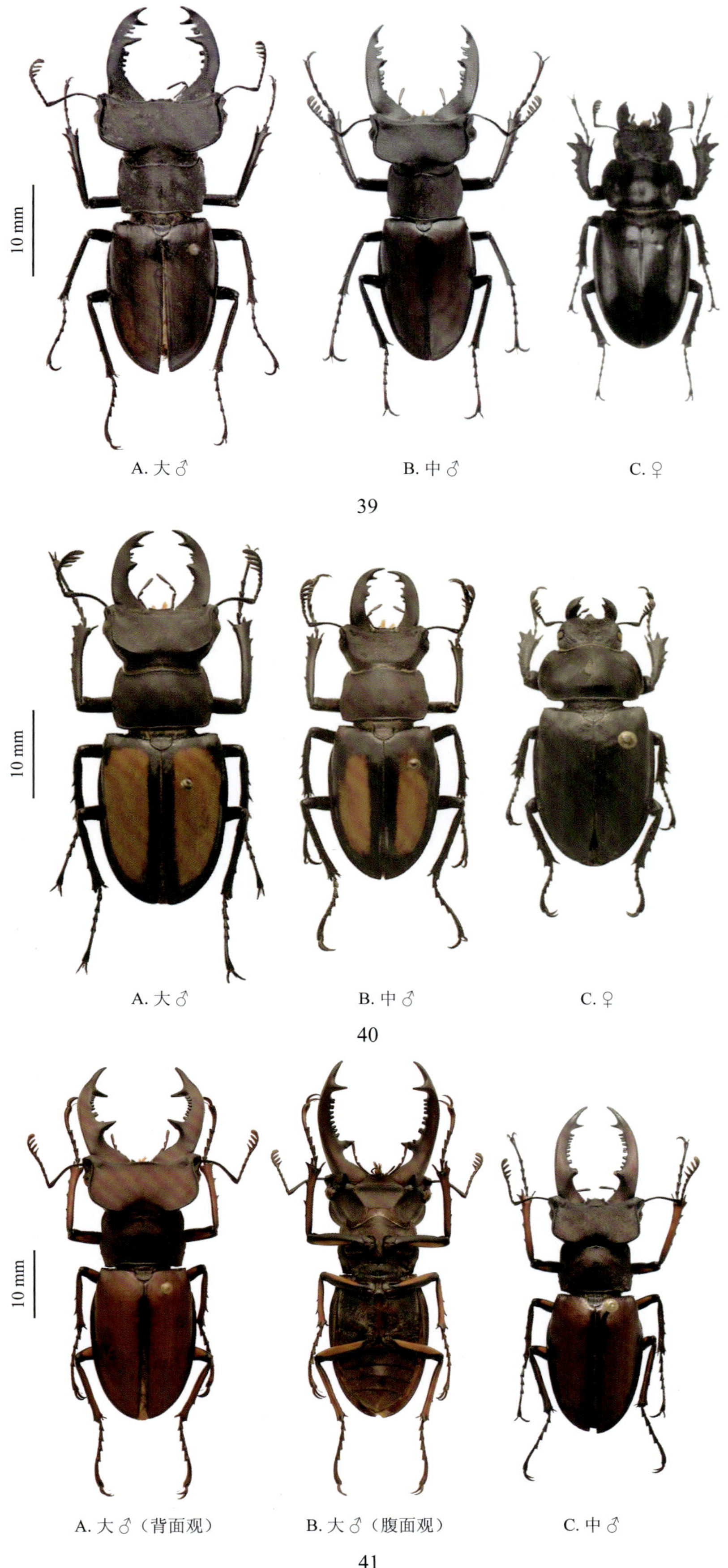

39. 卡拉锹甲 *Lucanus klapperichi* Bomans, 1989；40. 黄斑锹甲 *Lucanus parryi* Boileau, 1899；41. 姬锹甲 *Lucanus swinhoei* Parry, 1874

图版 IV

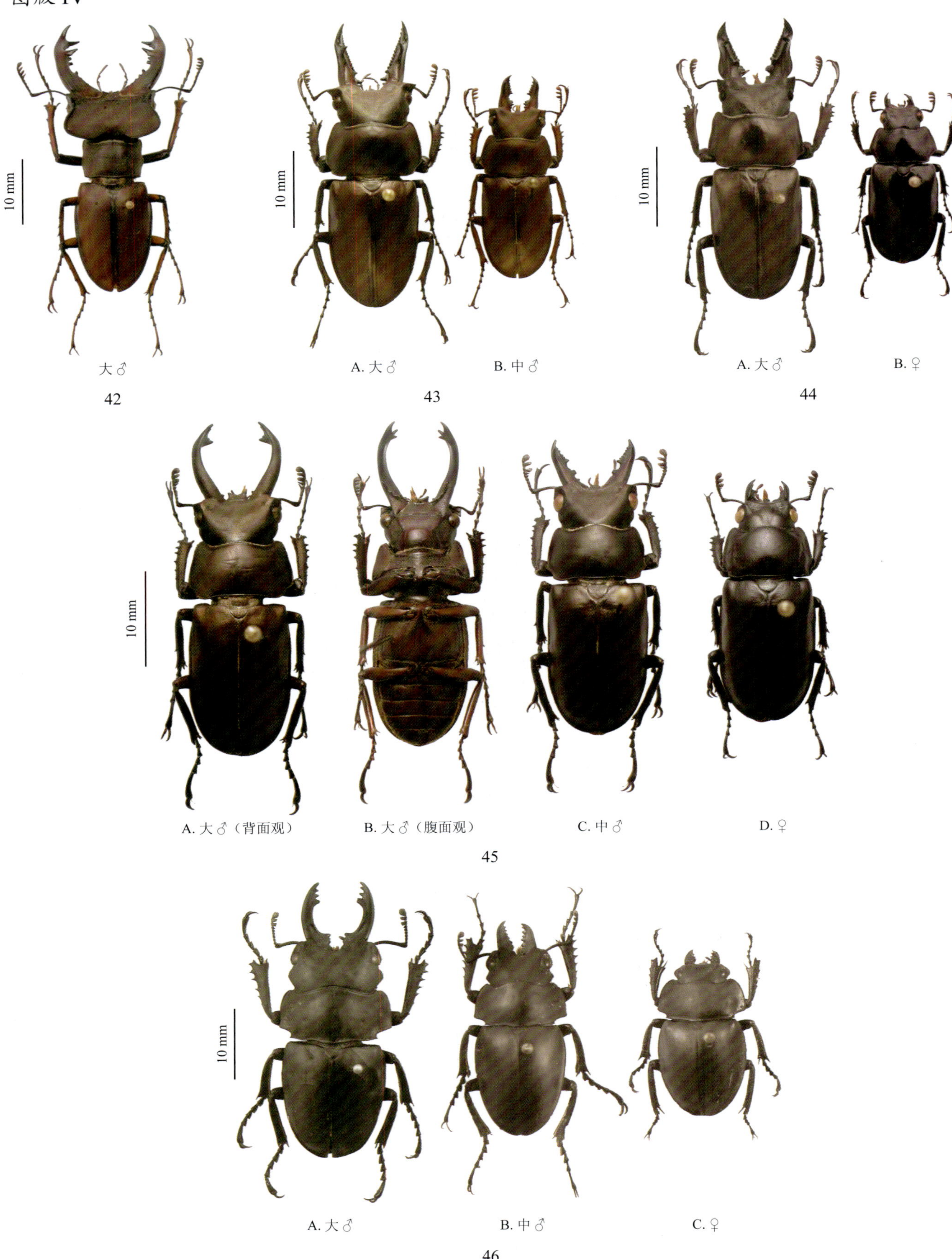

42. 武夷锹甲 *Lucanus wuyishanensis* Schenk, 1999；43. 大卫柱锹甲华东亚种 *Prismognathus davidis tangi* Huang *et* Chen, 2017；44. 卡拉柱锹甲 *Prismognathus klapperichi* Bomans, 1989；45. 三叉柱锹甲 *Prismognathus triapicalis* (Houlbert, 1915)；46. 扁齿奥锹甲 *Odontolabis platynota* (Hope *et* Westwood, 1845)

47. 中华奥锹甲 *Odontolabis sinensis* (Westwood, 1848)；48. 西奥锹甲 *Odontolabis siva* (Hope *et* Westwood, 1845)；49. 亮光新锹甲 *Neolucanus nitidus* (Saunders, 1854)

图版 IV

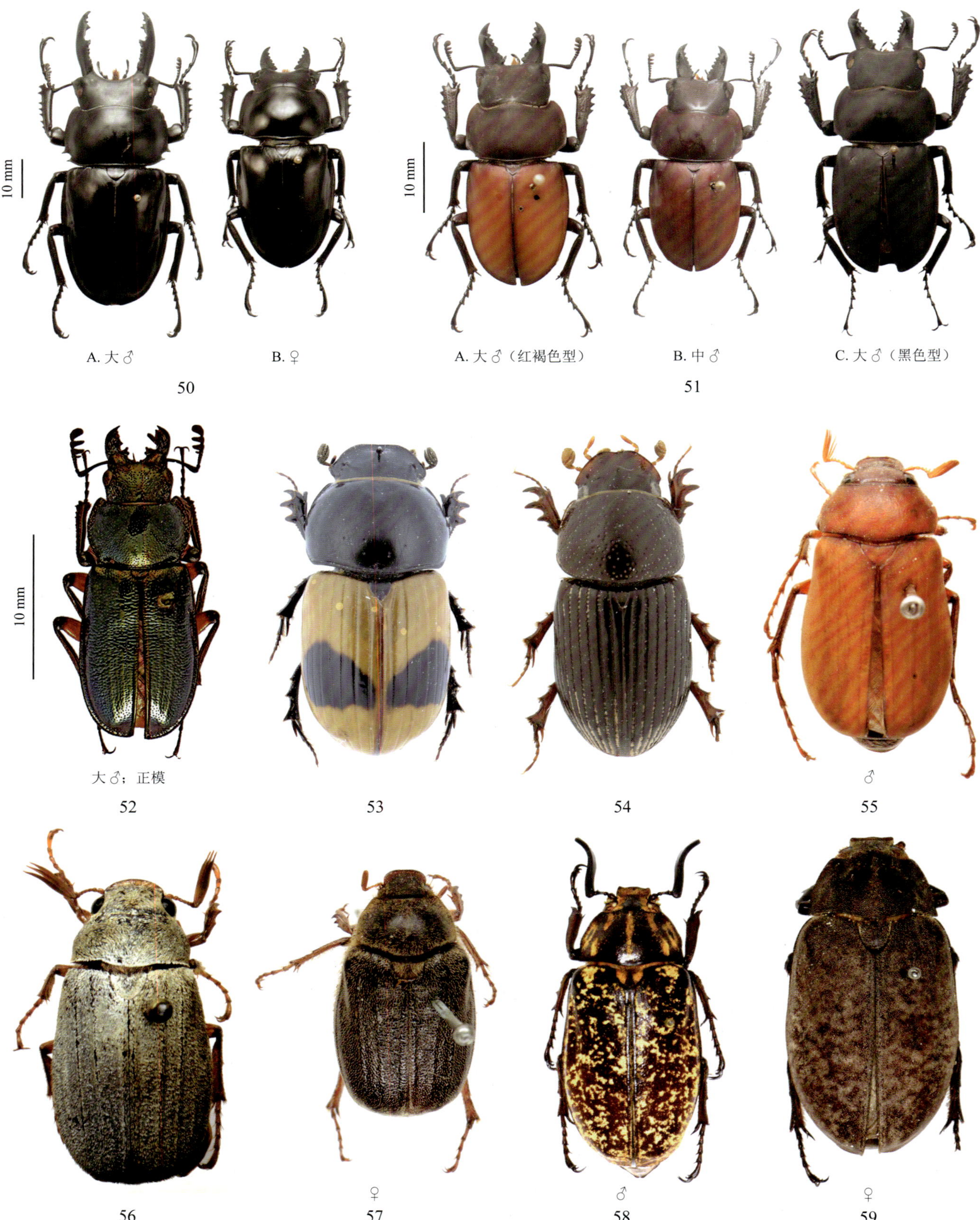

50. 刀颚新锹甲 *Neolucanus perarmatus* Didier, 1925；51. 华新锹甲 *Neolucanus sinicus* (Saunders, 1854)；52. 天目山琉璃锹甲 *Platycerus hongwonpyoi tianmushanus* Imura *et* Wan, 2006；53. 雅蜉金龟 *Aphodius elegans* Allibert, 1847；54. 净泽裸蜉金龟 *Pharaphodius putearius* (Reitter, 1895)；55. 二色希鳃金龟 *Hilyotrogus bicoloreus* (Heyden, 1887)；56. 粉歪鳃金龟 *Cyphochilus farinosus* Waterhouse, 1867；57. 黄腹黑鳃金龟 *Dasylepida nana* (Sharp, 1876)；58. 戴云鳃金龟 *Polyphylla* (*Polyphylla*) *davidis* Fairmaire, 1888；59. 霉云鳃金龟 *Polyphylla* (*Polyphylla*) *nubecula* Frey, 1962

60. 大云鳃金龟 *Polyphylla* (*Gynexophylla*) *laticollis chinensis* Fairmaire, 1888；61. 锈褐缘胸鳃金龟 *Tocama rubiginosa* (Fairmaire, 1889)；62. 棕狭肋鳃金龟 *Eotrichia titanis* (Reitter, 1902)；63. 江南大黑鳃金龟 *Holotrichia gebleri* (Faldermann, 1835)；64. 宽齿爪鳃金龟 *Holotrichia lata* Brenske, 1892；65. 暗黑鳃金龟 *Holotrichia parallela* (Motschulsky, 1854)；66. 红褐大黑鳃金龟 *Holotrichia rubida* Chang, 1965；67. 铅灰齿爪鳃金龟 *Holotrichia plumbea* Hope, 1845；68. 卵圆齿爪鳃金龟 *Holotrichia ovata* Chang, 1965；69. 巨多鳃金龟 *Megistophylla grandicornis* (Fairmaire, 1891)；70. 挂脊鳃金龟 *Miridiba kuatunensis* Gao *et* Fang, 2018；71. 具毛脊鳃金龟 *Miridiba pilosella* (Moser, 1908)

图版 IV

72. 华脊鳃金龟 *Miridiba sinensis* (Hope, 1842)；73. 毛黄脊鳃金龟 *Miridiba trichophora* (Fairmaire, 1891)；74. 章脊鳃金龟 *Miridiba youweii* Gao *et* Fang, 2018；75. 华索鳃金龟 *Sophrops chinensis* Brenske, 1892；76. 黑索鳃金龟 *Sophrops planicollis* (Burmeister, 1855)；77. 浩宇臀绢金龟 *Gastroserica haoyui* Liu *et* Ahrens, 2014；78. 赫氏臀绢金龟 *Gastroserica herzi* (Heyden, 1887)；79. 湖北臀绢金龟 *Gastroserica hubeiana* Ahrens, 2000；80. 阔胫码绢金龟 *Maladera* (*Cephaloserica*) *verticalis* (Fairmaire, 1888)；81. 木色码绢金龟 *Maladera* (*Omaladera*) *lignicolor* (Fairmaire, 1887)；82. 多样码绢金龟 *Maladera* (*Omaladera*) *diversipes* Moser, 1915；83. 永康新绢金龟 *Neoserica* (*s. str.*) *yongkangensis* Liu *et* Ahrens, 2015

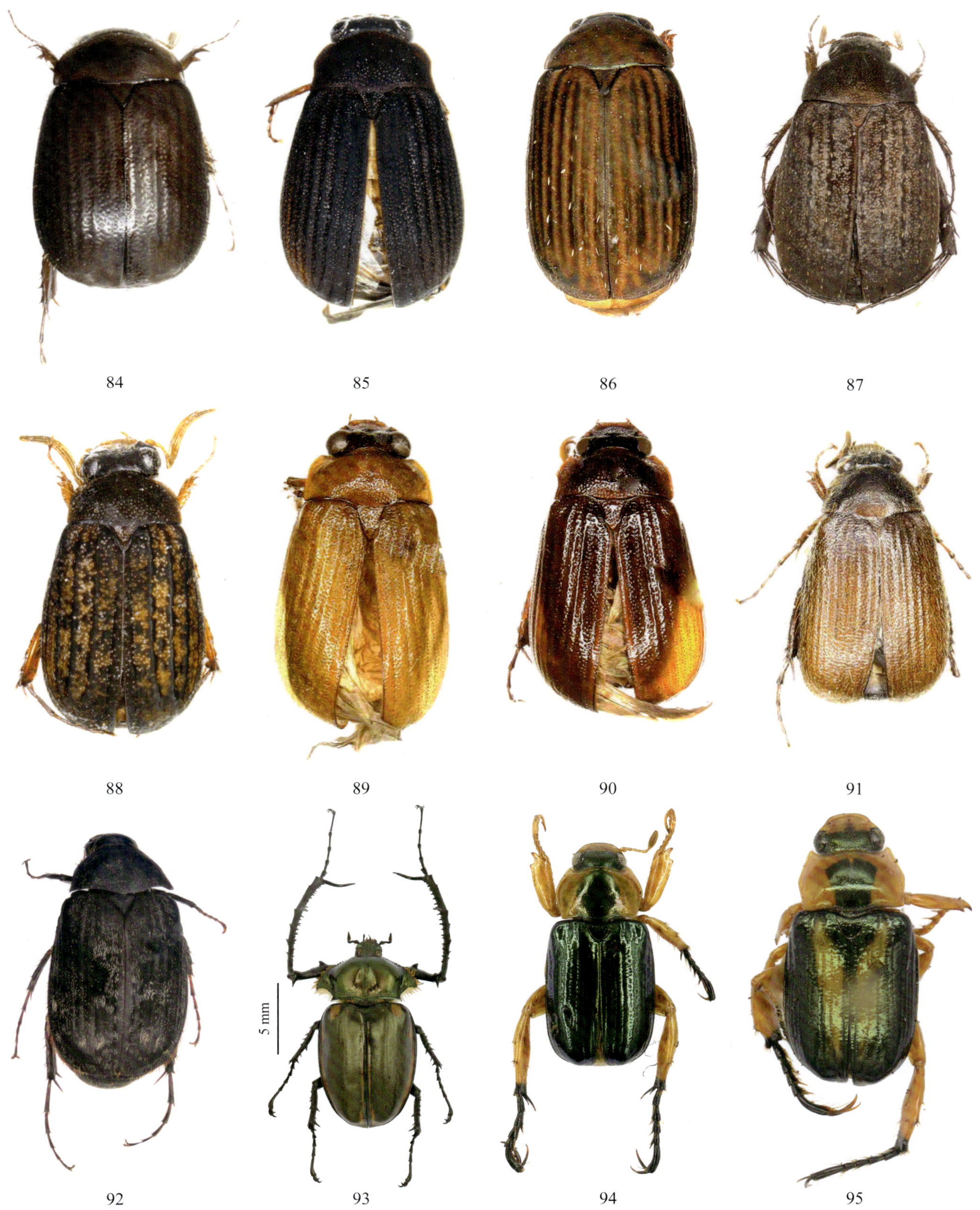

84. 孟氏新绢金龟 *Neoserica* (*s. l.*) *mengi* Liu, Fabrizi, Bai, Yang *et* Ahrens, 2014；85. 天目山新绢金龟 *Neoserica* (*s. l.*) *tianmushanica* Ahrens, Fabrizi *et* Liu, 2019；86. 龙王山新绢金龟 *Neoserica* (*s. l.*) *longwangshanica* Ahrens, Fabrizi *et* Liu, 2019；87. 拟异新绢金龟 *Neoserica* (*s. l.*) *abnormoides* Ahrens, Liu, Fabrizi, Bai *et* Yang, 2014；88. 浙江新绢金龟 *Neoserica* (*s. l.*) *zheijangensis* Liu, Fabrizi, Bai, Yang *et* Ahrens, 2014；89. 安吉日本绢金龟 *Nipponoserica anjiensis* Ahrens, Fabrizi *et* Liu, 2017；90. 似缎日本绢金龟 *Nipponoserica sericanioides* Ahrens, Fabrizi *et* Liu, 2017；91. 幕阜亮毛绢金龟 *Paraserica mupuensis* Ahrens, Fabrizi *et* Liu, 2017；92. 红基胖绢金龟 *Pachyserica rubrobasalis* Brenske, 1897；93. 阳彩臂金龟 *Cheirotonus jansoni* (Jordan, 1898)；94. 黑跗长丽金龟 *Adoretosoma atritarse atritarse* (Fairmaire, 1891)；95. 纵带长丽金龟 *Adoretosoma elegans* Blanchard, 1851

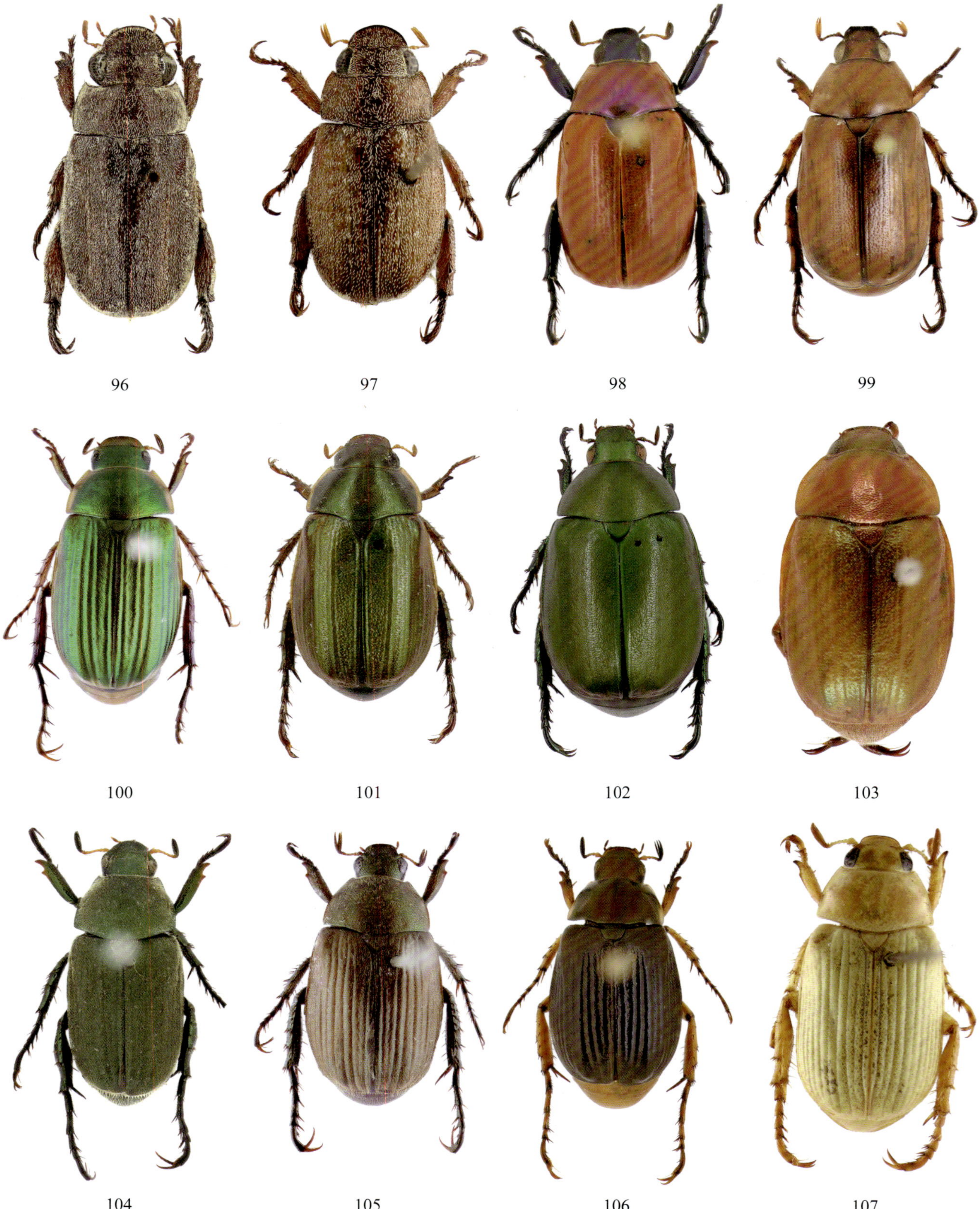

96. 中华喙丽金龟 *Adoretus* (*Lepadoretus*) *sinicus* Burmeister, 1855；97. 毛斑喙丽金龟 *Adoretus* (*Lepadoretus*) *tenuimaculatus* Waterhouse, 1875；98. 红背异丽金龟 *Anomala amoena* Frey, 1971；99. 角唇异丽金龟 *Anomala anguliceps* Arrow, 1917；100. 绿脊异丽金龟 *Anomala aulax* (Wiedemann, 1823)；101. 铜绿异丽金龟 *Anomala corpulenta* Motschulsky, 1854；102. 毛边异丽金龟 *Anomala coxalis* Bates, 1891；103. 棕褐异丽金龟 *Anomala edentula* Ohaus, 1925；104. 毛绿异丽金龟 *Anomala graminea* Ohaus, 1905；105. 等毛异丽金龟 *Anomala hirsutoides* Lin, 1996；106. 紫背异丽金龟 *Anomala imperialis* Arrow, 1899；107. 圆脊异丽金龟 *Anomala laevisulcata* Fairmaire, 1888

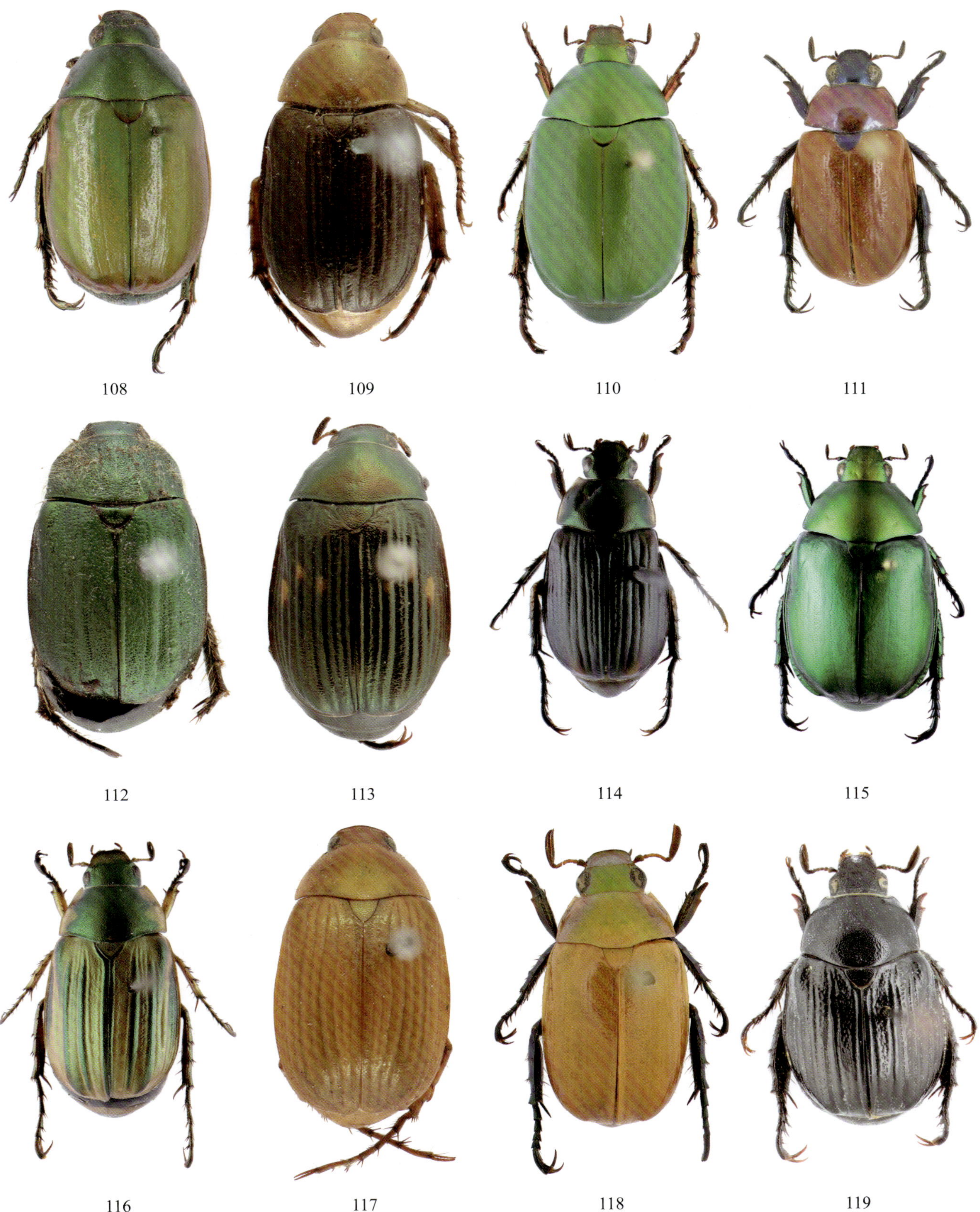

108. 斜沟异丽金龟 *Anomala obliquisulcata* Lin, 2002；109. 暗背异丽金龟 *Anomala obscurata* Reitter, 1903；110. 红脚异丽金龟 *Anomala rubripes rubripes* Lin, 1996；111. 蓝盾异丽金龟 *Anomala semicastanea* Fairmaire, 1888；112. 丝毛异丽金龟 *Anomala sieversi* Heyden, 1887；113. 斑翅异丽金龟 *Anomala spiloptera* Burmeister, 1855；114. 弱脊异丽金龟 *Anomala sulcipennis* (Faldermann, 1835)；115. 大绿异丽金龟 *Anomala virens* Lin, 1996；116. 脊纹异丽金龟 *Anomala viridicostata* Nonfried, 1892；117. 绿丝异丽金龟 *Anomala viridisericea* Ohaus, 1905；118. 蓝边矛丽金龟 *Callistethus plagiicollis plagiicollis* (Fairmaire, 1886)；119. 华南黑丽金龟 *Melanopopillia praefica* (Machatschke, 1971)

图版 IV

120. 中华彩丽金龟 *Mimela chinensis* Kirby, 1823；121. 拱背彩丽金龟 *Mimela confucius confucius* Hope, 1836；122. 弯股彩丽金龟 *Mimela excisipes* Reitter, 1903；123. 黄裙彩丽金龟 *Mimela flavocincta* Lin, 1966；124. 闽绿彩丽金龟 *Mimela fukiensis* Machatschke, 1955；125. 釜沟彩丽金龟 *Mimela fusania* Bates, 1888；126. 浙草绿彩丽金龟 *Mimela passerinii tienmusana* Lin, 1993；127. 墨绿彩丽金龟 *Mimela splendens* (Gyllenhal, 1817)；128. 浅褐彩丽金龟 *Mimela testaceoviridis* Blanchard, 1851；129. 分异发丽金龟 *Phyllopertha diversa* Waterhouse, 1875；130. 弱背弧丽金龟 *Popillia dilutipennis* Fairmaire, 1889；131. 琉璃弧丽金龟 *Popillia flavosellata* Fairmaire, 1886

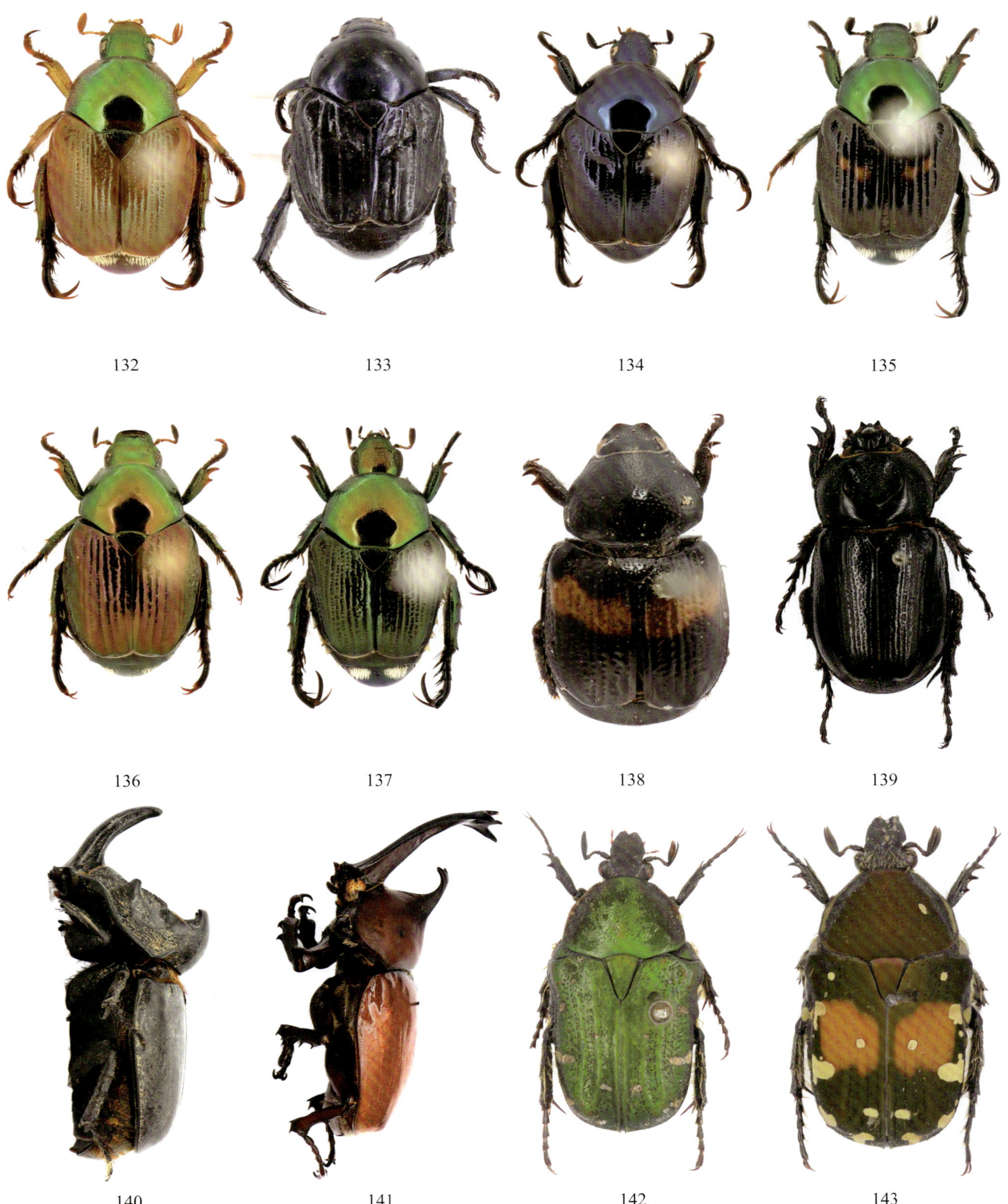

132. 闽褐弧丽金龟 *Popillia fukiensis* Machatschke, 1955；133. 弱斑弧丽金龟 *Popillia histeroidea* (Gyllenhal, 1817)；134. 棉花弧丽金龟 *Popillia mutans* Newman, 1838；135. 曲带弧丽金龟 *Popillia pustulata* Fairmaire, 1887；136. 中华弧丽金龟 *Popillia quadriguttata* (Fabricius, 1787)；137. 近方弧丽金龟 *Popillia subquadrata* Kraatz, 1892；138. 横带短丽金龟 *Pseudosinghala transversa* (Burmeister, 1855)；139. 中华晓扁犀金龟 *Eophileurus* (*Eophileurus*) *chinensis* (Faldermann, 1835) 雄虫；140. 蒙瘤犀金龟 *Trichogomphus mongol* Arrow, 1908 雄虫侧面；141. 双叉犀金龟指名亚种 *Trypoxylus dichotomus dichotomus* (Linnaeus, 1771) 雄虫侧面；142. 小青花金龟 *Gametis jucunda* (Faldermann, 1835)；143. 斑青花金龟 *Gametis bealiae* (Gory *et* Percheron, 1833)

图版 IV

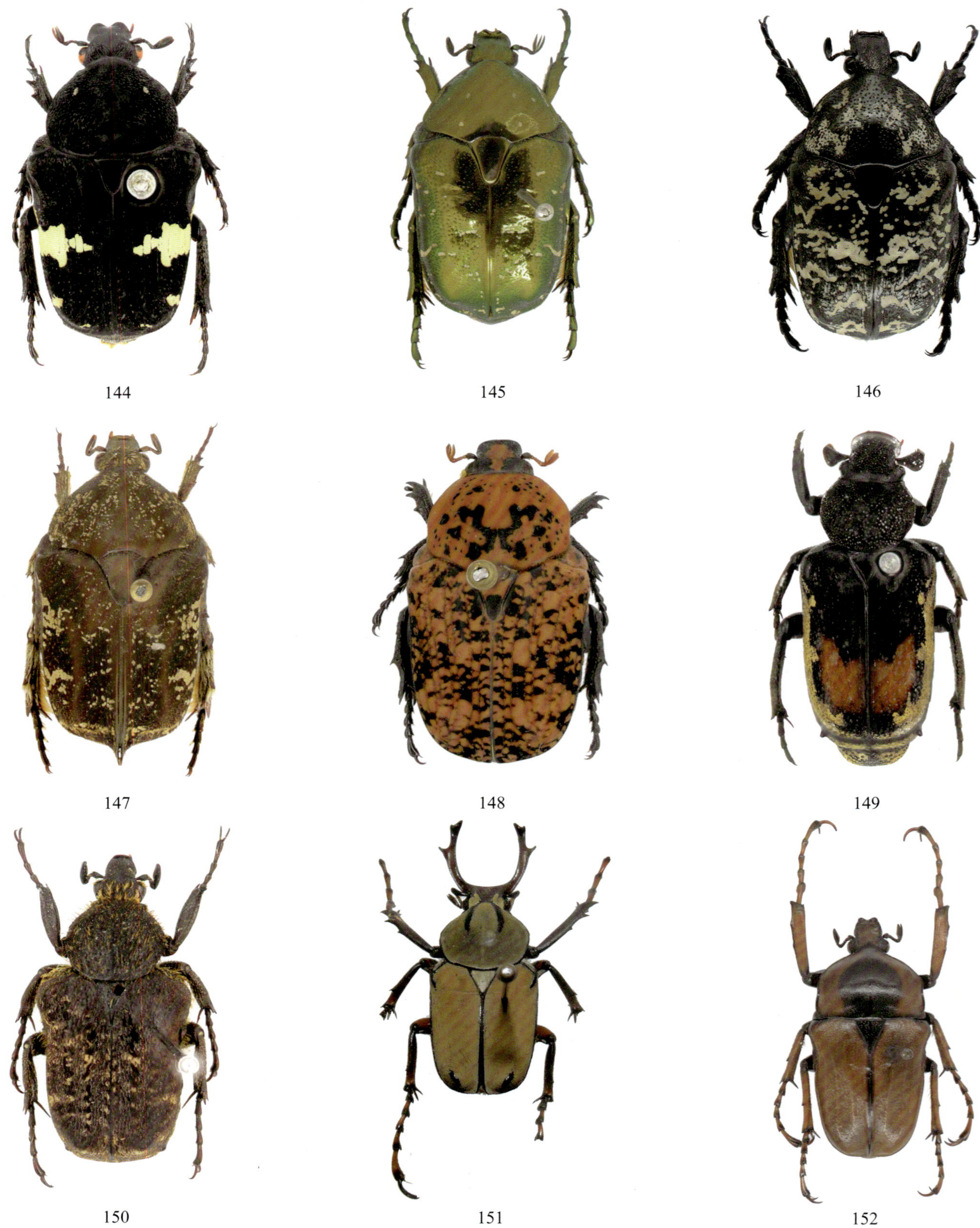

144. 黄斑短突花金龟 *Glycyphana* (*Glycyphana*) *fulvistemma* Motschulsky, 1858；145. 东方星花金龟 *Protaetia* (*Calopotosia*) *orientalis* (Gory *et* Percheron, 1833)；146. 白星花金龟 *Protaetia* (*Liocola*) *brevitarsis* (Lewis, 1879)；147. 纺星花金龟 *Protaetia* (*Heteroprotaetia*) *fusca* (Herbst, 1790)；148. 褐锈花金龟 *Anthracophora rusticola* Burmeister, 1842；149. 黑斑跗花金龟 *Clinterocera davidis* (Fairmaire, 1878)；150. 长毛肋花金龟 *Parapilinurgus inexpectatus* Krajčik, 2010；151. 黄粉鹿花金龟 *Dicronocephalus bowringi* Pascoe, 1863；152. 沥斑鳞花金龟 *Cosmiomorpha* (*Cosmiomorpha*) *decliva* Janson, 1890

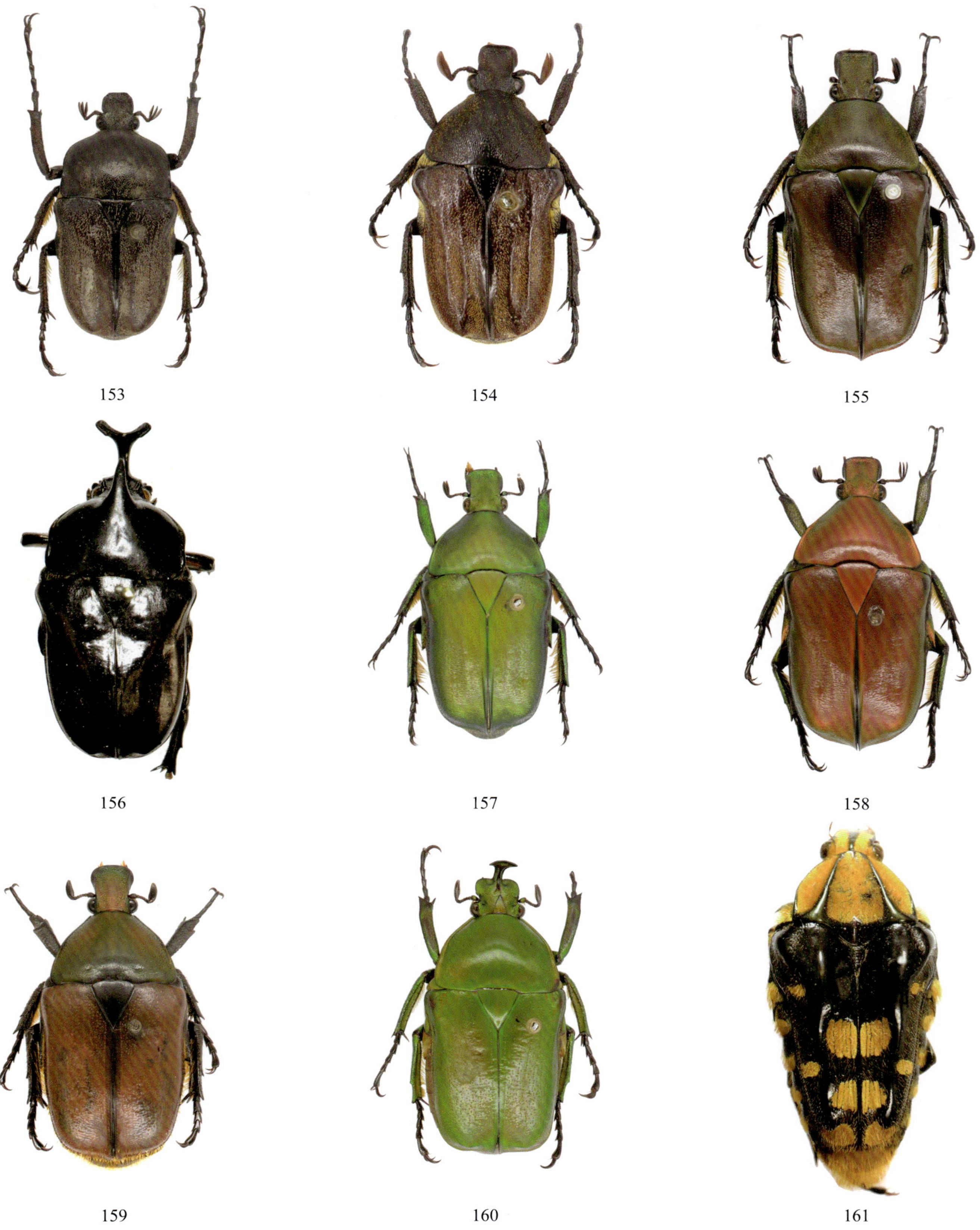

153. 褐鳞花金龟 *Cosmiomorpha* (*Cosmiomorpha*) *modesta* Saunders, 1852；154. 钝毛鳞花金龟指名亚种 *Cosmiomorpha* (*Microcosmiomorpha*) *setulosa setulosa* Westwood, 1854；155. 榄纹花金龟指名亚种 *Diphyllomorpha olivacea olivacea* (Janson, 1883)；156. 栗色背角花金龟 *Neophaedimus castaneus* Ma, 1989；157. 横纹伪阔花金龟 *Pseudotorynorrhina fortunei* (Saunders, 1852)；158. 日铜伪阔花金龟 *Pseudotorynorrhina japonica* (Hope, 1841)；159. 黄花阔花金龟 *Torynorrhina fulvopilosa* (Moser, 1911)；160. 绿唇花金龟指名亚种 *Trigonophorus* (*Trigonophorus*) *rothschildii rothschildii* Fairmaire, 1891；161. 黑盾脊瘦花金龟 *Coilodera nigroscutellaris* Moser, 1902

图版 IV

162. 穆平丽花金龟 *Euselates* (*Euselates*) *moupinensis* (Fairmaire, 1891)；163. 三带丽花金龟 *Euselates* (*Euselates*) *ornata* (Saunders, 1852)；164. 绿绒长腿斑金龟 *Epitrichius bowringii* (Thomson, 1857)；165. 短毛斑金龟花野亚种 *Lasiotrichius succinctus hananoi* (Sawada, 1943)；166. 小黑环斑金龟 *Paratrichius septemdecimguttatus* (Snellen van Vollenhoven, 1864)；167. 浅色驼弯腿金龟 *Hybovalgus fraternus* Moser, 1915；168. 西藏驼弯腿金龟 *Hybovalgus thibetanus* (Nonfried, 1891)；169. 弧斑驼弯腿金龟 *Hybovalgus tonkinensis* Moser, 1904；170. 短跗山弯腿金龟 *Oreoderus brevitarsus* Li *et* Yang, 2016